BKI Baukosten 2018 Neubau
Teil 1

Statistische Kostenkennwerte
für Gebäude

BKI Baukosten 2018 Neubau
Statistische Kostenkennwerte für Gebäude

BKI Baukosteninformationszentrum (Hrsg.)
Stuttgart: BKI, 2018

Mitarbeit:
Hannes Spielbauer (Geschäftsführer)
Klaus-Peter Ruland (Prokurist)
Michael Blank
Anna Bertling
Annette Dyckmans
Heike Elsäßer
Sabine Egenberger
Brigitte Kleinmann
Sibylle Vogelmann
Jeannette Wähner
Yvonne Walz

Fachautoren:
Univ.-Prof. Dr.-Ing. Wolfdietrich Kalusche und Sebastian Herke M.Sc.

Layout, Satz:
Hans-Peter Freund
Thomas Fütterer

Fachliche Begleitung:
Beirat Baukosteninformationszentrum
Stephan Weber (Vorsitzender)
Markus Lehrmann (stellv. Vorsitzender)
Prof. Dr. Bert Bielefeld
Markus Fehrs
Andrea Geister-Herbolzheimer
Oliver Heiss
Prof. Dr. Wolfdietrich Kalusche
Martin Müller

Alle Rechte, auch das der Übersetzung vorbehalten. Ohne ausdrückliche Genehmigung des Herausgebers ist es auch nicht gestattet, dieses Buch oder Teile daraus auf fotomechanischem Wege (Fotokopie, Mikrokopie) zu vervielfältigen sowie die Einspeisung und Verarbeitung in elektronischen Systemen vorzunehmen. Zahlenangaben ohne Gewähr.

© Baukosteninformationszentrum Deutscher Architektenkammern GmbH

Anschrift:
Bahnhofstraße 1, 70372 Stuttgart
Kundenbetreuung: (0711) 954 854-0
Baukosten-Hotline: (0711) 954 854-41
Telefax: (0711) 954 854-54
info@bki.de
www.bki.de

Für etwaige Fehler, Irrtümer usw. kann der Herausgeber keine Verantwortung übernehmen.

Vorwort

Die Planung der Baukosten bildet einen wesentlichen Bestandteil der Architektenleistung und ist nicht weniger wichtig als räumliche, gestalterische oder konstruktive Planungen. Auf der Kostenermittlung beruhen weitergehende Leistungen wie Kostenvergleiche, Kostenkontrolle und Kostensteuerung. Den Kostenermittlungen in den verschiedenen Planungsphasen kommt insbesondere auch seitens der Bauherrn und Auftraggeber eine große Bedeutung zu.

Kompetente Kostenermittlungen beruhen auf qualifizierten Vergleichsdaten und Methoden. Das Baukosteninformationszentrum BKI wurde 1996 von den Architektenkammern aller Bundesländer gegründet, um aktuelle Daten bereitzustellen. Auch die Entwicklung und Vermittlung zielführender Methoden zur Kostenplanung gehört zu den zentralen Aufgaben des BKI.

Wertvolle Baukosten-Erfahrungswerte liegen in Form von abgerechneten Bauleistungen oder Kostenfeststellungen in den Architekturbüros vor. Oft fehlt die Zeit, diese qualifiziert zu dokumentieren, um sie für Folgeprojekte zu verwenden oder für andere Architekten nutzbar zu machen. Diese Dienstleistung erbringt BKI und unterstützt damit sowohl die Datenlieferanten als auch die Nutzer der BKI Datenbank.

Die Fachbuchreihe „BAUKOSTEN" erscheint jährlich. Dabei werden alle Kostenkennwerte auf Basis neu dokumentierter Objekte und neuer statistischer Auswertungen aktualisiert. Die neuen Objekte seit der letzten Ausgabe werden auf bebilderten Übersichtsseiten zu Beginn der Bücher dargestellt. Die Kosten, Kostenkennwerte und Positionen dieser neuen Objekte tragen in allen drei Bänden zur Aktualisierung bei. Dabei wird auch die unterschiedliche regionale Baupreis-Entwicklung berücksichtigt. Mit den integrierten BKI Regionalfaktoren 2018 können die Bundesdurchschnittswerte an den jeweiligen Stadt- bzw. Landkreis angepasst werden.

Die Fachbuchreihe BAUKOSTEN Neubau 2018 (Statistische Kostenkennwerte) besteht aus den drei Teilen:
Baukosten Gebäude 2018 (Teil 1)
Baukosten Bauelemente 2018 (Teil 2)
Baukosten Positionen 2018 (Teil 3)

Die Bände sind aufeinander abgestimmt und unterstützen die Anwender in allen Planungsphasen. Am Beginn des jeweiligen Fachbuchs erhalten die Nutzer eine ausführliche Erläuterung zur fachgerechten Anwendung. Weitergehende Praxistipps und wertvolle Hinweise zur sicheren Kostenplanung werden auch in den BKI-Workshops vermittelt.

Der Dank des BKI gilt allen Architektinnen und Architekten, die Daten und Unterlagen zur Verfügung stellen. Sie profitieren von der Dokumentationsarbeit des BKI und unterstützen nebenbei den eigenen Berufsstand. Die in Buchform veröffentlichten Architekten-Projekte bilden eine fundierte und anschauliche Dokumentation gebauter Architektur, die sich zur Kostenermittlung von Folgeobjekten und zu Akquisitionszwecken hervorragend eignet.

Zur Pflege der Baukostendatenbank sucht BKI weitere Objekte aus allen Bundesländern. Bewerbungsbögen zur Objekt-Veröffentlichung von Hochbauten und Freianlagen werden im Internet unter www.bki.de/projekt-veroeffentlichung zur Verfügung gestellt. Auch die Bereitstellung von Leistungsverzeichnissen mit Positionen und Vergabepreisen ist jetzt möglich, mehr Info dazu finden Sie unter www.bki.de/lv-daten. BKI berät Sie gerne auch persönlich über alle Möglichkeiten, Objektdaten zu veröffentlichen. Für die Lieferung von Daten erhalten Sie eine Vergütung und weitere Vorteile.

Besonderer Dank gilt abschließend auch dem BKI-Beirat, der mit seinem Expertenwissen aus der Architektenpraxis, den Architekten- und Ingenieurkammern, Normausschüssen und Universitäten zum Gelingen der BKI-Fachinformationen beiträgt.

Wir wünschen allen Anwendern der neuen Fachbuchreihe 2018 viel Erfolg in allen Phasen der Kostenplanung und vor allem eine große Übereinstimmung zwischen geplanten und realisierten Baukosten im Sinne zufriedener Bauherren. Anregungen und Kritik zur Verbesserung der BKI-Fachbücher sind uns jederzeit willkommen.

Hannes Spielbauer *Klaus-Peter Ruland*
Geschäftsführer *Prokurist*

Baukosteninformationszentrum
Deutscher Architektenkammern GmbH
Stuttgart, im Mai 2018

Inhalt

Vorbemerkungen und Erläuterungen

	Seite
Einführung	8
Benutzerhinweise	8
Neue BKI Neubau-Dokumentationen 2017-2018	14
Erläuterungen zur Fachbuchreihe BKI BAUKOSTEN - Neubau	36
Erläuterungen der Seitentypen (Musterseiten)	
Kostenkennwerte für Kosten des Bauwerks	46
Kostenkennwerte für Kostengruppen (1. und 2. Ebene)	48
Kostenkennwerte für die Kostengruppe 700 Baunebenkosten	50
Kostenkennwerte für Leistungsbereiche nach StLB	52
Planungskennwerte für Flächen und Rauminhalte DIN 277	54
Objektübersicht	56
Standardeinordnung	58
Auswahl kostenrelevanter Baukonstruktionen und Technischer Anlagen	60
Erläuterungen Baukostensimulationstabelle	64
Häufig gestellte Fragen	
Fragen zur Flächenberechnung	70
Fragen zur Wohnflächenberechnung	71
Fragen zur Kostengruppenzuordnung	72
Fragen zu Kosteneinflussfaktoren	73
Fragen zur Handhabung der von BKI herausgegebenen Bücher	74
Fragen zu weiteren BKI Produkten	76
Fachartikel von Univ.-Prof. Dr.-Ing. Wolfdietrich Kalusche und Sebastian Herke M.Sc.	
„Orientierungswerte und frühzeitige Ermittlung der Baunebenkosten ausgewählter Gebäudearten"	80
Abkürzungsverzeichnis	100
Gliederung in Leistungsbereiche nach STLB-Bau	102

Kostenkennwerte für Gebäude

	Seite
Übersicht Kostenkennwerte für Gebäudearten	
Übersicht Kosten des Bauwerks (KG 300+400 DIN 276) in €/m² BGF	104
Übersicht Kosten des Bauwerks (KG 300+400 DIN 276) in €/m³ BRI	106
1 Büro- und Verwaltungsgebäude	
Standardeinordnung bei Büro- und Verwaltungsgebäuden	110
Büro- und Verwaltungsgebäude, einfacher Standard	114
Büro- und Verwaltungsgebäude, mittlerer Standard	122
Büro- und Verwaltungsgebäude, hoher Standard	138
2 Gebäude für Forschung und Lehre	
Instituts- und Laborgebäude	148
3 Gebäude des Gesundheitswesens	
Medizinische Einrichtungen	160
Pflegeheime	170

4 Schulen und Kindergärten
Schulen
Allgemeinbildende Schulen	178
Berufliche Schulen	194
Förder- und Sonderschulen	200
Weiterbildungseinrichtungen	208

Kindergärten
Kindergärten, nicht unterkellert	
Standardeinordnung bei Kindergärten, nicht unterkellert	214
Kindergärten, nicht unterkellert, einfacher Standard	218
Kindergärten, nicht unterkellert, mittlerer Standard	226
Kindergärten, nicht unterkellert, hoher Standard	242
Kindergärten, Holzbauweise, nicht unterkellert	250
Kindergärten, unterkellert	262

5 Sportbauten
Sport- und Mehrzweckhallen
Sport- und Mehrzweckhallen	270
Sporthallen (Einfeldhallen)	278
Sporthallen (Dreifeldhallen)	286
Schwimmhallen	296

6 Wohngebäude
Ein- und Zweifamilienhäuser
Ein- und Zweifamilienhäuser, unterkellert	
Standardeinordnung bei unterkellerten Ein- und Zweifamilienhäusern	302
Ein- und Zweifamilienhäuser, unterkellert, einfacher Standard	306
Ein- und Zweifamilienhäuser, unterkellert, mittlerer Standard	314
Ein- und Zweifamilienhäuser, unterkellert, hoher Standard	330
Ein- und Zweifamilienhäuser, nicht unterkellert	
Standardeinordnung bei nicht unterkellerten Ein- und Zweifamilienhäusern	348
Ein- und Zweifamilienhäuser, nicht unterkellert, einfacher Standard	352
Ein- und Zweifamilienhäuser, nicht unterkellert, mittlerer Standard	358
Ein- und Zweifamilienhäuser, nicht unterkellert, hoher Standard	378
Ein- und Zweifamilienhäuser, Passivhausstandard	
Ein- und Zweifamilienhäuser, Passivhausstandard, Massivbau	392
Ein- und Zweifamilienhäuser, Passivhausstandard, Holzbau	404
Ein- und Zweifamilienhäuser, Holzbauweise	
Ein- und Zweifamilienhäuser, Holzbauweise, unterkellert	418
Ein- und Zweifamilienhäuser, Holzbauweise, nicht unterkellert	430

Doppel- und Reihenhäuser
Doppel- und Reihenendhäuser	
Standardeinordnung bei Doppel- und Reihenendhäusern	444
Doppel- und Reihenendhäuser, einfacher Standard	448
Doppel- und Reihenendhäuser, mittlerer Standard	454
Doppel- und Reihenendhäuser, hoher Standard	162
Reihenhäuser	
Standardeinordnung bei Reihenhäusern	470
Reihenhäuser, einfacher Standard	474
Reihenhäuser, mittlerer Standard	480
Reihenhäuser, hoher Standard	488

6 Wohngebäude (Fortsetzung)

Mehrfamilienhäuser

Mehrfamilienhäuser, mit bis zu 6 WE	
Standardeinordnung bei Mehrfamilienhäusern, mit bis zu 6 WE	494
Mehrfamilienhäuser, mit bis zu 6 WE, einfacher Standard	498
Mehrfamilienhäuser, mit bis zu 6 WE, mittlerer Standard	506
Mehrfamilienhäuser, mit bis zu 6 WE, hoher Standard	516
Mehrfamilienhäuser, mit 6 bis 19 WE	
Standardeinordnung bei Mehrfamilienhäusern, mit 6 bis 19 WE	526
Mehrfamilienhäuser, mit 6 bis 19 WE, einfacher Standard	530
Mehrfamilienhäuser, mit 6 bis 19 WE, mittlerer Standard	536
Mehrfamilienhäuser, mit 6 bis 19 WE, hoher Standard	548
Mehrfamilienhäuser, mit 20 und mehr WE	
Standardeinordnung bei Mehrfamilienhäusern, mit 20 und mehr WE	556
Mehrfamilienhäuser, mit 20 und mehr WE, mittlerer Standard	560
Mehrfamilienhäuser, mit 20 und mehr WE, hoher Standard	570
Mehrfamilienhäuser, Passivhäuser	578
Wohnhäuser, mit bis zu 15% Mischnutzung	
Standardeinordnung bei Wohnhäusern, mit bis zu 15% Mischnutzung	588
Wohnhäuser, mit bis zu 15% Mischnutzung, einfacher Standard	592
Wohnhäuser, mit bis zu 15% Mischnutzung, mittlerer Standard	598
Wohnhäuser, mit bis zu 15% Mischnutzung, hoher Standard	608
Wohnhäuser, mit mehr als 15% Mischnutzung	618

Seniorenwohnungen

Standardeinordnung bei Seniorenwohnungen	628
Seniorenwohnungen, mittlerer Standard	632
Seniorenwohnungen, hoher Standard	640

Beherbergung

Wohnheime und Internate	646

7 Gewerbegebäude

Gaststätten und Kantinen

Gaststätten, Kantinen und Mensen	658

Gebäude für Produktion

Industrielle Produktionsgebäude, Massivbauweise	670
Industrielle Produktionsgebäude, überwiegend Skelettbauweise	676
Betriebs- und Werkstätten, eingeschossig	684
Betriebs- und Werkstätten, mehrgeschossig, geringer Hallenanteil	692
Betriebs- und Werkstätten, mehrgeschossig, hoher Hallenanteil	700

Gebäude für Handel und Lager

Geschäftshäuser, mit Wohnungen	708
Geschäftshäuser, ohne Wohnungen	714
Verbrauchermärkte	720
Autohäuser	728
Lagergebäude, ohne Mischnutzung	734
Lagergebäude, mit bis zu 25% Mischnutzung	744
Lagergebäude, mit mehr als 25% Mischnutzung	752

Garagen

Einzel-, Mehrfach- und Hochgaragen	758
Tiefgaragen	766

Bereitschaftsdienste

Feuerwehrhäuser	772
Öffentliche Bereitschaftsdienste	782

8 Bauwerke für technische Zwecke

9 Kulturgebäude
Gebäude für kulturelle Zwecke
Bibliotheken, Museen und Ausstellungen	790
Theater	800
Gemeindezentren	
Standardeinordnung bei Gemeindezentren	806
Gemeindezentren, einfacher Standard	810
Gemeindezentren, mittlerer Standard	818
Gemeindezentren, hoher Standard	828

Gebäude für religiöse Zwecke
Sakralbauten	838
Friedhofsgebäude	846

BKI-NHK 2018
Erläuterungen	857
Wohngebäude, Gebäudetyp 1-3	858
Wohngebäude, Gebäudetyp 1-5	859
Nichtwohngebäude, Gebäudetyp 6-13	860
Nichtwohngebäude, Gebäudetyp 14-17	861

Anhang
Regionalfaktoren	864

Einführung

Dieses Fachbuch wendet sich an Architekten, Ingenieure, Sachverständige und an alle sonstigen Fachleute, die mit Kostenermittlungen von Hochbaumaßnahmen in den frühen Planungsphasen befasst sind. Es deckt den dafür erforderlichen Bedarf an Orientierungswerten ab, die bei der Grundlagenermittlung, Vorplanung, Entwurfsplanung und Genehmigungsplanung benötigt werden, um die Baukosten zu ermitteln. Im Tabellenteil werden Kostenkennwerte und Planungskennwerte für 75 Gebäudearten angegeben.

Alle Kennwerte basieren auf der Analyse realer, abgerechneter Vergleichsobjekte, die derzeit in der BKI-Baukostendatenbank verfügbar sind. Zu jeder Gebäudeart sind alle Objekte dargestellt, die zur Kennwertbildung herangezogen wurden. Dies erlaubt es dem Anwender, bei der Kostenermittlung von der Kostenkennwertmethode zur Objektvergleichsmethode zu wechseln, bzw. die ermittelten Kosten anhand ausgewählter Objekte auf Plausibilität zu prüfen. Die ausführlichen Dokumentationen dieser Objekte können beim Herausgeber angefordert werden.

Dieses Fachbuch erscheint jährlich neu, so dass der Benutzer stets aktuelle Kostenkennwerte zur Hand hat. Differenziertere Kostenkennwerte der 3. Ebene DIN 276 und BKI Ausführungsarten enthält der dieses Fachbuch ergänzende Teil 2: statistische Kostenkennwerte für Bauelemente. Im Teil 3: statistische Kostenkennwerte für Positionen werden außer Positionspreisen auch Mustertexte und Kurztexte fertiggestellter Objekte in leistungsbereichsorientierter Anordnung veröffentlicht.

Benutzerhinweise

1. Definitionen
Kostenkennwerte sind Werte, die das Verhältnis von Kosten bestimmter Kostengruppen nach DIN 276-1 : 2008-12 zu bestimmten Bezugseinheiten nach DIN 277-1 : 2016-01 darstellen.
Planungskennwerte im Sinne dieser Veröffentlichung sind Werte, die das Verhältnis bestimmter Flächen und Rauminhalte zueinander darstellen, angegeben als Prozentsätze oder als Faktoren.

2. Kostenstand und Mehrwertsteuer
Kostenstand aller Kennwerte ist das 1.Quartal 2018. Alle Kostenkennwerte dieser Fachbuchreihe enthalten die Mehrwertsteuer. Die Angabe aller Kostenkennwerte erfolgt in Euro.
Die vorliegenden Kosten- und Planungskennwerte sind Orientierungswerte, Sie können nicht als Richtwerte im Sinne einer verpflichtenden Unter- oder Obergrenze angewendet werden.

3. Datengrundlage
Grundlage der Tabellen sind abgerechnete Bauvorhaben. Die Daten wurden mit größtmöglicher Sorgfalt von uns erhoben. Dies entbindet den Benutzer aber nicht davon, angesichts der vielfältigen Kosteneinflussfak-toren die genannten Orientierungswerte eigenverantwortlich zu prüfen und entsprechend dem jeweiligen Verwendungszweck anzupassen. Für die Richtigkeit der im Rahmen einer Kostenermittlung eingesetzten Werte können daher weder Herausgeber noch Verlag eine Haftung übernehmen.

4. Betrachtung der Kostenauswirkungen aktueller Energiestandards
Gerade im Hinblick auf die wiederholte Verschärfung gesetzgeberischer Anforderungen an die energetische Qualität, insbesondere von Neubauten, wird von Kundenseite die Frage nach dem Energiestandard der statistischen Fachbuchreihe BKI BAUKOSTEN gestellt.

BKI hat Untersuchungen zu den kostenmäßigen Auswirkungen der erhöhten energetischen Qualität von Neubauten vorgenommen. Die Untersuchungen zeigen, dass energetisch bedingte Kostensteigerungen durch Rationalisierungseffekte größtenteils kompensiert werden.

BKI dokumentiert derzeit ca. 200 neue Objekte pro Jahr, die zur Erneuerung der statistischen Auswertungen verwendet werden. Etwa im gleichen Maße werden ältere Objekte aus den Auswertungen entfernt. Mit den hohen Dokumentationszahlen der letzten Jahre wurde die BKI-Datenbank damit noch aktueller.

In nahezu allen energetisch relevanten Gebäudearten sind zudem Objekte enthalten, die über den nach ENEV geforderten energetischen Standard hinausgehen. Diese über den geforderten Standard hinausgehenden Objekte kompensieren einzelne Objekte, die den aktuellen energetischen Standard nicht erreichen. Insgesamt wird daher ein ausgeglichenes Objektgefüge pro Gebäudeart erreicht.

Obwohl BKI fertiggestellte und schlussabgerechnete Objekte dokumentiert, können durch die Dokumentation von Objekten, die über das gesetzgeberisch geforderte Maß energetischer Qualität hinausgehen, Kostenkennwerte für aktuell geforderte energetische Standards ausgewiesen werden. Die Kostenkennwerte der Fachbuchreihe BKI BAUKOSTEN 2018 entsprechen somit dem aktuellen EnEV-Niveau.

5. Anwendungsbereiche
Die Kostenkennwerte dienen als Orientierungswerte für Kostenermittlungen in den frühen Planungsphasen, z. B. zur Aufstellung eines „Kostenrahmens" auf der Grundlage von Bedarfsplänen oder Baumassenkonzepten, bei Kostenschätzungen und Kostenberechnungen auf der Grundlage von Vor- und Entwurfsplanungen, für Mittelbedarfsplanungen von Investoren, für Plausibilitätsprüfungen von Kostenermittlungen Dritter, für Begutachtungen von Beleihungsanträgen durch Kreditinstitute, für Wertermittlungsgutachten u.ä. Zwecke.

Für die Projektentwicklung und die frühen Planungsphasen werden auch die Kostenkennwerte für Herrichten und Erschließen, Außenanlagen, sowie Ausstattung und Kunstwerke ausgewiesen. Gleiches gilt für die Kosten und den Flächenbedarf für Nutzeinheiten und den Bauzeitbedarf bezogen auf die Brutto-Grundfläche.

Die formalen Mindestanforderungen hinsichtlich der Darstellung der Ergebnisse einer Kostenermittlung sind in DIN 276-1 : 2008-12 unter Ziffer 3 Grundsätze der Kostenplanung festgelegt.

6. Geltungsbereiche
Die genannten Kostenkennwerte spiegeln in etwa das durchschnittliche Baukostenniveau in Deutschland für die jeweilige Kategorie von Gebäudearten wider. Die Geltungsbereiche der Tabellenwerte sind fließend. Die „von-/bis-Werte" markieren weder nach oben noch nach unten absolute Grenzwerte. Um diesen Sachverhalt zu verdeutlichen, werden objektbezogene Kostenkennwerte angegeben, die teilweise außerhalb des statistisch ermittelten „Streubereichs" (Standardabweichung) liegen. Es empfiehlt sich daher in Einzelfällen, ergänzend die Kostendokumentationen bestimmter Objekte beim BKI zu beschaffen, um die Ermittlungsergebnisse ggf. anhand der Daten dieser Vergleichsobjekte anzupassen.

7. Berechnung der „von-/bis-Werte"
Im Fachbuch „BKI Baukosten Gebäude, Statistische Kostenkennwerte (Teil 1)" wird eine Berechnung der Streubereiche (auch als „von-/bis-Werte" bezeichnet) durchgeführt. Der Streubereich wird in der Grafik „Vergleichsobjekte" als Balken markiert.
Um dem Umstand Rechnung zu tragen, dass im Bauwesen Abweichungen nach oben wahrscheinlicher sind als Abweichungen nach unten, werden die Werte oberhalb des Mittelwertes getrennt von den Werten unterhalb des Mittelwertes betrachtet.

Besonders teure Gebäude haben somit keinen Einfluss auf die statistischen Werte unterhalb des Mittelwerts.

Der Mittelwert liegt daher nicht zwingend in der Mitte des Streubereiches (z. B. 25 27 31). In den Tabellen wird kenntlich gemacht, ob nur ein Einzelwert vorliegt (z. B. - 27 -), oder ob mehrere Werte vorliegen, die aber noch keine Berechnung der Bandbreite zulassen (z. B. 27 27 27).

Der Vorteil dieser Betrachtungsweise liegt in der genaueren Wiedergabe der Realitäten im Bauwesen.

8. Kosteneinflüsse

In den Bandbreiten der Kostenkennwerte spiegeln sich die vielfältigen Kosteneinflüsse aus Nutzung, Markt, Gebäudegeometrie, Ausführungsstandard, Projektgröße etc. wider. Die Orientierungswerte können nicht schematisch übernommen werden, sondern müssen entsprechend den spezifischen Planungsbedingungen überprüft und ggf. angepasst werden. Mögliche Einflüsse, die eine Anpassung der Orientierungswerte erforderlich machen, können sein:
– besondere Nutzungsanforderungen
– Standortbedingungen (Erschließung, Immission, Topographie, Bodenbeschaffenheit)
– Bauwerksgeometrie (Grundrissform, Geschosszahlen, Geschosshöhen, Dachform, Dachaufbauten)
– Bauwerksqualität (gestalterische, funktionale und konstruktive Besonderheiten),
– Baumarkt (Zeit, regionaler Baumarkt, Vergabeart).

9. Budgetierung nach Kostengruppen

Die in den Tabellen „Kostenkennwerte für die Kostengruppen der 1. und 2. Ebene DIN 276" genannten Prozentanteile ermöglichen eine erste grobe Aufteilung der ermittelten Bauwerkskosten in „Teilbudgets". Solche geschätzten „Teilbudgets" können als Kontrollgrößen dienen für die entsprechenden, zu einem späteren Zeitpunkt und anhand genauerer Planungsunterlagen ermittelten Kosten (Kostenkontrolle). Aus Prozentsätzen abgeleitete Kostenaussagen können ferner zur Überprüfung von Kostenermittlungen dienen, die auf büroeigenen Kostendaten oder den Angaben Dritter basieren (Plausibilitätskontrolle). Die Ableitung von überschlägig geschätzten Teilbudgets schafft auch die Voraussetzung, dass die kostenplanerisch relevanten Kostenanteile erkennbar werden, bei denen z. B. die Entwicklung kostensparender Alternativen primär Erfolg verspricht (Kostentransparenz, Kostenplanung, Kostensteuerung).

10. Budgetierung nach Vergabeeinheiten

In den Tabellen „Kostenkennwerte für Leistungsbereiche" sind nur die Leistungsbereichskosten in die Prozentsätze eingegangen, die den Kostengruppen 300 und 400 zuzuordnen sind; also nicht z. B. Erdarbeiten nach LB 002, die nach DIN 276 ggf. zur Kostengruppe 500 (Außenanlagen) gehören. Die unter „Rohbau" und „Ausbau" zusammengefassten Leistungsbereiche sind nicht exakt der Kostengruppe 300 gleichzusetzen (nur näherungsweise!). Mit Hilfe der angegebenen Prozentsätze lassen sich die ermittelten Bauwerkskosten in Teilbudgets für einzelne Leistungsbereiche aufteilen. Man sollte jedoch nicht den Eindruck erwecken, die Kosten solcher Teilbudgets nach Leistungsbereichen seien bereits (wie später unerlässlich) aus Einzelansätzen „Menge x Einheitspreis" positionsweise ermittelt worden. Die auf diese Weise überschlägig ermittelten Leistungsbereichskosten können aber zur Kostenkontrolle der späteren Ausschreibungsergebnisse herangezogen werden.

11. Planungskennwerte / Baukostensimulation

Neben den Kosten werden von BKI auch die Flächen und Rauminhalte der abgerechneten Objekte dokumentiert. Aus den einzelnen Flächen und Rauminhalten werden Planungskennwerte gebildet. Ein Planungskennwert stellt das Verhältnis bestimmter Flächen und Rauminhalte zueinander dar, z. B. der Anteil der Verkehrsfläche an der

Nutzungsfläche, angegeben als Prozentwert oder als Faktor.

Die Planungskennwerte aller Objekte einer Gebäudeart werden statistisch ausgewertet und auf der 4. Seite jeder Gebäudeart dargestellt. Sie erlauben z. B. die Überprüfung der Wirtschaftlichkeit einer Entwurfslösung.

Es werden auch die Flächen der Grobelemente (2. Ebene nach DIN 276) ausgewertet und ihr Anteil an der Nutzungsfläche (NUF) und der Bruttogrundfläche (BGF) dokumentiert. Diese Planungskennwerte können dazu dienen die Grobelementflächen einer Planung statistisch zu ermitteln, solange konkrete Planungen oder Skizzen noch nicht vorliegen. Anhand der Brutto-Grundfläche kann somit z. B. eine statistische Aussage über die zu erwartende Menge der Außenwandfläche getroffen werden. Multipliziert mit dem Kostenkennwert der Außenwand können dadurch die Kosten der Außenwand ermittelt werden. BKI spricht bei diesem Verfahren von „Baukostensimulation". Eine komplett ausgeführte Baukostensimulation liefert als Ergebnis einen Kostenrahmen mit Kosten für die 1. und 2. Ebene DIN 276 der Kostengruppen 300 und 400.

Für die Baukostensimulation hat BKI eine Excel-Tabelle vorbereitet. Diese wird kostenfrei im Internet unter:
www.bki.de/kostensimulationsmodell.html
zur Verfügung gestellt. Hier werden auch weitere Informationen zu den Grundlagen des Verfahrens und der Handhabung der Tabelle angeboten.

12. Normierung der Kosten
Grundlage der BKI Regionalfaktoren, die auch der Normierung der Baukosten der dokumentierten Objekte auf Bundesniveau zu Grunde liegen, sind Daten aus der amtlichen Bautätigkeitsstatistik der statistischen Landesämter. Zu allen deutschen Land- und Stadtkreisen sind Angaben aus der Bautätigkeitsstatistik der statistischen Landesämter zum Bauvolumen (m^3 BRI) und Angaben zu den veranschlagten Baukosten (in Euro) erhältlich. Diese Informationen stammen aus statistischen Meldebögen, die mit jedem Bauantrag vom Antragsteller abzugeben sind. Während die Angaben zum Brutto-Rauminhalt als sehr verlässlich eingestuft werden können, da in diesem Bereich kaum Änderungen während der Bauzeit zu erwarten sind, müssen die Angaben zu den Baukosten als Prognosen eingestuft werden. Schließlich stehen die Baukosten beim Einreichen des Bauantrages noch nicht fest. Es ist jedoch davon auszugehen, dass durch die Vielzahl der Datensätze und gleiche Vorgehensweise bei der Baukostennennung brauchbare Durchschnittswerte entstehen. Zusätzlich wurden von BKI Verfahren entwickelt, um die Daten prüfen und Plausibilitätsprüfungen unterziehen zu können. Aus den Kosten und Mengenangaben lassen sich durchschnittliche Herstellungskosten von Bauwerken pro Brutto-Rauminhalt und Land- oder Stadtkreis berechnen. Diese Berechnungen hat BKI durchgeführt und aus den Ergebnissen einen bundesdeutschen Mittelwert gebildet. Anhand des Mittelwertes lassen sich die einzelnen Land- und Stadtkreise prozentual einordnen. (Diese Prozentwerte wurden die Grundlage der BKI Deutschlandkarte mit „Regionalfaktoren für Deutschland und Europa"). Anhand dieser Daten lässt sich jedes Objekt der BKI Datenbank normieren, d. h. so berechnen, als ob es nicht an seinem speziellen Bauort gebaut worden wäre, sondern an einem Bauort der bezüglich seines Regionalfaktors genau dem Bundesdurchschnitt entspricht. Für den Anwender bedeutet die regionale Normierung der Daten auf einen Bundesdurchschnitt, dass einzelne Kostenkennwerte oder das Ergebnis einer Kostenermittlung mit dem Regionalfaktor des Standorts des geplanten Objekts multipliziert werden können. Die landkreisbezogenen Regionalfaktoren finden sich im Anhang des Buchs.

13. Urheberrechte
Alle Objektinformationen und die daraus abgeleiteten Auswertungen (Statistiken) sind urheberrechtlich geschützt. Die Urheberrechte liegen bei den jeweiligen Büros, Personen bzw. beim BKI. Es ist ausschließlich eine Anwendung der Daten im Rahmen der praktischen Kostenplanung im Hochbau zugelassen. Für eine anderweitige Nutzung oder weiterführende Auswertungen behält sich das BKI alle Rechte vor.

Neue BKI Neubau-Dokumentationen
2017-2018

Fotopräsentation der Objekte

1300-0230 Bürogebäude (144 AP), Gastronomie, TG
Büro- und Verwaltungsgebäude, hoher Standard
⌂ dt+p Architekten und Ingenieure GmbH
Bremen

1300-0233 Büro- und Ausstellungsgebäude (32 AP)
Büro- und Verwaltungsgebäude, hoher Standard
⌂ fmb architekten Norman Binder,
Andreas-Thomas Mayer, Stuttgart

1300-0235 Bürogebäude (12 AP) - Effizienzhaus ~60%
Büro- und Verwaltungsgebäude, mittlerer Standard
⌂ MIND Architects Collective
Bischofsheim

1300-0237 Bürogebäude (30 AP) - Effizienzhaus ~76%
Büro- und Verwaltungsgebäude, mittlerer Standard
⌂ crep.D Architekten BDA
Kassel

1300-0238 Bürogebäude, Lagerhalle - Effizienzhaus 70
Büro- und Verwaltungsgebäude, mittlerer Standard
⌂ Eis Architekten GmbH
Bamberg

1300-0239 Technologiezentrum - Effizienzhaus ~62%
Büro- und Verwaltungsgebäude, mittlerer Standard
⌂ Wagner + Günther Architekten
Jena

Fotopräsentation der Objekte

1300-0241 Entwicklungs- und Verwaltungszentrum
Büro- und Verwaltungsgebäude, hoher Standard
Kemper Steiner & Partner Architekten GmbH
Bochum

2100-0001 Hörsaalgebäude - Effizienzhaus ~69%
Sonstige Gebäue (ohne Gebäudeartzuordnung)
Eßmann | Gärtner | Nieper Architekten GbR
Leipzig

2200-0049 Bioforschungszentrum
Instituts- und Laborgebäude
Grabow + Hofmann Architektenpartnerschaft BDA
Nürnberg

2200-0050 Forschungsgebäude, Rechenzentrum (215 AP)
Instituts- und Laborgebäude
BHBVT Gesellschaft von Architekten mbH
Berlin

3100-0024 Praxishaus (7 AP)
Medizinische Einrichtungen
RoA RONGEN ARCHITEKTEN PartG mbB
Wassenberg

3100-0025 Arztpraxis
Medizinische Einrichtungen
Planungsbüro Beham BIAV
Bairawies

Fotopräsentation der Objekte

3100-0028 Ärztehaus (5 Praxen), Apotheke
Medizinische Einrichtungen
⌂ Junk & Reich Architekten BDA
Planungsgesellschaft mbH, Weimar

3200-0025 Zentrum f. Neurologie u. Geriatrie (220 Betten)
Medizinische Einrichtungen
⌂ Kossmann Maslo Architekten
Planungsgesellschaft mbH + Co.KG, Münster

3200-0026 Geriatrische Klinik
Medizinische Einrichtungen
⌂ HDR GmbH
Berlin

4100-0167 Oberschule (2 Klassen, 40 Schüler) Modulbau
Allgemeinbildende Schulen
⌂ Bosse Westphal Schäffer Architekten
Winsen/Luhe

4100-0168 Realschule (400 Schüler) - Effizienzhaus ~66%
Allgemeinbildende Schulen
⌂ KBK Architektengesellschaft Belz | Lutz mbH
Stuttgart

4100-0177 Grundschule (10 Klassen, 280 Schüler)
Allgemeinbildende Schulen

Fotopräsentation der Objekte

4100-0178 Gymnasium (6 Kl), Sporthalle (Einfeldhalle)
Allgemeinbildende Schulen
⌂ Dohse Architekten
  Hamburg

4100-0179 Gymnasium, Sporthalle - Plusenergiehaus
Allgemeinbildende Schulen
⌂ Hermann Kaufmann ZT GmbH & Florian Nagler
  Architekten GmbH "ARGE Diedorf", München

4100-0183 Mittelschule (5 Klassen, 125 Schüler)
Allgemeinbildende Schulen
⌂ ABHD Architekten Beck und Denzinger
  Neuburg a. d. Donau

4100-0188 Grundschule (10 Klassen, 240 Schüler), Mensa
Allgemeinbildende Schulen
⌂ Werkgemeinschaft Quasten-Mundt
  Grevenbroich

4300-0023 Sonderpädagogisches Förderzentrum
Förder- und Sonderschulen
⌂ ssp - planung GmbH
  Waldkirchen

4400-0288 Kinderkrippe (1 Gruppe, 12 Kinder) Modulbau
Kindergärten, nicht unterkellert, mittlerer Standard
⌂ Bosse Westphal Schäffer Architekten
  Winsen/Luhe

Fotopräsentation der Objekte

4400-0289 Kindergarten (1 Gruppe, 12 Kinder) Modulbau
Kindergärten, nicht unterkellert, mittlerer Standard
⌂ Bosse Westphal Schäffer Architekten
   Winsen/Luhe

4400-0294 Kindertagesstätte (125 Ki) - Effizienzhaus ~62%
Kindergärten, nicht unterkellert, mittlerer Standard
⌂ Stricker Architekten BDA
   Hannover

4400-0296 Kindertagesstätte (3 Gruppen, 75 Kinder)
Kindergärten, nicht unterkellert, einfacher Standard
⌂ architekturbüro raum-modul
   Stephan Karches Florian Schweiger, Ingolstadt

4400-0297 Kindertagesstätte (6 Gruppen, 126 Kinder)
Kindergärten, nicht unterkellert, einfacher Standard
⌂ raum-z architekten gmbh
   Frankfurt am Main

4400-0299 Kindertagesstätte (108 Ki) - Effizienzhaus ~79%
Kindergärten, nicht unterkellert, mittlerer Standard
⌂ wittig brösdorf architekten
   Leipzig

4400-0300 Kindertagesstätte (102 Ki) - Effizienzhaus ~61%
Kindergärten, nicht unterkellert, mittlerer Standard
⌂ wittig brösdorf architekten
   Leipzig

Fotopräsentation der Objekte

4400-0301 Kindertagesstätte (1 Gruppe, 25 Kinder)
Kindergärten, nicht unterkellert, mittlerer Standard
⌂ Bosse Westphal Schäffer Architekten
  Winsen/Luhe

4400-0302 Kindertagesstätte (6 Gruppen, 85 Kinder)
Kindergärten, nicht unterkellert, hoher Standard
⌂ LANDHERR / Architekten und Ingenieure GmbH
  Hoppegarten

4400-0303 Kindertagesstätte (3 Gruppen, 58 Kinder)
Kindergärten, nicht unterkellert, mittlerer Standard
⌂ acollage architektur urbanistik
  Hamburg

4400-0305 Kindertagesstätte (125 Kinder) - Passivhaus
Kindergärten, nicht unterkellert, hoher Standard
⌂ VOLK architekten Roland Volk Architekt
  Bensheim

4400-0308 Kindertagesstätte (75 Kinder)
Kindergärten, nicht unterkellert, hoher Standard
⌂ kleyer.koblitz.letzel.freivogel ges. v. architekten mbh
  Berlin

4400-0309 Kindertagesstätte (100 Ki) - Effizienzhaus ~ 55%
Kindergärten, nicht unterkellert, hoher Standard
⌂ ZOLL Architekten Stadtplaner GmbH
  Stuttgart

Fotopräsentation der Objekte

5100-0116 Sporthalle (Dreifeldhalle) - Effizienzhaus ~73%
Sporthallen (Dreifeldhallen)
⌂ Alten Architekten
   Berlin

5100-0118 Sporthalle (1,5-Feldhalle)
Sporthallen (Einfeldhallen)
⌂ wurm architektur
   Ravensburg

6100-1204 7 Reihenhäuser - Passivhausbauweise
Reihenhäuser, mittlerer Standard
⌂ ASs Flassak & Tehrani, Freie Architekten und
   Stadtplaner, Stuttgart

6100-1251 Mehrfamilienhäuser (16 WE)
Mehrfamilienhäuser, mit 6 bis 19 WE, einfacher Standard
⌂ Plan-R-Architekturbüro Joachim Reinig
   Hamburg

6100-1303 Mehrfamilienhaus (11 WE)
Mehrfamilienhäuser, mit 6 bis 19 WE, hoher Standard
⌂ Druschke und Grosser Architekten BDA
   Duisburg

6100-1310 Mehrfamilienhaus (5 WE) - Effizienzhaus 70
Mehrfamilienhäuser, mit bis zu 6 WE, mittlerer Standard
⌂ Architekturbüro Hermann Josef Steverding
   Stadtlohn

Fotopräsentation der Objekte

6100-1312 Mehrfamilienhaus (5 WE), TG (5 STP)
Mehrfamilienhäuser, mit bis zu 6 WE, hoher Standard
⌂ Reichardt + Partner Architekten
Hamburg

6100-1313 Mehrfamilienhaus (7 WE) - Effizienzhaus 70
Mehrfamilienhäuser, mit 6 bis 19 WE, mittlerer Standard
⌂ büro 1.0 architektur +
Berlin

6100-1314 Wohn- u. Geschäftshaus - Effizienzhaus 70
Wohnhäuser, mit bis zu 15% Mischnutzung, mittl. Standard
⌂ büro 1.0 architektur +
Berlin

6100-1315 Einfamilienhaus
Ein- u. Zweifamilienhäuser, nicht unterkell., mittl. Standard
⌂ Püffel Architekten
Bremen

6100-1317 Wohn- u. Geschäftshäuser (21 WE), 6 Gewerbe
Wohnhäuser, mit mehr als 15% Mischnutzung
⌂ Feddersen Architekten
Berlin

6100-1318 Mehrfamilienhaus (11 WE) - Effizienzhaus 70
Mehrfamilienhäuser, mit 6 bis 19 WE, hoher Standard
⌂ agsta Architekten und Ingenieure
Hannover

Fotopräsentation der Objekte

6100-1319 Mehrfamilienhaus (9 WE)
Mehrfamilienhäuser, mit 6 bis 19 WE, mittlerer Standard
⌂ Kastner Pichler Architekten
Köln

6100-1320 Mehrfamilienhaus (14 WE)
Mehrfamilienhäuser, mit 6 bis 19 WE, einfacher Standard
⌂ Knychalla + Team
Neumarkt

6100-1321 Wohnanlage (101 WE), TG - Effizienzhaus 70
Mehrfamilienhäuser, mit 20 oder mehr WE, mittl. Standard
⌂ Thomas Hillig Architekten GmbH
Berlin

6100-1323 Wohn- u. Geschäftshaus - Effizienzhaus 70
Wohnhäuser, mit bis zu 15% Mischnutzung, mittl. Standard
⌂ HAAS Architekten BDA
Berlin

6100-1324 Einfamilienhaus
Ein- u. Zweifamilienhäuser, nicht unterkell., mittl. Standard
⌂ Funken Architekten
Erfurt

6100-1325 Einfamilienhaus - Effizienzhaus 40
Ein- u. Zweifamilienhäuser, Holzbau, nicht unterkellert
⌂ Brack Architekten
Kempten

Fotopräsentation der Objekte

6100-1326 Einfamilienhaus, Carport - Passivhaus
Ein- und Zweifamilienhäuser, Passivhausstandard, Holzbau
RoA RONGEN ARCHITEKTEN PartG mbB
Wassenberg

6100-1328 Ferienhaus (Ferienhaussiedlung)
Ein- u. Zweifamilienhäuser, nicht unterkell., mittl. Standard
ARCHITEKT MAURICE FIEDLER
Erfurt

6100-1330 Mehrfamilienhaus, TG - Effizienzhaus ~16%
Wohnhäuser, mit bis zu 15% Mischnutzung, mittl. Standard
foundation 5+ architekten BDA
Kassel

6100-1331 Einfamilienhaus, Garagen - Effizienzhaus ~64%
Ein- und Zweifamilienhäuser, unterkellert, hoher Standard
Architekturbüro VÖHRINGER
Leingarten

6100-1332 Wohn- und Geschäftshaus (1 WE, 6 AP)
Wohnhäuser, mit mehr als 15% Mischnutzung
KILTZ KAZMAIER ARCHITEKTEN
Kirchheim unter Teck

6100-1334 Mehrfamilienhaus (6 WE)
Mehrfamilienhäuser, mit bis zu 6 WE, mittlerer Standard
güldenzopf rohrberg architektur + design
Hamburg

Fotopräsentation der Objekte

6100-1340 Einfamilienhaussiedlung (12 WE)
Ein- u. Zweifamilienhäuser, nicht unterkell., mittl. Standard
Arnold und Gladisch
Gesellschaft von Architekten mbH, Berlin

6100-1341 Wohn- u. Geschäftshaus - Effizienzhaus ~56%
Wohnhäuser, mit mehr als 15% Mischnutzung
roedig . schop architekten PartG mbB
Berlin

6100-1342 Wohn- und Geschäftshaus - Effizienzhaus 70
Wohnhäuser, mit mehr als 15% Mischnutzung
roedig . schop architekten PartG mbB
Berlin

6100-1343 Pfarrhaus, Gemeindebüros
Wohnhäuser, mit mehr als 15% Mischnutzung
Architekturbüro Ulrike Ahnert
Malchow

6100-1344 Einfamilienhaus - Effizienzhaus ~53%
Ein- u. Zweifamilienhäuser, Holzbau, nicht unterkellert
bau grün ! energieeffiziente Gebäude
Architekt Daniel Finocchiaro, Mönchengladbach

6100-1347 Mehrfamilienhäuser (12 WE) - Effizienzhaus 55
Mehrfamilienhäuser, mit 6 bis 19 WE, mittlerer Standard
Architekturbüro Jakob Krimmel
Bermatingen

Fotopräsentation der Objekte

6100-1348 3 Reihenhäuser - Effizienzhaus 55
Reihenhäuser, mittlerer Standard
Architekturbüro Jakob Krimmel
Bermatingen

6100-1349 Doppelhäuser (2 WE) - Effizienzhaus 55
Doppel- und Reihenendhäuser, mittlerer Standard
Architekturbüro Jakob Krimmel
Bermatingen

6100-1351 Einfamilienhaus
Ein- u. Zweifamilienhäuser, nicht unterkell., hoher Standard
mm architekten Martin A. Müller Architekt BDA
Hannover

6100-1352 Einfamilienhaus, Carport
Ein- u. Zweifamilienhäuser, unterkellert, mittlerer Standard
Architekturbüro Freudenberg
Bad Honnef

6100-1353 Mehrfamilienhaus (8 WE) - Effizienzhaus 70
Mehrfamilienhäuser, mit 6 bis 19 WE, hoher Standard
Sprenger Architekten und Partner mbB
Hechingen

6100-1354 Einfamilienhaus - Effizienzhaus ~73%
Ein- und Zweifamilienhäuser, unterkellert, hoher Standard
wening.architekten
Potsdam

Fotopräsentation der Objekte

6100-1356 Mehrfamilienhaus (3 WE) - Effizienzhaus 70
Mehrfamilienhäuser, mit bis zu 6 WE, hoher Standard
⌂ puschmann architektur
Recklinghausen

6100-1357 Reihenendhaus, Garage
Doppel- und Reihenendhäuser, mittlerer Standard
⌂ architektur.KONTOR
Weimar

6100-1358 Einfamilienhaus - Effizienzhaus 70
Ein- u. Zweifamilienhäuser, nicht unterkell., mittl. Standard
⌂ SoHo Architektur
Memmingen

6100-1359 Mehrfamilienhaus (6 WE) - Effizienzhaus 55
Mehrfamilienhäuser, mit bis zu 6 WE, hoher Standard
⌂ BAUSTRUCTURA Architekturbüro Martin Hennig
Stolberg

6100-1360 Einfamilienhaus, Garage - Passivhaus
Ein- und Zweifamilienhäuser, Passivhausstandard, Holzbau
⌂ bau grün ! gmbh Architekt Daniel Finocchiaro
Mönchengladbach

6100-1361 Zweifamilienhaus
Ein- u. Zweifamilienhäuser, nicht unterkell., hoher Standard
⌂ Architekturbüro Beate Kempkens
Xanten

Fotopräsentation der Objekte

6100-1362 Mehrfamilienhäuser (66 WE) - Effizienzhaus 70
Mehrfamilienhäuser, mit 20 oder mehr WE, mittl. Standard
⌂ Architekten Asmussen + Partner GmbH
Flensburg

6100-1363 Einfamilienhaus - Effizienzhaus 70
Ein- u. Zweifamilienhäuser, nicht unterkell., mittl. Standard
⌂ Romann Architektur
Oberhausen

6100-1364 Einfamilienhaus - Effizienzhaus 55
Ein- u. Zweifamilienhäuser, nicht unterkell., mittl. Standard
⌂ Jirka + Nadansky Architekten
Hohen Neuendorf

6100-1365 Einfamilienhaus - Effizienzhaus 40
Ein- und Zweifamilienhäuser, Holzbauweise, unterkellert
⌂ Jirka + Nadansky Architekten
Hohen Neuendorf

6100-1366 Mehrfamilienhaus (20 WE) - Effizienzhaus 40
Mehrfamilienhäuser, mit 20 oder mehr WE, mittl. Standard
⌂ MMST Architekten GmbH
Hamburg

6100-1370 Mehrfamilienhaus (14 WE), Gewerbe, TG
Wohnhäuser, mit bis zu 15% Mischnutzung, hoh. Standard
⌂ Kantstein Architekten Busse + Rampendahl Psg. mbB
Hamburg

Fotopräsentation der Objekte

6200-0076 Studentenappartements - Effizienzhaus 40
Wohnheime und Internate
 Heider Zeichardt Architekten
 Hamburg

6200-0078 Pflegewohnheim f. Menschen m. Demenz (96 Pl.)
Pflegeheime
 Feddersen Architekten
 Berlin

6200-0079 Übergangswohnheim für Flüchtlinge (12 WE)
Wohnheime und Internate
 pagelhenn architektinnenarchitekt
 Hilden

6200-0081 Wohnpflegeheim (16 Betten)
Pflegeheime
 Haindl + Kollegen GmbH
 München

6200-0082 Wohnheim, Jugendhilfe (3 Gebäude)
Wohnheime und Internate
 Parmakerli-Fountis Gesellschaft von Architekten mbH
 Kleinmachnow

6200-0084 Wohn- und Pflegeheim (28 Betten)
Pflegeheime
 Ecker Architekten
 Heidelberg

Fotopräsentation der Objekte

6400-0096 Gemeindezentrum
Gemeindezentren, einfacher Standard
⌂ Studio b2
  Brackel

6400-0097 Gemeindehaus
Gemeindezentren, mittlerer Standard
⌂ AAg Loebner Schäfer Weber BDA
  Freie Architekten GmbH, Heidelberg

6400-0098 Gemeindehaus (199 Sitzplätze)
Gemeindezentren, mittlerer Standard
⌂ Kastner Pichler Architekten
  Köln

6400-0099 Gemeindehaus, Wohnung (1 WE)
Gemeindezentren, mittlerer Standard
⌂ LEPEL & LEPEL Architektur, Innenarchitektur
  Köln

6400-0101 Gemeindehaus
Gemeindezentren, mittlerer Standard
⌂ Dohse Architekten
  Hamburg

6400-0102 Familienzentrum, Kinderkrippe (2 Gr, 24 Ki)
Gemeindezentren, hoher Standard
⌂ THALEN CONSULT GmbH
  Neuenburg

Fotopräsentation der Objekte

6400-0103 Gemeindehaus
Gemeindezentren, mittlerer Standard
⌂ Kemper Steiner & Partner Architekten GmbH
  Bochum

6400-0104 Jugendtreff
Gemeindezentren, mittlerer Standard
⌂ ABHD Architekten Beck und Denzinger
  Neuburg a. d. Donau

6500-0044 Kantine (199 Sitzplätze) - Effizienzhaus ~75%
Gaststätten, Kantinen und Mensen
⌂ Kastner Pichler Architekten
  Köln

6500-0045 Gaststätte (55 Sitzplätze)
Gaststätten, Kantinen und Mensen
⌂ Kastner Pichler Architekten
  Köln

6500-0046 Mensa
Gaststätten, Kantinen und Mensen
⌂ tun-architektur T. Müller / N. Dudda PartG mbB
  Hamburg

6600-0026 Hotel (94 Betten) - Effizienzhaus ~53%
Sonstige Gebäue (ohne Gebäudeartzuordnung)
⌂ Architekturwerkstatt Ladehoff
  Hardebek

Fotopräsentation der Objekte

7100-0053 Laborgebäude (50 AP) - Effizienzhaus ~89%
Instituts- und Laborgebäude
⌂ sittig-architekten
Jena

7100-0054 Laborgebäude (23 AP)
Instituts- und Laborgebäude
⌂ grau. architektur
Wuppertal

7200-0091 Verbrauchermarkt
Verbrauchermärkte
⌂ nhp Neuwald Dulle Architekten - Ingenieure
Seevetal

7300-0090 Bäckerei, Verkaufsraum - Effizienzhaus ~73%
Betriebs- u. Werkstätten, mehrgeschossig, hoh. Hallenanteil
⌂ Ingenieure fürs Bauen Partnerschaftsgesellschaft
Gettorf

7300-0091 Produktionshalle, Büros - Effizienzhaus ~76%
Betriebs- u. Werkstätten, mehrgeschossig, hoh. Hallenanteil
⌂ STELLWERKSTATT architekturbüro
Detmold

7300-0092 Großküche (28 AP)
Betriebs- u. Werkstätten, mehrgeschossig, ger. Hallenanteil
⌂ Iwersen Architekten GmbH
Wilhelmshaven

Fotopräsentation der Objekte

7300-0093 Betriebsgebäude (40 AP)
Betriebs- u. Werkstätten, mehrgeschossig, hoh. Hallenanteil
⌂ IPROconsult GmbH Planer Architekten Ingenieure
Dresden

7500-0025 Sparkassenfiliale (7 AP) - Effizienzhaus ~35%
Bank- und Sparkassengebäude
⌂ Dillig Architekten GmbH
Simmern

7600-0072 Straßenmeisterei (25 AP)
Öffentliche Bereitschaftsdienste
⌂ HOFFMANN.SEIFERT.PARTNER architekten ingenieure
Zwickau

7600-0073 Feuerwehrhaus - Effizienzhaus ~28%
Feuerwehrhäuser
⌂ Plan 2 Architekturbüro Stendel
Ribnitz-Damgarten

7600-0075 Feuerwehrgerätehaus - Effizienzhaus 70
Feuerwehrhäuser
⌂ Eis Architekten GmbH
Bamberg

7600-0076 Feuerwehrgerätehaus, Übungsturm - Passivhaus
Feuerwehrhäuser
⌂ Lengfeld & Wilisch Architekten PartG mbB
Darmstadt

Fotopräsentation der Objekte

7700-0079 Lagergebäude
Lagergebäude, ohne Mischnutzung
⌂ Mögel & Schwarzbach Freie Architekten PartmbB
   Stuttgart

7700-0081 Lagerhalle
Lagergebäude, ohne Mischnutzung
⌂ Andreas Köck Architekt & Stadtplaner
   Grafenau

7700-0082 Wirtschaftsgebäude
Lagergebäude, ohne Mischnutzung
⌂ Ecker Architekten
   Heidelberg

7800-0026 Fahrradparkhaus (450 STP), Laden
Sonstige Gebäue (ohne Gebäudeartzuordnung)
⌂ hage.felshart.griesenberg Architekten BDA
   Ahrensburg

9100-0151 Bibliothek
Bibliotheken, Museen und Ausstellungen
⌂ Eßmann I Gärtner I Nieper Architekten GbR
   Leipzig

9100-0153 Kreis- und Kommunalarchiv, Bibliothek
Bibliotheken, Museen und Ausstellungen
⌂ Haslob Kruse + Partner
   Bremen

Fotopräsentation der Objekte

9300-0009 Zoo-Verwaltungsgebäude, Tierklinik, Cafeteria
Sonstige Gebäue (ohne Gebäudeartzuordnung)
agsta Architekten und Ingenieure
Hannover

Erläuterungen zur Fachbuchreihe BKI Baukosten Neubau

Erläuterungen zur Fachbuchreihe BKI Baukosten Neubau

Die Fachbuchreihe BKI Baukosten besteht aus drei Bänden:
- Baukosten Gebäude Neubau 2018, Statistische Kostenkennwerte (Teil 1)
- Baukosten Bauelemente Neubau 2018, Statistische Kostenkennwerte (Teil 2)
- Baukosten Positionen Neubau 2018, Statistische Kostenkennwerte (Teil 3)

Die drei Fachbücher für den Neubau sind für verschiedene Stufen der Kostenermittlungen vorgesehen. Daneben gibt es noch eine vergleichbare Buchreihe für den Altbau (Bauen im Bestand) gegliedert in zwei Fachbücher. Nähere Informationen dazu erscheinen in den entsprechenden Büchern. Die nachfolgende Schnellübersicht erläutert Inhalt und Verwendungszweck:

BKI FACHBUCHREIHE Baukosten Neubau 2018

BKI Baukosten Gebäude	BKI Baukosten Bauelemente	BKI Baukosten Positionen
Inhalt: Kosten des Bauwerks, 1. und 2. Ebene nach DIN 276 von ca. 75 Gebäudearten	Inhalt: 3. Ebene DIN 276 und Ausführungsarten nach BKI Lebensdauern von Bauteilen Grobelementarten Kosten im Stahlbau	Inhalt: Positionen nach Leistungsbereichsgliederung für Rohbau, Ausbau, Gebäudetechnik und Freianlagen
Geeignet[1] für Kostenrahmen, Kostenschätzung	Geeignet[1] für Kostenberechnung und Kostenanschlag	Geeignet[1] für Kostenanschlag und Kostenfeststellung
HOAI Phasen 1 und 2	HOAI Phasen 3 und 4	HOAI Phasen 5 bis 9

[1] BKI empfiehlt, bereits ab Vorlage erster Skizzen oder Vorentwürfe Kosten in der 2. Ebene nach DIN 276 zu ermitteln (Grobelementmethode). Auch für die weiteren Kostenermittlungen empfiehlt BKI eine Stufe genauer zu rechnen als die Mindestanforderungen der HOAI in Verbindung mit DIN 276 vorsehen.

Die Buchreihe BKI Baukosten enthält für die verschiedenen Stufen der Kostenermittlung unterschiedliche Tabellen und Grafiken. Ihre Anwendung soll nachfolgend kurz dargestellt werden.

Kostenrahmen

Für die Ermittlung der „ersten Zahl" werden auf der ersten Seite jeder Gebäudeart die Kosten des Bauwerks insgesamt angegeben. Je nach Informationsstand kann der Kostenkennwert (KKW) pro m^3 BRI (Brutto-Rauminhalt), m^2 BGF (Brutto-Grundfläche) oder m^2 NUF (Nutzungsfläche) verwendet werden.

Diese Kennwerte sind geeignet, um bereits ohne Vorentwurf erste Kostenaussagen auf der Grundlage von Bedarfsberechnungen treffen zu können.

Für viele Gebäudearten existieren zusätzlich Kostenkennwerte pro Nutzeinheit. In allen Büchern der Reihe BKI Baukosten werden die statistischen Kostenkennwerte mit Mittelwert (Fettdruck) und Streubereich (von- und bis-Wert) angegeben (Abb. 1; BKI Baukosten Gebäude).

In der unteren Grafik der ersten Seite zu einer Gebäudeart sind die Kostenkennwerte der an der Stichprobe beteiligten Objekte zur Erläuterung der Bandbreite der Kostenkennwerte abgebildet. In allen Büchern wird in der Fußzeile der Kostenstand und die Mehrwertsteuer angegeben. (Abb. 2; BKI Baukosten Gebäude)

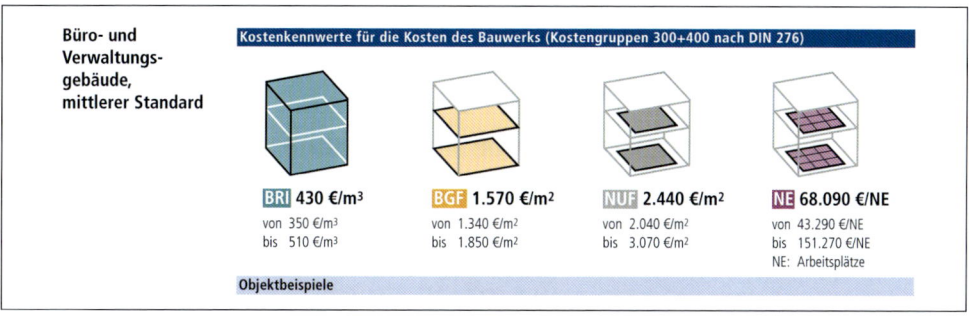

Abb. 1 aus BKI Baukosten Gebäude: Kostenkennwerte des Bauwerks

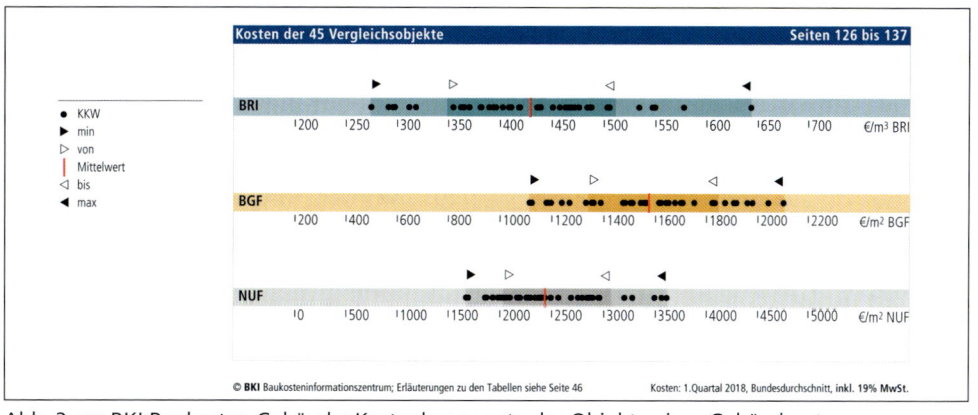

Abb. 2 aus BKI Baukosten Gebäude: Kostenkennwerte der Objekte einer Gebäudeart

Kostenschätzung

Die obere Tabelle der zweiten Seite zu einer Gebäudeart differenziert die Kosten des Bauwerks in die Kostengruppen der 1. Ebene. Es werden nicht nur die Kostenkennwerte für das Bauwerk – getrennt nach Baukonstruktionen und Technische Anlagen – sondern ebenfalls für „Herrichten und Erschließen" des Grundstücks, „Außenanlagen" und „Ausstattung und Kunstwerke" genannt. Für Plausibilitätsprüfungen sind zusätzlich die Prozentanteile der einzelnen Kostengruppen ausgewiesen. (Abb. 3; BKI Baukosten Gebäude)

Um für die Kostenschätzung eine höhere Genauigkeit zu erzielen, empfiehlt BKI zur Kostenermittlung des Bauwerks auf die Kostenkennwerte der 2. Ebene zurückzugreifen. Dazu müssen die Mengen der Kostengruppen 310 Baugrube bis 360 Dächer und die BGF ermittelt werden. Eine Kostenermittlung auf der 2. Ebene ist somit bereits durch Ermittlung von lediglich sieben Mengen möglich. (Abb. 4; BKI Baukosten Gebäude)

In den Benutzerhinweisen am Anfang des Fachbuchs „BKI Baukosten Gebäude, Statistische Kostenkennwerte Teil 1" ist eine „Auswahl kostenrelevanter Baukonstruktionen und Technischer Anlagen" aufgelistet (Abb. 5; BKI Baukosten Gebäude). Sie unterstützen bei der Standardeinordnung einzelner Projekte. Weiterhin gibt die Auflistung Hinweise, welche Ausführungen in den Kostengruppen der 2. Ebene kostenmindernd bzw. kostensteigernd wirken. Dementsprechend sind Kostenkennwerte über oder unter dem Durchschnittswert auszuwählen. Eine rein systematische Verwendung des Mittelwerts reicht für eine qualifizierte Kostenermittlung nicht aus.

Kostenkennwerte für die Kostengruppen der 1. und 2. Ebene DIN 276

KG	Kostengruppen der 1. Ebene	Einheit	▷	€/Einheit	◁	▷	% an 300+400	◁
100	Grundstück	m² GF	–	–	–			
200	Herrichten und Erschließen	m² GF	4	37	238	0,4	1,6	5,6
300	Bauwerk - Baukonstruktionen	m² BGF	1.023	1.193	1.391	70,1	76,0	81,3
400	Bauwerk - Technische Anlagen	m² BGF	274	381	521	18,7	24,0	29,9
	Bauwerk (300+400)	m² BGF	1.341	1.574	1.845		100,0	
500	Außenanlagen	m² AF	36	127	433	2,0	5,2	8,7
600	Ausstattung und Kunstwerke	m² BGF	10	46	188	0,6	2,8	11,0
700	Baunebenkosten*	m² BGF	306	341	376	19,6	21,8	24,0	◁ NEU

Auf Grundlage der HOAI 2013 berechnete Werte nach §§ 35, 52, 56. Weitere Informationen siehe Seite 48

Abb. 3 aus BKI Baukosten Gebäude: Kostenkennwerte der 1. Ebene

KG	Kostengruppen der 2. Ebene	Einheit	▷	€/Einheit	◁	▷	% an 300	◁
310	Baugrube	m³ BGI	20	42	184	0,7	1,7	3,3
320	Gründung	m² GRF	274	358	534	7,1	11,3	16,8
330	Außenwände	m² AWF	389	509	722	28,5	34,3	41,5
340	Innenwände	m² IWF	187	237	298	11,2	17,7	22,1
350	Decken	m² DEF	297	360	557	11,8	17,8	22,7
360	Dächer	m² DAF	280	364	518	7,9	11,6	15,5
370	Baukonstruktive Einbauten	m² BGF	9	25	49	0,1	1,1	3,2
390	Sonstige Baukonstruktionen	m² BGF	34	53	87	2,9	4,6	7,3
300	**Bauwerk Baukonstruktionen**	m² BGF					100,0	
KG	Kostengruppen der 2. Ebene	Einheit	▷	€/Einheit	◁	▷	% an 400	◁
410	Abwasser, Wasser, Gas	m² BGF	43	54	74	10,7	15,6	23,8
420	Wärmeversorgungsanlagen	m² BGF	61	89	147	16,8	24,3	37,7
430	Lufttechnische Anlagen	m² BGF	9	42	87	1,9	7,9	18,1
440	Starkstromanlagen	m² BGF	85	120	160	25,0	32,7	42,9
450	Fernmeldeanlagen	m² BGF	29	51	108	7,9	13,1	22,9
460	Förderanlagen	m² BGF	24	35	60	0,0	2,5	8,6
470	Nutzungsspezifische Anlagen	m² BGF	4	17	46	0,1	1,7	7,6
480	Gebäudeautomation	m² BGF	29	41	53	0,0	2,3	8,6
490	Sonstige Technische Anlagen	m² BGF	1	1	2	0,0	0,0	0,2
400	**Bauwerk Technische Anlagen**	m² BGF					100,0	

Abb. 4 aus BKI Baukosten Gebäude: Kostenkennwerte der 2. Ebene

Auswahl kostenrelevanter Baukonstruktionen

310 Baugrube
- kostenmindernd:
  Nur Oberboden abtragen, Wiederverwertung des Aushubs auf dem Grundstück, keine Deponiegebühr, kurze Transportwege, wiederverwertbares Aushubmaterial für Verfüllung
+ kostensteigernd:
  Wasserhaltung, Grundwasserabsenkung, Baugrubenverbau, Spundwände, Baugrubensicherung mit Großbohrpfählen, Felsbohrungen, schwer lösbare Bodenarten oder Fels

320 Gründung
- kostenmindernd:
  Kein Fußbodenaufbau auf der Gründungsfläche, keine Dämmmaßnahmen auf oder unter der Gründungsfläche
+ kostensteigernd:
  Teurer Fußbodenaufbau auf der Gründungsfläche, Bodenverbesserung, Bodenkanäle, Perimeterdämmung oder sonstige, teure Dämmmaßnahmen, versetzte Ebenen

Türen, hohe Anforderungen an Statik, Brandschutz, Schallschutz, Raumakustik und Optik, Edelstahlgeländer, raumhohe Verfliesung

350 Decke
- kostenmindernd:
  Einfache Bodenbeläge, wenige und einfache Treppen, geringe Spannweiten
+ kostensteigernd:
  Doppelboden, Natursteinböden, Metall- und Holzbekleidungen, Edelstahltreppen, hohe Anforderungen an Brandschutz, Schallschutz, Raumakustik und Optik, hohe Spannweiten

360 Dächer
- kostenmindernd:
  Einfache Geometrie, wenig Durchdringungen
+ kostensteigernd:
  Aufwändige Geometrie wie Mansarddach mit Gauben, Metalldeckung, Glasdächer oder Glasoberlichter, begeh-/befahrbare Flachdächer, Begrünung, Schutzelemente wie Edelstahl-Geländer

Abb. 5 aus BKI Baukosten Gebäude: Kostenrelevante Baukonstruktionen

Die Mengen der 2. Ebene können alternativ statistisch mit den Planungskennwerten auf der vierten Seite jeder Gebäudeart näherungsweise ermittelt werden. (Abb. 6; aus BKI Baukosten Gebäude: Planungskennwerte)
Eine Tabelle zur Anwendung dieser Planungskennwerte ist unter www.bki.de/kostensimulationsmodell als Excel-Tabelle erhältlich. Die Anwendung dieser Tabelle ist dort ebenfalls beschrieben.

Die Werte, die über dieses statistische Verfahren ermittelt werden, sind für die weitere Verwendung auf Plausibilität zu prüfen und anzupassen.

In BKI Baukosten Gebäude befindet sich auf Seite 3 zu jeder Gebäudeart eine Aufschlüsselung nach Leistungsbereichen für eine überschlägige Aufteilung der Bauwerkskosten. (Abb. 7; BKI Baukosten Gebäude)

Für die Kostenaufstellung nach Leistungsbereichen existieren zwei unterschiedliche Ansätze:
1. Bereits nach Kostengruppen ermittelte Kosten können prozentual, mit Hilfe der Angaben in den Prozentspalten, in die voraussichtlich anfallenden Leistungsbereiche aufgeteilt werden
2. an Hand der Angaben €/m² BGF können die voraussichtlich anfallenden Leistungsbereichskosten für das Bauwerk einzeln, auf Grundlage der BGF, ermittelt werden.

Die Ergebnisse dieser „Budgetierung" können die positionsorientierte Aufstellung der Leistungsbereichskosten nicht ersetzen. Für Plausibilitätsprüfungen bzw. grobe Kostenaussagen z. B. für Finanzierungsanfragen sind sie jedoch gut geeignet.

Planungskennwerte für Flächen und Rauminhalte nach DIN 277							
Grundflächen		▷	**Fläche/NUF (%)**	◁	▷	**Fläche/BGF (%)**	◁
NUF Nutzungsfläche			100,0		61,1	**64,6**	71,2
TF Technikfläche		3,9	**5,2**	7,3	2,5	**3,4**	4,8
VF Verkehrsfläche		19,7	**26,5**	39,3	12,4	**17,1**	21,8
NRF Netto-Raumfläche		123,7	**131,7**	144,5	82,3	**85,1**	87,5
KGF Konstruktions-Grundfläche		19,1	**23,1**	28,9	12,5	**14,9**	17,7
BGF Brutto-Grundfläche		144,8	**154,7**	167,7		**100,0**	
Brutto-Rauminhalte		▷	**BRI/NUF (m)**	◁	▷	**BRI/BGF (m)**	◁
BRI Brutto-Rauminhalt		5,34	**5,72**	6,15	3,53	**3,72**	4,18
Flächen von Nutzeinheiten		▷	**NUF/Einheit (m²)**	◁	▷	**BGF/Einheit (m²)**	◁
Nutzeinheit: Arbeitsplätze		24,08	**28,51**	58,79	36,65	**43,51**	84,39
Lufttechnisch behandelte Flächen		▷	**Fläche/NUF (%)**	◁	▷	**Fläche/BGF (%)**	◁
Entlüftete Fläche		48,0	**48,0**	48,0	24,7	**24,7**	24,7
Be- und entlüftete Fläche		89,1	**89,1**	95,6	57,4	**57,4**	60,6
Teilklimatisierte Fläche		7,5	**7,5**	7,5	3,9	**3,9**	3,9
Klimatisierte Fläche		–	**2,6**	–	–	**1,6**	–
KG Kostengruppen (2. Ebene)	**Einheit**	▷	**Menge/NUF**	◁	▷	**Menge/BGF**	◁
310 Baugrube	m³ BGI	0,89	**1,25**	1,93	0,57	**0,80**	1,19
320 Gründung	m² GRF	0,47	**0,58**	0,83	0,31	**0,38**	0,51
330 Außenwände	m² AWF	1,02	**1,26**	1,46	0,69	**0,82**	1,02
340 Innenwände	m² IWF	1,06	**1,33**	1,56	0,70	**0,86**	0,94
350 Decken	m² DEF	0,84	**0,95**	1,13	0,55	**0,61**	0,67
360 Dächer	m² DAF	0,50	**0,61**	0,87	0,32	**0,39**	0,54
370 Baukonstruktive Einbauten	m² BGF	1,45	**1,55**	1,68		**1,00**	
390 Sonstige Baukonstruktionen	m² BGF	1,45	**1,55**	1,68		**1,00**	
300 Bauwerk-Baukonstruktionen	m² BGF	1,45	**1,55**	1,68		**1,00**	

Abb. 6 aus BKI Baukosten Gebäude: Planungskennwerte

Büro- und Verwaltungsgebäude, mittlerer Standard	Kostenkennwerte für Leistungsbereiche nach StLB (Kosten des Bauwerks nach DIN 276)							
	LB	**Leistungsbereiche**	▷	**€/m² BGF**	◁	▷	**% an 300+400**	◁
	000	Sicherheits-, Baustelleneinrichtungen inkl. 001	31	**48**	67	1,9	**3,1**	4,2
	002	Erdarbeiten	13	**26**	52	0,8	**1,6**	3,3
	006	Spezialtiefbauarbeiten inkl. 005	0	**11**	82	0,0	**0,7**	5,2
	009	Entwässerungskanalarbeiten inkl. 011	4	**10**	16	0,2	**0,6**	1,0
	010	Drän- und Versickerungsarbeiten	0	**2**	7	0,0	**0,1**	0,5
	012	Mauerarbeiten	19	**64**	170	1,2	**4,1**	10,8
	013	Betonarbeiten	217	**303**	376	13,8	**19,2**	23,9
	014	Natur-, Betonwerksteinarbeiten	0	**8**	21	0,0	**0,5**	1,3
	016	Zimmer- und Holzbauarbeiten	0	**26**	167	0,0	**1,7**	10,6
	017	Stahlbauarbeiten	1	**19**	145	0,1	**1,2**	9,2
	018	Abdichtungsarbeiten	3	**8**	15	0,2	**0,5**	1,0
	020	Dachdeckungsarbeiten	0	**3**	48	0,0	**0,2**	3,1
	021	Dachabdichtungsarbeiten	30	**54**	84	1,9	**3,4**	5,3
Kosten: Stand 1.Quartal 2018 Bundesdurchschnitt inkl. 19% MwSt.	022	Klempnerarbeiten	5	**17**	41	0,3	**1,1**	2,6
		Rohbau	518	**601**	758	32,9	**38,2**	48,1
	023	Putz- und Stuckarbeiten, Wärmedämmsysteme	13	**66**	121	0,9	**4,2**	7,7

Abb. 7 aus BKI Baukosten Gebäude: Kostenkennwerte für Leistungsbereiche

Kostenberechnung

In der DIN 276 wird für Kostenberechnungen festgelegt, dass die Kosten mindestens bis zur 2. Ebene der Kostengliederung ermittelt werden müssen. BKI empfiehlt die Genauigkeit der Kostenberechnung weiter zu verbessern, indem aus BKI Baukosten Bauelemente die Kostenkennwerte der 3. Ebene verwendet werden. Es können somit gezielt einzelne Kostengruppen der 2. Ebene weiter differenziert werden. (Abb. 8; BKI Baukosten Bauelemente)

Für die Kostengruppen 370, 390 und 410 bis 490 ist lediglich die BGF zu ermitteln, da hier sämtliche Kostenkennwerte auf die BGF bezogen sind. Da in der Regel nicht in allen Kostengruppen Kosten anfallen und viele Mengenermittlungen mehrfach verwendet werden können, ist die Mengenermittlung der 3. Ebene ebenfalls mit relativ wenigen Mengen (ca. 15 bis 25) möglich. (Abb. 9; BKI Baukosten Bauelemente)

334 Außentüren und -fenster	Gebäudeart	▷	€/Einheit	◁	KG an 300
	1 Büro- und Verwaltungsgebäude				
	Büro- und Verwaltungsgebäude, einfacher Standard	270,00	**344,00**	392,00	9,1%
	Büro- und Verwaltungsgebäude, mittlerer Standard	390,00	**616,00**	950,00	9,7%
	Büro- und Verwaltungsgebäude, hoher Standard	742,00	**972,00**	2.194,00	8,5%
	2 Gebäude für Forschung und Lehre				
	Instituts- und Laborgebäude	765,00	**1.052,00**	1.871,00	5,3%
	3 Gebäude des Gesundheitswesens				
	Medizinische Einrichtungen	308,00	**467,00**	547,00	7,1%
	Pflegeheime	400,00	**546,00**	786,00	7,7%
Kosten: Stand 1.Quartal 2018 Bundesdurchschnitt inkl. 19% MwSt.	**4 Schulen und Kindergärten**				
	Allgemeinbildende Schulen	506,00	**868,00**	1.274,00	7,2%
	Berufliche Schulen	662,00	**1.057,00**	1.400,00	4,2%
	Förder- und Sonderschulen	572,00	**840,00**	1.119,00	4,0%
	Weiterbildungseinrichtungen	1.080,00	**1.714,00**	2.348,00	0,8%
	Kindergärten, nicht unterkellert, einfacher Standard	669,00	**709,00**	780,00	6,8%
	Kindergärten, nicht unterkellert, mittlerer Standard	538,00	**725,00**	1.051,00	8,1%

Abb. 8 aus BKI Baukosten Bauelemente: Kostenkennwerte der 3. Ebene

444 Niederspannungs-installations-anlagen	Gebäudeart	▷	€/Einheit	◁	KG an 400
	1 Büro- und Verwaltungsgebäude				
	Büro- und Verwaltungsgebäude, einfacher Standard	23,00	**39,00**	51,00	20,2%
	Büro- und Verwaltungsgebäude, mittlerer Standard	48,00	**69,00**	101,00	19,0%
	Büro- und Verwaltungsgebäude, hoher Standard	63,00	**83,00**	134,00	12,2%
	2 Gebäude für Forschung und Lehre				
	Instituts- und Laborgebäude	31,00	**69,00**	101,00	8,2%
	3 Gebäude des Gesundheitswesens				
	Medizinische Einrichtungen	62,00	**90,00**	143,00	17,8%
	Pflegeheime	35,00	**58,00**	70,00	9,3%
Kosten: Stand 1.Quartal 2018 Bundesdurchschnitt inkl. 19% MwSt.	**4 Schulen und Kindergärten**				
	Allgemeinbildende Schulen	35,00	**53,00**	73,00	15,4%
	Berufliche Schulen	64,00	**84,00**	123,00	15,3%
	Förder- und Sonderschulen	59,00	**86,00**	196,00	20,3%
	Weiterbildungseinrichtungen	58,00	**115,00**	228,00	19,9%
	Kindergärten, nicht unterkellert, einfacher Standard	16,00	**27,00**	33,00	11,0%
	Kindergärten, nicht unterkellert, mittlerer Standard	39,00	**54,00**	109,00	19,5%

Abb. 9 aus BKI Baukosten Bauelemente: Kostenkennwerte der 3. Ebene für Kostengruppe 400

Kostenanschlag

Der Kostenanschlag ist nach Kostenrahmen, Kostenschätzung und Kostenermittlung die vierte Stufe der Kostenermittlungen nach DIN 276. Er dient der Ermittlung der Kosten auf der Grundlage der Ausführungsvorbereitung. Die HOAI-Novelle 2013 beinhaltet bei der Leistungsphase 6 „Vorbereitung der Vergabe" eine wesentliche Änderung: Als Grundleistung wird hier das „Ermitteln der Kosten auf Grundlage vom Planer bepreister Leistungsverzeichnisse" aufgeführt. Nach der Begründung zur 7. HOAI-Novelle wird durch diese präzisierte Kostenermittlung und Kontrolle der Kostenanschlag entbehrlich. Dies heißt jedoch nicht, dass auf die 3. Ebene der DIN 276 verzichtet werden kann. Die 3. Ebene der DIN 276 und die BKI Ausführungsarten sind wichtige Zwischenschritte auf dem Weg zu bepreisten Leistungsverzeichnissen.

Eine besondere Bedeutung kann der 3. Ebene der DIN 276 beim Bauen im Bestand im Rahmen der Bewertung der mitzuverarbeitenden Bausubstanz zukommen, die in die 7. HOAI-Novelle 2013 wieder in die Verordnung aufgenommen worden ist. Denn erst in der 3. Ebene DIN 276 ist eine Differenzierung der Bauteile in die tragende Konstruktion und die Oberflächen (innen und außen) gegeben. Beim Bauen im Bestand sind häufig die Oberflächen zu erneuern. Wesentliche Teile der Gründung und der Tragkonstruktion bleiben faktisch unverändert, werden planerisch aber erfasst und mitverarbeitet. Deren Kostenanteile werden erst durch die Differenzierung der Kosten ab der 3. Ebene ablesbar. Daher können die Neubaukosten der 3. Ebene oft wichtige Kennwerte für die Bewertung der mitzuverarbeitenden Bausubstanz darstellen.

352 Deckenbeläge	KG.AK.AA		€/Einheit		LB an AA
	352.11.00 Beschichtung				
	02 Untergrundvorbehandlung, Beschichtung auf Betonoberfläche (3 Objekte)	46,00	50,00	53,00	
	Einheit: m² Belegte Fläche				
	034 Maler- und Lackierarbeiten - Beschichtungen				22,0%
	036 Bodenbelagarbeiten				78,0%
	352.12.00 Beschichtung, Estrich				
	01 Zementestrich, d=40-50cm, Untergrundvorbehandlung, Bodenbeschichtung (4 Objekte)	41,00	47,00	54,00	
	Einheit: m² Belegte Fläche				
	025 Estricharbeiten				39,0%
	034 Maler- und Lackierarbeiten - Beschichtungen				41,0%
	036 Bodenbelagarbeiten				20,0%
	352.21.00 Estrich				
	01 Trennlage, Gussasphalt, d=25-30mm, Oberfläche glätten und mit Quarzsand abgereiben (4 Objekte)	30,00	41,00	45,00	
	Einheit: m² Belegte Fläche				
	025 Estricharbeiten				100,0%

Kosten: Stand 1.Quartal 2018 Bundesdurchschnitt inkl. 19% MwSt.

Abb. 10 aus BKI Baukosten Bauelemente: Kostenkennwerte für Ausführungsarten

Positionspreise

Zum Bepreisen von Leistungsverzeichnissen, Vorbereitung der Vergabe sowie Prüfen von Preisen eignet sich der Band BKI Baukosten Positionen, Statistische Kostenkennwerte (Teil 3). In diesem Band werden Positionen aus der BKI Datenbank ausgewertet und tabellarisch mit Minimal-, Von-, Mittel-, Bis- sowie Maximalpreisen aufgelistet. Aufgeführt sind jeweils Brutto- und Nettopreise. (Abb. 11; BKI Baukosten Positionen)

Die Von-, Mittel-, Bis-Preise stellen dabei die übliche Bandbreite der Positionspreise dar. Minimal- und Maximalpreise bezeichnen die kleinsten und größten aufgetretenen Preise einer in der BKI-Datenbank dokumentierten Position. Sie stellen jedoch keine absolute Unter- oder Obergrenze dar. Die Positionen sind gegliedert nach den Leistungsbereichen des Standardleistungsbuchs. Es werden Positionen für Rohbau, Ausbau, Gebäudetechnik und Freianlagen dokumentiert.

Ergänzt werden die statistisch ausgewerteten Baupreise durch Mustertexte für die Ausschreibung von Bauleistungen. Diese werden von Fachautoren verfasst und i.d.R. von Fachverbänden geprüft. Die Verbände sind in der Fußzeile für den jeweiligen Leistungsbereich benannt. (Abb. 12; BKI Baukosten Positionen)

Abb. 11 aus BKI Baukosten Positionen: Positionspreise

Abb. 12 aus BKI Baukosten Positionen: Mustertexte

Detaillierte Kostenangaben zu einzelnen Objekten

In BKI Baukosten Gebäude existiert zu jeder Gebäudeart eine Objektübersicht mit den ausgewerteten Objekten, die zu den Stichproben beigetragen haben. (Abb. 13; BKI Baukosten Gebäude)

Diese Übersicht erlaubt den Übergang von der Kostenkennwertmethode auf der Grundlage einer statistischen Auswertung, wie sie in der Buchreihe "BKI Baukosten" gebildet wird, zur Objektvergleichsmethode auf der Grundlage einer objektorientierten Darstellung, wie sie in den "BKI Objektdaten" enthalten ist. Alle Objekte sind mit einer Objektnummer versehen, unter der eine Einzeldokumentation bei BKI bestellt werden kann. Weiterhin ist angegeben, in welchem Fachbuch der Reihe BKI OBJEKTDATEN das betreffende Objekt veröffentlicht wurde.

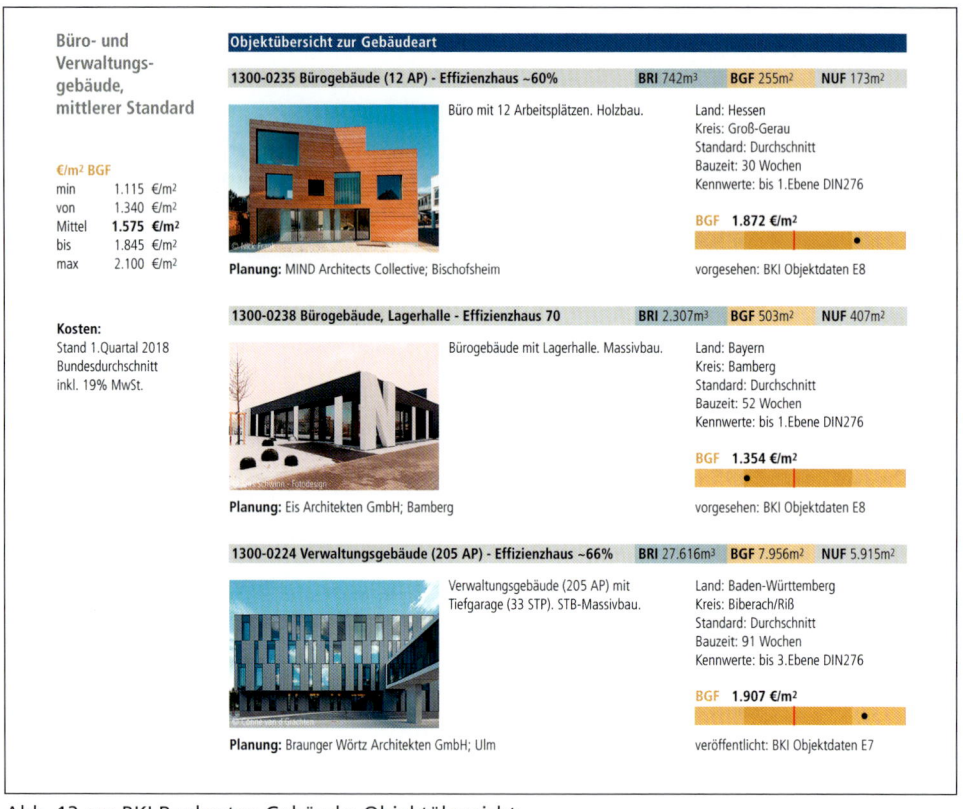

Abb. 13 aus BKI Baukosten Gebäude: Objektübersicht

Erläuterungen

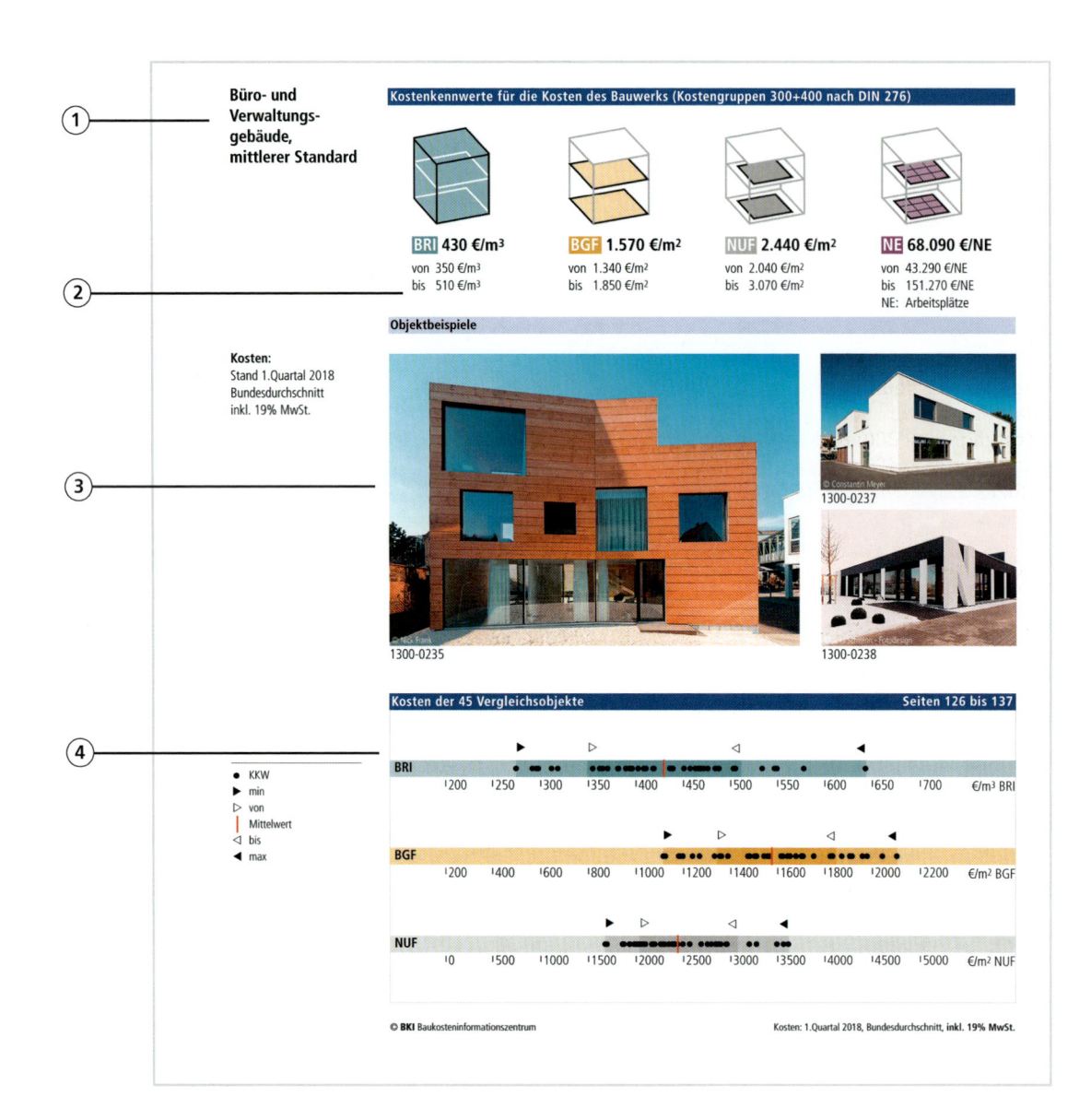

① Büro- und Verwaltungs-gebäude, mittlerer Standard

Kostenkennwerte für die Kosten des Bauwerks (Kostengruppen 300+400 nach DIN 276)

BRI 430 €/m³	BGF 1.570 €/m²	NUF 2.440 €/m²	NE 68.090 €/NE
von 350 €/m³	von 1.340 €/m²	von 2.040 €/m²	von 43.290 €/NE
bis 510 €/m³	bis 1.850 €/m²	bis 3.070 €/m²	bis 151.270 €/NE
			NE: Arbeitsplätze

②

Objektbeispiele

③ **Kosten:**
Stand 1.Quartal 2018
Bundesdurchschnitt
inkl. 19% MwSt.

1300-0235
1300-0237
1300-0238

Kosten der 45 Vergleichsobjekte Seiten 126 bis 137

④
- ● KKW
- ▶ min
- ▷ von
- | Mittelwert
- ◁ bis
- ◀ max

BRI — €/m³ BRI
BGF — €/m² BGF
NUF — €/m² NUF

© BKI Baukosteninformationszentrum   Kosten: 1.Quartal 2018, Bundesdurchschnitt, **inkl. 19% MwSt.**

Erläuterung nebenstehender Tabellen und Abbildungen

Kostenkennwerte für die Kosten des Bauwerks (Kostengruppe 300+400 DIN 276)

(1)

Bezeichnung der Gebäudeart

(2)

Kostenkennwerte für Bauwerkskosten inkl. MwSt. mit Kostenstand 1.Quartal 2018.
Kosten und Kostenkennwerte umgerechnet auf den Bundesdurchschnitt.

Angabe von Streubereich (Standardabweichung; „von-/bis"-Werte) und Mittelwert (Fettdruck).
- Bauwerkskosten: Summe der Kostengruppen 300 und 400 (DIN 276)
- Kostengruppe 300: Bauwerk-Baukonstruktionen
- Kostengruppe 400: Bauwerk-Technische Anlagen
- BRI: Brutto-Rauminhalt (DIN 277)
- BGF: Brutto-Grundfläche (DIN 277)
- NUF: Nutzungsfläche (DIN 277)
- NE: Nutzeinheit
Auf volle 5 bzw. 10€ gerundete Werte

(3)

Zeigt Abbildungen beispielhaft ausgewählter Vergleichsobjekte aus der jeweiligen Gebäudeart. Die Objektnummer verweist auf die in der BKI-Baukostendatenbank verfügbare Objektdokumentation. Diese Objektnummer ermöglicht es, bei Bedarf von der Kostenkennwertmethode zur Objektvergleichsmethode zu wechseln. Weitere Objektnachweise finden sich in der Objektübersicht zu dieser Gebäudeart.

Vergleichsobjekte

(4)

Die Punkte zeigen auf die objektbezogenen Kostenkennwerte €/m³ BRI, €/m² BGF und €/m² NUF der Vergleichsobjekte. Diese Tabelle verdeutlicht den Sachverhalt, dass die Kostenkennwerte realer und abgerechneter Einzelobjekte auch außerhalb des statistisch ermittelten Streubereichs (Standardabweichung) liegen können. Der farbintensive innere Bereich stellt diesen Streubereich (von-bis) grafisch mit der Angabe des Mittelwerts dar. Von allen Vergleichsobjekten können beim BKI bei Bedarf die ausführlichen Kostendokumentationen angefordert werden. Die Breiten der Streubereiche variieren bei den unterschiedlichen Gebäudearten. Eine Übersicht über alle Gebäudearten mit einheitlicher Skala befindet sich auf Seite 104-107.

Kostenkennwerte für die Kostengruppen der 1. und 2. Ebene DIN 276

KG	Kostengruppen der 1. Ebene	Einheit	▷	€/Einheit	◁	▷	% an 300+400	◁	
100	Grundstück	m² GF	–	–	–	–	–	–	
200	Herrichten und Erschließen	m² GF	4	37	238	0,4	1,6	5,6	
300	Bauwerk - Baukonstruktionen	m² BGF	1.023	1.193	1.391	70,1	76,0	81,3	
400	Bauwerk - Technische Anlagen	m² BGF	274	381	521	18,7	24,0	29,9	
	Bauwerk (300+400)	m² BGF	1.341	1.574	1.845		100,0		
500	Außenanlagen	m² AF	36	127	433	2,0	5,2	8,7	
600	Ausstattung und Kunstwerke	m² BGF	10	46	188	0,6	2,8	11,0	
700	Baunebenkosten*	m² BGF	306	341	376	19,6	21,8	24,0	◁ NEU

Auf Grundlage der HOAI 2013 berechnete Werte nach §§ 35, 52, 56. Weitere Informationen siehe Seite 50

KG	Kostengruppen der 2. Ebene	Einheit	▷	€/Einheit	◁	▷	% an 300	◁
310	Baugrube	m³ BGI	20	42	184	0,7	1,7	3,3
320	Gründung	m² GRF	274	358	534	7,1	11,3	16,8
330	Außenwände	m² AWF	389	509	722	28,5	34,3	41,5
340	Innenwände	m² IWF	187	237	298	11,2	17,7	22,1
350	Decken	m² DEF	297	360	557	11,8	17,8	22,7
360	Dächer	m² DAF	280	364	518	7,9	11,6	15,5
370	Baukonstruktive Einbauten	m² BGF	9	25	49	0,1	1,1	3,2
390	Sonstige Baukonstruktionen	m² BGF	34	53	87	2,9	4,6	7,3
300	**Bauwerk Baukonstruktionen**	**m² BGF**					**100,0**	

KG	Kostengruppen der 2. Ebene	Einheit	▷	€/Einheit	◁	▷	% an 400	◁
410	Abwasser, Wasser, Gas	m² BGF	43	54	74	10,7	15,6	23,8
420	Wärmeversorgungsanlagen	m² BGF	61	89	147	16,8	24,3	37,7
430	Lufttechnische Anlagen	m² BGF	9	42	87	1,9	7,9	18,1
440	Starkstromanlagen	m² BGF	85	120	160	25,0	32,7	42,9
450	Fernmeldeanlagen	m² BGF	29	51	108	7,9	13,1	22,9
460	Förderanlagen	m² BGF	24	35	60	0,0	2,5	8,6
470	Nutzungsspezifische Anlagen	m² BGF	4	17	46	0,1	1,7	7,6
480	Gebäudeautomation	m² BGF	29	41	53	0,0	2,3	8,6
490	Sonstige Technische Anlagen	m² BGF	1	1	2	0,0	0,0	0,2
400	**Bauwerk Technische Anlagen**	**m² BGF**					**100,0**	

Prozentanteile der Kosten der 2. Ebene an den Kosten des Bauwerks nach DIN 276 (Von-, Mittel-, Bis-Werte)

KG		Mittelwert
310	Baugrube	1,2
320	Gründung	8,6
330	Außenwände	26,0
340	Innenwände	13,2
350	Decken	13,4
360	Dächer	8,8
370	Baukonstruktive Einbauten	0,8
390	Sonstige Baukonstruktionen	3,4
410	Abwasser, Wasser, Gas	3,6
420	Wärmeversorgungsanlagen	5,8
430	Lufttechnische Anlagen	2,2
440	Starkstromanlagen	8,0
450	Fernmeldeanlagen	3,3
460	Förderanlagen	0,7
470	Nutzungsspezifische Anlagen	0,5
480	Gebäudeautomation	0,6
490	Sonstige Technische Anlagen	0,0

© **BKI** Baukosteninformationszentrum

Kosten: 1.Quartal 2018, Bundesdurchschnitt, **inkl. 19% MwSt.**

Erläuterung nebenstehender Baukostentabellen

Alle Kostenkennwerte enthalten die Mehrwertsteuer. Kostenstand: 1.Quartal 2018.
Kosten und Kostenkennwerte umgerechnet auf den Bundesdurchschnitt.
Die Bezugseinheiten der Kostenkennwerte entsprechen der
DIN 277-3 : 2005-04: Mengen und Bezugseinheiten.

Kostenkennwerte für die Kostengruppen der 1. und 2. Ebene DIN 276

①

Kostenkennwerte in €/Einheit für die Kostengruppen 200 bis 600 der 1. Ebene DIN 276 mit Angabe von Mittelwert (Spalte: €/Einheit) und Standardabweichung („von-/bis"-Werte). Anteil der jeweiligen Kostengruppen in Prozent der Bauwerkskosten (100%) mit Angabe von Mittelwert (Spalte: % an 300 + 400) und Streubereich („von-/bis"-Werte). Die Werte in den Spalten „von" bzw. „bis" sind aus statistischen Gründen nicht addierbar, sonstige Abweichungen sind rundungsbedingt.

②

Angaben zum Bauwerk, jedoch für Kostengruppen der 2. Ebene DIN 276. Die Kostenkennwerte zur Kostengruppe 300 (Bauwerk-Baukonstruktionen) sind wegen den unterschiedlichen Bezugseinheiten nicht addierbar.
Bei der Ermittlung der Kostenkennwerte dieser Tabelle variiert der Stichprobenumfang von Kostengruppe zu Kostengruppe und auch gegenüber dem Stichprobenumfang der Tabelle der 1. Ebene. Um kostenplanerisch realistische Kostenkennwerte für die einzelnen Kostengruppen angeben zu können, wurden bei jeder Kostengruppe nur diejenigen Objekte einbezogen, bei denen für die betreffende Kostengruppe auch tatsächlich Kosten angefallen sind.
Zur Berechnung der Prozentanteile wurden jedoch alle Objekte herangezogen, zwischen den Kostenkennwerten und den Prozentanteilen kann daher kein direkter Bezug hergeleitet werden. Beispiel: Da Büro- und Verwaltungsgebäude nicht immer eine Förderanlage enthalten, ergibt sich bezogen auf die gesamte Stichprobe der geringe mittlere Prozentanteil von nur 2,3% an den Kosten der Technischen Anlagen. Diesem Prozentsatz steht der Kostenkennwert von 34€/m² BGF gegenüber, ermittelt aus den Objekten, bei denen Kosten für Förderanlagen abgerechnet worden sind.

Prozentualer Anteil der Kostengruppen der 2. Ebene an den Kosten des Bauwerks nach DIN 276

③

Die grafische Darstellung verdeutlicht, welchen durchschnittlichen Anteil die Kostengruppen der 2. Ebene DIN 276 an den Bauwerkskosten (Kostengruppe 300 + 400 = 100%) haben. Für Kostenermittlungen werden die kostenplanerisch besonders relevanten Kostengruppen auch optisch sofort erkennbar. Der senkrechte Strich markiert den durchschnittlichen Prozentanteil (Mittelwert); der farbige Balken visualisiert den „Streubereich" (Standardabweichung). Bei der Aufsummierung aller Prozentanteile der Kostengruppen sind Abweichungen zu 100% rundungsbedingt.

Kostenkennwerte für die Kostengruppen der 1. und 2. Ebene DIN 276

KG	Kostengruppen der 1. Ebene	Einheit	▷	€/Einheit	◁	▷	% an 300+400	◁
100	Grundstück	m² GF	–	–	–	–	–	–
200	Herrichten und Erschließen	m² GF	4	37	238	0,4	1,6	5,6
300	Bauwerk - Baukonstruktionen	m² BGF	1.023	1.193	1.391	70,1	76,0	81,3
400	Bauwerk - Technische Anlagen	m² BGF	274	381	521	18,7	24,0	29,9
	Bauwerk (300+400)	m² BGF	1.341	1.574	1.845		100,0	
500	Außenanlagen	m² AF	36	127	433	2,0	5,2	8,7
600	Ausstattung und Kunstwerke	m² BGF	10	46	188	0,6	2,8	11,0
700	Baunebenkosten*	m² BGF	306	341	376	19,6	21,8	24,0 ◁ NEU

*(1) * Auf Grundlage der HOAI 2013 berechnete Werte nach §§ 35, 52, 56. Weitere Informationen siehe Seite 50*

KG	Kostengruppen der 2. Ebene	Einheit	▷	€/Einheit	◁	▷	% an 300	◁
310	Baugrube	m³ BGI	20	42	184	0,7	1,7	3,3
320	Gründung	m² GRF	274	358	534	7,1	11,3	16,8
330	Außenwände	m² AWF	389	509	722	28,5	34,3	41,5
340	Innenwände	m² IWF	187	237	298	11,2	17,7	22,1
350	Decken	m² DEF	297	360	557	11,8	17,8	22,7
360	Dächer	m² DAF	280	364	518	7,9	11,6	15,5
370	Baukonstruktive Einbauten	m² BGF	9	25	49	0,1	1,1	3,2
390	Sonstige Baukonstruktionen	m² BGF	34	53	87	2,9	4,6	7,3
300	**Bauwerk Baukonstruktionen**	**m² BGF**					**100,0**	

KG	Kostengruppen der 2. Ebene	Einheit	▷	€/Einheit	◁	▷	% an 400	◁
410	Abwasser, Wasser, Gas	m² BGF	43	54	74	10,7	15,6	23,8
420	Wärmeversorgungsanlagen	m² BGF	61	89	147	16,8	24,3	37,7
430	Lufttechnische Anlagen	m² BGF	9	42	87	1,9	7,9	18,1
440	Starkstromanlagen	m² BGF	85	120	160	25,0	32,7	42,9
450	Fernmeldeanlagen	m² BGF	29	51	108	7,9	13,1	22,9
460	Förderanlagen	m² BGF	24	35	60	0,0	2,5	8,6
470	Nutzungsspezifische Anlagen	m² BGF	4	17	46	0,1	1,7	7,6
480	Gebäudeautomation	m² BGF	29	41	53	0,0	2,3	8,6
490	Sonstige Technische Anlagen	m² BGF	1	1	2	0,0	0,0	0,2
400	**Bauwerk Technische Anlagen**	**m² BGF**					**100,0**	

Prozentanteile der Kosten der 2. Ebene an den Kosten des Bauwerks nach DIN 276 (Von-, Mittel-, Bis-Werte)

KG	Bezeichnung	%
310	Baugrube	1,2
320	Gründung	8,6
330	Außenwände	26,0
340	Innenwände	13,2
350	Decken	13,4
360	Dächer	8,8
370	Baukonstruktive Einbauten	0,8
390	Sonstige Baukonstruktionen	3,4
410	Abwasser, Wasser, Gas	3,6
420	Wärmeversorgungsanlagen	5,8
430	Lufttechnische Anlagen	2,2
440	Starkstromanlagen	8,0
450	Fernmeldeanlagen	3,3
460	Förderanlagen	0,7
470	Nutzungsspezifische Anlagen	0,5
480	Gebäudeautomation	0,6
490	Sonstige Technische Anlagen	0,0

© BKI Baukosteninformationszentrum

Kosten: 1.Quartal 2018, Bundesdurchschnitt, inkl. 19% MwSt.

Erläuterung nebenstehender Baukostentabellen

Alle Kostenkennwerte enthalten die Mehrwertsteuer. Kostenstand: 1.Quartal 2018.
Kosten und Kostenkennwerte umgerechnet auf den Bundesdurchschnitt.
Die Bezugseinheiten der Kostenkennwerte entsprechen der
DIN 277-3 : 2005-04: Mengen und Bezugseinheiten.

Kostenkennwerte für die Kostengruppe 700 Baunebenkosten

(1)

Im Fachbuch „BKI Baukosten 2018 - Gebäude" werden erstmalig die Honorare für die Architekten- und Ingenieurleistungen rechnerisch ermittelt. Als Grundlage dienen die Bauwerkskosten (KG 300 und 400) der jeweiligen Objekte, welche eine detaillierte Berechnung ermöglichen.

Für jedes in der Gebäudeart enthaltene Objekt wurden anhand der jeweils anrechenbaren Kosten:
- die Honorare für Grundleistungen bei Gebäuden und Innenräumen (Honorartafel § 35),
- die Honorare für Grundleistungen bei Tragwerksplanungen (Honorartafel §52),
- die Honorare für Grundleistungen der Technischen Ausrüstung (Honorartafel §56).

Es handelt sich dabei um regelmäßig anfallende Leistungsbilder der HOAI. Die berechneten Honorare beinhalten jeweils alle Grundleistungen (100%) des Leistungsbildes und keine besonderen Leistungen.

Je nach Anforderung können weitere Leistungsbilder (z.B. für Freianlagen, Umweltverträglichkeitsstudien, Bauphysik, Geotechnik, Ingenieurvermessung und weitere) und besondere Leistungen erforderlich werden. Diese müssen bei Kostenermittlungen separat ermittelt und kostenplanerisch erfasst werden. Dafür kann der Artikel „Orientierungswerte und frühzeitige Ermittlung der Baunebenkosten ausgewählter Gebäudearten" von Univ.-Prof. Dr.-Ing. Wolfdietrich Kalusche und Sebastian Herke (ab Seite 80) eine wesentliche Hilfestellung geben, oder die ebenfalls bei BKI erhältliche Software „BKI Honorarplaner".

Die Honorarberechnungen wurden jeweils für den Mindest-, Mittel- und Höchstsatz der entsprechenden Leistungsbilder berechnet und in der BKI Systematik bei den Von-, Mittel-, und Bis-Werten eingetragen. Bei mehreren möglichen Honorarzonen wurde die jeweils niedrigere gewählt.

Für die rechnerisch ermittelten Kostenkennwerte der KG 700 wurde eine blaue Schriftfarbe verwendet, um diese von den empirisch erhobenen Werten der anderen Kostengruppen abzuheben. Damit soll auch verdeutlicht werden, dass der hier abgebildete Kostenkennwert nicht die gesamten Kosten der KG 700 abbildet. Es werden ausschließlich die Honorare nach den Paragrafen 35, 52, 56 der HOAI 2013 ermittelt. Für eine überschlägige Berechnung der weiteren Bestandteile der Baunebenkosten wird die Abbildung 18 im Artikel „Orientierungswerte und frühzeitige Ermittlung der Baunebenkosten ausgewählter Gebäudearten" empfohlen.

① Büro- und Verwaltungsgebäude, mittlerer Standard

Kosten:
Stand 1.Quartal 2018
Bundesdurchschnitt
inkl. 19% MwSt.

- KKW
- ▶ min
- ▷ von
- | Mittelwert
- ◁ bis
- ◀ max

Kostenkennwerte für Leistungsbereiche nach StLB (Kosten des Bauwerks nach DIN 276)

LB	Leistungsbereiche	▷	€/m² BGF	◁	▷	% an 300+400	◁
000	Sicherheits-, Baustelleneinrichtungen inkl. 001	31	48	67	1,9	3,1	4,2
002	Erdarbeiten	13	26	52	0,8	1,6	3,3
006	Spezialtiefbauarbeiten inkl. 005	0	11	82	0,0	0,7	5,2
009	Entwässerungskanalarbeiten inkl. 011	4	10	16	0,2	0,6	1,0
010	Drän- und Versickerungsarbeiten	0	2	7	0,0	0,1	0,5
012	Mauerarbeiten	19	64	170	1,2	4,1	10,8
013	Betonarbeiten	217	303	376	13,8	19,2	23,9
014	Natur-, Betonwerksteinarbeiten	0	8	21	0,0	0,5	1,3
016	Zimmer- und Holzbauarbeiten	0	26	167	0,0	1,7	10,6
017	Stahlbauarbeiten	1	19	145	0,1	1,2	9,2
018	Abdichtungsarbeiten	3	8	15	0,2	0,5	1,0
020	Dachdeckungsarbeiten	0	3	48	0,0	0,2	3,1
021	Dachabdichtungsarbeiten	30	54	84	1,9	3,4	5,3
022	Klempnerarbeiten	5	17	41	0,3	1,1	2,6
	Rohbau	**518**	**601**	**758**	**32,9**	**38,2**	**48,1**
023	Putz- und Stuckarbeiten, Wärmedämmsysteme	13	66	121	0,9	4,2	7,7
024	Fliesen- und Plattenarbeiten	7	19	48	0,5	1,2	3,0
025	Estricharbeiten	17	33	54	1,1	2,1	3,4
026	Fenster, Außentüren inkl. 029, 032	57	123	181	3,6	7,8	11,5
027	Tischlerarbeiten	26	50	89	1,6	3,2	5,6
028	Parkettarbeiten, Holzpflasterarbeiten	0	5	30	0,0	0,3	1,9
030	Rollladenarbeiten	12	28	53	0,8	1,8	3,3
031	Metallbauarbeiten inkl. 035	38	101	261	2,4	6,4	16,6
034	Maler- und Lackiererarbeiten inkl. 037	25	37	66	1,6	2,3	4,2
036	Bodenbelagarbeiten	21	32	56	1,3	2,0	3,5
038	Vorgehängte hinterlüftete Fassaden	2	24	98	0,1	1,5	6,2
039	Trockenbauarbeiten	43	79	122	2,7	5,0	7,7
	Ausbau	**498**	**599**	**688**	**31,6**	**38,1**	**43,7**
040	Wärmeversorgungsanl. - Betriebseinr. inkl. 041	60	84	133	3,8	5,3	8,4
042	Gas- und Wasserinstallation, Leitungen inkl. 043	7	10	17	0,5	0,6	1,1
044	Abwasserinstallationsarbeiten - Leitungen	6	11	18	0,4	0,7	1,1
045	GWA-Einrichtungsgegenstände inkl. 046	12	19	30	0,8	1,2	1,9
047	Dämmarbeiten an betriebstechnischen Anlagen	5	10	20	0,3	0,6	1,2
049	Feuerlöschanlagen, Feuerlöschgeräte	0	2	2	0,0	0,1	0,1
050	Blitzschutz- und Erdungsanlagen	2	5	9	0,1	0,3	0,5
052	Mittelspannungsanlagen	–	0	–	–	0,0	–
053	Niederspannungsanlagen inkl. 054	61	90	169	3,9	5,7	10,7
055	Ersatzstromversorgungsanlagen	0	2	12	0,0	0,1	0,8
057	Gebäudesystemtechnik	0	1	10	0,0	0,0	0,6
058	Leuchten und Lampen inkl. 059	17	31	44	1,1	1,9	2,8
060	Elektroakustische Anlagen, Sprechanlagen	1	4	19	0,1	0,3	1,2
061	Kommunikationsnetze, inkl. 062	18	30	53	1,2	1,9	3,4
063	Gefahrenmeldeanlagen	5	18	63	0,3	1,1	4,0
069	Aufzüge	0	11	38	0,0	0,7	2,4
070	Gebäudeautomation	0	9	36	0,0	0,6	2,3
075	Raumlufttechnische Anlagen	6	32	70	0,4	2,0	4,4
	Technische Anlagen	**276**	**368**	**463**	**17,6**	**23,3**	**29,4**
	Sonstige Leistungsbereiche inkl. 008, 033, 051	2	8	28	0,1	0,5	1,8

© BKI Baukosteninformationszentrum

Kosten: 1.Quartal 2018, Bundesdurchschnitt, **inkl. 19% MwSt.**

②

③

Erläuterung nebenstehender Baukostentabelle

Alle Kostenkennwerte enthalten die Mehrwertsteuer. Kostenstand: 1.Quartal 2018.
Kosten und Kostenkennwerte umgerechnet auf den Bundesdurchschnitt.

Kostenkennwerte für Leistungsbereiche nach StLB (Kosten des Bauwerks DIN 276)

①

LB-Nummer nach Standardleistungsbuch (StLB).
Bezeichnung des Leistungsbereichs (zum Teil abgekürzt).

Kostenkennwerte für Bauwerkskosten (Kostengruppe 300 + 400 nach DIN 276) je Leistungsbereich in €/m² Brutto-Grundfläche (nach DIN 277):
Mittelwerte: siehe Spalte „€/m² BGF".
Standardabweichung: siehe Spalten „von/bis".

Anteil der jeweiligen Leistungsbereiche in Prozent der Bauwerkskosten (100%):
Mittelwerte: siehe Spalte „% an 300 + 400"
Standardabweichung: siehe Spalten „von/bis".

②

Kostenkennwerte und Prozentanteile für „Leistungsbereichspakete" als Zusammenfassung bestimmter Leistungsbereiche. Leistungsbereiche mit relativ geringem Kostenanteil wurden in Einzelfällen mit anderen Leistungsbereichen zusammengefasst.

Beispiel:
LB 000 Baustelleneinrichtung zusammengefasst mit
LB 001 Gerüstarbeiten (Angabe: inkl. 001).
vollständige Leistungsbereichsgliederung siehe S. 102

③

Ergänzende, den StLB-Leistungsbereichen nicht zuordenbare Leistungsbereiche, zusammengefasst mit den LB-Nr. 008, 033, 051 u.a.

Anmerkung:
Die Werte in den Spalten „von" bzw. „bis" sind aus statistischen Gründen nicht addierbar, sonstige Abweichungen sind rundungsbedingt.
Bei zu geringem Stichprobenumfang entfällt bei einzelnen Leistungsbereichen die Angabe „von/bis".

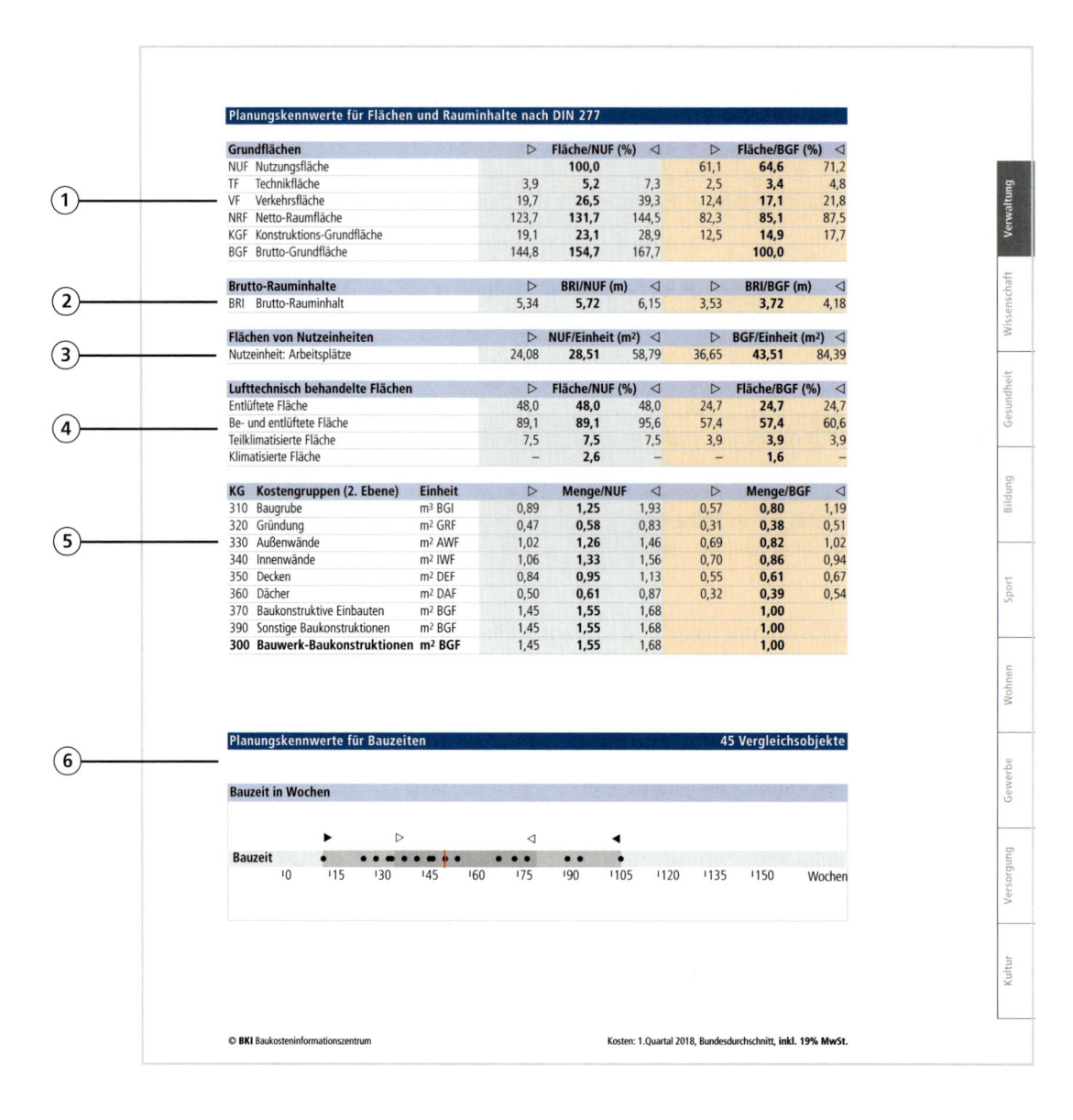

Planungskennwerte für Flächen und Rauminhalte nach DIN 277

Grundflächen		▷	Fläche/NUF (%)	◁	▷	Fläche/BGF (%)	◁
NUF	Nutzungsfläche		100,0		61,1	64,6	71,2
TF	Technikfläche	3,9	5,2	7,3	2,5	3,4	4,8
VF	Verkehrsfläche	19,7	26,5	39,3	12,4	17,1	21,8
NRF	Netto-Raumfläche	123,7	131,7	144,5	82,3	85,1	87,5
KGF	Konstruktions-Grundfläche	19,1	23,1	28,9	12,5	14,9	17,7
BGF	Brutto-Grundfläche	144,8	154,7	167,7		100,0	

Brutto-Rauminhalte		▷	BRI/NUF (m)	◁	▷	BRI/BGF (m)	◁
BRI	Brutto-Rauminhalt	5,34	5,72	6,15	3,53	3,72	4,18

Flächen von Nutzeinheiten		▷	NUF/Einheit (m²)	◁	▷	BGF/Einheit (m²)	◁
Nutzeinheit: Arbeitsplätze		24,08	28,51	58,79	36,65	43,51	84,39

Lufttechnisch behandelte Flächen		▷	Fläche/NUF (%)	◁	▷	Fläche/BGF (%)	◁
Entlüftete Fläche		48,0	48,0	48,0	24,7	24,7	24,7
Be- und entlüftete Fläche		89,1	89,1	95,6	57,4	57,4	60,6
Teilklimatisierte Fläche		7,5	7,5	7,5	3,9	3,9	3,9
Klimatisierte Fläche		–	2,6	–	–	1,6	–

KG	Kostengruppen (2. Ebene)	Einheit	▷	Menge/NUF	◁	▷	Menge/BGF	◁
310	Baugrube	m³ BGI	0,89	1,25	1,93	0,57	0,80	1,19
320	Gründung	m² GRF	0,47	0,58	0,83	0,31	0,38	0,51
330	Außenwände	m² AWF	1,02	1,26	1,46	0,69	0,82	1,02
340	Innenwände	m² IWF	1,06	1,33	1,56	0,70	0,86	0,94
350	Decken	m² DEF	0,84	0,95	1,13	0,55	0,61	0,67
360	Dächer	m² DAF	0,50	0,61	0,87	0,32	0,39	0,54
370	Baukonstruktive Einbauten	m² BGF	1,45	1,55	1,68		1,00	
390	Sonstige Baukonstruktionen	m² BGF	1,45	1,55	1,68		1,00	
300	**Bauwerk-Baukonstruktionen**	**m² BGF**	1,45	1,55	1,68		1,00	

Planungskennwerte für Bauzeiten — 45 Vergleichsobjekte

Bauzeit in Wochen

Bauzeit: 0, 15, 30, 45, 60, 75, 90, 105, 120, 135, 150 Wochen

© **BKI** Baukosteninformationszentrum

Kosten: 1.Quartal 2018, Bundesdurchschnitt, **inkl. 19% MwSt.**

Erläuterung nebenstehender Planungskennwerttabellen

Planungskennwerte für Grundflächen und Rauminhalte DIN 277

In Ergänzung der Kostenkennwerttabellen werden für jede Gebäudeart Planungskennwerte angegeben, die die Überprüfung der Wirtschaftlichkeit einer Entwurfslösung anhand nichtmonetärer Kennwerte ermöglichen.
Ein Planungskennwert im Sinne dieser Veröffentlichung ist ein Wert, der das Verhältnis bestimmter Flächen und Rauminhalte darstellt, angegeben als Prozentwert oder als Faktor (Mengenverhältnis).

①

Grundflächen im Verhältnis zur Nutzungsfläche (NUF = 100%) und Brutto-Grundfläche (BGF = 100%) in Prozent. Angegeben sind Mittelwerte und Streubereich (Spalten „von" bzw. „bis"). Die „von-/bis"-Werte sind aus statistischen Gründen nicht addierbar, sonstige Abweichungen sind entweder rundungsbedingt oder es lagen bei einzelnen Objekten nicht alle Flächenangaben vor.

②

Verhältnis von BRI zur Nutzungsfläche und zur Brutto-Grundfläche (mittlere Geschosshöhe), angegeben als Faktor (in Meter).

③

Verhältnis der Nutzeinheiten (NE) zur Nutzungs- und Brutto-Grundfläche.

④

Verhältnis von lufttechnisch behandelten Flächen (nach BKI) zur Nutzungsfläche und zur Brutto-Grundfläche in Prozent. Diese Angaben sind nicht bei allen Objekten verfügbar. Wenn in der Tabelle kein Streubereich angegeben ist, handelt es sich bei dem Mittelwert um den Wert eines einzelnen Objekts.

⑤

Verhältnis der Mengen dieser Kostengruppen nach DIN 276 („Grobelemente") zur Nutzungs- und Brutto-Grundfläche, angegeben als Faktor. Wenn aus der Grundlagenermittlung die Nutzungs- oder Brutto-Grundfläche für ein Projekt bekannt ist, ein Vorentwurf als Grundlage für Mengenermittlungen aber noch nicht vorliegt, so können mit diesen Faktoren die Grobelementmengen überschlägig ermittelt werden.

⑥

Die statistische Auswertung der Bauzeiten der einzelnen Objekte zeigt die mittlere Bauzeit, sowie den Von-Bis-Bereich und die Minimal- und Maximal-Zeiten jeweils in Wochen. Die Skala wechselt, um die unterschiedliche Zeitdauer bei wechselnden Gebäudearten darstellen zu können. Untypische Objekte werden nicht in die Auswertung einbezogen.

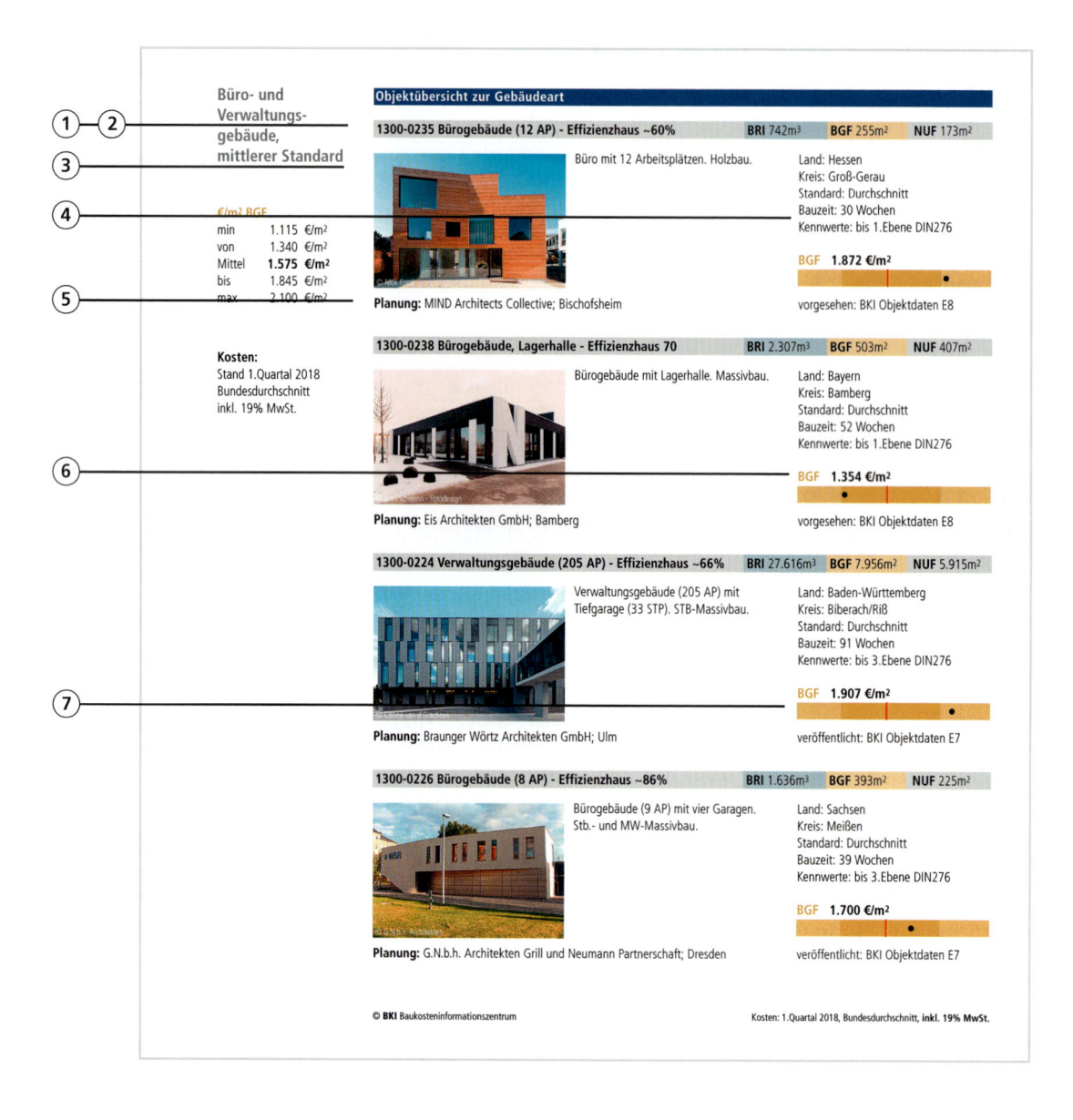

① ② Büro- und Verwaltungs-
③ gebäude, mittlerer Standard

④ €/m² BGF
min 1.115 €/m²
von 1.340 €/m²
Mittel **1.575 €/m²**
bis 1.845 €/m²
⑤ max 2.100 €/m²

Kosten:
Stand 1.Quartal 2018
Bundesdurchschnitt
inkl. 19% MwSt.

Objektübersicht zur Gebäudeart

1300-0235 Bürogebäude (12 AP) - Effizienzhaus ~60% **BRI** 742m³ **BGF** 255m² **NUF** 173m²

Büro mit 12 Arbeitsplätzen. Holzbau.

Land: Hessen
Kreis: Groß-Gerau
Standard: Durchschnitt
Bauzeit: 30 Wochen
Kennwerte: bis 1.Ebene DIN276

BGF 1.872 €/m²

Planung: MIND Architects Collective; Bischofsheim

vorgesehen: BKI Objektdaten E8

1300-0238 Bürogebäude, Lagerhalle - Effizienzhaus 70 **BRI** 2.307m³ **BGF** 503m² **NUF** 407m²

Bürogebäude mit Lagerhalle. Massivbau.

Land: Bayern
Kreis: Bamberg
Standard: Durchschnitt
Bauzeit: 52 Wochen
Kennwerte: bis 1.Ebene DIN276

⑥ **BGF 1.354 €/m²**

Planung: Eis Architekten GmbH; Bamberg

vorgesehen: BKI Objektdaten E8

1300-0224 Verwaltungsgebäude (205 AP) - Effizienzhaus ~66% **BRI** 27.616m³ **BGF** 7.956m² **NUF** 5.915m²

Verwaltungsgebäude (205 AP) mit Tiefgarage (33 STP). STB-Massivbau.

Land: Baden-Württemberg
Kreis: Biberach/Riß
Standard: Durchschnitt
Bauzeit: 91 Wochen
Kennwerte: bis 3.Ebene DIN276

⑦ **BGF 1.907 €/m²**

Planung: Braunger Wörtz Architekten GmbH; Ulm

veröffentlicht: BKI Objektdaten E7

1300-0226 Bürogebäude (8 AP) - Effizienzhaus ~86% **BRI** 1.636m³ **BGF** 393m² **NUF** 225m²

Bürogebäude (9 AP) mit vier Garagen. Stb.- und MW-Massivbau.

Land: Sachsen
Kreis: Meißen
Standard: Durchschnitt
Bauzeit: 39 Wochen
Kennwerte: bis 3.Ebene DIN276

BGF 1.700 €/m²

Planung: G.N.b.h. Architekten Grill und Neumann Partnerschaft; Dresden

veröffentlicht: BKI Objektdaten E7

© **BKI** Baukosteninformationszentrum

Kosten: 1.Quartal 2018, Bundesdurchschnitt, **inkl. 19% MwSt.**

Erläuterung nebenstehender Baukostentabellen

Alle Kostenkennwerte enthalten die Mehrwertsteuer. Kostenstand: 1.Quartal 2018.
Kosten und Kostenkennwerte umgerechnet auf den Bundesdurchschnitt.
Die Bezugseinheiten der Kostenkennwerte entsprechen der
DIN 277-3 : 2005-04: Mengen und Bezugseinheiten.

Tabellen zur Objektübersicht

①

Objektnummer und Objektbezeichnung. Unter der Objektnummer kann die komplette Kostendokumentation beim BKI erworben werden.

②

Angaben zu Brutto-Rauminhalt (BRI), Brutto-Grundfläche (BGF) und Nutzungsfläche (NUF) nach DIN 277

③

Abbildung und Nutzungsbeschreibung des Objektes mit Nennung des überwiegenden Konstruktionsprinzips dieses Objekts z. B. Massivbau, Stahlskelettbau, Holzbau usw.

④

a) Angaben zum Bundesland
b) Angaben zum Kreis
c) Angaben zum Standard
d) Angaben zur Bauzeit
e) „Kennwert" gibt die Kostengliederungstiefe nach DIN 276 an. Die BKI Objekte sind unterschiedlich detailliert dokumentiert: Eine Kurzdokumentation enthält Kosteninformationen bis zur 1. Ebene DIN 276, eine Grobdokumentation bis zur 2. Ebene DIN 276 und eine Langdokumentation bis zur 3. Ebene und teilweise darüber hinaus bis zu den Ausführungsarten einzelner Kostengruppen.

⑤

Planendes und/oder ausführendes Architektur- oder Planungsbüro.

⑥

Kosten des Bauwerks (KG 300+400) in €/m² BGF.

⑦

Lineare Skala mit Angabe der Kosten des Objekts als schwarzer Punkt • (Kostengruppe 300+400 in €/m² BGF), der „von-/bis-"-Werte (dunkler Bereich) und Angabe der „min-/max-"-Werte (heller Bereich) und des Mittelwertes (roter Strich) der zugehörigen Gebäudeart.

Arbeitsblatt zur Standardeinordnung bei Büro- und Verwaltungsgebäude

Kosten:
Stand 1.Quartal 2018
Bundesdurchschnitt
inkl. 19% MwSt.

- Kostenkennwert
▶ min
▷ von
| Mittelwert
◁ bis
◀ max

Kostenkennwerte für die Kosten des Bauwerks (Kostengruppen 300+400 nach DIN 276)

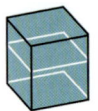

BRI 455 €/m³
von 350 €/m³
bis 595 €/m³

BGF 1.650 €/m²
von 1.270 €/m²
bis 2.220 €/m²

NUF 2.550 €/m²
von 1.880 €/m²
bis 3.560 €/m²

NE 73.730 €/NE
von 43.660 €/NE
bis 158.620 €/NE
NE: Arbeitsplätze

Standardzuordnung

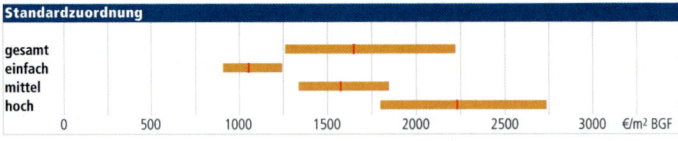

gesamt
einfach
mittel
hoch

0   500   1000   1500   2000   2500   3000   €/m² BGF

Standardeinordnung für Ihr Projekt:

KG	Kostengruppen der 2. Ebene	niedrig	mittel	hoch	Punkte
310	Baugrube				
320	Gründung	2	2	4	
330	Außenwände	6	8	9	
340	Innenwände	3	4	6	
350	Decken	3	4	5	
360	Dächer	2	3	4	
370	Baukonstruktive Einbauten	0	0	1	
390	Sonstige Baukonstruktionen				
410	Abwasser, Wasser, Gas	1	1	1	
420	Wärmeversorgungsanlagen	1	2	2	
430	Lufttechnische Anlagen	0	1	2	
440	Starkstromanlagen	2	2	3	
450	Fernmeldeanlagen	0	1	2	
460	Förderanlagen	0	1	1	
470	Nutzungsspezifische Anlagen	0	0	1	
480	Gebäudeautomation	0	1	1	
490	Sonstige Technische Anlagen				

Punkte: 20 bis 26 = einfach   27 bis 35 = mittel   36 bis 42 = hoch   Ihr Projekt (Summe):

Erläuterung:
Obenstehende Tabelle soll Ihnen die Zuordnung zu den Gebäudearten mit einfachem, mittlerem und hohem Standard erleichtern. Schätzen Sie für jedes Grobelement ab, ob die Aufwendungen niedrig, mittel oder hoch sein werden und übertragen Sie die Punkte in die rechte Spalte. Bilden Sie die Summe der rechten Spalte und ordnen Sie Ihr Projekt nach dem Schema der untersten Zeile ein. Nehmen Sie dieses Schema auch als Hinweis darauf, bei welchen Kostengruppen Sie den Mittelwert nach oben oder unten anpassen sollten.

© **BKI** Baukosteninformationszentrum   Kosten: 1.Quartal 2018, Bundesdurchschnitt, **inkl. 19% MwSt.**

Erläuterung nebenstehender Tabellen

Arbeitsblatt zur Standardeinordnung bei verschiedenen Gebäudearten

Einige Gebäudearten werden vom BKI nach Standard unterteilt.
Unter Standard versteht BKI nicht nur Unterschiede in der Ausstattung eines Gebäudes, auch hochwertige Außenbauteile, wie z. B. eine Natursteinfassade, können die Standardeinordnung eines Gebäudes beeinflussen. Auch an die Konstruktion können durch den Standard erhöhte Anforderungen gestellt werden, z. B. wenn ein Flachdach befahrbar sein muss. Kostenintensive Aufwendungen im Bereich der Baugrube erhöhen zwar die Kosten des Bauwerks; wirken sich aber nicht auf den Standard des Gebäudes aus. Alle diese projektspezifischen Besonderheiten wirken zusammen. Es gibt also keine eindeutige „Wenn-dann-Beziehung".
Der Standard eines Objektes hat Auswirkungen auf seinen Kostenkennwert.
Allerdings besteht in der Praxis oft das Problem, die richtige Einordnung zu finden. Genügt z. B. die schon erwähnte Natursteinfassade, um ein ansonsten eher durchschnittliches Gebäude in die Kategorie „hoher Standard" einzuordnen?

Um eine gewisse Hilfestellung zu geben, wenn es darum geht, das eigene Projekt einer Gebäudeart zuzuordnen, wurde bei allen nach Standards unterteilten Gebäudearten eine Gebäudeklasse vorangestellt. Diese Gebäudeklasse ist eine Zusammenfassung der drei nach Standards unterteilten Gebäudearten. Die Gebäudeklassen erlauben es, einfach und schnell die Bandbreite von Kostenkennwerten festzustellen, die die Gebäudeart ohne Unterteilung in Standards aufweisen würde. Zusätzlich wird in die Gebäudeklassen ein Methode vorgestellt, die es erlaubt das eigene Projekt anhand einer Matrix einer der nachfolgenden unterteilten Gebäudearten zuzuordnen. Der Nutzer kann in dieser Matrix die einzelnen Grobelemente wie in einem Fragebogen bewerten. Eine Auswahl von Baumaßnahmen, die kostenmindernd oder kostensteigernd wirken, wird in der Übersicht auf Seite 60-61 dargestellt (Die Maßnahmen sind beispielhaft gewählt und erheben keinen Anspruch auf Vollständigkeit). Die Gesamtpunktzahl zeigt am Ende bei welchem Standard das Projekt am besten einzuordnen ist. Besonders sinnvoll ist diese Vorgehensweise, wenn noch mit den Kostenkennwerten der ersten Ebene gearbeitet wird und eine differenziertere Betrachtung auf der zweiten Ebene nicht möglich oder nicht gewollt ist.

Bei der Bearbeitung der zweiten Ebene kann dieses Schema zusätzlich ein Hinweis darauf sein, welche Kostengruppen evtl. nach oben oder unten angepasst werden sollten. Ein Projekt, das beispielsweise überwiegend beim mittleren Standard einzuordnen ist, aber bei den Außenwänden einen hohen Standard aufweist, wird insgesamt zwar der Gebäudeart „mittlerer Standard" zugeordnet. Es ist aber in diesem Fall empfehlenswert, die Kostenkennwerte der Außenwand nach oben anzupassen.

Auswahl kostenrelevanter Baukonstruktionen

310 Baugrube
- kostenmindernd:
Nur Oberboden abtragen, Wiederverwertung des Aushubs auf dem Grundstück, keine Deponiegebühr, kurze Transportwege, wiederverwertbares Aushubmaterial für Verfüllung
+ kostensteigernd:
Wasserhaltung, Grundwasserabsenkung, Baugrubenverbau, Spundwände, Baugrubensicherung mit Großbohrpfählen, Felsbohrungen, schwer lösbare Bodenarten oder Fels

320 Gründung
- kostenmindernd:
Kein Fußbodenaufbau auf der Gründungsfläche, keine Dämmmaßnahmen auf oder unter der Gründungsfläche
+ kostensteigernd:
Teurer Fußbodenaufbau auf der Gründungsfläche, Bodenverbesserung, Bodenkanäle, Perimeterdämmung oder sonstige, teure Dämmmaßnahmen, versetzte Ebenen

330 Außenwände
- kostenmindernd:
(monolithisches) Mauerwerk, Putzfassade, geringe Anforderungen an Statik, Brandschutz, Schallschutz und Optik
+ kostensteigernd:
Natursteinfassade, Pfosten-Riegel-Konstruktionen, Sichtmauerwerk, Passivhausfenster, Dreifachverglasungen, sonstige hochwertige Fenster oder Sonderverglasungen, Lärmschutzmaßnahmen, Sonnenschutzanlagen

340 Innenwände
- kostenmindernd:
Großer Anteil an Kellertrennwänden, Sanitärtrennwänden, einfachen Montagewänden, sparsame Verfliesung
+ kostensteigernd:
Hoher Anteil an mobilen Trennwänden, Schrankwänden, verglasten Wänden, Sichtmauerwerk, Ganzglastüren, Vollholztüren, Brandschutztüren, sonstige hochwertige Türen, hohe Anforderungen an Statik, Brandschutz, Schallschutz, Raumakustik und Optik, Edelstahlgeländer, raumhohe Verfliesung

350 Decke
- kostenmindernd:
Einfache Bodenbeläge, wenige und einfache Treppen, geringe Spannweiten
+ kostensteigernd:
Doppelboden, Natursteinböden, Metall- und Holzbekleidungen, Edelstahltreppen, hohe Anforderungen an Brandschutz, Schallschutz, Raumakustik und Optik, hohe Spannweiten

360 Dächer
- kostenmindernd:
Einfache Geometrie, wenig Durchdringungen
+ kostensteigernd:
Aufwändige Geometrie wie Mansarddach mit Gauben, Metalldeckung, Glasdächer oder Glasoberlichter, begeh-/befahrbare Flachdächer, Begrünung, Schutzelemente wie Edelstahl-Geländer

370 Baukonstruktive Einbauten
+ kostensteigernd:
Hoher Anteil Einbauschränke, -regale und andere fest eingebaute Bauteile

390 Sonstige Maßnahmen für Baukonstruktionen
+ kostensteigernd:
Baustraße, Baustellenbüro, Schlechtwetterbau, Notverglasungen, provisorische Beheizung, aufwändige Gerüstarbeiten, lange Vorhaltezeiten

Auswahl kostenrelevanter Technischer Anlagen

410 Abwasser-, Wasser-, Gasanlagen
- kostenmindernd:
  wenige, günstige Sanitärobjekte, zentrale Anordnung von Ent- und Versorgungsleitungen
+ kostensteigernd:
  Regenwassernutzungsanlage, Schmutzwasserhebeanlage, Benzinabscheider, Fett- und Stärkeabscheider, Druckerhöhungsanlagen, Enthärtungsanlagen

420 Wärmeversorgungsanlagen
+ kostensteigernd:
  Solarkollektoren, Blockheizkraftwerk, Fußbodenheizung

430 Lufttechnische Anlagen
- kostenmindernd:
  Einzelraumlüftung
+ kostensteigernd:
  Klimaanlage, Wärmerückgewinnung

440 Starkstromanlagen
- kostenmindernd:
  Wenig Steckdosen, Schalter und Brennstellen
+ kostensteigernd:
  Blitzschutzanlagen, Sicherheits- und Notbeleuchtungsanlage, Elektroleitungen in Leerrohren, Photovoltaikanlagen, Unterbrechungsfreie Ersatzstromanlagen, Zentralbatterieanlagen

450 Fernmelde- und informationstechnische Anlagen
+ kostensteigernd:
  Brandmeldeanlagen, Einbruchsmeldeanlagen, Video-Überwachungsanlage, Lautsprecheranlage, EDV-Verkabelung, Konferenzanlage, Personensuchanlage, Zeiterfassungsanlage

460 Förderanlagen
+ kostensteigernd:
  Personenaufzüge (mit Glaskabinen), Lastenaufzug, Doppelparkanlagen

470 Feuerlöschanlagen
+ kostensteigernd:
  Feuerlösch- und Meldeanlagen, Sprinkleranlagen, Feuerlöschgeräte

Erläuterung
Baukostensimulationstabelle

Baukosten-Simulationsmodell

Die Baukostensimulation kann für die 75 Gebäudearten aus dem Fachbuch „BKI Baukosten Gebäude" durchgeführt werden und liefert schnelle Ergebnisse für einen Kostenrahmen in der Struktur der DIN 276.

Die Ergebnisse der Baukosten-Simulation werden nach der Kostengliederung der DIN 276 in der 2. Ebene dargestellt. Dies hat den Vorteil, dass die Ergebnisse nachfolgender Kostenermittlungsstufen mit der Baukostensimulation verglichen werden können. Um verlässliche und exakte Kostenschätzungen nach DIN 276 durchzuführen, bedarf es einer genauen Mengen- und Kostenkennwert-Ermittlung mit Hilfe der BKI-Baukostendatenbank.

KG	Kostengruppen der 2. Ebene	Einheit	BGF *	PKW/BGF	= Simulation → gewählt *	KKW € gewählt	=	Kosten €
310	Baugrube	m³ BGI			0,00			0,00
320	Gründung	m² GRF			0,00			0,00
330	Außenwände	m² AWF			0,00			0,00
340	Innenwände	m² IWF			0,00			0,00
350	Decken	m² DEF			0,00			0,00
360	Dächer	m² DAF			0,00			0,00
370	Baukonstruktive Einbauten	m² BGF		1,00	0,00	0,00		0,00
390	Sonstige Maßnahmen für Baukonstruktionen	m² BGF		1,00	0,00	0,00		0,00
300	**Bauwerk - Baukonstruktionen**					Σ300:		**0,00**
410	Abwasser-, Wasser-, Gasanlagen	m² BGF		1,00	0,00	0,00		0,00
420	Wärmeversorgungsanlagen	m² BGF		1,00	0,00	0,00		0,00
430	Lufttechnische Anlagen	m² BGF		1,00	0,00	0,00		0,00
440	Starkstromanlagen	m² BGF		1,00	0,00	0,00		0,00
450	Fernmelde- und informationstechnische Anlagen	m² BGF		1,00	0,00	0,00		0,00
460	Förderanlagen	m² BGF		1,00	0,00	0,00		0,00
470	Nutzungsspezifische Anlagen	m² BGF		1,00	0,00	0,00		0,00
480	Gebäudeautomation	m² BGF		1,00	0,00	0,00		0,00
490	Sonstige Maßnahmen für Technische Anlagen	m² BGF		1,00	0,00	0,00		0,00
400	**Bauwerk - Technische Anlagen**					Σ400:		**0,00**
	Summe 300+400					Σ300+400:		**0,00**

= BGF eintragen
= Werte aus "BKI Baukosten Gebäude" übertragen
Zellen, in denen Angaben vom Anwender erwartet werden, sind farbig markiert!

Download zu finden unter: http://www.bki.de/kostenplanung-service.html

Zum besseren Verständnis sei an dieser Stelle kurz der fachliche Hintergrund der BKI-Berechnungsmethodik zur Baukostensimulation erläutert:
Die abgerechneten Objekte der BKI-Baukostendatenbank sind 75 Gebäudearten zugeordnet. Eine Gebäudeart umfasst beispielsweise die Objektgruppe „Sport- und Mehrzweckhallen". Für die abgerechneten Objekte dieser Gruppe liegen unter anderem Baukostenauswertungen und Planungskennzahlen vor. Die BKI-Baukostenauswertungen beinhalten für diese Objektgruppe beispielsweise statistische Mittelwerte für:
– Baukosten 1. Ebene DIN 276 (z. B. für KG 300 Bauwerk- Baukonstruktionen)
– Baukosten 2. Ebene DIN 276 (z. B. für KG 330 Außenwände)
– Baukosten nach Leistungsbereichen (z. B. für LB 012 Mauerarbeiten)

Diese gründlichen Baukostenauswertungen in Verbindung mit den objektbezogenen Planungskennzahlen sind die Grundlage für die BKI-Baukostensimulation.
Die Planungskennzahlen liefern Mengenansätze für die kostenentscheidenden Grobelemente im Verhältnis zu Brutto-Grundfläche z. B. für:
– Baugrube (m³ BGI Baugrubeninhalt)
– Gründung (m² GRF Gründungsfläche)
– Außenwände (m² AWF Außenwandfläche)
– Innenwände (m² IWF Innenwandfläche)
– Decken (m² DEF Deckenfläche)
– Dächer (m² DAF Dachfläche)

Mit Angaben der Brutto-Grundfläche kann somit eine statistische Aussage über die zu erwartende Menge z. B. Außenwandfläche getroffen werden. Multipliziert mit dem mittleren Kostenkennwert (KKW z. B. 449€/m² AWF für KG 330 Außenwände) wird dadurch die Baukostensimulation für dieses Grobelement wie auch für alle anderen Grobelemente durchgeführt.

Eine komplett ausgeführte Baukosten-Simulation liefert als Ergebnis einen Kostenrahmen mit Kosten:
– für die 1. Ebene DIN 276
– für die 2. Ebene DIN 276 Kostengruppe 300 (Grobelemente)
– für die 2. Ebene DIN 276 Kostengruppe 400

Die so ermittelten Kosten können mit der Tabelle „Kostenkennwerte für Leistungsbereiche nach StLB" und deren Angaben in der Spalte „% an 300+400" dann noch den Leistungsbereichen nach StLB zugeordnet werden.

① ② ③ ④ ⑤ ⑥ ⑦ ⑧

Baukostensimulation mit Planungskennzahlen aus "BKI Baukosten Gebäude"

Kostensimulationsmodell							
KG Kostengruppen der 2. Ebene	Einheit		Mengen mit PlanungsKennWerten			KostenKennWerte	Kosten
Berechnungsmethode:		BGF *	PKW/BGF	= Simulation →	gewählt *	KKW gewählt =	Kosten €
310 Baugrube	m² BGI	1450	1,06	1.537,00	1600	22	35.200,00
320 Gründung	m² GRF		0,84	1.218,00	1250	292	365.000,00
330 Außenwände	m² AWF		1,05	1.522,50	1500	468	702.000,00
340 Innenwände	m² IWF		0,45	652,50	550	273	150.150,00
350 Decken	m² DEF		0,22	319,00	365	479	174.835,00
360 Dächer	m² DAF		1,00	1.450,00	1450	469	680.050,00
370 Baukonstruktive Einbauten	m² BGF		1,00	1.450,00	1.450,00	14	20.300,00
390 Sonstige Maßnahmen für Baukonstruktionen	m² BGF		1,00	1.450,00	1.450,00	51	73.950,00
300 Bauwerk - Baukonstruktionen						Σ300:	2.201.485,00
410 Abwasser-, Wasser-, Gasanlagen	m² BGF		1,00	1.450,00	1.450,00	89	129.050,00
420 Wärmeversorgungsanlagen	m² BGF		1,00	1.450,00	1.450,00	69	100.050,00
430 Lufttechnische Anlagen	m² BGF		1,00	1.450,00	1.450,00	52	75.400,00
440 Starkstromanlagen	m² BGF		1,00	1.450,00	1.450,00	131	189.950,00
450 Fernmelde- und informationstechnische Anlagen	m² BGF		1,00	1.450,00	1.450,00	22	31.900,00
460 Förderanlagen	m² BGF		1,00	1.450,00	1.450,00	0	0,00
470 Nutzungsspezifische Anlagen	m² BGF		1,00	1.450,00	1.450,00	1	1.450,00
480 Gebäudeautomation	m² BGF		1,00	1.450,00	1.450,00	22	31.900,00
490 Sonstige Maßnahmen für Technische Anlagen	m² BGF		1,00	1.450,00	1.450,00	0	0,00
400 Bauwerk - Technische Anlagen						Σ400:	559.700,00
Summe 300+400						Σ300+400:	2.761.185,00

= BGF eintragen
= Werte aus "BKI Baukosten Gebäude" übertragen
Zellen, in denen Angaben vom Anwender erwartet werden, sind farbig markiert!

Baukosten-Simulationsmodell 2. Ebene ausgefüllt anhand der Gebäudeart „Sport- und Mehrzweckhallen"

Erläuterung nebenstehender Baukostensimulationstabelle

Erläuterung der Tabelle „Baukosten-Simulationsmodell" 2. Ebene anhand der Gebäudeart Sport- und Mehrzweckhallen (S. 270)

①
Die Überschriftenzeile gliedert in die Berechnungsschritte:

- Kostengruppen der 2. Ebene wählen
- Mengen mit Planungskennwerten ermitteln
- Kostenkennwerte wählen
- Kosten errechnen.

②
Die Methodenzeile erläutert die Rechenschritte des Modells.

③
Die BGF muss nur einmal eingetragen werden und gilt für alle folgenden Zeilen der Tabelle.

④
Die Planungskennwerte/BGF werden mit der BGF multipliziert (S. 273; Planungskennwerte der 2. Ebene der Gebäudeart Sport- und Mehrzweckhallen)

⑤
Das errechnete Ergebnis wird in der Spalte „Simulation" eingetragen.

⑥
Die simulierten Ergebnisse aus der Spalte „Simulation" werden auf Plausibilität geprüft, wenn erforderlich korrigiert und dann in der Spalte „gewählt" eingetragen.

⑦
In die Spalte „KKW € gewählt" werden die Kostenkennwerte der entsprechenden Kostengruppe eingetragen (S. 271; Kostenkennwerte der 2. Ebene).

⑧
In der Spalte Kosten werden die Einträge der Spalten „gewählt" und „KKW € gewählt" von Excel multipliziert und in den Summenzeilen zu Zwischensummen und Endsumme addiert.

Baukostensimulation mit Planungskennzahlen aus "BKI Baukosten Gebäude"

Kostensimulationsmodell Zusammenfassung

KG	Kostengruppen der 2. Ebene	Menge	Einh.	KKW €	Kosten €
100	Grundstück		m² FBG		0,00
200	Herrichten und Erschließen	6.000	m² FBG	9	54.000,00
300	Bauwerk - Baukonstruktionen	1450	m² BGF	1.518	2.201.485,00
400	Bauwerk - Technische Anlagen	1450	m² BGF	386	559.700,00
	Bauwerk	1450	m² BGF	1.904	2.761.185,00
500	Außenanlagen	1.400	m² AUF	184	257.600,00
600	Ausstattung und Kunstwerke	1.450	m² BGF	59	85.550,00
700	Baunebenkosten	1.450	m² BGF		0,00
	Gesamtkosten			Σ100 bis 700:	3.158.335,00
①	Regionalfaktor (Land- oder Stadtkreis)			1,108	3.499.435,18
		Kostenstand Buch	aktuelles Quartal	aktueller Index	
②	Anpassung Baupreisindex	120,0	1. Quartal 2018	120,0	3.499.435,18
③	Prognose bis zur Vergabe			1,05	3.674.406,94

= Übertrag der BGF aus Tabelle "2. Ebene"
= Werte aus "BKI Baukosten Gebäude" übertragen
Zellen, in denen Angaben vom Anwender erwartet werden, sind farbig markiert!

Baukosten-Simulationsmodell 1. Ebene ausgefüllt anhand der Gebäudeart „Sport- und Mehrzweckhallen"

Erläuterung nebenstehender Baukostensimulationstabelle

Erläuterung der Tabelle „Baukosten-Simulationsmodell" 1. Ebene

Die Zusammenfassung der Kosten auf der ersten Ebene der DIN 276 nutzen Sie zur Ergänzung der Bauwerkskosten um die restlichen Kostengruppen um die Gesamtkosten auszuweisen.

Das Ergebnis der Kostenermittlung kann hier mit dem Regionalfaktor (aus dem Anhang der BKI Baukosten Gebäude) und dem aktuellen Baupreisindex fortgeschrieben werden.

Zur Fortschreibung der Baukosten benutzt BKI den Baupreisindex für den Neubau von Wohngebäuden insgesamt (inkl. MwSt.) mit der Basis 2010=100.

Es wird auch die Möglichkeit einer Prognose in die Zukunft angeboten, um die Bauherrschaft umfassend zu informieren.

①

Gewünschten Regionalfaktor aus Buchanhang einfügen, in diesem Beispiel:
Stuttgart, Stadt 1,108.

②

Neuesten Baupreisindex für den Neubau von Wohngebäuden insgesamt (inkl. MwSt.), Basis 2010=100 eintragen: www.bki.de/baupreisindex

③

Mögliche Kostenprognose von der Kostenberechnung bis zur Vergabe in Abstimmung mit der Bauherrschaft als prozentuale Steigerung.

Häufig gestellte Fragen

Fragen zur Flächenberechnung (DIN 277):

1.	Wie wird die BGF berechnet?	Die Brutto-Grundfläche ist die Summe der Grundflächen aller Grundrissebenen. Nicht dazu gehören die Grundflächen von nicht nutzbaren Dachflächen (Kriechböden) und von konstruktiv bedingten Hohlräumen (z. B. über abgehängter Decke). (DIN 277-1: 2016-01) Weitere Erläuterungen im BKI Bildkommentar DIN 276 / DIN 277 (Ausgabe 2016).
2.	Gehört der Keller bzw. eine Tiefgarage mit zur BGF?	Ja, im Gegensatz zur Geschossfläche nach § 20 Baunutzungsverordnung (Bau NVo) gehört auch der Keller bzw. die Tiefgarage zur BGF.
3.	Wie werden Luftgeschosse (z. B. Züblinhaus) nach DIN 277 berechnet?	Die Rauminhalte der Luftgeschosse zählen zum Regelfall der Raumumschließung (R) BRI (R). Die Grundflächen der untersten Ebene der Luftgeschosse und Stege, Treppen, Galerien etc. innerhalb der Luftgeschosse zählen zur Brutto-Grundfläche BGF (R). Vorsicht ist vor allem bei Kostenermittlungen mit Kostenkennwerten des Brutto-Rauminhalts geboten.
4.	Welchen Flächen ist die Garage zuzurechnen?	Die Stellplatzflächen von Garagen werden zur Nutzungsfläche gezählt, die Fahrbahn ist Verkehrsfläche.
5.	Wird die Diele oder ein Flur zur Nutzungsfläche gezählt?	Normalerweise nicht, da eine Diele oder ein Flur zur Verkehrsfläche gezählt wird. Wenn die Diele aber als Wohnraum genutzt werden kann, z. B. als Essplatz, wird sie zur Nutzungsfläche gezählt.
6.	Zählt eine nicht umschlossene oder nicht überdeckte Terrasse einer Sporthalle, die als Eingang und Fluchtweg dient, zur Nutzungsfläche?	Die Terrasse ist nicht Bestandteil der Grundflächen des Bauwerks nach DIN 277. Sie bildet daher keine BGF und damit auch keine Nutzungsfläche. Die Funktion als Eingang oder Fluchtweg ändert daran nichts.

7. Zählt eine Außentreppe zum Keller zur BGF?	Wenn die Treppe allseitig umschlossen ist, z. B. mit einem Geländer, ist sie als Verkehrsfläche zu werten. Nach DIN 277-1 : 2016-01 gilt: Grundflächen und Rauminhalte sind nach ihrer Zugehörigkeit zu den folgenden Bereichen getrennt zu ermitteln: Regelfall der Raumumschließung (R): Räume und Grundflächen, die Nutzungen der Netto-Raumfläche entsprechend Tabelle 1 aufweisen und die bei allen Begrenzungsflächen des Raums (Boden, Decke, Wand) vollständig umschlossen sind. Dazu gehören nicht nur Innenräume, die von der Witterung geschützt sind, sondern auch solche allseitig umschlossenen Räume, die über Öffnungen mit dem Außenklima verbunden sind; Sonderfall der Raumumschließung (S): Räume und Grundflächen, die Nutzungen der Netto-Raumfläche entsprechend Tabelle 1 aufweisen und mit dem Bauwerk konstruktiv verbunden sind, jedoch nicht bei allen Begrenzungsflächen des Raums (Boden, Decke, Wand) vollständig umschlossen sind (z. B. Loggien, Balkone, Terrassen auf Flachdächern, unterbaute Innenhöfe, Eingangsbereiche, Außentreppen). Die Außentreppe stellt also demnach einen Sonderfall der Raumumschließung (S) dar. Wenn die Treppe allerdings über einen Tiefgarten ins UG führt, wird sie zu den Außenanlagen gezählt. Sie bildet dann keine BGF. Die Kosten für den Tiefgarten mit Treppe sind bei den Außenanlagen zu erfassen.
8. Ist eine Abstellkammer mit Heizung eine Technikfläche?	Es kommt auf die überwiegende Nutzung an. Wenn über 50% der Kammer zum Abstellen genutzt werden können, wird sie als Abstellraum gezählt. Es kann also Gebäude ohne Technikfläche geben.
9. Ist die NUF gleich der Wohnfläche?	Nein, die DIN 277 kennt den Begriff Wohnfläche nicht. Zur Nutzungsfläche gehören grundsätzlich keine Verkehrsflächen, während bei der Wohnfläche zumindest die Verkehrsflächen innerhalb der Wohnung hinzugerechnet werden. Die Abweichungen sind dadurch meistens nicht unerheblich.

Fragen zur Wohnflächenberechnung (WoFIV):

10. Wird ein Hobbyraum im Keller zur Wohnfläche gezählt?	Wenn der Hobbyraum nicht innerhalb der Wohnung liegt, wird er nicht zur Wohnfläche gezählt. Beim Einfamilienhaus gilt: Das ganze Haus stellt die Wohnung dar. Der Hobbyraum liegt also innerhalb der Wohnung und wird mitgezählt, wenn er die Qualitäten eines Aufenthaltsraums nach LBO aufweist.

11.	Wird eine Diele oder ein Flur zur Wohnfläche gezählt?	Wenn die Diele oder der Flur in der Wohnung liegt ja, ansonsten nicht.
12.	In welchem Umfang sind Balkone oder Terrassen bei der Wohnfläche zu rechnen?	Balkone und Terrassen werden von BKI zu einem Viertel zur Wohnfläche gerechnet. Die Anrechnung zur Hälfte wird nicht verwendet, da sie in der WoFIV als Ausnahme definiert ist.
13.	Zählt eine Empore/Galerie im Zimmer als eigene Wohnfläche oder Nutzungsfläche?	Wenn es sich um ein unlösbar mit dem Baukörper verbundenes Bauteil handelt, zählt die Empore mit. Anders beim nachträglich eingebauten Hochbett, das zählt zum Mobiliar. Für die verbleibende Höhe über der Empore ist die 1 bis 2m Regel nach WoFIL anzuwenden: „Die Grundflächen von Räumen und Raumteilen mit einer lichten Höhe von mindestens zwei Metern sind vollständig, von Räumen und Raumteilen mit einer lichten Höhe von mindestens einem Meter und weniger als zwei Metern sind zur Hälfte anzurechnen."

Fragen zur Kostengruppenzuordnung (DIN 276):

14.	Wo werden Abbruchkosten zugeordnet?	Abbruchkosten ganzer Gebäude im Sinne von „Bebaubarkeit des Grundstücks herstellen" werden der KG 212 Abbruchmaßnahmen zugeordnet. Abbruchkosten einzelner Bauteile, insbesondere bei Sanierungen werden den jeweiligen Kostengruppen der 2. oder 3. Ebene (Wände, Decken, Dächer) zugeordnet. Analog gilt dies auch für die Kostengruppen 400 und 500. Wo diese Aufteilung nicht möglich ist, werden die Abbruchkosten der KG 394 Abbruchmaßnahmen zugeordnet, weil z. B. die Abbruchkosten verschiedenster Bauteile pauschal abgerechnet wurden.
15.	Wo muss ich die Kosten des Aushubs für Abwasser- oder Wasserleitungen zuordnen?	Diese Kosten werden nach dem Verursacherprinzip der jeweiligen Kostengruppe zugeordnet Aushub für Abwasserleitungen: KG 411 Aushub für Wasserleitungen: KG 412 Aushub für Brennstoffversorgung: KG 421 Aushub für Heizleitungen: KG 422 Aushub für Elektroleitungen: KG 444 etc., sofern der Aushub unterhalb des Gebäudes anfällt. Die Kosten des Aushubs für Abwasser- oder Wasserleitungen in den Außenanlagen gehören zu KG 540 ff, die Kosten des Aushubs für Abwasser- oder Wasserleitungen innerhalb der Erschließungsfläche in KG 220 ff oder KG 230 ff

16. Wie werden Eigenleistungen bewertet?

Nach DIN 276 : 2008-12, gilt:

3.3.6 Wiederverwendete Teile, Eigenleistungen
Der Wert von mitzuverarbeitender Bausubstanz und wiederverwendeter Teile müssen bei den betreffenden Kostengruppen gesondert ausgewiesen werden.

3.3.7 Der Wert von Eigenleistungen ist bei den betreffenden Kostengruppen gesondert auszuweisen. Für Eigenleistungen sind die Personal- und Sachkosten einzusetzen, die für entsprechende Unternehmerleistungen entstehen würden.

Nach HOAI §4 (2) gilt: Als anrechenbare Kosten nach Absatz 2 gelten ortsübliche Preise, wenn der Auftraggeber:

- selbst Lieferungen oder Leistungen übernimmt
- von bauausführenden Unternehmern oder von Lieferanten sonst nicht übliche Vergünstigungen erhält
- Lieferungen oder Leistungen in Gegenrechnung ausführt oder
- vorhandene oder vorbeschaffte Baustoffe oder Bauteile einbauen lässt.

Fragen zu Kosteneinflussfaktoren:

17. Gibt es beim BKI Regionalfaktoren?

Der Anhang dieser Ausgabe enthält eine Liste der Regionalfaktoren aller deutschen Land- und Stadtkreise. Die Faktoren wurden auf Grundlage von Daten aus den statistischen Landesämtern gebildet, die wiederum aus den Angaben der Antragsteller von Bauanträgen entstammen. Die Regionalfaktoren werden von BKI zusätzlich als farbiges Poster im DIN A1 Format angeboten.

Die Faktoren geben Aufschluss darüber, inwiefern die Baukosten in einer bestimmten Region Deutschlands teurer oder günstiger liegen als im Bundesdurchschnitt. Sie können dazu verwendet werden, die BKI Baukosten an das besondere Baupreisniveau einer Region anzupassen.

Die Angaben wurden durch Untersuchungen des BKI weitgehend verifiziert. Dennoch können Abweichungen zu den angegebenen Werten entstehen. In Grenznähe zu einem Land-Stadtkreis mit anderen Baupreisfaktoren sollte dessen Baupreisniveau mit berucksichtigt werden, da die Übergänge zwischen den Land-Stadtkreisen fließend sind. Die Besonderheiten des Einzelfalls können ebenfalls zu Abweichungen führen. Siehe auch Benutzerhinweise, 12. Normierung der Kosten (Seite 11).

18.	**Standardzuordnung**	Einige Gebäudearten werden vom BKI nach ihrem Standard in „einfach", „mittel" und „hoch" unterteilt. Diese Unterteilung wurde immer dann vorgenommen, wenn der Standard als ein wesentlicher Kostenfaktor festgestellt wurde. Grundsätzlich gilt, dass immer mehrere Kosteneinflussfaktoren auf die Kosten und damit auf die Kostenkennwerte einwirken. Einige dieser vielen Faktoren seien hier aufgelistet: • Zeitpunkt der Ausschreibung • Art der Ausschreibung • Regionale Konjunktur • Gebäudegröße • Lage der Baustelle, Erreichbarkeit usw. Wenn bei einem Gebäude große Mengen an Bauteilen hoher Qualität die übrigen Kosteneinflussfaktoren überlagern, dann wird von einem „hohen Standard" gesprochen. Siehe auch Arbeitsblatt zur Standardeinordnung auf Seite 58 und 59.
19.	**Welchen Einfluss hat die Konjunktur auf die Baukosten?**	Der Einfluss der Konjunktur auf die Baukosten wird häufig überschätzt. Er ist meist geringer als der anderer Kosteneinflussfaktoren. BKI Untersuchungen haben ergeben, dass die Baukosten bei mittlerer Konjunktur manchmal höher sind als bei hoher Konjunktur.

Fragen zur Handhabung der von BKI herausgegebenen Bücher:

20.	**Ist die MwSt. in den Kostenkennwerten enthalten?**	Bei allen Kostenkennwerten in „BKI BAUKOSTEN" ist die gültige MwSt. enthalten (zum Zeitpunkt der Herausgabe 19%). In „BKI Baukosten Positionen (Neubau und Altbau), Statistische Kostenkennwerte " werden die Kostenkennwerte, wie bei Positionspreisen üblich, zusätzlich ohne MwSt. dargestellt.
21.	**Hat das Baujahr der Objekte einen Einfluss auf die angegebenen Kosten?**	Nein, alle Kosten wurden über den Baupreisindex auf einen einheitlichen zum Zeitpunkt der Herausgabe aktuellen Kostenstand umgerechnet. Der Kostenstand wird auf jeder Seite als Fußzeile angegeben. Allenfalls sind Korrekturen zwischen dem Kostenstand zum Zeitpunkt der Herausgabe und dem aktuellen Kostenstand durchzuführen.

22.	Wo finde ich weitere Informationen zu den einzelnen Objekten einer Gebäudeart?	Alle Objekte einer Gebäudeart sind einzeln mit Kurzbeschreibung, Angabe der BGF und anderer wichtiger Kostenfaktoren aufgeführt. Die Objektdokumentationen sind veröffentlicht in den Fachbüchern „Objektdaten" und können als PDF-Datei unter ihrer Objektnummer bei BKI bestellt werden, Telefon: 0711 954 854-41.
23.	Was mache ich, wenn ich keine passende Gebäudeart finde?	In aller Regel findet man verwandte Gebäudearten, deren Kostenkennwerte der 2. Ebene (Grobelemente) wegen ähnlicher Konstruktionsart übernommen werden können.
24.	Wo findet man Kostenkennwerte für Abbruch?	Im Fachbuch „BKI Baukosten Gebäude Altbau - Statistische Kostenkennwerte" gibt es Ausführungsarten zu Abbruch und Demontagearbeiten. Im Fachbuch „BKI Baukosten Positionen Altbau - Statistische Kostenkennwerte" gibt es Mustertexte für Teilleistungen zu „LB 384 - Abbruch und Rückbauarbeiten". Im Fachbuch „BKI Baupreise kompakt Altbau" gibt es Positionspreise und Kurztexte zu „LB 384 - Abbruch und Rückbauarbeiten". Die Mustertexte für Teilleistungen zu „LB 384 - Abbruch und Rückbauarbeiten" und deren Positionspreise sind auch auf der CD BKI Positionen und im BKI Kostenplaner enthalten.
25.	Warum ist die Summe der Kostenkennwerte in der Kostengruppen (KG) 310-390 nicht gleich dem Kostenkennwert der KG 300, aber bei der KG 400 ist eine Summenbildung möglich?	In den Kostengruppen 310-390 ändern sich die Einheiten (310 Baugrube gemessen in m^3, 320 Gründung gemessen in m^2); eine Addition der Kostenkennwerte ist nicht möglich. In den Kostengruppen 410-490 ist die Bezugsgröße immer BGF, dadurch ist eine Addition prinzipiell möglich.
26.	Manchmal stimmt die Summe der Kostenkennwerte der 2. Ebene der Kostengruppe 400 trotzdem nicht mit dem Kostenkennwert der 1. Ebene überein; warum nicht?	Die Anzahl der Objekte, die auf der 1. Ebene dokumentiert werden, kann von der Anzahl der Objekte der 2. Ebene abweichen. Dann weichen auch die Kostenkennwerte voneinander ab, da es sich um unterschiedliche Stichproben handelt. Es fallen auch nicht bei allen Objekten Kosten in jeder Kostengruppe an (Beispiel KG 461 Aufzugsanlagen).

27. Baupreise im Ausland	BKI dokumentiert nur Objekte aus Deutschland. Anhand von Daten der Eurostat-Datenbank „New Cronos" lassen sich jedoch überschlägige Umrechnungen in die meisten Staaten des europäischen Auslandes vornehmen. Die Werte sind Bestandteil des Posters „BKI Regionalfaktoren 2018".
28. Baunutzungskosten, Lebenszykluskosten	Seit 2010 bringt BKI in Zusammenarbeit mit dem Institut für Bauökonomie der Universität Stuttgart ein Fachbuch mit Nutzungskosten ausgewählter Objekte heraus. Die Reihe wird kontinuierlich erweitert. Das Fachbuch Nutzungskosten Gebäude 2017/2018 fasst einzelne Objekte zu statistischen Auswertungen zusammen.
29. Lohn und Materialkosten	BKI dokumentiert Baukosten nicht getrennt nach Lohn- und Materialanteil.
30. Gibt es Angaben zu Kostenflächenarten?	Nein, das BKI hält die Grobelementmethode für geeigneter. Solange Grobelementmengen nicht vorliegen, besteht die Möglichkeit der Ableitung der Grobelementmengen aus den Verhältniszahlen von Vergleichsobjekten (siehe Planungskennwerte und Baukostensimulation).

Fragen zu weiteren BKI Produkten:

31. Sind die Inhalte von „BKI Baukosten Gebäude, Statistische Kostenkennwerte (Teil 1)" und „BKI Baukosten Bauelemente, Statistische Kostenkennwerte (Teil 2)" auch im Kostenplaner enthalten?	Ja, im Kostenplaner Basisversion sind alle Objekte mit den Kosten bis zur 2. Ebene nach DIN 276 enthalten. Im Kostenplaner Komplettversion sind ebenfalls die Kosten der 3. Ebene nach DIN 276 und die vom BKI gebildeten Ausführungsklassen und Ausführungsarten enthalten. Darüber hinaus ermöglicht der BKI Kostenplaner den Zugriff auf alle Einzeldokumentationen von über 3.000 Objekten.

32. Worin unterscheiden sich die Fachbuchreihen „BKI BAUKOSTEN" und „BKI OBJEKTDATEN"

In der Fachbuchreihe BKI OBJEKTDATEN erscheinen abgerechnete Einzelobjekte eines bestimmten Teilbereichs des Bauens (A=Altbau, N=Neubau, E=energieeffizientes Bauen, IR=Innenräume, F=Freianlagen). In der Fachbuchreihe BKI BAUKOSTEN erscheinen hingegen statistische Kostenkennwerte von Gebäudearten, die aus den Einzelobjekten gebildet werden. Die Kostenplanung mit Einzelobjekten oder mit statistischen Kostenkennwerten haben spezifische Vor- und Nachteile:

Planung mit Objektdaten (BKI OBJEKTDATEN):
- Vorteil: Wenn es gelingt ein vergleichbares Einzelobjekt oder passende Bauausführungen zu finden ist die Genauigkeit besser als mit statistischen Kostenkennwerten. Die Unsicherheit, die der Streubereich (von-bis-Werte) mit sich bringt, entfällt.
- Nachteil: Passende Vergleichsobjekte oder Bauausführungen zu finden kann mühsam oder erfolglos sein.

Planung mit statistischen Kostenkennwerten (BKI BAUKOSTEN):
- Vorteil: Über die BKI Gebäudearten ist man recht schnell am Ziel, aufwändiges Suchen entfällt.
- Nachteil: Genauere Prüfung, ob die Mittelwerte übernommen werden können oder noch nach oben oder unten angepasst werden müssen, ist unerlässlich.

33. In welchen Produkten dokumentiert BKI Positionspreise?

Positionspreise mit statistischer Auswertung und Einzelbeispielen werden in „BKI Baukosten Positionen, Statistische Kostenkennwerte Neubau (Teil 3) und Altbau (Teil 5)" und „BKI Baupreise kompakt Neu- und Altbau" herausgegeben. Ausgewählte Positionspreise zu bestimmten Details enthalten die Fachbücher „Konstruktionsdetails K1, K2, K3 und K4". Außerdem gibt es Positionspreise in EDV-Form im „Modul BAUPREISE, Positionen mit AVA-Schnittstelle" für den Kostenplaner und die Software „BKI Positionen".

34. Worin unterscheiden sich die Bände A1 bis A10 (N1 bis N15)

Die Bücher unterscheiden sich durch die Auswahl der dokumentierten Einzelobjekte. Der Aufbau der Bände ist gleich. In der BKI Fachbuchreihe OBJEKTDATEN erscheinen regelmäßig aktuelle Folgebände mit neu dokumentierten Einzelobjekten. Speziell bei den Altbaubänden A1 bis A10 ist es nützlich, alle Bände zu besitzen, da es im Bereich Altbau notwendig ist, mit passenden Vergleichsobjekten zu planen. Je mehr Vergleichsobjekte vorhanden sind, desto höher ist die „Trefferquote". Bände der Fachbuchreihe OBJEKTDATEN sollten deshalb langfristig aufbewahrt werden.

Diese Liste wird laufend erweitert und im Internet unter www.bki.de/faq-kostenplanung.html veröffentlicht.

Orientierungswerte und frühzeitige Ermittlung der Baunebenkosten ausgewählter Gebäudearten

von Univ.-Prof. Dr.-Ing. Wolfdietrich Kalusche
und
Sebastian Herke M.Sc.

Orientierungswerte und frühzeitige Ermittlung der Baunebenkosten ausgewählter Gebäudearten

Ein Beitrag von
Univ.-Prof. Dr.-Ing. Wolfdietrich Kalusche
und
Sebastian Herke, M.Sc.

Vorbemerkung

Die Baunebenkosten (KG 700 nach DIN 276) machen einen nicht unerheblichen Teil an den Gesamtkosten (KG 100–700 nach DIN 276) eines Bauprojekts aus. Die Erhebung von Kostendaten und die Bildung von Kostenkennwerten der entsprechenden Aufwendungen der Baunebenkosten sind wesentlich schwieriger als die der Bauwerkskosten (KG 300+400 nach DIN 276). Das liegt unter anderem daran, dass häufig Anteile nicht erfasst oder nicht offengelegt werden. Deshalb sind auch viele Kostenermittlungen unvollständig. Die ermittelten Kosten dürfen in solchen Fällen deswegen nicht als Gesamtkosten bezeichnet werden. Die genaue Ermittlung der Gesamtkosten (Investition) ist eine unabdingbare Voraussetzung für die Kostensicherheit und die ausreichende Mittelbereitstellung (Finanzierung) eines Bauvorhabens.

Das Baukosteninformationszentrum Deutscher Architektenkammern (BKI) hat über viele Jahre Kostenwerte der Baunebenkosten erhoben. Es konnten zwar in den meisten Fällen die Kosten der Architekten- und Ingenieurleistungen (KG 730) oder die Allgemeinen Baunebenkosten (KG 770) dokumentiert werden, aber vor allem die Kosten der Bauherrenaufgaben (KG 710) und die Finanzierungskosten (KG 760) wurden nur selten ermittelt oder bereitgestellt.

Es kommt hinzu, dass mit der 7. Novelle der Honorarordnung für Architekten und Ingenieure im Jahr 2013 die Leistungsbilder und die Honorartabellen verändert wurden. Statistische Kostenkennwerte der Baunebenkosten aus abgerechneten Honorarverträgen nach der HOAI 2009 sind deswegen als Grundlage für die Kostenermittlung aktuell geplanter Baumaßnahmen nicht ohne Weiteres geeignet. Denn die Honorare nach der HOAI 2013 fallen zum überwiegenden Teil höher aus, als in den vorangegangenen Jahren. Deswegen wird seit dem Jahr 2014 darauf verzichtet, die statistisch ermittelten Baunebenkosten, welche fast noch vollständig auf der HOAI 2009 beruhen, für die dokumentierten Gebäude in den BKI-Produkten auszuweisen.

Zur frühzeitigen Ermittlung der Baunebenkosten bei der Gebäudeplanung wurde deshalb erstmals im Jahr 2014 im Band BKI Baukosten Gebäude – Statistische Kostenkennwerte Teil 1 ein gleichnamiger Fachaufsatz veröffentlicht. Dieser enthält Orientierungswerte für die Baunebenkosten, ein Verfahren sowie ein Beispiel für die Ermittlung. Der vorliegende Fachaufsatz stellt im Vergleich hierzu eine Überarbeitung und Erweiterung der Grundlagen und der Beispielermittlung dar. Auf die Vollständigkeit der Kostenermittlung, also der Gesamtkosten (KG 100–700 nach DIN 276) wird dabei nach wie vor besonderer Wert gelegt.

Die frühzeitige Ermittlung der Baunebenkosten soll zur Kostensicherheit beitragen. Sie soll außerdem möglichst vollständig sein und Überraschungen vermeiden helfen – im Sinne von: „Leider haben wir das Honorar eines wichtigen am Projekt Beteiligten vergessen." Sobald der Bauherr die Verträge mit seinem Architekten und den Ingenieuren geschlossen oder erste Gebühren entrichtet hat, soll die frühzeitige Ermittlung der Baunebenkosten schrittweise durch genauere Ermittlungen ersetzt werden.

Eine weitere Voraussetzung für die Kostensicherheit ist die richtige Zuordnung von Kostenwerten unter Verwendung der korrekten Begriffe. So ging es schon bei der Entstehung der DIN 276 im Jahr 1934 darum, „der im Bauwesen herrschenden Begriffsverwirrung entgegenzutreten." [Winkler 1994, S. 9f.] Das ist auch heute noch von nicht zu unterschätzender Bedeutung.

Beginn der Regelung und Begriffsbestimmung

Die Nebenkosten im Bauwesen waren lange Zeit unzureichend definiert. In der ersten Fassung der DIN 276, Kosten von Hochbauten und damit zusammenhängenden Leistungen, aus dem Jahr 1934 wurden die Nebenkosten nicht gesondert beschrieben. So fasst Kleffner die wesentlichen Bestandteile der Nebenkosten wie folgt zusammen: [Kleffner 1936, S. 9f.]

I. „Die Aufwendungen für Maßnahmen, die mit dem Kauf des Baugrundstückes verbunden sind.

II. Die Aufwendungen für Maßnahmen, die mit der Erschließung (Baufreimachung) des Baugrundstückes verbunden sind.

III. Die Aufwendungen für Planung, Bauleitung und Bauausführung.

IV. Aufwendungen für baupolizeiliche Prüfungen und Genehmigungen.

V. Aufwendungen für die Beschaffung und Verzinsung der Mittel zum Grunderwerb und zur Bauausführung."

In der Fassung der DIN 276:1943-08, Kosten von Hochbauten, werden die einzelnen Bereiche der Nebenkosten getrennt ausgewiesen. Bis heute ist diese Gliederung Bestandteil der Norm. Die Beschreibung folgt der Auffassung, dass Nebenkosten im Bauwesen unter verschiedenen Aspekten zu betrachten und zwingend voneinander zu trennen sind. Im Wesentlichen sind dies in der Systematik der aktuellen DIN 276-1:2008-12, Kosten im Bauwesen – Teil 1: Hochbau, die Kosten für

– den Erwerb des Baugrundstückes (KG 120 – Grundstücksnebenkosten),
– die vorbereitenden Maßnahmen am Grundstück (KG 200 – Herrichten und Erschließen) sowie
– die Planung und Durchführung (KG 700 – Baunebenkosten).

Die ursprünglich als Nebenkosten bezeichneten Leistungen sind inhaltlich zu trennen und den entsprechenden Kostengruppen zuzuordnen. Für die Ermittlung der Kostengruppen 120 und 200 existieren ausreichend Beispiele in der Praxis.

Im Folgenden werden die Baunebenkosten als „Kosten die bei der Planung und Durchführung auf Grundlage von Honorarordnungen, Gebührenordnungen, Preisvorschriften oder nach besonderen vertraglichen Vereinbarungen entstehen" beschrieben. [BKI Bildkommentar DIN 276/DIN 277, 2016, S. 366]

Baunebenkosten – mehrere Regelwerke und unterschiedliche Begriffe

Der Begriff „Baunebenkosten" wird im Bauwesen durch Normen und Verordnungen abgegrenzt. Eine Beschreibung findet sich in folgenden Regelwerken:
– Zweite Berechnungsverordnung (II. BV)
– Immobilienwertermittlungsverordnung (vorher Wertermittlungsverordnung)
– DIN 276-1:2008-12 – Kosten im Bauwesen, Teil 1: Hochbau

Die einzelnen Regelwerke beziehen sich dabei auf verschiedene Teilbereiche im Bauwesen. Die Zweite Berechnungsverordnung ist bei der Wirtschaftlichkeitsberechnung im öffentlich geförderten Wohnungsbau anzuwenden. Dies schließt andere Gebäudearten aus. Die II. BV beschreibt ebenso Höchstsätze für die Verwaltungsleistungen des Bauherrn, d. h. Kosten bei der Vorbereitung und Durchführung von Bauprojekten. [vgl. II. BV 2007, § 8 Abs. 3] Diese unterscheiden sich wesentlich von den Honoraren, welche der Ausschuss der Verbände und Kammern der Ingenieure und Architekten für die Honorarordnung e.V. (AHO) zusammengestellt hat.

Die Baunebenkosten werden in der Zweite Berechnungsverordnung definiert als
1. „die Kosten der Architekten- und Ingenieurleistungen,
2. die Kosten der dem Bauherrn obliegenden Verwaltungsleistungen bei Vorbereitung und Durchführung des Bauvorhabens,
3. die Kosten der Behördenleistungen bei Vorbereitung und Durchführung des Bauvorhabens, soweit sie nicht Erwerbskosten sind,
4. die Kosten der Beschaffung der Finanzierungsmittel, die Kosten der Zwischenfinanzierung und, soweit sie auf die Bauzeit fallen, die Kapitalkosten und die Steuerbelastungen des Baugrundstücks,
5. die Kosten der Beschaffung von Darlehen und Zuschüssen zur Deckung von laufenden Aufwendungen, Fremdkapitalkosten, Annuitäten und Bewirtschaftungskosten,
6. sonstige Nebenkosten bei Vorbereitung und Durchführung des Bauvorhabens." [II. BV 2007, § 5 Abs. 4]

Die Immobilienwertermittlungsverordnung nimmt Bezug auf „die Verkehrswerte (Marktwerte) von Grundstücken". Dabei werden die Normalherstellungskosten, als Kosten, „die marktüblich für die Neuerrichtung einer entsprechenden baulichen Anlage aufzuwenden wären", betrachtet. Dazu „gehören auch die üblicherweise entstehenden Baunebenkosten, insbesondere Kosten für Planung, Baudurchführung, behördliche Prüfungen und Genehmigungen." [ImmoWertV 2010, § 22 Abs. 2]

Die Zweite Berechnungsverordnung und die Immobilienwertermittlungsverordnung beziehen sich inhaltlich auf Teilbereiche im Bauwesen. Die DIN 276-1:2008-12, Kosten im Bauwesen – Teil 1 Hochbau (Anmerkung: nachfolgend kurz als DIN 276 bezeichnet) ist hingegen für alle Bauprojekte im Hochbau anzuwenden. Der folgende Beitrag nimmt Bezug auf die Systematik der Baunebenkosten nach DIN 276.

DIN 276-1:2008-12 – Kosten im Bauwesen

Im Folgenden wird auf die DIN 276 näher eingegangen, da die meisten Regelwerke auf die Bestimmungen der DIN 276 verweisen. So werden in der Verwaltungsvorschrift über die Durchführung von Bauaufgaben der Freien und Hansestadt Hamburg (VV-Bau) die Baunebenkosten als „alle mit der eigentlichen Baumaßnahme untrennbar verbundenen Kosten [...] entsprechend Kostengruppe 700 der DIN 276-1 in der jeweils geltenden Fassung" beschrieben. [VV Bau „Freien und Hansestadt Hamburg" 2015, S. 7f.]

Kosten im Bauwesen sind „Aufwendungen für Güter, Leistungen und Abgaben, die für die Planung und Ausführung von Baumaßnahmen erforderlich sind." So heißt es in der DIN 276. Für die Ermittlung der Gesamtkosten wird eine Kostengliederung mit Kostengruppen (KG) als Ordnungsstruktur vorgegeben. Weiter heißt es dort: „Die Kosten der Baumaßnahme sind in der Kostenermittlung vollständig zu erfassen". [DIN 276-1:2008-12]

Die Kostenermittlung gehört zu den Berufsaufgaben des Architekten. Er ist dabei auf die Mitwirkung des Bauherrn und auf Beiträge anderer an der Planung fachlich Beteiligter angewiesen. Den Bauherrn hierauf hinzuweisen, gehört zu den Beratungspflichten des Architekten.

Die Berücksichtigung der Baunebenkosten (KG 700) gehört auf jeden Fall zur vollständigen Kostenermittlung, da diese einen erheblichen Anteil an den Gesamtkosten haben.
In der Praxis ist das leider die Ausnahme.
Die Gründe dafür sind vielfältig:
– Die Höhe der anfallenden Baunebenkosten wird unterschätzt.
– Leistungen, die zu den Baunebenkosten gehören, sind zu Beginn der Planung nicht vollständig bekannt.
– Datensammlungen zu den Baunebenkosten fehlen bisher weitgehend.
– Faustformeln und Orientierungswerte, wie sie in der Praxis mitgeteilt werden, sind meist

veraltet oder beziehen sich nur auf Teile der Baunebenkosten.
- Eigenleistungen des Bauherrn führen nicht zu Zahlungen und werden deshalb nicht als Kosten berücksichtigt.

Dieser Beitrag soll dem Architekten helfen, schon zu Beginn einer Planung
- die Vollständigkeit der Kostenermittlung sicherzustellen und
- durch eine einfache Rechnung mit Orientierungswerten die Baunebenkosten nachvollziehbar und angemessen abzuschätzen.

Dabei wird auf die Berücksichtigung der Bauherrenaufgaben (KG 710), der Architekten- und Ingenieurleistungen (KG 730) sowie der Finanzierungskosten (KG 760) besonderer Wert gelegt. Denn diese Kostenanteile fehlen bei der Kostenermittlung in der Praxis am häufigsten.

Die Höhe der Gesamtkosten (KG 100-700) als Ergebnis einer vollständigen Kostenermittlung ist eine notwendige Information für den Bauherrn. Auf dieser Grundlage kann er entscheiden, ob er das Objekt finanzieren und betreiben oder veräußern kann. Der Architekt trägt einerseits aufgrund seiner Fachkompetenz und Erfahrung die Verantwortung dafür, dass dem Bauherrn dies gelingen kann. Der Bauherr hat andererseits die Mitwirkungspflicht gegenüber seinem Architekten, ihm alle notwendigen Unterlagen zur Verfügung zu stellen, damit dieser seine Leistungen erbringen kann. Das sind unter anderem Angaben zu Eigenleistungen sowie Angebote und Abrechnungen zu Planungs- und Bauleistungen.

Aufgaben des Architekten und Informationen über Kostenwerte

Häufig befindet sich bereits zu Beginn der Planung das Grundstück im Eigentum des Bauherrn. Den Kaufpreis oder den Grundstückswert (KG 110) sowie die Grundstücksnebenkosten (KG 120) und die Kosten für das Freimachen (KG 130), z. B. für Abfindungen und Entschädigungen, soll der Bauherr dem Architekten für die Kostenermittlung angeben. Die Maßnahmen für das Herrichten und Erschließen (KG 200) und damit die Ermittlung der Kosten der vorbereitenden Maßnahmen, um das Grundstück bebauen zu können, sind ebenfalls zu berücksichtigen.

Aufgabe des Architekten als Objektplaner Gebäude ist die Kostenermittlung mindestens in Bezug auf die Bauwerkskosten (BWK) der Kostengruppen 300 und 400. Die Kosten der Baukonstruktionen (KG 300) ermittelt er selbst. Weiter koordiniert er die Leistungen der an der Planung fachlich Beteiligten und integriert deren Beiträge in seine Eigenplanung. Das sind vor allem Angaben des Tragwerksplaners und der Fachingenieure für die Planung der Technischen Anlagen (KG 400). Sind für die Objektbereiche Innenräume oder Außenanlagen weitere Planer beauftragt, werden deren anteilige Kostenermittlungen ebenfalls zur Vervollständigung der Kostenplanung benötigt. Deshalb arbeitet der Innenarchitekt die anteiligen Bauwerkskosten (KG 300+400) sowie die Kosten der Ausstattung und Kunstwerke (KG 600) zu. Das gilt ebenso für den Landschaftsarchitekten in Bezug auf die Kosten der Außenanlagen (KG 500).

Die Dokumentation von Kostenkennwerten erfolgt herkömmlich vor allem für die Bauwerkskosten (KG 300+400), also die Baukonstruktionen (KG 300) und die Technischen Anlagen (KG 400). Für alle dazu gehörenden Baukonstruktionen, z. B. Innenwände (KG 340), und Technische Anlagen, z. B. Lufttechnische Anlagen (KG 430), liegen umfassende Datensammlungen vor. Sie erlauben eine genaue Kostenermittlung sowohl für den Neubau als auch für das Planen und Bauen im Bestand (PBiB). Hierzu sind zahlreiche Produkte des Baukosteninformationszentrums Deutscher Architektenkammern (BKI) erschienen.

Kostenkennwerte zu den Baunebenkosten stehen in diesem Umfang und dieser Qualität nicht zur Verfügung. Nur vereinzelt findet man ungefähre Angaben zur Höhe der Baunebenkosten in der Fachliteratur. Das gilt insbesondere für den Aufwand bei der Wahrnehmung der Bauherrenaufgaben und für die Finanzierungskosten vor Beginn der Nutzung. Sollten diese dem Bauherrn nicht bekannt sein oder dem Architekten nicht vorliegen, muss dieser die Kostenermittlung um den Hinweis ergänzen: „Die Kostengruppen 710 Bauherrenaufgaben und 760 Finanzierungskosten sind in der Kostenermittlung nicht oder nicht vollständig enthalten." Das gilt für andere nicht enthaltene Kostenwerte entsprechend.

Angaben zu den Baunebenkosten macht Willi Hasselmann in seinem Fachbuch zur Baukostenplanung. Er gibt für den Wohnungsbau Prozentwerte für ausgewählte Baunebenkosten an (**Abb. 1**). Leider sind auch diese Angaben nicht ganz vollständig. Als grobe Schätzung wird dabei die KG 700 mit 15 % bis 20 % der Kostengruppen 300 bis 600 angegeben.

Die Höhe der Baunebenkosten wird in der Praxis prozentual auf unterschiedliche Bezugswerte beaufschlagt. Weder die Prozentwerte noch die Grundlagen sind einheitlich, da die Ansätze zur Berechnung verschieden sind.

Bei den Normalherstellungskosten (NHK 2010) sind die Baunebenkosten im Kostenkennwert eingerechnet (**Abb. 2**) und werden in Prozent angegeben (Von-Hundert-Rechnung). Die Baunebenkosten beschreiben dabei ausschließlich die Architekten- und Ingenieurleistungen (KG 730) sowie Prüfungen und Genehmigungen (KG 771) nach DIN 276. Die Prozentwerte der Baunebenkosten nach NHK 2010 berücksichtigen die Honoraranpassung der HOAI 2013 noch nicht.

In der Praxis werden Angaben zu den Baunebenkosten bereits in der frühen Planungsphase benötigt. So verwenden Kreditinstitute wie die Landesbausparkasse Baden-Württemberg (LBS) pauschale Angaben – etwa „18 % bis 25 % der Baukosten" – bei der Finanzierung. [vgl. LBS Baden-Württemberg 2013]

In der Regel werden die aufgeführten Werte nicht ausreichend erläutert, sind veraltet und werden dem heutigen Aufwand für Planung, Steuerung und weiteren Maßnahmen nicht gerecht. Die Bezugsgröße (Baukosten oder Bauwerkskosten) und die entsprechenden Kostengruppen, auf welche sich diese Werte beziehen sind unvollständig. Um diesem Mangel abzuhelfen, wird mit dem vorliegenden Beitrag ein einfaches Verfahren zur frühzeitigen Ermittlung der Baunebenkosten bei Gebäuden vorgestellt.

Gebäudeart	Baunebenkosten nach NHK 2010
Ein- und Zweifamilienhäuser, Doppelhäuser, Reihenhäuser	17 %
Mehrfamilienhäuser	19 %
Banken/Geschäftshäuser	22 %
Bürogebäude	18 %
Gemeindezentren, Saalbauten/Veranstaltungsgebäude	18 %
Kindergärten, Schulen	20–21 %
Wohnheime, Alten-/Pflegeheime	18 %
Krankenhäuser, Tageskliniken	21 %
Beherbergungsstätten, Verpflegungseinrichtungen	21 %
Sporthallen	17 %
Freizeitbäder/Heilbäder	24 %
Verbrauchermärkte	16 %
Kauf-/Warenhäuser	22 %
Produktionsgebäude	18 %
Theater	22 %

Abb. 2: Baunebenkosten als Prozentwerte der Bauwerkskosten, Auszug [Sachwertrichtlinie – SW-RL]

Damit ist der Architekt in der Lage, bereits in der Leistungsphase 1 (Grundlagenermittlung) die vollständigen Baunebenkosten ausreichend genau abzuschätzen.

Bestandteile der Baunebenkosten nach DIN 276 und deren Ermittlung

Die Kostengruppen der Baunebenkosten berücksichtigen unterschiedliche Aufwendungen und sind über jeweils verschiedene Verfahren zu ermitteln. Die Gliederung der Baunebenkosten orientiert sich vorwiegend an den Projektbeteiligten. [vgl. Hasselmann/Weiß 2005, S. 68]

Im Leitfaden für Wirtschaftlichkeitsuntersuchungen bei der Vorbereitung von Hochbaumaßnahmen des Bundes (WU Hochbau) wird deshalb empfohlen, bereits in den frühen Leistungsphasen eine Detaillierung der Kostengruppe auf 2. Ebene durchzuführen. [vgl. WU Hochbau 2014, S. 48]

Kostengruppen	Baunebenkosten nach Hasselmann
710 Bauherrenaufgaben	ca. 2,5 % der Kostengruppen 300–600
730 Architekten- und Ingenieurleistungen	ca. 8–15 % der Kostengruppen 300–600
770 Allgemeine Baunebenkosten	ca. 2–5 % der Kostengruppen 300–600

Abb. 1: Baunebenkosten als Prozentwerte der KG 300–600 [vgl. Hasselmann 1997, S. 45]

Die DIN 276 gliedert die KG 700 in der 2. Ebene wie folgt:

Kostengruppen
710 Bauherrenaufgaben
720 Vorbereitung der Planung
730 Architekten- und Ingenieurleistungen
740 Gutachten und Beratung
750 Künstlerische Leistungen
760 Finanzierungskosten
770 Allgemeine Baunebenkosten
790 Sonstige Baunebenkosten

Abb. 3: Gliederung der Baunebenkosten nach DIN 276, 2. Ebene

Im vorliegenden Beitrag werden die Kostengruppen der Baunebenkosten in der 2. Ebene der Gliederung erläutert. Weiterhin werden Prozentwerte zu den Baunebenkosten als Aufschlag auf einen einfachen und einheitlichen Bezugswert angegeben. Als Bezugswert dient die Höhe der Bauwerkskosten (KG 300+400). Denn mindestens diese sollen bereits im Kostenrahmen der Leistungsphase 1 (Grundlagenermittlung) nach HOAI 2013 gesondert ausgewiesen sein. Die Mehrwertsteuer ist nicht Bestandteil der Berechnung. Für eine erste überschlägige Ermittlung und unter dem Vorbehalt späterer Berechnungen sind die Netto-Bauwerkskosten (KG 300+400) als Grundlage für die Betrachtung ausreichend. Die Netto-Bauwerkskosten werden in der frühzeitigen Ermittlung der Baunebenkosten vereinfacht den anrechenbaren Kosten gleichgesetzt.

Bei der beschriebenen Ermittlung der Baunebenkosten werden die Kosten von Herrichten und Erschließen (KG 200), die Kosten der Außenanlagen (KG 500) und die Kosten von Ausstattung und Kunstwerken (KG 600) noch nicht berücksichtigt, um das Verfahren möglichst einfach zu halten. Bei der Mehrzahl der Neubauten sind diese Kostenanteile eher gering. Selbstverständlich dürfen sie nicht vergessen werden.

Die Prozentwerte der Baunebenkosten wurden aus abgerechneten Objekten (Neubau) gewonnen und werden in Von-bis-Werten angegeben. Sie sollen als Orientierungswerte verstanden werden und für eine erste Ermittlung der Baunebenkosten genügen. So bald wie möglich sind sie durch konkrete Kostenwerte, z. B. Honorarermittlungen auf der Grundlage von abgeschlossenen Verträgen, oder anderen Nachweisen zu ersetzen.

Bauherrenaufgaben (KG 710)

Die Bauherrenaufgaben beschreiben die baubegleitenden Aufgaben des Bauherrn, die dieser persönlich, als Projektleitung, oder durch die Beauftragung Dritter, als Projektsteuerung, wahrnimmt.

In seiner Funktion als Auftraggeber hat der Bauherr die Projektleitung (KG 711) zur Vertretung seiner Bauherreninteressen wahrzunehmen. Hierzu gehören unter anderem das Festlegen der Projektziele, das Aufstellen eines Organisations- und Terminplanes für die Bauaufgabe, der Abschluss von Verträgen zur Verwirklichung der Projektziele, das Prüfen der Planungsergebnisse auf Einhaltung der Planungsvorgaben und die rechtsgeschäftliche Abnahme aller beauftragten Vertragsleistungen. Für eine erste Ermittlung sind hierfür etwa 2 % bis 3 % der Netto-Bauwerkskosten ausreichend.

In einzelnen Fällen kann eine förmliche Bedarfsplanung (KG 712) erforderlich werden. Bedarfsplanung im Bauwesen bedeutet nach dem nationalen Vorwort zur DIN 18205
– „die methodische Ermittlung der Bedürfnisse von Bauherren und Nutzern,
– deren zielgerichtete Aufbereitung als 'Bedarf' und
– dessen Übersetzung in eine für den Planer, Architekten und Ingenieur verständliche Aufgabenstellung."

Die Bedarfsplanung ist ein Prozess. Dieser „besteht darin,
– die Bedürfnisse, Ziele und einschränkenden Gegebenheiten (die Mittel, die Raumbedingungen) des Bauherrn und wichtiger Beteiligter zu ermitteln und zu analysieren. [...]
– alle damit zusammenhängenden Probleme zu formulieren, deren Lösung man vom Architekten erwartet." [DIN 18205:1996-04, Bedarfsplanung im Bauwesen]

Ein Leistungsbild oder eine Honorarordnung für die Bedarfsplanung gibt es bisher nicht. Der Aufwand für eine Bedarfsplanung kann in Abhängigkeit von der Aufgabenstellung sehr hoch sein. Für die nachfolgenden Ausführungen ist die Bedarfsplanung im Sinne einer umfassenden, von einem Bedarfsplaner vorgenommenen Analyse nicht enthalten.

Weitere Leistungen, wie die Rechts- und Steuerberatung, werden unter den sonstigen Bauherrenaufgaben (KG 719) zusammengefasst. Dies betrifft auch Kosten, die als Bauherrenaufgaben anfallen, aber nicht den Kostengruppen 711 bis 713 zuzuordnen sind.

Projektsteuerung (KG 713)

Zu seiner zeitlichen und fachlichen Entlastung kann der Bauherr eine Projektsteuerung (KG 713) beauftragen. Das Leistungsbild der Projektsteuerung wurde erstmals in groben Zügen in § 31 HOAI 1977 beschrieben. Es war für die praktische Anwendung nicht ausreichend und ist im Zuge der 6. Änderungsnovelle der HOAI im Jahr 2009 entfallen. Seit 1990 arbeitet der Ausschuss der Verbände und Kammern der Ingenieure und Architekten für die Honorarordnung (AHO) unter dem Titel „Untersuchungen zum Leistungsbild und zur Vergütung der Projektsteuerung" an entsprechenden Regelungen. Die aktuelle Fassung liegt als Heft Nr. 9 der Schriftenreihe der AHO-Fachkommission vor. [vgl. AHO-Fachkommission Projektsteuerung/Projektmanagement: Untersuchungen zum Leistungsbild, zur Honorierung und zur Beauftragung von Projektmanagementleistungen in der Bau- und Immobilienwirtschaft: AHO Heft 9, 2014]

Etwa zwei Drittel der Bauherrenaufgaben (KG 710) können an eine Projektsteuerung (KG 713) übertragen werden. Umgekehrt verbleibt in der Regel ein Drittel der Bauherrenaufgaben beim Auftraggeber in Form der Projektleitung (KG 711). Die Leistungen der Projektsteuerung unterliegen sowohl dem Preis- als auch dem Leistungswettbewerb und werden demnach frei vereinbart.

Die Bauherrenaufgaben werden je nachdem, ob es sich um einen
– privaten Bauherrn, z. B. ein privater Haushalt,
– erwerbswirtschaftlichen Bauherrn, z. B. ein Bauträger, oder
– öffentlichen Bauherrn, z. B. eine Kommune,
handelt, in zeitlicher und fachlicher Hinsicht unterschiedlich wahrgenommen.

Private Bauherren kümmern sich um ihr Bauvorhaben nach Feierabend und kommen meist nicht auf die Idee, die in dieser Form erbrachten Eigenleistungen als Kosten im Sinne der DIN 276 zu erfassen. Erwerbswirtschaftliche Bauherren würden, wenn sie dies unterließen, falsch kalkulieren und auf Dauer nicht erfolgreich bleiben. Bei den öffentlichen Bauherren werden zum überwiegenden Teil die Personal- und Sachkosten für die Betreuung von Bauvorhaben insgesamt erfasst, aber nicht in jedem Fall dem einzelnen Objekt zugerechnet.

Im AHO Heft Nr. 9 findet sich eine Honorarempfehlung für die Grundleistungen der Projektsteuerung. Die Vergütung der Grundleistungen der Projektsteuerung reicht von rund 1 % für sehr große Objekte der Honorarzone I bei sehr hohen anrechenbaren Kosten (50.000.000 €) bis zu rund 8 % für sehr kleine Objekte der Honorarzone V bei sehr geringen anrechenbaren Kosten (500.000 €). Für die Ermittlung der Kosten für die Projektsteuerung (KG 713) werden die angegebenen Prozentwerte als Empfehlung der AHO übernommen (**Abb. 4**).

Die anrechenbaren Kosten nach AHO entsprechen den Kostengruppen 100 bis 700, ohne die KG 110, 710 und 760. Die Mehrwertsteuer ist nicht Bestandteil der Berechnung. [vgl. AHO 2014, § 5 Abs. 1 a] Für eine erste überschlägige Ermittlung und unter dem Vorbehalt späterer Berechnungen sind auch hier die Netto-Bauwerkskosten (KG 300+400) als Grundlage für die Ermittlung ausreichend. Bei kleinen Projekten mit anrechenbaren Kosten unter 2.000.000 € macht in der Regel eine Projektsteuerung wenig Sinn. Jedoch sind die Aufwendungen des Bauherrn, vor allem sein zeitlicher Einsatz, zu bewerten. Hier kann ein geringer Anteil von rund 1 % bis 3 % der Bauwerkskosten angenommen werden.

Einfache Ermittlung der Bauherrenaufgaben (KG 710)

Wenn der Bauherr vor der Wahl steht, zu bauen, zu kaufen oder zu mieten und hierzu einen Kostenvergleich aufstellt, muss die Kostenermittlung für den Neubau vollständig sein und seinen eigenen Aufwand als Bauherrenaufgaben (KG 710) beinhalten.

Die Bauherrenaufgaben machen je nach Größe, Schwierigkeit und Dauer eines Projektes sowie abhängig von der Anzahl der am Projekt Beteiligten etwa ein Viertel bis ein Halb des Aufwandes der erforderlichen Architekten- und Ingenieurleistungen aus. Will man also die Kosten der Bauherrenaufgaben einschätzen und hat keine bessere Grundlage zur Verfügung, kann einfach ein entsprechender Teil der Architekten- und Ingenieurhonorare als Maßstab für den notwendigen Aufwand auf der Seite des Bauherrn angesetzt werden. Prozentwerte von 3 % bis 8 % der Bauwerkskosten sollen hierfür ausreichen. Im öffentlichen Hochbau werden dafür teilweise bis zu 10 % angesetzt. [vgl. WU Hochbau 2014, S. 51]

Andernfalls sind die Kosten der Projektsteuerung nach AHO zu ermitteln. Das Verhältnis der Aufwendungen für die Projektsteuerung im Verhältnis zur Projektleitung liegt dann bei 2 : 1.

Die Vorbereitung eines Projekts seitens des Bauherrn ist aufwändig. Teilweise ist eine Bedarfs- oder Betriebsplanung erforderlich. Dies rechtfertigt einen entsprechend hohen Ansatz der Bauherrenaufgaben.

Vorbereitung der Objektplanung (KG 720)

Zur Vorbereitung der Objektplanung können Untersuchungen (KG 721) in Form von Standortanalysen, Baugrundgutachten, Gutachten für die Verkehrsanbindung, Bestandsanalysen, z. B. Umweltverträglichkeitsprüfungen, erforderlich sein. Gutachten zur Wertermittlung (KG 722) der Gebäude sollen, insofern diese nicht in der KG 126 erfasst sind, ausgewiesen werden. Als vorbereitende Bebauungsstudien können auch Städtebauliche Leistungen (KG 723) anfallen. Ebenso sind als vorbereitende Landschaftspläne oder Grünordnungspläne die Landschaftsplanerischen Leistungen (KG 724) zu beachten.

Die Kosten eines Architektenwettbewerbes werden unter der Kostengruppe 725 Wettbewerbe erfasst. Für sonstige Kosten der Vorbereitung der Objektplanung steht die Kostengruppe 729 zur Verfügung.

Die Honorare für städtebauliche Leistungen sind nach § 21 HOAI und die Honorare für landschaftsplanerische Leistungen nach § 31 HOAI zu ermitteln.

Wird ein Architektenwettbewerb, z. B. ein Realisierungswettbewerb, durchgeführt, soll die Auslobungsunterlage mindestens die Leistungsphase 1 (Grundlagenermittlung) umfassen. Die Arbeiten der Wettbewerbsteilnehmer haben weitgehend der Leistungsphase 2 (Vorplanung) zu entsprechen. Die Kosten für die Auslobung, Durchführung und Dokumentation liegen in jedem Fall deutlich höher als das vergleichbare Honorar für die Leistungsphase 2 (Vorplanung) im Fall der direkten Beauftragung. Zu den Aufwendungen gehören in der Regel die Wettbewerbsvorbereitung, die Preisgelder, die Wettbewerbsprüfungen und die

Anrechenbare Kosten in €	Honorarzone I Mittelwert	Honorarzone II Mittelwert	Honorarzone III Mittelwert	Honorarzone IV Mittelwert	Honorarzone V Mittelwert
500.000	4,0%	5,0%	6,2%	7,2%	8,2%
1.000.000	3,6%	4,5%	5,6%	6,4%	7,3%
2.000.000	3,2%	4,0%	4,9%	5,7%	6,5%
5.000.000	2,6%	3,3%	4,0%	4,7%	5,3%
10.000.000	2,2%	2,8%	3,4%	3,9%	4,5%
20.000.000	1,8%	2,2%	2,7%	3,1%	3,6%
50.000.000	1,3%	1,5%	1,9%	2,1%	2,4%

Abb. 4: Gekürzte Honorartafel Projektsteuerung, Umrechnung der Honorare in Prozentwerte (vgl. AHO 2014, § 7 Abs. 5)

Kosten für die Jury (Gutachter). Als Kosten für den Wettbewerb können im Allgemeinen bis zu 2 % der Bauwerkskosten angesetzt werden. Die Kosten für Planungswettbewerbe sind nach der Richtlinie für Planungswettbewerbe (RPW 2013) anzugeben.

Architekten- und Ingenieurleistungen (KG 730)

Die Leistungen des Architekten werden in der Honorarordnung als Objektplanung bezeichnet. Sie umfassen die Planung in Form von Skizzen, Zeichnungen, Berechnungen und Erläuterungen, Vorschläge zur Beauftragung von fachlich Beteiligten, die Vorbereitung und Mitwirkung bei Ausschreibung und Vergabe sowie die Objektüberwachung. Darüber hinaus obliegen dem Architekten die Integration der Beiträge anderer an der Planung fachlich Beteiligter sowie die technische und terminliche Koordination der ausführenden Firmen. Als Leistungen der an der Planung Beteiligten fallen vor allem die Tragwerksplanung (KG 735) und die Planung der Technischen Ausrüstung (KG 736) an.

Gebäudeplanung (KG 731)

Die Vergütung des Objektplaners wird auf der Grundlage des Leistungsbildes im Architektenvertrag in Verbindung mit der Honorarordnung für Architekten und Ingenieure (HOAI) ermittelt. Dabei sind unter anderem die Größe des Bauvorhabens, gemessen an den anrechenbaren Kosten, und die Schwierigkeit der Planung durch Bestimmung einer Honorarzone maßgebend.

Die Vergütung der Grundleistungen der Objektplanung Gebäude reicht von rund 6 % für sehr große Objekte der Honorarzone I bei sehr hohen anrechenbaren Kosten (25.000.000 €) bis zu rund 24 % für sehr kleine Objekte der Honorarzone V bei sehr geringen anrechenbaren Kosten (50.000 €). Für eine erste Ermittlung der Kosten für die Gebäudeplanung (KG 731) sollen die angegebenen Prozentwerte ausreichend genau sein (**Abb. 5**) und die etwaige Beauftragung von Besonderen Leistungen sollen erst nach Abschluss der Architekten- und Ingenieurverträge in einer weiteren Ermittlung Berücksichtigung finden. Für eine erste Ermittlung und unter dem Vorbehalt späterer Berechnungen sind die Netto-Bauwerkskosten (KG 300+400) als Grundlage für diese Betrachtung ausreichend. Bei der Honorarermittlung wird grundsätzlich die Mehrwertsteuer nicht berücksichtigt.

Bei größeren Bauvorhaben, z. B. anrechenbare Kosten in Höhe von 5.000.000 €, mittlerer Honorarzone und einem Architektenvertrag mit einem Leistungsbild über alle Leistungsphasen kann von einem Architektenhonorar für die Grundleistungen in Höhe von rund 11 % der Bauwerkskosten ausgegangen werden. In der Praxis werden Besondere Leistungen nicht immer in vollem Umfang honoriert, sei es, dass der Planer ein gesondertes Honorar dafür nicht einfordert oder der Bauherr ganz einfach nicht bereit ist, diese angemessen zu vergüten. Ob die Regelungen der Honorarordnung für Architekten und Ingenieure von den Vertragsparteien eingehalten werden, soll an dieser Stelle nicht erörtert werden.

Anrechenbare Kosten in €	Honorarzone I Mittelwert	Honorarzone II Mittelwert	Honorarzone III Mittelwert	Honorarzone IV Mittelwert	Honorarzone V Mittelwert
50.000	12,6%	14,9%	18,1%	21,4%	23,7%
100.000	11,7%	13,8%	16,9%	19,9%	22,0%
500.000	9,8%	11,6%	14,1%	16,7%	18,4%
1.000.000	9,0%	10,7%	13,0%	15,3%	17,0%
2.000.000	8,4%	9,9%	12,0%	14,2%	15,7%
5.000.000	7,5%	8,8%	10,7%	12,7%	14,0%
25.000.000	6,2%	7,4%	9,0%	10,6%	11,7%

Abb. 5: Gekürzte Honorartafel Objektplanung für Gebäude und Innenräume, Umrechnung der Honorare in Prozentwerte (vgl. HOAI 2013, § 35 Abs. 1)

Tragwerksplanung (KG 735) und Planung der Technischen Ausrüstung (KG 736)

Gegenstand der Tragwerksplanung (Statik) ist die Standsicherheit des Bauwerkes. Hierfür erarbeitet der Tragwerksplaner (Statiker) eine Lösung hinsichtlich der Baustoffe, der Bauarten, des Herstellungsverfahrens sowie der Art der Gründung auf der Grundlage der Objektplanung und unter Beachtung der in die Planung zu integrierenden Beiträge der weiteren fachlich Beteiligten, z. B. Ingenieure für Bodenmechanik und Technische Anlagen. In Abstimmung mit dem Objektplaner erstellt er bereits zu Beginn der Planung ein statisch-konstruktives Konzept für das Tragwerk und trifft eine grundlegende Festlegung der konstruktiven Details und Hauptabmessungen des Tragwerkes für die tragenden Querschnitte, Aussparungen und Fugen, die Ausbildung der Auflager und Knotenpunkte sowie der Verbindungsmittel. Hierzu gehören ferner das Aufstellen eines Lastenplanes sowie gegebenenfalls der Nachweis der Erdbebensicherung.

Die Leistungen bei der Planung der Technischen Anlagen durch die fachlich Beteiligten sind ein Beitrag für die Objektplanung und dienen zur Auslegung der Systeme und Anlagenteile des jeweiligen Fachbereiches bzw. für die jeweilige Anlagengruppe, z. B. die Elektrotechnik. Ergebnisse der Planung der Technischen Anlagen sind insbesondere die Erarbeitung von Planungskonzepten, die Untersuchung alternativer Lösungsmöglichkeiten und Wirtschaftlichkeitsvorbetrachtungen, das Aufstellen von Funktionsschemata und Prinzipschaltbildern der Anlagen, die Berechnung und Bemessung sowie die zeichnerische Darstellung mit Dimensionen und Anlagenbeschreibung, die Angabe und Abstimmung der für die Tragwerksplanung notwendigen Durchführungen und Lastangaben. Weiterhin ist das Mitwirken bei der Kostenermittlung und bei der Kostenkontrolle zu nennen. [vgl. HOAI 2013, Anlage 15 zu § 55 Abs. 3, § 56 Abs. 3]

Einfache Ermittlung der Architekten- und Ingenieurleistungen (KG 730)

Für die Ermittlung der Honorare der an der Planung fachlich Beteiligten enthält die Honorarordnung die entsprechenden Leistungsbilder, Honorartafeln und ergänzenden Regelungen.

Es wird davon ausgegangen, dass das Verhältnis der Honorare des Objektplaners zu den Honoraren der fachlich Beteiligten von etwa 70 : 30 bei einfachen Gebäuden, z. B. einfachen Wohngebäuden, bis zu einem Verhältnis von etwa 50 : 50 bei besonders komplexen und hoch installierten Gebäuden, z. B. Schwimmhallen oder Medizinischen Einrichtungen, reicht. Man kann also vorbehaltlich genauer Ermittlungen der Ingenieurhonorare auch mit den Verhältniswerten in **Abbildung 6** rechnen.

Wurde im vorangegangenen Abschnitt von einem Verhältniswert von 11 % für das Honorar des Objektplaners ausgegangen, so ergeben sich bei einem Schwierigkeitsgrad im Bereich der Honorarzonen II bis IV für die Kosten der Architekten- und Ingenieurleistungen (KG 730) in den meisten Fällen rund 17 % bis 22 % der Bauwerkskosten.

Darstellung der Architekten- und Ingenieurleistungen (KG 730) als Kostenkennwert

Aufgrund der wenigen und nicht aussagekräftigen Daten, wurde bisher die Kostengruppe 700 (Baunebenkosten) nicht als Kostenkennwert in den Datensammlungen des BKI abgebildet. Mit der vorliegenden Auflage werden erstmalig die Honorare für die Architekten- und Ingenieurleistungen eigenständig ermittelt. Als Grundlage dienen die Bauwerkskosten (KG 300 und 400) der jeweiligen Objekte, welche eine detaillierte Berechnung ermöglichen. Ein entsprechender Kostenkennwert wird in den Tabellen der Kostengruppen der 1. Ebene angegeben.

Honoraranteile nach Honorarzonen	Zone I	Zone II	Zone III	Zone IV	Zone V
Architektenleistungen (KG 731)	70 %	65 %	60 %	55 %	50 %
Leistungen der fachlich Beteiligten (KG 732 bis 739)	30 %	35 %	40 %	45 %	50 %
Architekten- und Ingenieurleistungen gesamt (KG 730)	100 %	100 %	100 %	100 %	100 %

Abb. 6: Honoraranteile der Architektenleistungen und der Leistungen der an der Planung fachlich Beteiligten

Dieser dort abgebildete Kostenkennwert ist nicht mit den gesamten Kosten der KG 700 zu verwechseln. Vielmehr werden ausschließlich die Honorare nach den Paragrafen 35, 40, 52, 56 der HOAI 2013 ermittelt. Der Wert für die Architekten- und Ingenieurleistungen beträgt rund zwei Drittel der Baunebenkosten (**Abb. 15**) und bildet somit den überwiegenden Anteil der Kostengruppe 700. Für eine überschlägige Berechnung der weiteren Bestandteile der Baunebenkosten wird die **Abbildung 18** empfohlen.

Gutachten und Beratung (KG 740)

Die Kosten für Gutachten und Beratung können für Leistungen aus den Fachbereichen Thermische Bauphysik (KG 741), Schallschutz und Raumakustik (KG 742), Bodenmechanik, Erd- und Grundbau (KG 743), Vermessung (KG 744) als vermessungstechnische Leistungen mit Ausnahme von Leistungen, die aufgrund landesrechtlicher Vorschriften für Zwecke der Landvermessung und des Liegenschaftskatasters durchgeführt werden (siehe KG 771), anfallen. Ferner gehören dazu die Leistungen für Lichttechnik und Tageslichttechnik (KG 745). Die Leistungen im Brandschutz (KG 746) beschreiben z. B. die Anfertigung von Flucht- und Rettungsplänen. Zum Sicherheits- und Gesundheitsschutz (KG 747) zählen die Beratung und die Leistungen zur Sicherheits- und Gesundheitskoordination (SiGeKo). Die Kosten für Gutachten und Beratung liegen bei mittleren und größeren Bauvorhaben bei 1 % bis 3 % der Bauwerkskosten. Bei einfachen oder kleinen Gebäuden fallen sie lediglich für die Bauvermessung an und liegen um 1 %.

Abb. 7: Aufwendungen für Gutachten und Beratung (KG 740)

Künstlerische Leistungen (KG 750)

Zum einen kann es sich um Kunstwettbewerbe (KG 751) handeln und dabei um die Kosten für die Durchführung von Wettbewerben zur Erarbeitung eines Konzepts für Kunstwerke und künstlerisch gestaltete Bauteile. Zum anderen zählen die Honorare (KG 752) als Kosten für die geistig-schöpferische Leistung für Kunstwerke und künstlerisch gestaltete Bauteile dazu. Die Honorare sind dabei von den Kosten des Kunstwerks zu trennen, was nicht immer möglich ist. Angaben zu den Kosten der Kunst sollen hier nicht gemacht werden. In den meisten Fällen entstehen hierfür keine Kosten.

DIN 276:2008-12 (KG 740)	HOAI 2013 (Anlage 1 zu § 3 Absatz 1)
KG 741 Thermische Bauphysik	Wärmeschutz und Energiebilanzierung (1.2.3)
KG 742 Schallschutz und Raumakustik	Bauakustik (1.2.4), Raumakustik (1.25)
KG 743 Bodenmechanik, Erd- und Grundbau	Geotechnik (1.3)
KG 744 Vermessung	Ingenieurvermessung (1.4)
KG 745 Lichttechnik, Tageslichttechnik	keine Angaben [1]
KG 746 Brandschutz	keine Angaben [2]
KG 747 Sicherheits- und Gesundheitsschutz	keine Angaben [3]
KG 748 Umweltschutz, Altlasten	Umweltverträglichkeitsstudie (1.1)
[1] Leistungen sind abzugrenzen zu § 55 Technische Ausrüstung HOAI 2013 [2] Leistungen sind abzugrenzen zu Grundleistungen der HOAI 2013 [vgl. BGH 2012] [3] Leistungen sind nicht in der HOAI enthalten. Siehe AHO (Hrsg.): „Leistungen nach der Baustellenverordnung" Heft Nr. 19	

Abb. 8: Kosten der Gutachten und Beratung nach DIN 276 und Beratungsleistungen nach HOAI 2013

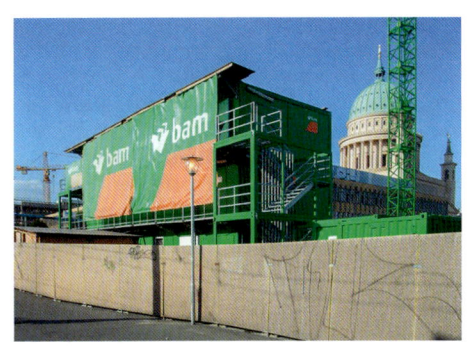

Abb. 9: Büroflächen im Baucontainer, für die Bewirtschaftung der Baustelle (KG 772)

Abb. 10: „Erster Spatenstich" mit dem Bauherrn und den Betreibern (KG 779)

Allgemeine Baunebenkosten (KG 770)

Zu den Allgemeinen Baunebenkosten gehören die Kosten aus Prüfungen, Genehmigungen und Abnahmen (KG 771), z. B. die Gebühren für das Baugenehmigungsverfahren, die Prüfung der Tragwerksplanung (Prüfstatik) sowie für Prüfungen und Abnahmen technischer Anlagen, z. B. Brandmeldeanlagen, durch das zuständige Bauordnungsamt oder den Technischen Überwachungsverein. Die Gebühren dazu sind in den jeweiligen Gebührenordnungen der Länder beschrieben. [vgl. AVerwGebO NRW; BbgBauGebO]

In der Regel fallen Kosten für die Bewirtschaftung der Baustelle (KG 772) an, diese ergeben sich aus der Bereitstellung von Büroflächen für die Bauherrenorganisation und die Objektüberwachung einschließlich der damit verbundenen Nebenkosten für Beheizung, Beleuchtung und Reinigung. Auch die Bewachung der Baustelle wird hierzu gezählt. Ebenso entstandene Nutzungsentschädigungen werden in dieser Kostengruppe erfasst.

Die Bemusterung (KG 773), z. B. von Fassadenelementen, Ausbaukonstruktionen oder Sanitärobjekten, Modellversuche und Eignungsmessungen dienen dem Bauherrn zur Entscheidung bei der Planung und können erhebliche Kosten verursachen. Die Kosten für Materialprüfungen sind ebenso zu berücksichtigen. Damit sind Güte- und Gebrauchsprüfungen von Stoffen und Bauteilen gemeint, die über den in den Allgemeinen Technischen Vertragsbedingungen (ATV) oder sonst vertraglich vorgeschriebenen Umfang hinausgehen. [vgl. RBBau 2015, K8 1/1]

Werden Anlagen nach der Abnahme in Betrieb genommen, z. B. Heizungsanlagen, dann zählen die verbrauchte Energie und die erforderliche Stillstandwartung zu den Betriebskosten nach der Abnahme (KG 774).

Zu den Versicherungen während der Bauzeit (KG 775) gehören die Bauleistungsversicherung, die Bauherrenhaftpflichtversicherung, die Feuerrohbauversicherung und die Unfallversicherung. Zwar sind die genannten Versicherungen unverzichtbar, die Kosten hierfür fallen bei einer ersten Ermittlung wie in diesem Fall nicht ins Gewicht. Es kann hierfür auch ein Versicherungszwang aufgrund von Landesgesetzen oder Ortsstatuten bestehen.

Als sonstige Allgemeine Baunebenkosten (KG 779) werden die Kosten für Vervielfältigung und Dokumentation, Post- und Fernsprechgebühren gerechnet. Neben den bereits genannten Punkten sind weiterhin Bestandteil die Grundsteinlegung, der „Erste Spatenstich", das Richtfest und die Durchschlagfeier.

Die Allgemeinen Baunebenkosten werden durch Kosten für Prüfungen, Genehmigungen und Abnahmen (KG 771) bestimmt und liegen im Fall von Neubauten bei rund 1 % der Bauwerkskosten. In besonderen Fällen, so bei Umbauten, Erweiterungsbauten, Modernisierungen oder Maßnahmen mit sehr hohen Sicherheitsanforderungen können sie bis zu 3 % der Bauwerkskosten oder mehr ausmachen.

Sonstige Baunebenkosten (KG 790)

Kosten für Aufwendungen und Leistungen, welche nicht den vorherigen Kostengruppen zuzuordnen sind, werden in den sonstigen Baunebenkosten berücksichtigt. Zu beachten sind hierbei die in der Richtlinie für die Durchführung von Bauaufgaben des Bundes (RBBau) beschriebenen Ausführungen, welche teilweise von der Beschreibung der DIN 276 abweichen. [vgl. RBBau 2015, K8 1/1]

Finanzierungskosten (KG 760)

Zur Finanzierung gehören die Kosten der Finanzierungsbeschaffung (KG 761), die Fremdkapitalzinsen (KG 762) sowie die Eigenkapitalzinsen (KG 763). Bei letzten handelt es sich um Eigenleistungen, hier als kalkulatorische Eigenkapitalverzinsung bezeichnet, die in der Kostenermittlung berücksichtigt werden müssen.

Die Kosten der Finanzierung ergeben sich aus der Höhe des Zinssatzes für das im Projekt gebundene Kapital sowie der Dauer der Kapitalbindung. Die Nebenkosten für die Kreditbeschaffung und Bearbeitungsgebühren erhöhen den Zinssatz meist nur um etwa 0,1 Prozentpunkte. Die Art der Finanzierung, also ob Eigen- oder Fremdmittel eingesetzt werden, ist zwar für die Liquiditätsplanung des Bauherrn von entscheidender Bedeutung, nicht aber für die Ermittlung der Kosten. Denn für den Einsatz von Eigenkapital ist bei vollständiger Betrachtung für die entgangenen (Haben-)Zinsen (Opportunitätskosten) die kalkulatorische Eigenkapitalverzinsung anzusetzen.

Private Bauherren, die sich den Traum vom eigenen Haus erfüllen, vergessen in ihren Berechnungen fast immer die kalkulatorische Verzinsung der Eigenmittel, angefangen vom Grundstück bis zu den verwendeten Ersparnissen.

Ganz anders sieht es bei einem erwerbswirtschaftlichen Bauherrn, z. B. einem Bauträger, aus. Er muss als Bauherr auf Zeit für alle gebundenen Mittel eine angemessene Rendite erwirtschaften, die es ihm erlaubt, den Grunderwerb, die Planung, Ausführung und die Vermarktung der Immobilie zu finanzieren. Seine Rendite muss so hoch sein, dass wenigstens der eigene Aufwand, die Fremdkapitalkosten, eine ausreichende Verzinsung des Eigenkapitals sowie das unternehmerische Risiko abgedeckt sind.

Öffentliche Bauherren, angesprochen sind Bund, Länder und Kommunen, finanzieren ihre Bauvorhaben grundsätzlich aus Steuermitteln und bauen überwiegend auf eigenen Grundstücken. Ein Ausweis der Kosten für die Bauherrenaufgaben, für Architekten- und Ingenieurleistungen in Eigenerledigung sowie der Finanzierungskosten wird unterschiedlich gehandhabt. Gibt es für die Deckung eines Bedarfs die Varianten Neubau, Kauf oder Miete, ist die vollständige Kostenermittlung als eine Grundlage für den Wirtschaftlichkeitsvergleich unverzichtbar.

Für private Bauherren ist die Angabe der Finanzierungskosten entscheidend, da bei der Finanzierung durch Kreditinstitute oder bei Fördermaßnahmen nur „die Kosten der Beratung, Planung und Baubegleitung, die im unmittelbaren Zusammenhang mit den Maßnahmen zur Verbesserung der Energieeffizienz stehen, anerkannt" werden. Die Trennung der Aufwendungen ist dahingehend notwendig, da die „Kosten der Beschaffung der Finanzierungsmittel, Kosten der Zwischenfinanzierung, Kapitalkosten, Steuerbelastung des Baugrundstückes, Kosten von Behörden- und Verwaltungsleistungen sowie Umzugskosten und Ausweichquartiere" nicht förderfähig sind. [KfW 2016, S. 2f.]

Exkurs Kapitalmarkt und Entwicklung der Baugeldzinsen seit 1967

Die Finanzierungskosten machen je nach Zinssatz und Dauer des Bauvorhabens einen erheblichen Teil der Baunebenkosten aus. Bei einem Zinssatz über 5 % pro Jahr und mehreren Jahren Planungs- und Bauzeit können sie höher ausfallen als die Kosten aller Architekten- und Ingenieurleistungen zusammen.

Bei dem Beispiel der Ermittlung wurden die Kosten der mehrjährigen Kapitalbindung mit einem einheitlichen Zinssatz von 5 % pro Jahr ermittelt. Es steht dem Anwender dieses Verfahrens frei, mit einem anderen Zinssatz zu rechnen. Wir befinden uns zurzeit in einer Tiefzinsphase. Baufinanzierungen sind aktuell zu einem Zinssatz von rund 2 % pro Jahr möglich. Die Baugeldzinsen liegen nach Angaben der Deutschen Bundesbank im Schnitt nur noch bei 1,7 % pro Jahr (Stand: Dezember 2015).

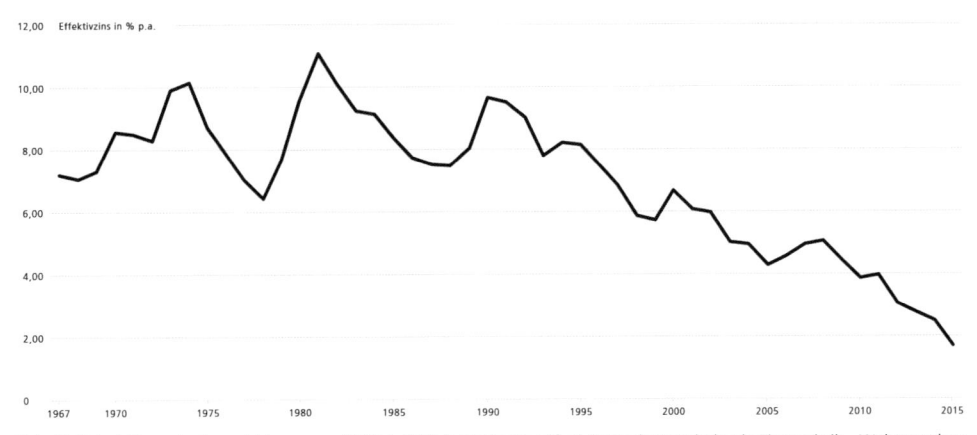

Abb. 11: Entwicklung der Baugeldzinsen von 1967 bis 2015 in Deutschland [vgl. Deutsche Bundesbank: Zinsstatistik – Wohnungsbaukredite an private Haushalte mit anfänglicher Zinsbindung von 5 bis 10 Jahren, Stand: Dezember 2015]

Langfristig betrachtet ist es ein ungewöhnlich niedriger Wert. Er ist kurzfristig für Investitionen, z. B. Bauvorhaben von Vorteil und wird für eine Finanzierung mit Fremdkapital begrüßt. Somit steigt die Nachfrage nach Immobilien als Geldanlage. Für denjenigen, der eine Immobilieninvestition mit Eigenkapital finanziert, sind allerdings 2 % Eigenkapitalrentabilität nicht akzeptabel. Denn die Eigenkapitalrentabilität steht nicht nur für die Bereitstellung von Kapital, sondern auch für den Inflationsausgleich und das Investitionsrisiko.

Wie sich der Zinssatz für die Baufinanzierung (Baugeldzinsen) in den Jahren seit 1967 entwickelt hat, zeigt **Abbildung 11** am Beispiel der Wohnungsbaukredite an private Haushalte anschaulich.

In der Zinsentwicklung sind die höchsten Werte Anfang der 1970er und 1980er Jahre mit etwa 10 % pro Jahr, zeitweise über 11 % pro Jahr zu verzeichnen. Seit Mitte der 1990er Jahre sinken die Zinsen kontinuierlich und fallen um die 2000er Jahre unter 6 % pro Jahr. Neben kleinen Schwankungen ist seit 2008 ein Abwärtstrend zu beobachten. Aktuell sind Baugeldzinsen bei einer Zinsbindung von bis zu 10 Jahren von effektiv unter 2 % pro Jahr zu erwarten.

Die Verfasser halten einen Zinssatz für Kredite langfristig zwischen 4 % und 6 % für angemessen. Investoren setzen unabhängig davon die notwendige Eigenkapitalrentabilität deutlich höher an.

Ermittlung der Gesamtkosten, insbesondere der Baunebenkosten

Gegenstand der Finanzierung sind das Grundstück sowie alle Planungs- und Bauleistungen, die vor dem Nutzungsbeginn Eigen- oder Fremdmittel binden. Die Ermittlung der Finanzierungskosten (KG 760) wird an einem Beispiel (**Abb. 13**) gezeigt. Es handelt sich um ein mehrgeschossiges Bürogebäude mittleren Standards. Folgende Annahmen werden getroffen:

– Das Grundstück wird zum Beginn der Planung erworben und mit einem Kredit finanziert, dafür sind Zinsen an die Bank zu zahlen. Oder es ist bereits Eigentum des Bauherrn, dann wird es bewertet und der Bauherr setzt auf dieser Grundlage eine kalkulatorische Eigenkapitalverzinsung an. In beiden Fällen ist von Beginn der Planung bis zum Abschluss der Baumaßnahme eine Kapitalbindung im Grundstück von 100 % des Grundstückswertes (KG 110) zu berücksichtigen.
– Die Bauleistungen (entsprechen den Bauwerkskosten) sind über einen längeren Zeitraum während der Bauausführung zu finanzieren. Die durchschnittliche Kapitalbindung von Beginn der Bauarbeiten (0 %) bis zur Fertigstellung (100 %) des Bauwerkes beträgt im Mittel die Hälfte (50 %) der geleisteten Zahlungen.
– Die Baunebenkosten werden ohne die Finanzierungkosten (KG 760), in diesem Beispiel mit 25 %, auf die Bauwerkskosten gerechnet,

angesetzt (Herleitung siehe oben). Sie fallen vereinfacht betrachtet von Planungsbeginn (0 %) bis zum Abschluss der Baumaßnahme (100 %) an. Die Kapitalbindung hierfür wird im Mittel mit 50 % angesetzt.
- Zum Abschluss der Baumaßnahme sind die Rechnungen für die Bauleistungen und die Planungsleistungen in der Regel noch nicht vollständig bezahlt. Es wird in diesem Fall ein Zahlungsstand von 80 % unterstellt.
- Für die Dauer des Bauvorhabens wird angenommen, dass bereits nach 12 Monaten Planung die Bauarbeiten beginnen und diese 24 Monate dauern. Daraus ergibt sich eine Projektdauer von 36 Monaten, welche für die Bauherrenaufgaben, die Architekten- und Ingenieurleistungen sowie weitere Aufwendungen als Teil der Baunebenkosten zu berücksichtigen ist. Sie ist ebenso für die Kapitalbindung im Grundstück maßgebend.
- Für das im Projekt gebundene Kapital wird eine Verzinsung der Fremd- und Eigenmittel in Höhe von einheitlich 5 % pro Jahr festgelegt (Erläuterung siehe oben).
- Der Zinseszinseffekt wird aus Gründen der Vereinfachung vernachlässigt.
- Die KG 200 Herrichten und Erschließen, KG 500 Außenanlagen und KG 600 Ausstattung und Kunstwerke werden vorerst nicht berücksichtigt.

Abb. 12: Baugrundstück und Bauschild

Die Höhe der ermittelten Finanzierungskosten beträgt zusammen 545 T€. Die gesamten Baunebenkosten addieren sich aus 1.250 T€ und 545 T€ zu 1.795 T€.

Die Baunebenkosten können entweder als Anteil an den Gesamtkosten (ohne KG 200, KG 500 und KG 600) oder als Zuschlag auf die Bauwerkskosten (BWK) gerechnet werden (**Abb. 14**). Die Gesamtkosten (s. o.) für das Beispiel betragen 8.595 T€. Die vollständigen Baunebenkosten haben einen Anteil von rund 21 % (Von-Hundert-Rechnung) an den Gesamtkosten (s. o.). Anders betrachtet machen sie rund 36 % der Bauwerkskosten aus (Auf-Hundert-Rechnung). Auf den Bezugswert einer Berechnung ist also immer zu achten.

KG	Bezeichnung	Gesamt-kosten	Zahlungs-stand	Zinssatz	Dauer und Anteil der Kapitalbindung	Finanzie-rungskosten (KG 760)	
100	Grundstück	1.800 T€	100 %	5 %	36 Mon.	100 %	270 T€
200	Herrichten und Erschließen		werden vorerst nicht berücksichtigt				
300	Bauwerk - Baukonstruktionen	5.000 T€	80 %	5 %	24 Mon.	50 %	200 T€
400	Bauwerk - Technische Anlagen						
500	Außenanlagen		werden vorerst nicht berücksichtigt				
600	Ausstattung und Kunstwerke		werden vorerst nicht berücksichtigt				
700	Baunebenkosten (ohne KG 760)	1.250 T€	80 %	5 %	36 Mon.	50 %	75 T€
	Zwischensumme (ohne KG 760)	8.050 T€	–	–	–	–	–
760	Finanzierungskosten	545 T€	–	–	–	–	545 T€
	Gesamtkosten (ohne KG 200, KG 500 und KG 600)	8.595 T€	–	–	–	–	–

Abb. 13: Ermittlung der Finanzierungskosten (KG 760) an einem Beispiel

Soweit dem Bauherrn und dem Architekten zu Beginn eines Bauvorhabens noch keine besseren Informationen über die voraussichtliche Höhe der Baunebenkosten vorliegen, können die folgenden Von-bis-Werte zur Orientierung (**Abb. 15**, mittlere Spalte) bei Neubauten (Honorarzone II bis IV) für eine erste Ermittlung zu Hilfe genommen werden. Die in der rechten Spalte angegebenen Prozentwerte sind für die Ermittlung der vollständigen Baunebenkosten im vorangegangenen Beispiel hergeleitet worden.

Ermittlung der Baunebenkosten ausgewählter Gebäudearten

Die Ermittlung der Baunebenkosten – wie in **Abbildung 15** dargestellt – berücksichtigt nicht die objektspezifischen Eigenschaften, die sich aus der jeweiligen Gebäudeart ergeben. Im Folgenden wird untersucht, welche Auswirkung die Gebäudeart auf die Kostengruppe 700 hat. Dazu werden exemplarisch acht unterschiedliche Gebäudearten betrachtet. Die Auswahl orientiert sich an der Unterteilung der Gebäude nach BKI (**Abb. 16**).

Es wird angenommen, dass für jede Gebäudeart nur eine bestimmte Objektgröße mit zugehörigen Bauwerkskosten in Betracht kommen. Dadurch sind die Kosten der Honorare für die Objektplanung und weitere Leistungen genauer zu beschreiben.

Bei einigen Gebäudearten, wie Medizinischen Einrichtungen (Krankenhäuser), kommen die Randbereiche der Honorartafeln meist nicht in Betracht. Medizinische Einrichtungen werden in der Objektliste nach HOAI 2013 der Honorarzone IV und V zugeordnet. Es ist davon auszugehen, dass bei diesen Gebäuden ein hoher Planungsaufwand vorliegt. Eine niedrige Honorarzone und geringe anrechenbare Kosten sind deshalb meist auszuschließen.

Kostengruppen		Kosten	BWK = 100,0 %	Gesamtkosten =100,0 %
100 Baugrundstück		1.800 T€	36,0 %	21,0 %
200 Herrichten und Erschließen			werden vorerst nicht berücksichtigt	
300 Bauwerk - Baukonstruktionen		5.000 T€	100 %	58,0 %
400 Bauwerk - Technische Anlagen				
500 Außenanlagen			werden vorerst nicht berücksichtigt	
600 Ausstattung und Kunstwerke			werden vorerst nicht berücksichtigt	
700 Baunebenkosten		1.795 T€	36,0 %	21,0 %
Gesamtkosten (ohne KG 200, KG 500 und KG 600)		8.595 T€	172,0 %	100,0 %

Abb. 14: Baunebenkosten in Prozent der Bauwerkskosten (KG 300+400) und der Gesamtkosten (ohne KG 200, KG 500 und KG 600)

Kostengruppen		Von-bis-Werte	gewählt
710	Bauherrenaufgaben	2 % - 8 %	5 %
720	Vorbereitung der Objektplanung	0 % - 2 %	1 %
730	Architekten- und Ingenieurleistungen	17 % - 22 %	20 %
740	Gutachten und Beratung	1 % - 3 %	2 %
750	Künstlerische Leistungen	hier vernachlässigt	
760	Finanzierungskosten	gesonderte Berechnung	
770	Allgemeine Baunebenkosten	1 % - 3 %	2 %
790	Sonstige Baunebenkosten	hier vernachlässigt	
700	Baunebenkosten (ohne KG 760)	21% - 38 %	30 %

Abb. 15: Orientierungswerte für Baunebenkosten, bezogen auf die Bauwerkskosten (ohne KG 200, KG 500 und KG 600) von Gebäuden (Honorarzone II bis IV)

Bei Planungsbeginn sind dem Bauherrn eine Vielzahl an Rahmenbedingungen bekannt oder sie werden seitens der Objektplanung ermittelt. Neben der Gebäudeart sind dies die Objektgröße und der Objektstandard. Es kann daraus für jede Gebäudeart eine durchschnittliche Projektgröße abgeleitet werden. Dokumentiert sind diese Werte in BKI Baukosten Gebäude, Statistische Kostenkennwerte (Teil 1). Vergleicht man die dokumentierten Gebäude, lassen sich diese nach Größe (Grundflächen nach DIN 277) und Kosten (Kostenkennwerte der Bauwerkskosten nach DIN 276) eingrenzen.

Auf der Grundlage von vereinfachten Berechnungen und mittels der Kostenkennwerte der BKI-Daten lassen sich Orientierungswerte für die Projektgröße ableiten.

Bei Bürogebäuden, mittlerer Standard, sind Objekte mit einer durchschnittlichen Brutto-Grundfläche (BGF) von 500 m² bis 2.000 m² dokumentiert. Bei dieser Objektgröße liegen die Bauwerkskosten (ohne MwSt.) bei etwa 500.000 € bis 2.500.000 € (Kostenstand I. Quartal 2018). Eine Zuordnung der Bauwerkskosten erfolgt für alle acht ausgewählten Gebäudearten. (**Abb. 16**, mittlere Spalte)

Mittels der durchschnittlichen Projektgröße, können detaillierte Angaben zu den Honoraren für die Projektsteuerung (KG 713) und Objektplanung (KG 731) erfolgen. Dafür werden die Netto-Bauwerkskosten (KG 300+400) zugrunde gelegt. Auf eine Unterscheidung der anrechenbaren Kosten nach den Honoraren der Objektplaner sowie der fachlich Beteiligten wird verzichtet. Die Honorarzone ist nach HOAI über die Objektliste (vgl. HOAI 2013, Anhang 10) zu ermitteln. Die Einordnung in die Honorarzone nach AHO erfolgt mittels der Beschreibung der Standardzuordnung nach BKI und orientiert sich an der Honorarzone nach HOAI. Mit diesen Angaben lassen sich über die prozentualen Mittelwerte in den **Abbildungen 4 und 5** detaillierte Aussagen zu den Honoraren treffen. Mit Ausnahme der Einfamilienhäuser, kann für die Bauherrenaufgaben (KG 710) rund 6 % bis 10 % der Bauwerkskosten angesetzt werden (**Abb. 18**). Die Aufwendungen der Projektsteuerung (KG 713) haben daran einen Anteil von zwei Drittel.

Die Kostengruppe 720 beinhaltet, neben den Kosten für Untersuchungen sowie Städtebauliche und Landschaftsplanerische Leistungen, hauptsächlich die Kosten für Planungswettbewerbe (KG 725). Vor allem bei öffentlichen Hochbauprojekten werden Planungswettbewerbe durchgeführt. Die Kosten dafür entsprechen in etwa den Kosten der Leistungsphase 2 nach § 34 Abs. 3 HOAI. Eine Gegenüberstellung der Prozentwerte nach Gebäudeart ver-

Gebäudeart	Objektgröße in m² BGF		Bauwerkskosten in EUR (ohne MwSt.)		Honorarzone	
	Von-bis-Werte		Von-bis-Werte		AHO	HOAI
Bürogebäude (mittlerer Standard)	500	2.000	500.000	2.500.000	III	III
Gebäude des Gesundheitswesens (Medizinische Einrichtungen)	1.000	15.00	1.500.000	25.000.000	V	IV-V
Schulen (Allgemeinbildende Schulen)	1.500	3.000	2.000.000	4.000.000	III	III
Sportbauten (Sport- und Mehrzweckhallen)	1.000	4.000	1.500.000	6.000.000	IV	IV-V
Wohngebäude (EFH, unterkellert, mittlerer Standard)	300	400	300.000	400.000	I	III-IV
Wohngebäude (MFH, 6-19 WE, mittlerer Standard)	1.000	2.500	700.000	2.000.000	II	III-IV
Wohngebäude (MFH, 6-19 WE, mittlerer Standard, Modernisierung, BAK 1920-45)	1.000	2.500	600.000	1.700.000	II	III-IV
Gewerbegebäude (Industrielle Produktion, Massivbauweise)	1.000	5.000	1.000.000	5.000.000	IV	III-V

Abb. 16: Zusammenhang zwischen durchschnittlicher Objektgröße und durchschnittlichen Bauwerkskosten nach Gebäudeart (Kostenstand: I Quartal 2018)

deutlicht, dass als Mittelwert etwa 1 % der Bauwerkskosten für die Planungswettbewerbe ausreichend ist (**Abb. 17**). Für die Kostengruppe 720 können somit bis zu 2 % der Bauwerkskosten veranschlagt werden.

Die Aufwendungen für die Gutachten und Beratungen (KG 740) variieren je nach Schwierigkeitsgrad der Planung und Anforderungen an die Technische Ausrüstung. Bei Wohngebäuden sind geringe Kosten von bis zu 1 % der Bauwerkskosten anzunehmen. Bei öffentlichen Bauvorhaben und Bauprojekten mit hohem Anteil an Technischer Ausrüstung sind bis zu 3 % der Bauwerkskosten zu veranschlagen.

Die Allgemeinen Baunebenkosten (KG 770) werden mit 1 % bis 3 % der Bauwerkskosten bewertet. Dies richtet sich vor allem nach dem Aufwand und dem Schwierigkeitsgrad bei der Planung. So sind bei Einfamilienhäusern (EFH) weniger Gutachten und Beratungsleistungen erforderlich, als bei anderen Gebäudearten.

Sind die Baunebenkosten für Projekte im Bestand, z. B. Erweiterungsbauten, Umbauten oder Modernisierungen, zu ermitteln, dann ist zu berücksichtigen, dass der Gegenstand einer solchen Maßnahme und damit die Bauwerkskosten im Unterschied zu einem Neubau vergleichsweise gering sind. Gleichzeitig erfordern Aufgaben wie die Objektplanung (KG 730) oder die Bewirtschaftung der Baustelle (KG 772) einen wesentlich höheren Aufwand als bei einem Neubau.

Vergleicht man die Abbildung 15 und 18, ergibt sich eine Differenzierung der Baunebenkosten nach der Gebäudeart. Bei Gebäuden mit einem geringen Anteil an Fachplanung und Bauherrenaufgaben, wie Einfamilienhäuser, liegen die Baunebenkosten bei rund 27 % bis 43 % der Bauwerkskosten. Bei Objekten mit hohem Anteil an Technischer Ausrüstung, Beratungsleistungen sowie umfangreichen Bauherrenaufgaben, wie Medizinischen Einrichtungen (Krankenhäuser), betragen die Baunebenkosten bis zu 50 % der Bauwerkskosten. Auch beim Planen und Bauen im Bestand sind höhere Angaben zu den Baunebenkosten zu erwarten.

KG	Bürogebäude	Med. Einrichtungen	Schulen	Sportbauten	Wohngebäude (EFH)	Wohngebäude (MFH)	Wohngebäude (PBiB)	Gewerbegebäude
725	0,9 %	0,9 %	0,8%	1,0 %	0%[1]	1,0 %	1,3 %	1,0 %

[1] Bei Einfamilienhäuser (EFH) werden in der Regel keine Planungswettbewerbe durchgeführt.

Abb. 17: Kosten für Planungswettbewerbe, bezogen auf die Bauwerkskosten von Gebäuden (ohne KG 200, KG 500 und KG 600)

KG	Bürogebäude	Med. Einrichtungen	Schulen	Sportbauten	Wohngebäude (EFH)	Wohngebäude (MFH)	Wohngebäude (PBiB)	Gewerbegebäude
	Von-bis-Werte							
710	7% - 9%	5% - 10%	6% - 8%	7% - 9%	1% - 6%	6% - 7%	8% - 9%	7% - 10%
720	0% - 2%	0% - 2%	0% - 2%	0% - 2%	0% - 1%	0% - 2%	0% - 2%	0% - 2%
730	20% - 23%	21% - 31%	18% - 20%	23% - 31%	24% - 34%	21% - 28%	28% - 37%	20% - 31%
740	2%	3%	3%	2%	1%	1%	1%	2%
750	hier vernachlässigt							
760	gesonderte Berechnung							
770	2%	3%	3%	2%	1%	1%	2%	2%
790	hier vernachlässigt							
700	31% - 38%	32% - 49%	30% - 36%	34% - 46%	27% - 43%	29% - 39%	39% - 51%	31% - 47%

Abb. 18: Orientierungswerte für Baunebenkosten nach Gebäudeart, bezogen auf die Bauwerkskosten (ohne KG 200, KG 500 und KG 600)

Zusammenfassung

Die Beispiele zeigen, wie die vollständigen Gesamtkosten auf der Grundlage weniger Angaben und Annahmen ermittelt werden und welchen Anteil die Baunebenkosten und insbesondere die Kosten der Finanzierung haben können. Auch der Einfluss der Projektdauer und des Zinssatzes auf die Gesamtkosten eines Bauvorhabens lässt sich durch die Variationen der Faktoren Zeit und Zins feststellen.

Es bleibt zu beachten, dass nicht alle Aufwendungen der KG 700 bei jeder Gebäudeart anfallen. So sind bei kleineren Projekten die Bauherrenaufgaben (KG 710) oft nicht in vollem Umfang erforderlich. Dies bedeutet jedoch nicht, dass die Kosten für entsprechende Leistungen zu vernachlässigen sind. In diesem Fall ist es notwendig, abhängig von der Projektgröße, die Bedingungen zu beachten.

Bei großen Infrastrukturprojekten wie Flughäfen oder Sonderbauten (Theater) sind die Aufwendungen für die Baunebenkosten sehr hoch. Der (prozentuale) Anteil der Baunebenkosten an den Bauwerkskosten (KG 300+400) unterscheidet sich jedoch nicht wesentlich von anderen Gebäudearten mit geringen Gesamtkosten.

Es ist zu beobachten, dass der Anteil der Baunebenkosten an den Gesamtkosten bei allen Gebäudearten in den letzten Jahren zunimmt. Eine Steigerung der Baunebenkosten ist vor allem durch die gestiegenen Honorare für Objektplaner und Projektsteuerer ersichtlich. Des Weiteren ist eine Zunahme der erforderlichen Gutachten und Beratungsleistungen zu verzeichnen. Die Höhe der Baunebenkosten spiegelt damit auch die gestiegenen Ansprüche an Gebäude und die behördlichen Auflagen wider. [vgl. Walberg/Halstenberg 2015, S. 64f.]

Abschließend ist festzustellen, dass der größte Anteil der Baunebenkosten auf Leistungen der Kostengruppen Bauherrenaufgaben (KG 710), Architekten- und Ingenieurleistungen (KG 730) sowie Gutachten und Beratung (KG 740) entfällt. In diesen Kostengruppen sehen die Autoren die größten Potenziale einer Kostensteuerung.

Verwendete und weiterführende Literatur

AHO Ausschuss der Ingenieurverbände und Ingenieurkammern für die Honorarordnung e.V. (Hrsg.): Leistungen nach der Baustellenverordnung: AHO Heft 15, 2. Aufl., Köln: Bundesanzeiger, 2011.

AHO-Fachkommission Projektsteuerung/Projektmanagement (Hrsg.): Untersuchungen zum Leistungsbild, zur Honorierung und zur Beauftragung von Projektmanagementleistungen in der Bau- und Immobilienwirtschaft: AHO Heft 9. 4. Aufl., Köln: Bundesanzeiger, 2014.

Baukosteninformationszentrum Deutscher Architektenkammern (Hrsg.): BKI Bildkommentar DIN 276 / DIN 277 – Kosten im Bauwesen, Grundflächen und Rauminhalte im Bauwesen, 4. überarbeitete Auflage, Stuttgart, 2016.

Bundesministerium für Umwelt, Naturschutz, Bau und Reaktorsicherheit (BMUB) (Hrsg.): Leitfaden WU Hochbau – Wirtschaftlichkeitsuntersuchungen bei der Vorbereitung von Hochbaumaßnahmen des Bundes, 3. Aufl., Berlin: BMUB, 2014.

Deutsche Bundesbank (Hrsg.): Zinsstatistik – Gegenüberstellung der Instrumentenkategorien der MFI-Zinsstatistik (Neugeschäft) und der Erhebungspositionen der früheren Bundesbank-Zinsstatistik, Berlin, 2015.

Hasselmann, Willi: Praktische Baukostenplanung und -kontrolle. Köln: R. Müller Verlag, 1997.

Hasselmann, Willi; Liebscher, Klaus: Normengerechtes Bauen – Kosten, Grundflächen und Rauminhalte von Hochbauten nach DIN 276 und DIN 277, 20. Aufl., Köln: R. Müller Verlag, 2008.

Kalusche, Wolfdietrich (Hrsg.): Handbuch HOAI 2013. Der Praxisleitfaden zur sicheren Anwendung der neuen Honorarordnung für Architekten und Ingenieure, Baukosteninformationszentrum Deutscher Architektenkammern: Stuttgart, 2013.

Kalusche, Wolfdietrich: Frühzeitige Ermittlung der Baunebenkosten bei der Gebäudeplanung. In: BKI Baukosteninformationszentrum Deutscher Architektenkammern (Hrsg.): BKI Baukosten Gebäude 2014 – Statistische Kostenkennwerte Teil 1, Stuttgart 2014, S. 44-55.

Kalusche, Wolfdietrich: Projektmanagement für Bauherren und Planer. 4. völlig überarbeitete und erweiterte Auflage, München: De Gruyter Oldenbourg Verlag, 2016.

Kleffner, Walter: Die Baunebenkosten im Wohnungsbau – unter besonderer Berücksichtigung der Anliegerkosten, Berlin: Verlagsges. Müller, 1936.

Kreditanstalt für Wiederaufbau (KfW): Anlage zu den Merkblättern Energieeffizient Sanieren – Kredit (151, 152) und Investitionszuschuss (430). Stand 2016.

Landesbausparkasse Baden-Württemberg LBS (Hrsg.): LBS-Hausdiagnose. Stuttgart, 2013.

Walberg, Dietmar; Halstenberg, Michael (Hrsg.): Kostentreiber für den Wohnungsbau. Kiel, 2015.

Winkler, Walter: Hochbaukosten, Flächen, Rauminhalte – Kommentar zur DIN 276, 277, 18022 und 18960 Teil 1. 8. Aufl., Braunschweig: Friedr. Vieweg & Sohn, 1994.

Verordnungen, Normen und Rechtsprechungen

Allgemeine Verwaltungsgebührenordnung (AVerwGebO NRW), in der Fassung vom 03. Juli 2001, zuletzt geändert am 15. Februar 2016.

Bundesgerichtshof, Urteil vom 26. Januar 2012 (Az.: VII ZR 128/11), erschienen in NJW 2012, 1575-1578.

DIN 276:1934-08, Kosten von Hochbauten und damit zusammenhängenden Leistungen

DIN 276:1943-08, Kosten von Hochbauten

DIN 276-1:2008-12, Kosten im Bauwesen – Teil 1: Hochbau

DIN 277-1:2016-01, Grundflächen und Rauminhalte von Bauwerken – Teil 1: Hochbau

DIN 18205:1996-04, Bedarfsplanung im Bauwesen

DIN 18205:2015-11, Bedarfsplanung im Bauwesen

Richtlinien für Planungswettbewerbe (RPW 2013), in der Fassung vom 31. Januar 2013.

Richtlinien für die Durchführung von Bauaufgaben des Bundes (RBBau), in der Fassung vom 19. März 2009, zuletzt geändert am 12. Januar 2015.

Richtlinie zur Ermittlung des Sachwerts (Sachwertrichtlinie – SW-RL), in der Fassung vom 05. September 2012.

Verordnung über die Gebühren in bauordnungsrechtlichen Angelegenheiten im Land Brandenburg (Brandenburgische Baugebührenordnung – BbgBauGebO), in der Fassung vom 20. August 2009, zuletzt geändert am 03. August 2015.

Verordnung über die Grundsätze für die Ermittlung der Verkehrswerte von Grundstücken (Immobilienwertermittlungsverordnung – ImmoWertV), in der Fassung vom 19. Mai 2010.

Verordnung über die Honorare für Architekten- und Ingenieurleistungen (Honorarordnung für Architekten und Ingenieure – HOAI), in der Fassung vom 10. Juli 2013.

Verordnung über Sicherheit und Gesundheitsschutz auf Baustellen (Baustellenverordnung – BaustellV), in der Fassung vom 10. Juni 1998, zuletzt geändert am 23. Dezember 2004.

Verordnung über wohnungswirtschaftliche Berechnungen nach dem Zweiten Wohnungsbaugesetz (Zweite Berechnungsverordnung – II. BV), in der Fassung vom 12. Oktober 1990, zuletzt geändert am 23. November 2007.

Verwaltungsvorschriften über die Durchführung von Bauaufgaben der Freien und Hansestadt Hamburg (VV-Bau), in der Fassung vom 15. Dezember 1994, zuletzt geändert Dezember 2015.

Abkürzungsverzeichnis

Abkürzung	Bezeichnung
AF	Außenanlagenfläche
AWF	Außenwandfläche
BGF	Brutto-Grundfläche (Summe der Regelfall (R)- und Sonderfall (S)-Flächen nach DIN 277)
BGI	Baugrubeninhalt
bis	oberer Grenzwert des Streubereichs um einen Mittelwert
BRI	Brutto-Rauminhalt (Summe der Regelfall (R)- und Sonderfall (S)-Rauminhalte nach DIN 277)
BRI/BGF (m)	Verhältnis von Brutto-Rauminhalt zur Brutto-Grundfläche angegeben in Meter
BRI/NUF (m)	Verhältnis von Brutto-Rauminhalt zur Nutzungsfläche angegeben in Meter
DAF	Dachfläche
DEF	Deckenfläche
DIN 276	Kosten im Bauwesen - Teil 1 Hochbau (DIN 276-1 : 2008-12)
DIN 277	Grundflächen und Rauminhalte von Bauwerken im Hochbau (DIN 277:2016-01)
€/Einheit	Spaltenbezeichnung für Mittelwerte zu den Kosten bezogen auf eine Einheit der Bezugsgröße
€/m² BGF	Spaltenbezeichnung für Mittelwerte zu den Kosten bezogen auf Brutto-Grundfläche
GF	Grundstücksfläche
Fläche/BGF (%)	Anteil der angegebenen Fläche zur Brutto-Grundfläche in Prozent
Fläche/NUF (%)	Anteil der angegebenen Fläche zur Nutzungsfläche in Prozent
GRF	Gründungsfläche
inkl.	einschließlich
IWF	Innenwandfläche
KG	Kostengruppe
KGF	Konstruktions-Grundfläche (Summe der Regelfall (R)- und Sonderfall (S)-Flächen nach DIN 277)
LB	Leistungsbereich
Menge/BGF	Menge der genannten Kostengruppen-Bezugsgröße bezogen auf die Menge der Brutto-Grundfläche
Menge/NUF	Menge der genannten Kostengruppen-Bezugsgröße bezogen auf die Menge der Nutzungsfläche
NE	Nutzeinheit
NUF	Nutzungsfläche (Summe der Regelfall (R)- und Sonderfall (S)-Flächen nach DIN 277)
NRF	Netto-Raumfläche (Summe der Regelfall (R)- und Sonderfall (S)-Flächen nach DIN 277)
Obj.-Nr.	Nummer des Objekts in der BKI-Baukostendatenbank
StLB	Standardleistungsbuch
TF	Technikfläche (Summe der Regelfall (R)- und Sonderfall (S)-Flächen nach DIN 277)
VF	Verkehrsfläche (Summe der Regelfall (R)- und Sonderfall (S)-Flächen nach DIN 277)
von	unterer Grenzwert des Streubereichs um einen Mittelwert
WFL	Wohnfläche
Ø	Mittelwert
300+400	Zusammenfassung der Kostengruppen Bauwerk-Baukonstruktionen und Bauwerk-Technische Anlagen
% an 300+400	Kostenanteil der jeweiligen Kostengruppe an den Kosten des Bauwerks
% an 300	Kostenanteil der jeweiligen Kostengruppe an der Kostengruppe Bauwerk-Baukonstruktion
% an 400	Kostenanteil der jeweiligen Kostengruppe an der Kostengruppe Bauwerk-Technische Anlagen

Abkürzungsverzeichnis (Fortsetzung)

Abkürzung	Bezeichnung
AP	Arbeitsplätze
APP	Appartement
DHH	Doppelhaushälfte
ELW	Einliegerwohnung
ETW	Etagenwohnung
KFZ	Kraftfahrzeug
KITA	Kindertagesstätte
RH	Reihenhaus
STP	Stellplatz
TG	Tiefgarage
WE	Wohneinheit
N1	BKI OBJEKTE N1 Neubau, erschienen 1999*
N2	BKI OBJEKTE N2 Neubau, erschienen 2000*
N3	BKI OBJEKTE N3 Neubau, erschienen 2001*
N4	BKI OBJEKTE N4 Neubau, erschienen 2002*
N5	BKI OBJEKTE N5 Neubau, erschienen 2003*
N6	BKI OBJEKTDATEN N6 Neubau, erschienen 2004*
N7	BKI OBJEKTDATEN N7 Neubau, erschienen 2006*
N8	BKI OBJEKTDATEN N8 Neubau, erschienen 2007
N9	BKI OBJEKTDATEN N9 Neubau, erschienen 2009*
N10	BKI OBJEKTDATEN N10 Neubau, erschienen 2011
N11	BKI OBJEKTDATEN N11 Neubau, erschienen 2012
N12	BKI OBJEKTDATEN N12 Neubau, erschienen 2013
N13	BKI OBJEKTDATEN N13 Neubau, erschienen 2015
N14	BKI OBJEKTDATEN N14 Neubau - Sonderband Sozialer Wohnungsbau, erschienen 2016*
N15	BKI OBJEKTDATEN N15 Neubau, erschienen 2017
N16	BKI OBJEKTDATEN N16 Neubau, erscheint 2018
E1	BKI OBJEKTE E1 Niedrigenergie-/Passivhäuser, erschienen 2001*
E3	BKI OBJEKTDATEN E3 Energieeffizientes Bauen im Neubau, erschienen 2008
E4	BKI OBJEKTDATEN E4 Energieeffizientes Bauen im Neubau und Altbau, erschienen 2011
E5	BKI OBJEKTDATEN E5 Energieeffizientes Bauen im Neubau und Altbau, erschienen 2013
E6	BKI OBJEKTDATEN E6 Energieeffizientes Bauen im Neubau und Altbau, erschienen 2015
E7	BKI OBJEKTDATEN E7 Energieeffizientes Bauen im Neubau, erschienen 2017
E8	BKI OBJEKTDATEN E8 Energieeffizientes Bauen im Neubau, erscheint 2018
F7	BKI OBJEKTDATEN F7 Freianlagen, erschienen 2016
S1	BKI OBJEKTDATEN S1 - Sonderband Schulen, erschienen 2017
S2	BKI OBJEKTDATEN S2 - Sonderband Barrierefreies Bauen, erschienen 2017

* Bücher bereits vergriffen

Gliederung in Leistungsbereiche nach STLB-Bau

Als Beispiel für eine ausführungsorientierte Ergänzung der Kostengliederung werden im Folgenden die Leistungsbereiche des Standardleistungsbuches für das Bauwesen in einer Übersicht dargestellt.

000 Sicherheitseinrichtungen, Baustelleneinrichtungen	040 Wärmeversorgungsanlagen - Betriebseinrichtungen
001 Gerüstarbeiten	041 Wärmeversorgungsanlagen - Leitungen, Armaturen, Heizflächen
002 Erdarbeiten	042 Gas- und Wasseranlagen - Leitungen, Armaturen
003 Landschaftsbauarbeiten	043 Druckrohrleitungen für Gas, Wasser und Abwasser
004 Landschaftsbauarbeiten -Pflanzen	044 Abwasseranlagen - Leitungen, Abläufe, Armaturen
005 Brunnenbauarbeiten und Aufschlussbohrungen	045 Gas-, Wasser- und Entwässerungsanlagen - Ausstattung, Elemente, Fertigbäder
006 Spezialtiefbauarbeiten	046 Gas-, Wasser- und Entwässerungsanlagen - Betriebseinrichtungen
007 Untertagebauarbeiten	
008 Wasserhaltungsarbeiten	047 Dämm- und Brandschutzarbeiten an technischen Anlagen
009 Entwässerungskanalarbeiten	
010 Drän- und Versickerarbeiten	049 Feuerlöschanlagen, Feuerlöschgeräte
011 Abscheider- und Kleinkläranlagen	050 Blitzschutz- / Erdungsanlagen, Überspannungsschutz
012 Mauerarbeiten	051 Kabelleitungstiefbauarbeiten
013 Betonarbeiten	052 Mittelspannungsanlagen
014 Natur-, Betonwerksteinarbeiten	053 Niederspannungsanlagen - Kabel/Leitungen, Verlegesysteme, Installationsgeräte
016 Zimmer- und Holzbauarbeiten	
017 Stahlbauarbeiten	054 Niederspannungsanlagen - Verteilersysteme und Einbaugeräte
018 Abdichtungsarbeiten	
020 Dachdeckungsarbeiten	055 Ersatzstromversorgungsanlagen
021 Dachabdichtungsarbeiten	057 Gebäudesystemtechnik
022 Klempnerarbeiten	058 Leuchten und Lampen
023 Putz- und Stuckarbeiten, Wärmedämmsysteme	059 Sicherheitsbeleuchtungsanlagen
024 Fliesen- und Plattenarbeiten	060 Elektroakustische Anlagen, Sprechanlagen, Personenrufanlagen
025 Estricharbeiten	
026 Fenster, Außentüren	061 Kommunikationsnetze
027 Tischlerarbeiten	062 Kommunikationsanlagen
028 Parkett-, Holzpflasterarbeiten	063 Gefahrenmeldeanlagen
029 Beschlagarbeiten	064 Zutrittskontroll-, Zeiterfassungssysteme
030 Rollladenarbeiten	069 Aufzüge
031 Metallbauarbeiten	070 Gebäudeautomation
032 Verglasungsarbeiten	075 Raumlufttechnische Anlagen
033 Baureinigungsarbeiten	078 Kälteanlagen für raumlufttechnische Anlagen
034 Maler- und Lackierarbeiten - Beschichtungen	080 Straßen, Wege, Plätze
035 Korrosionsschutzarbeiten an Stahlbauten	081 Betonerhaltungsarbeiten
036 Bodenbelagarbeiten	082 Bekämpfender Holzschutz
037 Tapezierarbeiten	083 Sanierungsarbeiten an schadstoffhaltigen Bauteilen
038 Vorgehängte hinterlüftete Fassaden	084 Abbruch- und Rückbauarbeiten
039 Trockenbauarbeiten	085 Rohrvortriebsarbeiten
	087 Abfallentsorgung, Verwertung und Beseitigung
	090 Baulogistik
	091 Stundenlohnarbeiten
	096 Bauarbeiten an Bahnübergängen
	097 Bauarbeiten an Gleisen und Weichen
	098 Witterungsschutzmaßnahmen

Übersicht Kostenkennwerte für Gebäudearten nach BGF und BRI

Kosten des Bauwerks in €/m² BGF

Kosten:
Stand 1. Quartal 2018
Bundesdurchschnitt
inkl. 19% MwSt.

Einheit: m² BGF
Brutto-Grundfläche

Von-Mittel-Bis-Werte

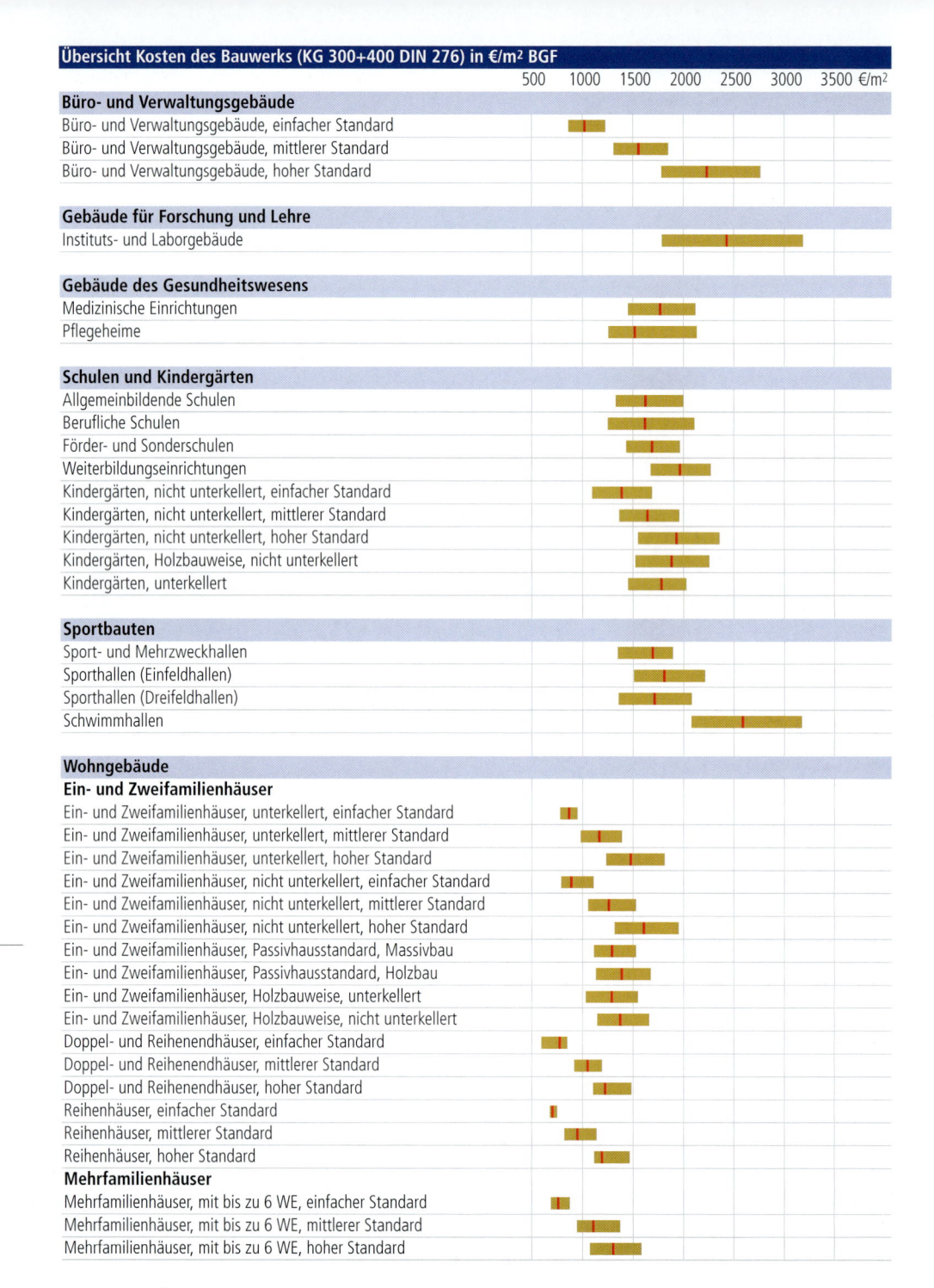

Übersicht Kosten des Bauwerks (KG 300+400 DIN 276) in €/m² BGF

Skala: 500 – 1000 – 1500 – 2000 – 2500 – 3000 – 3500 €/m²

Büro- und Verwaltungsgebäude
- Büro- und Verwaltungsgebäude, einfacher Standard
- Büro- und Verwaltungsgebäude, mittlerer Standard
- Büro- und Verwaltungsgebäude, hoher Standard

Gebäude für Forschung und Lehre
- Instituts- und Laborgebäude

Gebäude des Gesundheitswesens
- Medizinische Einrichtungen
- Pflegeheime

Schulen und Kindergärten
- Allgemeinbildende Schulen
- Berufliche Schulen
- Förder- und Sonderschulen
- Weiterbildungseinrichtungen
- Kindergärten, nicht unterkellert, einfacher Standard
- Kindergärten, nicht unterkellert, mittlerer Standard
- Kindergärten, nicht unterkellert, hoher Standard
- Kindergärten, Holzbauweise, nicht unterkellert
- Kindergärten, unterkellert

Sportbauten
- Sport- und Mehrzweckhallen
- Sporthallen (Einfeldhallen)
- Sporthallen (Dreifeldhallen)
- Schwimmhallen

Wohngebäude
Ein- und Zweifamilienhäuser
- Ein- und Zweifamilienhäuser, unterkellert, einfacher Standard
- Ein- und Zweifamilienhäuser, unterkellert, mittlerer Standard
- Ein- und Zweifamilienhäuser, unterkellert, hoher Standard
- Ein- und Zweifamilienhäuser, nicht unterkellert, einfacher Standard
- Ein- und Zweifamilienhäuser, nicht unterkellert, mittlerer Standard
- Ein- und Zweifamilienhäuser, nicht unterkellert, hoher Standard
- Ein- und Zweifamilienhäuser, Passivhausstandard, Massivbau
- Ein- und Zweifamilienhäuser, Passivhausstandard, Holzbau
- Ein- und Zweifamilienhäuser, Holzbauweise, unterkellert
- Ein- und Zweifamilienhäuser, Holzbauweise, nicht unterkellert
- Doppel- und Reihenendhäuser, einfacher Standard
- Doppel- und Reihenendhäuser, mittlerer Standard
- Doppel- und Reihenendhäuser, hoher Standard
- Reihenhäuser, einfacher Standard
- Reihenhäuser, mittlerer Standard
- Reihenhäuser, hoher Standard

Mehrfamilienhäuser
- Mehrfamilienhäuser, mit bis zu 6 WE, einfacher Standard
- Mehrfamilienhäuser, mit bis zu 6 WE, mittlerer Standard
- Mehrfamilienhäuser, mit bis zu 6 WE, hoher Standard

© **BKI** Baukosteninformationszentrum

Kosten: 1. Quartal 2018, Bundesdurchschnitt, **inkl. 19% MwSt.**

Kosten des Bauwerks in €/m² BGF

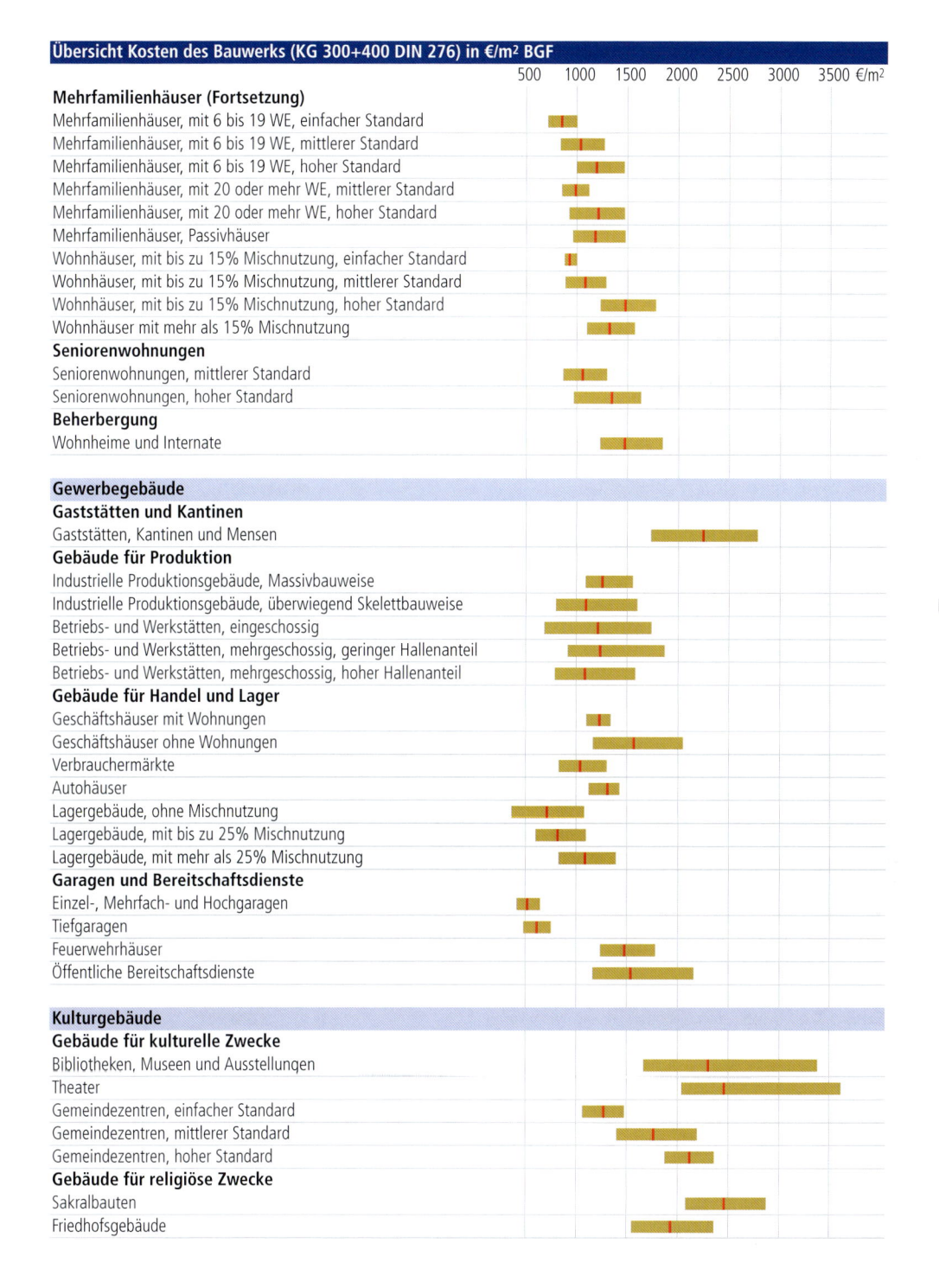

Übersicht Kosten des Bauwerks (KG 300+400 DIN 276) in €/m² BGF

Mehrfamilienhäuser (Fortsetzung)
- Mehrfamilienhäuser, mit 6 bis 19 WE, einfacher Standard
- Mehrfamilienhäuser, mit 6 bis 19 WE, mittlerer Standard
- Mehrfamilienhäuser, mit 6 bis 19 WE, hoher Standard
- Mehrfamilienhäuser, mit 20 oder mehr WE, mittlerer Standard
- Mehrfamilienhäuser, mit 20 oder mehr WE, hoher Standard
- Mehrfamilienhäuser, Passivhäuser
- Wohnhäuser, mit bis zu 15% Mischnutzung, einfacher Standard
- Wohnhäuser, mit bis zu 15% Mischnutzung, mittlerer Standard
- Wohnhäuser, mit bis zu 15% Mischnutzung, hoher Standard
- Wohnhäuser mit mehr als 15% Mischnutzung

Seniorenwohnungen
- Seniorenwohnungen, mittlerer Standard
- Seniorenwohnungen, hoher Standard

Beherbergung
- Wohnheime und Internate

Gewerbegebäude

Gaststätten und Kantinen
- Gaststätten, Kantinen und Mensen

Gebäude für Produktion
- Industrielle Produktionsgebäude, Massivbauweise
- Industrielle Produktionsgebäude, überwiegend Skelettbauweise
- Betriebs- und Werkstätten, eingeschossig
- Betriebs- und Werkstätten, mehrgeschossig, geringer Hallenanteil
- Betriebs- und Werkstätten, mehrgeschossig, hoher Hallenanteil

Gebäude für Handel und Lager
- Geschäftshäuser mit Wohnungen
- Geschäftshäuser ohne Wohnungen
- Verbrauchermärkte
- Autohäuser
- Lagergebäude, ohne Mischnutzung
- Lagergebäude, mit bis zu 25% Mischnutzung
- Lagergebäude, mit mehr als 25% Mischnutzung

Garagen und Bereitschaftsdienste
- Einzel-, Mehrfach- und Hochgaragen
- Tiefgaragen
- Feuerwehrhäuser
- Öffentliche Bereitschaftsdienste

Kulturgebäude

Gebäude für kulturelle Zwecke
- Bibliotheken, Museen und Ausstellungen
- Theater
- Gemeindezentren, einfacher Standard
- Gemeindezentren, mittlerer Standard
- Gemeindezentren, hoher Standard

Gebäude für religiöse Zwecke
- Sakralbauten
- Friedhofsgebäude

Einheit: m² BGF Brutto-Grundfläche

© BKI Baukosteninformationszentrum — Kosten: 1.Quartal 2018, Bundesdurchschnitt, inkl. 19% MwSt.

Kosten des Bauwerks in €/m³ BRI

Kosten:
Stand 1.Quartal 2018
Bundesdurchschnitt
inkl. 19% MwSt.

Einheit: m³ BRI
Brutto-Rauminhalt

Von-Mittel-Bis-Werte

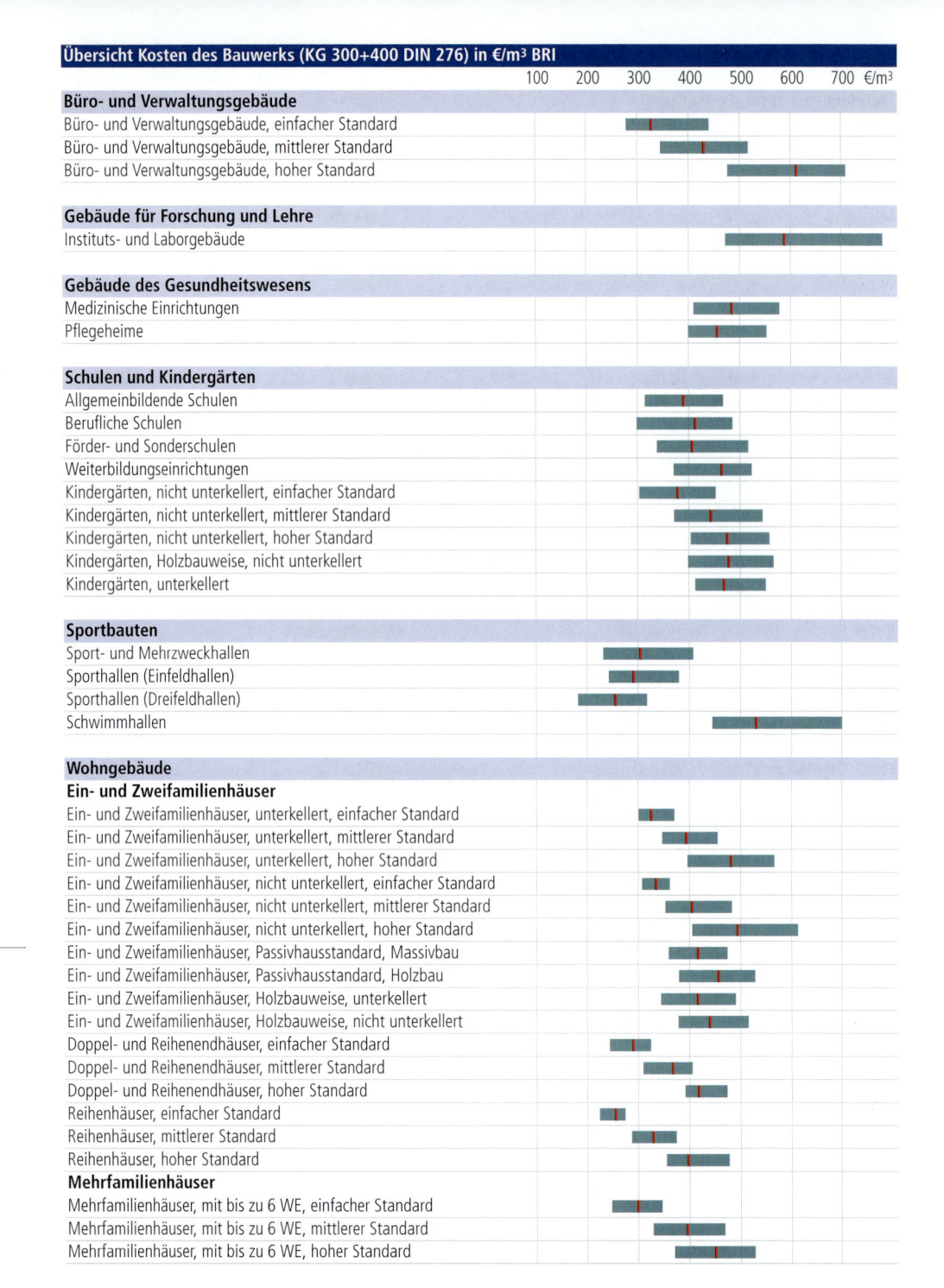

Übersicht Kosten des Bauwerks (KG 300+400 DIN 276) in €/m³ BRI

Büro- und Verwaltungsgebäude
- Büro- und Verwaltungsgebäude, einfacher Standard
- Büro- und Verwaltungsgebäude, mittlerer Standard
- Büro- und Verwaltungsgebäude, hoher Standard

Gebäude für Forschung und Lehre
- Instituts- und Laborgebäude

Gebäude des Gesundheitswesens
- Medizinische Einrichtungen
- Pflegeheime

Schulen und Kindergärten
- Allgemeinbildende Schulen
- Berufliche Schulen
- Förder- und Sonderschulen
- Weiterbildungseinrichtungen
- Kindergärten, nicht unterkellert, einfacher Standard
- Kindergärten, nicht unterkellert, mittlerer Standard
- Kindergärten, nicht unterkellert, hoher Standard
- Kindergärten, Holzbauweise, nicht unterkellert
- Kindergärten, unterkellert

Sportbauten
- Sport- und Mehrzweckhallen
- Sporthallen (Einfeldhallen)
- Sporthallen (Dreifeldhallen)
- Schwimmhallen

Wohngebäude

Ein- und Zweifamilienhäuser
- Ein- und Zweifamilienhäuser, unterkellert, einfacher Standard
- Ein- und Zweifamilienhäuser, unterkellert, mittlerer Standard
- Ein- und Zweifamilienhäuser, unterkellert, hoher Standard
- Ein- und Zweifamilienhäuser, nicht unterkellert, einfacher Standard
- Ein- und Zweifamilienhäuser, nicht unterkellert, mittlerer Standard
- Ein- und Zweifamilienhäuser, nicht unterkellert, hoher Standard
- Ein- und Zweifamilienhäuser, Passivhausstandard, Massivbau
- Ein- und Zweifamilienhäuser, Passivhausstandard, Holzbau
- Ein- und Zweifamilienhäuser, Holzbauweise, unterkellert
- Ein- und Zweifamilienhäuser, Holzbauweise, nicht unterkellert
- Doppel- und Reihenendhäuser, einfacher Standard
- Doppel- und Reihenendhäuser, mittlerer Standard
- Doppel- und Reihenendhäuser, hoher Standard
- Reihenhäuser, einfacher Standard
- Reihenhäuser, mittlerer Standard
- Reihenhäuser, hoher Standard

Mehrfamilienhäuser
- Mehrfamilienhäuser, mit bis zu 6 WE, einfacher Standard
- Mehrfamilienhäuser, mit bis zu 6 WE, mittlerer Standard
- Mehrfamilienhäuser, mit bis zu 6 WE, hoher Standard

© **BKI** Baukosteninformationszentrum

Kosten: 1.Quartal 2018, Bundesdurchschnitt, **inkl. 19% MwSt.**

Übersicht Kosten des Bauwerks (KG 300+400 DIN 276) in €/m³ BRI

Kosten des Bauwerks in €/m³ BRI

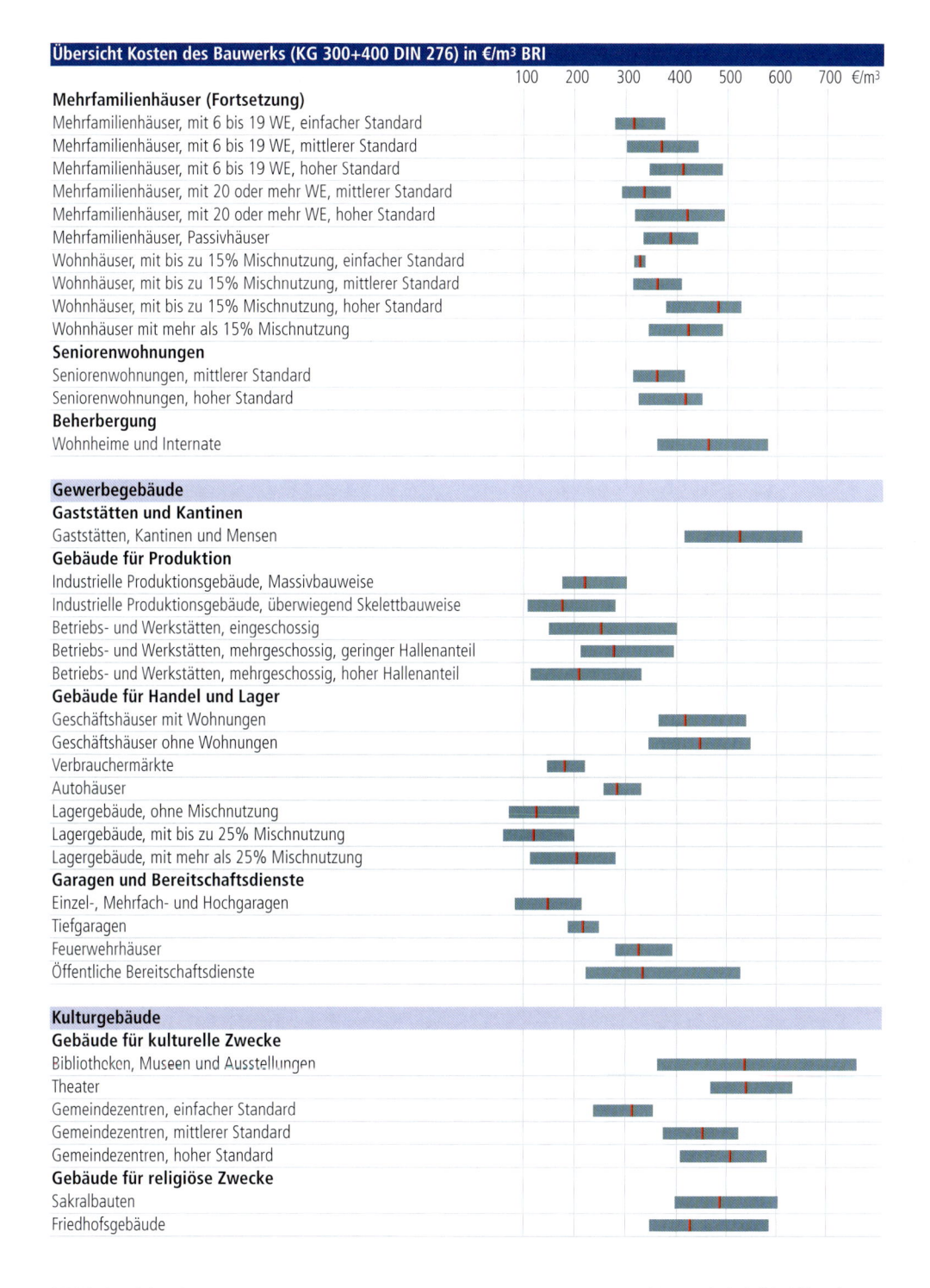

Einheit: m³ BRI
Brutto-Rauminhalt

Mehrfamilienhäuser (Fortsetzung)
- Mehrfamilienhäuser, mit 6 bis 19 WE, einfacher Standard
- Mehrfamilienhäuser, mit 6 bis 19 WE, mittlerer Standard
- Mehrfamilienhäuser, mit 6 bis 19 WE, hoher Standard
- Mehrfamilienhäuser, mit 20 oder mehr WE, mittlerer Standard
- Mehrfamilienhäuser, mit 20 oder mehr WE, hoher Standard
- Mehrfamilienhäuser, Passivhäuser
- Wohnhäuser, mit bis zu 15% Mischnutzung, einfacher Standard
- Wohnhäuser, mit bis zu 15% Mischnutzung, mittlerer Standard
- Wohnhäuser, mit bis zu 15% Mischnutzung, hoher Standard
- Wohnhäuser mit mehr als 15% Mischnutzung

Seniorenwohnungen
- Seniorenwohnungen, mittlerer Standard
- Seniorenwohnungen, hoher Standard

Beherbergung
- Wohnheime und Internate

Gewerbegebäude

Gaststätten und Kantinen
- Gaststätten, Kantinen und Mensen

Gebäude für Produktion
- Industrielle Produktionsgebäude, Massivbauweise
- Industrielle Produktionsgebäude, überwiegend Skelettbauweise
- Betriebs- und Werkstätten, eingeschossig
- Betriebs- und Werkstätten, mehrgeschossig, geringer Hallenanteil
- Betriebs- und Werkstätten, mehrgeschossig, hoher Hallenanteil

Gebäude für Handel und Lager
- Geschäftshäuser mit Wohnungen
- Geschäftshäuser ohne Wohnungen
- Verbrauchermärkte
- Autohäuser
- Lagergebäude, ohne Mischnutzung
- Lagergebäude, mit bis zu 25% Mischnutzung
- Lagergebäude, mit mehr als 25% Mischnutzung

Garagen und Bereitschaftsdienste
- Einzel-, Mehrfach- und Hochgaragen
- Tiefgaragen
- Feuerwehrhäuser
- Öffentliche Bereitschaftsdienste

Kulturgebäude

Gebäude für kulturelle Zwecke
- Bibliotheken, Museen und Ausstellungen
- Theater
- Gemeindezentren, einfacher Standard
- Gemeindezentren, mittlerer Standard
- Gemeindezentren, hoher Standard

Gebäude für religiöse Zwecke
- Sakralbauten
- Friedhofsgebäude

© BKI Baukosteninformationszentrum   Kosten: 1. Quartal 2018, Bundesdurchschnitt, inkl. 19% MwSt.

Kostenkennwerte für Gebäude

Büro- und Verwaltungsgebäude

Gebäude für Forschung und Lehre

Gebäude des Gesundheitswesens

Schulen und Kindergärten

Sportbauten

Wohngebäude

Gewerbegebäude

Bauwerke für technische Zwecke

Kulturgebäude

Arbeitsblatt zur Standardeinordnung bei Büro- und Verwaltungsgebäude

Kostenkennwerte für die Kosten des Bauwerks (Kostengruppen 300+400 nach DIN 276)

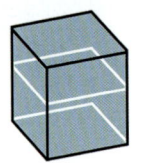

BRI 455 €/m³
von 350 €/m³
bis 595 €/m³

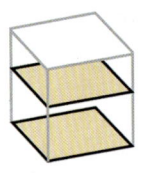

BGF 1.650 €/m²
von 1.270 €/m²
bis 2.220 €/m²

NUF 2.550 €/m²
von 1.880 €/m²
bis 3.560 €/m²

NE 73.730 €/NE
von 43.660 €/NE
bis 158.620 €/NE
NE: Arbeitsplätze

Kosten:
Stand 1. Quartal 2018
Bundesdurchschnitt
inkl. 19% MwSt.

Standardzuordnung

gesamt / einfach / mittel / hoch (Skala 0 – 3000 €/m² BGF)

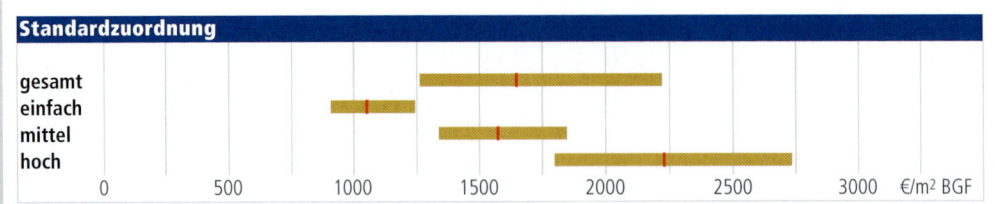

Standardeinordnung für Ihr Projekt:

KG	Kostengruppen der 2. Ebene	niedrig	mittel	hoch	Punkte
310	Baugrube				
320	Gründung	2	2	4	
330	Außenwände	6	8	9	
340	Innenwände	3	4	6	
350	Decken	3	4	5	
360	Dächer	2	3	4	
370	Baukonstruktive Einbauten	0	0	1	
390	Sonstige Baukonstruktionen				
410	Abwasser, Wasser, Gas	1	1	1	
420	Wärmeversorgungsanlagen	1	2	2	
430	Lufttechnische Anlagen	0	1	2	
440	Starkstromanlagen	2	2	3	
450	Fernmeldeanlagen	0	1	2	
460	Förderanlagen	0	1	1	
470	Nutzungsspezifische Anlagen	0	0	1	
480	Gebäudeautomation	0	1	1	
490	Sonstige Technische Anlagen				

Punkte: 20 bis 26 = einfach   27 bis 35 = mittel   36 bis 42 = hoch   Ihr Projekt (Summe):

Legende:
● Kostenkennwert
▶ min
▷ von
| Mittelwert
◁ bis
◀ max

Erläuterung:
Obenstehende Tabelle soll Ihnen die Zuordnung zu den Gebäudearten mit einfachem, mittlerem und hohem Standard erleichtern. Schätzen Sie für jedes Grobelement ab, ob die Aufwendungen niedrig, mittel oder hoch sein werden und übertragen Sie die Punkte in die rechte Spalte. Bilden Sie die Summe der rechten Spalte und ordnen Sie Ihr Projekt nach dem Schema der untersten Zeile ein. Nehmen Sie dieses Schema auch als Hinweis darauf, bei welchen Kostengruppen Sie den Mittelwert nach oben oder unten anpassen sollten.

© BKI Baukosteninformationszentrum; Erläuterungen zu den Tabellen siehe Seite 58   Kosten: 1. Quartal 2018, Bundesdurchschnitt, **inkl. 19% MwSt.**

Kostenkennwerte für die Kostengruppen der 1. und 2. Ebene DIN 276

KG	Kostengruppen der 1. Ebene	Einheit	▷	€/Einheit	◁	▷	% an 300+400	◁
100	Grundstück	m² GF	–	–	–	–	–	–
200	Herrichten und Erschließen	m² GF	7	**43**	275	0,5	**2,0**	8,1
300	Bauwerk - Baukonstruktionen	m² BGF	976	**1.245**	1.654	70,0	**76,1**	81,9
400	Bauwerk - Technische Anlagen	m² BGF	253	**404**	603	18,1	**23,9**	30,0
	Bauwerk (300+400)	m² BGF	1.265	**1.649**	2.219		**100,0**	
500	Außenanlagen	m² AF	41	**164**	612	1,8	**4,9**	8,4
600	Ausstattung und Kunstwerke	m² BGF	11	**54**	160	0,6	**3,2**	9,4
700	Baunebenkosten*	m² BGF	317	**354**	390	19,6	**21,9**	24,1 ◁ NEU

Auf Grundlage der HOAI 2013 berechnete Werte nach §§ 35, 52, 56, 40. Weitere Informationen siehe Seite 50

KG	Kostengruppen der 2. Ebene	Einheit	▷	€/Einheit	◁	▷	% an 300	◁
310	Baugrube	m³ BGI	19	**39**	143	0,7	**1,9**	3,8
320	Gründung	m² GRF	256	**361**	563	6,9	**11,0**	17,1
330	Außenwände	m² AWF	377	**544**	817	27,7	**33,5**	40,7
340	Innenwände	m² IWF	199	**264**	420	12,4	**18,3**	23,1
350	Decken	m² DEF	274	**356**	512	10,6	**17,0**	21,8
360	Dächer	m² DAF	278	**393**	601	8,7	**12,4**	18,9
370	Baukonstruktive Einbauten	m² BGF	6	**23**	69	0,1	**1,1**	3,8
390	Sonstige Baukonstruktionen	m² BGF	36	**64**	134	3,0	**4,9**	7,7
300	**Bauwerk Baukonstruktionen**	**m² BGF**					**100,0**	

KG	Kostengruppen der 2. Ebene	Einheit	▷	€/Einheit	◁	▷	% an 400	◁
410	Abwasser, Wasser, Gas	m² BGF	39	**54**	76	9,8	**15,1**	23,8
420	Wärmeversorgungsanlagen	m² BGF	61	**94**	156	16,7	**24,7**	38,3
430	Lufttechnische Anlagen	m² BGF	10	**52**	115	1,8	**8,4**	18,0
440	Starkstromanlagen	m² BGF	84	**129**	204	26,0	**32,4**	41,4
450	Fernmeldeanlagen	m² BGF	24	**53**	113	6,4	**12,0**	20,4
460	Förderanlagen	m² BGF	23	**34**	54	0,0	**3,1**	9,4
470	Nutzungsspezifische Anlagen	m² BGF	2	**13**	40	0,1	**1,4**	6,9
480	Gebäudeautomation	m² BGF	25	**47**	74	0,0	**2,8**	9,1
490	Sonstige Technische Anlagen	m² BGF	1	**1**	2	0,0	**0,0**	0,2
400	**Bauwerk Technische Anlagen**	**m² BGF**					**100,0**	

Prozentanteile der Kosten der 2. Ebene an den Kosten des Bauwerks nach DIN 276 (Von-, Mittel-, Bis-Werte)

KG		Mittelwert
310	Baugrube	1,4
320	Gründung	8,5
330	Außenwände	25,4
340	Innenwände	13,7
350	Decken	12,7
360	Dächer	9,5
370	Baukonstruktive Einbauten	0,8
390	Sonstige Baukonstruktionen	3,7
410	Abwasser, Wasser, Gas	3,4
420	Wärmeversorgungsanlagen	5,7
430	Lufttechnische Anlagen	2,3
440	Starkstromanlagen	7,8
450	Fernmeldeanlagen	3,1
460	Förderanlagen	0,9
470	Nutzungsspezifische Anlagen	0,4
480	Gebäudeautomation	0,8
490	Sonstige Technische Anlagen	0,0

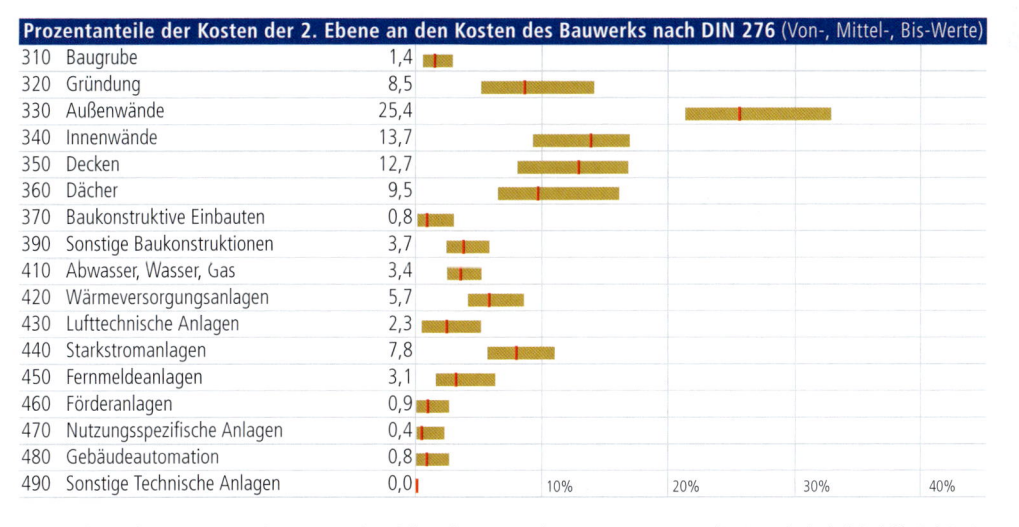

© BKI Baukosteninformationszentrum; Erläuterungen zu den Tabellen siehe Seite 48 und 50   Kosten: 1.Quartal 2018, Bundesdurchschnitt, **inkl. 19% MwSt.**

Büro- und Verwaltungsgebäude

Kosten: Stand 1. Quartal 2018, Bundesdurchschnitt inkl. 19% MwSt.

Kostenkennwerte für Leistungsbereiche nach StLB (Kosten des Bauwerks nach DIN 276)

LB	Leistungsbereiche	▷	€/m² BGF	◁	▷	% an 300+400	◁
000	Sicherheits-, Baustelleneinrichtungen inkl. 001	32	**52**	72	1,9	**3,1**	4,4
002	Erdarbeiten	15	**30**	54	0,9	**1,8**	3,3
006	Spezialtiefbauarbeiten inkl. 005	0	**12**	73	0,0	**0,7**	4,4
009	Entwässerungskanalarbeiten inkl. 011	4	**10**	25	0,2	**0,6**	1,5
010	Drän- und Versickerungsarbeiten	0	**2**	7	0,0	**0,1**	0,4
012	Mauerarbeiten	22	**73**	175	1,3	**4,4**	10,6
013	Betonarbeiten	206	**289**	373	12,5	**17,6**	22,6
014	Natur-, Betonwerksteinarbeiten	1	**11**	31	0,1	**0,7**	1,9
016	Zimmer- und Holzbauarbeiten	1	**31**	134	0,1	**1,9**	8,1
017	Stahlbauarbeiten	1	**16**	112	0,0	**1,0**	6,8
018	Abdichtungsarbeiten	4	**10**	23	0,2	**0,6**	1,4
020	Dachdeckungsarbeiten	0	**11**	64	0,0	**0,7**	3,9
021	Dachabdichtungsarbeiten	19	**47**	81	1,1	**2,9**	4,9
022	Klempnerarbeiten	6	**20**	56	0,4	**1,2**	3,4
	Rohbau	519	**615**	763	31,5	**37,3**	46,3
023	Putz- und Stuckarbeiten, Wärmedämmsysteme	13	**68**	120	0,8	**4,1**	7,3
024	Fliesen- und Plattenarbeiten	9	**22**	64	0,6	**1,3**	3,9
025	Estricharbeiten	16	**35**	60	1,0	**2,1**	3,6
026	Fenster, Außentüren inkl. 029, 032	43	**115**	176	2,6	**7,0**	10,7
027	Tischlerarbeiten	29	**64**	118	1,8	**3,9**	7,2
028	Parkettarbeiten, Holzpflasterarbeiten	0	**4**	28	0,0	**0,3**	1,7
030	Rollladenarbeiten	14	**30**	53	0,9	**1,8**	3,2
031	Metallbauarbeiten inkl. 035	42	**118**	260	2,5	**7,2**	15,8
034	Maler- und Lackiererarbeiten inkl. 037	24	**37**	61	1,5	**2,2**	3,7
036	Bodenbelagarbeiten	22	**34**	53	1,3	**2,0**	3,2
038	Vorgehängte hinterlüftete Fassaden	1	**26**	120	0,1	**1,6**	7,3
039	Trockenbauarbeiten	51	**90**	154	3,1	**5,4**	9,3
	Ausbau	539	**645**	729	32,7	**39,1**	44,2
040	Wärmeversorgungsanl. - Betriebseinr. inkl. 041	56	**84**	124	3,4	**5,1**	7,5
042	Gas- und Wasserinstallation, Leitungen inkl. 043	8	**11**	26	0,5	**0,7**	1,6
044	Abwasserinstallationsarbeiten - Leitungen	5	**10**	18	0,3	**0,6**	1,1
045	GWA-Einrichtungsgegenstände inkl. 046	11	**19**	29	0,7	**1,1**	1,8
047	Dämmarbeiten an betriebstechnischen Anlagen	5	**11**	21	0,3	**0,6**	1,3
049	Feuerlöschanlagen, Feuerlöschgeräte	0	**2**	26	0,0	**0,1**	1,6
050	Blitzschutz- und Erdungsanlagen	2	**5**	8	0,1	**0,3**	0,5
052	Mittelspannungsanlagen	0	**0**	6	0,0	**0,0**	0,3
053	Niederspannungsanlagen inkl. 054	58	**86**	154	3,5	**5,2**	9,4
055	Ersatzstromversorgungsanlagen	0	**3**	16	0,0	**0,2**	1,0
057	Gebäudesystemtechnik	0	**1**	11	0,0	**0,1**	0,7
058	Leuchten und Lampen inkl. 059	20	**38**	56	1,2	**2,3**	3,4
060	Elektroakustische Anlagen, Sprechanlagen	1	**4**	15	0,1	**0,2**	0,9
061	Kommunikationsnetze, inkl. 062	12	**27**	50	0,8	**1,7**	3,0
063	Gefahrenmeldeanlagen	4	**17**	54	0,2	**1,0**	3,3
069	Aufzüge	0	**14**	41	0,0	**0,8**	2,5
070	Gebäudeautomation	0	**12**	39	0,0	**0,7**	2,4
075	Raumlufttechnische Anlagen	6	**36**	77	0,4	**2,2**	4,7
	Technische Anlagen	277	**380**	481	16,8	**23,1**	29,1
	Sonstige Leistungsbereiche inkl. 008, 033, 051	2	**10**	30	0,2	**0,6**	1,8

- ● Kostenkennwert
- ▶ min
- ▷ von
- | Mittelwert
- ◁ bis
- ◀ max

© BKI Baukosteninformationszentrum; Erläuterungen zu den Tabellen siehe Seite 52

Kosten: 1. Quartal 2018, Bundesdurchschnitt, **inkl. 19% MwSt.**

Planungskennwerte für Flächen und Rauminhalte nach DIN 277

Grundflächen		▷	Fläche/NUF (%)	◁	▷	Fläche/BGF (%)	◁
NUF	Nutzungsfläche		100,0		61,2	65,0	71,0
TF	Technikfläche	3,8	5,3	9,1	2,5	3,4	5,3
VF	Verkehrsfläche	19,8	25,6	37,1	12,5	16,7	20,9
NRF	Netto-Raumfläche	123,7	130,9	143,6	82,7	85,1	87,5
KGF	Konstruktions-Grundfläche	19,0	22,9	28,0	12,5	14,9	17,3
BGF	Brutto-Grundfläche	144,3	153,8	167,6		100,0	

Brutto-Rauminhalte		▷	BRI/NUF (m)	◁	▷	BRI/BGF (m)	◁
BRI	Brutto-Rauminhalt	5,10	5,58	6,03	3,40	3,64	4,06

Flächen von Nutzeinheiten	▷	NUF/Einheit (m²)	◁	▷	BGF/Einheit (m²)	◁
Nutzeinheit: Arbeitsplätze	24,08	28,53	51,48	36,74	43,56	75,59

Lufttechnisch behandelte Flächen	▷	Fläche/NUF (%)	◁	▷	Fläche/BGF (%)	◁
Entlüftete Fläche	32,3	32,9	32,9	16,6	17,2	17,2
Be- und entlüftete Fläche	65,7	67,4	73,9	42,4	43,4	46,7
Teilklimatisierte Fläche	7,5	7,5	7,5	3,9	3,9	3,9
Klimatisierte Fläche	–	2,6	–	–	1,6	–

KG	Kostengruppen (2. Ebene)	Einheit	▷	Menge/NUF	◁	▷	Menge/BGF	◁
310	Baugrube	m³ BGI	1,04	1,43	2,09	0,68	0,93	1,39
320	Gründung	m² GRF	0,48	0,58	0,86	0,32	0,38	0,56
330	Außenwände	m² AWF	1,02	1,23	1,45	0,68	0,81	0,98
340	Innenwände	m² IWF	1,11	1,33	1,59	0,74	0,87	1,03
350	Decken	m² DEF	0,85	0,97	1,12	0,56	0,63	0,70
360	Dächer	m² DAF	0,52	0,63	0,95	0,35	0,41	0,62
370	Baukonstruktive Einbauten	m² BGF	1,44	1,54	1,68		1,00	
390	Sonstige Baukonstruktionen	m² BGF	1,44	1,54	1,68		1,00	
300	Bauwerk-Baukonstruktionen	m² BGF	1,44	1,54	1,68		1,00	

Planungskennwerte für Bauzeiten

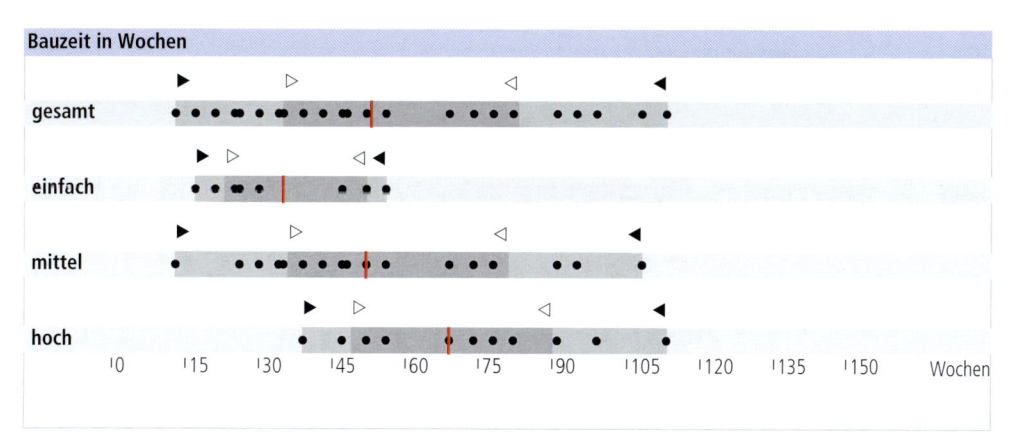

Bauzeit in Wochen

© BKI Baukosteninformationszentrum; Erläuterungen zu den Tabellen siehe Seite 54   Kosten: 1.Quartal 2018, Bundesdurchschnitt, inkl. 19% MwSt.

Büro- und Verwaltungsgebäude, einfacher Standard

Kostenkennwerte für die Kosten des Bauwerks (Kostengruppen 300+400 nach DIN 276)

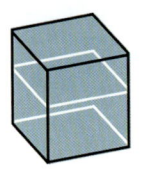

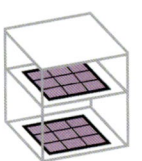

BRI 330 €/m³	BGF 1.050 €/m²	NUF 1.520 €/m²	NE 37.640 €/NE
von 285 €/m³	von 910 €/m²	von 1.340 €/m²	von 29.540 €/NE
bis 435 €/m³	bis 1.240 €/m²	bis 1.920 €/m²	bis 56.570 €/NE
			NE: Arbeitsplätze

Kosten:
Stand 1. Quartal 2018
Bundesdurchschnitt
inkl. 19% MwSt.

Objektbeispiele

1300-0089

1300-0088

1300-0091

1300-0125

1300-0166

1300-0099

Kosten der 10 Vergleichsobjekte — Seiten 118 bis 120

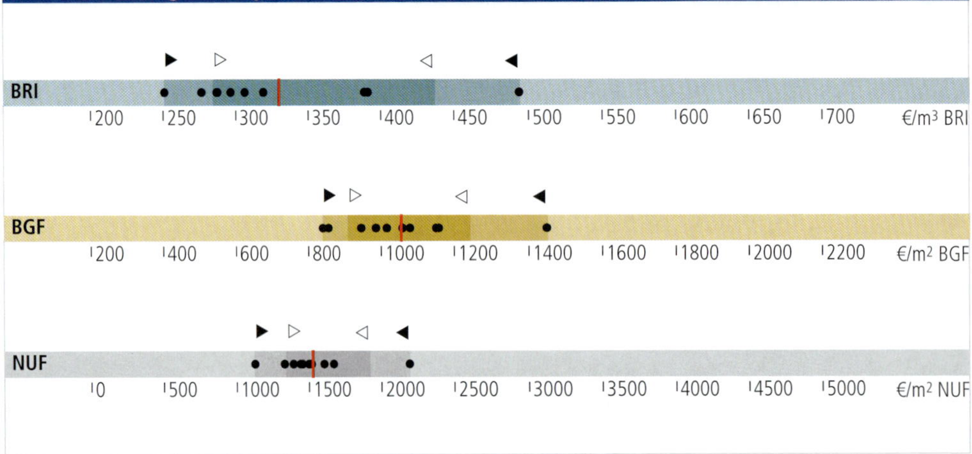

- ● KKW
- ▶ min
- ▷ von
- | Mittelwert
- ◁ bis
- ◀ max

© BKI Baukosteninformationszentrum; Erläuterungen zu den Tabellen siehe Seite 46

Kosten: 1. Quartal 2018, Bundesdurchschnitt, **inkl. 19% MwSt.**

Kostenkennwerte für die Kostengruppen der 1. und 2. Ebene DIN 276

KG	Kostengruppen der 1. Ebene	Einheit	▷	€/Einheit	◁	▷	% an 300+400	◁
100	Grundstück	m² GF	–	–	–	–	–	–
200	Herrichten und Erschließen	m² GF	3	9	15	0,9	2,6	7,3
300	Bauwerk - Baukonstruktionen	m² BGF	717	856	1.020	76,9	81,1	86,9
400	Bauwerk - Technische Anlagen	m² BGF	142	197	254	13,1	18,9	23,1
	Bauwerk (300+400)	m² BGF	910	1.054	1.242		100,0	
500	Außenanlagen	m² AF	5	64	78	1,9	4,2	6,4
600	Ausstattung und Kunstwerke	m² BGF	45	82	120	5,2	8,7	12,2
700	Baunebenkosten*	m² BGF	246	274	303	23,3	26,0	28,7

◁ NEU

* Auf Grundlage der HOAI 2013 berechnete Werte nach §§ 35, 52, 56. Weitere Informationen siehe Seite 50

KG	Kostengruppen der 2. Ebene	Einheit	▷	€/Einheit	◁	▷	% an 300	◁
310	Baugrube	m³ BGI	10	19	30	1,5	2,2	3,2
320	Gründung	m² GRF	203	243	390	8,9	12,9	19,3
330	Außenwände	m² AWF	282	319	370	23,9	28,7	32,4
340	Innenwände	m² IWF	143	195	224	16,6	19,8	24,8
350	Decken	m² DEF	200	231	306	0,0	15,0	19,8
360	Dächer	m² DAF	199	264	379	10,5	17,0	28,7
370	Baukonstruktive Einbauten	m² BGF	0	3	5	0,0	0,3	0,7
390	Sonstige Baukonstruktionen	m² BGF	27	34	45	3,4	4,1	6,4
300	**Bauwerk Baukonstruktionen**	**m² BGF**					**100,0**	

KG	Kostengruppen der 2. Ebene	Einheit	▷	€/Einheit	◁	▷	% an 400	◁
410	Abwasser, Wasser, Gas	m² BGF	25	40	65	12,4	20,8	27,3
420	Wärmeversorgungsanlagen	m² BGF	38	52	62	20,1	29,9	46,5
430	Lufttechnische Anlagen	m² BGF	1	3	7	0,4	1,0	2,7
440	Starkstromanlagen	m² BGF	47	71	101	32,3	35,5	40,3
450	Fernmeldeanlagen	m² BGF	3	15	35	1,5	6,9	14,9
460	Förderanlagen	m² BGF	22	31	40	0,0	5,5	15,5
470	Nutzungsspezifische Anlagen	m² BGF	1	2	3	0,0	0,4	1,7
480	Gebäudeautomation	m² BGF	–	–	–	–	–	–
490	Sonstige Technische Anlagen	m² BGF	–	–	–	–	–	–
400	**Bauwerk Technische Anlagen**	**m² BGF**					**100,0**	

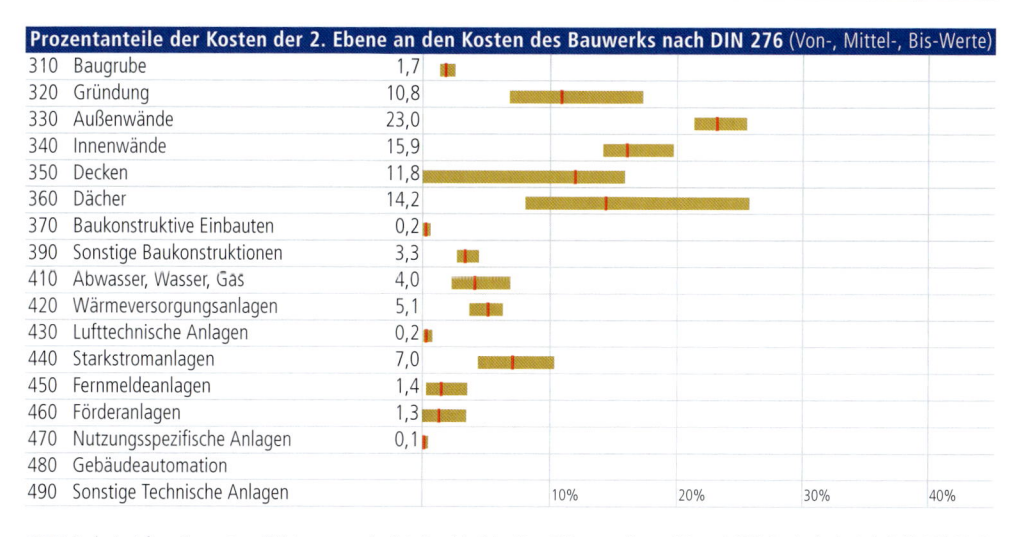

Prozentanteile der Kosten der 2. Ebene an den Kosten des Bauwerks nach DIN 276 (Von-, Mittel-, Bis-Werte)

KG	Bezeichnung	Mittelwert
310	Baugrube	1,7
320	Gründung	10,8
330	Außenwände	23,0
340	Innenwände	15,9
350	Decken	11,8
360	Dächer	14,2
370	Baukonstruktive Einbauten	0,2
390	Sonstige Baukonstruktionen	3,3
410	Abwasser, Wasser, Gas	4,0
420	Wärmeversorgungsanlagen	5,1
430	Lufttechnische Anlagen	0,2
440	Starkstromanlagen	7,0
450	Fernmeldeanlagen	1,4
460	Förderanlagen	1,3
470	Nutzungsspezifische Anlagen	0,1
480	Gebäudeautomation	
490	Sonstige Technische Anlagen	

© BKI Baukosteninformationszentrum; Erläuterungen zu den Tabellen siehe Seite 48 und 50   Kosten: 1.Quartal 2018, Bundesdurchschnitt, **inkl. 19% MwSt.**

Büro- und Verwaltungsgebäude, einfacher Standard

Kosten:
Stand 1. Quartal 2018
Bundesdurchschnitt
inkl. 19% MwSt.

Kostenkennwerte für Leistungsbereiche nach StLB (Kosten des Bauwerks nach DIN 276)

LB	Leistungsbereiche	▷	€/m² BGF	◁	▷	% an 300+400	◁
000	Sicherheits-, Baustelleneinrichtungen inkl. 001	15	28	35	1,5	2,6	3,3
002	Erdarbeiten	17	28	36	1,6	2,7	3,4
006	Spezialtiefbauarbeiten inkl. 005	–	–	–	–	–	–
009	Entwässerungskanalarbeiten inkl. 011	3	11	11	0,3	1,1	1,1
010	Drän- und Versickerungsarbeiten	–	1	–	–	0,1	–
012	Mauerarbeiten	30	68	94	2,8	6,5	8,9
013	Betonarbeiten	163	187	218	15,4	17,7	20,7
014	Natur-, Betonwerksteinarbeiten	1	3	3	0,1	0,3	0,3
016	Zimmer- und Holzbauarbeiten	12	32	59	1,1	3,0	5,6
017	Stahlbauarbeiten	–	6	–	–	0,6	–
018	Abdichtungsarbeiten	1	9	24	0,1	0,8	2,2
020	Dachdeckungsarbeiten	–	27	47	–	2,6	4,5
021	Dachabdichtungsarbeiten	3	16	16	0,3	1,5	1,5
022	Klempnerarbeiten	4	25	59	0,4	2,4	5,6
	Rohbau	**404**	**441**	**507**	**38,3**	**41,9**	**48,1**
023	Putz- und Stuckarbeiten, Wärmedämmsysteme	48	62	74	4,5	5,9	7,0
024	Fliesen- und Plattenarbeiten	9	28	61	0,8	2,7	5,8
025	Estricharbeiten	17	32	57	1,6	3,0	5,4
026	Fenster, Außentüren inkl. 029, 032	16	57	84	1,5	5,4	8,0
027	Tischlerarbeiten	24	44	78	2,3	4,2	7,4
028	Parkettarbeiten, Holzpflasterarbeiten	–	–	–	–	–	–
030	Rollladenarbeiten	14	21	32	1,3	2,0	3,0
031	Metallbauarbeiten inkl. 035	15	55	117	1,4	5,2	11,1
034	Maler- und Lackiererarbeiten inkl. 037	24	29	29	2,3	2,8	2,8
036	Bodenbelagarbeiten	24	26	30	2,2	2,5	2,8
038	Vorgehängte hinterlüftete Fassaden	–	–	–	–	–	–
039	Trockenbauarbeiten	44	70	111	4,2	6,7	10,5
	Ausbau	**389**	**426**	**484**	**36,9**	**40,4**	**45,9**
040	Wärmeversorgungsanl. - Betriebseinr. inkl. 041	21	42	58	2,0	4,0	5,5
042	Gas- und Wasserinstallation, Leitungen inkl. 043	6	12	12	0,5	1,1	1,1
044	Abwasserinstallationsarbeiten - Leitungen	3	7	13	0,3	0,7	1,2
045	GWA-Einrichtungsgegenstände inkl. 046	7	13	18	0,6	1,3	1,7
047	Dämmarbeiten an betriebstechnischen Anlagen	0	3	8	0,0	0,3	0,8
049	Feuerlöschanlagen, Feuerlöschgeräte	–	0	–	–	0,0	–
050	Blitzschutz- und Erdungsanlagen	1	2	3	0,1	0,2	0,3
052	Mittelspannungsanlagen	–	–	–	–	–	–
053	Niederspannungsanlagen inkl. 054	23	45	63	2,1	4,3	5,9
055	Ersatzstromversorgungsanlagen	–	–	–	–	–	–
057	Gebäudesystemtechnik	–	–	–	–	–	–
058	Leuchten und Lampen inkl. 059	10	28	40	0,9	2,7	3,8
060	Elektroakustische Anlagen, Sprechanlagen	1	2	5	0,1	0,2	0,5
061	Kommunikationsnetze, inkl. 062	0	11	32	0,0	1,0	3,0
063	Gefahrenmeldeanlagen	–	0	–	–	0,0	–
069	Aufzüge	0	13	35	0,0	1,2	3,3
070	Gebäudeautomation	–	–	–	–	–	–
075	Raumlufttechnische Anlagen	1	2	2	0,1	0,2	0,2
	Technische Anlagen	**116**	**182**	**239**	**11,0**	**17,3**	**22,6**
	Sonstige Leistungsbereiche inkl. 008, 033, 051	1	5	5	0,1	0,4	0,4

- ● KKW
- ▶ min
- ▷ von
- | Mittelwert
- ◁ bis
- ◀ max

Planungskennwerte für Flächen und Rauminhalte nach DIN 277

Grundflächen		▷	Fläche/NUF (%)	◁	▷	Fläche/BGF (%)	◁
NUF	Nutzungsfläche		**100,0**		68,6	**69,1**	74,1
TF	Technikfläche	2,5	**3,0**	4,1	1,7	**2,1**	2,6
VF	Verkehrsfläche	15,8	**19,5**	22,9	10,6	**13,5**	15,0
NRF	Netto-Raumfläche	117,5	**122,5**	123,6	82,8	**84,7**	86,0
KGF	Konstruktions-Grundfläche	19,0	**22,2**	26,0	14,0	**15,3**	17,2
BGF	Brutto-Grundfläche	137,0	**144,7**	147,0		**100,0**	

Brutto-Rauminhalte		▷	BRI/NUF (m)	◁	▷	BRI/BGF (m)	◁
BRI	Brutto-Rauminhalt	4,32	**4,71**	5,29	3,15	**3,25**	3,77

Flächen von Nutzeinheiten	▷	NUF/Einheit (m²)	◁	▷	BGF/Einheit (m²)	◁
Nutzeinheit: Arbeitsplätze	23,73	**26,41**	28,13	34,36	**38,00**	42,85

Lufttechnisch behandelte Flächen	▷	Fläche/NUF (%)	◁	▷	Fläche/BGF (%)	◁
Entlüftete Fläche	–	**2,8**	–	–	**2,0**	–
Be- und entlüftete Fläche	–	**2,3**	–	–	**1,6**	–
Teilklimatisierte Fläche	–	**–**	–	–	**–**	–
Klimatisierte Fläche	–	**–**	–	–	**–**	–

KG	Kostengruppen (2. Ebene)	Einheit	▷	Menge/NUF	◁	▷	Menge/BGF	◁
310	Baugrube	m³ BGI	1,79	**1,91**	2,35	1,21	**1,30**	1,65
320	Gründung	m² GRF	0,59	**0,70**	0,70	0,42	**0,48**	0,48
330	Außenwände	m² AWF	1,10	**1,10**	1,15	0,68	**0,76**	0,77
340	Innenwände	m² IWF	1,19	**1,28**	1,45	0,82	**0,88**	1,05
350	Decken	m² DEF	0,94	**0,96**	0,97	0,63	**0,65**	0,69
360	Dächer	m² DAF	0,74	**0,81**	0,81	0,53	**0,56**	0,56
370	Baukonstruktive Einbauten	m² BGF	1,37	**1,45**	1,47		**1,00**	
390	Sonstige Baukonstruktionen	m² BGF	1,37	**1,45**	1,47		**1,00**	
300	**Bauwerk-Baukonstruktionen**	**m² BGF**	**1,37**	**1,45**	**1,47**		**1,00**	

Planungskennwerte für Bauzeiten — 10 Vergleichsobjekte

Bauzeit in Wochen

Bauzeit: Datenpunkte verteilt zwischen ca. 15 und 55 Wochen; Skala 0 – 100 Wochen.

© **BKI** Baukosteninformationszentrum; Erläuterungen zu den Tabellen siehe Seite 54 Kosten: 1.Quartal 2018, Bundesdurchschnitt, **inkl. 19% MwSt.**

Büro- und Verwaltungsgebäude, einfacher Standard

€/m² BGF
min	840	€/m²
von	910	€/m²
Mittel	**1.055**	**€/m²**
bis	1.240	€/m²
max	1.450	€/m²

Kosten:
Stand 1.Quartal 2018
Bundesdurchschnitt
inkl. 19% MwSt.

Objektübersicht zur Gebäudeart

1300-0166 Verwaltungsgebäude, TG - Passivhaus
BRI 4.287m³ **BGF** 1.441m² **NUF** 1.198m²

Verwaltungsgebäude (60 AP) mit Tiefgarage (15 STP) als Passivhaus. Stb-Tragkonstruktion mit Holzrahmen-Außenwänden.

Land: Nordrhein-Westfalen
Kreis: Wesel
Standard: unter Durchschnitt
Bauzeit: 30 Wochen
Kennwerte: bis 1.Ebene DIN276

BGF 1.158 €/m²

Planung: Neuhaus & Bassfeld GmbH; Dinslaken

veröffentlicht: BKI Objektdaten E5

1300-0139 Bürogebäude
BRI 751m³ **BGF** 272m² **NUF** 196m²

Bürogebäude. Stb-Massivbau.

Land: Brandenburg
Kreis: Elbe-Elster
Standard: unter Durchschnitt
Bauzeit: 26 Wochen
Kennwerte: bis 3.Ebene DIN276

BGF 1.078 €/m²

Planung: Architekt (TU) Torsten Hensel; Finsterwalde

veröffentlicht: BKI Objektdaten N9

1300-0106 Bürogebäude
BRI 1.418m³ **BGF** 309m² **NUF** 221m²

Bürogebäude genutzt von einem Planungsbüro. Mauerwerksbau mit Stahl-Dachkonstruktion.

Land: Bayern
Kreis: Bad Kissingen
Standard: unter Durchschnitt
Bauzeit: 21 Wochen
Kennwerte: bis 3.Ebene DIN276

BGF 1.150 €/m²

veröffentlicht: BKI Objektdaten N7

1300-0125 Bürogebäude
BRI 2.317m³ **BGF** 749m² **NUF** 487m²

Bürogebäude (12 Arbeitsplätze). Mauerwerksbau mit Stb-Filigrandecken und Stb-Flachdach.

Land: Bayern
Kreis: Berchtesgadener Land
Standard: unter Durchschnitt
Bauzeit: 52 Wochen
Kennwerte: bis 4.Ebene DIN276

BGF 947 €/m²

Planung: Architekturbüro Armin Riedl; Surheim

veröffentlicht: BKI Objektdaten N8

Objektübersicht zur Gebäudeart

1300-0097 Verwaltungsgebäude, Sozialstation

BRI 3.003m³ **BGF** 874m² **NUF** 568m²

Bürogebäude als Massivbau mit Holzdachstuhl für zehn Mitarbeiter als Verwaltungsgebäude einer Sozialstation mit Sitzungsräumen. Mauerwerksbau.

Land: Rheinland-Pfalz
Kreis: Südliche Weinstraße
Standard: unter Durchschnitt
Bauzeit: 47 Wochen
Kennwerte: bis 3.Ebene DIN276

BGF   986 €/m²

Planung: Peter Rheinwalt Architekturbüro; Edesheim

veröffentlicht: BKI Objektdaten N4

1300-0102 Verwaltungsgebäude, Wohnung (1 WE)

BRI 1.604m³ **BGF** 528m² **NUF** 393m²

Bürogebäude für 15 Mitarbeiter, Empfangsbüro, Verkaufsraum, Ausstellungshalle, Betriebswohnung (110m² WFL). Mauerwerksbau.

Land: Nordrhein-Westfalen
Kreis: Köln
Standard: unter Durchschnitt
Bauzeit: 52 Wochen
Kennwerte: bis 1.Ebene DIN276

BGF   840 €/m²

Planung: Franz Markus Moster Architekturbüro; Köln

veröffentlicht: BKI Objektdaten N5

1300-0089 Bürogebäude (52 AP)

BRI 5.032m³ **BGF** 1.517m² **NUF** 961m²

Bürogebäude für 52 Arbeitsplätze, Besprechungszimmer, Schulungsräume. Stahlbetonbau.

Land: Bayern
Kreis: Eichstätt
Standard: unter Durchschnitt
Bauzeit: 25 Wochen
Kennwerte: bis 1.Ebene DIN276

BGF   1.058 €/m²

Planung: Architektur + Projektmanagement Bachschuster; Ingolstadt

veröffentlicht: BKI Objektdaten N5

1300-0091 Bürogebäude

BRI 1.124m³ **BGF** 376m² **NUF** 242m²

Architekturbüro mit 12 Arbeitsplätzen. Stahlbetonskelettbau.

Land: Bayern
Kreis: München
Standard: unter Durchschnitt
Bauzeit: 17 Wochen
Kennwerte: bis 1.Ebene DIN276

BGF   855 €/m²

Planung: Reichart + Leibhard Architekten; Unterschleißheim

veröffentlicht: BKI Objektdaten N4

Büro- und Verwaltungsgebäude, einfacher Standard

€/m² BGF

min	840	€/m²
von	910	€/m²
Mittel	**1.055**	**€/m²**
bis	1.240	€/m²
max	1.450	€/m²

Kosten:
Stand 1.Quartal 2018
Bundesdurchschnitt
inkl. 19% MwSt.

Objektübersicht zur Gebäudeart

1300-0088 Bürogebäude   BRI 6.327m³   BGF 1.846m²   NUF 1.301m²

Bürogebäude für 35 Mitarbeiter als Massivbau mit Holzdachstuhl; gemischte Nutzung durch Radio- und TV-Anstalt, Architekturbüro und EDV-Betriebe. Stahlbetonbau.

Land: Bayern
Kreis: Berchtesgadener Land
Standard: unter Durchschnitt
Bauzeit: 56 Wochen
Kennwerte: bis 3.Ebene DIN276

BGF   1.016 €/m²

Planung: Hofmann + Döberlein; Freilassing

veröffentlicht: BKI Objektdaten N4

1300-0099 Bürogebäude - Passivhaus   BRI 646m³   BGF 220m²   NUF 145m²

Einzelbüros, 1 Büro mit Ausstellungsfläche. Mauerwerksbau.

Land: Niedersachsen
Kreis: Oldenburg
Standard: unter Durchschnitt
Bauzeit: 26 Wochen
Kennwerte: bis 1.Ebene DIN276

BGF   1.448 €/m²

Planung: Architekturbüro team 3 Ulf Brannies, Rita Fredeweß; Oldenburg

veröffentlicht: BKI Objektdaten E1

Verwaltung

Büro- und Verwaltungsgebäude, mittlerer Standard

Kostenkennwerte für die Kosten des Bauwerks (Kostengruppen 300+400 nach DIN 276)

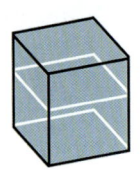

BRI 430 €/m³
von 350 €/m³
bis 510 €/m³

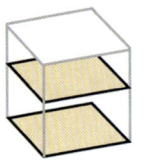

BGF 1.570 €/m²
von 1.340 €/m²
bis 1.850 €/m²

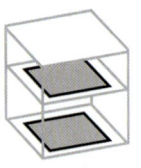

NUF 2.440 €/m²
von 2.040 €/m²
bis 3.070 €/m²

NE 68.090 €/NE
von 43.290 €/NE
bis 151.270 €/NE
NE: Arbeitsplätze

Kosten:
Stand 1. Quartal 2018
Bundesdurchschnitt
inkl. 19% MwSt.

Objektbeispiele

1300-0235

1300-0237

1300-0238

Kosten der 45 Vergleichsobjekte — Seiten 126 bis 137

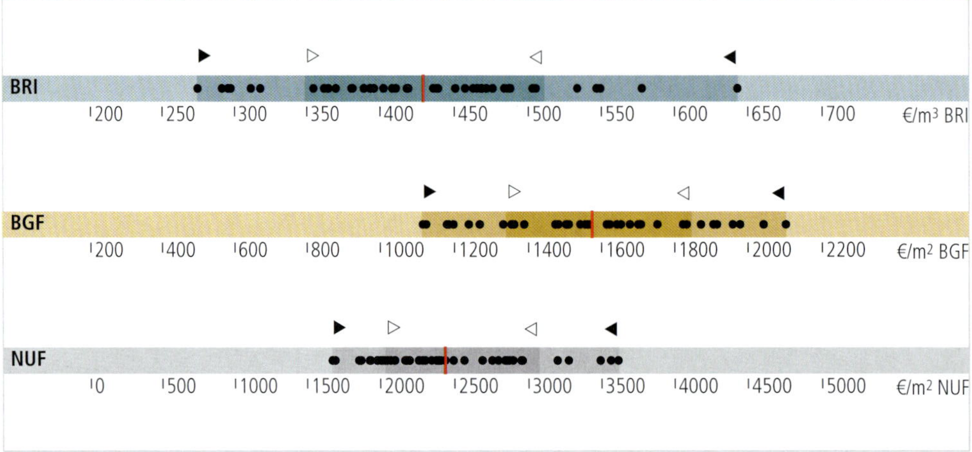

- ● KKW
- ▶ min
- ▷ von
- | Mittelwert
- ◁ bis
- ◀ max

BRI — €/m³ BRI
BGF — €/m² BGF
NUF — €/m² NUF

© BKI Baukosteninformationszentrum; Erläuterungen zu den Tabellen siehe Seite 46   Kosten: 1.Quartal 2018, Bundesdurchschnitt, **inkl. 19% MwSt.**

Kostenkennwerte für die Kostengruppen der 1. und 2. Ebene DIN 276

KG	Kostengruppen der 1. Ebene	Einheit	▷	€/Einheit	◁	▷	% an 300+400	◁
100	Grundstück	m² GF	–	–	–	–	–	–
200	Herrichten und Erschließen	m² GF	4	**37**	238	0,4	**1,6**	5,6
300	Bauwerk - Baukonstruktionen	m² BGF	1.023	**1.193**	1.391	70,1	**76,0**	81,3
400	Bauwerk - Technische Anlagen	m² BGF	274	**381**	521	18,7	**24,0**	29,9
	Bauwerk (300+400)	m² BGF	1.341	**1.574**	1.845		**100,0**	
500	Außenanlagen	m² AF	36	**127**	433	2,0	**5,2**	8,7
600	Ausstattung und Kunstwerke	m² BGF	10	**46**	188	0,6	**2,8**	11,0
700	Baunebenkosten*	m² BGF	306	**341**	376	19,6	**21,8**	24,0 ◁ NEU

* Auf Grundlage der HOAI 2013 berechnete Werte nach §§ 35, 52, 56. Weitere Informationen siehe Seite 50

KG	Kostengruppen der 2. Ebene	Einheit	▷	€/Einheit	◁	▷	% an 300	◁
310	Baugrube	m³ BGI	20	**42**	184	0,7	**1,7**	3,3
320	Gründung	m² GRF	274	**358**	534	7,1	**11,3**	16,8
330	Außenwände	m² AWF	389	**509**	722	28,5	**34,3**	41,5
340	Innenwände	m² IWF	187	**237**	298	11,2	**17,7**	22,1
350	Decken	m² DEF	297	**360**	557	11,8	**17,8**	22,7
360	Dächer	m² DAF	280	**364**	518	7,9	**11,6**	15,5
370	Baukonstruktive Einbauten	m² BGF	9	**25**	49	0,1	**1,1**	3,2
390	Sonstige Baukonstruktionen	m² BGF	34	**53**	87	2,9	**4,6**	7,3
300	**Bauwerk Baukonstruktionen**	**m² BGF**					**100,0**	

KG	Kostengruppen der 2. Ebene	Einheit	▷	€/Einheit	◁	▷	% an 400	◁
410	Abwasser, Wasser, Gas	m² BGF	43	**54**	74	10,7	**15,6**	23,8
420	Wärmeversorgungsanlagen	m² BGF	61	**89**	147	16,8	**24,3**	37,7
430	Lufttechnische Anlagen	m² BGF	9	**42**	87	1,9	**7,9**	18,1
440	Starkstromanlagen	m² BGF	85	**120**	160	25,0	**32,7**	42,9
450	Fernmeldeanlagen	m² BGF	29	**51**	108	7,9	**13,1**	22,9
460	Förderanlagen	m² BGF	24	**35**	60	0,0	**2,5**	8,6
470	Nutzungsspezifische Anlagen	m² BGF	4	**17**	46	0,1	**1,7**	7,6
480	Gebäudeautomation	m² BGF	29	**41**	53	0,0	**2,3**	8,6
490	Sonstige Technische Anlagen	m² BGF	1	**1**	2	0,0	**0,0**	0,2
400	**Bauwerk Technische Anlagen**	**m² BGF**					**100,0**	

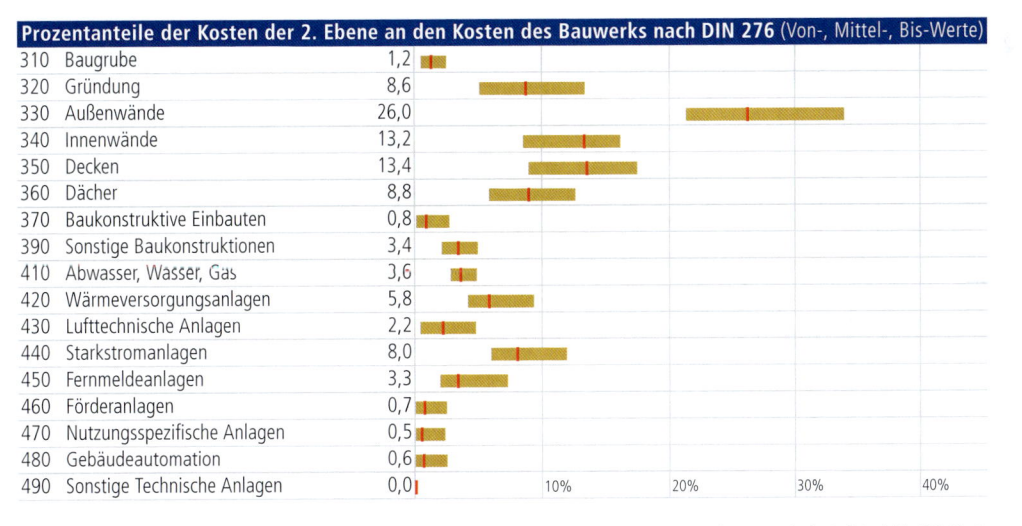

Prozentanteile der Kosten der 2. Ebene an den Kosten des Bauwerks nach DIN 276 (Von-, Mittel-, Bis-Werte)

KG	Bezeichnung	%
310	Baugrube	1,2
320	Gründung	8,6
330	Außenwände	26,0
340	Innenwände	13,2
350	Decken	13,4
360	Dächer	8,8
370	Baukonstruktive Einbauten	0,8
390	Sonstige Baukonstruktionen	3,4
410	Abwasser, Wasser, Gas	3,6
420	Wärmeversorgungsanlagen	5,8
430	Lufttechnische Anlagen	2,2
440	Starkstromanlagen	8,0
450	Fernmeldeanlagen	3,3
460	Förderanlagen	0,7
470	Nutzungsspezifische Anlagen	0,5
480	Gebäudeautomation	0,6
490	Sonstige Technische Anlagen	0,0

© BKI Baukosteninformationszentrum; Erläuterungen zu den Tabellen siehe Seite 48 und 50   Kosten: 1.Quartal 2018, Bundesdurchschnitt, **inkl. 19% MwSt.**

Büro- und Verwaltungsgebäude, mittlerer Standard

Kostenkennwerte für Leistungsbereiche nach StLB (Kosten des Bauwerks nach DIN 276)

Kosten: Stand 1. Quartal 2018 Bundesdurchschnitt inkl. 19% MwSt.

LB	Leistungsbereiche	▷	€/m² BGF	◁	▷	% an 300+400	◁
000	Sicherheits-, Baustelleneinrichtungen inkl. 001	31	48	67	1,9	3,1	4,2
002	Erdarbeiten	13	26	52	0,8	1,6	3,3
006	Spezialtiefbauarbeiten inkl. 005	0	11	82	0,0	0,7	5,2
009	Entwässerungskanalarbeiten inkl. 011	4	10	16	0,2	0,6	1,0
010	Drän- und Versickerungsarbeiten	0	2	7	0,0	0,1	0,5
012	Mauerarbeiten	19	64	170	1,2	4,1	10,8
013	Betonarbeiten	217	303	376	13,8	19,2	23,9
014	Natur-, Betonwerksteinarbeiten	0	8	21	0,0	0,5	1,3
016	Zimmer- und Holzbauarbeiten	0	26	167	0,0	1,7	10,6
017	Stahlbauarbeiten	1	19	145	0,1	1,2	9,2
018	Abdichtungsarbeiten	3	8	15	0,2	0,5	1,0
020	Dachdeckungsarbeiten	0	3	48	0,0	0,2	3,1
021	Dachabdichtungsarbeiten	30	54	84	1,9	3,4	5,3
022	Klempnerarbeiten	5	17	41	0,3	1,1	2,6
	Rohbau	518	601	758	32,9	38,2	48,1
023	Putz- und Stuckarbeiten, Wärmedämmsysteme	13	66	121	0,9	4,2	7,7
024	Fliesen- und Plattenarbeiten	7	19	48	0,5	1,2	3,0
025	Estricharbeiten	17	33	54	1,1	2,1	3,4
026	Fenster, Außentüren inkl. 029, 032	57	123	181	3,6	7,8	11,5
027	Tischlerarbeiten	26	50	89	1,6	3,2	5,6
028	Parkettarbeiten, Holzpflasterarbeiten	0	5	30	0,0	0,3	1,9
030	Rollladenarbeiten	12	28	53	0,8	1,8	3,3
031	Metallbauarbeiten inkl. 035	38	101	261	2,4	6,4	16,6
034	Maler- und Lackiererarbeiten inkl. 037	25	37	66	1,6	2,3	4,2
036	Bodenbelagarbeiten	21	32	56	1,3	2,0	3,5
038	Vorgehängte hinterlüftete Fassaden	2	24	98	0,1	1,5	6,2
039	Trockenbauarbeiten	43	79	122	2,7	5,0	7,7
	Ausbau	498	599	688	31,6	38,1	43,7
040	Wärmeversorgungsanl. - Betriebseinr. inkl. 041	60	84	133	3,8	5,3	8,4
042	Gas- und Wasserinstallation, Leitungen inkl. 043	7	10	17	0,5	0,6	1,1
044	Abwasserinstallationsarbeiten - Leitungen	6	11	18	0,4	0,7	1,1
045	GWA-Einrichtungsgegenstände inkl. 046	12	19	30	0,8	1,2	1,9
047	Dämmarbeiten an betriebstechnischen Anlagen	5	10	20	0,3	0,6	1,2
049	Feuerlöschanlagen, Feuerlöschgeräte	0	2	2	0,0	0,1	0,1
050	Blitzschutz- und Erdungsanlagen	2	5	9	0,1	0,3	0,5
052	Mittelspannungsanlagen	–	0	–	–	0,0	–
053	Niederspannungsanlagen inkl. 054	61	90	169	3,9	5,7	10,7
055	Ersatzstromversorgungsanlagen	0	2	12	0,0	0,1	0,8
057	Gebäudesystemtechnik	0	1	10	0,0	0,0	0,6
058	Leuchten und Lampen inkl. 059	17	31	44	1,1	1,9	2,8
060	Elektroakustische Anlagen, Sprechanlagen	1	4	19	0,1	0,3	1,2
061	Kommunikationsnetze, inkl. 062	18	30	53	1,2	1,9	3,4
063	Gefahrenmeldeanlagen	5	18	63	0,3	1,1	4,0
069	Aufzüge	0	11	38	0,0	0,7	2,4
070	Gebäudeautomation	0	9	36	0,0	0,6	2,3
075	Raumlufttechnische Anlagen	6	32	70	0,4	2,0	4,4
	Technische Anlagen	276	368	463	17,6	23,3	29,4
	Sonstige Leistungsbereiche inkl. 008, 033, 051	2	8	28	0,1	0,5	1,8

- ● KKW
- ▶ min
- ▷ von
- | Mittelwert
- ◁ bis
- ◀ max

© BKI Baukosteninformationszentrum; Erläuterungen zu den Tabellen siehe Seite 52   Kosten: 1. Quartal 2018, Bundesdurchschnitt, **inkl. 19% MwSt.**

Planungskennwerte für Flächen und Rauminhalte nach DIN 277

Grundflächen		▷	Fläche/NUF (%)	◁	▷	Fläche/BGF (%)	◁
NUF	Nutzungsfläche		**100,0**		61,1	**64,6**	71,2
TF	Technikfläche	3,9	**5,2**	7,3	2,5	**3,4**	4,8
VF	Verkehrsfläche	19,7	**26,5**	39,3	12,4	**17,1**	21,8
NRF	Netto-Raumfläche	123,7	**131,7**	144,5	82,3	**85,1**	87,5
KGF	Konstruktions-Grundfläche	19,1	**23,1**	28,9	12,5	**14,9**	17,7
BGF	Brutto-Grundfläche	144,8	**154,7**	167,7		**100,0**	

Brutto-Rauminhalte		▷	BRI/NUF (m)	◁	▷	BRI/BGF (m)	◁
BRI	Brutto-Rauminhalt	5,34	**5,72**	6,15	3,53	**3,72**	4,18

Flächen von Nutzeinheiten		▷	NUF/Einheit (m²)	◁	▷	BGF/Einheit (m²)	◁
Nutzeinheit: Arbeitsplätze		24,08	**28,51**	58,79	36,65	**43,51**	84,39

Lufttechnisch behandelte Flächen	▷	Fläche/NUF (%)	◁	▷	Fläche/BGF (%)	◁
Entlüftete Fläche	48,0	**48,0**	48,0	24,7	**24,7**	24,7
Be- und entlüftete Fläche	89,1	**89,1**	95,6	57,4	**57,4**	60,6
Teilklimatisierte Fläche	7,5	**7,5**	7,5	3,9	**3,9**	3,9
Klimatisierte Fläche	–	**2,6**	–	–	**1,6**	–

KG	Kostengruppen (2. Ebene)	Einheit	▷	Menge/NUF	◁	▷	Menge/BGF	◁
310	Baugrube	m³ BGI	0,89	**1,25**	1,93	0,57	**0,80**	1,19
320	Gründung	m² GRF	0,47	**0,58**	0,83	0,31	**0,38**	0,51
330	Außenwände	m² AWF	1,02	**1,26**	1,46	0,69	**0,82**	1,02
340	Innenwände	m² IWF	1,06	**1,33**	1,56	0,70	**0,86**	0,94
350	Decken	m² DEF	0,84	**0,95**	1,13	0,55	**0,61**	0,67
360	Dächer	m² DAF	0,50	**0,61**	0,87	0,32	**0,39**	0,54
370	Baukonstruktive Einbauten	m² BGF	1,45	**1,55**	1,68		**1,00**	
390	Sonstige Baukonstruktionen	m² BGF	1,45	**1,55**	1,68		**1,00**	
300	**Bauwerk-Baukonstruktionen**	**m² BGF**	1,45	**1,55**	1,68		**1,00**	

Planungskennwerte für Bauzeiten — 45 Vergleichsobjekte

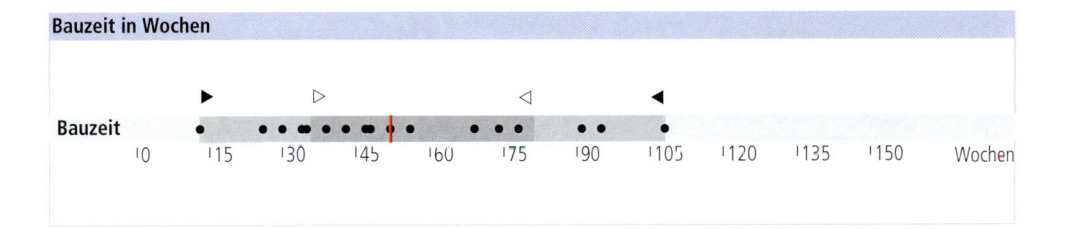

Bauzeit in Wochen

Bauzeit: Verteilung über 10 – 150 Wochen; Markierungen ▶ bei ~15, ▷ bei ~30, ◁ bei ~55, ◀ bei ~75; Datenpunkte bei ca. 15, 25, 30, 35, 40, 45, 50, 60, 65, 70, 85, 90, 105 Wochen.

© BKI Baukosteninformationszentrum; Erläuterungen zu den Tabellen siehe Seite 54 — Kosten: 1. Quartal 2018, Bundesdurchschnitt, inkl. 19% MwSt.

Büro- und Verwaltungsgebäude, mittlerer Standard

€/m² BGF

min	1.115	€/m²
von	1.340	€/m²
Mittel	**1.575**	**€/m²**
bis	1.845	€/m²
max	2.100	€/m²

Kosten:
Stand 1.Quartal 2018
Bundesdurchschnitt
inkl. 19% MwSt.

Objektübersicht zur Gebäudeart

1300-0235 Bürogebäude (12 AP) - Effizienzhaus ~60%
BRI 742m³   **BGF** 255m²   **NUF** 173m²

Büro mit 12 Arbeitsplätzen. Holzbau.

Land: Hessen
Kreis: Groß-Gerau
Standard: Durchschnitt
Bauzeit: 30 Wochen
Kennwerte: bis 1.Ebene DIN276

BGF 1.872 €/m²

Planung: MIND Architects Collective; Bischofsheim

vorgesehen: BKI Objektdaten E8

1300-0238 Bürogebäude, Lagerhalle - Effizienzhaus 70
BRI 2.307m³   **BGF** 503m²   **NUF** 407m²

Bürogebäude mit Lagerhalle. Massivbau.

Land: Bayern
Kreis: Bamberg
Standard: Durchschnitt
Bauzeit: 52 Wochen
Kennwerte: bis 1.Ebene DIN276

BGF 1.354 €/m²

Planung: Eis Architekten GmbH; Bamberg

vorgesehen: BKI Objektdaten E8

1300-0224 Verwaltungsgebäude (205 AP) - Effizienzhaus ~66%
BRI 27.616m³   **BGF** 7.956m²   **NUF** 5.915m²

Verwaltungsgebäude (205 AP) mit Tiefgarage (33 STP). STB-Massivbau.

Land: Baden-Württemberg
Kreis: Biberach/Riß
Standard: Durchschnitt
Bauzeit: 91 Wochen
Kennwerte: bis 3.Ebene DIN276

BGF 1.907 €/m²

Planung: Braunger Wörtz Architekten GmbH; Ulm

veröffentlicht: BKI Objektdaten E7

1300-0226 Bürogebäude (8 AP) - Effizienzhaus ~86%
BRI 1.636m³   **BGF** 393m²   **NUF** 225m²

Bürogebäude (9 AP) mit vier Garagen. Stb.- und MW-Massivbau.

Land: Sachsen
Kreis: Meißen
Standard: Durchschnitt
Bauzeit: 39 Wochen
Kennwerte: bis 3.Ebene DIN276

BGF 1.700 €/m²

Planung: G.N.b.h. Architekten Grill und Neumann Partnerschaft; Dresden

veröffentlicht: BKI Objektdaten E7

Objektübersicht zur Gebäudeart

1300-0237 Bürogebäude (30 AP) - Effizienzhaus ~76%
BRI 3.573m³ **BGF** 958m² **NUF** 715m²

Bürogebäude mit 30 Arbeitsplätzen, Effizienzhaus ~76%. Stahlbeton.

Land: Hessen
Kreis: Kassel, Stadt
Standard: Durchschnitt
Bauzeit: 34 Wochen
Kennwerte: bis 1.Ebene DIN276

BGF   1.704 €/m²

Planung: crep.D Architekten BDA; Kassel

vorgesehen: BKI Objektdaten E8

1300-0203 Bürogebäude (17 AP)
BRI 1.370m³ **BGF** 250m² **NUF** 186m²

Bürogebäude für max. 17 Arbeitsplätze. Vorgefertigter Holzrahmenbau.

Land: Bayern
Kreis: Bayreuth
Standard: Durchschnitt
Bauzeit: 13 Wochen
Kennwerte: bis 1.Ebene DIN276

BGF   1.503 €/m²

Planung: 2wei Plus architekten GmbH; Bamberg

veröffentlicht: BKI Objektdaten E6

1300-0204 Bürogebäude (84 AP)
BRI 7.580m³ **BGF** 1.816m² **NUF** 1.191m²

Bürogebäude mit 84 Arbeitsplätzen, Schulungs- und Konferenzraum. Stahlbetonfertigteilkonstruktion.

Land: Sachsen
Kreis: Dresden
Standard: Durchschnitt
Bauzeit: 34 Wochen
Kennwerte: bis 1.Ebene DIN276

BGF   1.833 €/m²

Planung: P6 architekteningenieure BSC Bauplanung Sachsen; Dresden

veröffentlicht: BKI Objektdaten E6

1300-0213 Bürogebäude (18 AP)
BRI 2.030m³ **BGF** 515m² **NUF** 311m²

Bürogebäude als Teil eines Betriebsgebäudes (18 AP). Mauerwerksbau.

Land: Bremen
Kreis: Bremen
Standard: Durchschnitt
Bauzeit: 39 Wochen
Kennwerte: bis 3.Ebene DIN276

BGF   1.504 €/m²

Planung: Püffel Architekten; Bremen

veröffentlicht: BKI Objektdaten N13

© **BKI** Baukosteninformationszentrum; Erläuterungen zu den Tabellen siehe Seite 56   Kosten: 1.Quartal 2018, Bundesdurchschnitt, inkl. **19% MwSt.**

Büro- und Verwaltungsgebäude, mittlerer Standard

€/m² BGF

min	1.115	€/m²
von	1.340	€/m²
Mittel	**1.575**	**€/m²**
bis	1.845	€/m²
max	2.100	€/m²

Kosten:
Stand 1.Quartal 2018
Bundesdurchschnitt
inkl. 19% MwSt.

Objektübersicht zur Gebäudeart

1300-0214 Bürogebäude (29 AP) - Effizienzhaus ~31%
BRI 2.142m³ **BGF** 625m² **NUF** 383m²

Bürogebäude (29 AP). Mauerwerksbau.

Land: Niedersachsen
Kreis: Gifhorn
Standard: Durchschnitt
Bauzeit: 43 Wochen
Kennwerte: bis 3.Ebene DIN276

BGF 1.268 €/m²

Planung: Die Planschmiede 2KS GmbH & Co. KG; Hankensbüttel

veröffentlicht: BKI Objektdaten E7

1300-0229 Bürogebäude (125 AP), TG - Effizienzhaus ~38%
BRI 21.886m³ **BGF** 5.982m² **NUF** 4.132m²

Bürogebäude mit 125 Arbeitsplätzen, Cafeteria und Tiefgarage. Stahlbetonbau.

Land: Bayern
Kreis: München
Standard: Durchschnitt
Bauzeit: 95 Wochen
Kennwerte: bis 1.Ebene DIN276

BGF 1.502 €/m²

Planung: Wandel Lorch Architekten; Frankfurt

veröffentlicht: BKI Objektdaten E7

1300-0239 Technologiezentrum - Effizienzhaus ~62%
BRI 11.185m³ **BGF** 3.087m² **NUF** 1.692m²

Technologiezentrum mit Mietflächen für Werkstatt-, Labor- und Büronutzungen. Stahlbeton.

Land: Thüringen
Kreis: Jena
Standard: Durchschnitt
Bauzeit: 91 Wochen
Kennwerte: bis 1.Ebene DIN276

BGF 1.752 €/m²

Planung: Wagner + Günther Architekten; Jena

vorgesehen: BKI Objektdaten E8

1300-0194 Bürogebäude (18 AP)
BRI 2.973m³ **BGF** 734m² **NUF** 511m²

Bürogebäude mit 18 Arbeitsplätzen. Mauerwerksbau.

Land: Nordrhein-Westfalen
Kreis: Siegen-Wittgenstein
Standard: Durchschnitt
Bauzeit: 43 Wochen
Kennwerte: bis 1.Ebene DIN276

BGF 1.180 €/m²

Planung: projektplan gmbh Dipl.-Ing., Architektin Annika Menze; Siegen

veröffentlicht: BKI Objektdaten N13

Objektübersicht zur Gebäudeart

1300-0195 Bürogebäude (200 AP)

BRI 20.960m³   **BGF** 5.610m²   **NUF** 3.600m²

Bürogebäude (Verlagshaus) mit 200 Arbeitsplätzen, Redaktionen, Besprechungen. Massivbauweise.

Land: Schleswig-Holstein
Kreis: Schleswig-Flensburg
Standard: Durchschnitt
Bauzeit: 47 Wochen
Kennwerte: bis 1.Ebene DIN276

BGF   1.823 €/m²

Planung: ARGE Brodersen - Hain - Ladehoff; Flensburg

veröffentlicht: BKI Objektdaten N13

1300-0199 Verwaltungsgebäude (48 AP)

BRI 7.278m³   **BGF** 1.983m²   **NUF** 1.075m²

Verwaltungsgebäude mit Einzel- und Doppelbüros. Stahlbetonskelettbau.

Land: Schleswig-Holstein
Kreis: Schleswig-Flensburg
Standard: Durchschnitt
Bauzeit: 47 Wochen
Kennwerte: bis 3.Ebene DIN276

BGF   1.958 €/m²

Planung: architekturbüro p. sindram Architekt Paul Sindram; Schleswig

veröffentlicht: BKI Objektdaten E6

1300-0205 Bürogebäude (100 AP)

BRI 12.365m³   **BGF** 3.725m²   **NUF** 2.617m²

Bürogebäude mit variablen Grundrissen, Gastronomie und Showroom im EG, Durchfahrt zum Parkhaus mit Pförtnerloge. Massivbau.

Land: Nordrhein-Westfalen
Kreis: Bonn
Standard: Durchschnitt
Bauzeit: 74 Wochen
Kennwerte: bis 3.Ebene DIN276

BGF   1.677 €/m²

Planung: Ulrich Griebel Planungsgesellschaft mbH; Köln

veröffentlicht: BKI Objektdaten E6

1300-0209 Gemeindeverwaltung, Jugendclub (3 AP)

BRI 988m³   **BGF** 300m²   **NUF** 193m²

Gemeindeverwaltung mit drei Arbeitsplätzen und Jugendclub. Mauerwerksbau.

Land: Thüringen
Kreis: Weimarer Land
Standard: Durchschnitt
Bauzeit: 56 Wochen
Kennwerte: bis 1.Ebene DIN276

BGF   1.542 €/m²

Planung: Architekturbüro Ludwig; Weimar

veröffentlicht: BKI Objektdaten N13

Büro- und Verwaltungsgebäude, mittlerer Standard

€/m² BGF

min	1.115 €/m²
von	1.340 €/m²
Mittel	**1.575 €/m²**
bis	1.845 €/m²
max	2.100 €/m²

Kosten:
Stand 1.Quartal 2018
Bundesdurchschnitt
inkl. 19% MwSt.

Objektübersicht zur Gebäudeart

1300-0211 Gewerbezentrum (110 AP), TG (16 STP)

BRI 10.716m³   **BGF** 2.961m²   **NUF** 1.789m²

Gewerbezentrum mit Büroräumen für die Kreativwirtschaft (110 AP). Stb-Konstruktion.

Land: Thüringen
Kreis: Weimar, Stadt
Standard: Durchschnitt
Bauzeit: 78 Wochen
Kennwerte: bis 1.Ebene DIN276

BGF   1.978 €/m²

Planung: gildehaus.reich architekten BDA; Weimar

veröffentlicht: BKI Objektdaten N13

1300-0223 Verwaltungsgebäude, Schulungszentrum (330 AP), TG

BRI 34.016m³   **BGF** 9.746m²   **NUF** 5.438m²

Verwaltungsgebäude mit Schulungsräumen und Kantine. Massivbau.

Land: Hessen
Kreis: Darmstadt
Standard: Durchschnitt
Bauzeit: 78 Wochen
Kennwerte: bis 1.Ebene DIN276

BGF   1.615 €/m²

Planung: Architekturbüro Georg Schmitt; Darmstadt

veröffentlicht: BKI Objektdaten N15

1300-0183 Bürogebäude (20 AP)

BRI 2.161m³   **BGF** 593m²   **NUF** 350m²

Bürogebäude mit 20 Arbeitsplätzen. Lager/Archiv im UG, Büroräume/Besprechungsräume/Warte- und Kommunikationsbereiche im EG und OG. Massivbau.

Land: Sachsen
Kreis: Vogtlandkreis
Standard: Durchschnitt
Bauzeit: 30 Wochen
Kennwerte: bis 1.Ebene DIN276

BGF   2.102 €/m²

Planung: THAUTARCHITEKTEN; Zwickau

veröffentlicht: BKI Objektdaten N12

1300-0196 Bürogebäude (20 AP)

BRI 2.172m³   **BGF** 583m²   **NUF** 410m²

Bürogebäude mit 20 Arbeitsplätzen, Großraum- und Einzelbüros. Stahlbetonskelettbau.

Land: Nordrhein-Westfalen
Kreis: Kleve
Standard: Durchschnitt
Bauzeit: 48 Wochen
Kennwerte: bis 1.Ebene DIN276

BGF   1.473 €/m²

Planung: Philipp von der Linde Architekten BDA; Geldern

veröffentlicht: BKI Objektdaten N13

Objektübersicht zur Gebäudeart

1300-0201 Bürogebäude (39 AP)   BRI 5.382m³   BGF 1.425m²   NUF 829m²

Verwaltungsgebäude für 31 Mitarbeiter. Massivbau.

Land: Nordrhein-Westfalen
Kreis: Kreis Gütersloh
Standard: Durchschnitt
Bauzeit: 34 Wochen
Kennwerte: bis 1.Ebene DIN276

BGF   1.123 €/m²

Planung: MELISCH ARCHITEKTEN BDA; Gütersloh

veröffentlicht: BKI Objektdaten E6

1300-0206 Verwaltungsgebäude (63 AP)   BRI 13.036m³   BGF 3.687m²   NUF 1.921m²

Verwaltungsgebäude mit 63 Arbeitsplätzen und Seminarbereich mit bis zu 100 Sitzplätzen. Massivbau.

Land: Schleswig-Holstein
Kreis: Dithmarschen
Standard: Durchschnitt
Bauzeit: 78 Wochen
Kennwerte: bis 1.Ebene DIN276

BGF   1.481 €/m²

Planung: ppp architekten gmbh; Lübeck

veröffentlicht: BKI Objektdaten N13

1300-0173 Bürogebäude   BRI 2.283m³   BGF 599m²   NUF 379m²

Bürogebäude mit 26 Arbeitsplätzen. Massivbau.

Land: Nordrhein-Westfalen
Kreis: Steinfurt
Standard: Durchschnitt
Bauzeit: 34 Wochen
Kennwerte: bis 4.Ebene DIN276

BGF   1.185 €/m²

Planung: Bayer Berresheim Architekten & Anuschka Wahl; Aachen

veröffentlicht: BKI Objektdaten N11

1300-0175 Bürogebäude   BRI 6.296m³   BGF 1.521m²   NUF 1.061m²

Bürogebäude für 37 Mitarbeiter. Massivbau.

Land: Hessen
Kreis: Offenbach a. Main
Standard: Durchschnitt
Bauzeit: 74 Wochen
Kennwerte: bis 4.Ebene DIN276

BGF   1.510 €/m²

Planung: Büro für Architektur André Richter bei b@ugilde-architekten; Diez

veröffentlicht: BKI Objektdaten N11

© BKI Baukosteninformationszentrum; Erläuterungen zu den Tabellen siehe Seite 56   Kosten: 1.Quartal 2018, Bundesdurchschnitt, inkl. 19% MwSt.

Büro- und Verwaltungsgebäude, mittlerer Standard

€/m² BGF

min	1.115	€/m²
von	1.340	€/m²
Mittel	**1.575**	**€/m²**
bis	1.845	€/m²
max	2.100	€/m²

Kosten:
Stand 1.Quartal 2018
Bundesdurchschnitt
inkl. 19% MwSt.

Objektübersicht zur Gebäudeart

1300-0177 Bürogebäude — BRI 6.133m³ · BGF 1.524m² · NUF 1.017m²

Bürogebäude für 50 Mitarbeiter. Das Gebäude ist als kompakter zweigeschossiger Baukörper geplant. Stahlbeton-Massivbau.

Land: Sachsen
Kreis: Dresden
Standard: Durchschnitt
Bauzeit: 52 Wochen
Kennwerte: bis 1.Ebene DIN276

BGF 1.915 €/m²

veröffentlicht: BKI Objektdaten N11

Planung: Heinle, Wischer und Partner; Dresden

1300-0179 Verwaltungsgebäude (455 AP) — BRI 37.260m³ · BGF 11.097m² · NUF 7.538m²

Verwaltungsgebäude mit Großraumbüros. Massivbau.

Land: Schleswig-Holstein
Kreis: Kiel
Standard: Durchschnitt
Bauzeit: 91 Wochen
Kennwerte: bis 3.Ebene DIN276

BGF 1.563 €/m²

veröffentlicht: BKI Objektdaten N13

Planung: bbp : architekten bda brockstedt.bergfeld.petersen; Kiel

1300-0165 Bürogebäude — BRI 1.933m³ · BGF 565m² · NUF 359m²

Bürogebäude für 33 Mitarbeiter. Massivbau.

Land: Niedersachsen
Kreis: Osnabrück
Standard: Durchschnitt
Bauzeit: 30 Wochen
Kennwerte: bis 4.Ebene DIN276

BGF 1.331 €/m²

veröffentlicht: BKI Objektdaten N11

Planung: Dälken Ingenieurgesellschaft mbH & Co. KG; Georgsmarienhütte

1300-0176 Bürogebäude — BRI 1.986m³ · BGF 556m² · NUF 369m²

Bürogebäude. Mauerwerksbau.

Land: Thüringen
Kreis: Saalfeld
Standard: Durchschnitt
Bauzeit: 26 Wochen
Kennwerte: bis 4.Ebene DIN276

BGF 1.360 €/m²

veröffentlicht: BKI Objektdaten N11

Planung: Architekturbüro Martin Raffelt; Pößneck

Objektübersicht zur Gebäudeart

1300-0192 Bürogebäude (15 AP)

BRI 1.950m³ **BGF** 522m² **NUF** 305m²

Bürogebäude (15 Arbeitsplätze). Stb-Konstruktion.

Land: Baden-Württemberg
Kreis: Sigmaringen
Standard: Durchschnitt
Bauzeit: 34 Wochen
Kennwerte: bis 1.Ebene DIN276

BGF 2.042 €/m²

Planung: wassung bader architekten; Tettnang

veröffentlicht: BKI Objektdaten N12

1300-0144 Bürogebäude

BRI 8.393m³ **BGF** 2.195m² **NUF** 1.972m²

Büros, Sprachschule, Biomarkt. Stahlbeton-Skelettbau, Pfosten-Riegel-Fassade.

Land: Schleswig-Holstein
Kreis: Lübeck
Standard: Durchschnitt
Bauzeit: 35 Wochen
Kennwerte: bis 1.Ebene DIN276

BGF 1.504 €/m²

Planung: Matthias Homann Tillmann+Homann Architekten; Lübeck

veröffentlicht: BKI Objektdaten N9

1300-0146 Verwaltungsgebäude

BRI 2.864m³ **BGF** 746m² **NUF** 525m²

Verwaltungsgebäude. Mauerwerksbau, Holzrahmenwände; Stb-Flachdach.

Land: Saarland
Kreis: St. Wendel
Standard: Durchschnitt
Bauzeit: 48 Wochen
Kennwerte: bis 4.Ebene DIN276

BGF 1.361 €/m²

Planung: S.I.G. SCHROLL CONSULT GmbH Dipl.-Ing. (FH) Sven Schroll; Saarbrücken

veröffentlicht: BKI Objektdaten N10

1300-0147 Verwaltungsgebäude

BRI 1.738m³ **BGF** 529m² **NUF** 373m²

Neubau eines Verwaltungsgebäude (18 Arbeitsplätze). Stahlbeton-Skelettbau, Pfosten-Riegel-Fassade.

Land: Baden-Württemberg
Kreis: Tuttlingen
Standard: Durchschnitt
Bauzeit: 26 Wochen
Kennwerte: bis 1.Ebene DIN276

BGF 1.653 €/m²

Planung: Betsch, Messmer + Kollegen GmbH; Wehingen

veröffentlicht: BKI Objektdaten N9

Büro- und Verwaltungsgebäude, mittlerer Standard

€/m² BGF

min	1.115 €/m²
von	1.340 €/m²
Mittel	**1.575 €/m²**
bis	1.845 €/m²
max	2.100 €/m²

Kosten:
Stand 1.Quartal 2018
Bundesdurchschnitt
inkl. 19% MwSt.

Objektübersicht zur Gebäudeart

1300-0149 Verwaltungsgebäude
BRI 6.705m³ **BGF** 2.197m² **NUF** 1.221m²

Verwaltungsgebäude für 48 Mitarbeiter, Besprechungszimmer, Kantine. Mauerwerksbau.

Land: Thüringen
Kreis: Meiningen
Standard: Durchschnitt
Bauzeit: 47 Wochen
Kennwerte: bis 4.Ebene DIN276

BGF 1.114 €/m²

Planung: Architekturbüro Dipl.-Ing.-Univ. Holger Fenchel; Meiningen

veröffentlicht: BKI Objektdaten N10

1300-0187 Bürogebäude (40 AP)
BRI 3.867m³ **BGF** 1.169m² **NUF** 753m²

Bürogebäude mit 40 Arbeitsplätzen. Stahlbetonkonstruktion.

Land: Bayern
Kreis: Neumarkt i.d. Opf.
Standard: Durchschnitt
Bauzeit: 56 Wochen
Kennwerte: bis 1.Ebene DIN276

BGF 1.197 €/m²

Planung: Knychalla + Team Architektur und Freiraum; Neumarkt

veröffentlicht: BKI Objektdaten N12

1300-0140 Büro-/ Verwaltungsgebäude
BRI 3.777m³ **BGF** 1.130m² **NUF** 699m²

Bürogebäude mit Einzelbüros; Cafeteria und Sozialräumen; Archivräumen und Haustechnik. Mauerwerksbau.

Land: Nordrhein-Westfalen
Kreis: Münster
Standard: Durchschnitt
Bauzeit: 43 Wochen
Kennwerte: bis 3.Ebene DIN276

BGF 1.507 €/m²

Planung: plan.werk I Gesellschaft für Architektur und Städtebau mbH; Münster

veröffentlicht: BKI Objektdaten N9

1300-0156 Büro- und Sozialgebäude
BRI 33.701m³ **BGF** 7.714m² **NUF** 5.147m²

Büro- und Sozialgebäude für 143 Mitarbeiter, Besprechungsräume, Küche, Kantine. Stahlbetonkonstruktion.

Land: Bremen
Kreis: Bremen
Standard: Durchschnitt
Bauzeit: 56 Wochen
Kennwerte: bis 3.Ebene DIN276

BGF 1.905 €/m²

Planung: Fritz-Dieter Tollé Architekt BDB Architekten Stadtplaner Ingenieure; Verden

veröffentlicht: BKI Objektdaten N11

Objektübersicht zur Gebäudeart

1300-0158 Bürogebäude mit Werkstätten

BRI 96.355m³ **BGF** 24.532m² **NUF** 18.349m²

Verwaltungs-, Labor- und Werkstättengebäude. Stb-Skelettkonstruktion.

Land: Bayern
Kreis: München
Standard: Durchschnitt
Bauzeit: 108 Wochen
Kennwerte: bis 3.Ebene DIN276

BGF   1.642 €/m²

Planung: h4a Gessert + Randecker Architekten BDA; Stuttgart

veröffentlicht: BKI Objektdaten N11

1300-0163 Bürogebäude

BRI 20.453m³ **BGF** 5.908m² **NUF** 3.021m²

Bürogebäude für 160 Mitarbeiter und einer Tiefgarage mit 32 Stellplätzen. Stahlbetonkonstruktion.

Land: Baden-Württemberg
Kreis: Stuttgart
Standard: Durchschnitt
Bauzeit: 69 Wochen
Kennwerte: bis 4.Ebene DIN276

BGF   1.508 €/m²

Planung: D'Inka Scheible Hoffmann Architekten BDA; Fellbach

veröffentlicht: BKI Objektdaten N11

1300-0133 Bürogebäude

BRI 4.781m³ **BGF** 1.337m² **NUF** 927m²

Bürogebäude mit Steuerkanzlei und Räume für Finanzdienstleister (2. BA zu Objekt 1300-0070). Stb-Skelettbau.

Land: Bayern
Kreis: Hof
Standard: Durchschnitt
Bauzeit: 47 Wochen
Kennwerte: bis 3.Ebene DIN276

BGF   1.566 €/m²

Planung: Architekturbüro Meiler Dipl.-Ing. (FH) M. Meiler; Plauen

veröffentlicht: BKI Objektdaten N9

1300-0137 Bürogebäude

BRI 2.554m³ **BGF** 742m² **NUF** 527m²

Bürogebäude mit Gemeinschaftsräumen. Mauerwerksbau, Holzdachkonstruktion.

Land: Rheinland-Pfalz
Kreis: Südliche Weinstraße
Standard: Durchschnitt
Bauzeit: 43 Wochen
Kennwerte: bis 4.Ebene DIN276

BGF   1.622 €/m²

Planung: BECKER I RITZMANN Architekten + Ingenieure; Neustadt

veröffentlicht: BKI Objektdaten N10

© BKI Baukosteninformationszentrum; Erläuterungen zu den Tabellen siehe Seite 56   Kosten: 1.Quartal 2018, Bundesdurchschnitt, **inkl. 19% MwSt.**

Büro- und Verwaltungsgebäude, mittlerer Standard

€/m² BGF

min	1.115 €/m²
von	1.340 €/m²
Mittel	**1.575 €/m²**
bis	1.845 €/m²
max	2.100 €/m²

Kosten:
Stand 1.Quartal 2018
Bundesdurchschnitt
inkl. 19% MwSt.

Objektübersicht zur Gebäudeart

1300-0164 Rathaus
BRI 3.600m³ | **BGF** 988m² | **NUF** 627m²

Rathaus mit Bürgersaal, Bürgerservice, Büros und Trauzimmer. Stahlbetonbau.

Land: Baden-Württemberg
Kreis: Ostalbkreis (Aalen)
Standard: Durchschnitt
Bauzeit: 56 Wochen
Kennwerte: bis 1.Ebene DIN276

BGF 1.708 €/m²

Planung: Atelier Wolfshof Architekten Martin Bühler, Norbert König; Weinstadt

veröffentlicht: BKI Objektdaten N10

1300-0119 Bürogebäude, Wohnen
BRI 1.650m³ | **BGF** 325m² | **NUF** 265m²

Bürogebäude mit Wohnung. Stahlskelettbau.

Land: Baden-Württemberg
Kreis: Böblingen
Standard: Durchschnitt
Bauzeit: 35 Wochen
Kennwerte: bis 3.Ebene DIN276

BGF 1.614 €/m²

Planung: Chr. Erik Häusler Architektur; Stuttgart

veröffentlicht: BKI Objektdaten N7

1300-0122 Bürogebäude
BRI 3.117m³ | **BGF** 903m² | **NUF** 617m²

Bürogebäude mit Ausstellungsraum, Sozialräume. Stahlbetonkonstruktion.

Land: Nordrhein-Westfalen
Kreis: Lüdenscheid
Standard: Durchschnitt
Bauzeit: 39 Wochen
Kennwerte: bis 4.Ebene DIN276

BGF 1.388 €/m²

Planung: Architekt Reinhard Klotz; Schalksmühle

veröffentlicht: BKI Objektdaten N8

1300-0145 Verwaltungsgebäude, TG
BRI 22.904m³ | **BGF** 6.745m² | **NUF** 3.471m²

Rathaus mit Einzel-und Großraumbüros und Tiefgarage. Stahlbeton-Skelettbau, Pfosten-Riegel-Fassade.

Land: Baden-Württemberg
Kreis: Esslingen a.N.
Standard: Durchschnitt
Bauzeit: 48 Wochen
Kennwerte: bis 1.Ebene DIN276

BGF 1.239 €/m²

Planung: weinbrenner.single.arabzadeh ArchitektenWerkgemeinschaft; Nürtingen

veröffentlicht: BKI Objektdaten N9

Objektübersicht zur Gebäudeart

1300-0127 Polizeidienstgebäude

BRI 3.859m³ **BGF** 1.206m² **NUF** 790m²

Polizeirevier, Büroräume, Asservatenraum, Verwahrraum, Schulungsraum, Sportraum. Stb-Konstruktion mit Filigrandecken und Flachdach.

Land: Sachsen
Kreis: Dresden
Standard: Durchschnitt
Bauzeit: 74 Wochen
Kennwerte: bis 4.Ebene DIN276

BGF 1.556 €/m²

Planung: Kremtz Architekten Dr.-Ing. Ullrich Kremtz; Dresden

veröffentlicht: BKI Objektdaten N8

Büro- und Verwaltungsgebäude, hoher Standard

Kosten:
Stand 1.Quartal 2018
Bundesdurchschnitt
inkl. 19% MwSt.

Kostenkennwerte für die Kosten des Bauwerks (Kostengruppen 300+400 nach DIN 276)

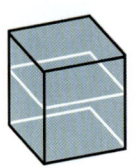

BRI 605 €/m³
von 475 €/m³
bis 700 €/m³

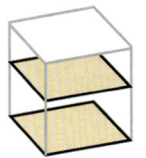

BGF 2.230 €/m²
von 1.800 €/m²
bis 2.730 €/m²

NUF 3.500 €/m²
von 2.710 €/m²
bis 4.410 €/m²

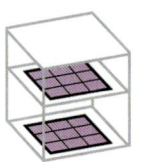

NE 103.370 €/NE
von 59.570 €/NE
bis 176.520 €/NE
NE: Arbeitsplätze

Objektbeispiele

1300-0241

1300-0230

1300-0233

Kosten der 16 Vergleichsobjekte — Seiten 142 bis 146

- ● KKW
- ▶ min
- ▷ von
- | Mittelwert
- ◁ bis
- ◀ max

BRI (€/m³ BRI)
BGF (€/m² BGF)
NUF (€/m² NUF)

© BKI Baukosteninformationszentrum; Erläuterungen zu den Tabellen siehe Seite 46
Kosten: 1.Quartal 2018, Bundesdurchschnitt, **inkl. 19% MwSt.**

Kostenkennwerte für die Kostengruppen der 1. und 2. Ebene DIN 276

KG	Kostengruppen der 1. Ebene	Einheit	▷	€/Einheit	◁	▷	% an 300+400	◁
100	Grundstück	m² GF	–	–	–	–	–	–
200	Herrichten und Erschließen	m² GF	18	**68**	543	0,8	**2,6**	13,7
300	Bauwerk - Baukonstruktionen	m² BGF	1.268	**1.635**	2.012	68,4	**73,1**	79,2
400	Bauwerk - Technische Anlagen	m² BGF	461	**595**	793	20,8	**26,9**	31,6
	Bauwerk (300+400)	m² BGF	1.802	**2.230**	2.734		**100,0**	
500	Außenanlagen	m² AF	82	**321**	1.004	1,2	**4,6**	8,5
600	Ausstattung und Kunstwerke	m² BGF	13	**69**	138	0,6	**3,0**	5,9
700	Baunebenkosten*	m² BGF	394	**438**	483	17,5	**19,5**	21,5 ◁ NEU

* Auf Grundlage der HOAI 2013 berechnete Werte nach §§ 35, 52, 56. Weitere Informationen siehe Seite 50

KG	Kostengruppen der 2. Ebene	Einheit	▷	€/Einheit	◁	▷	% an 300	◁
310	Baugrube	m³ BGI	20	**46**	76	0,5	**2,3**	5,1
320	Gründung	m² GRF	333	**453**	783	5,6	**8,7**	16,3
330	Außenwände	m² AWF	682	**813**	1.030	28,7	**34,5**	41,9
340	Innenwände	m² IWF	300	**398**	591	13,3	**19,2**	24,7
350	Decken	m² DEF	298	**416**	465	13,3	**15,7**	18,9
360	Dächer	m² DAF	464	**579**	745	8,1	**11,5**	13,1
370	Baukonstruktive Einbauten	m² BGF	10	**35**	130	0,3	**1,4**	7,2
390	Sonstige Baukonstruktionen	m² BGF	56	**123**	177	3,6	**6,7**	8,8
300	**Bauwerk Baukonstruktionen**	**m² BGF**					**100,0**	

KG	Kostengruppen der 2. Ebene	Einheit	▷	€/Einheit	◁	▷	% an 400	◁
410	Abwasser, Wasser, Gas	m² BGF	45	**61**	84	5,9	**9,6**	12,8
420	Wärmeversorgungsanlagen	m² BGF	99	**138**	170	14,7	**22,1**	31,5
430	Lufttechnische Anlagen	m² BGF	61	**108**	169	9,2	**15,4**	19,3
440	Starkstromanlagen	m² BGF	164	**199**	312	26,7	**29,4**	32,2
450	Fernmeldeanlagen	m² BGF	49	**86**	144	8,4	**12,2**	16,7
460	Förderanlagen	m² BGF	23	**34**	52	0,7	**3,6**	6,9
470	Nutzungsspezifische Anlagen	m² BGF	2	**9**	35	0,2	**1,0**	5,6
480	Gebäudeautomation	m² BGF	26	**52**	92	1,6	**6,5**	10,7
490	Sonstige Technische Anlagen	m² BGF	0	**1**	2	0,0	**0,1**	0,3
400	**Bauwerk Technische Anlagen**	**m² BGF**					**100,0**	

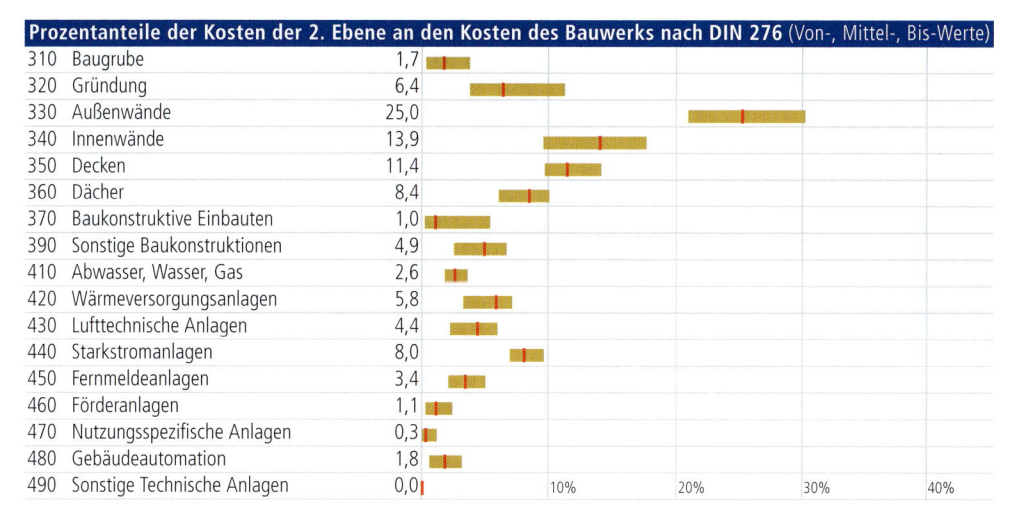

Prozentanteile der Kosten der 2. Ebene an den Kosten des Bauwerks nach DIN 276 (Von-, Mittel-, Bis-Werte)

KG	Bezeichnung	Mittelwert (%)
310	Baugrube	1,7
320	Gründung	6,4
330	Außenwände	25,0
340	Innenwände	13,9
350	Decken	11,4
360	Dächer	8,4
370	Baukonstruktive Einbauten	1,0
390	Sonstige Baukonstruktionen	4,9
410	Abwasser, Wasser, Gas	2,6
420	Wärmeversorgungsanlagen	5,8
430	Lufttechnische Anlagen	4,4
440	Starkstromanlagen	8,0
450	Fernmeldeanlagen	3,4
460	Förderanlagen	1,1
470	Nutzungsspezifische Anlagen	0,3
480	Gebäudeautomation	1,8
490	Sonstige Technische Anlagen	0,0

© **BKI** Baukosteninformationszentrum; Erläuterungen zu den Tabellen siehe Seite 48 und 50   Kosten: 1.Quartal 2018, Bundesdurchschnitt, **inkl. 19% MwSt.**

Büro- und Verwaltungsgebäude, hoher Standard

Kostenkennwerte für Leistungsbereiche nach StLB (Kosten des Bauwerks nach DIN 276)

Kosten: Stand 1. Quartal 2018 Bundesdurchschnitt inkl. 19% MwSt.

LB	Leistungsbereiche	▷	€/m² BGF	◁	▷	% an 300+400	◁
000	Sicherheits-, Baustelleneinrichtungen inkl. 001	46	**83**	110	2,1	**3,7**	4,9
002	Erdarbeiten	23	**40**	65	1,0	**1,8**	2,9
006	Spezialtiefbauarbeiten inkl. 005	1	**27**	70	0,1	**1,2**	3,1
009	Entwässerungskanalarbeiten inkl. 011	2	**6**	11	0,1	**0,3**	0,5
010	Drän- und Versickerungsarbeiten	0	**3**	9	0,0	**0,1**	0,4
012	Mauerarbeiten	25	**91**	254	1,1	**4,1**	11,4
013	Betonarbeiten	229	**271**	309	10,3	**12,2**	13,9
014	Natur-, Betonwerksteinarbeiten	9	**29**	79	0,4	**1,3**	3,5
016	Zimmer- und Holzbauarbeiten	3	**37**	82	0,2	**1,7**	3,7
017	Stahlbauarbeiten	1	**11**	39	0,0	**0,5**	1,7
018	Abdichtungsarbeiten	6	**16**	32	0,3	**0,7**	1,5
020	Dachdeckungsarbeiten	–	**17**	59	–	**0,8**	2,6
021	Dachabdichtungsarbeiten	19	**49**	82	0,9	**2,2**	3,7
022	Klempnerarbeiten	10	**20**	38	0,5	**0,9**	1,7
	Rohbau	585	**700**	787	26,3	**31,4**	35,3
023	Putz- und Stuckarbeiten, Wärmedämmsysteme	14	**54**	153	0,6	**2,4**	6,9
024	Fliesen- und Plattenarbeiten	11	**18**	25	0,5	**0,8**	1,1
025	Estricharbeiten	15	**32**	52	0,7	**1,4**	2,3
026	Fenster, Außentüren inkl. 029, 032	22	**120**	202	1,0	**5,4**	9,1
027	Tischlerarbeiten	43	**129**	205	1,9	**5,8**	9,2
028	Parkettarbeiten, Holzpflasterarbeiten	0	**7**	26	0,0	**0,3**	1,2
030	Rollladenarbeiten	15	**42**	62	0,7	**1,9**	2,8
031	Metallbauarbeiten inkl. 035	133	**243**	377	6,0	**10,9**	16,9
034	Maler- und Lackiererarbeiten inkl. 037	24	**36**	51	1,1	**1,6**	2,3
036	Bodenbelagarbeiten	22	**38**	52	1,0	**1,7**	2,3
038	Vorgehängte hinterlüftete Fassaden	12	**63**	63	0,5	**2,8**	2,8
039	Trockenbauarbeiten	77	**132**	285	3,4	**5,9**	12,8
	Ausbau	758	**924**	992	34,0	**41,4**	44,5
040	Wärmeversorgungsanl. - Betriebseinr. inkl. 041	75	**118**	148	3,4	**5,3**	6,7
042	Gas- und Wasserinstallation, Leitungen inkl. 043	9	**13**	19	0,4	**0,6**	0,8
044	Abwasserinstallationsarbeiten - Leitungen	7	**8**	11	0,3	**0,4**	0,5
045	GWA-Einrichtungsgegenstände inkl. 046	13	**18**	32	0,6	**0,8**	1,4
047	Dämmarbeiten an betriebstechnischen Anlagen	13	**20**	39	0,6	**0,9**	1,8
049	Feuerlöschanlagen, Feuerlöschgeräte	0	**1**	1	0,0	**0,1**	0,1
050	Blitzschutz- und Erdungsanlagen	4	**6**	10	0,2	**0,3**	0,4
052	Mittelspannungsanlagen	–	**1**	–	–	**0,1**	–
053	Niederspannungsanlagen inkl. 054	74	**97**	134	3,3	**4,4**	6,0
055	Ersatzstromversorgungsanlagen	3	**11**	11	0,1	**0,5**	0,5
057	Gebäudesystemtechnik	–	**2**	–	–	**0,1**	–
058	Leuchten und Lampen inkl. 059	61	**72**	97	2,7	**3,2**	4,4
060	Elektroakustische Anlagen, Sprechanlagen	1	**3**	6	0,0	**0,2**	0,3
061	Kommunikationsnetze, inkl. 062	19	**29**	59	0,8	**1,3**	2,7
063	Gefahrenmeldeanlagen	17	**32**	47	0,8	**1,4**	2,1
069	Aufzüge	7	**24**	52	0,3	**1,1**	2,3
070	Gebäudeautomation	13	**37**	63	0,6	**1,7**	2,8
075	Raumlufttechnische Anlagen	47	**92**	125	2,1	**4,1**	5,6
	Technische Anlagen	504	**586**	688	22,6	**26,3**	30,9
	Sonstige Leistungsbereiche inkl. 008, 033, 051	12	**26**	47	0,6	**1,2**	2,1

- ● KKW
- ▶ min
- ▷ von
- | Mittelwert
- ◁ bis
- ◀ max

Planungskennwerte für Flächen und Rauminhalte nach DIN 277

Grundflächen			▷ Fläche/NUF (%) ◁			▷ Fläche/BGF (%) ◁		
NUF	Nutzungsfläche			100,0		60,4	63,8	67,6
TF	Technikfläche		5,1	6,8	14,4	3,2	4,4	7,2
VF	Verkehrsfläche		23,8	27,2	33,4	15,7	17,4	19,6
NRF	Netto-Raumfläche		130,8	134,1	146,2	84,3	85,6	87,9
KGF	Konstruktions-Grundfläche		19,4	22,6	25,9	12,1	14,4	15,7
BGF	Brutto-Grundfläche		150,1	156,6	170,5		100,0	

Brutto-Rauminhalte			▷ BRI/NUF (m) ◁			▷ BRI/BGF (m) ◁		
BRI	Brutto-Rauminhalt		5,33	5,76	6,20	3,45	3,68	3,88

Flächen von Nutzeinheiten			▷ NUF/Einheit (m²) ◁			▷ BGF/Einheit (m²) ◁		
Nutzeinheit: Arbeitsplätze			24,58	29,55	38,02	37,42	46,28	60,40

Lufttechnisch behandelte Flächen			▷ Fläche/NUF (%) ◁			▷ Fläche/BGF (%) ◁		
Entlüftete Fläche			–	–	–	–	–	–
Be- und entlüftete Fläche			–	–	–	–	–	–
Teilklimatisierte Fläche			–	–	–	–	–	–
Klimatisierte Fläche			–	–	–	–	–	–

KG	Kostengruppen (2. Ebene)	Einheit	▷ Menge/NUF ◁			▷ Menge/BGF ◁		
310	Baugrube	m³ BGI	1,16	1,59	2,29	0,72	1,05	1,58
320	Gründung	m² GRF	0,48	0,49	0,53	0,31	0,32	0,34
330	Außenwände	m² AWF	1,06	1,22	1,41	0,68	0,79	0,82
340	Innenwände	m² IWF	1,19	1,36	1,69	0,83	0,89	1,17
350	Decken	m² DEF	0,90	1,04	1,09	0,60	0,68	0,77
360	Dächer	m² DAF	0,53	0,56	0,64	0,34	0,37	0,43
370	Baukonstruktive Einbauten	m² BGF	1,50	1,57	1,70		1,00	
390	Sonstige Baukonstruktionen	m² BGF	1,50	1,57	1,70		1,00	
300	**Bauwerk-Baukonstruktionen**	m² BGF	1,50	1,57	1,70		1,00	

Planungskennwerte für Bauzeiten — 15 Vergleichsobjekte

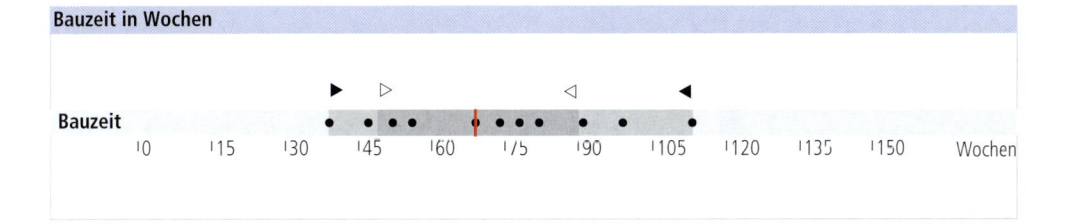

Bauzeit in Wochen

Bauzeit: Skala 0 | 15 | 30 | 45 | 60 | 75 | 90 | 105 | 120 | 135 | 150 Wochen

© BKI Baukosteninformationszentrum; Erläuterungen zu den Tabellen siehe Seite 54 — Kosten: 1.Quartal 2018, Bundesdurchschnitt, inkl. 19% MwSt.

Büro- und Verwaltungsgebäude, hoher Standard

€/m² BGF

min	1.470 €/m²
von	1.800 €/m²
Mittel	**2.230 €/m²**
bis	2.735 €/m²
max	3.465 €/m²

Kosten:
Stand 1.Quartal 2018
Bundesdurchschnitt
inkl. 19% MwSt.

Objektübersicht zur Gebäudeart

1300-0241 Entwicklungs- und Verwaltungszentrum
BRI 18.460m³ **BGF** 5.141m² **NUF** 3.345m²

Entwicklungs- und Verwaltungszentrum (160 AP). StB-Skelettbau.

Land: Nordrhein-Westfalen
Kreis: Bochum
Standard: über Durchschnitt
Bauzeit: 47 Wochen
Kennwerte: bis 1.Ebene DIN276

BGF 1.469 €/m²

Planung: Kemper Steiner & Partner Architekten GmbH; Bochum

vorgesehen: BKI Objektdaten N16

1300-0225 Bürogebäude (44 AP)
BRI 6.483m³ **BGF** 1.783m² **NUF** 1.010m²

Bürogebäude mit Netzleitstelle (44 AP). MW-Massivbau.

Land: Mecklenburg-Vorpommern
Kreis: Schwerin
Standard: über Durchschnitt
Bauzeit: 52 Wochen
Kennwerte: bis 3.Ebene DIN276

BGF 2.207 €/m²

Planung: Dipl.-Ing. Architekt E. Schneekloth + Partner; Schwerin

veröffentlicht: BKI Objektdaten N15

1300-0230 Bürogebäude (144 AP), Gastronomie, TG (29 STP)
BRI 20.436m³ **BGF** 5.503m² **NUF** 3.802m²

Bürogebäude mit 144 Arbeitsplätzen, Tiefgarage (29 STP) und Gastronomie mit 120 Sitzplätzen. Massivbau.

Land: Bremen
Kreis: Bremen
Standard: über Durchschnitt
Bauzeit: 52 Wochen
Kennwerte: bis 1.Ebene DIN276

BGF 1.832 €/m²

Planung: dt+p Architekten und Ingenieure GmbH; Bremen

vorgesehen: BKI Objektdaten N16

1300-0233 Büro- und Ausstellungsgebäude (32 AP)
BRI 6.947m³ **BGF** 1.884m² **NUF** 1.107m²

Büro- und Ausstellungsgebäude mit 18 Arbeitsplätzen. Stb-Konstruktion.

Land: Baden-Württemberg
Kreis: Ludwigsburg
Standard: über Durchschnitt
Bauzeit: 113 Wochen
Kennwerte: bis 1.Ebene DIN276

BGF 1.988 €/m²

Planung: fmb architekten Norman Binder, Andreas-Thomas Mayer; Stuttgart

vorgesehen: BKI Objektdaten N16

Objektübersicht zur Gebäudeart

1300-0219 Bürogebäude (72 AP) - Effizienzhaus ~28%

BRI 7.952m³ | **BGF** 2.200m² | **NUF** 1.085m²

Bürogebäude für eine Hochschule mit Einzelbüros und Seminarräumen (72 AP). Stb-Konstruktion.

Land: Nordrhein-Westfalen
Kreis: Köln
Standard: über Durchschnitt
Bauzeit: 82 Wochen*
Kennwerte: bis 1.Ebene DIN276

BGF 2.681 €/m²

Planung: Heinle, Wischer und Partner Freie Architekten GbR; Köln

veröffentlicht: BKI Objektdaten E7
*Nicht in der Auswertung enthalten

1300-0220 Bürogebäude Bankfiliale (26 AP)

BRI 6.917m³ | **BGF** 1.841m² | **NUF** 1.139m²

Kompetenzzentrum einer Bank. Stb-Massivbau.

Land: Baden-Württemberg
Kreis: Göppingen
Standard: über Durchschnitt
Bauzeit: 78 Wochen
Kennwerte: bis 3.Ebene DIN276

BGF 2.493 €/m²

Planung: dauner rommel schalk architekten; Göppingen

veröffentlicht: BKI Objektdaten N15

1300-0222 Bürogebäude (130 AP) - Effizienzhaus ~85%

BRI 10.677m³ | **BGF** 3.662m² | **NUF** 2.502m²

STB-Skelettbau

Land: Brandenburg
Kreis: Brandenburg
Standard: über Durchschnitt
Bauzeit: 99 Wochen
Kennwerte: bis 3.Ebene DIN276

BGF 2.121 €/m²

Planung: Dr. Krekeler Generalplaner GmbH; Brandenburg an der Havel

veröffentlicht: BKI Objektdaten E7

1300-0210 Büro- und Präsentationsgebäude (6 AP)

BRI 914m³ | **BGF** 262m² | **NUF** 194m²

Büro- und Präsentationsgebäude mit 6 Arbeitsplätzen. Holzkonstruktion.

Land: Niedersachsen
Kreis: Osnabrück
Standard: über Durchschnitt
Bauzeit: 39 Wochen
Kennwerte: bis 1.Ebene DIN276

BGF 2.344 €/m²

Planung: Architekturbüro W. Poggemann, Architekt u. Bauing.; Georgsmarienhütte

veröffentlicht: BKI Objektdaten E6

Büro- und Verwaltungsgebäude, hoher Standard

€/m² BGF

min	1.470	€/m²
von	1.800	€/m²
Mittel	**2.230**	**€/m²**
bis	2.735	€/m²
max	3.465	€/m²

Kosten:
Stand 1.Quartal 2018
Bundesdurchschnitt
inkl. 19% MwSt.

Objektübersicht zur Gebäudeart

1300-0184 Pforte*

| BRI 264m³ | BGF 103m² | NUF 46m² |

Pforte mit Pförtnerraum, Arztzimmer, Wartebereich und WC. Stahlbetonkonstruktion.

Land: Baden-Württemberg
Kreis: Neckar-Odenwald-Kreis
Standard: über Durchschnitt
Bauzeit: 26 Wochen
Kennwerte: bis 1.Ebene DIN276

BGF 2.694 €/m²

Planung: Link Architekten; Walldürn

veröffentlicht: BKI Objektdaten N12
*Nicht in der Auswertung enthalten

1300-0188 Bürogebäude (120 AP), Tiefgarage (20 STP)

| BRI 12.500m³ | BGF 3.550m² | NUF 2.395m² |

Bürogebäude mit 120 Arbeitsplätzen und höchsten Nachhaltigkeitsstandards. Stahlbetonkonstruktion.

Land: Baden-Württemberg
Kreis: Stuttgart
Standard: über Durchschnitt
Bauzeit: 78 Wochen
Kennwerte: bis 1.Ebene DIN276

BGF 1.591 €/m²

Planung: Blocher Blocher Partners; Stuttgart

veröffentlicht: BKI Objektdaten N12

1300-0189 Verwaltungsgebäude

| BRI 11.569m³ | BGF 3.232m² | NUF 2.325m² |

Verwaltungsgebäude mit 60 Arbeitsplätzen. Stb-Skelettkonstruktion.

Land: Nordrhein-Westfalen
Kreis: Duisburg
Standard: über Durchschnitt
Bauzeit: 74 Wochen
Kennwerte: bis 1.Ebene DIN276

BGF 1.957 €/m²

Planung: Gruppe GME; Achim

veröffentlicht: BKI Objektdaten N12

1300-0202 Verwaltungsgebäude (30 AP)

| BRI 6.568m³ | BGF 1.728m² | NUF 1.119m² |

Verwaltungsgebäude (30 AP) mit Großraumbüros, Laboren und Archiv. Massivbau.

Land: Brandenburg
Kreis: Cottbus
Standard: über Durchschnitt
Bauzeit: 69 Wochen
Kennwerte: bis 1.Ebene DIN276

BGF 2.311 €/m²

Planung: Hampel Kotzur & Kollegen Architekten Ingenieure GmbH; Cottbus

veröffentlicht: BKI Objektdaten E6

Objektübersicht zur Gebäudeart

1300-0190 Rathaus BRI 4.035m³ BGF 1.103m² NUF 609m²

Büroarbeit (298m²), 12 Arbeitsplätze. Stb-Konstruktion.

Land: Bayern
Kreis: Pfaffenhofen an der Ilm
Standard: über Durchschnitt
Bauzeit: 82 Wochen
Kennwerte: bis 1.Ebene DIN276

BGF 2.325 €/m²

Planung: Eck-Fehmi-Zett Architekten BDA; Landshut

veröffentlicht: BKI Objektdaten N12

1300-0131 Bürogebäude BRI 1.827m³ BGF 477m² NUF 311m²

Bürogebäude. Mauerwerksbau.

Land: Rheinland-Pfalz
Kreis: Mainz
Standard: über Durchschnitt
Bauzeit: 52 Wochen
Kennwerte: bis 4.Ebene DIN276

BGF 2.452 €/m²

Planung: Dipl.-Ing. Architekt Rüdiger Schmitt; Mainz

veröffentlicht: BKI Objektdaten N9

1300-0128 Bürogebäude BRI 10.308m³ BGF 2.350m² NUF 1.678m²

Bürogebäude für eine Rundfunkanstalt mit 160 Mitarbeitern. Stb-Konstruktion mit Stb-Decken und Flachdach.

Land: Brandenburg
Kreis: Potsdam
Standard: über Durchschnitt
Bauzeit: 56 Wochen
Kennwerte: bis 4.Ebene DIN276

BGF 3.463 €/m²

Planung: modus.architekten Dipl.-Ing. Holger Kalla; Potsdam

veröffentlicht: BKI Objektdaten N8

1300-0120 Bürogebäude, Wohnen (1 WE) BRI 6.971m³ BGF 1.835m² NUF 1.267m²

Bürogebäude mit Archiv und Wohnung (155m² WFL). Mauerwerksbau.

Land: Hessen
Kreis: Main-Taunus, Hofheim
Standard: über Durchschnitt
Bauzeit: 52 Wochen
Kennwerte: bis 3.Ebene DIN276

BGF 2.631 €/m²

Planung: Planergruppe Hytrek, Thomas, Weyell und Weyell GmbH; Wiesbaden

veröffentlicht: BKI Objektdaten N9

Büro- und Verwaltungsgebäude, hoher Standard

€/m² BGF
min	1.470	€/m²
von	1.800	€/m²
Mittel	**2.230**	**€/m²**
bis	2.735	€/m²
max	3.465	€/m²

Kosten:
Stand 1.Quartal 2018
Bundesdurchschnitt
inkl. 19% MwSt.

Objektübersicht zur Gebäudeart

1300-0129 Bürogebäude - Passivhaus   **BRI** 32.233m³   **BGF** 8.373m²   **NUF** 5.424m²

Bürogebäude für 420 Mitarbeiter im Passivhausstandard. Stahlbetonskelettbau mit vorgehängten Holzfassadenelementen.

Land: Baden-Württemberg
Kreis: Ulm
Standard: über Durchschnitt
Bauzeit: 91 Wochen
Kennwerte: bis 3.Ebene DIN276

BGF   1.813 €/m²

Planung: oehler + arch kom architekten ingenieure; Bretten

veröffentlicht: BKI Objektdaten E3

Verwaltung

Wissenschaft

Gesundheit

Bildung

Sport

Wohnen

Gewerbe

Versorgung

Kultur

Instituts- und Laborgebäude

Kostenkennwerte für die Kosten des Bauwerks (Kostengruppen 300+400 nach DIN 276)

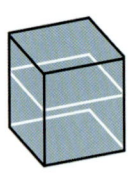

BRI 580 €/m³
von 470 €/m³
bis 770 €/m³

BGF 2.420 €/m²
von 1.810 €/m²
bis 3.140 €/m²

NUF 4.420 €/m²
von 3.200 €/m²
bis 7.230 €/m²

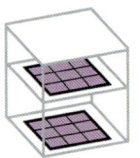

NE 124.810 €/NE
von 80.010 €/NE
bis 220.770 €/NE
NE: Arbeitsplätze

Kosten:
Stand 1. Quartal 2018
Bundesdurchschnitt
inkl. 19% MwSt.

Objektbeispiele

© Christoph Beer
7100-0053

© Werner Huthmacher
2200-0050

© Anette Hammer
7100-0054

Kosten der 24 Vergleichsobjekte — Seiten 152 bis 158

- ● KKW
- ▶ min
- ▷ von
- | Mittelwert
- ◁ bis
- ◀ max

BRI — €/m³ BRI
BGF — €/m² BGF
NUF — €/m² NUF

© BKI Baukosteninformationszentrum; Erläuterungen zu den Tabellen siehe Seite 46 Kosten: 1.Quartal 2018, Bundesdurchschnitt, **inkl. 19% MwSt.**

Kostenkennwerte für die Kostengruppen der 1. und 2. Ebene DIN 276

KG	Kostengruppen der 1. Ebene	Einheit	▷	€/Einheit	◁	▷	% an 300+400	◁
100	Grundstück	m² GF	–	–	–	–	–	–
200	Herrichten und Erschließen	m² GF	13	**48**	315	0,7	**2,2**	6,5
300	Bauwerk - Baukonstruktionen	m² BGF	1.185	**1.428**	1.705	52,0	**61,2**	74,2
400	Bauwerk - Technische Anlagen	m² BGF	546	**992**	1.570	25,8	**38,8**	48,0
	Bauwerk (300+400)	m² BGF	1.806	**2.420**	3.141		**100,0**	
500	Außenanlagen	m² AF	90	**207**	486	2,6	**5,7**	8,2
600	Ausstattung und Kunstwerke	m² BGF	26	**142**	572	1,1	**5,2**	20,5
700	Baunebenkosten*	m² BGF	495	**529**	563	20,5	**21,9**	23,3 ◁ NEU

Auf Grundlage der HOAI 2013 berechnete Werte nach §§ 35, 52, 56. Weitere Informationen siehe Seite 50

KG	Kostengruppen der 2. Ebene	Einheit	▷	€/Einheit	◁	▷	% an 300	◁
310	Baugrube	m³ BGI	18	**39**	99	0,2	**0,4**	1,0
320	Gründung	m² GRF	259	**277**	298	10,6	**13,7**	17,5
330	Außenwände	m² AWF	422	**564**	708	33,0	**36,9**	41,0
340	Innenwände	m² IWF	251	**286**	356	12,7	**16,6**	18,1
350	Decken	m² DEF	387	**426**	540	7,5	**12,6**	18,2
360	Dächer	m² DAF	224	**297**	327	13,4	**14,0**	14,8
370	Baukonstruktive Einbauten	m² BGF	0	**19**	38	0,0	**0,6**	2,4
390	Sonstige Baukonstruktionen	m² BGF	34	**66**	81	3,4	**5,2**	6,9
300	**Bauwerk Baukonstruktionen**	m² BGF					**100,0**	

KG	Kostengruppen der 2. Ebene	Einheit	▷	€/Einheit	◁	▷	% an 400	◁
410	Abwasser, Wasser, Gas	m² BGF	49	**83**	174	5,5	**7,8**	10,3
420	Wärmeversorgungsanlagen	m² BGF	61	**128**	292	6,6	**11,3**	16,8
430	Lufttechnische Anlagen	m² BGF	259	**397**	769	27,5	**39,0**	49,9
440	Starkstromanlagen	m² BGF	105	**149**	247	8,5	**17,3**	23,9
450	Fernmeldeanlagen	m² BGF	21	**45**	71	2,3	**4,8**	7,1
460	Förderanlagen	m² BGF	–	**17**	–	–	**0,5**	–
470	Nutzungsspezifische Anlagen	m² BGF	124	**177**	283	5,0	**13,5**	34,7
480	Gebäudeautomation	m² BGF	30	**54**	116	3,4	**5,3**	10,5
490	Sonstige Technische Anlagen	m² BGF	3	**15**	27	0,1	**0,5**	1,7
400	**Bauwerk Technische Anlagen**	m² BGF					**100,0**	

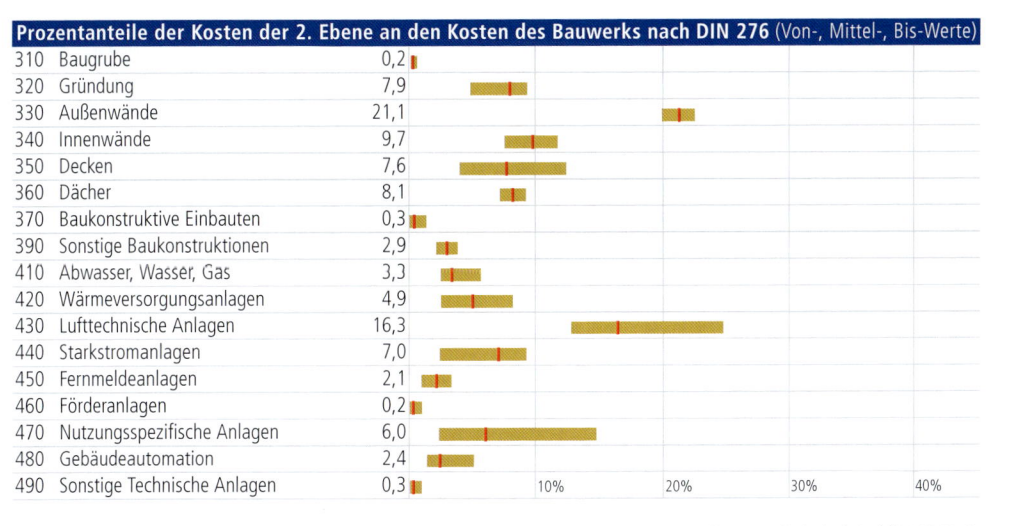

Prozentanteile der Kosten der 2. Ebene an den Kosten des Bauwerks nach DIN 276 (Von-, Mittel-, Bis-Werte)

KG	Bezeichnung	Mittelwert
310	Baugrube	0,2
320	Gründung	7,9
330	Außenwände	21,1
340	Innenwände	9,7
350	Decken	7,6
360	Dächer	8,1
370	Baukonstruktive Einbauten	0,3
390	Sonstige Baukonstruktionen	2,9
410	Abwasser, Wasser, Gas	3,3
420	Wärmeversorgungsanlagen	4,9
430	Lufttechnische Anlagen	16,3
440	Starkstromanlagen	7,0
450	Fernmeldeanlagen	2,1
460	Förderanlagen	0,2
470	Nutzungsspezifische Anlagen	6,0
480	Gebäudeautomation	2,4
490	Sonstige Technische Anlagen	0,3

© BKI Baukosteninformationszentrum; Erläuterungen zu den Tabellen siehe Seite 48 und 50   Kosten: 1.Quartal 2018, Bundesdurchschnitt, **inkl. 19% MwSt.**

Instituts- und Laborgebäude

Kostenkennwerte für Leistungsbereiche nach StLB (Kosten des Bauwerks nach DIN 276)

LB	Leistungsbereiche	▷ €/m² BGF		◁	▷ % an 300+400		◁
000	Sicherheits-, Baustelleneinrichtungen inkl. 001	41	61	83	1,7	2,5	3,4
002	Erdarbeiten	6	14	26	0,2	0,6	1,1
006	Spezialtiefbauarbeiten inkl. 005	–	6	–	–	0,3	–
009	Entwässerungskanalarbeiten inkl. 011	7	15	15	0,3	0,6	0,6
010	Drän- und Versickerungsarbeiten	–	1	–	–	0,0	–
012	Mauerarbeiten	6	42	78	0,3	1,7	3,2
013	Betonarbeiten	262	309	359	10,8	12,8	14,8
014	Natur-, Betonwerksteinarbeiten	0	10	20	0,0	0,4	0,8
016	Zimmer- und Holzbauarbeiten	–	8	–	–	0,3	–
017	Stahlbauarbeiten	8	35	35	0,3	1,5	1,5
018	Abdichtungsarbeiten	3	12	20	0,1	0,5	0,8
020	Dachdeckungsarbeiten	–	8	–	–	0,3	–
021	Dachabdichtungsarbeiten	75	84	95	3,1	3,5	3,9
022	Klempnerarbeiten	6	16	25	0,3	0,7	1,0
	Rohbau	**620**	**620**	**695**	**25,6**	**25,6**	**28,7**
023	Putz- und Stuckarbeiten, Wärmedämmsysteme	21	34	48	0,9	1,4	2,0
024	Fliesen- und Plattenarbeiten	24	24	32	1,0	1,0	1,3
025	Estricharbeiten	22	31	42	0,9	1,3	1,7
026	Fenster, Außentüren inkl. 029, 032	102	211	359	4,2	8,7	14,8
027	Tischlerarbeiten	16	32	32	0,7	1,3	1,3
028	Parkettarbeiten, Holzpflasterarbeiten	–	1	–	–	0,0	–
030	Rollladenarbeiten	16	16	23	0,6	0,6	1,0
031	Metallbauarbeiten inkl. 035	86	113	113	3,6	4,7	4,7
034	Maler- und Lackiererarbeiten inkl. 037	23	42	42	1,0	1,7	1,7
036	Bodenbelagarbeiten	22	31	31	0,9	1,3	1,3
038	Vorgehängte hinterlüftete Fassaden	48	163	250	2,0	6,7	10,3
039	Trockenbauarbeiten	97	97	132	4,0	4,0	5,5
	Ausbau	**802**	**802**	**894**	**33,1**	**33,1**	**37,0**
040	Wärmeversorgungsanl. - Betriebseinr. inkl. 041	66	113	113	2,7	4,7	4,7
042	Gas- und Wasserinstallation, Leitungen inkl. 043	28	45	45	1,2	1,9	1,9
044	Abwasserinstallationsarbeiten - Leitungen	3	12	22	0,1	0,5	0,9
045	GWA-Einrichtungsgegenstände inkl. 046	7	31	62	0,3	1,3	2,6
047	Dämmarbeiten an betriebstechnischen Anlagen	28	32	32	1,1	1,3	1,3
049	Feuerlöschanlagen, Feuerlöschgeräte	0	1	1	0,0	0,0	0,0
050	Blitzschutz- und Erdungsanlagen	2	7	12	0,1	0,3	0,5
052	Mittelspannungsanlagen	–	–	–	–	–	–
053	Niederspannungsanlagen inkl. 054	85	137	137	3,5	5,7	5,7
055	Ersatzstromversorgungsanlagen	–	–	–	–	–	–
057	Gebäudesystemtechnik	–	6	–	–	0,2	–
058	Leuchten und Lampen inkl. 059	11	38	69	0,4	1,6	2,9
060	Elektroakustische Anlagen, Sprechanlagen	0	2	3	0,0	0,1	0,1
061	Kommunikationsnetze, inkl. 062	3	13	23	0,1	0,5	0,9
063	Gefahrenmeldeanlagen	33	33	43	1,4	1,4	1,8
069	Aufzüge	–	5	–	–	0,2	–
070	Gebäudeautomation	–	12	–	–	0,5	–
075	Raumlufttechnische Anlagen	277	437	587	11,4	18,1	24,3
	Technische Anlagen	**714**	**924**	**1.133**	**29,5**	**38,2**	**46,8**
	Sonstige Leistungsbereiche inkl. 008, 033, 051	7	82	82	0,3	3,4	3,4

Kosten: Stand 1. Quartal 2018 Bundesdurchschnitt inkl. 19% MwSt.

- ● KKW
- ▶ min
- ▷ von
- | Mittelwert
- ◁ bis
- ◀ max

Planungskennwerte für Flächen und Rauminhalte nach DIN 277

Grundflächen			▷ Fläche/NUF (%) ◁			▷ Fläche/BGF (%) ◁		
NUF	Nutzungsfläche			100,0		51,7	**55,9**	63,0
TF	Technikfläche		14,1	**18,4**	37,4	7,4	**10,3**	15,3
VF	Verkehrsfläche		27,5	**34,3**	41,7	14,7	**19,2**	21,4
NRF	Netto-Raumfläche		142,7	**152,8**	175,0	81,6	**85,4**	87,5
KGF	Konstruktions-Grundfläche		22,0	**26,1**	35,9	12,5	**14,6**	18,4
BGF	Brutto-Grundfläche		165,3	**178,9**	206,1		**100,0**	

Brutto-Rauminhalte			▷ BRI/NUF (m) ◁			▷ BRI/BGF (m) ◁		
BRI	Brutto-Rauminhalt		6,84	**7,40**	8,80	3,93	**4,13**	4,28

Flächen von Nutzeinheiten			▷ NUF/Einheit (m²) ◁			▷ BGF/Einheit (m²) ◁		
Nutzeinheit: Arbeitsplätze			25,94	**31,86**	42,55	46,37	**55,80**	78,14

Lufttechnisch behandelte Flächen			▷ Fläche/NUF (%) ◁			▷ Fläche/BGF (%) ◁		
Entlüftete Fläche			8,5	**9,8**	9,8	4,7	**5,7**	5,7
Be- und entlüftete Fläche			78,8	**80,1**	101,3	45,6	**46,8**	46,8
Teilklimatisierte Fläche			–	–	–	–	–	–
Klimatisierte Fläche			46,2	**46,2**	46,2	25,0	**25,0**	25,0

KG	Kostengruppen (2. Ebene)	Einheit	▷	Menge/NUF	◁	▷	Menge/BGF	◁
310	Baugrube	m³ BGI	0,23	**0,24**	0,33	0,15	**0,15**	0,20
320	Gründung	m² GRF	0,97	**0,97**	1,20	0,59	**0,63**	0,63
330	Außenwände	m² AWF	1,38	**1,40**	1,77	0,80	**0,90**	0,90
340	Innenwände	m² IWF	1,12	**1,15**	1,20	0,67	**0,76**	0,83
350	Decken	m² DEF	0,55	**0,55**	0,58	0,37	**0,37**	0,39
360	Dächer	m² DAF	0,94	**0,96**	1,14	0,58	**0,62**	0,62
370	Baukonstruktive Einbauten	m² BGF	1,65	**1,79**	2,06		**1,00**	
390	Sonstige Baukonstruktionen	m² BGF	1,65	**1,79**	2,06		**1,00**	
300	**Bauwerk-Baukonstruktionen**	m² BGF	1,65	**1,79**	2,06		**1,00**	

Planungskennwerte für Bauzeiten — 22 Vergleichsobjekte

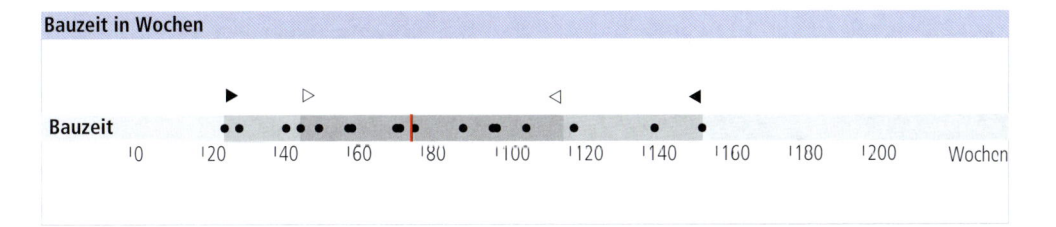

Bauzeit in Wochen

Bauzeit: ▶ ▷ ◁ ◀ (Verteilung zwischen ca. 20 und 160 Wochen)

© BKI Baukosteninformationszentrum; Erläuterungen zu den Tabellen siehe Seite 54 — Kosten: 1.Quartal 2018, Bundesdurchschnitt, inkl. **19% MwSt.**

Instituts- und Laborgebäude

Objektübersicht zur Gebäudeart

€/m² BGF

min	1.345 €/m²
von	1.805 €/m²
Mittel	**2.420 €/m²**
bis	3.140 €/m²
max	4.140 €/m²

Kosten:
Stand 1.Quartal 2018
Bundesdurchschnitt
inkl. 19% MwSt.

7100-0054 Laborgebäude (23 AP) | BRI 2.230m³ | BGF 501m² | NUF 359m²

Dentallabor für Zahntechnik (23 AP). Holzrahmenbauweise.

Land: Nordrhein-Westfalen
Kreis: Oberbergischer Kreis
Standard: Durchschnitt
Bauzeit: 26 Wochen
Kennwerte: bis 1.Ebene DIN276

BGF 2.462 €/m²

Planung: grau. architektur; Wuppertal

vorgesehen: BKI Objektdaten N16

2200-0042 Forschungs- und Entwicklungszentrum (138 AP) | BRI 18.946m³ | BGF 5.068m² | NUF 2.933m²

Forschungs- und Entwicklungszentrum mit 138 Arbeitsplätzen. Mauerwerksbau.

Land: Nordrhein-Westfalen
Kreis: Siegen-Wittgenstein
Standard: Durchschnitt
Bauzeit: 43 Wochen
Kennwerte: bis 1.Ebene DIN276

BGF 1.343 €/m²

Planung: Architekturbüro Dipl. Ing. Manfred Lobe; Wiesbaden

veröffentlicht: BKI Objektdaten N13

2200-0046 Forschungs- und Laborgebäude (250 AP) | BRI 38.114m³ | BGF 8.519m² | NUF 3.983m²

Forschungs- und Laborgebäude mit 250 Arbeitsplätzen. Stb-Skelettbau.

Land: Berlin
Kreis: Berlin
Standard: Durchschnitt
Bauzeit: 143 Wochen
Kennwerte: bis 1.Ebene DIN276

BGF 3.038 €/m²

Planung: Bodamer Faber Architekten BDA (LPH 2-5); Stuttgart

vorgesehen: BKI Objektdaten N16

2200-0049 Bioforschungszentrum | BRI 10.704m³ | BGF 2.385m² | NUF 882m²

Bioforschungszentrum (70 AP) mit 2 Laborebenen, teilweise mit metallfreien Räumen. Stahlbeton.

Land: Bayern
Kreis: Erlangen
Standard: über Durchschnitt
Bauzeit: 108 Wochen
Kennwerte: bis 1.Ebene DIN276

BGF 4.140 €/m²

Planung: Grabow + Hofmann Architektenpartnerschaft BDA; Nürnberg

vorgesehen: BKI Objektdaten N16

Objektübersicht zur Gebäudeart

7100-0053 Laborgebäude (50 AP) - Effizienhaus ~89%   BRI 12.041m³   BGF 2.802m²   NUF 1.895m²

Labor- und Betriebsgebäude mit Verwaltungs-teil (50 AP). Stahlbeton.

Land: Thüringen
Kreis: Jena
Standard: über Durchschnitt
Bauzeit: 47 Wochen
Kennwerte: bis 3.Ebene DIN276

BGF   1.941 €/m²

Planung: sittig-architekten; Jena

veröffentlicht: BKI Objektdaten E7

2200-0041 Laborgebäude (312 AP)*   BRI 22.355m³   BGF 4.891m²   NUF 2.190m²

Laborgebäude für die Fakultät Chemie und Physik, mit 312 Arbeitsplätzen. Massivbau.

Land: Sachsen
Kreis: Freiberg
Standard: Durchschnitt
Bauzeit: 104 Wochen
Kennwerte: bis 1.Ebene DIN276

BGF   3.697 €/m²

Planung: CODE UNIQUE Architekten BDA; Dresden

veröffentlicht: BKI Objektdaten N13
*Nicht in der Auswertung enthalten

2200-0044 Labor- und Praktikumsgebäude   BRI 19.980m³   BGF 5.038m²   NUF 2.674m²

Institut für Pharmakologie, Pharmazie und Experimentelle Therapie mit 96 Mitarbeitern und 130 Studenten. Stb-Wände, Pfosten-Riegel-Fassade.

Land: Mecklenburg-Vorpommern
Kreis: Vorpommern-Greifswald
Standard: über Durchschnitt
Bauzeit: 121 Wochen
Kennwerte: bis 1.Ebene DIN276

BGF   3.302 €/m²

Planung: MHB Planungs- und Ingenieurgesellschaft mbH; Rostock

veröffentlicht: BKI Objektdaten N15

2200-0050 Forschungsgebäude, Rechenzentrum (215 AP)   BRI 27.341m³   BGF 6.923m²   NUF 3.343m²

Forschungsgebäude und Rechenzentrum mit 215 Arbeitsplätzen. Stb-Konstruktion.

Land: Brandenburg
Kreis: Potsdam
Standard: Durchschnitt
Bauzeit: 156 Wochen
Kennwerte: bis 1.Ebene DIN276

BGF   2.807 €/m²

Planung: BHBVT Gesellschaft von Architekten mbH; Berlin

vorgesehen: BKI Objektdaten N16

© **BKI** Baukosteninformationszentrum; Erläuterungen zu den Tabellen siehe Seite 56   Kosten: 1.Quartal 2018, Bundesdurchschnitt, **inkl. 19% MwSt.**

Instituts- und Laborgebäude

Objektübersicht zur Gebäudeart

€/m² BGF
- min: 1.345 €/m²
- von: 1.805 €/m²
- Mittel: **2.420** €/m²
- bis: 3.140 €/m²
- max: 4.140 €/m²

Kosten:
Stand 1.Quartal 2018
Bundesdurchschnitt
inkl. 19% MwSt.

2200-0036 Laborgebäude für Umweltprüfungen (21 AP)   BRI 11.783m³   BGF 2.620m²   NUF 1.535m²

Laborgebäude für Umweltprüfungen mit Laborarbeitsplätzen und Büroräumen. Massivbau.

Land: Hessen
Kreis: Offenbach
Standard: Durchschnitt
Bauzeit: 43 Wochen
Kennwerte: bis 1.Ebene DIN276

BGF 2.553 €/m²

Planung: Architekturbüro Dipl. Ing. Manfred Lobe; Wiesbaden

veröffentlicht: BKI Objektdaten N13

2200-0039 Laborgebäude (50 AP)   BRI 6.822m³   BGF 1.494m²   NUF 1.075m²

Laborgebäude (S2 und S3 Labore) und Büroräume für Lebensmittel- und Umweltanalysen. Stahlbetonskelettkonstruktion.

Land: Bayern
Kreis: Regensburg
Standard: über Durchschnitt
Bauzeit: 61 Wochen
Kennwerte: bis 1.Ebene DIN276

BGF 2.486 €/m²

Planung: Architekten Brune+Brune; Göttingen

veröffentlicht: BKI Objektdaten N13

2200-0043 Forschungslabor Mikroelektronik*   BRI 60.096m³   BGF 11.757m²   NUF 2.753m²

Forschungslabor der Mikroelektronik mit Reinräumen. Massivbau.

Land: Schleswig-Holstein
Kreis: Steinburg
Standard: Durchschnitt
Bauzeit: 134 Wochen
Kennwerte: bis 1.Ebene DIN276

BGF 2.510 €/m²

Planung: HTP Hidde Timmermann Architekten GmbH; Braunschweig

veröffentlicht: BKI Objektdaten N15
*Nicht in der Auswertung enthalten

7100-0047 Büro-, Laborgebäude, Nanobioanalytik-Zentrum   BRI 21.345m³   BGF 5.553m²   NUF 2.708m²

Büro- und Laborgebäude (Nano-Bioanalytik Zentrum) mit 100 Arbeitsplätzen. Massivbau.

Land: Nordrhein-Westfalen
Kreis: Münster, Stadt
Standard: Durchschnitt
Bauzeit: 78 Wochen
Kennwerte: bis 1.Ebene DIN276

BGF 1.790 €/m²

Planung: Staab Architekten GmbH; Berlin

veröffentlicht: BKI Objektdaten E6

Objektübersicht zur Gebäudeart

2200-0026 Institutsgebäude Fischereiwesen*

BRI 4.548m³ **BGF** 1.112m² **NUF** 524m²

Forschungseinrichtung mit 33 Laborplätzen. Stb-Skelettbau auf Pfahlgründung.

Land: Niedersachsen
Kreis: Cuxhaven
Standard: Durchschnitt
Bauzeit: 69 Wochen
Kennwerte: bis 1.Ebene DIN276

BGF 4.219 €/m² *

Planung: HTP Hidde Timmermann Partnerschaft; Braunschweig

veröffentlicht: BKI Objektdaten N12
*Nicht in der Auswertung enthalten

2200-0029 Verfügungsgebäude Ingenieurwissenschaften

BRI 11.479m³ **BGF** 2.748m² **NUF** 1.505m²

Verfügungsgebäude für angewandte Ingenieurwissenschaften (86 Arbeitsplätze), Büros, Labore, Messräume. Stb-Massivbau.

Land: Saarland
Kreis: Saarbrücken
Standard: Durchschnitt
Bauzeit: 60 Wochen
Kennwerte: bis 1.Ebene DIN276

BGF 2.022 €/m²

Planung: Schneider + Sendelbach Architektenges. mbH; Braunschweig

veröffentlicht: BKI Objektdaten N12

2200-0031 Lehr- und Lernzentrum, Kita (5 Gruppen), Café

BRI 11.481m³ **BGF** 3.453m² **NUF** 1.985m²

Lehr- und Lernzentrum für medizinische Lehre (39 AP) mit Kindertagesstätte (30 Kinder) und Café (28 Sitzplätze). Massivbau.

Land: Hessen
Kreis: Marburg-Biedenkopf
Standard: Durchschnitt
Bauzeit: 47 Wochen
Kennwerte: bis 1.Ebene DIN276

BGF 1.608 €/m²

Planung: Artec Architekten; Marburg

veröffentlicht: BKI Objektdaten N12

2200-0037 Laborgebäude (Hochschule)

BRI 6.167m³ **BGF** 1.485m² **NUF** 986m²

Laborgebäude für eine Hochschule mit 16 Arbeitsplätzen. Massivbau.

Land: Niedersachsen
Kreis: Osnabrück
Standard: über Durchschnitt
Bauzeit: 73 Wochen
Kennwerte: bis 1.Ebene DIN276

BGF 2.780 €/m²

Planung: pbr Planungsbüro Rohling AG; Osnabrück

veröffentlicht: BKI Objektdaten N13

Instituts- und Laborgebäude

€/m² BGF

min	1.345	€/m²
von	1.805	€/m²
Mittel	**2.420**	**€/m²**
bis	3.140	€/m²
max	4.140	€/m²

Kosten:
Stand 1.Quartal 2018
Bundesdurchschnitt
inkl. 19% MwSt.

Objektübersicht zur Gebäudeart

2200-0040 Instituts- und Bibliotheksgebäude (254 AP)   BRI 50.691m³   BGF 12.579m²   NUF 7.888m²

Institutsgebäude der philosophischen Fakultät mit Arbeits- und Seminarräumen sowie Bibliothek, Erweiterungsbau. Stb-Skelettbau in Mischbauweise.

Land: Niedersachsen
Kreis: Göttingen
Standard: über Durchschnitt
Bauzeit: 100 Wochen
Kennwerte: bis 1.Ebene DIN276

BGF   2.064 €/m²

Planung: Architekten Prof. Klaus Sill; Hamburg

veröffentlicht: BKI Objektdaten E6

2200-0045 Zentrum für Medien und Soziale Forschung   BRI 55.951m³   BGF 13.466m²   NUF 7.238m²

Zentrum für Medien und Soziale Forschung mit Tiefgarage (100 STP). Stb-Konstruktion.

Land: Sachsen
Kreis: Mittelsachsen
Standard: über Durchschnitt
Bauzeit: 217 Wochen*
Kennwerte: bis 1.Ebene DIN276

BGF   2.292 €/m²

Planung: Georg Bumiller Ges. von Architekten mbH; Berlin

veröffentlicht: BKI Objektdaten N15
*Nicht in der Auswertung enthalten

7100-0041 Laborgebäude, Büros, Technikum   BRI 3.429m³   BGF 888m²   NUF 660m²

Laborgebäude mit Büroräumen, Produktionsraum, Musterversand. Stahlskelettkonstruktion.

Land: Niedersachsen
Kreis: Verden/Aller
Standard: Durchschnitt
Bauzeit: 30 Wochen
Kennwerte: bis 4.Ebene DIN276

BGF   1.749 €/m²

Planung: aip vügten + partner GmbH; Bremen

veröffentlicht: BKI Objektdaten N11

2200-0030 Forschungszentrum   BRI 22.734m³   BGF 5.579m²   NUF 2.772m²

Forschungszentrum für Pharmakologie, Pharmazie und experimentelle Therapie. Stb-Konstruktion.

Land: Mecklenburg-Vorpommern
Kreis: Greifswald
Standard: über Durchschnitt
Bauzeit: 121 Wochen
Kennwerte: bis 1.Ebene DIN276

BGF   3.364 €/m²

Planung: MHB Planungs- und Ingenieurgesellschaft mbH; Rostock

veröffentlicht: BKI Objektdaten N12

Objektübersicht zur Gebäudeart

2200-0038 Instituts- und Seminargebäude (115 AP) | BRI 22.217m³ | BGF 5.713m² | NUF 3.216m²

Instituts- und Seminargebäude (2 Baukörper) mit Hörsälen, Unterrichtsräumen, Konferenzraum, Seminarräumen und Büros. Stb-Konstruktion.

Land: Schleswig-Holstein
Kreis: Kiel
Standard: Durchschnitt
Bauzeit: 91 Wochen
Kennwerte: bis 1.Ebene DIN276

BGF   1.698 €/m²

Planung: Schnittger Architekten+ Partner GmbH; Kiel

veröffentlicht: BKI Objektdaten N13

2200-0017 Hochschule | BRI 27.429m³ | BGF 7.376m² | NUF 4.804m²

Neubau einer Hochschule mit insgesamt 5 Gebäuden: 3 Atelierhäuser, Zentralgebäude mit Verwaltung und Seminartrakt, zentrales Cafeteria-Gebäude mit Bibliothek. Ateliers: Holzbau; Cafeteria, Verwaltung: Stahlbeton, Mauerwerk.

Land: Nordrhein-Westfalen
Kreis: Rhein-Sieg
Standard: Durchschnitt
Bauzeit: 74 Wochen
Kennwerte: bis 1.Ebene DIN276

BGF   1.653 €/m²

Planung: Freie Planungsgruppe 7; Stuttgart

veröffentlicht: BKI Objektdaten N10

2200-0028 Institutsgebäude | BRI 10.071m³ | BGF 2.289m² | NUF 1.258m²

Institutsgebäude für ein astrophysikalisches Institut mit 48 Arbeitsplätzen. Stb-Konstruktion.

Land: Brandenburg
Kreis: Potsdam
Standard: Durchschnitt
Bauzeit: 78 Wochen
Kennwerte: bis 1.Ebene DIN276

BGF   3.054 €/m²

Planung: BHBVT Gesellschaft von Architekten mbH; Berlin

veröffentlicht: BKI Objektdaten N12

2200-0018 Biotechnologiezentrum | BRI 18.903m³ | BGF 4.495m² | NUF 2.715m²

Biotechnologiezentrum als 2. Bauabschnitt mit Labor- und Büroflächen als Mietflächen für Gründerfirmen. Massivbau.

Land: Bremen
Kreis: Bremen
Standard: Durchschnitt
Bauzeit: 52 Wochen
Kennwerte: bis 1.Ebene DIN276

BGF   2.485 €/m²

Planung: Partnerschaft HTP, Husemann, Timmermann, Hidde; Braunschweig

veröffentlicht: BKI Objektdaten N11

© BKI Baukosteninformationszentrum; Erläuterungen zu den Tabellen siehe Seite 56   Kosten: 1.Quartal 2018, Bundesdurchschnitt, **inkl. 19% MwSt.**

Instituts- und Laborgebäude

€/m² BGF

min	1.345	€/m²
von	1.805	€/m²
Mittel	2.420	€/m²
bis	3.140	€/m²
max	4.140	€/m²

Kosten:
Stand 1.Quartal 2018
Bundesdurchschnitt
inkl. 19% MwSt.

Objektübersicht zur Gebäudeart

2200-0016 Institutsgebäude
BRI 38.640m³   **BGF** 9.061m²   **NUF** 3.734m²

Institutsgebäude für Polymertechnik der Fraunhofer Gesellschaft. Stb-Skelettbau, Pfosten-Riegel-Fassade.

Land: Baden-Württemberg
Kreis: Karlsruhe
Standard: Durchschnitt
Bauzeit: 99 Wochen
Kennwerte: bis 1.Ebene DIN276

BGF 1.965 €/m²

Planung: weinbrenner.single.arabzadeh ArchitektenWerkgemeinschaft; Nürtingen

veröffentlicht: BKI Objektdaten N9

2200-0007 Physikalisches Institut
BRI 1.237m³   **BGF** 277m²   **NUF** 168m²

Forschungslabore, Büroräume. Mauerwerksbau.

Land: Bayern
Kreis: Würzburg
Standard: Durchschnitt
Bauzeit: 52 Wochen
Kennwerte: bis 4.Ebene DIN276

BGF 2.335 €/m²

Planung: Scholz & Völker Architektengemeinschaft; Würzburg

veröffentlicht: BKI Objektdaten N6

2200-0009 Lehr- und Laborgebäude
BRI 10.855m³   **BGF** 2.606m²   **NUF** 1.582m²

Erweiterung der Hochschule mit Labor- und Seminarräumen. Stahlbetonkonstruktion.

Land: Thüringen
Kreis: Weimar
Standard: über Durchschnitt
Bauzeit: 243 Wochen*
Kennwerte: bis 4.Ebene DIN276

BGF 3.144 €/m²

Planung: K+H Architekten Freie Architekten und Stadtplaner; Stuttgart

veröffentlicht: BKI Objektdaten N8
*Nicht in der Auswertung enthalten

Wissenschaft

Medizinische Einrichtungen

Kostenkennwerte für die Kosten des Bauwerks (Kostengruppen 300+400 nach DIN 276)

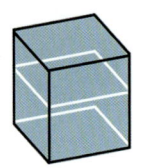

BRI 480 €/m³
von 410 €/m³
bis 570 €/m³

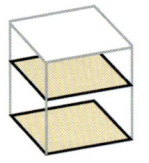

BGF 1.780 €/m²
von 1.480 €/m²
bis 2.110 €/m²

NUF 3.320 €/m²
von 2.550 €/m²
bis 4.890 €/m²

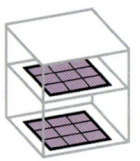

NE 171.030 €/NE
von 115.950 €/NE
bis 243.090 €/NE
NE: Betten

Kosten:
Stand 1.Quartal 2018
Bundesdurchschnitt
inkl. 19% MwSt.

Objektbeispiele

3100-0024

3200-0025

3200-0026

Kosten der 19 Vergleichsobjekte — Seiten 164 bis 168

- ● KKW
- ▶ min
- ▷ von
- | Mittelwert
- ◁ bis
- ◀ max

© BKI Baukosteninformationszentrum; Erläuterungen zu den Tabellen siehe Seite 46   Kosten: 1.Quartal 2018, Bundesdurchschnitt, **inkl. 19% MwSt.**

Kostenkennwerte für die Kostengruppen der 1. und 2. Ebene DIN 276

KG	Kostengruppen der 1. Ebene	Einheit	▷	€/Einheit	◁	▷	% an 300+400	◁
100	Grundstück	m² GF	–	–	–	–	–	–
200	Herrichten und Erschließen	m² GF	10	**25**	46	0,7	**1,2**	2,0
300	Bauwerk - Baukonstruktionen	m² BGF	1.039	**1.262**	1.510	65,4	**71,0**	77,8
400	Bauwerk - Technische Anlagen	m² BGF	384	**519**	704	22,2	**29,0**	34,6
	Bauwerk (300+400)	m² BGF	1.480	**1.780**	2.107		**100,0**	
500	Außenanlagen	m² AF	154	**335**	1.533	3,0	**5,9**	10,4
600	Ausstattung und Kunstwerke	m² BGF	19	**70**	127	1,1	**3,5**	6,0
700	Baunebenkosten*	m² BGF	374	**402**	429	21,2	**22,8**	24,3 ◁ NEU

* Auf Grundlage der HOAI 2013 berechnete Werte nach §§ 35, 52, 56. Weitere Informationen siehe Seite 50

KG	Kostengruppen der 2. Ebene	Einheit	▷	€/Einheit	◁	▷	% an 300	◁
310	Baugrube	m³ BGI	21	**58**	130	1,1	**2,3**	3,9
320	Gründung	m² GRF	261	**328**	454	7,9	**9,9**	10,9
330	Außenwände	m² AWF	378	**501**	571	25,6	**27,8**	31,2
340	Innenwände	m² IWF	143	**197**	224	18,2	**22,7**	25,1
350	Decken	m² DEF	252	**316**	355	12,5	**18,9**	22,3
360	Dächer	m² DAF	219	**363**	436	8,8	**11,3**	15,6
370	Baukonstruktive Einbauten	m² BGF	22	**29**	37	0,0	**1,6**	2,5
390	Sonstige Baukonstruktionen	m² BGF	38	**62**	77	4,8	**5,7**	6,1
300	**Bauwerk Baukonstruktionen**	**m² BGF**					**100,0**	

KG	Kostengruppen der 2. Ebene	Einheit	▷	€/Einheit	◁	▷	% an 400	◁
410	Abwasser, Wasser, Gas	m² BGF	65	**82**	90	14,1	**17,8**	24,2
420	Wärmeversorgungsanlagen	m² BGF	32	**40**	44	6,9	**8,8**	11,9
430	Lufttechnische Anlagen	m² BGF	8	**88**	139	2,1	**16,4**	23,5
440	Starkstromanlagen	m² BGF	146	**172**	221	33,1	**36,0**	41,3
450	Fernmeldeanlagen	m² BGF	42	**52**	71	10,5	**10,6**	10,9
460	Förderanlagen	m² BGF	17	**29**	35	4,7	**6,2**	9,0
470	Nutzungsspezifische Anlagen	m² BGF	–	**36**	–	–	**1,8**	–
480	Gebäudeautomation	m² BGF	9	**19**	28	0,0	**2,1**	3,5
490	Sonstige Technische Anlagen	m² BGF	2	**3**	3	0,1	**0,4**	0,9
400	**Bauwerk Technische Anlagen**	**m² BGF**					**100,0**	

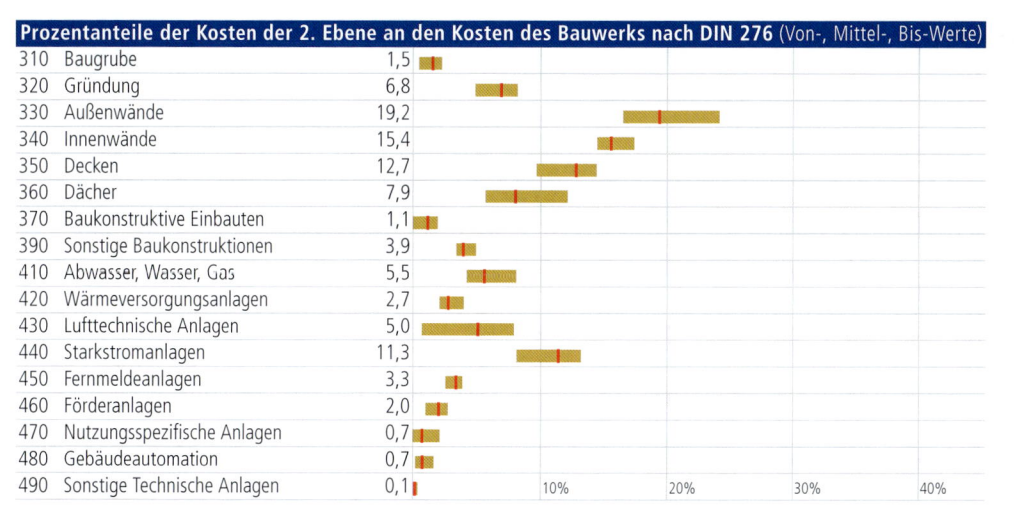

Prozentanteile der Kosten der 2. Ebene an den Kosten des Bauwerks nach DIN 276 (Von-, Mittel-, Bis-Werte)

KG	Kostengruppe	Mittelwert %
310	Baugrube	1,5
320	Gründung	6,8
330	Außenwände	19,2
340	Innenwände	15,4
350	Decken	12,7
360	Dächer	7,9
370	Baukonstruktive Einbauten	1,1
390	Sonstige Baukonstruktionen	3,9
410	Abwasser, Wasser, Gas	5,5
420	Wärmeversorgungsanlagen	2,7
430	Lufttechnische Anlagen	5,0
440	Starkstromanlagen	11,3
450	Fernmeldeanlagen	3,3
460	Förderanlagen	2,0
470	Nutzungsspezifische Anlagen	0,7
480	Gebäudeautomation	0,7
490	Sonstige Technische Anlagen	0,1

© BKI Baukosteninformationszentrum; Erläuterungen zu den Tabellen siehe Seite 48 und 50   Kosten: 1.Quartal 2018, Bundesdurchschnitt, **inkl. 19% MwSt.**

Medizinische Einrichtungen

Kostenkennwerte für Leistungsbereiche nach StLB (Kosten des Bauwerks nach DIN 276)

Kosten: Stand 1. Quartal 2018, Bundesdurchschnitt inkl. 19% MwSt.

LB	Leistungsbereiche	▷	€/m² BGF	◁	▷	% an 300+400	◁
000	Sicherheits-, Baustelleneinrichtungen inkl. 001	56	56	62	3,1	3,1	3,5
002	Erdarbeiten	37	37	53	2,1	2,1	3,0
006	Spezialtiefbauarbeiten inkl. 005	–	8	–	–	0,4	–
009	Entwässerungskanalarbeiten inkl. 011	12	12	18	0,6	0,6	1,0
010	Drän- und Versickerungsarbeiten	–	0	–	–	0,0	–
012	Mauerarbeiten	108	108	155	6,1	6,1	8,7
013	Betonarbeiten	236	265	265	13,3	14,9	14,9
014	Natur-, Betonwerksteinarbeiten	14	14	22	0,8	0,8	1,2
016	Zimmer- und Holzbauarbeiten	7	27	27	0,4	1,5	1,5
017	Stahlbauarbeiten	1	6	6	0,0	0,4	0,4
018	Abdichtungsarbeiten	7	7	10	0,4	0,4	0,6
020	Dachdeckungsarbeiten	–	2	–	–	0,1	–
021	Dachabdichtungsarbeiten	35	48	48	1,9	2,7	2,7
022	Klempnerarbeiten	13	29	29	0,8	1,7	1,7
	Rohbau	619	619	683	34,8	34,8	38,4
023	Putz- und Stuckarbeiten, Wärmedämmsysteme	55	55	70	3,1	3,1	3,9
024	Fliesen- und Plattenarbeiten	16	20	20	0,9	1,1	1,1
025	Estricharbeiten	29	29	34	1,6	1,6	1,9
026	Fenster, Außentüren inkl. 029, 032	105	105	131	5,9	5,9	7,3
027	Tischlerarbeiten	43	43	59	2,4	2,4	3,3
028	Parkettarbeiten, Holzpflasterarbeiten	2	11	11	0,1	0,6	0,6
030	Rollladenarbeiten	10	10	17	0,6	0,6	0,9
031	Metallbauarbeiten inkl. 035	73	73	77	4,1	4,1	4,3
034	Maler- und Lackiererarbeiten inkl. 037	45	45	57	2,5	2,5	3,2
036	Bodenbelagarbeiten	24	34	34	1,3	1,9	1,9
038	Vorgehängte hinterlüftete Fassaden	33	42	42	1,8	2,3	2,3
039	Trockenbauarbeiten	137	137	144	7,7	7,7	8,1
	Ausbau	578	610	610	32,5	34,2	34,2
040	Wärmeversorgungsanl. - Betriebseinr. inkl. 041	34	45	45	1,9	2,5	2,5
042	Gas- und Wasserinstallation, Leitungen inkl. 043	12	16	16	0,7	0,9	0,9
044	Abwasserinstallationsarbeiten - Leitungen	14	20	20	0,8	1,1	1,1
045	GWA-Einrichtungsgegenstände inkl. 046	39	39	47	2,2	2,2	2,6
047	Dämmarbeiten an betriebstechnischen Anlagen	11	13	13	0,6	0,7	0,7
049	Feuerlöschanlagen, Feuerlöschgeräte	–	1	–	–	0,1	–
050	Blitzschutz- und Erdungsanlagen	7	8	8	0,4	0,5	0,5
052	Mittelspannungsanlagen	–	–	–	–	–	–
053	Niederspannungsanlagen inkl. 054	94	113	113	5,3	6,3	6,3
055	Ersatzstromversorgungsanlagen	–	4	–	–	0,2	–
057	Gebäudesystemtechnik	3	11	11	0,2	0,6	0,6
058	Leuchten und Lampen inkl. 059	52	76	76	2,9	4,3	4,3
060	Elektroakustische Anlagen, Sprechanlagen	9	14	14	0,5	0,8	0,8
061	Kommunikationsnetze, inkl. 062	24	24	30	1,4	1,4	1,7
063	Gefahrenmeldeanlagen	21	21	29	1,2	1,2	1,6
069	Aufzüge	35	35	47	2,0	2,0	2,6
070	Gebäudeautomation	2	2	3	0,1	0,1	0,2
075	Raumlufttechnische Anlagen	87	87	137	4,9	4,9	7,7
	Technische Anlagen	436	531	531	24,5	29,8	29,8
	Sonstige Leistungsbereiche inkl. 008, 033, 051	8	28	28	0,5	1,6	1,6

- ● KKW
- ▶ min
- ▷ von
- | Mittelwert
- ◁ bis
- ◀ max

Planungskennwerte für Flächen und Rauminhalte nach DIN 277

Grundflächen			▷	Fläche/NUF (%)	◁	▷	Fläche/BGF (%)	◁
NUF	Nutzungsfläche			100,0		48,4	54,4	60,4
TF	Technikfläche		6,1	7,8	12,5	3,0	4,2	6,1
VF	Verkehrsfläche		34,2	42,1	69,4	17,6	22,9	25,9
NRF	Netto-Raumfläche		139,6	149,9	182,1	77,9	81,5	84,9
KGF	Konstruktions-Grundfläche		28,4	33,9	52,4	15,1	18,5	22,1
BGF	Brutto-Grundfläche		171,5	183,8	240,4		100,0	

Brutto-Rauminhalte			▷	BRI/NUF (m)	◁	▷	BRI/BGF (m)	◁
BRI	Brutto-Rauminhalt		6,23	6,80	8,04	3,54	3,70	3,85

Flächen von Nutzeinheiten			▷	NUF/Einheit (m²)	◁	▷	BGF/Einheit (m²)	◁
Nutzeinheit: Betten			50,84	53,55	73,54	84,44	90,56	130,29

Lufttechnisch behandelte Flächen			▷	Fläche/NUF (%)	◁	▷	Fläche/BGF (%)	◁
Entlüftete Fläche			–	–	–	–	–	–
Be- und entlüftete Fläche			–	12,6	–	–	7,2	–
Teilklimatisierte Fläche			–	–	–	–	–	–
Klimatisierte Fläche			–	–	–	–	–	–

KG	Kostengruppen (2. Ebene)	Einheit	▷	Menge/NUF	◁	▷	Menge/BGF	◁
310	Baugrube	m³ BGI	0,98	1,02	1,02	0,54	0,56	0,56
320	Gründung	m² GRF	0,55	0,63	0,63	0,27	0,35	0,35
330	Außenwände	m² AWF	1,08	1,11	1,11	0,55	0,60	0,60
340	Innenwände	m² IWF	2,28	2,28	2,38	1,18	1,23	1,23
350	Decken	m² DEF	1,06	1,19	1,19	0,63	0,63	0,71
360	Dächer	m² DAF	0,54	0,63	0,63	0,35	0,35	0,40
370	Baukonstruktive Einbauten	m² BGF	1,71	1,84	2,40		1,00	
390	Sonstige Baukonstruktionen	m² BGF	1,71	1,84	2,40		1,00	
300	Bauwerk-Baukonstruktionen	m² BGF	1,71	1,84	2,40		1,00	

Planungskennwerte für Bauzeiten — 19 Vergleichsobjekte

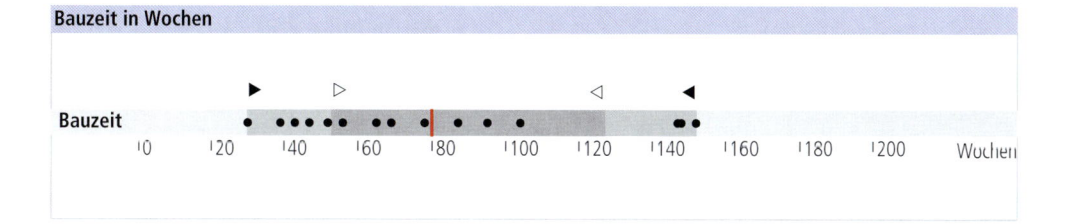

Bauzeit in Wochen

Bauzeit: Scale 0 to 200+ Wochen. Data points clustered around 30–100 with outliers near 150. Markers: ▶ ~30, ▷ ~50, ◁ ~115, ◀ ~140.

© BKI Baukosteninformationszentrum; Erläuterungen zu den Tabellen siehe Seite 54. Kosten: 1.Quartal 2018, Bundesdurchschnitt, inkl. 19% MwSt.

Medizinische Einrichtungen

€/m² BGF
min	1.160 €/m²
von	1.480 €/m²
Mittel	**1.780** €/m²
bis	2.105 €/m²
max	2.385 €/m²

Kosten:
Stand 1.Quartal 2018
Bundesdurchschnitt
inkl. 19% MwSt.

Objektübersicht zur Gebäudeart

3100-0021 Praxis für Allgemeinmedizin
BRI 1.052m³ **BGF** 288m² **NUF** 181m²

Arztpraxis für Allgemeinmedizin mit Behandlungszimmern (4 St) und einem Labor. Mauerwerksbau.

Land: Nordrhein-Westfalen
Kreis: Düren
Standard: Durchschnitt
Bauzeit: 56 Wochen
Kennwerte: bis 1.Ebene DIN276

BGF 1.720 €/m²

Planung: Altgott + Schneiders Architekten; Aachen

veröffentlicht: BKI Objektdaten N15

3100-0024 Praxishaus (7 AP)
BRI 1.231m³ **BGF** 408m² **NUF** 239m²

Praxishaus mit 2 Arztpraxen und 7 Arbeitsplätzen. Massivbau.

Land: Nordrhein-Westfalen
Kreis: Heinsberg
Standard: über Durchschnitt
Bauzeit: 52 Wochen
Kennwerte: bis 1.Ebene DIN276

BGF 1.424 €/m²

Planung: RoA RONGEN ARCHITEKTEN PartG mbB; Wassenberg

vorgesehen: BKI Objektdaten N16

3100-0025 Arztpraxis
BRI 726m³ **BGF** 188m² **NUF** 107m²

Arztpraxis mit Seminarraum. Vorgefertigter Brettsperrholz-Elementbau.

Land: Bayern
Kreis: Bad Tölz
Standard: Durchschnitt
Bauzeit: 30 Wochen
Kennwerte: bis 1.Ebene DIN276

BGF 1.865 €/m²

Planung: Planungsbüro Beham BIAV; Bairawies

vorgesehen: BKI Objektdaten N16

3200-0026 Geriatrische Klinik
BRI 24.600m³ **BGF** 6.198m² **NUF** 3.343m²

Geriatrische Klinik mit 80 Betten und 15 Betten der Tagesklinik. Massivbau.

Land: Brandenburg
Kreis: Frankfurt (Oder)
Standard: Durchschnitt
Bauzeit: 69 Wochen
Kennwerte: bis 1.Ebene DIN276

BGF 2.136 €/m²

Planung: HDR GmbH; Berlin

vorgesehen: BKI Objektdaten N16

Objektübersicht zur Gebäudeart

3100-0028 Ärztehaus (5 Praxen), Apotheke

BRI 14.176m³ **BGF** 3.520m² **NUF** 1.767m²

Ärztehaus mit 5 Arztpraxen und Apotheke. Stahlbeton.

Land: Thüringen
Kreis: Weimarer Land
Standard: Durchschnitt
Bauzeit: 69 Wochen
Kennwerte: bis 1.Ebene DIN276

BGF 1.452 €/m²

Planung: Junk & Reich Architekten BDA Planungsgesellschaft mbH; Weimar

vorgesehen: BKI Objektdaten N16

3200-0022 Geriatrie (88 Betten), Tagesklinik (10 Plätze)

BRI 19.363m³ **BGF** 5.140m² **NUF** 3.209m²

Neubau einer Geriatrie mit 88 Betten und Tagesklinik (10 Plätze). Mauerwerksbau.

Land: Hamburg
Kreis: Hamburg
Standard: Durchschnitt
Bauzeit: 87 Wochen
Kennwerte: bis 1.Ebene DIN276

BGF 1.585 €/m²

Planung: euroterra GmbH architekten ingenieure; Hamburg

veröffentlicht: BKI Objektdaten N15

3500-0004 Rehaklinik für suchtkranke Menschen

BRI 18.113m³ **BGF** 5.383m² **NUF** 3.604m²

Rehaklinik für suchtkranke Menschen. Mauerwerksbau.

Land: Niedersachsen
Kreis: Emsland
Standard: Durchschnitt
Bauzeit: 78 Wochen
Kennwerte: bis 1.Ebene DIN276

BGF 1.487 €/m²

Planung: Hüdepohl Ferner Architektur- und Ingenieurges. mbH; Osnabrück

veröffentlicht: BKI Objektdaten N15

3100-0013 Praxis-Klinik Zahnarzt

BRI 1.296m³ **BGF** 388m² **NUF** 210m²

Zahnarzt-Praxis-Klinik mit Behandlungszimmern (5 St), OP, Röntgen, Warteraum. Mauerwerksbau.

Land: Sachsen-Anhalt
Kreis: Magdeburg
Standard: Durchschnitt
Bauzeit: 39 Wochen
Kennwerte: bis 1.Ebene DIN276

BGF 1.941 €/m²

Planung: Architekturbüro AW GmbH; Magdeburg

veröffentlicht: BKI Objektdaten N12

Medizinische Einrichtungen

Objektübersicht zur Gebäudeart

3200-0023 Psychosomatische Klinik (40 Betten)

BRI 39.727m³ **BGF** 9.443m² **NUF** 4.720m²

Psychosomatische Klinik mit 40 Betten. Stahlbetonskelettbau.

Land: Bayern
Kreis: Schweinfurt
Standard: Durchschnitt
Bauzeit: 152 Wochen
Kennwerte: bis 1.Ebene DIN276

BGF 1.943 €/m²

Planung: Heinle, Wischer und Partner Freie Architekten; Köln

veröffentlicht: BKI Objektdaten N15

3200-0025 Zentrum für Neurologie und Geriatrie (220 Betten)

BRI 67.605m³ **BGF** 16.067m² **NUF** 8.815m²

Klinik für Neurologie mit 220 Betten. Stb-Konstruktion.

Land: Niedersachsen
Kreis: Osnabrück
Standard: Durchschnitt
Bauzeit: 147 Wochen
Kennwerte: bis 1.Ebene DIN276

BGF 2.387 €/m²

Planung: Kossmann Maslo Architekten Planungsgesellschaft mbH + Co.KG; Münster

vorgesehen: BKI Objektdaten N16

3100-0016 Medizinisches Versorgungszentrum (12 AP)

BRI 4.163m³ **BGF** 1.186m² **NUF** 714m²

Medizinisches Zentrum für sozialpsychiatrische Versorgung für Kinder, Jugendliche und ihre Angehörigen. Mauerwerksbau.

Land: Hamburg
Kreis: Hamburg
Standard: Durchschnitt
Bauzeit: 69 Wochen
Kennwerte: bis 3.Ebene DIN276

BGF 1.161 €/m²

Planung: Architekturbüro Prell und Partner; Hamburg

veröffentlicht: BKI Objektdaten N13

3300-0006 Tagesklinik Allgemeinpsychiatrie

BRI 9.500m³ **BGF** 2.370m² **NUF** 1.317m²

Tagesklinik für Geronto- und Allgemeinpsychiatrie. Massivbau.

Land: Nordrhein-Westfalen
Kreis: Viersen
Standard: über Durchschnitt
Bauzeit: 78 Wochen
Kennwerte: bis 3.Ebene DIN276

BGF 1.712 €/m²

Planung: Dr. Schrammen Architekten BDA; Mönchengladbach

veröffentlicht: BKI Objektdaten N13

€/m² BGF

min	1.160 €/m²
von	1.480 €/m²
Mittel	**1.780 €/m²**
bis	2.105 €/m²
max	2.385 €/m²

Kosten:
Stand 1.Quartal 2018
Bundesdurchschnitt
inkl. 19% MwSt.

Objektübersicht zur Gebäudeart

3300-0010 Klinik Psychosomatische Medizin - Effizienzhaus ~59% BRI 13.433m³ BGF 3.530m² NUF 2.076m²

Universitätsklinikum zur ambulanten und stationären Betreuung von Patienten für psychosomatische Medizin und Psychotherapie. Stb-Skelettkonstruktion, Pfosten-Riegel-Konstruktion.

Land: Baden-Württemberg
Kreis: Ulm
Standard: Durchschnitt
Bauzeit: 95 Wochen
Kennwerte: bis 1.Ebene DIN276

BGF 1.655 €/m²

Planung: Tiemann-Petri und Partner Freie Architekten BDA; Stuttgart

veröffentlicht: BKI Objektdaten E7

3100-0010 Tagesklinik Psychiatrie BRI 4.837m³ BGF 1.178m² NUF 644m²

Tagesklinik für Kinder- und Jugendpsychiatrie und Psychotherapie (2 Gruppen, 12 Kinder, 12 Jugendliche). Mauerwerksbau.

Land: Thüringen
Kreis: Wartburgkreis
Standard: Durchschnitt
Bauzeit: 65 Wochen
Kennwerte: bis 1.Ebene DIN276

BGF 2.280 €/m²

Planung: Architektengemeinschaft Schwieger & Ortmann; Göttingen/Mühlhausen

veröffentlicht: BKI Objektdaten N11

3100-0012 Zahnklinik - Effizienzhaus 40 BRI 2.440m³ BGF 748m² NUF 216m²

Arztpraxis mit 5 Behandlungsplätzen. Empfang, Behandlungszimmer, Röntgen, OP. Massivbau.

Land: Hessen
Kreis: Main-Taunus-Kreis
Standard: über Durchschnitt
Bauzeit: 43 Wochen
Kennwerte: bis 1.Ebene DIN276

BGF 2.054 €/m²

Planung: karl gold architekten; Hochheim

veröffentlicht: BKI Objektdaten E5

3200-0019 Krankenhaus (620 Betten)* BRI 331.326m³ BGF 69.636m² NUF 34.821m²

Krankenhaus mit 620 Betten für sämtlichen medizinischen Abteilungen und 13 OPs. Stb-Konstruktion.

Land: Baden-Württemberg
Kreis: Rems-Murr
Standard: über Durchschnitt
Bauzeit: 269 Wochen*
Kennwerte: bis 1.Ebene DIN276

BGF 3.129 €/m²*

Planung: AG: Hascher-Jehle Architektur und Monnerjan-Kast-Walter Architekten

veröffentlicht: BKI Objektdaten N13
*Nicht in der Auswertung enthalten

Medizinische Einrichtungen

€/m² BGF

min	1.160 €/m²
von	1.480 €/m²
Mittel	**1.780 €/m²**
bis	2.105 €/m²
max	2.385 €/m²

Kosten:
Stand 1.Quartal 2018
Bundesdurchschnitt
inkl. 19% MwSt.

Objektübersicht zur Gebäudeart

3300-0004 Zentrum für Psychiatrie
BRI 18.721m³ **BGF** 5.555m² **NUF** 3.186m²

Psychiatrische Einrichtung mit 76 Betten, Eingangshalle, Therapie-, Untersuchungs- und Aufenthaltsräumen. Stb-Skelettbau mit Sichtbeton AW.

Land: Baden-Württemberg
Kreis: Bodenseekreis
Standard: über Durchschnitt
Bauzeit: 104 Wochen
Kennwerte: bis 1.Ebene DIN276

BGF 1.737 €/m²

Planung: huber staudt architekten bda Gesellschaft von Architekten mbH; Berlin

veröffentlicht: BKI Objektdaten N12

3300-0008 Klinik für psychosomatische Medizin (195 Betten)
BRI 65.446m³ **BGF** 18.926m² **NUF** 12.444m²

Klinik für psychosomatische Medizin mit 195 Betten, Eingangshalle, Großküche, Arzt- und Therapieräumen sowie Tiefgarage. Mauerwerksbau.

Land: Schleswig-Holstein
Kreis: Segeberg
Standard: über Durchschnitt
Bauzeit: 148 Wochen
Kennwerte: bis 1.Ebene DIN276

BGF 2.069 €/m²

Planung: Planungsgesellschaft Masur & Partner mbH; Hamburg

veröffentlicht: BKI Objektdaten N13

3100-0007 Ärztehaus, Apotheke
BRI 14.435m³ **BGF** 4.239m² **NUF** 2.950m²

Ärztehaus mit Apotheke und 13 Arztpraxen. Stb-Konstruktion; Stb-Hohlkammerdecken; Stb-Flachdach.

Land: Nordrhein-Westfalen
Kreis: Unna
Standard: über Durchschnitt
Bauzeit: 47 Wochen
Kennwerte: bis 1.Ebene DIN276

BGF 1.415 €/m²

Planung: Köhler Architekten; Dortmund

veröffentlicht: BKI Objektdaten N10

3100-0009 Ärztehaus
BRI 59.759m³ **BGF** 14.797m² **NUF** 6.946m²

Ärztehaus mit medizinischem Versorgungszentrum (ambulante Patientenversorgung). Massivbau.

Land: Bayern
Kreis: Ingolstadt
Standard: Durchschnitt
Bauzeit: 95 Wochen
Kennwerte: bis 3.Ebene DIN276

BGF 1.806 €/m²

Planung: Ludes Generalplaner GmbH Stefan Ludes Architekten; Berlin

veröffentlicht: BKI Objektdaten N11

Gesundheit

Pflegeheime

Kostenkennwerte für die Kosten des Bauwerks (Kostengruppen 300+400 nach DIN 276)

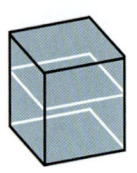

BRI 455 €/m³
von 400 €/m³
bis 545 €/m³

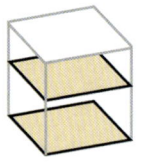

BGF 1.540 €/m²
von 1.290 €/m²
bis 2.120 €/m²

NUF 2.420 €/m²
von 2.030 €/m²
bis 3.210 €/m²

NE 137.320 €/NE
von 94.960 €/NE
bis 258.050 €/NE
NE: Betten

Kosten:
Stand 1.Quartal 2018
Bundesdurchschnitt
inkl. 19% MwSt.

Objektbeispiele

6200-0078

6200-0081

6200-0084

Kosten der 13 Vergleichsobjekte — Seiten 174 bis 177

- ● KKW
- ▶ min
- ▷ von
- | Mittelwert
- ◁ bis
- ◀ max

BRI: €/m³ BRI (100–600)
BGF: €/m² BGF (600–2600)
NUF: €/m² NUF (0–5000)

© BKI Baukosteninformationszentrum; Erläuterungen zu den Tabellen siehe Seite 46 — Kosten: 1.Quartal 2018, Bundesdurchschnitt, **inkl. 19% MwSt.**

Kostenkennwerte für die Kostengruppen der 1. und 2. Ebene DIN 276

KG	Kostengruppen der 1. Ebene	Einheit	▷	€/Einheit	◁	▷	% an 300+400	◁
100	Grundstück	m² GF	–	–	–	–	–	–
200	Herrichten und Erschließen	m² GF	5	**20**	45	0,4	**1,4**	2,6
300	Bauwerk - Baukonstruktionen	m² BGF	839	**1.050**	1.460	58,8	**68,0**	72,3
400	Bauwerk - Technische Anlagen	m² BGF	373	**487**	628	27,7	**32,0**	41,2
	Bauwerk (300+400)	m² BGF	1.291	**1.537**	2.120		**100,0**	
500	Außenanlagen	m² AF	92	**152**	209	3,9	**6,4**	10,2
600	Ausstattung und Kunstwerke	m² BGF	8	**84**	125	1,3	**5,8**	9,1
700	Baunebenkosten*	m² BGF	287	**318**	348	18,3	**20,3**	22,2 ◁ NEU

* Auf Grundlage der HOAI 2013 berechnete Werte nach §§ 35, 52, 56. Weitere Informationen siehe Seite 50

KG	Kostengruppen der 2. Ebene	Einheit	▷	€/Einheit	◁	▷	% an 300	◁
310	Baugrube	m³ BGI	18	**28**	33	1,8	**3,1**	5,5
320	Gründung	m² GRF	126	**310**	404	4,9	**8,8**	10,8
330	Außenwände	m² AWF	427	**535**	696	22,9	**26,7**	32,5
340	Innenwände	m² IWF	198	**210**	217	23,2	**26,8**	28,8
350	Decken	m² DEF	227	**261**	327	21,5	**22,3**	22,7
360	Dächer	m² DAF	227	**262**	312	7,2	**8,7**	11,3
370	Baukonstruktive Einbauten	m² BGF	0	**4**	10	0,0	**0,5**	1,3
390	Sonstige Baukonstruktionen	m² BGF	18	**27**	40	1,8	**3,1**	3,7
300	**Bauwerk Baukonstruktionen**	**m² BGF**					**100,0**	

KG	Kostengruppen der 2. Ebene	Einheit	▷	€/Einheit	◁	▷	% an 400	◁
410	Abwasser, Wasser, Gas	m² BGF	163	**178**	205	25,7	**29,8**	37,7
420	Wärmeversorgungsanlagen	m² BGF	43	**45**	49	6,5	**7,5**	8,0
430	Lufttechnische Anlagen	m² BGF	36	**84**	109	6,6	**13,6**	17,6
440	Starkstromanlagen	m² BGF	109	**117**	122	17,9	**19,4**	20,1
450	Fernmeldeanlagen	m² BGF	60	**69**	75	10,8	**11,4**	12,5
460	Förderanlagen	m² BGF	27	**31**	38	4,8	**5,2**	5,9
470	Nutzungsspezifische Anlagen	m² BGF	56	**78**	120	9,5	**12,7**	18,3
480	Gebäudeautomation	m² BGF	2	**3**	5	0,0	**0,4**	0,6
490	Sonstige Technische Anlagen	m² BGF	1	**1**	2	0,0	**0,2**	0,2
400	**Bauwerk Technische Anlagen**	**m² BGF**					**100,0**	

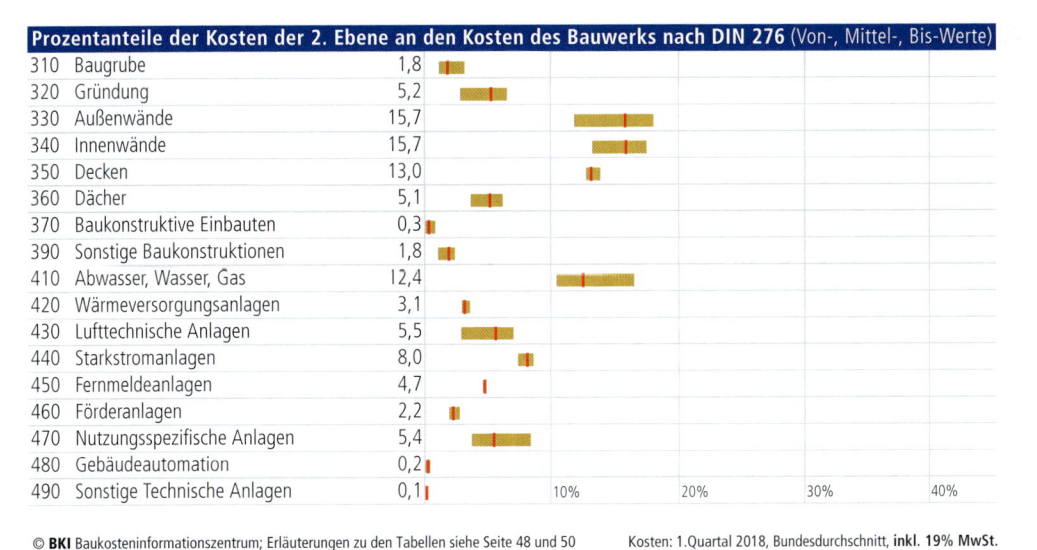

Prozentanteile der Kosten der 2. Ebene an den Kosten des Bauwerks nach DIN 276 (Von-, Mittel-, Bis-Werte)

KG	Bezeichnung	%
310	Baugrube	1,8
320	Gründung	5,2
330	Außenwände	15,7
340	Innenwände	15,7
350	Decken	13,0
360	Dächer	5,1
370	Baukonstruktive Einbauten	0,3
390	Sonstige Baukonstruktionen	1,8
410	Abwasser, Wasser, Gas	12,4
420	Wärmeversorgungsanlagen	3,1
430	Lufttechnische Anlagen	5,5
440	Starkstromanlagen	8,0
450	Fernmeldeanlagen	4,7
460	Förderanlagen	2,2
470	Nutzungsspezifische Anlagen	5,4
480	Gebäudeautomation	0,2
490	Sonstige Technische Anlagen	0,1

© BKI Baukosteninformationszentrum; Erläuterungen zu den Tabellen siehe Seite 48 und 50 — Kosten: 1.Quartal 2018, Bundesdurchschnitt, inkl. 19% MwSt.

Pflegeheime

Kostenkennwerte für Leistungsbereiche nach StLB (Kosten des Bauwerks nach DIN 276)

Kosten:
Stand 1. Quartal 2018
Bundesdurchschnitt
inkl. 19% MwSt.

LB	Leistungsbereiche	▷	€/m² BGF	◁	▷	% an 300+400	◁
000	Sicherheits-, Baustelleneinrichtungen inkl. 001	23	23	28	1,5	1,5	1,8
002	Erdarbeiten	20	34	34	1,3	2,2	2,2
006	Spezialtiefbauarbeiten inkl. 005	–	–	–	–	–	–
009	Entwässerungskanalarbeiten inkl. 011	10	10	15	0,6	0,6	1,0
010	Drän- und Versickerungsarbeiten	–	1	–	–	0,1	–
012	Mauerarbeiten	48	55	55	3,2	3,6	3,6
013	Betonarbeiten	227	245	245	14,8	16,0	16,0
014	Natur-, Betonwerksteinarbeiten	2	7	7	0,1	0,5	0,5
016	Zimmer- und Holzbauarbeiten	4	10	10	0,3	0,6	0,6
017	Stahlbauarbeiten	–	–	–	–	–	–
018	Abdichtungsarbeiten	3	6	6	0,2	0,4	0,4
020	Dachdeckungsarbeiten	–	–	–	–	–	–
021	Dachabdichtungsarbeiten	28	28	29	1,8	1,8	1,9
022	Klempnerarbeiten	7	12	12	0,4	0,8	0,8
	Rohbau	411	432	432	26,8	28,1	28,1
023	Putz- und Stuckarbeiten, Wärmedämmsysteme	21	38	38	1,4	2,5	2,5
024	Fliesen- und Plattenarbeiten	22	35	35	1,5	2,3	2,3
025	Estricharbeiten	22	22	24	1,4	1,4	1,6
026	Fenster, Außentüren inkl. 029, 032	62	91	91	4,0	5,9	5,9
027	Tischlerarbeiten	29	37	37	1,9	2,4	2,4
028	Parkettarbeiten, Holzpflasterarbeiten	2	16	16	0,1	1,0	1,0
030	Rollladenarbeiten	20	20	22	1,3	1,3	1,4
031	Metallbauarbeiten inkl. 035	77	77	81	5,0	5,0	5,2
034	Maler- und Lackiererarbeiten inkl. 037	29	29	32	1,9	1,9	2,1
036	Bodenbelagarbeiten	16	16	23	1,1	1,1	1,5
038	Vorgehängte hinterlüftete Fassaden	–	28	–	–	1,8	–
039	Trockenbauarbeiten	30	68	68	2,0	4,4	4,4
	Ausbau	420	484	484	27,3	31,5	31,5
040	Wärmeversorgungsanl. - Betriebseinr. inkl. 041	35	40	40	2,3	2,6	2,6
042	Gas- und Wasserinstallation, Leitungen inkl. 043	24	24	25	1,6	1,6	1,6
044	Abwasserinstallationsarbeiten - Leitungen	23	28	28	1,5	1,8	1,8
045	GWA-Einrichtungsgegenstände inkl. 046	87	126	126	5,7	8,2	8,2
047	Dämmarbeiten an betriebstechnischen Anlagen	16	16	18	1,0	1,0	1,1
049	Feuerlöschanlagen, Feuerlöschgeräte	–	0	–	–	0,0	–
050	Blitzschutz- und Erdungsanlagen	3	3	4	0,2	0,2	0,2
052	Mittelspannungsanlagen	–	3	–	–	0,2	–
053	Niederspannungsanlagen inkl. 054	60	67	67	3,9	4,3	4,3
055	Ersatzstromversorgungsanlagen	–	1	–	–	0,1	–
057	Gebäudesystemtechnik	–	–	–	–	–	–
058	Leuchten und Lampen inkl. 059	43	50	50	2,8	3,3	3,3
060	Elektroakustische Anlagen, Sprechanlagen	22	22	25	1,4	1,4	1,6
061	Kommunikationsnetze, inkl. 062	14	14	18	0,9	0,9	1,2
063	Gefahrenmeldeanlagen	29	29	36	1,9	1,9	2,3
069	Aufzüge	29	33	33	1,9	2,1	2,1
070	Gebäudeautomation	1	3	3	0,0	0,2	0,2
075	Raumlufttechnische Anlagen	95	95	127	6,2	6,2	8,3
	Technische Anlagen	553	553	589	36,0	36,0	38,3
	Sonstige Leistungsbereiche inkl. 008, 033, 051	55	68	68	3,6	4,4	4,4

● KKW
▶ min
▷ von
| Mittelwert
◁ bis
◀ max

© BKI Baukosteninformationszentrum; Erläuterungen zu den Tabellen siehe Seite 52

Kosten: 1.Quartal 2018, Bundesdurchschnitt, **inkl. 19% MwSt.**

Planungskennwerte für Flächen und Rauminhalte nach DIN 277

Grundflächen			▷ Fläche/NUF (%) ◁			▷ Fläche/BGF (%) ◁		
NUF	Nutzungsfläche			**100,0**		61,7	**63,3**	65,4
TF	Technikfläche		2,1	**2,8**	4,2	1,3	**1,8**	2,6
VF	Verkehrsfläche		25,7	**29,9**	34,4	16,5	**18,9**	21,1
NRF	Netto-Raumfläche		128,0	**132,7**	137,1	82,7	**84,0**	85,3
KGF	Konstruktions-Grundfläche		23,4	**25,2**	27,9	14,7	**16,0**	17,3
BGF	Brutto-Grundfläche		153,7	**157,9**	162,9		**100,0**	

Brutto-Rauminhalte			▷ BRI/NUF (m) ◁			▷ BRI/BGF (m) ◁		
BRI	Brutto-Rauminhalt		5,02	**5,27**	5,53	3,20	**3,35**	3,62

Flächen von Nutzeinheiten			▷ NUF/Einheit (m²) ◁			▷ BGF/Einheit (m²) ◁		
Nutzeinheit: Betten			57,06	**60,80**	89,02	86,84	**95,98**	136,90

Lufttechnisch behandelte Flächen			▷ Fläche/NUF (%) ◁			▷ Fläche/BGF (%) ◁		
Entlüftete Fläche			–	–	–	–	–	–
Be- und entlüftete Fläche			–	**44,5**	–	–	**27,8**	–
Teilklimatisierte Fläche			–	–	–	–	–	–
Klimatisierte Fläche			–	–	–	–	–	–

KG	Kostengruppen (2. Ebene)	Einheit	▷	Menge/NUF	◁	▷	Menge/BGF	◁
310	Baugrube	m³ BGI	1,41	**1,44**	1,44	0,82	**0,88**	0,88
320	Gründung	m² GRF	0,39	**0,43**	0,43	0,26	**0,26**	0,27
330	Außenwände	m² AWF	0,71	**0,71**	0,72	0,43	**0,43**	0,44
340	Innenwände	m² IWF	1,59	**1,83**	1,83	0,99	**1,11**	1,11
350	Decken	m² DEF	1,21	**1,21**	1,24	0,73	**0,74**	0,74
360	Dächer	m² DAF	0,46	**0,46**	0,46	0,28	**0,28**	0,28
370	Baukonstruktive Einbauten	m² BGF	1,54	**1,58**	1,63		**1,00**	
390	Sonstige Baukonstruktionen	m² BGF	1,54	**1,58**	1,63		**1,00**	
300	**Bauwerk-Baukonstruktionen**	m² BGF	1,54	**1,58**	1,63		**1,00**	

Planungskennwerte für Bauzeiten — 13 Vergleichsobjekte

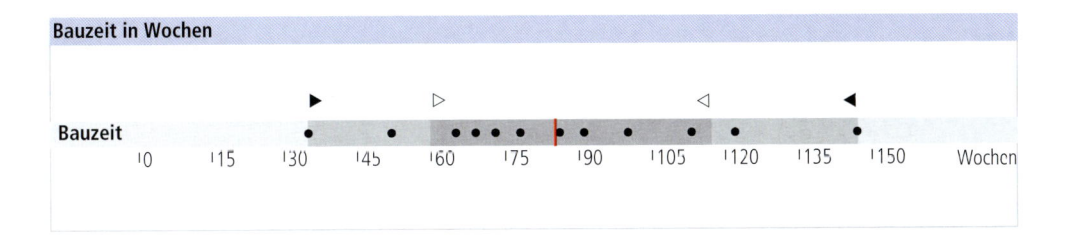

Bauzeit in Wochen

Bauzeit: 10 | 15 | 30 | 45 | 60 | 75 | 90 | 105 | 120 | 135 | 150 Wochen

© BKI Baukosteninformationszentrum; Erläuterungen zu den Tabellen siehe Seite 54   Kosten: 1. Quartal 2018, Bundesdurchschnitt, **inkl. 19% MwSt.**

Pflegeheime

Objektübersicht zur Gebäudeart

6200-0081 Wohnpflegeheim (16 Betten)
BRI 7.976m³ **BGF** 2.407m² **NUF** 1.452m²

Wohnpflegeheim mit 16 Betten und Bereiche für offene Hilfe. Massivbau.

Land: Bayern
Kreis: Memmingen
Standard: Durchschnitt
Bauzeit: 65 Wochen
Kennwerte: bis 1.Ebene DIN276

BGF 1.380 €/m²

Planung: Haindl + Kollegen GmbH; München

vorgesehen: BKI Objektdaten N16

6200-0084 Wohn- und Pflegeheim (28 Betten)
BRI 5.731m³ **BGF** 1.612m² **NUF** 1.017m²

Wohn- und Pflegeheim mit 28 Betten. Stb-Konstruktion.

Land: Baden-Württemberg
Kreis: Neckar-Odenwald-Kreis
Standard: über Durchschnitt
Bauzeit: 73 Wochen
Kennwerte: bis 1.Ebene DIN276

BGF 1.682 €/m²

Planung: Ecker Architekten; Heidelberg

vorgesehen: BKI Objektdaten N16

6200-0078 Pflegewohnheim für Menschen mit Demenz (96 Plätze)
BRI 19.129m³ **BGF** 5.778m² **NUF** 3.768m²

Pflegewohnheim für Menschen mit Demenz mit 96 Pflegeplätzen. Massivbau.

Land: Bayern
Kreis: Forchheim
Standard: Durchschnitt
Bauzeit: 78 Wochen
Kennwerte: bis 1.Ebene DIN276

BGF 1.450 €/m²

Planung: Feddersen Architekten Helmholtzstraße 2-9 Aufgang L; Berlin

veröffentlicht: BKI Objektdaten S2

6200-0060 Kinderhospiz (10 Betten)
BRI 7.654m³ **BGF** 2.208m² **NUF** 1.379m²

Kinderhospiz mit zehn Betten (5 WE), Saal, Elternappartments, Besprechungsräume, gemeinschaftlicher Wohn- und Essbereich, Büroräume. Massivbau.

Land: Hessen
Kreis: Wiesbaden
Standard: Durchschnitt
Bauzeit: 52 Wochen
Kennwerte: bis 1.Ebene DIN276

BGF 1.471 €/m²

Planung: hupfauf thiels architekten bda; Wiesbaden

veröffentlicht: BKI Objektdaten N13

€/m² BGF
min 1.065 €/m²
von 1.290 €/m²
Mittel **1.535** €/m²
bis 2.120 €/m²
max 2.465 €/m²

Kosten:
Stand 1.Quartal 2018
Bundesdurchschnitt
inkl. 19% MwSt.

Objektübersicht zur Gebäudeart

6200-0070 Tagesförderstätte (22 Pflegeplätze) | BRI 2.419m³ | BGF 591m² | NUF 392m²

Tagesförderstätte für Menschen mit Behinderung. Mauerwerksbau.

Land: Schleswig-Holstein
Kreis: Flensburg, Stadt
Standard: Durchschnitt
Bauzeit: 35 Wochen
Kennwerte: bis 1.Ebene DIN276

BGF 2.465 €/m²

Planung: Johannsen und Fuchs; Husum

veröffentlicht: BKI Objektdaten N15

3400-0020 Pflegeheim (90 Betten) | BRI 19.924m³ | BGF 6.517m² | NUF 4.109m²

Pflegeheim mit 90 Betten und 8 altersgerechten Wohnungen. Mauerwerksbau; Stb-Decken; Stb-Flachdach.

Land: Thüringen
Kreis: Jena
Standard: Durchschnitt
Bauzeit: 69 Wochen
Kennwerte: bis 1.Ebene DIN276

BGF 1.319 €/m²

Planung: ICS Ingenieur-Consult Sens GmbH; Jena

veröffentlicht: BKI Objektdaten N10

3400-0022 Seniorenpflegeheim (90 Betten) | BRI 20.482m³ | BGF 6.357m² | NUF 4.187m²

Seniorenpflegeheim mit 90 Betten. Massivbau.

Land: Nordrhein-Westfalen
Kreis: Krefeld
Standard: Durchschnitt
Bauzeit: 100 Wochen
Kennwerte: bis 3.Ebene DIN276

BGF 1.260 €/m²

Planung: DGM Architekten; Krefeld

veröffentlicht: BKI Objektdaten N15

6200-0042 Pflegeheim und Betreutes Wohnen | BRI 45.120m³ | BGF 14.737m² | NUF 9.206m²

Seniorenpflegeheim mit 119 Pflegezimmern und Betreutes Wohnen (79 WE). Im Erdgeschoss befindet sich die Verwaltung, ein Veranstaltungssaal, das Foyer, eine Arztpraxis und ein Friseur. Massivbau.

Land: Berlin
Kreis: Berlin
Standard: Durchschnitt
Bauzeit: 113 Wochen
Kennwerte: bis 1.Ebene DIN276

BGF 1.064 €/m²

Planung: feddersenarchitekten; Berlin

veröffentlicht: BKI Objektdaten N11

Pflegeheime

Objektübersicht zur Gebäudeart

6200-0051 Pflegehospiz (12 Betten)

BRI 4.273m³ | **BGF** 1.071m² | **NUF** 753m²

Pflegehospiz mit 10 Pflegezimmern und 2 Gästezimmern. Mauerwerksbau.

Land: Bayern
Kreis: Bayreuth
Standard: Durchschnitt
Bauzeit: 78 Wochen
Kennwerte: bis 1.Ebene DIN276

BGF 2.210 €/m²

Planung: Becher & Partner Architekten / Innenarchitekten; Bayreuth

veröffentlicht: BKI Objektdaten N12

3400-0019 Pflegewohnheim (60 Betten)*

BRI 15.555m³ | **BGF** 6.494m² | **NUF** 4.354m²

Pflegewohnheim mit Kapelle, 60 vollstationäre Pflegeplätze, nicht unterkellert. Mauerwerksbau; Holzdachkonstruktion.

Land: Nordrhein-Westfalen
Kreis: Paderborn
Standard: Durchschnitt
Bauzeit: 121 Wochen
Kennwerte: bis 1.Ebene DIN276

BGF 910 €/m²

Planung: Schützdeller-Münstermann Architekten; Rheda-Wiedenbrück

veröffentlicht: BKI Objektdaten N10
*Nicht in der Auswertung enthalten

3400-0018 Pflegewohnheim (82 Betten)

BRI 16.649m³ | **BGF** 5.813m² | **NUF** 3.782m²

Pflegewohnheim mit 82 vollstationären Pflegeplätzen. Massivbau; Holzdachkonstruktion.

Land: Nordrhein-Westfalen
Kreis: Bielefeld
Standard: Durchschnitt
Bauzeit: 147 Wochen
Kennwerte: bis 1.Ebene DIN276

BGF 1.200 €/m²

Planung: Schützdeller-Münstermann Architekten; Rheda-Wiedenbrück

veröffentlicht: BKI Objektdaten N10

6200-0036 Alten-und Pflegeheim mit Kita

BRI 10.874m³ | **BGF** 3.268m² | **NUF** 2.038m²

Pflegeheim mit 50 Plätzen, Kita mit 2 Gruppen, Erstellung gemeinsam mit Objekt 6100-0644. Stb-Konstruktion.

Land: Baden-Württemberg
Kreis: Reutlingen
Standard: Durchschnitt
Bauzeit: 86 Wochen
Kennwerte: bis 1.Ebene DIN276

BGF 1.336 €/m²

Planung: Ackermann & Raff Architekten Stadtplaner BDA; Tübingen

veröffentlicht: BKI Objektdaten N9

€/m² BGF
min   1.065 €/m²
von   1.290 €/m²
Mittel **1.535** €/m²
bis   2.120 €/m²
max   2.465 €/m²

Kosten:
Stand 1.Quartal 2018
Bundesdurchschnitt
inkl. 19% MwSt.

Objektübersicht zur Gebäudeart

3400-0016 Seniorenpflegeheim (72 Betten)   BRI 17.087m³   BGF 5.346m²   NUF 3.263m²

Pflegeheim mit 72 Betten, Küche und Wäscherei. Massivbau; Stb-Flachdach.

Land: Baden-Württemberg
Kreis: Zollernalb, Balingen
Standard: Durchschnitt
Bauzeit: 122 Wochen
Kennwerte: bis 3.Ebene DIN276

BGF 1.455 €/m²

Planung: Architekturbüro Walter Haller; Albstadt

veröffentlicht: BKI Objektdaten N10

3400-0021 Altenpflegeheim (80 Betten) - Passivhaus   BRI 15.070m³   BGF 4.908m²   NUF 2.817m²

Altenpflegeheim mit 80 Pflegeplätzen, Passivhausstandard. Massivbau.

Land: Nordrhein-Westfalen
Kreis: Mönchengladbach
Standard: Durchschnitt
Bauzeit: 91 Wochen
Kennwerte: bis 3.Ebene DIN276

BGF 1.692 €/m²

Planung: RONGEN ARCHITEKTEN GmbH; Wassenberg

veröffentlicht: BKI Objektdaten E6

Allgemeinbildende Schulen

Kostenkennwerte für die Kosten des Bauwerks (Kostengruppen 300+400 nach DIN 276)

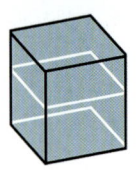

BRI 390 €/m³
von 320 €/m³
bis 465 €/m³

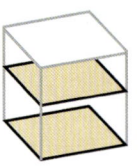

BGF 1.640 €/m²
von 1.360 €/m²
bis 1.990 €/m²

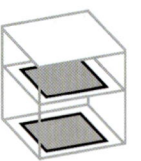

NUF 2.650 €/m²
von 2.090 €/m²
bis 3.380 €/m²

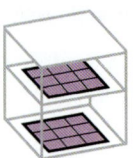

NE 16.990 €/NE
von 10.830 €/NE
bis 26.190 €/NE
NE: Schüler

Kosten:
Stand 1.Quartal 2018
Bundesdurchschnitt
inkl. 19% MwSt.

Objektbeispiele

4100-0162

4100-0183

4100-0168

Kosten der 41 Vergleichsobjekte — Seiten 182 bis 193

- ● KKW
- ▶ min
- ▷ von
- | Mittelwert
- ◁ bis
- ◀ max

BRI — €/m³ BRI
BGF — €/m² BGF
NUF — €/m² NUF

© BKI Baukosteninformationszentrum; Erläuterungen zu den Tabellen siehe Seite 46   Kosten: 1.Quartal 2018, Bundesdurchschnitt, **inkl. 19% MwSt.**

Kostenkennwerte für die Kostengruppen der 1. und 2. Ebene DIN 276

KG	Kostengruppen der 1. Ebene	Einheit	▷	€/Einheit	◁	▷	% an 300+400	◁
100	Grundstück	m² GF	–	–	–	–	–	–
200	Herrichten und Erschließen	m² GF	7	**18**	36	1,6	**5,1**	35,8
300	Bauwerk - Baukonstruktionen	m² BGF	1.027	**1.255**	1.495	72,0	**76,7**	81,2
400	Bauwerk - Technische Anlagen	m² BGF	290	**385**	527	18,8	**23,3**	28,0
	Bauwerk (300+400)	m² BGF	1.361	**1.640**	1.986		**100,0**	
500	Außenanlagen	m² AF	38	**109**	333	3,1	**7,3**	15,3
600	Ausstattung und Kunstwerke	m² BGF	14	**63**	120	0,7	**4,0**	6,8
700	Baunebenkosten*	m² BGF	289	**322**	355	17,7	**19,7**	21,8 ◁ NEU

* Auf Grundlage der HOAI 2013 berechnete Werte nach §§ 35, 52, 56. Weitere Informationen siehe Seite 50

KG	Kostengruppen der 2. Ebene	Einheit	▷	€/Einheit	◁	▷	% an 300	◁
310	Baugrube	m³ BGI	18	**33**	52	1,1	**2,4**	6,1
320	Gründung	m² GRF	263	**372**	515	11,8	**15,6**	23,1
330	Außenwände	m² AWF	449	**637**	879	28,0	**32,1**	35,3
340	Innenwände	m² IWF	262	**311**	344	8,0	**14,7**	19,7
350	Decken	m² DEF	288	**354**	396	3,0	**10,9**	16,3
360	Dächer	m² DAF	292	**381**	454	12,8	**18,0**	26,2
370	Baukonstruktive Einbauten	m² BGF	3	**17**	32	0,1	**1,0**	2,6
390	Sonstige Baukonstruktionen	m² BGF	38	**73**	120	3,2	**5,4**	8,0
300	**Bauwerk Baukonstruktionen**	**m² BGF**					**100,0**	

KG	Kostengruppen der 2. Ebene	Einheit	▷	€/Einheit	◁	▷	% an 400	◁
410	Abwasser, Wasser, Gas	m² BGF	31	**54**	67	13,0	**16,1**	23,2
420	Wärmeversorgungsanlagen	m² BGF	39	**61**	92	8,9	**20,1**	29,1
430	Lufttechnische Anlagen	m² BGF	13	**50**	117	3,6	**11,7**	22,8
440	Starkstromanlagen	m² BGF	82	**104**	154	21,0	**32,3**	41,6
450	Fernmeldeanlagen	m² BGF	8	**21**	31	2,0	**5,9**	10,8
460	Förderanlagen	m² BGF	9	**16**	21	1,1	**3,2**	5,5
470	Nutzungsspezifische Anlagen	m² BGF	18	**55**	93	0,5	**5,5**	15,9
480	Gebäudeautomation	m² BGF	17	**37**	54	0,0	**3,5**	8,9
490	Sonstige Technische Anlagen	m² BGF	3	**10**	26	0,1	**1,6**	13,5
400	**Bauwerk Technische Anlagen**	**m² BGF**					**100,0**	

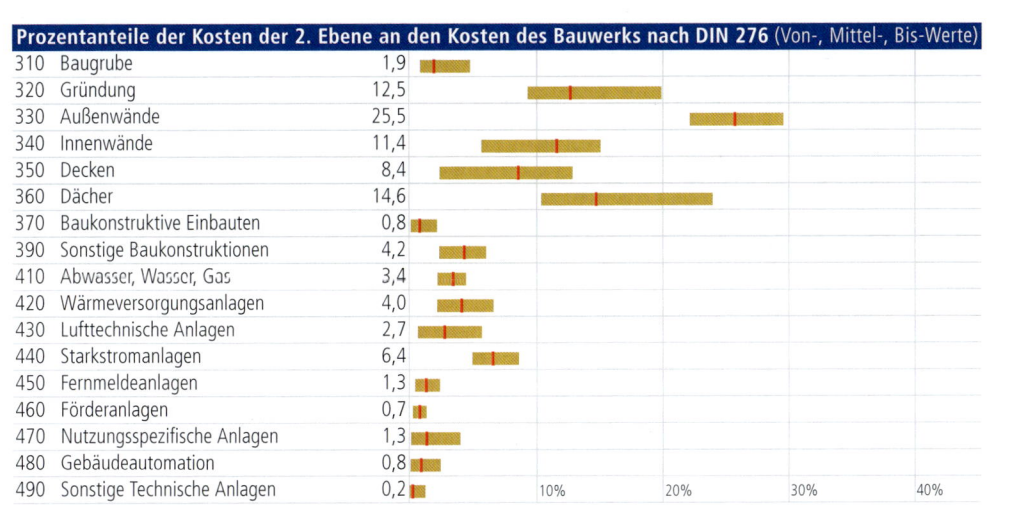

Prozentanteile der Kosten der 2. Ebene an den Kosten des Bauwerks nach DIN 276 (Von-, Mittel-, Bis-Werte)

KG	Kostengruppe	%
310	Baugrube	1,9
320	Gründung	12,5
330	Außenwände	25,5
340	Innenwände	11,4
350	Decken	8,4
360	Dächer	14,6
370	Baukonstruktive Einbauten	0,8
390	Sonstige Baukonstruktionen	4,2
410	Abwasser, Wasser, Gas	3,4
420	Wärmeversorgungsanlagen	4,0
430	Lufttechnische Anlagen	2,7
440	Starkstromanlagen	6,4
450	Fernmeldeanlagen	1,3
460	Förderanlagen	0,7
470	Nutzungsspezifische Anlagen	1,3
480	Gebäudeautomation	0,8
490	Sonstige Technische Anlagen	0,2

© BKI Baukosteninformationszentrum; Erläuterungen zu den Tabellen siehe Seite 48 und 50   Kosten: 1.Quartal 2018, Bundesdurchschnitt, **inkl. 19% MwSt.**

Allgemeinbildende Schulen

Kostenkennwerte für Leistungsbereiche nach StLB (Kosten des Bauwerks nach DIN 276)

Kosten:
Stand 1.Quartal 2018
Bundesdurchschnitt
inkl. 19% MwSt.

LB	Leistungsbereiche	▷	€/m² BGF	◁	▷	% an 300+400	◁
000	Sicherheits-, Baustelleneinrichtungen inkl. 001	37	59	81	2,3	3,6	4,9
002	Erdarbeiten	38	52	104	2,3	3,2	6,3
006	Spezialtiefbauarbeiten inkl. 005	0	12	36	0,0	0,7	2,2
009	Entwässerungskanalarbeiten inkl. 011	0	3	9	0,0	0,2	0,5
010	Drän- und Versickerungsarbeiten	1	3	3	0,0	0,2	0,2
012	Mauerarbeiten	10	33	119	0,6	2,0	7,2
013	Betonarbeiten	170	260	315	10,3	15,8	19,2
014	Natur-, Betonwerksteinarbeiten	0	14	33	0,0	0,9	2,0
016	Zimmer- und Holzbauarbeiten	12	137	572	0,7	8,4	34,9
017	Stahlbauarbeiten	1	17	39	0,0	1,0	2,4
018	Abdichtungsarbeiten	4	11	21	0,2	0,7	1,3
020	Dachdeckungsarbeiten	0	4	4	0,0	0,2	0,2
021	Dachabdichtungsarbeiten	46	64	121	2,8	3,9	7,4
022	Klempnerarbeiten	12	26	59	0,7	1,6	3,6
	Rohbau	584	696	978	35,6	42,4	59,7
023	Putz- und Stuckarbeiten, Wärmedämmsysteme	9	29	73	0,6	1,8	4,4
024	Fliesen- und Plattenarbeiten	5	13	20	0,3	0,8	1,2
025	Estricharbeiten	10	25	31	0,6	1,5	1,9
026	Fenster, Außentüren inkl. 029, 032	171	220	317	10,4	13,4	19,3
027	Tischlerarbeiten	39	77	115	2,4	4,7	7,0
028	Parkettarbeiten, Holzpflasterarbeiten	0	2	8	0,0	0,1	0,5
030	Rollladenarbeiten	2	12	21	0,1	0,7	1,3
031	Metallbauarbeiten inkl. 035	17	66	129	1,1	4,0	7,9
034	Maler- und Lackiererarbeiten inkl. 037	14	24	51	0,9	1,5	3,1
036	Bodenbelagarbeiten	26	35	50	1,6	2,1	3,1
038	Vorgehängte hinterlüftete Fassaden	2	23	71	0,1	1,4	4,3
039	Trockenbauarbeiten	35	74	95	2,1	4,5	5,8
	Ausbau	418	607	677	25,5	37,0	41,3
040	Wärmeversorgungsanl. - Betriebseinr. inkl. 041	34	59	108	2,1	3,6	6,6
042	Gas- und Wasserinstallation, Leitungen inkl. 043	7	13	19	0,4	0,8	1,2
044	Abwasserinstallationsarbeiten - Leitungen	3	12	20	0,2	0,7	1,2
045	GWA-Einrichtungsgegenstände inkl. 046	10	19	35	0,6	1,2	2,1
047	Dämmarbeiten an betriebstechnischen Anlagen	5	16	28	0,3	1,0	1,7
049	Feuerlöschanlagen, Feuerlöschgeräte	0	0	1	0,0	0,0	0,0
050	Blitzschutz- und Erdungsanlagen	2	5	12	0,1	0,3	0,7
052	Mittelspannungsanlagen	–	–	–	–	–	–
053	Niederspannungsanlagen inkl. 054	49	74	129	3,0	4,5	7,9
055	Ersatzstromversorgungsanlagen	0	2	5	0,0	0,1	0,3
057	Gebäudesystemtechnik	–	–	–	–	–	–
058	Leuchten und Lampen inkl. 059	7	29	47	0,4	1,8	2,9
060	Elektroakustische Anlagen, Sprechanlagen	1	4	10	0,0	0,2	0,6
061	Kommunikationsnetze, inkl. 062	1	10	19	0,1	0,6	1,2
063	Gefahrenmeldeanlagen	0	5	9	0,0	0,3	0,5
069	Aufzüge	4	12	20	0,2	0,7	1,2
070	Gebäudeautomation	1	14	38	0,1	0,8	2,3
075	Raumlufttechnische Anlagen	7	39	82	0,5	2,4	5,0
	Technische Anlagen	246	312	359	15,0	19,0	21,9
	Sonstige Leistungsbereiche inkl. 008, 033, 051	6	31	68	0,4	1,9	4,1

● KKW
▶ min
▷ von
| Mittelwert
◁ bis
◀ max

Planungskennwerte für Flächen und Rauminhalte nach DIN 277

Grundflächen		▷	Fläche/NUF (%)	◁	▷	Fläche/BGF (%)	◁
NUF	Nutzungsfläche		100,0		59,2	62,1	68,9
TF	Technikfläche	3,8	5,1	11,3	2,2	3,2	6,0
VF	Verkehrsfläche	25,5	33,3	40,7	15,9	20,7	23,6
NRF	Netto-Raumfläche	130,5	138,4	147,8	83,4	86,0	88,6
KGF	Konstruktions-Grundfläche	18,8	22,5	28,6	11,4	14,0	16,6
BGF	Brutto-Grundfläche	149,4	160,9	173,2		100,0	

Brutto-Rauminhalte		▷	BRI/NUF (m)	◁	▷	BRI/BGF (m)	◁
BRI	Brutto-Rauminhalt	6,14	6,78	7,42	4,00	4,23	4,74

Flächen von Nutzeinheiten	▷	NUF/Einheit (m²)	◁	▷	BGF/Einheit (m²)	◁
Nutzeinheit: Schüler	5,34	6,46	8,65	8,65	10,42	13,31

Lufttechnisch behandelte Flächen	▷	Fläche/NUF (%)	◁	▷	Fläche/BGF (%)	◁
Entlüftete Fläche	–	2,3	–	–	1,3	–
Be- und entlüftete Fläche	134,0	135,6	138,3	77,0	81,4	81,4
Teilklimatisierte Fläche	–	0,4	–	–	0,2	–
Klimatisierte Fläche	–	–	–	–	–	–

KG	Kostengruppen (2. Ebene)	Einheit	▷	Menge/NUF	◁	▷	Menge/BGF	◁
310	Baugrube	m³ BGI	1,76	2,06	2,99	1,01	1,20	1,65
320	Gründung	m² GRF	0,81	0,89	0,99	0,50	0,57	0,59
330	Außenwände	m² AWF	1,05	1,12	1,36	0,65	0,71	0,93
340	Innenwände	m² IWF	0,99	1,11	1,21	0,56	0,68	0,76
350	Decken	m² DEF	0,83	0,86	0,98	0,47	0,50	0,53
360	Dächer	m² DAF	0,86	0,97	1,16	0,53	0,62	0,81
370	Baukonstruktive Einbauten	m² BGF	1,49	1,61	1,73		1,00	
390	Sonstige Baukonstruktionen	m² BGF	1,49	1,61	1,73		1,00	
300	Bauwerk-Baukonstruktionen	m² BGF	1,49	1,61	1,73		1,00	

Planungskennwerte für Bauzeiten — 40 Vergleichsobjekte

Bauzeit in Wochen

Bauzeit: Verteilung zwischen ca. 15 und 135 Wochen, Median bei ca. 75 Wochen.

© BKI Baukosteninformationszentrum; Erläuterungen zu den Tabellen siehe Seite 54 — Kosten: 1. Quartal 2018, Bundesdurchschnitt, inkl. 19% MwSt.

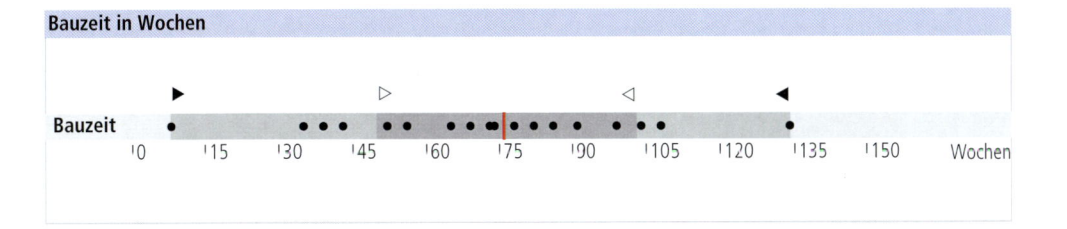

Allgemeinbildende Schulen

€/m² BGF

min	1.140	€/m²
von	1.360	€/m²
Mittel	**1.640**	**€/m²**
bis	1.985	€/m²
max	2.220	€/m²

Kosten:
Stand 1.Quartal 2018
Bundesdurchschnitt
inkl. 19% MwSt.

Objektübersicht zur Gebäudeart

4100-0177 Grundschule (10 Klassen, 280 Schüler) — BRI 7.660m³ | BGF 2.069m² | NUF 1.354m²

Grundschule mit 10 Klassen und 280 Schülern. Mauerwerksbau.

Land: Hamburg
Kreis: Hamburg
Standard: Durchschnitt
Bauzeit: 69 Wochen
Kennwerte: bis 1.Ebene DIN276

BGF 1.173 €/m²

veröffentlicht: BKI Objektdaten S2

4100-0188 Grundschule (10 Klassen, 240 Schüler), Mensa — BRI 11.328m³ | BGF 2.942m² | NUF 1.857m²

Grundschule mit 10 Klassen für 240 Schüler, Mensa. Stb-Konstruktion.

Land: Nordrhein-Westfalen
Kreis: Rhein-Kreis Neuss
Standard: Durchschnitt
Bauzeit: 43 Wochen
Kennwerte: bis 1.Ebene DIN276

BGF 1.273 €/m²

Planung: Werkgemeinschaft Quasten-Mundt; Grevenbroich

vorgesehen: BKI Objektdaten N16

4100-0167 Oberschule (2 Klassen, 40 Schüler) — BRI 606m³ | BGF 178m² | NUF 124m²

Nebengebäude mit neuen Modulen in Holzrahmenbau für 2 Klassen á 20 Schüler.

Land: Niedersachsen
Kreis: Harburg, Winsen/Luhe
Standard: Durchschnitt
Bauzeit: 8 Wochen
Kennwerte: bis 3.Ebene DIN276

BGF 1.345 €/m²

Planung: Bosse Westphal Schäffer Architekten; Winsen/Luhe

vorgesehen: BKI Objektdaten N16

4100-0183 Mittelschule (5 Klassen, 125 Schüler) — BRI 6.921m³ | BGF 1.883m² | NUF 1.199m²

Mittelschule mit 5 Klassen für 125 Schüler. Holzbau, Stb-Wände im Erdreich.

Land: Bayern
Kreis: Eichstätt
Standard: über Durchschnitt
Bauzeit: 52 Wochen
Kennwerte: bis 1.Ebene DIN276

BGF 1.741 €/m²

Planung: ABHD Architekten Beck und Denzinger; Neuburg a.d. Donau

vorgesehen: BKI Objektdaten E8

Objektübersicht zur Gebäudeart

4100-0170 Grundschule (400 Schüler) - Passivhausbauweise
BRI 27.062m³ **BGF** 6.379m² **NUF** 3.037m²

Grundschule in Passivhausbauweise mit 16 Klassen und 400 Schülern. Stahlbetonbau.

Land: Hessen
Kreis: Frankfurt a. Main
Standard: Durchschnitt
Bauzeit: 134 Wochen
Kennwerte: bis 1.Ebene DIN276

BGF 1.608 €/m²

Planung: PFP Planungs GmbH Prof. Jörg Friedrich; Hamburg

veröffentlicht: BKI Objektdaten E7

4100-0178 Gymnasium (6 Klassen), Sporthalle (Einfeldhalle)
BRI 10.393m³ **BGF** 2.094m² **NUF** 1.459m²

Schulerweiterung mit 6 Klassenräumen, Sporthalle und Umkleiden (für Schul- und Vereinssport getrennt). Massivbau.

Land: Hamburg
Kreis: Hamburg
Standard: über Durchschnitt
Bauzeit: 56 Wochen
Kennwerte: bis 1.Ebene DIN276

BGF 1.710 €/m²

Planung: Dohse Architekten; Hamburg

vorgesehen: BKI Objektdaten N16

4100-0179 Gymnasium, Sporthalle - Plusenergiehaus
BRI 81.390m³ **BGF** 16.046m² **NUF** 8.672m²

Gymnasium mit 32 Klassen für 960 Schüler, mit Aula und Dreifeldhalle, als Plusenergiehaus. Holzbau.

Land: Bayern
Kreis: Augsburg
Standard: Durchschnitt
Bauzeit: 104 Wochen
Kennwerte: bis 1.Ebene DIN276

BGF 2.001 €/m²

Planung: H. Kaufmann ZT GmbH & F. Nagler Architekten GmbH; München

vorgesehen: BKI Objektdaten E8

4100-0155 Grundschule (580 Sch), Kindertagesstätte (123 Ki)
BRI 38.200m³ **BGF** 8.154m² **NUF** 5.829m²

Kinderzentrum mit Grundschule (20 Klassen, 580 Schüler), Zweifeldsporthalle und Kindertagesstätte (7 Gruppen, 123 Kinder). Mauerwerksbau.

Land: Schleswig-Holstein
Kreis: Herzogtum Lauenburg
Standard: Durchschnitt
Bauzeit: 69 Wochen
Kennwerte: bis 1.Ebene DIN276

BGF 1.659 €/m²

Planung: Spengler · Wiescholek Architekten Stadtplaner; Hamburg

veröffentlicht: BKI Objektdaten N13

Allgemeinbildende Schulen

€/m² BGF
min	1.140 €/m²
von	1.360 €/m²
Mittel	**1.640** €/m²
bis	1.985 €/m²
max	2.220 €/m²

Kosten:
Stand 1.Quartal 2018
Bundesdurchschnitt
inkl. 19% MwSt.

Objektübersicht zur Gebäudeart

4100-0166 Gymnasium (21 Klassen, 600 Schüler)
BRI 14.908m³ **BGF** 3.666m² **NUF** 2.022m²

Neubau eines Gymnasiums (21 Klassen) für eine Schulerweiterung. Mauerwerksbau.

Land: Schleswig-Holstein
Kreis: Rendsburg-Eckernförde
Standard: Durchschnitt
Bauzeit: 82 Wochen
Kennwerte: bis 1.Ebene DIN276

BGF 1.536 €/m²

Planung: Schüler Architekten Schüler Böller Bahnemann; Rendsburg

veröffentlicht: BKI Objektdaten N15

4100-0169 Mittelschule, Sporthalle - Effizienzhaus ~28%
BRI 40.445m³ **BGF** 8.159m² **NUF** 5.862m²

Mittelschule (12 Klassen, 360 Schüler), Sporthalle (Dreifeldhalle), Effizienzhaus ~28%. Stahlbetonskelettbau.

Land: Bayern
Kreis: Fürstenfeldbruck
Standard: Durchschnitt
Bauzeit: 104 Wochen
Kennwerte: bis 1.Ebene DIN276

BGF 1.621 €/m²

Planung: Hausmann Architekten GmbH; Aachen

veröffentlicht: BKI Objektdaten E7

4100-0154 Gesamtschule (750 Schüler)
BRI 22.185m³ **BGF** 5.486m² **NUF** 2.965m²

Gesamtschule (2. Bauabschnitt) mit 750 Schülern, Naturwissenschaftsräume, Unterrichtsräume, Bibliothek. Stb-Konstruktion.

Land: Brandenburg
Kreis: Oberhavel
Standard: Durchschnitt
Bauzeit: 69 Wochen
Kennwerte: bis 1.Ebene DIN276

BGF 2.094 €/m²

Planung: Fromme + Linsenhoff; Berlin

veröffentlicht: BKI Objektdaten E6

4100-0157 Gymnasium (17 Klassen, 500 Schüler)
BRI 11.529m³ **BGF** 2.798m² **NUF** 1.479m²

Gymnasium (Erweiterungsbau) mit 17 Klassenräumen für 500 Schüler, Betreuungsraum und Lehrerstützpunkt. Massivbauweise.

Land: Hessen
Kreis: Rheingau-Taunus-Kreis
Standard: Durchschnitt
Bauzeit: 78 Wochen
Kennwerte: bis 1.Ebene DIN276

BGF 1.359 €/m²

Planung: Gerhard Guckes & Kollegen; Idstein

veröffentlicht: BKI Objektdaten N13

Objektübersicht zur Gebäudeart

4100-0158 Gemeinschaftsschule (14 Klassen, 336 Schüler)   BRI 13.027m³   BGF 2.776m²   NUF 1.653m²

Erweiterungsbau für 336 Schüler (14 Klassen) für eine Gesamtschule. Massivbau.

Land: Schleswig-Holstein
Kreis: Schleswig-Flensburg
Standard: Durchschnitt
Bauzeit: 74 Wochen
Kennwerte: bis 1.Ebene DIN276

BGF   1.907 €/m²

Planung: petersen pörksen partner architekten + stadtplaner | bda; Lübeck

veröffentlicht: BKI Objektdaten E6

4100-0160 Grundschule (150 Schüler), Hort (100 Kinder)   BRI 4.370m³   BGF 1.227m²   NUF 781m²

Grundschule (6 Klassen) für 150 Kinder und Hort (100 Kinder). Holztafelbau.

Land: Sachsen-Anhalt
Kreis: Magdeburg
Standard: Durchschnitt
Bauzeit: 65 Wochen
Kennwerte: bis 1.Ebene DIN276

BGF   1.331 €/m²

Planung: qbatur Planungsbüro GmbH; Quedlinburg

veröffentlicht: BKI Objektdaten N13

4100-0162 Gesamtschule (10 Klassen, 280 Schüler)   BRI 18.967m³   BGF 4.585m²   NUF 2.319m²

Gesamtschule (10 Klassen) für 280 Schüler. Massivbau.

Land: Sachsen-Anhalt
Kreis: Bernburg, Stadt
Standard: Durchschnitt
Bauzeit: 104 Wochen
Kennwerte: bis 1.Ebene DIN276

BGF   1.903 €/m²

Planung: ARGE Junk&Reich / Hartmann+Helm; Weimar

veröffentlicht: BKI Objektdaten N15

4100-0126 Gebäude für betreute Grundschule (100 Schüler)   BRI 2.260m³   BGF 650m²   NUF 442m²

Gebäude für die betreute Grundschule (100 Schüler). Kinder werden hier außerhalb der Unterrichtszeiten betreut. Mauerwerksbau.

Land: Schleswig-Holstein
Kreis: Stormarn
Standard: Durchschnitt
Bauzeit: 35 Wochen
Kennwerte: bis 1.Ebene DIN276

BGF   1.455 €/m²

Planung: Architekturbüro Gunther Wördemann; Quickborn

veröffentlicht: BKI Objektdaten N11

© BKI Baukosteninformationszentrum; Erläuterungen zu den Tabellen siehe Seite 56   Kosten: 1.Quartal 2018, Bundesdurchschnitt, **inkl. 19% MwSt.**

Allgemeinbildende Schulen

€/m² BGF

min	1.140 €/m²
von	1.360 €/m²
Mittel	**1.640 €/m²**
bis	1.985 €/m²
max	2.220 €/m²

Kosten:
Stand 1.Quartal 2018
Bundesdurchschnitt
inkl. 19% MwSt.

Objektübersicht zur Gebäudeart

4100-0138 Grundschule (10 Klassen, 250 Schüler) - Passivhaus   BRI 11.761m³   BGF 2.333m²   NUF 1.607m²

Grundschule mit 10 Klassen für 250 Schüler. Massivbau.

Land: Schleswig-Holstein
Kreis: Steinburg
Standard: Durchschnitt
Bauzeit: 65 Wochen
Kennwerte: bis 1.Ebene DIN276

BGF 1.386 €/m²

Planung: Butzlaff Tewes Architekten + Ingenieure; Brande-Hörnerkirchen

veröffentlicht: BKI Objektdaten E5

4100-0144 Gymnasium (12 Klassen, 310 Schüler) - Passivhaus   BRI 14.824m³   BGF 4.144m²   NUF 2.527m²

Gymnasium mit 12 Klassen und 310 Schülern. Massivbau.

Land: Hamburg
Kreis: Hamburg
Standard: über Durchschnitt
Bauzeit: 86 Wochen
Kennwerte: bis 1.Ebene DIN276

BGF 1.591 €/m²

Planung: me di um Architekten; Hamburg

veröffentlicht: BKI Objektdaten E5

4100-0147 Grundschule (12 Klassen, 288 Schüler)   BRI 15.614m³   BGF 4.021m²   NUF 2.362m²

Grundschule mit 12 Klassen (288 Schüler), Mensa, Küche und Werkräumen. Massivbau.

Land: Bremen
Kreis: Bremerhaven
Standard: Durchschnitt
Bauzeit: 69 Wochen
Kennwerte: bis 1.Ebene DIN276

BGF 1.625 €/m²

Planung: me di um Architekten; Hamburg

veröffentlicht: BKI Objektdaten E6

4100-0151 Gesamtschule (12 Klassen, 270 Schüler) - Passivhaus   BRI 8.441m³   BGF 2.136m²   NUF 1.324m²

Erweiterungsbau für eine Gesamtschule mit Klassen- und Gruppenräumen (10St), Fachklassenräumen (4St), Bibliothek und Lehrerzimmer. Stb-Konstruktion.

Land: Hessen
Kreis: Groß-Gerau
Standard: über Durchschnitt
Bauzeit: 82 Wochen
Kennwerte: bis 1.Ebene DIN276

BGF 1.537 €/m²

Planung: Thomas Grüninger Architekten BDA; Darmstadt

veröffentlicht: BKI Objektdaten E6

Objektübersicht zur Gebäudeart

4100-0153 Grundschule (6 Klassen, 150 Schüler) - Passivhaus BRI 6.144m³ BGF 1.417m² NUF 913m²

Grundschule(6 Klassen) für 150 Schüler, Bibliothek und Speiseraum als Passivhaus. Mauerwerksbau.

Land: Hessen
Kreis: Offenbach
Standard: über Durchschnitt
Bauzeit: 52 Wochen
Kennwerte: bis 1.Ebene DIN276

BGF 2.189 €/m²

Planung: RitterBauer Architekten GmbH; Aschaffenburg

veröffentlicht: BKI Objektdaten N13

4100-0168 Realschule (400 Schüler) - Effizienzhaus ~66% BRI 18.862m³ BGF 4.510m² NUF 2.530m²

Neubau einer 2,5-zügigen Realschule (286 Schüler) mit Ganztagesbereich, Effizienzhaus ~68%. Stb-Konstruktion.

Land: Baden-Württemberg
Kreis: Stuttgart
Standard: Durchschnitt
Bauzeit: 104 Wochen
Kennwerte: bis 3.Ebene DIN276

BGF 1.855 €/m²

Planung: KBK Architektengesellschaft Belz | Lutz mbH; Stuttgart

veröffentlicht: BKI Objektdaten S2

4100-0124 Grundschule dreizügig (12 Klassen, 304 Schüler) BRI 11.271m³ BGF 2.919m² NUF 1.750m²

Dreizügige Grundschule (12 Klassen, 304 Schüler). Mauerwerksbau.

Land: Mecklenburg-Vorpommern
Kreis: Wismar
Standard: Durchschnitt
Bauzeit: 74 Wochen
Kennwerte: bis 1.Ebene DIN276

BGF 1.139 €/m²

Planung: MHB Planungs- und Ingenieurgesellschaft mbH; Rostock

veröffentlicht: BKI Objektdaten N11

4100-0135 Grundschule (12 Klassen, 350 Schüler) BRI 14.975m³ BGF 3.487m² NUF 2.310m²

Schulgebäude, Grundschule 1-2 geschossig mit Innenhof, Küche, Mensa und Aula. Mauerwerksbau.

Land: Bayern
Kreis: Miltenberg
Standard: Durchschnitt
Bauzeit: 91 Wochen
Kennwerte: bis 1.Ebene DIN276

BGF 1.291 €/m²

Planung: a.i.b - Architekten Ole Brinckmann und Thomas Horn; Gernsheim

veröffentlicht: BKI Objektdaten N12

© **BKI** Baukosteninformationszentrum; Erläuterungen zu den Tabellen siehe Seite 56   Kosten: 1.Quartal 2018, Bundesdurchschnitt, **inkl. 19% MwSt.**

Allgemeinbildende Schulen

Objektübersicht zur Gebäudeart

4100-0139 Grundschule (12 Klassen, 336 Schüler) - Passivhaus
BRI 16.595m³ **BGF** 3.758m² **NUF** 2.128m²

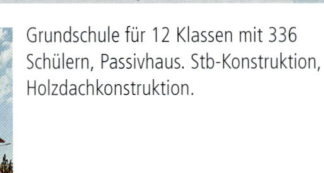

Grundschule für 12 Klassen mit 336 Schülern, Passivhaus. Stb-Konstruktion, Holzdachkonstruktion.

Land: Hessen
Kreis: Frankfurt a. Main
Standard: Durchschnitt
Bauzeit: 78 Wochen
Kennwerte: bis 1.Ebene DIN276

BGF 2.218 €/m²

Planung: Baufrösche Architekten und Stadtplaner GmbH; Kassel

veröffentlicht: BKI Objektdaten E5

4100-0140 Grundschule (4 Klassen) - Passivhaus
BRI 6.570m³ **BGF** 1.557m² **NUF** 980m²

Dreizügige Grundschule mit vier Klassen, Nachmittagsbetreuung und Vollküche mit Speisesaal. Massivbau.

Land: Hessen
Kreis: Frankfurt a. Main
Standard: Durchschnitt
Bauzeit: 99 Wochen
Kennwerte: bis 3.Ebene DIN276

BGF 2.055 €/m²

Planung: EGN Darmstadt mit Hochbauamt der Stadt Frankfurt

veröffentlicht: BKI Objektdaten E5

4100-0145 Grundschule (4 Klassen) Cafeteria - Passivhaus
BRI 7.562m³ **BGF** 1.780m² **NUF** 1.046m²

Grundschule (4 Klassen) mit Fach- und Betreuungsräumen, Vollküche und Speisesaal mit 75 Sitzplätzen. Massivbau.

Land: Hessen
Kreis: Frankfurt a. Main
Standard: Durchschnitt
Bauzeit: 99 Wochen
Kennwerte: bis 3.Ebene DIN276

BGF 2.156 €/m²

Planung: EGN Darmstadt mit Hochbauamt der Stadt Frankfurt

veröffentlicht: BKI Objektdaten E5

4100-0150 Ganztagesschule, Mensa (11 Klassen, 360 Schüler)
BRI 9.714m³ **BGF** 2.636m² **NUF** 1.516m²

Erweiterungsneubau für Ganztagsschule (Gymnasium/Realschule) mit 12 Klassenzimmern, 10 Gruppenräumen und Mensa mit 280 Sitzplätzen. Massivbau.

Land: Nordrhein-Westfalen
Kreis: Bielefeld
Standard: Durchschnitt
Bauzeit: 52 Wochen
Kennwerte: bis 1.Ebene DIN276

BGF 1.494 €/m²

Planung: brüchner-hüttemann pasch bhp Architekten +; Bielefeld

veröffentlicht: BKI Objektdaten E6

€/m² BGF
min 1.140 €/m²
von 1.360 €/m²
Mittel **1.640** €/m²
bis 1.985 €/m²
max 2.220 €/m²

Kosten:
Stand 1.Quartal 2018
Bundesdurchschnitt
inkl. 19% MwSt.

Objektübersicht zur Gebäudeart

4100-0112 Offene Ganztagsschule (65 Schüler)

BRI 1.269m³   **BGF** 304m²   **NUF** 232m²

Offene Ganztagsschule mit drei Klassenräumen, Küche und Sonderbereich. Mauerwerksbau.

Land: Nordrhein-Westfalen
Kreis: Dortmund
Standard: Durchschnitt
Bauzeit: 39 Wochen
Kennwerte: bis 1.Ebene DIN276

BGF   2.135 €/m²

Planung: Görtz Schoeneweiß Architektur; Dortmund

veröffentlicht: BKI Objektdaten N10

4100-0113 Ganztagsgrundschule, Kindertagesstätte*

BRI 15.570m³   **BGF** 4.591m²   **NUF** 2.819m²

Kreativganztagsgrundschule mit Kindertagesstätte und Sporthalle (308 Schüler, 36 Kita-Plätze). Mauerwerksbau.

Land: Mecklenburg-Vorpommern
Kreis: Rostock
Standard: unter Durchschnitt
Bauzeit: 47 Wochen
Kennwerte: bis 1.Ebene DIN276

BGF   763 €/m²

Planung: MHB Planungs- und Ingenieurgesellschaft mbH; Rostock

veröffentlicht: BKI Objektdaten N11
*Nicht in der Auswertung enthalten

4100-0130 Gymnasium, Sporthalle (32 Klassen, 960 Schüler)

BRI 46.387m³   **BGF** 11.708m²   **NUF** 6.972m²

Gymnasium, vierzügig, mit 32 Klassen, Mensa und Turnhalle.
Gymnasium: Stb-Skelettbau
Sporthalle: Stahlskelettbau

Land: Sachsen
Kreis: Dresden
Standard: Durchschnitt
Bauzeit: 91 Wochen
Kennwerte: bis 1.Ebene DIN276

BGF   1.562 €/m²

Planung: ARGE Hartmann+Helm mit Junk & Reich Architekten; Weimar

veröffentlicht: BKI Objektdaten N12

4100-0149 Grundschule (10 Klassen, 250 Schüler)

BRI 5.651m³   **BGF** 1.417m²   **NUF** 835m²

Grundschule für 10 Klassen und 250 Schüler als Ersatzneubau. Stahlbetonkonstruktion.

Land: Nordrhein-Westfalen
Kreis: Düsseldorf
Standard: Durchschnitt
Bauzeit: 39 Wochen
Kennwerte: bis 1.Ebene DIN276

BGF   1.947 €/m²

Planung: pagelhenn architektinnenarchitekt; Hilden

veröffentlicht: BKI Objektdaten N13

© BKI Baukosteninformationszentrum; Erläuterungen zu den Tabellen siehe Seite 56   Kosten: 1.Quartal 2018, Bundesdurchschnitt, **inkl. 19% MwSt.**

Allgemeinbildende Schulen

€/m² BGF

min	1.140 €/m²
von	1.360 €/m²
Mittel	**1.640 €/m²**
bis	1.985 €/m²
max	2.220 €/m²

Kosten:
Stand 1.Quartal 2018
Bundesdurchschnitt
inkl. 19% MwSt.

Objektübersicht zur Gebäudeart

4100-0128 Waldorfschule*
BRI 1.919m³ **BGF** 362m² **NUF** 252m²

Einzelnes Schulgebäude einer Waldorfschule (3 Klassen, Sanitärräume). Der Neubau der Waldorfschule besteht insgesamt aus 5 Einzelgebäuden. Mauerwerksbau.

Land: Schleswig-Holstein
Kreis: Steinburg (Itzehoe)
Standard: Durchschnitt
Bauzeit: 52 Wochen
Kennwerte: bis 1.Ebene DIN276

BGF 1.716 €/m²

Planung: Architekturbüro Prell und Partner; Hamburg

veröffentlicht: BKI Objektdaten N11
*Nicht in der Auswertung enthalten

4100-0078 Gymnasium (10 Klassen, 300 Schüler)
BRI 7.738m³ **BGF** 2.077m² **NUF** 1.262m²

Erweiterung eines Gymnasiums um einen autarken Gebäudeteil mit 10 Klassen, Cafeteria, Pausenhalle, Sanitärraume. Mauerwerksbau; Stb-Filigrandach, Holzpultdachkonstruktion.

Land: Niedersachsen
Kreis: Verden/Aller
Standard: Durchschnitt
Bauzeit: 52 Wochen
Kennwerte: bis 3.Ebene DIN276

BGF 1.374 €/m²

Planung: Fritz-Dieter Tollé Architekt BDB Architekten Stadtplaner Ingenieure; Verden

veröffentlicht: BKI Objektdaten N10

4100-0080 Waldorfschule*
BRI 1.663m³ **BGF** 465m² **NUF** 334m²

Offene Ganztagsschule mit Fachklassen. Mauerwerksbau; Holzdachkonstruktion.

Land: Nordrhein-Westfalen
Kreis: Recklinghausen
Standard: Durchschnitt
Bauzeit: 47 Wochen
Kennwerte: bis 1.Ebene DIN276

BGF 1.053 €/m²

Planung: sws-architekten Harry Schöpke, Elke Wallat-Schöpke; Essen

veröffentlicht: BKI Objektdaten N9
*Nicht in der Auswertung enthalten

4100-0120 Schulzentrum (83 Klassen, 1.800 Schüler), Sporthalle
BRI 106.308m³ **BGF** 28.273m² **NUF** 14.649m²

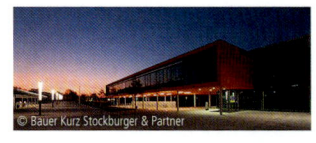

Gymnasium und Fach- und Berufsoberschule mit dreifach Sporthalle, Parkdeck (185 STP), Hausmeisterwohnung (175m² WFL). Stb-Skelettkonstruktion.

Land: Bayern
Kreis: Fürstenfeldbruck
Standard: Durchschnitt
Bauzeit: 108 Wochen
Kennwerte: bis 3.Ebene DIN276

BGF 1.147 €/m²

Planung: Bauer Kurz Stockburger & Partner; München

veröffentlicht: BKI Objektdaten N13

Objektübersicht zur Gebäudeart

4100-0068 Ergänzungsbau offene Ganztagsschule

BRI 8.166m³ **BGF** 1.272m² **NUF** 987m²

Ergänzungsgebäude mit Mensa und Veranstaltungsraum für 400 Schüler, um die Schule als eine offene Ganztagsschule betreiben zu können. Mauerwerksbau.

Land: Schleswig-Holstein
Kreis: Bad Segeberg
Standard: Durchschnitt
Bauzeit: 69 Wochen
Kennwerte: bis 1.Ebene DIN276

BGF 1.457 €/m²

Planung: Architekturbüro Wolfgang Fehrs; Neumünster

veröffentlicht: BKI Objektdaten N9

4100-0069 Freie Ev. Schule

BRI 12.436m³ **BGF** 2.689m² **NUF** 1.611m²

Erweiterungsbau einer Schule. Stahlbetonkonstruktion.

Land: Baden-Württemberg
Kreis: Reutlingen
Standard: Durchschnitt
Bauzeit: 82 Wochen
Kennwerte: bis 3.Ebene DIN276

BGF 1.411 €/m²

Planung: Hartmaier + Partner Freie Architekten; Reutlingen

veröffentlicht: BKI Objektdaten N11

4100-0083 Grundschule (4 Klassen, 100 Schüler)

BRI 3.778m³ **BGF** 1.040m² **NUF** 738m²

Grundschule mit 4 Klassen für 100 Kinder. Mauerwerksbau, Holzdachstuhl.

Land: Nordrhein-Westfalen
Kreis: Herford
Standard: Durchschnitt
Bauzeit: 86 Wochen
Kennwerte: bis 1.Ebene DIN276

BGF 1.194 €/m²

Planung: SITTIG + VOGES Architekten - Stadtplaner; Bovenden

veröffentlicht: BKI Objektdaten N10

4100-0084 Grundschule (4 Klassen, 100 Schüler)

BRI 3.813m³ **BGF** 967m² **NUF** 832m²

Grundschule mit 4 Klassenräumen für 100 Kinder, Mensa mit Küche. Mauerwerksbau, Holzdachstuhl.

Land: Nordrhein-Westfalen
Kreis: Herford
Standard: Durchschnitt
Bauzeit: 73 Wochen
Kennwerte: bis 1.Ebene DIN276

BGF 1.414 €/m²

Planung: SITTIG + VOGES Architekten - Stadtplaner; Bovenden

veröffentlicht: BKI Objektdaten N10

Allgemeinbildende Schulen

Objektübersicht zur Gebäudeart

4100-0101 Grundschule, Turnhalle (8 Klassen, 222 Schüler)

BRI 13.461m³ **BGF** 2.750m² **NUF** 2.028m²

Grundschule (8 Klassen) mit integrierter Turnhalle und offener Ganztagsschule (4 Gruppen). Mauerwerksbau.

Land: Nordrhein-Westfalen
Kreis: Köln
Standard: Durchschnitt
Bauzeit: 108 Wochen
Kennwerte: bis 1.Ebene DIN276

BGF 2.004 €/m²

veröffentlicht: BKI Objektdaten N10

Planung: SCHALLER/THEODOR ARCHITEKTEN BDA; Köln

€/m² BGF
min   1.140 €/m²
von   1.360 €/m²
Mittel **1.640 €/m²**
bis   1.985 €/m²
max   2.220 €/m²

Kosten:
Stand 1.Quartal 2018
Bundesdurchschnitt
inkl. 19% MwSt.

4100-0105 Gymnasium Fachklassentrakt

BRI 20.009m³ **BGF** 4.430m² **NUF** 2.515m²

Fachklassentrakt mit 20 Fachklassen, Selbstlernzentrum, Biblio-Mediothek und Schüler-Café. Realisierung in 2 Bauabschnitten mit dem Objekt: 4100-0106 (Sanierung Bestandsgebäude). Stahlbeton-Skelettbau.

Land: Nordrhein-Westfalen
Kreis: Recklinghausen
Standard: Durchschnitt
Bauzeit: 134 Wochen
Kennwerte: bis 1.Ebene DIN276

BGF 1.869 €/m²

veröffentlicht: BKI Objektdaten N10

Planung: Klein+Neubürger Architekten BDA; Bochum

4100-0061 Pausenhalle, Verbindungsgängen

BRI 1.670m³ **BGF** 325m² **NUF** 253m²

Pausenhalle mit Verbindungsgängen zwischen Schulgebäude und Sporthalle. Multifunktionale Nutzungsmöglichkeiten für Schulfeste, Elternversammlungen, Theateraufführungen oder Ausstellungen. Die Pausenhalle bietet 450 Stehplätze oder 227 Sitzplätze. Die Nutz- und die Verkehrsfläche bilden die Pausenhalle. Mauerwerksbau.

Land: Bayern
Kreis: Freising
Standard: Durchschnitt
Bauzeit: 43 Wochen
Kennwerte: bis 4.Ebene DIN276

BGF 1.669 €/m²

veröffentlicht: BKI Objektdaten N6

Planung: Architekturbüro Hermann Woermann; Freising

4100-0102 Grund- und Hauptschule*

BRI 9.450m³ **BGF** 2.202m² **NUF** 1.374m²

Neubau und Erweiterung einer Grund- und Hauptschule mit Werkrealschule. 13 Klassenräume, Gymnastikraum, Nebenräume. Stahlbetonbau.

Land: Baden-Württemberg
Kreis: Stuttgart
Standard: Durchschnitt
Bauzeit: 69 Wochen
Kennwerte: bis 1.Ebene DIN276

BGF 2.414 €/m² *

veröffentlicht: BKI Objektdaten N10
*Nicht in der Auswertung enthalten

Planung: Lamott und Lamott Freie Architekten BDA; Stuttgart

Objektübersicht zur Gebäudeart

4100-0079 Gymnasium (32 Klassen, 950 Schüler)

BRI 43.338m³   **BGF** 9.558m²   **NUF** 6.234m²

Allgemeinbildende Schule / Gymnasium Foyer, Verwaltung, Unterrichtsräume, Fachräume, Werkstatträume. Mauerwerksbau; Stb-Filigrandecken.

Land: Nordrhein-Westfalen
Kreis: Gütersloh
Standard: über Durchschnitt
Bauzeit: 226 Wochen*
Kennwerte: bis 2.Ebene DIN276

BGF   **1.791 €/m²**

Planung: KNIRR+PITTIG ARCHITEKTEN; Essen

veröffentlicht: BKI Objektdaten N9
*Nicht in der Auswertung enthalten

© **BKI** Baukosteninformationszentrum; Erläuterungen zu den Tabellen siehe Seite 56   Kosten: 1.Quartal 2018, Bundesdurchschnitt, **inkl. 19% MwSt.**

Berufliche Schulen

Kostenkennwerte für die Kosten des Bauwerks (Kostengruppen 300+400 nach DIN 276)

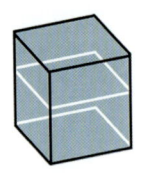

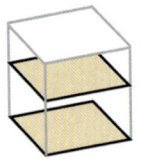

BRI 410 €/m³	**BGF** 1.640 €/m²	**NUF** 2.470 €/m²	**NE** 21.700 €/NE
von 305 €/m³	von 1.290 €/m²	von 1.780 €/m²	von 12.810 €/NE
bis 480 €/m³	bis 2.100 €/m²	bis 3.250 €/m²	bis 40.070 €/NE
			NE: Auszubildende

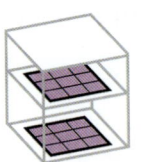

Kosten:
Stand 1.Quartal 2018
Bundesdurchschnitt
inkl. 19% MwSt.

Objektbeispiele

4200-0008
4200-0018 
4200-0017 
4200-0027 
4200-0030 
4200-0022 

Kosten der 8 Vergleichsobjekte — Seiten 198 bis 199

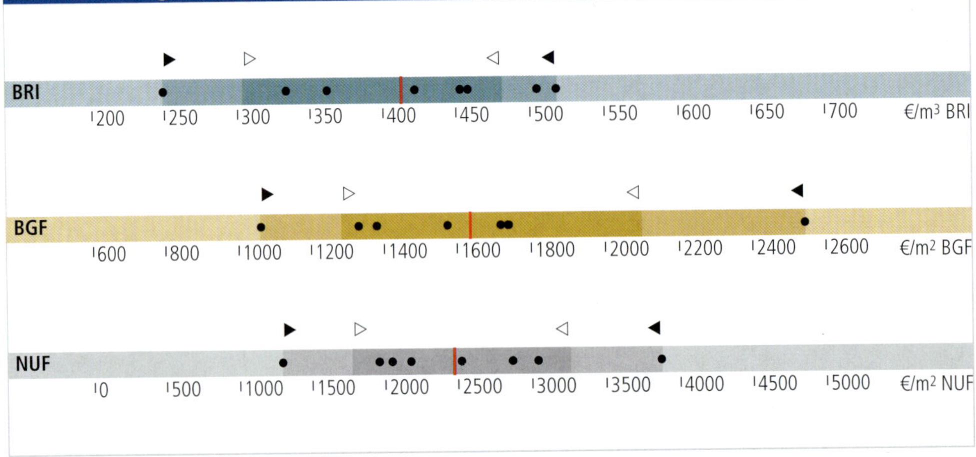

- ● KKW
- ▶ min
- ▷ von
- | Mittelwert
- ◁ bis
- ◀ max

© BKI Baukosteninformationszentrum; Erläuterungen zu den Tabellen siehe Seite 46

Kosten: 1.Quartal 2018, Bundesdurchschnitt, **inkl. 19% MwSt.**

Kostenkennwerte für die Kostengruppen der 1. und 2. Ebene DIN 276

KG	Kostengruppen der 1. Ebene	Einheit	▷	€/Einheit	◁	▷	% an 300+400	◁
100	Grundstück	m² GF	–	–	–	–	–	–
200	Herrichten und Erschließen	m² GF	3	**55**	313	0,6	**2,6**	12,3
300	Bauwerk - Baukonstruktionen	m² BGF	855	**1.155**	1.419	66,7	**70,7**	74,1
400	Bauwerk - Technische Anlagen	m² BGF	361	**481**	654	25,9	**29,3**	33,3
	Bauwerk (300+400)	m² BGF	1.285	**1.636**	2.097		**100,0**	
500	Außenanlagen	m² AF	10	**50**	150	1,0	**3,5**	6,8
600	Ausstattung und Kunstwerke	m² BGF	24	**57**	96	1,0	**3,1**	4,8
700	Baunebenkosten*	m² BGF	276	**307**	338	17,0	**18,9**	20,8 ◁ NEU

Auf Grundlage der HOAI 2013 berechnete Werte nach §§ 35, 52, 56. Weitere Informationen siehe Seite 50

KG	Kostengruppen der 2. Ebene	Einheit	▷	€/Einheit	◁	▷	% an 300	◁
310	Baugrube	m³ BGI	15	**21**	28	1,0	**1,4**	1,9
320	Gründung	m² GRF	170	**212**	269	6,2	**12,6**	22,7
330	Außenwände	m² AWF	526	**599**	687	22,8	**28,8**	37,6
340	Innenwände	m² IWF	188	**277**	332	12,2	**13,8**	19,0
350	Decken	m² DEF	313	**398**	477	0,1	**12,4**	21,5
360	Dächer	m² DAF	272	**373**	501	12,7	**23,4**	40,3
370	Baukonstruktive Einbauten	m² BGF	9	**40**	81	0,5	**2,3**	4,8
390	Sonstige Baukonstruktionen	m² BGF	25	**64**	119	2,4	**5,4**	10,5
300	**Bauwerk Baukonstruktionen**	**m² BGF**					**100,0**	

KG	Kostengruppen der 2. Ebene	Einheit	▷	€/Einheit	◁	▷	% an 400	◁
410	Abwasser, Wasser, Gas	m² BGF	49	**79**	188	11,0	**14,5**	20,5
420	Wärmeversorgungsanlagen	m² BGF	34	**72**	96	8,4	**14,0**	17,2
430	Lufttechnische Anlagen	m² BGF	43	**75**	98	12,2	**15,2**	20,8
440	Starkstromanlagen	m² BGF	109	**135**	159	22,8	**30,7**	57,9
450	Fernmeldeanlagen	m² BGF	31	**38**	47	6,3	**8,0**	10,9
460	Förderanlagen	m² BGF	12	**36**	83	0,5	**3,1**	8,0
470	Nutzungsspezifische Anlagen	m² BGF	6	**61**	119	0,8	**7,8**	20,0
480	Gebäudeautomation	m² BGF	38	**53**	84	1,1	**6,7**	15,5
490	Sonstige Technische Anlagen	m² BGF	1	**2**	3	0,0	**0,1**	0,5
400	**Bauwerk Technische Anlagen**	**m² BGF**					**100,0**	

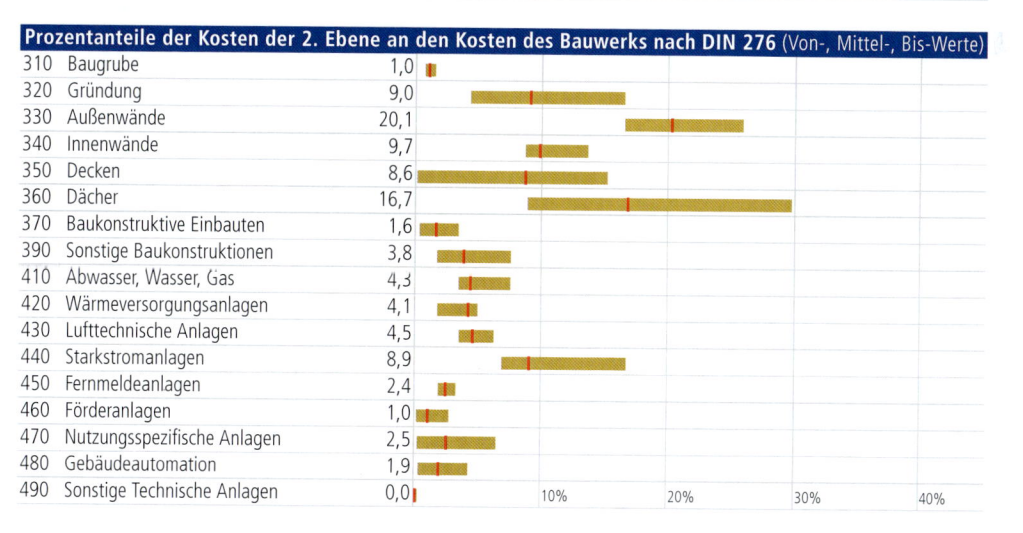

Prozentanteile der Kosten der 2. Ebene an den Kosten des Bauwerks nach DIN 276 (Von-, Mittel-, Bis-Werte)

KG		Mittelwert
310	Baugrube	1,0
320	Gründung	9,0
330	Außenwände	20,1
340	Innenwände	9,7
350	Decken	8,6
360	Dächer	16,7
370	Baukonstruktive Einbauten	1,6
390	Sonstige Baukonstruktionen	3,8
410	Abwasser, Wasser, Gas	4,3
420	Wärmeversorgungsanlagen	4,1
430	Lufttechnische Anlagen	4,5
440	Starkstromanlagen	8,9
450	Fernmeldeanlagen	2,4
460	Förderanlagen	1,0
470	Nutzungsspezifische Anlagen	2,5
480	Gebäudeautomation	1,9
490	Sonstige Technische Anlagen	0,0

© BKI Baukosteninformationszentrum; Erläuterungen zu den Tabellen siehe Seite 48 und 50   Kosten: 1.Quartal 2018, Bundesdurchschnitt, **inkl. 19% MwSt.**

Berufliche Schulen

Kostenkennwerte für Leistungsbereiche nach StLB (Kosten des Bauwerks nach DIN 276)

LB	Leistungsbereiche	▷ €/m² BGF ◁			▷ % an 300+400 ◁		
000	Sicherheits-, Baustelleneinrichtungen inkl. 001	18	53	114	1,1	3,3	7,0
002	Erdarbeiten	18	29	29	1,1	1,8	1,8
006	Spezialtiefbauarbeiten inkl. 005	–	1	–	–	0,1	–
009	Entwässerungskanalarbeiten inkl. 011	6	15	22	0,4	0,9	1,3
010	Drän- und Versickerungsarbeiten	–	0	–	–	0,0	–
012	Mauerarbeiten	8	20	20	0,5	1,2	1,2
013	Betonarbeiten	144	197	283	8,8	12,1	17,3
014	Natur-, Betonwerksteinarbeiten	1	6	14	0,1	0,4	0,8
016	Zimmer- und Holzbauarbeiten	0	178	306	0,0	10,9	18,7
017	Stahlbauarbeiten	6	24	24	0,4	1,5	1,5
018	Abdichtungsarbeiten	0	2	5	0,0	0,1	0,3
020	Dachdeckungsarbeiten	–	2	–	–	0,1	–
021	Dachabdichtungsarbeiten	18	56	114	1,1	3,4	7,0
022	Klempnerarbeiten	5	27	63	0,3	1,6	3,9
	Rohbau	522	610	735	31,9	37,3	44,9
023	Putz- und Stuckarbeiten, Wärmedämmsysteme	0	20	37	0,0	1,2	2,3
024	Fliesen- und Plattenarbeiten	2	14	32	0,1	0,9	1,9
025	Estricharbeiten	11	36	81	0,7	2,2	5,0
026	Fenster, Außentüren inkl. 029, 032	25	100	167	1,5	6,1	10,2
027	Tischlerarbeiten	51	85	131	3,1	5,2	8,0
028	Parkettarbeiten, Holzpflasterarbeiten	0	6	15	0,0	0,3	0,9
030	Rollladenarbeiten	0	13	23	0,0	0,8	1,4
031	Metallbauarbeiten inkl. 035	49	126	231	3,0	7,7	14,1
034	Maler- und Lackiererarbeiten inkl. 037	11	23	39	0,7	1,4	2,4
036	Bodenbelagarbeiten	5	21	21	0,3	1,3	1,3
038	Vorgehängte hinterlüftete Fassaden	11	38	74	0,7	2,3	4,5
039	Trockenbauarbeiten	36	68	68	2,2	4,1	4,1
	Ausbau	481	552	630	29,4	33,8	38,5
040	Wärmeversorgungsanl. - Betriebseinr. inkl. 041	35	57	70	2,1	3,5	4,3
042	Gas- und Wasserinstallation, Leitungen inkl. 043	11	20	32	0,7	1,2	2,0
044	Abwasserinstallationsarbeiten - Leitungen	4	6	9	0,2	0,4	0,5
045	GWA-Einrichtungsgegenstände inkl. 046	3	12	17	0,2	0,7	1,0
047	Dämmarbeiten an betriebstechnischen Anlagen	5	22	51	0,3	1,3	3,1
049	Feuerlöschanlagen, Feuerlöschgeräte	0	1	1	0,0	0,1	0,1
050	Blitzschutz- und Erdungsanlagen	1	8	8	0,1	0,5	0,5
052	Mittelspannungsanlagen	–	–	–	–	–	–
053	Niederspannungsanlagen inkl. 054	67	95	95	4,1	5,8	5,8
055	Ersatzstromversorgungsanlagen	0	1	1	0,0	0,1	0,1
057	Gebäudesystemtechnik	–	–	–	–	–	–
058	Leuchten und Lampen inkl. 059	46	46	49	2,8	2,8	3,0
060	Elektroakustische Anlagen, Sprechanlagen	0	5	9	0,0	0,3	0,6
061	Kommunikationsnetze, inkl. 062	5	16	33	0,3	1,0	2,0
063	Gefahrenmeldeanlagen	5	13	21	0,3	0,8	1,3
069	Aufzüge	2	16	42	0,1	1,0	2,6
070	Gebäudeautomation	5	30	68	0,3	1,9	4,1
075	Raumlufttechnische Anlagen	55	73	100	3,3	4,4	6,1
	Technische Anlagen	389	422	450	23,8	25,8	27,5
	Sonstige Leistungsbereiche inkl. 008, 033, 051	12	53	116	0,7	3,3	7,1

Kosten: Stand 1. Quartal 2018 Bundesdurchschnitt inkl. 19% MwSt.

- ● KKW
- ▶ min
- ▷ von
- | Mittelwert
- ◁ bis
- ◀ max

© BKI Baukosteninformationszentrum; Erläuterungen zu den Tabellen siehe Seite 52

Kosten: 1. Quartal 2018, Bundesdurchschnitt, **inkl. 19% MwSt.**

Planungskennwerte für Flächen und Rauminhalte nach DIN 277

Grundflächen		▷ Fläche/NUF (%) ◁			▷ Fläche/BGF (%) ◁		
NUF	Nutzungsfläche		100,0		63,9	66,6	74,7
TF	Technikfläche	3,3	4,9	6,0	2,2	3,3	3,5
VF	Verkehrsfläche	20,6	28,1	36,6	14,8	18,7	21,9
NRF	Netto-Raumfläche	124,0	133,0	140,5	88,2	88,6	90,1
KGF	Konstruktions-Grundfläche	14,7	17,1	18,4	9,9	11,4	11,8
BGF	Brutto-Grundfläche	138,5	150,1	161,5		100,0	

Brutto-Rauminhalte		▷ BRI/NUF (m) ◁			▷ BRI/BGF (m) ◁		
BRI	Brutto-Rauminhalt	5,71	5,91	6,46	3,67	4,01	4,38

Flächen von Nutzeinheiten	▷ NUF/Einheit (m²) ◁			▷ BGF/Einheit (m²) ◁		
Nutzeinheit: Auszubildende	8,90	11,11	11,91	11,75	14,74	15,39

Lufttechnisch behandelte Flächen	▷ Fläche/NUF (%) ◁			▷ Fläche/BGF (%) ◁		
Entlüftete Fläche	–	1,9	–	–	1,3	–
Be- und entlüftete Fläche	93,5	93,5	93,5	55,6	55,6	55,6
Teilklimatisierte Fläche	–	54,3	–	–	37,4	–
Klimatisierte Fläche	–	–	–	–	–	–

KG	Kostengruppen (2. Ebene)	Einheit	▷ Menge/NUF ◁			▷ Menge/BGF ◁		
310	Baugrube	m³ BGI	1,04	1,32	2,06	0,73	0,88	1,10
320	Gründung	m² GRF	0,77	0,86	0,92	0,58	0,63	0,66
330	Außenwände	m² AWF	0,88	0,91	1,20	0,56	0,60	0,85
340	Innenwände	m² IWF	0,71	0,85	0,94	0,53	0,58	0,63
350	Decken	m² DEF	0,70	0,70	0,80	0,43	0,43	0,50
360	Dächer	m² DAF	0,87	0,98	1,16	0,58	0,72	0,73
370	Baukonstruktive Einbauten	m² BGF	1,39	1,50	1,62		1,00	
390	Sonstige Baukonstruktionen	m² BGF	1,39	1,50	1,62		1,00	
300	**Bauwerk-Baukonstruktionen**	m² BGF	1,39	1,50	1,62		1,00	

Planungskennwerte für Bauzeiten

8 Vergleichsobjekte

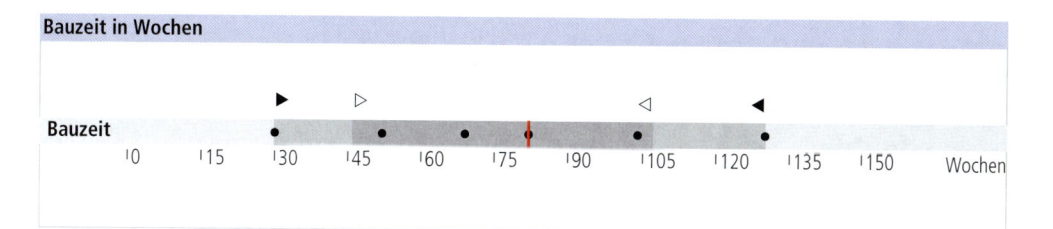

Bauzeit in Wochen

Bauzeit: ▶ ▷ ◁ ◀ (Skala: 10, 15, 30, 45, 60, 75, 90, 105, 120, 135, 150 Wochen)

© BKI Baukosteninformationszentrum; Erläuterungen zu den Tabellen siehe Seite 54   Kosten: 1.Quartal 2018, Bundesdurchschnitt, **inkl. 19% MwSt.**

Berufliche Schulen

€/m² BGF
min	1.060	€/m²
von	1.285	€/m²
Mittel	**1.635**	**€/m²**
bis	2.095	€/m²
max	2.545	€/m²

Kosten:
Stand 1.Quartal 2018
Bundesdurchschnitt
inkl. 19% MwSt.

Objektübersicht zur Gebäudeart

4200-0030 Berufliche Schule (42 Klassen, 1.590 Azubis)
BRI 40.176m³ | BGF 10.472m² | NUF 7.211m²

Kaufmännische Berufsschule mit 42 Klassen für 1.240 Schüler (Teilzeit) und 350 Schüler (Vollzeit). Tiefgarage (52 Plätze). Massivbau.

Land: Bayern
Kreis: Nürnberg, Stadt
Standard: Durchschnitt
Bauzeit: 104 Wochen
Kennwerte: bis 1.Ebene DIN276

BGF 1.737 €/m²

Planung: Michel + Wolf + Partner Freie Architekten BDA; Stuttgart

veröffentlicht: BKI Objektdaten N13

4200-0022 Unterrichts- und Werkstattgebäude (50 Azubis)
BRI 5.548m³ | BGF 1.302m² | NUF 1.067m²

Unterrichts- und Werkstattgebäude für die Fachbereiche Bau- und Holztechnik der berufsbildenden Schulen. Holzrahmenbau.

Land: Niedersachsen
Kreis: Lüchow-Dannenberg
Standard: Durchschnitt
Bauzeit: 30 Wochen
Kennwerte: bis 3.Ebene DIN276

BGF 1.061 €/m²

Planung: ralf pohlmann : architekten; Waddeweitz

veröffentlicht: BKI Objektdaten N13

4200-0021 Kompetenzzentrum
BRI 16.850m³ | BGF 4.417m² | NUF 3.111m²

Neubau für berufsbezogene Aus- und Weiterbildung als Kompetenzzentrum im Bereich Hochtechnologie und Solarwirtschaft. Stb-Fertigteilbau.

Land: Thüringen
Kreis: Erfurt
Standard: Durchschnitt
Bauzeit: 52 Wochen
Kennwerte: bis 1.Ebene DIN276

BGF 1.380 €/m²

Planung: hks ARCHITEKTEN + GESAMTPLANER GmbH; Erfurt

veröffentlicht: BKI Objektdaten N10

4200-0027 Berufliche Schule (450 Azubis) - Passivhaus
BRI 7.300m³ | BGF 2.341m² | NUF 1.284m²

Berufliche Schule mit 18 Klassen für 450 Schüler als Passivhaus. Stb-Konstruktion.

Land: Hessen
Kreis: Wiesbaden
Standard: Durchschnitt
Bauzeit: 82 Wochen
Kennwerte: bis 1.Ebene DIN276

BGF 1.574 €/m²

Planung: hupfauf thiels architekten bda; Wiesbaden

veröffentlicht: BKI Objektdaten E6

Objektübersicht zur Gebäudeart

4200-0017 Berufliche Oberschule (224 Azubis)   BRI 9.087m³   BGF 2.393m²   NUF 1.369m²

Schulgebäude einer Fachober- und Berufsoberschule als eigenständige Erweiterung. Holzkonstruktion.

Land: Bayern
Kreis: Rosenheim
Standard: Durchschnitt
Bauzeit: 82 Wochen
Kennwerte: bis 3.Ebene DIN276

BGF   **1.739 €/m²**

Planung: Kröff Architekten-Diplomingenieure; Wasserburg

veröffentlicht: BKI Objektdaten N10

4200-0008 Berufliche Schule   BRI 54.163m³   BGF 17.152m²   NUF 10.501m²

Kaufmännische Berufsschule, Wirtschaftsschule, Kaufmännische Berufskollegs, Wirtschaftsgymnasium, Tiefgarage mit 148 Stellplätzen. Stb-Konstruktion.

Land: Baden-Württemberg
Kreis: Biberach/Riß
Standard: über Durchschnitt
Bauzeit: 104 Wochen
Kennwerte: bis 3.Ebene DIN276

BGF   **1.331 €/m²**

Planung: Projektgemeinschaft ELWERT&STOTTELE; Ravensburg

veröffentlicht: BKI Objektdaten N11

4200-0018 Gewerbliche Schule   BRI 11.551m³   BGF 2.350m²   NUF 1.544m²

Technisches Gymnasium, Berufskollegs, Fachschule für Maschinen- und Bautechnik, Meisterschule Maurer/Betonbauer und Zimmerer, Berufsfachschulen für Bau-, Elektro-, Metall- und Fahrzeugtechnik, Berufsvorbereitungsjahr, Berufseinstiegsjahr. Massivbau.

Land: Baden-Württemberg
Kreis: Biberach/Riß
Standard: über Durchschnitt
Bauzeit: 69 Wochen
Kennwerte: bis 3.Ebene DIN276

BGF   **2.543 €/m²**

Planung: Projektgemeinschaft ELWERT&STOTTELE; Ravensburg

veröffentlicht: BKI Objektdaten N11

4200-0013 Überbetriebliches Bildungszentrum, Hallen   BRI 22.538m³   BGF 4.375m²   NUF 3.672m²

Ausbildungszentrum mit 160 Ausbildungsplätzen. Stahlbetonskelettbau.

Land: Brandenburg
Kreis: Cottbus
Standard: Durchschnitt
Bauzeit: 130 Wochen
Kennwerte: bis 4.Ebene DIN276

BGF   **1.718 €/m²**

Planung: Architekten BDA Richter Altmann Jyrch; Cottbus

veröffentlicht: BKI Objektdaten N7

© **BKI** Baukosteninformationszentrum; Erläuterungen zu den Tabellen siehe Seite 56   Kosten: 1.Quartal 2018, Bundesdurchschnitt, **inkl. 19% MwSt.**

Förder- und Sonderschulen

Kostenkennwerte für die Kosten des Bauwerks (Kostengruppen 300+400 nach DIN 276)

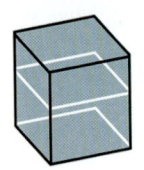

BRI 405 €/m³
von 340 €/m³
bis 510 €/m³

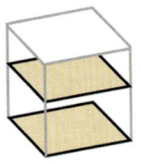

BGF 1.700 €/m²
von 1.460 €/m²
bis 1.960 €/m²

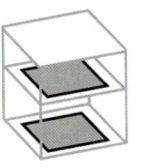

NUF 2.870 €/m²
von 2.310 €/m²
bis 3.490 €/m²

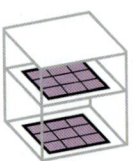

NE 113.530 €/NE
von 62.700 €/NE
bis 282.580 €/NE
NE: Schüler

Kosten:
Stand 1. Quartal 2018
Bundesdurchschnitt
inkl. 19% MwSt.

Objektbeispiele

4300-0023

4300-0022

4300-0021

Kosten der 11 Vergleichsobjekte — Seiten 204 bis 206

- ● KKW
- ▶ min
- ▷ von
- | Mittelwert
- ◁ bis
- ◀ max

BRI (€/m³ BRI)

BGF (€/m² BGF)

NUF (€/m² NUF)

© BKI Baukosteninformationszentrum; Erläuterungen zu den Tabellen siehe Seite 46 — Kosten: 1. Quartal 2018, Bundesdurchschnitt, **inkl. 19% MwSt.**

Kostenkennwerte für die Kostengruppen der 1. und 2. Ebene DIN 276

KG	Kostengruppen der 1. Ebene	Einheit	▷	€/Einheit	◁	▷	% an 300+400	◁
100	Grundstück	m² GF	–	–	–	–	–	–
200	Herrichten und Erschließen	m² GF	5	**13**	70	0,5	**1,1**	1,6
300	Bauwerk - Baukonstruktionen	m² BGF	1.074	**1.292**	1.477	72,2	**75,9**	80,0
400	Bauwerk - Technische Anlagen	m² BGF	349	**410**	554	20,0	**24,1**	27,8
	Bauwerk (300+400)	m² BGF	1.462	**1.702**	1.955		**100,0**	
500	Außenanlagen	m² AF	68	**283**	1.967	3,1	**7,4**	13,1
600	Ausstattung und Kunstwerke	m² BGF	3	**16**	80	0,2	**1,0**	4,7
700	Baunebenkosten*	m² BGF	338	**362**	386	19,8	**21,3**	22,7 ◁ NEU

* Auf Grundlage der HOAI 2013 berechnete Werte nach §§ 35, 52, 56. Weitere Informationen siehe Seite 50

KG	Kostengruppen der 2. Ebene	Einheit	▷	€/Einheit	◁	▷	% an 300	◁
310	Baugrube	m³ BGI	21	**28**	49	0,9	**2,1**	3,2
320	Gründung	m² GRF	273	**334**	482	9,0	**11,3**	14,4
330	Außenwände	m² AWF	419	**599**	736	22,4	**27,2**	30,8
340	Innenwände	m² IWF	227	**278**	390	17,3	**19,3**	21,6
350	Decken	m² DEF	330	**378**	424	8,3	**15,3**	19,1
360	Dächer	m² DAF	277	**361**	438	12,6	**15,5**	19,2
370	Baukonstruktive Einbauten	m² BGF	19	**45**	83	1,3	**3,3**	6,2
390	Sonstige Baukonstruktionen	m² BGF	60	**82**	126	4,9	**6,0**	7,7
300	**Bauwerk Baukonstruktionen**	**m² BGF**					**100,0**	

KG	Kostengruppen der 2. Ebene	Einheit	▷	€/Einheit	◁	▷	% an 400	◁
410	Abwasser, Wasser, Gas	m² BGF	46	**70**	89	12,8	**17,3**	20,5
420	Wärmeversorgungsanlagen	m² BGF	57	**89**	133	16,7	**21,9**	34,7
430	Lufttechnische Anlagen	m² BGF	12	**25**	51	3,1	**6,2**	11,0
440	Starkstromanlagen	m² BGF	100	**136**	205	23,3	**33,7**	41,4
450	Fernmeldeanlagen	m² BGF	18	**28**	41	3,8	**7,4**	10,5
460	Förderanlagen	m² BGF	13	**25**	37	2,2	**5,5**	9,9
470	Nutzungsspezifische Anlagen	m² BGF	3	**16**	48	0,9	**4,0**	11,5
480	Gebäudeautomation	m² BGF	7	**17**	26	1,1	**3,8**	6,9
490	Sonstige Technische Anlagen	m² BGF	0	**2**	4	0,0	**0,2**	1,2
400	**Bauwerk Technische Anlagen**	**m² BGF**					**100,0**	

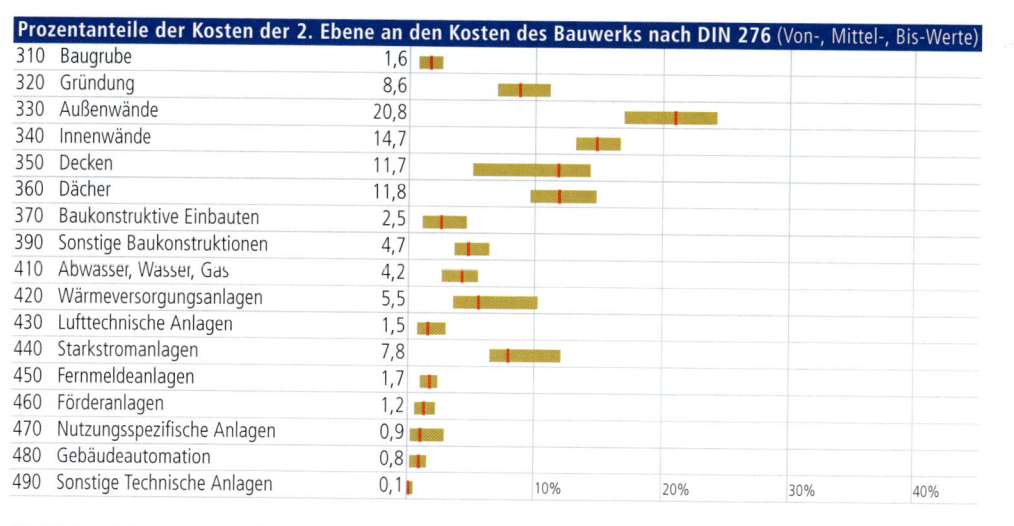

Prozentanteile der Kosten der 2. Ebene an den Kosten des Bauwerks nach DIN 276 (Von-, Mittel-, Bis-Werte)

KG		Mittelwert
310	Baugrube	1,6
320	Gründung	8,6
330	Außenwände	20,8
340	Innenwände	14,7
350	Decken	11,7
360	Dächer	11,8
370	Baukonstruktive Einbauten	2,5
390	Sonstige Baukonstruktionen	4,7
410	Abwasser, Wasser, Gas	4,2
420	Wärmeversorgungsanlagen	5,5
430	Lufttechnische Anlagen	1,5
440	Starkstromanlagen	7,8
450	Fernmeldeanlagen	1,7
460	Förderanlagen	1,2
470	Nutzungsspezifische Anlagen	0,9
480	Gebäudeautomation	0,8
490	Sonstige Technische Anlagen	0,1

© **BKI** Baukosteninformationszentrum; Erläuterungen zu den Tabellen siehe Seite 48 und 50   Kosten: 1.Quartal 2018, Bundesdurchschnitt, **inkl. 19% MwSt.**

Förder- und Sonderschulen

Kostenkennwerte für Leistungsbereiche nach StLB (Kosten des Bauwerks nach DIN 276)

Kosten: Stand 1.Quartal 2018 Bundesdurchschnitt inkl. 19% MwSt.

LB	Leistungsbereiche	▷ €/m² BGF		◁	▷ % an 300+400		◁
000	Sicherheits-, Baustelleneinrichtungen inkl. 001	56	**70**	87	3,3	**4,1**	5,1
002	Erdarbeiten	22	**42**	70	1,3	**2,5**	4,1
006	Spezialtiefbauarbeiten inkl. 005	0	**11**	11	0,0	**0,6**	0,6
009	Entwässerungskanalarbeiten inkl. 011	2	**14**	39	0,1	**0,8**	2,3
010	Drän- und Versickerungsarbeiten	0	**3**	5	0,0	**0,2**	0,3
012	Mauerarbeiten	3	**40**	84	0,2	**2,4**	4,9
013	Betonarbeiten	254	**325**	361	14,9	**19,1**	21,2
014	Natur-, Betonwerksteinarbeiten	0	**4**	10	0,0	**0,2**	0,6
016	Zimmer- und Holzbauarbeiten	6	**28**	49	0,4	**1,7**	2,9
017	Stahlbauarbeiten	2	**12**	33	0,1	**0,7**	1,9
018	Abdichtungsarbeiten	5	**9**	18	0,3	**0,6**	1,1
020	Dachdeckungsarbeiten	–	**2**	–	–	**0,1**	–
021	Dachabdichtungsarbeiten	19	**55**	88	1,1	**3,3**	5,2
022	Klempnerarbeiten	9	**27**	63	0,5	**1,6**	3,7
	Rohbau	563	**642**	689	33,1	**37,7**	40,5
023	Putz- und Stuckarbeiten, Wärmedämmsysteme	28	**54**	96	1,6	**3,2**	5,6
024	Fliesen- und Plattenarbeiten	10	**19**	43	0,6	**1,1**	2,5
025	Estricharbeiten	23	**27**	32	1,3	**1,6**	1,9
026	Fenster, Außentüren inkl. 029, 032	30	**114**	183	1,7	**6,7**	10,8
027	Tischlerarbeiten	62	**106**	129	3,6	**6,2**	7,6
028	Parkettarbeiten, Holzpflasterarbeiten	0	**11**	38	0,0	**0,6**	2,2
030	Rollladenarbeiten	6	**15**	22	0,4	**0,9**	1,3
031	Metallbauarbeiten inkl. 035	32	**113**	211	1,9	**6,6**	12,4
034	Maler- und Lackiererarbeiten inkl. 037	15	**21**	34	0,9	**1,2**	2,0
036	Bodenbelagarbeiten	19	**36**	65	1,1	**2,1**	3,8
038	Vorgehängte hinterlüftete Fassaden	3	**37**	106	0,2	**2,2**	6,2
039	Trockenbauarbeiten	113	**120**	133	6,6	**7,1**	7,8
	Ausbau	637	**675**	740	37,4	**39,7**	43,5
040	Wärmeversorgungsanl. - Betriebseinr. inkl. 041	49	**88**	158	2,9	**5,2**	9,3
042	Gas- und Wasserinstallation, Leitungen inkl. 043	10	**15**	19	0,6	**0,9**	1,1
044	Abwasserinstallationsarbeiten - Leitungen	9	**11**	13	0,5	**0,6**	0,7
045	GWA-Einrichtungsgegenstände inkl. 046	10	**22**	33	0,6	**1,3**	1,9
047	Dämmarbeiten an betriebstechnischen Anlagen	4	**9**	17	0,3	**0,5**	1,0
049	Feuerlöschanlagen, Feuerlöschgeräte	0	**1**	1	0,0	**0,0**	0,1
050	Blitzschutz- und Erdungsanlagen	3	**4**	7	0,2	**0,3**	0,4
052	Mittelspannungsanlagen	–	–	–	–	–	–
053	Niederspannungsanlagen inkl. 054	67	**97**	154	4,0	**5,7**	9,1
055	Ersatzstromversorgungsanlagen	0	**8**	31	0,0	**0,5**	1,8
057	Gebäudesystemtechnik	–	**5**	–	–	**0,3**	–
058	Leuchten und Lampen inkl. 059	12	**32**	51	0,7	**1,9**	3,0
060	Elektroakustische Anlagen, Sprechanlagen	1	**4**	8	0,1	**0,2**	0,5
061	Kommunikationsnetze, inkl. 062	6	**11**	16	0,4	**0,6**	0,9
063	Gefahrenmeldeanlagen	3	**9**	12	0,2	**0,5**	0,7
069	Aufzüge	14	**24**	35	0,8	**1,4**	2,1
070	Gebäudeautomation	0	**7**	15	0,0	**0,4**	0,9
075	Raumlufttechnische Anlagen	13	**20**	32	0,8	**1,2**	1,9
	Technische Anlagen	307	**366**	472	18,0	**21,5**	27,8
	Sonstige Leistungsbereiche inkl. 008, 033, 051	7	**21**	48	0,4	**1,2**	2,8

- ● KKW
- ▶ min
- ▷ von
- | Mittelwert
- ◁ bis
- ◀ max

© BKI Baukosteninformationszentrum; Erläuterungen zu den Tabellen siehe Seite 52   Kosten: 1.Quartal 2018, Bundesdurchschnitt, **inkl. 19% MwSt.**

Planungskennwerte für Flächen und Rauminhalte nach DIN 277

Grundflächen			▷ Fläche/NUF (%) ◁			▷ Fläche/BGF (%) ◁		
NUF	Nutzungsfläche			100,0		56,8	59,5	63,9
TF	Technikfläche		5,1	6,6	12,2	3,0	3,9	6,0
VF	Verkehrsfläche		29,4	35,5	49,3	17,7	21,1	26,2
NRF	Netto-Raumfläche		132,8	142,1	153,7	81,1	84,6	85,7
KGF	Konstruktions-Grundfläche		22,6	25,9	33,3	14,3	15,4	18,9
BGF	Brutto-Grundfläche		159,6	168,0	179,1		100,0	

Brutto-Rauminhalte			▷ BRI/NUF (m) ◁			▷ BRI/BGF (m) ◁		
BRI	Brutto-Rauminhalt		6,48	7,16	7,54	4,10	4,25	4,46

Flächen von Nutzeinheiten		▷ NUF/Einheit (m²) ◁			▷ BGF/Einheit (m²) ◁		
Nutzeinheit: Schüler		29,66	38,00	74,46	51,24	65,27	122,71

Lufttechnisch behandelte Flächen		▷ Fläche/NUF (%) ◁			▷ Fläche/BGF (%) ◁		
Entlüftete Fläche		–	–	–	–	–	–
Be- und entlüftete Fläche		–	–	–	–	–	–
Teilklimatisierte Fläche		–	–	–	–	–	–
Klimatisierte Fläche		–	–	–	–	–	–

KG	Kostengruppen (2. Ebene)	Einheit	▷ Menge/NUF ◁			▷ Menge/BGF ◁		
310	Baugrube	m³ BGI	1,62	1,95	2,28	0,91	1,12	1,41
320	Gründung	m² GRF	0,75	0,82	0,82	0,41	0,46	0,61
330	Außenwände	m² AWF	0,99	1,10	1,18	0,57	0,62	0,73
340	Innenwände	m² IWF	1,53	1,67	1,97	0,85	0,95	1,05
350	Decken	m² DEF	0,62	0,89	1,05	0,51	0,51	0,56
360	Dächer	m² DAF	0,92	1,02	1,10	0,50	0,57	0,61
370	Baukonstruktive Einbauten	m² BGF	1,60	1,68	1,79		1,00	
390	Sonstige Baukonstruktionen	m² BGF	1,60	1,68	1,79		1,00	
300	Bauwerk-Baukonstruktionen	m² BGF	1,60	1,68	1,79		1,00	

Planungskennwerte für Bauzeiten — 11 Vergleichsobjekte

Bauzeit in Wochen: ▶ ▷ ◁ ◀ Skala von 0 bis 250 Wochen

© BKI Baukosteninformationszentrum; Erläuterungen zu den Tabellen siehe Seite 54 Kosten: 1. Quartal 2018, Bundesdurchschnitt, inkl. 19% MwSt.

Förder- und Sonderschulen

Objektübersicht zur Gebäudeart

€/m² BGF
min	1.245 €/m²
von	1.460 €/m²
Mittel	**1.700 €/m²**
bis	1.955 €/m²
max	2.085 €/m²

Kosten:
Stand 1.Quartal 2018
Bundesdurchschnitt
inkl. 19% MwSt.

4300-0022 Förderschule, Werkstätten, Büros, Café
BRI 13.734m³ **BGF** 3.859m² **NUF** 2.605m²

Förderschule mit Werkstätten und Bürogebäude mit Kantine und Café. Mauerwerksbau.

Land: Schleswig-Holstein
Kreis: Lübeck
Standard: Durchschnitt
Bauzeit: 78 Wochen
Kennwerte: bis 1.Ebene DIN276

BGF 2.085 €/m²

veröffentlicht: BKI Objektdaten N13

Planung: Konermann Siegmund Architekten BDA; Lübeck

4300-0023 Sonderpädagogisches Förderzentrum
BRI 14.950m³ **BGF** 3.433m² **NUF** 2.095m²

Sonderpädagogisches Förderzentrum mit 9 Klassen (106 Schüler) und 2 Kindergartengruppen (16 Kinder). Stb-Konstruktion.

Land: Bayern
Kreis: Freyung/Grafenau
Standard: Durchschnitt
Bauzeit: 104 Wochen
Kennwerte: bis 4.Ebene DIN276

BGF 1.704 €/m²

veröffentlicht: BKI Objektdaten S2

Planung: ssp - planung GmbH; Waldkirchen

4300-0018 Förderschule (5 Klassen, 38 Schüler)
BRI 7.821m³ **BGF** 1.759m² **NUF** 914m²

Förderschule mit 4-5 Klassen für 38 Schüler, als Ergänzung zu einem Schulzentrum. Massivbau.

Land: Schleswig-Holstein
Kreis: Stormarn
Standard: Durchschnitt
Bauzeit: 87 Wochen
Kennwerte: bis 3.Ebene DIN276

BGF 2.026 €/m²

veröffentlicht: BKI Objektdaten N11

Planung: trapez architektur Dirk Landwehr; Hamburg

4300-0020 Förderschule (19 Klassen, 300 Schüler)
BRI 18.943m³ **BGF** 4.187m² **NUF** 2.680m²

Förderschule mit 19 Klassen und ca. 300 Schülern, Fachräume, Verwaltung. Mauerwerksbau.

Land: Sachsen
Kreis: Sächsische Schweiz
Standard: Durchschnitt
Bauzeit: 47 Wochen
Kennwerte: bis 3.Ebene DIN276

BGF 1.244 €/m²

veröffentlicht: BKI Objektdaten N11

Planung: Hoffmann.Seifert.Partner Architekten und Ingenieure; Crimmitschau

Objektübersicht zur Gebäudeart

4300-0009 Schule für Hörsprachbehinderte (10 Klassen)

BRI 4.221 m³   **BGF** 1.078 m²   **NUF** 639 m²

Schule für Hörsprachbehinderte für 20 Schüler, Unterrichts- und Therapieräume, Aufzug. Massivbau.

Land: Rheinland-Pfalz
Kreis: Mayen-Koblenz
Standard: Durchschnitt
Bauzeit: 74 Wochen
Kennwerte: bis 3.Ebene DIN276

BGF   **1.883 €/m²**

Planung: Behnisch Architekten; Frankenthal

veröffentlicht: BKI Objektdaten N11

4300-0011 Förderschule (4 Klassen, 52 Schüler)

BRI 23.586 m³   **BGF** 4.910 m²   **NUF** 2.540 m²

Förderschule für körperliche und motorische Entwicklung mit Turn- und Schwimmhalle. Stahlbetonbau.

Land: Nordrhein-Westfalen
Kreis: Euskirchen
Standard: Durchschnitt
Bauzeit: 78 Wochen
Kennwerte: bis 3.Ebene DIN276

BGF   **1.894 €/m²**

Planung: 3Pass Architekt/innen Burkard Koob Kusch; Köln

veröffentlicht: BKI Objektdaten N10

4300-0017 Förderschule (13 Klassen, 120 Schüler)

BRI 36.983 m³   **BGF** 7.504 m²   **NUF** 4.416 m²

Förderschule, 13 Klassenräume, Fachklassen, Turnhalle, Schwimmhalle, behindertengerecht. Stahlbetonkonstruktion.

Land: Nordrhein-Westfalen
Kreis: Oberhausen
Standard: über Durchschnitt
Bauzeit: 74 Wochen
Kennwerte: bis 1.Ebene DIN276

BGF   **1.628 €/m²**

Planung: Architekten KLMT; Düsseldorf

veröffentlicht: BKI Objektdaten N11

4300-0008 Sonderschule für geistig Behinderte

BRI 7.809 m³   **BGF** 2.201 m²   **NUF** 1.433 m²

Sonderschule für geistig behinderte Menschen. Stb-Konstruktion, 2.OG und Dach Holzkonstruktion.

Land: Baden-Württemberg
Kreis: Mannheim
Standard: Durchschnitt
Bauzeit: 69 Wochen
Kennwerte: bis 1.Ebene DIN276

BGF   **1.364 €/m²**

Planung: AAg Loebner Schäfer Weber Freie Architekten GmbH; Heidelberg

veröffentlicht: BKI Objektdaten N9

© BKI Baukosteninformationszentrum; Erläuterungen zu den Tabellen siehe Seite 56   Kosten: 1.Quartal 2018, Bundesdurchschnitt, inkl. 19% MwSt.

Förder- und Sonderschulen

Objektübersicht zur Gebäudeart

4300-0007 Schule für Körperbehinderte (11 Klassen, 132 Schüler) | BRI 25.311m³ | BGF 5.790m² | NUF 3.029m²

Körperbehindertenschule mit Klassen- und Gruppenräumen, Fachunterrichts-, Therapie- und Verwaltungsräumen. Stahl-Skelettbau.

Land: Nordrhein-Westfalen
Kreis: Bergisch Gladbach
Standard: über Durchschnitt
Bauzeit: 91 Wochen
Kennwerte: bis 3.Ebene DIN276

BGF   1.644 €/m²

veröffentlicht: BKI Objektdaten N9

Planung: schlösser architekten BDA Dipl.-Ing. Horst Schlösser; Köln

4300-0021 Heimsonderschule für Blinde, Schwimmbecken | BRI 14.975m³ | BGF 4.186m² | NUF 2.435m²

Heimsonderschule für blinde und sehbehinderte Kinder und Jugendliche mit Mehrfachbehinderungen. Ein Kindergarten mit zwei Gruppen ist mit im Gebäude. Massivbau.

Land: Baden-Württemberg
Kreis: Heidenheim
Standard: Durchschnitt
Bauzeit: 121 Wochen
Kennwerte: bis 2.Ebene DIN276

BGF   1.641 €/m²

veröffentlicht: BKI Objektdaten N12

Planung: Maximilian Otto und Ursula Hüfftlein-Otto; Stuttgart

4300-0015 Förderschule | BRI 37.875m³ | BGF 8.002m² | NUF 5.770m²

Förderschule mit neuem Schulkonzept einer integrativen Beschulung von lernschwachen bis mehrfachbehinderten Kindern. 22 Klassen mit 220 Schülern. Mauerwerksbau.

Land: Nordrhein-Westfalen
Kreis: Bielefeld
Standard: über Durchschnitt
Bauzeit: 217 Wochen
Kennwerte: bis 1.Ebene DIN276

BGF   1.609 €/m²

veröffentlicht: BKI Objektdaten N10

Planung: alberts.architekten BDA; Bielefeld

€/m² BGF
min   1.245 €/m²
von   1.460 €/m²
Mittel **1.700** €/m²
bis   1.955 €/m²
max   2.085 €/m²

Kosten:
Stand 1.Quartal 2018
Bundesdurchschnitt
inkl. 19% MwSt.

Bildung

Weiterbildungseinrichtungen

Kostenkennwerte für die Kosten des Bauwerks (Kostengruppen 300+400 nach DIN 276)

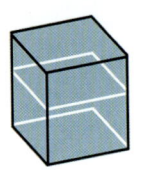

BRI 460 €/m³
von 375 €/m³
bis 515 €/m³

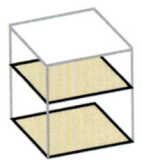

BGF 1.970 €/m²
von 1.700 €/m²
bis 2.250 €/m²

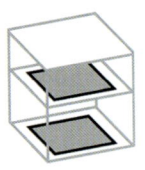

NUF 2.970 €/m²
von 2.350 €/m²
bis 3.760 €/m²

Kosten:
Stand 1. Quartal 2018
Bundesdurchschnitt
inkl. 19% MwSt.

Objektbeispiele

4500-0014 © Sillmanns GmbH Architekten und Ingenieure
4500-0013 © WALLMEIER STUMMBILLIG Planungs GmbH
4200-0015 © habermann.stock.decker Architekten
4500-0009 © Architekten Pook Leska Partner
4200-0011 © Architekten Sforner Altmann Jyrch
4100-0164 © Jens Kirchner

Kosten der 8 Vergleichsobjekte — Seiten 212 bis 213

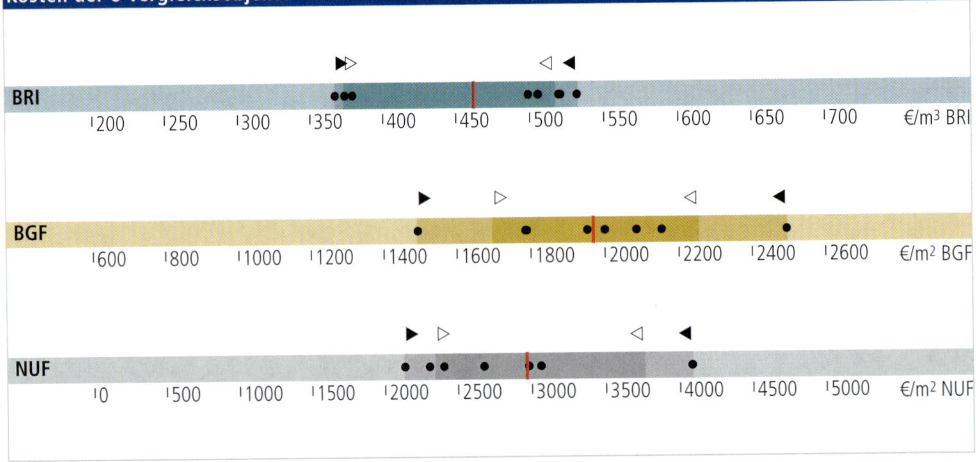

- ● KKW
- ▶ min
- ▷ von
- | Mittelwert
- ◁ bis
- ◀ max

BRI: €/m³ BRI (200–700)
BGF: €/m² BGF (600–2600)
NUF: €/m² NUF (0–5000)

© BKI Baukosteninformationszentrum; Erläuterungen zu den Tabellen siehe Seite 46
Kosten: 1. Quartal 2018, Bundesdurchschnitt, **inkl. 19% MwSt.**

Kostenkennwerte für die Kostengruppen der 1. und 2. Ebene DIN 276

KG	Kostengruppen der 1. Ebene	Einheit	▷	€/Einheit	◁	▷	% an 300+400	◁
100	Grundstück	m² GF	–		–	–		–
200	Herrichten und Erschließen	m² GF	6	**10**	31	0,6	**1,1**	2,0
300	Bauwerk - Baukonstruktionen	m² BGF	1.248	**1.496**	1.751	69,0	**76,1**	84,3
400	Bauwerk - Technische Anlagen	m² BGF	295	**472**	639	15,7	**23,9**	31,0
	Bauwerk (300+400)	m² BGF	1.698	**1.969**	2.253		**100,0**	
500	Außenanlagen	m² AF	41	**113**	221	3,8	**8,0**	10,9
600	Ausstattung und Kunstwerke	m² BGF	2	**27**	58	0,1	**1,5**	3,0
700	Baunebenkosten*	m² BGF	438	**470**	501	22,2	**23,8**	25,4 ◁ NEU

* Auf Grundlage der HOAI 2013 berechnete Werte nach §§ 35, 52, 56. Weitere Informationen siehe Seite 50

KG	Kostengruppen der 2. Ebene	Einheit	▷	€/Einheit	◁	▷	% an 300	◁
310	Baugrube	m³ BGI	18	**19**	20	0,5	**1,5**	4,1
320	Gründung	m² GRF	277	**402**	498	10,9	**15,5**	27,2
330	Außenwände	m² AWF	560	**650**	754	27,8	**31,6**	35,2
340	Innenwände	m² IWF	313	**343**	431	13,1	**17,2**	20,5
350	Decken	m² DEF	344	**473**	541	0,0	**12,6**	16,9
360	Dächer	m² DAF	313	**356**	477	9,4	**16,7**	23,6
370	Baukonstruktive Einbauten	m² BGF	36	**38**	39	0,0	**1,4**	2,9
390	Sonstige Baukonstruktionen	m² BGF	28	**55**	84	1,7	**3,6**	5,4
300	**Bauwerk Baukonstruktionen**	**m² BGF**					**100,0**	

KG	Kostengruppen der 2. Ebene	Einheit	▷	€/Einheit	◁	▷	% an 400	◁
410	Abwasser, Wasser, Gas	m² BGF	47	**70**	94	11,0	**21,3**	50,5
420	Wärmeversorgungsanlagen	m² BGF	40	**75**	164	5,0	**16,8**	21,5
430	Lufttechnische Anlagen	m² BGF	27	**48**	67	8,3	**11,7**	21,4
440	Starkstromanlagen	m² BGF	78	**142**	294	23,9	**28,8**	42,6
450	Fernmeldeanlagen	m² BGF	21	**37**	67	1,4	**4,7**	8,2
460	Förderanlagen	m² BGF	15	**31**	59	1,0	**3,9**	7,2
470	Nutzungsspezifische Anlagen	m² BGF	10	**53**	138	1,4	**7,2**	23,6
480	Gebäudeautomation	m² BGF	24	**58**	92	0,0	**5,6**	12,8
490	Sonstige Technische Anlagen	m² BGF	0	**0**	0	0,0	**0,0**	0,1
400	**Bauwerk Technische Anlagen**	**m² BGF**					**100,0**	

Prozentanteile der Kosten der 2. Ebene an den Kosten des Bauwerks nach DIN 276 (Von-, Mittel-, Bis-Werte)

KG		%
310	Baugrube	1,1
320	Gründung	12,6
330	Außenwände	24,5
340	Innenwände	13,5
350	Decken	9,3
360	Dächer	13,3
370	Baukonstruktive Einbauten	1,0
390	Sonstige Baukonstruktionen	2,7
410	Abwasser, Wasser, Gas	3,4
420	Wärmeversorgungsanlagen	3,6
430	Lufttechnische Anlagen	2,6
440	Starkstromanlagen	6,6
450	Fernmeldeanlagen	1,3
460	Förderanlagen	1,0
470	Nutzungsspezifische Anlagen	1,9
480	Gebäudeautomation	1,5
490	Sonstige Technische Anlagen	0,0

© BKI Baukosteninformationszentrum; Erläuterungen zu den Tabellen siehe Seite 48 und 50   Kosten: 1.Quartal 2018, Bundesdurchschnitt, **inkl. 19% MwSt.**

Weiterbildungseinrichtungen

Kosten:
Stand 1.Quartal 2018
Bundesdurchschnitt
inkl. 19% MwSt.

- ● KKW
- ▶ min
- ▷ von
- | Mittelwert
- ◁ bis
- ◀ max

Kostenkennwerte für Leistungsbereiche nach StLB (Kosten des Bauwerks nach DIN 276)

LB	Leistungsbereiche	▷	€/m² BGF	◁	▷	% an 300+400	◁
000	Sicherheits-, Baustelleneinrichtungen inkl. 001	19	48	76	1,0	2,4	3,9
002	Erdarbeiten	34	68	68	1,7	3,5	3,5
006	Spezialtiefbauarbeiten inkl. 005	–	5	–	–	0,3	–
009	Entwässerungskanalarbeiten inkl. 011	0	12	28	0,0	0,6	1,4
010	Drän- und Versickerungsarbeiten	0	6	12	0,0	0,3	0,6
012	Mauerarbeiten	4	34	73	0,2	1,7	3,7
013	Betonarbeiten	160	297	437	8,2	15,1	22,2
014	Natur-, Betonwerksteinarbeiten	–	–	–	–	–	–
016	Zimmer- und Holzbauarbeiten	0	277	658	0,0	14,1	33,4
017	Stahlbauarbeiten	4	22	40	0,2	1,1	2,0
018	Abdichtungsarbeiten	5	7	7	0,3	0,3	0,3
020	Dachdeckungsarbeiten	–	10	22	–	0,5	1,1
021	Dachabdichtungsarbeiten	68	68	83	3,5	3,5	4,2
022	Klempnerarbeiten	6	21	33	0,3	1,1	1,7
	Rohbau	718	875	875	36,5	44,5	44,5
023	Putz- und Stuckarbeiten, Wärmedämmsysteme	0	7	16	0,0	0,3	0,8
024	Fliesen- und Plattenarbeiten	7	29	49	0,4	1,5	2,5
025	Estricharbeiten	34	42	51	1,7	2,1	2,6
026	Fenster, Außentüren inkl. 029, 032	16	175	333	0,8	8,9	16,9
027	Tischlerarbeiten	91	171	245	4,6	8,7	12,5
028	Parkettarbeiten, Holzpflasterarbeiten	–	10	–	–	0,5	–
030	Rollladenarbeiten	15	18	21	0,8	0,9	1,1
031	Metallbauarbeiten inkl. 035	103	103	148	5,3	5,3	7,5
034	Maler- und Lackiererarbeiten inkl. 037	8	15	24	0,4	0,8	1,2
036	Bodenbelagarbeiten	14	34	34	0,7	1,7	1,7
038	Vorgehängte hinterlüftete Fassaden	0	33	65	0,0	1,7	3,3
039	Trockenbauarbeiten	11	40	71	0,6	2,0	3,6
	Ausbau	678	678	760	34,5	34,5	38,6
040	Wärmeversorgungsanl. - Betriebseinr. inkl. 041	26	67	112	1,3	3,4	5,7
042	Gas- und Wasserinstallation, Leitungen inkl. 043	10	14	14	0,5	0,7	0,7
044	Abwasserinstallationsarbeiten - Leitungen	2	10	20	0,1	0,5	1,0
045	GWA-Einrichtungsgegenstände inkl. 046	10	23	23	0,5	1,2	1,2
047	Dämmarbeiten an betriebstechnischen Anlagen	3	12	21	0,2	0,6	1,1
049	Feuerlöschanlagen, Feuerlöschgeräte	0	0	1	0,0	0,0	0,1
050	Blitzschutz- und Erdungsanlagen	1	3	6	0,1	0,2	0,3
052	Mittelspannungsanlagen	–	2	–	–	0,1	–
053	Niederspannungsanlagen inkl. 054	58	108	108	2,9	5,5	5,5
055	Ersatzstromversorgungsanlagen	–	1	–	–	0,1	–
057	Gebäudesystemtechnik	–	–	–	–	–	–
058	Leuchten und Lampen inkl. 059	16	34	51	0,8	1,7	2,6
060	Elektroakustische Anlagen, Sprechanlagen	–	0	–	–	0,0	–
061	Kommunikationsnetze, inkl. 062	1	3	3	0,0	0,2	0,2
063	Gefahrenmeldeanlagen	0	3	3	0,0	0,2	0,2
069	Aufzüge	5	20	39	0,3	1,0	2,0
070	Gebäudeautomation	0	29	67	0,0	1,5	3,4
075	Raumlufttechnische Anlagen	30	50	50	1,5	2,5	2,5
	Technische Anlagen	241	380	492	12,2	19,3	25,0
	Sonstige Leistungsbereiche inkl. 008, 033, 051	5	38	38	0,2	1,9	1,9

Planungskennwerte für Flächen und Rauminhalte nach DIN 277

Grundflächen		▷	Fläche/NUF (%)	◁	▷	Fläche/BGF (%)	◁
NUF	Nutzungsfläche		100,0		62,8	67,0	71,3
TF	Technikfläche	4,6	6,6	9,9	3,0	4,4	7,1
VF	Verkehrsfläche	19,9	24,1	35,0	13,8	16,1	19,8
NRF	Netto-Raumfläche	124,4	130,7	142,9	86,8	87,5	88,3
KGF	Konstruktions-Grundfläche	18,0	18,6	21,9	11,7	12,5	13,2
BGF	Brutto-Grundfläche	143,3	149,3	164,4		100,0	

Brutto-Rauminhalte		▷	BRI/NUF (m)	◁	▷	BRI/BGF (m)	◁
BRI	Brutto-Rauminhalt	6,08	6,37	7,01	4,16	4,28	4,32

Flächen von Nutzeinheiten		▷	NUF/Einheit (m²)	◁	▷	BGF/Einheit (m²)	◁
Nutzeinheit:		–	–	–	–	–	–

Lufttechnisch behandelte Flächen	▷	Fläche/NUF (%)	◁	▷	Fläche/BGF (%)	◁
Entlüftete Fläche	–	–	–	–	–	–
Be- und entlüftete Fläche	11,8	11,8	11,8	6,6	6,6	6,6
Teilklimatisierte Fläche	–	81,2	–	–	49,6	–
Klimatisierte Fläche	–	–	–	–	–	–

KG	Kostengruppen (2. Ebene)	Einheit	▷	Menge/NUF	◁	▷	Menge/BGF	◁
310	Baugrube	m³ BGI	2,19	2,88	2,88	1,41	1,72	1,72
320	Gründung	m² GRF	0,90	0,94	1,06	0,55	0,62	0,62
330	Außenwände	m² AWF	1,19	1,19	1,23	0,77	0,77	0,85
340	Innenwände	m² IWF	1,05	1,31	1,48	0,70	0,84	0,95
350	Decken	m² DEF	0,88	0,88	0,89	0,54	0,54	0,54
360	Dächer	m² DAF	1,14	1,18	1,50	0,64	0,79	0,79
370	Baukonstruktive Einbauten	m² BGF	1,43	1,49	1,64		1,00	
390	Sonstige Baukonstruktionen	m² BGF	1,43	1,49	1,64		1,00	
300	Bauwerk-Baukonstruktionen	m² BGF	1,43	1,49	1,64		1,00	

Planungskennwerte für Bauzeiten

8 Vergleichsobjekte

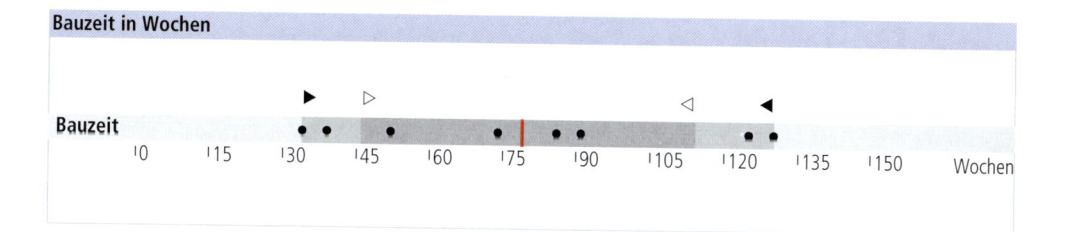

Bauzeit in Wochen

© BKI Baukosteninformationszentrum; Erläuterungen zu den Tabellen siehe Seite 54   Kosten: 1.Quartal 2018, Bundesdurchschnitt, inkl. 19% MwSt.

Weiterbildungs-einrichtungen

€/m² BGF
min	1.490 €/m²
von	1.700 €/m²
Mittel	1.970 €/m²
bis	2.255 €/m²
max	2.495 €/m²

Kosten:
Stand 1.Quartal 2018
Bundesdurchschnitt
inkl. 19% MwSt.

Objektübersicht zur Gebäudeart

4100-0164 Musikunterrichtsräume (5 Klassen)
BRI 1.500m³ **BGF** 400m² **NUF** 262m²

Musikunterrichtsräume (5 St), Instrumentenlager für ein Gymnasium. Beton-Sandwich-Fertigteile.

Land: Nordrhein-Westfalen
Kreis: Mettmann
Standard: Durchschnitt
Bauzeit: 34 Wochen
Kennwerte: bis 1.Ebene DIN276

BGF 1.952 €/m²

veröffentlicht: BKI Objektdaten N15

Planung: pagelhenn architektinnenarchitekt; Hilden

4200-0031 Fachakademie Sozialpädagogik (9 Klassen, 250 Schüler)
BRI 10.129m³ **BGF** 2.528m² **NUF** 1.651m²

Fachakademie für 250 Schüler (9 Klassen). Stahlbetonbau.

Land: Bayern
Kreis: Nürnberger Land
Standard: Durchschnitt
Bauzeit: 86 Wochen
Kennwerte: bis 1.Ebene DIN276

BGF 2.000 €/m²

veröffentlicht: BKI Objektdaten N15

Planung: Dömges Architekten AG; Regensburg

4500-0014 Schule für Heilerziehungspflege (3 Klassen, 84 Schüler)
BRI 2.342m³ **BGF** 497m² **NUF** 385m²

Schule für Heilerziehungspflege mit 3 Klassen und 84 Schüler. Massivbauweise.

Land: Nordrhein-Westfalen
Kreis: Mönchengladbach
Standard: Durchschnitt
Bauzeit: 39 Wochen
Kennwerte: bis 1.Ebene DIN276

BGF 1.789 €/m²

veröffentlicht: BKI Objektdaten N13

Planung: Sillmanns GmbH Architekten und Ingenieure; Mönchengladbach

4500-0013 Überbetriebliche Bildungsstätte
BRI 15.519m³ **BGF** 3.252m² **NUF** 2.416m²

Überbetriebliche Bildungsstätte mit dreigeschossigem Verwaltungs-, Unterweisungs- und Versorgungstrakt und eingeschossigem Werkstatt- und Lagerbereich. 124 Ausbildungsplätze. Mauerwerksbau.

Land: Nordrhein-Westfalen
Kreis: Düsseldorf
Standard: Durchschnitt
Bauzeit: 74 Wochen
Kennwerte: bis 1.Ebene DIN276

BGF 1.785 €/m²

veröffentlicht: BKI Objektdaten N10

Planung: WALLMEIER STUMMBILLIG Planungs GmbH, Architekten BDA; Herne

Objektübersicht zur Gebäudeart

4500-0012 Förderbereich, Mehrzwecksaal

BRI 1.601m³ | **BGF** 388m² | **NUF** 302m²

Förderbereich, behindertengerechter Ausbau und flexibel nutzbarer Saalbereich. Holzrahmenbau, BSH-Binder.

Land: Thüringen
Kreis: Kyffhäuserkreis
Standard: Durchschnitt
Bauzeit: 52 Wochen
Kennwerte: bis 2.Ebene DIN276

BGF 2.084 €/m²

Planung: TECTUM, Heinrich - Hille Ingenieure und Architekten BDA; Weimar

veröffentlicht: BKI Objektdaten N10

4200-0015 Berufsschule

BRI 43.870m³ | **BGF** 10.801m² | **NUF** 7.550m²

Berufsschule mit Werkstatt- und Laborräumen, Klassenräume für Gewerbe, Kaufleute und Hauswirtschaft. Stb-Skelettbau.

Land: Baden-Württemberg
Kreis: Tuttlingen
Standard: Durchschnitt
Bauzeit: 125 Wochen
Kennwerte: bis 3.Ebene DIN276

BGF 1.492 €/m²

Planung: habermann.stock.decker Architekten; Lemgo

veröffentlicht: BKI Objektdaten N9

4500-0009 Berufsförderungswerk

BRI 12.105m³ | **BGF** 2.521m² | **NUF** 1.540m²

Ausbildungsgebäude für 140 Rehabilitanten in 3 bis 5 Gruppen, Technikräume für Medien, Lernzentrum mit neuen Medien, Internet-Café. Stb-Konstruktion mit Stb-Decken und Flachdach.

Land: Rheinland-Pfalz
Kreis: Mayen-Koblenz
Standard: über Durchschnitt
Bauzeit: 91 Wochen
Kennwerte: bis 4.Ebene DIN276

BGF 2.494 €/m²

Planung: Dipl.-Ing. Architekten Pook Leiska Partner; Hamburg

veröffentlicht: BKI Objektdaten N8

4200-0011 Überbetriebliches Berufsbildungszentrum

BRI 6.788m³ | **BGF** 1.677m² | **NUF** 883m²

Klassenräume für die berufliche Ausbildung, Verwaltung, Mensa mit Küche, Sanitärräume. Mauerwerksbau.

Land: Brandenburg
Kreis: Cottbus
Standard: Durchschnitt
Bauzeit: 130 Wochen
Kennwerte: bis 4.Ebene DIN276

BGF 2.152 €/m²

Planung: Architekten BDA Richter Altmann Jyrch; Cottbus

veröffentlicht: BKI Objektdaten N7

© BKI Baukosteninformationszentrum; Erläuterungen zu den Tabellen siehe Seite 56   Kosten: 1.Quartal 2018, Bundesdurchschnitt, inkl. 19% MwSt.

Arbeitsblatt zur Standardeinordnung bei Kindergärten, nicht unterkellert

Kosten:
Stand 1.Quartal 2018
Bundesdurchschnitt
inkl. 19% MwSt.

- Kostenkennwert
- ▶ min
- ▷ von
- | Mittelwert
- ◁ bis
- ◀ max

Kostenkennwerte für die Kosten des Bauwerks (Kostengruppen 300+400 nach DIN 276)

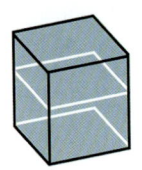

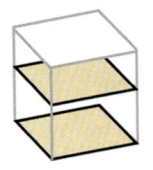

	BRI 440 €/m³	BGF 1.680 €/m²	NUF 2.530 €/m²	NE 22.220 €/NE
von	365 €/m³	1.360 €/m²	1.950 €/m²	14.960 €/NE
bis	530 €/m³	2.050 €/m²	3.150 €/m²	34.910 €/NE
				NE: Kinder

Standardzuordnung

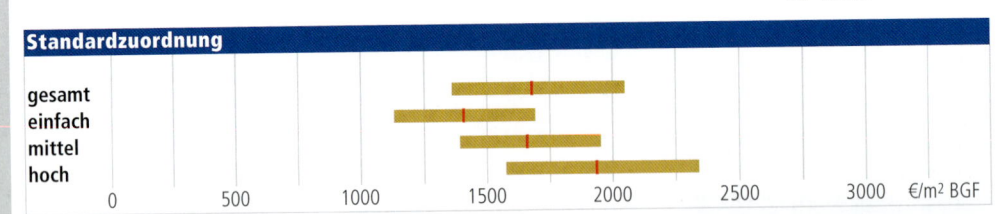

(Diagramm: gesamt, einfach, mittel, hoch in €/m² BGF)

Standardeinordnung für Ihr Projekt:

KG	Kostengruppen der 2. Ebene	niedrig	mittel	hoch	Punkte
310	Baugrube				
320	Gründung	3	4	5	
330	Außenwände	6	8	9	
340	Innenwände	4	4	5	
350	Decken	1	2	3	
360	Dächer	4	5	7	
370	Baukonstruktive Einbauten	0	1	1	
390	Sonstige Baukonstruktionen				
410	Abwasser, Wasser, Gas	1	2	2	
420	Wärmeversorgungsanlagen	1	2	2	
430	Lufttechnische Anlagen	0	0	1	
440	Starkstromanlagen	1	2	2	
450	Fernmeldeanlagen	0	0	0	
460	Förderanlagen	0	0	0	
470	Nutzungsspezifische Anlagen	0	0	1	
480	Gebäudeautomation	0	0	0	
490	Sonstige Technische Anlagen				

Punkte: 21 bis 26 = einfach   27 bis 33 = mittel   34 bis 38 = hoch   Ihr Projekt (Summe):

Erläuterung:
Obenstehende Tabelle soll Ihnen die Zuordnung zu den Gebäudearten mit einfachem, mittlerem und hohem Standard erleichtern. Schätzen Sie für jedes Grobelement ab, ob die Aufwendungen niedrig, mittel oder hoch sein werden und übertragen Sie die Punkte in die rechte Spalte. Bilden Sie die Summe der rechten Spalte und ordnen Sie Ihr Projekt nach dem Schema der untersten Zeile ein. Nehmen Sie dieses Schema auch als Hinweis darauf, bei welchen Kostengruppen Sie den Mittelwert nach oben oder unten anpassen sollten.

© BKI Baukosteninformationszentrum; Erläuterungen zu den Tabellen siehe Seite 58   Kosten: 1.Quartal 2018, Bundesdurchschnitt, **inkl. 19% MwSt.**

Kostenkennwerte für die Kostengruppen der 1. und 2. Ebene DIN 276

KG	Kostengruppen der 1. Ebene	Einheit	▷	€/Einheit	◁	▷	% an 300+400	◁
100	Grundstück	m² GF	–	–	–	–	–	–
200	Herrichten und Erschließen	m² GF	6	**15**	32	0,9	**2,7**	5,4
300	Bauwerk - Baukonstruktionen	m² BGF	1.069	**1.317**	1.608	73,1	**78,5**	82,4
400	Bauwerk - Technische Anlagen	m² BGF	260	**362**	482	17,6	**21,5**	26,9
	Bauwerk (300+400)	m² BGF	1.363	**1.679**	2.047		**100,0**	
500	Außenanlagen	m² AF	44	**114**	222	5,6	**11,4**	19,8
600	Ausstattung und Kunstwerke	m² BGF	42	**98**	202	2,3	**6,0**	11,6
700	Baunebenkosten*	m² BGF	342	**381**	421	20,5	**22,8**	25,2 ◁ NEU

* Auf Grundlage der HOAI 2013 berechnete Werte nach §§ 35, 52, 56, 40. Weitere Informationen siehe Seite 50

KG	Kostengruppen der 2. Ebene	Einheit	▷	€/Einheit	◁	▷	% an 300	◁
310	Baugrube	m³ BGI	11	**28**	65	0,2	**1,4**	5,3
320	Gründung	m² GRF	223	**251**	271	11,6	**16,7**	21,6
330	Außenwände	m² AWF	374	**460**	551	26,9	**32,1**	39,0
340	Innenwände	m² IWF	195	**262**	439	12,6	**17,0**	20,0
350	Decken	m² DEF	311	**459**	684	1,4	**6,4**	12,3
360	Dächer	m² DAF	218	**278**	338	16,4	**21,3**	28,4
370	Baukonstruktive Einbauten	m² BGF	15	**39**	78	0,5	**2,2**	4,8
390	Sonstige Baukonstruktionen	m² BGF	21	**37**	97	1,7	**2,9**	6,4
300	**Bauwerk Baukonstruktionen**	**m² BGF**					**100,0**	

KG	Kostengruppen der 2. Ebene	Einheit	▷	€/Einheit	◁	▷	% an 400	◁
410	Abwasser, Wasser, Gas	m² BGF	60	**78**	102	22,6	**27,7**	35,0
420	Wärmeversorgungsanlagen	m² BGF	63	**82**	105	21,5	**29,7**	37,1
430	Lufttechnische Anlagen	m² BGF	5	**21**	70	0,5	**4,2**	20,6
440	Starkstromanlagen	m² BGF	71	**84**	114	26,4	**29,8**	35,3
450	Fernmeldeanlagen	m² BGF	4	**14**	30	1,1	**4,3**	9,8
460	Förderanlagen	m² BGF	11	**11**	11	0,0	**0,6**	3,6
470	Nutzungsspezifische Anlagen	m² BGF	1	**20**	37	0,0	**3,0**	12,7
480	Gebäudeautomation	m² BGF	–	**4**	–	–	**0,1**	–
490	Sonstige Technische Anlagen	m² BGF	2	**7**	19	0,0	**0,7**	3,2
400	**Bauwerk Technische Anlagen**	**m² BGF**					**100,0**	

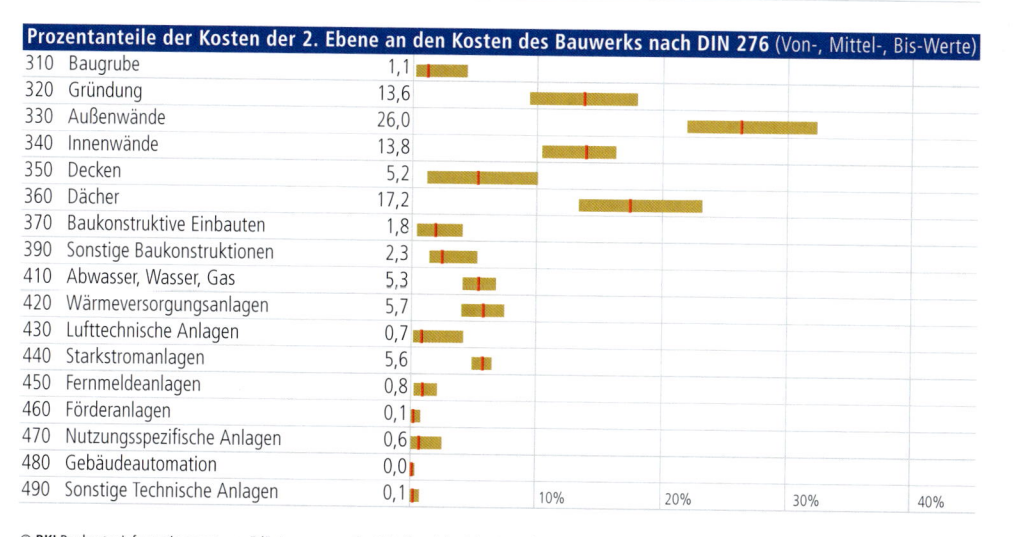

Prozentanteile der Kosten der 2. Ebene an den Kosten des Bauwerks nach DIN 276 (Von-, Mittel-, Bis-Werte)

KG	Bezeichnung	%
310	Baugrube	1,1
320	Gründung	13,6
330	Außenwände	26,0
340	Innenwände	13,8
350	Decken	5,2
360	Dächer	17,2
370	Baukonstruktive Einbauten	1,8
390	Sonstige Baukonstruktionen	2,3
410	Abwasser, Wasser, Gas	5,3
420	Wärmeversorgungsanlagen	5,7
430	Lufttechnische Anlagen	0,7
440	Starkstromanlagen	5,6
450	Fernmeldeanlagen	0,8
460	Förderanlagen	0,1
470	Nutzungsspezifische Anlagen	0,6
480	Gebäudeautomation	0,0
490	Sonstige Technische Anlagen	0,1

© BKI Baukosteninformationszentrum; Erläuterungen zu den Tabellen siehe Seite 48 und 50   Kosten: 1. Quartal 2018, Bundesdurchschnitt, **inkl. 19% MwSt.**

Kindergärten, nicht unterkellert

Kosten:
Stand 1.Quartal 2018
Bundesdurchschnitt
inkl. 19% MwSt.

- ● Kostenkennwert
- ▶ min
- ▷ von
- | Mittelwert
- ◁ bis
- ◀ max

Kostenkennwerte für Leistungsbereiche nach StLB (Kosten des Bauwerks nach DIN 276)

LB	Leistungsbereiche	▷ €/m² BGF		◁	▷ % an 300+400		◁
000	Sicherheits-, Baustelleneinrichtungen inkl. 001	8	30	42	0,5	1,8	2,5
002	Erdarbeiten	14	34	61	0,8	2,0	3,6
006	Spezialtiefbauarbeiten inkl. 005	–	–	–	–	–	–
009	Entwässerungskanalarbeiten inkl. 011	0	3	8	0,0	0,2	0,5
010	Drän- und Versickerungsarbeiten	0	1	4	0,0	0,0	0,3
012	Mauerarbeiten	26	114	193	1,6	6,8	11,5
013	Betonarbeiten	91	154	196	5,4	9,2	11,7
014	Natur-, Betonwerksteinarbeiten	0	0	1	0,0	0,0	0,0
016	Zimmer- und Holzbauarbeiten	126	253	568	7,5	15,1	33,8
017	Stahlbauarbeiten	0	7	29	0,0	0,4	1,7
018	Abdichtungsarbeiten	4	15	24	0,2	0,9	1,4
020	Dachdeckungsarbeiten	4	31	87	0,2	1,8	5,2
021	Dachabdichtungsarbeiten	12	52	95	0,7	3,1	5,7
022	Klempnerarbeiten	23	40	107	1,4	2,4	6,3
	Rohbau	**645**	**733**	**807**	**38,4**	**43,7**	**48,1**
023	Putz- und Stuckarbeiten, Wärmedämmsysteme	16	71	127	1,0	4,2	7,6
024	Fliesen- und Plattenarbeiten	19	27	50	1,1	1,6	3,0
025	Estricharbeiten	9	26	40	0,5	1,6	2,4
026	Fenster, Außentüren inkl. 029, 032	42	127	224	2,5	7,6	13,4
027	Tischlerarbeiten	64	128	236	3,8	7,6	14,0
028	Parkettarbeiten, Holzpflasterarbeiten	1	16	47	0,1	1,0	2,8
030	Rollladenarbeiten	2	16	34	0,1	0,9	2,0
031	Metallbauarbeiten inkl. 035	7	34	108	0,4	2,0	6,4
034	Maler- und Lackiererarbeiten inkl. 037	22	37	49	1,3	2,2	2,9
036	Bodenbelagarbeiten	25	42	57	1,5	2,5	3,4
038	Vorgehängte hinterlüftete Fassaden	0	42	108	0,0	2,5	6,4
039	Trockenbauarbeiten	30	72	98	1,8	4,3	5,8
	Ausbau	**566**	**643**	**730**	**33,7**	**38,3**	**43,5**
040	Wärmeversorgungsanl. - Betriebseinr. inkl. 041	68	96	121	4,1	5,7	7,2
042	Gas- und Wasserinstallation, Leitungen inkl. 043	14	24	33	0,8	1,4	2,0
044	Abwasserinstallationsarbeiten - Leitungen	9	16	25	0,5	0,9	1,5
045	GWA-Einrichtungsgegenstände inkl. 046	23	37	55	1,4	2,2	3,3
047	Dämmarbeiten an betriebstechnischen Anlagen	1	6	10	0,1	0,3	0,6
049	Feuerlöschanlagen, Feuerlöschgeräte	0	0	1	0,0	0,0	0,1
050	Blitzschutz- und Erdungsanlagen	3	9	22	0,2	0,5	1,3
052	Mittelspannungsanlagen	–	3	–	–	0,1	–
053	Niederspannungsanlagen inkl. 054	24	49	76	1,4	2,9	4,5
055	Ersatzstromversorgungsanlagen	–	–	–	–	–	–
057	Gebäudesystemtechnik	0	1	1	0,0	0,1	0,1
058	Leuchten und Lampen inkl. 059	15	37	53	0,9	2,2	3,2
060	Elektroakustische Anlagen, Sprechanlagen	0	4	18	0,0	0,3	1,0
061	Kommunikationsnetze, inkl. 062	1	4	18	0,1	0,2	1,1
063	Gefahrenmeldeanlagen	0	5	13	0,0	0,3	0,8
069	Aufzüge	–	1	–	–	0,1	–
070	Gebäudeautomation	0	0	0	0,0	0,0	0,0
075	Raumlufttechnische Anlagen	1	9	53	0,1	0,5	3,1
	Technische Anlagen	**279**	**300**	**335**	**16,6**	**17,9**	**20,0**
	Sonstige Leistungsbereiche inkl. 008, 033, 051	1	8	42	0,1	0,5	2,5

© BKI Baukosteninformationszentrum; Erläuterungen zu den Tabellen siehe Seite 52

Kosten: 1.Quartal 2018, Bundesdurchschnitt, **inkl. 19% MwSt.**

Planungskennwerte für Flächen und Rauminhalte nach DIN 277

Grundflächen		▷	Fläche/NUF (%)	◁	▷	Fläche/BGF (%)	◁
NUF	Nutzungsfläche		100,0		63,5	66,7	71,4
TF	Technikfläche	2,5	3,2	6,7	1,6	2,1	4,0
VF	Verkehrsfläche	19,2	23,8	30,1	12,6	15,8	18,7
NRF	Netto-Raumfläche	121,8	126,9	133,3	81,7	84,6	86,3
KGF	Konstruktions-Grundfläche	20,2	23,1	31,2	13,6	15,4	18,3
BGF	Brutto-Grundfläche	142,2	150,0	161,0		100,0	

Brutto-Rauminhalte		▷	BRI/NUF (m)	◁	▷	BRI/BGF (m)	◁
BRI	Brutto-Rauminhalt	5,39	5,76	6,44	3,64	3,84	4,18

Flächen von Nutzeinheiten	▷	NUF/Einheit (m²)	◁	▷	BGF/Einheit (m²)	◁
Nutzeinheit: Kinder	7,56	8,71	12,07	11,40	13,09	17,87

Lufttechnisch behandelte Flächen	▷	Fläche/NUF (%)	◁	▷	Fläche/BGF (%)	◁
Entlüftete Fläche	6,2	6,2	6,8	3,9	3,9	4,0
Be- und entlüftete Fläche	87,1	87,1	88,0	54,3	54,3	54,6
Teilklimatisierte Fläche	–	–	–	–	–	–
Klimatisierte Fläche	–	–	–	–	–	–

KG	Kostengruppen (2. Ebene)	Einheit	▷	Menge/NUF	◁	▷	Menge/BGF	◁
310	Baugrube	m³ BGI	0,80	1,03	1,13	0,56	0,72	0,94
320	Gründung	m² GRF	1,04	1,14	1,20	0,67	0,78	0,86
330	Außenwände	m² AWF	1,09	1,26	1,46	0,77	0,86	0,98
340	Innenwände	m² IWF	1,14	1,23	1,33	0,78	0,83	0,95
350	Decken	m² DEF	0,29	0,40	0,54	0,19	0,26	0,35
360	Dächer	m² DAF	1,14	1,36	1,54	0,89	0,93	1,05
370	Baukonstruktive Einbauten	m² BGF	1,42	1,50	1,61		1,00	
390	Sonstige Baukonstruktionen	m² BGF	1,42	1,50	1,61		1,00	
300	Bauwerk-Baukonstruktionen	m² BGF	1,42	1,50	1,61		1,00	

Planungskennwerte für Bauzeiten

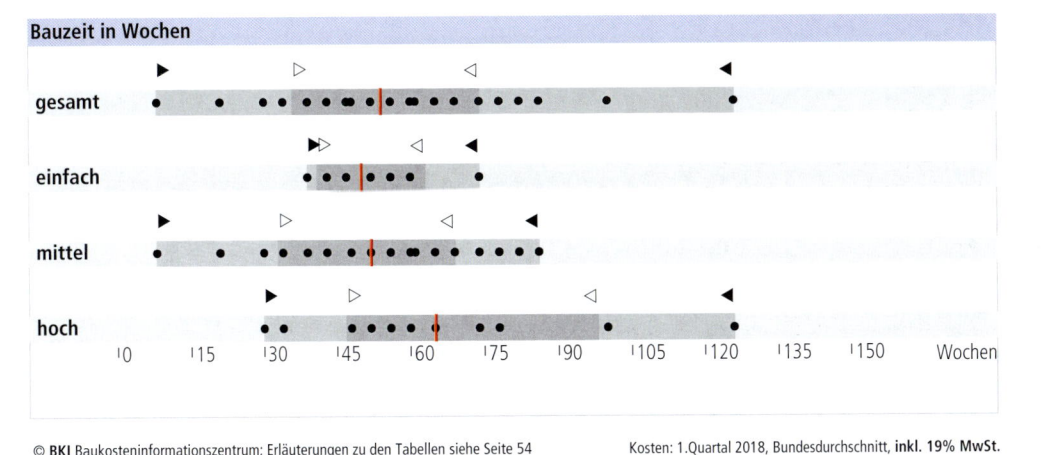

Bauzeit in Wochen

gesamt, einfach, mittel, hoch (Skala: 0 – 150 Wochen)

© BKI Baukosteninformationszentrum; Erläuterungen zu den Tabellen siehe Seite 54   Kosten: 1.Quartal 2018, Bundesdurchschnitt, inkl. 19% MwSt.

Kindergärten, nicht unterkellert, einfacher Standard

Kostenkennwerte für die Kosten des Bauwerks (Kostengruppen 300+400 nach DIN 276)

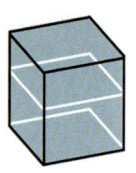

BRI 380 €/m³
von 310 €/m³
bis 450 €/m³

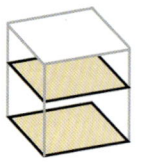

BGF 1.410 €/m²
von 1.130 €/m²
bis 1.690 €/m²

NUF 2.050 €/m²
von 1.590 €/m²
bis 2.510 €/m²

NE 13.290 €/NE
von 10.630 €/NE
bis 15.850 €/NE
NE: Kinder

Kosten:
Stand 1.Quartal 2018
Bundesdurchschnitt
inkl. 19% MwSt.

Objektbeispiele

4400-0297

4400-0296

4400-0218

Kosten der 10 Vergleichsobjekte — Seiten 222 bis 224

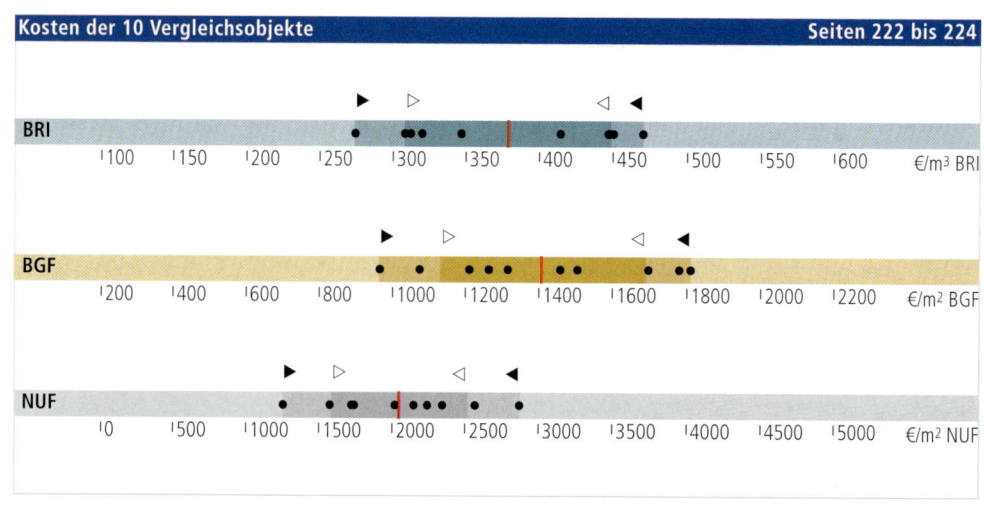

- ● KKW
- ▶ min
- ▷ von
- | Mittelwert
- ◁ bis
- ◀ max

BRI — €/m³ BRI
BGF — €/m² BGF
NUF — €/m² NUF

218

© BKI Baukosteninformationszentrum; Erläuterungen zu den Tabellen siehe Seite 46   Kosten: 1.Quartal 2018, Bundesdurchschnitt, **inkl. 19% MwSt.**

Kostenkennwerte für die Kostengruppen der 1. und 2. Ebene DIN 276

KG	Kostengruppen der 1. Ebene	Einheit	▷	€/Einheit	◁	▷	% an 300+400	◁
100	Grundstück	m² GF	–	–	–	–	–	–
200	Herrichten und Erschließen	m² GF	9	**12**	14	1,3	**3,6**	4,4
300	Bauwerk - Baukonstruktionen	m² BGF	914	**1.136**	1.355	75,0	**80,9**	84,7
400	Bauwerk - Technische Anlagen	m² BGF	184	**272**	365	15,3	**19,2**	25,0
	Bauwerk (300+400)	m² BGF	1.134	**1.408**	1.689		**100,0**	
500	Außenanlagen	m² AF	66	**98**	116	9,8	**16,9**	27,5
600	Ausstattung und Kunstwerke	m² BGF	12	**84**	152	0,7	**6,4**	10,9
700	Baunebenkosten*	m² BGF	297	**331**	365	21,3	**23,7**	26,2 ◁ NEU

* Auf Grundlage der HOAI 2013 berechnete Werte nach §§ 35, 52, 56. Weitere Informationen siehe Seite 50

KG	Kostengruppen der 2. Ebene	Einheit	▷	€/Einheit	◁	▷	% an 300	◁
310	Baugrube	m³ BGI	23	**40**	70	1,0	**2,3**	3,0
320	Gründung	m² GRF	220	**250**	266	10,3	**18,0**	23,0
330	Außenwände	m² AWF	370	**443**	494	25,9	**30,0**	32,4
340	Innenwände	m² IWF	225	**262**	284	16,9	**18,2**	18,9
350	Decken	m² DEF	497	**586**	764	6,3	**10,8**	17,2
360	Dächer	m² DAF	206	**227**	270	13,4	**17,2**	19,2
370	Baukonstruktive Einbauten	m² BGF	12	**23**	40	1,1	**2,2**	3,9
390	Sonstige Baukonstruktionen	m² BGF	6	**15**	33	0,6	**1,3**	2,8
300	**Bauwerk Baukonstruktionen**	m² BGF					**100,0**	

KG	Kostengruppen der 2. Ebene	Einheit	▷	€/Einheit	◁	▷	% an 400	◁
410	Abwasser, Wasser, Gas	m² BGF	53	**58**	61	21,3	**24,2**	29,7
420	Wärmeversorgungsanlagen	m² BGF	64	**81**	113	27,1	**33,1**	44,5
430	Lufttechnische Anlagen	m² BGF	3	**6**	9	0,5	**1,8**	4,3
440	Starkstromanlagen	m² BGF	64	**69**	71	25,8	**28,6**	34,1
450	Fernmeldeanlagen	m² BGF	1	**4**	6	0,5	**1,8**	2,5
460	Förderanlagen	m² BGF	–	**11**	–	–	**1,4**	–
470	Nutzungsspezifische Anlagen	m² BGF	23	**35**	48	0,0	**8,8**	14,8
480	Gebäudeautomation	m² BGF	–	–	–	–	–	–
490	Sonstige Technische Anlagen	m² BGF	–	**2**	–	–	**0,3**	–
400	**Bauwerk Technische Anlagen**	m² BGF					**100,0**	

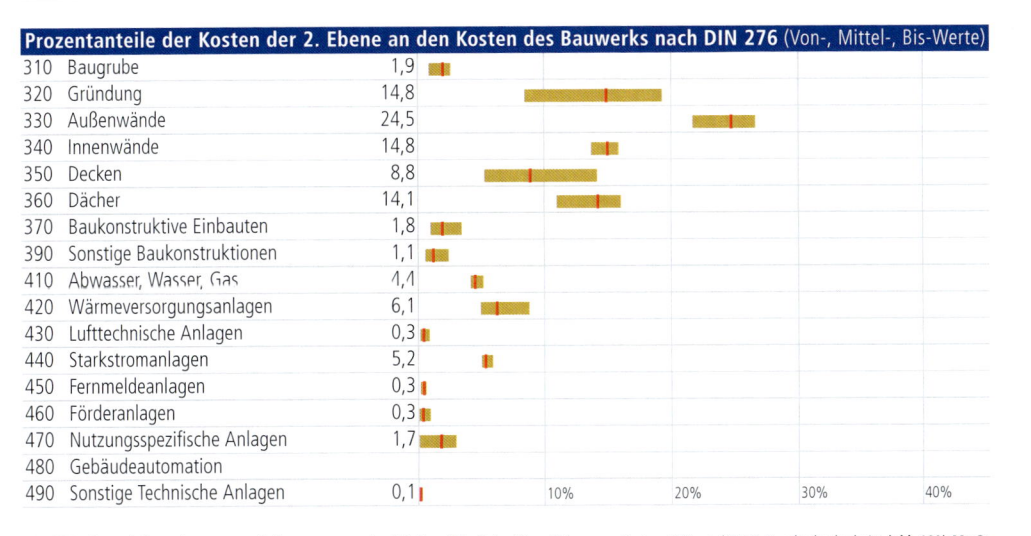

Prozentanteile der Kosten der 2. Ebene an den Kosten des Bauwerks nach DIN 276 (Von-, Mittel-, Bis-Werte)

KG		Wert
310	Baugrube	1,9
320	Gründung	14,8
330	Außenwände	24,5
340	Innenwände	14,8
350	Decken	8,8
360	Dächer	14,1
370	Baukonstruktive Einbauten	1,8
390	Sonstige Baukonstruktionen	1,1
410	Abwasser, Wasser, Gas	4,4
420	Wärmeversorgungsanlagen	6,1
430	Lufttechnische Anlagen	0,3
440	Starkstromanlagen	5,2
450	Fernmeldeanlagen	0,3
460	Förderanlagen	0,3
470	Nutzungsspezifische Anlagen	1,7
480	Gebäudeautomation	
490	Sonstige Technische Anlagen	0,1

© **BKI** Baukosteninformationszentrum; Erläuterungen zu den Tabellen siehe Seite 48 und 50 — Kosten: 1.Quartal 2018, Bundesdurchschnitt, **inkl. 19% MwSt.**

Kindergärten, nicht unterkellert, einfacher Standard

Kostenkennwerte für Leistungsbereiche nach StLB (Kosten des Bauwerks nach DIN 276)

Kosten: Stand 1. Quartal 2018
Bundesdurchschnitt inkl. 19% MwSt.

LB	Leistungsbereiche	▷	€/m² BGF	◁	▷	% an 300+400	◁
000	Sicherheits-, Baustelleneinrichtungen inkl. 001	5	14	14	0,4	1,0	1,0
002	Erdarbeiten	40	48	48	2,9	3,4	3,4
006	Spezialtiefbauarbeiten inkl. 005	–	–	–	–	–	–
009	Entwässerungskanalarbeiten inkl. 011	–	–	–	–	–	–
010	Drän- und Versickerungsarbeiten	–	0	–	–	0,0	–
012	Mauerarbeiten	113	153	153	8,0	10,9	10,9
013	Betonarbeiten	158	158	164	11,2	11,2	11,6
014	Natur-, Betonwerksteinarbeiten	0	0	0	0,0	0,0	0,0
016	Zimmer- und Holzbauarbeiten	119	119	135	8,4	8,4	9,6
017	Stahlbauarbeiten	0	3	3	0,0	0,2	0,2
018	Abdichtungsarbeiten	14	18	18	1,0	1,3	1,3
020	Dachdeckungsarbeiten	22	45	45	1,6	3,2	3,2
021	Dachabdichtungsarbeiten	28	28	43	2,0	2,0	3,0
022	Klempnerarbeiten	15	15	17	1,1	1,1	1,2
	Rohbau	553	603	603	39,3	42,8	42,8
023	Putz- und Stuckarbeiten, Wärmedämmsysteme	65	78	78	4,6	5,6	5,6
024	Fliesen- und Plattenarbeiten	23	33	33	1,6	2,3	2,3
025	Estricharbeiten	18	24	24	1,3	1,7	1,7
026	Fenster, Außentüren inkl. 029, 032	4	34	34	0,3	2,4	2,4
027	Tischlerarbeiten	204	204	234	14,5	14,5	16,6
028	Parkettarbeiten, Holzpflasterarbeiten	–	8	–	–	0,6	–
030	Rollladenarbeiten	13	13	20	0,9	0,9	1,4
031	Metallbauarbeiten inkl. 035	12	36	36	0,9	2,6	2,6
034	Maler- und Lackiererarbeiten inkl. 037	35	35	41	2,5	2,5	2,9
036	Bodenbelagarbeiten	41	41	50	2,9	2,9	3,5
038	Vorgehängte hinterlüftete Fassaden	–	–	–	–	–	–
039	Trockenbauarbeiten	59	59	84	4,2	4,2	6,0
	Ausbau	568	568	622	40,4	40,4	44,2
040	Wärmeversorgungsanl. - Betriebseinr. inkl. 041	66	85	85	4,7	6,0	6,0
042	Gas- und Wasserinstallation, Leitungen inkl. 043	21	23	23	1,5	1,7	1,7
044	Abwasserinstallationsarbeiten - Leitungen	15	18	18	1,1	1,3	1,3
045	GWA-Einrichtungsgegenstände inkl. 046	18	18	18	1,3	1,3	1,3
047	Dämmarbeiten an betriebstechnischen Anlagen	4	4	5	0,3	0,3	0,4
049	Feuerlöschanlagen, Feuerlöschgeräte	–	0	–	–	0,0	–
050	Blitzschutz- und Erdungsanlagen	4	6	6	0,3	0,5	0,5
052	Mittelspannungsanlagen	–	8	–	–	0,5	–
053	Niederspannungsanlagen inkl. 054	30	30	49	2,1	2,1	3,5
055	Ersatzstromversorgungsanlagen	–	–	–	–	–	–
057	Gebäudesystemtechnik	–	–	–	–	–	–
058	Leuchten und Lampen inkl. 059	34	34	40	2,4	2,4	2,8
060	Elektroakustische Anlagen, Sprechanlagen	0	0	1	0,0	0,0	0,0
061	Kommunikationsnetze, inkl. 062	–	0	–	–	0,0	–
063	Gefahrenmeldeanlagen	4	4	6	0,3	0,3	0,4
069	Aufzüge	–	4	–	–	0,3	–
070	Gebäudeautomation	–	0	–	–	0,0	–
075	Raumlufttechnische Anlagen	1	4	4	0,1	0,3	0,3
	Technische Anlagen	239	239	244	17,0	17,0	17,4
	Sonstige Leistungsbereiche inkl. 008, 033, 051	–	1	–	–	0,0	–

● KKW
▶ min
▷ von
| Mittelwert
◁ bis
◀ max

© BKI Baukosteninformationszentrum; Erläuterungen zu den Tabellen siehe Seite 52
Kosten: 1. Quartal 2018, Bundesdurchschnitt, **inkl. 19% MwSt.**

Planungskennwerte für Flächen und Rauminhalte nach DIN 277

Grundflächen			▷	Fläche/NUF (%)	◁	▷	Fläche/BGF (%)	◁
NUF	Nutzungsfläche			100,0		67,1	68,9	72,6
TF	Technikfläche		1,5	2,1	3,0	1,1	1,4	2,0
VF	Verkehrsfläche		17,5	23,2	29,4	12,0	16,0	18,8
NRF	Netto-Raumfläche		122,2	125,2	131,8	85,1	86,3	87,1
KGF	Konstruktions-Grundfläche		18,1	19,8	20,9	13,0	13,7	14,6
BGF	Brutto-Grundfläche		139,1	145,0	150,4		100,0	

Brutto-Rauminhalte			▷	BRI/NUF (m)	◁	▷	BRI/BGF (m)	◁
BRI	Brutto-Rauminhalt		5,20	5,39	5,82	3,57	3,71	3,82

Flächen von Nutzeinheiten		▷	NUF/Einheit (m²)	◁	▷	BGF/Einheit (m²)	◁
Nutzeinheit: Kinder		5,95	6,44	6,97	8,41	9,29	10,27

Lufttechnisch behandelte Flächen		▷	Fläche/NUF (%)	◁	▷	Fläche/BGF (%)	◁
Entlüftete Fläche		–	–	–	–	–	–
Be- und entlüftete Fläche		–	–	–	–	–	–
Teilklimatisierte Fläche		–	–	–	–	–	–
Klimatisierte Fläche		–	–	–	–	–	–

KG	Kostengruppen (2. Ebene)	Einheit	▷	Menge/NUF	◁	▷	Menge/BGF	◁
310	Baugrube	m³ BGI	1,14	1,29	1,29	0,86	0,94	0,94
320	Gründung	m² GRF	0,99	1,06	1,06	0,75	0,75	0,84
330	Außenwände	m² AWF	1,06	1,06	1,06	0,75	0,75	0,80
340	Innenwände	m² IWF	1,00	1,11	1,11	0,71	0,77	0,77
350	Decken	m² DEF	0,22	0,34	0,34	0,23	0,23	0,31
360	Dächer	m² DAF	1,18	1,18	1,25	0,83	0,83	0,85
370	Baukonstruktive Einbauten	m² BGF	1,39	1,45	1,50		1,00	
390	Sonstige Baukonstruktionen	m² BGF	1,39	1,45	1,50		1,00	
300	Bauwerk-Baukonstruktionen	m² BGF	1,39	1,45	1,50		1,00	

Planungskennwerte für Bauzeiten — 10 Vergleichsobjekte

Bauzeit in Wochen

Bauzeit: Skala von 10 bis 100 Wochen

© BKI Baukosteninformationszentrum; Erläuterungen zu den Tabellen siehe Seite 54 Kosten: 1.Quartal 2018, Bundesdurchschnitt, inkl. 19% MwSt.

Kindergärten, nicht unterkellert, einfacher Standard

€/m² BGF
min 965 €/m²
von 1.135 €/m²
Mittel **1.410** €/m²
bis 1.690 €/m²
max 1.810 €/m²

Kosten:
Stand 1.Quartal 2018
Bundesdurchschnitt
inkl. 19% MwSt.

Objektübersicht zur Gebäudeart

4400-0296 Kindertagesstätte (3 Gruppen, 75 Kinder) | BRI 1.925m³ | BGF 500m² | NUF 385m²

Kindertagesstätte für 75 Kinder in 3 Gruppen mit Mittagsbetreuung. Massivbau.

Land: Bayern
Kreis: Ingolstadt
Standard: unter Durchschnitt
Bauzeit: 39 Wochen
Kennwerte: bis 1.Ebene DIN276

BGF **1.810 €/m²**

Planung: architekturbüro raum-modul Stephan Karches Florian Schweiger; Ingolstadt

vorgesehen: BKI Objektdaten N16

4400-0297 Kindertagesstätte (6 Gruppen, 126 Kinder) | BRI 4.424m³ | BGF 1.120m² | NUF 694m²

Kindertagesstätte mit 6 Gruppen für 126 Kinder. Mauerwerksbau.

Land: Hessen
Kreis: Main-Taunus-Kreis
Standard: unter Durchschnitt
Bauzeit: 52 Wochen
Kennwerte: bis 1.Ebene DIN276

BGF **1.779 €/m²**

Planung: raum-z architekten gmbh; Frankfurt am Main

vorgesehen: BKI Objektdaten N16

4400-0218 Kindertagesstätte (6 Gruppen, 100 Kinder) | BRI 3.684m³ | BGF 973m² | NUF 643m²

Kindertagesstätte mit 6 Gruppen für 100 Kinder. Mauerwerk und Holzskelettbau.

Land: Sachsen
Kreis: Leipzig, Stadt
Standard: unter Durchschnitt
Bauzeit: 74 Wochen
Kennwerte: bis 1.Ebene DIN276

BGF **1.696 €/m²**

Planung: Susanne Hofmann Architekten und die Baupiloten BDA; Berlin

veröffentlicht: BKI Objektdaten N13

4400-0135 Kindertagesstätte (6 Gruppen, 100 Kinder) | BRI 3.790m³ | BGF 924m² | NUF 578m²

Kindertagesstätte mit 6 Gruppen für 100 Kinder. Mauerwerksbau.

Land: Brandenburg
Kreis: Potsdam
Standard: unter Durchschnitt
Bauzeit: 39 Wochen
Kennwerte: bis 1.Ebene DIN276

BGF **1.263 €/m²**

Planung: KÖBER-PLAN GmbH; Brandenburg

veröffentlicht: BKI Objektdaten N11

Objektübersicht zur Gebäudeart

4400-0097 Kindertagesstätte (5 Gruppen)   BRI 4.275m³   BGF 1.102m²   NUF 773m²

Kindertagesstätte, 5 Gruppen, Mehrzweckraum, Küchen, Sanitärräume. Mauerwerksbau.

Land: Thüringen
Kreis: Erfurt
Standard: unter Durchschnitt
Bauzeit: 47 Wochen
Kennwerte: bis 3.Ebene DIN276

BGF   1.210 €/m²

Planung: Architekten- und Ingenieurgruppe Erfurt & Partner GmbH; Erfurt

veröffentlicht: BKI Objektdaten N7

4400-0091 Kindergarten (6 Gruppen)   BRI 3.113m³   BGF 885m²   NUF 681m²

Kindergarten 6 Gruppen. Mauerwerksbau.

Land: Thüringen
Kreis: Hildburghausen
Standard: unter Durchschnitt
Bauzeit: 39 Wochen
Kennwerte: bis 1.Ebene DIN276

BGF   965 €/m²

Planung: Krauß & Partner Architekturbüro; Scheusingen

veröffentlicht: BKI Objektdaten N3

4400-0090 Kindergarten (2 Gruppen)   BRI 1.534m³   BGF 456m²   NUF 311m²

Kindergarten 2 Gruppen. Mauerwerksbau.

Land: Baden-Württemberg
Kreis: Tübingen
Standard: unter Durchschnitt
Bauzeit: 60 Wochen
Kennwerte: bis 1.Ebene DIN276

BGF   1.074 €/m²

Planung: Ackermann & Raff Freie Architekten BDA; Tübingen

veröffentlicht: BKI Objektdaten N3

4400-0069 Kindertagesstätte (4 Gruppen, 100 Kinder)   BRI 2.632m³   BGF 807m²   NUF 525m²

Kindertagesstätte und Kinderhort mit 4 Gruppen, Mehrzweckraum. Mauerwerksbau.

Land: Nordrhein-Westfalen
Kreis: Bergisch Gladbach
Standard: unter Durchschnitt
Bauzeit: 47 Wochen
Kennwerte: bis 3.Ebene DIN276

BGF   1.458 €/m²

Planung: Böttger & Partner; Köln

www.bki.de

Kindergärten, nicht unterkellert, einfacher Standard

€/m² BGF

min	965	€/m²
von	1.135	€/m²
Mittel	**1.410**	**€/m²**
bis	1.690	€/m²
max	1.810	€/m²

Kosten:
Stand 1.Quartal 2018
Bundesdurchschnitt
inkl. 19% MwSt.

Objektübersicht zur Gebäudeart

4400-0077 Kindergarten (5 Gruppen)

BRI 4.811m³ | BGF 1.324m² | NUF 928m²

Fünf Kindergartengruppen mit je 25 Kindern. Mauerwerksbau.

Land: Niedersachsen
Kreis: Wesermarsch
Standard: unter Durchschnitt
Bauzeit: 43 Wochen
Kennwerte: bis 1.Ebene DIN276

BGF 1.505 €/m²

Planung: Architekturbüro Bocklage + Buddelmeyer; Vechta

veröffentlicht: BKI Objektdaten N1

4400-0071 Kindergarten (3 Gruppen, 75 Kinder)

BRI 2.840m³ | BGF 749m² | NUF 565m²

Kindergarten für 3 Gruppen mit Mehrzweckraum. Mauerwerksbau.

Land: Nordrhein-Westfalen
Kreis: Steinfurt
Standard: unter Durchschnitt
Bauzeit: 56 Wochen
Kennwerte: bis 3.Ebene DIN276

BGF 1.315 €/m²

Planung: Architekturbüro Huss & Rammes; Ibbenbüren

www.bki.de

Bildung

Kindergärten, nicht unterkellert, mittlerer Standard

Kostenkennwerte für die Kosten des Bauwerks (Kostengruppen 300+400 nach DIN 276)

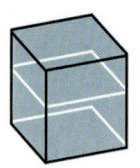

BRI 440 €/m³
von 375 €/m³
bis 535 €/m³

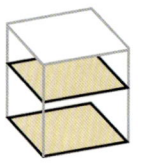

BGF 1.660 €/m²
von 1.390 €/m²
bis 1.950 €/m²

NUF 2.500 €/m²
von 1.970 €/m²
bis 3.050 €/m²

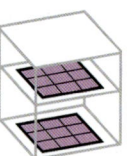

NE 23.850 €/NE
von 15.960 €/NE
bis 37.930 €/NE
NE: Kinder

Kosten:
Stand 1. Quartal 2018
Bundesdurchschnitt
inkl. 19% MwSt.

Objektbeispiele

4400-0303

4400-0294

4400-0299

Kosten der 42 Vergleichsobjekte — Seiten 230 bis 240

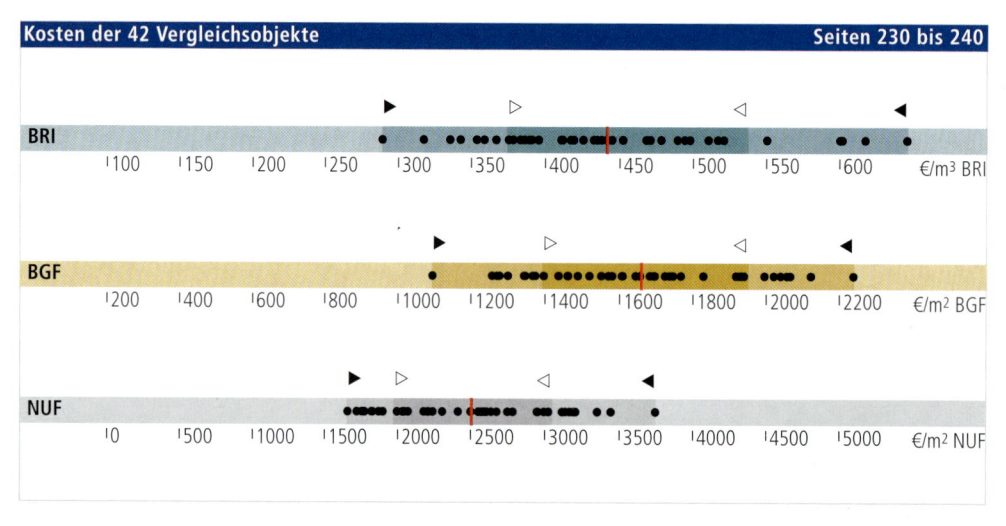

- ● KKW
- ▶ min
- ▷ von
- | Mittelwert
- ◁ bis
- ◀ max

BRI: €/m³ BRI (Skala 100–600)

BGF: €/m² BGF (Skala 200–2200)

NUF: €/m² NUF (Skala 0–5000)

© BKI Baukosteninformationszentrum; Erläuterungen zu den Tabellen siehe Seite 46
Kosten: 1. Quartal 2018, Bundesdurchschnitt, inkl. 19% MwSt.

Kostenkennwerte für die Kostengruppen der 1. und 2. Ebene DIN 276

KG	Kostengruppen der 1. Ebene	Einheit	▷	€/Einheit	◁	▷	% an 300+400	◁
100	Grundstück	m² GF	–	–	–	–	–	–
200	Herrichten und Erschließen	m² GF	6	**15**	33	1,0	**2,5**	6,0
300	Bauwerk - Baukonstruktionen	m² BGF	1.067	**1.294**	1.523	72,5	**78,0**	81,8
400	Bauwerk - Technische Anlagen	m² BGF	276	**365**	472	18,2	**22,0**	27,5
	Bauwerk (300+400)	m² BGF	1.394	**1.659**	1.950		**100,0**	
500	Außenanlagen	m² AF	36	**96**	160	5,5	**10,6**	18,8
600	Ausstattung und Kunstwerke	m² BGF	43	**106**	216	2,4	**6,4**	12,1
700	Baunebenkosten*	m² BGF	339	**378**	417	20,6	**22,9**	25,3 ◁ NEU

* Auf Grundlage der HOAI 2013 berechnete Werte nach §§ 35, 52, 56. Weitere Informationen siehe Seite 50

KG	Kostengruppen der 2. Ebene	Einheit	▷	€/Einheit	◁	▷	% an 300	◁
310	Baugrube	m³ BGI	8	**12**	19	0,0	**0,2**	0,3
320	Gründung	m² GRF	242	**248**	255	13,1	**18,1**	21,3
330	Außenwände	m² AWF	342	**410**	486	30,8	**36,7**	41,3
340	Innenwände	m² IWF	137	**195**	227	11,5	**14,9**	19,9
350	Decken	m² DEF	305	**316**	326	0,0	**4,6**	12,1
360	Dächer	m² DAF	216	**265**	337	19,6	**21,6**	28,2
370	Baukonstruktive Einbauten	m² BGF	1	**23**	36	0,0	**1,1**	3,0
390	Sonstige Baukonstruktionen	m² BGF	23	**31**	43	2,0	**2,8**	4,0
300	**Bauwerk Baukonstruktionen**	**m² BGF**					**100,0**	

KG	Kostengruppen der 2. Ebene	Einheit	▷	€/Einheit	◁	▷	% an 400	◁
410	Abwasser, Wasser, Gas	m² BGF	67	**89**	103	28,4	**32,8**	38,9
420	Wärmeversorgungsanlagen	m² BGF	75	**84**	100	27,7	**31,4**	35,7
430	Lufttechnische Anlagen	m² BGF	–	**5**	–	–	**0,4**	–
440	Starkstromanlagen	m² BGF	69	**81**	104	25,4	**30,2**	36,4
450	Fernmeldeanlagen	m² BGF	3	**18**	35	0,7	**4,8**	12,1
460	Förderanlagen	m² BGF	–	–	–	–	–	–
470	Nutzungsspezifische Anlagen	m² BGF	–	**1**	–	–	**0,1**	–
480	Gebäudeautomation	m² BGF	–	–	–	–	–	–
490	Sonstige Technische Anlagen	m² BGF	–	**6**	–	–	**0,5**	–
400	**Bauwerk Technische Anlagen**	**m² BGF**					**100,0**	

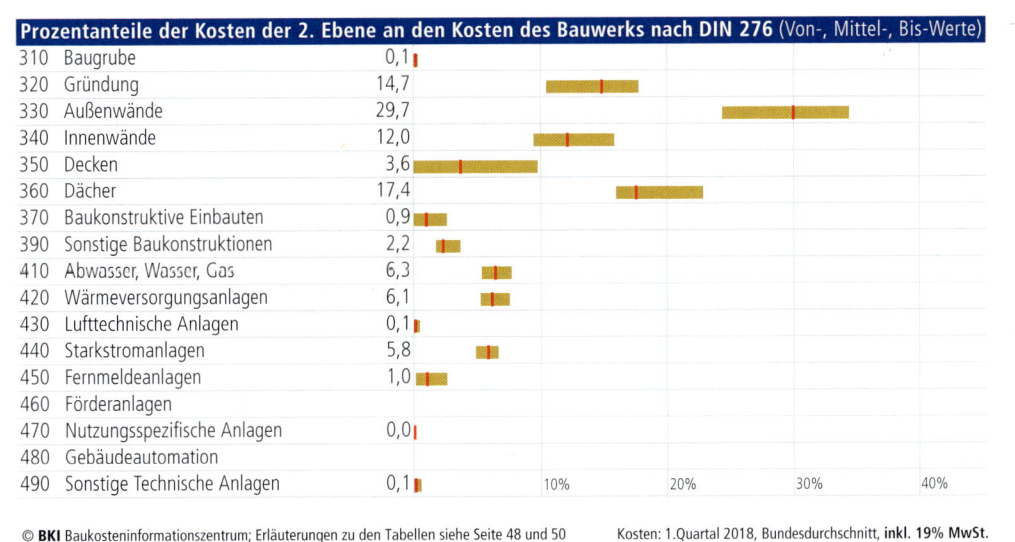

Prozentanteile der Kosten der 2. Ebene an den Kosten des Bauwerks nach DIN 276 (Von-, Mittel-, Bis-Werte)

KG	Bezeichnung	Mittelwert
310	Baugrube	0,1
320	Gründung	14,7
330	Außenwände	29,7
340	Innenwände	12,0
350	Decken	3,6
360	Dächer	17,4
370	Baukonstruktive Einbauten	0,9
390	Sonstige Baukonstruktionen	2,2
410	Abwasser, Wasser, Gas	6,3
420	Wärmeversorgungsanlagen	6,1
430	Lufttechnische Anlagen	0,1
440	Starkstromanlagen	5,8
450	Fernmeldeanlagen	1,0
460	Förderanlagen	
470	Nutzungsspezifische Anlagen	0,0
480	Gebäudeautomation	
490	Sonstige Technische Anlagen	0,1

© BKI Baukosteninformationszentrum; Erläuterungen zu den Tabellen siehe Seite 48 und 50   Kosten: 1.Quartal 2018, Bundesdurchschnitt, **inkl. 19% MwSt.**

Kindergärten, nicht unterkellert, mittlerer Standard

Kosten:
Stand 1.Quartal 2018
Bundesdurchschnitt
inkl. 19% MwSt.

- ● KKW
- ▶ min
- ▷ von
- | Mittelwert
- ◁ bis
- ◀ max

Kostenkennwerte für Leistungsbereiche nach StLB (Kosten des Bauwerks nach DIN 276)

LB	Leistungsbereiche	▷	€/m² BGF	◁	▷	% an 300+400	◁
000	Sicherheits-, Baustelleneinrichtungen inkl. 001	17	30	37	1,0	1,8	2,3
002	Erdarbeiten	12	19	19	0,7	1,1	1,1
006	Spezialtiefbauarbeiten inkl. 005	–	–	–	–	–	–
009	Entwässerungskanalarbeiten inkl. 011	0	4	9	0,0	0,3	0,5
010	Drän- und Versickerungsarbeiten	–	–	–	–	–	–
012	Mauerarbeiten	0	80	160	0,0	4,8	9,6
013	Betonarbeiten	77	148	204	4,7	8,9	12,3
014	Natur-, Betonwerksteinarbeiten	–	–	–	–	–	–
016	Zimmer- und Holzbauarbeiten	104	311	612	6,3	18,8	36,9
017	Stahlbauarbeiten	–	1	–	–	0,0	–
018	Abdichtungsarbeiten	0	12	21	0,0	0,7	1,3
020	Dachdeckungsarbeiten	–	22	–	–	1,4	–
021	Dachabdichtungsarbeiten	15	54	89	0,9	3,2	5,4
022	Klempnerarbeiten	23	35	41	1,4	2,1	2,5
	Rohbau	612	717	795	36,9	43,2	47,9
023	Putz- und Stuckarbeiten, Wärmedämmsysteme	10	71	158	0,6	4,3	9,5
024	Fliesen- und Plattenarbeiten	16	24	39	1,0	1,4	2,3
025	Estricharbeiten	0	25	43	0,0	1,5	2,6
026	Fenster, Außentüren inkl. 029, 032	73	159	227	4,4	9,6	13,7
027	Tischlerarbeiten	38	55	77	2,3	3,3	4,6
028	Parkettarbeiten, Holzpflasterarbeiten	0	23	57	0,0	1,4	3,4
030	Rollladenarbeiten	0	13	35	0,0	0,8	2,1
031	Metallbauarbeiten inkl. 035	2	30	30	0,1	1,8	1,8
034	Maler- und Lackiererarbeiten inkl. 037	23	38	48	1,4	2,3	2,9
036	Bodenbelagarbeiten	18	39	57	1,1	2,3	3,4
038	Vorgehängte hinterlüftete Fassaden	27	77	141	1,7	4,7	8,5
039	Trockenbauarbeiten	37	67	91	2,3	4,1	5,5
	Ausbau	558	626	712	33,6	37,7	42,9
040	Wärmeversorgungsanl. - Betriebseinr. inkl. 041	83	98	114	5,0	5,9	6,9
042	Gas- und Wasserinstallation, Leitungen inkl. 043	15	25	39	0,9	1,5	2,3
044	Abwasserinstallationsarbeiten - Leitungen	13	17	17	0,8	1,0	1,0
045	GWA-Einrichtungsgegenstände inkl. 046	31	44	60	1,9	2,7	3,6
047	Dämmarbeiten an betriebstechnischen Anlagen	2	6	10	0,1	0,4	0,6
049	Feuerlöschanlagen, Feuerlöschgeräte	–	0	–	–	0,0	–
050	Blitzschutz- und Erdungsanlagen	5	13	28	0,3	0,8	1,7
052	Mittelspannungsanlagen	–	–	–	–	–	–
053	Niederspannungsanlagen inkl. 054	53	65	65	3,2	3,9	3,9
055	Ersatzstromversorgungsanlagen	–	–	–	–	–	–
057	Gebäudesystemtechnik	–	0	–	–	0,0	–
058	Leuchten und Lampen inkl. 059	8	22	42	0,5	1,3	2,5
060	Elektroakustische Anlagen, Sprechanlagen	1	8	20	0,0	0,5	1,2
061	Kommunikationsnetze, inkl. 062	1	2	2	0,0	0,1	0,1
063	Gefahrenmeldeanlagen	0	4	4	0,0	0,2	0,2
069	Aufzüge	–	–	–	–	–	–
070	Gebäudeautomation	–	–	–	–	–	–
075	Raumlufttechnische Anlagen	–	1	–	–	0,1	–
	Technische Anlagen	273	306	330	16,5	18,5	19,9
	Sonstige Leistungsbereiche inkl. 008, 033, 051	1	15	43	0,0	0,9	2,6

Planungskennwerte für Flächen und Rauminhalte nach DIN 277

Grundflächen			▷ Fläche/NUF (%) ◁			▷ Fläche/BGF (%) ◁		
NUF	Nutzungsfläche			100,0		63,0	66,4	71,2
TF	Technikfläche		2,3	2,9	4,8	1,5	1,9	2,9
VF	Verkehrsfläche		19,6	24,2	30,8	12,8	16,1	19,0
NRF	Netto-Raumfläche		122,6	127,1	133,9	81,3	84,4	86,3
KGF	Konstruktions-Grundfläche		20,5	23,5	32,6	13,7	15,6	18,7
BGF	Brutto-Grundfläche		143,0	150,6	163,0		100,0	

Brutto-Rauminhalte			▷ BRI/NUF (m) ◁			▷ BRI/BGF (m) ◁		
BRI	Brutto-Rauminhalt		5,35	5,71	6,36	3,61	3,79	4,11

Flächen von Nutzeinheiten		▷ NUF/Einheit (m²) ◁			▷ BGF/Einheit (m²) ◁		
Nutzeinheit: Kinder		8,28	9,45	13,02	12,29	14,24	19,29

Lufttechnisch behandelte Flächen		▷ Fläche/NUF (%) ◁			▷ Fläche/BGF (%) ◁		
Entlüftete Fläche		9,1	9,1	9,1	5,7	5,7	5,7
Be- und entlüftete Fläche		87,1	87,1	88,0	54,3	54,3	54,6
Teilklimatisierte Fläche		–	–	–	–	–	–
Klimatisierte Fläche		–	–	–	–	–	–

KG	Kostengruppen (2. Ebene)	Einheit	▷ Menge/NUF ◁			▷ Menge/BGF ◁		
310	Baugrube	m³ BGI	0,49	0,49	0,65	0,32	0,32	0,39
320	Gründung	m² GRF	1,02	1,20	1,21	0,72	0,83	0,85
330	Außenwände	m² AWF	1,34	1,52	1,62	1,04	1,04	1,11
340	Innenwände	m² IWF	1,27	1,30	1,40	0,86	0,88	1,04
350	Decken	m² DEF	0,62	0,62	0,62	0,38	0,38	0,38
360	Dächer	m² DAF	1,23	1,39	1,48	0,95	0,95	1,03
370	Baukonstruktive Einbauten	m² BGF	1,43	1,51	1,63		1,00	
390	Sonstige Baukonstruktionen	m² BGF	1,43	1,51	1,63		1,00	
300	Bauwerk-Baukonstruktionen	m² BGF	1,43	1,51	1,63		1,00	

Planungskennwerte für Bauzeiten — 42 Vergleichsobjekte

Bauzeit in Wochen

Bauzeit: Spannweite ca. 10–90 Wochen, Mittelwert ca. 50 Wochen.

© BKI Baukosteninformationszentrum; Erläuterungen zu den Tabellen siehe Seite 54   Kosten: 1.Quartal 2018, Bundesdurchschnitt, inkl. 19% MwSt.

Kindergärten, nicht unterkellert, mittlerer Standard

€/m² BGF
min	1.095	€/m²
von	1.395	€/m²
Mittel	**1.660**	€/m²
bis	1.950	€/m²
max	2.240	€/m²

Kosten:
Stand 1.Quartal 2018
Bundesdurchschnitt
inkl. 19% MwSt.

Objektübersicht zur Gebäudeart

4400-0301 Kindertagesstätte (1 Gruppe, 25 Kinder)
BRI 603m³ | BGF 184m² | NUF 124m²

Kindertagesstätte mit 1 Gruppe für max. 25 Kinder. Holzbau.

Land: Hamburg
Kreis: Hamburg
Standard: Durchschnitt
Bauzeit: 21 Wochen
Kennwerte: bis 1.Ebene DIN276

BGF **1.695 €/m²**

Planung: Bosse Westphal Schäffer Architekten; Winsen/Luhe

vorgesehen: BKI Objektdaten N16

4400-0300 Kindertagesstätte (6 Gruppen, 102 Kinder)
BRI 3.828m³ | BGF 1.059m² | NUF 679m²

Kindertagesstätte für 6 Gruppen mit 102 Kindern. Mauerwerk.

Land: Sachsen
Kreis: Leipzig
Standard: Durchschnitt
Bauzeit: 56 Wochen
Kennwerte: bis 1.Ebene DIN276

BGF **1.691 €/m²**

Planung: wittig brösdorf architekten; Leipzig

vorgesehen: BKI Objektdaten E8

4400-0288 Kinderkrippe (1 Gruppe, 12 Kinder) - Modulbau
BRI 479m³ | BGF 134m² | NUF 97m²

Kindertagesstätte mit sieben Modulen in Holzrahmenbau für 1 Gruppe á 12 Kinder, das 7te Modul ist für Kinderwagen oder als Lager nutzbar. Modulbau Holz.

Land: Niedersachsen
Kreis: Harburg, Winsen/Luhe
Standard: Durchschnitt
Bauzeit: 8 Wochen
Kennwerte: bis 3.Ebene DIN276

BGF **1.374 €/m²**

Planung: Bosse Westphal Schäffer Architekten; Winsen/Luhe

vorgesehen: BKI Objektdaten N16

4400-0290 Kindertagesstätte (3 Gruppen, 55 Kinder)
BRI 3.547m³ | BGF 908m² | NUF 675m²

Kindertagesstätte mit 3 Gruppen und 55 Kindern. Massivbau.

Land: Niedersachsen
Kreis: Oldenburg
Standard: Durchschnitt
Bauzeit: 56 Wochen
Kennwerte: bis 1.Ebene DIN276

BGF **1.519 €/m²**

Planung: neun grad architektur BDA; Oldenburg

veröffentlicht: BKI Objektdaten N15

Objektübersicht zur Gebäudeart

4400-0292 Kindertagesstätte (6 Gruppen, 100 Kinder) — BRI 5.044 m³ — BGF 1.396 m² — NUF 805 m²

Kindertagesstätte (6 Gruppen, 100 Kinder). Massivbau, Teilbereiche in Holzbauweise.

Land: Hessen
Kreis: Wiesbaden
Standard: Durchschnitt
Bauzeit: 56 Wochen
Kennwerte: bis 1.Ebene DIN276

BGF   1.606 €/m²

Planung: grabowski.spork architektur; Wiesbaden

veröffentlicht: BKI Objektdaten N15

4400-0299 Kindertagesstätte (108 Kinder) - Effizienzhaus ~79% — BRI 4.249 m³ — BGF 1.294 m² — NUF 887 m²

Kindertagesstätte mit 7 Gruppen für 108 Kinder, Kindergartenbereich integrativ. Mauerwerk.

Land: Sachsen
Kreis: Leipzig
Standard: Durchschnitt
Bauzeit: 39 Wochen
Kennwerte: bis 1.Ebene DIN276

BGF   1.396 €/m²

Planung: wittig brösdorf architekten; Leipzig

vorgesehen: BKI Objektdaten E8

4400-0303 Kindertagesstätte (3 Gruppen, 58 Kinder) — BRI 1.800 m³ — BGF 520 m² — NUF 348 m²

Kindertagesstätte mit 3 Gruppen und 58 Kindern. Mauerwerksbau.

Land: Hamburg
Kreis: Hamburg
Standard: Durchschnitt
Bauzeit: 48 Wochen
Kennwerte: bis 1.Ebene DIN276

BGF   1.723 €/m²

Planung: acollage architektur urbanistik; Hamburg

vorgesehen: BKI Objektdaten N16

4400-0231 Kindertagesstätte (7 Gruppen, 140 Kinder) — BRI 4.128 m³ — BGF 1.192 m² — NUF 828 m²

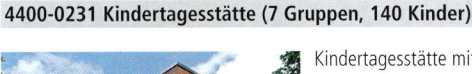

Kindertagesstätte mit 7 Gruppen für 140 Kinder. Mauerwerksbau.

Land: Hamburg
Kreis: Hamburg
Standard: Durchschnitt
Bauzeit: 39 Wochen
Kennwerte: bis 1.Ebene DIN276

BGF   1.299 €/m²

Planung: Knaack & Prell Architekten; Hamburg

veröffentlicht: BKI Objektdaten N15

© BKI Baukosteninformationszentrum; Erläuterungen zu den Tabellen siehe Seite 56   Kosten: 1.Quartal 2018, Bundesdurchschnitt, **inkl. 19% MwSt.**

Kindergärten, nicht unterkellert, mittlerer Standard

Objektübersicht zur Gebäudeart

€/m² BGF
min	1.095 €/m²
von	1.395 €/m²
Mittel	**1.660 €/m²**
bis	1.950 €/m²
max	2.240 €/m²

Kosten:
Stand 1.Quartal 2018
Bundesdurchschnitt
inkl. 19% MwSt.

4400-0241 Kindertagesstätte (6 Gruppen, 100 Kinder)
BRI 3.820m³ **BGF** 1.034m² **NUF** 828m²

Kindertagesstätte mit Kindergarten (4 Gruppen) und Kinderkrippe (2 Gruppen) für insgesamt 100 Kinder. Mauerwerksbau.

Land: Sachsen
Kreis: Leipzig
Standard: Durchschnitt
Bauzeit: 34 Wochen
Kennwerte: bis 1.Ebene DIN276

BGF 1.461 €/m²

Planung: wittig brösdorf architekten; Leipzig

veröffentlicht: BKI Objektdaten N13

4400-0242 Kindertagesstätte (10 Gruppen, 171 Kinder)
BRI 6.230m³ **BGF** 1.772m² **NUF** 1.438m²

Kindertagesstätte mit Kinderkrippe (3 Gruppen, 45 Kinder) und Kindergarten (5 Gruppen, 126 Kinder) sowie Integrationsplätzen (6 St). Mauerwerksbau.

Land: Sachsen
Kreis: Leipzig
Standard: Durchschnitt
Bauzeit: 39 Wochen
Kennwerte: bis 1.Ebene DIN276

BGF 1.347 €/m²

Planung: wittig brösdorf architekten; Leipzig

veröffentlicht: BKI Objektdaten N13

4400-0254 Kindertagesstätte (3 Gruppen, 60 Kinder)
BRI 2.799m³ **BGF** 724m² **NUF** 579m²

Kindertagesstätte mit 3 Gruppen für 60 Kinder. Massivbau.

Land: Thüringen
Kreis: Jena, Stadt
Standard: Durchschnitt
Bauzeit: 74 Wochen
Kennwerte: bis 1.Ebene DIN276

BGF 1.462 €/m²

Planung: sittig-architekten; Jena

veröffentlicht: BKI Objektdaten N13

4400-0268 Kindertagesstätte (4 Gruppen, 76 Kinder), 9 WE
BRI 6.782m³ **BGF** 2.160m² **NUF** 1.344m²

Kindertagesstätte mit 4 Gruppen für 76 Kinder sowie Beratungsstelle, 8 Einzimmerwohnungen und einer Wohngemeinschaft. Mauerwerksbau.

Land: Niedersachsen
Kreis: Lüneburg
Standard: Durchschnitt
Bauzeit: 60 Wochen
Kennwerte: bis 1.Ebene DIN276

BGF 1.939 €/m²

Planung: pmp Projekt GmbH; Hamburg

veröffentlicht: BKI Objektdaten N15

Objektübersicht zur Gebäudeart

4400-0274 Kindertagesstätte (7 Gruppen, 117 Kinder)   BRI 4.228m³   BGF 1.120m²   NUF 759m²

Kindertagesstätte mit 7 Gruppen (117 Kinder). Massivbau.

Land: Sachsen
Kreis: Dresden
Standard: Durchschnitt
Bauzeit: 65 Wochen
Kennwerte: bis 1.Ebene DIN276

BGF   1.767 €/m²

Planung: dd1 architekten Eckhard Helfrich Lars-Olaf Schmidt; Dresden   veröffentlicht: BKI Objektdaten N15

4400-0287 Kindertagesstätte (5 Gruppen, 86 Kinder)   BRI 5.148m³   BGF 1.184m²   NUF 864m²

Kindertagesstätte (5 Gruppen, 86 Kinder). Mauerwerksbau.

Land: Saarland
Kreis: Saarlouis
Standard: Durchschnitt
Bauzeit: 69 Wochen
Kennwerte: bis 1.Ebene DIN276

BGF   1.257 €/m²

Planung: Leinen und Schmitt Architekten; Saarlouis   veröffentlicht: BKI Objektdaten N15

4400-0289 Kindergarten (1 Gruppe, 12 Kinder) - Modulbau   BRI 386m³   BGF 103m²   NUF 74m²

Kindertagesstätte mit fünf Modulen in Holzrahmenbau für 1 Gruppe á 12 Kinder. Modulbau Holz.

Land: Niedersachsen
Kreis: Harburg, Winsen/Luhe
Standard: Durchschnitt
Bauzeit: 8 Wochen
Kennwerte: bis 3.Ebene DIN276

BGF   1.277 €/m²

Planung: Bosse Westphal Schäffer Architekten; Winsen/Luhe   vorgesehen: BKI Objektdaten N16

4400-0294 Kindertagesstätte (125 Kinder) - Effizienzhaus ~62%   BRI 5.588m³   BGF 1.194m²   NUF 779m²

Kindertagesstätte mit 5 Gruppen für 85 Kindern. Mauerwerksbau.

Land: Niedersachsen
Kreis: Hannover, Region
Standard: Durchschnitt
Bauzeit: 56 Wochen
Kennwerte: bis 1.Ebene DIN276

BGF   2.066 €/m²

Planung: Stricker Architekten BDA; Hannover   veröffentlicht: BKI Objektdaten E7

Kindergärten, nicht unterkellert, mittlerer Standard

€/m² BGF
min	1.095	€/m²
von	1.395	€/m²
Mittel	**1.660**	**€/m²**
bis	1.950	€/m²
max	2.240	€/m²

Kosten:
Stand 1.Quartal 2018
Bundesdurchschnitt
inkl. 19% MwSt.

Objektübersicht zur Gebäudeart

4400-0224 Kindertagesstätte (5 Gruppen, 99 Kinder)
BRI 5.720m³ **BGF** 1.231m² **NUF** 776m²

Kindertagesstätte mit 3 Kindergartengruppen und 2 Kinderkrippengruppen für insgesamt 99 Kinder. Mauerwerksbau.

Land: Bayern
Kreis: Bamberg
Standard: Durchschnitt
Bauzeit: 56 Wochen
Kennwerte: bis 1.Ebene DIN276

BGF 2.021 €/m²

Planung: dresel architekt; Altendorf

veröffentlicht: BKI Objektdaten E6

4400-0262 Kindertagesstätte (3 Gruppen, 55 Kinder)
BRI 2.417m³ **BGF** 648m² **NUF** 492m²

Kindertagesstätte mit 2 Krippengruppen und einer Kitagruppe für insgesamt 55 Kinder. Massivbau.

Land: Niedersachsen
Kreis: Braunschweig
Standard: Durchschnitt
Bauzeit: 43 Wochen
Kennwerte: bis 1.Ebene DIN276

BGF 2.239 €/m²

Planung: maurer - ARCHITEKTUR; Braunschweig

veröffentlicht: BKI Objektdaten N13

4400-0271 Kinderkrippe (4 Gruppen, 48 Kinder)
BRI 3.001m³ **BGF** 866m² **NUF** 626m²

Kinderkrippe mit vier Gruppenräumen für 48 Kinder. Mauerwerksbau.

Land: Bayern
Kreis: München
Standard: Durchschnitt
Bauzeit: 82 Wochen
Kennwerte: bis 1.Ebene DIN276

BGF 1.270 €/m²

Planung: Landherr Architekten; München

veröffentlicht: BKI Objektdaten N15

4400-0200 Kindertagesstätte U3 (3 Gruppen, 27 Kinder)
BRI 1.729m³ **BGF** 490m² **NUF** 344m²

Kindertagesstätte U3 mit 3 Gruppen für 27 Kinder. Mauerwerksbau.

Land: Bremen
Kreis: Bremen
Standard: Durchschnitt
Bauzeit: 48 Wochen
Kennwerte: bis 1.Ebene DIN276

BGF 2.123 €/m²

Planung: Püffel Architekten; Bremen

veröffentlicht: BKI Objektdaten N12

Objektübersicht zur Gebäudeart

4400-0205 Integrative Kindertagesstätte (4 Gruppen)

BRI 2.985m³ **BGF** 872m² **NUF** 660m²

Integrative Kindertagesstätte mit 4 Gruppen für 65 Kinder, Familienzentrum. Mauerwerksbau, Holzrahmenbau.

Land: Nordrhein-Westfalen
Kreis: Erftkreis
Standard: Durchschnitt
Bauzeit: 43 Wochen
Kennwerte: bis 1.Ebene DIN276

BGF 1.745 €/m²

Planung: UTE PIROETH ARCHITEKTUR Dip.-Ing. Architektin BDA; Köln

veröffentlicht: BKI Objektdaten N12

4400-0210 Kinderkrippe (2 Gruppen, 22 Kinder)

BRI 1.089m³ **BGF** 345m² **NUF** 235m²

Kinderkrippe mit 2 Gruppen für 22 Kinder. Mauerwerksbau.

Land: Bayern
Kreis: Altötting
Standard: Durchschnitt
Bauzeit: 39 Wochen
Kennwerte: bis 1.Ebene DIN276

BGF 2.040 €/m²

Planung: studio lot Architektur / Innenarchitektur; Altötting

veröffentlicht: BKI Objektdaten N12

4400-0278 Kindertagesstätte (105 Kinder), Stadtteiltreff

BRI 6.132m³ **BGF** 1.578m² **NUF** 1.079m²

Kindertagesstätte mit 6 Gruppen für 105 Kinder sowie einen Mehrzwecksaal (140m² NUF). Massivbau.

Land: Baden-Württemberg
Kreis: Böblingen
Standard: Durchschnitt
Bauzeit: 78 Wochen
Kennwerte: bis 1.Ebene DIN276

BGF 1.828 €/m²

Planung: (se)arch Freie Architekten BDA; Stuttgart

veröffentlicht: BKI Objektdaten N15

4400-0162 Kinderkrippe

BRI 1.191m³ **BGF** 313m² **NUF** 193m²

Kinderkrippe mit einem Gruppenraum für 15 Kinder mit der Möglichkeit der Erweiterung. Mauerwerksbau.

Land: Niedersachsen
Kreis: Gifhorn
Standard: Durchschnitt
Bauzeit: 34 Wochen
Kennwerte: bis 3.Ebene DIN276

BGF 1.344 €/m²

Planung: Die Planschmiede 2KS GmbH & Co. KG; Hankensbüttel

veröffentlicht: BKI Objektdaten N11

Kindergärten, nicht unterkellert, mittlerer Standard

€/m² BGF
min	1.095	€/m²
von	1.395	€/m²
Mittel	**1.660**	**€/m²**
bis	1.950	€/m²
max	2.240	€/m²

Kosten:
Stand 1.Quartal 2018
Bundesdurchschnitt
inkl. 19% MwSt.

Objektübersicht zur Gebäudeart

4400-0170 Kindertagesstätte (6 Gruppen, 140 Kinder) — BRI 7.398m³ — BGF 2.268m² — NUF 1.125m²

Kindertagesstätte (6 Gruppen, 140 Kinder) mit Kinderkrippe. Zusätzliche externe Nutzung durch eine Hebammenpraxis. Mauerwerksbau.

Land: Niedersachsen
Kreis: Osnabrück
Standard: Durchschnitt
Bauzeit: 43 Wochen
Kennwerte: bis 1.Ebene DIN276

BGF 1.095 €/m²

Planung: Hüdepohl - Ferner Architektur- und Ingenieurges. mbH; Osnabrück

veröffentlicht: BKI Objektdaten N11

4400-0176 Kindertagesstätte (5 Gruppen) — BRI 4.164m³ — BGF 842m² — NUF 510m²

Kindertagesstätte mit Kinderkrippe (3 Gruppen, 35 Kinder) und Kindergarten (2 Gruppen, 25 Kinder). Mauerwerksbau.

Land: Sachsen
Kreis: Mittelsachsen
Standard: Durchschnitt
Bauzeit: 56 Wochen
Kennwerte: bis 1.Ebene DIN276

BGF 1.933 €/m²

Planung: bauplanung plauen gmbh Architekten und Ingenieure; Plauen

veröffentlicht: BKI Objektdaten N11

4400-0184 Kindertagesstätte (14 Gruppen, 178 Kinder) — BRI 8.532m³ — BGF 1.973m² — NUF 1.478m²

Kindertagesstätte mit 14 Gruppen (178 Kinder). Kita besteht aus 4 Gebäudeteilen mit unterschiedlichen Nutzungen (Kinderkrippe, Gemeinschaftsbereich, Kindergarten (2St)). Mauerwerksbau.

Land: Mecklenburg-Vorpommern
Kreis: Schwerin, Stadt
Standard: Durchschnitt
Bauzeit: 52 Wochen
Kennwerte: bis 1.Ebene DIN276

BGF 1.551 €/m²

Planung: Brenncke Architekten GbR; Schwerin

veröffentlicht: BKI Objektdaten N12

4400-0185 Kindertagesstätte (12 Gruppen, 210 Kinder) — BRI 8.859m³ — BGF 2.057m² — NUF 1.272m²

Kindertagesstätte mit 12 Gruppen für 210 Grundschulkinder. Mauerwerksbau.

Land: Brandenburg
Kreis: Havelland
Standard: Durchschnitt
Bauzeit: 52 Wochen
Kennwerte: bis 3.Ebene DIN276

BGF 1.367 €/m²

Planung: KÖBER-PLAN GmbH; Brandenburg

veröffentlicht: BKI Objektdaten N11

Objektübersicht zur Gebäudeart

4400-0187 Hort (4 Gruppen) — BRI 3.386m³ — BGF 881m² — NUF 593m²

Schulhort und Freizeiteinrichtung für 102 Kinder in 4 Gruppen. Mauerwerksbau, Dachtragwerk: Stahl/Holz.

Land: Brandenburg
Kreis: Cottbus
Standard: Durchschnitt
Bauzeit: 69 Wochen
Kennwerte: bis 1.Ebene DIN276

BGF 1.736 €/m²

Planung: Keller Mayer Wittig Architekten Stadtplaner Bauforscher; Cottbus

veröffentlicht: BKI Objektdaten N12

4400-0192 Kinderkrippe (4 Gruppen) — BRI 4.491m³ — BGF 1.079m² — NUF 680m²

Kinderkrippe mit 4 Gruppen für 40 Kinder. Massivbau.

Land: Hessen
Kreis: Darmstadt
Standard: Durchschnitt
Bauzeit: 56 Wochen
Kennwerte: bis 1.Ebene DIN276

BGF 1.608 €/m²

Planung: Freischlad + Holz Architekten BDA; Darmstadt

veröffentlicht: BKI Objektdaten N12

4400-0213 Kindertagesstätte (5 Gruppen, 60 Kinder) — BRI 3.935m³ — BGF 1.124m² — NUF 733m²

Kindertagesstätte (5 Gruppen, 60 Kinder) mit Bewegungsraum. Mauerwerksbau.

Land: Schleswig-Holstein
Kreis: Lübeck
Standard: Durchschnitt
Bauzeit: 52 Wochen
Kennwerte: bis 1.Ebene DIN276

BGF 1.927 €/m²

Planung: ppp architekten + stadtplaner; Lübeck

veröffentlicht: BKI Objektdaten N12

4400-0214 Kindertagesstätte (8 Gruppen, 144 Kinder) — BRI 5.858m³ — BGF 1.542m² — NUF 922m²

Kindertagesstätte mit 8 Gruppen für 144 Kinder. Mauerwerksbau.

Land: Sachsen
Kreis: Dresden
Standard: Durchschnitt
Bauzeit: 52 Wochen
Kennwerte: bis 1.Ebene DIN276

BGF 1.643 €/m²

Planung: Klinkenbusch + Kunze; Dresden

veröffentlicht: BKI Objektdaten N12

© BKI Baukosteninformationszentrum; Erläuterungen zu den Tabellen siehe Seite 56   Kosten: 1.Quartal 2018, Bundesdurchschnitt, **inkl. 19% MwSt.**

Kindergärten, nicht unterkellert, mittlerer Standard

€/m² BGF
min	1.095	€/m²
von	1.395	€/m²
Mittel	**1.660**	**€/m²**
bis	1.950	€/m²
max	2.240	€/m²

Kosten:
Stand 1.Quartal 2018
Bundesdurchschnitt
inkl. 19% MwSt.

Objektübersicht zur Gebäudeart

4400-0226 Kindertagesstätte, Familienzentrum (8 Gruppen) — BRI 6.428m³ — BGF 1.760m² — NUF 1.075m²

Kindertagesstätte mit acht Gruppen für 120 Kinder sowie Beratungsstelle. Mauerwerksbau.

Land: Schleswig-Holstein
Kreis: Herzogtum Lauenburg
Standard: Durchschnitt
Bauzeit: 60 Wochen
Kennwerte: bis 1.Ebene DIN276

BGF 1.580 €/m²

Planung: Wacker Zeiger Architekten; Hamburg

veröffentlicht: BKI Objektdaten N13

4400-0246 Kindertagesstätte (200 Kinder) — BRI 8.150m³ — BGF 2.021m² — NUF 1.408m²

Kindertagesstätte mit 4 Gruppen für 200 Kinder, Indoor-Spielplatz und Bistro. Massivbau.

Land: Brandenburg
Kreis: Teltow-Fläming
Standard: Durchschnitt
Bauzeit: 65 Wochen
Kennwerte: bis 1.Ebene DIN276

BGF 1.682 €/m²

Planung: Architekturbüro Thyssen; Berlin

veröffentlicht: BKI Objektdaten N13

4400-0264 Kindertagesstätte (7 Gruppen, 110 Kinder) — BRI 8.660m³ — BGF 2.075m² — NUF 1.235m²

Kindertageseinrichtung mit 7 Gruppenräumen für 110 Kinder (U3- und Ü3-Krippe und Kindergarten). Stahl-/Holzkonstruktion; Mauerwerksbau.

Land: Nordrhein-Westfalen
Kreis: Bochum
Standard: Durchschnitt
Bauzeit: 69 Wochen
Kennwerte: bis 1.Ebene DIN276

BGF 1.995 €/m²

Planung: Wörmann Architekten GmbH; Ostbevern

veröffentlicht: BKI Objektdaten N13

4400-0171 Kindertagesstätte (4 Gruppen, 70 Kinder) — BRI 3.453m³ — BGF 905m² — NUF 547m²

Kindertagesstätte für einen Uni-Campus (4 Gruppen, 70 Kinder). Massivbau.

Land: Niedersachsen
Kreis: Oldenburg
Standard: Durchschnitt
Bauzeit: 52 Wochen
Kennwerte: bis 1.Ebene DIN276

BGF 1.570 €/m²

Planung: Angelis & Partner Architekten mbB; Oldenburg

veröffentlicht: BKI Objektdaten N11

Objektübersicht zur Gebäudeart

4400-0193 Kindertagesstätte (2 Gruppen)

BRI 2.717m³ **BGF** 799m² **NUF** 585m²

Kindertagesstätte für 2 Gruppen (25 Kinder) mit Gruppenräumen, Schlafräumen, Multifunktionsraum. Massivbau.

Land: Thüringen
Kreis: Sonneberg
Standard: Durchschnitt
Bauzeit: 86 Wochen
Kennwerte: bis 1.Ebene DIN276

BGF 1.488 €/m²

Planung: Optiplan Bau GmbH; Sonneberg

veröffentlicht: BKI Objektdaten N12

4400-0197 Kindertagesstätte (100 Kinder) - Passivhaus

BRI 7.310m³ **BGF** 1.884m² **NUF** 964m²

Kindergarten mit Hort, 5 Gruppen, 100 Kinder (60 Kindergarten, 40 Hort), Passivhaus. Massivbau.

Land: Hessen
Kreis: Frankfurt a. Main
Standard: Durchschnitt
Bauzeit: 82 Wochen
Kennwerte: bis 1.Ebene DIN276

BGF 1.918 €/m²

Planung: Baufrösche Architekten und Stadtplaner GmbH; Kassel

veröffentlicht: BKI Objektdaten E5

4400-0232 Kinderkrippe (3 Gruppen, 30 Kinder) - Passivhaus

BRI 2.710m³ **BGF** 685m² **NUF** 422m²

Kindertagesstätte mit drei Gruppen für 30 Kinder. Mauerwerksbau.

Land: Bremen
Kreis: Bremerhaven
Standard: Durchschnitt
Bauzeit: 65 Wochen
Kennwerte: bis 1.Ebene DIN276

BGF 1.934 €/m²

Planung: Architekturbüro Werner Grannemann; Bremerhaven

veröffentlicht: BKI Objektdaten E6

4400-0119 Kindergarten (4 Gruppen)

BRI 2.570m³ **BGF** 735m² **NUF** 529m²

Kindergarten und Jugendbereich. Mauerwerksbau, Holzdachkonstruktion.

Land: Nordrhein-Westfalen
Kreis: Dortmund
Standard: Durchschnitt
Bauzeit: 34 Wochen
Kennwerte: bis 1.Ebene DIN276

BGF 1.436 €/m²

Planung: Planungsgemeinschaft Kussel & Schlegel; Dortmund

veröffentlicht: BKI Objektdaten N9

© **BKI** Baukosteninformationszentrum; Erläuterungen zu den Tabellen siehe Seite 56   Kosten: 1.Quartal 2018, Bundesdurchschnitt, **inkl. 19% MwSt.**

Kindergärten, nicht unterkellert, mittlerer Standard

€/m² BGF

min	1.095	€/m²
von	1.395	€/m²
Mittel	**1.660**	**€/m²**
bis	1.950	€/m²
max	2.240	€/m²

Kosten:
Stand 1.Quartal 2018
Bundesdurchschnitt
inkl. 19% MwSt.

Objektübersicht zur Gebäudeart

4400-0183 Kindertagesstätte (4 Gruppen) — **BRI** 4.620m³ **BGF** 1.170m² **NUF** 699m²

Kindergarten mit Ganztageskrippe und Mehrzweckraum, zweieinhalbgeschossig, 4 Gruppen, 90 Kinder. Stahlbeton-Massiv/Skelett-Konstruktion, 2-teiliges Satteldach 45° geneigt.

Land: Baden-Württemberg
Kreis: Rastatt
Standard: Durchschnitt
Bauzeit: 61 Wochen
Kennwerte: bis 1.Ebene DIN276

BGF 2.057 €/m²

Planung: Architekten Gaiser + Partner Freie Architekten; Karlsruhe

veröffentlicht: BKI Objektdaten N12

4400-0112 Kindertagesstätte — **BRI** 1.561m³ **BGF** 395m² **NUF** 292m²

Kindertagesstätte für eine Grundschule mit Gruppen- und Freizeiträumen. Mauerwerksbau; BSH-Dachkonstruktion.

Land: Berlin
Kreis: Berlin
Standard: Durchschnitt
Bauzeit: 30 Wochen
Kennwerte: bis 3.Ebene DIN276

BGF 1.655 €/m²

Planung: Blumers Architekten; Berlin

veröffentlicht: BKI Objektdaten N9

Bildung

Kindergärten, nicht unterkellert, hoher Standard

Kostenkennwerte für die Kosten des Bauwerks (Kostengruppen 300+400 nach DIN 276)

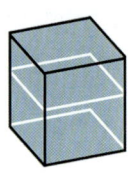

BRI 475 €/m³
von 405 €/m³
bis 550 €/m³

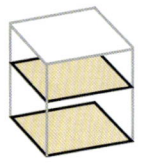

BGF 1.940 €/m²
von 1.580 €/m²
bis 2.340 €/m²

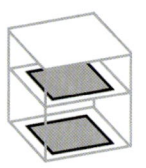

NUF 2.930 €/m²
von 2.430 €/m²
bis 3.650 €/m²

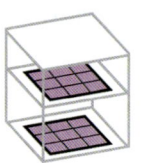

NE 23.160 €/NE
von 17.680 €/NE
bis 30.460 €/NE
NE: Kinder

Kosten:
Stand 1.Quartal 2018
Bundesdurchschnitt
inkl. 19% MwSt.

Objektbeispiele

4400-0309

4400-0305

4400-0308

Kosten der 14 Vergleichsobjekte — Seiten 246 bis 249

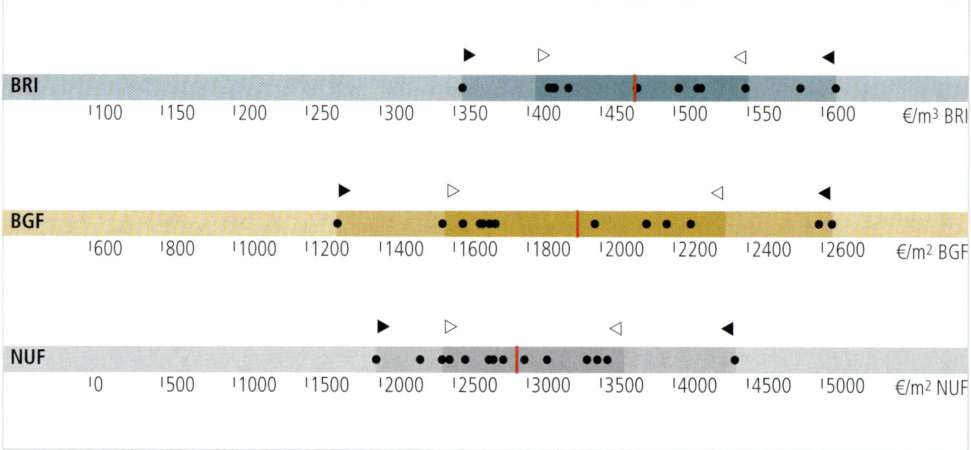

- ● KKW
- ▶ min
- ▷ von
- | Mittelwert
- ◁ bis
- ◀ max

BRI — €/m³ BRI
BGF — €/m² BGF
NUF — €/m² NUF

© BKI Baukosteninformationszentrum; Erläuterungen zu den Tabellen siehe Seite 46

Kosten: 1.Quartal 2018, Bundesdurchschnitt, **inkl. 19% MwSt.**

Kostenkennwerte für die Kostengruppen der 1. und 2. Ebene DIN 276

KG	Kostengruppen der 1. Ebene	Einheit	▷	€/Einheit	◁	▷	% an 300+400	◁
100	Grundstück	m² GF	–	–	–	–	–	–
200	Herrichten und Erschließen	m² GF	6	**20**	32	0,2	**2,7**	3,7
300	Bauwerk - Baukonstruktionen	m² BGF	1.232	**1.517**	1.821	74,5	**78,5**	82,2
400	Bauwerk - Technische Anlagen	m² BGF	321	**419**	570	17,8	**21,5**	25,5
	Bauwerk (300+400)	m² BGF	1.577	**1.936**	2.338		**100,0**	
500	Außenanlagen	m² AF	66	**174**	366	4,2	**11,4**	17,6
600	Ausstattung und Kunstwerke	m² BGF	49	**71**	101	2,8	**4,1**	6,3
700	Baunebenkosten*	m² BGF	384	**428**	472	19,7	**22,0**	24,3 ◁ NEU

Auf Grundlage der HOAI 2013 berechnete Werte nach §§ 35, 52, 56. Weitere Informationen siehe Seite 50

KG	Kostengruppen der 2. Ebene	Einheit	▷	€/Einheit	◁	▷	% an 300	◁
310	Baugrube	m³ BGI	9	**32**	77	0,2	**2,1**	7,7
320	Gründung	m² GRF	198	**254**	281	7,9	**14,0**	17,1
330	Außenwände	m² AWF	461	**535**	612	23,4	**27,8**	31,8
340	Innenwände	m² IWF	252	**346**	613	15,7	**18,8**	21,6
350	Decken	m² DEF	307	**436**	785	3,1	**5,5**	7,9
360	Dächer	m² DAF	304	**333**	359	11,0	**24,0**	28,5
370	Baukonstruktive Einbauten	m² BGF	43	**70**	111	0,9	**3,6**	6,1
390	Sonstige Baukonstruktionen	m² BGF	36	**62**	139	2,7	**4,3**	8,7
300	**Bauwerk Baukonstruktionen**	**m² BGF**					**100,0**	

KG	Kostengruppen der 2. Ebene	Einheit	▷	€/Einheit	◁	▷	% an 400	◁
410	Abwasser, Wasser, Gas	m² BGF	59	**80**	102	20,1	**24,1**	27,2
420	Wärmeversorgungsanlagen	m² BGF	52	**81**	106	16,2	**24,9**	33,7
430	Lufttechnische Anlagen	m² BGF	4	**33**	73	2,8	**10,8**	32,3
440	Starkstromanlagen	m² BGF	83	**100**	122	29,0	**30,3**	33,7
450	Fernmeldeanlagen	m² BGF	8	**18**	28	2,4	**5,4**	8,3
460	Förderanlagen	m² BGF	–	**11**	–	–	**0,7**	–
470	Nutzungsspezifische Anlagen	m² BGF	1	**14**	28	0,0	**2,4**	9,3
480	Gebäudeautomation	m² BGF	–	**4**	–	–	**0,3**	–
490	Sonstige Technische Anlagen	m² BGF	1	**10**	19	0,1	**1,3**	4,8
400	**Bauwerk Technische Anlagen**	**m² BGF**					**100,0**	

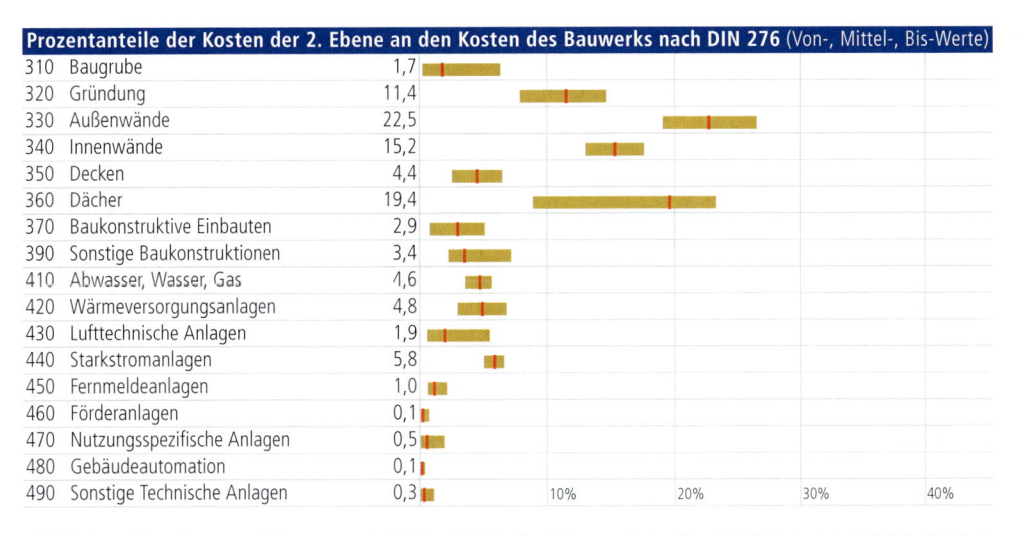

Prozentanteile der Kosten der 2. Ebene an den Kosten des Bauwerks nach DIN 276 (Von-, Mittel-, Bis-Werte)

KG	Bezeichnung	Mittelwert
310	Baugrube	1,7
320	Gründung	11,4
330	Außenwände	22,5
340	Innenwände	15,2
350	Decken	4,4
360	Dächer	19,4
370	Baukonstruktive Einbauten	2,9
390	Sonstige Baukonstruktionen	3,4
410	Abwasser, Wasser, Gas	4,6
420	Wärmeversorgungsanlagen	4,8
430	Lufttechnische Anlagen	1,9
440	Starkstromanlagen	5,8
450	Fernmeldeanlagen	1,0
460	Förderanlagen	0,1
470	Nutzungsspezifische Anlagen	0,5
480	Gebäudeautomation	0,1
490	Sonstige Technische Anlagen	0,3

© BKI Baukosteninformationszentrum; Erläuterungen zu den Tabellen siehe Seite 48 und 50   Kosten: 1.Quartal 2018, Bundesdurchschnitt, **inkl. 19% MwSt.**

Kindergärten, nicht unterkellert, hoher Standard

Kostenkennwerte für Leistungsbereiche nach StLB (Kosten des Bauwerks nach DIN 276)

Kosten: Stand 1. Quartal 2018, Bundesdurchschnitt inkl. 19% MwSt.

LB	Leistungsbereiche	▷ von	€/m² BGF Mittelwert	◁ bis	▷ von	% an 300+400 Mittelwert	◁ bis
000	Sicherheits-, Baustelleneinrichtungen inkl. 001	38	48	48	1,9	2,5	2,5
002	Erdarbeiten	20	41	41	1,0	2,1	2,1
006	Spezialtiefbauarbeiten inkl. 005	–	–	–	–	–	–
009	Entwässerungskanalarbeiten inkl. 011	4	4	6	0,2	0,2	0,3
010	Drän- und Versickerungsarbeiten	–	2	–	–	0,1	–
012	Mauerarbeiten	113	113	167	5,8	5,8	8,6
013	Betonarbeiten	123	145	145	6,4	7,5	7,5
014	Natur-, Betonwerksteinarbeiten	–	–	–	–	–	–
016	Zimmer- und Holzbauarbeiten	174	300	300	9,0	15,5	15,5
017	Stahlbauarbeiten	25	25	40	1,3	1,3	2,1
018	Abdichtungsarbeiten	8	14	14	0,4	0,7	0,7
020	Dachdeckungsarbeiten	7	26	26	0,4	1,3	1,3
021	Dachabdichtungsarbeiten	78	78	132	4,0	4,0	6,8
022	Klempnerarbeiten	32	81	81	1,7	4,2	4,2
	Rohbau	876	876	921	45,3	45,3	47,6
023	Putz- und Stuckarbeiten, Wärmedämmsysteme	27	54	54	1,4	2,8	2,8
024	Fliesen- und Plattenarbeiten	23	23	26	1,2	1,2	1,3
025	Estricharbeiten	29	29	33	1,5	1,5	1,7
026	Fenster, Außentüren inkl. 029, 032	182	182	258	9,4	9,4	13,3
027	Tischlerarbeiten	137	153	153	7,1	7,9	7,9
028	Parkettarbeiten, Holzpflasterarbeiten	4	14	14	0,2	0,7	0,7
030	Rollladenarbeiten	10	24	24	0,5	1,2	1,2
031	Metallbauarbeiten inkl. 035	36	36	58	1,9	1,9	3,0
034	Maler- und Lackiererarbeiten inkl. 037	21	35	35	1,1	1,8	1,8
036	Bodenbelagarbeiten	42	46	46	2,2	2,4	2,4
038	Vorgehängte hinterlüftete Fassaden	1	29	29	0,0	1,5	1,5
039	Trockenbauarbeiten	91	91	119	4,7	4,7	6,1
	Ausbau	654	719	719	33,8	37,1	37,1
040	Wärmeversorgungsanl. - Betriebseinr. inkl. 041	100	100	126	5,1	5,1	6,5
042	Gas- und Wasserinstallation, Leitungen inkl. 043	14	20	20	0,7	1,0	1,0
044	Abwasserinstallationsarbeiten - Leitungen	8	8	10	0,4	0,4	0,5
045	GWA-Einrichtungsgegenstände inkl. 046	32	45	45	1,6	2,3	2,3
047	Dämmarbeiten an betriebstechnischen Anlagen	7	7	11	0,4	0,4	0,6
049	Feuerlöschanlagen, Feuerlöschgeräte	0	0	1	0,0	0,0	0,0
050	Blitzschutz- und Erdungsanlagen	2	4	4	0,1	0,2	0,2
052	Mittelspannungsanlagen	–	–	–	–	–	–
053	Niederspannungsanlagen inkl. 054	40	40	44	2,1	2,1	2,3
055	Ersatzstromversorgungsanlagen	–	–	–	–	–	–
057	Gebäudesystemtechnik	–	5	–	–	0,2	–
058	Leuchten und Lampen inkl. 059	65	65	73	3,3	3,3	3,8
060	Elektroakustische Anlagen, Sprechanlagen	0	2	2	0,0	0,1	0,1
061	Kommunikationsnetze, inkl. 062	3	11	11	0,2	0,6	0,6
063	Gefahrenmeldeanlagen	1	6	6	0,1	0,3	0,3
069	Aufzüge	–	–	–	–	–	–
070	Gebäudeautomation	–	2	–	–	0,1	–
075	Raumlufttechnische Anlagen	3	30	30	0,2	1,5	1,5
	Technische Anlagen	319	344	344	16,5	17,8	17,8
	Sonstige Leistungsbereiche inkl. 008, 033, 051	0	2	2	0,0	0,1	0,1

- ● KKW
- ▶ min
- ▷ von
- | Mittelwert
- ◁ bis
- ◀ max

Planungskennwerte für Flächen und Rauminhalte nach DIN 277

Grundflächen			▷	Fläche/NUF (%)	◁	▷	Fläche/BGF (%)	◁
NUF	Nutzungsfläche			100,0		63,8	65,8	71,3
TF	Technikfläche		4,0	4,9	10,6	2,3	3,2	6,4
VF	Verkehrsfläche		17,8	22,7	26,1	12,2	15,0	17,0
NRF	Netto-Raumfläche		121,1	127,6	130,9	81,0	84,0	86,7
KGF	Konstruktions-Grundfläche		20,3	24,3	30,5	13,3	16,0	19,0
BGF	Brutto-Grundfläche		142,2	151,9	157,8		100,0	

Brutto-Rauminhalte			▷	BRI/NUF (m)	◁	▷	BRI/BGF (m)	◁
BRI	Brutto-Rauminhalt		5,87	6,20	6,93	3,80	4,09	4,40

Flächen von Nutzeinheiten			▷	NUF/Einheit (m²)	◁	▷	BGF/Einheit (m²)	◁
Nutzeinheit: Kinder			7,06	7,98	8,95	10,49	12,14	13,58

Lufttechnisch behandelte Flächen			▷	Fläche/NUF (%)	◁	▷	Fläche/BGF (%)	◁
Entlüftete Fläche			–	0,4	–	–	0,3	–
Be- und entlüftete Fläche			–	–	–	–	–	–
Teilklimatisierte Fläche			–	–	–	–	–	–
Klimatisierte Fläche			–	–	–	–	–	–

KG	Kostengruppen (2. Ebene)	Einheit	▷	Menge/NUF	◁	▷	Menge/BGF	◁
310	Baugrube	m³ BGI	1,20	1,33	1,33	0,84	0,88	0,88
320	Gründung	m² GRF	1,00	1,12	1,16	0,76	0,76	0,81
330	Außenwände	m² AWF	0,93	1,09	1,11	0,68	0,72	0,75
340	Innenwände	m² IWF	1,14	1,22	1,33	0,82	0,82	0,85
350	Decken	m² DEF	0,33	0,34	0,56	0,16	0,22	0,22
360	Dächer	m² DAF	1,13	1,45	1,59	0,99	0,99	1,11
370	Baukonstruktive Einbauten	m² BGF	1,42	1,52	1,58		1,00	
390	Sonstige Baukonstruktionen	m² BGF	1,42	1,52	1,58		1,00	
300	Bauwerk-Baukonstruktionen	m² BGF	1,42	1,52	1,58		1,00	

Planungskennwerte für Bauzeiten

14 Vergleichsobjekte

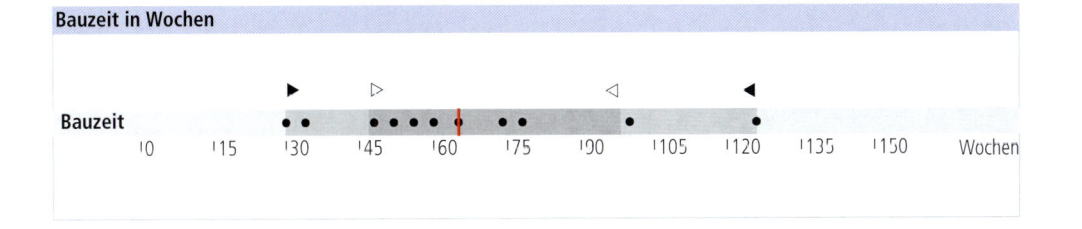

Bauzeit in Wochen

Bauzeit: Punkte verteilt über Skala von 10 bis 150 Wochen, Median ca. 60 Wochen; Markierungen ▶ bei ca. 30, ▷ bei ca. 45, ◁ bei ca. 90, ◀ bei ca. 120 Wochen.

© BKI Baukosteninformationszentrum; Erläuterungen zu den Tabellen siehe Seite 54   Kosten: 1.Quartal 2018, Bundesdurchschnitt, **inkl. 19% MwSt.**

Kindergärten, nicht unterkellert, hoher Standard

€/m² BGF

min	1.285 €/m²
von	1.575 €/m²
Mittel	**1.935 €/m²**
bis	2.340 €/m²
max	2.625 €/m²

Kosten:
Stand 1.Quartal 2018
Bundesdurchschnitt
inkl. 19% MwSt.

Objektübersicht zur Gebäudeart

4400-0308 Kindertagesstätte (75 Kinder)
BRI 2.589m³ BGF 540m² NUF 408m²

Kindertagesstätte mit zwei Krippengruppen und drei Kitagruppen (75 Kinder). Mauerwerk.

Land: Brandenburg
Kreis: Ostprignitz-Ruppin
Standard: über Durchschnitt
Bauzeit: 74 Wochen
Kennwerte: bis 1.Ebene DIN276

BGF **2.626 €/m²**

Planung: kleyer.koblitz.letzel.freivogel ges. v. architekten mbh; Berlin

vorgesehen: BKI Objektdaten N16

4400-0302 Kindertagesstätte (6 Gruppen, 85 Kinder)
BRI 3.415m³ BGF 811m² NUF 624m²

Kindertagesstätte mit 6 Gruppen für 85 Kinder. Stb-Konstruktion.

Land: Berlin
Kreis: Berlin
Standard: über Durchschnitt
Bauzeit: 60 Wochen
Kennwerte: bis 1.Ebene DIN276

BGF **2.180 €/m²**

Planung: LANDHERR / Architekten und Ingenieure GmbH; Hoppegarten

vorgesehen: BKI Objektdaten N16

4400-0305 Kindertagesstätte (125 Kinder) - Passivhaus
BRI 6.370m³ BGF 1.566m² NUF 971m²

Kindertagesstätte (6 Gruppen, 125 Kinder). Mauerwerk.

Land: Hessen
Kreis: Bergstraße
Standard: über Durchschnitt
Bauzeit: 56 Wochen
Kennwerte: bis 1.Ebene DIN276

BGF **1.695 €/m²**

Planung: VOLK architekten Roland Volk Dipl.-Ing. Architekt; Bensheim

vorgesehen: BKI Objektdaten E8

4400-0309 Kindertagesstätte (100 Kinder) - Effizienzhaus ~55%
BRI 6.548m³ BGF 1.677m² NUF 1.134m²

Kindertagesstätte mit 4 Gruppen für Kinder von 3-6 Jahren und 2 Gruppen für Kinder von 1-3 Jahren. Massivbau.

Land: Baden-Württemberg
Kreis: Esslingen a.N.
Standard: über Durchschnitt
Bauzeit: 100 Wochen
Kennwerte: bis 1.Ebene DIN276

BGF **1.670 €/m²**

Planung: ZOLL Architekten Stadtplaner GmbH; Stuttgart

vorgesehen: BKI Objektdaten E8

Objektübersicht zur Gebäudeart

4400-0239 Kindertagesstätte (5 Gruppen, 75 Kinder)   BRI 5.165m³   BGF 1.223m²   NUF 763m²

Kindertagesstätte mit 5 Gruppen für 75 Kinder. Massivbau.

Land: Bayern
Kreis: Nürnberg
Standard: über Durchschnitt
Bauzeit: 74 Wochen
Kennwerte: bis 1.Ebene DIN276

BGF   2.125 €/m²

Planung: Grabow + Hofmann Architektenpartnerschaft BDA; Nürnberg

veröffentlicht: BKI Objektdaten N13

4400-0272 Kindertagesstätte (130 Kinder) - Effizienzhaus ~69%   BRI 6.683m³   BGF 1.853m²   NUF 1.231m²

Kindertagesstätte mit 7 Gruppenräumen für 130 Kinder. Massivbau.

Land: Baden-Württemberg
Kreis: Rhein-Neckar-Kreis
Standard: über Durchschnitt
Bauzeit: 126 Wochen
Kennwerte: bis 1.Ebene DIN276

BGF   1.711 €/m²

Planung: pbs architekten Gerlach Wolf Böhning Planungsgesellschaft mbH; Aachen

veröffentlicht: BKI Objektdaten E7

4400-0227 Kindertagesstätte (8 Gruppen, 120 Kinder)   BRI 5.705m³   BGF 1.838m²   NUF 1.041m²

Kindertagesstätte mit 8 Gruppen für 120 Kinder. Mauerwerksbau.

Land: Berlin
Kreis: Berlin
Standard: über Durchschnitt
Bauzeit: 60 Wochen
Kennwerte: bis 1.Ebene DIN276

BGF   1.285 €/m²

Planung: pk Architekten und Ingenieure; Berlin

veröffentlicht: BKI Objektdaten N13

4400-0236 Kindertagesstätte (7 Gruppen, 117 Kinder)   BRI 4.336m³   BGF 1.128m²   NUF 714m²

Kindertagesstätte für 117 Kinder mit Krippe (3 Gruppen) und Kindergarten (4 Gruppen), Mehrzweckraum, Küche. Massivbau.

Land: Sachsen
Kreis: Dresden
Standard: über Durchschnitt
Bauzeit: 56 Wochen
Kennwerte: bis 2.Ebene DIN276

BGF   1.983 €/m²

Planung: dd1architekten; Dresden

veröffentlicht: BKI Objektdaten E6

Kindergärten, nicht unterkellert, hoher Standard

€/m² BGF
min	1.285 €/m²
von	1.575 €/m²
Mittel	**1.935 €/m²**
bis	2.340 €/m²
max	2.625 €/m²

Kosten:
Stand 1.Quartal 2018
Bundesdurchschnitt
inkl. 19% MwSt.

Objektübersicht zur Gebäudeart

4400-0141 Kindertagesstätte (2 Gruppen, 30 Kinder)
BRI 2.433m³ | **BGF** 479m² | **NUF** 287m²

Kindertagesstätte (2 Gruppen) für 30 Kleinkinder (1-3 Jahre). Im OG gesondertes Informationsbüro und Elternberatung. Mauerwerksbau.

Land: Niedersachsen
Kreis: Hannover, Region
Standard: über Durchschnitt
Bauzeit: 34 Wochen
Kennwerte: bis 1.Ebene DIN276

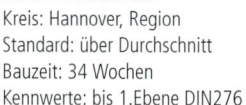

BGF 2.123 €/m²

Planung: Jörn Knop Architekt + Innenarchitekt; Wunstorf
veröffentlicht: BKI Objektdaten N11

4400-0142 Kindertagesstätte (4 Gruppen) - Effizienzhaus 70
BRI 3.296m³ | **BGF** 894m² | **NUF** 674m²

Ersatzneubau einer Kindertagesstätte (4 Gruppen, 74 Kinder), Effizienzhaus 70. Gruppenräume konsequent nach Süden orientiert. Mauerwerkskonstruktion.

Land: Bayern
Kreis: Nürnberg
Standard: über Durchschnitt
Bauzeit: 65 Wochen
Kennwerte: bis 1.Ebene DIN276

BGF 2.245 €/m²

Planung: plankoepfe nuernberg R. Wölfel - A. Volkmar, Architekten; Nürnberg
veröffentlicht: BKI Objektdaten E5

4400-0144 Kindertagesstätte - Passivhaus
BRI 2.701m³ | **BGF** 610m² | **NUF** 358m²

Kindertagesstätte (3 Gruppen, 55 Kinder) als Passivhaus. Gebäude ist komplett erdüberdeckt und öffnet sich nur nach Süden. Sichtbetonkonstruktion.

Land: Niedersachsen
Kreis: Göttingen
Standard: über Durchschnitt
Bauzeit: 52 Wochen
Kennwerte: bis 1.Ebene DIN276

BGF 2.591 €/m²

Planung: Despang Architekten; Radebeul bei Dresden
veröffentlicht: BKI Objektdaten E5

4400-0131 Kindertageseinrichtung (3 Gruppen)
BRI 2.193m³ | **BGF** 565m² | **NUF** 379m²

Kindertagesstätte für 3 Gruppen mit Mehrzweckraum. Holzrahmenkonstruktion.

Land: Baden-Württemberg
Kreis: Karlsruhe
Standard: über Durchschnitt
Bauzeit: 30 Wochen
Kennwerte: bis 3.Ebene DIN276

BGF 1.623 €/m²

Planung: evaplan Architektur + Stadtplanung; Karlsruhe
veröffentlicht: BKI Objektdaten N11

Objektübersicht zur Gebäudeart

4400-0128 Kindertagesstätte (4 Gruppen, 72 Kinder)   **BRI** 3.350m³   **BGF** 828m²   **NUF** 502m²

Kindertagesstätte für 72 Kinder in 4 Gruppen im Passivhausstandard. Mauerwerksbau.

Land: Sachsen
Kreis: Sächsische Schweiz
Standard: über Durchschnitt
Bauzeit: 48 Wochen
Kennwerte: bis 3.Ebene DIN276

BGF   1.678 €/m²

Planung: Architektengemeinschaft Reiter & Rentzsch; Dresden

veröffentlicht: BKI Objektdaten E4

4400-0064 Kindertagesstätte (4 Gruppen, 100 Kinder)   **BRI** 4.513m³   **BGF** 1.023m²   **NUF** 813m²

Viergruppiger Kindergarten mit Hort- und Krippenplätzen, im EG 3 Funktionsbereiche: Eingangsbereich mit Mehrzweckraum, entlang des Flures die 4 Gruppenräume, im Norden Neben- und Funktionsräume. Mauerwerksbau.

Land: Rheinland-Pfalz
Kreis: Mayen-Koblenz
Standard: über Durchschnitt
Bauzeit: 78 Wochen
Kennwerte: bis 3.Ebene DIN276

BGF   1.568 €/m²

Planung: Günter Heinrich Architekturbüro; Bendorf

www.bki.de

© BKI Baukosteninformationszentrum; Erläuterungen zu den Tabellen siehe Seite 56   Kosten: 1.Quartal 2018, Bundesdurchschnitt, **inkl. 19% MwSt.**

Kindergärten, Holzbauweise, nicht unterkellert

Kostenkennwerte für die Kosten des Bauwerks (Kostengruppen 300+400 nach DIN 276)

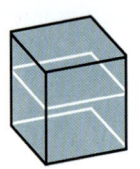

BRI 475 €/m³
von 400 €/m³
bis 560 €/m³

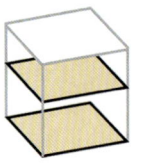

BGF 1.890 €/m²
von 1.550 €/m²
bis 2.240 €/m²

NUF 2.750 €/m²
von 2.270 €/m²
bis 3.480 €/m²

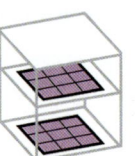

NE 26.380 €/NE
von 17.800 €/NE
bis 38.550 €/NE
NE: Kinder

Kosten:
Stand 1. Quartal 2018
Bundesdurchschnitt
inkl. 19% MwSt.

Objektbeispiele

4400-0284 © hiepler, brunier
4400-0282 © Anselm Gaupp
4400-0267 © Boran Biriz
4400-0273 © Bosse Westphal Schäffer Architekten
4400-0103 © Elbert Jakobstil
4400-0118 © Diana Schaugg Freie Architektin

Kosten der 27 Vergleichsobjekte — Seiten 254 bis 260

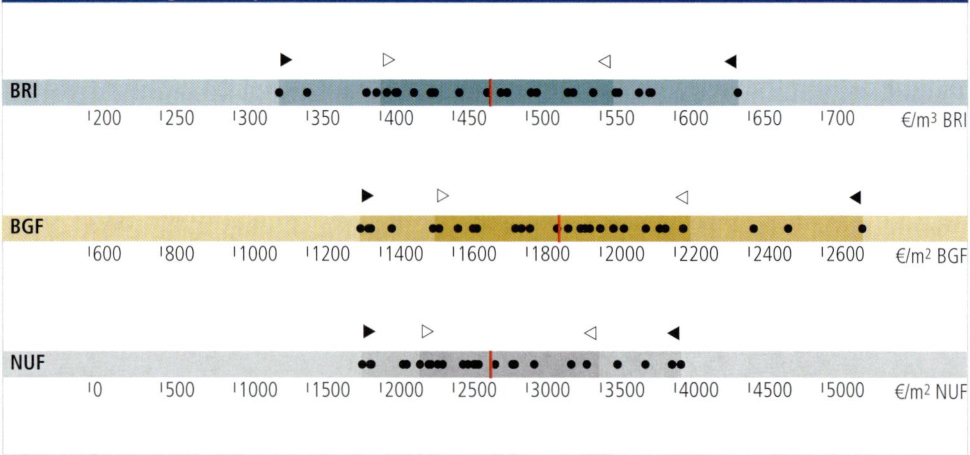

- ● KKW
- ▶ min
- ▷ von
- | Mittelwert
- ◁ bis
- ◀ max

BRI €/m³ BRI
BGF €/m² BGF
NUF €/m² NUF

© BKI Baukosteninformationszentrum; Erläuterungen zu den Tabellen siehe Seite 46
Kosten: 1. Quartal 2018, Bundesdurchschnitt, **inkl. 19% MwSt.**

Kostenkennwerte für die Kostengruppen der 1. und 2. Ebene DIN 276

KG	Kostengruppen der 1. Ebene	Einheit	▷	€/Einheit	◁	▷	% an 300+400	◁	
100	Grundstück	m² GF	–	–	–	–	–	–	
200	Herrichten und Erschließen	m² GF	5	**16**	36	1,1	**4,1**	7,5	
300	Bauwerk - Baukonstruktionen	m² BGF	1.214	**1.499**	1.798	74,5	**79,4**	83,6	
400	Bauwerk - Technische Anlagen	m² BGF	284	**389**	492	16,4	**20,7**	25,5	
	Bauwerk (300+400)	m² BGF	1.551	**1.888**	2.240		**100,0**		
500	Außenanlagen	m² AF	100	**391**	3.715	8,4	**13,3**	22,6	
600	Ausstattung und Kunstwerke	m² BGF	25	**74**	124	1,3	**3,8**	6,2	
700	Baunebenkosten*	m² BGF	384	**429**	473	20,4	**22,8**	25,1	◁ NEU

Auf Grundlage der HOAI 2013 berechnete Werte nach §§ 35, 52, 56. Weitere Informationen siehe Seite 50

KG	Kostengruppen der 2. Ebene	Einheit	▷	€/Einheit	◁	▷	% an 300	◁
310	Baugrube	m³ BGI	18	**22**	27	0,7	**1,6**	2,7
320	Gründung	m² GRF	167	**262**	300	14,3	**14,9**	16,6
330	Außenwände	m² AWF	395	**668**	813	25,8	**30,8**	36,0
340	Innenwände	m² IWF	168	**228**	284	12,7	**16,2**	19,7
350	Decken	m² DEF	362	**721**	1.080	0,3	**3,4**	12,7
360	Dächer	m² DAF	296	**378**	609	17,7	**24,9**	30,7
370	Baukonstruktive Einbauten	m² BGF	52	**66**	103	3,6	**4,5**	5,4
390	Sonstige Baukonstruktionen	m² BGF	43	**52**	73	2,8	**3,7**	4,6
300	**Bauwerk Baukonstruktionen**	**m² BGF**					**100,0**	

KG	Kostengruppen der 2. Ebene	Einheit	▷	€/Einheit	◁	▷	% an 400	◁
410	Abwasser, Wasser, Gas	m² BGF	65	**87**	110	24,2	**28,7**	34,3
420	Wärmeversorgungsanlagen	m² BGF	35	**51**	67	10,2	**17,9**	25,8
430	Lufttechnische Anlagen	m² BGF	14	**64**	118	5,6	**19,1**	32,7
440	Starkstromanlagen	m² BGF	76	**96**	152	28,3	**30,9**	33,7
450	Fernmeldeanlagen	m² BGF	6	**9**	17	1,6	**3,4**	5,1
460	Förderanlagen	m² BGF	–	–	–	–	–	–
470	Nutzungsspezifische Anlagen	m² BGF	0	**0**	0	0,0	**0,1**	0,1
480	Gebäudeautomation	m² BGF	–	–	–	–	–	–
490	Sonstige Technische Anlagen	m² BGF	–	–	–	–	–	–
400	**Bauwerk Technische Anlagen**	**m² BGF**					**100,0**	

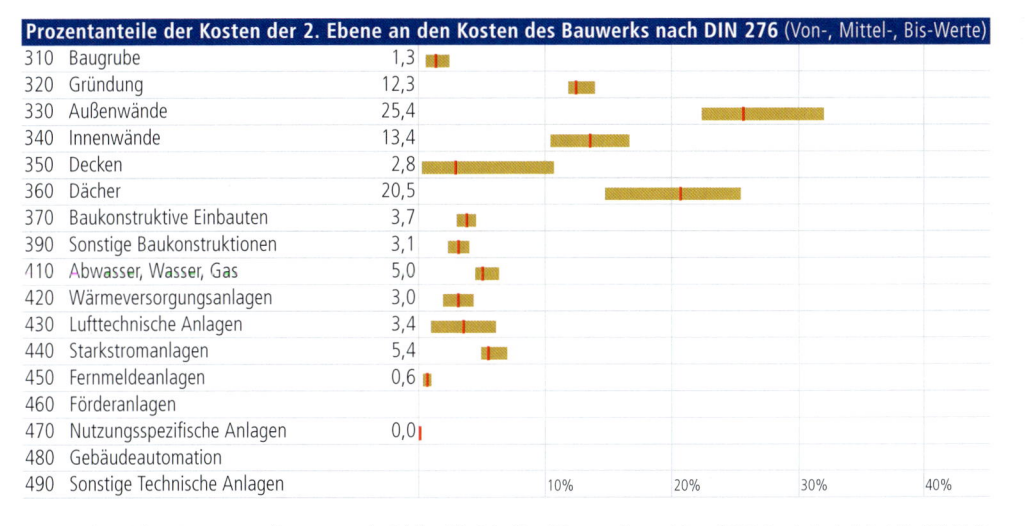

Prozentanteile der Kosten der 2. Ebene an den Kosten des Bauwerks nach DIN 276 (Von-, Mittel-, Bis-Werte)

KG		%
310	Baugrube	1,3
320	Gründung	12,3
330	Außenwände	25,4
340	Innenwände	13,4
350	Decken	2,8
360	Dächer	20,5
370	Baukonstruktive Einbauten	3,7
390	Sonstige Baukonstruktionen	3,1
410	Abwasser, Wasser, Gas	5,0
420	Wärmeversorgungsanlagen	3,0
430	Lufttechnische Anlagen	3,4
440	Starkstromanlagen	5,4
450	Fernmeldeanlagen	0,6
460	Förderanlagen	
470	Nutzungsspezifische Anlagen	0,0
480	Gebäudeautomation	
490	Sonstige Technische Anlagen	

© BKI Baukosteninformationszentrum; Erläuterungen zu den Tabellen siehe Seite 48 und 50   Kosten: 1.Quartal 2018, Bundesdurchschnitt, **inkl. 19% MwSt.**

Kindergärten, Holzbauweise, nicht unterkellert

Kosten: Stand 1.Quartal 2018
Bundesdurchschnitt
inkl. 19% MwSt.

- ● KKW
- ▶ min
- ▷ von
- | Mittelwert
- ◁ bis
- ◀ max

Kostenkennwerte für Leistungsbereiche nach StLB (Kosten des Bauwerks nach DIN 276)

LB	Leistungsbereiche	▷	€/m² BGF	◁	▷	% an 300+400	◁
000	Sicherheits-, Baustelleneinrichtungen inkl. 001	38	52	66	2,0	2,8	3,5
002	Erdarbeiten	47	56	64	2,5	2,9	3,4
006	Spezialtiefbauarbeiten inkl. 005	–	–	–	–	–	–
009	Entwässerungskanalarbeiten inkl. 011	15	17	17	0,8	0,9	0,9
010	Drän- und Versickerungsarbeiten	0	5	11	0,0	0,3	0,6
012	Mauerarbeiten	0	21	43	0,0	1,1	2,3
013	Betonarbeiten	83	83	92	4,4	4,4	4,9
014	Natur-, Betonwerksteinarbeiten	–	–	–	–	–	–
016	Zimmer- und Holzbauarbeiten	356	473	591	18,9	25,0	31,3
017	Stahlbauarbeiten	2	9	9	0,1	0,5	0,5
018	Abdichtungsarbeiten	10	16	24	0,5	0,9	1,2
020	Dachdeckungsarbeiten	–	10	–	–	0,5	–
021	Dachabdichtungsarbeiten	33	115	183	1,8	6,1	9,7
022	Klempnerarbeiten	8	23	39	0,4	1,2	2,0
	Rohbau	829	879	921	43,9	46,6	48,8
023	Putz- und Stuckarbeiten, Wärmedämmsysteme	–	3	–	–	0,1	–
024	Fliesen- und Plattenarbeiten	16	24	24	0,8	1,3	1,3
025	Estricharbeiten	37	41	45	1,9	2,2	2,4
026	Fenster, Außentüren inkl. 029, 032	162	179	179	8,6	9,5	9,5
027	Tischlerarbeiten	131	156	180	6,9	8,3	9,5
028	Parkettarbeiten, Holzpflasterarbeiten	–	5	–	–	0,3	–
030	Rollladenarbeiten	25	25	31	1,3	1,3	1,6
031	Metallbauarbeiten inkl. 035	16	49	49	0,9	2,6	2,6
034	Maler- und Lackiererarbeiten inkl. 037	23	34	34	1,2	1,8	1,8
036	Bodenbelagarbeiten	21	31	41	1,1	1,6	2,2
038	Vorgehängte hinterlüftete Fassaden	0	37	37	0,0	1,9	1,9
039	Trockenbauarbeiten	109	129	149	5,7	6,8	7,9
	Ausbau	670	718	776	35,5	38,0	41,1
040	Wärmeversorgungsanl. - Betriebseinr. inkl. 041	40	57	71	2,1	3,0	3,7
042	Gas- und Wasserinstallation, Leitungen inkl. 043	17	20	24	0,9	1,1	1,3
044	Abwasserinstallationsarbeiten - Leitungen	6	10	15	0,3	0,6	0,8
045	GWA-Einrichtungsgegenstände inkl. 046	17	24	24	0,9	1,3	1,3
047	Dämmarbeiten an betriebstechnischen Anlagen	13	13	16	0,7	0,7	0,9
049	Feuerlöschanlagen, Feuerlöschgeräte	0	0	0	0,0	0,0	0,0
050	Blitzschutz- und Erdungsanlagen	2	7	7	0,1	0,3	0,3
052	Mittelspannungsanlagen	–	–	–	–	–	–
053	Niederspannungsanlagen inkl. 054	27	55	95	1,4	2,9	5,1
055	Ersatzstromversorgungsanlagen	–	–	–	–	–	–
057	Gebäudesystemtechnik	–	–	–	–	–	–
058	Leuchten und Lampen inkl. 059	25	42	57	1,3	2,2	3,0
060	Elektroakustische Anlagen, Sprechanlagen	0	1	2	0,0	0,1	0,1
061	Kommunikationsnetze, inkl. 062	3	3	3	0,1	0,2	0,2
063	Gefahrenmeldeanlagen	1	6	12	0,1	0,3	0,6
069	Aufzüge	–	–	–	–	–	–
070	Gebäudeautomation	–	0	–	–	0,0	–
075	Raumlufttechnische Anlagen	16	52	88	0,8	2,7	4,7
	Technische Anlagen	282	291	291	14,9	15,4	15,4
	Sonstige Leistungsbereiche inkl. 008, 033, 051	1	5	8	0,0	0,2	0,4

Planungskennwerte für Flächen und Rauminhalte nach DIN 277

Grundflächen		▷	Fläche/NUF (%)	◁	▷	Fläche/BGF (%)	◁
NUF	Nutzungsfläche		100,0		65,2	68,6	75,2
TF	Technikfläche	2,2	2,7	3,6	1,4	1,8	2,4
VF	Verkehrsfläche	15,5	22,6	30,9	10,4	15,5	18,9
NRF	Netto-Raumfläche	118,4	125,3	134,2	84,5	85,9	88,0
KGF	Konstruktions-Grundfläche	17,1	20,6	24,2	12,0	14,1	15,5
BGF	Brutto-Grundfläche	136,2	145,8	157,0		100,0	

Brutto-Rauminhalte		▷	BRI/NUF (m)	◁	▷	BRI/BGF (m)	◁
BRI	Brutto-Rauminhalt	5,23	5,84	6,58	3,72	4,00	4,34

Flächen von Nutzeinheiten	▷	NUF/Einheit (m²)	◁	▷	BGF/Einheit (m²)	◁
Nutzeinheit: Kinder	8,40	9,68	12,95	12,04	13,89	18,60

Lufttechnisch behandelte Flächen	▷	Fläche/NUF (%)	◁	▷	Fläche/BGF (%)	◁
Entlüftete Fläche	–	–	–	–	–	–
Be- und entlüftete Fläche	81,9	81,9	81,9	62,6	62,6	62,6
Teilklimatisierte Fläche	–	–	–	–	–	–
Klimatisierte Fläche	–	–	–	–	–	–

KG	Kostengruppen (2. Ebene)	Einheit	▷	Menge/NUF	◁	▷	Menge/BGF	◁
310	Baugrube	m³ BGI	1,30	1,30	1,57	0,88	0,88	1,09
320	Gründung	m² GRF	1,24	1,24	1,28	0,85	0,85	0,88
330	Außenwände	m² AWF	0,96	0,98	0,99	0,66	0,68	0,72
340	Innenwände	m² IWF	1,45	1,48	1,48	0,96	1,03	1,04
350	Decken	m² DEF	0,32	0,32	0,32	0,24	0,24	0,24
360	Dächer	m² DAF	1,42	1,42	1,54	0,86	0,97	1,06
370	Baukonstruktive Einbauten	m² BGF	1,36	1,46	1,57		1,00	
390	Sonstige Baukonstruktionen	m² BGF	1,36	1,46	1,57		1,00	
300	Bauwerk-Baukonstruktionen	m² BGF	1,36	1,46	1,57		1,00	

Planungskennwerte für Bauzeiten — 27 Vergleichsobjekte

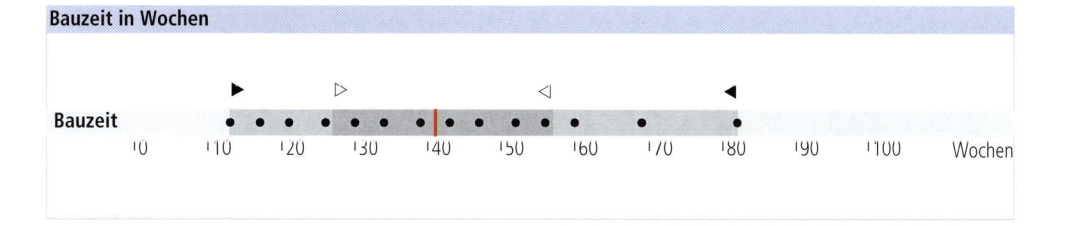

Bauzeit in Wochen: Bauzeit-Verteilung zwischen ca. 10 und 100 Wochen, Median bei ca. 40 Wochen.

© BKI Baukosteninformationszentrum; Erläuterungen zu den Tabellen siehe Seite 54   Kosten: 1.Quartal 2018, Bundesdurchschnitt, inkl. 19% MwSt.

Kindergärten, Holzbauweise, nicht unterkellert

€/m² BGF
min	1.345	€/m²
von	1.550	€/m²
Mittel	**1.890**	**€/m²**
bis	2.240	€/m²
max	2.710	€/m²

Kosten:
Stand 1.Quartal 2018
Bundesdurchschnitt
inkl. 19% MwSt.

Objektübersicht zur Gebäudeart

4400-0273 Kinderkrippe (2 Gruppen, 30 Kinder)
BRI 1.811m³ | **BGF** 428m² | **NUF** 291m²

Kinderkrippe mit zwei Gruppen für 30 Kinder. Holzrahmenbau.

Land: Niedersachsen
Kreis: Harburg
Standard: Durchschnitt
Bauzeit: 39 Wochen
Kennwerte: bis 1.Ebene DIN276

BGF 1.653 €/m²

Planung: Bosse Westphal Schäffer Architekten; Winsen/Luhe

veröffentlicht: BKI Objektdaten N15

4400-0284 Kinderhort (150 Kinder) - Effizienzhaus ~32%
BRI 6.211m³ | **BGF** 1.740m² | **NUF** 975m²

Kinderhort (6 Gruppen, 150 Kinder), Effizienzhaus ~32%. Holzkonstruktion.

Land: Bayern
Kreis: Starnberg
Standard: über Durchschnitt
Bauzeit: 34 Wochen
Kennwerte: bis 1.Ebene DIN276

BGF 1.561 €/m²

Planung: Raum und Bau Planungsgesellschaft mbH; München

veröffentlicht: BKI Objektdaten E7

4400-0235 Kinderkrippe (3 Gruppen, 36 Kinder)
BRI 1.669m³ | **BGF** 427m² | **NUF** 303m²

Kinderkrippe (3 Gruppen) für 36 Kinder. Holzmassivbau.

Land: Bayern
Kreis: Freising
Standard: Durchschnitt
Bauzeit: 21 Wochen
Kennwerte: bis 1.Ebene DIN276

BGF 2.062 €/m²

Planung: goldbrunner + hrycyk architekten; München

veröffentlicht: BKI Objektdaten N13

4400-0245 Kindertagesstätte (9 Gruppen, 150 Kinder)
BRI 5.900m³ | **BGF** 1.865m² | **NUF** 1.323m²

Kindertagesstätte mit neun Gruppen für 150 Kinder, Elterncafé und Sprachförderungsraum. Holzrahmenbau.

Land: Schleswig-Holstein
Kreis: Segeberg
Standard: Durchschnitt
Bauzeit: 52 Wochen
Kennwerte: bis 1.Ebene DIN276

BGF 1.374 €/m²

Planung: güldenzopf rohrberg architektur + design; Hamburg

veröffentlicht: BKI Objektdaten N13

Objektübersicht zur Gebäudeart

4400-0247 Kindertagesstätte (2 Gruppen, 20 Kinder) — BRI 2.340m³ | BGF 588m² | NUF 379m²

Kinderkrippe mit zwei Gruppen für 20 Kinder. Holzrahmenbau.

Land: Schleswig-Holstein
Kreis: Lübeck
Standard: über Durchschnitt
Bauzeit: 30 Wochen
Kennwerte: bis 1.Ebene DIN276

BGF   1.882 €/m²

Planung: Meyer Steffens Architekten und Stadtplaner BDA; Lübeck

veröffentlicht: BKI Objektdaten N13

4400-0255 Kinderkrippe (4 Gruppen, 40 Kinder) — BRI 2.251m³ | BGF 611m² | NUF 488m²

Kinderkrippe mit vier Gruppen für 40 Kinder. Holzrahmenbau.

Land: Schleswig-Holstein
Kreis: Flensburg
Standard: Durchschnitt
Bauzeit: 47 Wochen
Kennwerte: bis 1.Ebene DIN276

BGF   2.120 €/m²

Planung: Heino Brodersen Architekt; Flensburg

veröffentlicht: BKI Objektdaten N13

4400-0256 Kinderkrippe (4 Gruppen, 48 Kinder) - Effizienzhaus ~76% — BRI 3.900m³ | BGF 1.033m² | NUF 907m²

Kindertagesstätte mit 4 Gruppen für 48 Kinder. Holzkonstruktion.

Land: Bayern
Kreis: München
Standard: Durchschnitt
Bauzeit: 39 Wochen
Kennwerte: bis 1.Ebene DIN276

BGF   1.912 €/m²

Planung: Schindhelm Moser Architekten; München

veröffentlicht: BKI Objektdaten E7

4400-0259 Kinderkrippe (4 Gruppen, 40 Kinder) — BRI 4.175m³ | BGF 830m² | NUF 511m²

Kindertagesstätte mit 4 Gruppen für 40 Kinder. Holzrahmenbau.

Land: Bremen
Kreis: Bremerhaven
Standard: Durchschnitt
Bauzeit: 43 Wochen
Kennwerte: bis 1.Ebene DIN276

BGF   2.034 €/m²

Planung: Architekturbüro Werner Grannemann; Bremerhaven

veröffentlicht: BKI Objektdaten N13

© BKI Baukosteninformationszentrum; Erläuterungen zu den Tabellen siehe Seite 56 — Kosten: 1.Quartal 2018, Bundesdurchschnitt, **inkl. 19% MwSt.**

Kindergärten, Holzbauweise, nicht unterkellert

€/m² BGF
min	1.345	€/m²
von	1.550	€/m²
Mittel	**1.890**	**€/m²**
bis	2.240	€/m²
max	2.710	€/m²

Kosten:
Stand 1.Quartal 2018
Bundesdurchschnitt
inkl. 19% MwSt.

Objektübersicht zur Gebäudeart

4400-0267 Kindergarten (2 Gruppen, 50 Kinder) — BRI 2.220m³ — BGF 537m² — NUF 341m²

Kindergarten mit 2 Gruppen für 50 Kinder. Holzständerkonstruktion.

Land: Bayern
Kreis: München
Standard: über Durchschnitt
Bauzeit: 82 Wochen
Kennwerte: bis 1.Ebene DIN276

BGF 2.412 €/m²

Planung: Breitenbücher Hirschbeck Architektengesellschaft mbH; München

veröffentlicht: BKI Objektdaten N15

4400-0216 Kinderkrippe (4 Gruppen, 60 Kinder) — BRI 3.100m³ — BGF 826m² — NUF 575m²

Kinderkrippe für 4 Gruppen mit 60 Kindern. Holzrahmenbau.

Land: Sachsen
Kreis: Erzgebirgskreis
Standard: Durchschnitt
Bauzeit: 47 Wochen
Kennwerte: bis 3.Ebene DIN276

BGF 1.809 €/m²

Planung: heine l reichold architekten Partnerschaftsgesellschaft mbB; Lichtenstein

veröffentlicht: BKI Objektdaten N15

4400-0225 Kinderkrippe (2 Gruppen, 30 Kinder) — BRI 2.309m³ — BGF 474m² — NUF 369m²

Kinderkrippe mit zwei Gruppen für 30 Kinder. Holzrahmenbau.

Land: Niedersachsen
Kreis: Harburg
Standard: über Durchschnitt
Bauzeit: 39 Wochen
Kennwerte: bis 1.Ebene DIN276

BGF 1.999 €/m²

Planung: Bosse Westphal und Partner; Winsen/Luhe

veröffentlicht: BKI Objektdaten E6

4400-0237 Kindertagesstätte (4 Gruppen, 36 Kinder) — BRI 3.340m³ — BGF 820m² — NUF 572m²

Kindertagesstätte als heilpädagogische Einrichtung für je 2 Gruppen im Kindergartenalter und im Schulalter. Holzständerkonstruktion.

Land: Bayern
Kreis: München
Standard: Durchschnitt
Bauzeit: 39 Wochen
Kennwerte: bis 4.Ebene DIN276

BGF 1.345 €/m²

Planung: dreier + lauterbach architekten und ingenieure gmbh; München

veröffentlicht: BKI Objektdaten E6

Objektübersicht zur Gebäudeart

4400-0240 Kindertagesstätte (6 Gruppen, 149 Kinder)   BRI 6.351m³   BGF 1.822m²   NUF 1.532m²

Kindertagesstätte mit 149 Kindern und 6 Gruppen. Holzbauweise.

Land: Bayern
Kreis: Freising
Standard: über Durchschnitt
Bauzeit: 47 Wochen
Kennwerte: bis 1.Ebene DIN276

BGF 1.958 €/m²

Planung: Hirner und Riehl Architekten und Stadtplaner BDA; München

veröffentlicht: BKI Objektdaten N13

4400-0249 Kindertagesstätte (6 Gruppen, 90 Kinder)   BRI 5.839m³   BGF 1.428m²   NUF 780m²

Kindertagesstätte (6 Gruppen) für 90 Kinder mit Foyer, Mehrzweckraum, Gruppenräumen und Intensiv- und Schlafräume. Holzständerbauweise.

Land: Rheinland-Pfalz
Kreis: Mainz-Bingen
Standard: Durchschnitt
Bauzeit: 60 Wochen
Kennwerte: bis 1.Ebene DIN276

BGF 2.174 €/m²

Planung: AV1 Architekten GmbH; Kaiserslautern

veröffentlicht: BKI Objektdaten N13

4400-0263 Kindertagesstätte (2 Gruppen, 37 Kinder)   BRI 2.414m³   BGF 539m²   NUF 443m²

Kindertagesstätte für 2 Gruppen (Kindergartengruppe mit 25 Kindern und Kinderkrippengruppe mit 12 Kindern), Personalräume, Mehrzweckraum. Holzmassivkonstruktion.

Land: Bayern
Kreis: Eichstätt
Standard: Durchschnitt
Bauzeit: 56 Wochen
Kennwerte: bis 1.Ebene DIN276

BGF 2.507 €/m²

Planung: ABHD Architekten Beck und Denzinger; Neuburg

veröffentlicht: BKI Objektdaten N13

4400-0266 Kindertagesstätte (80 Kinder) - Effizienzhaus ~10%   BRI 2.488m³   BGF 594m²   NUF 421m²

Kindertagesstätte mit 5 Gruppen für 80 Kinder, Multifunktionsraum, 2 Schlafräume und Küche. Holzrahmenkonstruktion, Mauerwerk (innen).

Land: Sachsen
Kreis: Leipzig
Standard: über Durchschnitt
Bauzeit: 13 Wochen
Kennwerte: bis 1.Ebene DIN276

BGF 1.663 €/m²

Planung: Markurt Architekturkontor; Wermsdorf

veröffentlicht: BKI Objektdaten E7

Kindergärten, Holzbauweise, nicht unterkellert

€/m² BGF
min	1.345	€/m²
von	1.550	€/m²
Mittel	**1.890**	€/m²
bis	2.240	€/m²
max	2.710	€/m²

Kosten:
Stand 1.Quartal 2018
Bundesdurchschnitt
inkl. 19% MwSt.

Objektübersicht zur Gebäudeart

4400-0282 Kindertagesstätte (8 Gruppen, 140 Kinder) BRI 5.338m³ BGF 1.536m² NUF 918m²

Kindertagesstätte mit 8 Gruppen und 140 Kindern, barrierefrei. Holzbau.

Land: Hamburg
Kreis: Hamburg
Standard: Durchschnitt
Bauzeit: 39 Wochen
Kennwerte: bis 1.Ebene DIN276

BGF 1.430 €/m²

Planung: Neustadtarchitekten (LPH 1-5); lup-architekten (LPH 6-9); Hamburg

veröffentlicht: BKI Objektdaten N15

4400-0190 Kindertagesstätte (4 Gruppen) BRI 3.122m³ BGF 799m² NUF 582m²

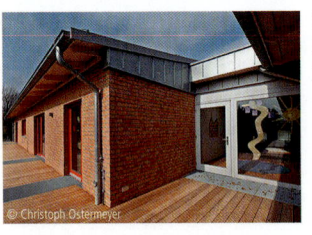

Kindergarten und Krippe, 4 Gruppen mit 72 Kindern. Holzrahmenbauweise auf Stb-Fundament.

Land: Hamburg
Kreis: Hamburg
Standard: Durchschnitt
Bauzeit: 26 Wochen
Kennwerte: bis 1.Ebene DIN276

BGF 1.367 €/m²

Planung: bmwquadrat architekten; Hamburg

veröffentlicht: BKI Objektdaten N12

4400-0234 Kindertagesstätte (5 Gruppen, 100 Kinder) - Passivhaus BRI 5.152m³ BGF 1.220m² NUF 819m²

Kindertagesstätte (5 Gruppen) für 100 Kinder als Passivhaus. Holzrahmenbau.

Land: Hessen
Kreis: Frankfurt am Main
Standard: über Durchschnitt
Bauzeit: 69 Wochen
Kennwerte: bis 1.Ebene DIN276

BGF 2.711 €/m²

Planung: Birk Heilmeyer und Frenzel Gesellschaft von Architekten mbH; Stuttgart

veröffentlicht: BKI Objektdaten E6

4400-0189 Kindertagesstätte (8 Gruppen) BRI 3.797m³ BGF 1.123m² NUF 828m²

Kindertagesstätte mit 8 Gruppen für 120 Kinder in Modulbauweise. Vorfertigung modularer Holzbauelemente.

Land: Brandenburg
Kreis: Potsdam
Standard: Durchschnitt
Bauzeit: 47 Wochen
Kennwerte: bis 1.Ebene DIN276

BGF 1.970 €/m²

Planung: larssonarchitekten; Berlin

veröffentlicht: BKI Objektdaten N12

Objektübersicht zur Gebäudeart

4400-0201 Kinderkrippe (2 Gruppen) - Effizienzhaus 55

BRI 1.214m³   **BGF** 283m²   **NUF** 179m²

Kinderkrippe 2 Gruppen 24 Kinder. Holzständerbauweise.

Land: Bayern
Kreis: Nürnberger Land
Standard: über Durchschnitt
Bauzeit: 43 Wochen
Kennwerte: bis 1.Ebene DIN276

BGF   2.158 €/m²

Planung: Architekturbüro Thiemann; Hersbruck

veröffentlicht: BKI Objektdaten E5

4400-0145 Kindertagesstätte (5 Gruppen, 90 Kinder)

BRI 2.943m³   **BGF** 806m²   **NUF** 548m²

Kindertagesstätte mit fünf Gruppen für 90 Kinder. Rückzugs- und Ausguckräume im OG. Holzrahmenkonstruktion.

Land: Sachsen
Kreis: Leipzig
Standard: Durchschnitt
Bauzeit: 39 Wochen
Kennwerte: bis 1.Ebene DIN276

BGF   1.544 €/m²

Planung: wittig brösdorf architekten; Leipzig

veröffentlicht: BKI Objektdaten N11

4400-0229 Spielhaus auf Abenteuerspielplatz

BRI 690m³   **BGF** 150m²   **NUF** 100m²

Spielhaus auf Abenteuerspielplatz mit Gruppenraum, Küche, Materialraum und Büro. Holzrahmenbau.

Land: Nordrhein-Westfalen
Kreis: Bielefeld
Standard: Durchschnitt
Bauzeit: 21 Wochen
Kennwerte: bis 1.Ebene DIN276

BGF   1.785 €/m²

Planung: MELISCH.DIEKÖTTER ARCHITEKTEN BDA; Gütersloh

veröffentlicht: BKI Objektdaten N13

4400-0118 Kindertageseinrichtung (3 Gruppen)

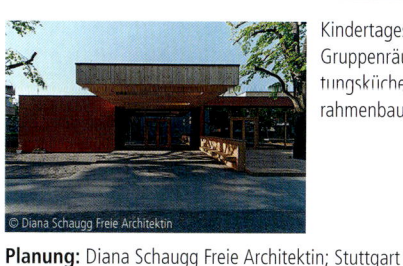

BRI 2.005m³   **BGF** 551m²   **NUF** 370m²

Kindertagesstätte, 3 Gruppen, 75 Kinder, Gruppenräume, Spielflur, Foyer, Aufbereitungsküche, Sanitärräume, Büro. Holzrahmenbau.

Land: Baden-Württemberg
Kreis: Stuttgart
Standard: über Durchschnitt
Bauzeit: 34 Wochen
Kennwerte: bis 1.Ebene DIN276

BGF   1.769 €/m²

Planung: Diana Schaugg Freie Architektin; Stuttgart

veröffentlicht: BKI Objektdaten N9

Kindergärten, Holzbauweise, nicht unterkellert

€/m² BGF

min	1.345	€/m²
von	1.550	€/m²
Mittel	**1.890**	**€/m²**
bis	2.240	€/m²
max	2.710	€/m²

Kosten:
Stand 1.Quartal 2018
Bundesdurchschnitt
inkl. 19% MwSt.

Objektübersicht zur Gebäudeart

4400-0215 Kindertagesstätte (5 Gruppen, 60 Kinder) — BRI 3.872m³ — BGF 903m² — NUF 605m²

Kindertagesstätte (5 Gruppen, 60 Kinder), davon zwei Gruppen für körperbehinderte Kinder, eine integrative Gruppe. Vollholzkonstruktion, Holzrahmenbau.

Land: Baden-Württemberg
Kreis: Schwäbisch Hall
Standard: Durchschnitt
Bauzeit: 43 Wochen
Kennwerte: bis 1.Ebene DIN276

BGF 1.946 €/m²

Planung: Wolfgang Helmle Freier Architekt BDA; Ellwangen

veröffentlicht: BKI Objektdaten N12

4400-0127 Kindergarten (2 Gruppen) - Passivhaus — BRI 2.584m³ — BGF 506m² — NUF 311m²

Kindergarten mit 2 Gruppen für 37 Kinder im Passivhausstandard. Holzständerkonstruktion.

Land: Baden-Württemberg
Kreis: Bodensee
Standard: über Durchschnitt
Bauzeit: 43 Wochen
Kennwerte: bis 3.Ebene DIN276

BGF 2.222 €/m²

Planung: Martin Wamsler Freier Architekt BDA Dipl.-Ing. (FH); Markdorf

veröffentlicht: BKI Objektdaten E4

4400-0103 Kindergarten (3 Gruppen) - Passivhaus — BRI 1.535m³ — BGF 519m² — NUF 388m²

Kindergarten, Holzbau im Passivhausstandard, 2 Gruppen (mit Option auf eine dritte Gruppe durch Nutzung des Schlafraums im OG). Holzbau im Passivhausstandard.

Land: Bayern
Kreis: Lindau (Bodensee)
Standard: über Durchschnitt
Bauzeit: 17 Wochen
Kennwerte: bis 3.Ebene DIN276

BGF 1.612 €/m²

Planung: Erber Architekten; Lindau

veröffentlicht: BKI Objektdaten N7

Bildung

Kindergärten, unterkellert

Kostenkennwerte für die Kosten des Bauwerks (Kostengruppen 300+400 nach DIN 276)

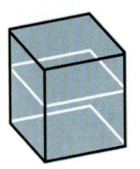

BRI 465 €/m³
von 415 €/m³
bis 545 €/m³

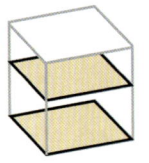

BGF 1.790 €/m²
von 1.480 €/m²
bis 2.020 €/m²

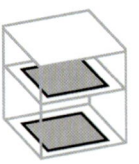

NUF 2.900 €/m²
von 2.370 €/m²
bis 3.630 €/m²

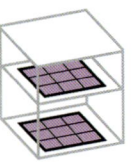

NE 34.350 €/NE
von 16.800 €/NE
bis 58.360 €/NE
NE: Kinder

Kosten:
Stand 1. Quartal 2018
Bundesdurchschnitt
inkl. 19% MwSt.

Objektbeispiele

4400-0260 © Fitznhofer + Günther Architekten
4400-0243 © bplan architekten stadtplaner & ingenieure
4400-0285 © Jörg Hempel
4400-0275 © Ecke Witschurke Architekten
4400-0244 © Jean-Luc Valentin
4400-0233 © Michael Kiechle-Fausch

Kosten der 12 Vergleichsobjekte — Seiten 266 bis 269

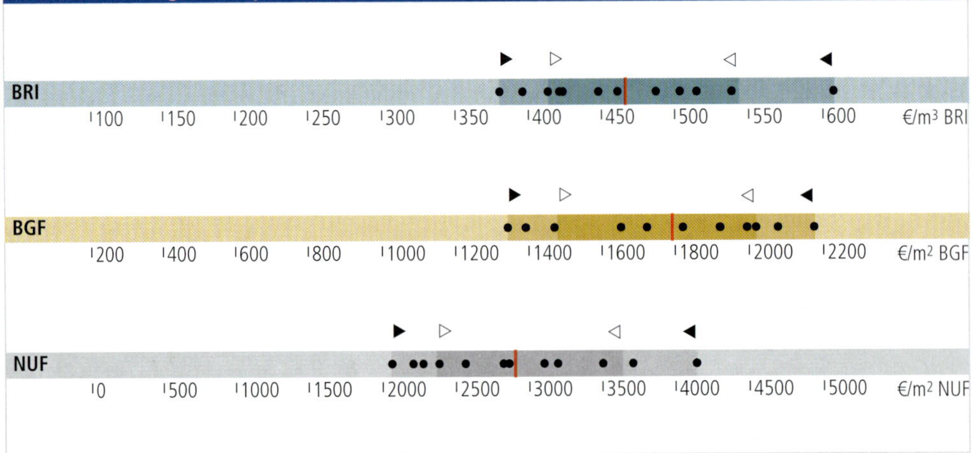

- ● KKW
- ▶ min
- ▷ von
- | Mittelwert
- ◁ bis
- ◀ max

BRI €/m³ BRI
BGF €/m² BGF
NUF €/m² NUF

262

© BKI Baukosteninformationszentrum; Erläuterungen zu den Tabellen siehe Seite 46

Kosten: 1.Quartal 2018, Bundesdurchschnitt, **inkl. 19% MwSt.**

Kostenkennwerte für die Kostengruppen der 1. und 2. Ebene DIN 276

KG	Kostengruppen der 1. Ebene	Einheit	▷	€/Einheit	◁	▷	% an 300+400	◁
100	Grundstück	m² GF	–	–	–	–	–	–
200	Herrichten und Erschließen	m² GF	5	**16**	32	1,1	**2,1**	3,5
300	Bauwerk - Baukonstruktionen	m² BGF	1.204	**1.418**	1.606	76,7	**79,2**	82,3
400	Bauwerk - Technische Anlagen	m² BGF	287	**375**	452	17,7	**20,8**	23,3
	Bauwerk (300+400)	m² BGF	1.479	**1.792**	2.017		**100,0**	
500	Außenanlagen	m² AF	54	**120**	206	4,7	**9,5**	15,2
600	Ausstattung und Kunstwerke	m² BGF	27	**75**	120	1,9	**4,5**	8,7
700	Baunebenkosten*	m² BGF	347	**387**	427	19,4	**21,6**	23,8 ◁ NEU

* Auf Grundlage der HOAI 2013 berechnete Werte nach §§ 35, 52, 56. Weitere Informationen siehe Seite 50

KG	Kostengruppen der 2. Ebene	Einheit	▷	€/Einheit	◁	▷	% an 300	◁
310	Baugrube	m³ BGI	12	**26**	33	1,0	**2,3**	4,7
320	Gründung	m² GRF	263	**283**	313	13,5	**14,9**	17,6
330	Außenwände	m² AWF	333	**454**	515	24,0	**29,1**	32,2
340	Innenwände	m² IWF	190	**216**	234	14,4	**16,1**	17,1
350	Decken	m² DEF	228	**336**	542	3,2	**5,6**	9,8
360	Dächer	m² DAF	233	**364**	450	16,6	**20,8**	22,9
370	Baukonstruktive Einbauten	m² BGF	16	**67**	94	1,0	**5,2**	7,3
390	Sonstige Baukonstruktionen	m² BGF	72	**82**	97	5,3	**6,0**	7,0
300	**Bauwerk Baukonstruktionen**	**m² BGF**					**100,0**	

KG	Kostengruppen der 2. Ebene	Einheit	▷	€/Einheit	◁	▷	% an 400	◁
410	Abwasser, Wasser, Gas	m² BGF	63	**80**	111	20,3	**26,3**	36,1
420	Wärmeversorgungsanlagen	m² BGF	36	**70**	93	14,7	**23,4**	36,1
430	Lufttechnische Anlagen	m² BGF	3	**33**	94	0,8	**10,3**	29,2
440	Starkstromanlagen	m² BGF	64	**110**	192	25,9	**31,9**	43,5
450	Fernmeldeanlagen	m² BGF	7	**13**	23	2,8	**3,8**	5,3
460	Förderanlagen	m² BGF	–	–	–	–	–	–
470	Nutzungsspezifische Anlagen	m² BGF	1	**1**	1	0,2	**0,3**	0,5
480	Gebäudeautomation	m² BGF	–	**32**	–	–	**3,3**	–
490	Sonstige Technische Anlagen	m² BGF	1	**4**	7	0,1	**0,7**	1,6
400	**Bauwerk Technische Anlagen**	**m² BGF**					**100,0**	

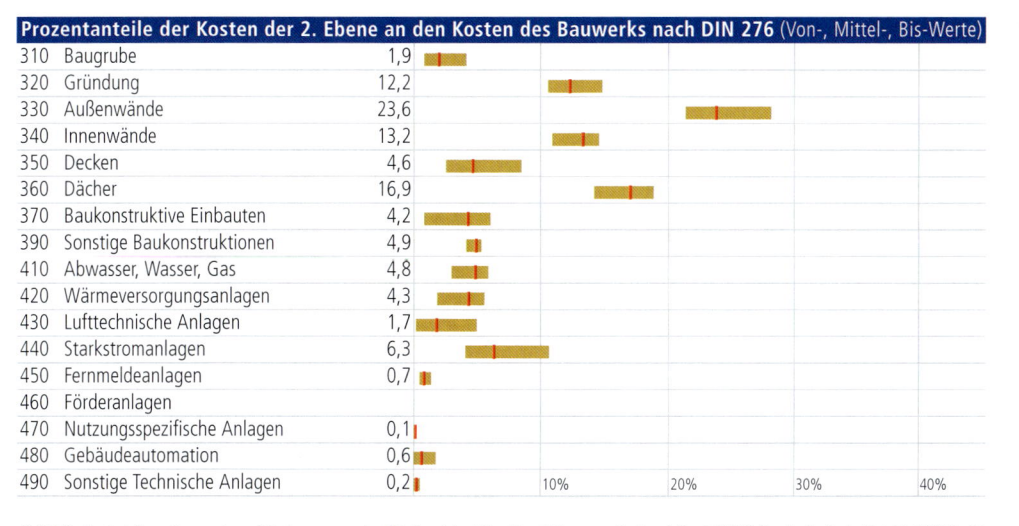

Prozentanteile der Kosten der 2. Ebene an den Kosten des Bauwerks nach DIN 276 (Von-, Mittel-, Bis-Werte)

KG		%
310	Baugrube	1,9
320	Gründung	12,2
330	Außenwände	23,6
340	Innenwände	13,2
350	Decken	4,6
360	Dächer	16,9
370	Baukonstruktive Einbauten	4,2
390	Sonstige Baukonstruktionen	4,9
410	Abwasser, Wasser, Gas	4,8
420	Wärmeversorgungsanlagen	4,3
430	Lufttechnische Anlagen	1,7
440	Starkstromanlagen	6,3
450	Fernmeldeanlagen	0,7
460	Förderanlagen	
470	Nutzungsspezifische Anlagen	0,1
480	Gebäudeautomation	0,6
490	Sonstige Technische Anlagen	0,2

© **BKI** Baukosteninformationszentrum; Erläuterungen zu den Tabellen siehe Seite 48 und 50   Kosten: 1.Quartal 2018, Bundesdurchschnitt, **inkl. 19% MwSt.**

Kindergärten, unterkellert

Kostenkennwerte für Leistungsbereiche nach StLB (Kosten des Bauwerks nach DIN 276)

Kosten: Stand 1. Quartal 2018, Bundesdurchschnitt inkl. 19% MwSt.

LB	Leistungsbereiche	▷	€/m² BGF	◁	▷	% an 300+400	◁
000	Sicherheits-, Baustelleneinrichtungen inkl. 001	78	**78**	88	4,4	**4,4**	4,9
002	Erdarbeiten	27	**47**	47	1,5	**2,6**	2,6
006	Spezialtiefbauarbeiten inkl. 005	–	**0**	–	–	**0,0**	–
009	Entwässerungskanalarbeiten inkl. 011	3	**13**	13	0,2	**0,7**	0,7
010	Drän- und Versickerungsarbeiten	–	**–**	–	–	**–**	–
012	Mauerarbeiten	28	**98**	98	1,6	**5,5**	5,5
013	Betonarbeiten	217	**242**	242	12,1	**13,5**	13,5
014	Natur-, Betonwerksteinarbeiten	–	**0**	–	–	**0,0**	–
016	Zimmer- und Holzbauarbeiten	172	**172**	231	9,6	**9,6**	12,9
017	Stahlbauarbeiten	–	**2**	–	–	**0,1**	–
018	Abdichtungsarbeiten	33	**33**	40	1,8	**1,8**	2,2
020	Dachdeckungsarbeiten	–	**16**	–	–	**0,9**	–
021	Dachabdichtungsarbeiten	14	**54**	54	0,8	**3,0**	3,0
022	Klempnerarbeiten	21	**73**	73	1,2	**4,1**	4,1
	Rohbau	**777**	**827**	**827**	**43,3**	**46,2**	**46,2**
023	Putz- und Stuckarbeiten, Wärmedämmsysteme	84	**84**	110	4,7	**4,7**	6,1
024	Fliesen- und Plattenarbeiten	20	**32**	32	1,1	**1,8**	1,8
025	Estricharbeiten	25	**29**	29	1,4	**1,6**	1,6
026	Fenster, Außentüren inkl. 029, 032	155	**155**	225	8,6	**8,6**	12,5
027	Tischlerarbeiten	119	**121**	121	6,6	**6,8**	6,8
028	Parkettarbeiten, Holzpflasterarbeiten	2	**9**	9	0,1	**0,5**	0,5
030	Rollladenarbeiten	5	**17**	17	0,3	**1,0**	1,0
031	Metallbauarbeiten inkl. 035	11	**47**	47	0,6	**2,6**	2,6
034	Maler- und Lackiererarbeiten inkl. 037	24	**35**	35	1,3	**1,9**	1,9
036	Bodenbelagarbeiten	21	**30**	30	1,2	**1,7**	1,7
038	Vorgehängte hinterlüftete Fassaden	–	**–**	–	–	**–**	–
039	Trockenbauarbeiten	80	**80**	98	4,4	**4,4**	5,5
	Ausbau	**588**	**648**	**648**	**32,8**	**36,2**	**36,2**
040	Wärmeversorgungsanl. - Betriebseinr. inkl. 041	69	**69**	91	3,9	**3,9**	5,1
042	Gas- und Wasserinstallation, Leitungen inkl. 043	16	**16**	16	0,9	**0,9**	0,9
044	Abwasserinstallationsarbeiten - Leitungen	7	**9**	9	0,4	**0,5**	0,5
045	GWA-Einrichtungsgegenstände inkl. 046	20	**35**	35	1,1	**2,0**	2,0
047	Dämmarbeiten an betriebstechnischen Anlagen	14	**22**	22	0,8	**1,2**	1,2
049	Feuerlöschanlagen, Feuerlöschgeräte	1	**1**	1	0,0	**0,1**	0,1
050	Blitzschutz- und Erdungsanlagen	6	**6**	9	0,3	**0,3**	0,5
052	Mittelspannungsanlagen	–	**–**	–	–	**–**	–
053	Niederspannungsanlagen inkl. 054	36	**60**	60	2,0	**3,3**	3,3
055	Ersatzstromversorgungsanlagen	–	**–**	–	–	**–**	–
057	Gebäudesystemtechnik	–	**–**	–	–	**–**	–
058	Leuchten und Lampen inkl. 059	34	**50**	50	1,9	**2,8**	2,8
060	Elektroakustische Anlagen, Sprechanlagen	1	**3**	3	0,0	**0,2**	0,2
061	Kommunikationsnetze, inkl. 062	2	**4**	4	0,1	**0,2**	0,2
063	Gefahrenmeldeanlagen	5	**5**	8	0,3	**0,3**	0,4
069	Aufzüge	–	**–**	–	–	**–**	–
070	Gebäudeautomation	1	**11**	11	0,1	**0,6**	0,6
075	Raumlufttechnische Anlagen	3	**21**	21	0,2	**1,2**	1,2
	Technische Anlagen	**245**	**312**	**312**	**13,7**	**17,4**	**17,4**
	Sonstige Leistungsbereiche inkl. 008, 033, 051	5	**15**	15	0,3	**0,8**	0,8

- ● KKW
- ▶ min
- ▷ von
- | Mittelwert
- ◁ bis
- ◀ max

Planungskennwerte für Flächen und Rauminhalte nach DIN 277

Grundflächen			▷ Fläche/NUF (%) ◁			▷ Fläche/BGF (%) ◁		
NUF	Nutzungsfläche			100,0		58,5	61,9	65,7
TF	Technikfläche		3,7	4,6	6,0	2,2	2,8	3,4
VF	Verkehrsfläche		20,5	27,6	32,8	12,2	17,1	18,7
NRF	Netto-Raumfläche		125,4	132,2	138,5	79,0	81,9	83,8
KGF	Konstruktions-Grundfläche		25,5	29,3	38,4	16,2	18,1	21,0
BGF	Brutto-Grundfläche		149,4	161,5	175,9		100,0	

Brutto-Rauminhalte			▷ BRI/NUF (m) ◁			▷ BRI/BGF (m) ◁		
BRI	Brutto-Rauminhalt		5,65	6,20	6,70	3,70	3,85	4,09

Flächen von Nutzeinheiten		▷ NUF/Einheit (m²) ◁			▷ BGF/Einheit (m²) ◁		
Nutzeinheit: Kinder		9,63	12,54	21,28	14,04	19,52	30,99

Lufttechnisch behandelte Flächen		▷ Fläche/NUF (%) ◁			▷ Fläche/BGF (%) ◁		
Entlüftete Fläche		–	3,2	–	–	2,0	–
Be- und entlüftete Fläche		–	–	–	–	–	–
Teilklimatisierte Fläche		–	–	–	–	–	–
Klimatisierte Fläche		–	–	–	–	–	–

KG	Kostengruppen (2. Ebene)	Einheit	▷ Menge/NUF ◁			▷ Menge/BGF ◁		
310	Baugrube	m³ BGI	1,93	1,93	2,39	1,31	1,31	1,42
320	Gründung	m² GRF	1,01	1,02	1,02	0,66	0,73	0,73
330	Außenwände	m² AWF	1,26	1,26	1,27	0,88	0,89	0,89
340	Innenwände	m² IWF	1,45	1,45	1,45	1,02	1,02	1,06
350	Decken	m² DEF	0,40	0,40	0,54	0,27	0,27	0,32
360	Dächer	m² DAF	1,17	1,17	1,17	0,73	0,82	0,82
370	Baukonstruktive Einbauten	m² BGF	1,49	1,62	1,76		1,00	
390	Sonstige Baukonstruktionen	m² BGF	1,49	1,62	1,76		1,00	
300	**Bauwerk-Baukonstruktionen**	m² BGF	1,49	1,62	1,76		1,00	

Planungskennwerte für Bauzeiten — 12 Vergleichsobjekte

Bauzeit in Wochen

© BKI Baukosteninformationszentrum; Erläuterungen zu den Tabellen siehe Seite 54 — Kosten: 1. Quartal 2018, Bundesdurchschnitt, inkl. 19% MwSt.

Kindergärten, unterkellert

€/m² BGF
min	1.340 €/m²
von	1.480 €/m²
Mittel	**1.790 €/m²**
bis	2.015 €/m²
max	2.175 €/m²

Kosten:
Stand 1.Quartal 2018
Bundesdurchschnitt
inkl. 19% MwSt.

Objektübersicht zur Gebäudeart

4400-0233 Kinderkrippe (4 Gruppen, 60 Kinder) - Passivhaus
BRI 5.505m³ **BGF** 1.403m² **NUF** 821m²

Kinderkrippe mit 4 Gruppen und 60 Kindern in Passivhausstandard. Holzständerkonstruktion und Massivbau.

Land: Bayern
Kreis: Ostallgäu
Standard: Durchschnitt
Bauzeit: 30 Wochen
Kennwerte: bis 1.Ebene DIN276

BGF 1.652 €/m²

Planung: müllerschurr.architekten; Marktoberdorf
veröffentlicht: BKI Objektdaten E6

4400-0260 Kinderkrippe (2 Gr, 24 Ki) - Effizienzhaus ~90%
BRI 1.558m³ **BGF** 440m² **NUF** 336m²

Kinderkrippe mit 2 Gruppen für 24 Kinder. Massivbau.

Land: Bayern
Kreis: München
Standard: Durchschnitt
Bauzeit: 47 Wochen
Kennwerte: bis 3.Ebene DIN276

BGF 1.821 €/m²

Planung: Firmhofer + Günther Architekten; München
veröffentlicht: BKI Objektdaten N15

4400-0275 Grundschulhort (300 Kinder)
BRI 4.720m³ **BGF** 1.057m² **NUF** 656m²

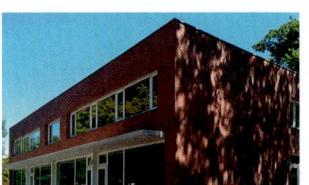

Kindertagesstätte (300 Kinder) für Grundschule. KS-Mauerwerk, Stb-Beton, Pfosten-Riegel-Konstruktion.

Land: Berlin
Kreis: Berlin
Standard: Durchschnitt
Bauzeit: 65 Wochen
Kennwerte: bis 1.Ebene DIN276

BGF 2.175 €/m²

Planung: Lehrecke Witschurke Architekten; Berlin
veröffentlicht: BKI Objektdaten N15

4400-0285 Kinderkrippe (3 Gr, 30 Kinder) - Effizienzhaus 85
BRI 3.647m³ **BGF** 843m² **NUF** 587m²

Kinderkrippe (3 Gruppen, 30 Kinder), Effizienzhaus 85. Stahlbetonkonstruktion, Holzrahmenbau.

Land: Saarland
Kreis: Saarbrücken
Standard: über Durchschnitt
Bauzeit: 56 Wochen
Kennwerte: bis 1.Ebene DIN276

BGF 1.994 €/m²

Planung: AG: Architekten Naujack/Rind/Hof; Koblenz, Baumeisterei Mertes; Saarbrücken
veröffentlicht: BKI Objektdaten E7

Objektübersicht zur Gebäudeart

4400-0238 Kindertagesstätte (4 Gruppen, 64 Kinder)*   BRI 3.942m³   BGF 932m²   NUF 670m²

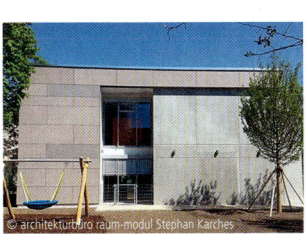

Kindertagesstätte (4 Gruppen, 64 Kinder) mit vier Gruppenräumen, Wickelräumen, Mehrzweckraum, Personalräumen und Küche. Leichtbetonfertigbauelemente, Holzsparrendach.

Land: Bayern
Kreis: Ingolstadt
Standard: Durchschnitt
Bauzeit: 60 Wochen
Kennwerte: bis 1.Ebene DIN276

BGF   2.247 €/m²

Planung: architekturbüro raum-modul Stefan Karches; Ingolstadt

veröffentlicht: BKI Objektdaten E6
*Nicht in der Auswertung enthalten

4400-0243 Familienzentrum, Kinderkrippe (2 Gruppen)   BRI 5.660m³   BGF 1.592m²   NUF 1.134m²

Familienzentrum mit Kinderkrippe (30 Kinder, 2 Gruppen), Musikschule, Café, Beratungsräume. Massivbau.

Land: Niedersachsen
Kreis: Braunschweig
Standard: Durchschnitt
Bauzeit: 52 Wochen
Kennwerte: bis 1.Ebene DIN276

BGF   1.470 €/m²

Planung: bplan architekten stadtplaner & ingenieure; Braunschweig

veröffentlicht: BKI Objektdaten N13

4400-0244 Kindertagesstätte (5 Gruppen, 125 Kinder)   BRI 4.246m³   BGF 1.208m²   NUF 739m²

Kindertagesstätte mit 5 Gruppen für 125 Kinder, Mehrzweckraum, Küche, Sanitärräume. Massivbauweise, Stahlbeton, Mauerwerk.

Land: Rheinland-Pfalz
Kreis: Mainz, Stadt
Standard: unter Durchschnitt
Bauzeit: 60 Wochen
Kennwerte: bis 1.Ebene DIN276

BGF   1.392 €/m²

Planung: Meurer Generalplaner; Frankfurt am Main

veröffentlicht: BKI Objektdaten N13

4400-0230 Kindertagesstätte (6 Gruppen, 90 Kinder)   BRI 6.541m³   BGF 1.700m²   NUF 917m²

Kindertagesstätte mit 6 Gruppen für 90 Kinder und Räume für mobile Jugendarbeit (20-30 Jugendliche). Holzrahmenkonstruktion.

Land: Baden-Württemberg
Kreis: Stuttgart
Standard: über Durchschnitt
Bauzeit: 78 Wochen
Kennwerte: bis 1.Ebene DIN276

BGF   1.723 €/m²

Planung: Schaugg Architekten Diana Schaugg; Stuttgart

veröffentlicht: BKI Objektdaten E6

© BKI Baukosteninformationszentrum; Erläuterungen zu den Tabellen siehe Seite 56   Kosten: 1.Quartal 2018, Bundesdurchschnitt, **inkl. 19% MwSt.**

Kindergärten, unterkellert

Objektübersicht zur Gebäudeart

4400-0188 Kindergarten (2 Gruppen, 40 Kinder)*

BRI 2.472m³ | **BGF** 852m² | **NUF** 542m²

Kindergarten mit 2 Gruppen und 40 Kindern. Holzständerbau.

Land: Rheinland-Pfalz
Kreis: Neuwied Rhein
Standard: Durchschnitt
Bauzeit: 43 Wochen
Kennwerte: bis 3.Ebene DIN276

BGF 821 €/m² *

Planung: P2 Architektur mit Energie Dipl.-Ing. Silke Pesau; Unkel

veröffentlicht: BKI Objektdaten N13
*Nicht in der Auswertung enthalten

€/m² BGF

min	1.340 €/m²
von	1.480 €/m²
Mittel	**1.790 €/m²**
bis	2.015 €/m²
max	2.175 €/m²

Kosten:
Stand 1.Quartal 2018
Bundesdurchschnitt
inkl. 19% MwSt.

4400-0191 Hort Montessori Grundschule (10 Gruppen)

BRI 4.932m³ | **BGF** 1.292m² | **NUF** 801m²

Teilunterkellerter Hortneubau in Turmform für 250 Schüler mit zehn Gruppenräumen, Küche, Speiseraum, Lager, Personalraum, Kuschel- und Kletterraum. Pfahlgründungen erforderlich, Bestandsgebäudeanbindung, tragende Stahlbetonwandscheiben.

Land: Berlin
Kreis: Berlin
Standard: Durchschnitt
Bauzeit: 74 Wochen
Kennwerte: bis 1.Ebene DIN276

BGF 1.922 €/m²

Planung: Kersten + Kopp Architekten BDA; Berlin

veröffentlicht: BKI Objektdaten N12

4400-0199 Kinderkrippe (4 Gruppen)

BRI 3.958m³ | **BGF** 1.056m² | **NUF** 514m²

Kinderkrippe mit 4 Gruppen (48 Kinder). Stahlbetonmauerwerk.

Land: Bayern
Kreis: Landshut
Standard: Durchschnitt
Bauzeit: 65 Wochen
Kennwerte: bis 1.Ebene DIN276

BGF 2.018 €/m²

Planung: Eck-Fehmi-Zett Architekten BDA; Landshut

veröffentlicht: BKI Objektdaten E5

4400-0207 Kinderkrippe (3 Gruppen, 40 Kinder)

BRI 3.560m³ | **BGF** 1.040m² | **NUF** 583m²

Kinderkrippe mit 3 Gruppen für 40 Kinder. Massivbau.

Land: Sachsen-Anhalt
Kreis: Burgenlandkreis
Standard: über Durchschnitt
Bauzeit: 74 Wochen
Kennwerte: bis 1.Ebene DIN276

BGF 2.077 €/m²

Planung: TRÄNKNER ARCHITEKTEN Architekt Matthias Tränkner; Naumburg (Saale)

veröffentlicht: BKI Objektdaten N12

Objektübersicht zur Gebäudeart

4400-0220 Kindertagesstätte (5 Gruppen, 70 Kinder)   BRI 5.669m³   BGF 1.250m²   NUF 936m²

Kindertagesstätte mit fünf Gruppen für 70 Kinder. Massivholzkonstruktion.

Land: Hessen
Kreis: Frankfurt a. Main
Standard: unter Durchschnitt
Bauzeit: 65 Wochen
Kennwerte: bis 3.Ebene DIN276

BGF 1.921 €/m²

Planung: ARGE raum-z gmbh architekten klaus leber architekten bda; Darmstadt

veröffentlicht: BKI Objektdaten E6

4400-0130 Kindergarten (2 Gruppen) - Passivhaus*   BRI 3.390m³   BGF 855m²   NUF 625m²

Kindergarten im Passivhausstandard mit 2 Gruppen für 40 Kinder. Holzkonstruktion.

Land: Österreich
Kreis: Vorarlberg
Standard: über Durchschnitt
Bauzeit: 47 Wochen
Kennwerte: bis 3.Ebene DIN276

BGF 1.689 €/m²

Planung: Architekt DI Bernardo Bader; Dornbirn

veröffentlicht: BKI Objektdaten E4
*Nicht in der Auswertung enthalten

4400-0120 Kindertagesstätte (4 Gruppen)*   BRI 1.881m³   BGF 590m²   NUF 365m²

Kindertagesstätte, 4 Gruppen, 60 Kinder, 4 Gruppenräume, Sanitärräume, Büro- und Personalraum, Nebenräume. Mauerwerksbau; Stb-Flachdach.

Land: Brandenburg
Kreis: Oder-Spree
Standard: unter Durchschnitt
Bauzeit: 35 Wochen
Kennwerte: bis 1.Ebene DIN276

BGF 1.029 €/m²

Planung: Architekturbüro Nülken GbR; Frankfurt (Oder)

veröffentlicht: BKI Objektdaten N10
*Nicht in der Auswertung enthalten

4400-0107 Kindertagesstätte (3 Gruppen, 75 Kinder)   BRI 3.072m³   BGF 870m²   NUF 529m²

Kindertagesstätte mit 3 Gruppen für 75 Kinder. Mauerwerksbau mit Stb-Decken, Holzdachkonstruktion und Stb-Flachdach.

Land: Nordrhein-Westfalen
Kreis: Hagen
Standard: Durchschnitt
Bauzeit: 65 Wochen
Kennwerte: bis 3.Ebene DIN276

BGF 1.342 €/m²

Planung: Miele + Rabe Dipl.-Ing. Architekten AKNW; Hagen-Hohenlimburg

veröffentlicht: BKI Objektdaten N8

Sport- und Mehrzweckhallen

Kostenkennwerte für die Kosten des Bauwerks (Kostengruppen 300+400 nach DIN 276)

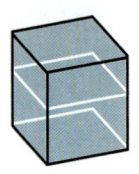

BRI 305 €/m³
von 240 €/m³
bis 405 €/m³

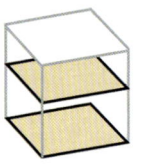

BGF 1.710 €/m²
von 1.380 €/m²
bis 1.890 €/m²

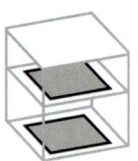

NUF 2.390 €/m²
von 2.010 €/m²
bis 3.080 €/m²

Kosten:
Stand 1. Quartal 2018
Bundesdurchschnitt
inkl. 19% MwSt.

Objektbeispiele

5100-0114
5100-0100 
5100-0098 
5100-0114 
5100-0089 
5100-0097 

Kosten der 12 Vergleichsobjekte — Seiten 274 bis 277

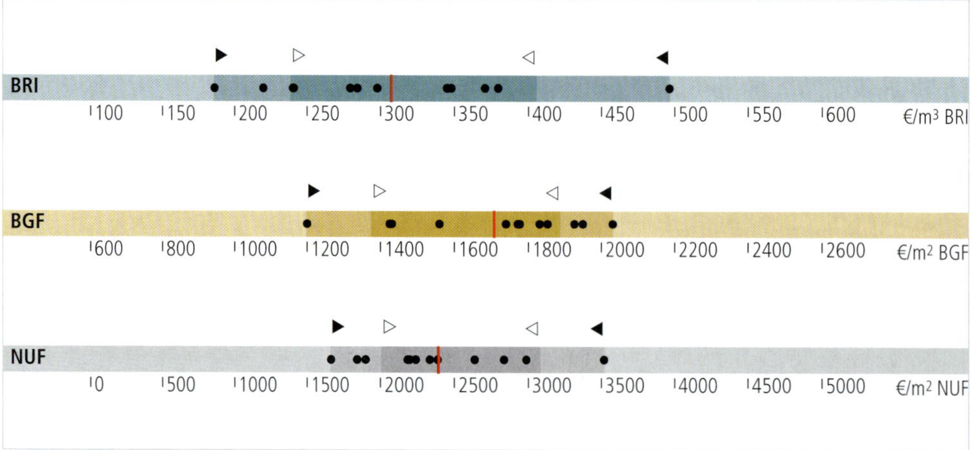

- ● KKW
- ▶ min
- ▷ von
- | Mittelwert
- ◁ bis
- ◀ max

BRI — €/m³ BRI
BGF — €/m² BGF
NUF — €/m² NUF

© BKI Baukosteninformationszentrum; Erläuterungen zu den Tabellen siehe Seite 46
Kosten: 1. Quartal 2018, Bundesdurchschnitt, **inkl. 19% MwSt.**

Kostenkennwerte für die Kostengruppen der 1. und 2. Ebene DIN 276

KG	Kostengruppen der 1. Ebene	Einheit	▷	€/Einheit	◁	▷	% an 300+400	◁
100	Grundstück	m² GF	–	–	–	–	–	–
200	Herrichten und Erschließen	m² GF	3	**9**	16	0,9	**2,4**	6,0
300	Bauwerk - Baukonstruktionen	m² BGF	1.083	**1.297**	1.536	69,3	**75,9**	82,0
400	Bauwerk - Technische Anlagen	m² BGF	289	**411**	549	18,0	**24,1**	30,7
	Bauwerk (300+400)	m² BGF	1.377	**1.707**	1.886		**100,0**	
500	Außenanlagen	m² AF	43	**192**	477	1,9	**5,0**	7,7
600	Ausstattung und Kunstwerke	m² BGF	27	**61**	163	1,4	**3,7**	7,4
700	Baunebenkosten*	m² BGF	385	**413**	441	22,5	**24,2**	25,8 ◁ NEU

* Auf Grundlage der HOAI 2013 berechnete Werte nach §§ 35, 52, 56. Weitere Informationen siehe Seite 50

KG	Kostengruppen der 2. Ebene	Einheit	▷	€/Einheit	◁	▷	% an 300	◁
310	Baugrube	m³ BGI	11	**22**	38	0,7	**1,9**	4,0
320	Gründung	m² GRF	280	**292**	309	15,1	**16,9**	17,9
330	Außenwände	m² AWF	360	**468**	532	27,5	**30,5**	35,3
340	Innenwände	m² IWF	191	**273**	433	2,7	**8,8**	11,9
350	Decken	m² DEF	411	**479**	548	0,0	**5,5**	8,2
360	Dächer	m² DAF	358	**469**	692	25,6	**31,8**	43,1
370	Baukonstruktive Einbauten	m² BGF	8	**14**	21	0,2	**0,7**	1,6
390	Sonstige Baukonstruktionen	m² BGF	4	**51**	80	0,2	**3,9**	6,2
300	**Bauwerk Baukonstruktionen**	m² BGF					**100,0**	

KG	Kostengruppen der 2. Ebene	Einheit	▷	€/Einheit	◁	▷	% an 400	◁
410	Abwasser, Wasser, Gas	m² BGF	76	**89**	96	18,6	**31,3**	55,6
420	Wärmeversorgungsanlagen	m² BGF	34	**69**	123	12,5	**17,7**	27,8
430	Lufttechnische Anlagen	m² BGF	10	**52**	74	5,9	**12,6**	16,3
440	Starkstromanlagen	m² BGF	44	**131**	190	28,3	**33,7**	44,0
450	Fernmeldeanlagen	m² BGF	6	**22**	38	0,6	**3,1**	7,9
460	Förderanlagen	m² BGF	–	–	–	–	–	–
470	Nutzungsspezifische Anlagen	m² BGF	–	**1**	–	–	**0,1**	–
480	Gebäudeautomation	m² BGF	–	**22**	–	–	**1,5**	–
490	Sonstige Technische Anlagen	m² BGF	–	**0**	–	–	**0,0**	–
400	**Bauwerk Technische Anlagen**	m² BGF					**100,0**	

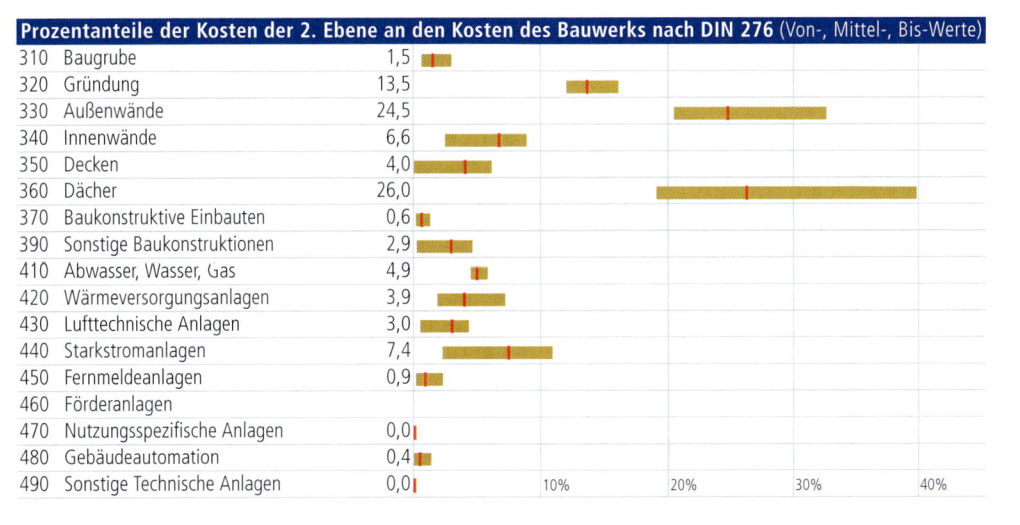

Prozentanteile der Kosten der 2. Ebene an den Kosten des Bauwerks nach DIN 276 (Von-, Mittel-, Bis-Werte)

KG	Kostengruppe	Mittelwert
310	Baugrube	1,5
320	Gründung	13,5
330	Außenwände	24,5
340	Innenwände	6,6
350	Decken	4,0
360	Dächer	26,0
370	Baukonstruktive Einbauten	0,6
390	Sonstige Baukonstruktionen	2,9
410	Abwasser, Wasser, Gas	4,9
420	Wärmeversorgungsanlagen	3,9
430	Lufttechnische Anlagen	3,0
440	Starkstromanlagen	7,4
450	Fernmeldeanlagen	0,9
460	Förderanlagen	
470	Nutzungsspezifische Anlagen	0,0
480	Gebäudeautomation	0,4
490	Sonstige Technische Anlagen	0,0

© BKI Baukosteninformationszentrum; Erläuterungen zu den Tabellen siehe Seite 48 und 50   Kosten: 1.Quartal 2018, Bundesdurchschnitt, **inkl. 19% MwSt.**

Sport- und Mehrzweckhallen

Kosten:
Stand 1.Quartal 2018
Bundesdurchschnitt
inkl. 19% MwSt.

Kostenkennwerte für Leistungsbereiche nach StLB (Kosten des Bauwerks nach DIN 276)

LB	Leistungsbereiche	▷	€/m² BGF	◁	▷	% an 300+400	◁
000	Sicherheits-, Baustelleneinrichtungen inkl. 001	12	42	42	0,7	2,5	2,5
002	Erdarbeiten	53	53	75	3,1	3,1	4,4
006	Spezialtiefbauarbeiten inkl. 005	–	–	–	–	–	–
009	Entwässerungskanalarbeiten inkl. 011	3	7	7	0,2	0,4	0,4
010	Drän- und Versickerungsarbeiten	–	1	–	–	0,1	–
012	Mauerarbeiten	46	46	71	2,7	2,7	4,2
013	Betonarbeiten	183	229	229	10,7	13,4	13,4
014	Natur-, Betonwerksteinarbeiten	–	–	–	–	–	–
016	Zimmer- und Holzbauarbeiten	99	130	130	5,8	7,6	7,6
017	Stahlbauarbeiten	–	39	–	–	2,3	–
018	Abdichtungsarbeiten	2	6	6	0,1	0,4	0,4
020	Dachdeckungsarbeiten	55	55	82	3,2	3,2	4,8
021	Dachabdichtungsarbeiten	15	123	123	0,9	7,2	7,2
022	Klempnerarbeiten	4	23	23	0,3	1,4	1,4
	Rohbau	662	754	754	38,8	44,2	44,2
023	Putz- und Stuckarbeiten, Wärmedämmsysteme	41	46	46	2,4	2,7	2,7
024	Fliesen- und Plattenarbeiten	7	24	24	0,4	1,4	1,4
025	Estricharbeiten	15	20	20	0,9	1,2	1,2
026	Fenster, Außentüren inkl. 029, 032	102	102	147	5,9	5,9	8,6
027	Tischlerarbeiten	28	28	41	1,6	1,6	2,4
028	Parkettarbeiten, Holzpflasterarbeiten	–	43	–	–	2,5	–
030	Rollladenarbeiten	–	5	–	–	0,3	–
031	Metallbauarbeiten inkl. 035	39	200	200	2,3	11,7	11,7
034	Maler- und Lackiererarbeiten inkl. 037	19	52	52	1,1	3,0	3,0
036	Bodenbelagarbeiten	43	43	58	2,5	2,5	3,4
038	Vorgehängte hinterlüftete Fassaden	–	16	–	–	0,9	–
039	Trockenbauarbeiten	8	41	41	0,5	2,4	2,4
	Ausbau	625	625	651	36,6	36,6	38,2
040	Wärmeversorgungsanl. - Betriebseinr. inkl. 041	28	56	56	1,7	3,3	3,3
042	Gas- und Wasserinstallation, Leitungen inkl. 043	9	9	11	0,5	0,5	0,6
044	Abwasserinstallationsarbeiten - Leitungen	20	20	21	1,2	1,2	1,3
045	GWA-Einrichtungsgegenstände inkl. 046	22	34	34	1,3	2,0	2,0
047	Dämmarbeiten an betriebstechnischen Anlagen	10	10	13	0,6	0,6	0,8
049	Feuerlöschanlagen, Feuerlöschgeräte	–	0	–	–	0,0	–
050	Blitzschutz- und Erdungsanlagen	2	5	5	0,1	0,3	0,3
052	Mittelspannungsanlagen	–	–	–	–	–	–
053	Niederspannungsanlagen inkl. 054	33	77	77	1,9	4,5	4,5
055	Ersatzstromversorgungsanlagen	3	10	10	0,2	0,6	0,6
057	Gebäudesystemtechnik	–	–	–	–	–	–
058	Leuchten und Lampen inkl. 059	14	33	33	0,8	1,9	1,9
060	Elektroakustische Anlagen, Sprechanlagen	3	3	5	0,2	0,2	0,3
061	Kommunikationsnetze, inkl. 062	1	6	6	0,0	0,4	0,4
063	Gefahrenmeldeanlagen	–	5	–	–	0,3	–
069	Aufzüge	–	–	–	–	–	–
070	Gebäudeautomation	11	11	18	0,6	0,6	1,1
075	Raumlufttechnische Anlagen	48	48	68	2,8	2,8	4,0
	Technische Anlagen	327	327	438	19,2	19,2	25,6
	Sonstige Leistungsbereiche inkl. 008, 033, 051	2	6	6	0,1	0,3	0,3

● KKW
▶ min
▷ von
| Mittelwert
◁ bis
◀ max

Planungskennwerte für Flächen und Rauminhalte nach DIN 277

Grundflächen		▷	Fläche/NUF (%)	◁	▷	Fläche/BGF (%)	◁
NUF	Nutzungsfläche		100,0		66,1	71,5	76,6
TF	Technikfläche	5,7	7,1	12,9	3,7	5,1	7,3
VF	Verkehrsfläche	15,0	16,5	26,9	10,3	11,8	16,1
NRF	Netto-Raumfläche	117,3	123,6	136,4	87,1	88,4	89,8
KGF	Konstruktions-Grundfläche	14,5	16,3	18,3	10,2	11,6	12,9
BGF	Brutto-Grundfläche	133,0	139,9	155,0		100,0	

Brutto-Rauminhalte		▷	BRI/NUF (m)	◁	▷	BRI/BGF (m)	◁
BRI	Brutto-Rauminhalt	6,91	8,10	9,17	5,26	5,78	6,32

Flächen von Nutzeinheiten	▷	NUF/Einheit (m²)	◁	▷	BGF/Einheit (m²)	◁
Nutzeinheit:	–	–	–	–	–	–

Lufttechnisch behandelte Flächen	▷	Fläche/NUF (%)	◁	▷	Fläche/BGF (%)	◁
Entlüftete Fläche	–	13,1	–	–	9,7	–
Be- und entlüftete Fläche	–	46,5	–	–	34,6	–
Teilklimatisierte Fläche	–	–	–	–	–	–
Klimatisierte Fläche	–	–	–	–	–	–

KG	Kostengruppen (2. Ebene)	Einheit	▷	Menge/NUF	◁	▷	Menge/BGF	◁
310	Baugrube	m³ BGI	1,34	1,46	1,46	1,06	1,06	1,17
320	Gründung	m² GRF	1,13	1,13	1,21	0,79	0,84	0,84
330	Außenwände	m² AWF	1,30	1,35	1,35	0,96	1,05	1,05
340	Innenwände	m² IWF	0,57	0,65	0,65	0,41	0,45	0,45
350	Decken	m² DEF	0,33	0,33	0,33	0,22	0,22	0,22
360	Dächer	m² DAF	1,34	1,34	1,34	1,00	1,00	1,04
370	Baukonstruktive Einbauten	m² BGF	1,33	1,40	1,55		1,00	
390	Sonstige Baukonstruktionen	m² BGF	1,33	1,40	1,55		1,00	
300	Bauwerk-Baukonstruktionen	m² BGF	1,33	1,40	1,55		1,00	

Planungskennwerte für Bauzeiten — 12 Vergleichsobjekte

Bauzeit in Wochen

Bauzeit: Bereich von ca. 30 bis 135 Wochen (12 Vergleichsobjekte verteilt zwischen |0 und |150 Wochen)

Sport- und Mehrzweckhallen

€/m² BGF

min	1.200	€/m²
von	1.375	€/m²
Mittel	**1.705**	**€/m²**
bis	1.885	€/m²
max	2.030	€/m²

Kosten:
Stand 1.Quartal 2018
Bundesdurchschnitt
inkl. 19% MwSt.

Objektübersicht zur Gebäudeart

5100-0114 Sport- und Mehrzweckhalle - Effizienzhaus ~75%
BRI 7.301m³ **BGF** 1.240m² **NUF** 955m²

Sport- und Mehrzweckhalle (Einfeldhalle) für Schulsport und Veranstaltungen. Stb-Sockelgeschoss, Holzkonstruktion.

Land: Berlin
Kreis: Berlin
Standard: Durchschnitt
Bauzeit: 99 Wochen
Kennwerte: bis 1.Ebene DIN276

BGF 2.031 €/m²

© Werner Huthmacher

Planung: Kersten + Kopp Architekten BDA; Berlin

veröffentlicht: BKI Objektdaten E7

5100-0098 Sporthalle (Zweifeldhalle), Mehrzweckraum
BRI 15.590m³ **BGF** 2.396m² **NUF** 1.802m²

Sporthalle (Zweifeldhalle) für Schul- und Vereinssport mit Tribüne (ca. 100 Personen), Kraftraum, Mehrzweckraum, Geräteräume, Umkleideräume, Duschen. Massivbauweise, Dachkonstruktion Holzbinder.

Land: Sachsen-Anhalt
Kreis: Salzlandkreis
Standard: Durchschnitt
Bauzeit: 43 Wochen
Kennwerte: bis 1.Ebene DIN276

BGF 1.430 €/m²

© Steinblock Architekten

Planung: Steinblock Architekten; Magdeburg

veröffentlicht: BKI Objektdaten N13

5100-0100 Mehrzweckhalle (Dreifeldhalle)
BRI 14.936m³ **BGF** 2.313m² **NUF** 1.664m²

Sporthalle (Dreifeldhalle) mit Mehrzweckraum für Schul-, Vereinsbetrieb und Konzertnutzung. Massivbau, Stahl-Dachträger.

Land: Hessen
Kreis: Offenbach
Standard: über Durchschnitt
Bauzeit: 47 Wochen
Kennwerte: bis 1.Ebene DIN276

BGF 1.200 €/m²

© Dillig Architekten GmbH

Planung: Dillig Architekten GmbH; Simmern

veröffentlicht: BKI Objektdaten N13

5100-0097 Sporthalle (Dreifeldhalle), Mehrzweckraum
BRI 22.256m³ **BGF** 3.011m² **NUF** 2.433m²

Sporthalle (Dreifeldhalle) mit Mehrzweckraum (400 Sitzplätze). Mauerwerksbau.

Land: Hamburg
Kreis: Hamburg
Standard: Durchschnitt
Bauzeit: 61 Wochen
Kennwerte: bis 1.Ebene DIN276

BGF 1.776 €/m²

© Ralf Buscher

Planung: BKS Architekten GmbH mit Henning Scheid

veröffentlicht: BKI Objektdaten N13

Objektübersicht zur Gebäudeart

5100-0081 Mehrzweckhalle, Aula

BRI 7.172 m³ | **BGF** 975 m² | **NUF** 609 m²

Mehrzweckhalle mit 400 Zuschauerplätzen, einer Bühne und einer Aula. Mauerwerksbau, Holzdachstuhl.

Land: Hamburg
Kreis: Hamburg
Standard: über Durchschnitt
Bauzeit: 69 Wochen
Kennwerte: bis 3. Ebene DIN276

BGF 1.771 €/m²

Planung: Architekturbüro Prell und Partner; Hamburg

veröffentlicht: BKI Objektdaten N13

5100-0071 Mehrzweckgebäude

BRI 13.968 m³ | **BGF** 2.752 m² | **NUF** 1.506 m²

Mehrzweckgebäude mit drei Funktionsbereichen: Verwaltung- und Seminarbereich, Foyer, Mehrzweckraum und Spielraumtheater. Massivbau.

Land: Schleswig-Holstein
Kreis: Kiel
Standard: Durchschnitt
Bauzeit: 65 Wochen
Kennwerte: bis 1. Ebene DIN276

BGF 1.925 €/m²

Planung: agn Paul Niederberghaus & Partner GmbH i. Halle; Halle/Saale

veröffentlicht: BKI Objektdaten N10

5100-0072 Sport- und Mehrzweckhalle

BRI 5.769 m³ | **BGF** 1.035 m² | **NUF** 740 m²

Sport- und Mehrzweckhalle für Grundschule und Stadt. Massivbau.

Land: Hessen
Kreis: Waldeck-Frankenberg
Standard: Durchschnitt
Bauzeit: 47 Wochen
Kennwerte: bis 1. Ebene DIN276

BGF 1.560 €/m²

Planung: Architekturbüro Steiner; Vöhl-Ederbringhausen

veröffentlicht: BKI Objektdaten N10

5100-0080 Sport- und Mehrzweckhalle*

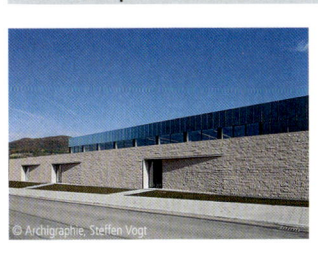

BRI 19.097 m³ | **BGF** 3.031 m² | **NUF** 2.459 m²

Zweifeldhalle für Kultur- und Sportnutzung. Hallenkonstruktion in Holzskelettbauweise, weitere Gebäudeteile in Stb/Mauerwerksbau/Leichtbauweise.

Land: Baden-Württemberg
Kreis: Reutlingen
Standard: über Durchschnitt
Bauzeit: 69 Wochen
Kennwerte: bis 1. Ebene DIN276

BGF 2.673 €/m² *

Planung: wulf architekten GmbH Prof. Tobias Wulf I Kai Bierich I Al Vohl; Stuttgart

veröffentlicht: BKI Objektdaten N12
*Nicht in der Auswertung enthalten

Sport- und Mehrzweckhallen

€/m² BGF

min	1.200	€/m²
von	1.375	€/m²
Mittel	**1.705**	€/m²
bis	1.885	€/m²
max	2.030	€/m²

Kosten:
Stand 1.Quartal 2018
Bundesdurchschnitt
inkl. 19% MwSt.

Objektübersicht zur Gebäudeart

5100-0042 Sport- und Mehrzweckhalle
BRI 5.716m³ **BGF** 1.195m² **NUF** 922m²

Mehrzwecknutzung Sport und Veranstaltungen. Stahlstützen, Holzbinder, Pfosten-Riegel-Fassade.

Land: Bayern
Kreis: Starnberg
Standard: Durchschnitt
Bauzeit: 34 Wochen
Kennwerte: bis 1.Ebene DIN276

BGF 1.425 €/m²

Planung: Barth Architekten GbR; Gauting

veröffentlicht: BKI Objektdaten N9

5100-0089 Mehrzweckhalle (Dreifeldhalle), Mensa
BRI 18.200m³ **BGF** 2.830m² **NUF** 2.170m²

Mehrzweckhalle (Dreifeldhalle) mit 100 Sitzplätzen (Tribüne), 800 Besucher (Halle) und Mensa mit 100 Sitzplätzen. Massivbau, Stahlträger (Dach).

Land: Baden-Württemberg
Kreis: Ostalbkreis
Standard: Durchschnitt
Bauzeit: 69 Wochen
Kennwerte: bis 1.Ebene DIN276

BGF 1.830 €/m²

Planung: ARCHITEKTUR 109 M. Arnold + A. Fentzloff Freie Architekten BDA; Stuttgart

veröffentlicht: BKI Objektdaten N12

5100-0069 Sport- und Messehalle*
BRI 24.823m³ **BGF** 2.854m² **NUF** 2.340m²

Der Neubau ist als multifunktionale Halle konzipiert. Der Foyerbereich dient als gelenkartige Verbindung zur Messestraße und zur Sporthalle. Stahlbetonbau.

Land: Österreich
Kreis: Vorarlberg
Standard: Durchschnitt
Bauzeit: 78 Wochen
Kennwerte: bis 1.Ebene DIN276

BGF 2.954 €/m²

Planung: Cukrowicz Nachbaur Architekten ZT GmbH; Bregenz

veröffentlicht: BKI Objektdaten N10
*Nicht in der Auswertung enthalten

5100-0038 Mehrzwecksporthalle (Zweifeldhalle)*
BRI 12.499m³ **BGF** 2.173m² **NUF** 1.846m²

Zweifeldmehrzwecksporthalle (1.055m²), Geräteräume, Sanitärräume, Empore. Mauerwerksbau.

Land: Thüringen
Kreis: Wartburg
Standard: Durchschnitt
Bauzeit: 52 Wochen
Kennwerte: bis 3.Ebene DIN276

BGF 897 €/m²

Planung: Architekt Dipl.-Ing. (TU) Dieter Zumpe; Felsberg

veröffentlicht: BKI Objektdaten N7
*Nicht in der Auswertung enthalten

Objektübersicht zur Gebäudeart

5100-0036 Mehrzweckhalle

BRI 373m³ **BGF** 95m² **NUF** 82m²

Mehrzweckhalle mit Geräteraum und WC. Stahlbetonkonstruktion.

Land: Rheinland-Pfalz
Kreis: Mainz
Standard: über Durchschnitt
Bauzeit: 113 Wochen
Kennwerte: bis 3.Ebene DIN276

BGF 1.949 €/m²

Planung: Wohnbau Mainz GmbH; Mainz

veröffentlicht: BKI Objektdaten N6

5100-0028 Mehrzweckhalle

BRI 30.338m³ **BGF** 5.700m² **NUF** 3.535m²

3-Feld-Sporthalle mit mobiler Tribüne und Nebenräume, Saal mit Kleinkunstbühne, Foyer mit Garderobe, Kindergarten, Restaurant, Konferenzräume, Kraftsportraum, Jugendzentrum, Teilunterkellerung als Lagerflächen. Mauerwerksbau.

Land: Hessen
Kreis: Wetterau, Friedberg
Standard: Durchschnitt
Bauzeit: 78 Wochen
Kennwerte: bis 1.Ebene DIN276

BGF 1.852 €/m²

Planung: Prof. Bremmer-Lorenz-Frielinghaus Planungsgesellschaft mbH; Friedberg

veröffentlicht: BKI Objektdaten N2

5100-0022 Sport-, Mehrzweckhalle

BRI 5.661m³ **BGF** 1.206m² **NUF** 899m²

Mehrzweckhalle mit abteilbarer Bühne für Schulen und Vereine; Jugendraum unter der Bühne. Stahlbetonskelettbau.

Land: Baden-Württemberg
Kreis: Tübingen
Standard: unter Durchschnitt
Bauzeit: 130 Wochen
Kennwerte: bis 4.Ebene DIN276

BGF 1.739 €/m²

Planung: Ackermann & Raff Freie Architekten BDA; Tübingen

www.bki.de

Sporthallen (Einfeldhallen)

Kostenkennwerte für die Kosten des Bauwerks (Kostengruppen 300+400 nach DIN 276)

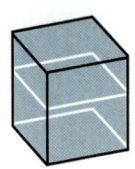

BRI 295 €/m³
von 250 €/m³
bis 380 €/m³

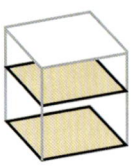

BGF 1.820 €/m²
von 1.540 €/m²
bis 2.200 €/m²

NUF 2.440 €/m²
von 1.970 €/m²
bis 2.960 €/m²

Objektbeispiele

5100-0118

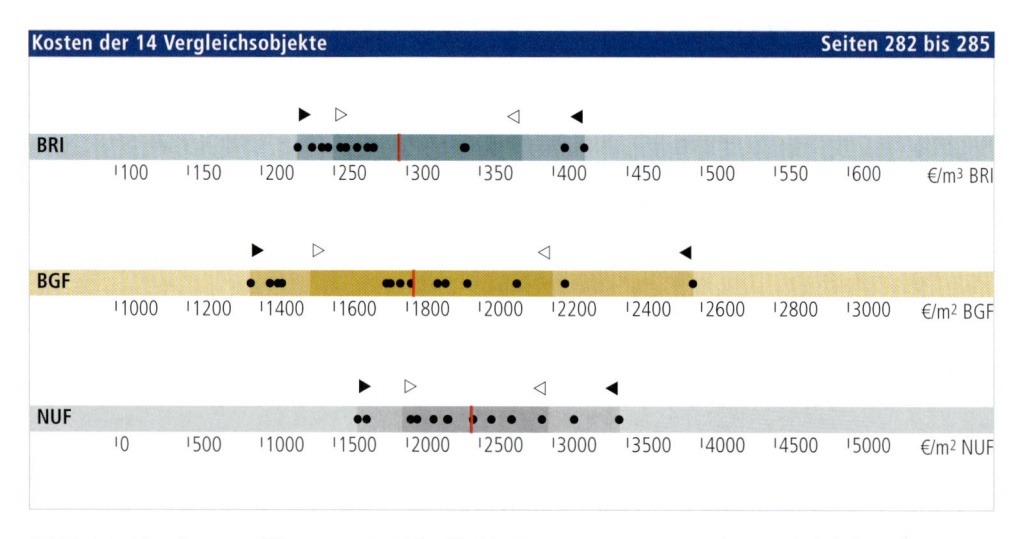

5100-0112

5100-0091

Kosten:
Stand 1.Quartal 2018
Bundesdurchschnitt
inkl. 19% MwSt.

Kosten der 14 Vergleichsobjekte — Seiten 282 bis 285

- ● KKW
- ▶ min
- ▷ von
- | Mittelwert
- ◁ bis
- ◀ max

© BKI Baukosteninformationszentrum; Erläuterungen zu den Tabellen siehe Seite 46   Kosten: 1.Quartal 2018, Bundesdurchschnitt, **inkl. 19% MwSt.**

Kostenkennwerte für die Kostengruppen der 1. und 2. Ebene DIN 276

KG	Kostengruppen der 1. Ebene	Einheit	▷	€/Einheit	◁	▷	% an 300+400	◁
100	Grundstück	m² GF	–	–	–	–	–	–
200	Herrichten und Erschließen	m² GF	2	5	26	0,9	2,7	6,3
300	Bauwerk - Baukonstruktionen	m² BGF	1.151	1.395	1.621	71,3	77,1	82,8
400	Bauwerk - Technische Anlagen	m² BGF	307	423	628	17,2	22,9	28,7
	Bauwerk (300+400)	m² BGF	1.536	1.818	2.197		100,0	
500	Außenanlagen	m² AF	32	86	138	3,0	5,3	8,2
600	Ausstattung und Kunstwerke	m² BGF	8	19	45	0,4	1,1	2,5
700	Baunebenkosten*	m² BGF	360	401	442	19,8	22,1	24,3 ◁ NEU

Auf Grundlage der HOAI 2013 berechnete Werte nach §§ 35, 52, 56. Weitere Informationen siehe Seite 50

KG	Kostengruppen der 2. Ebene	Einheit	▷	€/Einheit	◁	▷	% an 300	◁
310	Baugrube	m³ BGI	5	15	25	0,2	1,9	3,6
320	Gründung	m² GRF	202	258	314	14,5	16,5	18,4
330	Außenwände	m² AWF	396	466	537	25,6	27,1	28,6
340	Innenwände	m² IWF	179	256	332	11,1	13,4	15,8
350	Decken	m² DEF	97	274	451	0,7	2,3	3,8
360	Dächer	m² DAF	307	407	506	32,5	33,6	34,7
370	Baukonstruktive Einbauten	m² BGF	–	36	–	–	1,1	–
390	Sonstige Baukonstruktionen	m² BGF	41	57	74	3,8	4,1	4,5
300	**Bauwerk Baukonstruktionen**	**m² BGF**					**100,0**	

KG	Kostengruppen der 2. Ebene	Einheit	▷	€/Einheit	◁	▷	% an 400	◁
410	Abwasser, Wasser, Gas	m² BGF	71	74	78	21,3	24,9	28,6
420	Wärmeversorgungsanlagen	m² BGF	51	78	105	15,3	27,0	38,7
430	Lufttechnische Anlagen	m² BGF	10	26	41	3,7	8,1	12,4
440	Starkstromanlagen	m² BGF	69	114	159	25,6	36,6	47,7
450	Fernmeldeanlagen	m² BGF	9	10	11	3,4	3,4	3,4
460	Förderanlagen	m² BGF	–	–	–	–	–	–
470	Nutzungsspezifische Anlagen	m² BGF	–	–	–	–	–	–
480	Gebäudeautomation	m² BGF	–	–	–	–	–	–
490	Sonstige Technische Anlagen	m² BGF	–	–	–	–	–	–
400	**Bauwerk Technische Anlagen**	**m² BGF**					**100,0**	

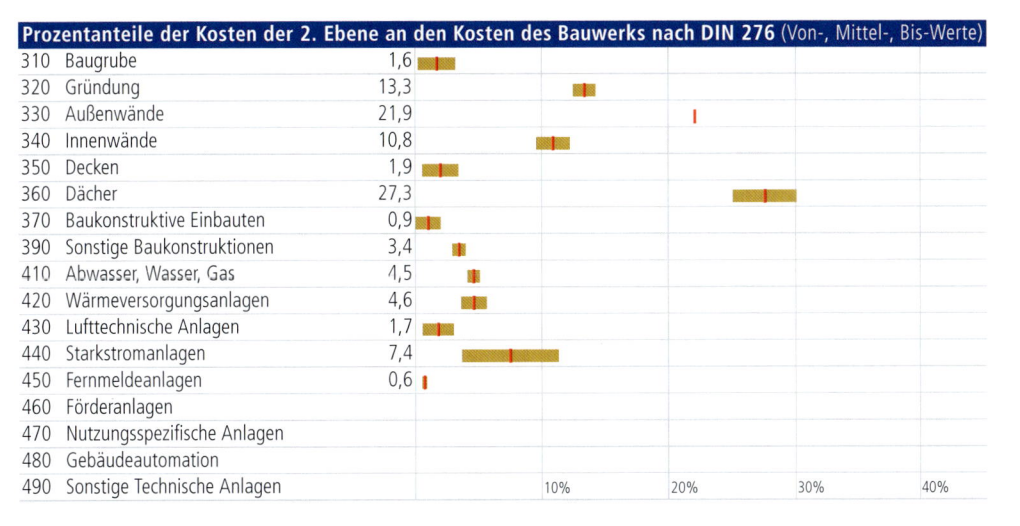

Prozentanteile der Kosten der 2. Ebene an den Kosten des Bauwerks nach DIN 276 (Von-, Mittel-, Bis-Werte)

KG	Bezeichnung	%
310	Baugrube	1,6
320	Gründung	13,3
330	Außenwände	21,9
340	Innenwände	10,8
350	Decken	1,9
360	Dächer	27,3
370	Baukonstruktive Einbauten	0,9
390	Sonstige Baukonstruktionen	3,4
410	Abwasser, Wasser, Gas	4,5
420	Wärmeversorgungsanlagen	4,6
430	Lufttechnische Anlagen	1,7
440	Starkstromanlagen	7,4
450	Fernmeldeanlagen	0,6
460	Förderanlagen	
470	Nutzungsspezifische Anlagen	
480	Gebäudeautomation	
490	Sonstige Technische Anlagen	

© BKI Baukosteninformationszentrum; Erläuterungen zu den Tabellen siehe Seite 48 und 50   Kosten: 1.Quartal 2018, Bundesdurchschnitt, **inkl. 19% MwSt.**

Sporthallen (Einfeldhallen)

Kostenkennwerte für Leistungsbereiche nach StLB (Kosten des Bauwerks nach DIN 276)

Kosten: Stand 1. Quartal 2018 Bundesdurchschnitt inkl. 19% MwSt.

LB	Leistungsbereiche	▷ €/m² BGF	€/m² BGF	€/m² BGF ◁	▷ % an 300+400	% an 300+400	% an 300+400 ◁
000	Sicherheits-, Baustelleneinrichtungen inkl. 001	57	57	57	3,1	3,1	3,1
002	Erdarbeiten	44	44	44	2,4	2,4	2,4
006	Spezialtiefbauarbeiten inkl. 005	–	–	–	–	–	–
009	Entwässerungskanalarbeiten inkl. 011	8	8	8	0,4	0,4	0,4
010	Drän- und Versickerungsarbeiten	–	2	–	–	0,1	–
012	Mauerarbeiten	39	39	39	2,1	2,1	2,1
013	Betonarbeiten	192	192	192	10,5	10,5	10,5
014	Natur-, Betonwerksteinarbeiten	–	–	–	–	–	–
016	Zimmer- und Holzbauarbeiten	413	413	413	22,7	22,7	22,7
017	Stahlbauarbeiten	–	–	–	–	–	–
018	Abdichtungsarbeiten	–	8	–	–	0,4	–
020	Dachdeckungsarbeiten	140	140	140	7,7	7,7	7,7
021	Dachabdichtungsarbeiten	–	–	–	–	–	–
022	Klempnerarbeiten	41	41	41	2,2	2,2	2,2
	Rohbau	943	943	943	51,9	51,9	51,9
023	Putz- und Stuckarbeiten, Wärmedämmsysteme	–	65	–	–	3,6	–
024	Fliesen- und Plattenarbeiten	47	47	47	2,6	2,6	2,6
025	Estricharbeiten	28	28	28	1,5	1,5	1,5
026	Fenster, Außentüren inkl. 029, 032	79	79	79	4,3	4,3	4,3
027	Tischlerarbeiten	118	118	118	6,5	6,5	6,5
028	Parkettarbeiten, Holzpflasterarbeiten	–	–	–	–	–	–
030	Rollladenarbeiten	–	–	–	–	–	–
031	Metallbauarbeiten inkl. 035	20	20	20	1,1	1,1	1,1
034	Maler- und Lackiererarbeiten inkl. 037	18	18	18	1,0	1,0	1,0
036	Bodenbelagarbeiten	79	79	79	4,4	4,4	4,4
038	Vorgehängte hinterlüftete Fassaden	–	–	–	–	–	–
039	Trockenbauarbeiten	74	74	74	4,1	4,1	4,1
	Ausbau	530	530	530	29,1	29,1	29,1
040	Wärmeversorgungsanl. - Betriebseinr. inkl. 041	77	77	77	4,2	4,2	4,2
042	Gas- und Wasserinstallation, Leitungen inkl. 043	10	10	10	0,6	0,6	0,6
044	Abwasserinstallationsarbeiten - Leitungen	10	10	10	0,5	0,5	0,5
045	GWA-Einrichtungsgegenstände inkl. 046	42	42	42	2,3	2,3	2,3
047	Dämmarbeiten an betriebstechnischen Anlagen	9	9	9	0,5	0,5	0,5
049	Feuerlöschanlagen, Feuerlöschgeräte	–	–	–	–	–	–
050	Blitzschutz- und Erdungsanlagen	10	10	10	0,6	0,6	0,6
052	Mittelspannungsanlagen	–	–	–	–	–	–
053	Niederspannungsanlagen inkl. 054	28	28	28	1,5	1,5	1,5
055	Ersatzstromversorgungsanlagen	–	5	–	–	0,3	–
057	Gebäudesystemtechnik	–	–	–	–	–	–
058	Leuchten und Lampen inkl. 059	94	94	94	5,2	5,2	5,2
060	Elektroakustische Anlagen, Sprechanlagen	4	4	4	0,2	0,2	0,2
061	Kommunikationsnetze, inkl. 062	–	1	–	–	0,1	–
063	Gefahrenmeldeanlagen	7	7	7	0,4	0,4	0,4
069	Aufzüge	–	–	–	–	–	–
070	Gebäudeautomation	–	–	–	–	–	–
075	Raumlufttechnische Anlagen	31	31	31	1,7	1,7	1,7
	Technische Anlagen	328	328	328	18,0	18,0	18,0
	Sonstige Leistungsbereiche inkl. 008, 033, 051	–	18	–	–	1,0	–

- ● KKW
- ▶ min
- ▷ von
- | Mittelwert
- ◁ bis
- ◀ max

Planungskennwerte für Flächen und Rauminhalte nach DIN 277

Grundflächen			▷ Fläche/NUF (%) ◁			▷ Fläche/BGF (%) ◁		
NUF	Nutzungsfläche			100,0		72,8	74,4	78,1
TF	Technikfläche		3,5	4,0	6,9	2,4	3,0	4,6
VF	Verkehrsfläche		12,3	14,4	17,6	8,6	10,7	12,3
NRF	Netto-Raumfläche		115,1	118,4	123,6	86,6	88,1	91,4
KGF	Konstruktions-Grundfläche		11,6	16,0	19,3	8,6	11,9	13,4
BGF	Brutto-Grundfläche		130,0	134,4	139,6		100,0	

Brutto-Rauminhalte			▷ BRI/NUF (m) ◁			▷ BRI/BGF (m) ◁		
BRI	Brutto-Rauminhalt		7,79	8,39	9,26	5,98	6,24	6,73

Flächen von Nutzeinheiten			▷ NUF/Einheit (m²) ◁			▷ BGF/Einheit (m²) ◁		
Nutzeinheit:			–	–	–	–	–	–

Lufttechnisch behandelte Flächen			▷ Fläche/NUF (%) ◁			▷ Fläche/BGF (%) ◁		
Entlüftete Fläche			–	59,6	–	–	49,8	–
Be- und entlüftete Fläche			–	4,1	–	–	3,4	–
Teilklimatisierte Fläche			–	–	–	–	–	–
Klimatisierte Fläche			–	–	–	–	–	–

KG	Kostengruppen (2. Ebene)	Einheit	▷	Menge/NUF	◁	▷	Menge/BGF	◁
310	Baugrube	m³ BGI	1,66	1,66	1,66	1,39	1,39	1,39
320	Gründung	m² GRF	1,03	1,03	1,03	0,88	0,88	0,88
330	Außenwände	m² AWF	0,93	0,93	0,93	0,78	0,78	0,78
340	Innenwände	m² IWF	0,89	0,89	0,89	0,75	0,75	0,75
350	Decken	m² DEF	0,13	0,13	0,13	0,11	0,11	0,11
360	Dächer	m² DAF	1,35	1,35	1,35	1,14	1,14	1,14
370	Baukonstruktive Einbauten	m² BGF	1,30	1,34	1,40		1,00	
390	Sonstige Baukonstruktionen	m² BGF	1,30	1,34	1,40		1,00	
300	Bauwerk-Baukonstruktionen	m² BGF	1,30	1,34	1,40		1,00	

Planungskennwerte für Bauzeiten — 14 Vergleichsobjekte

Bauzeit in Wochen

Bauzeit: 0 | 15 | 30 | 45 | 60 | 75 | 90 | 105 | 120 | 135 | 150 Wochen

Sporthallen (Einfeldhallen)

€/m² BGF
min	1.370	€/m²
von	1.535	€/m²
Mittel	**1.820**	**€/m²**
bis	2.195	€/m²
max	2.575	€/m²

Kosten:
Stand 1.Quartal 2018
Bundesdurchschnitt
inkl. 19% MwSt.

Objektübersicht zur Gebäudeart

5100-0103 Sporthalle (Einfeldhalle) — BRI 5.016m³ — BGF 785m² — NUF 662m²

Sporthalle (Einfeldhalle) für Grundschul- und Vereinssport. Massivbau.

Land: Sachsen
Kreis: Zwickau
Standard: Durchschnitt
Bauzeit: 48 Wochen
Kennwerte: bis 1.Ebene DIN276

BGF 1.744 €/m²

Planung: Fugmann Architekten GmbH; Falkenstein

veröffentlicht: BKI Objektdaten N15

5100-0110 Sporthalle (Einfeldhalle) - Passivhaus — BRI 6.259m³ — BGF 958m² — NUF 638m²

Sporthalle (Einfeldhalle). Stahlbetonfertigteilbau und Mauerwerksbau.

Land: Niedersachsen
Kreis: Osnabrück
Standard: Durchschnitt
Bauzeit: 47 Wochen
Kennwerte: bis 1.Ebene DIN276

BGF 1.810 €/m²

Planung: Hüdepohl Ferner Architektur- und Ingenieurges. mbH; Osnabrück

veröffentlicht: BKI Objektdaten N15

5100-0118 Sporthalle (1,5-Feldhalle) — BRI 13.560m³ — BGF 1.866m² — NUF 1.206m²

Sporthalle für Schul- und Vereinssport. Stb-Konstruktion.

Land: Baden-Württemberg
Kreis: Ravensburg
Standard: über Durchschnitt
Bauzeit: 130 Wochen
Kennwerte: bis 1.Ebene DIN276

BGF 1.754 €/m²

Planung: wurm architektur; Ravensburg

vorgesehen: BKI Objektdaten N16

5100-0099 Sporthalle (Einfeldhalle) - Effizienzhaus ~53% — BRI 3.331m³ — BGF 527m² — NUF 432m²

Einfeldsporthalle mit Umkleide- und Sanitärräumen. Massivbau, Stahltragwerk Dach.

Land: Bayern
Kreis: Erlangen-Höchstadt
Standard: Durchschnitt
Bauzeit: 60 Wochen
Kennwerte: bis 1.Ebene DIN276

BGF 2.577 €/m²

Planung: hettl architektur; Obermichelbach

veröffentlicht: BKI Objektdaten E7

Objektübersicht zur Gebäudeart

5100-0112 Sporthalle

BRI 7.712m³   **BGF** 1.016m²   **NUF** 796m²

Sporthalle (1,5-Feldhalle) für Schul- und Vereinssport. Stb-Konstruktion, BSH-Dachträger, Mauerwerksbau (Nebenräume).

Land: Niedersachsen
Kreis: Harburg
Standard: Durchschnitt
Bauzeit: 52 Wochen
Kennwerte: bis 1.Ebene DIN276

BGF   **1.781 €/m²**

Planung: Dohse Architekten; Hamburg

veröffentlicht: BKI Objektdaten N15

5100-0090 Sportzentrum (Einfeldhalle)

BRI 9.775m³   **BGF** 1.690m²   **NUF** 1.137m²

Sporthalle (Einfeldhalle) mit Multifunktionshalle, Kraftraum und Entspannungsraum. Stb-Konstruktion, Dachkonstruktion Holzbinder.

Land: Niedersachsen
Kreis: Wolfsburg
Standard: über Durchschnitt
Bauzeit: 52 Wochen
Kennwerte: bis 1.Ebene DIN276

BGF   **1.966 €/m²**

Planung: Dohle + Lohse Architekten GmbH; Braunschweig

veröffentlicht: BKI Objektdaten N12

5100-0084 Sporthalle (Einfeldhalle)

BRI 5.423m³   **BGF** 998m²   **NUF** 661m²

Sporthalle (Einfeldhalle) mit max. 460 Sitzplätzen für Schul- und Vereinsveranstaltungen. Stahlbetonkonstruktion, Holzleimbinder im Dach.

Land: Bayern
Kreis: München
Standard: Durchschnitt
Bauzeit: 82 Wochen
Kennwerte: bis 1.Ebene DIN276

BGF   **1.445 €/m²**

Planung: Moosmang Architekten; Gräfelfing

veröffentlicht: BKI Objektdaten N12

5100-0085 Sporthalle (Einfeldhalle)

BRI 5.400m³   **BGF** 972m²   **NUF** 746m²

Einfeldsporthalle mit Gymnastikhalle. Massiv- und Holzbauweise.

Land: Hessen
Kreis: Bergstraße
Standard: Durchschnitt
Bauzeit: 74 Wochen
Kennwerte: bis 1.Ebene DIN276

BGF   **1.883 €/m²**

Planung: Thomas Grüninger Architekten BDA; Darmstadt

veröffentlicht: BKI Objektdaten N12

Sporthallen (Einfeldhallen)

€/m² BGF

min	1.370	€/m²
von	1.535	€/m²
Mittel	**1.820**	**€/m²**
bis	2.195	€/m²
max	2.575	€/m²

Kosten:
Stand 1.Quartal 2018
Bundesdurchschnitt
inkl. 19% MwSt.

Objektübersicht zur Gebäudeart

5100-0088 Sporthalle (Einfeldhalle), Schulbühne
BRI 14.323m³ **BGF** 2.501m² **NUF** 1.799m²

Sporthalle mit Schulbühne (500 Sitzplätze). Massivbau.

Land: Bayern
Kreis: Deggendorf
Standard: Durchschnitt
Bauzeit: 65 Wochen
Kennwerte: bis 1.Ebene DIN276

BGF 1.456 €/m²

© Schnabel Architekten GmbH

Planung: Schnabel Architekten GmbH; Bad Kötzting

veröffentlicht: BKI Objektdaten N12

5100-0074 Sporthalle (Einfeldhalle) - Passivhaus
BRI 6.336m³ **BGF** 966m² **NUF** 626m²

Einfeldsporthalle im Passivhausstandard. Erdgeschoss mit Foyer und Umkleiden, Untergeschoss mit teilbarer Sportfläche, Geräteräumen und Regieraum. Stb-Konstruktion.

Land: Brandenburg
Kreis: Märkisch-Oderland
Standard: Durchschnitt
Bauzeit: 48 Wochen
Kennwerte: bis 1.Ebene DIN276

BGF 2.232 €/m²

© BAUCONZEPT PLANUNGSGESELLSCHAFT MBH

Planung: BAUCONZEPT PLANUNGSGESELLSCHAFT MBH; Lichtenstein

veröffentlicht: BKI Objektdaten E4

5100-0086 Sport- und Schwimmhalle*
BRI 9.802m³ **BGF** 1.824m² **NUF** 1.158m²

Einfeldsporthalle mit Schwimmhalle. Stb-Konstruktion.

Land: Hessen
Kreis: Frankfurt a. Main
Standard: über Durchschnitt
Bauzeit: 91 Wochen
Kennwerte: bis 1.Ebene DIN276

BGF 3.112 €/m²

© Baufrösche Architekten und Stadtplaner GmbH

Planung: Baufrösche Architekten und Stadtplaner GmbH; Kassel

veröffentlicht: BKI Objektdaten N12
*Nicht in der Auswertung enthalten

5100-0091 Sporthalle (Einfeldhalle)
BRI 3.888m³ **BGF** 779m² **NUF** 634m²

Sporthalle (Einfeldhalle) für Schul- und Vereinssportnutzung. Massivbau.

Land: Niedersachsen
Kreis: Diepholz
Standard: Durchschnitt
Bauzeit: 43 Wochen
Kennwerte: bis 1.Ebene DIN276

BGF 2.100 €/m²

© Karola Lindner Architektin

Planung: Karola Lindner Gemeinde Stuhr; Stuhr

veröffentlicht: BKI Objektdaten N13

Objektübersicht zur Gebäudeart

5100-0049 Sporthalle (Einfeldhalle)

BRI 4.220m³ **BGF** 667m² **NUF** 570m²

Einfeldsporthalle, vormittags wird die Halle für den Schulsport genutzt, abends für den Vereinssport. Holzständerbau.

Land: Schleswig-Holstein
Kreis: Herzogtum Lauenburg
Standard: unter Durchschnitt
Bauzeit: 21 Wochen
Kennwerte: bis 4.Ebene DIN276

BGF 1.423 €/m²

Planung: Die Planschmiede 2KS GmbH & Co. KG; Hankensbüttel

veröffentlicht: BKI Objektdaten N10

5100-0073 Sporthalle (Einfeldhalle)

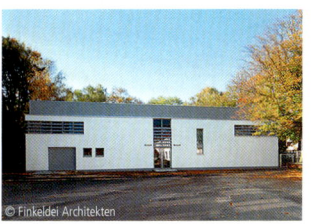

BRI 4.132m³ **BGF** 741m² **NUF** 589m²

Einfeldsporthalle mit Geräteräumen, Umkleiden, Sanitärräumen und Galerie. Stahlbetonkonstruktion.

Land: Nordrhein-Westfalen
Kreis: Aachen
Standard: Durchschnitt
Bauzeit: 47 Wochen
Kennwerte: bis 1.Ebene DIN276

BGF 1.371 €/m²

Planung: Finkeldei Architekten; Linnich

veröffentlicht: BKI Objektdaten N11

5100-0030 Sporthalle*

BRI 4.855m³ **BGF** 808m² **NUF** 669m²

Sporthalle (15x27m), Sportgeräteraum, Anbau mit zwei Umkleide- und Sanitärräumen, behindertengerechtes WC mit Behelfsdusche, Übungsleiterraum mit Sanitärbereich. Stahlskelettbau.

Land: Sachsen-Anhalt
Kreis: Wittenberg
Standard: unter Durchschnitt
Bauzeit: 34 Wochen
Kennwerte: bis 1.Ebene DIN276

BGF 1.018 €/m²

Planung: Schmidt + Krause Architekturbüro; Bannewitz

veröffentlicht: BKI Objektdaten N3
*Nicht in der Auswertung enthalten

5100-0025 Sporthalle

BRI 8.662m³ **BGF** 1.174m² **NUF** 979m²

Sporthalle in Holzkonstruktion, Nutzung durch Schulen und Vereine, Umkleiden, Sanitärräume und Halle im EG, Zuschauergalerie und Lüftung im OG. Holzskelettbau.

Land: Sachsen
Kreis: Marienberg
Standard: Durchschnitt
Bauzeit: 130 Wochen
Kennwerte: bis 3.Ebene DIN276

BGF 1.905 €/m²

Planung: Dieter Gogolin Dipl.-Ing. Architekt; Marienberg

veröffentlicht: BKI Objektdaten N1

Sporthallen (Dreifeldhallen)

Kostenkennwerte für die Kosten des Bauwerks (Kostengruppen 300+400 nach DIN 276)

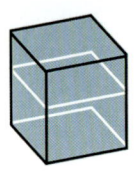

BRI 260 €/m³
von 190 €/m³
bis 320 €/m³

BGF 1.720 €/m²
von 1.380 €/m²
bis 2.070 €/m²

NUF 2.330 €/m²
von 1.840 €/m²
bis 2.890 €/m²

Kosten:
Stand 1. Quartal 2018
Bundesdurchschnitt
inkl. 19% MwSt.

Objektbeispiele

5100-0116 © Klemens Ortmeyer

5100-0109 © Albrecht Imanuel Schnabel

5100-0111 © Wischhusen Architektur

Kosten der 21 Vergleichsobjekte — Seiten 290 bis 295

Legende:
- KKW
- ▶ min
- ▷ von
- | Mittelwert
- ◁ bis
- ◀ max

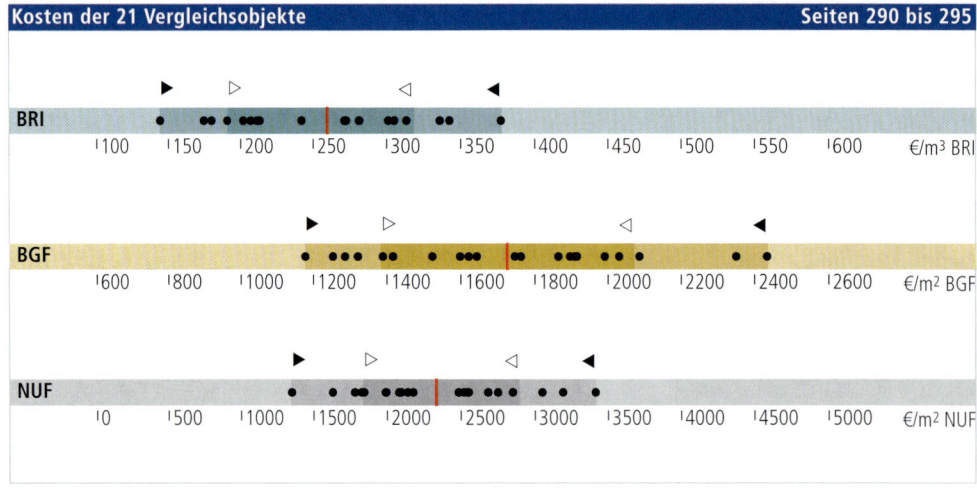

BRI (€/m³ BRI): Achse 100–600
BGF (€/m² BGF): Achse 600–2600
NUF (€/m² NUF): Achse 0–5000

© BKI Baukosteninformationszentrum; Erläuterungen zu den Tabellen siehe Seite 46
Kosten: 1. Quartal 2018, Bundesdurchschnitt, inkl. 19% MwSt.

Kostenkennwerte für die Kostengruppen der 1. und 2. Ebene DIN 276

KG	Kostengruppen der 1. Ebene	Einheit	▷	€/Einheit	◁	▷	% an 300+400	◁
100	Grundstück	m² GF	–	–	–			
200	Herrichten und Erschließen	m² GF	5	**28**	111	0,8	**3,2**	8,7
300	Bauwerk - Baukonstruktionen	m² BGF	1.084	**1.338**	1.610	73,9	**77,8**	81,5
400	Bauwerk - Technische Anlagen	m² BGF	284	**387**	505	18,5	**22,3**	26,1
	Bauwerk (300+400)	m² BGF	1.385	**1.724**	2.069		**100,0**	
500	Außenanlagen	m² AF	52	**130**	221	2,3	**5,3**	8,8
600	Ausstattung und Kunstwerke	m² BGF	28	**52**	73	1,7	**3,4**	5,4
700	Baunebenkosten*	m² BGF	303	**338**	372	17,6	**19,7**	21,7 ◁ NEU

* Auf Grundlage der HOAI 2013 berechnete Werte nach §§ 35, 52, 56. Weitere Informationen siehe Seite 50

KG	Kostengruppen der 2. Ebene	Einheit	▷	€/Einheit	◁	▷	% an 300	◁
310	Baugrube	m³ BGI	14	**20**	26	0,7	**2,3**	3,3
320	Gründung	m² GRF	261	**294**	375	12,9	**16,3**	21,3
330	Außenwände	m² AWF	415	**542**	639	18,4	**21,9**	22,9
340	Innenwände	m² IWF	255	**314**	398	8,9	**11,7**	13,2
350	Decken	m² DEF	383	**441**	637	4,7	**5,7**	9,0
360	Dächer	m² DAF	298	**389**	501	25,8	**28,8**	33,6
370	Baukonstruktive Einbauten	m² BGF	67	**86**	100	5,0	**6,2**	6,9
390	Sonstige Baukonstruktionen	m² BGF	46	**103**	173	3,4	**7,2**	11,9
300	**Bauwerk Baukonstruktionen**	**m² BGF**					**100,0**	

KG	Kostengruppen der 2. Ebene	Einheit	▷	€/Einheit	◁	▷	% an 400	◁
410	Abwasser, Wasser, Gas	m² BGF	67	**86**	113	17,0	**23,8**	28,1
420	Wärmeversorgungsanlagen	m² BGF	83	**110**	152	25,9	**29,4**	32,3
430	Lufttechnische Anlagen	m² BGF	37	**67**	105	9,6	**17,2**	21,9
440	Starkstromanlagen	m² BGF	52	**85**	108	17,6	**22,4**	25,5
450	Fernmeldeanlagen	m² BGF	13	**16**	24	1,1	**3,7**	5,2
460	Förderanlagen	m² BGF	12	**16**	19	0,0	**1,8**	4,4
470	Nutzungsspezifische Anlagen	m² BGF	0	**1**	4	0,1	**0,4**	1,3
480	Gebäudeautomation	m² BGF	–	**17**	–	–	**0,8**	–
490	Sonstige Technische Anlagen	m² BGF	0	**2**	6	0,1	**0,5**	2,3
400	**Bauwerk Technische Anlagen**	**m² BGF**					**100,0**	

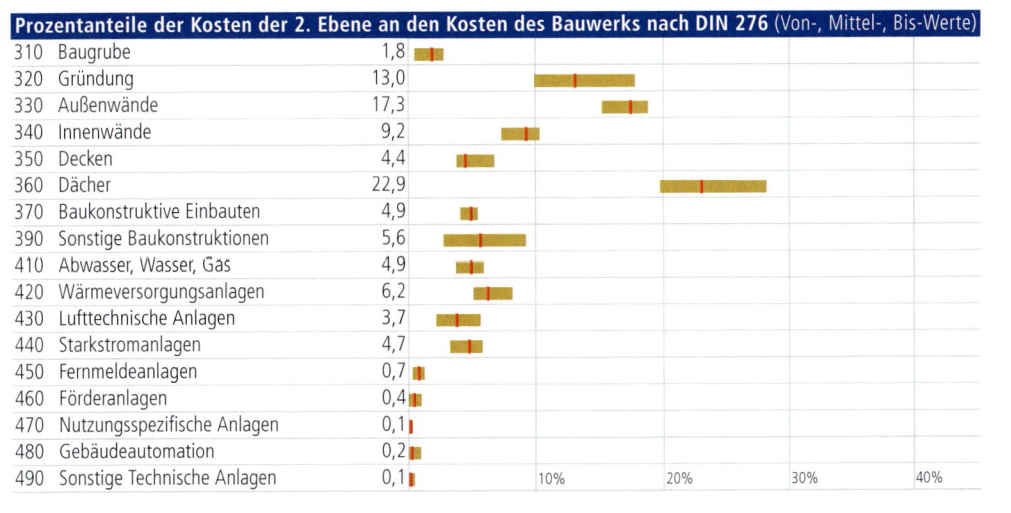

Prozentanteile der Kosten der 2. Ebene an den Kosten des Bauwerks nach DIN 276 (Von-, Mittel-, Bis-Werte)

KG		Mittelwert %
310	Baugrube	1,8
320	Gründung	13,0
330	Außenwände	17,3
340	Innenwände	9,2
350	Decken	4,4
360	Dächer	22,9
370	Baukonstruktive Einbauten	4,9
390	Sonstige Baukonstruktionen	5,6
410	Abwasser, Wasser, Gas	4,9
420	Wärmeversorgungsanlagen	6,2
430	Lufttechnische Anlagen	3,7
440	Starkstromanlagen	4,7
450	Fernmeldeanlagen	0,7
460	Förderanlagen	0,4
470	Nutzungsspezifische Anlagen	0,1
480	Gebäudeautomation	0,2
490	Sonstige Technische Anlagen	0,1

© BKI Baukosteninformationszentrum; Erläuterungen zu den Tabellen siehe Seite 48 und 50   Kosten: 1.Quartal 2018, Bundesdurchschnitt, inkl. 19% MwSt.

Sporthallen (Dreifeldhallen)

Kosten:
Stand 1. Quartal 2018
Bundesdurchschnitt
inkl. 19% MwSt.

Kostenkennwerte für Leistungsbereiche nach StLB (Kosten des Bauwerks nach DIN 276)

LB	Leistungsbereiche	▷	€/m² BGF	◁	▷	% an 300+400	◁
000	Sicherheits-, Baustelleneinrichtungen inkl. 001	36	80	119	2,1	4,6	6,9
002	Erdarbeiten	22	44	60	1,3	2,6	3,5
006	Spezialtiefbauarbeiten inkl. 005	–	9	–	–	0,5	–
009	Entwässerungskanalarbeiten inkl. 011	7	14	14	0,4	0,8	0,8
010	Drän- und Versickerungsarbeiten	0	5	9	0,0	0,3	0,5
012	Mauerarbeiten	7	18	33	0,4	1,1	1,9
013	Betonarbeiten	202	233	288	11,7	13,5	16,7
014	Natur-, Betonwerksteinarbeiten	0	2	2	0,0	0,1	0,1
016	Zimmer- und Holzbauarbeiten	1	13	13	0,0	0,7	0,7
017	Stahlbauarbeiten	100	153	238	5,8	8,9	13,8
018	Abdichtungsarbeiten	2	9	21	0,1	0,5	1,2
020	Dachdeckungsarbeiten	0	39	39	0,0	2,3	2,3
021	Dachabdichtungsarbeiten	25	75	142	1,5	4,3	8,2
022	Klempnerarbeiten	8	34	34	0,5	2,0	2,0
	Rohbau	660	729	837	38,3	42,3	48,5
023	Putz- und Stuckarbeiten, Wärmedämmsysteme	0	16	29	0,0	1,0	1,7
024	Fliesen- und Plattenarbeiten	23	34	47	1,3	2,0	2,7
025	Estricharbeiten	10	14	20	0,6	0,8	1,2
026	Fenster, Außentüren inkl. 029, 032	3	12	17	0,2	0,7	1,0
027	Tischlerarbeiten	64	90	125	3,7	5,2	7,3
028	Parkettarbeiten, Holzpflasterarbeiten	–	1	–	–	0,1	–
030	Rollladenarbeiten	7	21	37	0,4	1,2	2,1
031	Metallbauarbeiten inkl. 035	175	230	321	10,1	13,3	18,6
034	Maler- und Lackiererarbeiten inkl. 037	14	23	30	0,8	1,4	1,8
036	Bodenbelagarbeiten	42	58	85	2,4	3,4	4,9
038	Vorgehängte hinterlüftete Fassaden	1	14	35	0,1	0,8	2,0
039	Trockenbauarbeiten	17	68	144	1,0	4,0	8,4
	Ausbau	504	584	704	29,2	33,9	40,8
040	Wärmeversorgungsanl. - Betriebseinr. inkl. 041	80	102	135	4,6	5,9	7,8
042	Gas- und Wasserinstallation, Leitungen inkl. 043	19	25	25	1,1	1,5	1,5
044	Abwasserinstallationsarbeiten - Leitungen	16	21	28	0,9	1,2	1,6
045	GWA-Einrichtungsgegenstände inkl. 046	19	26	26	1,1	1,5	1,5
047	Dämmarbeiten an betriebstechnischen Anlagen	0	2	6	0,0	0,1	0,3
049	Feuerlöschanlagen, Feuerlöschgeräte	0	0	1	0,0	0,0	0,0
050	Blitzschutz- und Erdungsanlagen	1	2	3	0,0	0,1	0,2
052	Mittelspannungsanlagen	–	2	–	–	0,1	–
053	Niederspannungsanlagen inkl. 054	30	57	96	1,8	3,3	5,6
055	Ersatzstromversorgungsanlagen	–	–	–	–	–	–
057	Gebäudesystemtechnik	–	–	–	–	–	–
058	Leuchten und Lampen inkl. 059	1	20	34	0,0	1,1	2,0
060	Elektroakustische Anlagen, Sprechanlagen	0	7	12	0,0	0,4	0,7
061	Kommunikationsnetze, inkl. 062	0	4	4	0,0	0,3	0,3
063	Gefahrenmeldeanlagen	0	1	1	0,0	0,1	0,1
069	Aufzüge	0	6	16	0,0	0,4	0,9
070	Gebäudeautomation	0	7	19	0,0	0,4	1,1
075	Raumlufttechnische Anlagen	35	60	91	2,0	3,5	5,3
	Technische Anlagen	272	344	396	15,7	19,9	23,0
	Sonstige Leistungsbereiche inkl. 008, 033, 051	46	70	87	2,7	4,1	5,0

- KKW
- ▶ min
- ▷ von
- | Mittelwert
- ◁ bis
- ◀ max

© BKI Baukosteninformationszentrum; Erläuterungen zu den Tabellen siehe Seite 52   Kosten: 1. Quartal 2018, Bundesdurchschnitt, **inkl. 19% MwSt.**

Planungskennwerte für Flächen und Rauminhalte nach DIN 277

Grundflächen		▷	Fläche/NUF (%)	◁	▷	Fläche/BGF (%)	◁
NUF	Nutzungsfläche		100,0		70,6	74,2	78,1
TF	Technikfläche	3,6	4,6	7,8	2,6	3,4	5,3
VF	Verkehrsfläche	13,4	17,0	23,7	10,0	12,6	15,7
NRF	Netto-Raumfläche	117,8	121,6	128,8	88,7	90,2	91,4
KGF	Konstruktions-Grundfläche	11,5	13,2	15,8	8,6	9,8	11,3
BGF	Brutto-Grundfläche	129,4	134,8	143,3		100,0	

Brutto-Rauminhalte		▷	BRI/NUF (m)	◁	▷	BRI/BGF (m)	◁
BRI	Brutto-Rauminhalt	8,41	9,10	10,02	6,17	6,78	7,27

Flächen von Nutzeinheiten	▷	NUF/Einheit (m²)	◁	▷	BGF/Einheit (m²)	◁
Nutzeinheit:	–	–	–	–	–	–

Lufttechnisch behandelte Flächen	▷	Fläche/NUF (%)	◁	▷	Fläche/BGF (%)	◁
Entlüftete Fläche	4,9	7,4	7,4	3,7	5,5	5,5
Be- und entlüftete Fläche	56,2	59,8	74,2	38,4	41,1	57,9
Teilklimatisierte Fläche	–	–	–	–	–	–
Klimatisierte Fläche	–	–	–	–	–	–

KG	Kostengruppen (2. Ebene)	Einheit	▷	Menge/NUF	◁	▷	Menge/BGF	◁
310	Baugrube	m³ BGI	2,66	2,86	3,00	1,79	2,05	2,06
320	Gründung	m² GRF	1,01	1,09	1,15	0,72	0,75	0,76
330	Außenwände	m² AWF	0,79	0,83	0,89	0,52	0,58	0,58
340	Innenwände	m² IWF	0,71	0,80	1,01	0,51	0,55	0,66
350	Decken	m² DEF	0,22	0,27	0,35	0,15	0,19	0,26
360	Dächer	m² DAF	1,43	1,54	1,75	0,96	1,08	1,29
370	Baukonstruktive Einbauten	m² BGF	1,29	1,35	1,43		1,00	
390	Sonstige Baukonstruktionen	m² BGF	1,29	1,35	1,43		1,00	
300	Bauwerk-Baukonstruktionen	m² BGF	1,29	1,35	1,43		1,00	

Planungskennwerte für Bauzeiten — 21 Vergleichsobjekte

Bauzeit in Wochen: Bauzeit-Verteilung über ca. 30 bis 140 Wochen (21 Vergleichsobjekte).

© BKI Baukosteninformationszentrum; Erläuterungen zu den Tabellen siehe Seite 54   Kosten: 1.Quartal 2018, Bundesdurchschnitt, inkl. 19% MwSt.

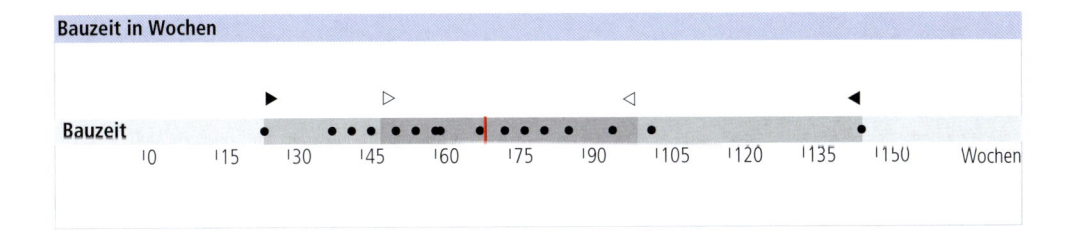

Sporthallen (Dreifeldhallen)

€/m² BGF

min	1.175	€/m²
von	1.385	€/m²
Mittel	**1.725**	**€/m²**
bis	2.070	€/m²
max	2.435	€/m²

Kosten:
Stand 1.Quartal 2018
Bundesdurchschnitt
inkl. 19% MwSt.

Objektübersicht zur Gebäudeart

5100-0102 Sporthalle (Dreifeldhalle)   BRI 21.472m³   BGF 2.898m²   NUF 1.982m²

Dreifeldhalle für Schul- und Vereinssport mit Tribüne (312 Sitzplätze). Stb-Konstruktion, BSH-Dachträger.

Land: Saarland
Kreis: Saarpfalz-Kreis
Standard: Durchschnitt
Bauzeit: 56 Wochen
Kennwerte: bis 1.Ebene DIN276

BGF   2.086 €/m²

Planung: Architekturbüro Morschett; Gersheim

veröffentlicht: BKI Objektdaten N15

5100-0105 Sporthalle (Zweifeldhalle)   BRI 11.896m³   BGF 1.543m²   NUF 1.185m²

Zweifeldhalle für Schul- und Vereinssport mit Besuchergalerie. Stb-Konstruktion, BSH-Dachträger.

Land: Bayern
Kreis: Schweinfurt
Standard: Durchschnitt
Bauzeit: 56 Wochen
Kennwerte: bis 1.Ebene DIN276

BGF   1.643 €/m²

Planung: Stadt Schweinfurt Stadtentwicklungs- und Hochbauamt; Schweinfurt

veröffentlicht: BKI Objektdaten N15

5100-0111 Sporthalle (Dreifeldhalle)   BRI 15.840m³   BGF 2.065m²   NUF 1.679m²

Sporthalle (Dreifeldhalle). Mauerwerksbau.

Land: Hamburg
Kreis: Hamburg
Standard: Durchschnitt
Bauzeit: 39 Wochen
Kennwerte: bis 1.Ebene DIN276

BGF   1.621 €/m²

Planung: Wischhusen Architektur; Hamburg

veröffentlicht: BKI Objektdaten N15

5100-0113 Sporthalle (Zweifeldhalle) - Passivhausbauweise*   BRI 15.381m³   BGF 2.084m²   NUF 1.324m²

Sporthalle als Zweifeldhalle (unter Geländeniveau). Stahlbetonbau.

Land: Hessen
Kreis: Frankfurt a. Main
Standard: Durchschnitt
Bauzeit: 134 Wochen
Kennwerte: bis 1.Ebene DIN276

BGF   2.976 €/m² *

Planung: PFP Planungs GmbH Prof. Jörg Friedrich; Hamburg

veröffentlicht: BKI Objektdaten E7
*Nicht in der Auswertung enthalten

Objektübersicht zur Gebäudeart

5100-0096 Sporthalle (Zweifeldhalle) — BRI 14.785m³ · BGF 1.812m² · NUF 1.581m²

Zweifeldhalle für Schul- und Vereinssport mit Tribüne. Massivbau.

Land: Schleswig-Holstein
Kreis: Pinneberg
Standard: Durchschnitt
Bauzeit: 60 Wochen
Kennwerte: bis 1.Ebene DIN276

BGF 1.177 €/m²

Planung: dt+p Dorkowski, Tülp und Partner Architekten+Ingenieure GmbH; Bremen

veröffentlicht: BKI Objektdaten N13

5100-0108 Sporthalle (Zweifeldhalle) — BRI 12.765m³ · BGF 1.773m² · NUF 1.362m²

Sporthalle (Zweifeldhalle) für Schul- und Vereinssportnutzung. Massivbau, Holzbinderdachkonstruktion.

Land: Bayern
Kreis: Traunstein
Standard: Durchschnitt
Bauzeit: 69 Wochen
Kennwerte: bis 1.Ebene DIN276

BGF 1.254 €/m²

Planung: Planungsgruppe Strasser GmbH; Traunstein

veröffentlicht: BKI Objektdaten N15

5100-0109 Sporthalle (Zweifeldhalle) - Effizienzhaus ~73% — BRI 18.593m³ · BGF 3.306m² · NUF 2.678m²

Zweifeldhalle, Tribüne mit 200 Sitzplätzen, Außenspielfeld, Tiefgarage (64 STP). Stb-Konstruktion.

Land: Baden-Württemberg
Kreis: Stuttgart
Standard: über Durchschnitt
Bauzeit: 78 Wochen
Kennwerte: bis 1.Ebene DIN276

BGF 1.762 €/m²

Planung: Tiemann-Petri und Partner Freie Architekten BDA; Stuttgart

veröffentlicht: BKI Objektdaten E7

5100-0092 Sporthalle (Dreifeldhalle) — BRI 26.903m³ · BGF 3.873m² · NUF 2.883m²

Freistehende Sport- und Mehrzweckhalle (Dreifeldhalle) für zwei Schulen. Stb-Massivbau.

Land: Rheinland-Pfalz
Kreis: Bernkastel-Wittlich
Standard: Durchschnitt
Bauzeit: 96 Wochen
Kennwerte: bis 3.Ebene DIN276

BGF 1.895 €/m²

Planung: Architekten BDA Naujack . Rind . Hof; Koblenz

veröffentlicht: BKI Objektdaten N15

© **BKI** Baukosteninformationszentrum; Erläuterungen zu den Tabellen siehe Seite 56   Kosten: 1.Quartal 2018, Bundesdurchschnitt, **inkl. 19% MwSt.**

Sporthallen (Dreifeldhallen)

€/m² BGF

min	1.175 €/m²
von	1.385 €/m²
Mittel	**1.725 €/m²**
bis	2.070 €/m²
max	2.435 €/m²

Kosten:
Stand 1.Quartal 2018
Bundesdurchschnitt
inkl. 19% MwSt.

Objektübersicht zur Gebäudeart

5100-0095 Sporthalle (Zweifeldhalle)   BRI 14.431m³   BGF 2.049m²   NUF 1.538m²

Sporthalle (Zweifeldhalle) mit Foyer und Tribüne (150 Sitzplätze). Stb-Konstruktion, BSH-Dachträger.

Land: Baden-Württemberg
Kreis: Esslingen a.N.
Standard: Durchschnitt
Bauzeit: 61 Wochen
Kennwerte: bis 1.Ebene DIN276

BGF 1.914 €/m²

Planung: Glück + Partner GmbH; Stuttgart

veröffentlicht: BKI Objektdaten N13

5100-0106 Sporthalle (Zweifeldhalle) - Effizienzhaus ~56%   BRI 15.979m³   BGF 2.228m²   NUF 1.441m²

Zweifeldhalle für Schul- und Vereinssport mit Foyer und Tribüne (ca. 200 Sitzplätze). Stahlbetonbau, Holzbinder.

Land: Bayern
Kreis: Traunstein
Standard: Durchschnitt
Bauzeit: 87 Wochen
Kennwerte: bis 1.Ebene DIN276

BGF 1.288 €/m²

Planung: Planungsgruppe Strasser GmbH; Traunstein

veröffentlicht: BKI Objektdaten E7

5100-0116 Sporthalle (Dreifeldhalle) - Effizienzhaus ~73%   BRI 17.009m³   BGF 2.556m²   NUF 1.935m²

Sporthalle (Dreifeldhalle) für Ballsportarten, wird vom Sportverein genutzt. Stahlbeton, Stahlkonstruktion.

Land: Berlin
Kreis: Berlin
Standard: Durchschnitt
Bauzeit: 147 Wochen
Kennwerte: bis 1.Ebene DIN276

BGF 2.030 €/m²

Planung: Alten Architekten; Berlin

veröffentlicht: BKI Objektdaten E7

5100-0087 Sporthalle (Zweifeld), Dachspielfeld - Passivhaus   BRI 15.697m³   BGF 1.817m²   NUF 1.295m²

Zweifeldsporthalle mit Dachspielfeld, Passivhaus. Stb-Konstruktion.

Land: Hessen
Kreis: Frankfurt a. Main
Standard: Durchschnitt
Bauzeit: 82 Wochen
Kennwerte: bis 1.Ebene DIN276

BGF 2.434 €/m²

Planung: Baufrösche Architekten und Stadtplaner GmbH; Kassel

veröffentlicht: BKI Objektdaten E5

Objektübersicht zur Gebäudeart

5100-0070 Sporthalle (Zweifeldhalle)

BRI 11.338m³ **BGF** 1.572m² **NUF** 1.310m²

Zweifeldsporthalle, Geräteräume, Umkleiden, Sanitärräume, Übungsleiter. Massivbau.

Land: Nordrhein-Westfalen
Kreis: Paderborn
Standard: Durchschnitt
Bauzeit: 47 Wochen
Kennwerte: bis 1.Ebene DIN276

BGF 1.745 €/m²

Planung: BREITHAUPT ARCHITEKTEN Andreas Breithaupt Architekt BDA; Salzkotten

veröffentlicht: BKI Objektdaten N10

5100-0076 Sporthalle (Zweifeldhalle)

BRI 5.255m³ **BGF** 904m² **NUF** 713m²

Sporthalle (Zweifeldhalle) für Schul- und Vereinssportnutzung. Mauerwerksbau.

Land: Niedersachsen
Kreis: Lüneburg
Standard: Durchschnitt
Bauzeit: 69 Wochen
Kennwerte: bis 1.Ebene DIN276

BGF 1.991 €/m²

Planung: Architekturbüro Prell und Partner; Hamburg

veröffentlicht: BKI Objektdaten N11

5100-0083 Sporthalle (Zweifeldhalle)

BRI 11.492m³ **BGF** 1.547m² **NUF** 1.187m²

Schulsporthalle mit Zuschauergalerie (Zweifeldhalle). Stahlbetonkonstruktion.

Land: Rheinland-Pfalz
Kreis: Landau in der Pfalz
Standard: Durchschnitt
Bauzeit: 43 Wochen
Kennwerte: bis 1.Ebene DIN276

BGF 1.416 €/m²

Planung: sander.hofrichter architekten Partnerschaft; Ludwigshafen

veröffentlicht: BKI Objektdaten N12

5100-0043 Sporthalle

BRI 14.884m³ **BGF** 2.218m² **NUF** 1.726m²

Schulsporthalle mit anteiliger Vereinsnutzung und separater Gymnastikhalle. Stb-Wände, Spannbetonhohlkammerdecken, Holzbinder.

Land: Nordrhein-Westfalen
Kreis: Ennepe-Ruhr
Standard: Durchschnitt
Bauzeit: 69 Wochen
Kennwerte: bis 1.Ebene DIN276

BGF 1.389 €/m²

Planung: Frielinghaus Schüren Architekten; Witten

veröffentlicht: BKI Objektdaten N9

© **BKI** Baukosteninformationszentrum; Erläuterungen zu den Tabellen siehe Seite 56   Kosten: 1.Quartal 2018, Bundesdurchschnitt, **inkl. 19% MwSt.**

Sporthallen (Dreifeldhallen)

€/m² BGF
min	1.175 €/m²
von	1.385 €/m²
Mittel	**1.725 €/m²**
bis	2.070 €/m²
max	2.435 €/m²

Kosten:
Stand 1.Quartal 2018
Bundesdurchschnitt
inkl. 19% MwSt.

Objektübersicht zur Gebäudeart

5100-0068 Schulsporthalle (Zweifeldhalle)
BRI 10.329m³   **BGF** 1.657m²   **NUF** 1.221m²

Schulsporthalle, Zweifeldhalle. Stahlbetonbau, Dach Holzbinder.

Land: Baden-Württemberg
Kreis: Stuttgart
Standard: Durchschnitt
Bauzeit: 82 Wochen
Kennwerte: bis 1.Ebene DIN276

BGF 2.350 €/m²

Planung: Glück + Partner GmbH; Stuttgart

veröffentlicht: BKI Objektdaten N10

5100-0045 Sporthalle (Zweifeldhalle)
BRI 13.849m³   **BGF** 2.114m²   **NUF** 1.528m²

Zweifeldsporthalle, Schul- und Vereinsnutzung. Mauerwerksbau, Stahlfachwerkbinder, BSH-Nebenträger, Trapezblech.

Land: Nordrhein-Westfalen
Kreis: Gütersloh
Standard: über Durchschnitt
Bauzeit: 52 Wochen
Kennwerte: bis 1.Ebene DIN276

BGF 1.322 €/m²

Planung: KNIRR+PITTIG ARCHITEKTEN; Essen

veröffentlicht: BKI Objektdaten N9

5100-0040 Sporthalle (Dreifeldhalle)
BRI 20.145m³   **BGF** 3.545m²   **NUF** 2.376m²

Sporthalle mit drei Hallenteilen und einer Zuschauertribüne für 200 Personen. Stb-Konstruktion.

Land: Baden-Württemberg
Kreis: Ulm
Standard: über Durchschnitt
Bauzeit: 78 Wochen
Kennwerte: bis 3.Ebene DIN276

BGF 1.909 €/m²

Planung: Auer + Weber + Partner Seidel : Architekten; München

veröffentlicht: BKI Objektdaten N8

5100-0037 Sporthalle (Dreifeldhalle)
BRI 15.493m³   **BGF** 2.633m²   **NUF** 2.023m²

Sporthalle Typ 27/45 mit Mehrzweckhalle (224m²) und Konditionsraum (40m²), Zuschauertribüne für 300 Personen. Stahlbetonkonstruktion.

Land: Baden-Württemberg
Kreis: Ludwigsburg
Standard: Durchschnitt
Bauzeit: 74 Wochen
Kennwerte: bis 4.Ebene DIN276

BGF 1.598 €/m²

Planung: PAI Planungsteam Architekten + Ingenieure; Schwieberdingen

veröffentlicht: BKI Objektdaten N6

Objektübersicht zur Gebäudeart

5100-0024 Sporthalle (Dreifeldhalle)

BRI 19.031m³ | **BGF** 3.074m² | **NUF** 2.084m²

Sporthalle 3-teilbar für ein Gymnasium (Objekt 4100-0011), mit separatem Kraftsportraum, Teleskoptribüne. Stahlskelettbau.

Land: Thüringen
Kreis: Sonneberg
Standard: Durchschnitt
Bauzeit: 25 Wochen
Kennwerte: bis 3.Ebene DIN276

BGF 1.864 €/m²

Planung: BAURCONSULT GbR Architekten+Ingenieure; Stuttgart

www.bki.de

5100-0026 Sporthalle (Dreifeldhalle)

BRI 19.946m³ | **BGF** 4.400m² | **NUF** 2.698m²

Sporthalle, 3-teilbar mit Neben- und Funktionsräumen, Teleskoptribünen und Zuschauergalerie ca. 600 Zuschauer, Fitnessraum, Foyer, Aufzug für Behinderte. Stahlskelettbau.

Land: Sachsen
Kreis: Freiberg
Standard: unter Durchschnitt
Bauzeit: 104 Wochen
Kennwerte: bis 2.Ebene DIN276

BGF 1.523 €/m²

Planung: Allmann, Sattler, Wappner Architekten; München

veröffentlicht: BKI Objektdaten N1

Schwimmhallen

Kostenkennwerte für die Kosten des Bauwerks (Kostengruppen 300+400 nach DIN 276)

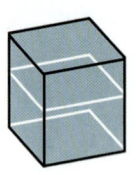

BRI 525 €/m³
von 445 €/m³
bis 690 €/m³

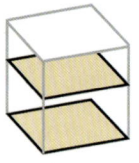

BGF 2.570 €/m²
von 2.090 €/m²
bis 3.130 €/m²

NUF 5.340 €/m²
von 4.170 €/m²
bis 7.290 €/m²

Kosten:
Stand 1.Quartal 2018
Bundesdurchschnitt
inkl. 19% MwSt.

Objektbeispiele

5200-0011

5200-0010

5200-0008

Kosten der 6 Vergleichsobjekte — Seiten 300 bis 301

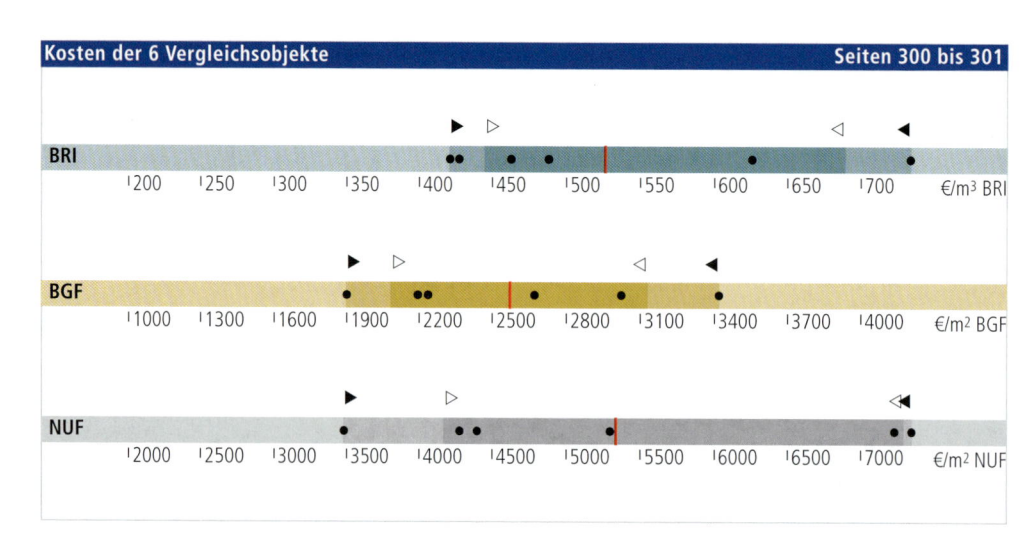

- ● KKW
- ▶ min
- ▷ von
- | Mittelwert
- ◁ bis
- ◀ max

BRI (€/m³ BRI)

BGF (€/m² BGF)

NUF (€/m² NUF)

© BKI Baukosteninformationszentrum; Erläuterungen zu den Tabellen siehe Seite 46   Kosten: 1.Quartal 2018, Bundesdurchschnitt, **inkl. 19% MwSt.**

Kostenkennwerte für die Kostengruppen der 1. und 2. Ebene DIN 276

KG	Kostengruppen der 1. Ebene	Einheit	▷	€/Einheit	◁	▷	% an 300+400	◁
100	Grundstück	m² GF	–	–	–	–	–	–
200	Herrichten und Erschließen	m² GF	1	**3**	4	0,6	**1,0**	1,4
300	Bauwerk - Baukonstruktionen	m² BGF	1.369	**1.558**	1.767	47,5	**61,7**	65,7
400	Bauwerk - Technische Anlagen	m² BGF	751	**1.016**	1.576	34,3	**38,3**	52,5
	Bauwerk (300+400)	m² BGF	2.087	**2.574**	3.129		**100,0**	
500	Außenanlagen	m² AF	56	**144**	402	0,4	**7,7**	10,3
600	Ausstattung und Kunstwerke	m² BGF	56	**56**	56	2,1	**2,1**	2,1
700	Baunebenkosten*	m² BGF	571	**610**	649	21,7	**23,1**	24,6 ◁ NEU

* Auf Grundlage der HOAI 2013 berechnete Werte nach §§ 35, 52, 56. Weitere Informationen siehe Seite 50

KG	Kostengruppen der 2. Ebene	Einheit	▷	€/Einheit	◁	▷	% an 300	◁
310	Baugrube	m³ BGI	24	**32**	37	1,2	**3,8**	5,6
320	Gründung	m² GRF	205	**283**	322	6,5	**11,2**	13,5
330	Außenwände	m² AWF	414	**452**	512	13,9	**19,2**	22,2
340	Innenwände	m² IWF	104	**305**	412	11,2	**15,1**	22,7
350	Decken	m² DEF	396	**595**	941	9,9	**15,3**	23,5
360	Dächer	m² DAF	402	**426**	460	14,8	**17,8**	22,4
370	Baukonstruktive Einbauten	m² BGF	26	**218**	318	1,6	**14,6**	22,6
390	Sonstige Baukonstruktionen	m² BGF	27	**49**	90	1,8	**3,0**	5,2
300	**Bauwerk Baukonstruktionen**	**m² BGF**					**100,0**	

KG	Kostengruppen der 2. Ebene	Einheit	▷	€/Einheit	◁	▷	% an 400	◁
410	Abwasser, Wasser, Gas	m² BGF	116	**157**	234	13,5	**15,1**	18,2
420	Wärmeversorgungsanlagen	m² BGF	107	**176**	292	11,2	**17,3**	26,9
430	Lufttechnische Anlagen	m² BGF	92	**180**	224	13,6	**17,6**	24,6
440	Starkstromanlagen	m² BGF	123	**157**	176	11,4	**17,4**	28,9
450	Fernmeldeanlagen	m² BGF	6	**14**	26	0,2	**1,7**	2,5
460	Förderanlagen	m² BGF	–	**6**	–	–	**0,4**	–
470	Nutzungsspezifische Anlagen	m² BGF	126	**389**	867	6,9	**27,7**	42,2
480	Gebäudeautomation	m² BGF	–	**81**	–	–	**2,9**	–
490	Sonstige Technische Anlagen	m² BGF	–	**1**	–	–	**0,0**	–
400	**Bauwerk Technische Anlagen**	**m² BGF**					**100,0**	

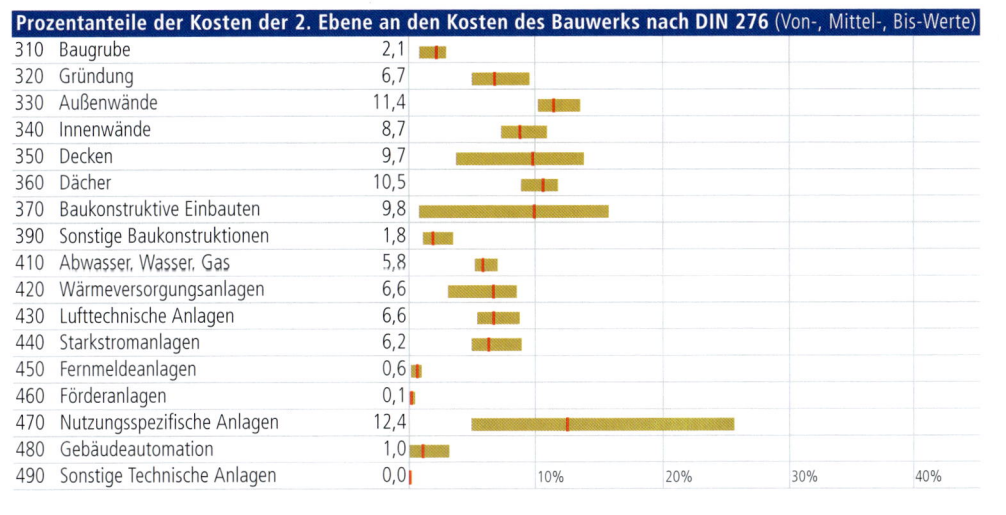

Prozentanteile der Kosten der 2. Ebene an den Kosten des Bauwerks nach DIN 276 (Von-, Mittel-, Bis-Werte)

KG	Bezeichnung	Mittel
310	Baugrube	2,1
320	Gründung	6,7
330	Außenwände	11,4
340	Innenwände	8,7
350	Decken	9,7
360	Dächer	10,5
370	Baukonstruktive Einbauten	9,8
390	Sonstige Baukonstruktionen	1,8
410	Abwasser, Wasser, Gas	5,8
420	Wärmeversorgungsanlagen	6,6
430	Lufttechnische Anlagen	6,6
440	Starkstromanlagen	6,2
450	Fernmeldeanlagen	0,6
460	Förderanlagen	0,1
470	Nutzungsspezifische Anlagen	12,4
480	Gebäudeautomation	1,0
490	Sonstige Technische Anlagen	0,0

© BKI Baukosteninformationszentrum; Erläuterungen zu den Tabellen siehe Seite 48 und 50 Kosten: 1.Quartal 2018, Bundesdurchschnitt, **inkl. 19% MwSt.**

Schwimmhallen

Kostenkennwerte für Leistungsbereiche nach StLB (Kosten des Bauwerks nach DIN 276)

Kosten: Stand 1. Quartal 2018 Bundesdurchschnitt inkl. 19% MwSt.

LB	Leistungsbereiche	▷ €/m² BGF ◁			▷ % an 300+400 ◁		
000	Sicherheits-, Baustelleneinrichtungen inkl. 001	26	**26**	26	1,0	**1,0**	1,0
002	Erdarbeiten	35	**35**	35	1,4	**1,4**	1,4
006	Spezialtiefbauarbeiten inkl. 005	48	**48**	48	1,9	**1,9**	1,9
009	Entwässerungskanalarbeiten inkl. 011	11	**11**	11	0,4	**0,4**	0,4
010	Drän- und Versickerungsarbeiten	–	**–**	–	–	**–**	–
012	Mauerarbeiten	71	**71**	71	2,8	**2,8**	2,8
013	Betonarbeiten	386	**386**	386	15,0	**15,0**	15,0
014	Natur-, Betonwerksteinarbeiten	–	**–**	–	–	**–**	–
016	Zimmer- und Holzbauarbeiten	194	**194**	194	7,5	**7,5**	7,5
017	Stahlbauarbeiten	–	**–**	–	–	**–**	–
018	Abdichtungsarbeiten	–	**11**	–	–	**0,4**	–
020	Dachdeckungsarbeiten	30	**30**	30	1,2	**1,2**	1,2
021	Dachabdichtungsarbeiten	58	**58**	58	2,3	**2,3**	2,3
022	Klempnerarbeiten	21	**21**	21	0,8	**0,8**	0,8
	Rohbau	**892**	**892**	**892**	**34,6**	**34,6**	**34,6**
023	Putz- und Stuckarbeiten, Wärmedämmsysteme	37	**37**	37	1,4	**1,4**	1,4
024	Fliesen- und Plattenarbeiten	172	**172**	172	6,7	**6,7**	6,7
025	Estricharbeiten	–	**2**	–	–	**0,1**	–
026	Fenster, Außentüren inkl. 029, 032	23	**23**	23	0,9	**0,9**	0,9
027	Tischlerarbeiten	117	**117**	117	4,6	**4,6**	4,6
028	Parkettarbeiten, Holzpflasterarbeiten	–	**0**	–	–	**0,0**	–
030	Rollladenarbeiten	–	**–**	–	–	**–**	–
031	Metallbauarbeiten inkl. 035	64	**64**	64	2,5	**2,5**	2,5
034	Maler- und Lackiererarbeiten inkl. 037	31	**31**	31	1,2	**1,2**	1,2
036	Bodenbelagarbeiten	–	**4**	–	–	**0,2**	–
038	Vorgehängte hinterlüftete Fassaden	–	**–**	–	–	**–**	–
039	Trockenbauarbeiten	13	**13**	13	0,5	**0,5**	0,5
	Ausbau	**469**	**469**	**469**	**18,2**	**18,2**	**18,2**
040	Wärmeversorgungsanl. - Betriebseinr. inkl. 041	156	**156**	156	6,0	**6,0**	6,0
042	Gas- und Wasserinstallation, Leitungen inkl. 043	45	**45**	45	1,7	**1,7**	1,7
044	Abwasserinstallationsarbeiten - Leitungen	42	**42**	42	1,6	**1,6**	1,6
045	GWA-Einrichtungsgegenstände inkl. 046	148	**148**	148	5,7	**5,7**	5,7
047	Dämmarbeiten an betriebstechnischen Anlagen	56	**56**	56	2,2	**2,2**	2,2
049	Feuerlöschanlagen, Feuerlöschgeräte	–	**0**	–	–	**0,0**	–
050	Blitzschutz- und Erdungsanlagen	–	**1**	–	–	**0,1**	–
052	Mittelspannungsanlagen	–	**6**	–	–	**0,2**	–
053	Niederspannungsanlagen inkl. 054	130	**130**	130	5,0	**5,0**	5,0
055	Ersatzstromversorgungsanlagen	20	**20**	20	0,8	**0,8**	0,8
057	Gebäudesystemtechnik	–	**–**	–	–	**–**	–
058	Leuchten und Lampen inkl. 059	–	**19**	–	–	**0,7**	–
060	Elektroakustische Anlagen, Sprechanlagen	–	**8**	–	–	**0,3**	–
061	Kommunikationsnetze, inkl. 062	–	**1**	–	–	**0,1**	–
063	Gefahrenmeldeanlagen	–	**–**	–	–	**–**	–
069	Aufzüge	–	**4**	–	–	**0,2**	–
070	Gebäudeautomation	–	**19**	–	–	**0,7**	–
075	Raumlufttechnische Anlagen	129	**129**	129	5,0	**5,0**	5,0
	Technische Anlagen	**785**	**785**	**785**	**30,5**	**30,5**	**30,5**
	Sonstige Leistungsbereiche inkl. 008, 033, 051	433	**433**	433	16,8	**16,8**	16,8

● KKW
▶ min
▷ von
❘ Mittelwert
◁ bis
◀ max

© BKI Baukosteninformationszentrum; Erläuterungen zu den Tabellen siehe Seite 52 — Kosten: 1. Quartal 2018, Bundesdurchschnitt, **inkl. 19% MwSt.**

Planungskennwerte für Flächen und Rauminhalte nach DIN 277

Grundflächen			▷ Fläche/NUF (%) ◁			▷ Fläche/BGF (%) ◁		
NUF	Nutzungsfläche			100,0		46,9	48,9	50,9
TF	Technikfläche		40,3	51,5	57,7	18,6	25,2	27,8
VF	Verkehrsfläche		14,5	20,2	27,0	7,2	9,9	13,5
NRF	Netto-Raumfläche		168,0	171,7	181,7	82,3	83,9	85,7
KGF	Konstruktions-Grundfläche		29,4	32,8	35,0	14,3	16,1	17,7
BGF	Brutto-Grundfläche		198,6	204,5	216,6		100,0	

Brutto-Rauminhalte			▷ BRI/NUF (m) ◁			▷ BRI/BGF (m) ◁		
BRI	Brutto-Rauminhalt		8,89	10,07	10,52	4,61	4,92	5,06

Flächen von Nutzeinheiten			▷ NUF/Einheit (m²) ◁			▷ BGF/Einheit (m²) ◁		
Nutzeinheit:			–	–	–	–	–	–

Lufttechnisch behandelte Flächen		▷ Fläche/NUF (%) ◁			▷ Fläche/BGF (%) ◁		
Entlüftete Fläche		–	120,6	–	–	56,1	–
Be- und entlüftete Fläche		–	77,5	–	–	42,3	–
Teilklimatisierte Fläche		–	–	–	–	–	–
Klimatisierte Fläche		–	–	–	–	–	–

KG	Kostengruppen (2. Ebene)	Einheit	▷	Menge/NUF	◁	▷	Menge/BGF	◁
310	Baugrube	m³ BGI	3,66	3,66	4,50	1,79	1,79	2,10
320	Gründung	m² GRF	1,16	1,19	1,19	0,59	0,60	0,60
330	Außenwände	m² AWF	1,08	1,39	1,39	0,69	0,69	0,81
340	Innenwände	m² IWF	1,52	2,01	2,01	0,81	1,00	1,00
350	Decken	m² DEF	0,79	0,79	0,80	0,39	0,40	0,40
360	Dächer	m² DAF	1,27	1,32	1,32	0,61	0,65	0,65
370	Baukonstruktive Einbauten	m² BGF	1,99	2,04	2,17		1,00	
390	Sonstige Baukonstruktionen	m² BGF	1,99	2,04	2,17		1,00	
300	Bauwerk-Baukonstruktionen	m² BGF	1,99	2,04	2,17		1,00	

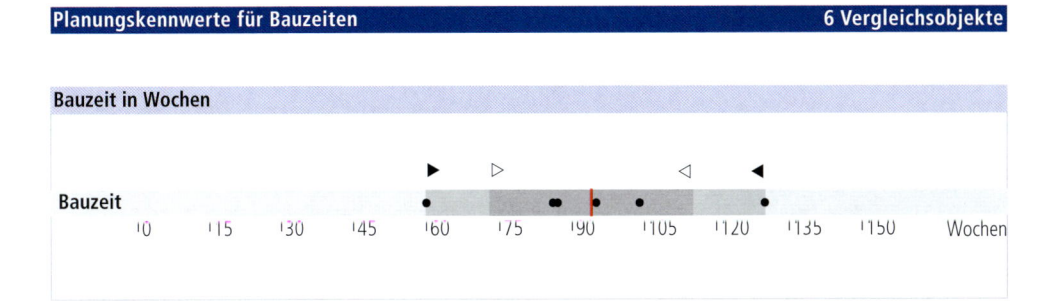

Planungskennwerte für Bauzeiten — 6 Vergleichsobjekte

Bauzeit in Wochen (Skala: 0, 15, 30, 45, 60, 75, 90, 105, 120, 135, 150 Wochen)

© BKI Baukosteninformationszentrum; Erläuterungen zu den Tabellen siehe Seite 54   Kosten: 1.Quartal 2018, Bundesdurchschnitt, inkl. 19% MwSt.

Schwimmhallen

Objektübersicht zur Gebäudeart

5200-0009 Hallenbad, Umkleiden für Freibad — BRI 13.683m³ | BGF 2.832m² | NUF 1.184m²

Hallenbad (2 Becken), Umkleiden, Foyer sowie Umkleiden/Sanitärbereich (88m²) für Freibad. Stb-Konstruktion, Dachtragwerk Holz.

Land: Nordrhein-Westfalen
Kreis: Leverkusen
Standard: Durchschnitt
Bauzeit: 60 Wochen
Kennwerte: bis 1.Ebene DIN276

BGF 3.023 €/m²

Planung: schmersahl I biermann I prüssner Architekten + Stadtplaner; Bad Salzuflen

veröffentlicht: BKI Objektdaten N11

5200-0011 Schwimmhalle — BRI 15.190m³ | BGF 2.775m² | NUF 1.400m²

Schwimmhalle mit Mehrzweckbecken (25m), Planschbecken, Umkleiden, Sanitär- und Personalräume. Stb-Konstruktion, Stahlfachwerkträger (Dachkonstruktion).

Land: Sachsen
Kreis: Erzgebirgskreis
Standard: Durchschnitt
Bauzeit: 95 Wochen
Kennwerte: bis 2.Ebene DIN276

BGF 2.672 €/m²

Planung: BAUCONZEPT PLANUNGSGESELLSCHAFT MBH; Lichtenstein

veröffentlicht: BKI Objektdaten N13

5200-0008 Erlebnis- und Sportbad — BRI 22.107m³ | BGF 4.303m² | NUF 2.209m²

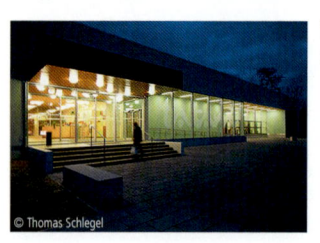

Freizeitorientiertes Sportbad mit Badehalle und Saunaanlage. Stb-Konstruktion.

Land: Thüringen
Kreis: Altenburger Land
Standard: Durchschnitt
Bauzeit: 87 Wochen
Kennwerte: bis 1.Ebene DIN276

BGF 2.194 €/m²

Planung: BAUCONZEPT PLANUNGSGESELLSCHAFT MBH; Lichtenstein

veröffentlicht: BKI Objektdaten N11

5200-0010 Sportbad — BRI 22.526m³ | BGF 4.239m² | NUF 2.156m²

Sportbad für Schul- und Vereinsnutzung. 25m Edelstahlbecken, Nichtschwimmer- und Planschbecken, Saunaanlage. Stahlbeton, Dachkonstruktion mit Leimholzbindern.

Land: Sachsen-Anhalt
Kreis: Anhalt-Bitterfeld
Standard: Durchschnitt
Bauzeit: 86 Wochen
Kennwerte: bis 1.Ebene DIN276

BGF 2.236 €/m²

Planung: BAUCONZEPT PLANUNGSGESELLSCHAFT MBH; Lichtenstein

veröffentlicht: BKI Objektdaten N11

€/m² BGF

min	1.900 €/m²
von	2.085 €/m²
Mittel	2.575 €/m²
bis	3.130 €/m²
max	3.420 €/m²

Kosten:
Stand 1.Quartal 2018
Bundesdurchschnitt
inkl. 19% MwSt.

Objektübersicht zur Gebäudeart

5200-0002 Freizeitbad, 5 Becken
BRI 21.182m³ **BGF** 5.159m² **NUF** 2.816m²

Freizeitbad im ländlichen Raum mit 5 Becken, Umkleiden, 54m-Rutschbahn, Sauna, Solarien, Cafeteria, Nebenräume. Stahlbetonbau.

Land: Baden-Württemberg
Kreis: Ulm, Alb-Donau
Standard: Durchschnitt
Bauzeit: 130 Wochen
Kennwerte: bis 3.Ebene DIN276

BGF 1.900 €/m²

www.bki.de

5200-0001 Therapie-Schulschwimmhalle
BRI 1.877m³ **BGF** 403m² **NUF** 187m²

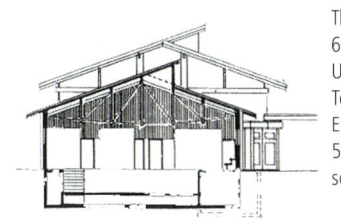

Therapie-Schulschwimmhalle, Becken 6x10m, mit Hubboden, Gegenstromanlage; Umkleide- und Waschräume; im UG Technikräume (Lüftung, Hausanschluss Elektro und Sanitär); im Anschluss an Objekt 5100-0012 gebaut, Zugang zum Untergeschoss nur von dort. Stahlbetonbau.

Land: Baden-Württemberg
Kreis: Karlsruhe
Standard: Durchschnitt
Bauzeit: 104 Wochen
Kennwerte: bis 3.Ebene DIN276

BGF 3.418 €/m²

www.bki.de

Arbeitsblatt zur Standardeinordnung bei Ein- und Zweifamilienhäusern unterkellert

Kostenkennwerte für die Kosten des Bauwerks (Kostengruppen 300+400 nach DIN 276)

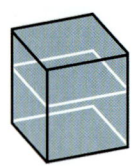

BRI 430 €/m³
von 355 €/m³
bis 525 €/m³

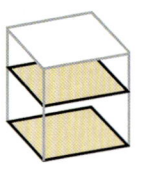

BGF 1.320 €/m²
von 1.060 €/m²
bis 1.660 €/m²

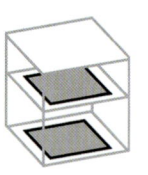

NUF 2.010 €/m²
von 1.550 €/m²
bis 2.570 €/m²

NE 2.510 €/NE
von 1.990 €/NE
bis 3.170 €/NE
NE: Wohnfläche

Kosten:
Stand 1. Quartal 2018
Bundesdurchschnitt
inkl. 19% MwSt.

Standardzuordnung

gesamt, einfach, mittel, hoch (Diagramm in €/m² BGF, 0 bis 3000)

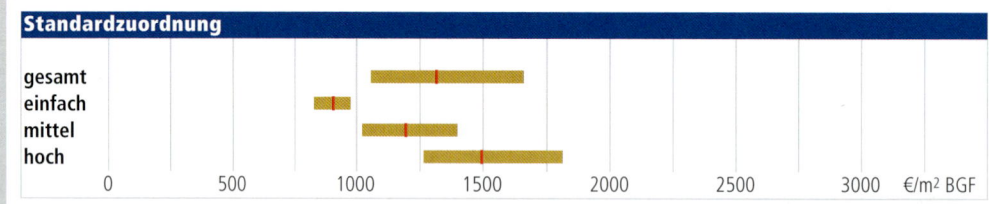

Standardeinordnung für Ihr Projekt:

KG	Kostengruppen der 2. Ebene	niedrig	mittel	hoch	Punkte
310	Baugrube				
320	Gründung	1	2	3	
330	Außenwände	6	8	9	
340	Innenwände	2	3	3	
350	Decken	3	4	5	
360	Dächer	2	3	3	
370	Baukonstruktive Einbauten	0	0	1	
390	Sonstige Baukonstruktionen				
410	Abwasser, Wasser, Gas	1	1	2	
420	Wärmeversorgungsanlagen	1	2	3	
430	Lufttechnische Anlagen	0	0	1	
440	Starkstromanlagen	1	1	2	
450	Fernmeldeanlagen	0	0	0	
460	Förderanlagen	0	0	0	
470	Nutzungsspezifische Anlagen	0	0	0	
480	Gebäudeautomation	0	0	0	
490	Sonstige Technische Anlagen				

Punkte: 17 bis 21 = einfach   22 bis 28 = mittel   29 bis 32 = hoch   Ihr Projekt (Summe):

Legende:
● Kostenkennwert
▶ min
▷ von
| Mittelwert
◁ bis
◀ max

Erläuterung:
Obenstehende Tabelle soll Ihnen die Zuordnung zu den Gebäudearten mit einfachem, mittlerem und hohem Standard erleichtern. Schätzen Sie für jedes Grobelement ab, ob die Aufwendungen niedrig, mittel oder hoch sein werden und übertragen Sie die Punkte in die rechte Spalte. Bilden Sie die Summe der rechten Spalte und ordnen Sie Ihr Projekt nach dem Schema der untersten Zeile ein. Nehmen Sie dieses Schema auch als Hinweis darauf, bei welchen Kostengruppen Sie den Mittelwert nach oben oder unten anpassen sollten.

© BKI Baukosteninformationszentrum; Erläuterungen zu den Tabellen siehe Seite 58   Kosten: 1. Quartal 2018, Bundesdurchschnitt, **inkl. 19% MwSt.**

Kostenkennwerte für die Kostengruppen der 1. und 2. Ebene DIN 276

KG	Kostengruppen der 1. Ebene	Einheit	▷	€/Einheit	◁	▷	% an 300+400	◁
100	Grundstück	m² GF	–	–	–	–	–	–
200	Herrichten und Erschließen	m² GF	6	**20**	60	1,1	**2,8**	8,3
300	Bauwerk - Baukonstruktionen	m² BGF	862	**1.073**	1.330	77,3	**81,8**	86,9
400	Bauwerk - Technische Anlagen	m² BGF	175	**248**	352	14,8	**18,6**	23,0
	Bauwerk (300+400)	m² BGF	1.060	**1.316**	1.657		**100,0**	
500	Außenanlagen	m² AF	32	**112**	413	3,2	**6,3**	10,9
600	Ausstattung und Kunstwerke	m² BGF	14	**57**	129	1,0	**4,4**	9,8
700	Baunebenkosten*	m² BGF	313	**349**	385	24,0	**26,7**	29,5 ◁ NEU

* Auf Grundlage der HOAI 2013 berechnete Werte nach §§ 35, 52, 56, 40. Weitere Informationen siehe Seite 50

KG	Kostengruppen der 2. Ebene	Einheit	▷	€/Einheit	◁	▷	% an 300	◁
310	Baugrube	m³ BGI	15	**24**	37	2,0	**3,3**	5,5
320	Gründung	m² GRF	179	**226**	290	6,7	**8,3**	12,6
330	Außenwände	m² AWF	307	**397**	524	34,4	**39,1**	45,9
340	Innenwände	m² IWF	157	**197**	247	9,8	**13,1**	15,7
350	Decken	m² DEF	269	**325**	436	15,3	**18,9**	23,3
360	Dächer	m² DAF	222	**290**	377	10,1	**13,6**	16,8
370	Baukonstruktive Einbauten	m² BGF	9	**20**	48	0,0	**0,7**	2,8
390	Sonstige Baukonstruktionen	m² BGF	18	**33**	63	1,8	**3,2**	5,4
300	**Bauwerk Baukonstruktionen**	**m² BGF**					**100,0**	

KG	Kostengruppen der 2. Ebene	Einheit	▷	€/Einheit	◁	▷	% an 400	◁
410	Abwasser, Wasser, Gas	m² BGF	51	**72**	116	21,4	**30,1**	40,6
420	Wärmeversorgungsanlagen	m² BGF	69	**106**	151	34,1	**43,0**	53,3
430	Lufttechnische Anlagen	m² BGF	5	**24**	43	0,2	**3,9**	12,2
440	Starkstromanlagen	m² BGF	29	**48**	102	12,6	**18,1**	25,4
450	Fernmeldeanlagen	m² BGF	5	**10**	25	2,1	**3,9**	6,9
460	Förderanlagen	m² BGF	–	–	–	–	–	–
470	Nutzungsspezifische Anlagen	m² BGF	–	–	–	–	–	–
480	Gebäudeautomation	m² BGF	35	**38**	44	0,0	**0,9**	10,7
490	Sonstige Technische Anlagen	m² BGF	–	–	–	–	–	–
400	**Bauwerk Technische Anlagen**	**m² BGF**					**100,0**	

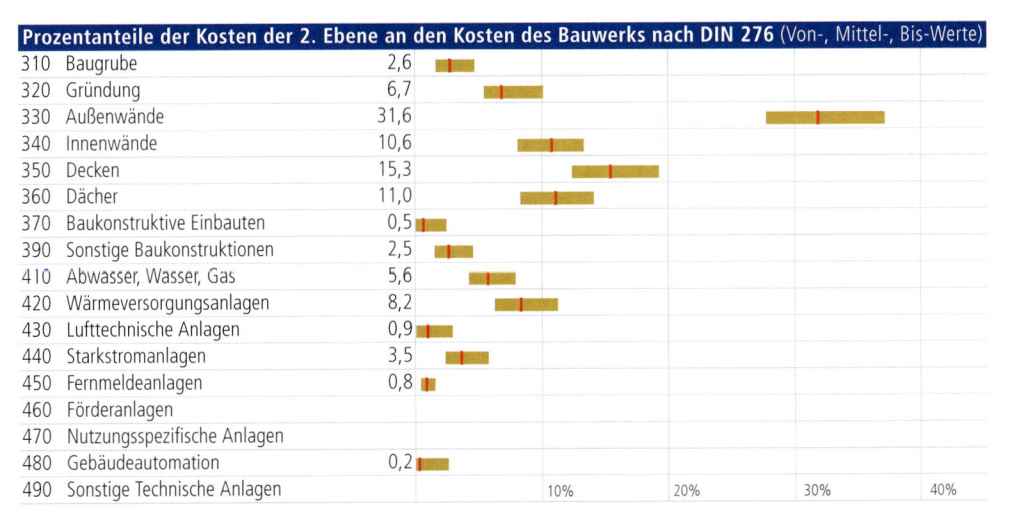

Prozentanteile der Kosten der 2. Ebene an den Kosten des Bauwerks nach DIN 276 (Von-, Mittel-, Bis-Werte)

KG	Bezeichnung	%
310	Baugrube	2,6
320	Gründung	6,7
330	Außenwände	31,6
340	Innenwände	10,6
350	Decken	15,3
360	Dächer	11,0
370	Baukonstruktive Einbauten	0,5
390	Sonstige Baukonstruktionen	2,5
410	Abwasser, Wasser, Gas	5,6
420	Wärmeversorgungsanlagen	8,2
430	Lufttechnische Anlagen	0,9
440	Starkstromanlagen	3,5
450	Fernmeldeanlagen	0,8
460	Förderanlagen	
470	Nutzungsspezifische Anlagen	
480	Gebäudeautomation	0,2
490	Sonstige Technische Anlagen	

© BKI Baukosteninformationszentrum; Erläuterungen zu den Tabellen siehe Seite 48 und 50   Kosten: 1.Quartal 2018, Bundesdurchschnitt, **inkl. 19% MwSt.**

Ein- und Zweifamilienhäuser unterkellert

Kosten:
Stand 1. Quartal 2018
Bundesdurchschnitt
inkl. 19% MwSt.

- ● Kostenkennwert
- ▶ min
- ▷ von
- | Mittelwert
- ◁ bis
- ◀ max

Kostenkennwerte für Leistungsbereiche nach StLB (Kosten des Bauwerks nach DIN 276)

LB	Leistungsbereiche	▷	€/m² BGF	◁	▷	% an 300+400	◁
000	Sicherheits-, Baustelleneinrichtungen inkl. 001	18	**30**	49	1,4	**2,3**	3,7
002	Erdarbeiten	27	**41**	67	2,0	**3,1**	5,1
006	Spezialtiefbauarbeiten inkl. 005	–	**–**	–	–	**–**	–
009	Entwässerungskanalarbeiten inkl. 011	3	**8**	17	0,2	**0,6**	1,3
010	Drän- und Versickerungsarbeiten	0	**5**	14	0,0	**0,4**	1,1
012	Mauerarbeiten	63	**141**	220	4,8	**10,7**	16,7
013	Betonarbeiten	148	**199**	254	11,3	**15,1**	19,3
014	Natur-, Betonwerksteinarbeiten	1	**10**	37	0,1	**0,8**	2,8
016	Zimmer- und Holzbauarbeiten	27	**64**	168	2,1	**4,9**	12,7
017	Stahlbauarbeiten	0	**7**	41	0,0	**0,5**	3,1
018	Abdichtungsarbeiten	7	**17**	31	0,5	**1,3**	2,3
020	Dachdeckungsarbeiten	17	**43**	84	1,3	**3,3**	6,4
021	Dachabdichtungsarbeiten	2	**14**	49	0,1	**1,0**	3,8
022	Klempnerarbeiten	9	**17**	29	0,7	**1,3**	2,2
	Rohbau	502	**595**	707	38,1	**45,3**	53,8
023	Putz- und Stuckarbeiten, Wärmedämmsysteme	55	**90**	141	4,2	**6,8**	10,7
024	Fliesen- und Plattenarbeiten	19	**36**	61	1,4	**2,8**	4,7
025	Estricharbeiten	16	**23**	32	1,2	**1,7**	2,5
026	Fenster, Außentüren inkl. 029, 032	63	**105**	170	4,8	**8,0**	12,9
027	Tischlerarbeiten	27	**53**	101	2,1	**4,0**	7,6
028	Parkettarbeiten, Holzpflasterarbeiten	13	**34**	60	1,0	**2,6**	4,6
030	Rollladenarbeiten	7	**24**	41	0,5	**1,8**	3,1
031	Metallbauarbeiten inkl. 035	14	**47**	90	1,1	**3,6**	6,8
034	Maler- und Lackiererarbeiten inkl. 037	17	**32**	50	1,3	**2,4**	3,8
036	Bodenbelagarbeiten	1	**7**	23	0,1	**0,5**	1,7
038	Vorgehängte hinterlüftete Fassaden	0	**2**	45	0,0	**0,2**	3,4
039	Trockenbauarbeiten	9	**32**	55	0,7	**2,4**	4,2
	Ausbau	393	**487**	568	29,9	**37,0**	43,1
040	Wärmeversorgungsanl. - Betriebseinr. inkl. 041	72	**98**	135	5,5	**7,4**	10,3
042	Gas- und Wasserinstallation, Leitungen inkl. 043	10	**17**	28	0,8	**1,3**	2,1
044	Abwasserinstallationsarbeiten - Leitungen	5	**10**	22	0,4	**0,8**	1,7
045	GWA-Einrichtungsgegenstände inkl. 046	19	**31**	52	1,4	**2,3**	4,0
047	Dämmarbeiten an betriebstechnischen Anlagen	2	**5**	10	0,1	**0,4**	0,7
049	Feuerlöschanlagen, Feuerlöschgeräte	–	**–**	–	–	**–**	–
050	Blitzschutz- und Erdungsanlagen	1	**3**	5	0,1	**0,2**	0,4
052	Mittelspannungsanlagen	–	**0**	–	–	**0,0**	–
053	Niederspannungsanlagen inkl. 054	27	**40**	57	2,1	**3,0**	4,3
055	Ersatzstromversorgungsanlagen	0	**2**	55	0,0	**0,2**	4,2
057	Gebäudesystemtechnik	–	**1**	–	–	**0,1**	–
058	Leuchten und Lampen inkl. 059	1	**4**	15	0,0	**0,3**	1,2
060	Elektroakustische Anlagen, Sprechanlagen	1	**3**	9	0,1	**0,3**	0,7
061	Kommunikationsnetze, inkl. 062	1	**5**	9	0,1	**0,4**	0,7
063	Gefahrenmeldeanlagen	0	**1**	3	0,0	**0,0**	0,2
069	Aufzüge	–	**–**	–	–	**–**	–
070	Gebäudeautomation	0	**2**	35	0,0	**0,2**	2,6
075	Raumlufttechnische Anlagen	0	**11**	36	0,0	**0,9**	2,8
	Technische Anlagen	186	**232**	300	14,1	**17,6**	22,8
	Sonstige Leistungsbereiche inkl. 008, 033, 051	0	**3**	16	0,0	**0,2**	1,2

© BKI Baukosteninformationszentrum; Erläuterungen zu den Tabellen siehe Seite 52

Kosten: 1. Quartal 2018, Bundesdurchschnitt, **inkl. 19% MwSt.**

Planungskennwerte für Flächen und Rauminhalte nach DIN 277

Grundflächen		▷	Fläche/NUF (%)	◁	▷	Fläche/BGF (%)	◁
NUF	Nutzungsfläche		100,0		62,5	65,7	69,7
TF	Technikfläche	3,5	4,4	7,8	2,2	2,9	4,6
VF	Verkehrsfläche	13,3	16,0	21,8	8,6	10,5	13,0
NRF	Netto-Raumfläche	116,3	120,5	127,6	76,8	79,2	81,8
KGF	Konstruktions-Grundfläche	27,0	31,7	37,6	18,2	20,8	23,1
BGF	Brutto-Grundfläche	145,4	152,2	162,8		100,0	

Brutto-Rauminhalte		▷	BRI/NUF (m)	◁	▷	BRI/BGF (m)	◁
BRI	Brutto-Rauminhalt	4,37	4,65	5,09	2,90	3,06	3,25

Flächen von Nutzeinheiten	▷	NUF/Einheit (m²)	◁	▷	BGF/Einheit (m²)	◁
Nutzeinheit: Wohnfläche	1,12	1,24	1,40	1,72	1,88	2,14

Lufttechnisch behandelte Flächen	▷	Fläche/NUF (%)	◁	▷	Fläche/BGF (%)	◁
Entlüftete Fläche	–	11,2	–	–	7,0	–
Be- und entlüftete Fläche	91,0	91,0	91,0	55,2	55,2	55,2
Teilklimatisierte Fläche	–	–	–	–	–	–
Klimatisierte Fläche	–	–	–	–	–	–

KG	Kostengruppen (2. Ebene)	Einheit	▷	Menge/NUF	◁	▷	Menge/BGF	◁
310	Baugrube	m³ BGI	1,80	2,11	2,59	1,20	1,40	1,74
320	Gründung	m² GRF	0,50	0,56	0,65	0,33	0,37	0,44
330	Außenwände	m² AWF	1,36	1,58	1,78	0,92	1,05	1,21
340	Innenwände	m² IWF	0,93	1,07	1,43	0,62	0,71	0,91
350	Decken	m² DEF	0,76	0,91	1,01	0,50	0,60	0,66
360	Dächer	m² DAF	0,64	0,73	0,84	0,43	0,48	0,54
370	Baukonstruktive Einbauten	m² BGF	1,45	1,52	1,63		1,00	
390	Sonstige Baukonstruktionen	m² BGF	1,45	1,52	1,63		1,00	
300	Bauwerk-Baukonstruktionen	m² BGF	1,45	1,52	1,63		1,00	

Planungskennwerte für Bauzeiten

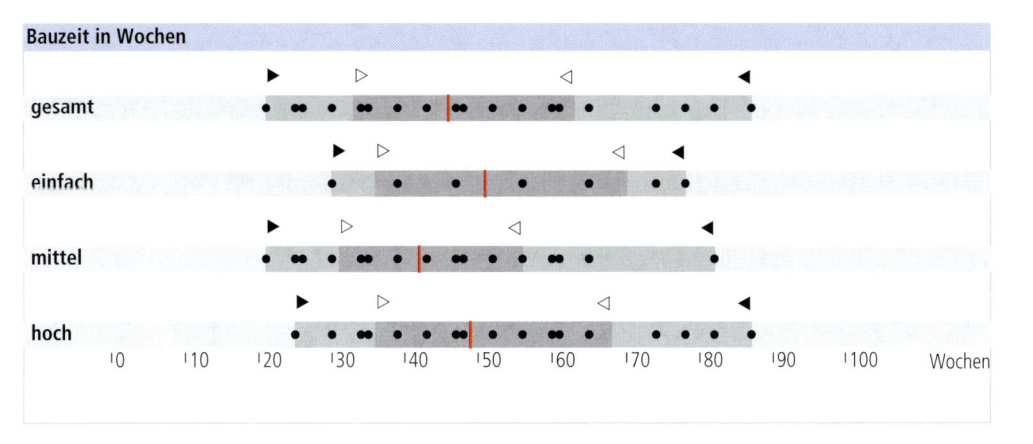

Bauzeit in Wochen

gesamt, einfach, mittel, hoch — Skala 0 bis 100 Wochen

© BKI Baukosteninformationszentrum; Erläuterungen zu den Tabellen siehe Seite 54   Kosten: 1.Quartal 2018, Bundesdurchschnitt, **inkl. 19% MwSt.**

Ein- und Zwei-familienhäuser, unterkellert, einfacher Standard

Kostenkennwerte für die Kosten des Bauwerks (Kostengruppen 300+400 nach DIN 276)

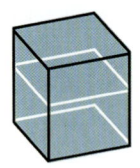

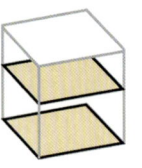

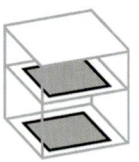

BRI 330 €/m³	BGF 900 €/m²	NUF 1.330 €/m²	NE 2.060 €/NE
von 305 €/m³	von 830 €/m²	von 1.230 €/m²	von 1.590 €/NE
bis 370 €/m³	bis 970 €/m²	bis 1.520 €/m²	bis 2.320 €/NE
			NE: Wohnfläche

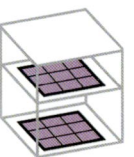

Kosten:
Stand 1.Quartal 2018
Bundesdurchschnitt
inkl. 19% MwSt.

Objektbeispiele

6100-0166 © Franz Markus Moster Architekturbüro
6100-0225 © Banisch Architektur- und Ingenieurbüro
6100-0247 © Georg Redelbach Architekt
6100-0513 © Planungsgruppe 5.4.3 Architekten & Ingenieure
6100-0485 © Kopner Architekten
6100-0445 © Reinhard Gorgon Architekt

Kosten der 9 Vergleichsobjekte — Seiten 310 bis 312

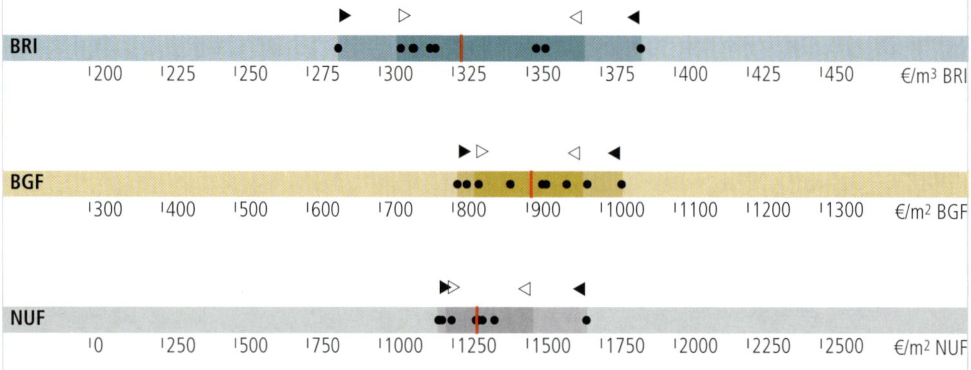

- ● KKW
- ▶ min
- ▷ von
- | Mittelwert
- ◁ bis
- ◀ max

BRI (€/m³ BRI): range 200–450
BGF (€/m² BGF): range 300–1300
NUF (€/m² NUF): range 0–2500

© BKI Baukosteninformationszentrum; Erläuterungen zu den Tabellen siehe Seite 46
Kosten: 1.Quartal 2018, Bundesdurchschnitt, **inkl. 19% MwSt.**

Kostenkennwerte für die Kostengruppen der 1. und 2. Ebene DIN 276

KG	Kostengruppen der 1. Ebene	Einheit	▷	€/Einheit	◁	▷	% an 300+400	◁
100	Grundstück	m² GF	–	–	–	–	–	–
200	Herrichten und Erschließen	m² GF	13	**17**	23	2,3	**3,0**	3,5
300	Bauwerk - Baukonstruktionen	m² BGF	707	**777**	839	83,0	**85,9**	87,8
400	Bauwerk - Technische Anlagen	m² BGF	107	**128**	153	12,2	**14,1**	17,0
	Bauwerk (300+400)	m² BGF	829	**905**	974		**100,0**	
500	Außenanlagen	m² AF	19	**20**	24	2,3	**3,6**	4,8
600	Ausstattung und Kunstwerke	m² BGF	–	**49**	–	–	**5,5**	–
700	Baunebenkosten*	m² BGF	225	**251**	277	24,8	**27,7**	30,6 ◁ NEU

* Auf Grundlage der HOAI 2013 berechnete Werte nach §§ 35, 52, 56. Weitere Informationen siehe Seite 50

KG	Kostengruppen der 2. Ebene	Einheit	▷	€/Einheit	◁	▷	% an 300	◁
310	Baugrube	m³ BGI	17	**25**	33	3,0	**3,9**	4,8
320	Gründung	m² GRF	148	**191**	232	6,8	**8,5**	10,2
330	Außenwände	m² AWF	260	**298**	397	26,0	**33,5**	36,4
340	Innenwände	m² IWF	164	**189**	218	13,4	**14,1**	14,3
350	Decken	m² DEF	250	**274**	301	19,0	**21,6**	23,7
360	Dächer	m² DAF	174	**225**	267	12,3	**16,4**	20,2
370	Baukonstruktive Einbauten	m² BGF	–	**19**	–	–	**0,5**	–
390	Sonstige Baukonstruktionen	m² BGF	5	**13**	23	0,6	**1,6**	2,8
300	**Bauwerk Baukonstruktionen**	**m² BGF**					**100,0**	

KG	Kostengruppen der 2. Ebene	Einheit	▷	€/Einheit	◁	▷	% an 400	◁
410	Abwasser, Wasser, Gas	m² BGF	35	**45**	56	29,6	**34,6**	40,5
420	Wärmeversorgungsanlagen	m² BGF	45	**54**	64	34,4	**41,7**	49,3
430	Lufttechnische Anlagen	m² BGF	–	**0**	–	–	**0,1**	–
440	Starkstromanlagen	m² BGF	19	**25**	32	14,8	**19,8**	25,9
450	Fernmeldeanlagen	m² BGF	3	**5**	7	2,6	**3,8**	6,8
460	Förderanlagen	m² BGF	–	–	–	–	–	–
470	Nutzungsspezifische Anlagen	m² BGF	–	–	–	–	–	–
480	Gebäudeautomation	m² BGF	–	–	–	–	–	–
490	Sonstige Technische Anlagen	m² BGF	–	–	–	–	–	–
400	**Bauwerk Technische Anlagen**	**m² BGF**					**100,0**	

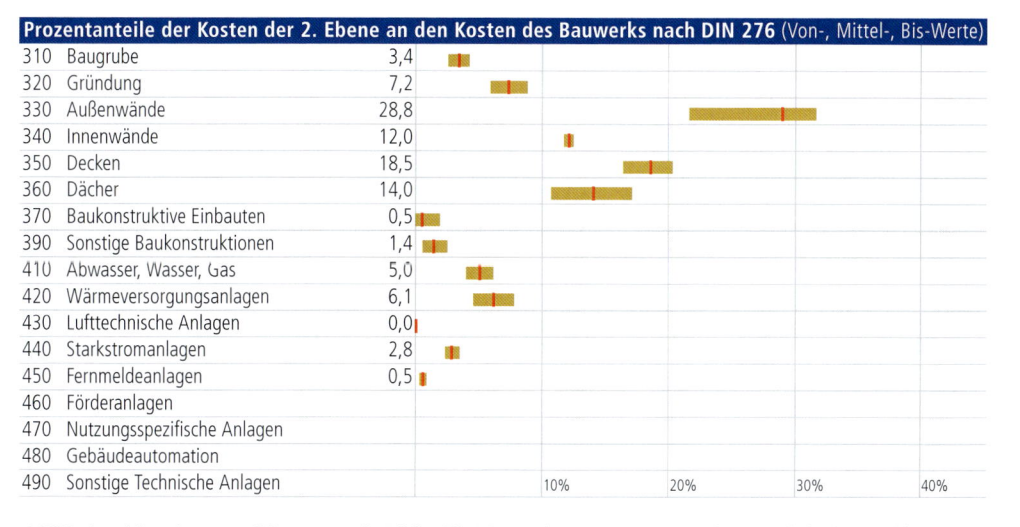

Prozentanteile der Kosten der 2. Ebene an den Kosten des Bauwerks nach DIN 276 (Von-, Mittel-, Bis-Werte)

KG	Bezeichnung	%
310	Baugrube	3,4
320	Gründung	7,2
330	Außenwände	28,8
340	Innenwände	12,0
350	Decken	18,5
360	Dächer	14,0
370	Baukonstruktive Einbauten	0,5
390	Sonstige Baukonstruktionen	1,4
410	Abwasser, Wasser, Gas	5,0
420	Wärmeversorgungsanlagen	6,1
430	Lufttechnische Anlagen	0,0
440	Starkstromanlagen	2,8
450	Fernmeldeanlagen	0,5
460	Förderanlagen	
470	Nutzungsspezifische Anlagen	
480	Gebäudeautomation	
490	Sonstige Technische Anlagen	

© BKI Baukosteninformationszentrum; Erläuterungen zu den Tabellen siehe Seite 48 und 50   Kosten: 1.Quartal 2018, Bundesdurchschnitt, inkl. 19% MwSt.

Ein- und Zweifamilienhäuser, unterkellert, einfacher Standard

Kosten:
Stand 1. Quartal 2018
Bundesdurchschnitt
inkl. 19% MwSt.

Kostenkennwerte für Leistungsbereiche nach StLB (Kosten des Bauwerks nach DIN 276)

LB	Leistungsbereiche	▷	€/m² BGF	◁	▷	% an 300+400	◁
000	Sicherheits-, Baustelleneinrichtungen inkl. 001	5	14	23	0,6	1,5	2,6
002	Erdarbeiten	24	38	52	2,6	4,1	5,7
006	Spezialtiefbauarbeiten inkl. 005	–	–	–	–	–	–
009	Entwässerungskanalarbeiten inkl. 011	0	3	7	0,0	0,4	0,8
010	Drän- und Versickerungsarbeiten	1	7	7	0,1	0,8	0,8
012	Mauerarbeiten	116	153	189	12,8	16,9	20,9
013	Betonarbeiten	96	128	155	10,6	14,1	17,1
014	Natur-, Betonwerksteinarbeiten	7	11	11	0,8	1,3	1,3
016	Zimmer- und Holzbauarbeiten	41	52	65	4,5	5,7	7,2
017	Stahlbauarbeiten	–	–	–	–	–	–
018	Abdichtungsarbeiten	7	16	23	0,8	1,7	2,6
020	Dachdeckungsarbeiten	31	49	65	3,4	5,4	7,2
021	Dachabdichtungsarbeiten	–	1	–	–	0,1	–
022	Klempnerarbeiten	5	11	17	0,6	1,2	1,9
	Rohbau	460	482	482	50,8	53,2	53,2
023	Putz- und Stuckarbeiten, Wärmedämmsysteme	50	64	79	5,5	7,1	8,7
024	Fliesen- und Plattenarbeiten	25	34	43	2,8	3,7	4,7
025	Estricharbeiten	15	20	20	1,7	2,2	2,2
026	Fenster, Außentüren inkl. 029, 032	24	40	53	2,7	4,4	5,8
027	Tischlerarbeiten	20	39	39	2,2	4,3	4,3
028	Parkettarbeiten, Holzpflasterarbeiten	22	22	27	2,4	2,4	3,0
030	Rollladenarbeiten	7	14	14	0,8	1,5	1,5
031	Metallbauarbeiten inkl. 035	10	28	49	1,1	3,1	5,4
034	Maler- und Lackiererarbeiten inkl. 037	31	31	33	3,4	3,4	3,7
036	Bodenbelagarbeiten	0	6	11	0,0	0,6	1,2
038	Vorgehängte hinterlüftete Fassaden	–	–	–	–	–	–
039	Trockenbauarbeiten	0	8	16	0,0	0,9	1,7
	Ausbau	278	306	335	30,7	33,9	37,0
040	Wärmeversorgungsanl. - Betriebseinr. inkl. 041	40	48	58	4,4	5,3	6,4
042	Gas- und Wasserinstallation, Leitungen inkl. 043	9	12	12	1,0	1,3	1,3
044	Abwasserinstallationsarbeiten - Leitungen	4	8	14	0,4	0,9	1,5
045	GWA-Einrichtungsgegenstände inkl. 046	12	17	22	1,3	1,9	2,5
047	Dämmarbeiten an betriebstechnischen Anlagen	0	3	6	0,0	0,3	0,7
049	Feuerlöschanlagen, Feuerlöschgeräte	–	–	–	–	–	–
050	Blitzschutz- und Erdungsanlagen	1	1	2	0,1	0,1	0,2
052	Mittelspannungsanlagen	–	–	–	–	–	–
053	Niederspannungsanlagen inkl. 054	20	23	23	2,3	2,5	2,5
055	Ersatzstromversorgungsanlagen	–	–	–	–	–	–
057	Gebäudesystemtechnik	–	–	–	–	–	–
058	Leuchten und Lampen inkl. 059	0	1	2	0,0	0,1	0,2
060	Elektroakustische Anlagen, Sprechanlagen	1	1	1	0,1	0,2	0,2
061	Kommunikationsnetze, inkl. 062	0	3	6	0,0	0,3	0,6
063	Gefahrenmeldeanlagen	–	1	–	–	0,1	–
069	Aufzüge	–	–	–	–	–	–
070	Gebäudeautomation	–	–	–	–	–	–
075	Raumlufttechnische Anlagen	–	0	–	–	0,0	–
	Technische Anlagen	110	117	117	12,2	13,0	13,0
	Sonstige Leistungsbereiche inkl. 008, 033, 051	0	2	2	0,0	0,2	0,2

- ● KKW
- ▶ min
- ▷ von
- | Mittelwert
- ◁ bis
- ◀ max

© BKI Baukosteninformationszentrum; Erläuterungen zu den Tabellen siehe Seite 52

Planungskennwerte für Flächen und Rauminhalte nach DIN 277

Grundflächen		▷	Fläche/NUF (%)	◁	▷	Fläche/BGF (%)	◁
NUF	Nutzungsfläche		100,0		66,6	68,0	71,1
TF	Technikfläche	3,7	4,6	5,6	2,3	3,1	3,7
VF	Verkehrsfläche	13,1	14,8	16,6	8,9	10,1	10,8
NRF	Netto-Raumfläche	116,6	119,4	123,7	78,5	81,2	84,4
KGF	Konstruktions-Grundfläche	21,9	27,6	29,4	15,4	18,8	19,7
BGF	Brutto-Grundfläche	141,8	147,0	151,6		100,0	

Brutto-Rauminhalte		▷	BRI/NUF (m)	◁	▷	BRI/BGF (m)	◁
BRI	Brutto-Rauminhalt	3,85	4,06	4,14	2,68	2,77	2,91

Flächen von Nutzeinheiten	▷	NUF/Einheit (m²)	◁	▷	BGF/Einheit (m²)	◁
Nutzeinheit: Wohnfläche	1,65	1,65	1,78	2,51	2,51	2,60

Lufttechnisch behandelte Flächen	▷	Fläche/NUF (%)	◁	▷	Fläche/BGF (%)	◁
Entlüftete Fläche	–	–	–	–	–	–
Be- und entlüftete Fläche	–	–	–	–	–	–
Teilklimatisierte Fläche	–	–	–	–	–	–
Klimatisierte Fläche	–	–	–	–	–	–

KG	Kostengruppen (2. Ebene)	Einheit	▷	Menge/NUF	◁	▷	Menge/BGF	◁
310	Baugrube	m³ BGI	1,72	1,97	2,15	1,18	1,31	1,44
320	Gründung	m² GRF	0,52	0,53	0,53	0,35	0,35	0,35
330	Außenwände	m² AWF	1,23	1,34	1,44	0,86	0,88	0,98
340	Innenwände	m² IWF	0,88	0,88	0,88	0,58	0,58	0,59
350	Decken	m² DEF	0,88	0,93	0,93	0,61	0,61	0,64
360	Dächer	m² DAF	0,85	0,85	0,89	0,54	0,56	0,57
370	Baukonstruktive Einbauten	m² BGF	1,42	1,47	1,52		1,00	
390	Sonstige Baukonstruktionen	m² BGF	1,42	1,47	1,52		1,00	
300	Bauwerk-Baukonstruktionen	m² BGF	1,42	1,47	1,52		1,00	

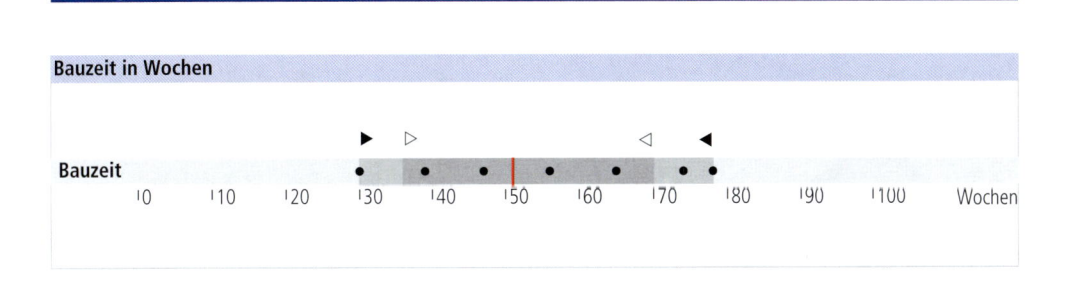

Planungskennwerte für Bauzeiten — 9 Vergleichsobjekte

Bauzeit in Wochen

Bauzeit: Skala 0 bis 100 Wochen

© BKI Baukosteninformationszentrum; Erläuterungen zu den Tabellen siehe Seite 54   Kosten: 1. Quartal 2018, Bundesdurchschnitt, inkl. 19% MwSt.

Ein- und Zweifamilienhäuser, unterkellert, einfacher Standard

€/m² BGF

min	805	€/m²
von	830	€/m²
Mittel	**905**	**€/m²**
bis	975	€/m²
max	1.025	€/m²

Kosten:
Stand 1.Quartal 2018
Bundesdurchschnitt
inkl. 19% MwSt.

Objektübersicht zur Gebäudeart

6100-0513 Wohnhaus (2 WE)   BRI 1.843m³   BGF 678m²   NUF 471m²

Zweifamilienhaus mit getrennten Eingängen (236m² WFL). Mauerwerksbau.

Land: Bayern
Kreis: Donau-Ries
Standard: unter Durchschnitt
Bauzeit: 56 Wochen
Kennwerte: bis 4.Ebene DIN276

BGF 835 €/m²

Planung: Planungsgruppe 5.4.3 Architekten & Ingenieure GbR; Freilassing

veröffentlicht: BKI Objektdaten N9

6100-0485 Einfamilienhaus   BRI 878m³   BGF 292m²   NUF 200m²

Wohnhaus mit Garage, unterkellert. Mauerwerksbau.

Land: Nordrhein-Westfalen
Kreis: Rheinisch-Bergischer Kreis
Standard: unter Durchschnitt
Bauzeit: 30 Wochen
Kennwerte: bis 4.Ebene DIN276

BGF 953 €/m²

Planung: Kopner Architekten; Bergisch Gladbach

veröffentlicht: BKI Objektdaten N6

6100-0445 Einfamilienhaus   BRI 893m³   BGF 345m²   NUF 223m²

Einfamilienhaus (127m² WFL II.BVO) mit Garage. Mauerwerksbau.

Land: Bayern
Kreis: Regensburg
Standard: unter Durchschnitt
Bauzeit: 39 Wochen
Kennwerte: bis 4.Ebene DIN276

BGF 806 €/m²

Planung: Dipl.-Ing. Reinhard Gorgon Architekt; Regensburg

veröffentlicht: BKI Objektdaten N5

6100-0351 Einfamilienhaus, Garage   BRI 850m³   BGF 323m²   NUF 199m²

Einfamilienwohnhaus mit Garage. Mauerwerksbau.

Land: Thüringen
Kreis: Greiz
Standard: unter Durchschnitt
Bauzeit: 30 Wochen
Kennwerte: bis 1.Ebene DIN276

BGF 819 €/m²

Planung: thoma architekten; Greiz

veröffentlicht: BKI Objektdaten N4

Objektübersicht zur Gebäudeart

6100-0166 Einfamilienhaus
BRI 950m³ **BGF** 294m² **NUF** 225m²

Einfamilienwohnhaus (258m² WFL II.BVO). Mauerwerksbau.

Land: Nordrhein-Westfalen
Kreis: Erft, Bergheim
Standard: unter Durchschnitt
Bauzeit: 65 Wochen
Kennwerte: bis 1.Ebene DIN276

BGF 920 €/m²

Planung: Franz Markus Moster Architekturbüro; Köln

veröffentlicht: BKI Objektdaten N3

6100-0225 Einfamilienhaus, ELW
BRI 1.219m³ **BGF** 420m² **NUF** 290m²

Einfamilienwohnhaus mit Einliegerwohnung. Mauerwerksbau.

Land: Sachsen-Anhalt
Kreis: Köthen
Standard: unter Durchschnitt
Bauzeit: 39 Wochen
Kennwerte: bis 1.Ebene DIN276

BGF 925 €/m²

Planung: Banisch Architektur- und Ingenieurbüro; Köthen

veröffentlicht: BKI Objektdaten N2

6100-0247 Einfamilienhaus, ELW
BRI 1.201m³ **BGF** 483m² **NUF** 349m²

Einliegerwohnung, Abstellräume im UG, Hauptwohnung, Garage im EG, Dachgeschoss nicht ausgebaut. Mauerwerksbau.

Land: Bayern
Kreis: Schweinfurt
Standard: unter Durchschnitt
Bauzeit: 47 Wochen
Kennwerte: bis 1.Ebene DIN276

BGF 877 €/m²

Planung: Georg Redelbach, Architekt BDA; Marktheidenfeld

veröffentlicht: BKI Objektdaten N2

6100-0283 Einfamilienhaus, Garage
BRI 768m³ **BGF** 278m² **NUF** 202m²

Einfamilienwohnhaus (125m² WFL II.BVO), Garage, voll unterkellert. Mauerwerksbau.

Land: Sachsen
Kreis: Zwickau
Standard: unter Durchschnitt
Bauzeit: 74 Wochen
Kennwerte: bis 1.Ebene DIN276

BGF 981 €/m²

Planung: Barbara Schindler Architekturbüro; Chemnitz

veröffentlicht: BKI Objektdaten N3

Ein- und Zweifamilienhäuser, unterkellert, einfacher Standard

€/m² BGF
min	805 €/m²
von	830 €/m²
Mittel	**905 €/m²**
bis	975 €/m²
max	1.025 €/m²

Kosten:
Stand 1.Quartal 2018
Bundesdurchschnitt
inkl. 19% MwSt.

Objektübersicht zur Gebäudeart

6100-0168 Zweifamilienhaus **BRI** 1.230 m³ **BGF** 465 m² **NUF** 281 m²

Freistehendes eingeschossiges Zweifamilienhaus mit ausgebautem Dachgeschoss, voll unterkellert. Mauerwerksbau.

Planung: Walter H. Müller Dipl.-Ing.; Eschweiler

Land: Nordrhein-Westfalen
Kreis: Aachen
Standard: unter Durchschnitt
Bauzeit: 78 Wochen
Kennwerte: bis 3.Ebene DIN276

BGF   1.027 €/m²

www.bki.de

Wohnen

Ein- und Zweifamilienhäuser, unterkellert, mittlerer Standard

Kostenkennwerte für die Kosten des Bauwerks (Kostengruppen 300+400 nach DIN 276)

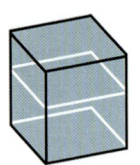

BRI 395 €/m³
von 350 €/m³
bis 450 €/m³

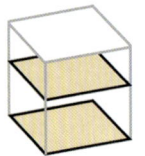

BGF 1.190 €/m²
von 1.020 €/m²
bis 1.400 €/m²

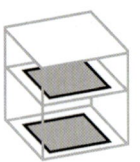

NUF 1.800 €/m²
von 1.510 €/m²
bis 2.190 €/m²

NE 2.210 €/NE
von 1.830 €/NE
bis 2.560 €/NE
NE: Wohnfläche

Objektbeispiele

6100-1352

6100-0572

6100-1123

Kosten:
Stand 1. Quartal 2018
Bundesdurchschnitt
inkl. 19% MwSt.

Kosten der 40 Vergleichsobjekte — Seiten 318 bis 328

- ● KKW
- ▶ min
- ▷ von
- | Mittelwert
- ◁ bis
- ◀ max

BRI: €/m³ BRI (Skala 250–500)
BGF: €/m² BGF (Skala 700–1700)
NUF: €/m² NUF (Skala 500–3000)

© BKI Baukosteninformationszentrum; Erläuterungen zu den Tabellen siehe Seite 46
Kosten: 1. Quartal 2018, Bundesdurchschnitt, **inkl. 19% MwSt.**

Kostenkennwerte für die Kostengruppen der 1. und 2. Ebene DIN 276

KG	Kostengruppen der 1. Ebene	Einheit	▷	€/Einheit	◁	▷	% an 300+400	◁
100	Grundstück	m² GF	–	–	–	–	–	–
200	Herrichten und Erschließen	m² GF	14	**33**	78	2,1	**5,3**	11,7
300	Bauwerk - Baukonstruktionen	m² BGF	843	**984**	1.160	78,7	**82,5**	89,3
400	Bauwerk - Technische Anlagen	m² BGF	179	**220**	307	15,2	**18,4**	22,0
	Bauwerk (300+400)	m² BGF	1.025	**1.193**	1.398		**100,0**	
500	Außenanlagen	m² AF	38	**123**	638	2,6	**5,8**	9,5
600	Ausstattung und Kunstwerke	m² BGF	5	**38**	105	0,3	**3,3**	9,2
700	Baunebenkosten*	m² BGF	294	**327**	361	24,6	**27,5**	30,3 ◁ NEU

* Auf Grundlage der HOAI 2013 berechnete Werte nach §§ 35, 52, 56. Weitere Informationen siehe Seite 50

KG	Kostengruppen der 2. Ebene	Einheit	▷	€/Einheit	◁	▷	% an 300	◁
310	Baugrube	m³ BGI	19	**27**	43	2,2	**3,6**	6,4
320	Gründung	m² GRF	181	**214**	254	6,5	**8,3**	12,8
330	Außenwände	m² AWF	309	**374**	526	35,4	**38,3**	41,6
340	Innenwände	m² IWF	154	**183**	239	10,1	**12,9**	16,2
350	Decken	m² DEF	264	**313**	427	15,5	**19,0**	22,5
360	Dächer	m² DAF	228	**282**	377	11,3	**14,2**	16,7
370	Baukonstruktive Einbauten	m² BGF	6	**19**	43	0,0	**0,3**	2,8
390	Sonstige Baukonstruktionen	m² BGF	19	**34**	65	2,0	**3,4**	5,7
300	**Bauwerk Baukonstruktionen**	**m² BGF**					**100,0**	

KG	Kostengruppen der 2. Ebene	Einheit	▷	€/Einheit	◁	▷	% an 400	◁
410	Abwasser, Wasser, Gas	m² BGF	50	**66**	80	22,0	**30,5**	40,6
420	Wärmeversorgungsanlagen	m² BGF	70	**102**	147	35,1	**44,5**	54,3
430	Lufttechnische Anlagen	m² BGF	3	**20**	35	0,3	**3,8**	12,1
440	Starkstromanlagen	m² BGF	26	**42**	72	13,2	**17,9**	23,5
450	Fernmeldeanlagen	m² BGF	4	**7**	11	1,5	**3,3**	5,3
460	Förderanlagen	m² BGF	–	–	–	–	–	–
470	Nutzungsspezifische Anlagen	m² BGF	–	–	–	–	–	–
480	Gebäudeautomation	m² BGF	–	–	–	–	–	–
490	Sonstige Technische Anlagen	m² BGF	–	–	–	–	–	–
400	**Bauwerk Technische Anlagen**	**m² BGF**					**100,0**	

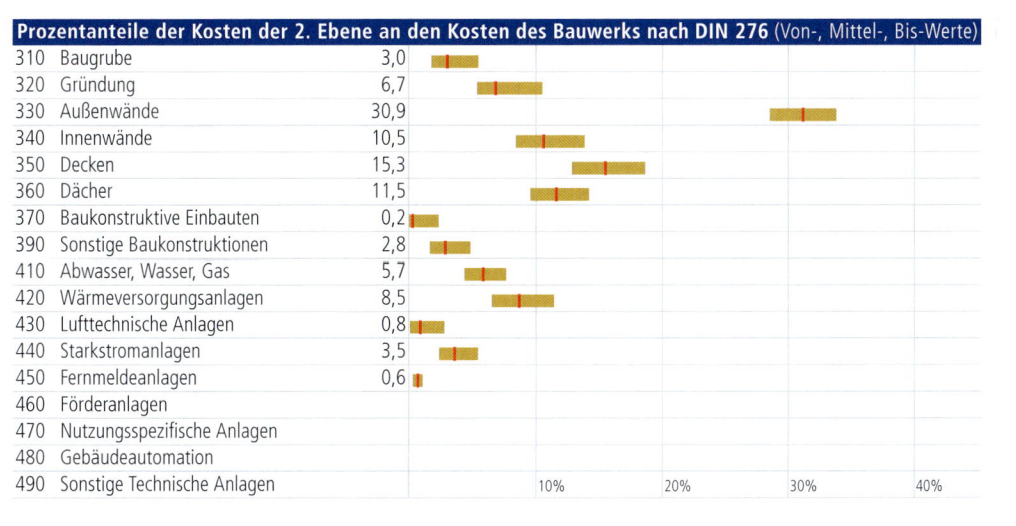

Prozentanteile der Kosten der 2. Ebene an den Kosten des Bauwerks nach DIN 276 (Von-, Mittel-, Bis-Werte)

KG		%
310	Baugrube	3,0
320	Gründung	6,7
330	Außenwände	30,9
340	Innenwände	10,5
350	Decken	15,3
360	Dächer	11,5
370	Baukonstruktive Einbauten	0,2
390	Sonstige Baukonstruktionen	2,8
410	Abwasser, Wasser, Gas	5,7
420	Wärmeversorgungsanlagen	8,5
430	Lufttechnische Anlagen	0,8
440	Starkstromanlagen	3,5
450	Fernmeldeanlagen	0,6
460	Förderanlagen	
470	Nutzungsspezifische Anlagen	
480	Gebäudeautomation	
490	Sonstige Technische Anlagen	

© BKI Baukosteninformationszentrum; Erläuterungen zu den Tabellen siehe Seite 48 und 50 — Kosten: 1.Quartal 2018, Bundesdurchschnitt, **inkl. 19% MwSt.**

Ein- und Zweifamilienhäuser, unterkellert, mittlerer Standard

Kosten:
Stand 1.Quartal 2018
Bundesdurchschnitt
inkl. 19% MwSt.

- ● KKW
- ▶ min
- ▷ von
- | Mittelwert
- ◁ bis
- ◀ max

Kostenkennwerte für Leistungsbereiche nach StLB (Kosten des Bauwerks nach DIN 276)

LB	Leistungsbereiche	▷ €/m² BGF		◁	▷ % an 300+400		◁
000	Sicherheits-, Baustelleneinrichtungen inkl. 001	18	30	47	1,5	2,5	4,0
002	Erdarbeiten	25	39	67	2,1	3,3	5,6
006	Spezialtiefbauarbeiten inkl. 005	–	–	–	–	–	–
009	Entwässerungskanalarbeiten inkl. 011	3	8	19	0,2	0,7	1,6
010	Drän- und Versickerungsarbeiten	0	4	11	0,0	0,3	0,9
012	Mauerarbeiten	68	148	210	5,7	12,4	17,6
013	Betonarbeiten	126	167	224	10,6	14,0	18,8
014	Natur-, Betonwerksteinarbeiten	1	6	27	0,0	0,5	2,3
016	Zimmer- und Holzbauarbeiten	33	76	207	2,8	6,4	17,3
017	Stahlbauarbeiten	0	7	29	0,0	0,6	2,4
018	Abdichtungsarbeiten	7	16	27	0,6	1,3	2,2
020	Dachdeckungsarbeiten	22	46	82	1,9	3,9	6,9
021	Dachabdichtungsarbeiten	1	8	33	0,1	0,6	2,8
022	Klempnerarbeiten	6	16	24	0,5	1,4	2,0
	Rohbau	503	571	678	42,2	47,9	56,8
023	Putz- und Stuckarbeiten, Wärmedämmsysteme	39	76	124	3,3	6,4	10,4
024	Fliesen- und Plattenarbeiten	19	36	58	1,6	3,0	4,9
025	Estricharbeiten	16	22	30	1,3	1,9	2,5
026	Fenster, Außentüren inkl. 029, 032	52	87	124	4,4	7,3	10,4
027	Tischlerarbeiten	26	45	83	2,1	3,8	6,9
028	Parkettarbeiten, Holzpflasterarbeiten	11	26	50	0,9	2,2	4,2
030	Rollladenarbeiten	2	18	31	0,1	1,5	2,6
031	Metallbauarbeiten inkl. 035	12	39	75	1,0	3,3	6,3
034	Maler- und Lackiererarbeiten inkl. 037	12	27	44	1,0	2,2	3,7
036	Bodenbelagarbeiten	1	6	22	0,1	0,5	1,9
038	Vorgehängte hinterlüftete Fassaden	–	1	–	–	0,1	–
039	Trockenbauarbeiten	8	25	49	0,7	2,1	4,1
	Ausbau	317	411	487	26,6	34,4	40,8
040	Wärmeversorgungsanl. - Betriebseinr. inkl. 041	70	92	126	5,8	7,7	10,6
042	Gas- und Wasserinstallation, Leitungen inkl. 043	9	17	26	0,8	1,4	2,2
044	Abwasserinstallationsarbeiten - Leitungen	4	9	19	0,4	0,7	1,6
045	GWA-Einrichtungsgegenstände inkl. 046	17	28	50	1,4	2,3	4,2
047	Dämmarbeiten an betriebstechnischen Anlagen	2	4	10	0,2	0,4	0,8
049	Feuerlöschanlagen, Feuerlöschgeräte	–	–	–	–	–	–
050	Blitzschutz- und Erdungsanlagen	1	2	4	0,1	0,2	0,3
052	Mittelspannungsanlagen	–	0	–	–	0,0	–
053	Niederspannungsanlagen inkl. 054	24	35	48	2,0	3,0	4,0
055	Ersatzstromversorgungsanlagen	–	4	–	–	0,3	–
057	Gebäudesystemtechnik	–	–	–	–	–	–
058	Leuchten und Lampen inkl. 059	0	2	6	0,0	0,1	0,5
060	Elektroakustische Anlagen, Sprechanlagen	1	3	8	0,1	0,3	0,7
061	Kommunikationsnetze, inkl. 062	1	3	7	0,1	0,3	0,6
063	Gefahrenmeldeanlagen	0	0	1	0,0	0,0	0,1
069	Aufzüge	–	–	–	–	–	–
070	Gebäudeautomation	–	–	–	–	–	–
075	Raumlufttechnische Anlagen	1	10	31	0,1	0,8	2,6
	Technische Anlagen	175	209	264	14,6	17,5	22,1
	Sonstige Leistungsbereiche inkl. 008, 033, 051	0	4	20	0,0	0,3	1,7

Planungskennwerte für Flächen und Rauminhalte nach DIN 277

Grundflächen		▷	Fläche/NUF (%)	◁	▷	Fläche/BGF (%)	◁
NUF	Nutzungsfläche		100,0		63,6	66,5	70,4
TF	Technikfläche	3,2	4,0	5,6	2,1	2,7	3,5
VF	Verkehrsfläche	13,3	15,6	20,0	8,6	10,4	12,4
NRF	Netto-Raumfläche	115,1	119,6	123,6	77,1	79,5	82,2
KGF	Konstruktions-Grundfläche	26,3	30,8	37,5	17,8	20,5	22,9
BGF	Brutto-Grundfläche	143,6	150,4	159,3		100,0	

Brutto-Rauminhalte		▷	BRI/NUF (m)	◁	▷	BRI/BGF (m)	◁
BRI	Brutto-Rauminhalt	4,28	4,54	4,88	2,88	3,02	3,17

Flächen von Nutzeinheiten	▷	NUF/Einheit (m²)	◁	▷	BGF/Einheit (m²)	◁
Nutzeinheit: Wohnfläche	1,11	1,25	1,40	1,68	1,87	2,11

Lufttechnisch behandelte Flächen	▷	Fläche/NUF (%)	◁	▷	Fläche/BGF (%)	◁
Entlüftete Fläche	–	11,2	–	–	7,0	–
Be- und entlüftete Fläche	91,0	91,0	91,0	55,2	55,2	55,2
Teilklimatisierte Fläche	–	–	–	–	–	–
Klimatisierte Fläche	–	–	–	–	–	–

KG	Kostengruppen (2. Ebene)	Einheit	▷	Menge/NUF	◁	▷	Menge/BGF	◁
310	Baugrube	m³ BGI	1,66	1,84	2,12	1,13	1,22	1,42
320	Gründung	m² GRF	0,47	0,53	0,59	0,32	0,36	0,40
330	Außenwände	m² AWF	1,27	1,53	1,68	0,86	1,02	1,16
340	Innenwände	m² IWF	0,89	1,06	1,52	0,61	0,70	0,96
350	Decken	m² DEF	0,70	0,89	0,97	0,46	0,59	0,63
360	Dächer	m² DAF	0,64	0,74	0,88	0,44	0,49	0,55
370	Baukonstruktive Einbauten	m² BGF	1,44	1,50	1,59		1,00	
390	Sonstige Baukonstruktionen	m² BGF	1,44	1,50	1,59		1,00	
300	Bauwerk-Baukonstruktionen	m² BGF	1,44	1,50	1,59		1,00	

Planungskennwerte für Bauzeiten — 40 Vergleichsobjekte

Bauzeit in Wochen: ▶ ca. 20, ▷ ca. 30, ◁ ca. 50, ◀ ca. 80 (Median ca. 40 Wochen)

Ein- und Zweifamilienhäuser, unterkellert, mittlerer Standard

€/m² BGF
min	910	€/m²
von	1.025	€/m²
Mittel	**1.195**	**€/m²**
bis	1.400	€/m²
max	1.650	€/m²

Kosten:
Stand 1.Quartal 2018
Bundesdurchschnitt
inkl. 19% MwSt.

Objektübersicht zur Gebäudeart

6100-1275 Einfamilienhaus - Effizienzhaus 70
BRI 1.018m³   **BGF** 413m²   **NUF** 276m²

Einfamilienhaus (178m² WFL) als Effizienzhaus 70, teilunterkellert. Mauerwerksbau.

Land: Nordrhein-Westfalen
Kreis: Rheinisch-Bergischer-Kreis
Standard: Durchschnitt
Bauzeit: 39 Wochen
Kennwerte: bis 1.Ebene DIN276

BGF 923 €/m²

Planung: Klotz Planen und Bauen GmbH & Co. KG; Schalksmühle

veröffentlicht: BKI Objektdaten E7

6100-1352 Einfamilienhaus, Carport
BRI 885m³   **BGF** 293m²   **NUF** 206m²

Einfamilienhaus (180m² WFL) mit Carport. Massivbau.

Land: Nordrhein-Westfalen
Kreis: Rhein-Sieg-Kreis
Standard: Durchschnitt
Bauzeit: 52 Wochen
Kennwerte: bis 1.Ebene DIN276

BGF 1.494 €/m²

Planung: Architekturbüro Freudenberg; Bad Honnef

vorgesehen: BKI Objektdaten N16

6100-1102 Einfamilienhaus - Effizienzhaus 70
BRI 891m³   **BGF** 271m²   **NUF** 184m²

Einfamilienhaus (161m² WFL) als Effizienzhaus 70. Massivbau.

Land: Hamburg
Kreis: Hamburg
Standard: Durchschnitt
Bauzeit: 43 Wochen
Kennwerte: bis 1.Ebene DIN276

BGF 1.308 €/m²

Planung: gnosa architekten; Hamburg

veröffentlicht: BKI Objektdaten E6

6100-1123 Einfamilienhaus - Effizienzhaus 55
BRI 933m³   **BGF** 324m²   **NUF** 191m²

Einfamilienhaus. Mauerwerksbau.

Land: Sachsen
Kreis: Dresden
Standard: Durchschnitt
Bauzeit: 35 Wochen
Kennwerte: bis 3.Ebene DIN276

BGF 1.235 €/m²

Planung: eckehardt schmidt architekten; Dresden

veröffentlicht: BKI Objektdaten E6

Objektübersicht zur Gebäudeart

6100-1200 Einfamilienhaus - Effizienzhaus 70

BRI 1.177m³ **BGF** 346m² **NUF** 210m²

Einfamilienhaus Effizienzhaus 70. Mauerwerksbau, Holz-Mansarddach.

Land: Brandenburg
Kreis: Potsdam-Mittelmark
Standard: Durchschnitt
Bauzeit: 39 Wochen
Kennwerte: bis 3.Ebene DIN276

BGF 1.466 €/m²

Planung: Sommer + Sommer Architekten BDA; Berlin

veröffentlicht: BKI Objektdaten E7

6100-1054 Einfamilienhaus, Garage

BRI 926m³ **BGF** 313m² **NUF** 206m²

Einfamilienhaus (169m² WFL) mit Garage. Mauerwerksbau.

Land: Thüringen
Kreis: Erfurt
Standard: Durchschnitt
Bauzeit: 34 Wochen
Kennwerte: bis 1.Ebene DIN276

BGF 1.088 €/m²

Planung: Funken Architekten; Erfurt

veröffentlicht: BKI Objektdaten N12

6100-1082 Einfamilienhaus - Effizienzhaus 55

BRI 1.038m³ **BGF** 365m² **NUF** 258m²

Einfamilienwohnhaus mit Carport. Massivbau.

Land: Baden-Württemberg
Kreis: Breisgau-Hochschwarzwald
Standard: Durchschnitt
Bauzeit: 26 Wochen
Kennwerte: bis 3.Ebene DIN276

BGF 1.028 €/m²

Planung: Werkgruppe Freiburg Architekten; Freiburg

veröffentlicht: BKI Objektdaten E6

6100-1171 Einfamilienhaus, Garage

BRI 1.070m³ **BGF** 336m² **NUF** 211m²

Einfamilienhaus (155m² WFL), mit Garage. Mauerwerksbau.

Land: Nordrhein-Westfalen
Kreis: Köln
Standard: Durchschnitt
Bauzeit: 47 Wochen
Kennwerte: bis 1.Ebene DIN276

BGF 1.348 €/m²

Planung: stkn architekten; Köln

veröffentlicht: BKI Objektdaten N13

Ein- und Zwei- familienhäuser, unterkellert, mittlerer Standard

€/m² BGF
min	910 €/m²
von	1.025 €/m²
Mittel	**1.195 €/m²**
bis	1.400 €/m²
max	1.650 €/m²

Kosten:
Stand 1.Quartal 2018
Bundesdurchschnitt
inkl. 19% MwSt.

Objektübersicht zur Gebäudeart

6100-1060 Stadthaus (1 WE) — BRI 760m³ | BGF 262m² | NUF 189m²

Stadthaus (156m² WFL). Massivbauweise.

Land: Berlin
Kreis: Steglitz-Zehlendorf
Standard: Durchschnitt
Bauzeit: 43 Wochen
Kennwerte: bis 1.Ebene DIN276

BGF 912 €/m²

Planung: Kromat Bauplanungs- Service GmbH; KW-Zernsdorf

veröffentlicht: BKI Objektdaten N13

6100-1145 Einfamilienhaus, Carport — BRI 820m³ | BGF 296m² | NUF 212m²

Einfamilienhaus an Hanglage mit 199m² WFL. Mauerwerksbau.

Land: Baden-Württemberg
Kreis: Konstanz
Standard: Durchschnitt
Bauzeit: 34 Wochen
Kennwerte: bis 1.Ebene DIN276

BGF 1.137 €/m²

Planung: Architekturbüro Sebastian Baingo; Radolfzell

veröffentlicht: BKI Objektdaten N13

6100-0890 Einfamilienhaus - Sonnenhaus* — BRI 1.500m³ | BGF 447m² | NUF 275m²

Einfamilienhaus mit Garage als Sonnenhaus (257m² WFL). Mauerwerksbau.

Land: Österreich
Kreis: Salzburg
Standard: Durchschnitt
Bauzeit: 39 Wochen
Kennwerte: bis 1.Ebene DIN276

BGF 1.353 €/m²

Planung: Architekt Werner Vogt und Ludwig Aicher Bau GmbH; Fridolfing

veröffentlicht: BKI Objektdaten E5
*Nicht in der Auswertung enthalten

6100-1103 Einfamilienhaus - Effizienzhaus 85 — BRI 892m³ | BGF 256m² | NUF 146m²

Einfamilienhaus (165m² WFL) als Effizienzhaus 85. Massivbau.

Land: Bayern
Kreis: Regensburg
Standard: Durchschnitt
Bauzeit: 26 Wochen
Kennwerte: bis 1.Ebene DIN276

BGF 1.650 €/m²

Planung: fabi architekten bda; Regensburg

veröffentlicht: BKI Objektdaten E6

Objektübersicht zur Gebäudeart

6100-1104 Einfamilienhaus, Doppelgarage - Effizienzhaus 85   BRI 1.345m³   BGF 385m²   NUF 271m²

Einfamilienhaus (191m² WFL) mit Doppelgarage als Effizienzhaus 85. Massivbau.

Land: Bayern
Kreis: Regensburg
Standard: Durchschnitt
Bauzeit: 82 Wochen
Kennwerte: bis 1.Ebene DIN276

BGF   1.082 €/m²

Planung: fabi architekten bda; Regensburg

veröffentlicht: BKI Objektdaten E6

6100-0833 Einfamilienhaus   BRI 770m³   BGF 267m²   NUF 164m²

Einfamilienhaus mit Carport, unterkellert (140m² WFL). Mauerwerksbau.

Land: Baden-Württemberg
Kreis: Calw
Standard: Durchschnitt
Bauzeit: 30 Wochen
Kennwerte: bis 1.Ebene DIN276

BGF   1.238 €/m²

Planung: Bonasera Architekten Nagold; Nagold

veröffentlicht: BKI Objektdaten N11

6100-0955 Einfamilienhaus, Garage   BRI 890m³   BGF 299m²   NUF 206m²

Einfamilienhaus (168m² WFL). Mauerwerksbau.

Land: Bayern
Kreis: Nürnberger Land
Standard: Durchschnitt
Bauzeit: 60 Wochen
Kennwerte: bis 1.Ebene DIN276

BGF   1.039 €/m²

Planung: B19 ARCHITEKTEN BDA; Barchfeld-Immelborn

veröffentlicht: BKI Objektdaten N11

6100-0697 Einfamilienhaus   BRI 1.173m³   BGF 389m²   NUF 251m²

Einfamilienhaus (165m² WFL). Mauerwerksbau; Stb-Decken; Holzdachkonstruktion.

Land: Brandenburg
Kreis: Potsdam
Standard: Durchschnitt
Bauzeit: 30 Wochen
Kennwerte: bis 4.Ebene DIN276

BGF   1.020 €/m²

Planung: TSSB architekten.ingenieure . Berlin; Berlin

veröffentlicht: BKI Objektdaten N10

© **BKI** Baukosteninformationszentrum; Erläuterungen zu den Tabellen siehe Seite 56   Kosten: 1.Quartal 2018, Bundesdurchschnitt, **inkl. 19% MwSt.**

Ein- und Zweifamilienhäuser, unterkellert, mittlerer Standard

€/m² BGF

min	910	€/m²
von	1.025	€/m²
Mittel	**1.195**	**€/m²**
bis	1.400	€/m²
max	1.650	€/m²

Kosten:
Stand 1.Quartal 2018
Bundesdurchschnitt
inkl. 19% MwSt.

Objektübersicht zur Gebäudeart

6100-0771 Einfamilienhaus - Effizienzhaus 55
BRI 1.062m³   **BGF** 318m²   **NUF** 220m²

Einfamilienwohnhaus, Effizienzhaus 55. Mauerwerksbau.

Land: Rheinland-Pfalz
Kreis: Frankenthal/Pfalz
Standard: Durchschnitt
Bauzeit: 39 Wochen
Kennwerte: bis 1.Ebene DIN276

BGF 1.147 €/m²

veröffentlicht: BKI Objektdaten E4

6100-0860 Einfamilienhaus
BRI 661m³   **BGF** 226m²   **NUF** 136m²

Einfamilienhaus (144m² WFL). Mauerwerksbau.

Land: Brandenburg
Kreis: Brandenburg
Standard: Durchschnitt
Bauzeit: 39 Wochen
Kennwerte: bis 1.Ebene DIN276

BGF 1.214 €/m²

Planung: Märkplan GmbH; Brandenburg

veröffentlicht: BKI Objektdaten N11

6100-0869 Einfamilienhaus
BRI 1.024m³   **BGF** 350m²   **NUF** 221m²

Einfamilienhaus, gestaffelte Bauweise (184m² WFL). Unterrichtsraum für Musikschüler im EG. Mauerwerksbau.

Land: Brandenburg
Kreis: Potsdam
Standard: Durchschnitt
Bauzeit: 52 Wochen
Kennwerte: bis 1.Ebene DIN276

BGF 1.321 €/m²

Planung: wening.architekten; Potsdam

veröffentlicht: BKI Objektdaten N11

6100-0887 Einfamilienhaus, Garage - Passivhaus
BRI 1.295m³   **BGF** 385m²   **NUF** 294m²

Einfamilienhaus mit Garage (160m² WFL). Mauerwerksbau.

Land: Baden-Württemberg
Kreis: Esslingen a.N.
Standard: Durchschnitt
Bauzeit: 34 Wochen
Kennwerte: bis 1.Ebene DIN276

BGF 1.099 €/m²

Planung: BERTRAM KILTZ ARCHITEKT; Kirchheim-Teck

veröffentlicht: BKI Objektdaten N11

Objektübersicht zur Gebäudeart

6100-0953 Einfamilienhaus, Garage - KfW 40   BRI 1.172m³   BGF 390m²   NUF 232m²

Einfamilienhaus (241m² WFL), KfW 40. Unterirdische Verbindung zu einer Doppelgarage. Mauerwerksbau.

Land: Baden-Württemberg
Kreis: Göppingen
Standard: Durchschnitt
Bauzeit: 47 Wochen
Kennwerte: bis 1.Ebene DIN276

BGF   1.449 €/m²

Planung: architekturbüro arch +/- 4 Freier Architekt Niko Moll; Bissingen an der Teck

veröffentlicht: BKI Objektdaten N11

6100-0669 Einfamilienhaus   BRI 1.092m³   BGF 343m²   NUF 218m²

Einfamilienwohnhaus (161m² WFL), Doppelgarage. Mauerwerksbau; Stb-Decken; Holzdachkonstruktion.

Land: Nordrhein-Westfalen
Kreis: Coesfeld
Standard: Durchschnitt
Bauzeit: 56 Wochen
Kennwerte: bis 4.Ebene DIN276

BGF   1.038 €/m²

Planung: Architekt Dipl.-Ing. Marcel Köhler; Lüdinghausen

veröffentlicht: BKI Objektdaten N9

6100-0699 Einfamilienhaus   BRI 1.036m³   BGF 365m²   NUF 241m²

Einfamilienwohnhaus. Mauerwerksbau; Stb-Filigrandecke; Holzsatteldach.

Land: Nordrhein-Westfalen
Kreis: Paderborn
Standard: Durchschnitt
Bauzeit: 35 Wochen
Kennwerte: bis 1.Ebene DIN276

BGF   943 €/m²

Planung: Architekturbüro Dipl.-Ing. Sebastian Jacobs; Paderborn

veröffentlicht: BKI Objektdaten N10

6100-0758 Einfamilienhaus - KfW 40   BRI 801m³   BGF 261m²   NUF 170m²

Einfamilienwohnhaus KfW 40, unterkellert. Mauerwerksbau.

Land: Rheinland-Pfalz
Kreis: Zweibrücken
Standard: Durchschnitt
Bauzeit: 34 Wochen
Kennwerte: bis 1.Ebene DIN276

BGF   1.169 €/m²

veröffentlicht: BKI Objektdaten E4

Ein- und Zweifamilienhäuser, unterkellert, mittlerer Standard

€/m² BGF

min	910	€/m²
von	1.025	€/m²
Mittel	**1.195**	**€/m²**
bis	1.400	€/m²
max	1.650	€/m²

Kosten:
Stand 1.Quartal 2018
Bundesdurchschnitt
inkl. 19% MwSt.

Objektübersicht zur Gebäudeart

6100-0823 Einfamilienhaus
BRI 1.001m³ **BGF** 336m² **NUF** 255m²

Einfamilienhaus mit Einliegerwohnung (2 WE). Mauerwerksbau.

Land: Sachsen
Kreis: Dresden
Standard: Durchschnitt
Bauzeit: 61 Wochen
Kennwerte: bis 1.Ebene DIN276

BGF 1.300 €/m²

Planung: Planungsgemeinschaft Julia Heisenberg + Anja Oehler-Brenner; Dresden

veröffentlicht: BKI Objektdaten N10

6100-0876 Einfamilienhaus
BRI 871m³ **BGF** 268m² **NUF** 201m²

Einfamilienhaus (147m² WFL). Mauerwerksbau.

Land: Baden-Württemberg
Kreis: Ravensburg
Standard: Durchschnitt
Bauzeit: 47 Wochen
Kennwerte: bis 1.Ebene DIN276

BGF 1.291 €/m²

Planung: spaeth architekten Stuttgart; Stuttgart

veröffentlicht: BKI Objektdaten N11

6100-0886 Doppelhaushälfte (2 WE) - KfW 60
BRI 1.059m³ **BGF** 381m² **NUF** 246m²

Doppelhaushälfte mit ELW, KfW 60 (197m² WFL). Mauerwerksbau.

Land: Baden-Württemberg
Kreis: Esslingen a.N.
Standard: Durchschnitt
Bauzeit: 48 Wochen
Kennwerte: bis 1.Ebene DIN276

BGF 1.024 €/m²

Planung: BERTRAM KILTZ ARCHITEKT; Kirchheim-Teck

veröffentlicht: BKI Objektdaten E4

6100-0894 Einfamilienhaus
BRI 904m³ **BGF** 295m² **NUF** 214m²

Einfamilienhaus (226m² WFL) an steiler Hanglage. Großzügige Balkone und Vordächer. Mauerwerksbau.

Land: Bayern
Kreis: Regensburg
Standard: Durchschnitt
Bauzeit: 52 Wochen
Kennwerte: bis 1.Ebene DIN276

BGF 1.533 €/m²

Planung: Dipl. Ing. Christian Kirchberger Architekt; Regensburg

veröffentlicht: BKI Objektdaten N11

Objektübersicht zur Gebäudeart

6100-0656 Einfamilienhaus | BRI 936 m³ | BGF 350 m² | NUF 191 m²

Wohnen, Flexible Nutzungsstruktur. Mauerwerksbau, Holzdachkonstruktion.

Land: Nordrhein-Westfalen
Kreis: Coesfeld
Standard: Durchschnitt
Bauzeit: 26 Wochen
Kennwerte: bis 1.Ebene DIN276

BGF   1.002 €/m²

Planung: Brüning + Hart Architekten GbR; Münster

veröffentlicht: BKI Objektdaten N9

6100-0662 Einfamilienhaus | BRI 1.084 m³ | BGF 357 m² | NUF 258 m²

Einfamilienwohnhaus, Holzbauweise (194 m² WFL), Garage. Mauerwerksbau; Stb-Decken; Holzdachkonstruktion.

Land: Hessen
Kreis: Bergstraße
Standard: Durchschnitt
Bauzeit: 39 Wochen
Kennwerte: bis 3.Ebene DIN276

BGF   1.404 €/m²

Planung: Architekt Dipl.-Ing. Alexander Böhm; Heidelberg

veröffentlicht: BKI Objektdaten N10

6100-0676 Einfamilienhaus - KfW 60 | BRI 1.251 m³ | BGF 371 m² | NUF 278 m²

Einfamilienwohnhaus (170 m² WFL), KfW 60 Standard, Doppelgarage, Wärmepumpe. Mauerwerksbau; Stb-Decke; Holzdachkonstruktion.

Land: Bayern
Kreis: Berchtesgadener Land
Standard: Durchschnitt
Bauzeit: 43 Wochen
Kennwerte: bis 4.Ebene DIN276

BGF   1.211 €/m²

Planung: Planungsgruppe 5.4.3 Architekten & Ingenieure GbR; Freilassing

veröffentlicht: BKI Objektdaten N9

6100-0750 Einfamilienhaus, Einliegerwohnung | BRI 1.213 m³ | BGF 420 m² | NUF 286 m²

Einfamilienhaus mit Einliegerwohnung (240 m² WFL), Sauna, Doppelgarage. Mauerwerksbau.

Land: Baden-Württemberg
Kreis: Böblingen
Standard: Durchschnitt
Bauzeit: 43 Wochen
Kennwerte: bis 3.Ebene DIN276

BGF   1.086 €/m²

Planung: BAUART X Ltd. Ingenieurgesellschaft für Bauwesen; Stuttgart

veröffentlicht: BKI Objektdaten N12

Ein- und Zweifamilienhäuser, unterkellert, mittlerer Standard

€/m² BGF
min	910	€/m²
von	1.025	€/m²
Mittel	**1.195**	**€/m²**
bis	1.400	€/m²
max	1.650	€/m²

Kosten:
Stand 1.Quartal 2018
Bundesdurchschnitt
inkl. 19% MwSt.

Objektübersicht zur Gebäudeart

6100-0562 Einfamilienhaus
BRI 1.120m³   **BGF** 379m²   **NUF** 265m²

Einfamilienhaus (159m² WFL II.BVO). Mauerwerksbau mit Stb-Decken und geneigtem Holzdach.

Land: Sachsen-Anhalt
Kreis: Halle (Saale), Stadt
Standard: Durchschnitt
Bauzeit: 21 Wochen
Kennwerte: bis 3.Ebene DIN276

BGF   **1.105 €/m²**

Planung: Architektur- & Ingenieurbüro Dipl.-Ing. Reinhard Pescht; Sangerhausen

veröffentlicht: BKI Objektdaten N7

6100-0569 Einfamilienhaus, Doppelgarage
BRI 936m³   **BGF** 323m²   **NUF** 215m²

Einfamilienhaus mit Doppelgarage. Mauerwerksbau.

Land: Nordrhein-Westfalen
Kreis: Recklinghausen
Standard: Durchschnitt
Bauzeit: 47 Wochen
Kennwerte: bis 4.Ebene DIN276

BGF   **1.019 €/m²**

Planung: Architekturbüro pizolka & heintze; Recklinghausen

veröffentlicht: BKI Objektdaten N8

6100-0570 Zweifamilienhaus
BRI 1.303m³   **BGF** 415m²   **NUF** 334m²

Zweifamilienhaus (286m² WFL) mit Sauna, Hanglage, Höhenunterschied 3,5m. Mauerwerksbau.

Land: Berlin
Kreis: Berlin
Standard: Durchschnitt
Bauzeit: 39 Wochen
Kennwerte: bis 4.Ebene DIN276

BGF   **1.458 €/m²**

Planung: Architekt Olaf Reimann; Berlin

veröffentlicht: BKI Objektdaten N8

6100-0600 Doppelhaushälfte - KfW 40
BRI 721m³   **BGF** 230m²   **NUF** 143m²

Doppelhaushälfte mit Büroraum (189m² WFL). Mauerwerksbau.

Land: Hessen
Kreis: Darmstadt-Dieburg
Standard: Durchschnitt
Bauzeit: 25 Wochen
Kennwerte: bis 3.Ebene DIN276

BGF   **1.345 €/m²**

Planung: Architektin Dipl.-Ing. Reichard-Matkowski; Modautal

veröffentlicht: BKI Objektdaten N8

Objektübersicht zur Gebäudeart

6100-0615 Einfamilienhaus   BRI 979m³   BGF 370m²   NUF 251m²

Einfamilienhaus mit Garage, (163m² WFL). Mauerwerksbau.

Land: Hessen
Kreis: Darmstadt-Dieburg
Standard: Durchschnitt
Bauzeit: 65 Wochen
Kennwerte: bis 3.Ebene DIN276

BGF   976 €/m²

Planung: Schlösser Architecture Management GmbH; Babenhausen

veröffentlicht: BKI Objektdaten N9

6100-0632 Einfamilienhaus - 3-Liter-Haus   BRI 858m³   BGF 250m²   NUF 168m²

Einfamilienhaus mit Carport. Mauerwerksbau.

Land: Nordrhein-Westfalen
Kreis: Steinfurt
Standard: Durchschnitt
Bauzeit: 43 Wochen
Kennwerte: bis 2.Ebene DIN276

BGF   1.328 €/m²

Planung: Dipl.-Ing. Hans Dresen; Münster

veröffentlicht: BKI Objektdaten E3

6100-0535 Einfamilienhaus, Garage   BRI 1.640m³   BGF 633m²   NUF 469m²

Einfamilienhaus mit Garage (342m² WFL II.BVO), Terrasse im EG (179m²). Mauerwerksbau.

Land: Baden-Württemberg
Kreis: Breisgau-Hochschwarzwald
Standard: Durchschnitt
Bauzeit: 56 Wochen
Kennwerte: bis 3.Ebene DIN276

BGF   949 €/m²

Planung: Grossmann Architects; Kehl

veröffentlicht: BKI Objektdaten N7

6100-0557 Einfamilienhaus   BRI 1.221m³   BGF 435m²   NUF 246m²

Einfamilienhaus (300m² WFL). Mauerwerksbau.

Land: Mecklenburg-Vorpommern
Kreis: Schwerin
Standard: Durchschnitt
Bauzeit: 30 Wochen
Kennwerte: bis 3.Ebene DIN276

BGF   1.065 €/m²

Planung: Freischaffender Architekt Dipl.-Ing. (FH) F.-K. Curschmann; Schwerin

veröffentlicht: BKI Objektdaten N9

© **BKI** Baukosteninformationszentrum; Erläuterungen zu den Tabellen siehe Seite 56   Kosten: 1.Quartal 2018, Bundesdurchschnitt, **inkl. 19% MwSt.**

Ein- und Zwei-familienhäuser, unterkellert, mittlerer Standard

€/m² BGF
min	910	€/m²
von	1.025	€/m²
Mittel	**1.195**	**€/m²**
bis	1.400	€/m²
max	1.650	€/m²

Kosten:
Stand 1.Quartal 2018
Bundesdurchschnitt
inkl. 19% MwSt.

Objektübersicht zur Gebäudeart

6100-0572 Einfamilienhaus mit ELW   **BRI** 939m³   **BGF** 291m²   **NUF** 185m²

Wohnhaus mit Einliegerwohnung. Mauerwerksbau mit Stb-Decken und geneigtem Holzdach.

© Nemesis Aesthetics Becker + Ohlmann

Planung: Nemesis Aesthetics Becker + Ohlmann; Kassel

Land: Hessen
Kreis: Lahn-Dill, Wetzlar
Standard: Durchschnitt
Bauzeit: 34 Wochen
Kennwerte: bis 3.Ebene DIN276

BGF   **1.280 €/m²**

veröffentlicht: BKI Objektdaten N8

Wohnen

Ein- und Zweifamilienhäuser, unterkellert, hoher Standard

Kostenkennwerte für die Kosten des Bauwerks (Kostengruppen 300+400 nach DIN 276)

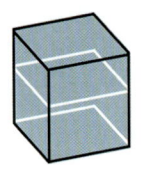

BRI 480 €/m³
von 400 €/m³
bis 560 €/m³

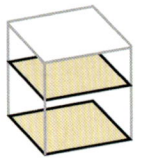

BGF 1.500 €/m²
von 1.270 €/m²
bis 1.810 €/m²

NUF 2.310 €/m²
von 1.920 €/m²
bis 2.840 €/m²

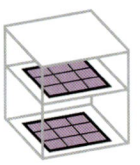

NE 2.760 €/NE
von 2.210 €/NE
bis 3.450 €/NE
NE: Wohnfläche

Kosten:
Stand 1. Quartal 2018
Bundesdurchschnitt
inkl. 19% MwSt.

Objektbeispiele

6100-1331

6100-1354

6100-1122

Kosten der 48 Vergleichsobjekte — Seiten 334 bis 346

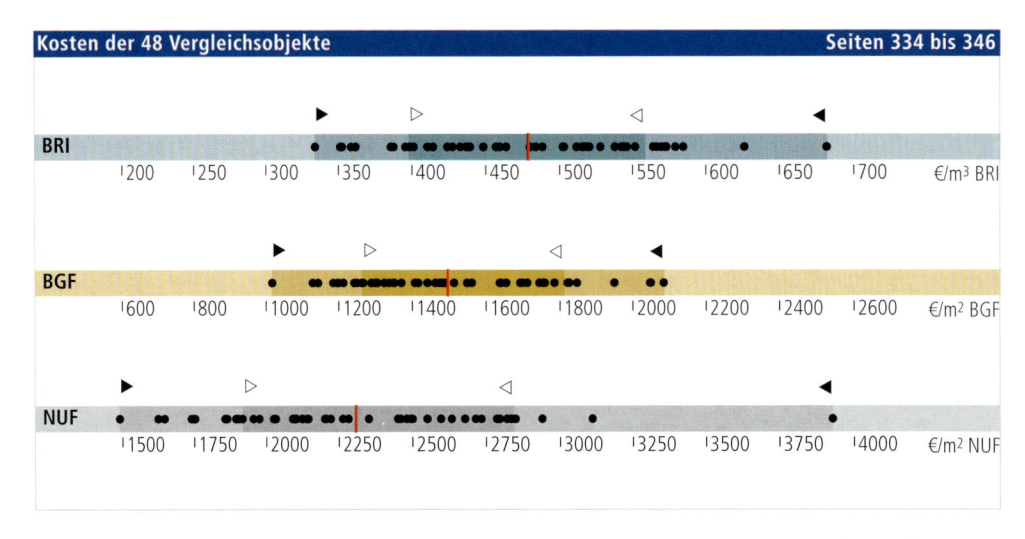

- ● KKW
- ▶ min
- ▷ von
- | Mittelwert
- ◁ bis
- ◀ max

BRI (€/m³ BRI): 200, 250, 300, 350, 400, 450, 500, 550, 600, 650, 700

BGF (€/m² BGF): 600, 800, 1000, 1200, 1400, 1600, 1800, 2000, 2200, 2400, 2600

NUF (€/m² NUF): 1500, 1750, 2000, 2250, 2500, 2750, 3000, 3250, 3500, 3750, 4000

© BKI Baukosteninformationszentrum; Erläuterungen zu den Tabellen siehe Seite 46   Kosten: 1.Quartal 2018, Bundesdurchschnitt, **inkl. 19% MwSt.**

Kostenkennwerte für die Kostengruppen der 1. und 2. Ebene DIN 276

KG	Kostengruppen der 1. Ebene	Einheit	▷	€/Einheit	◁	▷	% an 300+400	◁
100	Grundstück	m² GF	–	–	–	–	–	–
200	Herrichten und Erschließen	m² GF	5	**15**	67	0,6	**1,4**	3,0
300	Bauwerk - Baukonstruktionen	m² BGF	999	**1.203**	1.444	75,9	**80,5**	84,5
400	Bauwerk - Technische Anlagen	m² BGF	218	**292**	385	15,5	**19,5**	24,1
	Bauwerk (300+400)	m² BGF	1.267	**1.495**	1.810		**100,0**	
500	Außenanlagen	m² AF	42	**116**	327	3,6	**7,1**	11,7
600	Ausstattung und Kunstwerke	m² BGF	22	**63**	156	1,2	**4,6**	10,5
700	Baunebenkosten*	m² BGF	346	**386**	426	23,3	**25,9**	28,6 ◁ NEU

* Auf Grundlage der HOAI 2013 berechnete Werte nach §§ 35, 52, 56. Weitere Informationen siehe Seite 50

KG	Kostengruppen der 2. Ebene	Einheit	▷	€/Einheit	◁	▷	% an 300	◁
310	Baugrube	m³ BGI	5	**19**	24	1,0	**2,6**	3,3
320	Gründung	m² GRF	202	**253**	343	6,9	**8,3**	13,4
330	Außenwände	m² AWF	362	**458**	555	36,4	**41,8**	50,4
340	Innenwände	m² IWF	169	**216**	260	9,2	**13,1**	15,5
350	Decken	m² DEF	292	**357**	468	14,4	**17,9**	23,7
360	Dächer	m² DAF	242	**322**	389	9,0	**11,9**	15,3
370	Baukonstruktive Einbauten	m² BGF	9	**21**	49	0,2	**1,2**	3,4
390	Sonstige Baukonstruktionen	m² BGF	24	**39**	65	2,1	**3,3**	5,9
300	**Bauwerk Baukonstruktionen**	**m² BGF**					**100,0**	

KG	Kostengruppen der 2. Ebene	Einheit	▷	€/Einheit	◁	▷	% an 400	◁
410	Abwasser, Wasser, Gas	m² BGF	58	**89**	144	20,1	**28,2**	41,4
420	Wärmeversorgungsanlagen	m² BGF	98	**127**	162	33,2	**41,5**	53,2
430	Lufttechnische Anlagen	m² BGF	16	**33**	54	0,0	**5,2**	12,6
440	Starkstromanlagen	m² BGF	35	**61**	127	11,5	**17,9**	27,2
450	Fernmeldeanlagen	m² BGF	9	**16**	39	2,7	**4,8**	8,4
460	Förderanlagen	m² BGF	–	–	–	–	–	–
470	Nutzungsspezifische Anlagen	m² BGF	–	–	–	–	–	–
480	Gebäudeautomation	m² BGF	35	**38**	44	0,0	**2,4**	10,7
490	Sonstige Technische Anlagen	m² BGF	–	–	–	–	–	–
400	**Bauwerk Technische Anlagen**	**m² BGF**					**100,0**	

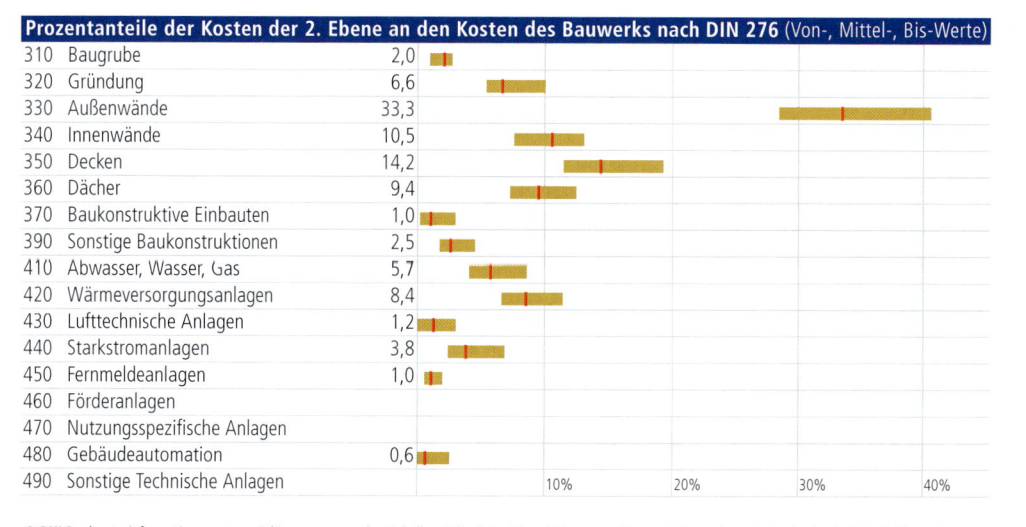

Prozentanteile der Kosten der 2. Ebene an den Kosten des Bauwerks nach DIN 276 (Von-, Mittel-, Bis-Werte)

KG	Bezeichnung	Mittelwert %
310	Baugrube	2,0
320	Gründung	6,6
330	Außenwände	33,3
340	Innenwände	10,5
350	Decken	14,2
360	Dächer	9,4
370	Baukonstruktive Einbauten	1,0
390	Sonstige Baukonstruktionen	2,5
410	Abwasser, Wasser, Gas	5,7
420	Wärmeversorgungsanlagen	8,4
430	Lufttechnische Anlagen	1,2
440	Starkstromanlagen	3,8
450	Fernmeldeanlagen	1,0
460	Förderanlagen	
470	Nutzungsspezifische Anlagen	
480	Gebäudeautomation	0,6
490	Sonstige Technische Anlagen	

© **BKI** Baukosteninformationszentrum; Erläuterungen zu den Tabellen siehe Seite 48 und 50   Kosten: 1.Quartal 2018, Bundesdurchschnitt, inkl. 19% MwSt.

Ein- und Zweifamilienhäuser, unterkellert, hoher Standard

Kosten: Stand 1. Quartal 2018, Bundesdurchschnitt inkl. 19% MwSt.

- ● KKW
- ▶ min
- ▷ von
- | Mittelwert
- ◁ bis
- ◀ max

Kostenkennwerte für Leistungsbereiche nach StLB (Kosten des Bauwerks nach DIN 276)

LB	Leistungsbereiche	▷	€/m² BGF	◁	▷	% an 300+400	◁
000	Sicherheits-, Baustelleneinrichtungen inkl. 001	22	33	51	1,5	2,2	3,4
002	Erdarbeiten	24	38	49	1,6	2,6	3,3
006	Spezialtiefbauarbeiten inkl. 005	–	–	–	–	–	–
009	Entwässerungskanalarbeiten inkl. 011	4	9	15	0,3	0,6	1,0
010	Drän- und Versickerungsarbeiten	1	4	11	0,0	0,3	0,7
012	Mauerarbeiten	52	99	150	3,4	6,6	10,0
013	Betonarbeiten	215	252	331	14,4	16,8	22,1
014	Natur-, Betonwerksteinarbeiten	1	15	51	0,1	1,0	3,4
016	Zimmer- und Holzbauarbeiten	5	40	69	0,4	2,7	4,6
017	Stahlbauarbeiten	0	9	65	0,0	0,6	4,3
018	Abdichtungsarbeiten	6	18	34	0,4	1,2	2,3
020	Dachdeckungsarbeiten	6	27	56	0,4	1,8	3,8
021	Dachabdichtungsarbeiten	2	27	59	0,2	1,8	4,0
022	Klempnerarbeiten	12	17	41	0,8	1,2	2,7
	Rohbau	493	589	646	33,0	39,4	43,2
023	Putz- und Stuckarbeiten, Wärmedämmsysteme	75	110	165	5,0	7,4	11,0
024	Fliesen- und Plattenarbeiten	13	32	56	0,9	2,2	3,8
025	Estricharbeiten	14	21	28	0,9	1,4	1,9
026	Fenster, Außentüren inkl. 029, 032	91	151	226	6,1	10,1	15,1
027	Tischlerarbeiten	28	64	116	1,9	4,3	7,8
028	Parkettarbeiten, Holzpflasterarbeiten	21	47	82	1,4	3,1	5,5
030	Rollladenarbeiten	17	34	54	1,1	2,3	3,6
031	Metallbauarbeiten inkl. 035	19	61	115	1,3	4,1	7,7
034	Maler- und Lackiererarbeiten inkl. 037	22	36	59	1,5	2,4	3,9
036	Bodenbelagarbeiten	0	7	23	0,0	0,4	1,6
038	Vorgehängte hinterlüftete Fassaden	–	5	–	–	0,4	–
039	Trockenbauarbeiten	25	49	75	1,7	3,3	5,0
	Ausbau	569	619	693	38,0	41,4	46,4
040	Wärmeversorgungsanl. - Betriebseinr. inkl. 041	89	115	161	5,9	7,7	10,8
042	Gas- und Wasserinstallation, Leitungen inkl. 043	11	17	30	0,7	1,1	2,0
044	Abwasserinstallationsarbeiten - Leitungen	6	11	28	0,4	0,8	1,9
045	GWA-Einrichtungsgegenstände inkl. 046	21	37	58	1,4	2,5	3,9
047	Dämmarbeiten an betriebstechnischen Anlagen	2	5	9	0,1	0,4	0,6
049	Feuerlöschanlagen, Feuerlöschgeräte	–	–	–	–	–	–
050	Blitzschutz- und Erdungsanlagen	1	3	6	0,1	0,2	0,4
052	Mittelspannungsanlagen	–	–	–	–	–	–
053	Niederspannungsanlagen inkl. 054	32	49	71	2,1	3,3	4,8
055	Ersatzstromversorgungsanlagen	–	0	–	–	0,0	–
057	Gebäudesystemtechnik	–	2	–	–	0,2	–
058	Leuchten und Lampen inkl. 059	1	8	21	0,1	0,5	1,4
060	Elektroakustische Anlagen, Sprechanlagen	2	4	11	0,1	0,3	0,7
061	Kommunikationsnetze, inkl. 062	3	8	13	0,2	0,5	0,8
063	Gefahrenmeldeanlagen	0	1	4	0,0	0,1	0,3
069	Aufzüge	–	–	–	–	–	–
070	Gebäudeautomation	0	6	40	0,0	0,4	2,7
075	Raumlufttechnische Anlagen	0	18	44	0,0	1,2	2,9
	Technische Anlagen	218	286	352	14,6	19,2	23,5
	Sonstige Leistungsbereiche inkl. 008, 033, 051	0	3	10	0,0	0,2	0,6

© BKI Baukosteninformationszentrum; Erläuterungen zu den Tabellen siehe Seite 52 — Kosten: 1. Quartal 2018, Bundesdurchschnitt, inkl. 19% MwSt.

Planungskennwerte für Flächen und Rauminhalte nach DIN 277

Grundflächen			▷	Fläche/NUF (%)	◁	▷	Fläche/BGF (%)	◁
NUF	Nutzungsfläche			100,0		61,3	64,7	68,6
TF	Technikfläche		3,7	4,7	9,2	2,3	3,0	5,3
VF	Verkehrsfläche		13,7	16,7	23,3	8,6	10,8	13,5
NRF	Netto-Raumfläche		117,0	121,4	130,2	76,2	78,5	80,8
KGF	Konstruktions-Grundfläche		29,0	33,3	39,0	19,2	21,5	23,8
BGF	Brutto-Grundfläche		147,9	154,6	166,4		100,0	

Brutto-Rauminhalte			▷	BRI/NUF (m)	◁	▷	BRI/BGF (m)	◁
BRI	Brutto-Rauminhalt		4,51	4,85	5,30	2,99	3,13	3,33

Flächen von Nutzeinheiten			▷	NUF/Einheit (m²)	◁	▷	BGF/Einheit (m²)	◁
Nutzeinheit: Wohnfläche			1,11	1,21	1,31	1,71	1,85	2,04

Lufttechnisch behandelte Flächen			▷	Fläche/NUF (%)	◁	▷	Fläche/BGF (%)	◁
Entlüftete Fläche			–	–	–	–	–	–
Be- und entlüftete Fläche			–	–	–	–	–	–
Teilklimatisierte Fläche			–	–	–	–	–	–
Klimatisierte Fläche			–	–	–	–	–	–

KG	Kostengruppen (2. Ebene)	Einheit	▷	Menge/NUF	◁	▷	Menge/BGF	◁
310	Baugrube	m³ BGI	2,25	2,50	3,06	1,46	1,65	2,07
320	Gründung	m² GRF	0,56	0,61	0,71	0,35	0,40	0,48
330	Außenwände	m² AWF	1,55	1,71	1,95	1,00	1,13	1,32
340	Innenwände	m² IWF	1,01	1,15	1,33	0,66	0,75	0,82
350	Decken	m² DEF	0,81	0,93	1,05	0,54	0,61	0,69
360	Dächer	m² DAF	0,66	0,68	0,77	0,42	0,45	0,52
370	Baukonstruktive Einbauten	m² BGF	1,48	1,55	1,66		1,00	
390	Sonstige Baukonstruktionen	m² BGF	1,48	1,55	1,66		1,00	
300	**Bauwerk-Baukonstruktionen**	m² BGF	1,48	1,55	1,66		1,00	

Planungskennwerte für Bauzeiten — 48 Vergleichsobjekte

Bauzeit in Wochen

© BKI Baukosteninformationszentrum; Erläuterungen zu den Tabellen siehe Seite 54 — Kosten: 1. Quartal 2018, Bundesdurchschnitt, inkl. 19% MwSt.

Ein- und Zweifamilienhäuser, unterkellert, hoher Standard

€/m² BGF

min	1.015 €/m²
von	1.265 €/m²
Mittel	**1.495 €/m²**
bis	1.810 €/m²
max	2.085 €/m²

Kosten:
Stand 1.Quartal 2018
Bundesdurchschnitt
inkl. 19% MwSt.

Objektübersicht zur Gebäudeart

6100-1331 Einfamilienhaus, Garagen (2St) - Effizienzhaus ~64%
BRI 1.142m³ **BGF** 435m² **NUF** 297m²

Einfamilienhaus (196m² WFL) mit 2 Garagen. Massivbau.

Land: Baden-Württemberg
Kreis: Heilbronn
Standard: über Durchschnitt
Bauzeit: 56 Wochen
Kennwerte: bis 1.Ebene DIN276

BGF 1.017 €/m²

Planung: Architekturbüro VÖHRINGER; Leingarten

vorgesehen: BKI Objektdaten E8

6100-1354 Einfamilienhaus - Effizienzhaus ~73%
BRI 1.119m³ **BGF** 363m² **NUF** 255m²

Einfamilienhaus, Effizienzhaus ~73%. Mauerwerk.

Land: Brandenburg
Kreis: Potsdam
Standard: über Durchschnitt
Bauzeit: 34 Wochen
Kennwerte: bis 1.Ebene DIN276

BGF 1.548 €/m²

Planung: wening.architekten; Potsdam

vorgesehen: BKI Objektdaten E8

6100-1247 Einfamilienhaus, Carport
BRI 899m³ **BGF** 251m² **NUF** 158m²

Einfamilienhaus (140m² WFL) mit Carport. Massivbau.

Land: Brandenburg
Kreis: Potsdam-Mittelmark
Standard: über Durchschnitt
Bauzeit: 34 Wochen
Kennwerte: bis 1.Ebene DIN276

BGF 1.637 €/m²

Planung: Küssner Architekten BDA; Kleinmachnow

veröffentlicht: BKI Objektdaten N15

6100-1301 Einfamilienhaus, Garage - Effizienzhaus 85
BRI 1.156m³ **BGF** 343m² **NUF** 239m²

Einfamilienhaus (176m² WFL) als Effizienzhaus 85 mit Teilunterkellerung. Mauerwerksbau.

Land: Bayern
Kreis: Roth
Standard: über Durchschnitt
Bauzeit: 60 Wochen
Kennwerte: bis 1.Ebene DIN276

BGF 1.950 €/m²

Planung: biefang | pemsel Architekten GmbH; Nürnberg

veröffentlicht: BKI Objektdaten N15

Objektübersicht zur Gebäudeart

6100-1194 Einfamilienhaus, Garage - Effizienzhaus 70   BRI 1.392m³   BGF 393m²   NUF 273m²

Einfamilienhaus mit Garage, Effizienzhaus 70. Stb- und MW-Massivbau.

Land: Berlin
Kreis: Berlin
Standard: über Durchschnitt
Bauzeit: 30 Wochen
Kennwerte: bis 3.Ebene DIN276

BGF 1.825 €/m²

Planung: 3PO Bopst Melan Architektenpartnerschaft BDA

veröffentlicht: BKI Objektdaten E7

6100-1212 Einfamilienhaus, Carport - Effizienzhaus 55   BRI 1.264m³   BGF 345m²   NUF 215m²

Einfamilienhaus (196m² WFL) mit Carport und Lichthof als Effizienzhaus 55. Mauerwerksbau.

Land: Nordrhein-Westfalen
Kreis: Paderborn
Standard: über Durchschnitt
Bauzeit: 52 Wochen
Kennwerte: bis 1.Ebene DIN276

BGF 1.326 €/m²

Planung: Anja Dohle Architektin; Paderborn

veröffentlicht: BKI Objektdaten E7

6100-1229 Einfamilienhaus, Doppelgarage - Effizienzhaus 70   BRI 1.553m³   BGF 493m²   NUF 338m²

Einfamilienhaus (292m² WFL) mit Doppelgarage als Effizienzhaus 70. Massivbau.

Land: Nordrhein-Westfalen
Kreis: Neuss
Standard: über Durchschnitt
Bauzeit: 30 Wochen
Kennwerte: bis 1.Ebene DIN276

BGF 1.129 €/m²

Planung: Werkgemeinschaft Quasten-Mundt; Grevenbroich

veröffentlicht: BKI Objektdaten E7

6100-1245 Einfamilienhaus, Doppelgarage   BRI 1.613m³   BGF 539m²   NUF 402m²

Einfamilienhaus (262m² WFL) mit Doppelgarage. Massivbau.

Land: Bayern
Kreis: Mittenberg
Standard: über Durchschnitt
Bauzeit: 43 Wochen
Kennwerte: bis 1.Ebene DIN276

BGF 1.307 €/m²

Planung: HWP Holl - Wieden Partnerschaft Architekten & Stadtplaner; Würzburg

veröffentlicht: BKI Objektdaten N15

Ein- und Zweifamilienhäuser, unterkellert, hoher Standard

€/m² BGF
min	1.015	€/m²
von	1.265	€/m²
Mittel	**1.495**	**€/m²**
bis	1.810	€/m²
max	2.085	€/m²

Kosten:
Stand 1.Quartal 2018
Bundesdurchschnitt
inkl. 19% MwSt.

Objektübersicht zur Gebäudeart

6100-1257 Einfamilienhaus, Garage - Effizienzhaus ~60%
BRI 950m³ | **BGF** 313m² | **NUF** 166m²

Einfamilienhaus (126m² WFL) mit Garage, teilunterkellert. Massivbau.

Land: Nordrhein-Westfalen
Kreis: Rhein-Kreis Neuss
Standard: über Durchschnitt
Bauzeit: 60 Wochen
Kennwerte: bis 1.Ebene DIN276

BGF 1.482 €/m²

Planung: cordes architektur; Erkelenz

veröffentlicht: BKI Objektdaten N15

6100-1090 Einfamilienhaus, Garage
BRI 1.158m³ | **BGF** 423m² | **NUF** 283m²

Einfamilienhaus (233m² WFL), mit Garage. Mauerwerksbau.

Land: Baden-Württemberg
Kreis: Rems-Murr-Kreis
Standard: über Durchschnitt
Bauzeit: 52 Wochen
Kennwerte: bis 1.Ebene DIN276

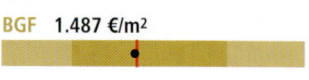

BGF 1.487 €/m²

Planung: Bohn Architekten; Stuttgart

veröffentlicht: BKI Objektdaten N13

6100-1135 Einfamilienhaus - Effizienzhaus 55
BRI 1.250m³ | **BGF** 390m² | **NUF** 226m²

Einfamilienhaus (228m² WFL) als Effizienzhaus 55. Massivbau.

Land: Bayern
Kreis: München
Standard: über Durchschnitt
Bauzeit: 52 Wochen
Kennwerte: bis 1.Ebene DIN276

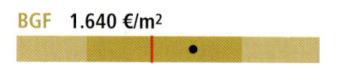

BGF 1.640 €/m²

Planung: pmp Architekten Anton Meyer; Dachau

veröffentlicht: BKI Objektdaten E6

6100-1281 Einfamilienhaus, Garage - Effizienzhaus 70
BRI 1.227m³ | **BGF** 413m² | **NUF** 250m²

Einfamilienhaus (245m² WFL) mit Garage. Mauerwerksbau.

Land: Baden-Württemberg
Kreis: Neckar-Odenwald-Kreis
Standard: über Durchschnitt
Bauzeit: 47 Wochen
Kennwerte: bis 1.Ebene DIN276

BGF 1.268 €/m²

Planung: Huber Architekten Partnerschaft, Joachim Huber, Freier Architekt; Billigheim

veröffentlicht: BKI Objektdaten E7

Objektübersicht zur Gebäudeart

6100-0988 Einfamilienhaus, Doppelgarage

BRI 1.755m³ **BGF** 633m² **NUF** 467m²

Einfamilienhaus mit Doppelgarage. Mauerwerksbau.

Land: Bayern
Kreis: Fürstenfeldbruck
Standard: über Durchschnitt
Bauzeit: 34 Wochen
Kennwerte: bis 1.Ebene DIN276

BGF 1.198 €/m²

Planung: arktek - Dipl.-Ing. (FH) Jürgen H. Kraus; Puchheim

veröffentlicht: BKI Objektdaten N12

6100-1015 Einfamilienhaus, Garage - KfW 70

BRI 1.114m³ **BGF** 403m² **NUF** 279m²

Einfamilienhaus mit Garage (190m² WFL), Hanglage. Massivbau.

Land: Sachsen
Kreis: Zwickau
Standard: über Durchschnitt
Bauzeit: 65 Wochen
Kennwerte: bis 1.Ebene DIN276

BGF 1.213 €/m²

Planung: heine I reichold architekten Partnerschaftsgesellschaft mbB; Lichtenstein

veröffentlicht: BKI Objektdaten E5

6100-1040 Einfamilienhaus - Effizienzhaus 70

BRI 1.443m³ **BGF** 388m² **NUF** 238m²

Einfamilienhaus (200m² WFL) mit Untergeschoss als "weiße Wanne". Ausstattung des Hauses mit BUS-Technik für weltweite Abrufbarkeit der technischen Betriebszustände. Massivbau.

Land: Bayern
Kreis: Würzburg
Standard: über Durchschnitt
Bauzeit: 65 Wochen
Kennwerte: bis 3.Ebene DIN276

BGF 1.243 €/m²

Planung: Paprota Architektur Christoph Paprota; Würzburg

veröffentlicht: BKI Objektdaten E5

6100-1125 Einfamilienhaus, Doppelgarage

BRI 1.005m³ **BGF** 354m² **NUF** 265m²

Einfamilienhaus (183m² WFL) mit Doppelgarage. Mauerwerksbau.

Land: Thüringen
Kreis: Erfurt
Standard: über Durchschnitt
Bauzeit: 60 Wochen
Kennwerte: bis 1.Ebene DIN276

BGF 1.462 €/m²

Planung: Bauer Architektur; Weimar

veröffentlicht: BKI Objektdaten N13

Ein- und Zweifamilienhäuser, unterkellert, hoher Standard

€/m² BGF
min	1.015 €/m²
von	1.265 €/m²
Mittel	**1.495 €/m²**
bis	1.810 €/m²
max	2.085 €/m²

Kosten:
Stand 1.Quartal 2018
Bundesdurchschnitt
inkl. 19% MwSt.

Objektübersicht zur Gebäudeart

6100-1141 Einfamilienhaus, Garage
BRI 1.402m³ **BGF** 509m² **NUF** 345m²

Einfamilienhaus mit 248m² WFL. Mauerwerksbau.

Land: Nordrhein-Westfalen
Kreis: Rhein-Kreis Neuss
Standard: über Durchschnitt
Bauzeit: 47 Wochen
Kennwerte: bis 1.Ebene DIN276

BGF 1.264 €/m²

veröffentlicht: BKI Objektdaten N13

Planung: Architekturbüro Berhausen; Köln

6100-0973 Zweifamilienhaus, Garage
BRI 1.615m³ **BGF** 529m² **NUF** 276m²

Innerstädtisches Wohngebäude (240m² WFL), hochwertige Ausführung und Ausstattung. Massivbau, Mauerwerk, Holzdachkonstruktion.

Land: Baden-Württemberg
Kreis: Main-Tauber-Kreis
Standard: über Durchschnitt
Bauzeit: 60 Wochen
Kennwerte: bis 1.Ebene DIN276

BGF 1.416 €/m²

veröffentlicht: BKI Objektdaten N11

Planung: Eingartner Khorrami Architekten BDA; Berlin

6100-0987 Wohnhaus (2 WE)
BRI 2.410m³ **BGF** 700m² **NUF** 501m²

Wohnhaus (2 WE) mit Doppelgarage (464m² WFL). Mauerwerksbau.

Land: Bayern
Kreis: München
Standard: über Durchschnitt
Bauzeit: 39 Wochen
Kennwerte: bis 1.Ebene DIN276

BGF 1.785 €/m²

veröffentlicht: BKI Objektdaten N12

Planung: arktek - Dipl.-Ing. (FH) Jürgen H. Kraus; Puchheim

6100-1001 Einfamilienhaus, Doppelgarage
BRI 1.154m³ **BGF** 384m² **NUF** 262m²

Einfamilienhaus mit Doppelgarage (224 m² WFL). Mauerwerksbau.

Land: Bayern
Kreis: Starnberg
Standard: über Durchschnitt
Bauzeit: 47 Wochen
Kennwerte: bis 1.Ebene DIN276

BGF 1.692 €/m²

veröffentlicht: BKI Objektdaten N12

Planung: Design Associates Stephan Maria Lang; München

Objektübersicht zur Gebäudeart

6100-1049 Einfamilienhaus - Effizienzhaus 85

BRI 1.101 m³ **BGF** 339 m² **NUF** 204 m²

Einfamilienwohnhaus (209 m² WFL) als Effizienzhaus 85. Mauerwerksbau.

Land: Nordrhein-Westfalen
Kreis: Kreis Viersen
Standard: über Durchschnitt
Bauzeit: 30 Wochen
Kennwerte: bis 1.Ebene DIN276

BGF   1.143 €/m²

Planung: Dipl.-Ing. Architektin Sandra Poetters; Willich

veröffentlicht: BKI Objektdaten E6

6100-1068 Einfamilienhaus, Doppelgarage - Effizienzhaus 70

BRI 1.430 m³ **BGF** 485 m² **NUF** 314 m²

Einfamilienhaus mit Doppelgarage (270 m² WFL) als Effizienzhaus 70. Mauerwerksbau.

Land: Nordrhein-Westfalen
Kreis: Märkischer Kreis
Standard: über Durchschnitt
Bauzeit: 87 Wochen
Kennwerte: bis 1.Ebene DIN276

BGF   1.847 €/m²

Planung: STUDIO KMK Büro für Architektur; Plettenberg

veröffentlicht: BKI Objektdaten E6

6100-1071 Einfamilienhaus - Effizienzhaus 85

BRI 1.040 m³ **BGF** 416 m² **NUF** 218 m²

Ein in eine Baulücke integriertes Einfamilienhaus mit zwei Stellplätzen. Massivbau.

Land: Nordrhein-Westfalen
Kreis: Bonn
Standard: über Durchschnitt
Bauzeit: 30 Wochen
Kennwerte: bis 1.Ebene DIN276

BGF   1.200 €/m²

Planung: Architektenbüro Arno Weirich; Rheinbach

veröffentlicht: BKI Objektdaten E6

6100-1122 Einfamilienhaus, Garage

BRI 1.203 m³ **BGF** 418 m² **NUF** 310 m²

Einfamilienhaus (261 m² WFL). Mauerwerksbau.

Land: Brandenburg
Kreis: Potsdam-Mittelmark
Standard: über Durchschnitt
Bauzeit: 34 Wochen
Kennwerte: bis 1.Ebene DIN276

BGF   1.290 €/m²

Planung: Justus Mayser Architekt; Michendorf

veröffentlicht: BKI Objektdaten N13

© BKI Baukosteninformationszentrum; Erläuterungen zu den Tabellen siehe Seite 56   Kosten: 1.Quartal 2018, Bundesdurchschnitt, **inkl. 19% MwSt.**

Ein- und Zweifamilienhäuser, unterkellert, hoher Standard

€/m² BGF

min	1.015 €/m²
von	1.265 €/m²
Mittel	**1.495 €/m²**
bis	1.810 €/m²
max	2.085 €/m²

Kosten:
Stand 1.Quartal 2018
Bundesdurchschnitt
inkl. 19% MwSt.

Objektübersicht zur Gebäudeart

6100-0831 Einfamilienhaus, Garage — BRI 1.186m³ | BGF 369m² | NUF 297m²

Einfamilienhaus am Hang mit offener Grundrisslösung. Stahlbetonbau.

Land: Nordrhein-Westfalen
Kreis: Bochum
Standard: über Durchschnitt
Bauzeit: 43 Wochen
Kennwerte: bis 1.Ebene DIN276

BGF **1.821 €/m²**

Planung: Thomas Sebralla Dipl.-Ing. Architekt; Witten

veröffentlicht: BKI Objektdaten N10

6100-0896 Einfamilienhaus - Effizienzhaus 70 — BRI 908m³ | BGF 282m² | NUF 180m²

Einfamilienhaus als Effizienzhaus 70, vollunterkellert. Mauerwerksbau.

Land: Sachsen
Kreis: Dresden
Standard: über Durchschnitt
Bauzeit: 61 Wochen
Kennwerte: bis 3.Ebene DIN276

BGF **1.744 €/m²**

Planung: TSSB architekten.ingenieure; Dresden

veröffentlicht: BKI Objektdaten E4

6100-0906 Einfamilienhaus - Effizienzhaus 55 — BRI 683m³ | BGF 242m² | NUF 135m²

Reihenendhaus (145m² WFL). Mauerwerksbau.

Land: Baden-Württemberg
Kreis: Emmendingen
Standard: über Durchschnitt
Bauzeit: 25 Wochen
Kennwerte: bis 3.Ebene DIN276

BGF **1.196 €/m²**

Planung: Werkgruppe Freiburg Architekten; Freiburg

veröffentlicht: BKI Objektdaten E5

6100-0913 Einfamilienhaus, Garage - KfW 55 — BRI 1.470m³ | BGF 524m² | NUF 329m²

Einfamilienhaus mit Garage (237m² WFL). Im EG kommunikativer Bereich mit Wohnen, Essen und Küche. Im OG der Rückzugsbereich. Massivbau UG und EG, Holztafelbau OG.

Land: Bayern
Kreis: Nürnberg
Standard: über Durchschnitt
Bauzeit: 43 Wochen
Kennwerte: bis 1.Ebene DIN276

BGF **1.481 €/m²**

Planung: (dp) architektur-baubiologie dagmar pemsel architektin; Nürnberg

veröffentlicht: BKI Objektdaten E5

Objektübersicht zur Gebäudeart

6100-0914 Einfamilienhaus

BRI 1.175m³   **BGF** 404m²   **NUF** 272m²

Einfamilienwohnhaus (184m² WFL). Massivbau.

Land: Bayern
Kreis: Traunstein
Standard: über Durchschnitt
Bauzeit: 47 Wochen
Kennwerte: bis 3.Ebene DIN276

BGF   1.654 €/m²

Planung: Architekturbüro von Seidlein Röhrl; München

veröffentlicht: BKI Objektdaten N12

6100-0972 Einfamilienhaus, ELW

BRI 1.865m³   **BGF** 578m²   **NUF** 366m²

Einfamilienhaus mit ELW (280m² WFL). Langes schmales Haus mit repräsentativem Erscheinungsbild. Mauerwerksbau, Holzdachkonstruktion.

Land: Brandenburg
Kreis: Cottbus
Standard: über Durchschnitt
Bauzeit: 39 Wochen
Kennwerte: bis 1.Ebene DIN276

BGF   1.251 €/m²

Planung: Eingartner Khorrami Architekten BDA; Berlin

veröffentlicht: BKI Objektdaten N11

6100-0989 Einfamilienhaus, Garage

BRI 1.514m³   **BGF** 504m²   **NUF** 332m²

Einfamilienhaus mit Doppelgarage (285m² WFL). Mauerwerksbau.

Land: Hessen
Kreis: Wiesbaden
Standard: über Durchschnitt
Bauzeit: 35 Wochen
Kennwerte: bis 1.Ebene DIN276

BGF   2.049 €/m²

Planung: Architekturbüro Dipl.-Ing. M. Lobe; Wiesbaden

veröffentlicht: BKI Objektdaten N12

6100-1039 Einfamilienhaus, Carport

BRI 1.209m³   **BGF** 331m²   **NUF** 176m²

Einfamilienhaus (196m² WFL) mit Carport (2 Stellplätze). Massivbau.

Land: Nordrhein-Westfalen
Kreis: Gütersloh
Standard: über Durchschnitt
Bauzeit: 30 Wochen
Kennwerte: bis 1.Ebene DIN276

BGF   2.084 €/m²

Planung: Spooren Architekten; Gütersloh

veröffentlicht: BKI Objektdaten N12

© BKI Baukosteninformationszentrum; Erläuterungen zu den Tabellen siehe Seite 56   Kosten: 1.Quartal 2018, Bundesdurchschnitt, **inkl. 19% MwSt.**

Ein- und Zweifamilienhäuser, unterkellert, hoher Standard

€/m² BGF
min	1.015	€/m²
von	1.265	€/m²
Mittel	**1.495**	€/m²
bis	1.810	€/m²
max	2.085	€/m²

Kosten:
Stand 1.Quartal 2018
Bundesdurchschnitt
inkl. 19% MwSt.

Objektübersicht zur Gebäudeart

6100-0741 Einfamilienhaus — BRI 1.570m³ — BGF 531m² — NUF 308m²

Einfamilienhaus als Doppelhaushälfte mit gemeinsamer Tiefgarage. Mauerwerksbau; Stb-Decken; Holzdachkonstruktion.

Land: Hessen
Kreis: Wetterau, Friedberg
Standard: über Durchschnitt
Bauzeit: 78 Wochen
Kennwerte: bis 1.Ebene DIN276

BGF **1.213 €/m²**

Planung: Nemesis Architekten Becker + Ohlmann; Kassel

veröffentlicht: BKI Objektdaten N10

6100-0746 Einfamilienhaus — BRI 1.272m³ — BGF 427m² — NUF 290m²

Einfamilienwohnhaus (181m² WFL). Mauerwerksbau.

Land: Sachsen
Kreis: Sächsische Schweiz
Standard: über Durchschnitt
Bauzeit: 47 Wochen
Kennwerte: bis 4.Ebene DIN276

BGF **1.302 €/m²**

Planung: TSSB architekten.ingenieure; Dresden

veröffentlicht: BKI Objektdaten N10

6100-0917 Einfamilienhaus, Garage - KfW 60 — BRI 850m³ — BGF 239m² — NUF 160m²

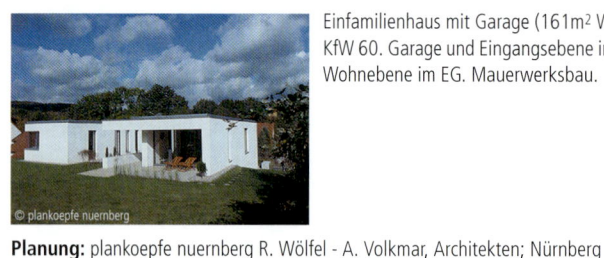

Einfamilienhaus mit Garage (161m² WFL), KfW 60. Garage und Eingangsebene im UG, Wohnebene im EG. Mauerwerksbau.

Land: Bayern
Kreis: Forchheim
Standard: über Durchschnitt
Bauzeit: 30 Wochen
Kennwerte: bis 1.Ebene DIN276

BGF **1.407 €/m²**

Planung: plankoepfe nuernberg R. Wölfel - A. Volkmar, Architekten; Nürnberg

veröffentlicht: BKI Objektdaten E5

6100-0960 Einfamilienhaus - KfW 40 — BRI 1.444m³ — BGF 461m² — NUF 278m²

Einfamilienhaus, KfW 40 (243m² WFL). Mauerwerksbau.

Land: Niedersachsen
Kreis: Celle
Standard: über Durchschnitt
Bauzeit: 82 Wochen
Kennwerte: bis 1.Ebene DIN276

BGF **1.710 €/m²**

Planung: .rott .schirmer .partner; Großburgwedel

veröffentlicht: BKI Objektdaten E5

Objektübersicht zur Gebäudeart

6100-1021 Einfamilienhaus - KfW 40

BRI 878m³   **BGF** 257m²   **NUF** 165m²

Einfamilienhaus KfW 40 (WFL 153m²). Mauerwerksbau.

Land: Niedersachsen
Kreis: Göttingen
Standard: über Durchschnitt
Bauzeit: 35 Wochen
Kennwerte: bis 1.Ebene DIN276

BGF   **1.371 €/m²**

Planung: Baufrösche Architekten und Stadtplaner GmbH; Kassel

veröffentlicht: BKI Objektdaten E5

6100-0649 Einfamilienhaus

BRI 1.108m³   **BGF** 310m²   **NUF** 216m²

Einfamilienhaus mit hohem Standard (163m² WFL). Massivbau; Stb-Decke; Stb-Flachdach.

Land: Baden-Württemberg
Kreis: Zollernalb, Balingen
Standard: über Durchschnitt
Bauzeit: 56 Wochen
Kennwerte: bis 4.Ebene DIN276

BGF   **2.047 €/m²**

Planung: Architekturbüro Walter Haller; Albstadt

veröffentlicht: BKI Objektdaten N9

6100-0665 Einfamilienhaus mit ELW

BRI 1.318m³   **BGF** 417m²   **NUF** 278m²

Einfamilienhaus mit Einliegerwohnung und Garagenanbau. Mauerwerksbau, Holzdachkonstruktion.

Land: Baden-Württemberg
Kreis: Calw
Standard: über Durchschnitt
Bauzeit: 43 Wochen
Kennwerte: bis 1.Ebene DIN276

BGF   **1.698 €/m²**

Planung: Architekturbüro Raible Timo Raible Dipl.-Ing. (FH); Eutingen im Gäu

veröffentlicht: BKI Objektdaten N9

6100-0696 Einfamilienhaus

BRI 1.568m³   **BGF** 407m²   **NUF** 271m²

Einfamilienwohnhaus mit 212m² WFL. Mauerwerksbau.

Land: Bayern
Kreis: Augsburg
Standard: über Durchschnitt
Bauzeit: 82 Wochen
Kennwerte: bis 3.Ebene DIN276

BGF   **1.352 €/m²**

Planung: Architekt Franz-Georg Schröck; Kempten

veröffentlicht: BKI Objektdaten N11

Ein- und Zweifamilienhäuser, unterkellert, hoher Standard

€/m² BGF
min	1.015	€/m²
von	1.265	€/m²
Mittel	**1.495**	**€/m²**
bis	1.810	€/m²
max	2.085	€/m²

Kosten:
Stand 1.Quartal 2018
Bundesdurchschnitt
inkl. 19% MwSt.

Objektübersicht zur Gebäudeart

6100-0712 Einfamilienhaus
BRI 1.280m³ | BGF 420m² | NUF 252m²

Einfamilienwohnhaus mit Garage. Massivbau; Stb-Decken; Holzdachkonstruktion.

Land: Nordrhein-Westfalen
Kreis: Bergisch Gladbach
Standard: über Durchschnitt
Bauzeit: 48 Wochen
Kennwerte: bis 1.Ebene DIN276

BGF 1.474 €/m²

Planung: HPA+ Architektur Dipl.-Ing. Lars Puff; Köln

veröffentlicht: BKI Objektdaten N10

6100-0982 Einfamilienhaus, Garage
BRI 1.708m³ | BGF 508m² | NUF 366m²

Einfamilienhaus mit Garage (276m² WFL). Mauerwerksbau.

Land: Nordrhein-Westfalen
Kreis: Mettmann
Standard: über Durchschnitt
Bauzeit: 74 Wochen
Kennwerte: bis 1.Ebene DIN276

BGF 1.339 €/m²

Planung: Architekturbüro bolte + galle; Essen

veröffentlicht: BKI Objektdaten N12

6100-0640 Einfamilienhaus - KfW 40
BRI 842m³ | BGF 242m² | NUF 162m²

Einfamilienwohnhaus im KfW 40 Standard (177m² WFL). Mauerwerksbau; Stb-Decken; Holzdachkonstruktion.

Land: Hamburg
Kreis: Hamburg
Standard: über Durchschnitt
Bauzeit: 30 Wochen
Kennwerte: bis 4.Ebene DIN276

BGF 1.441 €/m²

Planung: luenzmann architektur; Hamburg

veröffentlicht: BKI Objektdaten N9

6100-0678 Einfamilienhaus, Garage
BRI 2.966m³ | BGF 878m² | NUF 576m²

Einfamilienhaus mit Garage (364m² WFL). Mauerwerksbau; Stb-Filigrandecken, Stahltreppe; Stb-Flachdach.

Land: Baden-Württemberg
Kreis: Schwäbisch-Hall
Standard: über Durchschnitt
Bauzeit: 56 Wochen
Kennwerte: bis 4.Ebene DIN276

BGF 1.758 €/m²

Planung: Architektur Udo Richter Dipl.-Ing. Freier Architekt; Heilbronn

veröffentlicht: BKI Objektdaten N9

Objektübersicht zur Gebäudeart

6100-0802 Einfamilienhaus - KfW 60

BRI 1.055m³ | **BGF** 372m² | **NUF** 217m²

Einfamilienhaus für 5 Personen, Hanglage, Carport. Mauerwerksbau.

Land: Baden-Württemberg
Kreis: Enzkreis
Standard: über Durchschnitt
Bauzeit: 43 Wochen
Kennwerte: bis 1.Ebene DIN276

BGF   1.561 €/m²

Planung: Georg Beuchle Dipl.-Ing. FH Freier Architekt; Keltern

veröffentlicht: BKI Objektdaten E4

6100-1046 Einfamilienhaus, Doppelgarage*

BRI 2.303m³ | **BGF** 718m² | **NUF** 484m²

Einfamilienhaus mit Doppelgarage (462m² WFL). Mauerwerksbau.

Land: Nordrhein-Westfalen
Kreis: Bochum
Standard: über Durchschnitt
Bauzeit: 87 Wochen
Kennwerte: bis 1.Ebene DIN276

BGF   2.259 €/m²

Planung: architektur anders; Bochum

veröffentlicht: BKI Objektdaten N13
*Nicht in der Auswertung enthalten

6100-0747 Einfamilienhaus, Einliegerwohnung

BRI 994m³ | **BGF** 323m² | **NUF** 202m²

Einfamilienhaus mit Einliegerwohnung (238m² WFL). Mauerwerksbau.

Land: Sachsen
Kreis: Leipzig
Standard: über Durchschnitt
Bauzeit: 52 Wochen
Kennwerte: bis 3.Ebene DIN276

BGF   1.185 €/m²

Planung: von Helmolt; Falkensee

veröffentlicht: BKI Objektdaten N11

6100-0607 Zweifamilienhaus*

BRI 1.636m³ | **BGF** 575m² | **NUF** 408m²

Stadtvilla mit zwei Wohneinheiten (1x198m², 1x110m² WFL) in denkmalgeschütztem gründerzeitlichem Villenviertel. Alle Arbeiten waren abzustimmen. Mauerwerksbau.

Land: Sachsen-Anhalt
Kreis: Burgenlandkreis
Standard: über Durchschnitt
Bauzeit: 60 Wochen
Kennwerte: bis 4.Ebene DIN276

BGF   1.124 €/m²

Planung: HGT Architekten und Ingenieure, Architekt M. Tränkner; Naumburg

veröffentlicht: BKI Objektdaten N8
*Nicht in der Auswertung enthalten

Ein- und Zwei-familienhäuser, unterkellert, hoher Standard

€/m² BGF

min	1.015	€/m²
von	1.265	€/m²
Mittel	**1.495**	€/m²
bis	1.810	€/m²
max	2.085	€/m²

Kosten:
Stand 1.Quartal 2018
Bundesdurchschnitt
inkl. 19% MwSt.

Objektübersicht zur Gebäudeart

6100-0504 Einfamilienhaus — BRI 1.290m³ — BGF 429m² — NUF 294m²

Einfamilienhaus mit zusätzlicher Dusche für Mitarbeiter der Gärtnerei. Mauerwerksbau.

Land: Hessen
Kreis: Main-Taunus, Hofheim
Standard: über Durchschnitt
Bauzeit: 39 Wochen
Kennwerte: bis 4.Ebene DIN276

BGF 1.512 €/m²

© gold diplomingenieure architekten

Planung: gold diplomingenieure architekten; Hochheim

veröffentlicht: BKI Objektdaten N7

6100-0543 Einfamilienhaus — BRI 855m³ — BGF 285m² — NUF 199m²

Einfamilienwohnhaus (151m² WFL II.BVO). Mauerwerksbau.

Land: Baden-Württemberg
Kreis: Esslingen a.N.
Standard: über Durchschnitt
Bauzeit: 74 Wochen
Kennwerte: bis 4.Ebene DIN276

BGF 1.753 €/m²

© Freie Architekten Kaufmann

Planung: Freie Architekten Kaufmann; Nürtingen-Oberensingen

veröffentlicht: BKI Objektdaten N7

6100-0559 Einfamilienhaus am Hang* — BRI 1.190m³ — BGF 459m² — NUF 323m²

Einfamilienwohnhaus am Hang (294m² WFL II.BVO). Mauerwerksbau mit Stb-Decken und geneigtem Holzdach.

Land: Bayern
Kreis: Aschaffenburg
Standard: über Durchschnitt
Bauzeit: 130 Wochen
Kennwerte: bis 4.Ebene DIN276

BGF 1.126 €/m²

© Fischer + Goth

Planung: Fischer + Goth, Peter Goth, Walter F. Fischer; Aschaffenburg

veröffentlicht: BKI Objektdaten N8
*Nicht in der Auswertung enthalten

Wohnen

Arbeitsblatt zur Standardeinordnung bei Ein- und Zweifamilienhäusern, nicht unterkellert

Kostenkennwerte für die Kosten des Bauwerks (Kostengruppen 300+400 nach DIN 276)

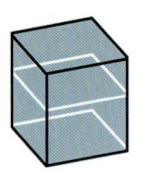

BRI 430 €/m³	BGF 1.380 €/m²	NUF 2.030 €/m²	NE 2.160 €/NE
von 365 €/m³	von 1.110 €/m²	von 1.620 €/m²	von 1.760 €/NE
bis 545 €/m³	bis 1.740 €/m²	bis 2.610 €/m²	bis 2.750 €/NE
			NE: Wohnfläche

Kosten:
Stand 1. Quartal 2018
Bundesdurchschnitt
inkl. 19% MwSt.

Standardzuordnung

(Diagramm: gesamt, einfach, mittel, hoch – Skala 0 bis 3000 €/m² BGF)

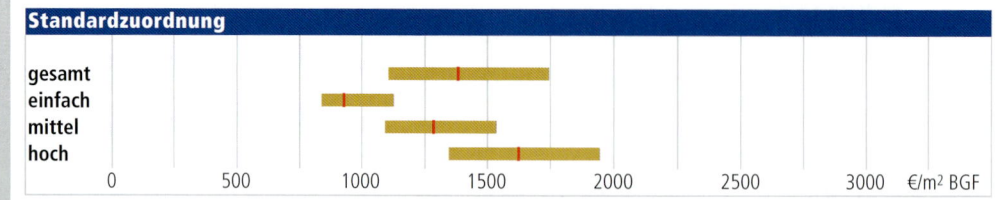

Standardeinordnung für Ihr Projekt:

KG	Kostengruppen der 2. Ebene	niedrig	mittel	hoch	Punkte
310	Baugrube				
320	Gründung	2	3	4	
330	Außenwände	6	8	9	
340	Innenwände	2	3	3	
350	Decken	3	3	4	
360	Dächer	3	4	5	
370	Baukonstruktive Einbauten	0	0	1	
390	Sonstige Baukonstruktionen				
410	Abwasser, Wasser, Gas	1	2	2	
420	Wärmeversorgungsanlagen	2	2	3	
430	Lufttechnische Anlagen	1	1	1	
440	Starkstromanlagen	1	1	1	
450	Fernmeldeanlagen	0	0	0	
460	Förderanlagen	0	0	0	
470	Nutzungsspezifische Anlagen	0	0	0	
480	Gebäudeautomation	0	0	0	
490	Sonstige Technische Anlagen				

Punkte: 21 bis 25 = einfach   26 bis 30 = mittel   31 bis 33 = hoch   **Ihr Projekt (Summe):**

- Kostenkennwert
▶ min
▷ von
| Mittelwert
◁ bis
◀ max

Erläuterung:
Obenstehende Tabelle soll Ihnen die Zuordnung zu den Gebäudearten mit einfachem, mittlerem und hohem Standard erleichtern. Schätzen Sie für jedes Grobelement ab, ob die Aufwendungen niedrig, mittel oder hoch sein werden und übertragen Sie die Punkte in die rechte Spalte. Bilden Sie die Summe der rechten Spalte und ordnen Sie Ihr Projekt nach dem Schema der untersten Zeile ein. Nehmen Sie dieses Schema auch als Hinweis darauf, bei welchen Kostengruppen Sie den Mittelwert nach oben oder unten anpassen sollten.

Kostenkennwerte für die Kostengruppen der 1. und 2. Ebene DIN 276

KG	Kostengruppen der 1. Ebene	Einheit	▷	€/Einheit	◁	▷	% an 300+400	◁	
100	Grundstück	m² GF	–	–	–	–	–	–	
200	Herrichten und Erschließen	m² GF	6	**16**	36	1,1	**2,7**	5,8	
300	Bauwerk - Baukonstruktionen	m² BGF	896	**1.117**	1.424	76,1	**80,8**	84,7	
400	Bauwerk - Technische Anlagen	m² BGF	197	**266**	373	15,3	**19,2**	23,9	
	Bauwerk (300+400)	m² BGF	1.109	**1.383**	1.743		**100,0**		
500	Außenanlagen	m² AF	32	**71**	183	3,8	**7,8**	14,4	
600	Ausstattung und Kunstwerke	m² BGF	13	**37**	66	1,1	**2,6**	4,6	
700	Baunebenkosten*	m² BGF	349	**389**	429	25,4	**28,3**	31,2	◁ NEU

* Auf Grundlage der HOAI 2013 berechnete Werte nach §§ 35, 52, 56, 40. Weitere Informationen siehe Seite 50

KG	Kostengruppen der 2. Ebene	Einheit	▷	€/Einheit	◁	▷	% an 300	◁
310	Baugrube	m³ BGI	14	**25**	44	0,3	**1,1**	2,3
320	Gründung	m² GRF	235	**306**	387	12,3	**14,6**	18,8
330	Außenwände	m² AWF	311	**372**	457	30,0	**36,0**	41,1
340	Innenwände	m² IWF	148	**191**	258	9,4	**12,4**	16,3
350	Decken	m² DEF	248	**318**	401	9,1	**13,4**	18,6
360	Dächer	m² DAF	212	**294**	396	13,9	**18,2**	24,0
370	Baukonstruktive Einbauten	m² BGF	15	**28**	43	0,0	**0,9**	3,8
390	Sonstige Baukonstruktionen	m² BGF	21	**37**	67	1,9	**3,4**	5,5
300	**Bauwerk Baukonstruktionen**	**m² BGF**					**100,0**	

KG	Kostengruppen der 2. Ebene	Einheit	▷	€/Einheit	◁	▷	% an 400	◁
410	Abwasser, Wasser, Gas	m² BGF	58	**85**	117	25,9	**32,7**	41,1
420	Wärmeversorgungsanlagen	m² BGF	74	**110**	171	30,8	**41,9**	52,8
430	Lufttechnische Anlagen	m² BGF	25	**33**	50	0,0	**3,5**	12,2
440	Starkstromanlagen	m² BGF	29	**46**	72	13,4	**17,7**	25,9
450	Fernmeldeanlagen	m² BGF	6	**12**	25	2,2	**4,2**	8,5
460	Förderanlagen	m² BGF	–	–	–	–	–	–
470	Nutzungsspezifische Anlagen	m² BGF	–	–	–	–	–	–
480	Gebäudeautomation	m² BGF	–	–	–	–	–	–
490	Sonstige Technische Anlagen	m² BGF	1	**3**	5	0,0	**0,1**	0,9
400	**Bauwerk Technische Anlagen**	**m² BGF**					**100,0**	

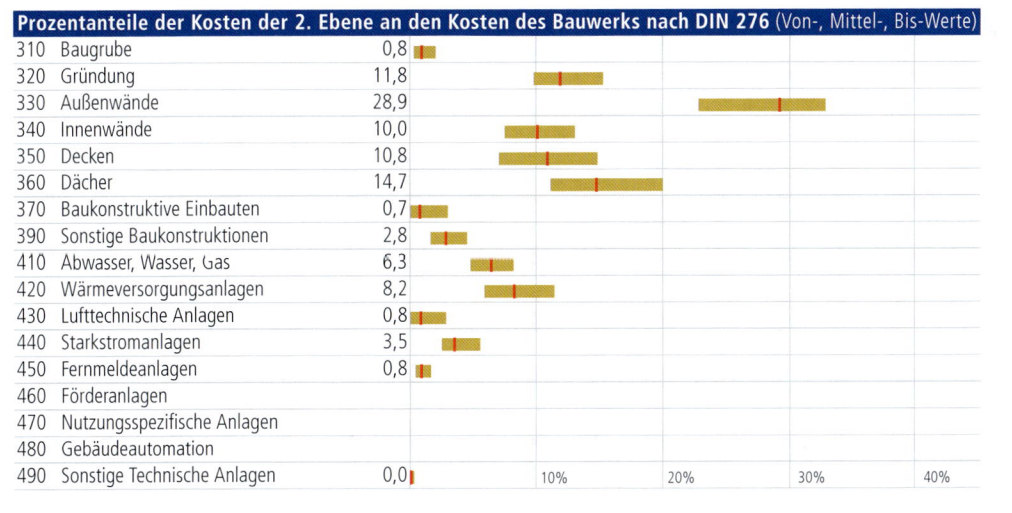

Prozentanteile der Kosten der 2. Ebene an den Kosten des Bauwerks nach DIN 276 (Von-, Mittel-, Bis-Werte)

KG	Bezeichnung	%
310	Baugrube	0,8
320	Gründung	11,8
330	Außenwände	28,9
340	Innenwände	10,0
350	Decken	10,8
360	Dächer	14,7
370	Baukonstruktive Einbauten	0,7
390	Sonstige Baukonstruktionen	2,8
410	Abwasser, Wasser, Gas	6,3
420	Wärmeversorgungsanlagen	8,2
430	Lufttechnische Anlagen	0,8
440	Starkstromanlagen	3,5
450	Fernmeldeanlagen	0,8
460	Förderanlagen	
470	Nutzungsspezifische Anlagen	
480	Gebäudeautomation	
490	Sonstige Technische Anlagen	0,0

© BKI Baukosteninformationszentrum; Erläuterungen zu den Tabellen siehe Seite 48 und 50   Kosten: 1.Quartal 2018, Bundesdurchschnitt, **inkl. 19% MwSt.**

Ein- und Zweifamilienhäuser, nicht unterkellert

Kostenkennwerte für Leistungsbereiche nach StLB (Kosten des Bauwerks nach DIN 276)

Kosten: Stand 1. Quartal 2018, Bundesdurchschnitt inkl. 19% MwSt.

LB	Leistungsbereiche	▷	€/m² BGF	◁	▷	% an 300+400	◁
000	Sicherheits-, Baustelleneinrichtungen inkl. 001	20	33	51	1,4	2,4	3,7
002	Erdarbeiten	18	29	47	1,3	2,1	3,4
006	Spezialtiefbauarbeiten inkl. 005	–	–	–	–	–	–
009	Entwässerungskanalarbeiten inkl. 011	1	9	25	0,1	0,6	1,8
010	Drän- und Versickerungsarbeiten	0	2	13	0,0	0,2	1,0
012	Mauerarbeiten	108	143	211	7,8	10,3	15,3
013	Betonarbeiten	132	178	237	9,5	12,9	17,1
014	Natur-, Betonwerksteinarbeiten	1	8	23	0,1	0,6	1,7
016	Zimmer- und Holzbauarbeiten	22	70	155	1,6	5,0	11,2
017	Stahlbauarbeiten	0	1	6	0,0	0,1	0,4
018	Abdichtungsarbeiten	1	8	14	0,1	0,6	1,0
020	Dachdeckungsarbeiten	8	44	87	0,6	3,2	6,3
021	Dachabdichtungsarbeiten	6	34	75	0,4	2,5	5,4
022	Klempnerarbeiten	13	22	41	0,9	1,6	2,9
	Rohbau	511	581	689	36,9	42,0	49,8
023	Putz- und Stuckarbeiten, Wärmedämmsysteme	83	120	159	6,0	8,7	11,5
024	Fliesen- und Plattenarbeiten	23	44	103	1,7	3,2	7,4
025	Estricharbeiten	19	29	45	1,4	2,1	3,2
026	Fenster, Außentüren inkl. 029, 032	77	132	186	5,6	9,5	13,4
027	Tischlerarbeiten	31	67	108	2,2	4,9	7,8
028	Parkettarbeiten, Holzpflasterarbeiten	1	27	57	0,1	2,0	4,1
030	Rollladenarbeiten	1	13	37	0,1	1,0	2,7
031	Metallbauarbeiten inkl. 035	6	25	81	0,5	1,8	5,9
034	Maler- und Lackiererarbeiten inkl. 037	21	33	54	1,5	2,4	3,9
036	Bodenbelagarbeiten	2	13	39	0,1	0,9	2,8
038	Vorgehängte hinterlüftete Fassaden	0	5	37	0,0	0,3	2,7
039	Trockenbauarbeiten	19	42	61	1,4	3,0	4,4
	Ausbau	468	552	604	33,9	39,9	43,7
040	Wärmeversorgungsanl. - Betriebseinr. inkl. 041	77	104	154	5,6	7,5	11,1
042	Gas- und Wasserinstallation, Leitungen inkl. 043	12	20	36	0,9	1,4	2,6
044	Abwasserinstallationsarbeiten - Leitungen	6	13	22	0,4	0,9	1,6
045	GWA-Einrichtungsgegenstände inkl. 046	22	36	54	1,6	2,6	3,9
047	Dämmarbeiten an betriebstechnischen Anlagen	1	4	14	0,1	0,3	1,0
049	Feuerlöschanlagen, Feuerlöschgeräte	–	–	–	–	–	–
050	Blitzschutz- und Erdungsanlagen	1	3	7	0,1	0,2	0,5
052	Mittelspannungsanlagen	–	–	–	–	–	–
053	Niederspannungsanlagen inkl. 054	32	44	63	2,3	3,1	4,6
055	Ersatzstromversorgungsanlagen	–	–	–	–	–	–
057	Gebäudesystemtechnik	–	–	–	–	–	–
058	Leuchten und Lampen inkl. 059	0	3	10	0,0	0,2	0,7
060	Elektroakustische Anlagen, Sprechanlagen	1	2	6	0,1	0,2	0,4
061	Kommunikationsnetze, inkl. 062	3	7	15	0,2	0,5	1,1
063	Gefahrenmeldeanlagen	0	2	12	0,0	0,1	0,9
069	Aufzüge	–	–	–	–	–	–
070	Gebäudeautomation	–	–	–	–	–	–
075	Raumlufttechnische Anlagen	0	10	38	0,0	0,7	2,7
	Technische Anlagen	197	246	301	14,2	17,8	21,7
	Sonstige Leistungsbereiche inkl. 008, 033, 051	0	5	36	0,0	0,4	2,6

- ● Kostenkennwert
- ▶ min
- ▷ von
- | Mittelwert
- ◁ bis
- ◀ max

Planungskennwerte für Flächen und Rauminhalte nach DIN 277

Grundflächen		▷	Fläche/NUF (%)	◁	▷	Fläche/BGF (%)	◁
NUF	Nutzungsfläche		100,0		65,0	68,0	72,7
TF	Technikfläche	2,7	3,4	6,1	1,9	2,3	4,0
VF	Verkehrsfläche	10,2	13,3	18,5	6,9	9,0	11,5
NRF	Netto-Raumfläche	113,0	116,7	122,5	76,6	79,3	82,2
KGF	Konstruktions-Grundfläche	25,7	30,4	36,6	17,8	20,7	23,4
BGF	Brutto-Grundfläche	139,6	147,1	156,1		100,0	

Brutto-Rauminhalte		▷	BRI/NUF (m)	◁	▷	BRI/BGF (m)	◁
BRI	Brutto-Rauminhalt	4,36	4,70	5,11	2,97	3,21	3,40

Flächen von Nutzeinheiten	▷	NUF/Einheit (m²)	◁	▷	BGF/Einheit (m²)	◁
Nutzeinheit: Wohnfläche	1,00	1,08	1,22	1,49	1,58	1,76

Lufttechnisch behandelte Flächen	▷	Fläche/NUF (%)	◁	▷	Fläche/BGF (%)	◁
Entlüftete Fläche	–	–	–	–	–	–
Be- und entlüftete Fläche	86,6	86,6	90,6	59,8	59,8	61,9
Teilklimatisierte Fläche	–	–	–	–	–	–
Klimatisierte Fläche	–	6,9	–	–	4,7	–

KG	Kostengruppen (2. Ebene)	Einheit	▷	Menge/NUF	◁	▷	Menge/BGF	◁
310	Baugrube	m³ BGI	0,54	0,76	1,11	0,37	0,52	0,74
320	Gründung	m² GRF	0,67	0,76	0,94	0,46	0,52	0,66
330	Außenwände	m² AWF	1,31	1,53	1,72	0,90	1,05	1,17
340	Innenwände	m² IWF	0,94	1,03	1,26	0,65	0,70	0,87
350	Decken	m² DEF	0,60	0,68	0,76	0,40	0,47	0,51
360	Dächer	m² DAF	0,88	1,02	1,35	0,60	0,70	0,96
370	Baukonstruktive Einbauten	m² BGF	1,40	1,47	1,56		1,00	
390	Sonstige Baukonstruktionen	m² BGF	1,40	1,47	1,56		1,00	
300	Bauwerk-Baukonstruktionen	m² BGF	1,40	1,47	1,56		1,00	

Planungskennwerte für Bauzeiten

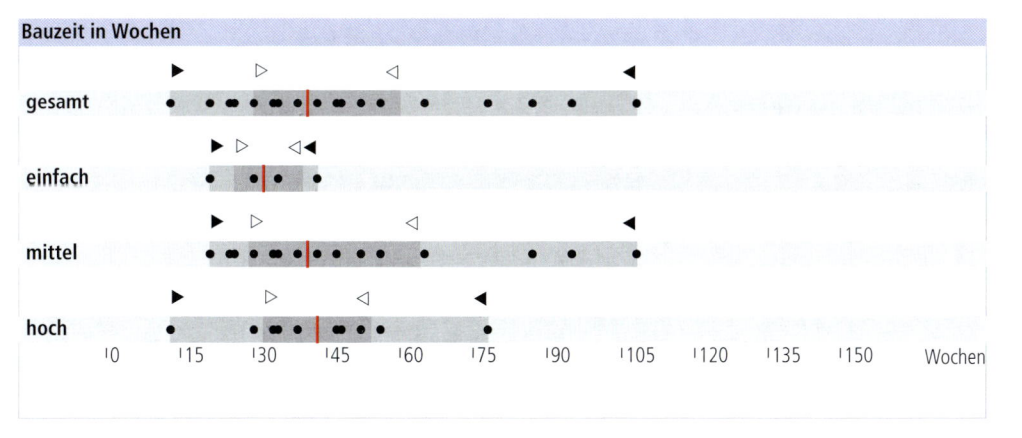

Bauzeit in Wochen

© BKI Baukosteninformationszentrum; Erläuterungen zu den Tabellen siehe Seite 54   Kosten: 1.Quartal 2018, Bundesdurchschnitt, inkl. 19% MwSt.

Ein- und Zwei-familienhäuser, nicht unterkellert, einfacher Standard

Kostenkennwerte für die Kosten des Bauwerks (Kostengruppen 300+400 nach DIN 276)

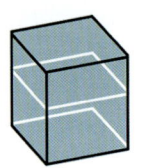

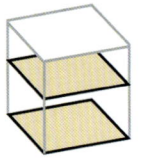

BRI 335 €/m³	BGF 930 €/m²	NUF 1.410 €/m²	NE 1.490 €/NE
von 310 €/m³	von 840 €/m²	von 1.220 €/m²	von 1.240 €/NE
bis 360 €/m³	bis 1.130 €/m²	bis 1.730 €/m²	bis 1.700 €/NE
			NE: Wohnfläche

Kosten:
Stand 1. Quartal 2018
Bundesdurchschnitt
inkl. 19% MwSt.

Objektbeispiele

6100-0977
6100-0930 
6100-0963 
6100-0963 
6100-0803 
6100-0416 

Kosten der 6 Vergleichsobjekte — Seiten 356 bis 357

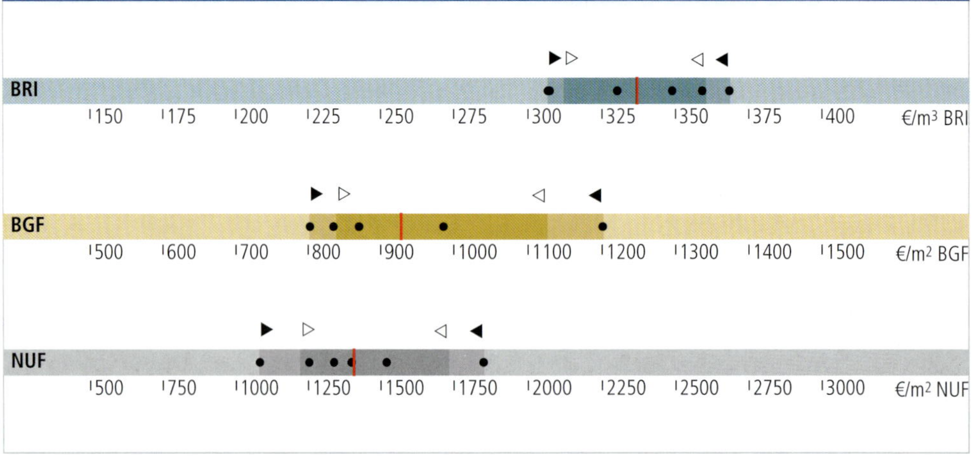

Legende:
- ● KKW
- ▶ min
- ▷ von
- | Mittelwert
- ◁ bis
- ◀ max

BRI: €/m³ BRI (Skala 150–400)
BGF: €/m² BGF (Skala 500–1500)
NUF: €/m² NUF (Skala 500–3000)

© BKI Baukosteninformationszentrum; Erläuterungen zu den Tabellen siehe Seite 46   Kosten: 1. Quartal 2018, Bundesdurchschnitt, **inkl. 19% MwSt.**

Kostenkennwerte für die Kostengruppen der 1. und 2. Ebene DIN 276

KG	Kostengruppen der 1. Ebene	Einheit	▷	€/Einheit	◁	▷	% an 300+400	◁
100	Grundstück	m² GF	–	–	–	–	–	–
200	Herrichten und Erschließen	m² GF	–	1	–	–	0,3	–
300	Bauwerk - Baukonstruktionen	m² BGF	668	**754**	937	74,5	**81,2**	84,4
400	Bauwerk - Technische Anlagen	m² BGF	133	**173**	217	15,6	**18,8**	25,5
	Bauwerk (300+400)	m² BGF	840	**928**	1.125		**100,0**	
500	Außenanlagen	m² AF	14	**44**	74	2,7	**6,9**	11,1
600	Ausstattung und Kunstwerke	m² BGF	–	**9**	–	–	**1,1**	–
700	Baunebenkosten*	m² BGF	249	**277**	306	26,9	**29,9**	33,0	◁ NEU

* Auf Grundlage der HOAI 2013 berechnete Werte nach §§ 35, 52, 56. Weitere Informationen siehe Seite 50

KG	Kostengruppen der 2. Ebene	Einheit	▷	€/Einheit	◁	▷	% an 300	◁
310	Baugrube	m³ BGI	18	**19**	19	0,3	**1,0**	1,7
320	Gründung	m² GRF	229	**270**	310	13,8	**15,4**	17,1
330	Außenwände	m² AWF	248	**288**	328	34,7	**37,9**	41,2
340	Innenwände	m² IWF	138	**143**	148	11,7	**12,0**	12,3
350	Decken	m² DEF	213	**227**	241	17,2	**18,6**	19,9
360	Dächer	m² DAF	128	**134**	141	8,8	**10,2**	11,6
370	Baukonstruktive Einbauten	m² BGF	–	–	–	–	–	–
390	Sonstige Baukonstruktionen	m² BGF	26	**34**	41	3,8	**4,9**	6,0
300	**Bauwerk Baukonstruktionen**	**m² BGF**					**100,0**	

KG	Kostengruppen der 2. Ebene	Einheit	▷	€/Einheit	◁	▷	% an 400	◁
410	Abwasser, Wasser, Gas	m² BGF	37	**55**	73	32,1	**35,0**	38,0
420	Wärmeversorgungsanlagen	m² BGF	57	**60**	63	32,9	**41,1**	49,3
430	Lufttechnische Anlagen	m² BGF	–	**22**	–	–	**5,7**	–
440	Starkstromanlagen	m² BGF	20	**22**	25	12,8	**15,1**	17,3
450	Fernmeldeanlagen	m² BGF	2	**5**	9	1,4	**3,1**	4,8
460	Förderanlagen	m² BGF	–	–	–	–	–	–
470	Nutzungsspezifische Anlagen	m² BGF	–	–	–	–	–	–
480	Gebäudeautomation	m² BGF	–	–	–	–	–	–
490	Sonstige Technische Anlagen	m² BGF	–	–	–	–	–	–
400	**Bauwerk Technische Anlagen**	**m² BGF**					**100,0**	

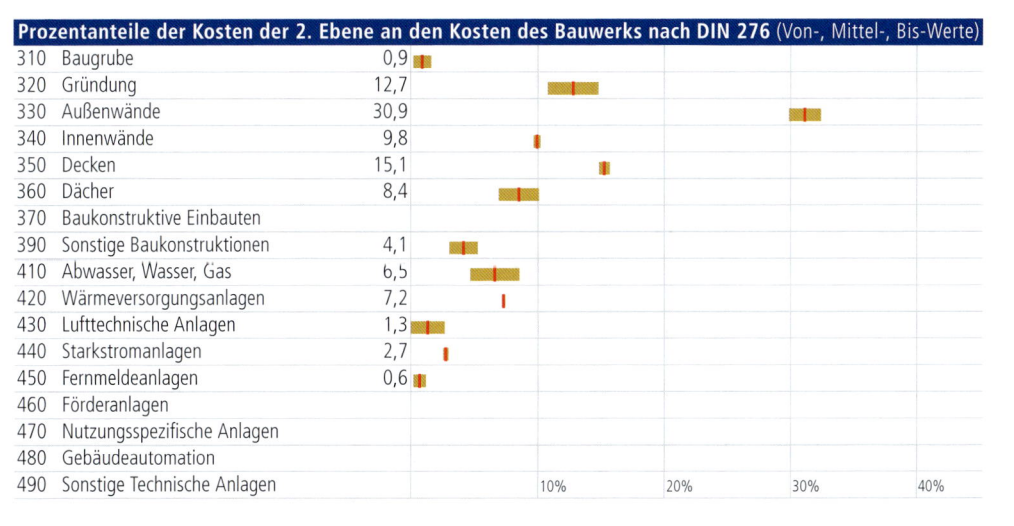

Prozentanteile der Kosten der 2. Ebene an den Kosten des Bauwerks nach DIN 276 (Von-, Mittel-, Bis-Werte)

KG		%
310	Baugrube	0,9
320	Gründung	12,7
330	Außenwände	30,9
340	Innenwände	9,8
350	Decken	15,1
360	Dächer	8,4
370	Baukonstruktive Einbauten	
390	Sonstige Baukonstruktionen	4,1
410	Abwasser, Wasser, Gas	6,5
420	Wärmeversorgungsanlagen	7,2
430	Lufttechnische Anlagen	1,3
440	Starkstromanlagen	2,7
450	Fernmeldeanlagen	0,6
460	Förderanlagen	
470	Nutzungsspezifische Anlagen	
480	Gebäudeautomation	
490	Sonstige Technische Anlagen	

© BKI Baukosteninformationszentrum; Erläuterungen zu den Tabellen siehe Seite 48 und 50   Kosten: 1.Quartal 2018, Bundesdurchschnitt, **inkl. 19% MwSt.**

Ein- und Zweifamilienhäuser, nicht unterkellert, einfacher Standard

Kosten:
Stand 1. Quartal 2018
Bundesdurchschnitt
inkl. 19% MwSt.

- ● KKW
- ▶ min
- ▷ von
- | Mittelwert
- ◁ bis
- ◀ max

Kostenkennwerte für Leistungsbereiche nach StLB (Kosten des Bauwerks nach DIN 276)

LB	Leistungsbereiche	▷ €/m² BGF		◁	▷ % an 300+400		◁
000	Sicherheits-, Baustelleneinrichtungen inkl. 001	38	38	38	4,0	4,0	4,0
002	Erdarbeiten	20	20	20	2,1	2,1	2,1
006	Spezialtiefbauarbeiten inkl. 005	–	–	–	–	–	–
009	Entwässerungskanalarbeiten inkl. 011	–	8	–	–	0,9	–
010	Drän- und Versickerungsarbeiten	–	–	–	–	–	–
012	Mauerarbeiten	128	128	128	13,8	13,8	13,8
013	Betonarbeiten	125	125	125	13,5	13,5	13,5
014	Natur-, Betonwerksteinarbeiten	–	–	–	–	–	–
016	Zimmer- und Holzbauarbeiten	38	38	38	4,1	4,1	4,1
017	Stahlbauarbeiten	–	2	–	–	0,2	–
018	Abdichtungsarbeiten	–	5	–	–	0,5	–
020	Dachdeckungsarbeiten	39	39	39	4,2	4,2	4,2
021	Dachabdichtungsarbeiten	–	3	–	–	0,3	–
022	Klempnerarbeiten	11	11	11	1,2	1,2	1,2
	Rohbau	416	416	416	44,9	44,9	44,9
023	Putz- und Stuckarbeiten, Wärmedämmsysteme	104	104	104	11,2	11,2	11,2
024	Fliesen- und Plattenarbeiten	15	15	15	1,7	1,7	1,7
025	Estricharbeiten	33	33	33	3,6	3,6	3,6
026	Fenster, Außentüren inkl. 029, 032	66	66	66	7,2	7,2	7,2
027	Tischlerarbeiten	38	38	38	4,0	4,0	4,0
028	Parkettarbeiten, Holzpflasterarbeiten	–	13	–	–	1,4	–
030	Rollladenarbeiten	21	21	21	2,2	2,2	2,2
031	Metallbauarbeiten inkl. 035	6	6	6	0,6	0,6	0,6
034	Maler- und Lackiererarbeiten inkl. 037	14	14	14	1,5	1,5	1,5
036	Bodenbelagarbeiten	–	18	–	–	2,0	–
038	Vorgehängte hinterlüftete Fassaden	–	9	–	–	0,9	–
039	Trockenbauarbeiten	27	27	27	2,9	2,9	2,9
	Ausbau	364	364	364	39,3	39,3	39,3
040	Wärmeversorgungsanl. - Betriebseinr. inkl. 041	56	56	56	6,0	6,0	6,0
042	Gas- und Wasserinstallation, Leitungen inkl. 043	23	23	23	2,5	2,5	2,5
044	Abwasserinstallationsarbeiten - Leitungen	–	2	–	–	0,2	–
045	GWA-Einrichtungsgegenstände inkl. 046	–	18	–	–	1,9	–
047	Dämmarbeiten an betriebstechnischen Anlagen	–	2	–	–	0,2	–
049	Feuerlöschanlagen, Feuerlöschgeräte	–	–	–	–	–	–
050	Blitzschutz- und Erdungsanlagen	–	1	–	–	0,1	–
052	Mittelspannungsanlagen	–	–	–	–	–	–
053	Niederspannungsanlagen inkl. 054	27	27	27	2,9	2,9	2,9
055	Ersatzstromversorgungsanlagen	–	–	–	–	–	–
057	Gebäudesystemtechnik	–	–	–	–	–	–
058	Leuchten und Lampen inkl. 059	–	2	–	–	0,2	–
060	Elektroakustische Anlagen, Sprechanlagen	1	1	1	0,1	0,1	0,1
061	Kommunikationsnetze, inkl. 062	5	5	5	0,5	0,5	0,5
063	Gefahrenmeldeanlagen	–	–	–	–	–	–
069	Aufzüge	–	–	–	–	–	–
070	Gebäudeautomation	–	–	–	–	–	–
075	Raumlufttechnische Anlagen	–	11	–	–	1,2	–
	Technische Anlagen	147	147	147	15,8	15,8	15,8
	Sonstige Leistungsbereiche inkl. 008, 033, 051	–	–	–	–	–	–

© **BKI** Baukosteninformationszentrum; Erläuterungen zu den Tabellen siehe Seite 52   Kosten: 1. Quartal 2018, Bundesdurchschnitt, **inkl. 19% MwSt.**

Planungskennwerte für Flächen und Rauminhalte nach DIN 277

Grundflächen			▷	Fläche/NUF (%)	◁	▷	Fläche/BGF (%)	◁
NUF	Nutzungsfläche			100,0		65,1	66,1	70,0
TF	Technikfläche		3,6	4,0	5,9	2,0	2,6	3,9
VF	Verkehrsfläche		9,0	12,6	16,2	6,2	8,4	10,6
NRF	Netto-Raumfläche		114,8	116,6	118,5	77,1	77,1	79,8
KGF	Konstruktions-Grundfläche		29,6	34,7	35,8	20,2	22,9	22,9
BGF	Brutto-Grundfläche		143,7	151,3	154,2		100,0	

Brutto-Rauminhalte			▷	BRI/NUF (m)	◁	▷	BRI/BGF (m)	◁
BRI	Brutto-Rauminhalt		4,00	4,18	4,45	2,61	2,76	2,97

Flächen von Nutzeinheiten			▷	NUF/Einheit (m²)	◁	▷	BGF/Einheit (m²)	◁
Nutzeinheit: Wohnfläche			1,05	1,06	1,14	1,54	1,59	1,71

Lufttechnisch behandelte Flächen			▷	Fläche/NUF (%)	◁	▷	Fläche/BGF (%)	◁
Entlüftete Fläche			–	–	–	–	–	–
Be- und entlüftete Fläche			–	–	–	–	–	–
Teilklimatisierte Fläche			–	–	–	–	–	–
Klimatisierte Fläche			–	–	–	–	–	–

KG	Kostengruppen (2. Ebene)	Einheit	▷	Menge/NUF	◁	▷	Menge/BGF	◁
310	Baugrube	m³ BGI	0,52	0,52	0,52	0,38	0,38	0,38
320	Gründung	m² GRF	0,57	0,57	0,57	0,39	0,39	0,39
330	Außenwände	m² AWF	1,30	1,30	1,30	0,91	0,91	0,91
340	Innenwände	m² IWF	0,83	0,83	0,83	0,58	0,58	0,58
350	Decken	m² DEF	0,81	0,81	0,81	0,56	0,56	0,56
360	Dächer	m² DAF	0,74	0,74	0,74	0,52	0,52	0,52
370	Baukonstruktive Einbauten	m² BGF	1,44	1,51	1,54		1,00	
390	Sonstige Baukonstruktionen	m² BGF	1,44	1,51	1,54		1,00	
300	Bauwerk-Baukonstruktionen	m² BGF	1,44	1,51	1,54		1,00	

Planungskennwerte für Bauzeiten — 6 Vergleichsobjekte

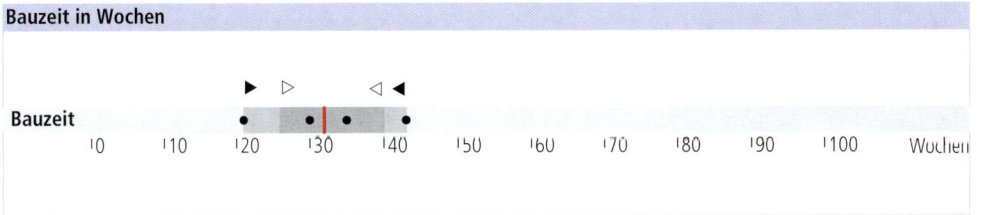

Bauzeit in Wochen

Bauzeit: ▶ ca. 20, ▷ ca. 30, ◁ ▶ ca. 40 (Wochen); Skala 10–100 Wochen

© BKI Baukosteninformationszentrum; Erläuterungen zu den Tabellen siehe Seite 54   Kosten: 1.Quartal 2018, Bundesdurchschnitt, inkl. 19% MwSt.

Ein- und Zweifamilienhäuser, nicht unterkellert, einfacher Standard

€/m² BGF
min	800	€/m²
von	840	€/m²
Mittel	**930**	**€/m²**
bis	1.125	€/m²
max	1.200	€/m²

Kosten:
Stand 1.Quartal 2018
Bundesdurchschnitt
inkl. 19% MwSt.

Objektübersicht zur Gebäudeart

6100-0930 Einfamilienhaus
BRI 611m³ **BGF** 269m² **NUF** 179m²

Einfamilienhaus (146 m² WFL). Zwei hintereinandergeschaltete Treppen verbinden die drei Geschosse. Mauerwerksbau.

Land: Brandenburg
Kreis: Oder-Spree
Standard: unter Durchschnitt
Bauzeit: 21 Wochen
Kennwerte: bis 1.Ebene DIN276

BGF   835 €/m²

Planung: ARCHOFFICE.net Sebastian Knieknecht, freier Architekt; Lawitz

veröffentlicht: BKI Objektdaten N11

6100-0977 Einfamilienhaus, Garage
BRI 826m³ **BGF** 331m² **NUF** 215m²

Einfamilienwohnhaus mit Garage. Mauerwerksbau.

Land: Rheinland-Pfalz
Kreis: Neuwied Rhein
Standard: unter Durchschnitt
Bauzeit: 30 Wochen
Kennwerte: bis 3.Ebene DIN276

BGF   871 €/m²

Planung: P2 Architektur mit Energie Dipl.-Ing. Silke Pesau; Unkel

veröffentlicht: BKI Objektdaten N12

6100-0963 Einfamilienhaus, Carport
BRI 702m³ **BGF** 210m² **NUF** 136m²

Einfamilienhaus (136m² WFL). Wohnen, Kochen, Essen und Technik im EG. Schlafen, Kinder und Bad im DG. Mauerwerksbau.

Land: Bayern
Kreis: Würzburg
Standard: unter Durchschnitt
Bauzeit: 30 Wochen
Kennwerte: bis 1.Ebene DIN276

BGF   1.201 €/m²

Planung: Büro für Städtebau und Architektur Dr. Hartmut Holl; Würzburg

veröffentlicht: BKI Objektdaten N11

6100-0803 Einfamilienhaus - KfW 40
BRI 881m³ **BGF** 311m² **NUF** 193m²

Einfamilienhaus KfW 40, nicht unterkellert, mit Garage. Mauerwerksbau.

Land: Rheinland-Pfalz
Kreis: Mayen-Koblenz
Standard: unter Durchschnitt
Bauzeit: 43 Wochen
Kennwerte: bis 1.Ebene DIN276

BGF   871 €/m²

Planung: objektraum architekten Dipl.-Ing. Architekt Jan Kujanek; Winningen

veröffentlicht: BKI Objektdaten E4

Objektübersicht zur Gebäudeart

6100-0333 Einfamilienhaus   **BRI** 636m³   **BGF** 213m²   **NUF** 138m²

Einfamilienhaus (139m² WFL, II.BVO); nicht ausgebauter Spitzboden als Abstellfläche. Mauerwerksbau.

Land: Sachsen
Kreis: Hohenstein-Ernstthal
Standard: unter Durchschnitt
Bauzeit: 35 Wochen
Kennwerte: bis 1.Ebene DIN276

BGF   986 €/m²

Planung: Architekturbüro Büschel + Partner; Dippoldiswalde

veröffentlicht: BKI Objektdaten N4

6100-0416 Einfamilienhaus   **BRI** 741m³   **BGF** 283m²   **NUF** 210m²

Einfamilienwohnhaus (198m² WFL II.BVO). Mauerwerksbau.

Land: Thüringen
Kreis: Gotha
Standard: unter Durchschnitt
Bauzeit: 30 Wochen
Kennwerte: bis 4.Ebene DIN276

BGF   802 €/m²

Planung: Planungsgruppe Barthelmey Architekt Dipl.-Ing. Stefan Barthelmey; Erfurt

veröffentlicht: BKI Objektdaten N5

Ein- und Zwei-familienhäuser, nicht unterkellert, mittlerer Standard

Kostenkennwerte für die Kosten des Bauwerks (Kostengruppen 300+400 nach DIN 276)

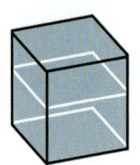

BRI 405 €/m³
von 355 €/m³
bis 480 €/m³

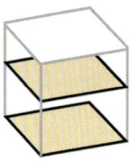

BGF 1.280 €/m²
von 1.100 €/m²
bis 1.530 €/m²

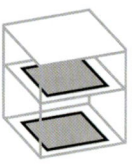

NUF 1.920 €/m²
von 1.600 €/m²
bis 2.350 €/m²

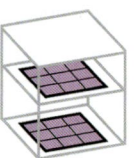

NE 2.060 €/NE
von 1.760 €/NE
bis 2.460 €/NE
NE: Wohnfläche

Objektbeispiele

6100-1364
6100-1358
6100-1340

Kosten:
Stand 1.Quartal 2018
Bundesdurchschnitt
inkl. 19% MwSt.

Kosten der 55 Vergleichsobjekte — Seiten 362 bis 376

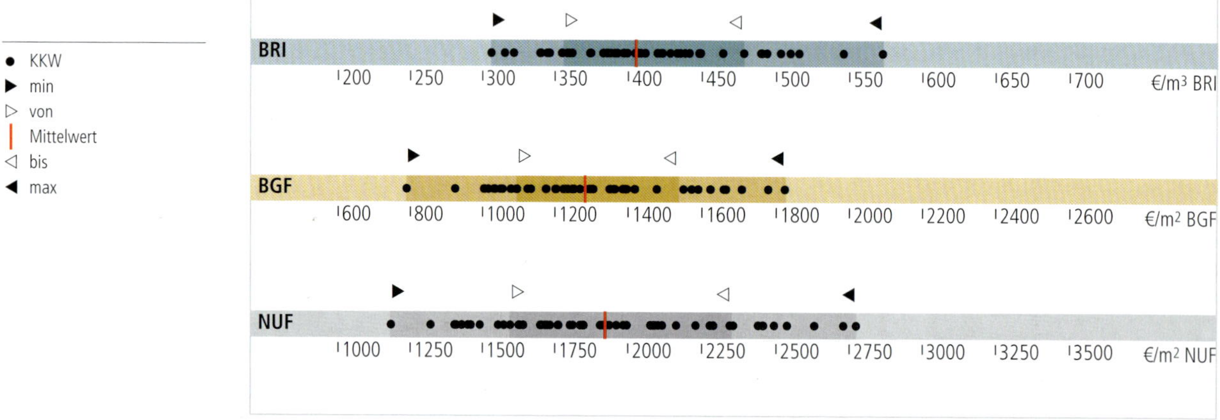

- ● KKW
- ▶ min
- ▷ von
- | Mittelwert
- ◁ bis
- ◀ max

BRI: €/m³ BRI (200–700)
BGF: €/m² BGF (600–2600)
NUF: €/m² NUF (1000–3500)

© BKI Baukosteninformationszentrum; Erläuterungen zu den Tabellen siehe Seite 46   Kosten: 1.Quartal 2018, Bundesdurchschnitt, **inkl. 19% MwSt.**

Kostenkennwerte für die Kostengruppen der 1. und 2. Ebene DIN 276

KG	Kostengruppen der 1. Ebene	Einheit	▷	€/Einheit	◁	▷	% an 300+400	◁
100	Grundstück	m² GF	–	–	–	–	–	–
200	Herrichten und Erschließen	m² GF	9	21	45	1,6	3,3	6,4
300	Bauwerk - Baukonstruktionen	m² BGF	873	**1.034**	1.250	75,6	**80,4**	84,4
400	Bauwerk - Technische Anlagen	m² BGF	193	**251**	331	15,6	**19,6**	24,4
	Bauwerk (300+400)	m² BGF	1.095	**1.284**	1.534		**100,0**	
500	Außenanlagen	m² AF	35	**79**	211	3,9	**7,0**	11,3
600	Ausstattung und Kunstwerke	m² BGF	14	**40**	73	1,1	**2,9**	4,9
700	Baunebenkosten*	m² BGF	329	**367**	405	25,7	**28,6**	31,6 ◁ NEU

* Auf Grundlage der HOAI 2013 berechnete Werte nach §§ 35, 52, 56. Weitere Informationen siehe Seite 50

KG	Kostengruppen der 2. Ebene	Einheit	▷	€/Einheit	◁	▷	% an 300	◁
310	Baugrube	m³ BGI	14	**25**	50	0,2	**0,9**	1,6
320	Gründung	m² GRF	218	**276**	327	12,3	**14,4**	17,6
330	Außenwände	m² AWF	312	**385**	463	30,6	**36,6**	41,2
340	Innenwände	m² IWF	143	**178**	219	9,1	**12,7**	15,4
350	Decken	m² DEF	245	**295**	391	8,1	**12,6**	17,1
360	Dächer	m² DAF	209	**263**	305	15,4	**18,8**	25,8
370	Baukonstruktive Einbauten	m² BGF	35	**45**	55	0,0	**0,8**	5,8
390	Sonstige Baukonstruktionen	m² BGF	18	**31**	46	1,9	**3,1**	4,5
300	**Bauwerk Baukonstruktionen**	**m² BGF**					**100,0**	

KG	Kostengruppen der 2. Ebene	Einheit	▷	€/Einheit	◁	▷	% an 400	◁
410	Abwasser, Wasser, Gas	m² BGF	66	**84**	106	28,6	**34,3**	40,9
420	Wärmeversorgungsanlagen	m² BGF	69	**95**	133	29,7	**38,7**	49,6
430	Lufttechnische Anlagen	m² BGF	25	**32**	45	0,0	**4,7**	12,6
440	Starkstromanlagen	m² BGF	32	**44**	71	13,9	**18,0**	29,1
450	Fernmeldeanlagen	m² BGF	6	**10**	19	2,8	**4,4**	12,1
460	Förderanlagen	m² BGF	–	–	–	–	–	–
470	Nutzungsspezifische Anlagen	m² BGF	–	–	–	–	–	–
480	Gebäudeautomation	m² BGF	–	–	–	–	–	–
490	Sonstige Technische Anlagen	m² BGF	–	**1**	–	–	**0,0**	–
400	**Bauwerk Technische Anlagen**	**m² BGF**					**100,0**	

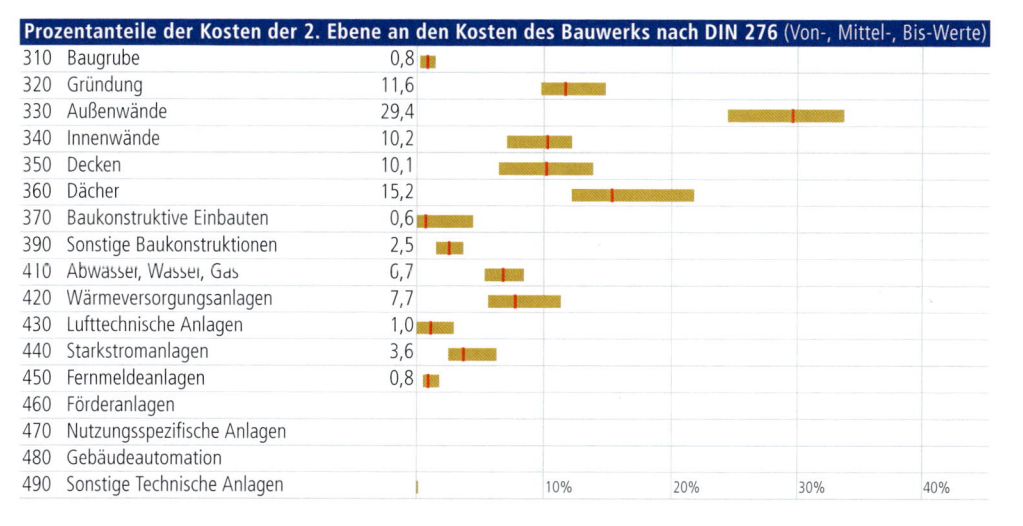

Prozentanteile der Kosten der 2. Ebene an den Kosten des Bauwerks nach DIN 276 (Von-, Mittel-, Bis-Werte)

KG	Kostengruppe	%
310	Baugrube	0,8
320	Gründung	11,6
330	Außenwände	29,4
340	Innenwände	10,2
350	Decken	10,1
360	Dächer	15,2
370	Baukonstruktive Einbauten	0,6
390	Sonstige Baukonstruktionen	2,5
410	Abwasser, Wasser, Gas	6,7
420	Wärmeversorgungsanlagen	7,7
430	Lufttechnische Anlagen	1,0
440	Starkstromanlagen	3,6
450	Fernmeldeanlagen	0,8
460	Förderanlagen	
470	Nutzungsspezifische Anlagen	
480	Gebäudeautomation	
490	Sonstige Technische Anlagen	

© **BKI** Baukosteninformationszentrum; Erläuterungen zu den Tabellen siehe Seite 48 und 50   Kosten: 1.Quartal 2018, Bundesdurchschnitt, **inkl. 19% MwSt.**

Ein- und Zweifamilienhäuser, nicht unterkellert, mittlerer Standard

Kosten: Stand 1. Quartal 2018 Bundesdurchschnitt inkl. 19% MwSt.

- ● KKW
- ▶ min
- ▷ von
- | Mittelwert
- ◁ bis
- ◀ max

Kostenkennwerte für Leistungsbereiche nach StLB (Kosten des Bauwerks nach DIN 276)

LB	Leistungsbereiche	▷	€/m² BGF	◁	▷	% an 300+400	◁
000	Sicherheits-, Baustelleneinrichtungen inkl. 001	17	29	45	1,3	2,3	3,5
002	Erdarbeiten	14	24	33	1,1	1,8	2,5
006	Spezialtiefbauarbeiten inkl. 005	–	–	–	–	–	–
009	Entwässerungskanalarbeiten inkl. 011	2	9	25	0,1	0,7	1,9
010	Drän- und Versickerungsarbeiten	0	2	14	0,0	0,1	1,1
012	Mauerarbeiten	106	139	191	8,3	10,8	14,9
013	Betonarbeiten	108	156	188	8,4	12,2	14,6
014	Natur-, Betonwerksteinarbeiten	1	7	23	0,1	0,5	1,8
016	Zimmer- und Holzbauarbeiten	24	61	119	1,9	4,8	9,3
017	Stahlbauarbeiten	0	1	5	0,0	0,0	0,4
018	Abdichtungsarbeiten	3	8	16	0,2	0,7	1,2
020	Dachdeckungsarbeiten	13	50	85	1,0	3,9	6,6
021	Dachabdichtungsarbeiten	6	27	64	0,4	2,1	5,0
022	Klempnerarbeiten	15	20	32	1,1	1,6	2,5
	Rohbau	466	534	613	36,3	41,6	47,7
023	Putz- und Stuckarbeiten, Wärmedämmsysteme	95	122	153	7,4	9,5	11,9
024	Fliesen- und Plattenarbeiten	32	51	98	2,5	4,0	7,7
025	Estricharbeiten	16	25	34	1,3	2,0	2,7
026	Fenster, Außentüren inkl. 029, 032	82	120	174	6,4	9,4	13,6
027	Tischlerarbeiten	21	49	82	1,6	3,8	6,4
028	Parkettarbeiten, Holzpflasterarbeiten	1	21	57	0,1	1,6	4,5
030	Rollladenarbeiten	1	11	29	0,1	0,9	2,2
031	Metallbauarbeiten inkl. 035	5	23	76	0,4	1,8	5,9
034	Maler- und Lackiererarbeiten inkl. 037	21	32	54	1,6	2,5	4,2
036	Bodenbelagarbeiten	3	12	34	0,2	1,0	2,7
038	Vorgehängte hinterlüftete Fassaden	–	2	–	–	0,2	–
039	Trockenbauarbeiten	23	41	59	1,8	3,2	4,6
	Ausbau	458	512	553	35,7	39,9	43,0
040	Wärmeversorgungsanl. - Betriebseinr. inkl. 041	67	93	138	5,3	7,2	10,7
042	Gas- und Wasserinstallation, Leitungen inkl. 043	11	18	31	0,9	1,4	2,4
044	Abwasserinstallationsarbeiten - Leitungen	8	13	21	0,6	1,0	1,6
045	GWA-Einrichtungsgegenstände inkl. 046	27	36	50	2,1	2,8	3,9
047	Dämmarbeiten an betriebstechnischen Anlagen	1	3	9	0,1	0,2	0,7
049	Feuerlöschanlagen, Feuerlöschgeräte	–	–	–	–	–	–
050	Blitzschutz- und Erdungsanlagen	1	2	5	0,1	0,2	0,4
052	Mittelspannungsanlagen	–	–	–	–	–	–
053	Niederspannungsanlagen inkl. 054	32	44	64	2,5	3,5	5,0
055	Ersatzstromversorgungsanlagen	–	–	–	–	–	–
057	Gebäudesystemtechnik	–	–	–	–	–	–
058	Leuchten und Lampen inkl. 059	1	4	12	0,0	0,3	0,9
060	Elektroakustische Anlagen, Sprechanlagen	0	2	3	0,0	0,1	0,2
061	Kommunikationsnetze, inkl. 062	3	6	14	0,2	0,5	1,1
063	Gefahrenmeldeanlagen	0	2	11	0,0	0,1	0,8
069	Aufzüge	–	–	–	–	–	–
070	Gebäudeautomation	–	–	–	–	–	–
075	Raumlufttechnische Anlagen	0	13	36	0,0	1,0	2,8
	Technische Anlagen	191	236	291	14,9	18,4	22,6
	Sonstige Leistungsbereiche inkl. 008, 033, 051	0	4	22	0,0	0,3	1,7

© BKI Baukosteninformationszentrum; Erläuterungen zu den Tabellen siehe Seite 52   Kosten: 1. Quartal 2018, Bundesdurchschnitt, **inkl. 19% MwSt.**

Planungskennwerte für Flächen und Rauminhalte nach DIN 277

Grundflächen			▷	Fläche/NUF (%)	◁	▷	Fläche/BGF (%)	◁
NUF	Nutzungsfläche			100,0		63,8	66,8	71,1
TF	Technikfläche		3,1	3,9	6,4	2,1	2,6	4,0
VF	Verkehrsfläche		10,8	13,9	20,1	7,1	9,3	12,1
NRF	Netto-Raumfläche		114,5	117,8	124,4	75,9	78,7	81,8
KGF	Konstruktions-Grundfläche		26,9	31,9	37,8	18,2	21,3	24,1
BGF	Brutto-Grundfläche		142,6	149,7	158,7		100,0	

Brutto-Rauminhalte			▷	BRI/NUF (m)	◁	▷	BRI/BGF (m)	◁
BRI	Brutto-Rauminhalt		4,43	4,75	5,17	2,97	3,18	3,39

Flächen von Nutzeinheiten			▷	NUF/Einheit (m²)	◁	▷	BGF/Einheit (m²)	◁
Nutzeinheit: Wohnfläche			1,00	1,09	1,22	1,54	1,62	1,81

Lufttechnisch behandelte Flächen			▷	Fläche/NUF (%)	◁	▷	Fläche/BGF (%)	◁
Entlüftete Fläche			–	–	–	–	–	–
Be- und entlüftete Fläche			82,5	82,5	83,8	57,0	57,0	58,2
Teilklimatisierte Fläche			–	–	–	–	–	–
Klimatisierte Fläche			–	–	–	–	–	–

KG	Kostengruppen (2. Ebene)	Einheit	▷	Menge/NUF	◁	▷	Menge/BGF	◁
310	Baugrube	m³ BGI	0,52	0,72	0,79	0,37	0,50	0,58
320	Gründung	m² GRF	0,69	0,77	1,00	0,48	0,53	0,71
330	Außenwände	m² AWF	1,28	1,42	1,64	0,87	0,98	1,10
340	Innenwände	m² IWF	0,97	1,05	1,20	0,67	0,73	0,82
350	Decken	m² DEF	0,64	0,68	0,78	0,44	0,47	0,53
360	Dächer	m² DAF	0,90	1,06	1,41	0,64	0,74	1,00
370	Baukonstruktive Einbauten	m² BGF	1,43	1,50	1,59		1,00	
390	Sonstige Baukonstruktionen	m² BGF	1,43	1,50	1,59		1,00	
300	**Bauwerk-Baukonstruktionen**	m² BGF	1,43	1,50	1,59		1,00	

Planungskennwerte für Bauzeiten — 55 Vergleichsobjekte

Bauzeit in Wochen

Bauzeit: ▶ bei ca. 20, ▷ bei ca. 30, ◁ bei ca. 55, ◀ bei ca. 95 Wochen (Skala: 0, 15, 30, 45, 60, 75, 90, 105, 120, 135, 150 Wochen)

© BKI Baukosteninformationszentrum; Erläuterungen zu den Tabellen siehe Seite 54   Kosten: 1.Quartal 2018, Bundesdurchschnitt, inkl. 19% MwSt.

Ein- und Zweifamilienhäuser, nicht unterkellert, mittlerer Standard

€/m² BGF

min	790	€/m²
von	1.095	€/m²
Mittel	**1.285**	**€/m²**
bis	1.535	€/m²
max	1.825	€/m²

Kosten:
Stand 1.Quartal 2018
Bundesdurchschnitt
inkl. 19% MwSt.

Objektübersicht zur Gebäudeart

6100-1256 Doppelhaushälfte, Carport
BRI 710m³ | **BGF** 223m² | **NUF** 155m²

Doppelhaushälfte (138m² WFL) mit Carport. Mauerwerksbau aus Dämmsteinen.

Land: Nordrhein-Westfalen
Kreis: Olpe
Standard: Durchschnitt
Bauzeit: 52 Wochen
Kennwerte: bis 1.Ebene DIN276

BGF 1.080 €/m²

Planung: T A T O R T architektur Dipl.-Ing. Nicole Wigger; Attendorn

veröffentlicht: BKI Objektdaten N15

6100-1259 Doppelhaushälfte, Carport
BRI 687m³ | **BGF** 244m² | **NUF** 157m²

Doppelhaushälfte (139m² WFL) mit Carport und Dachterrasse. Mauerwerksbau aus Dämmsteinen.

Land: Nordrhein-Westfalen
Kreis: Olpe
Standard: Durchschnitt
Bauzeit: 52 Wochen
Kennwerte: bis 1.Ebene DIN276

BGF 1.056 €/m²

Planung: T A T O R T architektur Dipl.-Ing. Nicole Wigger; Attendorn

veröffentlicht: BKI Objektdaten N15

6100-1288 Einfamilienhaus, Garage
BRI 691m³ | **BGF** 248m² | **NUF** 191m²

Einfamilienhaus (125m² WFL) mit Garage. Mauerwerksbau, Sparrendach.

Land: Brandenburg
Kreis: Oberspreewald-Lausitz
Standard: Durchschnitt
Bauzeit: 30 Wochen
Kennwerte: bis 1.Ebene DIN276

BGF 1.418 €/m²

Planung: Jörg Karwath / Lunau Architektur; Cottbus

veröffentlicht: BKI Objektdaten N15

6100-1340 Einfamilienhaussiedlung (12 WE)
BRI 7.400m³ | **BGF** 2.403m² | **NUF** 1.641m²

Einfamilienhaussiedlung mit 12 Gebäuden (12 WE). Massivbau.

Land: Berlin
Kreis: Berlin
Standard: Durchschnitt
Bauzeit: 108 Wochen
Kennwerte: bis 1.Ebene DIN276

BGF 1.204 €/m²

Planung: Arnold und Gladisch Gesellschaft von Architekten mbH; Berlin

vorgesehen: BKI Objektdaten N16

Objektübersicht zur Gebäudeart

6100-1358 Einfamilienhaus - Effizienzhaus 70

BRI 796m³ **BGF** 266m² **NUF** 160m²

Einfamilienhaus (162m² WFL), Energieeffizienz 70. Holzbau, Brettstapelbauweise.

Land: Bayern
Kreis: Unterallgäu
Standard: Durchschnitt
Bauzeit: 52 Wochen
Kennwerte: bis 1.Ebene DIN276

BGF 1.477 €/m²

Planung: SoHo Architektur; Memmingen

vorgesehen: BKI Objektdaten E8

6100-1295 Einfamilienhaus

BRI 814m³ **BGF** 298m² **NUF** 202m²

Einfamilienhaus (195m² WFL) mit Dachterrasse und Carport. Mauerwerk.

Land: Niedersachsen
Kreis: Ammerland
Standard: Durchschnitt
Bauzeit: 47 Wochen
Kennwerte: bis 1.Ebene DIN276

BGF 1.224 €/m²

Planung: Hartmann-Eberlei Architekten; Oldenburg

veröffentlicht: BKI Objektdaten N15

6100-1309 Einfamilienhaus

BRI 775m³ **BGF** 272m² **NUF** 171m²

Einfamilienhaus mit 138m² WFL. Mauerwerk.

Land: Brandenburg
Kreis: Potsdam
Standard: Durchschnitt
Bauzeit: 43 Wochen
Kennwerte: bis 1.Ebene DIN276

BGF 1.248 €/m²

Planung: Reimers Architekten; Potsdam

vorgesehen: BKI Objektdaten N16

6100-1315 Einfamilienhaus

BRI 649m³ **BGF** 229m² **NUF** 136m²

Einfamilienhaus. Mauerwerksbau.

Land: Niedersachsen
Kreis: Osterholz
Standard: Durchschnitt
Bauzeit: 34 Wochen
Kennwerte: bis 1.Ebene DIN276

BGF 1.623 €/m²

Planung: Püffel Architekten; Bremen

vorgesehen: BKI Objektdaten N16

© BKI Baukosteninformationszentrum; Erläuterungen zu den Tabellen siehe Seite 56   Kosten: 1.Quartal 2018, Bundesdurchschnitt, **inkl. 19% MwSt.**

Ein- und Zweifamilienhäuser, nicht unterkellert, mittlerer Standard

€/m² BGF

min	790	€/m²
von	1.095	€/m²
Mittel	**1.285**	€/m²
bis	1.535	€/m²
max	1.825	€/m²

Kosten:
Stand 1.Quartal 2018
Bundesdurchschnitt
inkl. 19% MwSt.

Objektübersicht zur Gebäudeart

6100-1324 Einfamilienhaus
BRI 730m³   **BGF** 215m²   **NUF** 144m²

Einfamilienhaus (160m² WFL) mit Carport, nicht unterkellert. Holztafelbau.

Land: Thüringen
Kreis: Erfurt
Standard: Durchschnitt
Bauzeit: 26 Wochen
Kennwerte: bis 1.Ebene DIN276

BGF 1.707 €/m²

Planung: Funken Architekten; Erfurt

vorgesehen: BKI Objektdaten N16

6100-1328 Ferienhaus (Ferienhaussiedlung)*
BRI 297m³   **BGF** 120m²   **NUF** 94m²

Ferienhaus (99m² WFL). Massivbau.

Land: Thüringen
Kreis: Kyffhäuserkreis
Standard: Durchschnitt
Bauzeit: 25 Wochen
Kennwerte: bis 1.Ebene DIN276

BGF 798 €/m²

Planung: ARCHITEKT MAURICE FIEDLER; Erfurt

vorgesehen: BKI Objektdaten N16
*Nicht in der Auswertung enthalten

6100-1363 Einfamilienhaus - Effizienzhaus 70*
BRI 719m³   **BGF** 148m²   **NUF** 124m²

Einfamilienhaus (124m² WFL) mit Sheddach als Effizienzhaus 70. Massivbau.

Land: Nordrhein-Westfalen
Kreis: Bottrop
Standard: Durchschnitt
Bauzeit: 47 Wochen
Kennwerte: bis 1.Ebene DIN276

BGF 2.797 €/m²

Planung: Romann Architektur; Oberhausen

vorgesehen: BKI Objektdaten E8
*Nicht in der Auswertung enthalten

6100-1364 Einfamilienhaus - Effizienzhaus 55
BRI 957m³   **BGF** 236m²   **NUF** 150m²

Einfamilienhaus mit 178m² Wohnfläche. Massivbau.

Land: Brandenburg
Kreis: Oberhavel
Standard: Durchschnitt
Bauzeit: 39 Wochen
Kennwerte: bis 1.Ebene DIN276

BGF 1.550 €/m²

Planung: Jirka + Nadansky Architekten; Hohen Neuendorf

vorgesehen: BKI Objektdaten E8

Objektübersicht zur Gebäudeart

6100-1140 Einfamilienhaus, Carport - Effizienzhaus 70   **BRI** 924m³   **BGF** 253m²   **NUF** 175m²

Einfamilienhaus (176m² WFL) mit Carport als Effizienzhaus 70. Mauerwerksbau, vorgefertigter Massivholzbau.

Land: Bayern
Kreis: Traunstein
Standard: Durchschnitt
Bauzeit: 34 Wochen
Kennwerte: bis 1.Ebene DIN276

BGF 1.590 €/m²

Planung: Michael Feil Architekt; Regensburg

veröffentlicht: BKI Objektdaten E6

6100-1148 Einfamilienhaus, Carport, barrierefrei   **BRI** 690m³   **BGF** 185m²   **NUF** 137m²

Barrierefreies Einfamilienhaus (117m² WFL) mit Carport. Massivbau.

Land: Niedersachsen
Kreis: Lüneburg
Standard: Durchschnitt
Bauzeit: 30 Wochen
Kennwerte: bis 1.Ebene DIN276

BGF 1.823 €/m²

Planung: batzik meinheit architekten; Lüneburg

veröffentlicht: BKI Objektdaten N13

6100-1168 Einfamilienhaus, Carport - Effizienzhaus 40   **BRI** 855m³   **BGF** 269m²   **NUF** 181m²

Einfamilienhaus mit Carport als Effizienzhaus 40. Massivbau.

Land: Niedersachsen
Kreis: Vechta
Standard: Durchschnitt
Bauzeit: 34 Wochen
Kennwerte: bis 1.Ebene DIN276

BGF 1.295 €/m²

Planung: Planlabor + Bauwerkstatt GmbH; Vechta

veröffentlicht: BKI Objektdaten E6

6100-1205 Einfamilienhaus, Garage   **BRI** 1.185m³   **BGF** 394m²   **NUF** 238m²

Einfamilienhaus (192m² WFL) mit Garage. Mauerwerksbau.

Land: Brandenburg
Kreis: Brandenburg
Standard: Durchschnitt
Bauzeit: 47 Wochen
Kennwerte: bis 1.Ebene DIN276

BGF 1.035 €/m²

Planung: Märkplan GmbH; Brandenburg

veröffentlicht: BKI Objektdaten N15

© **BKI** Baukosteninformationszentrum; Erläuterungen zu den Tabellen siehe Seite 56   Kosten: 1.Quartal 2018, Bundesdurchschnitt, **inkl. 19% MwSt.**

Ein- und Zweifamilienhäuser, nicht unterkellert, mittlerer Standard

€/m² BGF
min	790	€/m²
von	1.095	€/m²
Mittel	**1.285**	**€/m²**
bis	1.535	€/m²
max	1.825	€/m²

Kosten:
Stand 1.Quartal 2018
Bundesdurchschnitt
inkl. 19% MwSt.

Objektübersicht zur Gebäudeart

6100-1218 Einfamilienhaus - Effizienzhaus 40
BRI 712m³ | **BGF** 262m² | **NUF** 183m²

Einfamilienhaus für zwei Personen (112m² WFL). Mauerwerk.

Land: Nordrhein-Westfalen
Kreis: Mönchengladbach
Standard: Durchschnitt
Bauzeit: 56 Wochen
Kennwerte: bis 1.Ebene DIN276

BGF 923 €/m²

Planung: LP 5-8: bau grün ! energieeff. Gebäude, Arch. D. Finocchiaro; Mönchengladbach

veröffentlicht: BKI Objektdaten N15

6100-1264 Einfamilienhaus, Garage - Effizienzhaus ~30%
BRI 923m³ | **BGF** 272m² | **NUF** 181m²

Einfamilienhaus mit Garage (183m² WFL). Mauerwerksbau.

Land: Thüringen
Kreis: Erfurt
Standard: Durchschnitt
Bauzeit: 47 Wochen
Kennwerte: bis 1.Ebene DIN276

BGF 1.664 €/m²

Planung: VITAMINOFFICE ARCHITEKTEN BDA; Erfurt

veröffentlicht: BKI Objektdaten E7

6100-1265 Einfamilienhaus, Garage
BRI 590m³ | **BGF** 181m² | **NUF** 116m²

Einfamilienhaus (129m² WFL) mit Garage, nicht unterkellert. Mauerwerksbau.

Land: Nordrhein-Westfalen
Kreis: Dortmund
Standard: Durchschnitt
Bauzeit: 47 Wochen
Kennwerte: bis 1.Ebene DIN276

BGF 1.778 €/m²

Planung: SCHAMP & SCHMALÖER Architekten Stadtplaner PartGmbB; Dortmund

veröffentlicht: BKI Objektdaten N15

6100-1132 Einfamilienhaus, Nebengebäude - Effizienzhaus 55
BRI 878m³ | **BGF** 249m² | **NUF** 179m²

Einfamilienhaus (171m² WFL) mit Nebengebäude. Mauerwerksbau.

Land: Thüringen
Kreis: Gotha
Standard: Durchschnitt
Bauzeit: 47 Wochen
Kennwerte: bis 4.Ebene DIN276

BGF 1.396 €/m²

Planung: grosskopf-architekten Sebastian Großkopf; Gotha

veröffentlicht: BKI Objektdaten E6

Objektübersicht zur Gebäudeart

6100-1142 Einfamilienhaus, Garage - Effizienzhaus 55 | BRI 1.235m³ | BGF 427m² | NUF 298m²

Einfamilienhaus (226m²) mit Garage. Mauerwerksbau.

Land: Nordrhein-Westfalen
Kreis: Euskirchen
Standard: Durchschnitt
Bauzeit: 43 Wochen
Kennwerte: bis 3.Ebene DIN276

BGF 1.134 €/m²

Planung: Concavis Architekten + Ingenieure; Bornheim

veröffentlicht: BKI Objektdaten E6

6100-1151 Einfamilienhaus, Doppelgarage - Effizienzhaus 70 | BRI 914m³ | BGF 371m² | NUF 236m²

Einfamilienhaus (200m² WFL) für 6 Personen als Effizienzhaus 70. Mauerwerksbau.

Land: Nordrhein-Westfalen
Kreis: Steinfurt
Standard: Durchschnitt
Bauzeit: 34 Wochen
Kennwerte: bis 1.Ebene DIN276

BGF 1.270 €/m²

Planung: 23-7architektur; Münster

veröffentlicht: BKI Objektdaten E6

6100-1170 Einfamilienhaus, Doppelgarage | BRI 835m³ | BGF 236m² | NUF 159m²

Einfamilienwohnhaus (160m² WFL), nicht unterkellert mit Doppelgarage. Mauerwerksbau.

Land: Bayern
Kreis: Mühldorf
Standard: Durchschnitt
Bauzeit: 47 Wochen
Kennwerte: bis 1.Ebene DIN276

BGF 1.224 €/m²

Planung: Viktor Filimonow Architekt; München

veröffentlicht: BKI Objektdaten N13

6100-1244 Einfamilienhaus, Doppelgarage - Effizienzhaus 70 | BRI 1.116m³ | BGF 348m² | NUF 246m²

Einfamilienwohnhaus (212m² WFL) als Effizienzhaus 70 mit Doppelgarage. Mauerwerksbau.

Land: Bayern
Kreis: Würzburg
Standard: Durchschnitt
Bauzeit: 35 Wochen
Kennwerte: bis 1.Ebene DIN276

BGF 1.031 €/m²

Planung: HWP Holl - Wieden Partnerschaft Architekten & Stadtplaner; Würzburg

veröffentlicht: BKI Objektdaten E7

Ein- und Zweifamilienhäuser, nicht unterkellert, mittlerer Standard

€/m² BGF

min	790	€/m²
von	1.095	€/m²
Mittel	**1.285**	**€/m²**
bis	1.535	€/m²
max	1.825	€/m²

Kosten:
Stand 1.Quartal 2018
Bundesdurchschnitt
inkl. 19% MwSt.

Objektübersicht zur Gebäudeart

6100-1080 Einfamilienhaus, Garage
BRI 676m³ | **BGF** 219m² | **NUF** 146m²

Einfamilienhaus (159m² WFL) mit Garage. Massivbau.

Land: Sachsen
Kreis: Leipzig, Stadt
Standard: Durchschnitt
Bauzeit: 34 Wochen
Kennwerte: bis 1.Ebene DIN276

BGF 1.049 €/m²

Planung: Architekturbüro Augustin & Imkamp Leipzig; Leipzig

veröffentlicht: BKI Objektdaten N13

6100-0866 Einfamilienhaus - Effizienzhaus 70
BRI 819m³ | **BGF** 227m² | **NUF** 160m²

Einfamilienhaus mit Carport als Effizienzhaus 70 (152m² WFL). Mauerwerksbau.

Land: Niedersachsen
Kreis: Schaumburg
Standard: Durchschnitt
Bauzeit: 30 Wochen
Kennwerte: bis 1.Ebene DIN276

BGF 1.351 €/m²

Planung: seyfarth architekten bda; Hannover

veröffentlicht: BKI Objektdaten E4

6100-0903 Einfamilienhaus
BRI 961m³ | **BGF** 369m² | **NUF** 247m²

Einfamilienhaus (175m² WFL) nicht unterkellert, aus Porenbeton-Mauerwerk. Mauerwerksbau.

Land: Berlin
Kreis: Berlin
Standard: Durchschnitt
Bauzeit: 34 Wochen
Kennwerte: bis 4.Ebene DIN276

BGF 1.094 €/m²

Planung: TSSB architekten.ingenieure; Berlin

veröffentlicht: BKI Objektdaten N12

6100-0935 Einfamilienhaus, Garage
BRI 887m³ | **BGF** 360m² | **NUF** 222m²

Einfamilienhaus mit Garage (158m² WFL). Mauerwerksbau.

Land: Brandenburg
Kreis: Havelland
Standard: Durchschnitt
Bauzeit: 26 Wochen
Kennwerte: bis 1.Ebene DIN276

BGF 1.176 €/m²

Planung: Behrens & Heinlein Architekten BDA; Potsdam

veröffentlicht: BKI Objektdaten N11

Objektübersicht zur Gebäudeart

6100-0940 Einfamilienhaus, Doppelgarage - Effizienzhaus 70   BRI 1.094m³   BGF 303m²   NUF 180m²

Einfamilienhaus mit Doppelgarage (193m² WFL), Effizienzhaus 70. Mauerwerksbau.

Land: Hessen
Kreis: Lahn-Dill, Wetzlar
Standard: Durchschnitt
Bauzeit: 34 Wochen
Kennwerte: bis 1.Ebene DIN276

BGF   1.392 €/m²

Planung: jungherr architekt Thomas Jungherr; Gießen

veröffentlicht: BKI Objektdaten E5

6100-1005 Einfamilienhaus, Garage   BRI 866m³   BGF 258m²   NUF 174m²

Einfamilienhaus (152m² WFL). Mauerwerksbau.

Land: Thüringen
Kreis: Gotha
Standard: Durchschnitt
Bauzeit: 65 Wochen
Kennwerte: bis 1.Ebene DIN276

BGF   1.078 €/m²

Planung: büro für architektur und bautechnik; Hörselberg-Hainich

veröffentlicht: BKI Objektdaten N12

6100-1006 Zweifamilienhaus - KfW 70   BRI 1.005m³   BGF 273m²   NUF 207m²

Zweifamilienhaus (203m² WFL) mit einer Wohnung im EG und einer Wohnung im OG. Mauerwerksbau.

Land: Sachsen
Kreis: Dresden
Standard: Durchschnitt
Bauzeit: 26 Wochen
Kennwerte: bis 1.Ebene DIN276

BGF   1.572 €/m²

Planung: h.e.i.z. Haus Architektur.Stadtplanung Partnerschaft mbB; Dresden

veröffentlicht: BKI Objektdaten E5

6100-1011 Einfamilienhaus, Garage   BRI 562m³   BGF 152m²   NUF 96m²

Einfamilienhaus mit Pultdach (88m² WFL). Mauerwerksbau.

Land: Nordrhein-Westfalen
Kreis: Krefeld, Stadt
Standard: Durchschnitt
Bauzeit: 34 Wochen
Kennwerte: bis 1.Ebene DIN276

BGF   1.658 €/m²

Planung: Architekturbüro Sengstock; Krefeld

veröffentlicht: BKI Objektdaten N12

Ein- und Zweifamilienhäuser, nicht unterkellert, mittlerer Standard

€/m² BGF
min	790	€/m²
von	1.095	€/m²
Mittel	**1.285**	**€/m²**
bis	1.535	€/m²
max	1.825	€/m²

Kosten:
Stand 1.Quartal 2018
Bundesdurchschnitt
inkl. 19% MwSt.

Objektübersicht zur Gebäudeart

6100-1116 Einfamilienhaus - Effizienzhaus 70   BRI 915m³   BGF 279m²   NUF 199m²

Einfamilienhaus einer Wohnbebauung mit 326 Wohneinheiten. Mauerwerksbau.

Land: Hessen
Kreis: Wiesbaden
Standard: Durchschnitt
Bauzeit: 95 Wochen
Kennwerte: bis 3.Ebene DIN276

BGF 1.004 €/m²

Planung: Junghans + Formhals GmbH; Weiterstadt

veröffentlicht: BKI Objektdaten E6

6100-0819 Einfamilienhaus   BRI 564m³   BGF 180m²   NUF 127m²

Einfamilienhaus (138m² WFL) nicht unterkellert. Mauerwerksbau.

Land: Brandenburg
Kreis: Barnim
Standard: Durchschnitt
Bauzeit: 30 Wochen
Kennwerte: bis 1.Ebene DIN276

BGF 1.353 €/m²

Planung: Markus Coelen Gesellschaft von Architekten mbH; Berlin

veröffentlicht: BKI Objektdaten N10

6100-0820 Einfamilienhaus   BRI 612m³   BGF 185m²   NUF 106m²

Einfamilienhaus (138m² WFL) nicht unterkellert. Mauerwerksbau.

Land: Thüringen
Kreis: Erfurt
Standard: Durchschnitt
Bauzeit: 21 Wochen
Kennwerte: bis 1.Ebene DIN276

BGF 1.124 €/m²

Planung: funken trautwein architekten; Erfurt

veröffentlicht: BKI Objektdaten N10

6100-0822 Einfamilienhaus   BRI 687m³   BGF 209m²   NUF 130m²

Einfamilienhaus mit Carport und separatem Abstellraum im Garten. Kriechboden als Abstellfläche im Dachgeschoss. Mauerwerksbau.

Land: Niedersachsen
Kreis: Braunschweig
Standard: Durchschnitt
Bauzeit: 34 Wochen
Kennwerte: bis 3.Ebene DIN276

BGF 1.307 €/m²

Planung: BRATHUHN + KÖNIG Architektur- u. Ingenieurpartnerschaft; Braunschweig

veröffentlicht: BKI Objektdaten N11

Objektübersicht zur Gebäudeart

6100-0865 Einfamilienhaus - KfW 60

BRI 1.150m³   **BGF** 407m²   **NUF** 294m²

Einfamilienhaus, KfW 60 (228m² WFL). Mauerwerksbau.

Land: Niedersachsen
Kreis: Hannover, Region
Standard: Durchschnitt
Bauzeit: 26 Wochen
Kennwerte: bis 1.Ebene DIN276

BGF   1.017 €/m²

Planung: seyfarth architekten bda; Hannover

veröffentlicht: BKI Objektdaten E4

6100-0868 Einfamilienhaus - KfW 60

BRI 878m³   **BGF** 331m²   **NUF** 211m²

Einfamilienhaus KfW 60 (196m² WFL). Mauerwerksbau.

Land: Niedersachsen
Kreis: Hannover, Region
Standard: Durchschnitt
Bauzeit: 56 Wochen
Kennwerte: bis 1.Ebene DIN276

BGF   1.230 €/m²

Planung: seyfarth architekten bda; Hannover

veröffentlicht: BKI Objektdaten E4

6100-0941 Zweifamilienhaus - Effizienzhaus 70

BRI 794m³   **BGF** 306m²   **NUF** 196m²

Zweifamilienhaus als Mehrgenerationenhaus (208m² WFL), EG rollstuhlgerecht, Effizienzhaus 70. Mauerwerksbau.

Land: Nordrhein-Westfalen
Kreis: Borken
Standard: Durchschnitt
Bauzeit: 47 Wochen
Kennwerte: bis 1.Ebene DIN276

BGF   1.096 €/m²

Planung: Architekturbüro Bartmann; Heiden

veröffentlicht: BKI Objektdaten E5

6100-0957 Einfamilienhaus - Effizienzhaus 70

BRI 630m³   **BGF** 170m²   **NUF** 111m²

Einfamilienhaus (128m² WFL) mit Carport, Effizienzhaus 70. Massivbau.

Land: Nordrhein-Westfalen
Kreis: Coesfeld
Standard: Durchschnitt
Bauzeit: 25 Wochen
Kennwerte: bis 1.Ebene DIN276

BGF   1.386 €/m²

Planung: Heiderich Architekten; Lünen

veröffentlicht: BKI Objektdaten E5

Ein- und Zweifamilienhäuser, nicht unterkellert, mittlerer Standard

€/m² BGF
min	790	€/m²
von	1.095	€/m²
Mittel	**1.285**	€/m²
bis	1.535	€/m²
max	1.825	€/m²

Kosten:
Stand 1.Quartal 2018
Bundesdurchschnitt
inkl. 19% MwSt.

Objektübersicht zur Gebäudeart

6100-1131 Einfamilienhaus, Carport
BRI 1.004m³ **BGF** 261m² **NUF** 192m²

Einfamilienhaus (187m² WFL) mit Carport und Außenabstellraum. Mauerwerksbau.

Land: Niedersachsen
Kreis: Hannover, Region
Standard: Durchschnitt
Bauzeit: 52 Wochen
Kennwerte: bis 3.Ebene DIN276

BGF   1.365 €/m²

Planung: seyfarth stahlhut I architekten bda; Hannover

veröffentlicht: BKI Objektdaten N13

6100-1174 Einfamilienhaus, Carport - Effizienzhaus 70
BRI 625m³ **BGF** 202m² **NUF** 112m²

Einfamilienhaus mit Carport (142m² WFL) als Effizienzhaus 70. Mauerwerksbau.

Land: Niedersachsen
Kreis: Oldenburg
Standard: Durchschnitt
Bauzeit: 25 Wochen
Kennwerte: bis 1.Ebene DIN276

BGF   1.236 €/m²

Planung: Dipl.-Ing. (FH) Architekt André Siems

veröffentlicht: BKI Objektdaten E6

6100-0721 Hausmeisterwohnhaus - KfW 60
BRI 696m³ **BGF** 208m² **NUF** 125m²

Hausmeisterwohnung (1 WE). Mauerwerksbau; Stb-Decken; Holzdachkonstruktion.

Land: Bayern
Kreis: Freising
Standard: Durchschnitt
Bauzeit: 21 Wochen
Kennwerte: bis 1.Ebene DIN276

BGF   1.301 €/m²

Planung: Haas W.; Freising

veröffentlicht: BKI Objektdaten E4

6100-0755 Einfamilienhaus
BRI 689m³ **BGF** 188m² **NUF** 144m²

Einfamilienwohnhaus mit kleinem Büro und Schwimmbecken im Außenbereich. Mauerwerksbau.

Land: Saarland
Kreis: St. Wendel
Standard: Durchschnitt
Bauzeit: 35 Wochen
Kennwerte: bis 1.Ebene DIN276

BGF   1.417 €/m²

Planung: Architekturbüro Armin Rohner; Marpingen

veröffentlicht: BKI Objektdaten N11

Objektübersicht zur Gebäudeart

6100-0757 Einfamilienhaus - KfW 40*

BRI 635m³ **BGF** 217m² **NUF** 134m²

Einfamilienwohnhaus KfW 40, nicht unterkellert. Mauerwerksbau.

Land: Rheinland-Pfalz
Kreis: Südliche Weinstraße
Standard: Durchschnitt
Bauzeit: 52 Wochen
Kennwerte: bis 1.Ebene DIN276

BGF 1.156 €/m²

veröffentlicht: BKI Objektdaten E4
*Nicht in der Auswertung enthalten

6100-0762 Einfamilienhaus - KfW 40

BRI 705m³ **BGF** 211m² **NUF** 122m²

Einfamilienwohnhaus KfW 40, nicht unterkellert. Mauerwerksbau.

Land: Rheinland-Pfalz
Kreis: Kaiserslautern
Standard: Durchschnitt
Bauzeit: 39 Wochen
Kennwerte: bis 1.Ebene DIN276

BGF 1.361 €/m²

veröffentlicht: BKI Objektdaten E4

6100-0830 Einfamilienhaus - KfW 40

BRI 854m³ **BGF** 341m² **NUF** 227m²

Einfamilienhaus, KfW 40 Standard, Energiegewinnhaus. Mauerwerksbau.

Land: Rheinland-Pfalz
Kreis: Mayen-Koblenz
Standard: Durchschnitt
Bauzeit: 26 Wochen
Kennwerte: bis 1.Ebene DIN276

BGF 790 €/m²

Planung: objektraum architekten Dipl.-Ing. Architekt Jan Kujanek; Winningen

veröffentlicht: BKI Objektdaten E4

6100-0840 Einfamilienhaus, Garage - KfW 60

BRI 651m³ **BGF** 232m² **NUF** 161m²

Einfamilienhaus mit Garage, KfW 60 (160m² WFL). Mauerwerksbau.

Land: Nordrhein-Westfalen
Kreis: Aachen
Standard: Durchschnitt
Bauzeit: 52 Wochen
Kennwerte: bis 1.Ebene DIN276

BGF 1.006 €/m²

Planung: Georg Platen Architekt; Aachen

veröffentlicht: BKI Objektdaten E4

Ein- und Zwei-familienhäuser, nicht unterkellert, mittlerer Standard

€/m² BGF
min	790	€/m²
von	1.095	€/m²
Mittel	**1.285**	€/m²
bis	1.535	€/m²
max	1.825	€/m²

Kosten:
Stand 1.Quartal 2018
Bundesdurchschnitt
inkl. 19% MwSt.

Objektübersicht zur Gebäudeart

6100-0672 Einfamilienhaus

BRI 695m³ | BGF 217m² | NUF 153m²

Einfamilienwohnhaus mit Carport und Kellerersatzraum. Mauerwerksbau; Stb-Decke; Holzdachkonstruktion.

Land: Nordrhein-Westfalen
Kreis: Soest
Standard: Durchschnitt
Bauzeit: 26 Wochen
Kennwerte: bis 3.Ebene DIN276

BGF 1.226 €/m²

Planung: Dipl.-Ing. Architekt Michael Wiemers; Soest

veröffentlicht: BKI Objektdaten N10

6100-0733 Einfamilienhaus

BRI 840m³ | BGF 264m² | NUF 187m²

Einfamilienwohnhaus mit Garage (171m² WFL). Mauerwerksbau.

Land: Niedersachsen
Kreis: Gifhorn
Standard: Durchschnitt
Bauzeit: 52 Wochen
Kennwerte: bis 3.Ebene DIN276

BGF 1.249 €/m²

Planung: Die Planschmiede 2KS GmbH & Co. KG; Hankensbüttel

veröffentlicht: BKI Objektdaten N11

6100-1100 Einfamilienhaus, Garage - KfW 60

BRI 913m³ | BGF 267m² | NUF 211m²

Einfamilienhaus (164m² WFL) mit Garage. Mauerwerksbau.

Land: Baden-Württemberg
Kreis: Ortenaukreis
Standard: Durchschnitt
Bauzeit: 87 Wochen
Kennwerte: bis 1.Ebene DIN276

BGF 1.175 €/m²

Planung: STRAUB Architekten; Sasbach

veröffentlicht: BKI Objektdaten E6

6100-0614 Einfamilienhaus mit Solaranlage

BRI 874m³ | BGF 273m² | NUF 193m²

Einfamilienhaus mit Doppelgarage. Mauerwerksbau.

Land: Nordrhein-Westfalen
Kreis: Oberhausen
Standard: Durchschnitt
Bauzeit: 26 Wochen
Kennwerte: bis 4.Ebene DIN276

BGF 1.201 €/m²

Planung: Meier-Ebbers Architekten und Ingenieure; Oberhausen

veröffentlicht: BKI Objektdaten N8

Objektübersicht zur Gebäudeart

6100-0651 Einfamilienhaus
BRI 575m³   **BGF** 173m²   **NUF** 145m²

Einfamilienwohnhaus, (121m² WFL). Mauerwerksbau.

Land: Thüringen
Kreis: Weimar
Standard: Durchschnitt
Bauzeit: 35 Wochen
Kennwerte: bis 1.Ebene DIN276

BGF   1.203 €/m²

Planung: karsten bauer architekt BDA; Weimar

veröffentlicht: BKI Objektdaten N9

6100-0666 Einfamilienhaus mit ELW
BRI 912m³   **BGF** 299m²   **NUF** 164m²

Großzügige Wohnung über 2 Geschosse, die bei Bedarf auch getrennt werden kann. Einliegerwohnung im DG. Mauerwerksbau, Holzdachkonstruktion.

Land: Baden-Württemberg
Kreis: Freiburg im Breisgau, Stadt
Standard: Durchschnitt
Bauzeit: 43 Wochen
Kennwerte: bis 1.Ebene DIN276

BGF   1.254 €/m²

Planung: Architekturbüro Dipl.-Ing. Gaby Sutter; Freiburg

veröffentlicht: BKI Objektdaten N9

6100-0536 Einfamilienhaus, Garage
BRI 1.067m³   **BGF** 361m²   **NUF** 225m²

Einfamilienwohnhaus (207m² WFL), Garage. Mauerwerksbau, Holzdachkonstruktion.

Land: Baden-Württemberg
Kreis: Karlsruhe
Standard: Durchschnitt
Bauzeit: 30 Wochen
Kennwerte: bis 3.Ebene DIN276

BGF   1.302 €/m²

Planung: Architekt Dipl.-Ing. Alexander Böhm; Heidelberg

veröffentlicht: BKI Objektdaten N9

6100-0564 Einfamilienhaus, barrierefrei
BRI 726m³   **BGF** 245m²   **NUF** 178m²

Einfamilienhaus, barrierefrei (100m² WFL II.BVO). Mauerwerksbau mit geneigtem Holzdach.

Land: Sachsen-Anhalt
Kreis: Halle (Saale), Stadt
Standard: Durchschnitt
Bauzeit: 21 Wochen
Kennwerte: bis 3.Ebene DIN276

BGF   1.251 €/m²

Planung: Architektur- & Ingenieurbüro Dipl.-Ing. Reinhard Pescht; Sangerhausen

veröffentlicht: BKI Objektdaten N7

Ein- und Zweifamilienhäuser, nicht unterkellert, mittlerer Standard

€/m² BGF
min	790	€/m²
von	1.095	€/m²
Mittel	**1.285**	**€/m²**
bis	1.535	€/m²
max	1.825	€/m²

Kosten:
Stand 1.Quartal 2018
Bundesdurchschnitt
inkl. 19% MwSt.

Objektübersicht zur Gebäudeart

6100-0547 Einfamilienhaus — **BRI** 708m³ — **BGF** 197m² — **NUF** 147m²

Einfamilienwohnhaus (140m² WFL II.BVO), nicht unterkellert. Mauerwerksbau.

Land: Hessen
Kreis: Wiesbaden
Standard: Durchschnitt
Bauzeit: 34 Wochen
Kennwerte: bis 4.Ebene DIN276

BGF 1.270 €/m²

Planung: Architekt Armin Loose; Wiesbaden

veröffentlicht: BKI Objektdaten N6

6100-0565 Einfamilienhaus — **BRI** 863m³ — **BGF** 251m² — **NUF** 167m²

Einfamilienhaus (188m² WFL II.BVO). Mauerwerksbau.

Land: Niedersachsen
Kreis: Hildesheim
Standard: Durchschnitt
Bauzeit: 26 Wochen
Kennwerte: bis 4.Ebene DIN276

BGF 1.390 €/m²

Planung: Architekturbüro Jörg Sauer; Hildesheim

veröffentlicht: BKI Objektdaten N7

Wohnen

Ein- und Zwei-familienhäuser, nicht unterkellert, hoher Standard

Kostenkennwerte für die Kosten des Bauwerks (Kostengruppen 300+400 nach DIN 276)

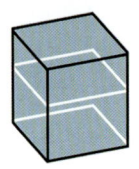

BRI 490 €/m³
von 405 €/m³
bis 605 €/m³

BGF 1.620 €/m²
von 1.350 €/m²
bis 1.940 €/m²

NUF 2.320 €/m²
von 1.820 €/m²
bis 2.850 €/m²

NE 2.450 €/NE
von 1.940 €/NE
bis 3.040 €/NE
NE: Wohnfläche

Kosten:
Stand 1. Quartal 2018
Bundesdurchschnitt
inkl. 19% MwSt.

Objektbeispiele

6100-1351

6100-1361

6100-1271

Kosten der 34 Vergleichsobjekte — Seiten 382 bis 390

- ● KKW
- ▶ min
- ▷ von
- | Mittelwert
- ◁ bis
- ◀ max

BRI — €/m³ BRI
BGF — €/m² BGF
NUF — €/m² NUF

378

© BKI Baukosteninformationszentrum; Erläuterungen zu den Tabellen siehe Seite 46   Kosten: 1.Quartal 2018, Bundesdurchschnitt, **inkl. 19% MwSt.**

Kostenkennwerte für die Kostengruppen der 1. und 2. Ebene DIN 276

KG	Kostengruppen der 1. Ebene	Einheit	▷	€/Einheit	◁	▷	% an 300+400	◁
100	Grundstück	m² GF	–	–	–	–	–	–
200	Herrichten und Erschließen	m² GF	4	**11**	22	0,6	**2,3**	4,4
300	Bauwerk - Baukonstruktionen	m² BGF	1.093	**1.317**	1.563	77,2	**81,3**	85,3
400	Bauwerk - Technische Anlagen	m² BGF	222	**306**	417	14,7	**18,7**	22,8
	Bauwerk (300+400)	m² BGF	1.349	**1.623**	1.943		**100,0**	
500	Außenanlagen	m² AF	28	**61**	119	4,2	**8,9**	18,2
600	Ausstattung und Kunstwerke	m² BGF	12	**37**	58	1,1	**2,6**	4,2
700	Baunebenkosten*	m² BGF	399	**444**	490	24,7	**27,5**	30,3 ◁ NEU

* Auf Grundlage der HOAI 2013 berechnete Werte nach §§ 35, 52, 56. Weitere Informationen siehe Seite 50

KG	Kostengruppen der 2. Ebene	Einheit	▷	€/Einheit	◁	▷	% an 300	◁
310	Baugrube	m³ BGI	14	**26**	39	0,4	**1,2**	3,1
320	Gründung	m² GRF	289	**357**	454	11,9	**14,9**	20,3
330	Außenwände	m² AWF	324	**371**	437	28,0	**34,6**	40,0
340	Innenwände	m² IWF	172	**222**	313	9,3	**12,1**	18,1
350	Decken	m² DEF	318	**369**	436	9,7	**13,4**	19,4
360	Dächer	m² DAF	311	**375**	463	14,6	**19,1**	23,0
370	Baukonstruktive Einbauten	m² BGF	13	**23**	33	0,1	**1,2**	2,3
390	Sonstige Baukonstruktionen	m² BGF	24	**46**	90	1,8	**3,6**	6,4
300	**Bauwerk Baukonstruktionen**	**m² BGF**					**100,0**	

KG	Kostengruppen der 2. Ebene	Einheit	▷	€/Einheit	◁	▷	% an 400	◁
410	Abwasser, Wasser, Gas	m² BGF	58	**95**	130	23,3	**29,9**	43,0
420	Wärmeversorgungsanlagen	m² BGF	91	**143**	192	33,6	**46,8**	56,7
430	Lufttechnische Anlagen	m² BGF	–	**49**	–	–	**1,3**	–
440	Starkstromanlagen	m² BGF	37	**55**	86	12,1	**17,8**	22,0
450	Fernmeldeanlagen	m² BGF	7	**16**	30	1,8	**4,0**	6,7
460	Förderanlagen	m² BGF	–	–	–	–	–	–
470	Nutzungsspezifische Anlagen	m² BGF	–	–	–	–	–	–
480	Gebäudeautomation	m² BGF	–	–	–	–	–	–
490	Sonstige Technische Anlagen	m² BGF	–	**5**	–	–	**0,1**	–
400	**Bauwerk Technische Anlagen**	**m² BGF**					**100,0**	

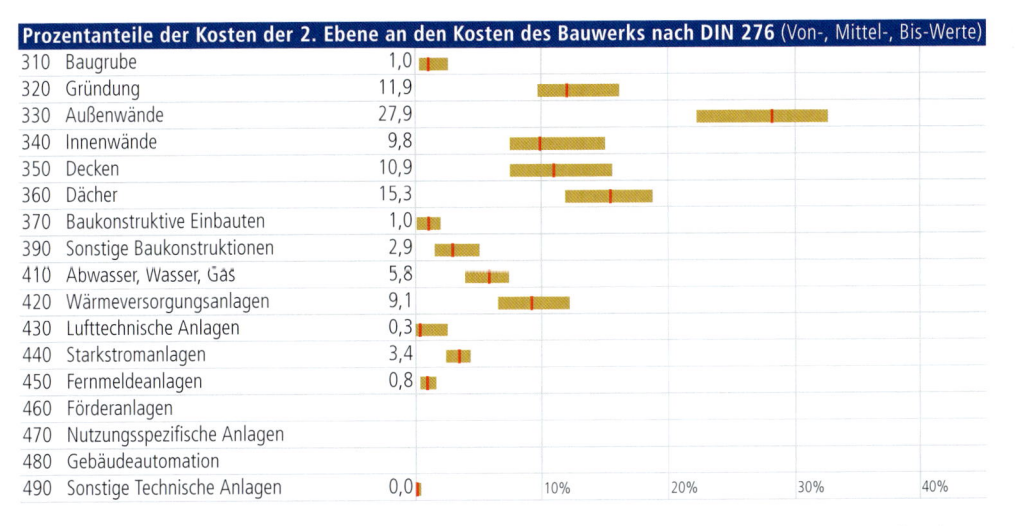

Prozentanteile der Kosten der 2. Ebene an den Kosten des Bauwerks nach DIN 276 (Von-, Mittel-, Bis-Werte)

KG		%
310	Baugrube	1,0
320	Gründung	11,9
330	Außenwände	27,9
340	Innenwände	9,8
350	Decken	10,9
360	Dächer	15,3
370	Baukonstruktive Einbauten	1,0
390	Sonstige Baukonstruktionen	2,9
410	Abwasser, Wasser, Gas	5,8
420	Wärmeversorgungsanlagen	9,1
430	Lufttechnische Anlagen	0,3
440	Starkstromanlagen	3,4
450	Fernmeldeanlagen	0,8
460	Förderanlagen	
470	Nutzungsspezifische Anlagen	
480	Gebäudeautomation	
490	Sonstige Technische Anlagen	0,0

© BKI Baukosteninformationszentrum; Erläuterungen zu den Tabellen siehe Seite 48 und 50 Kosten: 1.Quartal 2018, Bundesdurchschnitt, **inkl. 19% MwSt.**

Ein- und Zweifamilienhäuser, nicht unterkellert, hoher Standard

Kosten:
Stand 1. Quartal 2018
Bundesdurchschnitt
inkl. 19% MwSt.

● KKW
▶ min
▷ von
| Mittelwert
◁ bis
◀ max

Kostenkennwerte für Leistungsbereiche nach StLB (Kosten des Bauwerks nach DIN 276)

LB	Leistungsbereiche	▷	€/m² BGF	◁	▷	% an 300+400	◁
000	Sicherheits-, Baustelleneinrichtungen inkl. 001	23	34	52	1,4	2,1	3,2
002	Erdarbeiten	23	42	68	1,4	2,6	4,2
006	Spezialtiefbauarbeiten inkl. 005	–	–	–	–	–	–
009	Entwässerungskanalarbeiten inkl. 011	0	8	21	0,0	0,5	1,3
010	Drän- und Versickerungsarbeiten	0	4	14	0,0	0,2	0,8
012	Mauerarbeiten	109	140	184	6,7	8,6	11,3
013	Betonarbeiten	146	225	308	9,0	13,8	19,0
014	Natur-, Betonwerksteinarbeiten	3	13	25	0,2	0,8	1,6
016	Zimmer- und Holzbauarbeiten	20	93	232	1,2	5,7	14,3
017	Stahlbauarbeiten	0	2	7	0,0	0,2	0,5
018	Abdichtungsarbeiten	1	7	13	0,1	0,4	0,8
020	Dachdeckungsarbeiten	1	28	89	0,1	1,7	5,5
021	Dachabdichtungsarbeiten	6	58	96	0,4	3,6	5,9
022	Klempnerarbeiten	10	29	58	0,6	1,8	3,5
	Rohbau	605	683	825	37,3	42,1	50,9
023	Putz- und Stuckarbeiten, Wärmedämmsysteme	84	110	155	5,2	6,8	9,5
024	Fliesen- und Plattenarbeiten	18	37	112	1,1	2,3	6,9
025	Estricharbeiten	23	32	46	1,4	2,0	2,8
026	Fenster, Außentüren inkl. 029, 032	66	168	223	4,1	10,4	13,8
027	Tischlerarbeiten	55	110	145	3,4	6,8	8,9
028	Parkettarbeiten, Holzpflasterarbeiten	8	44	69	0,5	2,7	4,3
030	Rollladenarbeiten	0	13	57	0,0	0,8	3,5
031	Metallbauarbeiten inkl. 035	8	34	96	0,5	2,1	5,9
034	Maler- und Lackiererarbeiten inkl. 037	23	39	57	1,4	2,4	3,5
036	Bodenbelagarbeiten	1	10	39	0,0	0,6	2,4
038	Vorgehängte hinterlüftete Fassaden	–	7	–	–	0,4	–
039	Trockenbauarbeiten	12	45	65	0,7	2,8	4,0
	Ausbau	510	650	725	31,4	40,1	44,6
040	Wärmeversorgungsanl. - Betriebseinr. inkl. 041	97	136	183	6,0	8,4	11,3
042	Gas- und Wasserinstallation, Leitungen inkl. 043	13	18	26	0,8	1,1	1,6
044	Abwasserinstallationsarbeiten - Leitungen	9	15	35	0,6	0,9	2,2
045	GWA-Einrichtungsgegenstände inkl. 046	26	40	67	1,6	2,5	4,2
047	Dämmarbeiten an betriebstechnischen Anlagen	1	6	26	0,1	0,4	1,6
049	Feuerlöschanlagen, Feuerlöschgeräte	–	–	–	–	–	–
050	Blitzschutz- und Erdungsanlagen	1	4	11	0,1	0,2	0,7
052	Mittelspannungsanlagen	–	–	–	–	–	–
053	Niederspannungsanlagen inkl. 054	33	44	62	2,0	2,7	3,8
055	Ersatzstromversorgungsanlagen	–	–	–	–	–	–
057	Gebäudesystemtechnik	–	–	–	–	–	–
058	Leuchten und Lampen inkl. 059	0	1	6	0,0	0,1	0,3
060	Elektroakustische Anlagen, Sprechanlagen	1	4	10	0,1	0,2	0,6
061	Kommunikationsnetze, inkl. 062	4	9	17	0,2	0,5	1,0
063	Gefahrenmeldeanlagen	0	2	2	0,0	0,2	0,2
069	Aufzüge	–	–	–	–	–	–
070	Gebäudeautomation	–	–	–	–	–	–
075	Raumlufttechnische Anlagen	–	–	–	–	–	–
	Technische Anlagen	235	280	341	14,5	17,3	21,0
	Sonstige Leistungsbereiche inkl. 008, 033, 051	1	10	10	0,1	0,6	0,6

Planungskennwerte für Flächen und Rauminhalte nach DIN 277

Grundflächen		▷	Fläche/NUF (%)	◁	▷	Fläche/BGF (%)	◁
NUF	Nutzungsfläche		100,0		67,3	70,3	75,3
TF	Technikfläche	2,2	2,6	5,2	1,5	1,8	3,6
VF	Verkehrsfläche	9,8	12,3	15,7	6,8	8,7	10,4
NRF	Netto-Raumfläche	111,2	114,9	117,7	78,7	80,8	82,8
KGF	Konstruktions-Grundfläche	24,1	27,2	33,0	17,2	19,2	21,3
BGF	Brutto-Grundfläche	134,5	142,2	150,6		100,0	

Brutto-Rauminhalte		▷	BRI/NUF (m)	◁	▷	BRI/BGF (m)	◁
BRI	Brutto-Rauminhalt	4,44	4,71	5,07	3,17	3,32	3,47

Flächen von Nutzeinheiten	▷	NUF/Einheit (m²)	◁	▷	BGF/Einheit (m²)	◁
Nutzeinheit: Wohnfläche	1,00	1,06	1,22	1,43	1,50	1,67

Lufttechnisch behandelte Flächen	▷	Fläche/NUF (%)	◁	▷	Fläche/BGF (%)	◁
Entlüftete Fläche	–	–	–	–	–	–
Be- und entlüftete Fläche	94,7	94,7	94,7	65,4	65,4	65,4
Teilklimatisierte Fläche	–	–	–	–	–	–
Klimatisierte Fläche	–	6,9	–	–	4,7	–

KG	Kostengruppen (2. Ebene)	Einheit	▷	Menge/NUF	◁	▷	Menge/BGF	◁
310	Baugrube	m³ BGI	0,67	0,88	1,12	0,45	0,59	0,75
320	Gründung	m² GRF	0,67	0,79	0,90	0,46	0,53	0,61
330	Außenwände	m² AWF	1,59	1,74	1,81	1,04	1,17	1,29
340	Innenwände	m² IWF	0,96	1,04	1,36	0,64	0,70	0,95
350	Decken	m² DEF	0,55	0,66	0,72	0,38	0,44	0,47
360	Dächer	m² DAF	0,84	1,02	1,28	0,56	0,70	0,93
370	Baukonstruktive Einbauten	m² BGF	1,35	1,42	1,51		1,00	
390	Sonstige Baukonstruktionen	m² BGF	1,35	1,42	1,51		1,00	
300	Bauwerk-Baukonstruktionen	m² BGF	1,35	1,42	1,51		1,00	

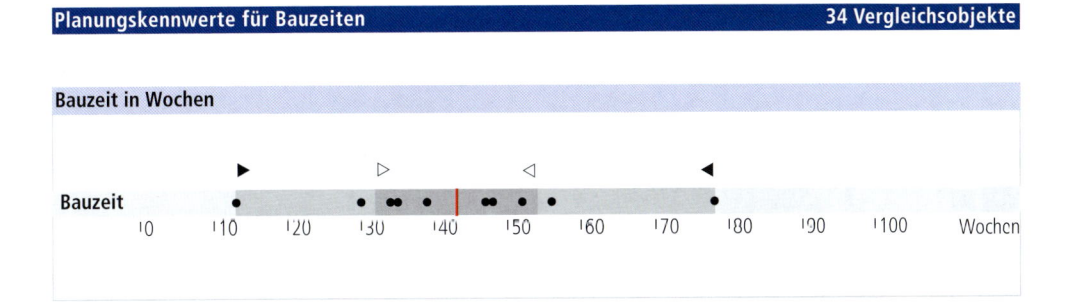

Planungskennwerte für Bauzeiten — 34 Vergleichsobjekte

Bauzeit in Wochen

Bauzeit: Werte verteilt zwischen ca. 10 und 80 Wochen; ▶ bei ~15, ▷ bei ~30, ◁ bei ~45, ◀ bei ~75; Median (rote Linie) bei ca. 42 Wochen.

© BKI Baukosteninformationszentrum; Erläuterungen zu den Tabellen siehe Seite 54 — Kosten: 1. Quartal 2018, Bundesdurchschnitt, inkl. 19% MwSt.

Ein- und Zweifamilienhäuser, nicht unterkellert, hoher Standard

€/m² BGF
min	940	€/m²
von	1.350	€/m²
Mittel	**1.625**	€/m²
bis	1.945	€/m²
max	2.065	€/m²

Kosten:
Stand 1.Quartal 2018
Bundesdurchschnitt
inkl. 19% MwSt.

Objektübersicht zur Gebäudeart

6100-1361 Zweifamilienhaus
BRI 846m³ | **BGF** 256m² | **NUF** 182m²

Zweifamilienhaus mit 156m² WFL. Mauerwerk.

Land: Nordrhein-Westfalen
Kreis: Wesel
Standard: über Durchschnitt
Bauzeit: 52 Wochen
Kennwerte: bis 1.Ebene DIN276

BGF 1.274 €/m²

Planung: Architekturbüro Beate Kempkens; Xanten

vorgesehen: BKI Objektdaten N16

6100-1246 Zweifamilienhaus, Garage
BRI 912m³ | **BGF** 298m² | **NUF** 225m²

Zweifamilienhaus (201m² WFL) mit Garage. Mauerwerksbau.

Land: Nordrhein-Westfalen
Kreis: Viersen
Standard: über Durchschnitt
Bauzeit: 47 Wochen
Kennwerte: bis 1.Ebene DIN276

BGF 1.478 €/m²

Planung: raumumraum, Aldenhoff, Langenbahn, Möhring; Düsseldorf

veröffentlicht: BKI Objektdaten N15

6100-1165 Einfamilienhaus, Garage - Effizienzhaus 70
BRI 811m³ | **BGF** 264m² | **NUF** 161m²

Einfamilienhaus mit separater Garage, als Abstellraum genutzt. Mauerwerksbau.

Land: Schleswig-Holstein
Kreis: Ostholstein (Eutin)
Standard: über Durchschnitt
Bauzeit: 39 Wochen
Kennwerte: bis 3.Ebene DIN276

BGF 1.621 €/m²

Planung: Mißfeldt Kraß Architekten BDA; Lübeck

veröffentlicht: BKI Objektdaten N13

6100-1230 Einfamilienhaus, Carport - Effizienzhaus 70
BRI 779m³ | **BGF** 214m² | **NUF** 129m²

Einfamilienhaus (134m² WFL) mit Carport. Massivbau.

Land: Nordrhein-Westfalen
Kreis: Hochsauerlandkreis
Standard: über Durchschnitt
Bauzeit: 52 Wochen
Kennwerte: bis 1.Ebene DIN276

BGF 1.683 €/m²

Planung: masseck. architekten+generalplaner; Arnsberg

veröffentlicht: BKI Objektdaten E7

Objektübersicht zur Gebäudeart

6100-1260 Einfamilienhaus - Effizienzhaus ~33%   BRI 1.236m³   BGF 379m²   NUF 262m²

Einfamilienhaus (283m² WFL). Massivbau.

Land: Nordrhein-Westfalen
Kreis: Kreis Aachen
Standard: über Durchschnitt
Bauzeit: 56 Wochen
Kennwerte: bis 1.Ebene DIN276

BGF 2.060 €/m²

Planung: Zweering Helmus Architekten PartGmbB; Aachen

veröffentlicht: BKI Objektdaten N15

6100-1271 Zweifamilienhaus, Einliegerwohnung, Doppelgarage   BRI 1.625m³   BGF 566m²   NUF 430m²

Zweifamilienhaus (257m² WFL) mit Einliegerwohnung und Doppelgarage, nicht unterkellert. Massivbau.

Land: Baden-Württemberg
Kreis: Karlsruhe
Standard: über Durchschnitt
Bauzeit: 56 Wochen
Kennwerte: bis 1.Ebene DIN276

BGF 1.525 €/m²

Planung: m architekten gmbh mattias huismans, judith haas; Karlsruhe

veröffentlicht: BKI Objektdaten N15

6100-1351 Einfamilienhaus   BRI 645m³   BGF 208m²   NUF 138m²

Einfamilienhaus (140m² WFL). Mauerwerk.

Land: Niedersachsen
Kreis: Hannover, Region
Standard: über Durchschnitt
Bauzeit: 34 Wochen
Kennwerte: bis 1.Ebene DIN276

BGF 1.911 €/m²

Planung: mm architekten Martin A. Müller Architekt BDA; Hannover

vorgesehen: BKI Objektdaten N16

6100-1124 Einfamilienhaus   BRI 1.050m³   BGF 297m²   NUF 211m²

Einfamilienhaus mit Garage. Mauerwerksbau.

Land: Thüringen
Kreis: Unstrut-Hainich
Standard: über Durchschnitt
Bauzeit: 48 Wochen
Kennwerte: bis 3.Ebene DIN276

BGF 1.540 €/m²

Planung: Bauer Architektur; Weimar

veröffentlicht: BKI Objektdaten N13

© BKI Baukosteninformationszentrum; Erläuterungen zu den Tabellen siehe Seite 56   Kosten: 1.Quartal 2018, Bundesdurchschnitt, **inkl. 19% MwSt.**

Ein- und Zweifamilienhäuser, nicht unterkellert, hoher Standard

€/m² BGF

min	940	€/m²
von	1.350	€/m²
Mittel	**1.625**	**€/m²**
bis	1.945	€/m²
max	2.065	€/m²

Kosten:
Stand 1.Quartal 2018
Bundesdurchschnitt
inkl. 19% MwSt.

Objektübersicht zur Gebäudeart

6100-1066 Einfamilienhaus, Carport
BRI 816m³ | **BGF** 226m² | **NUF** 150m²

Einfamilienhaus (174m² WFL) mit Carport. Mauerwerksbau.

Land: Niedersachsen
Kreis: Hannover, Region
Standard: über Durchschnitt
Bauzeit: 30 Wochen
Kennwerte: bis 1.Ebene DIN276

BGF 1.620 €/m²

Planung: mm architekten Martin A. Müller Architekt BDA; Hannover

veröffentlicht: BKI Objektdaten N13

6100-1093 Zweifamilienhaus
BRI 1.873m³ | **BGF** 672m² | **NUF** 404m²

Freistehendes Zweifamilienhaus mit 358m² WFL. Massivbau mit Holzrahmenkonstruktion.

Land: Sachsen
Kreis: Dresden
Standard: über Durchschnitt
Bauzeit: 47 Wochen
Kennwerte: bis 3.Ebene DIN276

BGF 939 €/m²

Planung: TSSB architekten.ingenieure; Dresden

veröffentlicht: BKI Objektdaten N13

6100-1120 Einfamilienhaus, Garage - Effizienzhaus 85
BRI 1.183m³ | **BGF** 300m² | **NUF** 209m²

Einfamilienhaus (205m² WFL) als Effizienzhaus 85. Mauerwerksbau (Außenwände), Innenwände Holz.

Land: Brandenburg
Kreis: Potsdam
Standard: über Durchschnitt
Bauzeit: 39 Wochen
Kennwerte: bis 1.Ebene DIN276

BGF 2.028 €/m²

Planung: Justus Mayser Architekt; Michendorf

veröffentlicht: BKI Objektdaten E6

6100-1121 Einfamilienhaus, Doppelgarage - Effizienzhaus 70
BRI 860m³ | **BGF** 253m² | **NUF** 179m²

Einfamilienhaus (151m² WFL) mit Doppelgarage als Effizienzhaus 70. Mauerwerksbau.

Land: Brandenburg
Kreis: Potsdam
Standard: über Durchschnitt
Bauzeit: 48 Wochen
Kennwerte: bis 1.Ebene DIN276

BGF 1.950 €/m²

Planung: Justus Mayser Architekt; Michendorf

veröffentlicht: BKI Objektdaten E6

Objektübersicht zur Gebäudeart

6100-0933 Einfamilienhaus | BRI 446 m³ | BGF 127 m² | NUF 91 m²

Einfamilienhaus (104 m² WFL). Mauerwerksbau.

Land: Brandenburg
Kreis: Barnim
Standard: über Durchschnitt
Bauzeit: 47 Wochen
Kennwerte: bis 1.Ebene DIN276

BGF 1.475 €/m²

Planung: dasfeine.de Björn Burgemeister, Architekt; Berlin

veröffentlicht: BKI Objektdaten N11

6100-1020 Einfamilienhaus - KfW 40 | BRI 1.111 m³ | BGF 346 m² | NUF 232 m²

Einfamilienhaus (195 m² WFL). Mauerwerk.

Land: Nordrhein-Westfalen
Kreis: Aachen
Standard: über Durchschnitt
Bauzeit: 47 Wochen
Kennwerte: bis 1.Ebene DIN276

BGF 1.236 €/m²

Planung: BAUSTRUCTURA Hennig & Müller Partnerschafts-; Würselen

veröffentlicht: BKI Objektdaten N12

6100-0843 Einfamilienhaus | BRI 638 m³ | BGF 222 m² | NUF 131 m²

Einfamilienhaus in 1 1/2-geschossiger, flacher Bebauung mit weit auskragendem Satteldach. Mauerwerksbau.

Land: Berlin
Kreis: Berlin
Standard: über Durchschnitt
Bauzeit: 34 Wochen
Kennwerte: bis 1.Ebene DIN276

BGF 2.066 €/m²

Planung: Dritte Haut° Architekten Dipl.-Ing. Architekt Peter Garkisch; Berlin

veröffentlicht: BKI Objektdaten N10

6100-0900 Einfamilienhaus | BRI 880 m³ | BGF 276 m² | NUF 185 m²

Einfamilienhaus mit großzügiger Verglasung zum Patio, Dachterrasse, wasserführender Kamin, Luftwärmepumpe, Solaranlage, hochwertige technische Ausstattung. Mauerwerksbau.

Land: Berlin
Kreis: Berlin
Standard: über Durchschnitt
Bauzeit: 56 Wochen
Kennwerte: bis 3.Ebene DIN276

BGF 1.666 €/m²

Planung: Gewers & Pudewill GPAI GmbH; Berlin

veröffentlicht: BKI Objektdaten N11

© BKI Baukosteninformationszentrum; Erläuterungen zu den Tabellen siehe Seite 56   Kosten: 1.Quartal 2018, Bundesdurchschnitt, **inkl. 19% MwSt.**

Ein- und Zweifamilienhäuser, nicht unterkellert, hoher Standard

€/m² BGF

min	940	€/m²
von	1.350	€/m²
Mittel	**1.625**	€/m²
bis	1.945	€/m²
max	2.065	€/m²

Kosten:
Stand 1.Quartal 2018
Bundesdurchschnitt
inkl. 19% MwSt.

Objektübersicht zur Gebäudeart

6100-0969 Einfamilienhaus, Doppelgarage - KfW 60
BRI 1.450m³ **BGF** 461m² **NUF** 311m²

Einfamilienhaus (300m² WFL) direkt an einer Bahntraße. Gebäude gliedert sich in einen zweigeschossigen Massivbau und einen eingeschossigen Holzbau. Mauerwerkswände, Holzrahmenbau.

Land: Hessen
Kreis: Bergstraße
Standard: über Durchschnitt
Bauzeit: 52 Wochen
Kennwerte: bis 2.Ebene DIN276

BGF 2.011 €/m²

Planung: Feierabend Architekten Olaf Feierabend Freier Architekt; Heppenheim

veröffentlicht: BKI Objektdaten E5

6100-1067 Einfamilienhaus
BRI 610m³ **BGF** 199m² **NUF** 130m²

Einfamilienhaus (160m² WFL). Mauerwerksbau.

Land: Schleswig-Holstein
Kreis: Lübeck
Standard: über Durchschnitt
Bauzeit: 34 Wochen
Kennwerte: bis 1.Ebene DIN276

BGF 1.577 €/m²

Planung: mm architekten Martin A. Müller Architekt BDA; Hannover

veröffentlicht: BKI Objektdaten N13

6100-0735 Einfamilienhaus*
BRI 864m³ **BGF** 396m² **NUF** 288m²

Einfamilienhaus mit Garage in Niedrigenergiebauweise, nicht unterkellert, Spitzboden nicht ausgebaut. Mauerwerksbau; Stb-Decken; Holzdachkonstruktion.

Land: Nordrhein-Westfalen
Kreis: Gütersloh
Standard: über Durchschnitt
Bauzeit: 47 Wochen
Kennwerte: bis 1.Ebene DIN276

BGF 858 €/m² *

Planung: Schützdeller-Münstermann Architekten; Rheda-Wiedenbrück

veröffentlicht: BKI Objektdaten N10
*Nicht in der Auswertung enthalten

6100-0888 Einfamilienhaus - KfW 60
BRI 568m³ **BGF** 175m² **NUF** 117m²

Eingeschossiger Flachdachbungalow (123m² WFL). Mauerwerksbau.

Land: Baden-Württemberg
Kreis: Heidenheim
Standard: über Durchschnitt
Bauzeit: 47 Wochen
Kennwerte: bis 1.Ebene DIN276

BGF 1.857 €/m²

Planung: Architekturbüro Rolf Keck; Heidenheim

veröffentlicht: BKI Objektdaten E4

Objektübersicht zur Gebäudeart

6100-0703 Einfamilienhaus, Garage | BRI 742m³ | BGF 228m² | NUF 162m²

Einfamilienwohnhaus, nicht unterkellert, mit Garage. Mauerwerksbau; Stb-Filigrandecke; Spannbeton-Flachdach.

Land: Brandenburg
Kreis: Potsdam
Standard: über Durchschnitt
Bauzeit: 39 Wochen
Kennwerte: bis 1.Ebene DIN276

BGF 1.316 €/m²

Planung: Justus Mayser Architekt; Michendorf, OT Langerwisch

veröffentlicht: BKI Objektdaten N10

6100-0745 Einfamilienhaus - KfW 60 | BRI 1.518m³ | BGF 431m² | NUF 313m²

Großzügiges Einfamilienwohnhaus. Mauerwerksbau; Stb-Decken; Holzdachkonstruktion.

Land: Sachsen
Kreis: Dresden
Standard: über Durchschnitt
Bauzeit: 52 Wochen
Kennwerte: bis 1.Ebene DIN276

BGF 2.067 €/m²

Planung: Dr.-Ing. Volkrad Drechsler Architekt BDA; Dresden

veröffentlicht: BKI Objektdaten E4

6100-0872 Einfamilienhaus - KfW 60, Carport | BRI 755m³ | BGF 200m² | NUF 138m²

Einfamilienhaus (140m² WFL), mit Carport. Mauerwerksbau.

Land: Niedersachsen
Kreis: Gifhorn
Standard: über Durchschnitt
Bauzeit: 39 Wochen
Kennwerte: bis 1.Ebene DIN276

BGF 2.053 €/m²

Planung: maurer - ARCHITEKTUR; Braunschweig

veröffentlicht: BKI Objektdaten E5

6100-0934 Einfamilienhaus, Garage | BRI 1.022m³ | BGF 281m² | NUF 206m²

Einfamilienhaus mit Garage (186m² WFL). Mauerwerksbau.

Land: Niedersachsen
Kreis: Gifhorn
Standard: über Durchschnitt
Bauzeit: 78 Wochen
Kennwerte: bis 1.Ebene DIN276

BGF 1.778 €/m²

Planung: Die Planschmiede 2KS GmbH & Co. KG; Hankensbüttel

veröffentlicht: BKI Objektdaten N11

© BKI Baukosteninformationszentrum; Erläuterungen zu den Tabellen siehe Seite 56   Kosten: 1.Quartal 2018, Bundesdurchschnitt, **inkl. 19% MwSt.**

Ein- und Zweifamilienhäuser, nicht unterkellert, hoher Standard

€/m² BGF

min	940	€/m²
von	1.350	€/m²
Mittel	**1.625**	**€/m²**
bis	1.945	€/m²
max	2.065	€/m²

Kosten:
Stand 1.Quartal 2018
Bundesdurchschnitt
inkl. 19% MwSt.

Objektübersicht zur Gebäudeart

6100-0654 Einfamilienhaus
BRI 856m³ | **BGF** 248m² | **NUF** 202m²

Einfamilienwohnhaus (195m² WFL). Mauerwerksbau.

Land: Thüringen
Kreis: Erfurt
Standard: über Durchschnitt
Bauzeit: 39 Wochen
Kennwerte: bis 1.Ebene DIN276

BGF   1.391 €/m²

Planung: karsten bauer architekt BDA; Weimar

veröffentlicht: BKI Objektdaten N9

6100-0661 Einfamilienhaus
BRI 766m³ | **BGF** 218m² | **NUF** 176m²

Einfamilienwohnhaus (162m² WFL). Mauerwerksbau.

Land: Thüringen
Kreis: Weimar
Standard: über Durchschnitt
Bauzeit: 47 Wochen
Kennwerte: bis 1.Ebene DIN276

BGF   1.267 €/m²

Planung: karsten bauer architekt BDA; Weimar

veröffentlicht: BKI Objektdaten N9

6100-0667 Einfamilienhaus
BRI 1.157m³ | **BGF** 318m² | **NUF** 254m²

Einfamilienwohnhaus (193m² WFL), behindertengerechter Aufzug. Mauerwerksbau.

Land: Thüringen
Kreis: Weimar
Standard: über Durchschnitt
Bauzeit: 35 Wochen
Kennwerte: bis 1.Ebene DIN276

BGF   1.474 €/m²

Planung: karsten bauer architekt BDA; Weimar

veröffentlicht: BKI Objektdaten N9

6100-0671 Einfamilienhaus
BRI 606m³ | **BGF** 178m² | **NUF** 136m²

Einfamilienwohnhaus (127m² WFL). Mauerwerksbau.

Land: Thüringen
Kreis: Erfurt
Standard: über Durchschnitt
Bauzeit: 30 Wochen
Kennwerte: bis 1.Ebene DIN276

BGF   1.492 €/m²

Planung: karsten bauer architekt BDA; Weimar

veröffentlicht: BKI Objektdaten N9

Objektübersicht zur Gebäudeart

6100-0748 Einfamilienhaus

| BRI 703m³ | BGF 219m² | NUF 150m² |

Einfamilienhaus (168m² WFL). Mauerwerksbau.

Land: Brandenburg
Kreis: Havelland
Standard: über Durchschnitt
Bauzeit: 39 Wochen
Kennwerte: bis 3.Ebene DIN276

BGF 1.415 €/m²

Planung: von Helmolt; Falkensee

veröffentlicht: BKI Objektdaten N11

6100-0647 Einfamilienhaus

| BRI 568m³ | BGF 167m² | NUF 132m² |

Einfamilienwohnhaus (125m² WFL). Mauerwerksbau.

Land: Thüringen
Kreis: Weimar
Standard: über Durchschnitt
Bauzeit: 39 Wochen
Kennwerte: bis 1.Ebene DIN276

BGF 1.364 €/m²

Planung: karsten bauer architekt BDA; Weimar

veröffentlicht: BKI Objektdaten N9

6100-0657 Einfamilienhaus

| BRI 707m³ | BGF 199m² | NUF 171m² |

Einfamilienwohnhaus (161m² WFL). Mauerwerksbau.

Land: Thüringen
Kreis: Weimar
Standard: über Durchschnitt
Bauzeit: 30 Wochen
Kennwerte: bis 1.Ebene DIN276

BGF 1.259 €/m²

Planung: karsten bauer architekt BDA; Weimar

veröffentlicht: BKI Objektdaten N9

6100-0581 Einfamilienhaus, Carport

| BRI 1.258m³ | BGF 389m² | NUF 275m² |

Einfamilienwohnhaus. Mauerwerksbau.

Land: Bayern
Kreis: Donauries
Standard: über Durchschnitt
Bauzeit: 39 Wochen
Kennwerte: bis 3.Ebene DIN276

BGF 1.358 €/m²

Planung: Planungsgemeinschaft Zehetmayr und Lippert; Bad Aibling

veröffentlicht: BKI Objektdaten N9

© BKI Baukosteninformationszentrum; Erläuterungen zu den Tabellen siehe Seite 56   Kosten: 1.Quartal 2018, Bundesdurchschnitt, **inkl. 19% MwSt.**

Ein- und Zweifamilienhäuser, nicht unterkellert, hoher Standard

€/m² BGF
min	940	€/m²
von	1.350	€/m²
Mittel	**1.625**	**€/m²**
bis	1.945	€/m²
max	2.065	€/m²

Kosten:
Stand 1.Quartal 2018
Bundesdurchschnitt
inkl. 19% MwSt.

Objektübersicht zur Gebäudeart

6100-0675 Einfamilienhaus mit ELW **BRI** 992m³ **BGF** 320m² **NUF** 250m²

Wohnhaus für älteres Ehepaar. Wohnung im EG mit direkter Anbindung an Garage. ELW im Dachgeschoss für evtl. erforderliche Pflegeperson. Mauerwerksbau; Stb-Decke; Stb-Flachdach, Holzdachkonstruktion.

Land: Baden-Württemberg
Kreis: Hohenlohe, Künzelsau
Standard: über Durchschnitt
Bauzeit: 34 Wochen
Kennwerte: bis 1.Ebene DIN276

BGF 1.725 €/m²

Planung: Architektur Udo Richter Dipl.-Ing. Freier Architekt; Heilbronn

veröffentlicht: BKI Objektdaten N9

6100-0529 Einfamilienhaus **BRI** 1.080m³ **BGF** 373m² **NUF** 255m²

Einfamilienwohnhaus. Mauerwerksbau.

Land: Berlin
Kreis: Berlin
Standard: über Durchschnitt
Bauzeit: 48 Wochen
Kennwerte: bis 4.Ebene DIN276

BGF 2.034 €/m²

Planung: Blumers Architekten; Berlin

veröffentlicht: BKI Objektdaten N6

6100-0567 Einfamilienhaus **BRI** 950m³ **BGF** 254m² **NUF** 182m²

Einfamilienhaus (125m² WFL II.BVO) mit Garage. Mauerwerksbau mit Stb-Decken und geneigtem Holzdach.

Land: Mecklenburg-Vorpommern
Kreis: Anklam
Standard: über Durchschnitt
Bauzeit: 13 Wochen
Kennwerte: bis 3.Ebene DIN276

BGF 1.672 €/m²

Planung: Architekten Quast + Matthies Dipl.-Ing. Jan Matthies; Neu Wulmstorf

veröffentlicht: BKI Objektdaten N7

Wohnen

Ein- und Zweifamilienhäuser, Passivhausstandard, Massivbau

Kostenkennwerte für die Kosten des Bauwerks (Kostengruppen 300+400 nach DIN 276)

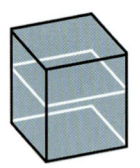

BRI 415 €/m³
von 360 €/m³
bis 470 €/m³

BGF 1.310 €/m²
von 1.150 €/m²
bis 1.530 €/m²

NUF 1.940 €/m²
von 1.650 €/m²
bis 2.330 €/m²

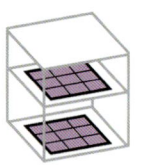

NE 2.270 €/NE
von 1.940 €/NE
bis 2.800 €/NE
NE: Wohnfläche

Kosten:
Stand 1. Quartal 2018
Bundesdurchschnitt
inkl. 19% MwSt.

Objektbeispiele

6100-1164 © RONGEN ARCHITEKTEN
6100-1047 © Ulrike Ludewig Freie Architektin
6100-1029 © Architekturbüro Rühmann
6100-1270 © buildinggreen Planungsbüro
6100-1038 © Architektur- und Sachverständigenbüro Specht
6100-1178 © Architekt Rainer Graf

Kosten der 23 Vergleichsobjekte — Seiten 396 bis 402

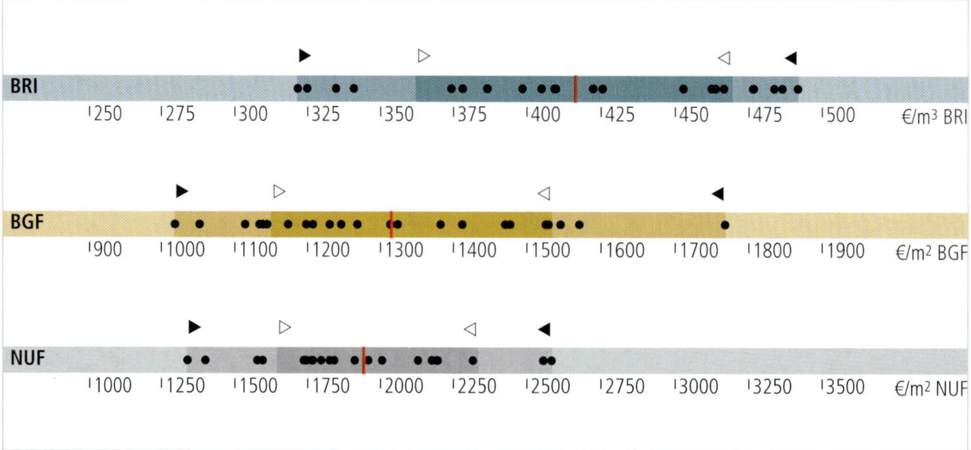

- ● KKW
- ▶ min
- ▷ von
- | Mittelwert
- ◁ bis
- ◀ max

© BKI Baukosteninformationszentrum; Erläuterungen zu den Tabellen siehe Seite 46   Kosten: 1. Quartal 2018, Bundesdurchschnitt, **inkl. 19% MwSt.**

Kostenkennwerte für die Kostengruppen der 1. und 2. Ebene DIN 276

KG	Kostengruppen der 1. Ebene	Einheit	▷	€/Einheit	◁	▷	% an 300+400	◁
100	Grundstück	m² GF	–	–	–	–	–	–
200	Herrichten und Erschließen	m² GF	3	**5**	9	0,5	**0,8**	1,9
300	Bauwerk - Baukonstruktionen	m² BGF	866	**1.025**	1.207	73,4	**77,8**	81,7
400	Bauwerk - Technische Anlagen	m² BGF	236	**290**	357	18,3	**22,2**	26,6
	Bauwerk (300+400)	m² BGF	1.151	**1.315**	1.534		**100,0**	
500	Außenanlagen	m² AF	15	**28**	43	1,4	**3,3**	4,9
600	Ausstattung und Kunstwerke	m² BGF	–	**2**	–	–	**0,1**	–
700	Baunebenkosten*	m² BGF	339	**378**	416	25,8	**28,8**	31,7 ◁ NEU

* Auf Grundlage der HOAI 2013 berechnete Werte nach §§ 35, 52, 56. Weitere Informationen siehe Seite 50

KG	Kostengruppen der 2. Ebene	Einheit	▷	€/Einheit	◁	▷	% an 300	◁
310	Baugrube	m³ BGI	16	**28**	61	1,3	**3,1**	10,9
320	Gründung	m² GRF	234	**295**	394	7,1	**10,5**	14,7
330	Außenwände	m² AWF	345	**418**	530	41,0	**44,5**	47,5
340	Innenwände	m² IWF	137	**168**	205	8,6	**10,4**	12,3
350	Decken	m² DEF	234	**289**	372	11,6	**15,2**	20,0
360	Dächer	m² DAF	247	**294**	356	11,2	**13,1**	15,3
370	Baukonstruktive Einbauten	m² BGF	5	**8**	11	0,0	**0,1**	0,9
390	Sonstige Baukonstruktionen	m² BGF	20	**33**	51	1,9	**3,1**	4,6
300	**Bauwerk Baukonstruktionen**	**m² BGF**					**100,0**	

KG	Kostengruppen der 2. Ebene	Einheit	▷	€/Einheit	◁	▷	% an 400	◁
410	Abwasser, Wasser, Gas	m² BGF	62	**86**	115	20,1	**29,7**	38,5
420	Wärmeversorgungsanlagen	m² BGF	50	**96**	140	17,4	**32,4**	45,5
430	Lufttechnische Anlagen	m² BGF	33	**64**	109	4,2	**16,7**	35,0
440	Starkstromanlagen	m² BGF	34	**52**	144	12,1	**16,5**	35,5
450	Fernmeldeanlagen	m² BGF	5	**9**	16	1,1	**2,8**	4,8
460	Förderanlagen	m² BGF	–	–	–	–	–	–
470	Nutzungsspezifische Anlagen	m² BGF	–	–	–	–	–	–
480	Gebäudeautomation	m² BGF	6	**25**	35	0,0	**1,8**	9,1
490	Sonstige Technische Anlagen	m² BGF	–	**3**	–	–	**0,1**	–
400	**Bauwerk Technische Anlagen**	**m² BGF**					**100,0**	

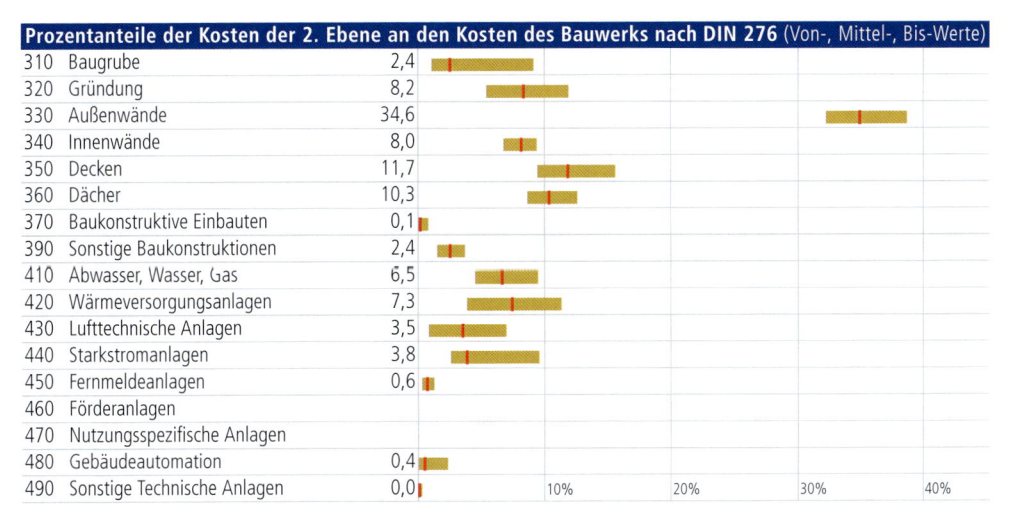

Prozentanteile der Kosten der 2. Ebene an den Kosten des Bauwerks nach DIN 276 (Von-, Mittel-, Bis-Werte)

KG		Mittelwert (%)
310	Baugrube	2,4
320	Gründung	8,2
330	Außenwände	34,6
340	Innenwände	8,0
350	Decken	11,7
360	Dächer	10,3
370	Baukonstruktive Einbauten	0,1
390	Sonstige Baukonstruktionen	2,4
410	Abwasser, Wasser, Gas	6,5
420	Wärmeversorgungsanlagen	7,3
430	Lufttechnische Anlagen	3,5
440	Starkstromanlagen	3,8
450	Fernmeldeanlagen	0,6
460	Förderanlagen	
470	Nutzungsspezifische Anlagen	
480	Gebäudeautomation	0,4
490	Sonstige Technische Anlagen	0,0

© BKI Baukosteninformationszentrum; Erläuterungen zu den Tabellen siehe Seite 48 und 50   Kosten: 1.Quartal 2018, Bundesdurchschnitt, **inkl. 19% MwSt.**

Ein- und Zweifamilienhäuser, Passivhausstandard, Massivbau

Kosten: Stand 1.Quartal 2018 Bundesdurchschnitt inkl. 19% MwSt.

Kostenkennwerte für Leistungsbereiche nach StLB (Kosten des Bauwerks nach DIN 276)

LB	Leistungsbereiche	▷ €/m² BGF ◁			▷ % an 300+400 ◁		
000	Sicherheits-, Baustelleneinrichtungen inkl. 001	21	32	46	1,6	2,5	3,5
002	Erdarbeiten	26	41	72	2,0	3,1	5,5
006	Spezialtiefbauarbeiten inkl. 005	–	8	–	–	0,6	–
009	Entwässerungskanalarbeiten inkl. 011	2	8	14	0,2	0,6	1,1
010	Drän- und Versickerungsarbeiten	0	2	6	0,0	0,1	0,4
012	Mauerarbeiten	48	95	129	3,7	7,2	9,8
013	Betonarbeiten	127	187	231	9,7	14,3	17,6
014	Natur-, Betonwerksteinarbeiten	–	0	–	–	0,0	–
016	Zimmer- und Holzbauarbeiten	42	101	223	3,2	7,7	17,0
017	Stahlbauarbeiten	0	7	43	0,0	0,5	3,3
018	Abdichtungsarbeiten	6	16	35	0,4	1,2	2,6
020	Dachdeckungsarbeiten	0	16	33	0,0	1,2	2,5
021	Dachabdichtungsarbeiten	5	23	63	0,4	1,8	4,8
022	Klempnerarbeiten	12	18	25	0,9	1,3	1,9
	Rohbau	487	553	654	37,0	42,0	49,7
023	Putz- und Stuckarbeiten, Wärmedämmsysteme	67	134	175	5,1	10,2	13,3
024	Fliesen- und Plattenarbeiten	21	30	49	1,6	2,2	3,7
025	Estricharbeiten	13	22	31	1,0	1,7	2,4
026	Fenster, Außentüren inkl. 029, 032	105	133	178	8,0	10,1	13,6
027	Tischlerarbeiten	16	35	58	1,2	2,7	4,4
028	Parkettarbeiten, Holzpflasterarbeiten	15	32	50	1,1	2,5	3,8
030	Rollladenarbeiten	8	29	47	0,6	2,2	3,6
031	Metallbauarbeiten inkl. 035	1	7	20	0,0	0,5	1,5
034	Maler- und Lackiererarbeiten inkl. 037	18	30	48	1,3	2,3	3,7
036	Bodenbelagarbeiten	0	6	24	0,0	0,4	1,8
038	Vorgehängte hinterlüftete Fassaden	–	3	–	–	0,2	–
039	Trockenbauarbeiten	10	25	48	0,7	1,9	3,7
	Ausbau	419	486	553	31,8	36,9	42,0
040	Wärmeversorgungsanl. - Betriebseinr. inkl. 041	45	88	132	3,4	6,7	10,0
042	Gas- und Wasserinstallation, Leitungen inkl. 043	10	19	32	0,8	1,5	2,4
044	Abwasserinstallationsarbeiten - Leitungen	7	11	30	0,5	0,9	2,3
045	GWA-Einrichtungsgegenstände inkl. 046	22	38	63	1,7	2,9	4,8
047	Dämmarbeiten an betriebstechnischen Anlagen	1	4	9	0,1	0,3	0,7
049	Feuerlöschanlagen, Feuerlöschgeräte	–	–	–	–	–	–
050	Blitzschutz- und Erdungsanlagen	1	3	6	0,1	0,2	0,5
052	Mittelspannungsanlagen	–	–	–	–	–	–
053	Niederspannungsanlagen inkl. 054	32	47	140	2,4	3,6	10,6
055	Ersatzstromversorgungsanlagen	–	–	–	–	–	–
057	Gebäudesystemtechnik	–	3	–	–	0,2	–
058	Leuchten und Lampen inkl. 059	0	1	5	0,0	0,1	0,4
060	Elektroakustische Anlagen, Sprechanlagen	1	2	5	0,1	0,2	0,4
061	Kommunikationsnetze, inkl. 062	1	5	8	0,1	0,4	0,6
063	Gefahrenmeldeanlagen	0	1	7	0,0	0,1	0,5
069	Aufzüge	–	–	–	–	–	–
070	Gebäudeautomation	0	4	27	0,0	0,3	2,0
075	Raumlufttechnische Anlagen	7	46	89	0,5	3,5	6,8
	Technische Anlagen	227	272	342	17,2	20,7	26,0
	Sonstige Leistungsbereiche inkl. 008, 033, 051	1	5	23	0,0	0,4	1,7

Legende:
- ● KKW
- ▶ min
- ▷ von
- | Mittelwert
- ◁ bis
- ◀ max

Planungskennwerte für Flächen und Rauminhalte nach DIN 277

Grundflächen			▷ Fläche/NUF (%) ◁			▷ Fläche/BGF (%) ◁		
NUF	Nutzungsfläche			100,0		65,9	67,8	71,2
TF	Technikfläche		3,4	3,9	5,8	2,2	2,7	3,8
VF	Verkehrsfläche		10,9	12,2	16,7	7,1	8,3	10,7
NRF	Netto-Raumfläche		112,8	116,1	119,1	76,9	78,8	81,4
KGF	Konstruktions-Grundfläche		26,9	31,3	35,2	18,6	21,2	23,1
BGF	Brutto-Grundfläche		141,6	147,4	152,9		100,0	

Brutto-Rauminhalte			▷ BRI/NUF (m) ◁			▷ BRI/BGF (m) ◁		
BRI	Brutto-Rauminhalt		4,38	4,67	5,08	3,04	3,16	3,33

Flächen von Nutzeinheiten		▷ NUF/Einheit (m²) ◁			▷ BGF/Einheit (m²) ◁		
Nutzeinheit: Wohnfläche		1,09	1,19	1,36	1,61	1,75	2,01

Lufttechnisch behandelte Flächen		▷ Fläche/NUF (%) ◁			▷ Fläche/BGF (%) ◁		
Entlüftete Fläche		–	36,7	–	–	28,6	–
Be- und entlüftete Fläche		117,2	117,2	117,9	78,5	78,5	81,6
Teilklimatisierte Fläche		–	–	–	–	–	–
Klimatisierte Fläche		–	–	–	–	–	–

KG	Kostengruppen (2. Ebene)	Einheit	▷ Menge/NUF ◁			▷ Menge/BGF ◁		
310	Baugrube	m³ BGI	1,33	1,62	2,08	0,91	1,08	1,40
320	Gründung	m² GRF	0,47	0,55	0,64	0,33	0,37	0,42
330	Außenwände	m² AWF	1,53	1,74	1,95	1,05	1,17	1,32
340	Innenwände	m² IWF	0,80	0,99	1,16	0,55	0,66	0,78
350	Decken	m² DEF	0,76	0,82	0,91	0,50	0,55	0,59
360	Dächer	m² DAF	0,62	0,70	0,81	0,41	0,47	0,54
370	Baukonstruktive Einbauten	m² BGF	1,42	1,47	1,53		1,00	
390	Sonstige Baukonstruktionen	m² BGF	1,42	1,47	1,53		1,00	
300	**Bauwerk-Baukonstruktionen**	m² BGF	1,42	1,47	1,53		1,00	

Planungskennwerte für Bauzeiten   23 Vergleichsobjekte

Bauzeit in Wochen

Bauzeit: 0 | 10 | 20 | 30 | 40 | 50 | 60 | 70 | 80 | 90 | 100 Wochen

© **BKI** Bausteninformationszentrum; Erläuterungen zu den Tabellen siehe Seite 54   Kosten: 1.Quartal 2018, Bundesdurchschnitt, **inkl. 19% MwSt.**

Ein- und Zweifamilienhäuser, Passivhausstandard, Massivbau

€/m² BGF

min	1.020	€/m²
von	1.150	€/m²
Mittel	**1.315**	€/m²
bis	1.535	€/m²
max	1.765	€/m²

Kosten:
Stand 1.Quartal 2018
Bundesdurchschnitt
inkl. 19% MwSt.

Objektübersicht zur Gebäudeart

6100-1164 Einfamilienhaus, ELW - Passivhaus
BRI 1.385m³ | BGF 500m² | NUF 321m²

Einfamilienhaus mit Einliegerwohnung. Massivbauweise.

Land: Nordrhein-Westfalen
Kreis: Aachen
Standard: Durchschnitt
Bauzeit: 39 Wochen
Kennwerte: bis 3.Ebene DIN276

BGF 1.134 €/m²

Planung: RONGEN ARCHITEKTEN GmbH; Wassenberg

veröffentlicht: BKI Objektdaten E6

6100-1270 Einfamilienhaus - Passivhaus
BRI 638m³ | BGF 215m² | NUF 139m²

Einfamilienhaus im Passivhausstandard (150m² WFL), nicht unterkellert. Mauerwerksbau.

Land: Nordrhein-Westfalen
Kreis: Münster
Standard: Durchschnitt
Bauzeit: 47 Wochen
Kennwerte: bis 1.Ebene DIN276

BGF 1.412 €/m²

Planung: buildinggreen Planungsbüro; Münster

veröffentlicht: BKI Objektdaten E7

6100-1019 Einfamilienhaus - Passivhaus
BRI 720m³ | BGF 243m² | NUF 167m²

Wohnhaus (97m² WFL). Mauerwerksbau.

Land: Sachsen
Kreis: Dresden
Standard: Durchschnitt
Bauzeit: 34 Wochen
Kennwerte: bis 1.Ebene DIN276

BGF 1.198 €/m²

Planung: architekten dd Dipl.-Ing. Dietmar Eichelmann; Dresden

veröffentlicht: BKI Objektdaten E5

6100-1178 Einfamilienhaus - Passivhaus
BRI 884m³ | BGF 260m² | NUF 167m²

Einfamilienhaus als Passivhaus mit 155m² WFL. Mauerwerksbau.

Land: Baden-Württemberg
Kreis: Reutlingen
Standard: Durchschnitt
Bauzeit: 26 Wochen
Kennwerte: bis 3.Ebene DIN276

BGF 1.139 €/m²

Planung: Architekt Rainer Graf Architektur + Energiekonzepte; Ofterdingen

veröffentlicht: BKI Objektdaten E6

Objektübersicht zur Gebäudeart

6100-0986 Einfamilienhaus - Passivhaus*

BRI 1.096m³   BGF 347m²   NUF 234m²

Einfamilienhaus, vom Passivhaus Institut zertifiziert, hat den Plusstandard erreicht, mit Garage. Mauerwerksbau.

Land: Bayern
Kreis: Aichach-Friedberg
Standard: über Durchschnitt
Bauzeit: 69 Wochen
Kennwerte: bis 4.Ebene DIN276

BGF   1.974 €/m²

Planung: Architekturbüro Friedl Dr. Werner Friedl Master of Science; Adelzhausen

veröffentlicht: BKI Objektdaten E5
*Nicht in der Auswertung enthalten

6100-1038 Einfamilienhaus - Passivhaus

BRI 644m³   BGF 195m²   NUF 116m²

Einfamilienhaus (145m² WFL) als Passivhaus. Mauerwerksbau.

Land: Sachsen-Anhalt
Kreis: Magdeburg
Standard: Durchschnitt
Bauzeit: 43 Wochen
Kennwerte: bis 2.Ebene DIN276

BGF   1.529 €/m²

Planung: Architektur- und Sachverständigenbüro Specht; Biederitz

veröffentlicht: BKI Objektdaten E5

6100-0760 Einfamilienhaus - Passivhaus

BRI 766m³   BGF 231m²   NUF 163m²

Einfamilienhaus, Passivhaus, nicht unterkellert. Thermo-Module, betonverfüllt.

Land: Rheinland-Pfalz
Kreis: Bitburg-Prüm
Standard: Durchschnitt
Bauzeit: 30 Wochen
Kennwerte: bis 1.Ebene DIN276

BGF   1.545 €/m²

veröffentlicht: BKI Objektdaten E4

6100-0792 Einfamilienhaus - Passivhaus

BRI 1.076m³   BGF 368m²   NUF 254m²

Einfamilienhaus im Passivhausstandard (158m² WFL), Doppelgarage. Das UG und die Garage sind unbeheizt. UG und EG Massivbauweise, DG Holzständerkonstruktion.

Land: Baden-Württemberg
Kreis: Tübingen
Standard: über Durchschnitt
Bauzeit: 26 Wochen
Kennwerte: bis 3.Ebene DIN276

BGF   1.323 €/m²

Planung: Architekt Rainer Graf Architektur + Energiekonzepte; Ofterdingen

veröffentlicht: BKI Objektdaten E4

Ein- und Zweifamilienhäuser, Passivhausstandard, Massivbau

€/m² BGF

min	1.020 €/m²
von	1.150 €/m²
Mittel	**1.315 €/m²**
bis	1.535 €/m²
max	1.765 €/m²

Kosten:
Stand 1.Quartal 2018
Bundesdurchschnitt
inkl. 19% MwSt.

Objektübersicht zur Gebäudeart

6100-0807 Einfamilienhaus - Passivhaus
BRI 842m³   **BGF** 271m²   **NUF** 211m²

Einfamilienwohnhaus im Passivhausstandard (160m² WFL). Mauerwerksbau.

Land: Baden-Württemberg
Kreis: Esslingen a.N.
Standard: über Durchschnitt
Bauzeit: 43 Wochen
Kennwerte: bis 3.Ebene DIN276

BGF 1.526 €/m²

Planung: ASs Flassak & Tehrani Freie Architekten und Stadtplaner; Stuttgart

veröffentlicht: BKI Objektdaten E4

6100-0824 Einfamilienhaus - Passivhaus
BRI 1.047m³   **BGF** 312m²   **NUF** 228m²

Einfamilienhaus im Passivhausstandard (184m² WFL). Mauerwerksbau.

Land: Niedersachsen
Kreis: Hannover, Region
Standard: Durchschnitt
Bauzeit: 30 Wochen
Kennwerte: bis 3.Ebene DIN276

BGF 1.269 €/m²

Planung: seyfarth stahlhut I architekten bda; Hannover

veröffentlicht: BKI Objektdaten E4

6100-0827 Einfamilienhaus, ELW - Passivhaus
BRI 677m³   **BGF** 211m²   **NUF** 138m²

Einfamilienhaus mit Einliegerwohnung im Passivhausstandard (155m² WFL). Mauerwerksbau.

Land: Baden-Württemberg
Kreis: Karlsruhe
Standard: unter Durchschnitt
Bauzeit: 43 Wochen
Kennwerte: bis 3.Ebene DIN276

BGF 1.313 €/m²

Planung: Heidrun Hausch Dipl.-Ing. (FH) BAUKONTOR hrp; Karlsruhe

veröffentlicht: BKI Objektdaten E4

6100-0877 Einfamilienhaus - Passivhaus
BRI 737m³   **BGF** 270m²   **NUF** 203m²

Einfamilienhaus im Passivhausstandard (141m² WFL). Mauerwerksbau.

Land: Nordrhein-Westfalen
Kreis: Mönchengladbach
Standard: Durchschnitt
Bauzeit: 47 Wochen
Kennwerte: bis 3.Ebene DIN276

BGF 1.051 €/m²

Planung: bau grün ! energieeff. Gebäude Architekt D. Finocchiaro; Mönchengladbach

veröffentlicht: BKI Objektdaten E4

Objektübersicht zur Gebäudeart

6100-0975 Einfamilienhaus, Doppelgarage - Plusenergiehaus   BRI 1.061m³   BGF 350m²   NUF 231m²

Einfamilienhaus (144m² WFL) als Kettenhaus mit Doppelgarage. Mauerwerksbau.

Land: Bayern
Kreis: Regensburg, Stadt
Standard: Durchschnitt
Bauzeit: 30 Wochen
Kennwerte: bis 1.Ebene DIN276

BGF   1.207 €/m²

veröffentlicht: BKI Objektdaten E5

Planung: Michaela Berkmüller Architektin; Regensburg

6100-1029 Einfamilienhaus - Passivhaus   BRI 963m³   BGF 302m²   NUF 202m²

Einfamilienhaus als Passivhaus (172m² WFL), das in 2 WE aufgeteilt werden kann. Mauerwerksbau mit Verblendmauerwerk.

Land: Schleswig-Holstein
Kreis: Steinburg
Standard: über Durchschnitt
Bauzeit: 30 Wochen
Kennwerte: bis 1.Ebene DIN276

BGF   1.231 €/m²

veröffentlicht: BKI Objektdaten E5

Planung: Architekturbüro Rühmann; Steenfeld

6100-0736 Einfamilienhaus - Passivhaus   BRI 1.138m³   BGF 341m²   NUF 237m²

Einfamilienhaus als Passivhaus mit Carport, nicht unterkellert, Garage Bestand. Mauerwerksbau; Stb-Decken; Holzdachkonstruktion.

Land: Nordrhein-Westfalen
Kreis: Gütersloh
Standard: über Durchschnitt
Bauzeit: 30 Wochen
Kennwerte: bis 1.Ebene DIN276

BGF   1.247 €/m²

veröffentlicht: BKI Objektdaten E4

Planung: Schützdeller-Münstermann Architekten; Rheda-Wiedenbrück

6100-0773 Einfamilienhaus - Passivhaus*   BRI 662m³   BGF 198m²   NUF 124m²

Einfamilienhaus, Passivhaus, nicht unterkellert. Mauerwerksbau.

Land: Rheinland-Pfalz
Kreis: Westerwald, Montabaur
Standard: Durchschnitt
Bauzeit: 35 Wochen
Kennwerte: bis 1.Ebene DIN276

BGF   1.806 €/m²

veröffentlicht: BKI Objektdaten E4
*Nicht in der Auswertung enthalten

Ein- und Zweifamilienhäuser, Passivhausstandard, Massivbau

€/m² BGF

min	1.020	€/m²
von	1.150	€/m²
Mittel	**1.315**	**€/m²**
bis	1.535	€/m²
max	1.765	€/m²

Kosten:
Stand 1.Quartal 2018
Bundesdurchschnitt
inkl. 19% MwSt.

Objektübersicht zur Gebäudeart

6100-0774 Einfamilienhaus - Passivhaus*
BRI 926m³ | **BGF** 314m² | **NUF** 203m²

Einfamilienhaus Passivhaus. Mauerwerksbau.

Land: Rheinland-Pfalz
Kreis: Rhein-Lahn, Bad Ems
Standard: Durchschnitt
Bauzeit: 30 Wochen
Kennwerte: bis 1.Ebene DIN276

BGF 970 €/m²

veröffentlicht: BKI Objektdaten E4
*Nicht in der Auswertung enthalten

6100-0777 Einfamilienhaus - Passivhaus
BRI 772m³ | **BGF** 255m² | **NUF** 170m²

Einfamilienwohnhaus, Passivhaus, Massivbau. Mauerwerksbau.

Land: Brandenburg
Kreis: Cottbus
Standard: Durchschnitt
Bauzeit: 30 Wochen
Kennwerte: bis 1.Ebene DIN276

BGF 1.470 €/m²

Planung: Dirk Böhme; Cottbus

veröffentlicht: BKI Objektdaten E4

6100-0779 Einfamilienhaus - Passivhaus
BRI 1.209m³ | **BGF** 438m² | **NUF** 294m²

Einfamilienhaus im Passivhausstandard (247m² WFL). Mauerwerksbau.

Land: Bayern
Kreis: Starnberg
Standard: Durchschnitt
Bauzeit: 34 Wochen
Kennwerte: bis 3.Ebene DIN276

BGF 1.173 €/m²

Planung: Schindler Architekten mit Dipl.-Ing. (FH) H. Reineking; Planegg

veröffentlicht: BKI Objektdaten E4

6100-0789 Einfamilienhaus - Passivhaus
BRI 855m³ | **BGF** 255m² | **NUF** 185m²

Einfamilienhaus mit Einliegerwohnung, Passivhaus. Mauerwerksbau.

Land: Hamburg
Kreis: Hamburg
Standard: Durchschnitt
Bauzeit: 52 Wochen
Kennwerte: bis 1.Ebene DIN276

BGF 1.144 €/m²

Planung: Architektengruppe Voß Detlef Voß; Tostedt

veröffentlicht: BKI Objektdaten E4

Objektübersicht zur Gebäudeart

6100-0862 Einfamilienhaus - Passivhaus
BRI 911m³   **BGF** 249m²   **NUF** 172m²

Einfamilienhaus im Passivhausstandard (211m² WFL). Mauerwerksbau.

Land: Brandenburg
Kreis: Oberhavel
Standard: Durchschnitt
Bauzeit: 47 Wochen
Kennwerte: bis 3.Ebene DIN276

BGF   **1.767 €/m²**

Planung: Jirka + Nadansky Architekten; Borgsdorf

veröffentlicht: BKI Objektdaten E4

6100-0636 Einfamilienhaus - Passivhaus
BRI 660m³   **BGF** 206m²   **NUF** 131m²

Einfamilienwohnhaus mit Carport (144m² WFL). Mauerwerksbau.

Land: Bremen
Kreis: Bremen
Standard: über Durchschnitt
Bauzeit: 26 Wochen
Kennwerte: bis 3.Ebene DIN276

BGF   **1.477 €/m²**

Planung: team 3 - architekturbüro; Oldenburg

veröffentlicht: BKI Objektdaten E3

6100-0653 Einfamilienhaus - Plusenergiehaus*
BRI 1.434m³   **BGF** 474m²   **NUF** 301m²

Einfamilienhaus (210m² WFL), Plusenergiehaus in Passivbauweise, Fotovoltaik, Fassadenkollektoren, der jährliche Energieüberschuss ca. 35%, der Überschuss wird als Strom ins Netz eingespeist, Carport. Das Haus wurde zertifiziert. Mauerwerksbau; Stb-Decken; Holzdachkonstruktion.

Land: Bayern
Kreis: Augsburg
Standard: über Durchschnitt
Bauzeit: 56 Wochen
Kennwerte: bis 3.Ebene DIN276

BGF   **2.002 €/m²**

Planung: Architekturbüro Dipl.-Ing. (FH) Werner Friedl; Adelzhausen

veröffentlicht: BKI Objektdaten N9
*Nicht in der Auswertung enthalten

6100-0714 Einfamilienhaus - Passivhaus
BRI 1.205m³   **BGF** 324m²   **NUF** 196m²

Einfamilienhaus im Passivhausstandard. Mauerwerksbau.

Land: Bayern
Kreis: Fürstenfeldbruck
Standard: Durchschnitt
Bauzeit: 43 Wochen
Kennwerte: bis 3.Ebene DIN276

BGF   **1.571 €/m²**

Planung: Planungsbüro future-proved Alexander Grab; Augsburg

veröffentlicht: BKI Objektdaten E4

Ein- und Zweifamilienhäuser, Passivhausstandard, Massivbau

€/m² BGF

min	1.020	€/m²
von	1.150	€/m²
Mittel	**1.315**	**€/m²**
bis	1.535	€/m²
max	1.765	€/m²

Kosten:
Stand 1.Quartal 2018
Bundesdurchschnitt
inkl. 19% MwSt.

Objektübersicht zur Gebäudeart

6100-1047 Einfamilienhaus - Passivhaus
BRI 697m³ **BGF** 203m² **NUF** 141m²

Einfamilienhaus, nicht unterkellert (156m² WFL), Passivhaus. Mauerwerksbau.

Land: Thüringen
Kreis: Erfurt, Stadt
Standard: Durchschnitt
Bauzeit: 30 Wochen
Kennwerte: bis 1.Ebene DIN276

BGF 1.114 €/m²

Planung: Ulrike Ludewig Freie Architekten; Weimar

veröffentlicht: BKI Objektdaten E5

6100-0680 Einfamilienhaus - Passivhaus
BRI 967m³ **BGF** 305m² **NUF** 232m²

Einfamilienhaus mit Carport. Stb-WU-Keller; Mauerwerksbau; Stb-Decken; Holzdachkonstruktion.

Land: Baden-Württemberg
Kreis: Ortenau, Offenburg
Standard: über Durchschnitt
Bauzeit: 39 Wochen
Kennwerte: bis 1.Ebene DIN276

BGF 1.018 €/m²

Planung: Werkgruppe Freiburg Architekten; Freiburg

veröffentlicht: BKI Objektdaten N9

6100-0625 Einfamilienhaus - Passivhaus
BRI 676m³ **BGF** 233m² **NUF** 151m²

Einfamilienhaus im Passivhausstandard (170m² WFL). Mauerwerksbau.

Land: Sachsen-Anhalt
Kreis: Halle (Saale), Stadt
Standard: Durchschnitt
Bauzeit: 34 Wochen
Kennwerte: bis 3.Ebene DIN276

BGF 1.382 €/m²

Planung: Johann-Christian Fromme Freier Architekt; Halle

veröffentlicht: BKI Objektdaten E3

Wohnen

Ein- und Zweifamilienhäuser, Passivhausstandard, Holzbau

Kostenkennwerte für die Kosten des Bauwerks (Kostengruppen 300+400 nach DIN 276)

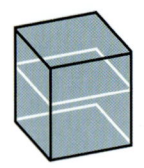

BRI 455 €/m³
von 380 €/m³
bis 520 €/m³

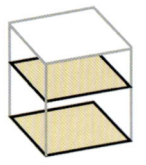

BGF 1.410 €/m²
von 1.170 €/m²
bis 1.680 €/m²

NUF 2.120 €/m²
von 1.760 €/m²
bis 2.560 €/m²

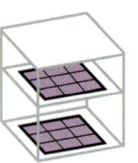

NE 2.410 €/NE
von 2.020 €/NE
bis 3.070 €/NE
NE: Wohnfläche

Objektbeispiele

Kosten:
Stand 1.Quartal 2018
Bundesdurchschnitt
inkl. 19% MwSt.

6100-1360
6100-1326 
6100-1209 

Kosten der 37 Vergleichsobjekte — Seiten 408 bis 417

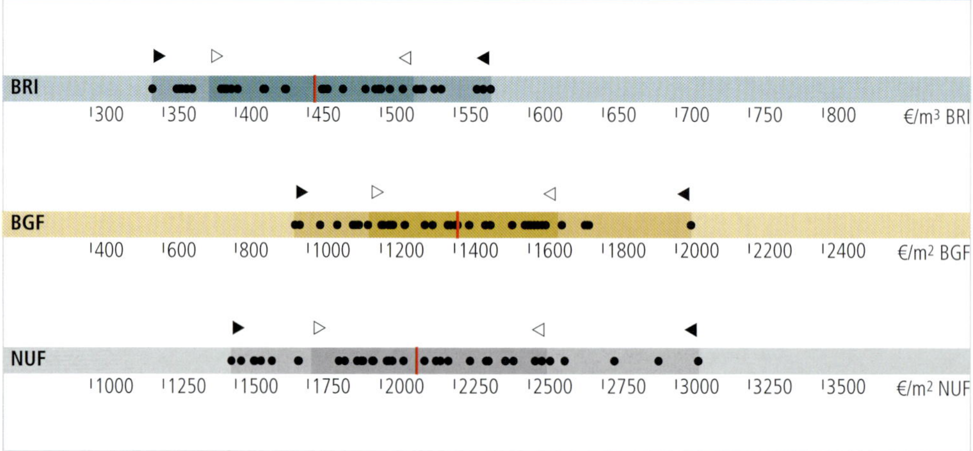

Legende:
- ● KKW
- ▶ min
- ▷ von
- | Mittelwert
- ◁ bis
- ◀ max

BRI (€/m³ BRI): Skala 300–800
BGF (€/m² BGF): Skala 400–2400
NUF (€/m² NUF): Skala 1000–3500

© BKI Baukosteninformationszentrum; Erläuterungen zu den Tabellen siehe Seite 46
Kosten: 1.Quartal 2018, Bundesdurchschnitt, **inkl. 19% MwSt.**

Kostenkennwerte für die Kostengruppen der 1. und 2. Ebene DIN 276

KG	Kostengruppen der 1. Ebene	Einheit	▷	€/Einheit	◁	▷	% an 300+400	◁	
100	Grundstück	m² GF	–	–	–	–	–	–	
200	Herrichten und Erschließen	m² GF	5	**12**	27	0,5	**1,7**	3,1	
300	Bauwerk - Baukonstruktionen	m² BGF	912	**1.109**	1.301	74,1	**79,0**	83,8	
400	Bauwerk - Technische Anlagen	m² BGF	207	**299**	402	16,2	**21,0**	25,9	
	Bauwerk (300+400)	m² BGF	1.170	**1.408**	1.677		**100,0**		
500	Außenanlagen	m² AF	20	**45**	95	1,7	**4,0**	7,9	
600	Ausstattung und Kunstwerke	m² BGF	2	**38**	73	0,1	**2,7**	5,2	
700	Baunebenkosten*	m² BGF	352	**393**	433	25,0	**27,9**	30,8	◁ NEU

* Auf Grundlage der HOAI 2013 berechnete Werte nach §§ 35, 52, 56. Weitere Informationen siehe Seite 50

KG	Kostengruppen der 2. Ebene	Einheit	▷	€/Einheit	◁	▷	% an 300	◁
310	Baugrube	m³ BGI	19	**25**	33	0,6	**1,6**	3,1
320	Gründung	m² GRF	192	**301**	367	6,5	**11,5**	14,5
330	Außenwände	m² AWF	428	**535**	680	42,5	**45,4**	48,7
340	Innenwände	m² IWF	155	**200**	270	8,1	**10,5**	12,5
350	Decken	m² DEF	284	**325**	377	9,9	**13,3**	18,2
360	Dächer	m² DAF	284	**328**	394	10,7	**14,0**	15,8
370	Baukonstruktive Einbauten	m² BGF	12	**36**	71	0,0	**0,9**	4,4
390	Sonstige Baukonstruktionen	m² BGF	23	**34**	44	2,2	**2,9**	4,3
300	**Bauwerk Baukonstruktionen**	m² BGF					**100,0**	

KG	Kostengruppen der 2. Ebene	Einheit	▷	€/Einheit	◁	▷	% an 400	◁
410	Abwasser, Wasser, Gas	m² BGF	64	**98**	142	19,2	**28,5**	39,5
420	Wärmeversorgungsanlagen	m² BGF	56	**103**	152	7,6	**23,9**	41,3
430	Lufttechnische Anlagen	m² BGF	52	**80**	142	11,7	**22,3**	39,1
440	Starkstromanlagen	m² BGF	50	**83**	175	15,8	**22,6**	43,8
450	Fernmeldeanlagen	m² BGF	4	**11**	17	0,6	**2,3**	3,8
460	Förderanlagen	m² BGF	–	–	–	–	–	–
470	Nutzungsspezifische Anlagen	m² BGF	7	**9**	10	0,0	**0,3**	2,8
480	Gebäudeautomation	m² BGF	–	–	–	–	–	–
490	Sonstige Technische Anlagen	m² BGF	–	–	–	–	–	–
400	**Bauwerk Technische Anlagen**	m² BGF					**100,0**	

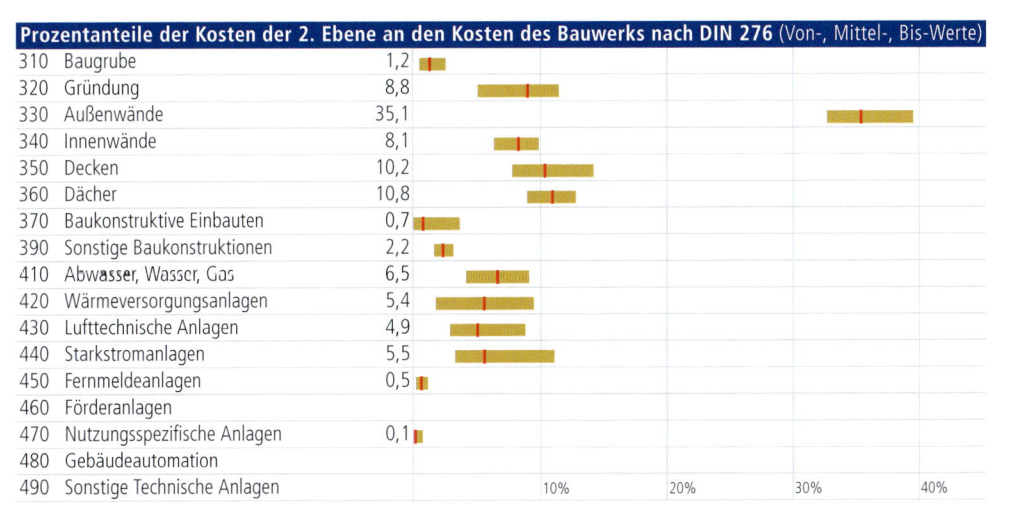

Prozentanteile der Kosten der 2. Ebene an den Kosten des Bauwerks nach DIN 276 (Von-, Mittel-, Bis-Werte)

KG	Bezeichnung	Mittelwert %
310	Baugrube	1,2
320	Gründung	8,8
330	Außenwände	35,1
340	Innenwände	8,1
350	Decken	10,2
360	Dächer	10,8
370	Baukonstruktive Einbauten	0,7
390	Sonstige Baukonstruktionen	2,2
410	Abwasser, Wasser, Gas	6,5
420	Wärmeversorgungsanlagen	5,4
430	Lufttechnische Anlagen	4,9
440	Starkstromanlagen	5,5
450	Fernmeldeanlagen	0,5
460	Förderanlagen	
470	Nutzungsspezifische Anlagen	0,1
480	Gebäudeautomation	
490	Sonstige Technische Anlagen	

© **BKI** Baukosteninformationszentrum; Erläuterungen zu den Tabellen siehe Seite 48 und 50   Kosten: 1.Quartal 2018, Bundesdurchschnitt, inkl. 19% MwSt.

Ein- und Zweifamilienhäuser, Passivhausstandard, Holzbau

Kosten:
Stand 1. Quartal 2018
Bundesdurchschnitt
inkl. 19% MwSt.

- ● KKW
- ▶ min
- ▷ von
- | Mittelwert
- ◁ bis
- ◀ max

Kostenkennwerte für Leistungsbereiche nach StLB (Kosten des Bauwerks nach DIN 276)

LB	Leistungsbereiche	▷	€/m² BGF	◁	▷	% an 300+400	◁
000	Sicherheits-, Baustelleneinrichtungen inkl. 001	17	27	35	1,2	1,9	2,5
002	Erdarbeiten	16	26	41	1,1	1,8	2,9
006	Spezialtiefbauarbeiten inkl. 005	–	–	–	–	–	–
009	Entwässerungskanalarbeiten inkl. 011	3	9	19	0,2	0,7	1,4
010	Drän- und Versickerungsarbeiten	1	4	15	0,0	0,3	1,1
012	Mauerarbeiten	3	10	19	0,2	0,7	1,3
013	Betonarbeiten	62	100	155	4,4	7,1	11,0
014	Natur-, Betonwerksteinarbeiten	0	2	19	0,0	0,2	1,4
016	Zimmer- und Holzbauarbeiten	338	412	606	24,0	29,3	43,0
017	Stahlbauarbeiten	1	12	62	0,1	0,9	4,4
018	Abdichtungsarbeiten	4	12	35	0,3	0,9	2,5
020	Dachdeckungsarbeiten	4	20	52	0,3	1,4	3,7
021	Dachabdichtungsarbeiten	6	21	41	0,4	1,5	2,9
022	Klempnerarbeiten	12	19	26	0,8	1,4	1,9
	Rohbau	586	675	826	41,6	48,0	58,7
023	Putz- und Stuckarbeiten, Wärmedämmsysteme	2	30	61	0,2	2,1	4,3
024	Fliesen- und Plattenarbeiten	16	29	45	1,1	2,1	3,2
025	Estricharbeiten	15	25	40	1,1	1,8	2,9
026	Fenster, Außentüren inkl. 029, 032	77	129	172	5,5	9,2	12,2
027	Tischlerarbeiten	19	42	89	1,3	3,0	6,3
028	Parkettarbeiten, Holzpflasterarbeiten	6	28	46	0,5	2,0	3,2
030	Rollladenarbeiten	14	30	40	1,0	2,1	2,8
031	Metallbauarbeiten inkl. 035	3	20	41	0,2	1,4	2,9
034	Maler- und Lackiererarbeiten inkl. 037	16	29	51	1,1	2,1	3,6
036	Bodenbelagarbeiten	0	9	25	0,0	0,7	1,8
038	Vorgehängte hinterlüftete Fassaden	–	3	–	–	0,2	–
039	Trockenbauarbeiten	13	48	91	0,9	3,4	6,5
	Ausbau	259	424	504	18,4	30,1	35,8
040	Wärmeversorgungsanl. - Betriebseinr. inkl. 041	22	78	127	1,6	5,5	9,0
042	Gas- und Wasserinstallation, Leitungen inkl. 043	14	23	36	1,0	1,7	2,5
044	Abwasserinstallationsarbeiten - Leitungen	4	9	15	0,3	0,6	1,1
045	GWA-Einrichtungsgegenstände inkl. 046	16	37	62	1,1	2,6	4,4
047	Dämmarbeiten an betriebstechnischen Anlagen	1	5	8	0,1	0,3	0,6
049	Feuerlöschanlagen, Feuerlöschgeräte	–	–	–	–	–	–
050	Blitzschutz- und Erdungsanlagen	1	1	3	0,0	0,1	0,2
052	Mittelspannungsanlagen	–	–	–	–	–	–
053	Niederspannungsanlagen inkl. 054	43	74	147	3,1	5,2	10,4
055	Ersatzstromversorgungsanlagen	–	–	–	–	–	–
057	Gebäudesystemtechnik	–	–	–	–	–	–
058	Leuchten und Lampen inkl. 059	0	3	10	0,0	0,2	0,7
060	Elektroakustische Anlagen, Sprechanlagen	1	2	4	0,0	0,1	0,3
061	Kommunikationsnetze, inkl. 062	2	6	16	0,1	0,4	1,1
063	Gefahrenmeldeanlagen	0	0	1	0,0	0,0	0,1
069	Aufzüge	–	–	–	–	–	–
070	Gebäudeautomation	–	–	–	–	–	–
075	Raumlufttechnische Anlagen	38	66	116	2,7	4,7	8,3
	Technische Anlagen	260	303	356	18,5	21,5	25,3
	Sonstige Leistungsbereiche inkl. 008, 033, 051	1	6	31	0,0	0,4	2,2

Planungskennwerte für Flächen und Rauminhalte nach DIN 277

Grundflächen		▷	Fläche/NUF (%)	◁	▷	Fläche/BGF (%)	◁
NUF	Nutzungsfläche		100,0		63,0	66,2	68,7
TF	Technikfläche	4,3	5,7	10,2	2,9	3,8	6,3
VF	Verkehrsfläche	9,8	12,6	15,1	6,6	8,3	10,0
NRF	Netto-Raumfläche	115,3	118,2	120,7	74,8	78,3	81,4
KGF	Konstruktions-Grundfläche	28,2	32,8	42,3	18,6	21,7	25,2
BGF	Brutto-Grundfläche	146,6	151,0	161,6		100,0	

Brutto-Rauminhalte		▷	BRI/NUF (m)	◁	▷	BRI/BGF (m)	◁
BRI	Brutto-Rauminhalt	4,38	4,68	5,10	2,89	3,10	3,32

Flächen von Nutzeinheiten	▷	NUF/Einheit (m²)	◁	▷	BGF/Einheit (m²)	◁
Nutzeinheit: Wohnfläche	1,07	1,15	1,32	1,59	1,74	2,04

Lufttechnisch behandelte Flächen	▷	Fläche/NUF (%)	◁	▷	Fläche/BGF (%)	◁
Entlüftete Fläche	–	–	–	–	–	–
Be- und entlüftete Fläche	80,8	92,7	103,0	51,7	59,6	65,2
Teilklimatisierte Fläche	–	7,4	–	–	4,6	–
Klimatisierte Fläche	–	–	–	–	–	–

KG	Kostengruppen (2. Ebene)	Einheit	▷	Menge/NUF	◁	▷	Menge/BGF	◁
310	Baugrube	m³ BGI	0,78	1,06	1,50	0,52	0,71	0,94
320	Gründung	m² GRF	0,59	0,66	0,76	0,40	0,45	0,51
330	Außenwände	m² AWF	1,38	1,54	1,70	0,95	1,04	1,18
340	Innenwände	m² IWF	0,83	0,94	1,05	0,55	0,64	0,70
350	Decken	m² DEF	0,61	0,71	0,83	0,41	0,48	0,55
360	Dächer	m² DAF	0,68	0,77	0,92	0,46	0,52	0,62
370	Baukonstruktive Einbauten	m² BGF	1,47	1,51	1,62		1,00	
390	Sonstige Baukonstruktionen	m² BGF	1,47	1,51	1,62		1,00	
300	Bauwerk-Baukonstruktionen	m² BGF	1,47	1,51	1,62		1,00	

Planungskennwerte für Bauzeiten — 37 Vergleichsobjekte

Bauzeit in Wochen (0–100 Wochen)

© BKI Baukosteninformationszentrum; Erläuterungen zu den Tabellen siehe Seite 54   Kosten: 1.Quartal 2018, Bundesdurchschnitt, inkl. 19% MwSt.

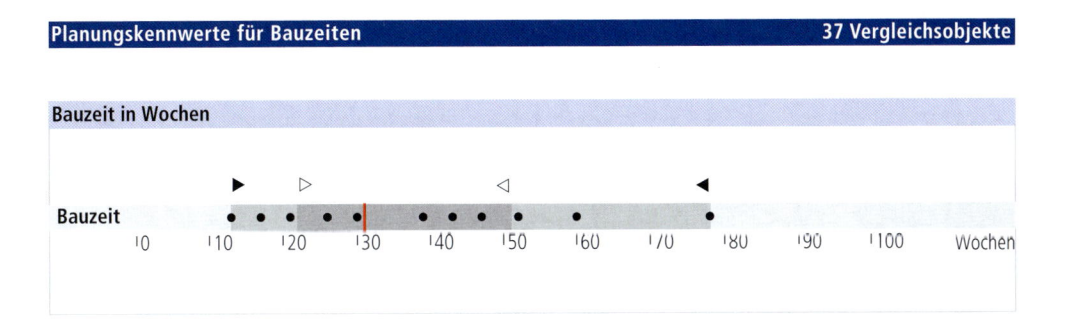

Ein- und Zweifamilienhäuser, Passivhausstandard, Holzbau

€/m² BGF
min	965	€/m²
von	1.170	€/m²
Mittel	**1.410**	€/m²
bis	1.675	€/m²
max	2.040	€/m²

Kosten:
Stand 1.Quartal 2018
Bundesdurchschnitt
inkl. 19% MwSt.

Objektübersicht zur Gebäudeart

6100-1360 Einfamilienhaus, Garage - Passivhaus
BRI 794m³ **BGF** 297m² **NUF** 183m²

Einfamilienhaus mit 173m² WFL und Garage mit Abstellraum. Holztafelbauweise.

Land: Nordrhein-Westfalen
Kreis: Wesel
Standard: Durchschnitt
Bauzeit: 26 Wochen
Kennwerte: bis 1.Ebene DIN276

BGF 964 €/m²

Planung: bau grün ! gmbh Architekt Daniel Finocchiaro; Mönchengladbach

vorgesehen: BKI Objektdaten E8

6100-1326 Einfamilienhaus, Carport - Passivhaus
BRI 957m³ **BGF** 364m² **NUF** 185m²

Einfamilienhaus (145m² WFL) mit Carport. Holzrahmenbau.

Land: Nordrhein-Westfalen
Kreis: Heinsberg
Standard: Durchschnitt
Bauzeit: 26 Wochen
Kennwerte: bis 1.Ebene DIN276

BGF 1.034 €/m²

Planung: RoA RONGEN ARCHITEKTEN PartG mbB; Wassenberg

vorgesehen: BKI Objektdaten E8

6100-1156 Reihenmittelhaus - Passivhaus
BRI 616m³ **BGF** 211m² **NUF** 148m²

Reihenmittelhaus (148m² WFL) als Passivhaus. Holzbauweise.

Land: Schleswig-Holstein
Kreis: Segeberg
Standard: Durchschnitt
Bauzeit: 21 Wochen
Kennwerte: bis 1.Ebene DIN276

BGF 1.381 €/m²

Planung: Architekturbüro Thyroff-Krause; Kaltenkirchen

veröffentlicht: BKI Objektdaten E6

6100-1169 Reihenendhaus - Passivhaus
BRI 730m³ **BGF** 250m² **NUF** 151m²

Reihenendhaus (132m² WFL) als Passivhaus. Holzbauweise.

Land: Schleswig-Holstein
Kreis: Segeberg
Standard: Durchschnitt
Bauzeit: 21 Wochen
Kennwerte: bis 1.Ebene DIN276

BGF 1.226 €/m²

Planung: Architekturbüro Thyroff-Krause; Kaltenkirchen

veröffentlicht: BKI Objektdaten E6

Objektübersicht zur Gebäudeart

6100-1209 Zweifamilienhaus, Garage - Passivhaus

BRI 1.464m³   **BGF** 443m²   **NUF** 308m²

Zweifamilienhaus mit 244m² WFL als Passivhaus. Holztafelbau, Massivbau (UG).

Land: Baden-Württemberg
Kreis: Enzkreis
Standard: über Durchschnitt
Bauzeit: 60 Wochen
Kennwerte: bis 1.Ebene DIN276

BGF   1.132 €/m²

veröffentlicht: BKI Objektdaten E7

Planung: Sabine Schmidt freie architektin; Scheidegg

6100-1287 Einfamilienhaus - Effizienzhaus Plus*

BRI 885m³   **BGF** 283m²   **NUF** 183m²

Einfamilienhaus (185m² WFL), Effizienzhaus Plus. Holzrahmenkonstruktion.

Land: Nordrhein-Westfalen
Kreis: Wuppertal
Standard: über Durchschnitt
Bauzeit: 17 Wochen
Kennwerte: bis 1.Ebene DIN276

BGF   3.134 €/m²

veröffentlicht: BKI Objektdaten E7
*Nicht in der Auswertung enthalten

Planung: SchwörerHaus KG Franca Wacker; Hohenstein-Oberstetten

6100-1058 Doppelhaushälfte - Passivhaus

BRI 790m³   **BGF** 235m²   **NUF** 159m²

Doppelhaushälfte als Passivhaus (125m² WFL). Holzrahmenbau.

Land: Nordrhein-Westfalen
Kreis: Aachen
Standard: Durchschnitt
Bauzeit: 30 Wochen
Kennwerte: bis 1.Ebene DIN276

BGF   1.644 €/m²

veröffentlicht: BKI Objektdaten E6

Planung: Agathos Baukontor Dipl. Ing. Bernward Sutmann; Roetgen

6100-1181 Einfamilienhaus, Garage - Passivhaus*

BRI 948m³   **BGF** 288m²   **NUF** 165m²

Einfamilienhaus mit Garage in Passivbauweise in Hanglage. UG Stb-Wände, EG: Holzrahmenkonstruktion.

Land: Nordrhein-Westfalen
Kreis: Leverkusen
Standard: über Durchschnitt
Bauzeit: 26 Wochen
Kennwerte: bis 3.Ebene DIN276

BGF   2.317 €/m²

veröffentlicht: BKI Objektdaten E6
*Nicht in der Auswertung enthalten

Planung: Architektin Katharina Hellmann; Leverkusen

Ein- und Zweifamilienhäuser, Passivhausstandard, Holzbau

€/m² BGF
min 965 €/m²
von 1.170 €/m²
Mittel **1.410 €/m²**
bis 1.675 €/m²
max 2.040 €/m²

Kosten:
Stand 1.Quartal 2018
Bundesdurchschnitt
inkl. 19% MwSt.

Objektübersicht zur Gebäudeart

6100-0947 Doppelhaushälfte - Passivhaus
BRI 542m³ | BGF 197m² | NUF 145m²

Doppelhaushälfte als Passivhaus. Holzrahmenbau.

Land: Hamburg
Kreis: Hamburg
Standard: über Durchschnitt
Bauzeit: 13 Wochen
Kennwerte: bis 1.Ebene DIN276

BGF **1.264 €/m²**

veröffentlicht: BKI Objektdaten E5

Planung: Architekturbüro Thyroff-Krause; Kaltenkirchen

6100-0970 Einfamilienhaus, Garage - Passivhaus
BRI 1.575m³ | BGF 543m² | NUF 363m²

Einfamilienhaus (274m² WFL) in Passivhausbauweise. Die Teilunterkellerung ist ungedämmt. Holzrahmenbau, Untergeschoss Massivbauweise.

Land: Nordrhein-Westfalen
Kreis: Münster
Standard: über Durchschnitt
Bauzeit: 39 Wochen
Kennwerte: bis 1.Ebene DIN276

BGF **1.439 €/m²**

veröffentlicht: BKI Objektdaten E5

Planung: Entwurf: Dejozé & Dr. Ammann, Ausführung: Architekturbüro Thiel; Münster

6100-1017 Einfamilienhaus - Passivhaus
BRI 602m³ | BGF 196m² | NUF 117m²

Einfamilienhaus (127m² WFL). Holzständerbauweise.

Land: Sachsen
Kreis: Dresden
Standard: Durchschnitt
Bauzeit: 30 Wochen
Kennwerte: bis 1.Ebene DIN276

BGF **1.757 €/m²**

veröffentlicht: BKI Objektdaten E5

Planung: architekten dd Dipl.-Ing. Dietmar Eichelmann; Dresden

6100-1018 Einfamilienhaus - Passivhaus
BRI 740m³ | BGF 239m² | NUF 151m²

Einfamilienhaus (162m² WFL). Holzständerbauweise.

Land: Sachsen
Kreis: Dresden
Standard: Durchschnitt
Bauzeit: 39 Wochen
Kennwerte: bis 1.Ebene DIN276

BGF **1.624 €/m²**

veröffentlicht: BKI Objektdaten E5

Planung: architekten dd Dipl.-Ing. Dietmar Eichelmann; Dresden

Objektübersicht zur Gebäudeart

6100-1177 Einfamilienhaus, Carport - Passivhaus | BRI 633m³ | BGF 196m² | NUF 143m²

Einfamilienhaus mit Carport, nicht unterkellert. Holzrahmenkonstruktion.

Land: Baden-Württemberg
Kreis: Tübingen
Standard: Durchschnitt
Bauzeit: 21 Wochen
Kennwerte: bis 3.Ebene DIN276

BGF   1.614 €/m²

Planung: Architekt Rainer Graf Architektur + Energiekonzepte; Ofterdingen

veröffentlicht: BKI Objektdaten E6

6100-0765 Einfamilienhaus - Passivhaus | BRI 959m³ | BGF 287m² | NUF 199m²

Einfamilienwohnhaus im Passivhausstandard (223m² WFL). Holzständerkonstruktion.

Land: Hessen
Kreis: Wetterau, Friedberg
Standard: Durchschnitt
Bauzeit: 26 Wochen
Kennwerte: bis 3.Ebene DIN276

BGF   1.751 €/m²

Planung: Martin Wamsler Freier Architekt BDA Dipl.-Ing. (FH); Markdorf

veröffentlicht: BKI Objektdaten E4

6100-0794 Einfamilienhaus - Passivhaus | BRI 770m³ | BGF 253m² | NUF 165m²

Einfamilienhaus im Passivhausstandard (131m² WFL), das UG ist unbeheizt, Zugang aus der warmen Hülle. Holzrahmenkonstruktion.

Land: Baden-Württemberg
Kreis: Reutlingen
Standard: Durchschnitt
Bauzeit: 21 Wochen
Kennwerte: bis 3.Ebene DIN276

BGF   1.124 €/m²

Planung: Architekt Rainer Graf Architektur + Energiekonzepte; Ofterdingen

veröffentlicht: BKI Objektdaten E4

6100-0796 Einfamilienhaus - Passivhaus | BRI 947m³ | BGF 372m² | NUF 228m²

Einfamilienhaus im Passivhausstandard (168m² WFL), das UG ist unbeheizt, Zugang direkt aus der warmen Hülle. Garage. Holzrahmenkonstruktion.

Land: Baden-Württemberg
Kreis: Reutlingen
Standard: über Durchschnitt
Bauzeit: 21 Wochen
Kennwerte: bis 3.Ebene DIN276

BGF   1.340 €/m²

Planung: Architekt Rainer Graf Architektur + Energiekonzepte; Ofterdingen

veröffentlicht: BKI Objektdaten E4

Ein- und Zweifamilienhäuser, Passivhausstandard, Holzbau

€/m² BGF

min	965	€/m²
von	1.170	€/m²
Mittel	**1.410**	**€/m²**
bis	1.675	€/m²
max	2.040	€/m²

Kosten:
Stand 1.Quartal 2018
Bundesdurchschnitt
inkl. 19% MwSt.

Objektübersicht zur Gebäudeart

6100-0810 Einfamilienhaus - Passivhaus
BRI 847m³ **BGF** 250m² **NUF** 179m²

Einfamilienhaus im Passivhausstandard (171m² WFL). Holzständerkonstruktion.

Land: Nordrhein-Westfalen
Kreis: Rhein-Sieg
Standard: Durchschnitt
Bauzeit: 21 Wochen
Kennwerte: bis 3.Ebene DIN276

BGF 1.688 €/m²

Planung: Raum für Architektur Dipl.-Ing. Kay Künzel; Wachtberg

veröffentlicht: BKI Objektdaten E4

6100-0811 Einfamilienhaus - Passivhaus
BRI 1.085m³ **BGF** 286m² **NUF** 201m²

Einfamilienhaus im Passivhausstandard (168m² WFL). Holzständerkonstruktion.

Land: Rheinland-Pfalz
Kreis: Neuwied Rhein
Standard: Durchschnitt
Bauzeit: 17 Wochen
Kennwerte: bis 3.Ebene DIN276

BGF 1.389 €/m²

Planung: Raum für Architektur Dipl.-Ing. Kay Künzel; Wachtberg

veröffentlicht: BKI Objektdaten E4

6100-0870 Einfamilienhaus - Plusenergiehaus
BRI 1.173m³ **BGF** 363m² **NUF** 230m²

Freistehendes, sonnenoptimiertes Gebäude als experimentelles Plusenergiehaus, kompakte Hülle um einen Betonkern (124m² WFL). Holztafelkonstruktion.

Land: Brandenburg
Kreis: Oberhavel
Standard: Durchschnitt
Bauzeit: 39 Wochen
Kennwerte: bis 2.Ebene DIN276

BGF 1.496 €/m²

Planung: Jirka + Nadansky Architekten; Borgsdorf

veröffentlicht: BKI Objektdaten E4

6100-0981 Einfamilienhaus - Passivhaus
BRI 583m³ **BGF** 253m² **NUF** 161m²

Wohnhaus für 6 Personen (148m² WFL), das bei Bedarf in zwei Wohneinheiten aufgeteilt werden kann. Vorgefertigter Massivholzbau.

Land: Baden-Württemberg
Kreis: Tübingen
Standard: Durchschnitt
Bauzeit: 21 Wochen
Kennwerte: bis 1.Ebene DIN276

BGF 1.232 €/m²

Planung: amunt architekten martenson und nagel theissen; aachen, stuttgart

veröffentlicht: BKI Objektdaten E5

Objektübersicht zur Gebäudeart

6100-1042 Einfamilienhaus, Doppelgarage - Passivhaus BRI 1.060m³ BGF 325m² NUF 225m²

Nichtunterkellertes Einfamilienhaus mit Doppelgarage (183m² WFL). Holzrahmenbau.

Land: Bayern
Kreis: Rosenheim
Standard: über Durchschnitt
Bauzeit: 30 Wochen
Kennwerte: bis 1.Ebene DIN276

BGF 1.762 €/m²

Planung: Wimmer Architekten; Rosenheim

veröffentlicht: BKI Objektdaten E6

6100-0715 Einfamilienhaus - Passivhaus BRI 696m³ BGF 254m² NUF 161m²

Einfamilienhaus im Passivhausstandard. Holzständerkonstruktion.

Land: Bayern
Kreis: Nürnberg
Standard: Durchschnitt
Bauzeit: 30 Wochen
Kennwerte: bis 3.Ebene DIN276

BGF 1.554 €/m²

Planung: Planungsbüro future-proved Alexander Grab; Augsburg

veröffentlicht: BKI Objektdaten E4

6100-0764 Zweifamilienhaus - Passivhaus BRI 963m³ BGF 320m² NUF 221m²

Zweifamilienhaus (2 WE, 193m² WFL). Holzständerkonstruktion.

Land: Baden-Württemberg
Kreis: Bodensee
Standard: Durchschnitt
Bauzeit: 30 Wochen
Kennwerte: bis 3.Ebene DIN276

BGF 1.589 €/m²

Planung: Martin Wamsler Freier Architekt BDA Dipl.-Ing. (FH); Markdorf

veröffentlicht: BKI Objektdaten E4

6100-0766 Einfamilienhaus - Passivhaus BRI 907m³ BGF 291m² NUF 191m²

Einfamilienwohnhaus im Passivhausstandard (155m² WFL). Holzständerkonstruktion.

Land: Baden-Württemberg
Kreis: Böblingen
Standard: Durchschnitt
Bauzeit: 26 Wochen
Kennwerte: bis 3.Ebene DIN276

BGF 1.221 €/m²

Planung: Martin Wamsler Freier Architekt BDA Dipl.-Ing. (FH); Markdorf

veröffentlicht: BKI Objektdaten E4

© BKI Baukosteninformationszentrum; Erläuterungen zu den Tabellen siehe Seite 56   Kosten: 1.Quartal 2018, Bundesdurchschnitt, **inkl. 19% MwSt.**

Ein- und Zweifamilienhäuser, Passivhausstandard, Holzbau

€/m² BGF
min	965	€/m²
von	1.170	€/m²
Mittel	**1.410**	€/m²
bis	1.675	€/m²
max	2.040	€/m²

Kosten:
Stand 1.Quartal 2018
Bundesdurchschnitt
inkl. 19% MwSt.

Objektübersicht zur Gebäudeart

6100-0778 Reihenmittelhaus - Passivhaus
BRI 901m³ | **BGF** 291m² | **NUF** 187m²

Reihenmittelhaus als Passivhaus. Holzrahmenbau.

Land: Bayern
Kreis: München
Standard: Durchschnitt
Bauzeit: 78 Wochen
Kennwerte: bis 1.Ebene DIN276

BGF 1.207 €/m²

Planung: Kauer & Brodmeier GbR Planungsgemeinschaft; München

veröffentlicht: BKI Objektdaten E4

6100-0799 Einfamilienhaus - Passivhaus
BRI 1.103m³ | **BGF** 305m² | **NUF** 210m²

Einfamilienhaus Passivhaus, nicht unterkellert, Holzbau mit freistehender Garage. Holzrahmenbau.

Land: Bayern
Kreis: Freyung/Grafenau
Standard: über Durchschnitt
Bauzeit: 39 Wochen
Kennwerte: bis 1.Ebene DIN276

BGF 1.319 €/m²

Planung: Fürstberger Architektur, Baubiologie, Energieoptimierung; Zenting

veröffentlicht: BKI Objektdaten E4

6100-0808 Einfamilienhaus - Passivhaus
BRI 951m³ | **BGF** 245m² | **NUF** 143m²

Einfamilienhaus, Passivhaus (133m² WFL) Holzrahmenbauweise. OSB-Stegträgerkonstruktion.

Land: Rheinland-Pfalz
Kreis: Bad Kreuznach
Standard: über Durchschnitt
Bauzeit: 26 Wochen
Kennwerte: bis 1.Ebene DIN276

BGF 1.623 €/m²

Planung: Winfried Mannert Architekt, Architektur- u. Stadtplanung; Bad Kreuznach

veröffentlicht: BKI Objektdaten E4

6100-0809 Einfamilienhaus - Passivhaus
BRI 908m³ | **BGF** 281m² | **NUF** 206m²

Einfamilienhaus im Passivhausstandard (201m² WFL). Holzständerkonstruktion.

Land: Nordrhein-Westfalen
Kreis: Rhein-Sieg
Standard: Durchschnitt
Bauzeit: 17 Wochen
Kennwerte: bis 3.Ebene DIN276

BGF 1.482 €/m²

Planung: Raum für Architektur Dipl.-Ing. Kay Künzel; Wachtberg

veröffentlicht: BKI Objektdaten E4

Objektübersicht zur Gebäudeart

6100-0832 Wohnhaus (2 WE) - Passivhaus

BRI 803m³ | **BGF** 305m² | **NUF** 219m²

Passivhaus (2 WE), Fertighaus. Holzständerkonstruktion.

Land: Rheinland-Pfalz
Kreis: Westerwald, Montabaur
Standard: Durchschnitt
Bauzeit: 13 Wochen
Kennwerte: bis 1.Ebene DIN276

BGF 1.140 €/m²

Planung: August Bruns GmbH & Co.KG; Berge

veröffentlicht: BKI Objektdaten E4

6100-0895 Einfamilienhaus - Solaraktivhaus*

BRI 942m³ | **BGF** 302m² | **NUF** 170m²

Einfamilienhaus als Modellprojekt mit neuentwickeltem Gebäudekonzept. Das neue Konzept basiert auf solarer Energiegewinnung und soll den Standard für das Jahr 2020 setzen. Holzrahmenkonstruktion.

Land: Bayern
Kreis: Regensburg
Standard: über Durchschnitt
Bauzeit: 43 Wochen
Kennwerte: bis 1.Ebene DIN276

BGF 2.128 €/m² *

Planung: fabi architekten bda; Regensburg

veröffentlicht: BKI Objektdaten E4
*Nicht in der Auswertung enthalten

6100-0759 Einfamilienhaus - Passivhaus

BRI 1.278m³ | **BGF** 346m² | **NUF** 249m²

Einfamilienwohnhaus im Passivhausstandard (257m² WFL). Holzständerkonstruktion.

Land: Baden-Württemberg
Kreis: Bodensee
Standard: Durchschnitt
Bauzeit: 26 Wochen
Kennwerte: bis 3.Ebene DIN276

BGF 1.604 €/m²

Planung: Martin Wamsler Freier Architekt BDA Dipl.-Ing. (FH); Markdorf

veröffentlicht: BKI Objektdaten E4

6100-0813 Einfamilienhaus - Passivhaus

BRI 674m³ | **BGF** 210m² | **NUF** 128m²

Einfamilienwohnhaus im Passivhausstandard (120m² WFL). Holzständerkonstruktion.

Land: Baden-Württemberg
Kreis: Böblingen
Standard: Durchschnitt
Bauzeit: 17 Wochen
Kennwerte: bis 3.Ebene DIN276

BGF 1.598 €/m²

Planung: Martin Wamsler Freier Architekt BDA Dipl.-Ing. (FH); Markdorf

veröffentlicht: BKI Objektdaten E4

Ein- und Zweifamilienhäuser, Passivhausstandard, Holzbau

€/m² BGF
min	965	€/m²
von	1.170	€/m²
Mittel	**1.410**	**€/m²**
bis	1.675	€/m²
max	2.040	€/m²

Kosten:
Stand 1.Quartal 2018
Bundesdurchschnitt
inkl. 19% MwSt.

Objektübersicht zur Gebäudeart

6100-0899 Einfamilienhaus, ELW - Passivhaus — BRI 1.533m³ — BGF 579m² — NUF 381m²

Einfamilienhaus mit ELW als Passivhaus (258m² WFL). Holzständerkonstruktion.

Land: Nordrhein-Westfalen
Kreis: Duisburg
Standard: über Durchschnitt
Bauzeit: 43 Wochen
Kennwerte: bis 1.Ebene DIN276

BGF 977 €/m²

Planung: Architekturbüro Böhmer; Duisburg

veröffentlicht: BKI Objektdaten E5

6100-0627 Einfamilienhaus - Passivhaus — BRI 933m³ — BGF 281m² — NUF 175m²

Einfamilienwohnhaus in vorgefertigter Holzständerbauweise als Energiegewinnhaus. Holzkonstruktion.

Land: Rheinland-Pfalz
Kreis: Germersheim
Standard: Durchschnitt
Bauzeit: 26 Wochen
Kennwerte: bis 1.Ebene DIN276

BGF 1.201 €/m²

Planung: Dipl.-Ing. (FH) Wolfgang Klein; Pleisweiler-Oberhofen

veröffentlicht: BKI Objektdaten E3

6100-0679 Einfamilienhaus - Passivhaus — BRI 793m³ — BGF 270m² — NUF 201m²

Einfamilienhaus im Passivhausstandard mit Garage. Stb-Keller; Holztafelbau.

Land: Nordrhein-Westfalen
Kreis: Soest
Standard: Durchschnitt
Bauzeit: 52 Wochen
Kennwerte: bis 1.Ebene DIN276

BGF 1.165 €/m²

Planung: Werkgruppe Freiburg Architekten; Freiburg

veröffentlicht: BKI Objektdaten N9

6100-0587 Einfamilienhaus - Passivhaus — BRI 888m³ — BGF 246m² — NUF 163m²

Einfamilienhaus im Passivhausstandard (168m² WFL). Holzständerbau.

Land: Bayern
Kreis: Freising
Standard: über Durchschnitt
Bauzeit: 47 Wochen
Kennwerte: bis 3.Ebene DIN276

BGF 2.040 €/m²

Planung: Architekturbüro Dipl.-Ing. (FH) Werner Friedl; Adelzhausen

veröffentlicht: BKI Objektdaten N8

Objektübersicht zur Gebäudeart

6100-0853 Einfamilienhaus - Passivhaus

BRI 1.464m³   **BGF** 419m²   **NUF** 283m²

Einfamilienhaus, Passivhaus, ökologische Bauweise (306m² WFL), Untergeschoss nicht wärmegedämmt.
UG: Stb-Konstruktion, EG und OG Holzrahmenbauweise. Holzkonstruktion.

Land: Bayern
Kreis: Erlangen
Standard: über Durchschnitt
Bauzeit: 52 Wochen
Kennwerte: bis 1.Ebene DIN276

BGF   1.402 €/m²

Planung: Architekturbüro Frau Farzaneh Nouri-Schellinger; Erlangen

veröffentlicht: BKI Objektdaten E4

6100-0571 Einfamilienhaus - Passivhaus

BRI 878m³   **BGF** 321m²   **NUF** 221m²

Einfamilienwohnhaus im Passivhausstandard (211m² WFL). Stb-Konstruktion mit Holzständerwänden.

Land: Baden-Württemberg
Kreis: Ostalbkreis (Aalen)
Standard: Durchschnitt
Bauzeit: 43 Wochen
Kennwerte: bis 3.Ebene DIN276

BGF   1.408 €/m²

Planung: Martin Wamsler Freier Architekt BDA Dipl.-Ing. (FH); Markdorf

veröffentlicht: BKI Objektdaten E3

6100-0575 Einfamilienhaus - Passivhaus

BRI 902m³   **BGF** 279m²   **NUF** 193m²

Einfamilienhaus im Passivhausstandard (184m² WFL). Holzkonstruktion.

Land: Baden-Württemberg
Kreis: Tuttlingen
Standard: Durchschnitt
Bauzeit: 47 Wochen
Kennwerte: bis 3.Ebene DIN276

BGF   1.634 €/m²

Planung: Martin Wamsler Freier Architekt BDA Dipl.-Ing. (FH); Markdorf

veröffentlicht: BKI Objektdaten E3

6100-0655 Einfamilienhaus - Passivhaus

BRI 595m³   **BGF** 197m²   **NUF** 140m²

Einfamilienwohnhaus mit Carport (147m² WFL). Holzrahmenbau.

Land: Nordrhein-Westfalen
Kreis: Unna
Standard: Durchschnitt
Bauzeit: 30 Wochen
Kennwerte: bis 1.Ebene DIN276

BGF   1.081 €/m²

Planung: Architekturbüro Korkowsky; Bönen

veröffentlicht: BKI Objektdaten N9

Ein- und Zweifamilienhäuser, Holzbauweise, unterkellert

Kostenkennwerte für die Kosten des Bauwerks (Kostengruppen 300+400 nach DIN 276)

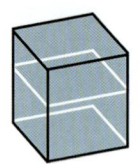

BRI 415 €/m³
von 350 €/m³
bis 485 €/m³

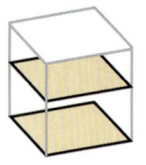

BGF 1.310 €/m²
von 1.070 €/m²
bis 1.550 €/m²

NUF 1.940 €/m²
von 1.510 €/m²
bis 2.390 €/m²

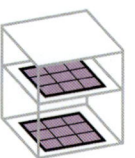

NE 2.380 €/NE
von 1.900 €/NE
bis 2.790 €/NE
NE: Wohnfläche

Objektbeispiele

6100-1365

6100-1268

6100-1106

Kosten:
Stand 1.Quartal 2018
Bundesdurchschnitt
inkl. 19% MwSt.

- KKW
- ▶ min
- ▷ von
- | Mittelwert
- ◁ bis
- ◀ max

Kosten der 27 Vergleichsobjekte — Seiten 422 bis 429

BRI (€/m³ BRI)
BGF (€/m² BGF)
NUF (€/m² NUF)

418

© BKI Baukosteninformationszentrum; Erläuterungen zu den Tabellen siehe Seite 46

Kosten: 1.Quartal 2018, Bundesdurchschnitt, **inkl. 19% MwSt.**

Kostenkennwerte für die Kostengruppen der 1. und 2. Ebene DIN 276

KG	Kostengruppen der 1. Ebene	Einheit	▷	€/Einheit	◁	▷	% an 300+400	◁
100	Grundstück	m² GF	–	–	–	–	–	–
200	Herrichten und Erschließen	m² GF	10	33	75	1,2	3,1	5,6
300	Bauwerk - Baukonstruktionen	m² BGF	856	1.064	1.277	78,1	80,9	84,9
400	Bauwerk - Technische Anlagen	m² BGF	191	248	300	15,1	19,1	21,9
	Bauwerk (300+400)	m² BGF	1.073	1.312	1.553		100,0	
500	Außenanlagen	m² AF	37	105	214	2,0	5,4	10,4
600	Ausstattung und Kunstwerke	m² BGF	9	26	57	0,7	1,9	3,7
700	Baunebenkosten*	m² BGF	327	365	402	25,1	28,0	30,9	◁ NEU

* Auf Grundlage der HOAI 2013 berechnete Werte nach §§ 35, 52, 56. Weitere Informationen siehe Seite 50

KG	Kostengruppen der 2. Ebene	Einheit	▷	€/Einheit	◁	▷	% an 300	◁
310	Baugrube	m³ BGI	14	19	26	1,6	2,4	3,5
320	Gründung	m² GRF	135	190	229	5,3	6,7	8,4
330	Außenwände	m² AWF	306	379	468	36,3	41,3	46,6
340	Innenwände	m² IWF	143	163	217	10,7	15,4	23,9
350	Decken	m² DEF	204	250	321	14,4	17,7	21,0
360	Dächer	m² DAF	233	278	343	11,5	13,0	17,2
370	Baukonstruktive Einbauten	m² BGF	1	27	52	0,0	0,5	5,0
390	Sonstige Baukonstruktionen	m² BGF	20	25	37	2,2	2,8	4,3
300	**Bauwerk Baukonstruktionen**	**m² BGF**					100,0	

KG	Kostengruppen der 2. Ebene	Einheit	▷	€/Einheit	◁	▷	% an 400	◁
410	Abwasser, Wasser, Gas	m² BGF	49	77	94	25,7	33,7	45,4
420	Wärmeversorgungsanlagen	m² BGF	69	96	138	32,0	41,5	57,8
430	Lufttechnische Anlagen	m² BGF	15	27	44	0,3	6,3	14,5
440	Starkstromanlagen	m² BGF	26	35	43	12,5	15,5	20,3
450	Fernmeldeanlagen	m² BGF	4	6	10	1,8	2,7	4,4
460	Förderanlagen	m² BGF	–	–	–	–	–	–
470	Nutzungsspezifische Anlagen	m² BGF	–	6	–	–	0,2	–
480	Gebäudeautomation	m² BGF	–	–	–	–	–	–
490	Sonstige Technische Anlagen	m² BGF	–	–	–	–	–	–
400	**Bauwerk Technische Anlagen**	**m² BGF**					100,0	

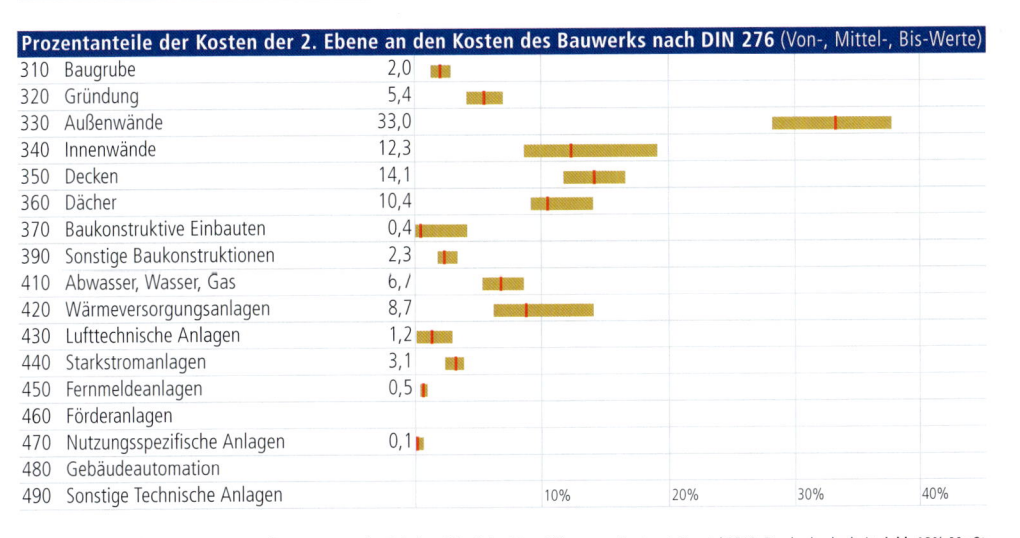

Prozentanteile der Kosten der 2. Ebene an den Kosten des Bauwerks nach DIN 276 (Von-, Mittel-, Bis-Werte)

KG		Mittel
310	Baugrube	2,0
320	Gründung	5,4
330	Außenwände	33,0
340	Innenwände	12,3
350	Decken	14,1
360	Dächer	10,4
370	Baukonstruktive Einbauten	0,4
390	Sonstige Baukonstruktionen	2,3
410	Abwasser, Wasser, Gas	6,7
420	Wärmeversorgungsanlagen	8,7
430	Lufttechnische Anlagen	1,2
440	Starkstromanlagen	3,1
450	Fernmeldeanlagen	0,5
460	Förderanlagen	
470	Nutzungsspezifische Anlagen	0,1
480	Gebäudeautomation	
490	Sonstige Technische Anlagen	

© BKI Baukosteninformationszentrum; Erläuterungen zu den Tabellen siehe Seite 48 und 50   Kosten: 1.Quartal 2018, Bundesdurchschnitt, **inkl. 19% MwSt.**

Ein- und Zweifamilienhäuser, Holzbauweise, unterkellert

Kosten: Stand 1.Quartal 2018 Bundesdurchschnitt inkl. 19% MwSt.

Kostenkennwerte für Leistungsbereiche nach StLB (Kosten des Bauwerks nach DIN 276)

LB	Leistungsbereiche	▷	€/m² BGF	◁	▷	% an 300+400	◁
000	Sicherheits-, Baustelleneinrichtungen inkl. 001	22	29	40	1,7	2,2	3,1
002	Erdarbeiten	18	32	43	1,4	2,4	3,3
006	Spezialtiefbauarbeiten inkl. 005	–	0	–	–	0,0	–
009	Entwässerungskanalarbeiten inkl. 011	2	9	23	0,2	0,7	1,7
010	Drän- und Versickerungsarbeiten	0	3	10	0,0	0,3	0,8
012	Mauerarbeiten	17	47	92	1,3	3,5	7,0
013	Betonarbeiten	113	141	199	8,6	10,7	15,1
014	Natur-, Betonwerksteinarbeiten	0	2	8	0,0	0,1	0,6
016	Zimmer- und Holzbauarbeiten	278	348	444	21,2	26,5	33,9
017	Stahlbauarbeiten	–	0	–	–	0,0	–
018	Abdichtungsarbeiten	3	13	23	0,2	1,0	1,7
020	Dachdeckungsarbeiten	6	28	44	0,5	2,1	3,3
021	Dachabdichtungsarbeiten	1	12	43	0,1	0,9	3,3
022	Klempnerarbeiten	6	16	31	0,5	1,3	2,4
	Rohbau	601	679	804	45,8	51,7	61,3
023	Putz- und Stuckarbeiten, Wärmedämmsysteme	11	31	56	0,8	2,4	4,3
024	Fliesen- und Plattenarbeiten	16	26	46	1,2	1,9	3,5
025	Estricharbeiten	7	18	26	0,6	1,3	2,0
026	Fenster, Außentüren inkl. 029, 032	59	90	107	4,5	6,9	8,1
027	Tischlerarbeiten	23	53	82	1,7	4,1	6,2
028	Parkettarbeiten, Holzpflasterarbeiten	5	23	44	0,4	1,8	3,3
030	Rollladenarbeiten	6	20	27	0,4	1,5	2,1
031	Metallbauarbeiten inkl. 035	1	20	68	0,1	1,6	5,2
034	Maler- und Lackiererarbeiten inkl. 037	11	22	26	0,8	1,7	2,0
036	Bodenbelagarbeiten	0	6	23	0,0	0,4	1,8
038	Vorgehängte hinterlüftete Fassaden	0	18	100	0,0	1,4	7,6
039	Trockenbauarbeiten	29	61	96	2,2	4,6	7,3
	Ausbau	288	390	460	22,0	29,7	35,0
040	Wärmeversorgungsanl. - Betriebseinr. inkl. 041	73	101	159	5,6	7,7	12,1
042	Gas- und Wasserinstallation, Leitungen inkl. 043	16	30	55	1,2	2,3	4,2
044	Abwasserinstallationsarbeiten - Leitungen	6	12	19	0,4	0,9	1,4
045	GWA-Einrichtungsgegenstände inkl. 046	24	31	43	1,9	2,3	3,3
047	Dämmarbeiten an betriebstechnischen Anlagen	1	5	10	0,1	0,4	0,8
049	Feuerlöschanlagen, Feuerlöschgeräte	–	–	–	–	–	–
050	Blitzschutz- und Erdungsanlagen	2	2	4	0,1	0,2	0,3
052	Mittelspannungsanlagen	–	–	–	–	–	–
053	Niederspannungsanlagen inkl. 054	32	41	47	2,4	3,1	3,6
055	Ersatzstromversorgungsanlagen	–	–	–	–	–	–
057	Gebäudesystemtechnik	–	–	–	–	–	–
058	Leuchten und Lampen inkl. 059	0	1	2	0,0	0,0	0,2
060	Elektroakustische Anlagen, Sprechanlagen	0	2	4	0,0	0,1	0,3
061	Kommunikationsnetze, inkl. 062	1	4	7	0,1	0,3	0,6
063	Gefahrenmeldeanlagen	0	0	0	0,0	0,0	0,0
069	Aufzüge	–	–	–	–	–	–
070	Gebäudeautomation	–	–	–	–	–	–
075	Raumlufttechnische Anlagen	1	15	36	0,1	1,2	2,7
	Technische Anlagen	219	243	294	16,6	18,5	22,4
	Sonstige Leistungsbereiche inkl. 008, 033, 051	0	1	4	0,0	0,1	0,3

● KKW
▶ min
▷ von
| Mittelwert
◁ bis
◀ max

Planungskennwerte für Flächen und Rauminhalte nach DIN 277

Grundflächen			▷	Fläche/NUF (%)	◁	▷	Fläche/BGF (%)	◁
NUF	Nutzungsfläche			100,0		65,0	67,8	71,5
TF	Technikfläche		3,2	4,1	6,8	2,1	2,8	4,4
VF	Verkehrsfläche		11,3	14,1	18,5	7,5	9,5	11,3
NRF	Netto-Raumfläche		115,0	118,2	122,0	77,5	80,1	82,3
KGF	Konstruktions-Grundfläche		25,5	29,3	35,7	17,7	19,9	22,5
BGF	Brutto-Grundfläche		141,8	147,5	156,4		100,0	

Brutto-Rauminhalte			▷	BRI/NUF (m)	◁	▷	BRI/BGF (m)	◁
BRI	Brutto-Rauminhalt		4,37	4,65	5,06	3,00	3,16	3,34

Flächen von Nutzeinheiten			▷	NUF/Einheit (m²)	◁	▷	BGF/Einheit (m²)	◁
Nutzeinheit: Wohnfläche			1,11	1,22	1,36	1,64	1,79	2,00

Lufttechnisch behandelte Flächen			▷	Fläche/NUF (%)	◁	▷	Fläche/BGF (%)	◁
Entlüftete Fläche			–	–	–	–	–	–
Be- und entlüftete Fläche			–	–	–	–	–	–
Teilklimatisierte Fläche			–	–	–	–	–	–
Klimatisierte Fläche			–	–	–	–	–	–

KG	Kostengruppen (2. Ebene)	Einheit	▷	Menge/NUF	◁	▷	Menge/BGF	◁
310	Baugrube	m³ BGI	1,30	1,78	2,02	0,84	1,25	1,39
320	Gründung	m² GRF	0,41	0,46	0,48	0,30	0,32	0,35
330	Außenwände	m² AWF	1,26	1,47	1,63	0,88	1,02	1,14
340	Innenwände	m² IWF	1,07	1,22	1,57	0,74	0,86	1,17
350	Decken	m² DEF	0,86	0,91	0,96	0,62	0,64	0,66
360	Dächer	m² DAF	0,57	0,62	0,80	0,41	0,43	0,52
370	Baukonstruktive Einbauten	m² BGF	1,42	1,48	1,56		1,00	
390	Sonstige Baukonstruktionen	m² BGF	1,42	1,48	1,56		1,00	
300	Bauwerk-Baukonstruktionen	m² BGF	1,42	1,48	1,56		1,00	

Planungskennwerte für Bauzeiten — 27 Vergleichsobjekte

Bauzeit in Wochen

Bauzeit: 10 | 20 | 30 | 40 | 50 | 60 | 70 | 80 | 90 | 100 Wochen

© BKI Baukosteninformationszentrum; Erläuterungen zu den Tabellen siehe Seite 54   Kosten: 1.Quartal 2018, Bundesdurchschnitt, inkl. 19% MwSt.

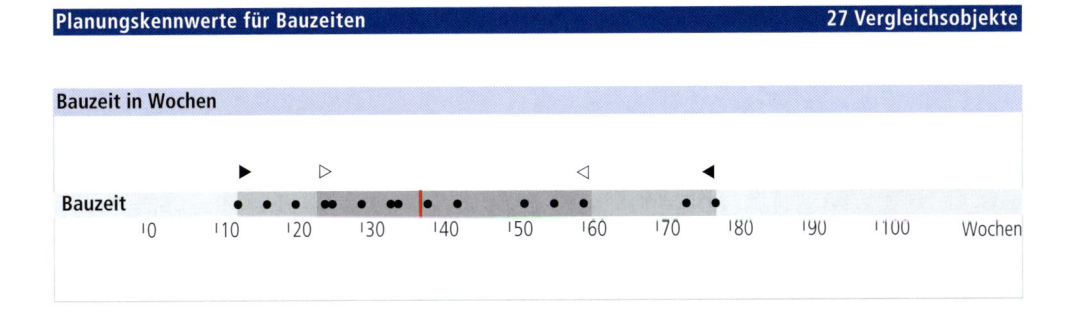

Ein- und Zwei-familienhäuser, Holzbauweise, unterkellert

€/m² BGF
min	895	€/m²
von	1.075	€/m²
Mittel	**1.310**	€/m²
bis	1.555	€/m²
max	1.790	€/m²

Kosten:
Stand 1.Quartal 2018
Bundesdurchschnitt
inkl. 19% MwSt.

Objektübersicht zur Gebäudeart

6100-1268 Einfamilienhaus, Garage - Effizienzhaus 55 | **BRI** 1.349m³ | **BGF** 408m² | **NUF** 292m²

Einfamilienhaus (244m² WFL) mit Garage als Effizienzhaus 55. Holzkonstruktion.

Land: Nordrhein-Westfalen
Kreis: Mettmann
Standard: über Durchschnitt
Bauzeit: 30 Wochen
Kennwerte: bis 1.Ebene DIN276

BGF 1.501 €/m²

Planung: kg architektur Dipl.-Ing. Arch. Kai Grosche; Köln

veröffentlicht: BKI Objektdaten E7

6100-1106 Einfamilienhaus, Garage - Effizienzhaus 70 | **BRI** 1.038m³ | **BGF** 394m² | **NUF** 295m²

Einfamilienhaus (165m² WFL) mit Keller und Garage mit Abstellraum.
UG: Massivbau
EG/OG: Holzrahmenbau

Land: Nordrhein-Westfalen
Kreis: Viersen
Standard: über Durchschnitt
Bauzeit: 30 Wochen
Kennwerte: bis 3.Ebene DIN276

BGF 1.157 €/m²

Planung: Lilienström Architekten Holger Lilienström; Dormagen

veröffentlicht: BKI Objektdaten E7

6100-1158 Einfamilienhaus, Carport | **BRI** 676m³ | **BGF** 224m² | **NUF** 149m²

Einfamilienhaus für 2 Personen (129m² WFL) und Carport. Holzrahmenkonstruktion.

Land: Nordrhein-Westfalen
Kreis: Wuppertal
Standard: Durchschnitt
Bauzeit: 30 Wochen
Kennwerte: bis 1.Ebene DIN276

BGF 1.583 €/m²

Planung: grau. architektur Dipl.-Ing. Architektin Petra Grau; Wuppertal

veröffentlicht: BKI Objektdaten N13

6100-1365 Einfamilienhaus - Effizienzhaus 40 | **BRI** 954m³ | **BGF** 282m² | **NUF** 172m²

Einfamilienhaus mit 148m² WFL, Effizienzhaus 40. Holztafelbauweise.

Land: Berlin
Kreis: Berlin
Standard: über Durchschnitt
Bauzeit: 52 Wochen
Kennwerte: bis 1.Ebene DIN276

BGF 1.548 €/m²

Planung: Jirka + Nadansky Architekten; Hohen Neuendorf

vorgesehen: BKI Objektdaten E8

Objektübersicht zur Gebäudeart

6100-1254 Einfamilienhaus - Effizienzhaus 55

BRI 740m³   **BGF** 190m²   **NUF** 124m²

Einfamilienhaus (129m² WFL). Holzrahmenbau.

Land: Baden-Württemberg
Kreis: Ludwigsburg
Standard: über Durchschnitt
Bauzeit: 25 Wochen
Kennwerte: bis 1.Ebene DIN276

BGF   **1.498 €/m²**

Planung: son.tho architekten; Besigheim

veröffentlicht: BKI Objektdaten N15

6100-0980 Einfamilienhaus - Effizienzhaus 55

BRI 944m³   **BGF** 274m²   **NUF** 185m²

Einfamilienhaus (137m² WFL), Wohnen/Essen und Küche im EG, Schlafen Arbeiten und Bad im OG. vorgefertigte Holzbauweise, Stb-Keller.

Land: Baden-Württemberg
Kreis: Karlsruhe, Stadt
Standard: Durchschnitt
Bauzeit: 21 Wochen
Kennwerte: bis 1.Ebene DIN276

BGF   **1.237 €/m²**

Planung: evaplan Architektur + Stadtplanung; Karlsruhe

veröffentlicht: BKI Objektdaten E5

6100-0991 Einfamilienhaus

BRI 969m³   **BGF** 353m²   **NUF** 231m²

Einfamilienhaus in Holzbauweise mit Garage. Holzrahmenbau.

Land: Nordrhein-Westfalen
Kreis: Mönchengladbach
Standard: über Durchschnitt
Bauzeit: 43 Wochen
Kennwerte: bis 3.Ebene DIN276

BGF   **1.118 €/m²**

Planung: bau grün ! energieeff. Gebäude Architekt D. Finocchiaro; Mönchengladbach

veröffentlicht: BKI Objektdaten N13

6100-1094 Einfamilienhaus - Effizienzhaus 70

BRI 1.487m³   **BGF** 472m²   **NUF** 265m²

Einfamilienhaus (324m² WFL) als Effizienzhaus 70.
UG: Stahlbeton
EG-DG: Holzbauweise

Land: Schleswig-Holstein
Kreis: Stormarn
Standard: Durchschnitt
Bauzeit: 39 Wochen
Kennwerte: bis 1.Ebene DIN276

BGF   **1.792 €/m²**

Planung: Wacker Zeiger Architekten; Hamburg

veröffentlicht: BKI Objektdaten E6

Ein- und Zweifamilienhäuser, Holzbauweise, unterkellert

€/m² BGF

min	895	€/m²
von	1.075	€/m²
Mittel	**1.310**	**€/m²**
bis	1.555	€/m²
max	1.790	€/m²

Kosten:
Stand 1.Quartal 2018
Bundesdurchschnitt
inkl. 19% MwSt.

Objektübersicht zur Gebäudeart

6100-0878 Einfamilienhaus, Holzbau
BRI 743m³ **BGF** 255m² **NUF** 163m²

Einfamilienhaus mit 144m² WFL in Holzbauweise. Holztafelkonstruktion.

Land: Schleswig-Holstein
Kreis: Lübeck
Standard: Durchschnitt
Bauzeit: 13 Wochen
Kennwerte: bis 3.Ebene DIN276

BGF 1.305 €/m²

Planung: tobias patzak architekt; Elmshorn

veröffentlicht: BKI Objektdaten N11

6100-0911 Einfamilienhaus
BRI 805m³ **BGF** 252m² **NUF** 175m²

Einfamilienhaus am Steilhang (172m² WFL). Niedrigenergiestandard (Unterschreitung der EnEV 2009 um 30%). Holzrahmenbau.

Land: Bayern
Kreis: Landshut
Standard: über Durchschnitt
Bauzeit: 21 Wochen
Kennwerte: bis 1.Ebene DIN276

BGF 1.596 €/m²

Planung: brenner architekten; München

veröffentlicht: BKI Objektdaten N11

6100-1031 Einfamilienhaus - Effizienzhaus 70
BRI 938m³ **BGF** 297m² **NUF** 191m²

Energiesparendes Einfamilienhaus mit klarer Struktur (200m² WFL); Keller in WU-Beton, EG und OG in Holzkonstruktion. Holzrahmenkonstruktion.

Land: Bayern
Kreis: Regensburg
Standard: Durchschnitt
Bauzeit: 26 Wochen
Kennwerte: bis 3.Ebene DIN276

BGF 999 €/m²

Planung: Planungsgruppe Barthelmey Architekt Dipl.-Ing. Stefan Barthelmey; Erfurt

veröffentlicht: BKI Objektdaten E5

6100-1044 Einfamilienhaus - Effizienzhaus 85
BRI 844m³ **BGF** 281m² **NUF** 180m²

Einfamilienhaus (131m² WFL) als Effizienzhaus 85. Holzbau.

Land: Sachsen-Anhalt
Kreis: Burgenlandkreis
Standard: Durchschnitt
Bauzeit: 30 Wochen
Kennwerte: bis 1.Ebene DIN276

BGF 1.412 €/m²

Planung: TRÄNKNER ARCHITEKTEN Architekt Matthias Tränkner; Naumburg (Saale)

veröffentlicht: BKI Objektdaten E5

Objektübersicht zur Gebäudeart

6100-0873 Einfamilienhaus - Effizienzhaus 70

BRI 1.222m³ **BGF** 359m² **NUF** 220m²

Einfamilienhaus (206m² WFL), mit Musikzimmer im UG für Musikunterricht. Holzkonstruktion.

Land: Bayern
Kreis: München
Standard: über Durchschnitt
Bauzeit: 43 Wochen
Kennwerte: bis 1.Ebene DIN276

BGF 1.458 €/m²

Planung: Jaks Architekten + Ingenieure; München

veröffentlicht: BKI Objektdaten E5

6100-0874 Doppelhaushälfte, Garage

BRI 980m³ **BGF** 308m² **NUF** 207m²

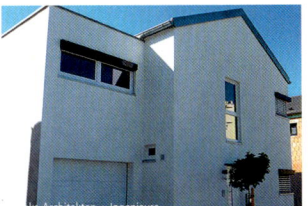

Doppelhaushälfte (143m² WFL) mit Garage. Brettschichtholzkonstruktion.

Land: Bayern
Kreis: Freising
Standard: über Durchschnitt
Bauzeit: 21 Wochen
Kennwerte: bis 1.Ebene DIN276

BGF 1.314 €/m²

Planung: Jaks Architekten + Ingenieure; München

veröffentlicht: BKI Objektdaten N11

6100-0883 Einfamilienhaus - KfW 60

BRI 1.159m³ **BGF** 351m² **NUF** 256m²

Einfamilienhaus (191m² WFL), Niedrigenergiehaus. Holzrahmenkonstruktion.

Land: Hamburg
Kreis: Hamburg
Standard: über Durchschnitt
Bauzeit: 60 Wochen
Kennwerte: bis 1.Ebene DIN276

BGF 1.660 €/m²

Planung: Hatzius Sarramona Architekten; Hamburg

veröffentlicht: BKI Objektdaten E5

6100-0885 Einfamilienhaus - Effizienzhaus 40

BRI 1.375m³ **BGF** 386m² **NUF** 270m²

Einfamilienhaus, Effizienzhaus 40 (214m² WFL). Holzkonstruktion.

Land: Bayern
Kreis: Regensburg
Standard: über Durchschnitt
Bauzeit: 34 Wochen
Kennwerte: bis 1.Ebene DIN276

BGF 1.464 €/m²

Planung: fabi architekten bda; Regensburg

veröffentlicht: BKI Objektdaten E4

Ein- und Zweifamilienhäuser, Holzbauweise, unterkellert

€/m² BGF

min	895	€/m²
von	1.075	€/m²
Mittel	**1.310**	**€/m²**
bis	1.555	€/m²
max	1.790	€/m²

Kosten:
Stand 1.Quartal 2018
Bundesdurchschnitt
inkl. 19% MwSt.

Objektübersicht zur Gebäudeart

6100-0907 Einfamilienhaus, Doppelgarage*
BRI 1.324m³ **BGF** 395m² **NUF** 263m²

Einfamilienhaus als 'reduzierter' Baukörper (236m² WFL). Holzständerkonstruktion.

Land: Baden-Württemberg
Kreis: Reutlingen
Standard: über Durchschnitt
Bauzeit: 47 Wochen
Kennwerte: bis 1.Ebene DIN276

BGF 1.835 €/m² *

Planung: OEHMIGEN RAUSCHKE ARCHITEKTEN; Stuttgart

veröffentlicht: BKI Objektdaten N11
*Nicht in der Auswertung enthalten

6100-0835 Einfamilienhaus, Garage
BRI 962m³ **BGF** 292m² **NUF** 236m²

Einfamilienhaus mit Garage an Hanglage. Holzrahmenbau.

Land: Brandenburg
Kreis: Märkisch-Oderland
Standard: über Durchschnitt
Bauzeit: 78 Wochen
Kennwerte: bis 1.Ebene DIN276

BGF 1.568 €/m²

Planung: Ruf+Partner Architekten; Berlin

veröffentlicht: BKI Objektdaten N10

6100-0867 Doppelhaushälfte, Garage
BRI 960m³ **BGF** 313m² **NUF** 203m²

Doppelhaushälfte mit Garage (148m² WFL). Keller WU-Beton, EG und OG in Holzrahmenbauweise. Holzrahmenbau.

Land: Nordrhein-Westfalen
Kreis: Erft, Bergheim
Standard: Durchschnitt
Bauzeit: 35 Wochen
Kennwerte: bis 1.Ebene DIN276

BGF 1.212 €/m²

Planung: Architekturbüro Anna Orzessek; Köln

veröffentlicht: BKI Objektdaten N11

6100-0905 Einfamilienhaus - KfW 40
BRI 903m³ **BGF** 276m² **NUF** 172m²

Einfamilienhaus (163m² WFL). Holzständerbau; UG Beton.

Land: Baden-Württemberg
Kreis: Breisgau-Hochschwarzwald
Standard: über Durchschnitt
Bauzeit: 26 Wochen
Kennwerte: bis 3.Ebene DIN276

BGF 1.367 €/m²

Planung: Werkgruppe Freiburg Architekten; Freiburg

veröffentlicht: BKI Objektdaten E5

Objektübersicht zur Gebäudeart

6100-0711 Einfamilienhaus*

BRI 459m³   **BGF** 155m²   **NUF** 112m²

Wohnhaus für 2 Personen als Erweiterung des bestehenden Gebäudes zum Mehrgenerationenhaus. Stb-Keller; Holzständerbauweise; Stb-Filigrandecke; Holz-Steildachkonstruktion.

Land: Nordrhein-Westfalen
Kreis: Rhein-Sieg
Standard: über Durchschnitt
Bauzeit: 30 Wochen
Kennwerte: bis 1.Ebene DIN276

BGF   2.173 €/m² *

Planung: Architekturbüro Waldorfplan; Bonn

veröffentlicht: BKI Objektdaten N10
*Nicht in der Auswertung enthalten

6100-0834 Einfamilienhaus - KfW 40

BRI 635m³   **BGF** 232m²   **NUF** 132m²

Einfamilienhaus, KfW 40 (140m² WFL). Holzrahmenbau.

Land: Nordrhein-Westfalen
Kreis: Lippe (Detmold)
Standard: Durchschnitt
Bauzeit: 39 Wochen
Kennwerte: bis 1.Ebene DIN276

BGF   1.201 €/m²

Planung: Architekturbüro A. Weiser; Detmold

veröffentlicht: BKI Objektdaten N11

6100-0692 Einfamilienhaus, Carport

BRI 1.215m³   **BGF** 403m²   **NUF** 286m²

Einfamilienwohnhaus mit Carport (185m² WFL). Stb-Keller; Mauerwerks- und Holzständerwände; Stb-Decken; Holzdachkonstruktion.

Land: Baden-Württemberg
Kreis: Enzkreis
Standard: Durchschnitt
Bauzeit: 74 Wochen
Kennwerte: bis 1.Ebene DIN276

BGF   897 €/m²

Planung: Büro Entenmann+Fischer Matthias Goltzsch; Knittlingen

veröffentlicht: BKI Objektdaten N9

6100-0545 Doppelhaushälfte - KfW 40

BRI 834m³   **BGF** 280m²   **NUF** 202m²

Doppelhaushälfte. Holzrahmenbau mit Stb-Filigrandecke und Holzdachkonstruktion.

Land: Bayern
Kreis: Bodensee
Standard: Durchschnitt
Bauzeit: 26 Wochen
Kennwerte: bis 3.Ebene DIN276

BGF   930 €/m²

Planung: Erber Architekten; Lindau

veröffentlicht: BKI Objektdaten N7

© BKI Baukosteninformationszentrum; Erläuterungen zu den Tabellen siehe Seite 56   Kosten: 1.Quartal 2018, Bundesdurchschnitt, **inkl. 19% MwSt.**

Ein- und Zweifamilienhäuser, Holzbauweise, unterkellert

€/m² BGF
min	895 €/m²
von	1.075 €/m²
Mittel	**1.310 €/m²**
bis	1.555 €/m²
max	1.790 €/m²

Kosten:
Stand 1.Quartal 2018
Bundesdurchschnitt
inkl. 19% MwSt.

Objektübersicht zur Gebäudeart

6100-0549 Doppelhaushälfte - KfW 60
BRI 680m³ **BGF** 228m² **NUF** 164m²

Doppelhaushälfte. Holzrahmenbau mit Stb-Filigrandecke und Holzdachkonstruktion.

Land: Bayern
Kreis: Bodensee
Standard: Durchschnitt
Bauzeit: 78 Wochen
Kennwerte: bis 3.Ebene DIN276

BGF 895 €/m²

Planung: Erber Architekten; Lindau

veröffentlicht: BKI Objektdaten N7

6100-0550 Doppelhaushälfte, Holzbau
BRI 591m³ **BGF** 186m² **NUF** 136m²

Doppelhaushälfte als Klimaholzhaus, Niedrigenergiestandard (123m² WFL II.BVO). Holztafelbau mit Holzdecke und Holzdachkonstruktion.

Land: Baden-Württemberg
Kreis: Bodensee
Standard: Durchschnitt
Bauzeit: 17 Wochen
Kennwerte: bis 3.Ebene DIN276

BGF 1.312 €/m²

Planung: Freier Architekt Dipl.-Ing. Tim Günther; Sipplingen

veröffentlicht: BKI Objektdaten N8

6100-0552 Reihenendhaus, Holzbau
BRI 713m³ **BGF** 224m² **NUF** 168m²

Reihenendhaus als Niedrigenergiehaus, unterkellert. Holztafelbau mit Stb-Fertigteildecke und Holzdachkonstruktion.

Land: Hessen
Kreis: Darmstadt
Standard: Durchschnitt
Bauzeit: 56 Wochen
Kennwerte: bis 3.Ebene DIN276

BGF 1.117 €/m²

Planung: Architekten + Diplom-Ingenieure Jünger + Logar; Darmstadt

veröffentlicht: BKI Objektdaten N9

6100-0556 Reihenmittelhaus, Holzbau
BRI 662m³ **BGF** 208m² **NUF** 156m²

Reihenmittelhaus als Niedrigenergiehaus, unterkellert. Holztafelbau mit Stb-Fertigteildecke und Holzdachkonstruktion.

Land: Hessen
Kreis: Darmstadt
Standard: Durchschnitt
Bauzeit: 56 Wochen
Kennwerte: bis 3.Ebene DIN276

BGF 1.031 €/m²

Planung: Architekten + Diplom-Ingenieure Jünger + Logar; Darmstadt

veröffentlicht: BKI Objektdaten N8

Objektübersicht zur Gebäudeart

6100-0495 Einfamilienhaus, Holzrahmenbau

BRI 1.028m³ **BGF** 331m² **NUF** 262m²

Einfamilienhaus mit Einliegerwohnung (257m² WFL II.BVO). Holzrahmenbau.

Land: Hessen
Kreis: Frankfurt a. Main
Standard: über Durchschnitt
Bauzeit: 21 Wochen
Kennwerte: bis 3.Ebene DIN276

BGF 1.265 €/m²

Planung: Planungsgruppe Barthelmey Architekt Dipl.-Ing. Stefan Barthelmey; Erfurt

veröffentlicht: BKI Objektdaten N7

Ein- und Zweifamilienhäuser, Holzbauweise, nicht unterkellert

Kostenkennwerte für die Kosten des Bauwerks (Kostengruppen 300+400 nach DIN 276)

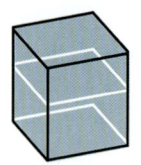

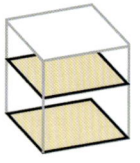

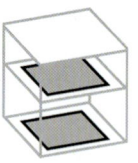

BRI 440 €/m³	**BGF** 1.390 €/m²	**NUF** 2.050 €/m²	**NE** 2.060 €/NE
von 380 €/m³	von 1.180 €/m²	von 1.580 €/m²	von 1.790 €/NE
bis 510 €/m³	bis 1.660 €/m²	bis 2.480 €/m²	bis 2.480 €/NE
			NE: Wohnfläche

Kosten:
Stand 1. Quartal 2018
Bundesdurchschnitt
inkl. 19% MwSt.

Objektbeispiele

6100-1344

6100-1325

6100-1273

Kosten der 26 Vergleichsobjekte — Seiten 434 bis 443

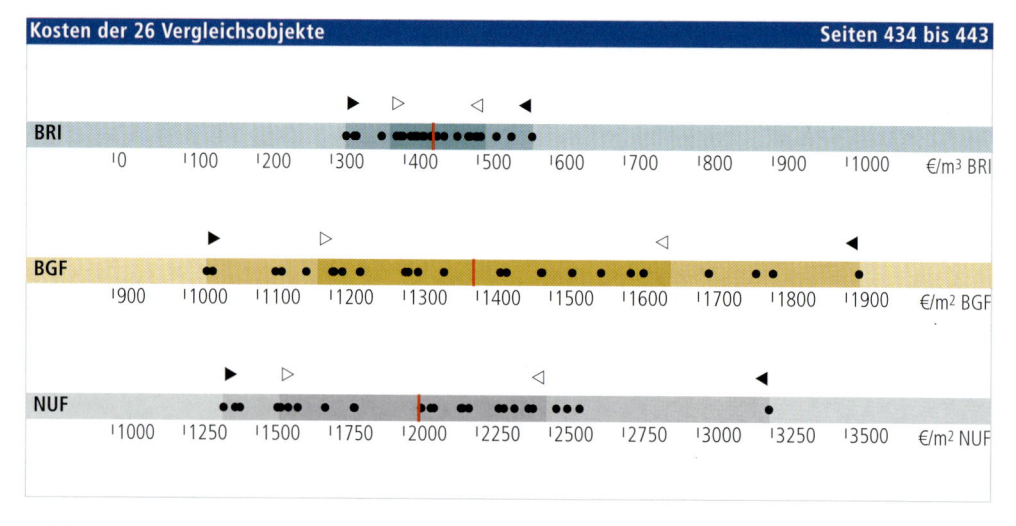

- ● KKW
- ▶ min
- ▷ von
- | Mittelwert
- ◁ bis
- ◀ max

© BKI Baukosteninformationszentrum; Erläuterungen zu den Tabellen siehe Seite 46

Kosten: 1. Quartal 2018, Bundesdurchschnitt, **inkl. 19% MwSt.**

Kostenkennwerte für die Kostengruppen der 1. und 2. Ebene DIN 276

KG	Kostengruppen der 1. Ebene	Einheit	▷	€/Einheit	◁	▷	% an 300+400	◁
100	Grundstück	m² GF	–	–	–	–	–	–
200	Herrichten und Erschließen	m² GF	5	**20**	54	1,4	**3,4**	9,3
300	Bauwerk - Baukonstruktionen	m² BGF	921	**1.128**	1.407	73,8	**80,5**	86,1
400	Bauwerk - Technische Anlagen	m² BGF	194	**267**	351	13,9	**19,6**	26,2
	Bauwerk (300+400)	m² BGF	1.182	**1.395**	1.662		**100,0**	
500	Außenanlagen	m² AF	13	**49**	135	1,0	**4,7**	7,9
600	Ausstattung und Kunstwerke	m² BGF	7	**15**	40	0,5	**0,9**	2,1
700	Baunebenkosten*	m² BGF	357	**398**	439	25,8	**28,7**	31,7 ◁ NEU

Auf Grundlage der HOAI 2013 berechnete Werte nach §§ 35, 52, 56. Weitere Informationen siehe Seite 50

KG	Kostengruppen der 2. Ebene	Einheit	▷	€/Einheit	◁	▷	% an 300	◁
310	Baugrube	m³ BGI	12	**32**	55	0,5	**1,0**	1,5
320	Gründung	m² GRF	239	**275**	352	10,5	**12,0**	13,4
330	Außenwände	m² AWF	293	**380**	438	33,2	**39,9**	46,8
340	Innenwände	m² IWF	116	**159**	260	8,5	**12,2**	17,1
350	Decken	m² DEF	209	**298**	368	9,5	**11,9**	14,1
360	Dächer	m² DAF	225	**321**	452	14,2	**19,1**	24,4
370	Baukonstruktive Einbauten	m² BGF	1	**10**	15	0,0	**0,3**	1,7
390	Sonstige Baukonstruktionen	m² BGF	19	**43**	80	1,8	**3,7**	6,8
300	**Bauwerk Baukonstruktionen**	**m² BGF**					**100,0**	

KG	Kostengruppen der 2. Ebene	Einheit	▷	€/Einheit	◁	▷	% an 400	◁
410	Abwasser, Wasser, Gas	m² BGF	48	**72**	109	17,5	**27,3**	34,0
420	Wärmeversorgungsanlagen	m² BGF	75	**125**	185	32,3	**45,8**	56,8
430	Lufttechnische Anlagen	m² BGF	24	**31**	38	0,0	**7,9**	13,4
440	Starkstromanlagen	m² BGF	28	**40**	46	12,5	**15,0**	16,7
450	Fernmeldeanlagen	m² BGF	4	**8**	15	1,1	**2,8**	5,2
460	Förderanlagen	m² BGF	–	–	–	–	–	–
470	Nutzungsspezifische Anlagen	m² BGF	1	**4**	7	0,0	**0,3**	2,0
480	Gebäudeautomation	m² BGF	–	**13**	–	–	**0,9**	–
490	Sonstige Technische Anlagen	m² BGF	–	–	–	–	–	–
400	**Bauwerk Technische Anlagen**	**m² BGF**					**100,0**	

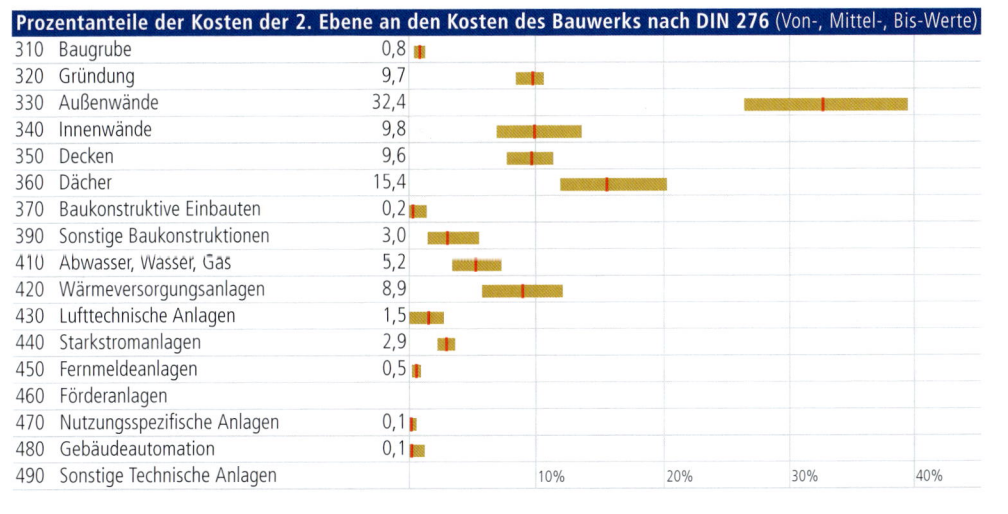

Prozentanteile der Kosten der 2. Ebene an den Kosten des Bauwerks nach DIN 276 (Von-, Mittel-, Bis-Werte)

KG	Kostengruppe	%
310	Baugrube	0,8
320	Gründung	9,7
330	Außenwände	32,4
340	Innenwände	9,8
350	Decken	9,6
360	Dächer	15,4
370	Baukonstruktive Einbauten	0,2
390	Sonstige Baukonstruktionen	3,0
410	Abwasser, Wasser, Gas	5,2
420	Wärmeversorgungsanlagen	8,9
430	Lufttechnische Anlagen	1,5
440	Starkstromanlagen	2,9
450	Fernmeldeanlagen	0,5
460	Förderanlagen	–
470	Nutzungsspezifische Anlagen	0,1
480	Gebäudeautomation	0,1
490	Sonstige Technische Anlagen	–

© BKI Baukosteninformationszentrum; Erläuterungen zu den Tabellen siehe Seite 48 und 50   Kosten: 1.Quartal 2018, Bundesdurchschnitt, inkl. 19% MwSt.

Ein- und Zweifamilienhäuser, Holzbauweise, nicht unterkellert

Kosten:
Stand 1.Quartal 2018
Bundesdurchschnitt
inkl. 19% MwSt.

- ● KKW
- ▶ min
- ▷ von
- | Mittelwert
- ◁ bis
- ◀ max

Kostenkennwerte für Leistungsbereiche nach StLB (Kosten des Bauwerks nach DIN 276)

LB	Leistungsbereiche	▷	€/m² BGF	◁	▷	% an 300+400	◁
000	Sicherheits-, Baustelleneinrichtungen inkl. 001	16	30	61	1,1	2,1	4,4
002	Erdarbeiten	22	33	47	1,6	2,4	3,3
006	Spezialtiefbauarbeiten inkl. 005	–	–	–	–	–	–
009	Entwässerungskanalarbeiten inkl. 011	1	10	38	0,1	0,7	2,7
010	Drän- und Versickerungsarbeiten	–	0	–	–	0,0	–
012	Mauerarbeiten	0	13	32	0,0	0,9	2,3
013	Betonarbeiten	53	71	107	3,8	5,1	7,7
014	Natur-, Betonwerksteinarbeiten	–	1	–	–	0,1	–
016	Zimmer- und Holzbauarbeiten	359	503	724	25,8	36,1	51,9
017	Stahlbauarbeiten	–	1	–	–	0,1	–
018	Abdichtungsarbeiten	1	4	10	0,0	0,3	0,7
020	Dachdeckungsarbeiten	4	29	50	0,3	2,1	3,6
021	Dachabdichtungsarbeiten	6	39	111	0,4	2,8	8,0
022	Klempnerarbeiten	7	23	53	0,5	1,6	3,8
	Rohbau	630	758	950	45,2	54,4	68,1
023	Putz- und Stuckarbeiten, Wärmedämmsysteme	2	24	43	0,1	1,7	3,1
024	Fliesen- und Plattenarbeiten	10	22	52	0,7	1,6	3,7
025	Estricharbeiten	13	26	40	1,0	1,9	2,9
026	Fenster, Außentüren inkl. 029, 032	52	105	170	3,8	7,5	12,2
027	Tischlerarbeiten	18	43	78	1,3	3,1	5,6
028	Parkettarbeiten, Holzpflasterarbeiten	3	23	46	0,2	1,6	3,3
030	Rollladenarbeiten	0	17	40	–	1,2	2,8
031	Metallbauarbeiten inkl. 035	1	35	142	0,1	2,5	10,2
034	Maler- und Lackiererarbeiten inkl. 037	3	13	35	0,2	0,9	2,5
036	Bodenbelagarbeiten	1	10	26	0,1	0,8	1,9
038	Vorgehängte hinterlüftete Fassaden	–	–	–	–	–	–
039	Trockenbauarbeiten	26	65	111	1,9	4,7	8,0
	Ausbau	158	383	471	11,4	27,5	33,8
040	Wärmeversorgungsanl. - Betriebseinr. inkl. 041	71	115	169	5,1	8,3	12,1
042	Gas- und Wasserinstallation, Leitungen inkl. 043	8	18	31	0,6	1,3	2,2
044	Abwasserinstallationsarbeiten - Leitungen	5	14	38	0,4	1,0	2,7
045	GWA-Einrichtungsgegenstände inkl. 046	11	23	33	0,8	1,6	2,4
047	Dämmarbeiten an betriebstechnischen Anlagen	1	3	12	0,0	0,2	0,9
049	Feuerlöschanlagen, Feuerlöschgeräte	–	–	–	–	–	–
050	Blitzschutz- und Erdungsanlagen	1	2	3	0,1	0,1	0,2
052	Mittelspannungsanlagen	–	–	–	–	–	–
053	Niederspannungsanlagen inkl. 054	26	37	43	1,9	2,6	3,1
055	Ersatzstromversorgungsanlagen	–	–	–	–	–	–
057	Gebäudesystemtechnik	–	3	–	–	0,3	–
058	Leuchten und Lampen inkl. 059	1	4	13	0,0	0,3	0,9
060	Elektroakustische Anlagen, Sprechanlagen	0	1	3	0,0	0,1	0,2
061	Kommunikationsnetze, inkl. 062	1	5	8	0,1	0,3	0,6
063	Gefahrenmeldeanlagen	0	0	0	0,0	0,0	0,0
069	Aufzüge	–	–	–	–	–	–
070	Gebäudeautomation	–	–	–	–	–	–
075	Raumlufttechnische Anlagen	0	22	37	0,0	1,6	2,6
	Technische Anlagen	194	247	293	13,9	17,7	21,0
	Sonstige Leistungsbereiche inkl. 008, 033, 051	0	7	7	0,0	0,5	0,5

Planungskennwerte für Flächen und Rauminhalte nach DIN 277

Grundflächen		▷	Fläche/NUF (%)	◁	▷	Fläche/BGF (%)	◁
NUF	Nutzungsfläche		100,0		65,7	68,4	72,1
TF	Technikfläche	3,5	5,0	9,9	2,4	3,4	5,9
VF	Verkehrsfläche	9,3	12,9	18,6	6,5	8,8	11,5
NRF	Netto-Raumfläche	113,6	117,9	128,6	77,6	80,6	82,5
KGF	Konstruktions-Grundfläche	26,4	28,4	35,9	18,1	19,4	22,7
BGF	Brutto-Grundfläche	140,6	146,2	154,8		100,0	

Brutto-Rauminhalte		▷	BRI/NUF (m)	◁	▷	BRI/BGF (m)	◁
BRI	Brutto-Rauminhalt	4,29	4,67	5,13	2,97	3,19	3,37

Flächen von Nutzeinheiten	▷	NUF/Einheit (m²)	◁	▷	BGF/Einheit (m²)	◁
Nutzeinheit: Wohnfläche	0,95	1,03	1,20	1,39	1,49	1,69

Lufttechnisch behandelte Flächen	▷	Fläche/NUF (%)	◁	▷	Fläche/BGF (%)	◁
Entlüftete Fläche	–	–	–	–	–	–
Be- und entlüftete Fläche	–	–	–	–	–	–
Teilklimatisierte Fläche	–	–	–	–	–	–
Klimatisierte Fläche	–	–	–	–	–	–

KG	Kostengruppen (2. Ebene)	Einheit	▷	Menge/NUF	◁	▷	Menge/BGF	◁
310	Baugrube	m³ BGI	0,49	0,61	0,80	0,35	0,42	0,58
320	Gründung	m² GRF	0,63	0,73	0,78	0,44	0,50	0,54
330	Außenwände	m² AWF	1,42	1,77	2,06	1,01	1,21	1,33
340	Innenwände	m² IWF	1,14	1,30	1,47	0,84	0,89	1,01
350	Decken	m² DEF	0,65	0,67	0,77	0,44	0,46	0,50
360	Dächer	m² DAF	0,94	1,00	1,16	0,64	0,68	0,75
370	Baukonstruktive Einbauten	m² BGF	1,41	1,46	1,55		1,00	
390	Sonstige Baukonstruktionen	m² BGF	1,41	1,46	1,55		1,00	
300	Bauwerk-Baukonstruktionen	m² BGF	1,41	1,46	1,55		1,00	

Planungskennwerte für Bauzeiten — 26 Vergleichsobjekte

Bauzeit in Wochen

Bauzeit: Werte verteilt von ca. 10 bis 80 Wochen, Median um 30 Wochen.

© BKI Baukosteninformationszentrum; Erläuterungen zu den Tabellen siehe Seite 54   Kosten: 1. Quartal 2018, Bundesdurchschnitt, inkl. 19% MwSt.

Ein- und Zweifamilienhäuser, Holzbauweise, nicht unterkellert

€/m² BGF

min	1.030 €/m²
von	1.180 €/m²
Mittel	**1.395 €/m²**
bis	1.660 €/m²
max	1.915 €/m²

Kosten:
Stand 1.Quartal 2018
Bundesdurchschnitt
inkl. 19% MwSt.

Objektübersicht zur Gebäudeart

6100-1304 Einfamilienhaus, ELW
BRI 836m³   **BGF** 229m²   **NUF** 135m²

Einfamilienhaus mit Einliegerwohnung und Carport (WFL 190m²). Holzkonstruktion.

Land: Nordrhein-Westfalen
Kreis: Ennepe-Ruhr-Kreis
Standard: über Durchschnitt
Bauzeit: 13 Wochen
Kennwerte: bis 1.Ebene DIN276

BGF 1.917 €/m²

Planung: adbarchitektur; Wuppertal

vorgesehen: BKI Objektdaten N16

6100-1344 Einfamilienhaus - Effizienzhaus ~53%
BRI 649m³   **BGF** 232m²   **NUF** 167m²

Einfamilienhaus (130m² WFL). Holzbau.

Land: Nordrhein-Westfalen
Kreis: Rhein-Kreis Neuss
Standard: Durchschnitt
Bauzeit: 30 Wochen
Kennwerte: bis 1.Ebene DIN276

BGF 1.319 €/m²

Planung: bau grün ! energieeffi. Gebäude Architekt Daniel Finocchiaro; Mönchengladbach

vorgesehen: BKI Objektdaten E8

6100-1325 Einfamilienhaus - Effizienzhaus 40
BRI 705m³   **BGF** 270m²   **NUF** 158m²

Einfamilienhaus in Massivholzbau (178m² WFL). Massivholzbau.

Land: Bayern
Kreis: Oberallgäu
Standard: Durchschnitt
Bauzeit: 17 Wochen
Kennwerte: bis 1.Ebene DIN276

BGF 1.301 €/m²

Planung: Brack Architekten; Kempten

vorgesehen: BKI Objektdaten E8

6100-1211 Einfamilienhaus, Carport - Effizienzhaus 40*
BRI 928m³   **BGF** 243m²   **NUF** 174m²

Einfamilienhaus mit 152m² WFL als Effizienzhaus 40. Massivholzkonstruktion.

Land: Bayern
Kreis: Erding
Standard: über Durchschnitt
Bauzeit: 26 Wochen
Kennwerte: bis 1.Ebene DIN276

BGF 2.191 €/m²

Planung: Wolfertstetter Architektur; München

veröffentlicht: BKI Objektdaten E7
*Nicht in der Auswertung enthalten

Objektübersicht zur Gebäudeart

6100-1240 Einfamilienhaus, Carport - Effizienzhaus 70
BRI 1.069m³ **BGF** 288m² **NUF** 226m²

Einfamilienhaus (180m² WFL) mit Dachterrasse und Carport. Holzrahmenbau.

Land: Bayern
Kreis: Regensburg
Standard: über Durchschnitt
Bauzeit: 17 Wochen
Kennwerte: bis 1.Ebene DIN276

BGF   1.240 €/m²

Planung: LÖSER-SCHWARZOTT ENERGIE.BEWUSSTE. ARCHITEKTUR.; Regenstauf

veröffentlicht: BKI Objektdaten E7

6100-1253 Wochenendhaus*
BRI 333m³ **BGF** 109m² **NUF** 81m²

Wochenendhaus (98m² WFL). Holzrahmenbauweise.

Land: Brandenburg
Kreis: Ostprignitz-Ruppin
Standard: Durchschnitt
Bauzeit: 30 Wochen
Kennwerte: bis 1.Ebene DIN276

BGF   2.379 €/m² *

Planung: Hütten & Paläste Architekten; Berlin

veröffentlicht: BKI Objektdaten N15
*Nicht in der Auswertung enthalten

6100-1272 Einfamilienhäuser (2 St) - Effizienzhaus ~50%
BRI 1.050m³ **BGF** 351m² **NUF** 201m²

Einfamilienhäuser (2 St, WFL 108+130m²) als Effizienzhaus ~50%, nicht unterkellert. Holzbauweise.

Land: Bayern
Kreis: Rosenheim
Standard: Durchschnitt
Bauzeit: 56 Wochen
Kennwerte: bis 1.Ebene DIN276

BGF   1.487 €/m²

Planung: finsterwalderarchitekten; Stephanskirchen

veröffentlicht: BKI Objektdaten E7

6100-1276 Einfamilienhaus, Garage - Effizienzhaus ~72%
BRI 841m³ **BGF** 279m² **NUF** 200m²

Einfamilienhaus (180m² WFL) in einer Baulücke mit Garage. Holzbau.

Land: Brandenburg
Kreis: Brandenburg
Standard: Durchschnitt
Bauzeit: 26 Wochen
Kennwerte: bis 1.Ebene DIN276

BGF   1.240 €/m²

Planung: Märkplan GmbH; Brandenburg an der Havel

veröffentlicht: BKI Objektdaten E7

Ein- und Zweifamilienhäuser, Holzbauweise, nicht unterkellert

€/m² BGF

min	1.030 €/m²
von	1.180 €/m²
Mittel	**1.395 €/m²**
bis	1.660 €/m²
max	1.915 €/m²

Kosten:
Stand 1.Quartal 2018
Bundesdurchschnitt
inkl. 19% MwSt.

Objektübersicht zur Gebäudeart

6100-1097 Einfamilienhaus, Carport - Effizienzhaus 55
BRI 716m³ | BGF 194m² | NUF 119m²

Einfamilienhaus in Holzrahmenbauweise, mit Carport und Technikraum im Außenbereich. Holzrahmenbauweise.

Land: Bayern
Kreis: Lichtenfels
Standard: über Durchschnitt
Bauzeit: 35 Wochen
Kennwerte: bis 3.Ebene DIN276

BGF 1.431 €/m²

Planung: Planungsgruppe Barthelmey Architekt Dipl.-Ing. Stefan Barthelmey; Erfurt

veröffentlicht: BKI Objektdaten E6

6100-1133 Einfamilienhaus
BRI 347m³ | BGF 123m² | NUF 90m²

Einfamilienhaus (98m² WFL). Holzrahmenkonstruktion (vorgefertigt).

Land: Bayern
Kreis: Augsburg
Standard: Durchschnitt
Bauzeit: 13 Wochen
Kennwerte: bis 1.Ebene DIN276

BGF 1.204 €/m²

Planung: ARCHITEKTanBORD Dipl.-Ing. Viktor Walter; Augsburg

veröffentlicht: BKI Objektdaten N13

6100-1214 Einfamilienhaus, Garage - Effizienzhaus 70
BRI 1.193m³ | BGF 359m² | NUF 251m²

Einfamilienhaus mit 336m² WFL als Effizienzhaus 70. Holzmassivbau.

Land: Bayern
Kreis: Neuburg - Schrobenhausen
Standard: über Durchschnitt
Bauzeit: 78 Wochen
Kennwerte: bis 1.Ebene DIN276

BGF 1.626 €/m²

Planung: Thomas Pscherer Architekt; München

veröffentlicht: BKI Objektdaten E7

6100-1217 Einfamilienhaus, Garage - Effizienzhaus 40
BRI 492m³ | BGF 201m² | NUF 145m²

Einfamilienhaus (125m² WFL) mit Garage, Effizienzhaus 40. Holzständerbau.

Land: Nordrhein-Westfalen
Kreis: Mönchenglattbach
Standard: Durchschnitt
Bauzeit: 39 Wochen
Kennwerte: bis 1.Ebene DIN276

BGF 1.038 €/m²

Planung: bau grün ! energieeffi. Gebäude Architekt Daniel Finocchiaro; Mönchengladbach

veröffentlicht: BKI Objektdaten E7

Objektübersicht zur Gebäudeart

6100-1219 Einfamilienhaus*

BRI 396m³ **BGF** 152m² **NUF** 130m²

Einfamilienhaus für 2 Personen (106m² WFL). Holzbauweise.

Land: Brandenburg
Kreis: Barnim
Standard: Durchschnitt
Bauzeit: 39 Wochen
Kennwerte: bis 1.Ebene DIN276

BGF 2.474 €/m² *

Planung: 2D+ Architekten; Berlin

veröffentlicht: BKI Objektdaten N15
*Nicht in der Auswertung enthalten

6100-1266 Ferienhaus*

BRI 460m³ **BGF** 140m² **NUF** 107m²

Ferienhaus mit 102m² WFL. Holzbau.

Land: Mecklenburg-Vorpommern
Kreis: Vorpommern Rügen
Standard: Durchschnitt
Bauzeit: 56 Wochen
Kennwerte: bis 1.Ebene DIN276

BGF 2.022 €/m² *

Planung: gorinistreck architekten; Berlin

veröffentlicht: BKI Objektdaten N15
*Nicht in der Auswertung enthalten

6100-1273 Einfamilienhaus - Effizienzhaus ~56%

BRI 790m³ **BGF** 218m² **NUF** 167m²

Einfamilienhaus (WFL 192m²) als Effizienzhaus ~56%, nicht unterkellert. Holzbauweise.

Land: Bayern
Kreis: Rosenheim
Standard: Durchschnitt
Bauzeit: 43 Wochen
Kennwerte: bis 1.Ebene DIN276

BGF 1.609 €/m²

Planung: finsterwalderarchitekten; Stephanskirchen

veröffentlicht: BKI Objektdaten E7

6100-1078 Einfamilienhaus

BRI 552m³ **BGF** 167m² **NUF** 117m²

Einfamilienhaus (124m² WFL) mit Lehmbaustoffen als Speichermasse. Holzrahmenbauweise mit Lehmbaustoffen.

Land: Hessen
Kreis: Darmstadt
Standard: Durchschnitt
Bauzeit: 26 Wochen
Kennwerte: bis 2.Ebene DIN276

BGF 1.801 €/m²

Planung: Schauer + Volhard Architekten BDA; Darmstadt

veröffentlicht: BKI Objektdaten N13

Ein- und Zweifamilienhäuser, Holzbauweise, nicht unterkellert

€/m² BGF

min	1.030	€/m²
von	1.180	€/m²
Mittel	**1.395**	**€/m²**
bis	1.660	€/m²
max	1.915	€/m²

Kosten:
Stand 1.Quartal 2018
Bundesdurchschnitt
inkl. 19% MwSt.

Objektübersicht zur Gebäudeart

6100-1086 Einfamilienhaus - Effizienzhaus 55
BRI 570m³ **BGF** 177m² **NUF** 116m²

Einfamilienhaus (140m² WFL) als Effizienzhaus 55. Holzrahmenbau.

Land: Nordrhein-Westfalen
Kreis: Recklinghausen
Standard: Durchschnitt
Bauzeit: 26 Wochen
Kennwerte: bis 1.Ebene DIN276

BGF 1.568 €/m²

Planung: puschmann architektur Jonas Puschmann; Recklinghausen

veröffentlicht: BKI Objektdaten E6

6100-1088 Wochenendhaus*
BRI 151m³ **BGF** 89m² **NUF** 75m²

Wochenendhaus mit 61m² WFL. Holzständerkonstruktion (KVH, vorgefertigt).

Land: Berlin
Kreis: Berlin
Standard: unter Durchschnitt
Bauzeit: 8 Wochen
Kennwerte: bis 1.Ebene DIN276

BGF 1.671 €/m²

Planung: Hütten & Paläste Architekten; Berlin

veröffentlicht: BKI Objektdaten N13
*Nicht in der Auswertung enthalten

6100-1096 Einfamilienhaus, Garagen
BRI 819m³ **BGF** 264m² **NUF** 192m²

Einfamilienhaus (153m² WFL) mit 2 Garagen. Holzrahmenbauweise.

Land: Nordrhein-Westfalen
Kreis: Dortmund
Standard: Durchschnitt
Bauzeit: 21 Wochen
Kennwerte: bis 3.Ebene DIN276

BGF 1.778 €/m²

Planung: puschmann architektur; Recklinghausen

veröffentlicht: BKI Objektdaten N15

6100-1190 Einfamilienhaus, Garage - Effizienzhaus 40
BRI 656m³ **BGF** 220m² **NUF** 166m²

Einfamilienhaus mit Garage, Effizienzhaus 40. Holzfachwerkbau.

Land: Bayern
Kreis: Oberallgäu
Standard: Durchschnitt
Bauzeit: 69 Wochen
Kennwerte: bis 3.Ebene DIN276

BGF 1.215 €/m²

Planung: brack architekten; Kempten

veröffentlicht: BKI Objektdaten E6

Objektübersicht zur Gebäudeart

6100-1213 Einfamilienhaus, Atelier - Effizienzhaus 70*
BRI 1.298m³ **BGF** 351m² **NUF** 280m²

Einfamilienhaus (275m² WFL) mit Atelier als Effizienzhaus 70. Massivholzbauweise.

Land: Hessen
Kreis: Main-Kinzig-Kreis
Standard: über Durchschnitt
Bauzeit: 48 Wochen
Kennwerte: bis 1.Ebene DIN276

BGF 2.901 €/m² *

Planung: Jenner+Mayer Architekten; Wiesbaden

veröffentlicht: BKI Objektdaten E7
*Nicht in der Auswertung enthalten

6100-1167 Einfamilienhaus - Effizienzhaus 40
BRI 551m³ **BGF** 173m² **NUF** 114m²

Einfamilienhaus als Effizienzhaus 40 für einen Vier-Personen-Haushalt. Holzrahmenbau.

Land: Hamburg
Kreis: Lurup
Standard: Durchschnitt
Bauzeit: 26 Wochen
Kennwerte: bis 1.Ebene DIN276

BGF 1.439 €/m²

Planung: Sellger Architektur Martin Sellger, M.Sc.; Hamburg

veröffentlicht: BKI Objektdaten E6

6100-1189 Einfamilienhaus (Musterhaus) - Effizienzhaus Plus*
BRI 968m³ **BGF** 259m² **NUF** 161m²

Einfamilienwohnhaus mit ELW als Musterhaus (182m² WFL), Effizienzhaus Plus. Holztafelbauweise.

Land: Nordrhein-Westfalen
Kreis: Rhein-Erft-Kreis
Standard: über Durchschnitt
Bauzeit: 26 Wochen
Kennwerte: bis 1.Ebene DIN276

BGF 2.054 €/m² *

Planung: SchwörerHaus KG Franca Wacker; Hohenstein-Oberstetten

veröffentlicht: BKI Objektdaten E7
*Nicht in der Auswertung enthalten

6100-1083 Einfamilienhaus, Carport - Effizienzhaus 70
BRI 865m³ **BGF** 236m² **NUF** 164m²

Einfamilienhaus mit 147m² WFL als Effizienzhaus 70. Holzrahmenbau.

Land: Nordrhein-Westfalen
Kreis: Hochsauerlandkreis
Standard: Durchschnitt
Bauzeit: 39 Wochen
Kennwerte: bis 1.Ebene DIN276

BGF 1.529 €/m²

Planung: Architekturbüro Peter Walach; Schmallenberg

veröffentlicht: BKI Objektdaten E6

© BKI Baukosteninformationszentrum; Erläuterungen zu den Tabellen siehe Seite 56   Kosten: 1.Quartal 2018, Bundesdurchschnitt, **inkl. 19% MwSt.**

Ein- und Zweifamilienhäuser, Holzbauweise, nicht unterkellert

€/m² BGF
min	1.030 €/m²
von	1.180 €/m²
Mittel	**1.395** €/m²
bis	1.660 €/m²
max	1.915 €/m²

Kosten:
Stand 1.Quartal 2018
Bundesdurchschnitt
inkl. 19% MwSt.

Objektübersicht zur Gebäudeart

6100-0828 Einfamilienhaus - Effizienzhaus 70
BRI 619m³ | **BGF** 182m² | **NUF** 128m²

Einfamilienhaus in Holzrahmenbauweise (133m² WFL), Effizienzhaus 70. Holzrahmenkonstruktion.

Land: Sachsen
Kreis: Sächsische Schweiz
Standard: Durchschnitt
Bauzeit: 30 Wochen
Kennwerte: bis 2.Ebene DIN276

BGF 1.714 €/m²

Planung: Locke Lührs Architektinnen; Dresden

veröffentlicht: BKI Objektdaten E4

6100-0719 Einfamilienhaus Lehmbau
BRI 792m³ | **BGF** 243m² | **NUF** 159m²

Einfamilienwohnhaus (166m² WFL), Holzrahmenwände, Lehmputz. Lehmbau.

Land: Thüringen
Kreis: Erfurt
Standard: Durchschnitt
Bauzeit: 21 Wochen
Kennwerte: bis 3.Ebene DIN276

BGF 1.202 €/m²

Planung: Planungsgruppe Barthelmey Architekt Dipl.-Ing. Stefan Barthelmey; Erfurt

veröffentlicht: BKI Objektdaten N10

6100-0756 Einfamilienhaus - KfW 40*
BRI 624m³ | **BGF** 231m² | **NUF** 164m²

Einfamilienwohnhaus KfW 40, nicht unterkellert, Dachraum nicht ausgebaut. Holzrahmenbau.

Land: Rheinland-Pfalz
Kreis: Südliche Weinstraße
Standard: Durchschnitt
Bauzeit: 30 Wochen
Kennwerte: bis 1.Ebene DIN276

BGF 1.258 €/m²

veröffentlicht: BKI Objektdaten E4
*Nicht in der Auswertung enthalten

6100-0761 Einfamilienhaus - KfW 40*
BRI 525m³ | **BGF** 210m² | **NUF** 136m²

Einfamilienwohnhaus KfW 40, nicht unterkellert. Holzrahmenbau.

Land: Rheinland-Pfalz
Kreis: Westerwald, Montabaur
Standard: Durchschnitt
Bauzeit: 17 Wochen
Kennwerte: bis 1.Ebene DIN276

BGF 1.423 €/m²

veröffentlicht: BKI Objektdaten E4
*Nicht in der Auswertung enthalten

Objektübersicht zur Gebäudeart

6100-0763 Einfamilienhaus - KfW 40   BRI 708m³   BGF 274m²   NUF 223m²

Einfamilienwohnhaus KfW 40, Garage, nicht unterkellert. Holzrahmenbau.

Land: Rheinland-Pfalz
Kreis: Altenkirchen
Standard: Durchschnitt
Bauzeit: 34 Wochen
Kennwerte: bis 1.Ebene DIN276

BGF 1.125 €/m²

veröffentlicht: BKI Objektdaten E4

6100-0775 Einfamilienhaus - KfW 40*   BRI 831m³   BGF 299m²   NUF 171m²

Einfamilienwohnhaus KfW 40, nicht unterkellert, nicht ausgebauter Dachboden. Holzrahmenbau.

Land: Rheinland-Pfalz
Kreis: Südliche Weinstraße
Standard: über Durchschnitt
Bauzeit: 30 Wochen
Kennwerte: bis 1.Ebene DIN276

BGF 1.521 €/m²

veröffentlicht: BKI Objektdaten E4
*Nicht in der Auswertung enthalten

6100-0829 Einfamilienhaus   BRI 784m³   BGF 215m²   NUF 160m²

Dreigeschossiges Einfamilienhaus in einer Baulücke an der Brandwand des nachbarlichen Hinterhauses auf einem untypisch großzügigen, innerstädtischen Grundstück. Holzrahmenbau.

Land: Berlin
Kreis: Berlin
Standard: Durchschnitt
Bauzeit: 26 Wochen
Kennwerte: bis 1.Ebene DIN276

BGF 1.166 €/m²

veröffentlicht: BKI Objektdaten N10

Planung: brandt + simon architekten; Berlin

6100-0847 Einfamilienhaus, 2 Garagen - KfW 40   BRI 1.272m³   BGF 409m²   NUF 296m²

Einfamilienhaus (180m² WFL) im KfW 40 Standard. Holzkonstruktion.

Land: Nordrhein-Westfalen
Kreis: Höxter
Standard: Durchschnitt
Bauzeit: 30 Wochen
Kennwerte: bis 3.Ebene DIN276

BGF 1.030 €/m²

veröffentlicht: BKI Objektdaten E4

Planung: Architekturbüro Ising; Marsberg

Ein- und Zweifamilienhäuser, Holzbauweise, nicht unterkellert

€/m² BGF
min	1.030 €/m²
von	1.180 €/m²
Mittel	**1.395 €/m²**
bis	1.660 €/m²
max	1.915 €/m²

Kosten:
Stand 1.Quartal 2018
Bundesdurchschnitt
inkl. 19% MwSt.

Objektübersicht zur Gebäudeart

6100-0720 Einfamilienhaus Lehmbau
BRI 609 m³ | BGF 211 m² | NUF 152 m²

Einfamilienwohnhaus (150m² WFL), Holzrahmenbau, Lehmputz. Lehmbau.

Land: Sachsen
Kreis: Sächsische Schweiz
Standard: Durchschnitt
Bauzeit: 17 Wochen
Kennwerte: bis 3.Ebene DIN276

BGF 1.133 €/m²

veröffentlicht: BKI Objektdaten N10

Planung: Planungsgruppe Barthelmey Architekt Dipl.-Ing. Stefan Barthelmey; Erfurt

6100-0754 Einfamilienhaus - KfW 60
BRI 502 m³ | BGF 146 m² | NUF 86 m²

Einfaches und kompaktes Einfamilienwohnhaus mit offenen Raumstrukturen. Holzrahmenbau.

Land: Baden-Württemberg
Kreis: Emmendingen
Standard: Durchschnitt
Bauzeit: 17 Wochen
Kennwerte: bis 1.Ebene DIN276

BGF 1.488 €/m²

veröffentlicht: BKI Objektdaten E4

Planung: arch zwo Freie Architekten Joachim Pies Dipl.-Ing. (FH); Kenzingen

6100-0776 Einfamilienhaus - KfW 40*
BRI 637 m³ | BGF 194 m² | NUF 122 m²

Einfamilienwohnhaus KfW 40, nicht unterkellert. Holzrahmenbau.

Land: Rheinland-Pfalz
Kreis: Rhein-Hunsrück
Standard: Durchschnitt
Bauzeit: 13 Wochen
Kennwerte: bis 1.Ebene DIN276

BGF 1.335 €/m²

veröffentlicht: BKI Objektdaten E4
*Nicht in der Auswertung enthalten

6100-0476 Doppelhaushälfte, 3-Liter-Haus
BRI 578 m³ | BGF 176 m² | NUF 109 m²

Doppelhaushälfte, Niedrigenergiestandard. Holzrahmenbau.

Land: Niedersachsen
Kreis: Hannover, Region
Standard: Durchschnitt
Bauzeit: 30 Wochen
Kennwerte: bis 3.Ebene DIN276

BGF 1.305 €/m²

veröffentlicht: BKI Objektdaten N6

Planung: Thorsten Kappelmeyer Dipl.-Ing. Architekt; Hannover

Objektübersicht zur Gebäudeart

6100-0491 Doppelhaushälfte, 3-Liter-Haus   BRI 643m³   BGF 196m²   NUF 129m²

Doppelhaushälfte, Niedrigenergiestandard. Holzrahmenbau.

Land: Niedersachsen
Kreis: Hannover, Region
Standard: Durchschnitt
Bauzeit: 30 Wochen
Kennwerte: bis 3.Ebene DIN276

BGF   1.354 €/m²

Planung: Thorsten Kappelmeyer Dipl.-Ing. Architekt; Hannover

veröffentlicht: BKI Objektdaten N6

Arbeitsblatt zur Standardeinordnung bei Doppel- und Reihenendhäusern

Kosten:
Stand 1. Quartal 2018
Bundesdurchschnitt
inkl. 19% MwSt.

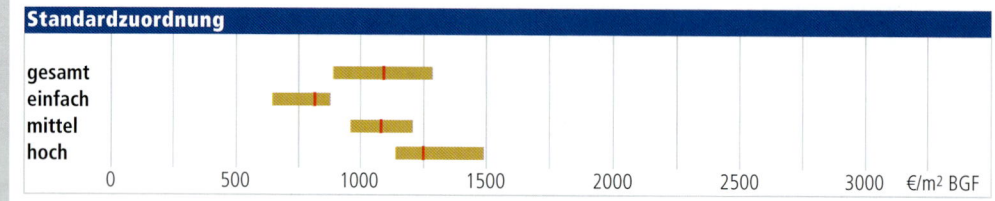

- Kostenkennwert
- ▶ min
- ▷ von
- | Mittelwert
- ◁ bis
- ◀ max

Kostenkennwerte für die Kosten des Bauwerks (Kostengruppen 300+400 nach DIN 276)

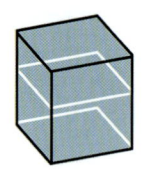

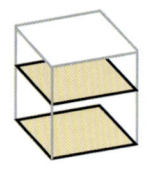

BRI 370 €/m³	BGF 1.090 €/m²	NUF 1.630 €/m²	NE 1.790 €/NE
von 300 €/m³	von 890 €/m²	von 1.270 €/m²	von 1.360 €/NE
bis 420 €/m³	bis 1.280 €/m²	bis 1.970 €/m²	bis 2.160 €/NE
			NE: Wohnfläche

Standardzuordnung

gesamt / einfach / mittel / hoch — Skala 0 bis 3000 €/m² BGF

Standardeinordnung für Ihr Projekt:

KG	Kostengruppen der 2. Ebene	niedrig	mittel	hoch	Punkte
310	Baugrube				
320	Gründung	1	2	3	
330	Außenwände	6	8	9	
340	Innenwände	3	4	4	
350	Decken	3	4	5	
360	Dächer	2	3	4	
370	Baukonstruktive Einbauten	0	1	1	
390	Sonstige Baukonstruktionen				
410	Abwasser, Wasser, Gas	1	2	2	
420	Wärmeversorgungsanlagen	2	2	3	
430	Lufttechnische Anlagen	0	0	1	
440	Starkstromanlagen	1	1	2	
450	Fernmeldeanlagen	0	0	0	
460	Förderanlagen	0	0	0	
470	Nutzungsspezifische Anlagen	0	0	0	
480	Gebäudeautomation	0	0	0	
490	Sonstige Technische Anlagen				

Punkte: 19 bis 24 = einfach   25 bis 30 = mittel   31 bis 34 = hoch   Ihr Projekt (Summe):

Erläuterung:
Obenstehende Tabelle soll Ihnen die Zuordnung zu den Gebäudearten mit einfachem, mittlerem und hohem Standard erleichtern. Schätzen Sie für jedes Grobelement ab, ob die Aufwendungen niedrig, mittel oder hoch sein werden und übertragen Sie die Punkte in die rechte Spalte. Bilden Sie die Summe der rechten Spalte und ordnen Sie Ihr Projekt nach dem Schema der untersten Zeile ein. Nehmen Sie dieses Schema auch als Hinweis darauf, bei welchen Kostengruppen Sie den Mittelwert nach oben oder unten anpassen sollten.

Kostenkennwerte für die Kostengruppen der 1. und 2. Ebene DIN 276

KG	Kostengruppen der 1. Ebene	Einheit	▷	€/Einheit	◁	▷	% an 300+400	◁
100	Grundstück	m² GF	–	–	–	–	–	–
200	Herrichten und Erschließen	m² GF	8	21	47	0,7	2,7	5,2
300	Bauwerk - Baukonstruktionen	m² BGF	748	878	1.055	75,9	80,5	84,5
400	Bauwerk - Technische Anlagen	m² BGF	145	216	275	15,5	19,5	24,1
	Bauwerk (300+400)	m² BGF	894	1.094	1.284		100,0	
500	Außenanlagen	m² AF	39	85	160	3,5	7,2	11,0
600	Ausstattung und Kunstwerke	m² BGF	4	20	49	0,5	1,6	4,8
700	Baunebenkosten*	m² BGF	280	312	344	25,6	28,6	31,5 ◁ NEU

* Auf Grundlage der HOAI 2013 berechnete Werte nach §§ 35, 52, 56, 40. Weitere Informationen siehe Seite 50

KG	Kostengruppen der 2. Ebene	Einheit	▷	€/Einheit	◁	▷	% an 300	◁
310	Baugrube	m³ BGI	15	28	52	0,3	2,0	3,7
320	Gründung	m² GRF	136	189	239	5,1	8,5	12,9
330	Außenwände	m² AWF	247	328	401	29,9	34,9	40,2
340	Innenwände	m² IWF	110	162	202	12,5	16,7	19,8
350	Decken	m² DEF	233	288	363	14,1	20,3	25,3
360	Dächer	m² DAF	192	254	338	11,5	13,8	18,2
370	Baukonstruktive Einbauten	m² BGF	13	28	53	0,0	0,7	4,8
390	Sonstige Baukonstruktionen	m² BGF	17	28	40	1,7	3,2	4,1
300	**Bauwerk Baukonstruktionen**	**m² BGF**					**100,0**	

KG	Kostengruppen der 2. Ebene	Einheit	▷	€/Einheit	◁	▷	% an 400	◁
410	Abwasser, Wasser, Gas	m² BGF	51	72	105	22,8	33,0	41,7
420	Wärmeversorgungsanlagen	m² BGF	55	88	125	28,2	39,2	48,7
430	Lufttechnische Anlagen	m² BGF	7	23	32	0,9	6,3	12,7
440	Starkstromanlagen	m² BGF	27	44	80	14,3	18,7	31,6
450	Fernmeldeanlagen	m² BGF	3	7	12	1,2	2,7	4,9
460	Förderanlagen	m² BGF	–	–	–	–	–	–
470	Nutzungsspezifische Anlagen	m² BGF	–	–	–	–	–	–
480	Gebäudeautomation	m² BGF	–	–	–	–	–	–
490	Sonstige Technische Anlagen	m² BGF	–	1	–	–	0,0	–
400	**Bauwerk Technische Anlagen**	**m² BGF**					**100,0**	

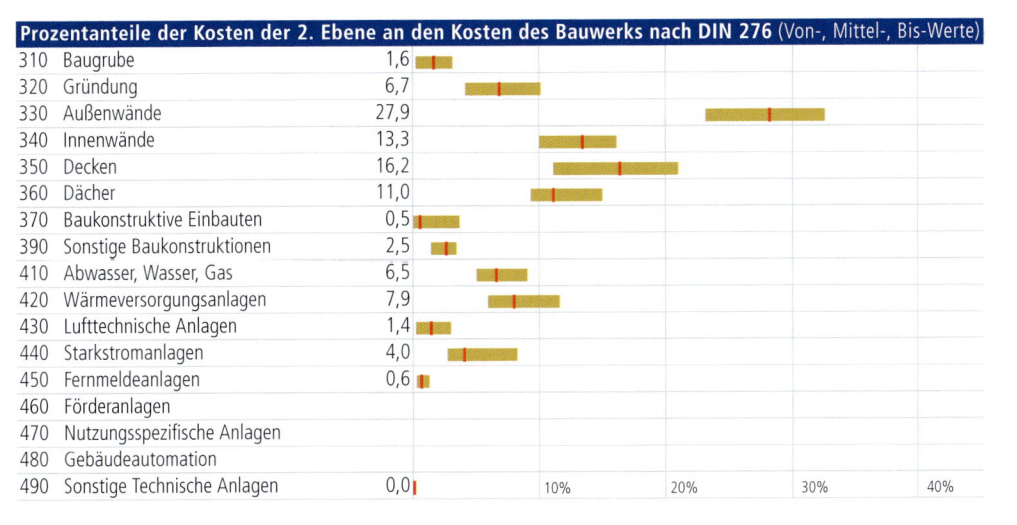

Prozentanteile der Kosten der 2. Ebene an den Kosten des Bauwerks nach DIN 276 (Von-, Mittel-, Bis-Werte)

KG	Bezeichnung	%
310	Baugrube	1,6
320	Gründung	6,7
330	Außenwände	27,9
340	Innenwände	13,3
350	Decken	16,2
360	Dächer	11,0
370	Baukonstruktive Einbauten	0,5
390	Sonstige Baukonstruktionen	2,5
410	Abwasser, Wasser, Gas	6,5
420	Wärmeversorgungsanlagen	7,9
430	Lufttechnische Anlagen	1,4
440	Starkstromanlagen	4,0
450	Fernmeldeanlagen	0,6
460	Förderanlagen	
470	Nutzungsspezifische Anlagen	
480	Gebäudeautomation	
490	Sonstige Technische Anlagen	0,0

© BKI Baukosteninformationszentrum; Erläuterungen zu den Tabellen siehe Seite 48 und 50   Kosten: 1.Quartal 2018, Bundesdurchschnitt, inkl. 19% MwSt.

Doppel- und Reihenendhäuser

Kostenkennwerte für Leistungsbereiche nach StLB (Kosten des Bauwerks nach DIN 276)

LB	Leistungsbereiche	▷	€/m² BGF	◁	▷	% an 300+400	◁
000	Sicherheits-, Baustelleneinrichtungen inkl. 001	13	24	35	1,2	2,2	3,2
002	Erdarbeiten	9	27	43	0,9	2,5	3,9
006	Spezialtiefbauarbeiten inkl. 005	–	–	–	–	–	–
009	Entwässerungskanalarbeiten inkl. 011	1	6	15	0,1	0,6	1,4
010	Drän- und Versickerungsarbeiten	0	1	5	0,0	0,1	0,5
012	Mauerarbeiten	43	107	196	3,9	9,8	17,9
013	Betonarbeiten	95	154	263	8,6	14,1	24,1
014	Natur-, Betonwerksteinarbeiten	1	4	9	0,0	0,3	0,9
016	Zimmer- und Holzbauarbeiten	41	106	259	3,8	9,7	23,7
017	Stahlbauarbeiten	0	3	12	0,0	0,3	1,1
018	Abdichtungsarbeiten	2	6	14	0,2	0,5	1,3
020	Dachdeckungsarbeiten	11	33	50	1,0	3,0	4,6
021	Dachabdichtungsarbeiten	1	12	42	0,1	1,1	3,8
022	Klempnerarbeiten	8	13	18	0,7	1,2	1,6
	Rohbau	431	497	593	39,4	45,5	54,2
023	Putz- und Stuckarbeiten, Wärmedämmsysteme	30	71	102	2,7	6,5	9,4
024	Fliesen- und Plattenarbeiten	16	29	54	1,5	2,6	4,9
025	Estricharbeiten	7	17	23	0,6	1,6	2,1
026	Fenster, Außentüren inkl. 029, 032	23	67	85	2,1	6,1	7,8
027	Tischlerarbeiten	26	45	75	2,4	4,1	6,8
028	Parkettarbeiten, Holzpflasterarbeiten	3	25	59	0,2	2,2	5,4
030	Rollladenarbeiten	3	16	28	0,3	1,5	2,6
031	Metallbauarbeiten inkl. 035	7	43	82	0,6	3,9	7,5
034	Maler- und Lackiererarbeiten inkl. 037	10	23	35	0,9	2,1	3,2
036	Bodenbelagarbeiten	0	9	24	0,0	0,8	2,2
038	Vorgehängte hinterlüftete Fassaden	0	9	59	0,0	0,9	5,4
039	Trockenbauarbeiten	15	37	62	1,3	3,4	5,7
	Ausbau	318	392	453	29,1	35,9	41,4
040	Wärmeversorgungsanl. - Betriebseinr. inkl. 041	60	79	114	5,5	7,2	10,4
042	Gas- und Wasserinstallation, Leitungen inkl. 043	9	18	38	0,8	1,7	3,5
044	Abwasserinstallationsarbeiten - Leitungen	8	15	41	0,7	1,4	3,7
045	GWA-Einrichtungsgegenstände inkl. 046	16	23	35	1,4	2,1	3,2
047	Dämmarbeiten an betriebstechnischen Anlagen	1	3	7	0,1	0,3	0,6
049	Feuerlöschanlagen, Feuerlöschgeräte	–	–	–	–	–	–
050	Blitzschutz- und Erdungsanlagen	1	2	4	0,1	0,2	0,3
052	Mittelspannungsanlagen	–	0	–	–	0,0	–
053	Niederspannungsanlagen inkl. 054	25	39	74	2,3	3,5	6,8
055	Ersatzstromversorgungsanlagen	–	–	–	–	–	–
057	Gebäudesystemtechnik	–	–	–	–	–	–
058	Leuchten und Lampen inkl. 059	0	3	12	0,0	0,3	1,1
060	Elektroakustische Anlagen, Sprechanlagen	1	2	3	0,1	0,2	0,3
061	Kommunikationsnetze, inkl. 062	1	4	10	0,1	0,4	0,9
063	Gefahrenmeldeanlagen	0	0	2	0,0	0,0	0,2
069	Aufzüge	–	–	–	–	–	–
070	Gebäudeautomation	–	–	–	–	–	–
075	Raumlufttechnische Anlagen	2	15	30	0,2	1,3	2,8
	Technische Anlagen	155	203	247	14,2	18,6	22,6
	Sonstige Leistungsbereiche inkl. 008, 033, 051	0	2	8	0,0	0,2	0,7

Kosten:
Stand 1. Quartal 2018
Bundesdurchschnitt
inkl. 19% MwSt.

- ● Kostenkennwert
- ▶ min
- ▷ von
- | Mittelwert
- ◁ bis
- ◀ max

© BKI Baukosteninformationszentrum; Erläuterungen zu den Tabellen siehe Seite 52

Planungskennwerte für Flächen und Rauminhalte nach DIN 277

Grundflächen		▷	Fläche/NUF (%)	◁	▷	Fläche/BGF (%)	◁
NUF	Nutzungsfläche		100,0		64,0	67,3	71,0
TF	Technikfläche	3,1	4,3	6,5	2,1	2,9	4,0
VF	Verkehrsfläche	12,9	15,6	22,5	8,7	10,5	13,5
NRF	Netto-Raumfläche	116,6	119,9	127,5	78,3	80,6	82,5
KGF	Konstruktions-Grundfläche	25,6	28,8	33,9	17,5	19,4	21,7
BGF	Brutto-Grundfläche	142,1	148,6	158,9		100,0	

Brutto-Rauminhalte		▷	BRI/NUF (m)	◁	▷	BRI/BGF (m)	◁
BRI	Brutto-Rauminhalt	4,09	4,37	4,93	2,82	2,94	3,19

Flächen von Nutzeinheiten	▷	NUF/Einheit (m²)	◁	▷	BGF/Einheit (m²)	◁
Nutzeinheit: Wohnfläche	1,04	1,12	1,31	1,51	1,65	1,87

Lufttechnisch behandelte Flächen	▷	Fläche/NUF (%)	◁	▷	Fläche/BGF (%)	◁
Entlüftete Fläche	–	91,0	–	–	61,6	–
Be- und entlüftete Fläche	–	–	–	–	–	–
Teilklimatisierte Fläche	–	–	–	–	–	–
Klimatisierte Fläche	–	–	–	–	–	–

KG	Kostengruppen (2. Ebene)	Einheit	▷	Menge/NUF	◁	▷	Menge/BGF	◁
310	Baugrube	m³ BGI	1,18	1,52	1,77	0,78	1,05	1,25
320	Gründung	m² GRF	0,48	0,55	0,64	0,34	0,38	0,44
330	Außenwände	m² AWF	1,20	1,40	1,64	0,82	0,97	1,10
340	Innenwände	m² IWF	1,13	1,36	1,53	0,80	0,95	1,08
350	Decken	m² DEF	0,79	0,87	0,96	0,57	0,61	0,66
360	Dächer	m² DAF	0,64	0,72	0,80	0,46	0,50	0,57
370	Baukonstruktive Einbauten	m² BGF	1,42	1,49	1,59		1,00	
390	Sonstige Baukonstruktionen	m² BGF	1,42	1,49	1,59		1,00	
300	**Bauwerk-Baukonstruktionen**	m² BGF	1,42	1,49	1,59		1,00	

Planungskennwerte für Bauzeiten

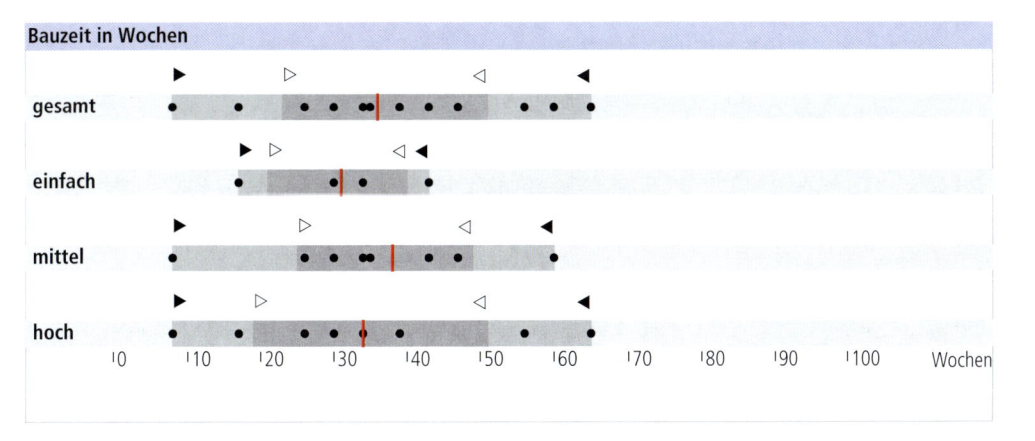

Bauzeit in Wochen

© BKI Baukosteninformationszentrum; Erläuterungen zu den Tabellen siehe Seite 54   Kosten: 1.Quartal 2018, Bundesdurchschnitt, inkl. **19% MwSt.**

Doppel- und Reihenendhäuser, einfacher Standard

Kostenkennwerte für die Kosten des Bauwerks (Kostengruppen 300+400 nach DIN 276)

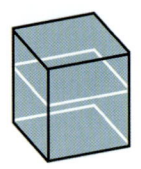

BRI 295 €/m³
von 250 €/m³
bis 325 €/m³

BGF 820 €/m²
von 650 €/m²
bis 880 €/m²

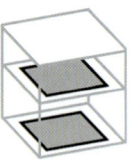

NUF 1.180 €/m²
von 910 €/m²
bis 1.340 €/m²

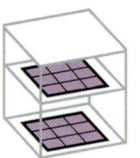

NE 1.230 €/NE
von 1.110 €/NE
bis 1.360 €/NE
NE: Wohnfläche

Objektbeispiele

6100-1199

6100-0259

6100-0323

Kosten:
Stand 1.Quartal 2018
Bundesdurchschnitt
inkl. 19% MwSt.

Kosten der 5 Vergleichsobjekte — Seiten 452 bis 453

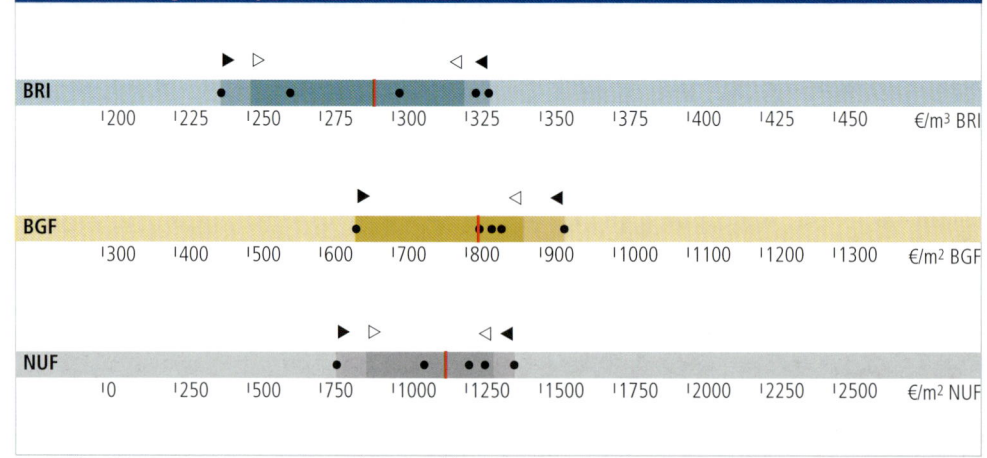

- ● KKW
- ▶ min
- ▷ von
- | Mittelwert
- ◁ bis
- ◀ max

© BKI Baukosteninformationszentrum; Erläuterungen zu den Tabellen siehe Seite 46   Kosten: 1.Quartal 2018, Bundesdurchschnitt, **inkl.** 19% MwSt.

Kostenkennwerte für die Kostengruppen der 1. und 2. Ebene DIN 276

KG	Kostengruppen der 1. Ebene	Einheit	▷	€/Einheit	◁	▷	% an 300+400	◁
100	Grundstück	m² GF	–	–	–	–	–	–
200	Herrichten und Erschließen	m² GF	2	**10**	17	0,6	**1,8**	3,1
300	Bauwerk - Baukonstruktionen	m² BGF	564	**672**	711	75,2	**82,8**	86,8
400	Bauwerk - Technische Anlagen	m² BGF	100	**144**	226	13,2	**17,2**	24,8
	Bauwerk (300+400)	m² BGF	650	**816**	877		**100,0**	
500	Außenanlagen	m² AF	46	**63**	96	6,5	**10,4**	12,5
600	Ausstattung und Kunstwerke	m² BGF	–	–	–	–	–	–
700	Baunebenkosten*	m² BGF	212	**236**	261	25,9	**28,9**	31,8	◁ NEU

* Auf Grundlage der HOAI 2013 berechnete Werte nach §§ 35, 52, 56. Weitere Informationen siehe Seite 50

KG	Kostengruppen der 2. Ebene	Einheit	▷	€/Einheit	◁	▷	% an 300	◁
310	Baugrube	m³ BGI	10	**34**	57	0,0	**1,6**	3,6
320	Gründung	m² GRF	96	**155**	206	5,3	**9,1**	17,6
330	Außenwände	m² AWF	224	**241**	288	29,9	**33,8**	37,6
340	Innenwände	m² IWF	90	**111**	169	15,4	**17,3**	19,1
350	Decken	m² DEF	205	**240**	275	19,3	**23,4**	27,2
360	Dächer	m² DAF	133	**188**	212	12,0	**12,3**	13,1
370	Baukonstruktive Einbauten	m² BGF	–	–	–	–	–	–
390	Sonstige Baukonstruktionen	m² BGF	9	**18**	26	1,5	**2,6**	3,6
300	**Bauwerk Baukonstruktionen**	**m² BGF**					**100,0**	

KG	Kostengruppen der 2. Ebene	Einheit	▷	€/Einheit	◁	▷	% an 400	◁
410	Abwasser, Wasser, Gas	m² BGF	39	**49**	62	19,8	**36,7**	42,6
420	Wärmeversorgungsanlagen	m² BGF	44	**62**	112	37,1	**41,5**	43,2
430	Lufttechnische Anlagen	m² BGF	–	–	–	–	–	–
440	Starkstromanlagen	m² BGF	17	**36**	89	14,9	**20,5**	34,5
450	Fernmeldeanlagen	m² BGF	1	**3**	6	0,2	**1,2**	2,1
460	Förderanlagen	m² BGF	–	–	–	–	–	–
470	Nutzungsspezifische Anlagen	m² BGF	–	–	–	–	–	–
480	Gebäudeautomation	m² BGF	–	–	–	–	–	–
490	Sonstige Technische Anlagen	m² BGF	–	**1**	–	–	**0,1**	–
400	**Bauwerk Technische Anlagen**	**m² BGF**					**100,0**	

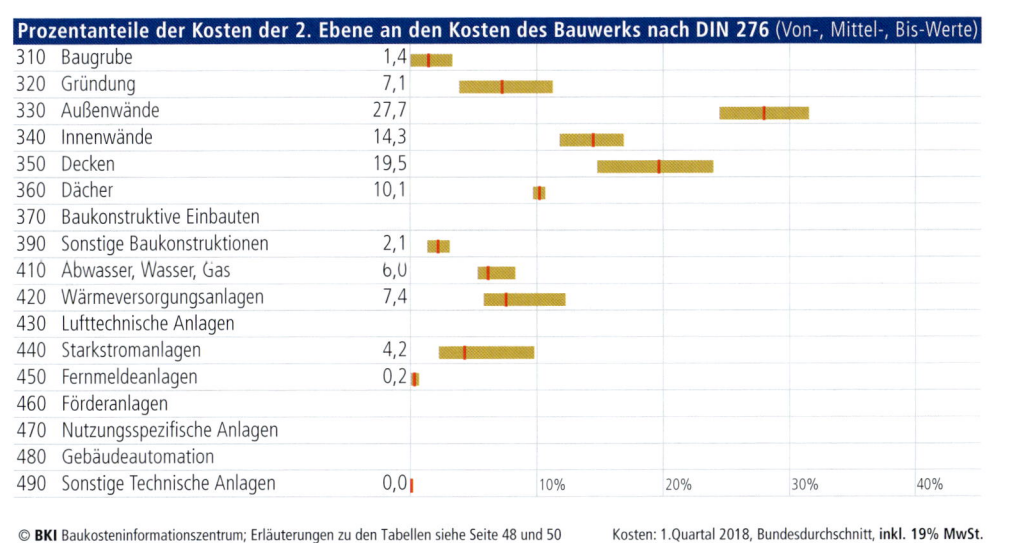

Prozentanteile der Kosten der 2. Ebene an den Kosten des Bauwerks nach DIN 276 (Von-, Mittel-, Bis-Werte)

KG		Mittelwert
310	Baugrube	1,4
320	Gründung	7,1
330	Außenwände	27,7
340	Innenwände	14,3
350	Decken	19,5
360	Dächer	10,1
370	Baukonstruktive Einbauten	
390	Sonstige Baukonstruktionen	2,1
410	Abwasser, Wasser, Gas	6,0
420	Wärmeversorgungsanlagen	7,4
430	Lufttechnische Anlagen	
440	Starkstromanlagen	4,2
450	Fernmeldeanlagen	0,2
460	Förderanlagen	
470	Nutzungsspezifische Anlagen	
480	Gebäudeautomation	
490	Sonstige Technische Anlagen	0,0

© BKI Baukosteninformationszentrum; Erläuterungen zu den Tabellen siehe Seite 48 und 50 Kosten: 1.Quartal 2018, Bundesdurchschnitt, inkl. 19% MwSt.

Doppel- und Reihenendhäuser, einfacher Standard

Kosten:
Stand 1. Quartal 2018
Bundesdurchschnitt
inkl. 19% MwSt.

- ● KKW
- ▶ min
- ▷ von
- │ Mittelwert
- ◁ bis
- ◀ max

Kostenkennwerte für Leistungsbereiche nach StLB (Kosten des Bauwerks nach DIN 276)

LB	Leistungsbereiche	▷ €/m² BGF		◁	▷ % an 300+400		◁
000	Sicherheits-, Baustelleneinrichtungen inkl. 001	9	13	13	1,1	1,6	1,6
002	Erdarbeiten	11	22	35	1,4	2,7	4,3
006	Spezialtiefbauarbeiten inkl. 005	–	–	–	–	–	–
009	Entwässerungskanalarbeiten inkl. 011	0	5	9	0,0	0,6	1,1
010	Drän- und Versickerungsarbeiten	–	1	–	–	0,1	–
012	Mauerarbeiten	22	77	123	2,7	9,4	15,0
013	Betonarbeiten	115	172	172	14,1	21,0	21,0
014	Natur-, Betonwerksteinarbeiten	–	0	–	–	0,0	–
016	Zimmer- und Holzbauarbeiten	16	62	106	1,9	7,6	12,9
017	Stahlbauarbeiten	–	1	–	–	0,1	–
018	Abdichtungsarbeiten	1	5	10	0,1	0,6	1,2
020	Dachdeckungsarbeiten	25	25	34	3,1	3,1	4,1
021	Dachabdichtungsarbeiten	2	12	12	0,3	1,5	1,5
022	Klempnerarbeiten	4	7	10	0,5	0,8	1,2
	Rohbau	401	401	430	49,1	49,1	52,7
023	Putz- und Stuckarbeiten, Wärmedämmsysteme	30	50	69	3,7	6,1	8,5
024	Fliesen- und Plattenarbeiten	18	28	35	2,2	3,4	4,3
025	Estricharbeiten	15	17	20	1,9	2,1	2,4
026	Fenster, Außentüren inkl. 029, 032	0	30	60	0,0	3,7	7,3
027	Tischlerarbeiten	23	43	64	2,9	5,2	7,8
028	Parkettarbeiten, Holzpflasterarbeiten	–	8	–	–	0,9	–
030	Rollladenarbeiten	0	8	17	0,0	1,0	2,1
031	Metallbauarbeiten inkl. 035	9	36	67	1,0	4,4	8,2
034	Maler- und Lackiererarbeiten inkl. 037	4	16	29	0,4	1,9	3,6
036	Bodenbelagarbeiten	0	12	26	0,0	1,4	3,2
038	Vorgehängte hinterlüftete Fassaden	–	7	–	–	0,8	–
039	Trockenbauarbeiten	20	29	38	2,4	3,5	4,7
	Ausbau	271	281	281	33,2	34,5	34,5
040	Wärmeversorgungsanl. - Betriebseinr. inkl. 041	44	57	57	5,3	7,0	7,0
042	Gas- und Wasserinstallation, Leitungen inkl. 043	10	20	20	1,2	2,5	2,5
044	Abwasserinstallationsarbeiten - Leitungen	3	5	7	0,4	0,6	0,9
045	GWA-Einrichtungsgegenstände inkl. 046	14	14	18	1,7	1,7	2,2
047	Dämmarbeiten an betriebstechnischen Anlagen	0	1	3	0,0	0,1	0,3
049	Feuerlöschanlagen, Feuerlöschgeräte	–	–	–	–	–	–
050	Blitzschutz- und Erdungsanlagen	0	1	1	0,0	0,1	0,2
052	Mittelspannungsanlagen	–	–	–	–	–	–
053	Niederspannungsanlagen inkl. 054	16	32	32	1,9	3,9	3,9
055	Ersatzstromversorgungsanlagen	–	–	–	–	–	–
057	Gebäudesystemtechnik	–	–	–	–	–	–
058	Leuchten und Lampen inkl. 059	–	0	–	–	0,0	–
060	Elektroakustische Anlagen, Sprechanlagen	0	1	1	0,0	0,1	0,1
061	Kommunikationsnetze, inkl. 062	0	1	3	0,0	0,2	0,3
063	Gefahrenmeldeanlagen	–	0	–	–	0,0	–
069	Aufzüge	–	–	–	–	–	–
070	Gebäudeautomation	–	–	–	–	–	–
075	Raumlufttechnische Anlagen	–	0	–	–	0,0	–
	Technische Anlagen	100	133	133	12,3	16,3	16,3
	Sonstige Leistungsbereiche inkl. 008, 033, 051	0	1	1	0,0	0,1	0,1

Planungskennwerte für Flächen und Rauminhalte nach DIN 277

Grundflächen			▷ Fläche/NUF (%) ◁			▷ Fläche/BGF (%) ◁		
NUF	Nutzungsfläche			100,0		69,7	69,7	72,9
TF	Technikfläche	1,3		1,7	2,4	0,9	1,2	1,6
VF	Verkehrsfläche	12,1		15,6	20,0	8,5	10,9	13,5
NRF	Netto-Raumfläche	113,4		117,2	121,0	81,6	81,8	84,0
KGF	Konstruktions-Grundfläche	25,9		26,2	30,3	16,0	18,2	18,4
BGF	Brutto-Grundfläche	139,2		143,4	144,9		100,0	

Brutto-Rauminhalte			▷ BRI/NUF (m) ◁			▷ BRI/BGF (m) ◁		
BRI	Brutto-Rauminhalt	3,69		3,99	4,05	2,72	2,79	2,95

Flächen von Nutzeinheiten		▷ NUF/Einheit (m²) ◁			▷ BGF/Einheit (m²) ◁		
Nutzeinheit: Wohnfläche		1,03	1,10	1,21	1,53	1,53	1,56

Lufttechnisch behandelte Flächen		▷ Fläche/NUF (%) ◁			▷ Fläche/BGF (%) ◁		
Entlüftete Fläche		–	–	–	–	–	–
Be- und entlüftete Fläche		–	–	–	–	–	–
Teilklimatisierte Fläche		–	–	–	–	–	–
Klimatisierte Fläche		–	–	–	–	–	–

KG	Kostengruppen (2. Ebene)	Einheit	▷	Menge/NUF	◁	▷	Menge/BGF	◁
310	Baugrube	m³ BGI	1,06	1,06	1,06	0,78	0,78	0,78
320	Gründung	m² GRF	0,45	0,52	0,66	0,31	0,36	0,36
330	Außenwände	m² AWF	1,29	1,32	1,42	0,88	0,95	1,09
340	Innenwände	m² IWF	1,46	1,51	1,63	1,00	1,09	1,18
350	Decken	m² DEF	0,81	0,91	0,93	0,66	0,66	0,69
360	Dächer	m² DAF	0,63	0,65	0,81	0,42	0,46	0,46
370	Baukonstruktive Einbauten	m² BGF	1,39	1,43	1,45		1,00	
390	Sonstige Baukonstruktionen	m² BGF	1,39	1,43	1,45		1,00	
300	Bauwerk-Baukonstruktionen	m² BGF	1,39	1,43	1,45		1,00	

Planungskennwerte für Bauzeiten — 4 Vergleichsobjekte

Bauzeit in Wochen

Bauzeit: Werte zwischen ca. 20 und 45 Wochen (Median ca. 30 Wochen)

© BKI Baukosteninformationszentrum; Erläuterungen zu den Tabellen siehe Seite 54   Kosten: 1.Quartal 2018, Bundesdurchschnitt, inkl. 19% MwSt.

Doppel- und Reihenendhäuser, einfacher Standard

€/m² BGF

min	650 €/m²
von	650 €/m²
Mittel	**815 €/m²**
bis	875 €/m²
max	930 €/m²

Kosten:
Stand 1.Quartal 2018
Bundesdurchschnitt
inkl. 19% MwSt.

Objektübersicht zur Gebäudeart

6100-1199 Doppelhaus - Effizienzhaus 55
BRI 930m³ **BGF** 327m² **NUF** 216m²

Doppelhaus mit 240m² WFL als Effizienzhaus 55. MW-Massivbau, Holzrahmenkonstruktion.

Land: Hessen
Kreis: Schwalm-Eder, Homberg
Standard: unter Durchschnitt
Bauzeit: 17 Wochen
Kennwerte: bis 3.Ebene DIN276

BGF 932 €/m²

Planung: Planungsbüro Clobes GmbH; Wabern

veröffentlicht: BKI Objektdaten E7

6100-0269 Doppelhaushälfte - Niedrigenergie
BRI 655m³ **BGF** 242m² **NUF** 157m²

Doppelhaushälfte als Niedrigenergiehaus. Mauerwerksbau.

Land: Baden-Württemberg
Kreis: Main-Tauber
Standard: unter Durchschnitt
Bauzeit: 30 Wochen
Kennwerte: bis 1.Ebene DIN276

BGF 818 €/m²

Planung: Ernst-Paul Kolbe Dipl.-Ing.; Großrinderfeld-Schönfeld

veröffentlicht: BKI Objektdaten E1

6100-0440 Reihenendhaus
BRI 633m³ **BGF** 200m² **NUF** 151m²

Reihenendhaus im Rahmen von 15 kostengünstigen Reihenhäusern ohne Bauträger in einer Bauherrengemeinschaft mit Einzelvergaben und Pauschalierungen. Stahlbetonbau.

Land: Baden-Württemberg
Kreis: Rems-Murr
Standard: unter Durchschnitt
Bauzeit: 43 Wochen
Kennwerte: bis 3.Ebene DIN276

BGF 834 €/m²

Planung: Rolf Neddermann Dr.-Ing. Freier Architekt; Remshalden-Grunbach

veröffentlicht: BKI Objektdaten N4

6100-0323 Doppelhaus (2 WE)
BRI 1.420m³ **BGF** 557m² **NUF** 359m²

In einer Gebäudehälfte nachträglich bei Nutzungsänderung der Räume im EG und OG (freiberufliche Nutzung) ausgebaut. Mauerwerksbau.

Land: Thüringen
Kreis: Suhl
Standard: unter Durchschnitt
Bauzeit: 34 Wochen
Kennwerte: bis 3.Ebene DIN276

BGF 848 €/m²

Planung: Dr. Schneider + Schult Dipl.-Ing. Freie Architekten BDA; Suhl

veröffentlicht: BKI Objektdaten N3

Objektübersicht zur Gebäudeart

6100-0259 Doppelhaus (2 WE) - Niedrigenergie   BRI 1.441m³   BGF 534m²   NUF 430m²

Doppelhäuser im Niedrigenergiehaus-Standard, Abstellräume im UG, Wohnräume, Küchen im EG, Schlafräume, Bäder im OG, Gasthermen im DG. Mauerwerksbau.

Land: Bayern
Kreis: Starnberg
Standard: unter Durchschnitt
Bauzeit: 95 Wochen*
Kennwerte: bis 3.Ebene DIN276

BGF   650 €/m²

Planung: Burkhard Reineking Dipl.-Ing. Architekt; Gauting

veröffentlicht: BKI Objektdaten E1
*Nicht in der Auswertung enthalten

Doppel- und Reihenendhäuser, mittlerer Standard

Kostenkennwerte für die Kosten des Bauwerks (Kostengruppen 300+400 nach DIN 276)

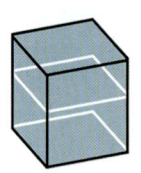

BRI 370 €/m³
von 315 €/m³
bis 405 €/m³

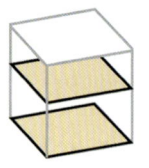

BGF 1.080 €/m²
von 960 €/m²
bis 1.210 €/m²

NUF 1.640 €/m²
von 1.350 €/m²
bis 1.910 €/m²

NE 1.850 €/NE
von 1.480 €/NE
bis 2.140 €/NE
NE: Wohnfläche

Kosten:
Stand 1. Quartal 2018
Bundesdurchschnitt
inkl. 19% MwSt.

Objektbeispiele

6100-1357

6100-1349

6100-1208

Kosten der 15 Vergleichsobjekte
Seiten 458 bis 461

- ● KKW
- ▶ min
- ▷ von
- | Mittelwert
- ◁ bis
- ◀ max

BRI — €/m³ BRI
BGF — €/m² BGF
NUF — €/m² NUF

© BKI Baukosteninformationszentrum; Erläuterungen zu den Tabellen siehe Seite 46   Kosten: 1. Quartal 2018, Bundesdurchschnitt, inkl. 19% MwSt.

Kostenkennwerte für die Kostengruppen der 1. und 2. Ebene DIN 276

KG	Kostengruppen der 1. Ebene	Einheit	▷	€/Einheit	◁	▷	% an 300+400	◁
100	Grundstück	m² GF	–	–	–	–	–	–
200	Herrichten und Erschließen	m² GF	3	**19**	34	0,5	**2,2**	3,5
300	Bauwerk - Baukonstruktionen	m² BGF	774	**868**	963	75,3	**80,3**	83,6
400	Bauwerk - Technische Anlagen	m² BGF	157	**214**	260	16,4	**19,7**	24,7
	Bauwerk (300+400)	m² BGF	965	**1.083**	1.206		**100,0**	
500	Außenanlagen	m² AF	25	**60**	104	2,4	**5,3**	9,7
600	Ausstattung und Kunstwerke	m² BGF	13	**37**	61	1,3	**3,1**	4,8
700	Baunebenkosten*	m² BGF	278	**309**	341	25,6	**28,5**	31,5 ◁ NEU

* Auf Grundlage der HOAI 2013 berechnete Werte nach §§ 35, 52, 56. Weitere Informationen siehe Seite 50

KG	Kostengruppen der 2. Ebene	Einheit	▷	€/Einheit	◁	▷	% an 300	◁
310	Baugrube	m³ BGI	13	**27**	64	0,2	**1,7**	3,1
320	Gründung	m² GRF	146	**185**	227	4,8	**9,0**	13,4
330	Außenwände	m² AWF	260	**341**	385	27,3	**34,0**	35,9
340	Innenwände	m² IWF	131	**169**	211	13,8	**17,3**	20,3
350	Decken	m² DEF	223	**292**	353	13,3	**19,2**	25,3
360	Dächer	m² DAF	194	**234**	269	11,4	**14,2**	18,5
370	Baukonstruktive Einbauten	m² BGF	–	**53**	–	–	**1,3**	–
390	Sonstige Baukonstruktionen	m² BGF	24	**30**	37	2,5	**3,4**	3,9
300	**Bauwerk Baukonstruktionen**	**m² BGF**					**100,0**	

KG	Kostengruppen der 2. Ebene	Einheit	▷	€/Einheit	◁	▷	% an 400	◁
410	Abwasser, Wasser, Gas	m² BGF	43	**73**	87	16,9	**30,4**	37,6
420	Wärmeversorgungsanlagen	m² BGF	61	**88**	142	23,4	**35,8**	50,6
430	Lufttechnische Anlagen	m² BGF	9	**27**	35	3,5	**10,9**	13,6
440	Starkstromanlagen	m² BGF	36	**46**	90	14,0	**18,7**	30,3
450	Fernmeldeanlagen	m² BGF	7	**10**	15	2,7	**4,3**	6,1
460	Förderanlagen	m² BGF	–	–	–	–	–	–
470	Nutzungsspezifische Anlagen	m² BGF	–	–	–	–	–	–
480	Gebäudeautomation	m² BGF	–	–	–	–	–	–
490	Sonstige Technische Anlagen	m² BGF	–	–	–	–	–	–
400	**Bauwerk Technische Anlagen**	**m² BGF**					**100,0**	

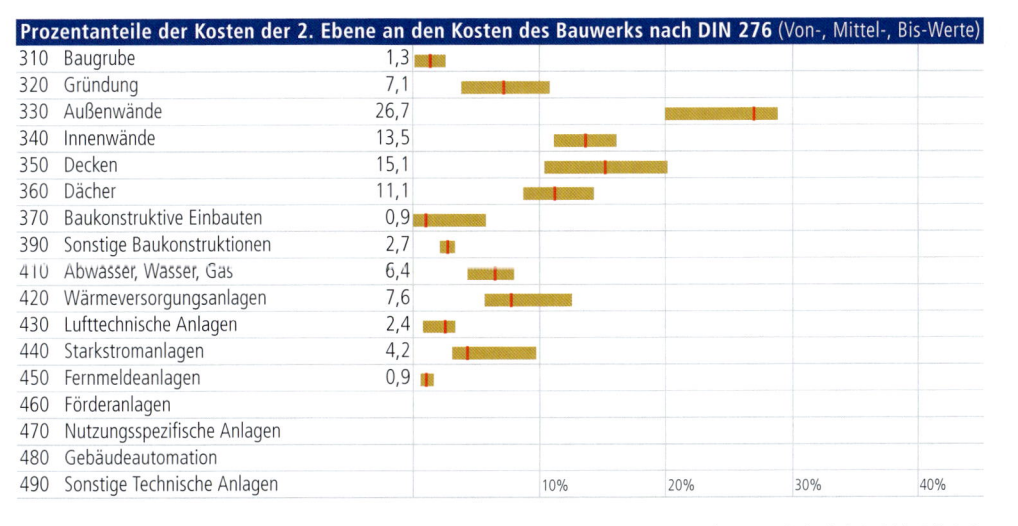

Prozentanteile der Kosten der 2. Ebene an den Kosten des Bauwerks nach DIN 276 (Von-, Mittel-, Bis-Werte)

KG	Bezeichnung	Mittelwert
310	Baugrube	1,3
320	Gründung	7,1
330	Außenwände	26,7
340	Innenwände	13,5
350	Decken	15,1
360	Dächer	11,1
370	Baukonstruktive Einbauten	0,9
390	Sonstige Baukonstruktionen	2,7
410	Abwasser, Wasser, Gas	6,4
420	Wärmeversorgungsanlagen	7,6
430	Lufttechnische Anlagen	2,4
440	Starkstromanlagen	4,2
450	Fernmeldeanlagen	0,9
460	Förderanlagen	
470	Nutzungsspezifische Anlagen	
480	Gebäudeautomation	
490	Sonstige Technische Anlagen	

© BKI Baukosteninformationszentrum; Erläuterungen zu den Tabellen siehe Seite 48 und 50   Kosten: 1.Quartal 2018, Bundesdurchschnitt, **inkl. 19% MwSt.**

Doppel- und Reihenendhäuser, mittlerer Standard

Kosten: Stand 1. Quartal 2018 Bundesdurchschnitt inkl. 19% MwSt.

Kostenkennwerte für Leistungsbereiche nach StLB (Kosten des Bauwerks nach DIN 276)

LB	Leistungsbereiche	▷	€/m² BGF	◁	▷	% an 300+400	◁
000	Sicherheits-, Baustelleneinrichtungen inkl. 001	17	25	32	1,6	2,3	3,0
002	Erdarbeiten	9	28	39	0,8	2,5	3,6
006	Spezialtiefbauarbeiten inkl. 005	–	–	–	–	–	–
009	Entwässerungskanalarbeiten inkl. 011	2	8	19	0,2	0,7	1,7
010	Drän- und Versickerungsarbeiten	–	–	–	–	–	–
012	Mauerarbeiten	79	138	255	7,3	12,7	23,6
013	Betonarbeiten	112	140	191	10,3	12,9	17,6
014	Natur-, Betonwerksteinarbeiten	2	5	8	0,2	0,5	0,8
016	Zimmer- und Holzbauarbeiten	38	53	77	3,6	4,9	7,1
017	Stahlbauarbeiten	–	2	–	–	0,2	–
018	Abdichtungsarbeiten	2	5	9	0,2	0,4	0,8
020	Dachdeckungsarbeiten	33	42	52	3,1	3,9	4,8
021	Dachabdichtungsarbeiten	–	2	–	–	0,2	–
022	Klempnerarbeiten	8	12	18	0,7	1,1	1,7
	Rohbau	375	459	516	34,7	42,4	47,7
023	Putz- und Stuckarbeiten, Wärmedämmsysteme	53	91	114	4,9	8,4	10,6
024	Fliesen- und Plattenarbeiten	20	32	32	1,8	3,0	3,0
025	Estricharbeiten	13	18	25	1,2	1,7	2,3
026	Fenster, Außentüren inkl. 029, 032	55	72	90	5,1	6,7	8,3
027	Tischlerarbeiten	26	44	81	2,4	4,1	7,5
028	Parkettarbeiten, Holzpflasterarbeiten	0	13	28	0,0	1,2	2,6
030	Rollladenarbeiten	5	18	30	0,4	1,6	2,8
031	Metallbauarbeiten inkl. 035	8	43	82	0,8	4,0	7,6
034	Maler- und Lackiererarbeiten inkl. 037	15	24	34	1,4	2,2	3,2
036	Bodenbelagarbeiten	0	12	19	0,0	1,1	1,7
038	Vorgehängte hinterlüftete Fassaden	–	–	–	–	–	–
039	Trockenbauarbeiten	23	40	57	2,2	3,6	5,2
	Ausbau	335	407	441	31,0	37,6	40,7
040	Wärmeversorgungsanl. - Betriebseinr. inkl. 041	57	76	115	5,3	7,0	10,6
042	Gas- und Wasserinstallation, Leitungen inkl. 043	9	15	27	0,8	1,4	2,5
044	Abwasserinstallationsarbeiten - Leitungen	8	13	24	0,7	1,2	2,2
045	GWA-Einrichtungsgegenstände inkl. 046	15	23	36	1,4	2,1	3,3
047	Dämmarbeiten an betriebstechnischen Anlagen	3	5	8	0,2	0,5	0,7
049	Feuerlöschanlagen, Feuerlöschgeräte	–	–	–	–	–	–
050	Blitzschutz- und Erdungsanlagen	2	3	5	0,2	0,2	0,4
052	Mittelspannungsanlagen	–	–	–	–	–	–
053	Niederspannungsanlagen inkl. 054	29	40	67	2,7	3,7	6,2
055	Ersatzstromversorgungsanlagen	–	–	–	–	–	–
057	Gebäudesystemtechnik	–	–	–	–	–	–
058	Leuchten und Lampen inkl. 059	0	4	4	0,0	0,3	0,3
060	Elektroakustische Anlagen, Sprechanlagen	1	2	4	0,1	0,2	0,4
061	Kommunikationsnetze, inkl. 062	5	7	14	0,4	0,7	1,3
063	Gefahrenmeldeanlagen	–	0	–	–	0,0	–
069	Aufzüge	–	–	–	–	–	–
070	Gebäudeautomation	–	–	–	–	–	–
075	Raumlufttechnische Anlagen	8	26	34	0,7	2,4	3,1
	Technische Anlagen	188	214	270	17,4	19,8	24,9
	Sonstige Leistungsbereiche inkl. 008, 033, 051	0	4	11	0,0	0,3	1,0

- ● KKW
- ▶ min
- ▷ von
- | Mittelwert
- ◁ bis
- ◀ max

© BKI Baukosteninformationszentrum; Erläuterungen zu den Tabellen siehe Seite 52
Kosten: 1. Quartal 2018, Bundesdurchschnitt, **inkl. 19% MwSt.**

Planungskennwerte für Flächen und Rauminhalte nach DIN 277

Grundflächen		▷	Fläche/NUF (%)	◁	▷	Fläche/BGF (%)	◁
NUF	Nutzungsfläche		100,0		62,7	66,3	70,1
TF	Technikfläche	3,2	4,9	7,4	2,1	3,2	4,4
VF	Verkehrsfläche	13,0	15,7	25,3	8,4	10,4	14,4
NRF	Netto-Raumfläche	117,6	120,5	130,8	77,5	79,9	82,2
KGF	Konstruktions-Grundfläche	27,2	30,3	36,5	17,8	20,1	22,5
BGF	Brutto-Grundfläche	144,3	150,9	161,4		100,0	

Brutto-Rauminhalte		▷	BRI/NUF (m)	◁	▷	BRI/BGF (m)	◁
BRI	Brutto-Rauminhalt	4,17	4,46	5,11	2,83	2,96	3,27

Flächen von Nutzeinheiten	▷	NUF/Einheit (m²)	◁	▷	BGF/Einheit (m²)	◁
Nutzeinheit: Wohnfläche	1,07	1,16	1,39	1,55	1,72	1,94

Lufttechnisch behandelte Flächen	▷	Fläche/NUF (%)	◁	▷	Fläche/BGF (%)	◁
Entlüftete Fläche	–	–	–	–	–	–
Be- und entlüftete Fläche	–	–	–	–	–	–
Teilklimatisierte Fläche	–	–	–	–	–	–
Klimatisierte Fläche	–	–	–	–	–	–

KG	Kostengruppen (2. Ebene)	Einheit	▷	Menge/NUF	◁	▷	Menge/BGF	◁
310	Baugrube	m³ BGI	1,31	1,46	1,66	0,86	1,00	1,14
320	Gründung	m² GRF	0,54	0,58	0,64	0,39	0,41	0,45
330	Außenwände	m² AWF	1,22	1,29	1,38	0,89	0,90	0,93
340	Innenwände	m² IWF	1,11	1,38	1,44	0,80	0,97	1,03
350	Decken	m² DEF	0,81	0,84	0,91	0,56	0,58	0,64
360	Dächer	m² DAF	0,79	0,79	0,87	0,56	0,56	0,63
370	Baukonstruktive Einbauten	m² BGF	1,44	1,51	1,61		1,00	
390	Sonstige Baukonstruktionen	m² BGF	1,44	1,51	1,61		1,00	
300	Bauwerk-Baukonstruktionen	m² BGF	1,44	1,51	1,61		1,00	

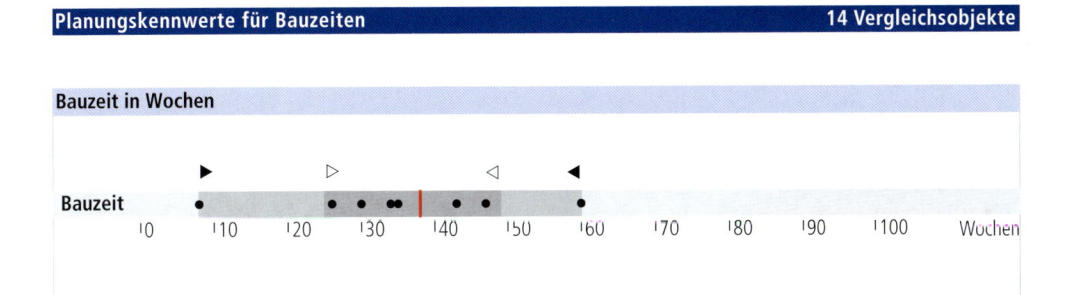

Planungskennwerte für Bauzeiten — 14 Vergleichsobjekte

Bauzeit in Wochen

© BKI Baukosteninformationszentrum; Erläuterungen zu den Tabellen siehe Seite 54 Kosten: 1.Quartal 2018, Bundesdurchschnitt, inkl. 19% MwSt.

Doppel- und Reihenendhäuser, mittlerer Standard

€/m² BGF

min	905 €/m²
von	965 €/m²
Mittel	**1.085 €/m²**
bis	1.205 €/m²
max	1.290 €/m²

Kosten:
Stand 1.Quartal 2018
Bundesdurchschnitt
inkl. 19% MwSt.

Objektübersicht zur Gebäudeart

6100-1357 Reihenendhaus Garage
BRI 807m³   **BGF** 214m²   **NUF** 125m²

Reihenendhaus mit 133m² WFL und Garage. Porenbeton-Mauerwerk.

Land: Thüringen
Kreis: Weimar
Standard: Durchschnitt
Bauzeit: 35 Wochen
Kennwerte: bis 1.Ebene DIN276

BGF   **1.271 €/m²**

Planung: architektur.KONTOR; Weimar

vorgesehen: BKI Objektdaten N16

6100-1349 Doppelhäuser (2 WE) - Effizienzhaus 55
BRI 1.676m³   **BGF** 625m²   **NUF** 482m²

Doppelhäuser (2 WE) mit Doppelgaragen (4 STP). Massivbau.

Land: Baden-Württemberg
Kreis: Bodenseekreis
Standard: Durchschnitt
Bauzeit: 47 Wochen
Kennwerte: bis 1.Ebene DIN276

BGF   **925 €/m²**

Planung: Architekturbüro Jakob Krimmel; Bermatingen

vorgesehen: BKI Objektdaten E8

6100-1154 Doppelhaushälfte - Effizienzhaus 55
BRI 844m³   **BGF** 284m²   **NUF** 192m²

Doppelhaushälfte (160m² WFL). Mauerwerksbau, Holzdachstuhl.

Land: Baden-Württemberg
Kreis: Breisgau-Hochschwarzwald
Standard: Durchschnitt
Bauzeit: 43 Wochen
Kennwerte: bis 4.Ebene DIN276

BGF   **1.120 €/m²**

Planung: Werkgruppe Freiburg Architekten; Freiburg

veröffentlicht: BKI Objektdaten E7

6100-1208 Doppelhaushälfte - Effizienzhaus 70
BRI 617m³   **BGF** 217m²   **NUF** 115m²

Doppelhaushälfte mit 108m² WFL als Effizienzhaus 70. Mauerwerksbau.

Land: Baden-Württemberg
Kreis: Stuttgart
Standard: Durchschnitt
Bauzeit: 60 Wochen
Kennwerte: bis 1.Ebene DIN276

BGF   **1.077 €/m²**

veröffentlicht: BKI Objektdaten N15

Objektübersicht zur Gebäudeart

6100-1032 Doppelhaus - KfW 40

BRI 817 m³ **BGF** 262 m² **NUF** 192 m²

Doppelhaus mit großformatiger Klinkerverblendung, 2 Wohneinheiten (212 m² WFL). Mauerwerksbau.

Land: Schleswig-Holstein
Kreis: Rendsburg-Eckernförde
Standard: Durchschnitt
Bauzeit: 30 Wochen
Kennwerte: bis 4.Ebene DIN276

BGF 1.291 €/m²

Planung: Architekturbüro Rühmann; Steenfeld

veröffentlicht: BKI Objektdaten E5

6100-1065 Reihenendhaus - Effizienzhaus 85

BRI 610 m³ **BGF** 205 m² **NUF** 145 m²

Reihenendhaus (165 m² WFL). Mauerwerksbau.

Land: Sachsen
Kreis: Leipzig, Stadt
Standard: Durchschnitt
Bauzeit: 43 Wochen
Kennwerte: bis 1.Ebene DIN276

BGF 1.073 €/m²

Planung: Architekturbüro Augustin & Imkamp Leipzig; Leipzig

veröffentlicht: BKI Objektdaten E6

6100-1149 Doppelhaus - Effizienzhaus 55

BRI 1.480 m³ **BGF** 528 m² **NUF** 351 m²

Doppelhaus als Effizienzhaus 55 mit 2 Wohneinheiten. Mauerwerksbau, Holzdach.

Land: Baden-Württemberg
Kreis: Lörrach
Standard: Durchschnitt
Bauzeit: 34 Wochen
Kennwerte: bis 3.Ebene DIN276

BGF 1.188 €/m²

Planung: Werkgruppe Freiburg Architekten; Freiburg

veröffentlicht: BKI Objektdaten E6

6100-1028 Doppelhaushälfte, Carport - Effizienzhaus 55

BRI 1.013 m³ **BGF** 349 m² **NUF** 208 m²

Doppelhaushälfte (164 m² WFL) als Effizienzhaus 55 mit Carport. Stb-Keller, Holzrahmenbau.

Land: Nordrhein-Westfalen
Kreis: Bochum
Standard: Durchschnitt
Bauzeit: 26 Wochen
Kennwerte: bis 1.Ebene DIN276

BGF 1.151 €/m²

Planung: Aslaksen-Schürholz Architektin; Bochum

veröffentlicht: BKI Objektdaten E5

Doppel- und Reihenendhäuser, mittlerer Standard

€/m² BGF

min	905	€/m²
von	965	€/m²
Mittel	**1.085**	**€/m²**
bis	1.205	€/m²
max	1.290	€/m²

Kosten:
Stand 1.Quartal 2018
Bundesdurchschnitt
inkl. 19% MwSt.

Objektübersicht zur Gebäudeart

6100-1101 Doppelhaushälfte, Carport
BRI 834m³   BGF 335m²   NUF 230m²

Doppelhaushälfte (179m² WFL), vollunterkellert mit Außenkellerraum und Carport. Mauerwerksbau.

Land: Baden-Württemberg
Kreis: Esslingen a.N.
Standard: Durchschnitt
Bauzeit: 47 Wochen
Kennwerte: bis 1.Ebene DIN276

BGF **996 €/m²**

Planung: KILTZ KAZMAIER ARCHITEKTEN; Kirchheim

veröffentlicht: BKI Objektdaten N13

6100-1115 Doppelhaushälfte - Effizienzhaus 70
BRI 928m³   BGF 263m²   NUF 197m²

Doppelhaushälfte einer Wohnbebauung mit 326 Wohneinheiten. Mauerwerksbau.

Land: Hessen
Kreis: Wiesbaden
Standard: Durchschnitt
Bauzeit: 95 Wochen*
Kennwerte: bis 3.Ebene DIN276

BGF **945 €/m²**

Planung: Junghans + Formhals GmbH; Weiterstadt

veröffentlicht: BKI Objektdaten E6
*Nicht in der Auswertung enthalten

6100-1048 Doppelhaushälfte - KfW 60
BRI 1.843m³   BGF 658m²   NUF 423m²

Doppelhaushälfte (326m² WFL), KfW 60. UG/EG Mauerwerksbau, OG/DG Holzrahmenbau.

Land: Bayern
Kreis: München, Stadt
Standard: Durchschnitt
Bauzeit: 47 Wochen
Kennwerte: bis 1.Ebene DIN276

BGF **913 €/m²**

Planung: Hirschhäuser Liedtke Architekten BDA; München

veröffentlicht: BKI Objektdaten E5

6100-0613 Doppelhaushälfte, Garage
BRI 532m³   BGF 184m²   NUF 132m²

Doppelhaushälfte (115m² WFL). Mauerwerksbau; Holzdachkonstruktion.

Land: Nordrhein-Westfalen
Kreis: Düren
Standard: Durchschnitt
Bauzeit: 34 Wochen
Kennwerte: bis 3.Ebene DIN276

BGF **1.165 €/m²**

Planung: Franke Planungsbüro Dipl.-Ing. Andreas Franke; Hürtgenwald

veröffentlicht: BKI Objektdaten N9

Objektübersicht zur Gebäudeart

6100-0689 Reihenendhaus

BRI 548m³ **BGF** 183m² **NUF** 132m²

Reihenendhaus mit einer Wohneinheit, Technikzentrale mit Gas-Brennwerttherme für drei Wohneinheiten. Stb-Fertigteilwände; Stb-Decken; Stb-Massivdach.

Land: Baden-Württemberg
Kreis: Karlsruhe
Standard: Durchschnitt
Bauzeit: 8 Wochen
Kennwerte: bis 1.Ebene DIN276

BGF   906 €/m²

Planung: Architektur & Projektentwicklung GmbH; Dielheim

veröffentlicht: BKI Objektdaten N9

6100-0610 Doppelhaushälfte - KfW 60

BRI 483m³ **BGF** 168m² **NUF** 99m²

Einfamilienhaus mit Wohn-, Esszimmer, Küche, Arbeitszimmer, Abstellraum in EG, Elternschlafzimmer, 1 Kinderzimmer, Badezimmer im DG. Mauerwerksbau, Lehminnenwände mit Stb-Decken und Holzdachkonstruktion.

Land: Berlin
Kreis: Berlin
Standard: Durchschnitt
Bauzeit: 34 Wochen
Kennwerte: bis 1.Ebene DIN276

BGF   1.081 €/m²

Planung: Architekturbüro Dipl.-Ing. Joachim Dettki; Berlin

veröffentlicht: BKI Objektdaten N8

6100-0539 Doppelhäuser

BRI 1.637m³ **BGF** 595m² **NUF** 399m²

Doppelhäuser (372m² WFL). Mauerwerksbau.

Land: Baden-Württemberg
Kreis: Heidelberg
Standard: Durchschnitt
Bauzeit: 43 Wochen
Kennwerte: bis 3.Ebene DIN276

BGF   1.138 €/m²

Planung: Architekt Dipl.-Ing. Alexander Böhm; Heidelberg

veröffentlicht: BKI Objektdaten N10

Doppel- und Reihenendhäuser, hoher Standard

Kostenkennwerte für die Kosten des Bauwerks (Kostengruppen 300+400 nach DIN 276)

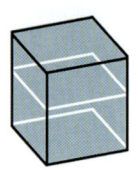

BRI 420 €/m³
von 395 €/m³
bis 470 €/m³

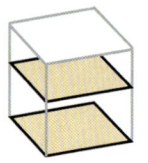

BGF 1.250 €/m²
von 1.140 €/m²
bis 1.490 €/m²

NUF 1.850 €/m²
von 1.620 €/m²
bis 2.180 €/m²

NE 1.990 €/NE
von 1.620 €/NE
bis 2.290 €/NE
NE: Wohnfläche

Kosten:
Stand 1. Quartal 2018
Bundesdurchschnitt
inkl. 19% MwSt.

Objektbeispiele

6100-0728
6100-0688
6100-0966
6100-1296
6100-0663
6100-0595

Kosten der 10 Vergleichsobjekte — Seiten 466 bis 468

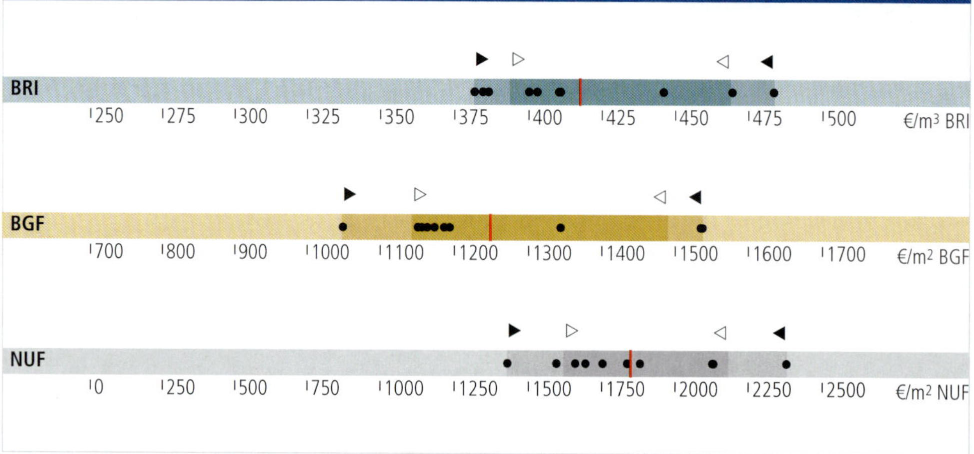

- ● KKW
- ▶ min
- ▷ von
- | Mittelwert
- ◁ bis
- ◀ max

BRI: €/m³ BRI (Skala 250–500)
BGF: €/m² BGF (Skala 700–1700)
NUF: €/m² NUF (Skala 0–2500)

© BKI Baukosteninformationszentrum; Erläuterungen zu den Tabellen siehe Seite 46
Kosten: 1. Quartal 2018, Bundesdurchschnitt, **inkl. 19% MwSt.**

Kostenkennwerte für die Kostengruppen der 1. und 2. Ebene DIN 276

KG	Kostengruppen der 1. Ebene	Einheit	▷	€/Einheit	◁	▷	% an 300+400	◁
100	Grundstück	m² GF	–	–	–	–	–	–
200	Herrichten und Erschließen	m² GF	11	**27**	58	1,4	**3,5**	7,5
300	Bauwerk - Baukonstruktionen	m² BGF	877	**994**	1.145	75,5	**79,6**	82,6
400	Bauwerk - Technische Anlagen	m² BGF	194	**254**	297	17,4	**20,4**	24,5
	Bauwerk (300+400)	m² BGF	1.143	**1.249**	1.490		**100,0**	
500	Außenanlagen	m² AF	46	**118**	187	3,9	**8,0**	10,4
600	Ausstattung und Kunstwerke	m² BGF	2	**9**	24	0,1	**0,6**	1,6
700	Baunebenkosten*	m² BGF	318	**355**	391	25,5	**28,5**	31,4	◁ NEU

* Auf Grundlage der HOAI 2013 berechnete Werte nach §§ 35, 52, 56. Weitere Informationen siehe Seite 50

KG	Kostengruppen der 2. Ebene	Einheit	▷	€/Einheit	◁	▷	% an 300	◁
310	Baugrube	m³ BGI	20	**27**	38	0,2	**2,5**	3,9
320	Gründung	m² GRF	180	**214**	274	5,4	**7,7**	9,1
330	Außenwände	m² AWF	321	**374**	462	27,5	**36,6**	41,6
340	Innenwände	m² IWF	159	**188**	211	11,1	**15,6**	20,1
350	Decken	m² DEF	261	**315**	374	13,9	**19,2**	24,4
360	Dächer	m² DAF	251	**319**	381	11,7	**14,5**	19,8
370	Baukonstruktive Einbauten	m² BGF	7	**15**	24	0,0	**0,5**	1,5
390	Sonstige Baukonstruktionen	m² BGF	15	**33**	42	1,3	**3,4**	4,5
300	**Bauwerk Baukonstruktionen**	**m² BGF**					**100,0**	

KG	Kostengruppen der 2. Ebene	Einheit	▷	€/Einheit	◁	▷	% an 400	◁
410	Abwasser, Wasser, Gas	m² BGF	67	**86**	125	25,4	**33,3**	41,4
420	Wärmeversorgungsanlagen	m² BGF	87	**105**	136	33,1	**41,2**	49,1
430	Lufttechnische Anlagen	m² BGF	8	**17**	28	0,5	**5,9**	9,9
440	Starkstromanlagen	m² BGF	32	**47**	79	14,3	**17,5**	30,9
450	Fernmeldeanlagen	m² BGF	4	**5**	9	1,2	**2,2**	3,2
460	Förderanlagen	m² BGF	–	–	–	–	–	–
470	Nutzungsspezifische Anlagen	m² BGF	–	–	–	–	–	–
480	Gebäudeautomation	m² BGF	–	–	–	–	–	–
490	Sonstige Technische Anlagen	m² BGF	–	–	–	–	–	–
400	**Bauwerk Technische Anlagen**	**m² BGF**					**100,0**	

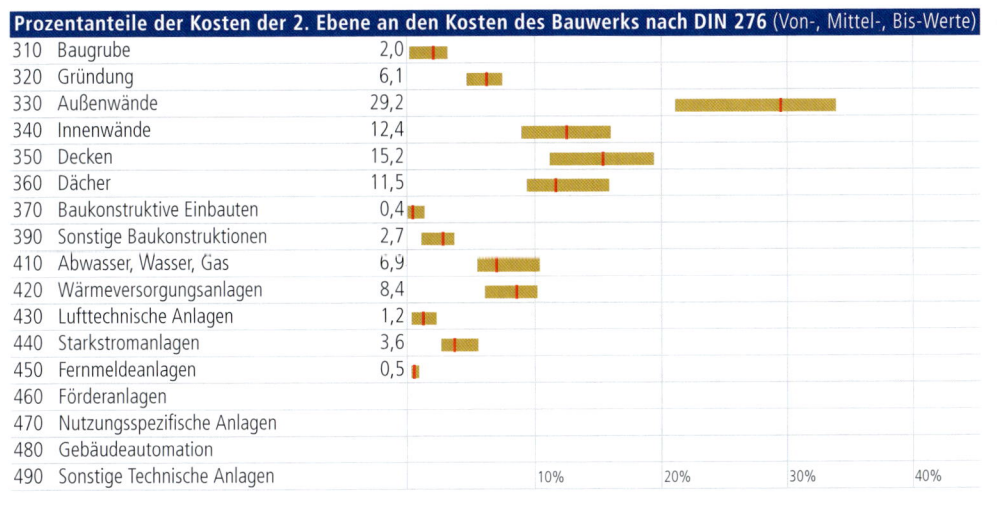

Prozentanteile der Kosten der 2. Ebene an den Kosten des Bauwerks nach DIN 276 (Von-, Mittel-, Bis-Werte)

KG	Kostengruppe	%
310	Baugrube	2,0
320	Gründung	6,1
330	Außenwände	29,2
340	Innenwände	12,4
350	Decken	15,2
360	Dächer	11,5
370	Baukonstruktive Einbauten	0,4
390	Sonstige Baukonstruktionen	2,7
410	Abwasser, Wasser, Gas	6,9
420	Wärmeversorgungsanlagen	8,4
430	Lufttechnische Anlagen	1,2
440	Starkstromanlagen	3,6
450	Fernmeldeanlagen	0,5
460	Förderanlagen	
470	Nutzungsspezifische Anlagen	
480	Gebäudeautomation	
490	Sonstige Technische Anlagen	

© **BKI** Baukosteninformationszentrum; Erläuterungen zu den Tabellen siehe Seite 48 und 50   Kosten: 1.Quartal 2018, Bundesdurchschnitt, **inkl. 19% MwSt.**

Doppel- und Reihenendhäuser, hoher Standard

Kosten:
Stand 1. Quartal 2018
Bundesdurchschnitt
inkl. 19% MwSt.

- ● KKW
- ▶ min
- ▷ von
- | Mittelwert
- ◁ bis
- ◀ max

Kostenkennwerte für Leistungsbereiche nach StLB (Kosten des Bauwerks nach DIN 276)

LB	Leistungsbereiche	▷	€/m² BGF	◁	▷	% an 300+400	◁
000	Sicherheits-, Baustelleneinrichtungen inkl. 001	10	32	43	0,8	2,5	3,5
002	Erdarbeiten	2	29	47	0,2	2,3	3,7
006	Spezialtiefbauarbeiten inkl. 005	–	–	–	–	–	–
009	Entwässerungskanalarbeiten inkl. 011	1	5	14	0,1	0,4	1,1
010	Drän- und Versickerungsarbeiten	0	3	7	0,0	0,2	0,6
012	Mauerarbeiten	26	89	160	2,1	7,1	12,8
013	Betonarbeiten	83	133	214	6,6	10,7	17,2
014	Natur-, Betonwerksteinarbeiten	1	5	14	0,0	0,4	1,1
016	Zimmer- und Holzbauarbeiten	51	200	344	4,1	16,0	27,5
017	Stahlbauarbeiten	1	6	17	0,1	0,4	1,3
018	Abdichtungsarbeiten	1	6	18	0,1	0,5	1,5
020	Dachdeckungsarbeiten	9	27	62	0,7	2,2	5,0
021	Dachabdichtungsarbeiten	0	23	49	0,0	1,9	3,9
022	Klempnerarbeiten	12	18	21	1,0	1,4	1,7
	Rohbau	504	575	712	40,3	46,1	57,0
023	Putz- und Stuckarbeiten, Wärmedämmsysteme	16	62	101	1,3	4,9	8,1
024	Fliesen- und Plattenarbeiten	13	23	36	1,1	1,8	2,9
025	Estricharbeiten	1	13	21	0,0	1,1	1,7
026	Fenster, Außentüren inkl. 029, 032	65	90	100	5,2	7,2	8,0
027	Tischlerarbeiten	30	44	69	2,4	3,5	5,5
028	Parkettarbeiten, Holzpflasterarbeiten	28	52	107	2,3	4,2	8,5
030	Rollladenarbeiten	3	20	30	0,2	1,6	2,4
031	Metallbauarbeiten inkl. 035	3	44	86	0,2	3,6	6,9
034	Maler- und Lackiererarbeiten inkl. 037	11	26	36	0,9	2,1	2,9
036	Bodenbelagarbeiten	0	2	2	0,0	0,2	0,2
038	Vorgehängte hinterlüftete Fassaden	0	22	79	0,0	1,8	6,3
039	Trockenbauarbeiten	8	39	83	0,6	3,1	6,6
	Ausbau	322	438	537	25,8	35,1	43,0
040	Wärmeversorgungsanl. - Betriebseinr. inkl. 041	74	95	119	6,0	7,6	9,5
042	Gas- und Wasserinstallation, Leitungen inkl. 043	4	18	27	0,4	1,5	2,1
044	Abwasserinstallationsarbeiten - Leitungen	10	26	57	0,8	2,1	4,6
045	GWA-Einrichtungsgegenstände inkl. 046	21	29	44	1,7	2,3	3,5
047	Dämmarbeiten an betriebstechnischen Anlagen	0	3	8	0,0	0,3	0,6
049	Feuerlöschanlagen, Feuerlöschgeräte	–	–	–	–	–	–
050	Blitzschutz- und Erdungsanlagen	0	2	4	0,0	0,2	0,3
052	Mittelspannungsanlagen	–	0	–	–	0,0	–
053	Niederspannungsanlagen inkl. 054	27	39	56	2,1	3,1	4,5
055	Ersatzstromversorgungsanlagen	–	–	–	–	–	–
057	Gebäudesystemtechnik	–	–	–	–	–	–
058	Leuchten und Lampen inkl. 059	0	4	9	0,0	0,3	0,7
060	Elektroakustische Anlagen, Sprechanlagen	1	2	3	0,1	0,2	0,2
061	Kommunikationsnetze, inkl. 062	1	3	8	0,0	0,2	0,6
063	Gefahrenmeldeanlagen	–	–	–	–	–	–
069	Aufzüge	–	–	–	–	–	–
070	Gebäudeautomation	–	–	–	–	–	–
075	Raumlufttechnische Anlagen	4	14	27	0,3	1,2	2,2
	Technische Anlagen	196	236	260	15,7	18,9	20,8
	Sonstige Leistungsbereiche inkl. 008, 033, 051	–	1	–	–	0,1	–

Planungskennwerte für Flächen und Rauminhalte nach DIN 277

Grundflächen			▷ Fläche/NUF (%) ◁			▷ Fläche/BGF (%) ◁		
NUF	Nutzungsfläche			100,0		66,2	67,6	69,7
TF	Technikfläche		3,8	4,7	5,4	2,6	3,2	3,5
VF	Verkehrsfläche		13,2	15,5	17,2	9,3	10,5	11,6
NRF	Netto-Raumfläche		118,0	120,1	122,7	79,5	81,3	81,8
KGF	Konstruktions-Grundfläche		26,8	27,7	30,7	18,2	18,7	20,5
BGF	Brutto-Grundfläche		144,1	147,8	151,7		100,0	

Brutto-Rauminhalte			▷ BRI/NUF (m) ◁			▷ BRI/BGF (m) ◁		
BRI	Brutto-Rauminhalt		4,20	4,41	4,72	2,91	2,98	3,15

Flächen von Nutzeinheiten			▷ NUF/Einheit (m²) ◁			▷ BGF/Einheit (m²) ◁		
Nutzeinheit: Wohnfläche			0,99	1,05	1,08	1,48	1,56	1,65

Lufttechnisch behandelte Flächen			▷ Fläche/NUF (%) ◁			▷ Fläche/BGF (%) ◁		
Entlüftete Fläche			–	91,0	–	–	61,6	–
Be- und entlüftete Fläche			–	–	–	–	–	–
Teilklimatisierte Fläche			–	–	–	–	–	–
Klimatisierte Fläche			–	–	–	–	–	–

KG	Kostengruppen (2. Ebene)	Einheit	▷ Menge/NUF ◁			▷ Menge/BGF ◁		
310	Baugrube	m³ BGI	1,26	1,74	1,87	0,86	1,19	1,33
320	Gründung	m² GRF	0,50	0,54	0,64	0,34	0,36	0,42
330	Außenwände	m² AWF	1,27	1,56	1,76	0,85	1,04	1,17
340	Innenwände	m² IWF	1,06	1,25	1,52	0,71	0,85	1,05
350	Decken	m² DEF	0,82	0,88	0,97	0,54	0,60	0,63
360	Dächer	m² DAF	0,62	0,68	0,73	0,42	0,46	0,49
370	Baukonstruktive Einbauten	m² BGF	1,44	1,48	1,52		1,00	
390	Sonstige Baukonstruktionen	m² BGF	1,44	1,48	1,52		1,00	
300	Bauwerk-Baukonstruktionen	m² BGF	1,44	1,48	1,52		1,00	

Planungskennwerte für Bauzeiten

10 Vergleichsobjekte

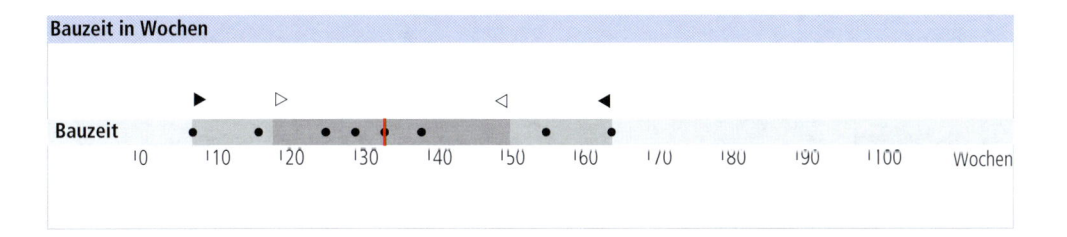

Bauzeit in Wochen

Bauzeit: 0–100 Wochen

© BKI Baukosteninformationszentrum; Erläuterungen zu den Tabellen siehe Seite 54   Kosten: 1.Quartal 2018, Bundesdurchschnitt, inkl. 19% MwSt.

Doppel- und Reihenendhäuser, hoher Standard

€/m² BGF
min	1.050	€/m²
von	1.145	€/m²
Mittel	1.250	€/m²
bis	1.490	€/m²
max	1.535	€/m²

Kosten:
Stand 1.Quartal 2018
Bundesdurchschnitt
inkl. 19% MwSt.

Objektübersicht zur Gebäudeart

6100-1296 Doppelhaus (2 WE) — BRI 1.070m³ — BGF 310m² — NUF 200m²

Doppelhaus (211m² WFL). Massivbau.

Land: Thüringen
Kreis: Weimar
Standard: über Durchschnitt
Bauzeit: 65 Wochen
Kennwerte: bis 1.Ebene DIN276

BGF 1.535 €/m²

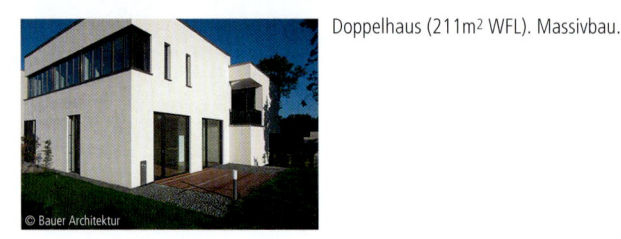

Planung: Bauer Architektur; Weimar

veröffentlicht: BKI Objektdaten N15

6100-1238 Wohnhäuser (2 WE), Garage* — BRI 1.468m³ — BGF 506m² — NUF 392m²

Wohnhäuser mit 2 WE (279m² WFL) und Garage (2 STP). Mauerwerksbau.

Land: Hessen
Kreis: Main-Kinzig-Kreis
Standard: über Durchschnitt
Bauzeit: 65 Wochen
Kennwerte: bis 1.Ebene DIN276

BGF 2.450 €/m²

Planung: hkr.architekten gmbh hänsel + rollmann; Gelnhausen

veröffentlicht: BKI Objektdaten N15
*Nicht in der Auswertung enthalten

6100-0966 Doppelhaushälfte - KfW 85 — BRI 763m³ — BGF 262m² — NUF 167m²

Einfamilien-Doppelhaushälfte, KfW 85 (143m² WFL). Massivbau.

Land: Baden-Württemberg
Kreis: Freiburg im Breisgau, Stadt
Standard: über Durchschnitt
Bauzeit: 30 Wochen
Kennwerte: bis 3.Ebene DIN276

BGF 1.173 €/m²

Planung: Werkgruppe Freiburg Architekten; Freiburg

veröffentlicht: BKI Objektdaten E5

6100-0845 Reihenendhaus* — BRI 766m³ — BGF 278m² — NUF 195m²

Reihenendhaus (210m² WFL). Mauerwerksbau.

Land: Saarland
Kreis: Saarbrücken
Standard: über Durchschnitt
Bauzeit: 56 Wochen
Kennwerte: bis 3.Ebene DIN276

BGF 1.998 €/m²

Planung: Lauer - Architekten; Saarbrücken

veröffentlicht: BKI Objektdaten N11
*Nicht in der Auswertung enthalten

Objektübersicht zur Gebäudeart

6100-0663 Doppelhaushälfte - KfW 40   BRI 660m³   BGF 233m²   NUF 160m²

Doppelhaushälfte, teilunterkellert, Massivholzbauweise, Bauzeit vier Monate durch Elementbauweise. Brettsperrholz-Massivwände; Stb-Filigrandecke, Brettsperrholz-Deckenelemente; Brettsperrholz-Dachelemente.

Land: Bayern
Kreis: Landsberg a. Lech
Standard: über Durchschnitt
Bauzeit: 17 Wochen
Kennwerte: bis 4.Ebene DIN276

BGF 1.163 €/m²

Planung: Büro Architekten GrundRiss Gerhard Ringler; Landsberg am Lech
veröffentlicht: BKI Objektdaten E4

6100-0728 Doppelhaus   BRI 1.375m³   BGF 490m²   NUF 340m²

Neubau Doppelhaus mit 2 Wohneinheiten und je 1 Garage für jede Haushälfte. Massivbau.

Land: Baden-Württemberg
Kreis: Esslingen a.N.
Standard: über Durchschnitt
Bauzeit: 34 Wochen
Kennwerte: bis 3.Ebene DIN276

BGF 1.150 €/m²

Planung: Architekturbüro Mesch-Fehrle; Aichtal-Grötzingen
veröffentlicht: BKI Objektdaten N12

6100-0688 Reihenendhaus mit Wärmepumpe   BRI 548m³   BGF 183m²   NUF 132m²

Reihenendhaus mit einer Wohneinheit, gemeinsame Technikzentrale mit Wärmepumpen für drei Wohneinheiten. Stb-Fertigteilwände; Stb-Decken; Stb-Massivdach.

Land: Baden-Württemberg
Kreis: Karlsruhe
Standard: über Durchschnitt
Bauzeit: 8 Wochen
Kennwerte: bis 1.Ebene DIN276

BGF 1.156 €/m²

Planung: Architektur & Projektentwicklung GmbH; Dielheim
veröffentlicht: BKI Objektdaten N9

6100-0595 Doppelhaushälfte - KfW 40   BRI 487m³   BGF 170m²   NUF 107m²

Doppelhaushälfte aus natürlichen Baustoffen, Lehm, Holz, Poroton. Mauerwerksbau, Lehminnenwände mit Stb-Decken und Holzdachkonstruktion.

Land: Berlin
Kreis: Berlin
Standard: über Durchschnitt
Bauzeit: 34 Wochen
Kennwerte: bis 3.Ebene DIN276

BGF 1.343 €/m²

Planung: Architekturbüro Dipl.-Ing. Joachim Dettki; Berlin
veröffentlicht: BKI Objektdaten N8

Doppel- und Reihenendhäuser, hoher Standard

€/m² BGF

min	1.050 €/m²
von	1.145 €/m²
Mittel	**1.250 €/m²**
bis	1.490 €/m²
max	1.535 €/m²

Kosten:
Stand 1.Quartal 2018
Bundesdurchschnitt
inkl. 19% MwSt.

Objektübersicht zur Gebäudeart

6100-0494 Doppelhaus — BRI 1.736m³ | BGF 546m² | NUF 394m²

Doppelhaus (337m² WFL); Erdgeschoss als Wohnbereich mit offener Küche und offener Treppe ins Obergeschoss. Mauerwerksbau.

Land: Hessen
Kreis: Darmstadt
Standard: über Durchschnitt
Bauzeit: 39 Wochen
Kennwerte: bis 3.Ebene DIN276

BGF 1.537 €/m²

Planung: F+R Architekten Prof. Florian Fink BDA; Bickenbach an der Bergstraße

veröffentlicht: BKI Objektdaten N9

6100-0394 Doppelhaushälfte - Niedrigenergie — BRI 611m³ | BGF 204m² | NUF 130m²

Doppelhaushälfte, nicht unterkellert; Niedrigenergiehausstandard. Mauerwerksbau.

Land: Baden-Württemberg
Kreis: Rhein-Neckar
Standard: über Durchschnitt
Bauzeit: 30 Wochen
Kennwerte: bis 1.Ebene DIN276

BGF 1.194 €/m²

Planung: Thomas Fabrinsky Dipl.-Ing. Freier Architekt; Karlsruhe

veröffentlicht: BKI Objektdaten E1

6100-0273 Doppelhaus (2 WE) — BRI 1.718m³ | BGF 625m² | NUF 459m²

Doppelwohnhaus mit zwei Wohneinheiten (284m² WFL II.BVO), vollunterkellert. Mauerwerksbau.

Land: Hamburg
Kreis: Hamburg
Standard: über Durchschnitt
Bauzeit: 56 Wochen
Kennwerte: bis 1.Ebene DIN276

BGF 1.050 €/m²

Planung: Planungsgruppe Nord Architekten . Ingenieure . Stadtplaner; Hamburg

veröffentlicht: BKI Objektdaten N3

6100-0212 Doppelhaushälfte Holzrahmenbau — BRI 564m³ | BGF 182m² | NUF 123m²

Doppelhaushälfte, nicht unterkellert, Wohnebene mit offener Küche; Schlafräume in Obergeschossen. Holzrahmenbau.

Land: Baden-Württemberg
Kreis: Enz, Pforzheim
Standard: über Durchschnitt
Bauzeit: 26 Wochen
Kennwerte: bis 4.Ebene DIN276

BGF 1.186 €/m²

Planung: Kottkamp & Schneider Freie Architekten VFA; Stuttgart

veröffentlicht: BKI Objektdaten N1

Wohnen

Arbeitsblatt zur Standardeinordnung bei Reihenhäusern

Kosten:
Stand 1. Quartal 2018
Bundesdurchschnitt
inkl. 19% MwSt.

Kostenkennwerte für die Kosten des Bauwerks (Kostengruppen 300+400 nach DIN 276)

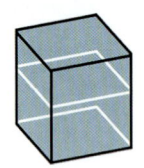

BRI 335 €/m³
von 285 €/m³
bis 405 €/m³

BGF 1.010 €/m²
von 850 €/m²
bis 1.240 €/m²

NUF 1.410 €/m²
von 1.110 €/m²
bis 1.810 €/m²

NE 1.650 €/NE
von 1.280 €/NE
bis 1.970 €/NE
NE: Wohnfläche

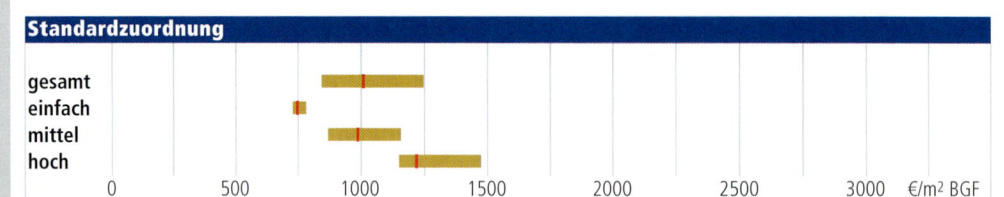

Standardzuordnung

(Diagramm: gesamt, einfach, mittel, hoch — Skala 0 bis 3000 €/m² BGF)

- ● Kostenkennwert
- ▶ min
- ▷ von
- | Mittelwert
- ◁ bis
- ◀ max

Standardeinordnung für Ihr Projekt:

KG	Kostengruppen der 2. Ebene	niedrig	mittel	hoch	Punkte
310	Baugrube				
320	Gründung	1	2	3	
330	Außenwände	6	8	9	
340	Innenwände	3	4	5	
350	Decken	5	5	7	
360	Dächer	3	3	4	
370	Baukonstruktive Einbauten	0	0	0	
390	Sonstige Baukonstruktionen				
410	Abwasser, Wasser, Gas	2	2	3	
420	Wärmeversorgungsanlagen	2	2	3	
430	Lufttechnische Anlagen	0	1	1	
440	Starkstromanlagen	1	1	1	
450	Fernmeldeanlagen	0	0	0	
460	Förderanlagen	0	0	0	
470	Nutzungsspezifische Anlagen	0	0	0	
480	Gebäudeautomation	0	0	0	
490	Sonstige Technische Anlagen				

Punkte: 23 bis 26 = einfach   27 bis 32 = mittel   33 bis 36 = hoch   **Ihr Projekt (Summe):**

Erläuterung:
Obenstehende Tabelle soll Ihnen die Zuordnung zu den Gebäudearten mit einfachem, mittlerem und hohem Standard erleichtern. Schätzen Sie für jedes Grobelement ab, ob die Aufwendungen niedrig, mittel oder hoch sein werden und übertragen Sie die Punkte in die rechte Spalte. Bilden Sie die Summe der rechten Spalte und ordnen Sie Ihr Projekt nach dem Schema der untersten Zeile ein. Nehmen Sie dieses Schema auch als Hinweis darauf, bei welchen Kostengruppen Sie den Mittelwert nach oben oder unten anpassen sollten.

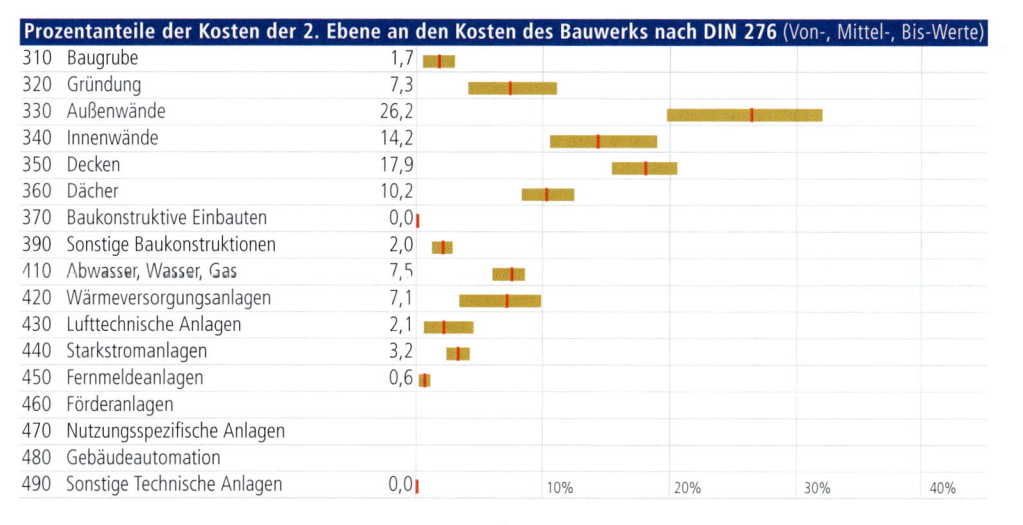

Kostenkennwerte für die Kostengruppen der 1. und 2. Ebene DIN 276

KG	Kostengruppen der 1. Ebene	Einheit	▷	€/Einheit	◁	▷	% an 300+400	◁
100	Grundstück	m² GF	–	–	–			
200	Herrichten und Erschließen	m² GF	13	**32**	57	1,3	**3,2**	5,1
300	Bauwerk - Baukonstruktionen	m² BGF	664	**810**	972	76,1	**80,5**	85,2
400	Bauwerk - Technische Anlagen	m² BGF	144	**198**	279	14,8	**19,5**	23,9
	Bauwerk (300+400)	m² BGF	846	**1.009**	1.244		**100,0**	
500	Außenanlagen	m² AF	26	**69**	96	3,4	**5,7**	8,7
600	Ausstattung und Kunstwerke	m² BGF	1	**31**	91	0,1	**2,7**	7,9
700	Baunebenkosten*	m² BGF	232	**258**	285	23,1	**25,7**	28,4 ◁ NEU

* Auf Grundlage der HOAI 2013 berechnete Werte nach §§ 35, 52, 56, 40. Weitere Informationen siehe Seite 50

KG	Kostengruppen der 2. Ebene	Einheit	▷	€/Einheit	◁	▷	% an 300	◁
310	Baugrube	m³ BGI	12	**31**	48	0,6	**2,1**	3,6
320	Gründung	m² GRF	135	**216**	319	5,1	**9,3**	14,1
330	Außenwände	m² AWF	255	**324**	434	25,0	**32,8**	38,8
340	Innenwände	m² IWF	116	**148**	187	13,2	**17,9**	23,4
350	Decken	m² DEF	201	**269**	380	18,6	**22,6**	25,2
360	Dächer	m² DAF	154	**271**	389	10,8	**12,8**	16,2
370	Baukonstruktive Einbauten	m² BGF	–	**1**	–	–	**0,0**	–
390	Sonstige Baukonstruktionen	m² BGF	11	**21**	33	1,5	**2,5**	3,5
300	**Bauwerk Baukonstruktionen**	**m² BGF**					**100,0**	

KG	Kostengruppen der 2. Ebene	Einheit	▷	€/Einheit	◁	▷	% an 400	◁
410	Abwasser, Wasser, Gas	m² BGF	54	**75**	96	31,6	**36,7**	40,3
420	Wärmeversorgungsanlagen	m² BGF	61	**81**	139	16,2	**33,5**	42,8
430	Lufttechnische Anlagen	m² BGF	4	**26**	45	2,7	**10,7**	25,1
440	Starkstromanlagen	m² BGF	23	**32**	39	12,2	**16,1**	22,4
450	Fernmeldeanlagen	m² BGF	5	**8**	13	0,7	**3,0**	4,9
460	Förderanlagen	m² BGF	–	–	–	–	–	–
470	Nutzungsspezifische Anlagen	m² BGF	–	–	–	–	–	–
480	Gebäudeautomation	m² BGF	–	–	–	–	–	–
490	Sonstige Technische Anlagen	m² BGF	1	**1**	1	0,0	**0,1**	0,5
400	**Bauwerk Technische Anlagen**	**m² BGF**					**100,0**	

Prozentanteile der Kosten der 2. Ebene an den Kosten des Bauwerks nach DIN 276 (Von-, Mittel-, Bis-Werte)

KG		Mittelwert
310	Baugrube	1,7
320	Gründung	7,3
330	Außenwände	26,2
340	Innenwände	14,2
350	Decken	17,9
360	Dächer	10,2
370	Baukonstruktive Einbauten	0,0
390	Sonstige Baukonstruktionen	2,0
410	Abwasser, Wasser, Gas	7,5
420	Wärmeversorgungsanlagen	7,1
430	Lufttechnische Anlagen	2,1
440	Starkstromanlagen	3,2
450	Fernmeldeanlagen	0,6
460	Förderanlagen	
470	Nutzungsspezifische Anlagen	
480	Gebäudeautomation	
490	Sonstige Technische Anlagen	0,0

© BKI Baukosteninformationszentrum; Erläuterungen zu den Tabellen siehe Seite 48 und 50   Kosten: 1.Quartal 2018, Bundesdurchschnitt, inkl. 19% MwSt.

Reihenhäuser

Kostenkennwerte für Leistungsbereiche nach StLB (Kosten des Bauwerks nach DIN 276)

Kosten: Stand 1. Quartal 2018, Bundesdurchschnitt inkl. 19% MwSt.

LB	Leistungsbereiche	▷	€/m² BGF	◁	▷	% an 300+400	◁
000	Sicherheits-, Baustelleneinrichtungen inkl. 001	10	**17**	23	1,0	**1,7**	2,3
002	Erdarbeiten	15	**25**	40	1,4	**2,5**	4,0
006	Spezialtiefbauarbeiten inkl. 005	–	**4**	–	–	**0,4**	–
009	Entwässerungskanalarbeiten inkl. 011	1	**5**	10	0,1	**0,5**	1,0
010	Drän- und Versickerungsarbeiten	0	**2**	9	0,0	**0,2**	0,9
012	Mauerarbeiten	14	**58**	116	1,4	**5,7**	11,5
013	Betonarbeiten	89	**163**	331	8,8	**16,2**	32,8
014	Natur-, Betonwerksteinarbeiten	1	**5**	11	0,1	**0,5**	1,1
016	Zimmer- und Holzbauarbeiten	26	**116**	253	2,6	**11,5**	25,1
017	Stahlbauarbeiten	0	**2**	11	0,0	**0,2**	1,1
018	Abdichtungsarbeiten	1	**4**	8	0,1	**0,4**	0,8
020	Dachdeckungsarbeiten	2	**22**	49	0,2	**2,2**	4,9
021	Dachabdichtungsarbeiten	5	**18**	47	0,5	**1,7**	4,7
022	Klempnerarbeiten	9	**14**	23	0,9	**1,4**	2,2
	Rohbau	404	**456**	511	40,0	**45,2**	50,7
023	Putz- und Stuckarbeiten, Wärmedämmsysteme	17	**42**	90	1,7	**4,1**	8,9
024	Fliesen- und Plattenarbeiten	17	**25**	40	1,7	**2,5**	3,9
025	Estricharbeiten	19	**25**	30	1,9	**2,4**	2,9
026	Fenster, Außentüren inkl. 029, 032	54	**75**	99	5,4	**7,4**	9,8
027	Tischlerarbeiten	17	**32**	61	1,7	**3,2**	6,0
028	Parkettarbeiten, Holzpflasterarbeiten	3	**27**	50	0,3	**2,7**	4,9
030	Rollladenarbeiten	0	**11**	19	0,0	**1,1**	1,9
031	Metallbauarbeiten inkl. 035	6	**29**	60	0,6	**2,9**	5,9
034	Maler- und Lackiererarbeiten inkl. 037	18	**25**	39	1,7	**2,5**	3,9
036	Bodenbelagarbeiten	2	**13**	29	0,2	**1,3**	2,8
038	Vorgehängte hinterlüftete Fassaden	0	**9**	39	0,0	**0,9**	3,9
039	Trockenbauarbeiten	21	**47**	88	2,0	**4,7**	8,7
	Ausbau	303	**360**	390	30,1	**35,7**	38,7
040	Wärmeversorgungsanl. - Betriebseinr. inkl. 041	30	**63**	87	3,0	**6,2**	8,6
042	Gas- und Wasserinstallation, Leitungen inkl. 043	16	**23**	51	1,6	**2,3**	5,1
044	Abwasserinstallationsarbeiten - Leitungen	10	**13**	18	1,0	**1,3**	1,8
045	GWA-Einrichtungsgegenstände inkl. 046	15	**24**	33	1,5	**2,4**	3,2
047	Dämmarbeiten an betriebstechnischen Anlagen	3	**8**	22	0,3	**0,8**	2,2
049	Feuerlöschanlagen, Feuerlöschgeräte	–	**–**	–	–	**–**	–
050	Blitzschutz- und Erdungsanlagen	0	**1**	2	0,0	**0,1**	0,2
052	Mittelspannungsanlagen	–	**–**	–	–	**–**	–
053	Niederspannungsanlagen inkl. 054	20	**29**	40	2,0	**2,9**	3,9
055	Ersatzstromversorgungsanlagen	–	**–**	–	–	**–**	–
057	Gebäudesystemtechnik	–	**–**	–	–	**–**	–
058	Leuchten und Lampen inkl. 059	0	**1**	5	0,0	**0,1**	0,5
060	Elektroakustische Anlagen, Sprechanlagen	0	**1**	2	0,0	**0,1**	0,2
061	Kommunikationsnetze, inkl. 062	1	**3**	7	0,1	**0,3**	0,7
063	Gefahrenmeldeanlagen	0	**1**	5	0,0	**0,1**	0,4
069	Aufzüge	–	**–**	–	–	**–**	–
070	Gebäudeautomation	–	**–**	–	–	**–**	–
075	Raumlufttechnische Anlagen	7	**21**	39	0,7	**2,1**	3,8
	Technische Anlagen	156	**190**	213	15,5	**18,8**	21,1
	Sonstige Leistungsbereiche inkl. 008, 033, 051	1	**3**	8	0,1	**0,3**	0,8

- ● Kostenkennwert
- ▶ min
- ▷ von
- | Mittelwert
- ◁ bis
- ◀ max

© BKI Baukosteninformationszentrum; Erläuterungen zu den Tabellen siehe Seite 52

Kosten: 1. Quartal 2018, Bundesdurchschnitt, inkl. 19% MwSt.

Planungskennwerte für Flächen und Rauminhalte nach DIN 277

Grundflächen			▷	Fläche/NUF (%)	◁	▷	Fläche/BGF (%)	◁
NUF	Nutzungsfläche			100,0		68,7	72,2	75,3
TF	Technikfläche		2,2	2,9	4,7	1,6	2,1	3,1
VF	Verkehrsfläche		9,3	11,6	14,2	6,6	8,4	9,7
NRF	Netto-Raumfläche		111,5	114,5	118,2	78,0	82,6	84,3
KGF	Konstruktions-Grundfläche		21,8	24,1	33,8	15,7	17,4	22,0
BGF	Brutto-Grundfläche		134,0	138,6	147,3		100,0	

Brutto-Rauminhalte			▷	BRI/NUF (m)	◁	▷	BRI/BGF (m)	◁
BRI	Brutto-Rauminhalt		3,88	4,15	4,54	2,87	2,99	3,09

Flächen von Nutzeinheiten			▷	NUF/Einheit (m²)	◁	▷	BGF/Einheit (m²)	◁
Nutzeinheit: Wohnfläche			1,07	1,15	1,38	1,50	1,60	1,84

Lufttechnisch behandelte Flächen			▷	Fläche/NUF (%)	◁	▷	Fläche/BGF (%)	◁
Entlüftete Fläche			50,8	50,8	50,8	33,9	33,9	33,9
Be- und entlüftete Fläche			93,2	93,2	98,5	64,6	64,6	73,6
Teilklimatisierte Fläche			–	–	–	–	–	–
Klimatisierte Fläche			–	–	–	–	–	–

KG	Kostengruppen (2. Ebene)	Einheit	▷	Menge/NUF	◁	▷	Menge/BGF	◁
310	Baugrube	m³ BGI	0,68	1,01	1,31	0,51	0,74	0,97
320	Gründung	m² GRF	0,39	0,45	0,53	0,29	0,33	0,37
330	Außenwände	m² AWF	0,90	1,15	1,21	0,64	0,84	0,94
340	Innenwände	m² IWF	1,21	1,33	1,49	0,90	0,98	1,15
350	Decken	m² DEF	0,89	0,92	0,95	0,65	0,68	0,72
360	Dächer	m² DAF	0,50	0,57	0,81	0,38	0,41	0,55
370	Baukonstruktive Einbauten	m² BGF	1,34	1,39	1,47		1,00	
390	Sonstige Baukonstruktionen	m² BGF	1,34	1,39	1,47		1,00	
300	Bauwerk-Baukonstruktionen	m² BGF	1,34	1,39	1,47		1,00	

Planungskennwerte für Bauzeiten

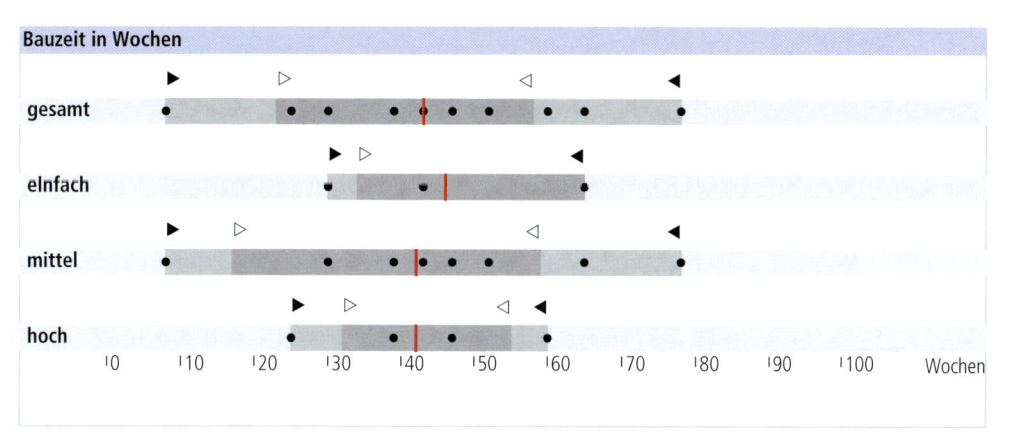

Bauzeit in Wochen

- gesamt
- einfach
- mittel
- hoch

Skala: 10, 20, 30, 40, 50, 60, 70, 80, 90, 100 Wochen

© BKI Baukosteninformationszentrum; Erläuterungen zu den Tabellen siehe Seite 54   Kosten: 1.Quartal 2018, Bundesdurchschnitt, inkl. 19% MwSt.

Reihenhäuser, einfacher Standard

Kostenkennwerte für die Kosten des Bauwerks (Kostengruppen 300+400 nach DIN 276)

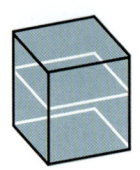

BRI 260 €/m³
von 230 €/m³
bis 275 €/m³

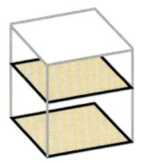

BGF 750 €/m²
von 730 €/m²
bis 780 €/m²

NUF 950 €/m²
von 900 €/m²
bis 970 €/m²

NE 1.000 €/NE
von 1.000 €/NE
bis 1.000 €/NE
NE: Wohnfläche

Kosten:
Stand 1.Quartal 2018
Bundesdurchschnitt
inkl. 19% MwSt.

Objektbeispiele

6100-0929

6100-0254

6100-0929

Kosten der 3 Vergleichsobjekte — Seiten 478 bis 478

- ● KKW
- ▶ min
- ▷ von
- | Mittelwert
- ◁ bis
- ◀ max

BRI: €/m³ BRI (Skala 100–350)
BGF: €/m² BGF (Skala 500–1000)
NUF: €/m² NUF (Skala 400–1400)

© BKI Baukosteninformationszentrum; Erläuterungen zu den Tabellen siehe Seite 46
Kosten: 1.Quartal 2018, Bundesdurchschnitt, **inkl. 19% MwSt.**

Kostenkennwerte für die Kostengruppen der 1. und 2. Ebene DIN 276

KG	Kostengruppen der 1. Ebene	Einheit	▷	€/Einheit	◁	▷	% an 300+400	◁
100	Grundstück	m² GF	–	–	–	–	–	–
200	Herrichten und Erschließen	m² GF	–	3	–	–	0,3	–
300	Bauwerk - Baukonstruktionen	m² BGF	576	**592**	624	75,9	**79,3**	85,1
400	Bauwerk - Technische Anlagen	m² BGF	109	**155**	186	14,9	**20,7**	24,1
	Bauwerk (300+400)	m² BGF	731	**748**	780		**100,0**	
500	Außenanlagen	m² AF	37	**57**	96	1,3	**5,7**	8,4
600	Ausstattung und Kunstwerke	m² BGF	–	**0**	–	–	**0,0**	–
700	Baunebenkosten*	m² BGF	195	**217**	240	26,1	**29,1**	32,1 ◁ NEU

* Auf Grundlage der HOAI 2013 berechnete Werte nach §§ 35, 52, 56. Weitere Informationen siehe Seite 50

KG	Kostengruppen der 2. Ebene	Einheit	▷	€/Einheit	◁	▷	% an 300	◁
310	Baugrube	m³ BGI	10	**31**	53	0,2	**0,7**	1,6
320	Gründung	m² GRF	87	**165**	218	3,2	**9,0**	12,6
330	Außenwände	m² AWF	216	**240**	283	27,2	**29,6**	30,8
340	Innenwände	m² IWF	102	**120**	152	17,6	**22,4**	25,1
350	Decken	m² DEF	176	**204**	219	23,4	**25,0**	25,9
360	Dächer	m² DAF	106	**179**	222	9,2	**11,5**	12,8
370	Baukonstruktive Einbauten	m² BGF	–	**1**	–	–	**0,1**	–
390	Sonstige Baukonstruktionen	m² BGF	7	**11**	13	1,2	**1,8**	2,2
300	**Bauwerk Baukonstruktionen**	**m² BGF**					**100,0**	

KG	Kostengruppen der 2. Ebene	Einheit	▷	€/Einheit	◁	▷	% an 400	◁
410	Abwasser, Wasser, Gas	m² BGF	46	**59**	66	33,8	**38,9**	41,5
420	Wärmeversorgungsanlagen	m² BGF	50	**62**	84	36,0	**39,9**	41,8
430	Lufttechnische Anlagen	m² BGF	2	**5**	9	0,9	**2,7**	3,9
440	Starkstromanlagen	m² BGF	16	**26**	31	14,8	**16,6**	19,6
450	Fernmeldeanlagen	m² BGF	2	**4**	7	0,0	**1,8**	2,9
460	Förderanlagen	m² BGF	–	–	–	–	–	–
470	Nutzungsspezifische Anlagen	m² BGF	–	–	–	–	–	–
480	Gebäudeautomation	m² BGF	–	–	–	–	–	–
490	Sonstige Technische Anlagen	m² BGF	–	**1**	–	–	**0,2**	–
400	**Bauwerk Technische Anlagen**	**m² BGF**					**100,0**	

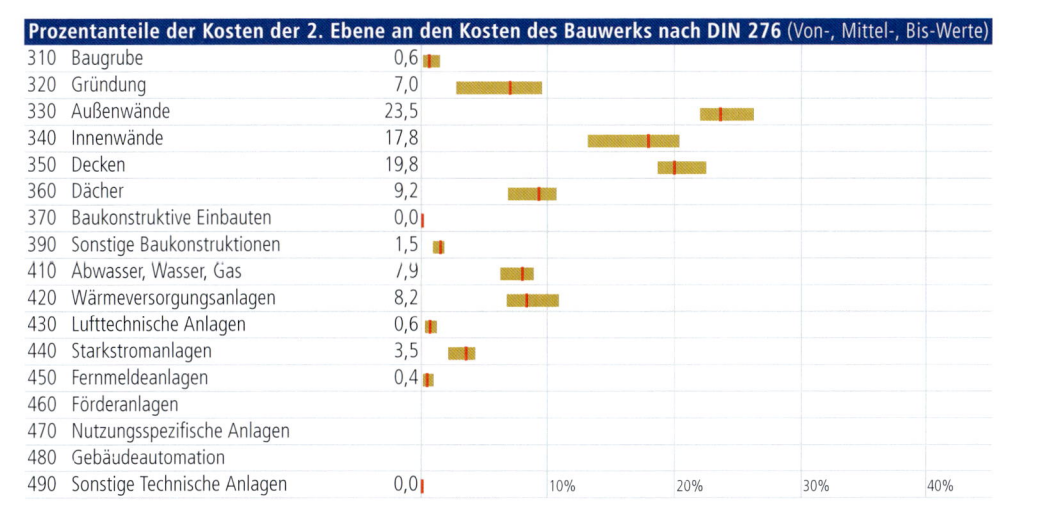

Prozentanteile der Kosten der 2. Ebene an den Kosten des Bauwerks nach DIN 276 (Von-, Mittel-, Bis-Werte)

KG		%
310	Baugrube	0,6
320	Gründung	7,0
330	Außenwände	23,5
340	Innenwände	17,8
350	Decken	19,8
360	Dächer	9,2
370	Baukonstruktive Einbauten	0,0
390	Sonstige Baukonstruktionen	1,5
410	Abwasser, Wasser, Gas	7,9
420	Wärmeversorgungsanlagen	8,2
430	Lufttechnische Anlagen	0,6
440	Starkstromanlagen	3,5
450	Fernmeldeanlagen	0,4
460	Förderanlagen	
470	Nutzungsspezifische Anlagen	
480	Gebäudeautomation	
490	Sonstige Technische Anlagen	0,0

© BKI Baukosteninformationszentrum; Erläuterungen zu den Tabellen siehe Seite 48 und 50   Kosten: 1.Quartal 2018, Bundesdurchschnitt, **inkl. 19% MwSt.**

Reihenhäuser, einfacher Standard

Kostenkennwerte für Leistungsbereiche nach StLB (Kosten des Bauwerks nach DIN 276)

Kosten: Stand 1.Quartal 2018 Bundesdurchschnitt inkl. 19% MwSt.

LB	Leistungsbereiche	von €/m² BGF	€/m² BGF	bis €/m² BGF	von % an 300+400	% an 300+400	bis % an 300+400
000	Sicherheits-, Baustelleneinrichtungen inkl. 001	9	9	10	1,2	**1,2**	1,3
002	Erdarbeiten	17	17	20	2,2	**2,2**	2,7
006	Spezialtiefbauarbeiten inkl. 005	–	–	–	–	–	–
009	Entwässerungskanalarbeiten inkl. 011	–	2	–	–	**0,3**	–
010	Drän- und Versickerungsarbeiten	–	1	–	–	**0,1**	–
012	Mauerarbeiten	5	40	40	0,6	**5,3**	5,3
013	Betonarbeiten	68	160	160	9,1	**21,4**	21,4
014	Natur-, Betonwerksteinarbeiten	2	5	5	0,3	**0,7**	0,7
016	Zimmer- und Holzbauarbeiten	70	70	112	9,3	**9,3**	15,0
017	Stahlbauarbeiten	–	2	–	–	**0,2**	–
018	Abdichtungsarbeiten	2	2	3	0,3	**0,3**	0,4
020	Dachdeckungsarbeiten	19	19	28	2,5	**2,5**	3,8
021	Dachabdichtungsarbeiten	3	12	12	0,4	**1,6**	1,6
022	Klempnerarbeiten	8	8	11	1,1	**1,1**	1,5
	Rohbau	347	347	390	46,4	**46,4**	52,1
023	Putz- und Stuckarbeiten, Wärmedämmsysteme	20	22	22	2,7	**3,0**	3,0
024	Fliesen- und Plattenarbeiten	18	23	23	2,4	**3,1**	3,1
025	Estricharbeiten	19	19	22	2,5	**2,5**	2,9
026	Fenster, Außentüren inkl. 029, 032	46	46	51	6,2	**6,2**	6,8
027	Tischlerarbeiten	15	26	26	2,1	**3,4**	3,4
028	Parkettarbeiten, Holzpflasterarbeiten	–	–	–	–	–	–
030	Rollladenarbeiten	3	10	10	0,4	**1,4**	1,4
031	Metallbauarbeiten inkl. 035	3	19	19	0,3	**2,5**	2,5
034	Maler- und Lackiererarbeiten inkl. 037	23	23	30	3,0	**3,0**	3,9
036	Bodenbelagarbeiten	13	19	19	1,8	**2,6**	2,6
038	Vorgehängte hinterlüftete Fassaden	–	–	–	–	–	–
039	Trockenbauarbeiten	28	49	49	3,7	**6,5**	6,5
	Ausbau	221	256	256	29,5	**34,3**	34,3
040	Wärmeversorgungsanl. - Betriebseinr. inkl. 041	45	57	57	6,1	**7,6**	7,6
042	Gas- und Wasserinstallation, Leitungen inkl. 043	14	26	26	1,8	**3,4**	3,4
044	Abwasserinstallationsarbeiten - Leitungen	7	10	10	0,9	**1,3**	1,3
045	GWA-Einrichtungsgegenstände inkl. 046	16	16	21	2,2	**2,2**	2,8
047	Dämmarbeiten an betriebstechnischen Anlagen	1	2	2	0,1	**0,3**	0,3
049	Feuerlöschanlagen, Feuerlöschgeräte	–	–	–	–	–	–
050	Blitzschutz- und Erdungsanlagen	0	0	1	0,1	**0,1**	0,1
052	Mittelspannungsanlagen	–	–	–	–	–	–
053	Niederspannungsanlagen inkl. 054	23	23	28	3,1	**3,1**	3,7
055	Ersatzstromversorgungsanlagen	–	–	–	–	–	–
057	Gebäudesystemtechnik	–	–	–	–	–	–
058	Leuchten und Lampen inkl. 059	–	0	–	–	**0,0**	–
060	Elektroakustische Anlagen, Sprechanlagen	0	0	0	0,0	**0,1**	0,1
061	Kommunikationsnetze, inkl. 062	1	1	2	0,1	**0,1**	0,2
063	Gefahrenmeldeanlagen	–	2	–	–	**0,2**	–
069	Aufzüge	–	–	–	–	–	–
070	Gebäudeautomation	–	–	–	–	–	–
075	Raumlufttechnische Anlagen	2	5	5	0,3	**0,6**	0,6
	Technische Anlagen	119	142	142	16,0	**19,0**	19,0
	Sonstige Leistungsbereiche inkl. 008, 033, 051	1	3	3	0,1	**0,4**	0,4

- KKW
- ▶ min
- ▷ von
- | Mittelwert
- ◁ bis
- ◀ max

© BKI Baukosteninformationszentrum; Erläuterungen zu den Tabellen siehe Seite 52

Kosten: 1.Quartal 2018, Bundesdurchschnitt, **inkl. 19% MwSt.**

Planungskennwerte für Flächen und Rauminhalte nach DIN 277

Grundflächen			▷	Fläche/NUF (%)	◁	▷	Fläche/BGF (%)	◁
NUF	Nutzungsfläche			100,0		78,9	78,8	79,6
TF	Technikfläche		1,0	1,0	1,1	0,8	0,8	0,9
VF	Verkehrsfläche		8,8	9,0	9,0	6,8	7,1	7,0
NRF	Netto-Raumfläche		109,5	110,0	110,0	86,7	86,7	86,8
KGF	Konstruktions-Grundfläche		16,9	16,9	17,0	13,2	13,3	13,3
BGF	Brutto-Grundfläche		125,8	126,9	126,9		100,0	

Brutto-Rauminhalte		▷	BRI/NUF (m)	◁	▷	BRI/BGF (m)	◁
BRI	Brutto-Rauminhalt	3,50	3,67	3,67	2,77	2,89	2,89

Flächen von Nutzeinheiten	▷	NUF/Einheit (m²)	◁	▷	BGF/Einheit (m²)	◁
Nutzeinheit: Wohnfläche	–	1,04	–	–	1,37	–

Lufttechnisch behandelte Flächen	▷	Fläche/NUF (%)	◁	▷	Fläche/BGF (%)	◁
Entlüftete Fläche	–	0,9	–	–	0,7	–
Be- und entlüftete Fläche	–	–	–	–	–	–
Teilklimatisierte Fläche	–	–	–	–	–	–
Klimatisierte Fläche	–	–	–	–	–	–

KG	Kostengruppen (2. Ebene)	Einheit	▷	Menge/NUF	◁	▷	Menge/BGF	◁
310	Baugrube	m³ BGI	0,69	0,69	0,69	0,56	0,56	0,56
320	Gründung	m² GRF	0,38	0,38	0,39	0,30	0,30	0,30
330	Außenwände	m² AWF	0,94	0,94	0,95	0,74	0,74	0,78
340	Innenwände	m² IWF	1,50	1,50	1,54	1,18	1,18	1,26
350	Decken	m² DEF	0,93	0,93	0,96	0,73	0,73	0,73
360	Dächer	m² DAF	0,48	0,51	0,51	0,39	0,40	0,40
370	Baukonstruktive Einbauten	m² BGF	1,26	1,27	1,27		1,00	
390	Sonstige Baukonstruktionen	m² BGF	1,26	1,27	1,27		1,00	
300	**Bauwerk-Baukonstruktionen**	**m² BGF**	1,26	1,27	1,27		1,00	

Planungskennwerte für Bauzeiten — 3 Vergleichsobjekte

Bauzeit in Wochen

Bauzeit: ca. 30–65 Wochen (Median ca. 45) | Skala: 0, 10, 20, 30, 40, 50, 60, 70, 80, 90, 100 Wochen

© BKI Baukosteninformationszentrum; Erläuterungen zu den Tabellen siehe Seite 54 — Kosten: 1. Quartal 2018, Bundesdurchschnitt, inkl. 19% MwSt.

Reihenhäuser, einfacher Standard

Objektübersicht zur Gebäudeart

6100-0929 Reihenhäuser, fünf Ferienwohnungen

BRI 2.038m³   **BGF** 709m²   **NUF** 566m²

Reihenhäuser mit fünf Ferienwohnungen. Holzrahmenkonstruktion.

Land: Sachsen-Anhalt
Kreis: Quedlinburg
Standard: unter Durchschnitt
Bauzeit: 65 Wochen
Kennwerte: bis 3.Ebene DIN276

BGF 780 €/m²

Planung: qbatur Planungsbüro GmbH; Quedlinburg

veröffentlicht: BKI Objektdaten N11

€/m² BGF
min   730 €/m²
von   730 €/m²
Mittel   **750 €/m²**
bis   780 €/m²
max   780 €/m²

6100-0437 Reihenmittelhaus

BRI 633m³   **BGF** 200m²   **NUF** 151m²

Reihenmittelhaus im Rahmen von 15 kostengünstigen Reihenhäusern ohne Bauträger in einer Bauherrengemeinschaft mit Einzelvergaben und Pauschalierungen. Stahlbetonbau.

Land: Baden-Württemberg
Kreis: Rems-Murr
Standard: unter Durchschnitt
Bauzeit: 43 Wochen
Kennwerte: bis 3.Ebene DIN276

BGF 729 €/m²

Planung: Rolf Neddermann Dr.-Ing. Freier Architekt; Remshalden-Grunbach

veröffentlicht: BKI Objektdaten N4

Kosten:
Stand 1.Quartal 2018
Bundesdurchschnitt
inkl. 19% MwSt.

6100-0254 Reihenhäuser (3 WE) - Niedrigenergie

BRI 1.552m³   **BGF** 589m²   **NUF** 478m²

Drei Reihenhäuser im Niedrigenergiehaus-Standard, Abstellräume im UG, Wohnräume, Küchen im EG, Schlafräume, Bäder im OG, Gasthermen im DG. Mauerwerksbau.

Land: Bayern
Kreis: Starnberg
Standard: unter Durchschnitt
Bauzeit: 30 Wochen
Kennwerte: bis 3.Ebene DIN276

BGF 734 €/m²

Planung: Burkhard Reineking Dipl.-Ing. Architekt; Gauting

veröffentlicht: BKI Objektdaten E1

Wohnen

Reihenhäuser, mittlerer Standard

Kostenkennwerte für die Kosten des Bauwerks (Kostengruppen 300+400 nach DIN 276)

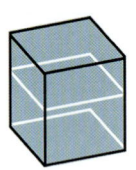

BRI 330 €/m³
von 290 €/m³
bis 370 €/m³

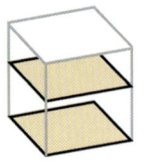

BGF 990 €/m²
von 870 €/m²
bis 1.150 €/m²

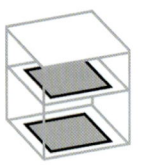

NUF 1.380 €/m²
von 1.200 €/m²
bis 1.790 €/m²

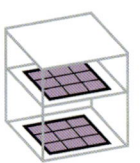

NE 1.650 €/NE
von 1.310 €/NE
bis 2.030 €/NE
NE: Wohnfläche

Kosten:
Stand 1.Quartal 2018
Bundesdurchschnitt
inkl. 19% MwSt.

Objektbeispiele

6100-1204
6100-1348 
6100-1079 

Kosten der 12 Vergleichsobjekte — Seiten 484 bis 486

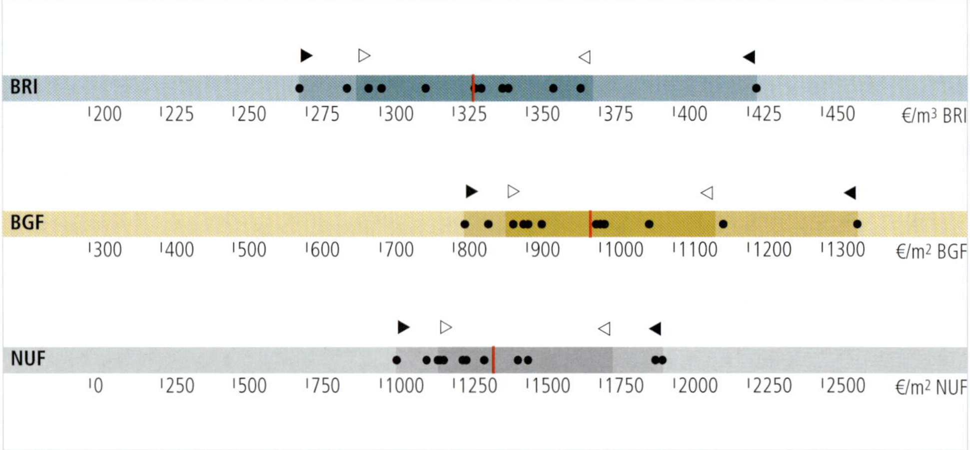

Legende:
- KKW
- ▶ min
- ▷ von
- | Mittelwert
- ◁ bis
- ◀ max

BRI (€/m³ BRI): 200–450+
BGF (€/m² BGF): 300–1300+
NUF (€/m² NUF): 0–2500+

© BKI Baukosteninformationszentrum; Erläuterungen zu den Tabellen siehe Seite 46   Kosten: 1.Quartal 2018, Bundesdurchschnitt, **inkl. 19% MwSt.**

Kostenkennwerte für die Kostengruppen der 1. und 2. Ebene DIN 276

KG	Kostengruppen der 1. Ebene	Einheit	▷	€/Einheit	◁	▷	% an 300+400	◁
100	Grundstück	m² GF	–	–	–	–	–	–
200	Herrichten und Erschließen	m² GF	24	**39**	66	2,7	**4,2**	6,3
300	Bauwerk - Baukonstruktionen	m² BGF	702	**794**	921	75,6	**80,7**	84,8
400	Bauwerk - Technische Anlagen	m² BGF	147	**193**	272	15,2	**19,4**	24,4
	Bauwerk (300+400)	m² BGF	871	**987**	1.155		**100,0**	
500	Außenanlagen	m² AF	40	**81**	108	4,2	**6,2**	9,2
600	Ausstattung und Kunstwerke	m² BGF	–	**1**	–	–	**0,1**	–
700	Baunebenkosten*	m² BGF	215	**240**	265	22,0	**24,5**	27,0 ◁ NEU

Auf Grundlage der HOAI 2013 berechnete Werte nach §§ 35, 52, 56. Weitere Informationen siehe Seite 50

KG	Kostengruppen der 2. Ebene	Einheit	▷	€/Einheit	◁	▷	% an 300	◁
310	Baugrube	m³ BGI	24	**35**	49	2,7	**3,2**	3,8
320	Gründung	m² GRF	192	**226**	302	7,7	**9,6**	13,5
330	Außenwände	m² AWF	276	**305**	342	36,3	**38,3**	43,6
340	Innenwände	m² IWF	129	**141**	170	12,0	**14,8**	17,4
350	Decken	m² DEF	200	**236**	335	17,0	**19,1**	21,1
360	Dächer	m² DAF	127	**245**	285	11,0	**12,0**	13,2
370	Baukonstruktive Einbauten	m² BGF	–	–	–	–	–	–
390	Sonstige Baukonstruktionen	m² BGF	19	**24**	36	2,1	**2,9**	3,2
300	**Bauwerk Baukonstruktionen**	m² BGF					**100,0**	

KG	Kostengruppen der 2. Ebene	Einheit	▷	€/Einheit	◁	▷	% an 400	◁
410	Abwasser, Wasser, Gas	m² BGF	51	**72**	95	32,9	**37,1**	40,7
420	Wärmeversorgungsanlagen	m² BGF	65	**68**	73	0,0	**25,5**	35,5
430	Lufttechnische Anlagen	m² BGF	4	**35**	51	1,2	**14,4**	30,5
440	Starkstromanlagen	m² BGF	27	**32**	38	12,6	**18,1**	25,0
450	Fernmeldeanlagen	m² BGF	6	**9**	14	3,4	**4,8**	6,1
460	Förderanlagen	m² BGF	–	–	–	–	–	–
470	Nutzungsspezifische Anlagen	m² BGF	–	–	–	–	–	–
480	Gebäudeautomation	m² BGF	–	–	–	–	–	–
490	Sonstige Technische Anlagen	m² BGF	–	**1**	–	–	**0,1**	–
400	**Bauwerk Technische Anlagen**	m² BGF					**100,0**	

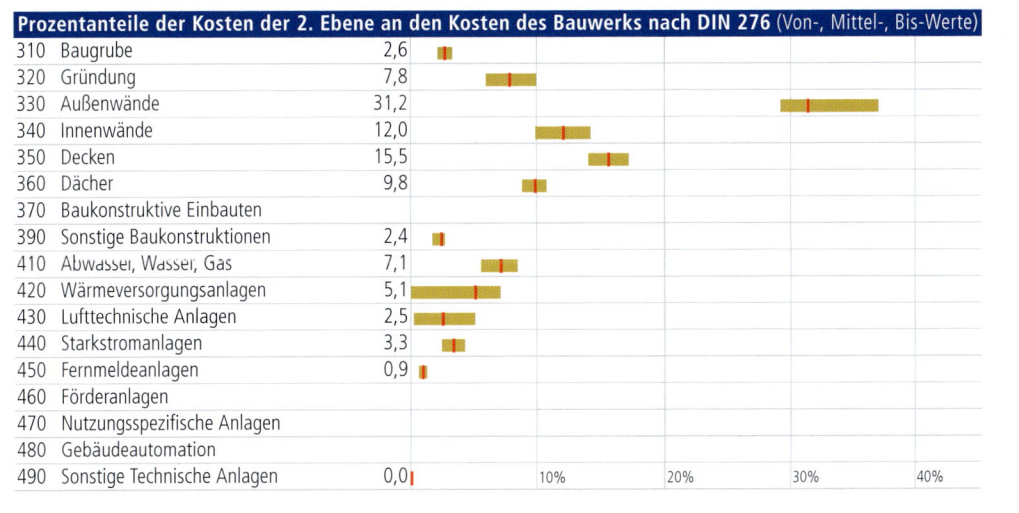

Prozentanteile der Kosten der 2. Ebene an den Kosten des Bauwerks nach DIN 276 (Von-, Mittel-, Bis-Werte)

KG		%
310	Baugrube	2,6
320	Gründung	7,8
330	Außenwände	31,2
340	Innenwände	12,0
350	Decken	15,5
360	Dächer	9,8
370	Baukonstruktive Einbauten	
390	Sonstige Baukonstruktionen	2,4
410	Abwasser, Wasser, Gas	7,1
420	Wärmeversorgungsanlagen	5,1
430	Lufttechnische Anlagen	2,5
440	Starkstromanlagen	3,3
450	Fernmeldeanlagen	0,9
460	Förderanlagen	
470	Nutzungsspezifische Anlagen	
480	Gebäudeautomation	
490	Sonstige Technische Anlagen	0,0

© BKI Baukosteninformationszentrum; Erläuterungen zu den Tabellen siehe Seite 48 und 50   Kosten: 1.Quartal 2018, Bundesdurchschnitt, **inkl. 19% MwSt.**

Reihenhäuser, mittlerer Standard

Kostenkennwerte für Leistungsbereiche nach StLB (Kosten des Bauwerks nach DIN 276)

Kosten: Stand 1. Quartal 2018, Bundesdurchschnitt inkl. 19% MwSt.

LB	Leistungsbereiche	▷	€/m² BGF	◁	▷	% an 300+400	◁
000	Sicherheits-, Baustelleneinrichtungen inkl. 001	17	**20**	20	1,8	**2,0**	2,0
002	Erdarbeiten	18	**31**	31	1,9	**3,1**	3,1
006	Spezialtiefbauarbeiten inkl. 005	–	**–**	–	–	**–**	–
009	Entwässerungskanalarbeiten inkl. 011	2	**4**	4	0,2	**0,4**	0,4
010	Drän- und Versickerungsarbeiten	1	**4**	4	0,1	**0,4**	0,4
012	Mauerarbeiten	25	**47**	47	2,5	**4,8**	4,8
013	Betonarbeiten	169	**169**	219	17,1	**17,1**	22,2
014	Natur-, Betonwerksteinarbeiten	1	**3**	3	0,1	**0,3**	0,3
016	Zimmer- und Holzbauarbeiten	111	**111**	185	11,2	**11,2**	18,7
017	Stahlbauarbeiten	–	**–**	–	–	**–**	–
018	Abdichtungsarbeiten	2	**5**	5	0,2	**0,5**	0,5
020	Dachdeckungsarbeiten	–	**5**	–	–	**0,5**	–
021	Dachabdichtungsarbeiten	17	**32**	32	1,7	**3,2**	3,2
022	Klempnerarbeiten	10	**12**	12	1,0	**1,2**	1,2
	Rohbau	442	**442**	459	44,8	**44,8**	46,6
023	Putz- und Stuckarbeiten, Wärmedämmsysteme	19	**55**	55	1,9	**5,6**	5,6
024	Fliesen- und Plattenarbeiten	15	**18**	18	1,5	**1,8**	1,8
025	Estricharbeiten	20	**22**	22	2,0	**2,3**	2,3
026	Fenster, Außentüren inkl. 029, 032	98	**98**	106	9,9	**9,9**	10,7
027	Tischlerarbeiten	15	**19**	19	1,5	**1,9**	1,9
028	Parkettarbeiten, Holzpflasterarbeiten	18	**27**	27	1,9	**2,8**	2,8
030	Rollladenarbeiten	14	**14**	15	1,4	**1,4**	1,5
031	Metallbauarbeiten inkl. 035	23	**38**	38	2,4	**3,9**	3,9
034	Maler- und Lackiererarbeiten inkl. 037	17	**19**	19	1,7	**1,9**	1,9
036	Bodenbelagarbeiten	1	**9**	9	0,1	**0,9**	0,9
038	Vorgehängte hinterlüftete Fassaden	1	**14**	14	0,1	**1,4**	1,4
039	Trockenbauarbeiten	11	**39**	39	1,1	**4,0**	4,0
	Ausbau	373	**373**	383	37,8	**37,8**	38,8
040	Wärmeversorgungsanl. - Betriebseinr. inkl. 041	38	**38**	59	3,8	**3,8**	6,0
042	Gas- und Wasserinstallation, Leitungen inkl. 043	13	**16**	16	1,3	**1,6**	1,6
044	Abwasserinstallationsarbeiten - Leitungen	13	**13**	14	1,3	**1,3**	1,4
045	GWA-Einrichtungsgegenstände inkl. 046	16	**19**	19	1,6	**1,9**	1,9
047	Dämmarbeiten an betriebstechnischen Anlagen	7	**16**	16	0,7	**1,6**	1,6
049	Feuerlöschanlagen, Feuerlöschgeräte	–	**–**	–	–	**–**	–
050	Blitzschutz- und Erdungsanlagen	1	**2**	2	0,1	**0,2**	0,2
052	Mittelspannungsanlagen	–	**–**	–	–	**–**	–
053	Niederspannungsanlagen inkl. 054	19	**28**	28	1,9	**2,9**	2,9
055	Ersatzstromversorgungsanlagen	–	**–**	–	–	**–**	–
057	Gebäudesystemtechnik	–	**–**	–	–	**–**	–
058	Leuchten und Lampen inkl. 059	0	**2**	2	0,0	**0,2**	0,2
060	Elektroakustische Anlagen, Sprechanlagen	1	**1**	2	0,1	**0,1**	0,2
061	Kommunikationsnetze, inkl. 062	7	**7**	8	0,7	**0,7**	0,8
063	Gefahrenmeldeanlagen	–	**0**	–	–	**0,0**	–
069	Aufzüge	–	**–**	–	–	**–**	–
070	Gebäudeautomation	–	**–**	–	–	**–**	–
075	Raumlufttechnische Anlagen	27	**27**	41	2,7	**2,7**	4,2
	Technische Anlagen	156	**169**	169	15,8	**17,1**	17,1
	Sonstige Leistungsbereiche inkl. 008, 033, 051	1	**3**	3	0,1	**0,3**	0,3

- KKW
- ▶ min
- ▷ von
- | Mittelwert
- ◁ bis
- ◀ max

Planungskennwerte für Flächen und Rauminhalte nach DIN 277

Grundflächen		▷	Fläche/NUF (%)	◁	▷	Fläche/BGF (%)	◁
NUF	Nutzungsfläche		100,0		68,8	**71,6**	75,1
TF	Technikfläche	2,1	**3,0**	5,2	1,6	**2,2**	3,5
VF	Verkehrsfläche	8,3	**10,8**	13,5	5,8	**7,7**	9,2
NRF	Netto-Raumfläche	110,8	**113,8**	117,6	76,1	**81,5**	82,9
KGF	Konstruktions-Grundfläche	23,6	**25,9**	36,8	17,1	**18,5**	23,9
BGF	Brutto-Grundfläche	134,7	**139,7**	147,9		**100,0**	

Brutto-Rauminhalte		▷	BRI/NUF (m)	◁	▷	BRI/BGF (m)	◁
BRI	Brutto-Rauminhalt	3,92	**4,16**	4,51	2,87	**2,97**	3,04

Flächen von Nutzeinheiten	▷	NUF/Einheit (m²)	◁	▷	BGF/Einheit (m²)	◁
Nutzeinheit: Wohnfläche	1,14	**1,21**	1,44	1,52	**1,67**	1,91

Lufttechnisch behandelte Flächen	▷	Fläche/NUF (%)	◁	▷	Fläche/BGF (%)	◁
Entlüftete Fläche	–	100,6	–	–	67,1	–
Be- und entlüftete Fläche	–	100,6	–	–	67,1	–
Teilklimatisierte Fläche	–	–	–	–	–	–
Klimatisierte Fläche	–	–	–	–	–	–

KG	Kostengruppen (2. Ebene)	Einheit	▷	Menge/NUF	◁	▷	Menge/BGF	◁
310	Baugrube	m³ BGI	1,11	**1,21**	1,60	0,83	**0,87**	1,18
320	Gründung	m² GRF	0,44	**0,48**	0,48	0,32	**0,34**	0,34
330	Außenwände	m² AWF	1,28	**1,42**	1,44	0,98	**1,02**	1,06
340	Innenwände	m² IWF	1,10	**1,20**	1,34	0,82	**0,86**	0,91
350	Decken	m² DEF	0,90	**0,93**	0,95	0,67	**0,67**	0,68
360	Dächer	m² DAF	0,57	**0,64**	0,64	0,41	**0,45**	0,45
370	Baukonstruktive Einbauten	m² BGF	1,35	**1,40**	1,48		**1,00**	
390	Sonstige Baukonstruktionen	m² BGF	1,35	**1,40**	1,48		**1,00**	
300	**Bauwerk-Baukonstruktionen**	m² BGF	1,35	**1,40**	1,48		**1,00**	

Planungskennwerte für Bauzeiten — 11 Vergleichsobjekte

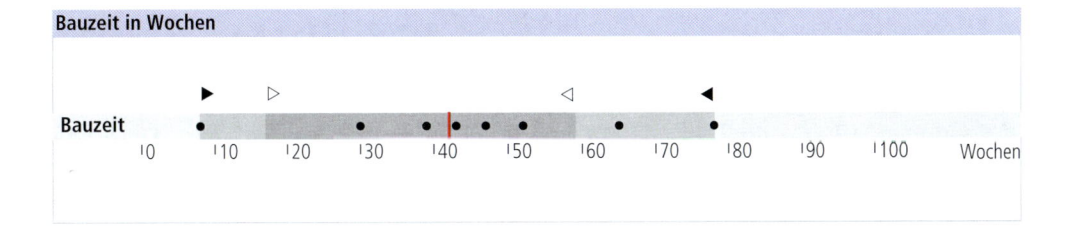

Bauzeit in Wochen

Bauzeit: ▶ ca. 10, ▷ ca. 20, Median ca. 40, ◁ ca. 55, ◀ ca. 75 (Skala 0–100 Wochen)

Reihenhäuser, mittlerer Standard

Objektübersicht zur Gebäudeart

6100-1255 Reihenhäuser (4 WE)

BRI 2.839m³ | **BGF** 1.007m² | **NUF** 666m²

4 Reihenhäuser (633m² WFL). Mauerwerksbau.

Land: Bayern
Kreis: Starnberg
Standard: Durchschnitt
Bauzeit: 43 Wochen
Kennwerte: bis 1.Ebene DIN276

BGF 847 €/m²

Planung: Füllemann Architekten GmbH; Gilching

veröffentlicht: BKI Objektdaten N15

6100-1348 3 Reihenhäuser - Effizienzhaus 55

BRI 2.349m³ | **BGF** 877m² | **NUF** 675m²

Reihenhäuser (3 WE) mit Doppelgaragen (6 STP). Massivbau.

Land: Baden-Württemberg
Kreis: Bodenseekreis
Standard: Durchschnitt
Bauzeit: 52 Wochen
Kennwerte: bis 1.Ebene DIN276

BGF 920 €/m²

Planung: Architekturbüro Jakob Krimmel; Bermatingen

vorgesehen: BKI Objektdaten E8

6100-1204 7 Reihenhäuser - Passivhausbauweise

BRI 5.161m³ | **BGF** 1.638m² | **NUF** 1.140m²

Neubau von sieben Reihenhäusern als Passivhäuser mit insgesamt 14 Stellplätzen und gemeinsamer Heizzentrale. Holztafelbau + Massivbau.

Land: Baden-Württemberg
Kreis: Esslingen a.N.
Standard: Durchschnitt
Bauzeit: 47 Wochen
Kennwerte: bis 3.Ebene DIN276

BGF 1.348 €/m²

Planung: ASs Flassak & Tehrani Freie Architekten und Stadtplaner; Stuttgart

veröffentlicht: BKI Objektdaten E7

6100-1079 Reihenhäuser (4 WE) - Effizienzhaus 85

BRI 2.465m³ | **BGF** 830m² | **NUF** 603m²

Reihenhäuser (4 WE) mit 642m² WFL. Mauerwerksbau.

Land: Sachsen
Kreis: Leipzig, Stadt
Standard: Durchschnitt
Bauzeit: 43 Wochen
Kennwerte: bis 1.Ebene DIN276

BGF 1.066 €/m²

Planung: Architekturbüro Augustin & Imkamp Leipzig; Leipzig

veröffentlicht: BKI Objektdaten E6

€/m² BGF

min	815	€/m²
von	870	€/m²
Mittel	985	€/m²
bis	1.155	€/m²
max	1.350	€/m²

Kosten:
Stand 1.Quartal 2018
Bundesdurchschnitt
inkl. 19% MwSt.

Objektübersicht zur Gebäudeart

6100-1176 Reihenhäuser (4 WE)   BRI 3.430m³   BGF 1.133m²   NUF 758m²

Reihenhäuser (4 WE). Mauerwerksbau.

Land: Hamburg
Kreis: Hamburg
Standard: Durchschnitt
Bauzeit: 65 Wochen
Kennwerte: bis 1.Ebene DIN276

BGF 1.006 €/m²

Planung: reichardt architekten; Hamburg

veröffentlicht: BKI Objektdaten N13

6100-0769 4 Reihenhäuser - KfW 40   BRI 3.137m³   BGF 990m²   NUF 589m²

Reihenhäuser, 4-Spänner. Holzrahmenbau.

Land: Bayern
Kreis: München
Standard: Durchschnitt
Bauzeit: 78 Wochen
Kennwerte: bis 1.Ebene DIN276

BGF 1.166 €/m²

Planung: Kauer & Brodmeier GbR Planungsgemeinschaft; München

veröffentlicht: BKI Objektdaten E4

6100-0623 8 Reihenhäuser - Passivhaus   BRI 6.236m³   BGF 2.063m²   NUF 1.519m²

8 Reihen-Einfamilienhäuser, (1.116m² WFL). Massivbau.

Land: Baden-Württemberg
Kreis: Esslingen a.N.
Standard: Durchschnitt
Bauzeit: 47 Wochen
Kennwerte: bis 3.Ebene DIN276

BGF 895 €/m²

Planung: ASs Flassak & Tehrani Freie Architekten und Stadtplaner; Stuttgart

veröffentlicht: BKI Objektdaten E3

6100-0690 Reihenmittelhaus mit Wärmepumpe   BRI 545m³   BGF 182m²   NUF 141m²

Reihenmittelhaus mit einer Wohneinheit, Technikzentrale für drei Wohneinheiten im Nachbarhaus. Stb-Fertigteilwände; Stb-Decken; Stb-Massivdach.

Land: Baden-Württemberg
Kreis: Karlsruhe
Standard: Durchschnitt
Bauzeit: 8 Wochen
Kennwerte: bis 1.Ebene DIN276

BGF 1.000 €/m²

Planung: Architektur & Projektentwicklung GmbH; Dielheim

veröffentlicht: BKI Objektdaten N9

Reihenhäuser, mittlerer Standard

Objektübersicht zur Gebäudeart

€/m² BGF
- min: 815 €/m²
- von: 870 €/m²
- Mittel: **985 €/m²**
- bis: 1.155 €/m²
- max: 1.350 €/m²

Kosten:
Stand 1.Quartal 2018
Bundesdurchschnitt
inkl. 19% MwSt.

6100-0691 Reihenmittelhaus
BRI 545m³ | **BGF** 182m² | **NUF** 141m²

Reihenmittelhaus mit einer Wohneinheit, Technikzentrale für 3 Wohneinheiten im Nachbarhaus. Stb-Fertigteilwände; Stb-Decken; Stb-Massivdach.

Land: Baden-Württemberg
Kreis: Karlsruhe
Standard: Durchschnitt
Bauzeit: 8 Wochen
Kennwerte: bis 1.Ebene DIN276

BGF 815 €/m²

Planung: Architektur & Projektentwicklung GmbH; Dielheim

veröffentlicht: BKI Objektdaten N9

6100-0684 8 Reihenhäuser - KfW 40
BRI 6.910m³ | **BGF** 2.373m² | **NUF** 1.962m²

Reihenhäuser mit 8 WE. Stb-Wände WU im Keller; Holztafelbau; Holzhohlkastendecken; Dachkonstruktion Holzstegträger.

Land: Baden-Württemberg
Kreis: Freiburg im Breisgau, Stadt
Standard: Durchschnitt
Bauzeit: 39 Wochen
Kennwerte: bis 1.Ebene DIN276

BGF 994 €/m²

Planung: Werkgruppe Freiburg Architekten; Freiburg

veröffentlicht: BKI Objektdaten N9

6100-0533 Reihenhäuser (3 WE)
BRI 2.245m³ | **BGF** 803m² | **NUF** 612m²

Drei Reihenhäuser (490m² WFL II.BVO). Holzrahmenbau.

Land: Baden-Württemberg
Kreis: Freiburg im Breisgau, Stadt
Standard: Durchschnitt
Bauzeit: 30 Wochen
Kennwerte: bis 4.Ebene DIN276

BGF 881 €/m²

Planung: Architekturbüro Volkmar Bensch Freier Architekt; Denzlingen

veröffentlicht: BKI Objektdaten N7

6100-0505 Reihenhausanlage (9 WE)
BRI 4.953m³ | **BGF** 1.586m² | **NUF** 1.057m²

Reihenhausanlage mit 9 Wohneinheiten in Holztafelbauweise. Holzständerkonstruktion.

Land: Baden-Württemberg
Kreis: Reutlingen
Standard: Durchschnitt
Bauzeit: 108 Wochen*
Kennwerte: bis 2.Ebene DIN276

BGF 902 €/m²

Planung: Hartmaier + Partner Freie Architekten; Münsingen

www.bki.de
*Nicht in der Auswertung enthalten

Wohnen

Reihenhäuser, hoher Standard

Kostenkennwerte für die Kosten des Bauwerks (Kostengruppen 300+400 nach DIN 276)

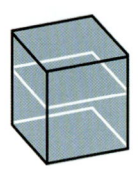

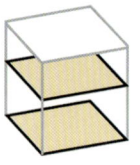

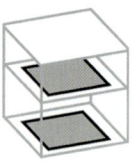

BRI 400 €/m³	**BGF** 1.220 €/m²	**NUF** 1.740 €/m²	**NE** 1.780 €/NE
von 360 €/m³	von 1.150 €/m²	von 1.550 €/m²	von 1.650 €/NE
bis 470 €/m³	bis 1.470 €/m²	bis 2.060 €/m²	bis 1.930 €/NE
			NE: Wohnfläche

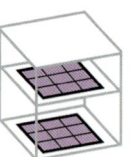

Kosten:
Stand 1. Quartal 2018
Bundesdurchschnitt
inkl. 19% MwSt.

Objektbeispiele

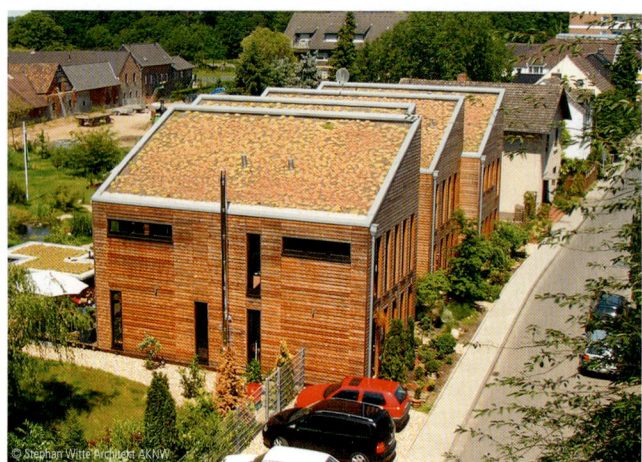

6100-0710

6100-0682

6100-0892

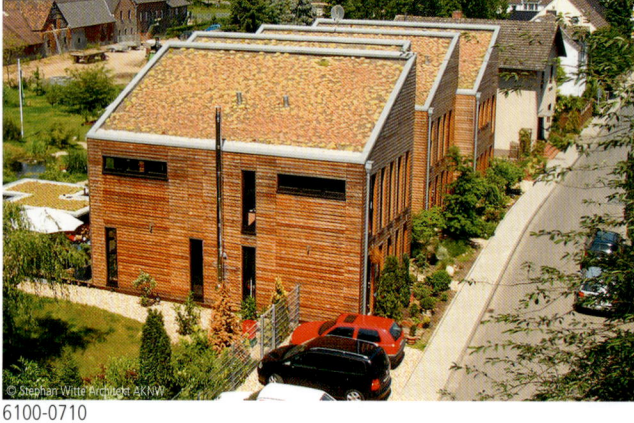

Kosten der 5 Vergleichsobjekte — Seiten 492 bis 493

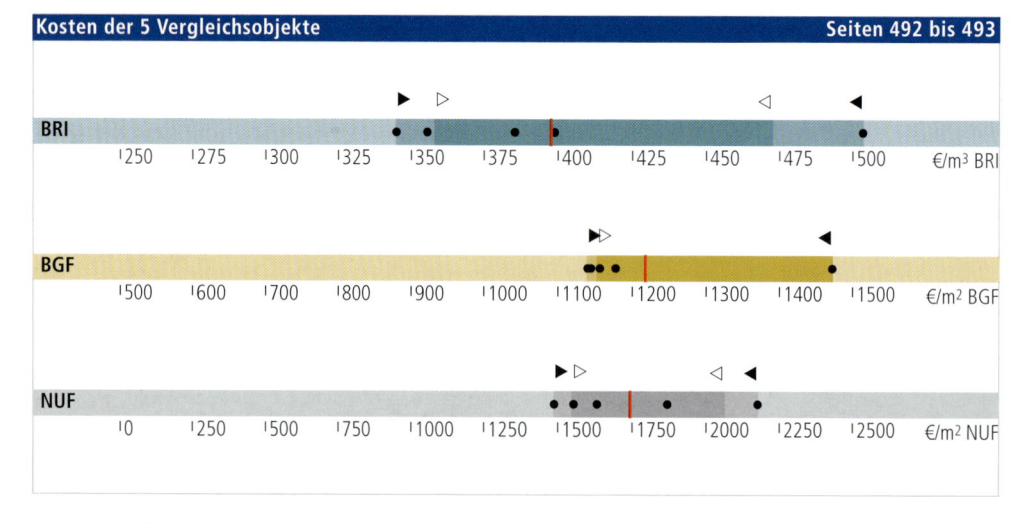

- ● KKW
- ▶ min
- ▷ von
- | Mittelwert
- ◁ bis
- ◀ max

BRI: €/m³ BRI (Skala 250–500)
BGF: €/m² BGF (Skala 500–1500)
NUF: €/m² NUF (Skala 0–2500)

© BKI Baukosteninformationszentrum; Erläuterungen zu den Tabellen siehe Seite 46
Kosten: 1. Quartal 2018, Bundesdurchschnitt, **inkl. 19% MwSt.**

Kostenkennwerte für die Kostengruppen der 1. und 2. Ebene DIN 276

KG	Kostengruppen der 1. Ebene	Einheit	▷	€/Einheit	◁	▷	% an 300+400	◁
100	Grundstück	m² GF	–	–	–	–	–	–
200	Herrichten und Erschließen	m² GF	6	30	47	1,7	2,4	3,8
300	Bauwerk - Baukonstruktionen	m² BGF	919	981	1.084	77,3	80,8	86,5
400	Bauwerk - Technische Anlagen	m² BGF	156	237	304	13,5	19,2	22,7
	Bauwerk (300+400)	m² BGF	1.153	1.218	1.472		100,0	
500	Außenanlagen	m² AF	12	63	83	3,6	5,0	9,5
600	Ausstattung und Kunstwerke	m² BGF	–	91	–	–	7,9	–
700	Baunebenkosten*	m² BGF	293	327	360	23,9	26,7	29,4	◁ NEU

Auf Grundlage der HOAI 2013 berechnete Werte nach §§ 35, 52, 56. Weitere Informationen siehe Seite 50

KG	Kostengruppen der 2. Ebene	Einheit	▷	€/Einheit	◁	▷	% an 300	◁
310	Baugrube	m³ BGI	10	25	52	0,6	2,1	4,2
320	Gründung	m² GRF	147	253	428	4,6	9,2	18,1
330	Außenwände	m² AWF	380	432	515	16,6	28,6	35,2
340	Innenwände	m² IWF	160	185	228	9,9	17,5	21,4
350	Decken	m² DEF	334	376	458	22,7	24,8	25,9
360	Dächer	m² DAF	323	399	548	10,7	15,2	17,7
370	Baukonstruktive Einbauten	m² BGF	–	–	–	–	–	–
390	Sonstige Baukonstruktionen	m² BGF	8	27	37	0,8	2,8	3,8
300	**Bauwerk Baukonstruktionen**	**m² BGF**					**100,0**	

KG	Kostengruppen der 2. Ebene	Einheit	▷	€/Einheit	◁	▷	% an 400	◁
410	Abwasser, Wasser, Gas	m² BGF	92	95	100	28,6	33,9	36,6
420	Wärmeversorgungsanlagen	m² BGF	78	113	181	30,5	37,9	51,8
430	Lufttechnische Anlagen	m² BGF	30	37	48	7,8	13,8	17,8
440	Starkstromanlagen	m² BGF	27	36	42	10,7	12,8	16,9
450	Fernmeldeanlagen	m² BGF	5	7	9	0,5	1,7	3,8
460	Förderanlagen	m² BGF	–	–	–	–	–	–
470	Nutzungsspezifische Anlagen	m² BGF	–	–	–	–	–	–
480	Gebäudeautomation	m² BGF	–	–	–	–	–	–
490	Sonstige Technische Anlagen	m² BGF	–	–	–	–	–	–
400	**Bauwerk Technische Anlagen**	**m² BGF**					**100,0**	

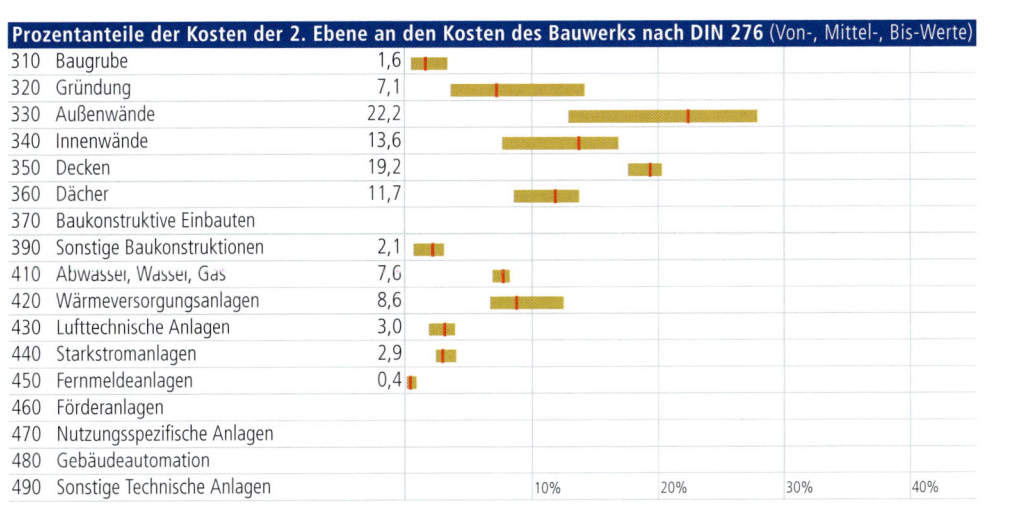

Prozentanteile der Kosten der 2. Ebene an den Kosten des Bauwerks nach DIN 276 (Von-, Mittel-, Bis-Werte)

KG	Bezeichnung	Mittelwert
310	Baugrube	1,6
320	Gründung	7,1
330	Außenwände	22,2
340	Innenwände	13,6
350	Decken	19,2
360	Dächer	11,7
370	Baukonstruktive Einbauten	
390	Sonstige Baukonstruktionen	2,1
410	Abwasser, Wasser, Gas	7,6
420	Wärmeversorgungsanlagen	8,6
430	Lufttechnische Anlagen	3,0
440	Starkstromanlagen	2,9
450	Fernmeldeanlagen	0,4
460	Förderanlagen	
470	Nutzungsspezifische Anlagen	
480	Gebäudeautomation	
490	Sonstige Technische Anlagen	

© BKI Baukosteninformationszentrum; Erläuterungen zu den Tabellen siehe Seite 48 und 50   Kosten: 1.Quartal 2018, Bundesdurchschnitt, inkl. 19% MwSt.

Reihenhäuser, hoher Standard

Kosten:
Stand 1. Quartal 2018
Bundesdurchschnitt
inkl. 19% MwSt.

- KKW
▶ min
▷ von
| Mittelwert
◁ bis
◀ max

Kostenkennwerte für Leistungsbereiche nach StLB (Kosten des Bauwerks nach DIN 276)

LB	Leistungsbereiche	▷ €/m² BGF ◁			▷ % an 300+400 ◁		
000	Sicherheits-, Baustelleneinrichtungen inkl. 001	23	**23**	30	1,9	**1,9**	2,4
002	Erdarbeiten	15	**27**	27	1,2	**2,2**	2,2
006	Spezialtiefbauarbeiten inkl. 005	–	**15**	–	–	**1,2**	–
009	Entwässerungskanalarbeiten inkl. 011	5	**9**	9	0,4	**0,7**	0,7
010	Drän- und Versickerungsarbeiten	1	**1**	2	0,1	**0,1**	0,1
012	Mauerarbeiten	87	**87**	126	7,1	**7,1**	10,3
013	Betonarbeiten	121	**121**	148	10,0	**10,0**	12,1
014	Natur-, Betonwerksteinarbeiten	1	**7**	7	0,1	**0,5**	0,5
016	Zimmer- und Holzbauarbeiten	35	**169**	169	2,9	**13,9**	13,9
017	Stahlbauarbeiten	–	**5**	–	–	**0,5**	–
018	Abdichtungsarbeiten	1	**5**	5	0,1	**0,4**	0,4
020	Dachdeckungsarbeiten	12	**42**	42	1,0	**3,4**	3,4
021	Dachabdichtungsarbeiten	4	**4**	7	0,4	**0,4**	0,5
022	Klempnerarbeiten	25	**25**	31	2,0	**2,0**	2,6
	Rohbau	504	**540**	540	41,4	**44,3**	44,3
023	Putz- und Stuckarbeiten, Wärmedämmsysteme	14	**48**	48	1,2	**3,9**	3,9
024	Fliesen- und Plattenarbeiten	19	**31**	31	1,6	**2,5**	2,5
025	Estricharbeiten	31	**31**	37	2,6	**2,6**	3,1
026	Fenster, Außentüren inkl. 029, 032	57	**74**	74	4,6	**6,1**	6,1
027	Tischlerarbeiten	52	**52**	74	4,2	**4,2**	6,0
028	Parkettarbeiten, Holzpflasterarbeiten	53	**64**	64	4,4	**5,2**	5,2
030	Rollladenarbeiten	0	**5**	5	0,0	**0,4**	0,4
031	Metallbauarbeiten inkl. 035	5	**28**	28	0,4	**2,3**	2,3
034	Maler- und Lackiererarbeiten inkl. 037	24	**31**	31	1,9	**2,6**	2,6
036	Bodenbelagarbeiten	–	**4**	–	–	**0,3**	–
038	Vorgehängte hinterlüftete Fassaden	–	**15**	–	–	**1,2**	–
039	Trockenbauarbeiten	44	**44**	56	3,6	**3,6**	4,6
	Ausbau	427	**427**	454	35,0	**35,0**	37,3
040	Wärmeversorgungsanl. - Betriebseinr. inkl. 041	89	**89**	103	7,3	**7,3**	8,5
042	Gas- und Wasserinstallation, Leitungen inkl. 043	24	**24**	26	2,0	**2,0**	2,2
044	Abwasserinstallationsarbeiten - Leitungen	13	**16**	16	1,1	**1,3**	1,3
045	GWA-Einrichtungsgegenstände inkl. 046	28	**36**	36	2,3	**3,0**	3,0
047	Dämmarbeiten an betriebstechnischen Anlagen	4	**6**	6	0,3	**0,5**	0,5
049	Feuerlöschanlagen, Feuerlöschgeräte	–	**–**	–	–	**–**	–
050	Blitzschutz- und Erdungsanlagen	1	**1**	1	0,1	**0,1**	0,1
052	Mittelspannungsanlagen	–	**–**	–	–	**–**	–
053	Niederspannungsanlagen inkl. 054	26	**33**	33	2,1	**2,7**	2,7
055	Ersatzstromversorgungsanlagen	–	**–**	–	–	**–**	–
057	Gebäudesystemtechnik	–	**–**	–	–	**–**	–
058	Leuchten und Lampen inkl. 059	2	**2**	3	0,2	**0,2**	0,2
060	Elektroakustische Anlagen, Sprechanlagen	2	**2**	3	0,1	**0,1**	0,2
061	Kommunikationsnetze, inkl. 062	–	**3**	–	–	**0,2**	–
063	Gefahrenmeldeanlagen	–	**–**	–	–	**–**	–
069	Aufzüge	–	**–**	–	–	**–**	–
070	Gebäudeautomation	–	**–**	–	–	**–**	–
075	Raumlufttechnische Anlagen	36	**36**	44	3,0	**3,0**	3,6
	Technische Anlagen	239	**248**	248	19,6	**20,4**	20,4
	Sonstige Leistungsbereiche inkl. 008, 033, 051	–	**3**	–	–	**0,3**	–

Planungskennwerte für Flächen und Rauminhalte nach DIN 277

Grundflächen		▷	Fläche/NUF (%)	◁	▷	Fläche/BGF (%)	◁
NUF	Nutzungsfläche		100,0		67,2	70,0	73,0
TF	Technikfläche	3,5	3,7	4,9	2,4	2,6	3,1
VF	Verkehrsfläche	12,7	15,0	16,3	8,9	10,5	11,9
NRF	Netto-Raumfläche	115,7	118,8	119,0	83,4	83,1	84,7
KGF	Konstruktions-Grundfläche	21,6	24,2	24,2	15,3	16,9	16,6
BGF	Brutto-Grundfläche	138,2	142,9	150,7		100,0	

Brutto-Rauminhalte		▷	BRI/NUF (m)	◁	▷	BRI/BGF (m)	◁
BRI	Brutto-Rauminhalt	4,23	4,40	4,40	3,05	3,08	3,12

Flächen von Nutzeinheiten		▷	NUF/Einheit (m²)	◁	▷	BGF/Einheit (m²)	◁
Nutzeinheit: Wohnfläche		1,02	1,04	1,11	1,41	1,47	1,52

Lufttechnisch behandelte Flächen	▷	Fläche/NUF (%)	◁	▷	Fläche/BGF (%)	◁
Entlüftete Fläche	–	–	–	–	–	–
Be- und entlüftete Fläche	89,5	89,5	89,5	63,3	63,3	63,3
Teilklimatisierte Fläche	–	–	–	–	–	–
Klimatisierte Fläche	–	–	–	–	–	–

KG	Kostengruppen (2. Ebene)	Einheit	▷	Menge/NUF	◁	▷	Menge/BGF	◁
310	Baugrube	m³ BGI	0,94	0,94	0,96	0,67	0,67	0,71
320	Gründung	m² GRF	0,46	0,46	0,46	0,31	0,33	0,33
330	Außenwände	m² AWF	0,99	0,99	1,19	0,70	0,70	0,79
340	Innenwände	m² IWF	1,32	1,32	1,35	0,96	0,96	1,02
350	Decken	m² DEF	0,90	0,91	0,91	0,64	0,65	0,65
360	Dächer	m² DAF	0,54	0,54	0,58	0,38	0,38	0,42
370	Baukonstruktive Einbauten	m² BGF	1,38	1,43	1,51		1,00	
390	Sonstige Baukonstruktionen	m² BGF	1,38	1,43	1,51		1,00	
300	Bauwerk-Baukonstruktionen	m² BGF	1,38	1,43	1,51		1,00	

Planungskennwerte für Bauzeiten — 5 Vergleichsobjekte

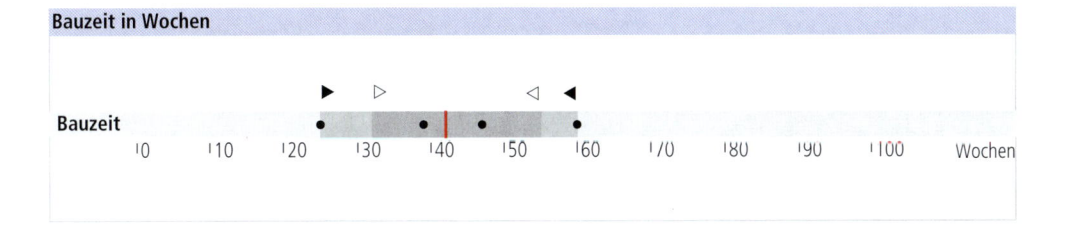

Bauzeit in Wochen

Bauzeit: ca. 25–60 Wochen (Median ca. 40 Wochen)

© BKI Baukosteninformationszentrum; Erläuterungen zu den Tabellen siehe Seite 54   Kosten: 1.Quartal 2018, Bundesdurchschnitt, inkl. 19% MwSt.

Reihenhäuser, hoher Standard

€/m² BGF

min	1.140 €/m²
von	1.155 €/m²
Mittel	**1.220 €/m²**
bis	1.470 €/m²
max	1.470 €/m²

Kosten:
Stand 1.Quartal 2018
Bundesdurchschnitt
inkl. 19% MwSt.

Objektübersicht zur Gebäudeart

6100-1084 Reihenhäuser (10 WE), TG*
BRI 8.177m³ | **BGF** 1.691m² | **NUF** 1.327m²

Reihenhausanlage (10 WE) mit 1.277m² WFL und Tiefgarage (25 STP). Mauerwerksbau.

Land: Nordrhein-Westfalen
Kreis: Düsseldorf
Standard: über Durchschnitt
Bauzeit: 130 Wochen
Kennwerte: bis 1.Ebene DIN276

BGF 1.677 €/m² *

Planung: HGMB Architekten GmbH + Co. KG; Düsseldorf

veröffentlicht: BKI Objektdaten N13
*Nicht in der Auswertung enthalten

6100-0682 Reihenhäuser (4 WE) - Passivhaus
BRI 2.912m³ | **BGF** 986m² | **NUF** 747m²

Vier Reihenhäuser im Passivhausstandard (600m² WFL). Stb-Keller; Holzständerwände; Stb-Decken, Leimholz-Kastendecken; Holz-Pultdach, Holzflachdach.

Land: Baden-Württemberg
Kreis: Rottweil
Standard: über Durchschnitt
Bauzeit: 39 Wochen
Kennwerte: bis 4.Ebene DIN276

BGF 1.178 €/m²

Planung: Werkgruppe Freiburg Architekten; Freiburg

veröffentlicht: BKI Objektdaten E4

6100-0710 Reihenhäuser (4 WE)
BRI 2.636m³ | **BGF** 797m² | **NUF** 611m²

Reihenhäuser (4 WE), nicht unterkellert, gemeinsame Wärmeversorgung. Holzständerkonstruktion; Holz-Steildachkonstruktion.

Land: Nordrhein-Westfalen
Kreis: Erft, Bergheim
Standard: über Durchschnitt
Bauzeit: 60 Wochen
Kennwerte: bis 1.Ebene DIN276

BGF 1.140 €/m²

Planung: Dipl.-Ing. Stephan Witte Architekt AKNW; Köln

veröffentlicht: BKI Objektdaten N10

6100-0892 Reihenmittelhaus - Passivhaus
BRI 1.116m³ | **BGF** 346m² | **NUF** 212m²

Reihenmittelhaus, Passivhaus in Holzrahmenbauweise (249m² WFL). Holzrahmenkonstruktion.

Land: Bayern
Kreis: Erlangen
Standard: über Durchschnitt
Bauzeit: 47 Wochen
Kennwerte: bis 1.Ebene DIN276

BGF 1.144 €/m²

Planung: Architekturbüro Frau Farzaneh Nouri-Schellinger; Erlangen

veröffentlicht: BKI Objektdaten E4

Objektübersicht zur Gebäudeart

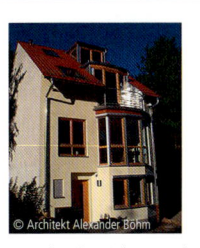

6100-0542 Reihenmittelhaus   BRI 686m³   BGF 234m²   NUF 158m²

Reihenmittelhaus (180m² WFL II.BV), zunächst als freistehendes Haus errichtet. Mauerwerksbau.

Land: Baden-Württemberg
Kreis: Rhein-Neckar
Standard: über Durchschnitt
Bauzeit: 39 Wochen
Kennwerte: bis 3.Ebene DIN276

BGF   1.472 €/m²

Planung: Architekt Dipl.-Ing. Alexander Böhm; Heidelberg

veröffentlicht: BKI Objektdaten N10

6100-0534 Reihenhaus   BRI 784m³   BGF 261m²   NUF 185m²

Einfamilienhaus, Reihenhausbauweise (149m² WFL). Mauerwerksbau, Holzdachkonstruktion.

Land: Baden-Württemberg
Kreis: Karlsruhe
Standard: über Durchschnitt
Bauzeit: 25 Wochen
Kennwerte: bis 3.Ebene DIN276

BGF   1.156 €/m²

Planung: Architekt Dipl.-Ing. Alexander Böhm; Heidelberg

www.bki.de

Arbeitsblatt zur Standardeinordnung bei Mehrfamilienhäusern, mit bis zu 6 WE

Kosten:
Stand 1.Quartal 2018
Bundesdurchschnitt
inkl. 19% MwSt.

Kostenkennwerte für die Kosten des Bauwerks (Kostengruppen 300+400 nach DIN 276)

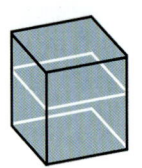

BRI 395 €/m³
von 315 €/m³
bis 485 €/m³

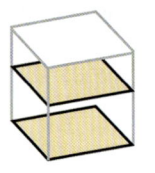

BGF 1.140 €/m²
von 910 €/m²
bis 1.460 €/m²

NUF 1.730 €/m²
von 1.330 €/m²
bis 2.240 €/m²

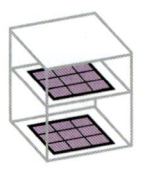

NE 2.140 €/NE
von 1.580 €/NE
bis 2.890 €/NE
NE: Wohnfläche

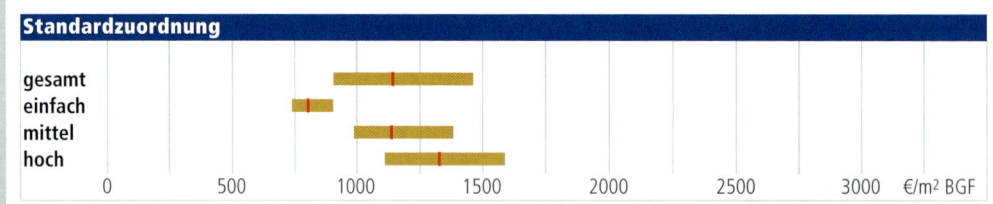

Standardzuordnung

(Diagramm: gesamt, einfach, mittel, hoch – Skala 0 bis 3000 €/m² BGF)

Standardeinordnung für Ihr Projekt:

KG	Kostengruppen der 2. Ebene	niedrig	mittel	hoch	Punkte
310	Baugrube				
320	Gründung	1	2	2	
330	Außenwände	5	7	9	
340	Innenwände	3	4	5	
350	Decken	4	5	6	
360	Dächer	3	3	4	
370	Baukonstruktive Einbauten	0	0	0	
390	Sonstige Baukonstruktionen				
410	Abwasser, Wasser, Gas	2	2	2	
420	Wärmeversorgungsanlagen	1	2	2	
430	Lufttechnische Anlagen	0	0	1	
440	Starkstromanlagen	1	1	1	
450	Fernmeldeanlagen	0	0	0	
460	Förderanlagen	0	0	0	
470	Nutzungsspezifische Anlagen	0	0	0	
480	Gebäudeautomation	0	0	0	
490	Sonstige Technische Anlagen				

Punkte: 20 bis 24 = einfach 25 bis 29 = mittel 30 bis 32 = hoch   Ihr Projekt (Summe):

- Kostenkennwert
- ▶ min
- ▷ von
- | Mittelwert
- ◁ bis
- ◀ max

Erläuterung:
Obenstehende Tabelle soll Ihnen die Zuordnung zu den Gebäudearten mit einfachem, mittlerem und hohem Standard erleichtern. Schätzen Sie für jedes Grobelement ab, ob die Aufwendungen niedrig, mittel oder hoch sein werden und übertragen Sie die Punkte in die rechte Spalte. Bilden Sie die Summe der rechten Spalte und ordnen Sie Ihr Projekt nach dem Schema der untersten Zeile ein. Nehmen Sie dieses Schema auch als Hinweis darauf, bei welchen Kostengruppen Sie den Mittelwert nach oben oder unten anpassen sollten.

© **BKI** Baukosteninformationszentrum; Erläuterungen zu den Tabellen siehe Seite 58   Kosten: 1.Quartal 2018, Bundesdurchschnitt, **inkl. 19% MwSt.**

Kostenkennwerte für die Kostengruppen der 1. und 2. Ebene DIN 276

KG	Kostengruppen der 1. Ebene	Einheit	▷	€/Einheit	◁	▷	% an 300+400	◁
100	Grundstück	m² GF	–	–	–	–	–	–
200	Herrichten und Erschließen	m² GF	19	**45**	145	0,9	**2,8**	5,6
300	Bauwerk - Baukonstruktionen	m² BGF	737	**916**	1.174	76,6	**80,4**	83,9
400	Bauwerk - Technische Anlagen	m² BGF	160	**226**	314	16,1	**19,6**	23,4
	Bauwerk (300+400)	m² BGF	907	**1.142**	1.461		**100,0**	
500	Außenanlagen	m² AF	72	**134**	261	2,8	**4,8**	8,3
600	Ausstattung und Kunstwerke	m² BGF	1	**1**	1	0,1	**0,1**	0,1
700	Baunebenkosten*	m² BGF	249	**278**	306	22,0	**24,6**	27,1 ◁ NEU

* Auf Grundlage der HOAI 2013 berechnete Werte nach §§ 35, 52, 56, 40. Weitere Informationen siehe Seite 50

KG	Kostengruppen der 2. Ebene	Einheit	▷	€/Einheit	◁	▷	% an 300	◁
310	Baugrube	m³ BGI	17	**33**	87	1,4	**2,9**	4,1
320	Gründung	m² GRF	156	**243**	433	5,4	**7,7**	10,2
330	Außenwände	m² AWF	251	**325**	415	25,6	**30,9**	34,8
340	Innenwände	m² IWF	135	**173**	220	13,7	**16,9**	22,0
350	Decken	m² DEF	253	**317**	408	20,8	**24,4**	28,2
360	Dächer	m² DAF	234	**324**	423	11,6	**14,1**	16,8
370	Baukonstruktive Einbauten	m² BGF	1	**3**	4	0,0	**0,1**	0,3
390	Sonstige Baukonstruktionen	m² BGF	17	**27**	47	2,1	**3,1**	5,0
300	**Bauwerk Baukonstruktionen**	**m² BGF**					**100,0**	

KG	Kostengruppen der 2. Ebene	Einheit	▷	€/Einheit	◁	▷	% an 400	◁
410	Abwasser, Wasser, Gas	m² BGF	56	**71**	93	30,7	**37,2**	41,5
420	Wärmeversorgungsanlagen	m² BGF	51	**69**	95	27,6	**35,7**	41,7
430	Lufttechnische Anlagen	m² BGF	2	**9**	36	0,6	**2,8**	12,8
440	Starkstromanlagen	m² BGF	27	**36**	50	15,2	**18,8**	25,0
450	Fernmeldeanlagen	m² BGF	4	**8**	13	1,3	**3,2**	4,9
460	Förderanlagen	m² BGF	36	**40**	43	0,0	**2,3**	16,4
470	Nutzungsspezifische Anlagen	m² BGF	–	**0**	–	–	**0,0**	–
480	Gebäudeautomation	m² BGF	–	–	–	–	–	–
490	Sonstige Technische Anlagen	m² BGF	–	–	–	–	–	–
400	**Bauwerk Technische Anlagen**	**m² BGF**					**100,0**	

Prozentanteile der Kosten der 2. Ebene an den Kosten des Bauwerks nach DIN 276 (Von-, Mittel-, Bis-Werte)

KG	Bezeichnung	%
310	Baugrube	2,3
320	Gründung	6,2
330	Außenwände	25,3
340	Innenwände	13,7
350	Decken	19,9
360	Dächer	11,5
370	Baukonstruktive Einbauten	0,1
390	Sonstige Baukonstruktionen	2,5
410	Abwasser, Wasser, Gas	6,8
420	Wärmeversorgungsanlagen	6,5
430	Lufttechnische Anlagen	0,6
440	Starkstromanlagen	3,4
450	Fernmeldeanlagen	0,6
460	Förderanlagen	0,5
470	Nutzungsspezifische Anlagen	
480	Gebäudeautomation	
490	Sonstige Technische Anlagen	

© BKI Baukosteninformationszentrum; Erläuterungen zu den Tabellen siehe Seite 48 und 50   Kosten: 1.Quartal 2018, Bundesdurchschnitt, **inkl. 19% MwSt.**

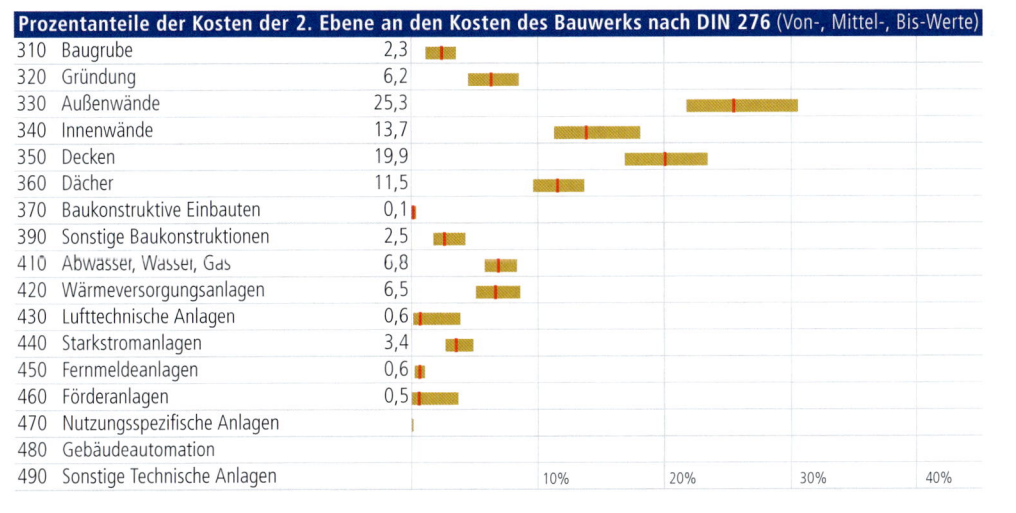

Mehrfamilienhäuser, mit bis zu 6 WE

Kostenkennwerte für Leistungsbereiche nach StLB (Kosten des Bauwerks nach DIN 276)

LB	Leistungsbereiche	▷	€/m² BGF	◁	▷	% an 300+400	◁
000	Sicherheits-, Baustelleneinrichtungen inkl. 001	14	25	43	1,3	2,2	3,8
002	Erdarbeiten	19	30	44	1,6	2,6	3,9
006	Spezialtiefbauarbeiten inkl. 005	–	5	–	–	0,5	–
009	Entwässerungskanalarbeiten inkl. 011	2	6	15	0,2	0,6	1,3
010	Drän- und Versickerungsarbeiten	0	2	7	0,0	0,2	0,6
012	Mauerarbeiten	70	119	185	6,2	10,4	16,2
013	Betonarbeiten	160	204	249	14,0	17,9	21,8
014	Natur-, Betonwerksteinarbeiten	8	21	37	0,7	1,8	3,2
016	Zimmer- und Holzbauarbeiten	33	53	93	2,9	4,6	8,1
017	Stahlbauarbeiten	0	6	53	0,0	0,5	4,6
018	Abdichtungsarbeiten	2	8	13	0,2	0,7	1,2
020	Dachdeckungsarbeiten	21	38	71	1,8	3,3	6,2
021	Dachabdichtungsarbeiten	1	10	26	0,1	0,9	2,3
022	Klempnerarbeiten	11	19	30	0,9	1,7	2,6
	Rohbau	508	545	586	44,5	47,8	51,3
023	Putz- und Stuckarbeiten, Wärmedämmsysteme	49	68	96	4,3	6,0	8,4
024	Fliesen- und Plattenarbeiten	22	39	66	1,9	3,4	5,8
025	Estricharbeiten	16	22	33	1,4	1,9	2,9
026	Fenster, Außentüren inkl. 029, 032	50	72	101	4,3	6,3	8,8
027	Tischlerarbeiten	34	47	61	3,0	4,1	5,4
028	Parkettarbeiten, Holzpflasterarbeiten	2	18	35	0,2	1,6	3,1
030	Rollladenarbeiten	2	10	21	0,2	0,9	1,8
031	Metallbauarbeiten inkl. 035	14	40	67	1,3	3,5	5,8
034	Maler- und Lackiererarbeiten inkl. 037	23	33	53	2,0	2,9	4,7
036	Bodenbelagarbeiten	1	7	14	0,1	0,6	1,2
038	Vorgehängte hinterlüftete Fassaden	–	2	–	–	0,2	–
039	Trockenbauarbeiten	20	40	68	1,7	3,5	6,0
	Ausbau	366	399	459	32,1	35,0	40,2
040	Wärmeversorgungsanl. - Betriebseinr. inkl. 041	52	66	89	4,6	5,8	7,8
042	Gas- und Wasserinstallation, Leitungen inkl. 043	8	19	29	0,7	1,6	2,6
044	Abwasserinstallationsarbeiten - Leitungen	7	13	21	0,6	1,2	1,9
045	GWA-Einrichtungsgegenstände inkl. 046	22	31	55	1,9	2,8	4,8
047	Dämmarbeiten an betriebstechnischen Anlagen	2	5	12	0,2	0,5	1,0
049	Feuerlöschanlagen, Feuerlöschgeräte	–	0	–	–	0,0	–
050	Blitzschutz- und Erdungsanlagen	1	2	3	0,1	0,1	0,2
052	Mittelspannungsanlagen	–	–	–	–	–	–
053	Niederspannungsanlagen inkl. 054	26	36	47	2,3	3,1	4,1
055	Ersatzstromversorgungsanlagen	–	–	–	–	–	–
057	Gebäudesystemtechnik	–	0	–	–	0,0	–
058	Leuchten und Lampen inkl. 059	1	3	11	0,1	0,3	0,9
060	Elektroakustische Anlagen, Sprechanlagen	1	3	7	0,1	0,2	0,6
061	Kommunikationsnetze, inkl. 062	1	3	6	0,0	0,3	0,5
063	Gefahrenmeldeanlagen	–	0	–	–	0,0	–
069	Aufzüge	0	6	40	0,0	0,5	3,5
070	Gebäudeautomation	–	–	–	–	–	–
075	Raumlufttechnische Anlagen	1	7	42	0,1	0,6	3,7
	Technische Anlagen	157	195	237	13,8	17,0	20,8
	Sonstige Leistungsbereiche inkl. 008, 033, 051	0	4	8	0,0	0,3	0,7

Kosten: Stand 1.Quartal 2018 Bundesdurchschnitt inkl. 19% MwSt.

- ● Kostenkennwert
- ▶ min
- ▷ von
- | Mittelwert
- ◁ bis
- ◀ max

Planungskennwerte für Flächen und Rauminhalte nach DIN 277

Grundflächen			▷ Fläche/NUF (%) ◁			▷ Fläche/BGF (%) ◁		
NUF	Nutzungsfläche			100,0		61,4	66,2	71,0
TF	Technikfläche	2,5		3,2	5,6	1,6	2,1	3,0
VF	Verkehrsfläche	17,5		22,1	39,4	11,2	14,6	19,9
NRF	Netto-Raumfläche	120,3		125,3	144,5	79,7	82,9	85,0
KGF	Konstruktions-Grundfläche	22,0		25,8	31,8	15,0	17,1	20,3
BGF	Brutto-Grundfläche	143,4		151,1	171,0		100,0	

Brutto-Rauminhalte		▷ BRI/NUF (m) ◁			▷ BRI/BGF (m) ◁		
BRI	Brutto-Rauminhalt	4,04	4,35	5,07	2,71	2,87	3,01

Flächen von Nutzeinheiten		▷ NUF/Einheit (m²) ◁			▷ BGF/Einheit (m²) ◁		
Nutzeinheit: Wohnfläche		1,14	1,23	1,34	1,71	1,87	2,33

Lufttechnisch behandelte Flächen	▷ Fläche/NUF (%) ◁			▷ Fläche/BGF (%) ◁		
Entlüftete Fläche	7,0	7,0	7,0	4,6	4,6	4,6
Be- und entlüftete Fläche	–	–	–	–	–	–
Teilklimatisierte Fläche	–	–	–	–	–	–
Klimatisierte Fläche	–	–	–	–	–	–

KG	Kostengruppen (2. Ebene)	Einheit	▷	Menge/NUF	◁	▷	Menge/BGF	◁
310	Baugrube	m³ BGI	1,16	1,43	1,93	0,76	0,96	1,19
320	Gründung	m² GRF	0,41	0,44	0,53	0,27	0,29	0,32
330	Außenwände	m² AWF	1,07	1,22	1,35	0,75	0,83	0,93
340	Innenwände	m² IWF	1,13	1,24	1,42	0,78	0,84	0,97
350	Decken	m² DEF	0,90	0,98	1,11	0,62	0,67	0,71
360	Dächer	m² DAF	0,53	0,56	0,59	0,36	0,38	0,40
370	Baukonstruktive Einbauten	m² BGF	1,43	1,51	1,71		1,00	
390	Sonstige Baukonstruktionen	m² BGF	1,43	1,51	1,71		1,00	
300	**Bauwerk-Baukonstruktionen**	m² BGF	1,43	1,51	1,71		1,00	

Planungskennwerte für Bauzeiten

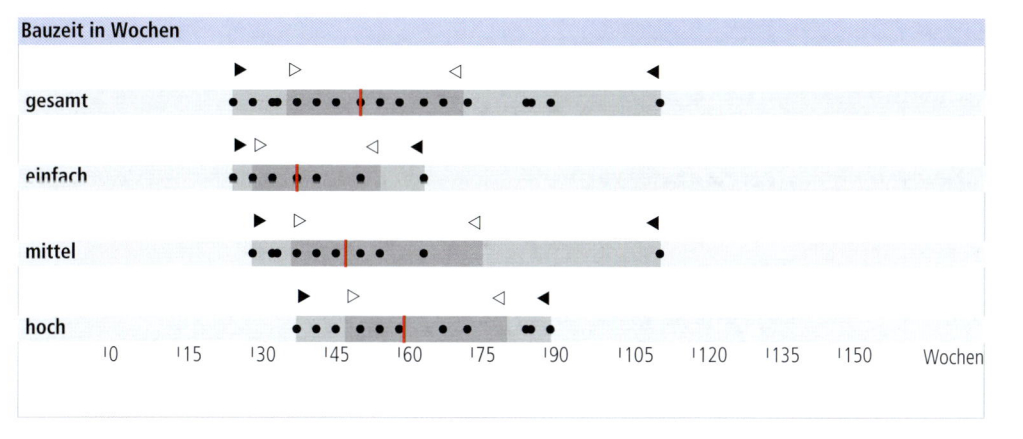

Bauzeit in Wochen

gesamt

einfach

mittel

hoch

|0 |15 |30 |45 |60 |75 |90 |105 |120 |135 |150   Wochen

© BKI Baukosteninformationszentrum; Erläuterungen zu den Tabellen siehe Seite 54   Kosten: 1.Quartal 2018, Bundesdurchschnitt, **inkl. 19% MwSt.**

Mehrfamilienhäuser, mit bis zu 6 WE, einfacher Standard

Kostenkennwerte für die Kosten des Bauwerks (Kostengruppen 300+400 nach DIN 276)

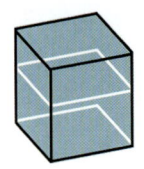

BRI 305 €/m³
von 255 €/m³
bis 345 €/m³

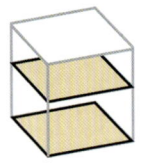

BGF 800 €/m²
von 740 €/m²
bis 900 €/m²

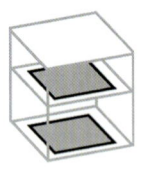

NUF 1.210 €/m²
von 1.020 €/m²
bis 1.370 €/m²

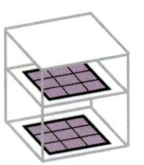

NE 1.510 €/NE
von 1.340 €/NE
bis 1.760 €/NE
NE: Wohnfläche

Kosten:
Stand 1.Quartal 2018
Bundesdurchschnitt
inkl. 19% MwSt.

Objektbeispiele

6100-0219 © Schlösser & Schepers Architekten
6100-0700 © Architekturbüro Sebastian Jacobs
6100-0213 © Manfred Hierl Architekt
6100-0702 © Architekturbüro Sebastian Jacobs
6100-0522 © Architekturbüro Stefan Richter
6100-0267 © Uwe Meier Architekt

Kosten der 9 Vergleichsobjekte — Seiten 502 bis 504

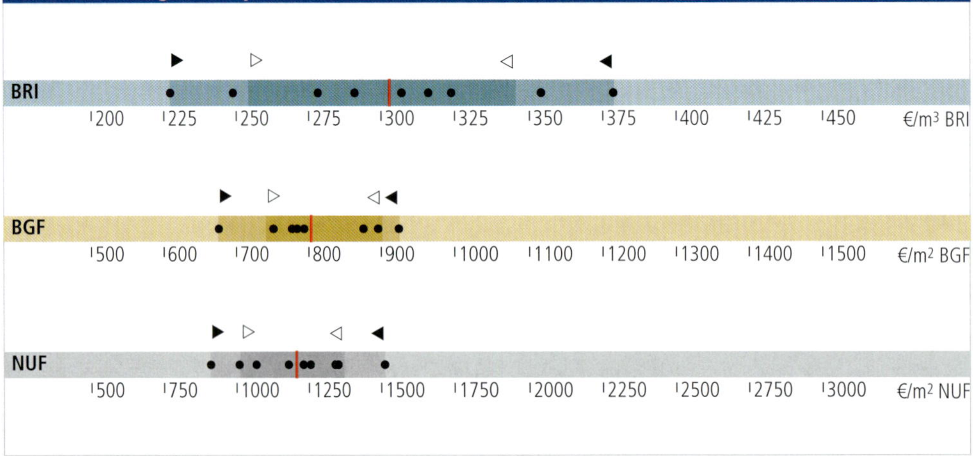

- ● KKW
- ▶ min
- ▷ von
- | Mittelwert
- ◁ bis
- ◀ max

BRI €/m³
BGF €/m²
NUF €/m²

© BKI Baukosteninformationszentrum; Erläuterungen zu den Tabellen siehe Seite 46
Kosten: 1.Quartal 2018, Bundesdurchschnitt, **inkl. 19% MwSt.**

Kostenkennwerte für die Kostengruppen der 1. und 2. Ebene DIN 276

KG	Kostengruppen der 1. Ebene	Einheit	▷	€/Einheit	◁	▷	% an 300+400	◁
100	Grundstück	m² GF	–	–	–	–	–	–
200	Herrichten und Erschließen	m² GF	15	17	19	1,1	1,7	3,1
300	Bauwerk - Baukonstruktionen	m² BGF	608	664	738	79,7	82,7	85,2
400	Bauwerk - Technische Anlagen	m² BGF	110	139	162	14,8	17,3	20,3
	Bauwerk (300+400)	m² BGF	741	803	901		100,0	
500	Außenanlagen	m² AF	64	78	92	3,3	4,7	6,5
600	Ausstattung und Kunstwerke	m² BGF	–	0	–	–	0,0	–
700	Baunebenkosten*	m² BGF	190	212	233	23,6	26,3	29,1	◁ NEU

* Auf Grundlage der HOAI 2013 berechnete Werte nach §§ 35, 52, 56. Weitere Informationen siehe Seite 50

KG	Kostengruppen der 2. Ebene	Einheit	▷	€/Einheit	◁	▷	% an 300	◁
310	Baugrube	m³ BGI	5	13	17	0,6	1,4	2,5
320	Gründung	m² GRF	123	165	245	6,2	8,1	11,8
330	Außenwände	m² AWF	211	235	281	19,3	26,7	31,5
340	Innenwände	m² IWF	139	172	220	16,7	21,0	28,5
350	Decken	m² DEF	192	281	328	25,2	25,9	27,3
360	Dächer	m² DAF	208	214	227	10,8	14,2	15,8
370	Baukonstruktive Einbauten	m² BGF	2	2	3	0,0	0,2	0,4
390	Sonstige Baukonstruktionen	m² BGF	12	16	23	1,8	2,6	4,0
300	**Bauwerk Baukonstruktionen**	**m² BGF**					**100,0**	

KG	Kostengruppen der 2. Ebene	Einheit	▷	€/Einheit	◁	▷	% an 400	◁
410	Abwasser, Wasser, Gas	m² BGF	43	50	64	34,9	39,8	43,2
420	Wärmeversorgungsanlagen	m² BGF	39	43	51	30,8	34,3	36,1
430	Lufttechnische Anlagen	m² BGF	1	3	4	0,3	1,4	3,2
440	Starkstromanlagen	m² BGF	24	28	36	19,7	22,4	27,1
450	Fernmeldeanlagen	m² BGF	2	4	5	0,0	2,0	3,4
460	Förderanlagen	m² BGF	–	–	–	–	–	–
470	Nutzungsspezifische Anlagen	m² BGF	–	0	–	–	0,1	–
480	Gebäudeautomation	m² BGF	–	–	–	–	–	–
490	Sonstige Technische Anlagen	m² BGF	–	–	–	–	–	–
400	**Bauwerk Technische Anlagen**	**m² BGF**					**100,0**	

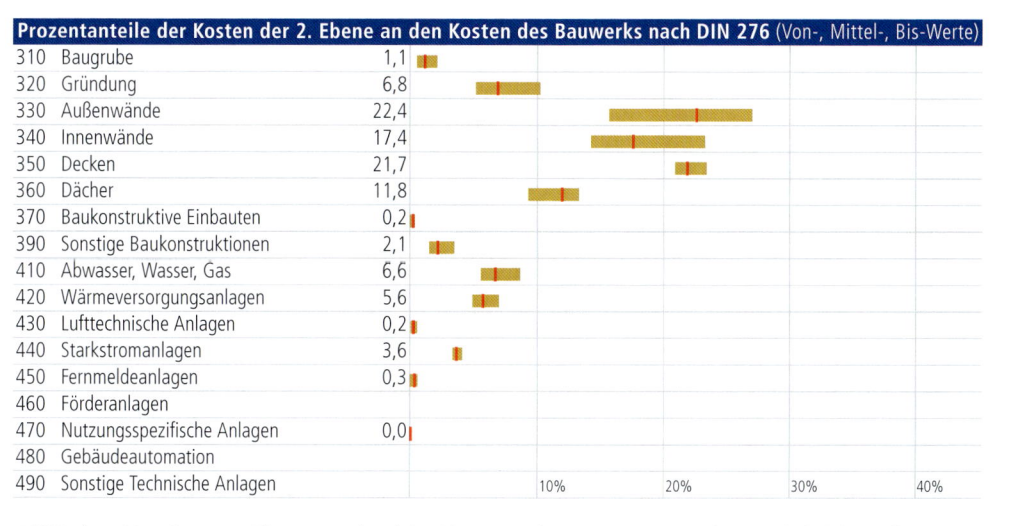

Prozentanteile der Kosten der 2. Ebene an den Kosten des Bauwerks nach DIN 276 (Von-, Mittel-, Bis-Werte)

KG		Mittelwert
310	Baugrube	1,1
320	Gründung	6,8
330	Außenwände	22,4
340	Innenwände	17,4
350	Decken	21,7
360	Dächer	11,8
370	Baukonstruktive Einbauten	0,2
390	Sonstige Baukonstruktionen	2,1
410	Abwasser, Wasser, Gas	6,6
420	Wärmeversorgungsanlagen	5,6
430	Lufttechnische Anlagen	0,2
440	Starkstromanlagen	3,6
450	Fernmeldeanlagen	0,3
460	Förderanlagen	
470	Nutzungsspezifische Anlagen	0,0
480	Gebäudeautomation	
490	Sonstige Technische Anlagen	

© BKI Baukosteninformationszentrum; Erläuterungen zu den Tabellen siehe Seite 48 und 50 — Kosten: 1.Quartal 2018, Bundesdurchschnitt, inkl. 19% MwSt.

Mehrfamilienhäuser, mit bis zu 6 WE, einfacher Standard

Kosten: Stand 1.Quartal 2018 Bundesdurchschnitt inkl. 19% MwSt.

Kostenkennwerte für Leistungsbereiche nach StLB (Kosten des Bauwerks nach DIN 276)

LB	Leistungsbereiche	▷ €/m² BGF		◁	▷ % an 300+400		◁
000	Sicherheits-, Baustelleneinrichtungen inkl. 001	11	11	16	1,4	1,4	2,0
002	Erdarbeiten	14	14	18	1,7	1,7	2,3
006	Spezialtiefbauarbeiten inkl. 005	–	–	–	–	–	–
009	Entwässerungskanalarbeiten inkl. 011	–	1	–	–	0,1	–
010	Drän- und Versickerungsarbeiten	–	2	–	–	0,3	–
012	Mauerarbeiten	89	89	108	11,1	11,1	13,4
013	Betonarbeiten	142	142	159	17,7	17,7	19,8
014	Natur-, Betonwerksteinarbeiten	11	11	16	1,3	1,3	2,0
016	Zimmer- und Holzbauarbeiten	35	48	48	4,4	6,0	6,0
017	Stahlbauarbeiten	–	0	–	–	0,0	–
018	Abdichtungsarbeiten	5	7	7	0,7	0,8	0,8
020	Dachdeckungsarbeiten	23	23	35	2,9	2,9	4,3
021	Dachabdichtungsarbeiten	–	5	–	–	0,6	–
022	Klempnerarbeiten	15	15	20	1,9	1,9	2,5
	Rohbau	**342**	**368**	**368**	**42,6**	**45,8**	**45,8**
023	Putz- und Stuckarbeiten, Wärmedämmsysteme	31	46	46	3,9	5,8	5,8
024	Fliesen- und Plattenarbeiten	17	25	25	2,1	3,1	3,1
025	Estricharbeiten	16	18	18	2,0	2,2	2,2
026	Fenster, Außentüren inkl. 029, 032	45	45	58	5,6	5,6	7,3
027	Tischlerarbeiten	40	40	43	5,0	5,0	5,4
028	Parkettarbeiten, Holzpflasterarbeiten	–	7	–	–	0,9	–
030	Rollladenarbeiten	–	2	–	–	0,2	–
031	Metallbauarbeiten inkl. 035	21	34	34	2,6	4,3	4,3
034	Maler- und Lackiererarbeiten inkl. 037	25	31	31	3,1	3,9	3,9
036	Bodenbelagarbeiten	6	8	8	0,7	1,0	1,0
038	Vorgehängte hinterlüftete Fassaden	–	8	–	–	0,9	–
039	Trockenbauarbeiten	30	44	44	3,7	5,5	5,5
	Ausbau	**309**	**309**	**345**	**38,5**	**38,5**	**43,0**
040	Wärmeversorgungsanl. - Betriebseinr. inkl. 041	34	38	38	4,2	4,8	4,8
042	Gas- und Wasserinstallation, Leitungen inkl. 043	2	6	6	0,2	0,7	0,7
044	Abwasserinstallationsarbeiten - Leitungen	6	12	12	0,8	1,5	1,5
045	GWA-Einrichtungsgegenstände inkl. 046	15	29	29	1,8	3,7	3,7
047	Dämmarbeiten an betriebstechnischen Anlagen	1	4	4	0,1	0,5	0,5
049	Feuerlöschanlagen, Feuerlöschgeräte	–	0	–	–	0,0	–
050	Blitzschutz- und Erdungsanlagen	1	1	1	0,1	0,2	0,2
052	Mittelspannungsanlagen	–	–	–	–	–	–
053	Niederspannungsanlagen inkl. 054	27	27	29	3,3	3,3	3,6
055	Ersatzstromversorgungsanlagen	–	–	–	–	–	–
057	Gebäudesystemtechnik	–	–	–	–	–	–
058	Leuchten und Lampen inkl. 059	0	1	1	0,0	0,1	0,1
060	Elektroakustische Anlagen, Sprechanlagen	1	1	2	0,2	0,2	0,2
061	Kommunikationsnetze, inkl. 062	–	1	–	–	0,1	–
063	Gefahrenmeldeanlagen	–	–	–	–	–	–
069	Aufzüge	–	–	–	–	–	–
070	Gebäudeautomation	–	–	–	–	–	–
075	Raumlufttechnische Anlagen	–	1	–	–	0,2	–
	Technische Anlagen	**112**	**123**	**123**	**14,0**	**15,3**	**15,3**
	Sonstige Leistungsbereiche inkl. 008, 033, 051	4	4	6	0,5	0,5	0,8

Legende:
- ● KKW
- ▶ min
- ▷ von
- | Mittelwert
- ◁ bis
- ◀ max

© BKI Baukosteninformationszentrum; Erläuterungen zu den Tabellen siehe Seite 52   Kosten: 1.Quartal 2018, Bundesdurchschnitt, inkl. 19% MwSt.

Planungskennwerte für Flächen und Rauminhalte nach DIN 277

Grundflächen			▷	Fläche/NUF (%)	◁	▷	Fläche/BGF (%)	◁
NUF	Nutzungsfläche			100,0		65,3	**66,9**	69,0
TF	Technikfläche		2,4	**2,8**	3,6	1,6	**1,9**	2,2
VF	Verkehrsfläche		18,3	**21,8**	24,5	12,3	**14,6**	16,1
NRF	Netto-Raumfläche		120,5	**124,6**	128,2	81,2	**83,3**	84,7
KGF	Konstruktions-Grundfläche		22,8	**25,0**	31,2	15,3	**16,7**	18,8
BGF	Brutto-Grundfläche		145,9	**149,6**	154,1		**100,0**	

Brutto-Rauminhalte			▷	BRI/NUF (m)	◁	▷	BRI/BGF (m)	◁
BRI	Brutto-Rauminhalt		3,76	**4,01**	4,33	2,46	**2,69**	2,86

Flächen von Nutzeinheiten			▷	NUF/Einheit (m²)	◁	▷	BGF/Einheit (m²)	◁
Nutzeinheit: Wohnfläche			1,16	**1,24**	1,32	1,75	**1,87**	1,96

Lufttechnisch behandelte Flächen			▷	Fläche/NUF (%)	◁	▷	Fläche/BGF (%)	◁
Entlüftete Fläche			–	**5,8**	–	–	**4,3**	–
Be- und entlüftete Fläche			–	–	–	–	–	–
Teilklimatisierte Fläche			–	–	–	–	–	–
Klimatisierte Fläche			–	–	–	–	–	–

KG	Kostengruppen (2. Ebene)	Einheit	▷	Menge/NUF	◁	▷	Menge/BGF	◁
310	Baugrube	m³ BGI	0,72	**0,86**	0,86	0,54	**0,62**	0,62
320	Gründung	m² GRF	0,45	**0,45**	0,49	0,32	**0,32**	0,33
330	Außenwände	m² AWF	0,91	**1,03**	1,03	0,73	**0,73**	0,82
340	Innenwände	m² IWF	1,06	**1,08**	1,08	0,78	**0,78**	0,82
350	Decken	m² DEF	0,78	**0,87**	0,87	0,59	**0,62**	0,62
360	Dächer	m² DAF	0,59	**0,59**	0,60	0,42	**0,42**	0,42
370	Baukonstruktive Einbauten	m² BGF	1,46	**1,50**	1,54		**1,00**	
390	Sonstige Baukonstruktionen	m² BGF	1,46	**1,50**	1,54		**1,00**	
300	**Bauwerk-Baukonstruktionen**	m² BGF	1,46	**1,50**	1,54		**1,00**	

Planungskennwerte für Bauzeiten

9 Vergleichsobjekte

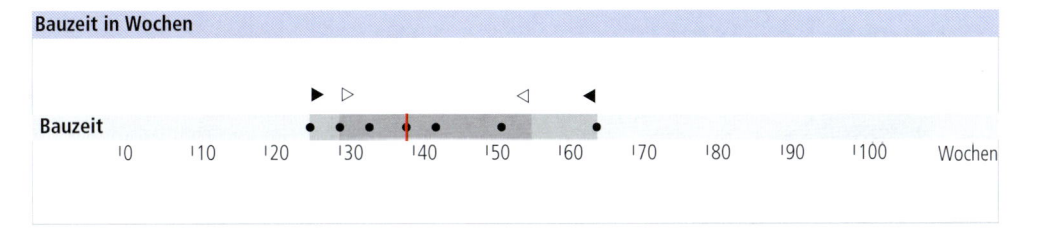

Bauzeit in Wochen

Kosten: 1.Quartal 2018, Bundesdurchschnitt, inkl. 19% MwSt.

Mehrfamilienhäuser, mit bis zu 6 WE, einfacher Standard

€/m² BGF

min	675	€/m²
von	740	€/m²
Mittel	**805**	**€/m²**
bis	900	€/m²
max	925	€/m²

Kosten:
Stand 1.Quartal 2018
Bundesdurchschnitt
inkl. 19% MwSt.

Objektübersicht zur Gebäudeart

6100-1059 Mehrfamilienhaus (3 WE) - Effizienzhaus 85   **BRI** 1.232m³   **BGF** 472m²   **NUF** 288m²

Mehrfamilienhaus (3 WE) mit 230m² Wohnfläche. Mauerwerksbau.

Land: Hessen
Kreis: Main-Taunus-Kreis
Standard: unter Durchschnitt
Bauzeit: 52 Wochen
Kennwerte: bis 1.Ebene DIN276

BGF 924 €/m²

Planung: Stiehl + Lüders Baubetreuung GbR; Wiesbaden

veröffentlicht: BKI Objektdaten E6

6100-0698 Mehrfamilienhaus (4 WE)   **BRI** 1.478m³   **BGF** 705m²   **NUF** 445m²

Mehrfamilienwohnhaus mit vier Eigentumswohnungen. Mauerwerksbau; Stb-Filigrandecke; Holzsatteldach.

Land: Nordrhein-Westfalen
Kreis: Paderborn
Standard: unter Durchschnitt
Bauzeit: 30 Wochen
Kennwerte: bis 1.Ebene DIN276

BGF 793 €/m²

Planung: Architekturbüro Dipl.-Ing. Sebastian Jacobs; Paderborn

veröffentlicht: BKI Objektdaten N10

6100-0700 Mehrfamilienhaus (6 WE)   **BRI** 2.435m³   **BGF** 900m²   **NUF** 582m²

Mehrfamilienwohnhaus, 6 WE, Tiefgarage. Mauerwerksbau; Stb-Filigrandecke; Holzflachdach.

Land: Nordrhein-Westfalen
Kreis: Paderborn
Standard: unter Durchschnitt
Bauzeit: 43 Wochen
Kennwerte: bis 1.Ebene DIN276

BGF 876 €/m²

Planung: Architekturbüro Dipl.-Ing. Sebastian Jacobs; Paderborn

veröffentlicht: BKI Objektdaten N10

6100-0702 Mehrfamilienhaus (3 WE)   **BRI** 1.621m³   **BGF** 662m²   **NUF** 465m²

Mehrfamilienwohnhaus, 4 WE. Mauerwerksbau; Stb-Filigrandecke; Holzwalmdach.

Land: Nordrhein-Westfalen
Kreis: Paderborn
Standard: unter Durchschnitt
Bauzeit: 39 Wochen
Kennwerte: bis 1.Ebene DIN276

BGF 751 €/m²

Planung: Architekturbüro Dipl.-Ing. Sebastian Jacobs; Paderborn

veröffentlicht: BKI Objektdaten N10

Objektübersicht zur Gebäudeart

6100-0522 Mehrfamilienhaus (4 WE), Carport — BRI 1.762m³ | BGF 621m² | NUF 415m²

Mehrfamilienhaus 4 WE (413m² WFL II.BVO). Holzständerbau.

Land: Bayern
Kreis: Bad Kissingen
Standard: unter Durchschnitt
Bauzeit: 34 Wochen
Kennwerte: bis 4.Ebene DIN276

BGF 896 €/m²

Planung: Architekturbüro Stefan Richter; Bad Brückenau

veröffentlicht: BKI Objektdaten N6

6100-0299 Mehrfamilienhaus (6 WE) — BRI 2.228m³ | BGF 707m² | NUF 450m²

Mehrfamilienwohnhaus mit 6 Wohnungen (331m² WFL), unterkellert. Mauerwerksbau.

Land: Sachsen
Kreis: Meißen
Standard: unter Durchschnitt
Bauzeit: 39 Wochen
Kennwerte: bis 1.Ebene DIN276

BGF 784 €/m²

Planung: Wolfgang Pilz Dipl. Ing. Architekt; Dresden

veröffentlicht: BKI Objektdaten N3

6100-0213 Mehrfamilienhaus (6 WE) — BRI 2.685m³ | BGF 903m² | NUF 670m²

Mehrfamilienhaus mit Büroeinheit im UG, pro Geschoss 2 Wohnungen, im DG über zwei Ebenen. Mauerwerksbau.

Land: Bayern
Kreis: Nürnberg
Standard: unter Durchschnitt
Bauzeit: 26 Wochen
Kennwerte: bis 4.Ebene DIN276

BGF 675 €/m²

Planung: Manfred Hierer Dipl.-Ing. Architekt; Cadolzburg

veröffentlicht: BKI Objektdaten N1

6100-0267 Mehrfamilienhaus (4 WE) — BRI 1.243m³ | BGF 466m² | NUF 306m²

Mehrfamilienwohnhaus (259m² WFL II.BVO) mit zwei Dreizimmer- und zwei Zweizimmerwohnungen; Teilunterkellerung, Abstellräume, Hausanschlussraum. Mauerwerksbau.

Land: Bremen
Kreis: Bremen
Standard: unter Durchschnitt
Bauzeit: 26 Wochen
Kennwerte: bis 1.Ebene DIN276

BGF 777 €/m²

Planung: Uwe Meier Dipl.-Ing. Architekt; Bremen

veröffentlicht: BKI Objektdaten N3

Mehrfamilienhäuser, mit bis zu 6 WE, einfacher Standard

Objektübersicht zur Gebäudeart

6100-0219 Mehrfamilienhaus (6 WE), Doppelgarage   **BRI** 2.101m³   **BGF** 778m²   **NUF** 579m²

Mehrfamilienhaus mit 6 Wohnungen mit Terrasse oder Balkon (4x 2 Zimmer, 2x 3 Zimmer); Teilunterkellerung, getrennte Mieterkeller, Wasch- und Trockenraum, Fahrradabstellplatz. Mauerwerksbau.

Land: Hessen
Kreis: Darmstadt
Standard: unter Durchschnitt
Bauzeit: 65 Wochen
Kennwerte: bis 3.Ebene DIN276

BGF   **751 €/m²**

Planung: Schlösser & Schepers Architekten a+p Architekten + Partner; Babenhausen   veröffentlicht: BKI Objektdaten N2

€/m² BGF

min	675 €/m²
von	740 €/m²
Mittel	**805 €/m²**
bis	900 €/m²
max	925 €/m²

Kosten:
Stand 1.Quartal 2018
Bundesdurchschnitt
inkl. 19% MwSt.

Wohnen

Mehrfamilienhäuser, mit bis zu 6 WE, mittlerer Standard

Kostenkennwerte für die Kosten des Bauwerks (Kostengruppen 300+400 nach DIN 276)

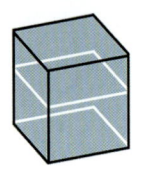

BRI 395 €/m³
von 335 €/m³
bis 465 €/m³

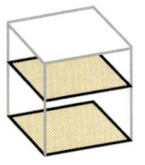

BGF 1.140 €/m²
von 990 €/m²
bis 1.380 €/m²

NUF 1.700 €/m²
von 1.430 €/m²
bis 2.100 €/m²

NE 2.020 €/NE
von 1.550 €/NE
bis 2.570 €/NE
NE: Wohnfläche

Kosten:
Stand 1.Quartal 2018
Bundesdurchschnitt
inkl. 19% MwSt.

Objektbeispiele

6100-1310

6100-1334

6100-1226

Kosten der 17 Vergleichsobjekte — Seiten 510 bis 514

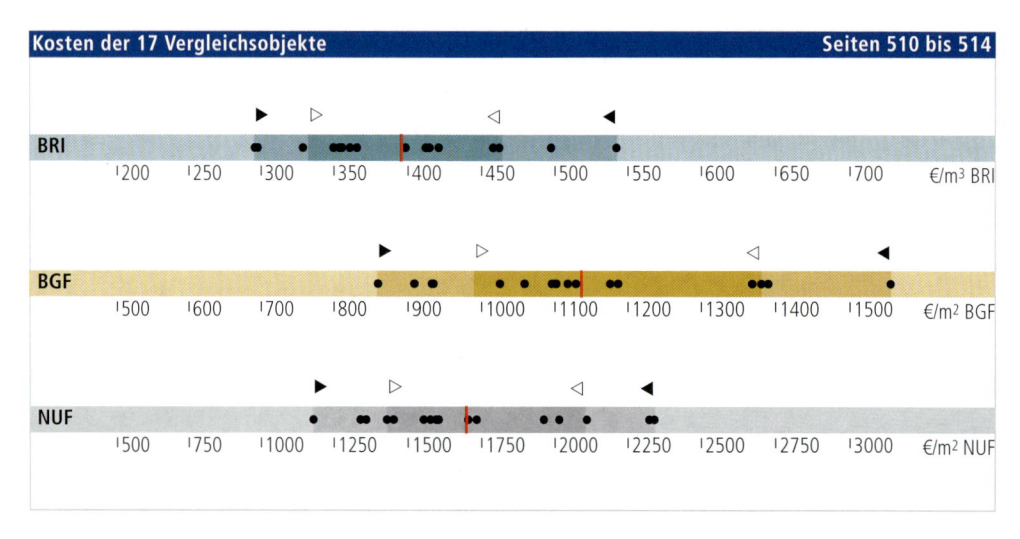

- ● KKW
- ▶ min
- ▷ von
- | Mittelwert
- ◁ bis
- ◀ max

BRI (€/m³ BRI)
BGF (€/m² BGF)
NUF (€/m² NUF)

© BKI Baukosteninformationszentrum; Erläuterungen zu den Tabellen siehe Seite 46   Kosten: 1.Quartal 2018, Bundesdurchschnitt, **inkl. 19% MwSt.**

Kostenkennwerte für die Kostengruppen der 1. und 2. Ebene DIN 276

KG	Kostengruppen der 1. Ebene	Einheit	▷	€/Einheit	◁	▷	% an 300+400	◁
100	Grundstück	m² GF	–	–	–	–	–	–
200	Herrichten und Erschließen	m² GF	33	74	248	2,1	4,7	7,7
300	Bauwerk - Baukonstruktionen	m² BGF	782	906	1.075	74,5	79,9	83,0
400	Bauwerk - Technische Anlagen	m² BGF	178	230	317	17,0	20,1	25,5
	Bauwerk (300+400)	m² BGF	991	1.136	1.381		100,0	
500	Außenanlagen	m² AF	65	116	193	2,8	5,0	10,2
600	Ausstattung und Kunstwerke	m² BGF	–	1	–	–	0,1	–
700	Baunebenkosten*	m² BGF	257	286	315	22,6	25,2	27,8	◁ NEU

* Auf Grundlage der HOAI 2013 berechnete Werte nach §§ 35, 52, 56. Weitere Informationen siehe Seite 50

KG	Kostengruppen der 2. Ebene	Einheit	▷	€/Einheit	◁	▷	% an 300	◁
310	Baugrube	m³ BGI	22	27	34	2,6	3,4	4,6
320	Gründung	m² GRF	162	208	256	4,5	6,7	9,6
330	Außenwände	m² AWF	271	318	397	28,6	31,4	33,1
340	Innenwände	m² IWF	104	147	166	12,6	15,6	18,5
350	Decken	m² DEF	248	310	366	21,7	25,3	29,2
360	Dächer	m² DAF	250	334	422	13,1	14,4	16,8
370	Baukonstruktive Einbauten	m² BGF	–	1	–	–	0,0	–
390	Sonstige Baukonstruktionen	m² BGF	17	26	48	2,1	3,1	5,4
300	**Bauwerk Baukonstruktionen**	**m² BGF**					**100,0**	

KG	Kostengruppen der 2. Ebene	Einheit	▷	€/Einheit	◁	▷	% an 400	◁
410	Abwasser, Wasser, Gas	m² BGF	64	75	97	31,7	37,1	41,0
420	Wärmeversorgungsanlagen	m² BGF	72	83	100	36,6	41,1	45,0
430	Lufttechnische Anlagen	m² BGF	3	13	46	0,7	3,9	19,2
440	Starkstromanlagen	m² BGF	26	30	41	13,2	15,0	17,0
450	Fernmeldeanlagen	m² BGF	4	7	8	0,5	2,9	4,3
460	Förderanlagen	m² BGF	–	–	–	–	–	–
470	Nutzungsspezifische Anlagen	m² BGF	–	–	–	–	–	–
480	Gebäudeautomation	m² BGF	–	–	–	–	–	–
490	Sonstige Technische Anlagen	m² BGF	–	–	–	–	–	–
400	**Bauwerk Technische Anlagen**	**m² BGF**					**100,0**	

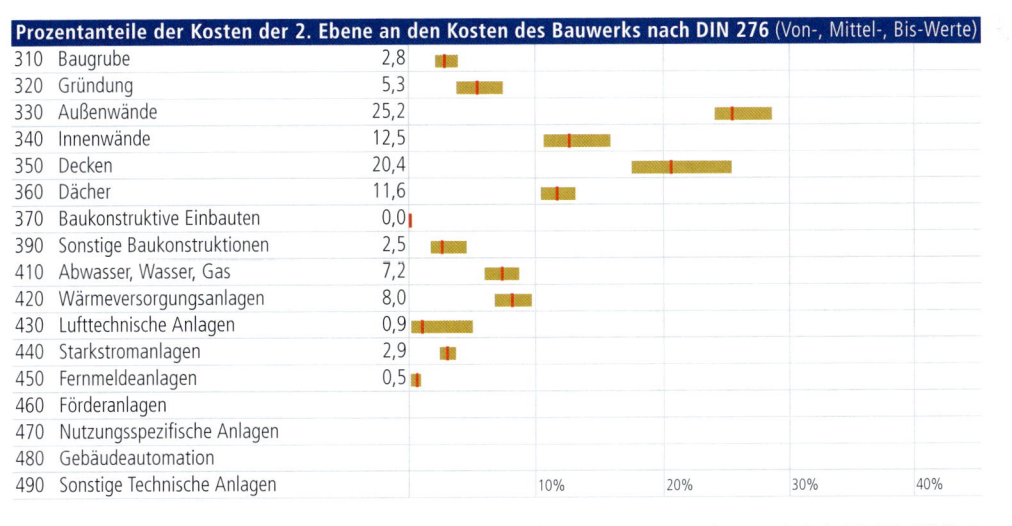

Prozentanteile der Kosten der 2. Ebene an den Kosten des Bauwerks nach DIN 276 (Von-, Mittel-, Bis-Werte)

KG		%
310	Baugrube	2,8
320	Gründung	5,3
330	Außenwände	25,2
340	Innenwände	12,5
350	Decken	20,4
360	Dächer	11,6
370	Baukonstruktive Einbauten	0,0
390	Sonstige Baukonstruktionen	2,5
410	Abwasser, Wasser, Gas	7,2
420	Wärmeversorgungsanlagen	8,0
430	Lufttechnische Anlagen	0,9
440	Starkstromanlagen	2,9
450	Fernmeldeanlagen	0,5
460	Förderanlagen	
470	Nutzungsspezifische Anlagen	
480	Gebäudeautomation	
490	Sonstige Technische Anlagen	

© BKI Baukosteninformationszentrum; Erläuterungen zu den Tabellen siehe Seite 48 und 50   Kosten: 1.Quartal 2018, Bundesdurchschnitt, inkl. 19% MwSt.

Mehrfamilienhäuser, mit bis zu 6 WE, mittlerer Standard

Kostenkennwerte für Leistungsbereiche nach StLB (Kosten des Bauwerks nach DIN 276)

Kosten: Stand 1. Quartal 2018 Bundesdurchschnitt inkl. 19% MwSt.

LB	Leistungsbereiche	▷	€/m² BGF	◁	▷	% an 300+400	◁
000	Sicherheits-, Baustelleneinrichtungen inkl. 001	14	**24**	45	1,2	**2,1**	4,0
002	Erdarbeiten	25	**35**	49	2,2	**3,1**	4,3
006	Spezialtiefbauarbeiten inkl. 005	–	**–**	–	–	**–**	–
009	Entwässerungskanalarbeiten inkl. 011	1	**6**	11	0,1	**0,6**	1,0
010	Drän- und Versickerungsarbeiten	0	**2**	7	0,0	**0,2**	0,6
012	Mauerarbeiten	101	**129**	180	8,9	**11,4**	15,8
013	Betonarbeiten	151	**182**	211	13,3	**16,0**	18,6
014	Natur-, Betonwerksteinarbeiten	6	**15**	23	0,6	**1,4**	2,0
016	Zimmer- und Holzbauarbeiten	41	**63**	104	3,6	**5,6**	9,2
017	Stahlbauarbeiten	–	**12**	–	–	**1,1**	–
018	Abdichtungsarbeiten	1	**4**	10	0,0	**0,3**	0,9
020	Dachdeckungsarbeiten	27	**46**	89	2,4	**4,0**	7,8
021	Dachabdichtungsarbeiten	0	**6**	12	0,0	**0,5**	1,0
022	Klempnerarbeiten	10	**15**	28	0,8	**1,3**	2,5
	Rohbau	509	**539**	588	44,8	**47,4**	51,8
023	Putz- und Stuckarbeiten, Wärmedämmsysteme	58	**67**	85	5,1	**5,9**	7,5
024	Fliesen- und Plattenarbeiten	21	**37**	56	1,9	**3,3**	4,9
025	Estricharbeiten	16	**23**	38	1,4	**2,1**	3,3
026	Fenster, Außentüren inkl. 029, 032	55	**69**	103	4,8	**6,1**	9,1
027	Tischlerarbeiten	31	**40**	50	2,7	**3,6**	4,4
028	Parkettarbeiten, Holzpflasterarbeiten	3	**20**	41	0,3	**1,8**	3,6
030	Rollladenarbeiten	3	**9**	19	0,3	**0,8**	1,6
031	Metallbauarbeiten inkl. 035	16	**38**	74	1,4	**3,4**	6,5
034	Maler- und Lackiererarbeiten inkl. 037	28	**37**	58	2,5	**3,3**	5,1
036	Bodenbelagarbeiten	3	**9**	15	0,3	**0,8**	1,3
038	Vorgehängte hinterlüftete Fassaden	–	**–**	–	–	**–**	–
039	Trockenbauarbeiten	28	**39**	62	2,4	**3,4**	5,5
	Ausbau	380	**389**	403	33,5	**34,2**	35,5
040	Wärmeversorgungsanl. - Betriebseinr. inkl. 041	65	**81**	98	5,7	**7,1**	8,6
042	Gas- und Wasserinstallation, Leitungen inkl. 043	22	**28**	40	2,0	**2,4**	3,5
044	Abwasserinstallationsarbeiten - Leitungen	13	**14**	17	1,1	**1,3**	1,5
045	GWA-Einrichtungsgegenstände inkl. 046	18	**26**	34	1,6	**2,3**	3,0
047	Dämmarbeiten an betriebstechnischen Anlagen	1	**6**	12	0,1	**0,5**	1,1
049	Feuerlöschanlagen, Feuerlöschgeräte	–	**–**	–	–	**–**	–
050	Blitzschutz- und Erdungsanlagen	1	**2**	2	0,1	**0,1**	0,2
052	Mittelspannungsanlagen	–	**–**	–	–	**–**	–
053	Niederspannungsanlagen inkl. 054	25	**32**	42	2,2	**2,8**	3,7
055	Ersatzstromversorgungsanlagen	–	**–**	–	–	**–**	–
057	Gebäudesystemtechnik	–	**–**	–	–	**–**	–
058	Leuchten und Lampen inkl. 059	1	**2**	4	0,1	**0,2**	0,4
060	Elektroakustische Anlagen, Sprechanlagen	0	**2**	5	0,0	**0,2**	0,4
061	Kommunikationsnetze, inkl. 062	1	**3**	7	0,0	**0,3**	0,6
063	Gefahrenmeldeanlagen	–	**0**	–	–	**0,0**	–
069	Aufzüge	–	**–**	–	–	**–**	–
070	Gebäudeautomation	–	**–**	–	–	**–**	–
075	Raumlufttechnische Anlagen	1	**11**	11	0,1	**0,9**	0,9
	Technische Anlagen	163	**206**	246	14,4	**18,1**	21,7
	Sonstige Leistungsbereiche inkl. 008, 033, 051	1	**3**	6	0,1	**0,2**	0,6

- ● KKW
- ▶ min
- ▷ von
- | Mittelwert
- ◁ bis
- ◀ max

Planungskennwerte für Flächen und Rauminhalte nach DIN 277

Grundflächen		▷	Fläche/NUF (%)	◁	▷	Fläche/BGF (%)	◁
NUF	Nutzungsfläche		100,0		64,0	**67,1**	69,9
TF	Technikfläche	2,6	**3,5**	5,2	1,6	**2,4**	3,3
VF	Verkehrsfläche	17,9	**18,8**	22,0	11,9	**12,6**	14,2
NRF	Netto-Raumfläche	120,5	**122,3**	126,3	78,6	**82,1**	84,8
KGF	Konstruktions-Grundfläche	22,7	**26,7**	34,6	15,2	**17,9**	21,4
BGF	Brutto-Grundfläche	144,1	**149,0**	157,3		**100,0**	

Brutto-Rauminhalte		▷	BRI/NUF (m)	◁	▷	BRI/BGF (m)	◁
BRI	Brutto-Rauminhalt	4,08	**4,29**	4,54	2,80	**2,88**	3,01

Flächen von Nutzeinheiten	▷	NUF/Einheit (m²)	◁	▷	BGF/Einheit (m²)	◁
Nutzeinheit: Wohnfläche	1,10	**1,19**	1,29	1,61	**1,77**	1,98

Lufttechnisch behandelte Flächen	▷	Fläche/NUF (%)	◁	▷	Fläche/BGF (%)	◁
Entlüftete Fläche	–	–	–	–	–	–
Be- und entlüftete Fläche	–	–	–	–	–	–
Teilklimatisierte Fläche	–	–	–	–	–	–
Klimatisierte Fläche	–	–	–	–	–	–

KG	Kostengruppen (2. Ebene)	Einheit	▷	Menge/NUF	◁	▷	Menge/BGF	◁
310	Baugrube	m³ BGI	1,22	**1,53**	1,64	0,86	**1,08**	1,21
320	Gründung	m² GRF	0,36	**0,37**	0,43	0,25	**0,26**	0,29
330	Außenwände	m² AWF	1,10	**1,20**	1,29	0,77	**0,84**	0,88
340	Innenwände	m² IWF	1,14	**1,31**	1,53	0,91	**0,92**	1,05
350	Decken	m² DEF	0,93	**0,98**	1,00	0,65	**0,69**	0,69
360	Dächer	m² DAF	0,51	**0,53**	0,55	0,36	**0,37**	0,38
370	Baukonstruktive Einbauten	m² BGF	1,44	**1,49**	1,57		**1,00**	
390	Sonstige Baukonstruktionen	m² BGF	1,44	**1,49**	1,57		**1,00**	
300	Bauwerk-Baukonstruktionen	m² BGF	1,44	**1,49**	1,57		**1,00**	

Planungskennwerte für Bauzeiten

17 Vergleichsobjekte

Bauzeit in Wochen

Bauzeit: 10 | 15 | 30 | 45 | 60 | 75 | 90 | 105 | 120 | 135 | 150 Wochen

© **BKI** Baukosteninformationszentrum; Erläuterungen zu den Tabellen siehe Seite 54   Kosten: 1.Quartal 2018, Bundesdurchschnitt, inkl. **19% MwSt.**

Mehrfamilienhäuser, mit bis zu 6 WE, mittlerer Standard

€/m² BGF

min	860	€/m²
von	990	€/m²
Mittel	**1.135**	**€/m²**
bis	1.380	€/m²
max	1.555	€/m²

Kosten:
Stand 1.Quartal 2018
Bundesdurchschnitt
inkl. 19% MwSt.

Objektübersicht zur Gebäudeart

6100-1334 Mehrfamilienhaus (6 WE)

BRI 1.954m³ **BGF** 681m² **NUF** 452m²

Mehrfamilienhaus mit 6 WE (457m² WFL). Mauerwerksbau.

Land: Hamburg
Kreis: Hamburg
Standard: Durchschnitt
Bauzeit: 52 Wochen
Kennwerte: bis 1.Ebene DIN276

BGF 1.556 €/m²

Planung: güldenzopf rohrberg architektur + design; Hamburg

vorgesehen: BKI Objektdaten N16

6100-1284 Mehrfamilienhaus (3 WE) - Effizienzhaus 70

BRI 1.096m³ **BGF** 368m² **NUF** 222m²

Mehrfamilienhaus (149m² WFL) mit Garage (3 STP). Massivbau, Brettschichtholzkonstruktion.

Land: Bayern
Kreis: Passau
Standard: Durchschnitt
Bauzeit: 35 Wochen
Kennwerte: bis 1.Ebene DIN276

BGF 1.187 €/m²

Planung: Studio für Architektur Bernd Vordermeier; Ortenburg

veröffentlicht: BKI Objektdaten E7

6100-1310 Mehrfamilienhaus (5 WE) - Effizienzhaus 70

BRI 2.047m³ **BGF** 777m² **NUF** 453m²

Mehrfamilienhaus mit 5 WE (461m² WFL) als Effizienzhaus 70, nicht unterkellert. Mauerwerksbau.

Land: Nordrhein-Westfalen
Kreis: Borken
Standard: Durchschnitt
Bauzeit: 47 Wochen
Kennwerte: bis 1.Ebene DIN276

BGF 932 €/m²

Planung: Architekturbüro Hermann Josef Steverding; Stadtlohn

veröffentlicht: BKI Objektdaten S2

6100-1226 Mehrfamilienhaus (5 WE)

BRI 2.700m³ **BGF** 966m² **NUF** 636m²

Mehrfamilienhaus (5 WE) mit 445m² WFL. Mauerwerksbau.

Land: Brandenburg
Kreis: Oberhavel
Standard: Durchschnitt
Bauzeit: 39 Wochen
Kennwerte: bis 1.Ebene DIN276

BGF 1.390 €/m²

Planung: Sabine Reimann Dipl. Ing. Architektin; Wesenberg

veröffentlicht: BKI Objektdaten N15

Objektübersicht zur Gebäudeart

6100-1225 Mehrfamilienhaus (6 WE) - Effizienzhaus 70
BRI 4.858m³ | **BGF** 1.469m² | **NUF** 996m²

Mehrfamilienhaus (6 WE). Massivbau.

Land: Berlin
Kreis: Berlin
Standard: Durchschnitt
Bauzeit: 56 Wochen
Kennwerte: bis 1.Ebene DIN276

BGF 1.176 €/m²

Planung: Schenk Perfler Architekten GbR; Berlin

veröffentlicht: BKI Objektdaten E7

6100-1043 Wohngebäude, zwei Ferienwohnungen (3 WE)
BRI 1.650m³ | **BGF** 552m² | **NUF** 328m²

Wohngebäude mit zwei Ferienwohnungen im EG und einer Wohnung im OG/DG (292m² WFL). Mauerwerksbau.

Land: Sachsen-Anhalt
Kreis: Burgenlandkreis
Standard: Durchschnitt
Bauzeit: 43 Wochen
Kennwerte: bis 1.Ebene DIN276

BGF 1.381 €/m²

Planung: TRÄNKNER ARCHITEKTEN Architekt Matthias Tränkner; Naumburg (Saale)

veröffentlicht: BKI Objektdaten N12

6100-1055 Mehrfamilienhaus (3 WE)
BRI 867m³ | **BGF** 290m² | **NUF** 197m²

Mehrfamilienhaus mit 3 WE (225m² WFL). Mauerwerksbau.

Land: Thüringen
Kreis: Erfurt
Standard: Durchschnitt
Bauzeit: 30 Wochen
Kennwerte: bis 1.Ebene DIN276

BGF 1.369 €/m²

Planung: Funken Architekten; Erfurt

veröffentlicht: BKI Objektdaten N12

6100-1064 Stadthäuser (3 WE)
BRI 2.326m³ | **BGF** 799m² | **NUF** 583m²

Drei Stadthäuser im Verbund (534m² WFL). Massivbauweise.

Land: Berlin
Kreis: Steglitz-Zehlendorf
Standard: Durchschnitt
Bauzeit: 43 Wochen
Kennwerte: bis 1.Ebene DIN276

BGF 860 €/m²

Planung: Kromat Bauplanungs- Service GmbH; KW-Zernsdorf

veröffentlicht: BKI Objektdaten N13

© BKI Baukosteninformationszentrum; Erläuterungen zu den Tabellen siehe Seite 56   Kosten: 1.Quartal 2018, Bundesdurchschnitt, **inkl. 19% MwSt.**

Mehrfamilienhäuser, mit bis zu 6 WE, mittlerer Standard

Objektübersicht zur Gebäudeart

€/m² BGF

min	860	€/m²
von	990	€/m²
Mittel	**1.135**	**€/m²**
bis	1.380	€/m²
max	1.555	€/m²

Kosten:
Stand 1.Quartal 2018
Bundesdurchschnitt
inkl. 19% MwSt.

6100-1128 Mehrfamilienhaus (6 WE)

BRI 2.949m³ | **BGF** 1.110m² | **NUF** 716m²

Mehrfamilienhaus (621m² WFL) mit 6 WE. Mauerwerksbau.

Land: Hamburg
Kreis: Hamburg
Standard: Durchschnitt
Bauzeit: 65 Wochen
Kennwerte: bis 1.Ebene DIN276

BGF 1.100 €/m²

Planung: BCT Architekt; Hamburg

veröffentlicht: BKI Objektdaten N13

6100-0563 Mehrfamilienhaus (5 WE)

BRI 3.241m³ | **BGF** 1.033m² | **NUF** 709m²

Fünffamilienhaus in Reihenhausgrundrissen. Mauerwerksbau.

Land: Hessen
Kreis: Groß-Gerau
Standard: Durchschnitt
Bauzeit: 43 Wochen
Kennwerte: bis 3.Ebene DIN276

BGF 934 €/m²

Planung: agplus Dipl.-Ing. Architekt Klaus Korbjuhn; Frankfurt

veröffentlicht: BKI Objektdaten N10

6100-0566 Mehrfamilienhaus (3 WE)

BRI 1.385m³ | **BGF** 516m² | **NUF** 363m²

Mehrfamilienhaus mit drei Wohneinheiten (251m² WFL II.BVO). Mauerwerksbau mit Stb-Decken und geneigtem Holzdach.

Land: Hessen
Kreis: Main-Kinzig
Standard: Durchschnitt
Bauzeit: 34 Wochen
Kennwerte: bis 4.Ebene DIN276

BGF 1.129 €/m²

Planung: Architekt Wolfgang Vogl; Bad Homburg

veröffentlicht: BKI Objektdaten N8

6100-0530 Mehrfamilienhaus (6 WE)

BRI 2.320m³ | **BGF** 839m² | **NUF** 569m²

Mehrfamilienhaus (6 WE; 469m² WFL II.BVO), unterkellert. Mauerwerksbau.

Land: Baden-Württemberg
Kreis: Ludwigsburg
Standard: Durchschnitt
Bauzeit: 43 Wochen
Kennwerte: bis 3.Ebene DIN276

BGF 908 €/m²

Planung: Freie Architekten Blattmann + Oswald; Markgröningen

veröffentlicht: BKI Objektdaten N6

Objektübersicht zur Gebäudeart

6100-0348 Mehrfamilienhaus (3 WE) BRI 1.335m³ BGF 505m² NUF 356m²

Mehrfamilienwohnhaus mit 3 Wohneinheiten (258m² WFL II.BVO), unterkellert. Mauerwerksbau.

Land: Hessen
Kreis: Frankfurt a. Main
Standard: Durchschnitt
Bauzeit: 39 Wochen
Kennwerte: bis 4.Ebene DIN276

BGF 1.096 €/m²

Planung: Architekt Wolfgang Vogl; Bad Homburg

veröffentlicht: BKI Objektdaten N5

6100-0428 Mehrfamilienhaus (4 WE) BRI 1.950m³ BGF 696m² NUF 498m²

Mehrfamilienhaus mit vier Wohneinheiten (515m² WFL II.BVO), vier Garagen. Holzrahmenbau.

Land: Baden-Württemberg
Kreis: Stuttgart
Standard: Durchschnitt
Bauzeit: 113 Wochen
Kennwerte: bis 1.Ebene DIN276

BGF 1.025 €/m²

Planung: Joachim Eble in Arbeitsgemeinschaft mit Klaus Sonnenmoser; Tübingen

veröffentlicht: BKI Objektdaten N5

6100-0293 Mehrfamilienhaus (3 WE) BRI 1.549m³ BGF 578m² NUF 439m²

Wohngebäude mit drei Wohneinheiten; separater Carport mit 2 Stellplätzen. Stahlbetonbau.

Land: Bayern
Kreis: Berchtesgadener Land
Standard: Durchschnitt
Bauzeit: 34 Wochen
Kennwerte: bis 3.Ebene DIN276

BGF 1.102 €/m²

Planung: Planungsgruppe 5.4.3 Architekten & Ingenieure GbR; Freilassing

veröffentlicht: BKI Objektdaten N3

6100-0363 Wohnhaus, barrierefrei (4 WE) BRI 2.200m³ BGF 688m² NUF 482m²

2 Wohneinheiten für Rollstuhlfahrer, 2 Wohneinheiten barrierefrei nach DIN 18025. Mauerwerksbau.

Land: Nordrhein-Westfalen
Kreis: Bonn
Standard: Durchschnitt
Bauzeit: 56 Wochen
Kennwerte: bis 1.Ebene DIN276

BGF 1.118 €/m²

Planung: Büro für Architektur u. Städtebau, Architekt Prof. Peter Riemann; Bonn

veröffentlicht: BKI Objektdaten N4

Mehrfamilienhäuser, mit bis zu 6 WE, mittlerer Standard

€/m² BGF
min	860	€/m²
von	990	€/m²
Mittel	**1.135**	**€/m²**
bis	1.380	€/m²
max	1.555	€/m²

Kosten:
Stand 1.Quartal 2018
Bundesdurchschnitt
inkl. 19% MwSt.

Objektübersicht zur Gebäudeart

6100-0369 Mehrfamilienhaus (3 WE) - Niedrigenergie   **BRI** 1.591m³   **BGF** 543m²   **NUF** 364m²

Mehrfamilienhaus mit 3 Wohneinheiten. Mauerwerksbau.

Land: Hessen
Kreis: Darmstadt
Standard: Durchschnitt
Bauzeit: 65 Wochen
Kennwerte: bis 3.Ebene DIN276

BGF 1.058 €/m²

Planung: F+R Architekten Prof. Florian Fink BDA; Bickenbach an der Bergstraße

veröffentlicht: BKI Objektdaten E1

Wohnen

Mehrfamilienhäuser, mit bis zu 6 WE, hoher Standard

Kostenkennwerte für die Kosten des Bauwerks (Kostengruppen 300+400 nach DIN 276)

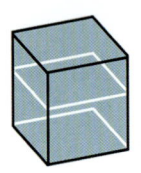

BRI 450 €/m³
von 375 €/m³
bis 520 €/m³

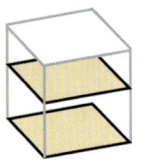

BGF 1.330 €/m²
von 1.110 €/m²
bis 1.590 €/m²

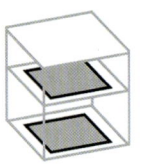

NUF 2.030 €/m²
von 1.680 €/m²
bis 2.500 €/m²

NE 2.580 €/NE
von 2.070 €/NE
bis 3.300 €/NE
NE: Wohnfläche

Kosten:
Stand 1. Quartal 2018
Bundesdurchschnitt
inkl. 19% MwSt.

Objektbeispiele

6100-1356

© BAUSTRUCTURA
6100-1359

© Architekturbüro Rolf Keck
6100-1249

Kosten der 17 Vergleichsobjekte — Seiten 520 bis 524

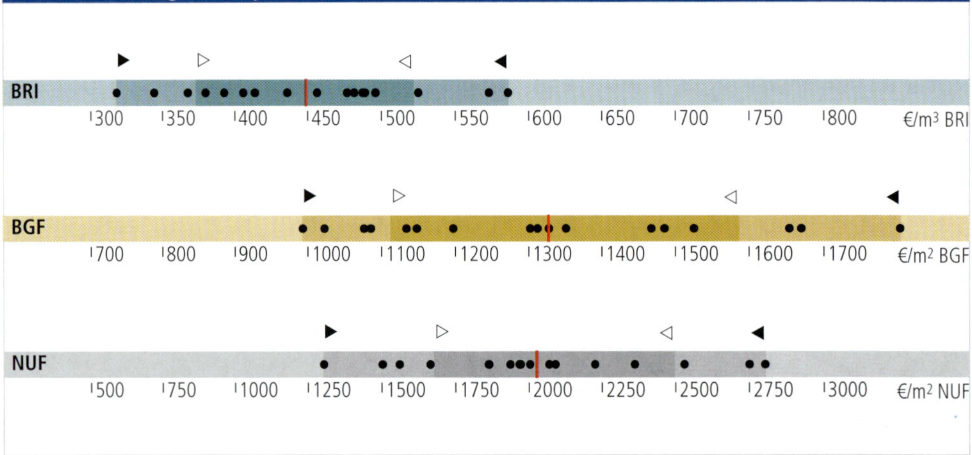

Legende:
- KKW
- ▶ min
- ▷ von
- | Mittelwert
- ◁ bis
- ◀ max

BRI: €/m³ BRI (Skala 300–800)
BGF: €/m² BGF (Skala 700–1700)
NUF: €/m² NUF (Skala 500–3000)

© BKI Baukosteninformationszentrum; Erläuterungen zu den Tabellen siehe Seite 46
Kosten: 1. Quartal 2018, Bundesdurchschnitt, **inkl. 19% MwSt.**

Kostenkennwerte für die Kostengruppen der 1. und 2. Ebene DIN 276

KG	Kostengruppen der 1. Ebene	Einheit	▷	€/Einheit	◁	▷	% an 300+400	◁
100	Grundstück	m² GF	–	–	–	–	–	–
200	Herrichten und Erschließen	m² GF	15	**33**	64	0,8	**1,8**	3,3
300	Bauwerk - Baukonstruktionen	m² BGF	890	**1.058**	1.286	77,0	**79,7**	83,5
400	Bauwerk - Technische Anlagen	m² BGF	212	**268**	337	16,5	**20,3**	23,0
	Bauwerk (300+400)	m² BGF	1.113	**1.327**	1.586		**100,0**	
500	Außenanlagen	m² AF	103	**174**	366	2,6	**4,7**	7,4
600	Ausstattung und Kunstwerke	m² BGF	–	–	–	–	–	–
700	Baunebenkosten*	m² BGF	273	**304**	335	20,6	**23,0**	25,4 ◁ NEU

Auf Grundlage der HOAI 2013 berechnete Werte nach §§ 35, 52, 56. Weitere Informationen siehe Seite 50

KG	Kostengruppen der 2. Ebene	Einheit	▷	€/Einheit	◁	▷	% an 300	◁
310	Baugrube	m³ BGI	18	**52**	111	1,6	**3,1**	4,4
320	Gründung	m² GRF	212	**330**	699	7,7	**8,5**	11,0
330	Außenwände	m² AWF	346	**388**	527	29,3	**32,9**	37,9
340	Innenwände	m² IWF	179	**206**	249	13,8	**16,0**	18,7
350	Decken	m² DEF	297	**346**	522	19,6	**22,4**	27,5
360	Dächer	m² DAF	308	**378**	465	11,0	**13,7**	18,1
370	Baukonstruktive Einbauten	m² BGF	4	**4**	5	0,0	**0,1**	0,3
390	Sonstige Baukonstruktionen	m² BGF	20	**35**	47	2,4	**3,4**	4,9
300	**Bauwerk Baukonstruktionen**	**m² BGF**					**100,0**	

KG	Kostengruppen der 2. Ebene	Einheit	▷	€/Einheit	◁	▷	% an 400	◁
410	Abwasser, Wasser, Gas	m² BGF	71	**80**	110	28,2	**35,7**	40,8
420	Wärmeversorgungsanlagen	m² BGF	57	**68**	112	22,6	**30,0**	35,9
430	Lufttechnische Anlagen	m² BGF	2	**7**	21	0,6	**2,4**	8,5
440	Starkstromanlagen	m² BGF	40	**47**	66	17,5	**21,2**	26,6
450	Fernmeldeanlagen	m² BGF	5	**10**	15	2,8	**4,3**	5,4
460	Förderanlagen	m² BGF	36	**40**	43	0,0	**6,6**	16,4
470	Nutzungsspezifische Anlagen	m² BGF	–	–	–	–	–	–
480	Gebäudeautomation	m² BGF	–	–	–	–	–	–
490	Sonstige Technische Anlagen	m² BGF	–	–	–	–	–	–
400	**Bauwerk Technische Anlagen**	**m² BGF**					**100,0**	

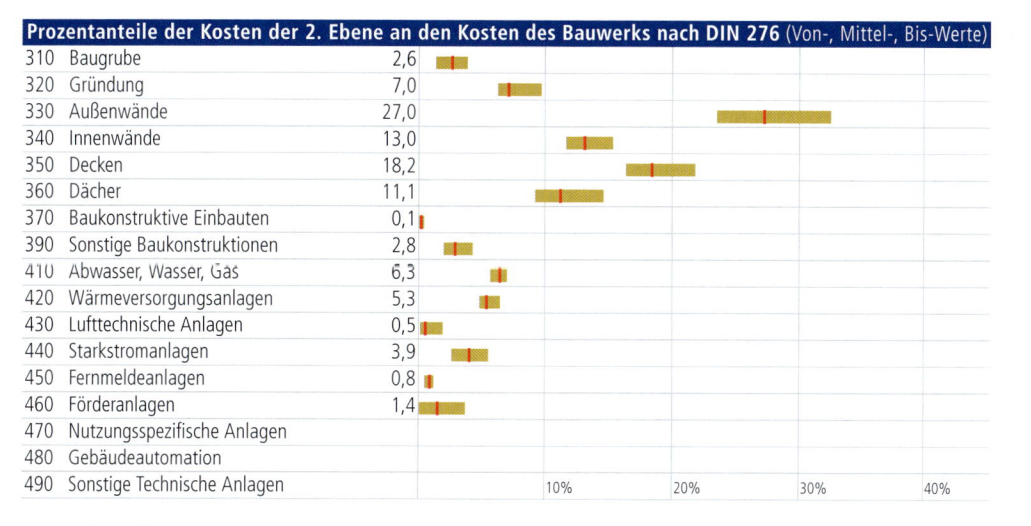

Prozentanteile der Kosten der 2. Ebene an den Kosten des Bauwerks nach DIN 276 (Von-, Mittel-, Bis-Werte)

KG	Bezeichnung	Mittelwert %
310	Baugrube	2,6
320	Gründung	7,0
330	Außenwände	27,0
340	Innenwände	13,0
350	Decken	18,2
360	Dächer	11,1
370	Baukonstruktive Einbauten	0,1
390	Sonstige Baukonstruktionen	2,8
410	Abwasser, Wasser, Gas	6,3
420	Wärmeversorgungsanlagen	5,3
430	Lufttechnische Anlagen	0,5
440	Starkstromanlagen	3,9
450	Fernmeldeanlagen	0,8
460	Förderanlagen	1,4
470	Nutzungsspezifische Anlagen	
480	Gebäudeautomation	
490	Sonstige Technische Anlagen	

© BKI Baukosteninformationszentrum; Erläuterungen zu den Tabellen siehe Seite 48 und 50   Kosten: 1.Quartal 2018, Bundesdurchschnitt, **inkl. 19% MwSt.**

Mehrfamilienhäuser, mit bis zu 6 WE, hoher Standard

Kosten: Stand 1. Quartal 2018 Bundesdurchschnitt inkl. 19% MwSt.

- KKW
- ▶ min
- ▷ von
- | Mittelwert
- ◁ bis
- ◀ max

Kostenkennwerte für Leistungsbereiche nach StLB (Kosten des Bauwerks nach DIN 276)

LB	Leistungsbereiche	▷ €/m² BGF		◁	▷ % an 300+400		◁
000	Sicherheits-, Baustelleneinrichtungen inkl. 001	25	35	53	1,9	2,7	4,0
002	Erdarbeiten	23	34	52	1,7	2,6	4,0
006	Spezialtiefbauarbeiten inkl. 005	–	18	–	–	1,3	–
009	Entwässerungskanalarbeiten inkl. 011	4	11	22	0,3	0,8	1,7
010	Drän- und Versickerungsarbeiten	0	2	5	0,0	0,1	0,4
012	Mauerarbeiten	54	117	238	4,1	8,8	18,0
013	Betonarbeiten	191	268	314	14,4	20,2	23,6
014	Natur-, Betonwerksteinarbeiten	20	36	59	1,5	2,7	4,4
016	Zimmer- und Holzbauarbeiten	25	35	43	1,9	2,6	3,2
017	Stahlbauarbeiten	–	2	–	–	0,2	–
018	Abdichtungsarbeiten	9	14	21	0,7	1,0	1,5
020	Dachdeckungsarbeiten	28	36	36	2,1	2,7	2,7
021	Dachabdichtungsarbeiten	3	20	43	0,2	1,5	3,3
022	Klempnerarbeiten	16	26	34	1,2	2,0	2,5
	Rohbau	633	654	685	47,7	49,3	51,6
023	Putz- und Stuckarbeiten, Wärmedämmsysteme	51	82	121	3,9	6,2	9,1
024	Fliesen- und Plattenarbeiten	25	49	91	1,9	3,7	6,9
025	Estricharbeiten	17	20	25	1,3	1,5	1,9
026	Fenster, Außentüren inkl. 029, 032	76	94	94	5,8	7,1	7,1
027	Tischlerarbeiten	40	57	80	3,0	4,3	6,1
028	Parkettarbeiten, Holzpflasterarbeiten	5	22	34	0,4	1,7	2,5
030	Rollladenarbeiten	7	18	31	0,6	1,4	2,3
031	Metallbauarbeiten inkl. 035	9	43	68	0,7	3,3	5,1
034	Maler- und Lackiererarbeiten inkl. 037	20	24	30	1,5	1,8	2,3
036	Bodenbelagarbeiten	0	4	12	0,0	0,3	0,9
038	Vorgehängte hinterlüftete Fassaden	–	–	–	–	–	–
039	Trockenbauarbeiten	11	32	61	0,9	2,4	4,6
	Ausbau	401	448	484	30,3	33,7	36,5
040	Wärmeversorgungsanl. - Betriebseinr. inkl. 041	59	64	64	4,5	4,9	4,9
042	Gas- und Wasserinstallation, Leitungen inkl. 043	10	17	24	0,8	1,3	1,8
044	Abwasserinstallationsarbeiten - Leitungen	5	11	17	0,4	0,8	1,3
045	GWA-Einrichtungsgegenstände inkl. 046	32	37	46	2,4	2,8	3,5
047	Dämmarbeiten an betriebstechnischen Anlagen	3	6	8	0,2	0,4	0,6
049	Feuerlöschanlagen, Feuerlöschgeräte	–	–	–	–	–	–
050	Blitzschutz- und Erdungsanlagen	1	2	2	0,1	0,1	0,1
052	Mittelspannungsanlagen	–	–	–	–	–	–
053	Niederspannungsanlagen inkl. 054	31	45	63	2,3	3,4	4,7
055	Ersatzstromversorgungsanlagen	–	–	–	–	–	–
057	Gebäudesystemtechnik	–	1	–	–	0,1	–
058	Leuchten und Lampen inkl. 059	1	7	18	0,1	0,6	1,3
060	Elektroakustische Anlagen, Sprechanlagen	1	5	8	0,0	0,4	0,6
061	Kommunikationsnetze, inkl. 062	4	5	7	0,3	0,4	0,5
063	Gefahrenmeldeanlagen	–	–	–	–	–	–
069	Aufzüge	0	19	47	0,0	1,4	3,5
070	Gebäudeautomation	–	–	–	–	–	–
075	Raumlufttechnische Anlagen	1	5	5	0,1	0,4	0,4
	Technische Anlagen	182	223	283	13,7	16,8	21,3
	Sonstige Leistungsbereiche inkl. 008, 033, 051	0	3	10	0,0	0,3	0,8

© BKI Baukosteninformationszentrum; Erläuterungen zu den Tabellen siehe Seite 52   Kosten: 1. Quartal 2018, Bundesdurchschnitt, **inkl. 19% MwSt.**

Planungskennwerte für Flächen und Rauminhalte nach DIN 277

Grundflächen		▷	Fläche/NUF (%)	◁	▷	Fläche/BGF (%)	◁
NUF	Nutzungsfläche		100,0		59,0	64,9	71,6
TF	Technikfläche	2,6	3,2	7,0	1,6	2,1	3,0
VF	Verkehrsfläche	20,1	25,5	46,0	11,7	16,5	21,3
NRF	Netto-Raumfläche	123,3	128,7	152,3	80,7	83,5	85,2
KGF	Konstruktions-Grundfläche	21,1	25,4	28,4	14,8	16,5	19,3
BGF	Brutto-Grundfläche	143,9	154,0	182,8		100,0	

Brutto-Rauminhalte		▷	BRI/NUF (m)	◁	▷	BRI/BGF (m)	◁
BRI	Brutto-Rauminhalt	4,23	4,58	5,48	2,84	2,96	3,08

Flächen von Nutzeinheiten	▷	NUF/Einheit (m²)	◁	▷	BGF/Einheit (m²)	◁
Nutzeinheit: Wohnfläche	1,19	1,27	1,40	1,85	1,98	2,66

Lufttechnisch behandelte Flächen	▷	Fläche/NUF (%)	◁	▷	Fläche/BGF (%)	◁
Entlüftete Fläche	–	8,3	–	–	4,9	–
Be- und entlüftete Fläche	–	–	–	–	–	–
Teilklimatisierte Fläche	–	–	–	–	–	–
Klimatisierte Fläche	–	–	–	–	–	–

KG	Kostengruppen (2. Ebene)	Einheit	▷	Menge/NUF	◁	▷	Menge/BGF	◁
310	Baugrube	m³ BGI	1,52	1,65	2,15	0,91	1,02	1,23
320	Gründung	m² GRF	0,47	0,51	0,59	0,30	0,32	0,34
330	Außenwände	m² AWF	1,29	1,36	1,43	0,84	0,89	0,99
340	Innenwände	m² IWF	1,11	1,25	1,33	0,74	0,80	0,80
350	Decken	m² DEF	0,99	1,06	1,20	0,64	0,68	0,69
360	Dächer	m² DAF	0,57	0,57	0,62	0,34	0,37	0,38
370	Baukonstruktive Einbauten	m² BGF	1,44	1,54	1,83		1,00	
390	Sonstige Baukonstruktionen	m² BGF	1,44	1,54	1,83		1,00	
300	Bauwerk-Baukonstruktionen	m² BGF	1,44	1,54	1,83		1,00	

Planungskennwerte für Bauzeiten — 17 Vergleichsobjekte

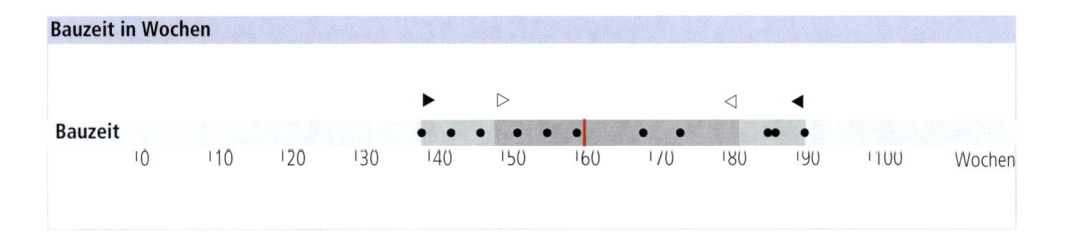

Bauzeit in Wochen

Bauzeit: Datenpunkte zwischen ca. 40 und 90 Wochen; Markierungen ▶ bei ~40, ▷ bei ~48, ◁ bei ~78, ◀ bei ~85; roter Median bei ~60 Wochen.

© BKI Baukosteninformationszentrum; Erläuterungen zu den Tabellen siehe Seite 54   Kosten: 1.Quartal 2018, Bundesdurchschnitt, inkl. 19% MwSt.

Mehrfamilienhäuser, mit bis zu 6 WE, hoher Standard

Objektübersicht zur Gebäudeart

€/m² BGF
min	995 €/m²
von	1.115 €/m²
Mittel	**1.325 €/m²**
bis	1.585 €/m²
max	1.805 €/m²

Kosten:
Stand 1.Quartal 2018
Bundesdurchschnitt
inkl. 19% MwSt.

6100-1359 Mehrfamilienhaus (6 WE) - Effizienzhaus 55
BRI 2.397m³ **BGF** 767m² **NUF** 507m²

Mehrfamilienhaus mit 6 WE (454m² WFL). Massivabu.

Land: Nordrhein-Westfalen
Kreis: Aachen
Standard: über Durchschnitt
Bauzeit: 43 Wochen
Kennwerte: bis 1.Ebene DIN276

BGF 993 €/m²

Planung: BAUSTRUCTURA Architekturbüro Dipl.-Ing. Martin Hennig; Stolberg

vorgesehen: BKI Objektdaten E8

6100-1241 Mehrfamilienhaus (6 WE), TG - Effizienzhaus 85
BRI 4.311m³ **BGF** 1.275m² **NUF** 752m²

Mehrfamilienhaus (6 WE) mit Tiefgarage (12 STP). Holzbauweise, TG WU-Beton.

Land: Berlin
Kreis: Berlin
Standard: über Durchschnitt
Bauzeit: 56 Wochen
Kennwerte: bis 1.Ebene DIN276

BGF 1.654 €/m²

Planung: Roswag Architekten GvAmbH; Berlin

veröffentlicht: BKI Objektdaten E7

6100-1249 Mehrfamilienhaus (6 WE), TG (6 STP)
BRI 3.420m³ **BGF** 1.266m² **NUF** 838m²

Mehrfamilienwohnhaus mit 6 WE (611m² WFL) und Tiefgarage (6 STP). Massivbau.

Land: Baden-Württemberg
Kreis: Heidenheim
Standard: über Durchschnitt
Bauzeit: 69 Wochen
Kennwerte: bis 1.Ebene DIN276

BGF 1.302 €/m²

Planung: Architekturbüro Rolf Keck, Dipl.-Ing. (FH); Heidenheim

veröffentlicht: BKI Objektdaten N15

6100-1312 Mehrfamilienhaus (5 WE), TG (5 STP)*
BRI 3.934m³ **BGF** 1.222m² **NUF** 750m²

Mehrfamilienhaus mit 5 WE und Tiefgarage (5 STP) als KfW 70-Gebäude. Stahlbetonbau.

Land: Hamburg
Kreis: Hamburg
Standard: über Durchschnitt
Bauzeit: 60 Wochen
Kennwerte: bis 1.Ebene DIN276

BGF 2.149 €/m² *

Planung: Reichardt + Partner Architekten; Hamburg

vorgesehen: BKI Objektdaten N16
*Nicht in der Auswertung enthalten

Objektübersicht zur Gebäudeart

6100-1231 Mehrfamilienhaus (4 WE) - Effizienzhaus 70*

BRI 2.018m³ **BGF** 698m² **NUF** 485m²

Mehrfamilienhaus (4 WE) mit 448m² WFL als Effizienzhaus 70. Mauerwerksbau.

Land: Hamburg
Kreis: Hamburg
Standard: über Durchschnitt
Bauzeit: 48 Wochen
Kennwerte: bis 1.Ebene DIN276

BGF 1.834 €/m² *

Planung: architekt reichwald BDA; Hamburg

veröffentlicht: BKI Objektdaten E7
*Nicht in der Auswertung enthalten

6100-1243 Mehrfamilienhaus (5 WE) - Effizienzhaus 55

BRI 2.500m³ **BGF** 793m² **NUF** 643m²

Mehrfamilienwohnhaus mit 5 WE (546m² WFL) als Effizienzhaus 55 mit 4 Garagen. Mischbauweise (Beton, Holz), Brettstapeldecken, Holzflachdach.

Land: Baden-Württemberg
Kreis: Heidenheim
Standard: über Durchschnitt
Bauzeit: 74 Wochen
Kennwerte: bis 1.Ebene DIN276

BGF 1.805 €/m²

Planung: Architekturbüro Rolf Keck, Dipl.-Ing. (FH); Heidenheim

veröffentlicht: BKI Objektdaten E7

6100-1356 Mehrfamilienhaus (3 WE) - Effizienzhaus 70

BRI 2.169m³ **BGF** 666m² **NUF** 494m²

Mehrfamilienhaus mit 3 WE (357m² WFL), Effizienzhaus 70. Mauerwerksbau.

Land: Nordrhein-Westfalen
Kreis: Gelsenkirchen
Standard: über Durchschnitt
Bauzeit: 74 Wochen
Kennwerte: bis 1.Ebene DIN276

BGF 1.485 €/m²

Planung: puschmann architektur; Recklinghausen

vorgesehen: BKI Objektdaten E8

6100-1119 Mehrfamilienhaus (6 WE) - Effizienzhaus 70

BRI 3.467m³ **BGF** 1.334m² **NUF** 908m²

Mehrfamilienhaus (722m² WFL) mit Etagenwohnungen (6 St) als Effizienzhaus 70. Mauerwerksbau.

Land: Nordrhein-Westfalen
Kreis: Mettmann
Standard: über Durchschnitt
Bauzeit: 56 Wochen
Kennwerte: bis 1.Ebene DIN276

BGF 1.133 €/m²

Planung: Dipl.-Ing. Architekt Wilhelm Jussen; Ratingen

veröffentlicht: BKI Objektdaten E6

Mehrfamilienhäuser, mit bis zu 6 WE, hoher Standard

Objektübersicht zur Gebäudeart

€/m² BGF

min	995	€/m²
von	1.115	€/m²
Mittel	**1.325**	**€/m²**
bis	1.585	€/m²
max	1.805	€/m²

Kosten:
Stand 1.Quartal 2018
Bundesdurchschnitt
inkl. 19% MwSt.

6100-1136 Mehrfamilienhaus (3 WE), TG - Effizienzhaus 70
BRI 2.550m³ **BGF** 817m² **NUF** 340m²

Mehrfamilienwohnhaus (208m² WFL), Tiefgarage mit 8 Stellplätzen. Massivbau.

Land: Bayern
Kreis: München
Standard: über Durchschnitt
Bauzeit: 52 Wochen
Kennwerte: bis 1.Ebene DIN276

BGF 1.147 €/m²

Planung: pmp Architekten Anton Meyer; Dachau

veröffentlicht: BKI Objektdaten E6

6100-1216 Mehrfamilienhaus (6 WE), TG - Effizienzhaus 70
BRI 4.440m³ **BGF** 1.374m² **NUF** 862m²

Mehrfamilienhaus (6 WE) mit 680m² WFL und Tiefgarage als Effizienzhaus 70. Mauerwerksbau.

Land: Hamburg
Kreis: Hamburg
Standard: über Durchschnitt
Bauzeit: 47 Wochen
Kennwerte: bis 1.Ebene DIN276

BGF 1.312 €/m²

Planung: STLH Architekten; Hamburg

veröffentlicht: BKI Objektdaten E7

6100-1239 Mehrfamilienhaus (3 WE), TG (3 STP)*
BRI 2.262m³ **BGF** 828m² **NUF** 510m²

Mehrfamilienhaus (3 WE) mit Tiefgarage (3 STP). Kellerwände als Stb-Wände, Mauerwerk.

Land: Hamburg
Kreis: Hamburg
Standard: über Durchschnitt
Bauzeit: 60 Wochen
Kennwerte: bis 1.Ebene DIN276

BGF 1.754 €/m²

Planung: Spengler · Wiescholek Architekten Stadtplaner; Hamburg

veröffentlicht: BKI Objektdaten N15
*Nicht in der Auswertung enthalten

6100-0998 Mehrfamilienhaus (4 WE), TG - Passivhaus
BRI 3.072m³ **BGF** 1.007m² **NUF** 611m²

Mehrfamilienhaus (4 WE) mit Tiefgarage als Passivhaus. Massivbau.

Land: Baden-Württemberg
Kreis: Breisgau-Hochschwarzwald
Standard: über Durchschnitt
Bauzeit: 60 Wochen
Kennwerte: bis 4.Ebene DIN276

BGF 1.197 €/m²

Planung: kuhs architekten freiburg dipl-ing.(fh) winfried kuhs; Freiburg

veröffentlicht: BKI Objektdaten E5

Objektübersicht zur Gebäudeart

6100-1030 Wohnanlage (6 WE)

BRI 3.696 m³ **BGF** 1.249 m² **NUF** 886 m²

Wohnanlage aus 3 Reihenhäusern und einem Apartmenthaus mit 3 WE (740 m² WFL). Massivbau.

Land: Bayern
Kreis: Nürnberg, Stadt
Standard: über Durchschnitt
Bauzeit: 56 Wochen
Kennwerte: bis 1.Ebene DIN276

BGF 1.467 €/m²

veröffentlicht: BKI Objektdaten N12

Planung: Rossdeutsch + Schmidt Architekten; Nürnberg

6100-1152 Appartementhaus (5 WE), TG (9 STP)

BRI 4.674 m³ **BGF** 1.608 m² **NUF** 1.038 m²

Mehrfamilienhaus (5 WE) mit 798 m² WFL und Tiefgarage. Mauerwerksbau.

Land: Hamburg
Kreis: Hamburg
Standard: über Durchschnitt
Bauzeit: 60 Wochen
Kennwerte: bis 1.Ebene DIN276

BGF 1.525 €/m²

veröffentlicht: BKI Objektdaten N13

Planung: reichardt architekten; Hamburg

6100-0999 Mehrfamilienhaus (6 WE) - Effizienzhaus 55

BRI 3.807 m³ **BGF** 1.398 m² **NUF** 959 m²

Mehrfamilienhaus, 6 WE (785 m² WFL). Stahlbeton- und Mauerwerksbau.

Land: Berlin
Kreis: Berlin
Standard: über Durchschnitt
Bauzeit: 86 Wochen
Kennwerte: bis 1.Ebene DIN276

BGF 1.327 €/m²

veröffentlicht: BKI Objektdaten E5

Planung: Anne Lampen Architekten BDA; Berlin

6100-0812 Mehrfamilienhaus-Villa (5 WE)

BRI 3.030 m³ **BGF** 1.165 m² **NUF** 962 m²

Mehrfamilienhaus-Villa (5 WE), Tiefgarage mit 8 Stellplätzen. Mauerwerksbau.

Land: Hessen
Kreis: Wiesbaden
Standard: über Durchschnitt
Bauzeit: 52 Wochen
Kennwerte: bis 1.Ebene DIN276

BGF 1.077 €/m²

veröffentlicht: BKI Objektdaten N10

Planung: Heidacker Architekten; Bischofsheim

© **BKI** Baukosteninformationszentrum; Erläuterungen zu den Tabellen siehe Seite 56   Kosten: 1.Quartal 2018, Bundesdurchschnitt, **inkl. 19% MwSt.**

Mehrfamilienhäuser, mit bis zu 6 WE, hoher Standard

€/m² BGF

min	995	€/m²
von	1.115	€/m²
Mittel	**1.325**	**€/m²**
bis	1.585	€/m²
max	1.805	€/m²

Kosten:
Stand 1.Quartal 2018
Bundesdurchschnitt
inkl. 19% MwSt.

Objektübersicht zur Gebäudeart

6100-0639 Mehrfamilienhaus (4 WE) — BRI 1.412m³ | BGF 495m² | NUF 327m²

Mehrfamilienhaus mit 4 Wohneinheiten (318m² WFL). Mauerwerksbau; Stb-Decken, Metalltreppen; Porenbeton Dachplatten mit Holzsparren.

Land: Niedersachsen
Kreis: Isernhagen
Standard: über Durchschnitt
Bauzeit: 39 Wochen
Kennwerte: bis 4.Ebene DIN276

BGF 1.670 €/m²

Planung: Architekturbüro Dipl.-Ing. Gordon Kisser; Isernhagen

veröffentlicht: BKI Objektdaten N9

6100-0718 Mehrfamilienhaus (5 WE) — BRI 3.362m³ | BGF 1.132m² | NUF 621m²

Mehrfamilienhaus mit 5 WE (496m² WFL). Mauerwerksbau.

Land: Bayern
Kreis: München
Standard: über Durchschnitt
Bauzeit: 87 Wochen
Kennwerte: bis 4.Ebene DIN276

BGF 1.023 €/m²

Planung: Architekt Michael Knecht; Augsburg

veröffentlicht: BKI Objektdaten N10

6100-0630 Mehrfamilienhaus (4 WE) — BRI 1.639m³ | BGF 573m² | NUF 399m²

Mehrfamilienhaus mit 4 WE (395 WFL), Maisonette-Wohnung in OG, eine Souterrain-Wohnung. Mauerwerksbau.

Land: Nordrhein-Westfalen
Kreis: Köln
Standard: über Durchschnitt
Bauzeit: 39 Wochen
Kennwerte: bis 3.Ebene DIN276

BGF 1.086 €/m²

Planung: Architektur . Ingenieurbüro Dipl.-Ing. Reinhard Jo Billstein; Köln

veröffentlicht: BKI Objektdaten N9

6100-0604 Mehrfamilienhaus (3 WE) — BRI 1.593m³ | BGF 562m² | NUF 407m²

Mehrfamilienhaus mit drei Wohneinheiten in einer Baulücke. Mauerwerksbau mit Stb-Decken und Holzdachkonstruktion.

Land: Baden-Württemberg
Kreis: Freudenstadt
Standard: über Durchschnitt
Bauzeit: 91 Wochen
Kennwerte: bis 3.Ebene DIN276

BGF 1.351 €/m²

Planung: Architekturbüro Walter Haller; Albstadt

veröffentlicht: BKI Objektdaten N8

Wohnen

Arbeitsblatt zur Standardeinordnung bei Mehrfamilienhäusern, mit 6 bis 19 WE

Kosten:
Stand 1. Quartal 2018
Bundesdurchschnitt
inkl. 19% MwSt.

- Kostenkennwert
- ▶ min
- ▷ von
- | Mittelwert
- ◁ bis
- ◀ max

Kostenkennwerte für die Kosten des Bauwerks (Kostengruppen 300+400 nach DIN 276)

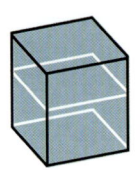

BRI 375 €/m³
von 310 €/m³
bis 450 €/m³

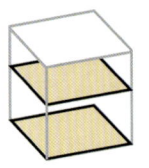

BGF 1.090 €/m²
von 890 €/m²
bis 1.350 €/m²

NUF 1.590 €/m²
von 1.230 €/m²
bis 1.980 €/m²

NE 1.980 €/NE
von 1.590 €/NE
bis 2.490 €/NE
NE: Wohnfläche

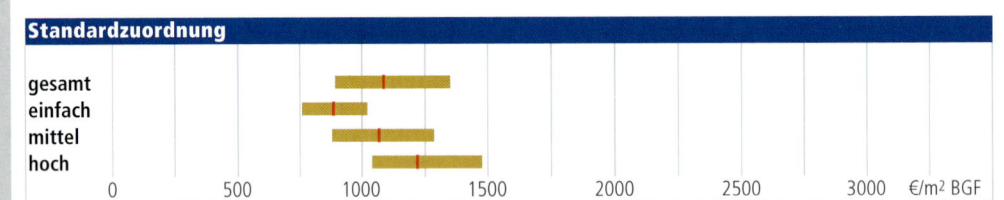

Standardzuordnung

(Diagramm: gesamt, einfach, mittel, hoch; Skala 0 bis 3000 €/m² BGF)

Standardeinordnung für Ihr Projekt:

KG	Kostengruppen der 2. Ebene	niedrig	mittel	hoch	Punkte
310	Baugrube				
320	Gründung	1	2	2	
330	Außenwände	5	7	9	
340	Innenwände	3	4	5	
350	Decken	5	6	6	
360	Dächer	2	3	4	
370	Baukonstruktive Einbauten	0	0	1	
390	Sonstige Baukonstruktionen				
410	Abwasser, Wasser, Gas	2	2	2	
420	Wärmeversorgungsanlagen	1	1	2	
430	Lufttechnische Anlagen	0	0	1	
440	Starkstromanlagen	1	1	1	
450	Fernmeldeanlagen	0	0	0	
460	Förderanlagen	1	1	1	
470	Nutzungsspezifische Anlagen	0	0	0	
480	Gebäudeautomation	0	0	0	
490	Sonstige Technische Anlagen				

Punkte: 21 bis 25 = einfach   26 bis 30 = mittel   31 bis 34 = hoch   Ihr Projekt (Summe):

Erläuterung:
Obenstehende Tabelle soll Ihnen die Zuordnung zu den Gebäudearten mit einfachem, mittlerem und hohem Standard erleichtern. Schätzen Sie für jedes Grobelement ab, ob die Aufwendungen niedrig, mittel oder hoch sein werden und übertragen Sie die Punkte in die rechte Spalte. Bilden Sie die Summe der rechten Spalte und ordnen Sie Ihr Projekt nach dem Schema der untersten Zeile ein. Nehmen Sie dieses Schema auch als Hinweis darauf, bei welchen Kostengruppen Sie den Mittelwert nach oben oder unten anpassen sollten.

© BKI Baukosteninformationszentrum; Erläuterungen zu den Tabellen siehe Seite 58   Kosten: 1.Quartal 2018, Bundesdurchschnitt, **inkl. 19% MwSt.**

Kostenkennwerte für die Kostengruppen der 1. und 2. Ebene DIN 276

KG	Kostengruppen der 1. Ebene	Einheit	▷	€/Einheit	◁	▷	% an 300+400	◁
100	Grundstück	m² GF	–	–	–	–	–	–
200	Herrichten und Erschließen	m² GF	18	**43**	107	1,0	**2,4**	5,4
300	Bauwerk - Baukonstruktionen	m² BGF	715	**860**	1.035	74,8	**79,6**	83,4
400	Bauwerk - Technische Anlagen	m² BGF	160	**227**	327	16,6	**20,4**	25,2
	Bauwerk (300+400)	m² BGF	893	**1.086**	1.347		**100,0**	
500	Außenanlagen	m² AF	59	**152**	338	2,0	**4,3**	8,0
600	Ausstattung und Kunstwerke	m² BGF	4	**11**	29	0,4	**1,0**	3,1
700	Baunebenkosten*	m² BGF	212	**236**	260	19,6	**21,9**	24,1 ◁ NEU

* Auf Grundlage der HOAI 2013 berechnete Werte nach §§ 35, 52, 56, 40. Weitere Informationen siehe Seite 50

KG	Kostengruppen der 2. Ebene	Einheit	▷	€/Einheit	◁	▷	% an 300	◁
310	Baugrube	m³ BGI	22	**34**	54	1,8	**3,2**	4,6
320	Gründung	m² GRF	163	**201**	294	5,0	**7,1**	10,2
330	Außenwände	m² AWF	261	**327**	424	25,6	**29,7**	37,0
340	Innenwände	m² IWF	134	**161**	198	14,5	**18,0**	21,1
350	Decken	m² DEF	236	**268**	297	22,3	**24,9**	28,5
360	Dächer	m² DAF	251	**290**	397	8,9	**13,1**	17,0
370	Baukonstruktive Einbauten	m² BGF	5	**11**	25	0,0	**0,5**	2,1
390	Sonstige Baukonstruktionen	m² BGF	14	**28**	59	1,8	**3,5**	6,6
300	**Bauwerk Baukonstruktionen**	**m² BGF**					**100,0**	

KG	Kostengruppen der 2. Ebene	Einheit	▷	€/Einheit	◁	▷	% an 400	◁
410	Abwasser, Wasser, Gas	m² BGF	49	**65**	77	31,1	**37,4**	46,5
420	Wärmeversorgungsanlagen	m² BGF	35	**50**	71	22,2	**27,8**	33,4
430	Lufttechnische Anlagen	m² BGF	4	**8**	19	1,5	**3,7**	9,0
440	Starkstromanlagen	m² BGF	24	**34**	46	14,7	**19,3**	25,1
450	Fernmeldeanlagen	m² BGF	3	**6**	10	1,8	**3,3**	5,0
460	Förderanlagen	m² BGF	24	**33**	47	0,5	**8,5**	17,9
470	Nutzungsspezifische Anlagen	m² BGF	0	**0**	0	0,0	**0,0**	0,1
480	Gebäudeautomation	m² BGF	–	–	–	–	–	–
490	Sonstige Technische Anlagen	m² BGF	–	**2**	–	–	**0,1**	–
400	**Bauwerk Technische Anlagen**	**m² BGF**					**100,0**	

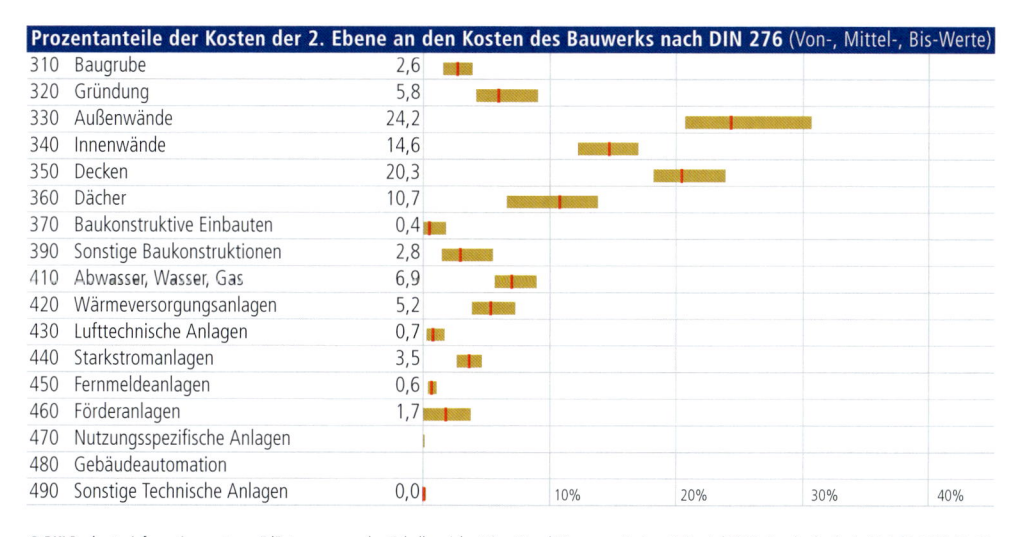

Prozentanteile der Kosten der 2. Ebene an den Kosten des Bauwerks nach DIN 276 (Von-, Mittel-, Bis-Werte)

KG	Bezeichnung	Mittelwert
310	Baugrube	2,6
320	Gründung	5,8
330	Außenwände	24,2
340	Innenwände	14,6
350	Decken	20,3
360	Dächer	10,7
370	Baukonstruktive Einbauten	0,4
390	Sonstige Baukonstruktionen	2,8
410	Abwasser, Wasser, Gas	6,9
420	Wärmeversorgungsanlagen	5,2
430	Lufttechnische Anlagen	0,7
440	Starkstromanlagen	3,5
450	Fernmeldeanlagen	0,6
460	Förderanlagen	1,7
470	Nutzungsspezifische Anlagen	
480	Gebäudeautomation	
490	Sonstige Technische Anlagen	0,0

© BKI Baukosteninformationszentrum; Erläuterungen zu den Tabellen siehe Seite 48 und 50   Kosten: 1.Quartal 2018, Bundesdurchschnitt, **inkl. 19% MwSt.**

Mehrfamilienhäuser, mit 6 bis 19 WE

Kostenkennwerte für Leistungsbereiche nach StLB (Kosten des Bauwerks nach DIN 276)

LB	Leistungsbereiche	▷	€/m² BGF	◁	▷	% an 300+400	◁
000	Sicherheits-, Baustelleneinrichtungen inkl. 001	14	26	53	1,3	2,4	4,9
002	Erdarbeiten	19	34	48	1,8	3,2	4,4
006	Spezialtiefbauarbeiten inkl. 005	0	6	25	0,0	0,5	2,3
009	Entwässerungskanalarbeiten inkl. 011	2	6	12	0,2	0,5	1,1
010	Drän- und Versickerungsarbeiten	0	2	6	0,0	0,2	0,5
012	Mauerarbeiten	71	103	167	6,6	9,5	15,4
013	Betonarbeiten	202	249	310	18,6	22,9	28,6
014	Natur-, Betonwerksteinarbeiten	1	13	23	0,1	1,2	2,1
016	Zimmer- und Holzbauarbeiten	7	30	53	0,7	2,8	4,9
017	Stahlbauarbeiten	0	1	5	0,0	0,1	0,4
018	Abdichtungsarbeiten	4	8	15	0,4	0,8	1,4
020	Dachdeckungsarbeiten	2	14	30	0,2	1,3	2,7
021	Dachabdichtungsarbeiten	3	19	41	0,3	1,8	3,8
022	Klempnerarbeiten	10	17	28	1,0	1,6	2,6
	Rohbau	461	528	588	42,5	48,6	54,1
023	Putz- und Stuckarbeiten, Wärmedämmsysteme	49	79	120	4,5	7,2	11,0
024	Fliesen- und Plattenarbeiten	19	31	43	1,8	2,9	4,0
025	Estricharbeiten	14	19	24	1,3	1,8	2,2
026	Fenster, Außentüren inkl. 029, 032	45	52	63	4,1	4,8	5,8
027	Tischlerarbeiten	20	30	48	1,8	2,8	4,5
028	Parkettarbeiten, Holzpflasterarbeiten	2	13	28	0,2	1,2	2,6
030	Rollladenarbeiten	3	13	31	0,2	1,2	2,9
031	Metallbauarbeiten inkl. 035	38	50	73	3,5	4,6	6,7
034	Maler- und Lackiererarbeiten inkl. 037	27	31	37	2,5	2,9	3,4
036	Bodenbelagarbeiten	3	13	25	0,2	1,2	2,3
038	Vorgehängte hinterlüftete Fassaden	0	2	14	0,0	0,2	1,3
039	Trockenbauarbeiten	15	36	83	1,4	3,3	7,6
	Ausbau	323	376	445	29,7	34,6	40,9
040	Wärmeversorgungsanl. - Betriebseinr. inkl. 041	38	49	67	3,5	4,5	6,1
042	Gas- und Wasserinstallation, Leitungen inkl. 043	13	22	49	1,2	2,0	4,5
044	Abwasserinstallationsarbeiten - Leitungen	8	17	33	0,7	1,5	3,1
045	GWA-Einrichtungsgegenstände inkl. 046	10	20	31	0,9	1,9	2,9
047	Dämmarbeiten an betriebstechnischen Anlagen	2	7	11	0,2	0,7	1,1
049	Feuerlöschanlagen, Feuerlöschgeräte	0	0	0	0,0	0,0	0,0
050	Blitzschutz- und Erdungsanlagen	0	1	2	0,0	0,1	0,2
052	Mittelspannungsanlagen	–	–	–	–	–	–
053	Niederspannungsanlagen inkl. 054	27	35	45	2,5	3,2	4,1
055	Ersatzstromversorgungsanlagen	–	–	–	–	–	–
057	Gebäudesystemtechnik	–	–	–	–	–	–
058	Leuchten und Lampen inkl. 059	1	3	8	0,1	0,3	0,7
060	Elektroakustische Anlagen, Sprechanlagen	1	2	4	0,1	0,2	0,4
061	Kommunikationsnetze, inkl. 062	1	3	6	0,1	0,3	0,5
063	Gefahrenmeldeanlagen	0	1	4	0,0	0,1	0,4
069	Aufzüge	0	18	39	0,0	1,7	3,6
070	Gebäudeautomation	–	–	–	–	–	–
075	Raumlufttechnische Anlagen	1	6	16	0,1	0,6	1,5
	Technische Anlagen	146	186	222	13,5	17,1	20,4
	Sonstige Leistungsbereiche inkl. 008, 033, 051	0	2	5	0,0	0,2	0,5

Kosten: Stand 1. Quartal 2018 Bundesdurchschnitt inkl. 19% MwSt.

- ● Kostenkennwert
- ▶ min
- ▷ von
- | Mittelwert
- ◁ bis
- ◀ max

© BKI Baukosteninformationszentrum; Erläuterungen zu den Tabellen siehe Seite 52

Kosten: 1. Quartal 2018, Bundesdurchschnitt, **inkl. 19% MwSt.**

Planungskennwerte für Flächen und Rauminhalte nach DIN 277

Grundflächen		▷	Fläche/NUF (%)	◁	▷	Fläche/BGF (%)	◁
NUF	Nutzungsfläche		100,0		65,8	68,6	72,3
TF	Technikfläche	1,9	2,4	6,9	1,3	1,6	4,8
VF	Verkehrsfläche	15,1	19,0	26,0	10,2	13,0	16,4
NRF	Netto-Raumfläche	116,8	121,4	128,2	81,4	83,2	85,1
KGF	Konstruktions-Grundfläche	21,5	24,5	28,6	14,9	16,8	18,6
BGF	Brutto-Grundfläche	140,2	145,8	154,0		100,0	

Brutto-Rauminhalte		▷	BRI/NUF (m)	◁	▷	BRI/BGF (m)	◁
BRI	Brutto-Rauminhalt	3,97	4,23	4,53	2,78	2,90	3,03

Flächen von Nutzeinheiten	▷	NUF/Einheit (m²)	◁	▷	BGF/Einheit (m²)	◁
Nutzeinheit: Wohnfläche	1,17	1,26	1,38	1,69	1,84	2,00

Lufttechnisch behandelte Flächen	▷	Fläche/NUF (%)	◁	▷	Fläche/BGF (%)	◁
Entlüftete Fläche	20,0	22,7	22,7	13,3	15,4	15,4
Be- und entlüftete Fläche	78,1	81,3	81,3	54,0	56,9	56,9
Teilklimatisierte Fläche	–	–	–	–	–	–
Klimatisierte Fläche	–	–	–	–	–	–

KG	Kostengruppen (2. Ebene)	Einheit	▷	Menge/NUF	◁	▷	Menge/BGF	◁
310	Baugrube	m³ BGI	0,95	1,13	1,44	0,63	0,79	1,00
320	Gründung	m² GRF	0,34	0,39	0,43	0,23	0,27	0,30
330	Außenwände	m² AWF	0,90	1,03	1,17	0,64	0,71	0,79
340	Innenwände	m² IWF	1,09	1,28	1,47	0,78	0,88	0,99
350	Decken	m² DEF	0,96	1,02	1,09	0,68	0,71	0,75
360	Dächer	m² DAF	0,44	0,49	0,55	0,31	0,34	0,38
370	Baukonstruktive Einbauten	m² BGF	1,40	1,46	1,54		1,00	
390	Sonstige Baukonstruktionen	m² BGF	1,40	1,46	1,54		1,00	
300	Bauwerk-Baukonstruktionen	m² BGF	1,40	1,46	1,54		1,00	

Planungskennwerte für Bauzeiten

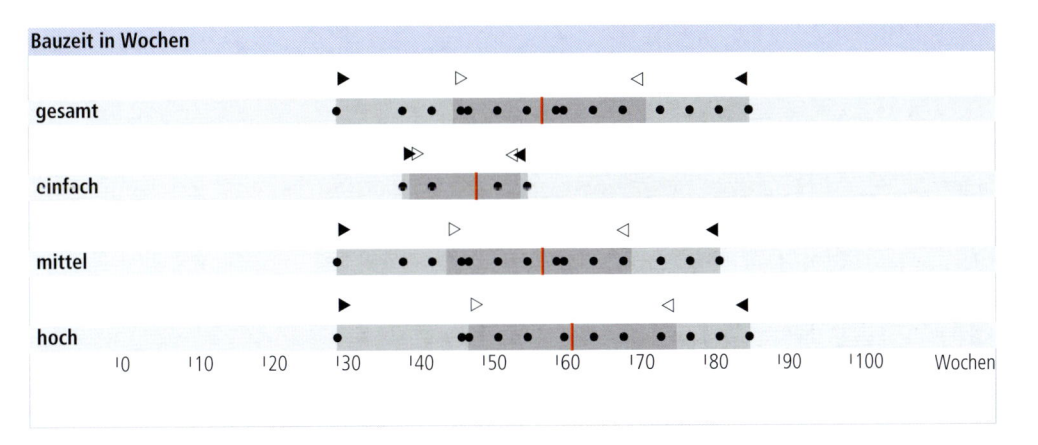

Bauzeit in Wochen

gesamt, einfach, mittel, hoch

Kosten: 1.Quartal 2018, Bundesdurchschnitt, inkl. 19% MwSt.

Mehrfamilienhäuser, mit 6 bis 19 WE, einfacher Standard

Kostenkennwerte für die Kosten des Bauwerks (Kostengruppen 300+400 nach DIN 276)

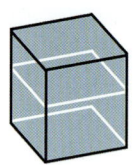

BRI 320 €/m³
von 285 €/m³
bis 375 €/m³

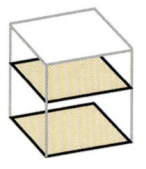

BGF 880 €/m²
von 760 €/m²
bis 1.020 €/m²

NUF 1.270 €/m²
von 1.080 €/m²
bis 1.620 €/m²

NE 1.620 €/NE
von 1.230 €/NE
bis 1.950 €/NE
NE: Wohnfläche

Objektbeispiele

6100-1320

6100-0968

6100-1251

Kosten:
Stand 1.Quartal 2018
Bundesdurchschnitt
inkl. 19% MwSt.

Kosten der 8 Vergleichsobjekte — Seiten 534 bis 535

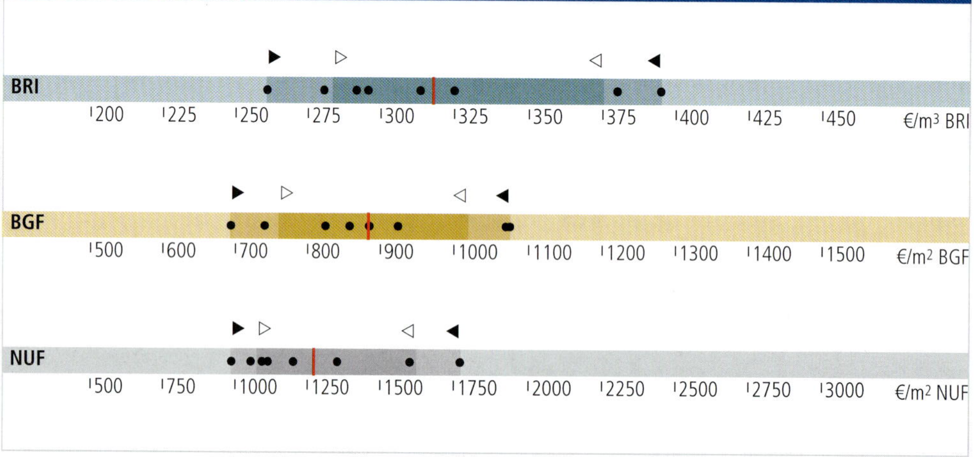

- ● KKW
- ▶ min
- ▷ von
- | Mittelwert
- ◁ bis
- ◀ max

© BKI Baukosteninformationszentrum; Erläuterungen zu den Tabellen siehe Seite 46
Kosten: 1.Quartal 2018, Bundesdurchschnitt, **inkl. 19% MwSt.**

Kostenkennwerte für die Kostengruppen der 1. und 2. Ebene DIN 276

KG	Kostengruppen der 1. Ebene	Einheit	▷	€/Einheit	◁	▷	% an 300+400	◁	
100	Grundstück	m² GF	–	–	–	–	–	–	
200	Herrichten und Erschließen	m² GF	16	23	27	1,5	2,1	2,8	
300	Bauwerk - Baukonstruktionen	m² BGF	624	711	804	72,1	80,8	83,2	
400	Bauwerk - Technische Anlagen	m² BGF	138	173	290	16,8	19,2	27,9	
	Bauwerk (300+400)	m² BGF	760	884	1.018		100,0		
500	Außenanlagen	m² AF	45	89	171	3,0	5,5	10,7	
600	Ausstattung und Kunstwerke	m² BGF	–	3	–	–	0,3	–	
700	Baunebenkosten*	m² BGF	182	203	224	20,8	23,2	25,6	◁ NEU

Auf Grundlage der HOAI 2013 berechnete Werte nach §§ 35, 52, 56. Weitere Informationen siehe Seite 50

KG	Kostengruppen der 2. Ebene	Einheit	▷	€/Einheit	◁	▷	% an 300	◁
310	Baugrube	m³ BGI	29	35	41	1,0	2,7	3,4
320	Gründung	m² GRF	157	213	367	5,3	7,5	9,5
330	Außenwände	m² AWF	263	321	458	26,5	27,3	29,7
340	Innenwände	m² IWF	142	168	196	15,6	17,5	18,9
350	Decken	m² DEF	277	297	316	24,2	27,3	33,3
360	Dächer	m² DAF	243	271	306	11,5	13,3	15,1
370	Baukonstruktive Einbauten	m² BGF	–	24	–	–	0,7	–
390	Sonstige Baukonstruktionen	m² BGF	11	30	77	1,0	3,8	7,3
300	**Bauwerk Baukonstruktionen**	**m² BGF**					**100,0**	

KG	Kostengruppen der 2. Ebene	Einheit	▷	€/Einheit	◁	▷	% an 400	◁
410	Abwasser, Wasser, Gas	m² BGF	52	63	76	32,6	39,2	45,4
420	Wärmeversorgungsanlagen	m² BGF	39	49	60	19,1	31,3	36,3
430	Lufttechnische Anlagen	m² BGF	4	11	26	1,4	4,7	14,0
440	Starkstromanlagen	m² BGF	27	35	57	16,4	21,3	27,9
450	Fernmeldeanlagen	m² BGF	4	5	10	2,4	3,2	5,5
460	Förderanlagen	m² BGF	–	–	–	–	–	–
470	Nutzungsspezifische Anlagen	m² BGF	–	–	–	–	–	–
480	Gebäudeautomation	m² BGF	–	–	–	–	–	–
490	Sonstige Technische Anlagen	m² BGF	–	2	–	–	0,2	–
400	**Bauwerk Technische Anlagen**	**m² BGF**					**100,0**	

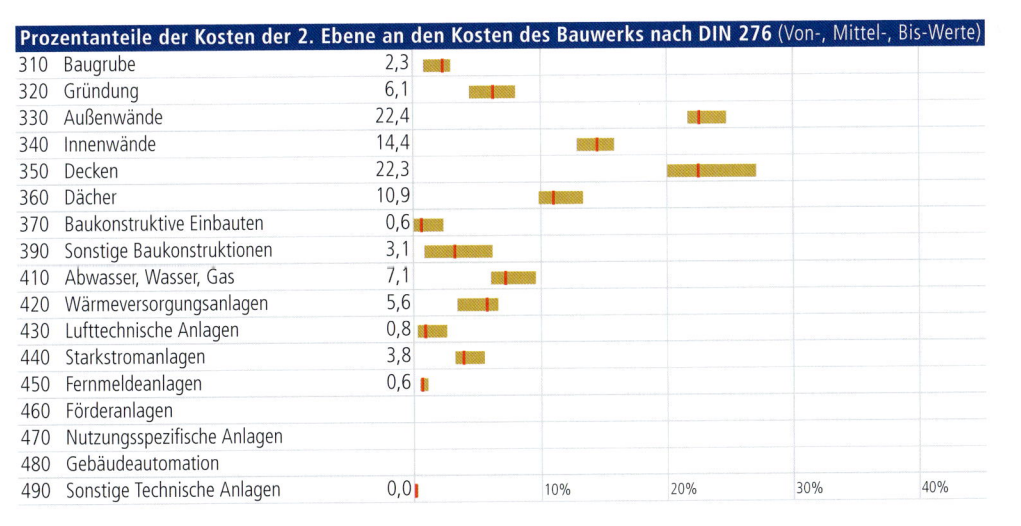

Prozentanteile der Kosten der 2. Ebene an den Kosten des Bauwerks nach DIN 276 (Von-, Mittel-, Bis-Werte)

KG		Mittel
310	Baugrube	2,3
320	Gründung	6,1
330	Außenwände	22,4
340	Innenwände	14,4
350	Decken	22,3
360	Dächer	10,9
370	Baukonstruktive Einbauten	0,6
390	Sonstige Baukonstruktionen	3,1
410	Abwasser, Wasser, Gas	7,1
420	Wärmeversorgungsanlagen	5,6
430	Lufttechnische Anlagen	0,8
440	Starkstromanlagen	3,8
450	Fernmeldeanlagen	0,6
460	Förderanlagen	
470	Nutzungsspezifische Anlagen	
480	Gebäudeautomation	
490	Sonstige Technische Anlagen	0,0

© BKI Baukosteninformationszentrum; Erläuterungen zu den Tabellen siehe Seite 48 und 50   Kosten: 1.Quartal 2018, Bundesdurchschnitt, **inkl. 19% MwSt.**

Mehrfamilienhäuser, mit 6 bis 19 WE, einfacher Standard

Kostenkennwerte für Leistungsbereiche nach StLB (Kosten des Bauwerks nach DIN 276)

LB	Leistungsbereiche	▷	€/m² BGF	◁	▷	% an 300+400	◁
000	Sicherheits-, Baustelleneinrichtungen inkl. 001	9	22	22	1,0	2,5	2,5
002	Erdarbeiten	23	23	30	2,6	2,6	3,4
006	Spezialtiefbauarbeiten inkl. 005	–	10	–	–	1,1	–
009	Entwässerungskanalarbeiten inkl. 011	0	4	8	0,0	0,4	0,9
010	Drän- und Versickerungsarbeiten	0	3	6	0,1	0,3	0,6
012	Mauerarbeiten	91	118	118	10,3	13,4	13,4
013	Betonarbeiten	142	169	208	16,0	19,1	23,5
014	Natur-, Betonwerksteinarbeiten	3	12	19	0,4	1,4	2,2
016	Zimmer- und Holzbauarbeiten	25	35	35	2,8	4,0	4,0
017	Stahlbauarbeiten	–	2	–	–	0,2	–
018	Abdichtungsarbeiten	5	11	16	0,6	1,2	1,8
020	Dachdeckungsarbeiten	5	18	32	0,6	2,1	3,6
021	Dachabdichtungsarbeiten	1	6	6	0,1	0,7	0,7
022	Klempnerarbeiten	6	11	17	0,7	1,3	1,9
	Rohbau	421	443	443	47,6	50,1	50,1
023	Putz- und Stuckarbeiten, Wärmedämmsysteme	45	45	60	5,1	5,1	6,7
024	Fliesen- und Plattenarbeiten	26	26	35	3,0	3,0	3,9
025	Estricharbeiten	13	16	16	1,5	1,9	1,9
026	Fenster, Außentüren inkl. 029, 032	39	48	57	4,4	5,5	6,4
027	Tischlerarbeiten	16	24	33	1,9	2,8	3,8
028	Parkettarbeiten, Holzpflasterarbeiten	0	13	29	0,0	1,4	3,2
030	Rollladenarbeiten	10	10	14	1,2	1,2	1,6
031	Metallbauarbeiten inkl. 035	28	39	51	3,1	4,4	5,7
034	Maler- und Lackiererarbeiten inkl. 037	21	23	26	2,4	2,7	2,9
036	Bodenbelagarbeiten	7	16	16	0,8	1,8	1,8
038	Vorgehängte hinterlüftete Fassaden	–	1	–	–	0,1	–
039	Trockenbauarbeiten	12	28	44	1,3	3,1	5,0
	Ausbau	257	296	326	29,1	33,4	36,9
040	Wärmeversorgungsanl. - Betriebseinr. inkl. 041	30	42	53	3,4	4,7	6,0
042	Gas- und Wasserinstallation, Leitungen inkl. 043	17	27	27	1,9	3,0	3,0
044	Abwasserinstallationsarbeiten - Leitungen	3	12	21	0,4	1,3	2,4
045	GWA-Einrichtungsgegenstände inkl. 046	4	16	31	0,4	1,8	3,5
047	Dämmarbeiten an betriebstechnischen Anlagen	7	7	9	0,8	0,8	1,0
049	Feuerlöschanlagen, Feuerlöschgeräte	–	–	–	–	–	–
050	Blitzschutz- und Erdungsanlagen	0	1	2	0,1	0,1	0,2
052	Mittelspannungsanlagen	–	–	–	–	–	–
053	Niederspannungsanlagen inkl. 054	24	28	34	2,7	3,2	3,8
055	Ersatzstromversorgungsanlagen	–	–	–	–	–	–
057	Gebäudesystemtechnik	–	–	–	–	–	–
058	Leuchten und Lampen inkl. 059	2	4	4	0,2	0,5	0,5
060	Elektroakustische Anlagen, Sprechanlagen	1	1	2	0,1	0,1	0,2
061	Kommunikationsnetze, inkl. 062	2	4	6	0,2	0,4	0,6
063	Gefahrenmeldeanlagen		0			0,0	
069	Aufzüge	–	–	–	–	–	–
070	Gebäudeautomation	–	–	–	–	–	–
075	Raumlufttechnische Anlagen	1	6	6	0,1	0,7	0,7
	Technische Anlagen	143	148	154	16,1	16,8	17,4
	Sonstige Leistungsbereiche inkl. 008, 033, 051	–	1	–	–	0,1	–

Kosten:
Stand 1. Quartal 2018
Bundesdurchschnitt
inkl. 19% MwSt.

● KKW
▶ min
▷ von
| Mittelwert
◁ bis
◀ max

Planungskennwerte für Flächen und Rauminhalte nach DIN 277

Grundflächen			▷	Fläche/NUF (%)	◁	▷	Fläche/BGF (%)	◁
NUF	Nutzungsfläche			100,0		67,5	69,9	72,3
TF	Technikfläche		1,5	1,7	2,2	1,0	1,2	1,6
VF	Verkehrsfläche		12,8	16,1	18,3	8,9	11,3	11,9
NRF	Netto-Raumfläche		115,9	117,8	120,4	79,9	82,4	84,8
KGF	Konstruktions-Grundfläche		22,4	25,2	31,0	15,2	17,6	20,1
BGF	Brutto-Grundfläche		139,8	143,1	150,0		100,0	

Brutto-Rauminhalte			▷	BRI/NUF (m)	◁	▷	BRI/BGF (m)	◁
BRI	Brutto-Rauminhalt		3,71	3,98	4,13	2,69	2,78	2,87

Flächen von Nutzeinheiten			▷	NUF/Einheit (m²)	◁	▷	BGF/Einheit (m²)	◁
Nutzeinheit: Wohnfläche			1,21	1,29	1,40	1,69	1,83	2,02

Lufttechnisch behandelte Flächen			▷	Fläche/NUF (%)	◁	▷	Fläche/BGF (%)	◁
Entlüftete Fläche			–	6,9	–	–	5,4	–
Be- und entlüftete Fläche			–	111,9	–	–	82,9	–
Teilklimatisierte Fläche			–	–	–	–	–	–
Klimatisierte Fläche			–	–	–	–	–	–

KG	Kostengruppen (2. Ebene)	Einheit	▷	Menge/NUF	◁	▷	Menge/BGF	◁
310	Baugrube	m³ BGI	0,70	0,79	0,79	0,47	0,57	0,57
320	Gründung	m² GRF	0,34	0,38	0,38	0,25	0,27	0,27
330	Außenwände	m² AWF	0,87	0,92	1,10	0,59	0,66	0,74
340	Innenwände	m² IWF	1,06	1,11	1,17	0,76	0,79	0,84
350	Decken	m² DEF	0,93	0,93	0,98	0,64	0,67	0,68
360	Dächer	m² DAF	0,48	0,50	0,53	0,34	0,36	0,36
370	Baukonstruktive Einbauten	m² BGF	1,40	1,43	1,50		1,00	
390	Sonstige Baukonstruktionen	m² BGF	1,40	1,43	1,50		1,00	
300	Bauwerk-Baukonstruktionen	m² BGF	1,40	1,43	1,50		1,00	

Planungskennwerte für Bauzeiten — 8 Vergleichsobjekte

Bauzeit in Wochen

Bauzeit: |10 |10 |20 |30 |40 |50 |60 |70 |80 |90 |100 Wochen

Mehrfamilienhäuser, mit 6 bis 19 WE, einfacher Standard

€/m² BGF

min	695	€/m²
von	760	€/m²
Mittel	**885**	**€/m²**
bis	1.020	€/m²
max	1.075	€/m²

Kosten:
Stand 1.Quartal 2018
Bundesdurchschnitt
inkl. 19% MwSt.

Objektübersicht zur Gebäudeart

6100-1320 Mehrfamilienhaus (14 WE)
BRI 4.088m³ · BGF 1.502m² · NUF 911m²

Mehrfamilienhaus (14 WE) mit 978m² WFL. Mauerwerk.

Planung: Knychalla + Team; Neumarkt

Land: Bayern
Kreis: Neumarkt
Standard: unter Durchschnitt
Bauzeit: 56 Wochen
Kennwerte: bis 1.Ebene DIN276

BGF **1.075 €/m²**

vorgesehen: BKI Objektdaten N16

6100-1251 Mehrfamilienhäuser (16 WE)
BRI 5.438m³ · BGF 1.932m² · NUF 1.291m²

Zwei Mehrfamilienhäuser mit 16 WE. Mauerwerk.

Planung: Plan-R-Architekturbüro Joachim Reinig; Hamburg

Land: Hamburg
Kreis: Hamburg
Standard: unter Durchschnitt
Bauzeit: 52 Wochen
Kennwerte: bis 3.Ebene DIN276

BGF **1.070 €/m²**

vorgesehen: BKI Objektdaten E8

6100-0968 Mehrfamilienhaus (8 WE) - Effizienzhaus 70
BRI 3.052m³ · BGF 1.038m² · NUF 768m²

Mehrfamilienhaus (8 WE, 722m² WFL), Effizienzhaus 70. Im EG befinden sich die PKW-Stellplätze, in den Obergeschossen die Mietwohnungen in unterschiedlichen Größen. Mauerwerksbau.

Planung: jacobs. Architekturbüro; Paderborn

Land: Nordrhein-Westfalen
Kreis: Paderborn
Standard: unter Durchschnitt
Bauzeit: 43 Wochen
Kennwerte: bis 1.Ebene DIN276

BGF **825 €/m²**

veröffentlicht: BKI Objektdaten E5

6100-0628 Mehrfamilienhaus (18 WE), TG (18 STP)
BRI 8.057m³ · BGF 2.834m² · NUF 1.933m²

Mehrfamilienhaus mit 18 WE (1.195m² WFL) und einer Tiefgarage mit 18 Stellplätzen. Mauerwerksbau mit Stb-Decken und Holzdachkonstruktion. Massivbau; KS-Innenmauerwerk; Stb-Decken; Holzdachkonstruktion.

Planung: planungsbüro brenker hoppe tegethoff gbr; Dortmund

Land: Nordrhein-Westfalen
Kreis: Dortmund
Standard: unter Durchschnitt
Bauzeit: 56 Wochen
Kennwerte: bis 4.Ebene DIN276

BGF **924 €/m²**

veröffentlicht: BKI Objektdaten N10

Objektübersicht zur Gebäudeart

6100-0701 Mehrfamilienhaus (8 WE) BRI 2.282m³   BGF 858m²   NUF 564m²

Mehrfamilienwohnhaus, 8 Wohneinheiten, geförderte Mietwohnungen. Mauerwerksbau; Stb-Filigrandecke; Holzwalmdach.

Land: Nordrhein-Westfalen
Kreis: Paderborn
Standard: unter Durchschnitt
Bauzeit: 56 Wochen
Kennwerte: bis 1.Ebene DIN276

BGF   694 €/m²

Planung: Architekturbüro Dipl.-Ing. Sebastian Jacobs; Paderborn

veröffentlicht: BKI Objektdaten N10

6100-0383 Mehrfamilienhaus (9 WE), Garage BRI 3.358m³   BGF 1.341m²   NUF 1.006m²

Mehrfamilienhaus mit 9 Wohneinheiten (745m² WFL II.BVO), sechs Garagen im UG. Mauerwerksbau.

Land: Baden-Württemberg
Kreis: Biberach/Riß
Standard: unter Durchschnitt
Bauzeit: 39 Wochen
Kennwerte: bis 3.Ebene DIN276

BGF   741 €/m²

Planung: Joachim Hauser Dipl.-Ing. Architekt; Ehingen/Donau

veröffentlicht: BKI Objektdaten N5

6100-0221 Mehrfamilienhaus (9 WE), TG BRI 4.379m³   BGF 1.598m²   NUF 1.255m²

Wohnhaus mit 4 Dreizimmerwohnungen (95m² WFL II.BVO), 2 Einzimmerwohnung (49m² WFL II.BVO), 2 Dreizimmerwohnungen mit Studio (143m² WFL II.BVO), Einzimmerwohnung mit Studio (81m² WFL II.BVO); Tiefgarage mit 10 Stellplätzen, Kellerräume, Wasch- und Trockenraum. Mauerwerksbau.

Land: Hessen
Kreis: Hochtaunuskreis
Standard: unter Durchschnitt
Bauzeit: 52 Wochen
Kennwerte: bis 4.Ebene DIN276

BGF   858 €/m²

Planung: E. Beilfuss + U. Hoffmann Dipl.-Ing. Architekten; Bad Homburg

veröffentlicht: BKI Objektdaten N2

6100-0251 Mehrfamilienhäuser (9 WE) BRI 4.655m³   BGF 1.535m²   NUF 1.131m²

Wohnungen mit gehobenem Ausbau wie z.B. Kamin, Ganzglastüren, Naturstein, 40m² Kellerräume. Mauerwerksbau.

Land: Rheinland-Pfalz
Kreis: Westerwald, Montabaur
Standard: unter Durchschnitt
Bauzeit: 39 Wochen
Kennwerte: bis 1.Ebene DIN276

BGF   885 €/m²

Planung: Stefan Musil Dipl.-Ing. Freier Architekt BDA; Ransbach-Baumbach

veröffentlicht: BKI Objektdaten N3

Mehrfamilienhäuser, mit 6 bis 19 WE, mittlerer Standard

Kostenkennwerte für die Kosten des Bauwerks (Kostengruppen 300+400 nach DIN 276)

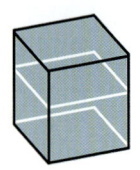

BRI 370 €/m³
von 305 €/m³
bis 440 €/m³

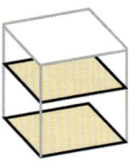

BGF 1.070 €/m²
von 880 €/m²
bis 1.280 €/m²

NUF 1.600 €/m²
von 1.220 €/m²
bis 1.930 €/m²

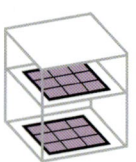

NE 2.000 €/NE
von 1.620 €/NE
bis 2.380 €/NE
NE: Wohnfläche

Kosten:
Stand 1.Quartal 2018
Bundesdurchschnitt
inkl. 19% MwSt.

Objektbeispiele

6100-1347
© Architekturbüro Jakob Krimmel

6100-1319
© Konstantin Pichler

6100-1292
© Patric Colling

Kosten der 27 Vergleichsobjekte — Seiten 540 bis 546

- ● KKW
- ▶ min
- ▷ von
- | Mittelwert
- ◁ bis
- ◀ max

BRI: €/m³ BRI (100–600)
BGF: €/m² BGF (500–1500)
NUF: €/m² NUF (500–3000)

© BKI Baukosteninformationszentrum; Erläuterungen zu den Tabellen siehe Seite 46
Kosten: 1.Quartal 2018, Bundesdurchschnitt, **inkl. 19% MwSt.**

Kostenkennwerte für die Kostengruppen der 1. und 2. Ebene DIN 276

KG	Kostengruppen der 1. Ebene	Einheit	▷	€/Einheit	◁	▷	% an 300+400	◁	
100	Grundstück	m² GF	–	–	–	–	–	–	
200	Herrichten und Erschließen	m² GF	21	**52**	134	1,0	**2,7**	6,0	
300	Bauwerk - Baukonstruktionen	m² BGF	714	**845**	991	75,1	**79,6**	84,0	
400	Bauwerk - Technische Anlagen	m² BGF	156	**223**	318	16,0	**20,4**	24,9	
	Bauwerk (300+400)	m² BGF	880	**1.068**	1.282		**100,0**		
500	Außenanlagen	m² AF	53	**144**	341	1,7	**3,8**	6,2	
600	Ausstattung und Kunstwerke	m² BGF	4	**13**	32	0,4	**1,2**	3,1	
700	Baunebenkosten*	m² BGF	207	**231**	255	19,5	**21,7**	24,0	◁ NEU

Auf Grundlage der HOAI 2013 berechnete Werte nach §§ 35, 52, 56. Weitere Informationen siehe Seite 50

KG	Kostengruppen der 2. Ebene	Einheit	▷	€/Einheit	◁	▷	% an 300	◁
310	Baugrube	m³ BGI	17	**28**	47	2,0	**3,1**	4,1
320	Gründung	m² GRF	167	**205**	270	5,0	**7,1**	11,6
330	Außenwände	m² AWF	257	**313**	346	27,4	**30,3**	35,4
340	Innenwände	m² IWF	105	**145**	162	13,7	**18,2**	21,2
350	Decken	m² DEF	229	**259**	291	23,8	**25,6**	27,5
360	Dächer	m² DAF	221	**274**	325	8,9	**13,0**	17,5
370	Baukonstruktive Einbauten	m² BGF	2	**5**	8	0,0	**0,3**	0,8
390	Sonstige Baukonstruktionen	m² BGF	9	**20**	27	1,5	**2,6**	3,6
300	**Bauwerk Baukonstruktionen**	**m² BGF**					**100,0**	

KG	Kostengruppen der 2. Ebene	Einheit	▷	€/Einheit	◁	▷	% an 400	◁
410	Abwasser, Wasser, Gas	m² BGF	43	**64**	78	29,5	**38,5**	48,2
420	Wärmeversorgungsanlagen	m² BGF	32	**52**	79	22,8	**28,5**	32,1
430	Lufttechnische Anlagen	m² BGF	2	**5**	8	0,8	**2,5**	4,0
440	Starkstromanlagen	m² BGF	24	**35**	45	14,9	**20,6**	24,9
450	Fernmeldeanlagen	m² BGF	2	**4**	7	1,4	**2,5**	5,1
460	Förderanlagen	m² BGF	23	**33**	61	0,0	**7,4**	16,8
470	Nutzungsspezifische Anlagen	m² BGF	–	**0**	–	–	**0,0**	–
480	Gebäudeautomation	m² BGF	–	–	–	–	–	–
490	Sonstige Technische Anlagen	m² BGF	–	–	–	–	–	–
400	**Bauwerk Technische Anlagen**	**m² BGF**					**100,0**	

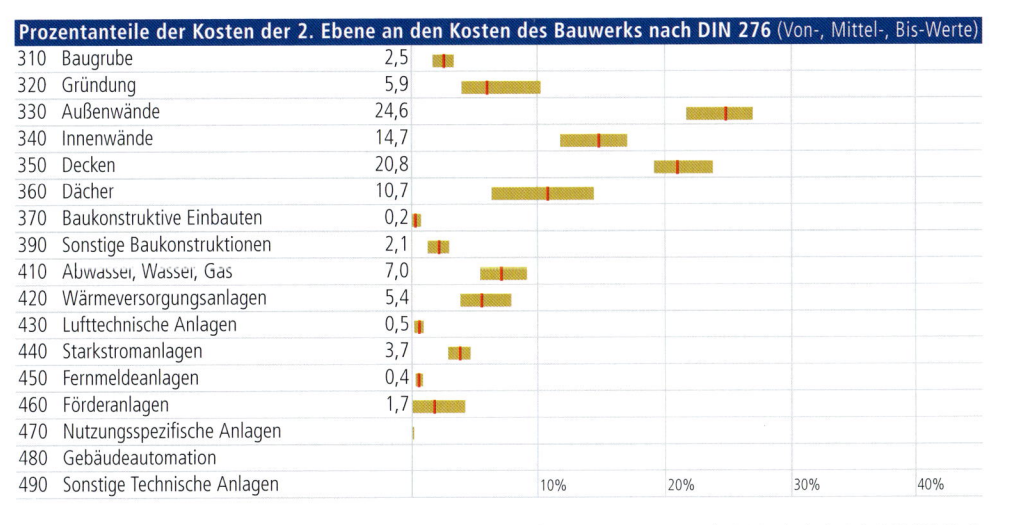

Prozentanteile der Kosten der 2. Ebene an den Kosten des Bauwerks nach DIN 276 (Von-, Mittel-, Bis-Werte)

KG		Mittelwert
310	Baugrube	2,5
320	Gründung	5,9
330	Außenwände	24,6
340	Innenwände	14,7
350	Decken	20,8
360	Dächer	10,7
370	Baukonstruktive Einbauten	0,2
390	Sonstige Baukonstruktionen	2,1
410	Abwasser, Wasser, Gas	7,0
420	Wärmeversorgungsanlagen	5,4
430	Lufttechnische Anlagen	0,5
440	Starkstromanlagen	3,7
450	Fernmeldeanlagen	0,4
460	Förderanlagen	1,7
470	Nutzungsspezifische Anlagen	
480	Gebäudeautomation	
490	Sonstige Technische Anlagen	

© **BKI** Baukosteninformationszentrum; Erläuterungen zu den Tabellen siehe Seite 48 und 50   Kosten: 1.Quartal 2018, Bundesdurchschnitt, **inkl. 19% MwSt.**

Mehrfamilienhäuser, mit 6 bis 19 WE, mittlerer Standard

Kosten:
Stand 1. Quartal 2018
Bundesdurchschnitt
inkl. 19% MwSt.

- KKW
- min
- ▷ von
- | Mittelwert
- ◁ bis
- ◄ max

Kostenkennwerte für Leistungsbereiche nach StLB (Kosten des Bauwerks nach DIN 276)

LB	Leistungsbereiche	▷	€/m² BGF	◁	▷	% an 300+400	◁
000	Sicherheits-, Baustelleneinrichtungen inkl. 001	11	19	24	1,0	1,8	2,3
002	Erdarbeiten	26	36	49	2,4	3,3	4,6
006	Spezialtiefbauarbeiten inkl. 005	0	3	13	0,0	0,3	1,2
009	Entwässerungskanalarbeiten inkl. 011	4	6	11	0,4	0,6	1,0
010	Drän- und Versickerungsarbeiten	0	1	3	0,0	0,1	0,3
012	Mauerarbeiten	68	96	148	6,4	9,0	13,9
013	Betonarbeiten	212	249	352	19,9	23,3	32,9
014	Natur-, Betonwerksteinarbeiten	0	10	16	0,0	1,0	1,5
016	Zimmer- und Holzbauarbeiten	6	33	51	0,5	3,1	4,8
017	Stahlbauarbeiten	–	0	–	–	0,0	–
018	Abdichtungsarbeiten	3	6	8	0,3	0,6	0,8
020	Dachdeckungsarbeiten	5	16	28	0,4	1,5	2,6
021	Dachabdichtungsarbeiten	5	15	32	0,4	1,4	3,0
022	Klempnerarbeiten	14	19	25	1,3	1,8	2,4
	Rohbau	**445**	**510**	**599**	**41,7**	**47,8**	**56,1**
023	Putz- und Stuckarbeiten, Wärmedämmsysteme	59	85	101	5,6	7,9	9,4
024	Fliesen- und Plattenarbeiten	22	33	46	2,1	3,1	4,3
025	Estricharbeiten	18	21	25	1,7	2,0	2,3
026	Fenster, Außentüren inkl. 029, 032	42	48	54	3,9	4,5	5,1
027	Tischlerarbeiten	17	27	44	1,6	2,5	4,1
028	Parkettarbeiten, Holzpflasterarbeiten	0	9	15	0,0	0,8	1,4
030	Rollladenarbeiten	5	15	41	0,4	1,4	3,8
031	Metallbauarbeiten inkl. 035	36	50	71	3,4	4,6	6,7
034	Maler- und Lackiererarbeiten inkl. 037	30	34	40	2,8	3,2	3,8
036	Bodenbelagarbeiten	5	15	22	0,5	1,4	2,0
038	Vorgehängte hinterlüftete Fassaden	–	3	–	–	0,3	–
039	Trockenbauarbeiten	20	39	95	1,9	3,6	8,9
	Ausbau	**345**	**387**	**459**	**32,3**	**36,3**	**43,0**
040	Wärmeversorgungsanl. - Betriebseinr. inkl. 041	37	49	68	3,5	4,6	6,4
042	Gas- und Wasserinstallation, Leitungen inkl. 043	13	19	41	1,2	1,8	3,9
044	Abwasserinstallationsarbeiten - Leitungen	5	13	17	0,5	1,2	1,6
045	GWA-Einrichtungsgegenstände inkl. 046	18	21	28	1,7	2,0	2,6
047	Dämmarbeiten an betriebstechnischen Anlagen	3	8	12	0,3	0,7	1,1
049	Feuerlöschanlagen, Feuerlöschgeräte	–	0	–	–	0,0	–
050	Blitzschutz- und Erdungsanlagen	0	1	2	0,0	0,1	0,1
052	Mittelspannungsanlagen	–	–	–	–	–	–
053	Niederspannungsanlagen inkl. 054	27	37	46	2,5	3,5	4,3
055	Ersatzstromversorgungsanlagen	–	–	–	–	–	–
057	Gebäudesystemtechnik	–	–	–	–	–	–
058	Leuchten und Lampen inkl. 059	1	3	6	0,1	0,3	0,5
060	Elektroakustische Anlagen, Sprechanlagen	1	2	4	0,1	0,2	0,4
061	Kommunikationsnetze, inkl. 062	1	2	4	0,1	0,2	0,4
063	Gefahrenmeldeanlagen	0	0	2	0,0	0,0	0,1
069	Aufzüge	0	18	43	0,0	1,7	4,0
070	Gebäudeautomation	–	–	–	–	–	–
075	Raumlufttechnische Anlagen	1	4	9	0,1	0,4	0,8
	Technische Anlagen	**130**	**176**	**222**	**12,2**	**16,5**	**20,8**
	Sonstige Leistungsbereiche inkl. 008, 033, 051	1	2	4	0,1	0,2	0,3

© BKI Baukosteninformationszentrum; Erläuterungen zu den Tabellen siehe Seite 52   Kosten: 1. Quartal 2018, Bundesdurchschnitt, inkl. 19% MwSt.

Planungskennwerte für Flächen und Rauminhalte nach DIN 277

Grundflächen		▷ Fläche/NUF (%) ◁			▷ Fläche/BGF (%) ◁		
NUF	Nutzungsfläche		100,0		64,5	67,2	71,2
TF	Technikfläche	1,8	2,4	3,6	1,2	1,6	2,3
VF	Verkehrsfläche	16,9	20,7	28,1	11,3	13,9	17,4
NRF	Netto-Raumfläche	119,4	123,1	130,6	81,5	82,8	84,3
KGF	Konstruktions-Grundfläche	22,6	25,7	28,5	15,7	17,2	18,5
BGF	Brutto-Grundfläche	141,8	148,8	156,2		100,0	

Brutto-Rauminhalte		▷ BRI/NUF (m) ◁			▷ BRI/BGF (m) ◁		
BRI	Brutto-Rauminhalt	4,06	4,30	4,64	2,76	2,89	3,03

Flächen von Nutzeinheiten	▷ NUF/Einheit (m²) ◁			▷ BGF/Einheit (m²) ◁		
Nutzeinheit: Wohnfläche	1,21	1,27	1,38	1,77	1,89	2,00

Lufttechnisch behandelte Flächen	▷ Fläche/NUF (%) ◁			▷ Fläche/BGF (%) ◁		
Entlüftete Fläche	41,3	41,3	41,3	27,6	27,6	27,6
Be- und entlüftete Fläche	69,6	71,2	71,2	48,2	48,2	48,8
Teilklimatisierte Fläche	–	–	–	–	–	–
Klimatisierte Fläche	–	–	–	–	–	–

KG	Kostengruppen (2. Ebene)	Einheit	▷ Menge/NUF ◁			▷ Menge/BGF ◁		
310	Baugrube	m³ BGI	1,15	1,31	1,63	0,80	0,89	1,09
320	Gründung	m² GRF	0,34	0,37	0,41	0,21	0,25	0,29
330	Außenwände	m² AWF	1,01	1,07	1,15	0,70	0,72	0,74
340	Innenwände	m² IWF	1,23	1,40	1,50	0,82	0,94	1,05
350	Decken	m² DEF	1,08	1,09	1,13	0,71	0,73	0,75
360	Dächer	m² DAF	0,47	0,51	0,58	0,32	0,35	0,40
370	Baukonstruktive Einbauten	m² BGF	1,42	1,49	1,56		1,00	
390	Sonstige Baukonstruktionen	m² BGF	1,42	1,49	1,56		1,00	
300	Bauwerk-Baukonstruktionen	m² BGF	1,42	1,49	1,56		1,00	

Planungskennwerte für Bauzeiten — 26 Vergleichsobjekte

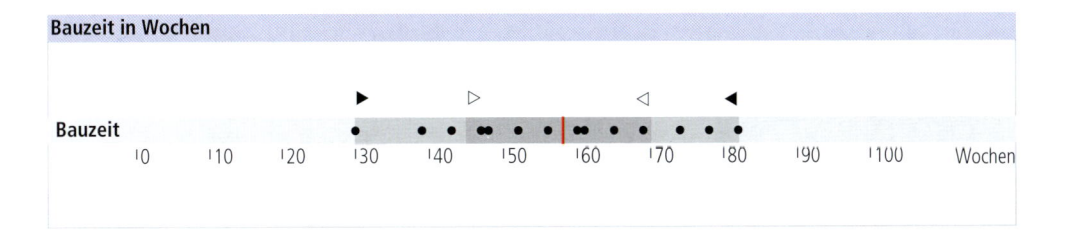

Bauzeit in Wochen

Bauzeit: Verteilung zwischen ca. 30 und 80 Wochen, Median ca. 55 Wochen (Skala: |0, |10, |20, |30, |40, |50, |60, |70, |80, |90, |100 Wochen)

© BKI Baukosteninformationszentrum; Erläuterungen zu den Tabellen siehe Seite 54 — Kosten: 1.Quartal 2018, Bundesdurchschnitt, inkl. 19% MwSt.

Mehrfamilienhäuser, mit 6 bis 19 WE, mittlerer Standard

€/m² BGF
min	695 €/m²
von	880 €/m²
Mittel	**1.070 €/m²**
bis	1.280 €/m²
max	1.545 €/m²

Kosten:
Stand 1.Quartal 2018
Bundesdurchschnitt
inkl. 19% MwSt.

Objektübersicht zur Gebäudeart

6100-1313 Mehrfamilienhaus (7 WE) - Effizienzhaus 70
BRI 4.668m³ **BGF** 1.459m² **NUF** 1.059m²

Mehrfamilienhaus mit 7 WE (847m² WFL) und Multifunktionsraum, Effizienzhaus 70. Mauerwerksbau.

Land: Berlin
Kreis: Berlin
Standard: Durchschnitt
Bauzeit: 52 Wochen
Kennwerte: bis 1.Ebene DIN276

BGF 1.199 €/m²

Planung: büro 1.0 architektur +; Berlin

vorgesehen: BKI Objektdaten N16

6100-1347 Mehrfamilienhäuser (5+7 WE) - Effizienzhaus 55
BRI 6.708m³ **BGF** 2.270m² **NUF** 1.293m²

Zwei Wohnhäuser mit 5+7 WE. Massivbau.

Land: Baden-Württemberg
Kreis: Bodenseekreis
Standard: Durchschnitt
Bauzeit: 65 Wochen
Kennwerte: bis 1.Ebene DIN276

BGF 977 €/m²

Planung: Architekturbüro Jakob Krimmel; Bermatingen

vorgesehen: BKI Objektdaten E8

6100-1129 Mehrfamilienhaus (12 WE) - Effizienzhaus 70
BRI 4.681m³ **BGF** 1.522m² **NUF** 951m²

Mehrfamilienhaus (12 WE). Massivbau.

Land: Nordrhein-Westfalen
Kreis: Rhein-Kreis Neuss
Standard: Durchschnitt
Bauzeit: 39 Wochen
Kennwerte: bis 3.Ebene DIN276

BGF 1.083 €/m²

Planung: Werkgemeinschaft Quasten-Mundt; Grevenbroich

veröffentlicht: BKI Objektdaten E6

6100-1130 Mehrfamilienhaus (18 WE) - Effizienzhaus 70
BRI 7.223m³ **BGF** 2.338m² **NUF** 1.472m²

Mehrfamilienhaus (18 WE). Massivbau.

Land: Nordrhein-Westfalen
Kreis: Rhein-Kreis Neuss
Standard: Durchschnitt
Bauzeit: 52 Wochen
Kennwerte: bis 3.Ebene DIN276

BGF 1.027 €/m²

Planung: Werkgemeinschaft Quasten-Mundt; Grevenbroich

veröffentlicht: BKI Objektdaten E6

Objektübersicht zur Gebäudeart

6100-1157 Mehrfamilienhaus (12 WE), TG - Effizienzhaus 70 — BRI 9.059m³ — BGF 3.040m² — NUF 2.370m²

Mehrfamilienhaus (1.430m² WFL) mit TG als Effizienzhaus 70. Mauerwerksbau.

Land: Sachsen-Anhalt
Kreis: Halle (Saale), Stadt
Standard: Durchschnitt
Bauzeit: 78 Wochen
Kennwerte: bis 1.Ebene DIN276

BGF   927 €/m²

Planung: AIN Architektur-Ingenieur- Netzwerk GmbH; Halle (Saale)

veröffentlicht: BKI Objektdaten E6

6100-1235 Mehrfamilienhaus (11 WE), TG (14 STP) — BRI 5.495m³ — BGF 1.901m² — NUF 1.474m²

Mehrfamilienhaus mit 11 WE (1.067m² WFL) und Tiefgarage (14 STP). Mauerwerksbau.

Land: Hessen
Kreis: Groß-Gerau
Standard: Durchschnitt
Bauzeit: 47 Wochen
Kennwerte: bis 1.Ebene DIN276

BGF   852 €/m²

Planung: Heidacker Architekten; Bischofsheim

veröffentlicht: BKI Objektdaten N15

6100-1319 Mehrfamilienhaus (9 WE) — BRI 4.009m³ — BGF 1.357m² — NUF 930m²

Mehrfamilienhaus (9 WE) mit 817m² WFL. Massivbau.

Land: Nordrhein-Westfalen
Kreis: Köln
Standard: Durchschnitt
Bauzeit: 47 Wochen
Kennwerte: bis 1.Ebene DIN276

BGF   1.543 €/m²

Planung: Kastner Pichler Architekten; Köln

vorgesehen: BKI Objektdaten N16

6100-1258 Mehrfamilienhaus (15 WE) - Effizienzhaus 70 — BRI 5.089m³ — BGF 1.744m² — NUF 1.132m²

Mehrfamilienhaus (15 WE) mit 1.039m² WFL als Effizienzhaus 70. Mauerwerksbau.

Land: Schleswig-Holstein
Kreis: Lübeck
Standard: Durchschnitt
Bauzeit: 60 Wochen
Kennwerte: bis 1.Ebene DIN276

BGF   1.196 €/m²

Planung: Planungsbüro Falk GbR; Lübeck

veröffentlicht: BKI Objektdaten E7

© BKI Baukosteninformationszentrum; Erläuterungen zu den Tabellen siehe Seite 56   Kosten: 1.Quartal 2018, Bundesdurchschnitt, **inkl. 19% MwSt.**

Mehrfamilienhäuser, mit 6 bis 19 WE, mittlerer Standard

€/m² BGF

min	695	€/m²
von	880	€/m²
Mittel	**1.070**	**€/m²**
bis	1.280	€/m²
max	1.545	€/m²

Kosten:
Stand 1.Quartal 2018
Bundesdurchschnitt
inkl. 19% MwSt.

Objektübersicht zur Gebäudeart

6100-1292 Mehrfamilienhäuser (12 WE) — BRI 4.609m³ | BGF 1.575m² | NUF 919m²

Mehrfamilienhäuser, zwei Gebäude (775m² WFL) mit 12 WE. Mauerwerk.

Land: Nordrhein-Westfalen
Kreis: Mettmann
Standard: Durchschnitt
Bauzeit: 74 Wochen
Kennwerte: bis 1.Ebene DIN276

BGF **1.344 €/m²**

Planung: HGMB Architekten GmbH + Co. KG; Düsseldorf

veröffentlicht: BKI Objektdaten N15

6100-1061 Mehrfamilienhaus (12 WE), TG - Effizienzhaus 70 — BRI 8.650m³ | BGF 2.733m² | NUF 1.738m²

Mehrfamilienhaus mit 12 WE (1.595m² WFL), Tiefgarage (15 STP). Massivbauweise.

Land: Sachsen
Kreis: Leipzig
Standard: Durchschnitt
Bauzeit: 69 Wochen
Kennwerte: bis 1.Ebene DIN276

BGF **1.139 €/m²**

Planung: Architekturbüro Augustin & Imkamp Leipzig; Leipzig

veröffentlicht: BKI Objektdaten E6

6100-1070 Mehrfamilienhaus (10 WE) - Effizienzhaus 70 — BRI 4.754m³ | BGF 1.726m² | NUF 1.242m²

Mehrfamilienhaus (10 WE) mit 1.068m² WFL, Laubengang. Mauerwerksbau.

Land: Niedersachsen
Kreis: Celle
Standard: Durchschnitt
Bauzeit: 47 Wochen
Kennwerte: bis 1.Ebene DIN276

BGF **974 €/m²**

Planung: JA:3; Winsen (Aller)

veröffentlicht: BKI Objektdaten E6

6100-1073 Mehrfamilienhaus (17 WE), TG - Effizienzhaus 70 — BRI 10.384m³ | BGF 3.197m² | NUF 1.922m²

Mehrfamilienhaus (1.780m² WFL) mit 17 Eigentumswohnungen und Gemeinschaftsraum. Massivbau.

Land: Berlin
Kreis: Berlin
Standard: Durchschnitt
Bauzeit: 65 Wochen
Kennwerte: bis 1.Ebene DIN276

BGF **1.090 €/m²**

Planung: kampmann+architekten gmbh; Berlin

veröffentlicht: BKI Objektdaten E6

Objektübersicht zur Gebäudeart

6100-1163 Mehrfamilienhaus (10 WE) - Effizienzhaus 55   BRI 4.833m³   BGF 1.487m²   NUF 1.082m²

Mehrfamilienhaus mit 10 WE (984m² WFL) als Effizienzhaus 55. Mauerwerksbau.

Land: Berlin
Kreis: Berlin
Standard: Durchschnitt
Bauzeit: 60 Wochen
Kennwerte: bis 1.Ebene DIN276

BGF   1.345 €/m²

Planung: büro 1.0 architektur+; Berlin

veröffentlicht: BKI Objektdaten E6

6100-1198 Mehrfamilienhaus (17 WE), TG (17 STP)   BRI 5.582m³   BGF 2.287m²   NUF 1.343m²

Mehrfamilienhaus (17 WE) mit 1.103m² WFL und Tiefgarage mit 21 Stellplätzen. Massivbau.

Land: Bayern
Kreis: Weilheim-Schongau
Standard: Durchschnitt
Bauzeit: 65 Wochen
Kennwerte: bis 1.Ebene DIN276

BGF   923 €/m²

Planung: Architektengemeinschaft Angele und Roppelt; Oberhausen

veröffentlicht: BKI Objektdaten N13

6100-0994 Mehrfamilienhaus (16 WE)   BRI 4.130m³   BGF 1.702m²   NUF 1.097m²

Mehrfamilienhaus mit 16 WE (WFL 939m²), Mehrzweckraum+WC. Mauerwerksbau.

Land: Nordrhein-Westfalen
Kreis: Unna
Standard: Durchschnitt
Bauzeit: 48 Wochen
Kennwerte: bis 1.Ebene DIN276

BGF   1.112 €/m²

Planung: —

veröffentlicht: BKI Objektdaten N12

6100-1108 Mehrfamilienhaus (10 WE), TG - Effizienzhaus 40   BRI 4.945m³   BGF 1.838m²   NUF 1.240m²

Mehrfamilienhaus (858m² WFL) mit 10 WE und Tiefgarage als Effizienzhaus 40. Mauerwerksbau.

Land: Hamburg
Kreis: Hamburg
Standard: Durchschnitt
Bauzeit: 82 Wochen
Kennwerte: bis 1.Ebene DIN276

BGF   1.182 €/m²

Planung: luenzmann architektur; Hamburg

veröffentlicht: BKI Objektdaten E6

© **BKI** Baukosteninformationszentrum; Erläuterungen zu den Tabellen siehe Seite 56   Kosten: 1.Quartal 2018, Bundesdurchschnitt, **inkl. 19% MwSt.**

Mehrfamilienhäuser, mit 6 bis 19 WE, mittlerer Standard

€/m² BGF

min	695 €/m²
von	880 €/m²
Mittel	**1.070 €/m²**
bis	1.280 €/m²
max	1.545 €/m²

Kosten:
Stand 1.Quartal 2018
Bundesdurchschnitt
inkl. 19% MwSt.

Objektübersicht zur Gebäudeart

6100-1161 Mehrfamilienhaus (13 WE) - Effizienzhaus 70
BRI 7.195m³ **BGF** 2.147m² **NUF** 1.472m²

Mehrfamilienhaus mit 13 Wohneinheiten (1.346m² WFL), Gemeinschaftsräumen und einer Gewerbeeinheit. Massivbauweise.

Land: Berlin
Kreis: Berlin
Standard: Durchschnitt
Bauzeit: 99 Wochen*
Kennwerte: bis 1.Ebene DIN276

BGF 1.394 €/m²

Planung: büro 1.0 architektur+; Berlin

veröffentlicht: BKI Objektdaten E6
*Nicht in der Auswertung enthalten

6100-0706 Mehrfamilienhaus (8 WE), TG
BRI 3.469m³ **BGF** 1.092m² **NUF** 786m²

Mehrfamilienhaus (8 WE) mit 8 Tiefgaragenstellplätzen und 3 Stellplätzen. Mauerwerksbau.

Land: Baden-Württemberg
Kreis: Heilbronn
Standard: Durchschnitt
Bauzeit: 30 Wochen
Kennwerte: bis 3.Ebene DIN276

BGF 809 €/m²

Planung: Architektur Udo Richter Dipl.-Ing. Freier Architekt; Heilbronn

veröffentlicht: BKI Objektdaten N11

6100-0861 3 Mehrfamilienhäuser (10 WE) - KfW 60
BRI 3.801m³ **BGF** 1.501m² **NUF** 1.130m²

Drei Mehrfamilienhäuser mit insgesamt 10 Wohneinheiten (1.019m² WFL), Abstellräume und Technik zentral in einem Haus. Mauerwerksbau.

Land: Brandenburg
Kreis: Oder-Spree
Standard: Durchschnitt
Bauzeit: 61 Wochen
Kennwerte: bis 1.Ebene DIN276

BGF 1.064 €/m²

Planung: Architekturbüro Bühl; Erkner

veröffentlicht: BKI Objektdaten E4

6100-0952 Mehrfamilienhaus (7 WE)
BRI 4.691m³ **BGF** 1.549m² **NUF** 1.057m²

Mehrfamilienhaus mit 7 WE (917m² WFL). Mauerwerksbau.

Land: Berlin
Kreis: Berlin
Standard: Durchschnitt
Bauzeit: 61 Wochen
Kennwerte: bis 1.Ebene DIN276

BGF 1.169 €/m²

Planung: behrendt + nieselt architekten; Berlin

veröffentlicht: BKI Objektdaten N11

Objektübersicht zur Gebäudeart

6100-0800 Mehrfamilienhaus (10 WE) - KfW 40, TG (10 STP)   **BRI** 5.643m³   **BGF** 2.101m²   **NUF** 1.316m²

Mehrfamilienwohnhaus (10 WE), Tiefgarage mit 10 Stellplätzen. Mauerwerksbau.

Land: Hamburg
Kreis: Hamburg
Standard: Durchschnitt
Bauzeit: 52 Wochen
Kennwerte: bis 1.Ebene DIN276

BGF   **1.287 €/m²**

Planung: NeuStadtArchitekten; Hamburg

veröffentlicht: BKI Objektdaten E4

6100-0893 Mehrfamilienhaus (7 WE), TG   **BRI** 3.615m³   **BGF** 1.322m²   **NUF** 1.028m²

Mehrfamilienwohnhaus (667m² WFL) mit Tiefgarage. Mauerwerksbau.

Land: Baden-Württemberg
Kreis: Esslingen a.N.
Standard: Durchschnitt
Bauzeit: 65 Wochen
Kennwerte: bis 1.Ebene DIN276

BGF   **777 €/m²**

Planung: W67 architekten bda schulz und stoll; Stuttgart

veröffentlicht: BKI Objektdaten N11

6100-0707 Mehrfamilienhaus (6+6 WE), TG (13 STP)   **BRI** 5.956m³   **BGF** 2.267m²   **NUF** 1.589m²

Zwei Mehrfamilienhäuser mit je 6 Wohnungen und 13 Tiefgaragenstellplätzen. Mauerwerksbau.

Land: Baden-Württemberg
Kreis: Heilbronn
Standard: Durchschnitt
Bauzeit: 43 Wochen
Kennwerte: bis 3.Ebene DIN276

BGF   **695 €/m²**

Planung: Architektur Udo Richter Dipl.-Ing. Freier Architekt; Heilbronn

veröffentlicht: BKI Objektdaten N11

6100-0732 Mehrfamilienhaus (15 WE), TG (16 STP)   **BRI** 8.103m³   **BGF** 3.019m²   **NUF** 2.163m²

Zwei Mehrfamilienhäuser mit 15 Wohneinheiten und Tiefgarage (1.616m² WFL). Massivbau.

Land: Baden-Württemberg
Kreis: Esslingen a.N.
Standard: Durchschnitt
Bauzeit: 56 Wochen
Kennwerte: bis 3.Ebene DIN276

BGF   **822 €/m²**

Planung: Architekturbüro Mesch-Fehrle; Aichtal-Grötzingen

veröffentlicht: BKI Objektdaten N12

Mehrfamilienhäuser, mit 6 bis 19 WE, mittlerer Standard

€/m² BGF

min	695 €/m²
von	880 €/m²
Mittel	**1.070 €/m²**
bis	1.280 €/m²
max	1.545 €/m²

Kosten:
Stand 1.Quartal 2018
Bundesdurchschnitt
inkl. 19% MwSt.

Objektübersicht zur Gebäudeart

6100-0705 Mehrfamilienhaus (14 WE), TG*
BRI 7.032m³   **BGF** 2.624m²   **NUF** 1.808m²

Mehrfamilienhaus (14 WE) mit Tiefgarage mit 16 Stellplätzen. Mauerwerksbau.

Land: Baden-Württemberg
Kreis: Heilbronn
Standard: Durchschnitt
Bauzeit: 52 Wochen
Kennwerte: bis 3.Ebene DIN276

BGF 593 €/m²

Planung: Architektur Udo Richter Dipl.-Ing. Freier Architekt; Heilbronn

veröffentlicht: BKI Objektdaten N11
*Nicht in der Auswertung enthalten

6100-0573 Mehrfamilienhaus (7 WE), TG (7 STP)
BRI 3.290m³   **BGF** 1.217m²   **NUF** 825m²

Mehrfamilienhaus mit sieben Wohneinheiten (510m² WFL II.BVO) und Tiefgarage. Mauerwerksbau mit Stb-Decken und Holzdachkonstruktion.

Land: Bayern
Kreis: Augsburg
Standard: Durchschnitt
Bauzeit: 69 Wochen
Kennwerte: bis 4.Ebene DIN276

BGF 1.002 €/m²

Planung: Architekt Michael Knecht; Augsburg

veröffentlicht: BKI Objektdaten N8

6100-0898 Betreutes Wohnen (8 WE)
BRI 2.395m³   **BGF** 903m²   **NUF** 608m²

Mehrfamilienhaus mit behindertengerechten Wohnungen (8 WE), unterkellert. Mauerwerksbau.

Land: Bayern
Kreis: Miltenberg
Standard: Durchschnitt
Bauzeit: 52 Wochen
Kennwerte: bis 3.Ebene DIN276

BGF 986 €/m²

Planung: F29 Architekten GmbH; Dresden

veröffentlicht: BKI Objektdaten N11

6100-0515 Wohnanlage (16 WE), TG (17 STP)
BRI 6.783m³   **BGF** 2.350m²   **NUF** 1.545m²

Neubau einer Wohnanlage (16 WE) nach DIN 18025 Teil 2, Niedrigenergiehaus Standard, Tiefgarage (17 STP), Garagenstellplätze auf Grundstück (2 STP). Massivbau.

Land: Baden-Württemberg
Kreis: Reutlingen
Standard: Durchschnitt
Bauzeit: 78 Wochen
Kennwerte: bis 2.Ebene DIN276

BGF 909 €/m²

Planung: Hartmaier + Partner Freie Architekten; Münsingen

veröffentlicht: BKI Objektdaten N7

Wohnen

Mehrfamilienhäuser, mit 6 bis 19 WE, hoher Standard

Kostenkennwerte für die Kosten des Bauwerks (Kostengruppen 300+400 nach DIN 276)

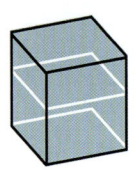

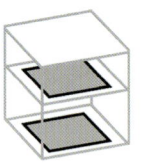

BRI 410 €/m³	BGF 1.220 €/m²	NUF 1.740 €/m²	NE 2.140 €/NE
von 350 €/m³	von 1.040 €/m²	von 1.460 €/m²	von 1.840 €/NE
bis 485 €/m³	bis 1.470 €/m²	bis 2.210 €/m²	bis 2.880 €/NE
			NE: Wohnfläche

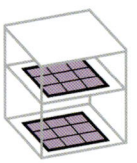

Objektbeispiele

Kosten:
Stand 1. Quartal 2018
Bundesdurchschnitt
inkl. 19% MwSt.

6100-1353

6100-1318

6100-1303

Kosten der 16 Vergleichsobjekte — Seiten 552 bis 555

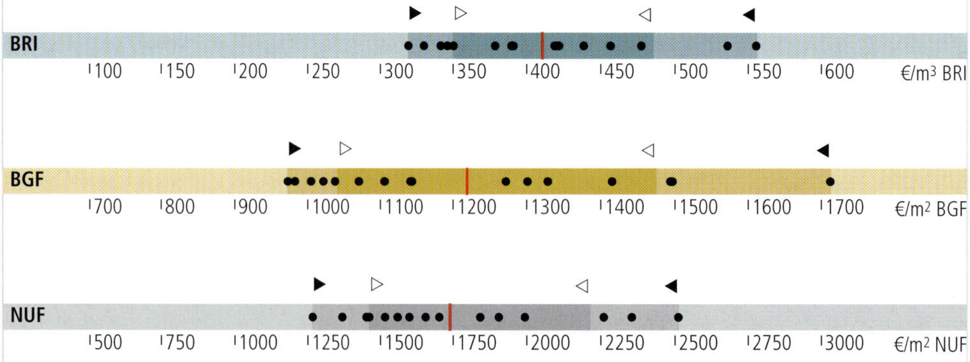

- ● KKW
- ▶ min
- ▷ von
- | Mittelwert
- ◁ bis
- ◀ max

BRI: €/m³ BRI (100–600)

BGF: €/m² BGF (700–1700)

NUF: €/m² NUF (500–3000)

© BKI Baukosteninformationszentrum; Erläuterungen zu den Tabellen siehe Seite 46
Kosten: 1. Quartal 2018, Bundesdurchschnitt, **inkl. 19% MwSt.**

Kostenkennwerte für die Kostengruppen der 1. und 2. Ebene DIN 276

KG	Kostengruppen der 1. Ebene	Einheit	▷	€/Einheit	◁	▷	% an 300+400	◁
100	Grundstück	m² GF	–	–	–	–	–	–
200	Herrichten und Erschließen	m² GF	16	**44**	97	0,9	**2,2**	5,5
300	Bauwerk - Baukonstruktionen	m² BGF	814	**959**	1.121	75,2	**78,9**	82,5
400	Bauwerk - Technische Anlagen	m² BGF	199	**260**	357	17,5	**21,1**	24,8
	Bauwerk (300+400)	m² BGF	1.042	**1.219**	1.474		**100,0**	
500	Außenanlagen	m² AF	77	**195**	355	1,8	**4,4**	8,4
600	Ausstattung und Kunstwerke	m² BGF	–	**11**	–	–	**0,6**	–
700	Baunebenkosten*	m² BGF	234	**261**	288	19,3	**21,5**	23,7 ◁ NEU

* Auf Grundlage der HOAI 2013 berechnete Werte nach §§ 35, 52, 56. Weitere Informationen siehe Seite 50

KG	Kostengruppen der 2. Ebene	Einheit	▷	€/Einheit	◁	▷	% an 300	◁
310	Baugrube	m³ BGI	28	**42**	63	1,6	**3,8**	5,4
320	Gründung	m² GRF	151	**187**	217	4,8	**6,9**	8,3
330	Außenwände	m² AWF	286	**354**	582	24,2	**30,5**	42,7
340	Innenwände	m² IWF	156	**180**	221	14,8	**18,1**	22,3
350	Decken	m² DEF	232	**260**	276	21,1	**22,0**	23,1
360	Dächer	m² DAF	277	**329**	431	7,3	**13,1**	17,1
370	Baukonstruktive Einbauten	m² BGF	4	**12**	27	0,2	**0,8**	3,2
390	Sonstige Baukonstruktionen	m² BGF	23	**40**	69	2,8	**4,8**	8,0
300	**Bauwerk Baukonstruktionen**	m² BGF					**100,0**	

KG	Kostengruppen der 2. Ebene	Einheit	▷	€/Einheit	◁	▷	% an 400	◁
410	Abwasser, Wasser, Gas	m² BGF	61	**67**	77	30,7	**34,2**	36,6
420	Wärmeversorgungsanlagen	m² BGF	40	**48**	60	22,1	**24,0**	26,8
430	Lufttechnische Anlagen	m² BGF	5	**10**	19	2,9	**4,9**	11,5
440	Starkstromanlagen	m² BGF	21	**31**	38	12,2	**15,6**	18,2
450	Fernmeldeanlagen	m² BGF	6	**9**	11	3,7	**4,4**	5,3
460	Förderanlagen	m² BGF	28	**32**	35	13,8	**16,8**	21,1
470	Nutzungsspezifische Anlagen	m² BGF	–	**0**	–	–	**0,0**	–
480	Gebäudeautomation	m² BGF	–	**–**	–	–	**–**	–
490	Sonstige Technische Anlagen	m² BGF	–	**–**	–	–	**–**	–
400	**Bauwerk Technische Anlagen**	m² BGF					**100,0**	

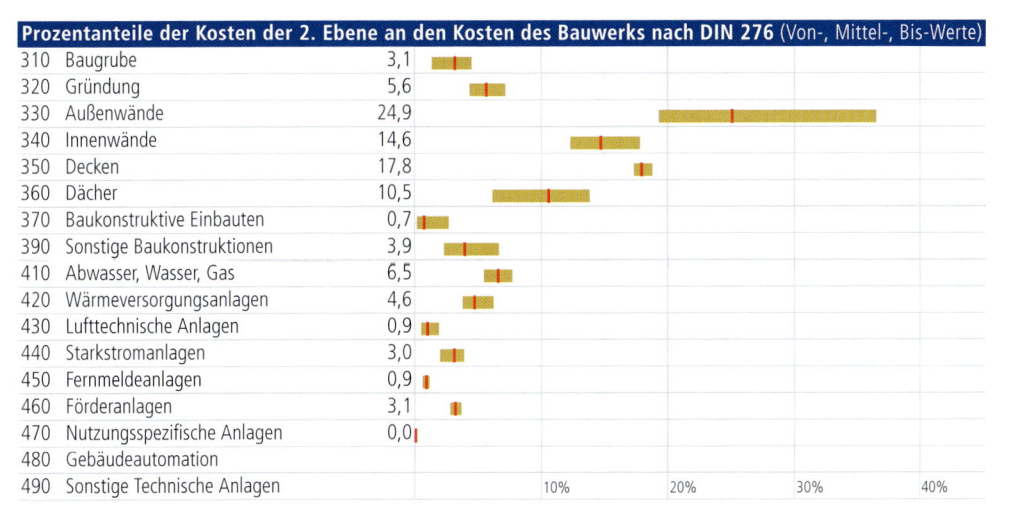

Prozentanteile der Kosten der 2. Ebene an den Kosten des Bauwerks nach DIN 276 (Von-, Mittel-, Bis-Werte)

KG	Bezeichnung	Mittelwert
310	Baugrube	3,1
320	Gründung	5,6
330	Außenwände	24,9
340	Innenwände	14,6
350	Decken	17,8
360	Dächer	10,5
370	Baukonstruktive Einbauten	0,7
390	Sonstige Baukonstruktionen	3,9
410	Abwasser, Wasser, Gas	6,5
420	Wärmeversorgungsanlagen	4,6
430	Lufttechnische Anlagen	0,9
440	Starkstromanlagen	3,0
450	Fernmeldeanlagen	0,9
460	Förderanlagen	3,1
470	Nutzungsspezifische Anlagen	0,0
480	Gebäudeautomation	
490	Sonstige Technische Anlagen	

© BKI Baukosteninformationszentrum; Erläuterungen zu den Tabellen siehe Seite 48 und 50   Kosten: 1.Quartal 2018, Bundesdurchschnitt, inkl. 19% MwSt.

Mehrfamilienhäuser, mit 6 bis 19 WE, hoher Standard

Kosten:
Stand 1.Quartal 2018
Bundesdurchschnitt
inkl. 19% MwSt.

● KKW
▶ min
▷ von
| Mittelwert
◁ bis
◀ max

Kostenkennwerte für Leistungsbereiche nach StLB (Kosten des Bauwerks nach DIN 276)

LB	Leistungsbereiche	▷	€/m² BGF	◁	▷	% an 300+400	◁
000	Sicherheits-, Baustelleneinrichtungen inkl. 001	26	40	40	2,2	3,3	3,3
002	Erdarbeiten	17	41	58	1,4	3,4	4,7
006	Spezialtiefbauarbeiten inkl. 005	0	6	11	0,0	0,5	0,9
009	Entwässerungskanalarbeiten inkl. 011	2	6	6	0,1	0,5	0,5
010	Drän- und Versickerungsarbeiten	1	3	3	0,1	0,2	0,2
012	Mauerarbeiten	58	87	109	4,7	7,2	9,0
013	Betonarbeiten	293	308	308	24,1	25,3	25,3
014	Natur-, Betonwerksteinarbeiten	0	18	32	0,0	1,5	2,6
016	Zimmer- und Holzbauarbeiten	3	16	35	0,2	1,3	2,9
017	Stahlbauarbeiten	0	1	4	0,0	0,1	0,3
018	Abdichtungsarbeiten	5	8	8	0,4	0,7	0,7
020	Dachdeckungsarbeiten	0	3	3	0,0	0,3	0,3
021	Dachabdichtungsarbeiten	15	38	66	1,2	3,2	5,4
022	Klempnerarbeiten	10	18	18	0,8	1,5	1,5
	Rohbau	520	594	630	42,7	48,8	51,7
023	Putz- und Stuckarbeiten, Wärmedämmsysteme	54	96	172	4,5	7,8	14,1
024	Fliesen- und Plattenarbeiten	18	28	36	1,5	2,3	3,0
025	Estricharbeiten	13	16	20	1,1	1,3	1,7
026	Fenster, Außentüren inkl. 029, 032	52	58	68	4,3	4,8	5,6
027	Tischlerarbeiten	26	40	65	2,2	3,3	5,4
028	Parkettarbeiten, Holzpflasterarbeiten	1	19	34	0,1	1,6	2,8
030	Rollladenarbeiten	1	11	27	0,1	0,9	2,3
031	Metallbauarbeiten inkl. 035	48	59	59	3,9	4,9	4,9
034	Maler- und Lackiererarbeiten inkl. 037	28	31	37	2,3	2,6	3,0
036	Bodenbelagarbeiten	0	4	7	0,0	0,3	0,6
038	Vorgehängte hinterlüftete Fassaden	–	1	–	–	0,1	–
039	Trockenbauarbeiten	14	37	37	1,1	3,0	3,0
	Ausbau	344	402	508	28,2	33,0	41,7
040	Wärmeversorgungsanl. - Betriebseinr. inkl. 041	42	53	71	3,5	4,4	5,8
042	Gas- und Wasserinstallation, Leitungen inkl. 043	18	18	23	1,5	1,5	1,9
044	Abwasserinstallationsarbeiten - Leitungen	16	27	27	1,3	2,2	2,2
045	GWA-Einrichtungsgegenstände inkl. 046	6	22	31	0,5	1,8	2,6
047	Dämmarbeiten an betriebstechnischen Anlagen	2	7	10	0,2	0,6	0,8
049	Feuerlöschanlagen, Feuerlöschgeräte	–	0	–	–	0,0	–
050	Blitzschutz- und Erdungsanlagen	0	1	2	0,0	0,1	0,1
052	Mittelspannungsanlagen	–	–	–	–	–	–
053	Niederspannungsanlagen inkl. 054	23	34	40	1,9	2,8	3,3
055	Ersatzstromversorgungsanlagen	–	–	–	–	–	–
057	Gebäudesystemtechnik	–	–	–	–	–	–
058	Leuchten und Lampen inkl. 059	1	3	3	0,1	0,2	0,2
060	Elektroakustische Anlagen, Sprechanlagen	1	3	5	0,1	0,3	0,4
061	Kommunikationsnetze, inkl. 062	1	5	7	0,1	0,4	0,5
063	Gefahrenmeldeanlagen	0	2	6	0,0	0,2	0,5
069	Aufzüge	32	37	42	2,6	3,1	3,4
070	Gebäudeautomation	–	–	–	–	–	–
075	Raumlufttechnische Anlagen	3	10	21	0,3	0,8	1,7
	Technische Anlagen	189	222	264	15,5	18,2	21,7
	Sonstige Leistungsbereiche inkl. 008, 033, 051	0	2	2	0,0	0,2	0,2

Planungskennwerte für Flächen und Rauminhalte nach DIN 277

Grundflächen			▷	Fläche/NUF (%)	◁	▷	Fläche/BGF (%)	◁
NUF	Nutzungsfläche			100,0		69,1	70,3	74,7
TF	Technikfläche		2,2	2,7	11,1	1,6	1,9	8,0
VF	Verkehrsfläche		14,2	17,5	23,0	9,2	12,3	15,1
NRF	Netto-Raumfläche		114,8	120,2	124,7	82,6	84,5	86,3
KGF	Konstruktions-Grundfläche		19,4	22,1	25,5	13,7	15,5	17,4
BGF	Brutto-Grundfläche		135,4	142,3	146,1		100,0	

Brutto-Rauminhalte			▷	BRI/NUF (m)	◁	▷	BRI/BGF (m)	◁
BRI	Brutto-Rauminhalt		3,97	4,23	4,45	2,90	2,97	3,06

Flächen von Nutzeinheiten			▷	NUF/Einheit (m²)	◁	▷	BGF/Einheit (m²)	◁
Nutzeinheit: Wohnfläche			1,12	1,23	1,32	1,60	1,76	1,96

Lufttechnisch behandelte Flächen			▷	Fläche/NUF (%)	◁	▷	Fläche/BGF (%)	◁
Entlüftete Fläche			–	1,2	–	–	1,0	–
Be- und entlüftete Fläche			–	–	–	–	–	–
Teilklimatisierte Fläche			–	–	–	–	–	–
Klimatisierte Fläche			–	–	–	–	–	–

KG	Kostengruppen (2. Ebene)	Einheit	▷	Menge/NUF	◁	▷	Menge/BGF	◁
310	Baugrube	m³ BGI	1,07	1,12	1,43	0,75	0,81	1,05
320	Gründung	m² GRF	0,41	0,43	0,45	0,28	0,31	0,33
330	Außenwände	m² AWF	0,92	1,05	1,22	0,74	0,75	0,83
340	Innenwände	m² IWF	1,06	1,21	1,38	0,78	0,87	0,96
350	Decken	m² DEF	0,91	0,99	1,01	0,70	0,72	0,73
360	Dächer	m² DAF	0,44	0,44	0,49	0,28	0,32	0,33
370	Baukonstruktive Einbauten	m² BGF	1,35	1,42	1,46		1,00	
390	Sonstige Baukonstruktionen	m² BGF	1,35	1,42	1,46		1,00	
300	**Bauwerk-Baukonstruktionen**	m² BGF	1,35	1,42	1,46		1,00	

Planungskennwerte für Bauzeiten   16 Vergleichsobjekte

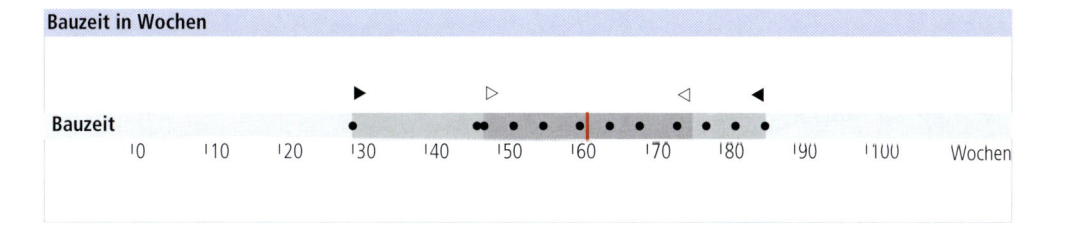

Bauzeit in Wochen

Bauzeit: ▶ bei ca. 30, ▷ bei ca. 48, ◁ bei ca. 74, ◀ bei ca. 84 Wochen; Median ca. 60 Wochen (Skala: 0–100 Wochen)

© BKI Baukosteninformationszentrum; Erläuterungen zu den Tabellen siehe Seite 54   Kosten: 1. Quartal 2018, Bundesdurchschnitt, inkl. 19% MwSt.

Mehrfamilienhäuser, mit 6 bis 19 WE, hoher Standard

€/m² BGF

min	975 €/m²
von	1.040 €/m²
Mittel	**1.220 €/m²**
bis	1.475 €/m²
max	1.710 €/m²

Kosten:
Stand 1.Quartal 2018
Bundesdurchschnitt
inkl. 19% MwSt.

Objektübersicht zur Gebäudeart

6100-1353 Mehrfamilienhaus (8 WE) - Effizienzhaus 70   BRI 4.150m³   BGF 1.430m²   NUF 947m²

Mehrfamilienhaus mit 8 WE (730m² WFL), Garagen (8 STP), Effizienzhaus 70. Massivbau.

Land: Baden-Württemberg
Kreis: Zollernalbkreis
Standard: über Durchschnitt
Bauzeit: 61 Wochen
Kennwerte: bis 1.Ebene DIN276

BGF **1.005 €/m²**

Planung: Sprenger Architekten und Partner mbB; Hechingen

vorgesehen: BKI Objektdaten E8

6100-1318 Mehrfamilienhaus (11 WE) - Effizienzhaus 70   BRI 6.109m³   BGF 1.952m²   NUF 1.290m²

Mehrfamilienhaus (11 WE) mit 1.154m² WFL als Effizienzhaus 70. Massivbau.

Land: Niedersachsen
Kreis: Hannover, Region
Standard: über Durchschnitt
Bauzeit: 61 Wochen
Kennwerte: bis 1.Ebene DIN276

BGF **1.494 €/m²**

Planung: agsta Architekten und Ingenieure; Hannover

veröffentlicht: BKI Objektdaten E7

6100-1261 Mehrfamilienhaus (16 WE) - Effizienzhaus 70   BRI 8.860m³   BGF 3.282m²   NUF 2.098m²

Mehrfamilienhaus mit 16 WE (1.866m² WFL), Tiefgarage (16 STP) als Effizienzhaus 70. Mauerwerksbau.

Land: Niedersachsen
Kreis: Harburg
Standard: über Durchschnitt
Bauzeit: 74 Wochen
Kennwerte: bis 1.Ebene DIN276

BGF **1.022 €/m²**

Planung: Architektengruppe Voß; Tostedt

veröffentlicht: BKI Objektdaten E7

6100-1299 Mehrfamilienhaus (19 WE) - Effizienzhaus 70   BRI 5.766m³   BGF 1.870m²   NUF 1.275m²

Mehrfamilienhaus (19 WE) sowie Büro- und Gemeinschaftsnutzung, Effizienzhaus 70. Mauerwerksbau.

Land: Bremen
Kreis: Bremen
Standard: über Durchschnitt
Bauzeit: 78 Wochen
Kennwerte: bis 1.Ebene DIN276

BGF **1.712 €/m²**

Planung: Ulrich Tilgner Thomas Grotz Architekten GmbH; Bremen

veröffentlicht: BKI Objektdaten E7

Objektübersicht zur Gebäudeart

6100-1303 Mehrfamilienhaus (11 WE)

BRI 3.763m³ **BGF** 1.326m² **NUF** 941m²

Mehrfamilienhaus mit 11 WE (700m² WFL). Mauerwerksbau.

Land: Nordrhein-Westfalen
Kreis: Duisburg
Standard: über Durchschnitt
Bauzeit: 56 Wochen
Kennwerte: bis 1.Ebene DIN276

BGF   **1.106 €/m²**

Planung: Druschke und Grosser Architekten BDA; Duisburg

vorgesehen: BKI Objektdaten N16

6100-0938 Mehrfamilienhaus (9 WE), TG (14 STP)

BRI 7.856m³ **BGF** 2.546m² **NUF** 1.739m²

Mehrfamilienhaus (9 WE, 1.273m² WFL) mit Tiefgarage (14 STP). Mauerwerksbau.

Land: Niedersachsen
Kreis: Braunschweig
Standard: über Durchschnitt
Bauzeit: 56 Wochen
Kennwerte: bis 1.Ebene DIN276

BGF   **1.301 €/m²**

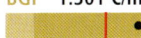

Planung: Perler und Scheurer Architekten Ruth Scheurer, Architektin BDA; Freiburg

veröffentlicht: BKI Objektdaten N11

6100-0908 Mehrfamilienhaus (3+6 WE), TG (5 STP)

BRI 5.213m³ **BGF** 1.604m² **NUF** 1.039m²

Zwei Mehrfamilienhäuser mit 3 und 6 Wohnungen (787m² WFL) und 5 Tiefgaragenstellplätzen. Mauerwerksbau.

Land: Hamburg
Kreis: Hamburg
Standard: über Durchschnitt
Bauzeit: 56 Wochen
Kennwerte: bis 3.Ebene DIN276

BGF   **1.071 €/m²**

Planung: Kantstein Architekten Busse + Rampendahl Psg.; Hamburg

veröffentlicht: BKI Objektdaten N11

6100-0943 Mehrfamilienhaus (12 WE) - KfW 40

BRI 3.731m³ **BGF** 1.340m² **NUF** 1.001m²

Mehrfamilienhaus, KfW 40 (12 WE, 821m² WFL), Laubengangerschließung. Mauerwerksbau.

Land: Nordrhein-Westfalen
Kreis: Mettmann
Standard: über Durchschnitt
Bauzeit: 69 Wochen
Kennwerte: bis 1.Ebene DIN276

BGF   **1.272 €/m²**

Planung: Jaeger / Leschhorn Spar- und Bauverein e.G.; Velbert

veröffentlicht: BKI Objektdaten N11

© **BKI** Baukosteninformationszentrum; Erläuterungen zu den Tabellen siehe Seite 56   Kosten: 1.Quartal 2018, Bundesdurchschnitt, **inkl. 19% MwSt.**

Mehrfamilienhäuser, mit 6 bis 19 WE, hoher Standard

€/m² BGF
min	975	€/m²
von	1.040	€/m²
Mittel	**1.220**	**€/m²**
bis	1.475	€/m²
max	1.710	€/m²

Kosten:
Stand 1.Quartal 2018
Bundesdurchschnitt
inkl. 19% MwSt.

Objektübersicht zur Gebäudeart

6100-0958 Mehrfamilienhaus (14 WE)   BRI 3.940m³   BGF 1.221m²   NUF 938m²

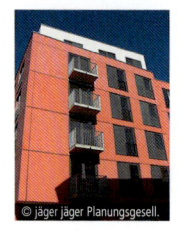

Mehrfamilienhaus (14 WE, 927m² WFL). Sichtbetonkonstruktion mit Kerndämmung.

Land: Mecklenburg-Vorpommern
Kreis: Schwerin
Standard: über Durchschnitt
Bauzeit: 82 Wochen
Kennwerte: bis 1.Ebene DIN276

BGF   1.415 €/m²

Planung: jäger jäger Planungsgesellschaft mbH; Schwerin

veröffentlicht: BKI Objektdaten N11

6100-1008 Appartementhaus (10 WE) - KfW 60   BRI 2.865m³   BGF 905m²   NUF 603m²

Apartmenthaus mit 10 Wohnungen und Gemeinschaftsbereich mit Gemeinschaftsküche. Mauerwerksbau.

Land: Nordrhein-Westfalen
Kreis: Lippe
Standard: über Durchschnitt
Bauzeit: 47 Wochen
Kennwerte: bis 1.Ebene DIN276

BGF   1.329 €/m²

Planung: Bits & Beits GmbH Büro für Architektur; Bad Salzuflen

veröffentlicht: BKI Objektdaten N12

6100-0687 2 Mehrfamilienhäuser (2x7 WE)   BRI 3.783m³   BGF 1.132m²   NUF 942m²

Zwei Mehrfamilienhäuser, 9 Tiefgaragenstellplätze, 5 Garagen. Mauerwerksbau; Stb-Decken; Holzdachkonstruktion.

Land: Nordrhein-Westfalen
Kreis: Siegen-Wittgenstein
Standard: über Durchschnitt
Bauzeit: 30 Wochen
Kennwerte: bis 1.Ebene DIN276

BGF   1.141 €/m²

Planung: runkel.freie architekten; Siegen

veröffentlicht: BKI Objektdaten N9

6100-0693 Mehrfamilienhaus (18 WE), TG (27 STP)   BRI 7.711m³   BGF 2.777m²   NUF 2.132m²

Mehrfamilienhaus mit 18 WE (1.545m² WFL), Tiefgarage. Mauerwerksbau; Stb-Decken; Stb-Flachdach.

Land: Baden-Württemberg
Kreis: Leonberg
Standard: über Durchschnitt
Bauzeit: 65 Wochen
Kennwerte: bis 4.Ebene DIN276

BGF   973 €/m²

Planung: Steinhilber+Weis Architekten; Stuttgart

veröffentlicht: BKI Objektdaten N10

Objektübersicht zur Gebäudeart

6100-0891 Mehrfamilienhaus (14 WE), TG

BRI 12.307m³ **BGF** 4.407m² **NUF** 2.801m²

Mehrfamilienwohnhaus (14 WE) mit TG (42 STP), teilweise auch für umliegende Gebäude. Mauerwerksbau.

Land: Bayern
Kreis: München
Standard: über Durchschnitt
Bauzeit: 86 Wochen
Kennwerte: bis 1.Ebene DIN276

BGF 1.497 €/m²

Planung: Unterlandstättner Architekten; München

veröffentlicht: BKI Objektdaten N11

6100-0582 Mehrfamilienhaus (10 WE), TG (10 STP), Baulücke

BRI 4.218m³ **BGF** 1.588m² **NUF** 1.127m²

Mehrfamilienhaus mit 10 Wohneinheiten (868m² WFL II.BVO) mit Tiefgarage mit 10 Stellplätzen. Mauerwerksbau mit Stb-Decken und Holzdachkonstruktion.

Land: Hamburg
Kreis: Hamburg
Standard: über Durchschnitt
Bauzeit: 65 Wochen
Kennwerte: bis 4.Ebene DIN276

BGF 1.038 €/m²

Planung: Holst Becker Architekten holstbecker.de; Hamburg

veröffentlicht: BKI Objektdaten N8

6100-0561 Mehrfamilienhaus (11 WE), TG (11 STP)

BRI 3.929m³ **BGF** 1.275m² **NUF** 914m²

Mehrfamilienhaus mit elf Wohneinheiten (730m² WFL II.BVO), Tiefgarage. Mauerwerksbau mit Stb-Decken, Stb-Flachdach und geneigtem Holzdach.

Land: Baden-Württemberg
Kreis: Ludwigsburg
Standard: über Durchschnitt
Bauzeit: 48 Wochen
Kennwerte: bis 4.Ebene DIN276

BGF 983 €/m²

Planung: Freie Architekten Blattmann + Oswald; Markgröningen

veröffentlicht: BKI Objektdaten N7

6100-0161 Mehrfamilienhaus (9 WE), TG

BRI 4.782m³ **BGF** 1.752m² **NUF** 1.378m²

Wohnhaus (9 WE) an alter Stadtmauer mit Café, Bäckerei und Fleischer im EG; Tiefgarage. Mauerwerksbau.

Land: Sachsen
Kreis: Bautzen
Standard: über Durchschnitt
Bauzeit: 52 Wochen
Kennwerte: bis 4.Ebene DIN276

BGF 1.143 €/m²

www.bki.de

© BKI Baukosteninformationszentrum; Erläuterungen zu den Tabellen siehe Seite 56   Kosten: 1.Quartal 2018, Bundesdurchschnitt, inkl. 19% MwSt.

Arbeitsblatt zur Standardeinordnung bei Mehrfamilienhäusern, mit 20 oder mehr WE

Kosten:
Stand 1.Quartal 2018
Bundesdurchschnitt
inkl. 19% MwSt.

Kostenkennwerte für die Kosten des Bauwerks (Kostengruppen 300+400 nach DIN 276)

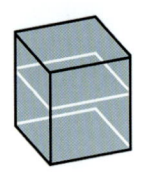

BRI 370 €/m³
von 310 €/m³
bis 460 €/m³

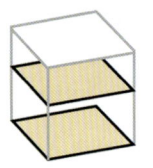

BGF 1.100 €/m²
von 930 €/m²
bis 1.360 €/m²

NUF 1.620 €/m²
von 1.320 €/m²
bis 2.070 €/m²

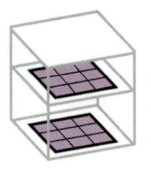

NE 2.060 €/NE
von 1.670 €/NE
bis 2.540 €/NE
NE: Wohnfläche

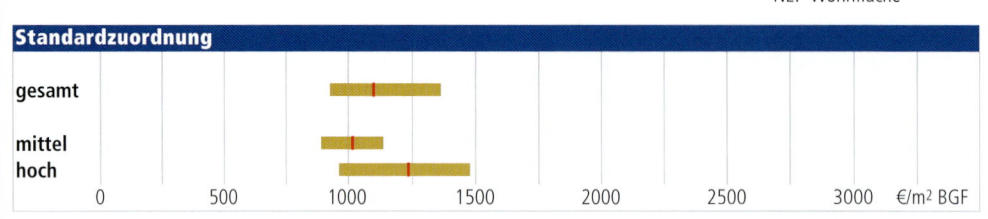

Standardzuordnung

(gesamt / mittel / hoch — Diagramm in €/m² BGF)

Standardeinordnung für Ihr Projekt:

KG	Kostengruppen der 2. Ebene	niedrig	mittel	hoch	Punkte
310	Baugrube				
320	Gründung	1	2	2	
330	Außenwände	5	6	9	
340	Innenwände	3	4	5	
350	Decken	4	5	6	
360	Dächer	2	2	3	
370	Baukonstruktive Einbauten	0	0	0	
390	Sonstige Baukonstruktionen				
410	Abwasser, Wasser, Gas	1	2	2	
420	Wärmeversorgungsanlagen	1	2	2	
430	Lufttechnische Anlagen	0	0	1	
440	Starkstromanlagen	1	1	1	
450	Fernmeldeanlagen	0	0	1	
460	Förderanlagen	0	1	1	
470	Nutzungsspezifische Anlagen	0	0	0	
480	Gebäudeautomation	0	0	0	
490	Sonstige Technische Anlagen				

Punkte: 18 bis 25 = mittel   26 bis 33 = hoch   Ihr Projekt (Summe):

Erläuterung:
Obenstehende Tabelle soll Ihnen die Zuordnung zu den Gebäudearten mit einfachem, mittlerem und hohem Standard erleichtern. Schätzen Sie für jedes Grobelement ab, ob die Aufwendungen niedrig, mittel oder hoch sein werden und übertragen Sie die Punkte in die rechte Spalte. Bilden Sie die Summe der rechten Spalte und ordnen Sie Ihr Projekt nach dem Schema der untersten Zeile ein. Nehmen Sie dieses Schema auch als Hinweis darauf, bei welchen Kostengruppen Sie den Mittelwert nach oben oder unten anpassen sollten.

- ● Kostenkennwert
- ▶ min
- ▷ von
- | Mittelwert
- ◁ bis
- ◀ max

© BKI Baukosteninformationszentrum; Erläuterungen zu den Tabellen siehe Seite 58   Kosten: 1.Quartal 2018, Bundesdurchschnitt, **inkl. 19% MwSt.**

Kostenkennwerte für die Kostengruppen der 1. und 2. Ebene DIN 276

KG	Kostengruppen der 1. Ebene	Einheit	▷	€/Einheit	◁	▷	% an 300+400	◁
100	Grundstück	m² GF	–	–	–	–	–	–
200	Herrichten und Erschließen	m² GF	6	**21**	47	0,5	**1,9**	4,9
300	Bauwerk - Baukonstruktionen	m² BGF	712	**862**	1.028	74,5	**78,5**	82,8
400	Bauwerk - Technische Anlagen	m² BGF	185	**238**	347	17,2	**21,5**	25,5
	Bauwerk (300+400)	m² BGF	931	**1.101**	1.362		**100,0**	
500	Außenanlagen	m² AF	76	**170**	429	2,4	**5,2**	9,1
600	Ausstattung und Kunstwerke	m² BGF	3	**14**	77	0,3	**0,9**	4,7
700	Baunebenkosten*	m² BGF	180	**201**	222	16,5	**18,4**	20,3 ◁ NEU

* Auf Grundlage der HOAI 2013 berechnete Werte nach §§ 35, 52, 56, 40. Weitere Informationen siehe Seite 50

KG	Kostengruppen der 2. Ebene	Einheit	▷	€/Einheit	◁	▷	% an 300	◁
310	Baugrube	m³ BGI	22	**39**	62	2,8	**4,4**	6,6
320	Gründung	m² GRF	152	**243**	365	4,6	**8,3**	11,7
330	Außenwände	m² AWF	305	**355**	419	24,9	**29,1**	35,0
340	Innenwände	m² IWF	134	**162**	221	15,2	**17,3**	20,1
350	Decken	m² DEF	228	**279**	349	20,2	**24,7**	29,3
360	Dächer	m² DAF	233	**301**	372	9,0	**11,0**	12,8
370	Baukonstruktive Einbauten	m² BGF	2	**11**	33	0,1	**0,7**	2,7
390	Sonstige Baukonstruktionen	m² BGF	21	**36**	58	2,5	**4,6**	6,9
300	**Bauwerk Baukonstruktionen**	**m² BGF**					**100,0**	

KG	Kostengruppen der 2. Ebene	Einheit	▷	€/Einheit	◁	▷	% an 400	◁
410	Abwasser, Wasser, Gas	m² BGF	57	**72**	95	26,7	**34,5**	40,4
420	Wärmeversorgungsanlagen	m² BGF	38	**56**	96	17,4	**26,2**	36,3
430	Lufttechnische Anlagen	m² BGF	4	**14**	38	1,3	**5,0**	16,7
440	Starkstromanlagen	m² BGF	32	**43**	55	15,2	**21,3**	28,0
450	Fernmeldeanlagen	m² BGF	5	**10**	21	1,9	**4,4**	10,2
460	Förderanlagen	m² BGF	18	**31**	57	1,4	**8,4**	20,3
470	Nutzungsspezifische Anlagen	m² BGF	–	**2**	–	–	**0,1**	–
480	Gebäudeautomation	m² BGF	–	–	–	–	–	–
490	Sonstige Technische Anlagen	m² BGF	0	**0**	1	0,0	**0,1**	0,3
400	**Bauwerk Technische Anlagen**	**m² BGF**					**100,0**	

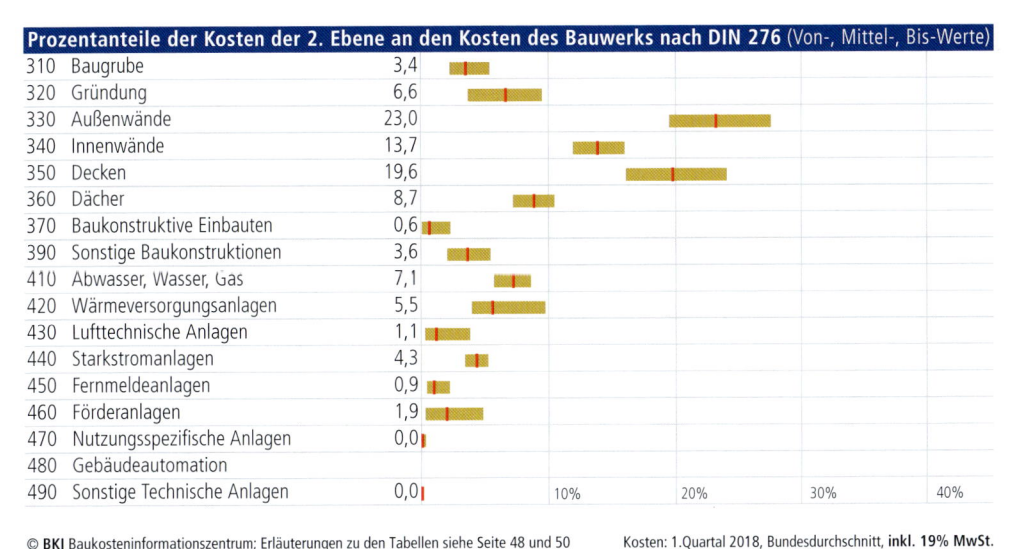

Prozentanteile der Kosten der 2. Ebene an den Kosten des Bauwerks nach DIN 276 (Von-, Mittel-, Bis-Werte)

KG	Bezeichnung	Mittelwert
310	Baugrube	3,4
320	Gründung	6,6
330	Außenwände	23,0
340	Innenwände	13,7
350	Decken	19,6
360	Dächer	8,7
370	Baukonstruktive Einbauten	0,6
390	Sonstige Baukonstruktionen	3,6
410	Abwasser, Wasser, Gas	7,1
420	Wärmeversorgungsanlagen	5,5
430	Lufttechnische Anlagen	1,1
440	Starkstromanlagen	4,3
450	Fernmeldeanlagen	0,9
460	Förderanlagen	1,9
470	Nutzungsspezifische Anlagen	0,0
480	Gebäudeautomation	
490	Sonstige Technische Anlagen	0,0

© BKI Baukosteninformationszentrum; Erläuterungen zu den Tabellen siehe Seite 48 und 50   Kosten: 1.Quartal 2018, Bundesdurchschnitt, **inkl. 19% MwSt.**

Mehrfamilienhäuser, mit 20 oder mehr WE

Kostenkennwerte für Leistungsbereiche nach StLB (Kosten des Bauwerks nach DIN 276)

LB	Leistungsbereiche	▷ €/m² BGF ◁			▷ % an 300+400 ◁		
000	Sicherheits-, Baustelleneinrichtungen inkl. 001	20	36	54	1,8	**3,3**	4,9
002	Erdarbeiten	17	32	42	1,5	**2,9**	3,8
006	Spezialtiefbauarbeiten inkl. 005	2	14	30	0,2	**1,2**	2,7
009	Entwässerungskanalarbeiten inkl. 011	2	4	12	0,2	**0,4**	1,1
010	Drän- und Versickerungsarbeiten	0	2	5	0,0	**0,2**	0,5
012	Mauerarbeiten	31	78	120	2,8	**7,1**	10,9
013	Betonarbeiten	194	239	351	17,6	**21,7**	31,9
014	Natur-, Betonwerksteinarbeiten	0	10	22	0,0	**0,9**	2,0
016	Zimmer- und Holzbauarbeiten	3	14	23	0,3	**1,3**	2,1
017	Stahlbauarbeiten	0	18	89	0,0	**1,6**	8,1
018	Abdichtungsarbeiten	1	5	12	0,1	**0,5**	1,1
020	Dachdeckungsarbeiten	2	15	39	0,2	**1,4**	3,5
021	Dachabdichtungsarbeiten	10	23	51	0,9	**2,1**	4,7
022	Klempnerarbeiten	10	16	26	0,9	**1,4**	2,3
	Rohbau	457	506	562	41,5	**46,0**	51,1
023	Putz- und Stuckarbeiten, Wärmedämmsysteme	35	64	86	3,2	**5,9**	7,8
024	Fliesen- und Plattenarbeiten	15	23	32	1,4	**2,1**	2,9
025	Estricharbeiten	15	22	30	1,3	**2,0**	2,8
026	Fenster, Außentüren inkl. 029, 032	20	56	75	1,8	**5,1**	6,8
027	Tischlerarbeiten	21	34	74	1,9	**3,1**	6,7
028	Parkettarbeiten, Holzpflasterarbeiten	1	11	26	0,1	**1,0**	2,4
030	Rollladenarbeiten	4	11	18	0,4	**1,0**	1,6
031	Metallbauarbeiten inkl. 035	31	55	77	2,8	**5,0**	7,0
034	Maler- und Lackiererarbeiten inkl. 037	20	31	43	1,8	**2,8**	3,9
036	Bodenbelagarbeiten	5	15	28	0,5	**1,4**	2,6
038	Vorgehängte hinterlüftete Fassaden	0	6	23	0,0	**0,6**	2,1
039	Trockenbauarbeiten	28	40	53	2,5	**3,6**	4,9
	Ausbau	323	373	403	29,4	**33,9**	36,6
040	Wärmeversorgungsanl. - Betriebseinr. inkl. 041	37	55	89	3,4	**5,0**	8,1
042	Gas- und Wasserinstallation, Leitungen inkl. 043	17	27	55	1,5	**2,5**	5,0
044	Abwasserinstallationsarbeiten - Leitungen	9	16	31	0,8	**1,4**	2,9
045	GWA-Einrichtungsgegenstände inkl. 046	7	21	36	0,7	**1,9**	3,3
047	Dämmarbeiten an betriebstechnischen Anlagen	5	12	27	0,4	**1,1**	2,5
049	Feuerlöschanlagen, Feuerlöschgeräte	–	0	–	–	**0,0**	–
050	Blitzschutz- und Erdungsanlagen	1	2	3	0,1	**0,2**	0,3
052	Mittelspannungsanlagen	–	–	–	–	**–**	–
053	Niederspannungsanlagen inkl. 054	35	40	48	3,2	**3,6**	4,4
055	Ersatzstromversorgungsanlagen	–	–	–	–	**–**	–
057	Gebäudesystemtechnik	–	–	–	–	**–**	–
058	Leuchten und Lampen inkl. 059	1	6	14	0,1	**0,6**	1,3
060	Elektroakustische Anlagen, Sprechanlagen	1	3	3	0,1	**0,3**	0,3
061	Kommunikationsnetze, inkl. 062	2	4	9	0,2	**0,4**	0,8
063	Gefahrenmeldeanlagen	0	1	3	0,0	**0,1**	0,3
069	Aufzüge	3	21	51	0,3	**1,9**	4,7
070	Gebäudeautomation	–	–	–	–	**–**	–
075	Raumlufttechnische Anlagen	3	12	40	0,3	**1,1**	3,6
	Technische Anlagen	183	220	263	16,6	**20,0**	23,9
	Sonstige Leistungsbereiche inkl. 008, 033, 051	2	4	9	0,2	**0,4**	0,8

Kosten:
Stand 1. Quartal 2018
Bundesdurchschnitt
inkl. 19% MwSt.

- Kostenkennwert
▶ min
▷ von
| Mittelwert
◁ bis
◀ max

© BKI Baukosteninformationszentrum; Erläuterungen zu den Tabellen siehe Seite 52

Kosten: 1.Quartal 2018, Bundesdurchschnitt, **inkl. 19% MwSt.**

Planungskennwerte für Flächen und Rauminhalte nach DIN 277

Grundflächen		▷	Fläche/NUF (%)	◁	▷	Fläche/BGF (%)	◁
NUF	Nutzungsfläche		**100,0**		64,8	**68,0**	73,4
TF	Technikfläche	1,4	**1,8**	2,4	0,9	**1,2**	1,6
VF	Verkehrsfläche	16,2	**20,5**	29,4	11,0	**13,9**	17,6
NRF	Netto-Raumfläche	118,3	**122,3**	131,1	81,2	**83,2**	86,0
KGF	Konstruktions-Grundfläche	20,1	**24,7**	28,7	14,0	**16,8**	18,8
BGF	Brutto-Grundfläche	138,4	**147,0**	157,3		**100,0**	

Brutto-Rauminhalte		▷	BRI/NUF (m)	◁	▷	BRI/BGF (m)	◁
BRI	Brutto-Rauminhalt	4,13	**4,41**	4,78	2,84	**3,00**	3,13

Flächen von Nutzeinheiten	▷	NUF/Einheit (m²)	◁	▷	BGF/Einheit (m²)	◁
Nutzeinheit: Wohnfläche	1,20	**1,30**	1,49	1,75	**1,87**	2,02

Lufttechnisch behandelte Flächen	▷	Fläche/NUF (%)	◁	▷	Fläche/BGF (%)	◁
Entlüftete Fläche	–	**53,5**	–	–	**32,9**	–
Be- und entlüftete Fläche	79,6	**81,4**	86,8	52,8	**55,6**	55,6
Teilklimatisierte Fläche	–	–	–	–	–	–
Klimatisierte Fläche	–	–	–	–	–	–

KG	Kostengruppen (2. Ebene)	Einheit	▷	Menge/NUF	◁	▷	Menge/BGF	◁
310	Baugrube	m³ BGI	1,19	**1,59**	2,42	0,82	**1,11**	1,71
320	Gründung	m² GRF	0,32	**0,39**	0,45	0,23	**0,27**	0,31
330	Außenwände	m² AWF	0,88	**0,95**	1,25	0,63	**0,67**	0,89
340	Innenwände	m² IWF	1,13	**1,27**	1,48	0,77	**0,89**	1,01
350	Decken	m² DEF	0,89	**1,01**	1,08	0,66	**0,71**	0,74
360	Dächer	m² DAF	0,35	**0,44**	0,48	0,25	**0,30**	0,33
370	Baukonstruktive Einbauten	m² BGF	1,38	**1,47**	1,57		**1,00**	
390	Sonstige Baukonstruktionen	m² BGF	1,38	**1,47**	1,57		**1,00**	
300	**Bauwerk-Baukonstruktionen**	m² BGF	1,38	**1,47**	1,57		**1,00**	

Planungskennwerte für Bauzeiten

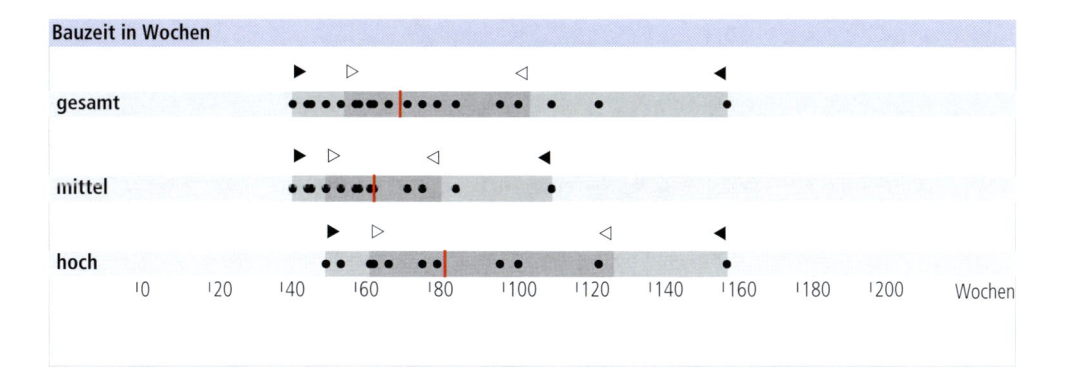

Bauzeit in Wochen

gesamt / mittel / hoch

© BKI Baukosteninformationszentrum; Erläuterungen zu den Tabellen siehe Seite 54   Kosten: 1.Quartal 2018, Bundesdurchschnitt, inkl. 19% MwSt.

Mehrfamilienhäuser, mit 20 oder mehr WE, mittlerer Standard

Kostenkennwerte für die Kosten des Bauwerks (Kostengruppen 300+400 nach DIN 276)

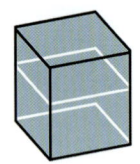

BRI 335 €/m³
von 295 €/m³
bis 385 €/m³

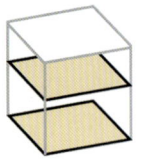

BGF 1.020 €/m²
von 890 €/m²
bis 1.140 €/m²

NUF 1.490 €/m²
von 1.240 €/m²
bis 1.790 €/m²

NE 1.910 €/NE
von 1.580 €/NE
bis 2.260 €/NE
NE: Wohnfläche

Objektbeispiele

6100-1366

6100-1362

6100-1321

Kosten:
Stand 1. Quartal 2018
Bundesdurchschnitt
inkl. 19% MwSt.

Kosten der 23 Vergleichsobjekte — Seiten 564 bis 569

- ● KKW
- ▶ min
- ▷ von
- | Mittelwert
- ◁ bis
- ◀ max

BRI — €/m³ BRI
BGF — €/m² BGF
NUF — €/m² NUF

© BKI Baukosteninformationszentrum; Erläuterungen zu den Tabellen siehe Seite 46

Kosten: 1. Quartal 2018, Bundesdurchschnitt, **inkl. 19% MwSt.**

Kostenkennwerte für die Kostengruppen der 1. und 2. Ebene DIN 276

KG	Kostengruppen der 1. Ebene	Einheit	▷	€/Einheit	◁	▷	% an 300+400	◁
100	Grundstück	m² GF	–	–	–	–	–	–
200	Herrichten und Erschließen	m² GF	5	**19**	46	0,5	**1,9**	4,8
300	Bauwerk - Baukonstruktionen	m² BGF	714	**814**	922	76,8	**79,9**	84,1
400	Bauwerk - Technische Anlagen	m² BGF	155	**204**	244	15,9	**20,1**	23,2
	Bauwerk (300+400)	m² BGF	894	**1.018**	1.136		**100,0**	
500	Außenanlagen	m² AF	73	**180**	453	2,4	**5,6**	9,9
600	Ausstattung und Kunstwerke	m² BGF	1	**3**	5	0,1	**0,3**	0,5
700	Baunebenkosten*	m² BGF	171	**191**	210	16,9	**18,8**	20,8 ◁ NEU

* Auf Grundlage der HOAI 2013 berechnete Werte nach §§ 35, 52, 56. Weitere Informationen siehe Seite 50

KG	Kostengruppen der 2. Ebene	Einheit	▷	€/Einheit	◁	▷	% an 300	◁
310	Baugrube	m³ BGI	38	**50**	87	2,6	**4,7**	6,7
320	Gründung	m² GRF	132	**237**	388	3,7	**8,0**	12,2
330	Außenwände	m² AWF	326	**377**	455	23,6	**28,3**	32,7
340	Innenwände	m² IWF	131	**163**	244	15,3	**18,1**	20,6
350	Decken	m² DEF	232	**273**	343	18,3	**23,8**	28,9
360	Dächer	m² DAF	241	**296**	384	8,5	**10,7**	12,9
370	Baukonstruktive Einbauten	m² BGF	2	**13**	34	0,2	**1,2**	3,2
390	Sonstige Baukonstruktionen	m² BGF	25	**44**	62	3,7	**5,4**	8,0
300	**Bauwerk Baukonstruktionen**	**m² BGF**					**100,0**	

KG	Kostengruppen der 2. Ebene	Einheit	▷	€/Einheit	◁	▷	% an 400	◁
410	Abwasser, Wasser, Gas	m² BGF	55	**68**	88	26,1	**35,8**	41,5
420	Wärmeversorgungsanlagen	m² BGF	33	**47**	78	16,1	**24,3**	33,1
430	Lufttechnische Anlagen	m² BGF	3	**7**	16	0,2	**2,2**	4,9
440	Starkstromanlagen	m² BGF	30	**47**	56	19,5	**24,6**	30,3
450	Fernmeldeanlagen	m² BGF	4	**8**	20	1,3	**3,5**	8,6
460	Förderanlagen	m² BGF	13	**42**	57	1,2	**9,5**	25,0
470	Nutzungsspezifische Anlagen	m² BGF	–	**2**	–	–	**0,2**	–
480	Gebäudeautomation	m² BGF	–	**–**	–	–	**–**	–
490	Sonstige Technische Anlagen	m² BGF	0	**0**	1	0,0	**0,1**	0,4
400	**Bauwerk Technische Anlagen**	**m² BGF**					**100,0**	

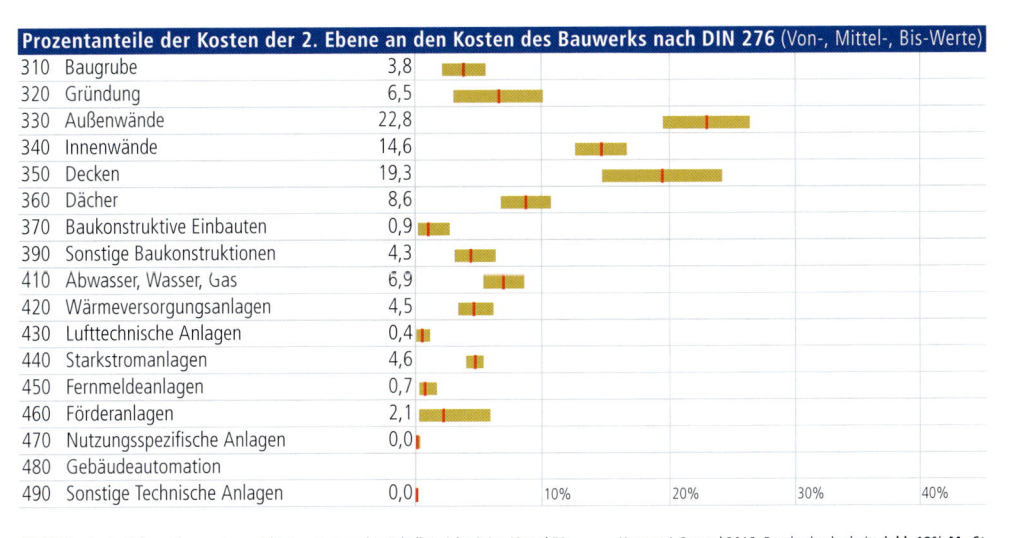

Prozentanteile der Kosten der 2. Ebene an den Kosten des Bauwerks nach DIN 276 (Von-, Mittel-, Bis-Werte)

KG		%
310	Baugrube	3,8
320	Gründung	6,5
330	Außenwände	22,8
340	Innenwände	14,6
350	Decken	19,3
360	Dächer	8,6
370	Baukonstruktive Einbauten	0,9
390	Sonstige Baukonstruktionen	4,3
410	Abwasser, Wasser, Gas	6,9
420	Wärmeversorgungsanlagen	4,5
430	Lufttechnische Anlagen	0,4
440	Starkstromanlagen	4,6
450	Fernmeldeanlagen	0,7
460	Förderanlagen	2,1
470	Nutzungsspezifische Anlagen	0,0
480	Gebäudeautomation	
490	Sonstige Technische Anlagen	0,0

© BKI Baukosteninformationszentrum; Erläuterungen zu den Tabellen siehe Seite 48 und 50   Kosten: 1.Quartal 2018, Bundesdurchschnitt, **inkl. 19% MwSt.**

Mehrfamilienhäuser, mit 20 oder mehr WE, mittlerer Standard

Kostenkennwerte für Leistungsbereiche nach StLB (Kosten des Bauwerks nach DIN 276)

Kosten: Stand 1. Quartal 2018 Bundesdurchschnitt inkl. 19% MwSt.

LB	Leistungsbereiche	▷	€/m² BGF	◁	▷	% an 300+400	◁
000	Sicherheits-, Baustelleneinrichtungen inkl. 001	25	39	54	2,4	3,8	5,3
002	Erdarbeiten	14	25	36	1,3	2,5	3,5
006	Spezialtiefbauarbeiten inkl. 005	7	19	31	0,7	1,9	3,0
009	Entwässerungskanalarbeiten inkl. 011	2	4	4	0,2	0,4	0,4
010	Drän- und Versickerungsarbeiten	0	2	6	0,0	0,2	0,6
012	Mauerarbeiten	17	71	121	1,6	7,0	11,9
013	Betonarbeiten	181	237	348	17,8	23,3	34,2
014	Natur-, Betonwerksteinarbeiten	0	9	18	0,0	0,9	1,8
016	Zimmer- und Holzbauarbeiten	4	13	22	0,4	1,2	2,1
017	Stahlbauarbeiten	1	28	82	0,1	2,7	8,1
018	Abdichtungsarbeiten	0	5	12	0,0	0,5	1,2
020	Dachdeckungsarbeiten	2	11	22	0,1	1,1	2,2
021	Dachabdichtungsarbeiten	6	14	32	0,6	1,4	3,1
022	Klempnerarbeiten	8	15	25	0,8	1,5	2,5
	Rohbau	436	492	537	42,8	48,3	52,8
023	Putz- und Stuckarbeiten, Wärmedämmsysteme	28	48	72	2,7	4,7	7,1
024	Fliesen- und Plattenarbeiten	14	22	31	1,4	2,2	3,0
025	Estricharbeiten	14	22	30	1,4	2,2	3,0
026	Fenster, Außentüren inkl. 029, 032	24	54	77	2,3	5,3	7,6
027	Tischlerarbeiten	22	40	78	2,2	3,9	7,7
028	Parkettarbeiten, Holzpflasterarbeiten	–	4	–	–	0,3	–
030	Rollladenarbeiten	3	11	18	0,3	1,1	1,8
031	Metallbauarbeiten inkl. 035	23	47	57	2,3	4,6	5,6
034	Maler- und Lackiererarbeiten inkl. 037	20	29	46	2,0	2,9	4,5
036	Bodenbelagarbeiten	14	20	20	1,3	1,9	1,9
038	Vorgehängte hinterlüftete Fassaden	–	2	–	–	0,2	–
039	Trockenbauarbeiten	23	35	46	2,2	3,4	4,5
	Ausbau	291	338	364	28,5	33,2	35,8
040	Wärmeversorgungsanl. - Betriebseinr. inkl. 041	32	41	57	3,1	4,0	5,6
042	Gas- und Wasserinstallation, Leitungen inkl. 043	19	31	58	1,8	3,0	5,7
044	Abwasserinstallationsarbeiten - Leitungen	7	18	29	0,7	1,8	2,9
045	GWA-Einrichtungsgegenstände inkl. 046	0	12	18	0,0	1,1	1,8
047	Dämmarbeiten an betriebstechnischen Anlagen	0	8	13	0,0	0,8	1,3
049	Feuerlöschanlagen, Feuerlöschgeräte	–	0	–	–	0,0	–
050	Blitzschutz- und Erdungsanlagen	–	2	2	–	0,1	0,2
052	Mittelspannungsanlagen	–	–	–	–	–	–
053	Niederspannungsanlagen inkl. 054	35	40	46	3,4	4,0	4,5
055	Ersatzstromversorgungsanlagen	–	–	–	–	–	–
057	Gebäudesystemtechnik	–	–	–	–	–	–
058	Leuchten und Lampen inkl. 059	1	6	12	0,1	0,6	1,2
060	Elektroakustische Anlagen, Sprechanlagen	0	1	2	0,0	0,1	0,1
061	Kommunikationsnetze, inkl. 062	1	3	7	0,1	0,3	0,7
063	Gefahrenmeldeanlagen	0	1	2	0,0	0,1	0,2
069	Aufzüge	2	21	58	0,2	2,1	5,7
070	Gebäudeautomation	–	–	–	–	–	–
075	Raumlufttechnische Anlagen	0	4	9	0,0	0,4	0,9
	Technische Anlagen	165	187	232	16,2	18,4	22,8
	Sonstige Leistungsbereiche inkl. 008, 033, 051	3	6	9	0,3	0,6	0,9

- ● KKW
- ▶ min
- ▷ von
- | Mittelwert
- ◁ bis
- ◀ max

Planungskennwerte für Flächen und Rauminhalte nach DIN 277

Grundflächen			▷ Fläche/NUF (%) ◁			▷ Fläche/BGF (%) ◁		
NUF	Nutzungsfläche			100,0		65,3	68,6	74,0
TF	Technikfläche	1,5		1,9	2,5	1,0	1,3	1,7
VF	Verkehrsfläche	15,8		19,9	29,5	11,0	13,7	17,5
NRF	Netto-Raumfläche	118,2		121,8	131,1	81,3	83,6	86,5
KGF	Konstruktions-Grundfläche	19,3		23,9	28,6	13,5	16,4	18,7
BGF	Brutto-Grundfläche	136,7		145,7	156,7		100,0	

Brutto-Rauminhalte		▷ BRI/NUF (m) ◁			▷ BRI/BGF (m) ◁		
BRI	Brutto-Rauminhalt	4,19	4,41	4,81	2,89	3,03	3,17

Flächen von Nutzeinheiten		▷ NUF/Einheit (m²) ◁			▷ BGF/Einheit (m²) ◁		
Nutzeinheit: Wohnfläche		1,22	1,32	1,53	1,78	1,89	2,05

Lufttechnisch behandelte Flächen		▷ Fläche/NUF (%) ◁			▷ Fläche/BGF (%) ◁		
Entlüftete Fläche		–	53,5	–	–	32,9	–
Be- und entlüftete Fläche		68,2	68,2	68,2	48,1	48,1	48,1
Teilklimatisierte Fläche		–	–	–	–	–	–
Klimatisierte Fläche		–	–	–	–	–	–

KG	Kostengruppen (2. Ebene)	Einheit	▷ Menge/NUF ◁			▷ Menge/BGF ◁		
310	Baugrube	m³ BGI	1,04	1,26	1,71	0,71	0,87	1,04
320	Gründung	m² GRF	0,31	0,40	0,44	0,23	0,28	0,30
330	Außenwände	m² AWF	0,81	0,87	0,93	0,59	0,60	0,63
340	Innenwände	m² IWF	1,30	1,34	1,57	0,86	0,93	0,99
350	Decken	m² DEF	0,86	1,00	1,05	0,64	0,69	0,72
360	Dächer	m² DAF	0,33	0,44	0,49	0,24	0,30	0,31
370	Baukonstruktive Einbauten	m² BGF	1,37	1,46	1,57		1,00	
390	Sonstige Baukonstruktionen	m² BGF	1,37	1,46	1,57		1,00	
300	**Bauwerk-Baukonstruktionen**	m² BGF	1,37	1,46	1,57		1,00	

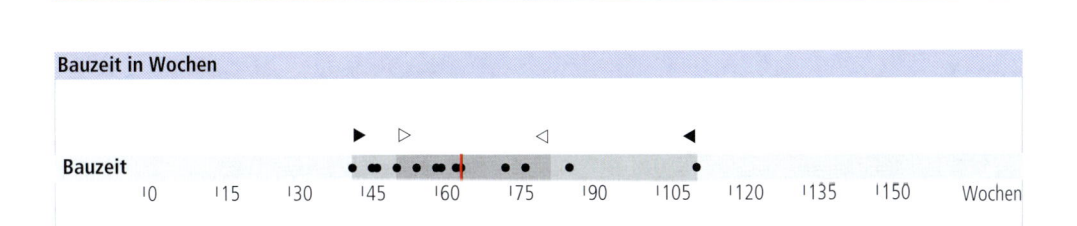

Planungskennwerte für Bauzeiten — 23 Vergleichsobjekte

Bauzeit in Wochen

Bauzeit: ▶ ▷ ◁ ◀
• • • • • • • •
10 15 30 45 60 75 90 105 120 135 150 Wochen

© BKI Baukosteninformationszentrum; Erläuterungen zu den Tabellen siehe Seite 54 — Kosten: 1.Quartal 2018, Bundesdurchschnitt, inkl. 19% MwSt.

Mehrfamilienhäuser, mit 20 oder mehr WE, mittlerer Standard

Objektübersicht zur Gebäudeart

€/m² BGF

min	725	€/m²
von	895	€/m²
Mittel	**1.020**	**€/m²**
bis	1.135	€/m²
max	1.310	€/m²

Kosten:
Stand 1.Quartal 2018
Bundesdurchschnitt
inkl. 19% MwSt.

6100-1366 Mehrfamilienhaus (20 WE) - Effizienzhaus 40   BRI 6.355m³   BGF 2.149m²   NUF 1.410m²

Mehrfamilienhaus mit 20 WE (1.198m² WFL), Effizienzhaus 40. Mauerwerksbau.

Land: Hamburg
Kreis: Hamburg
Standard: Durchschnitt
Bauzeit: 56 Wochen
Kennwerte: bis 1.Ebene DIN276

BGF   1.014 €/m²

Planung: MMST Architekten GmbH; Hamburg

vorgesehen: BKI Objektdaten E8

6100-1279 Mehrfamilienhaus (71 WE) - Effizienzhaus 70   BRI 23.653m³   BGF 7.852m²   NUF 5.231m²

Mehrfamilienhaus bestehend aus 4 Gebäuden mit 71 WE (4.594m² WFL), Inklusionsprojekt. Mauerwerksbau.

Land: Hamburg
Kreis: Hamburg
Standard: Durchschnitt
Bauzeit: 56 Wochen
Kennwerte: bis 1.Ebene DIN276

BGF   947 €/m²

Planung: Dohse Architekten; Hamburg

veröffentlicht: BKI Objektdaten E7

6100-1290 Mehrfamilienhäuser (36 WE) - Effizienzhaus 70   BRI 16.166m³   BGF 5.318m²   NUF 3.536m²

Mehrfamilienwohnhäuser, 3 Gebäude (36 WE), Effizienzhaus 70. Massivbauweise.

Land: Thüringen
Kreis: Suhl
Standard: Durchschnitt
Bauzeit: 65 Wochen
Kennwerte: bis 1.Ebene DIN276

BGF   948 €/m²

Planung: PROJEKTSCHEUNE Lönnecker & Diplomingenieure; St. Kilian

veröffentlicht: BKI Objektdaten E7

6100-1321 Wohnanlage (101 WE), TG - Effizienzhaus 70   BRI 62.176m³   BGF 19.443m²   NUF 15.843m²

Wohnanlage mit 9 Wohnhäusern (101 WE) und 2 Tiefgaragen (245 STP). Massivbau.

Land: Berlin
Kreis: Berlin
Standard: Durchschnitt
Bauzeit: 113 Wochen
Kennwerte: bis 1.Ebene DIN276

BGF   1.051 €/m²

Planung: Thomas Hillig Architekten GmbH; Berlin

vorgesehen: BKI Objektdaten E8

Objektübersicht zur Gebäudeart

6100-1248 Mehrfamilienhaus (23 WE), TG (31 STP)

BRI 13.290m³ **BGF** 4.072m² **NUF** 2.801m²

Zwei Mehrfamilienhäuser mit insgesamt 23 Wohneinheiten und Tiefgarage (31 STP). STB- und MW-Massivbau.

Land: Bayern
Kreis: Landshut
Standard: Durchschnitt
Bauzeit: 74 Wochen
Kennwerte: bis 3.Ebene DIN276

BGF 945 €/m²

Planung: NEUMEISTER & PARINGER ARCHITEKTEN BDA; Landshut

veröffentlicht: BKI Objektdaten N15

6100-1250 Mehrfamilienhaus, altengerecht (29 WE)

BRI 10.006m³ **BGF** 3.157m² **NUF** 2.051m²

Mehrfamilienhaus für altengerechtes Wohnen mit 29 WE und Gemeinschaftseinrichtung. MW-Massivbau.

Land: Mecklenburg-Vorpommern
Kreis: Rostock
Standard: Durchschnitt
Bauzeit: 65 Wochen
Kennwerte: bis 3.Ebene DIN276

BGF 1.052 €/m²

Planung: Dipl.-Ing. Architekt E. Schneekloth + Partner; Schwerin

veröffentlicht: BKI Objektdaten N15

6100-1362 Mehrfamilienhäuser (66 WE) - Effizienzhaus 70

BRI 22.309m³ **BGF** 7.516m² **NUF** 4.671m²

Zwei Mehrfamilienhäuser mit jeweils 40 und 26 WE als Effizienzhaus 70. Mauerwerksbau.

Land: Schleswig-Holstein
Kreis: Flensburg
Standard: Durchschnitt
Bauzeit: 87 Wochen
Kennwerte: bis 1.Ebene DIN276

BGF 1.161 €/m²

Planung: Architekten Asmussen + Partner GmbH; Flensburg

vorgesehen: BKI Objektdaten E8

6100-1283 Mehrfamilienhaus (24 WE), TG (20 STP)

BRI 10.113m³ **BGF** 3.143m² **NUF** 1.664m²

Mehrfamilienwohnhaus mit 24 WE (1.738m² WFL), Tiefgarage mit 20 Stellplätzen. Mauerwerksbau.

Land: Bremen
Kreis: Bremen
Standard: Durchschnitt
Bauzeit: 60 Wochen
Kennwerte: bis 1.Ebene DIN276

BGF 1.073 €/m²

Planung: Gruppe GME Architekten + Designer; Achim

veröffentlicht: BKI Objektdaten N15

© **BKI** Baukosteninformationszentrum; Erläuterungen zu den Tabellen siehe Seite 56   Kosten: 1.Quartal 2018, Bundesdurchschnitt, **inkl. 19% MwSt.**

Mehrfamilienhäuser, mit 20 oder mehr WE, mittlerer Standard

Objektübersicht zur Gebäudeart

6100-1075 Mehrfamilienhaus (20 WE) - Effizienzhaus 70

BRI 7.807m³   **BGF** 2.442m²   **NUF** 1.532m²

Mehrfamilienhaus mit 20 WE (1.239m² WFL). Massivbau.

Land: Nordrhein-Westfalen
Kreis: Rhein-Kreis Neuss
Standard: Durchschnitt
Bauzeit: 43 Wochen
Kennwerte: bis 1.Ebene DIN276

BGF   **1.107 €/m²**

Planung: Werkgemeinschaft Quasten-Mundt; Grevenbroich

veröffentlicht: BKI Objektdaten E6

6100-1081 Klimaschutzsiedlung (35 WE), TG (32 STP)

BRI 24.122m³   **BGF** 7.130m²   **NUF** 5.149m²

Klimaschutzsiedlung mit 35 WE (3.606m² WFL) mit Doppelhäusern, Reihenhäuser und Mehrfamilienhäuser und Tiefgarage. Massivbau.

Land: Nordrhein-Westfalen
Kreis: Essen
Standard: Durchschnitt
Bauzeit: 78 Wochen
Kennwerte: bis 1.Ebene DIN276

BGF   **1.188 €/m²**

Planung: Druschke und Grosser Architekten BDA; Duisburg

veröffentlicht: BKI Objektdaten E6

6100-1173 Wohnanlage, TG (66 WE, 108 STP) - Effizienzhaus 85

BRI 42.128m³   **BGF** 13.348m²   **NUF** 10.649m²

Wohnanlage, zwei Baufelder mit jeweils 3 Mehrfamilienhäusern, 66 WE, Effizienzhaus 85, Tiefgaragen (108 STP). Stb-Konstruktion.

Land: Schleswig-Holstein
Kreis: Pinneberg
Standard: Durchschnitt
Bauzeit: 87 Wochen
Kennwerte: bis 3.Ebene DIN276

BGF   **1.140 €/m²**

Planung: BIWERMAU Architekten BDA; Hamburg

veröffentlicht: BKI Objektdaten N13

6100-1026 Mehrfamilienhaus (20 WE)

BRI 7.200m³   **BGF** 2.357m²   **NUF** 1.548m²

Mehrfamilienhaus (1.178m² WFL) mit 20 WE. Unterschiedliche Wohnungen von Einzimmer- bis Vierzimmerwohnungen. Mauerwerksbau.

Land: Nordrhein-Westfalen
Kreis: Rhein-Kreis Neuss
Standard: Durchschnitt
Bauzeit: 43 Wochen
Kennwerte: bis 1.Ebene DIN276

BGF   **1.051 €/m²**

Planung: Werkgemeinschaft Quasten-Mundt; Grevenbroich

veröffentlicht: BKI Objektdaten N12

€/m² BGF

min	725 €/m²
von	895 €/m²
Mittel	**1.020 €/m²**
bis	1.135 €/m²
max	1.310 €/m²

Kosten:
Stand 1.Quartal 2018
Bundesdurchschnitt
inkl. 19% MwSt.

Objektübersicht zur Gebäudeart

6100-1077 Mehrfamilienhaus (31 WE), TG - Effizienzhaus 55   BRI 14.889m³   BGF 4.850m²   NUF 3.331m²

Mehrfamilienhaus mit 31 WE (2.431m² WFL) und Tiefgarage als Effizienzhaus 55. Massivbau.

Land: Nordrhein-Westfalen
Kreis: Duisburg
Standard: Durchschnitt
Bauzeit: 65 Wochen
Kennwerte: bis 1.Ebene DIN276

BGF   963 €/m²

Planung: Druschke und Grosser Architekten BDA; Duisburg

veröffentlicht: BKI Objektdaten E6

6100-0912 Mehrfamilienhaus (21 WE) - KfW 60   BRI 6.747m³   BGF 2.604m²   NUF 1.786m²

Mehrfamilienhaus (1.619m² WFL), aus zwei Gebäudeteilen, nicht unterkellert (21 WE). Mauerwerksbau.

Land: Bayern
Kreis: Rottal-Inn
Standard: Durchschnitt
Bauzeit: 60 Wochen
Kennwerte: bis 1.Ebene DIN276

BGF   1.059 €/m²

Planung: Manfred Huber Dipl.-Ing. Architekt; Pfarrkirchen

veröffentlicht: BKI Objektdaten E5

6100-0788 Betreutes Wohnen (43 WE)   BRI 13.383m³   BGF 4.540m²   NUF 2.953m²

Betreutes Wohnen für jung und alt, 43 WE. Holzrahmenbau.

Land: Mecklenburg-Vorpommern
Kreis: Rostock
Standard: Durchschnitt
Bauzeit: 47 Wochen
Kennwerte: bis 1.Ebene DIN276

BGF   1.071 €/m²

Planung: buttler architekten; Rostock

veröffentlicht: BKI Objektdaten N10

6100-0839 Mehrfamilienhaus (28 WE), TG (22 STP) - KfW 40   BRI 11.077m³   BGF 4.165m²   NUF 2.844m²

Mehrfamilienhaus (28 WE) mit Tiefgarage. Mauerwerksbau.

Land: Hessen
Kreis: Frankfurt a. Main
Standard: Durchschnitt
Bauzeit: 78 Wochen
Kennwerte: bis 1.Ebene DIN276

BGF   1.026 €/m²

veröffentlicht: BKI Objektdaten E4

© BKI Baukosteninformationszentrum; Erläuterungen zu den Tabellen siehe Seite 56   Kosten: 1.Quartal 2018, Bundesdurchschnitt, **inkl. 19% MwSt.**

Mehrfamilienhäuser, mit 20 oder mehr WE, mittlerer Standard

€/m² BGF
min	725	€/m²
von	895	€/m²
Mittel	**1.020**	**€/m²**
bis	1.135	€/m²
max	1.310	€/m²

Kosten:
Stand 1.Quartal 2018
Bundesdurchschnitt
inkl. 19% MwSt.

Objektübersicht zur Gebäudeart

6100-0709 Mehrfamilienhaus (40 WE) — BRI 15.509m³ — BGF 5.071m² — NUF 3.563m²

Mehrfamilienwohnhaus mit 40 öffentlich geförderten Wohnungen. Mauerwerksbau; Stb-Decke; Stb-Flachdach.

Land: Nordrhein-Westfalen
Kreis: Hamm
Standard: Durchschnitt
Bauzeit: 65 Wochen
Kennwerte: bis 1.Ebene DIN276

BGF 860 €/m²

Planung: Architektur- und Ingenieurbüro Heinz-Rainer Eichhorst BDB; Hamm

veröffentlicht: BKI Objektdaten N10

6100-0629 Mehrfamilienhaus (50 WE) — BRI 15.410m³ — BGF 5.310m² — NUF 3.958m²

Mehrfamilienhaus mit 50 WE (3.652m² WFL). Mauerwerksbau.

Land: Bayern
Kreis: München
Standard: Durchschnitt
Bauzeit: 52 Wochen
Kennwerte: bis 3.Ebene DIN276

BGF 870 €/m²

Planung: Guggenbichler + Netzer Architekten GmbH; München

veröffentlicht: BKI Objektdaten N9

6100-0388 2 Mehrfamilienhäuser (2x11 WE) — BRI 6.839m³ — BGF 2.504m² — NUF 1.778m²

Zwei Mehrfamilienhäuser mit je 11 WE (1.415m² WFL II.BVO). Mauerwerksbau.

Land: Thüringen
Kreis: Saale-Orla-Kreis
Standard: Durchschnitt
Bauzeit: 48 Wochen
Kennwerte: bis 3.Ebene DIN276

BGF 723 €/m²

Planung: thoma architekten; Greiz

veröffentlicht: BKI Objektdaten N5

6100-0371 Mehrfamilienhäuser (32 WE) — BRI 12.831m³ — BGF 4.367m² — NUF 3.672m²

Mehrfamilienhaus mit 20 Drei- und 12 Zweizimmerwohnungen (60 bis 95m² WFL II.BVO), Tiefgarage mit 32 Stellplätzen; Niedrigenergiehaus-Standard. Mauerwerksbau.

Land: Nordrhein-Westfalen
Kreis: Bonn
Standard: Durchschnitt
Bauzeit: 61 Wochen
Kennwerte: bis 1.Ebene DIN276

BGF 921 €/m²

Planung: Büro für Architektur und Städtebau Architekt-BDA Prof. Peter Riemann; Bonn

veröffentlicht: BKI Objektdaten N4

Objektübersicht zur Gebäudeart

6100-0353 Mehrfamilienhaus (45 WE), TG (82 STP)

BRI 17.697m³ | **BGF** 5.028m² | **NUF** 3.980m²

Mehrfamilienhaus mit 45 WE und Tiefgarage mit 82 Stellplätzen (41 Doppelparker). Mauerwerksbau.

Land: Thüringen
Kreis: Greiz
Standard: Durchschnitt
Bauzeit: 65 Wochen
Kennwerte: bis 1.Ebene DIN276

BGF   939 €/m²

Planung: thoma architekten; Greiz

veröffentlicht: BKI Objektdaten N4

6100-0243 Wohnanlage (63 WE, 56 STP)

BRI 17.894m³ | **BGF** 6.509m² | **NUF** 4.849m²

Wohnanlage mit 63 Wohnungen in 2 Gebäuden, Wohnen im Rahmen des öffentlich geförderten Wohnungsbaus. Mauerwerksbau.

Land: Schleswig-Holstein
Kreis: Lübeck
Standard: Durchschnitt
Bauzeit: 60 Wochen
Kennwerte: bis 1.Ebene DIN276

BGF   1.004 €/m²

Planung: Mai Zill Kuhsen Architekten + Stadtplaner BDA; Lübeck

veröffentlicht: BKI Objektdaten N2

6100-0162 Wohnanlage (49 WE), TG (37 STP)

BRI 19.807m³ | **BGF** 6.839m² | **NUF** 4.204m²

Wohnanlage (49 WE) aus 4 Mehrspännern und zwei Zweifamilienhäusern im Hof, Tiefgarage (37 Stellplätze). Mauerwerksbau.

Land: Sachsen
Kreis: Dresden
Standard: Durchschnitt
Bauzeit: 64 Wochen
Kennwerte: bis 2.Ebene DIN276

BGF   1.308 €/m²

www.bki.de

Mehrfamilienhäuser, mit 20 oder mehr WE, hoher Standard

Kostenkennwerte für die Kosten des Bauwerks (Kostengruppen 300+400 nach DIN 276)

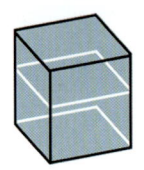

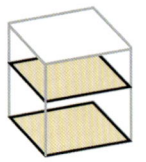

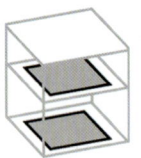

BRI 420 €/m³	BGF 1.240 €/m²	NUF 1.840 €/m²	NE 2.320 €/NE
von 320 €/m³	von 970 €/m²	von 1.390 €/m²	von 1.850 €/NE
bis 490 €/m³	bis 1.480 €/m²	bis 2.210 €/m²	bis 2.770 €/NE
			NE: Wohnfläche

Objektbeispiele

6100-1087

6100-1023

6100-1222

6100-1298

6100-1085

6100-1146

Kosten:
Stand 1.Quartal 2018
Bundesdurchschnitt
inkl. 19% MwSt.

Kosten der 14 Vergleichsobjekte — Seiten 574 bis 577

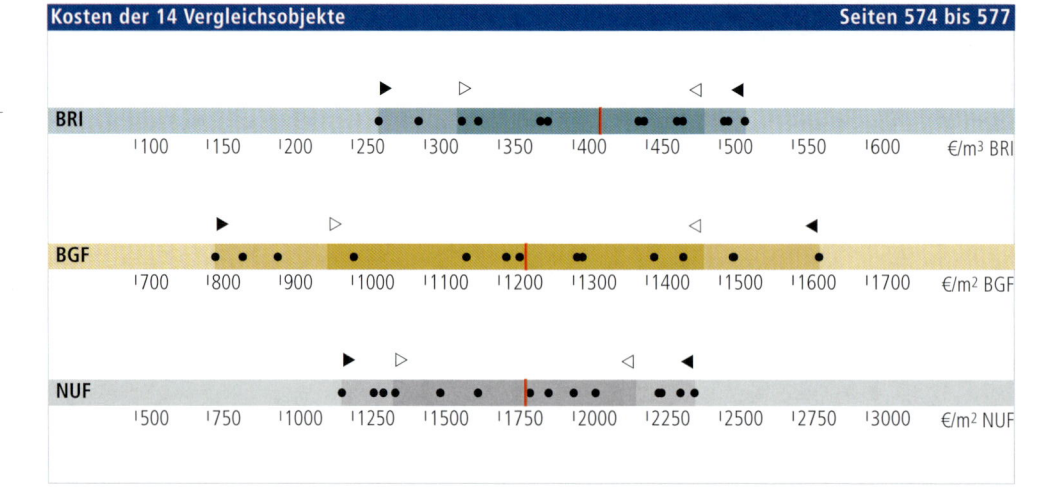

- ● KKW
- ▶ min
- ▷ von
- | Mittelwert
- ◁ bis
- ◀ max

BRI — €/m³ BRI (100–600)
BGF — €/m² BGF (700–1700)
NUF — €/m² NUF (500–3000)

570

© BKI Baukosteninformationszentrum; Erläuterungen zu den Tabellen siehe Seite 46   Kosten: 1.Quartal 2018, Bundesdurchschnitt, **inkl. 19% MwSt.**

Kostenkennwerte für die Kostengruppen der 1. und 2. Ebene DIN 276

KG	Kostengruppen der 1. Ebene	Einheit	▷	€/Einheit	◁	▷	% an 300+400	◁
100	Grundstück	m² GF	–	–	–	–	–	–
200	Herrichten und Erschließen	m² GF	5	25	45	0,4	1,9	5,0
300	Bauwerk - Baukonstruktionen	m² BGF	711	941	1.107	71,7	76,2	79,5
400	Bauwerk - Technische Anlagen	m² BGF	237	294	417	20,5	23,8	28,3
	Bauwerk (300+400)	m² BGF	966	1.236	1.477		100,0	
500	Außenanlagen	m² AF	80	153	364	2,6	4,4	7,0
600	Ausstattung und Kunstwerke	m² BGF	4	29	77	0,3	1,8	4,7
700	Baunebenkosten*	m² BGF	195	218	240	15,9	17,7	19,5	◁ NEU

* Auf Grundlage der HOAI 2013 berechnete Werte nach §§ 35, 52, 56. Weitere Informationen siehe Seite 50

KG	Kostengruppen der 2. Ebene	Einheit	▷	€/Einheit	◁	▷	% an 300	◁
310	Baugrube	m³ BGI	16	23	31	3,0	3,9	6,3
320	Gründung	m² GRF	196	253	312	6,6	8,6	10,5
330	Außenwände	m² AWF	304	321	365	25,9	30,3	36,3
340	Innenwände	m² IWF	143	161	182	15,1	16,1	18,2
350	Decken	m² DEF	220	288	356	23,6	26,1	28,5
360	Dächer	m² DAF	234	310	379	10,6	11,6	12,7
370	Baukonstruktive Einbauten	m² BGF	–	2	–	–	0,1	–
390	Sonstige Baukonstruktionen	m² BGF	16	24	32	1,8	3,3	5,3
300	**Bauwerk Baukonstruktionen**	**m² BGF**					**100,0**	

KG	Kostengruppen der 2. Ebene	Einheit	▷	€/Einheit	◁	▷	% an 400	◁
410	Abwasser, Wasser, Gas	m² BGF	58	78	101	27,4	32,6	37,7
420	Wärmeversorgungsanlagen	m² BGF	42	70	98	19,8	29,2	39,9
430	Lufttechnische Anlagen	m² BGF	9	21	56	3,6	9,4	24,9
440	Starkstromanlagen	m² BGF	30	38	45	13,4	16,3	23,0
450	Fernmeldeanlagen	m² BGF	6	14	22	2,8	5,9	10,2
460	Förderanlagen	m² BGF	18	21	27	1,9	6,7	10,8
470	Nutzungsspezifische Anlagen	m² BGF	–	–	–	–	–	–
480	Gebäudeautomation	m² BGF	–	–	–	–	–	–
490	Sonstige Technische Anlagen	m² BGF	–	–	–	–	–	–
400	**Bauwerk Technische Anlagen**	**m² BGF**					**100,0**	

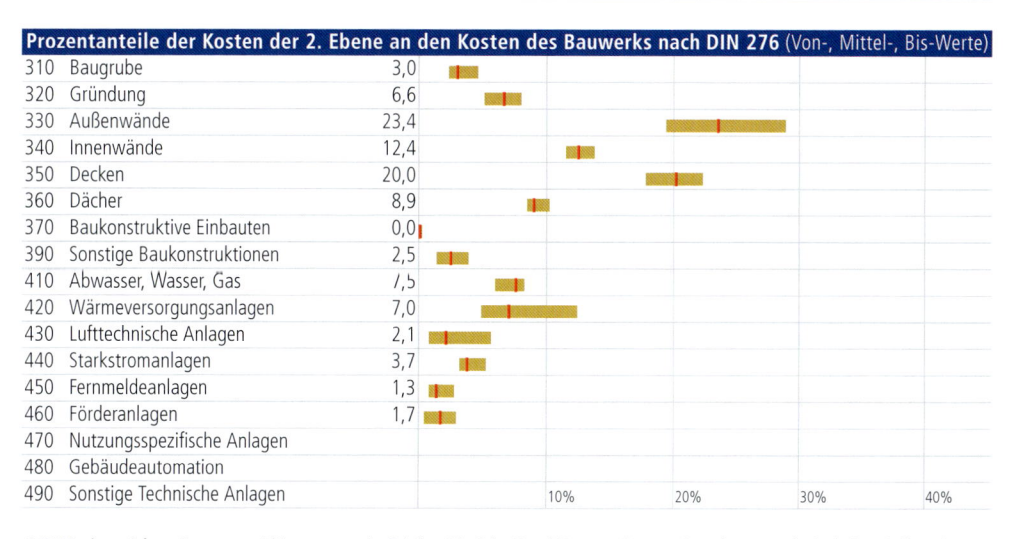

Prozentanteile der Kosten der 2. Ebene an den Kosten des Bauwerks nach DIN 276 (Von-, Mittel-, Bis-Werte)

KG		Mittelwert
310	Baugrube	3,0
320	Gründung	6,6
330	Außenwände	23,4
340	Innenwände	12,4
350	Decken	20,0
360	Dächer	8,9
370	Baukonstruktive Einbauten	0,0
390	Sonstige Baukonstruktionen	2,5
410	Abwasser, Wasser, Gas	7,5
420	Wärmeversorgungsanlagen	7,0
430	Lufttechnische Anlagen	2,1
440	Starkstromanlagen	3,7
450	Fernmeldeanlagen	1,3
460	Förderanlagen	1,7
470	Nutzungsspezifische Anlagen	
480	Gebäudeautomation	
490	Sonstige Technische Anlagen	

© BKI Baukosteninformationszentrum; Erläuterungen zu den Tabellen siehe Seite 48 und 50   Kosten: 1.Quartal 2018, Bundesdurchschnitt, inkl. 19% MwSt.

Mehrfamilienhäuser, mit 20 oder mehr WE, hoher Standard

Kostenkennwerte für Leistungsbereiche nach StLB (Kosten des Bauwerks nach DIN 276)

Kosten: Stand 1. Quartal 2018, Bundesdurchschnitt inkl. 19% MwSt.

LB	Leistungsbereiche	▷ €/m² BGF		◁	▷ % an 300+400		◁
000	Sicherheits-, Baustelleneinrichtungen inkl. 001	17	29	45	1,4	2,4	3,7
002	Erdarbeiten	34	44	53	2,8	3,5	4,3
006	Spezialtiefbauarbeiten inkl. 005	–	3	–	–	0,3	–
009	Entwässerungskanalarbeiten inkl. 011	3	4	4	0,2	0,3	0,3
010	Drän- und Versickerungsarbeiten	3	3	4	0,2	0,2	0,3
012	Mauerarbeiten	72	89	104	5,8	7,2	8,4
013	Betonarbeiten	202	240	274	16,4	19,4	22,2
014	Natur-, Betonwerksteinarbeiten	1	13	27	0,0	1,0	2,2
016	Zimmer- und Holzbauarbeiten	17	17	25	1,4	1,4	2,0
017	Stahlbauarbeiten	–	–	–	–	–	–
018	Abdichtungsarbeiten	1	6	12	0,1	0,5	0,9
020	Dachdeckungsarbeiten	–	23	54	–	1,8	4,4
021	Dachabdichtungsarbeiten	16	39	62	1,3	3,1	5,0
022	Klempnerarbeiten	11	16	22	0,9	1,3	1,8
	Rohbau	512	527	540	41,5	42,6	43,7
023	Putz- und Stuckarbeiten, Wärmedämmsysteme	87	93	93	7,0	7,6	7,6
024	Fliesen- und Plattenarbeiten	18	24	30	1,5	2,0	2,4
025	Estricharbeiten	16	21	29	1,3	1,7	2,3
026	Fenster, Außentüren inkl. 029, 032	40	58	77	3,2	4,7	6,2
027	Tischlerarbeiten	21	24	26	1,7	1,9	2,1
028	Parkettarbeiten, Holzpflasterarbeiten	16	25	35	1,3	2,0	2,8
030	Rollladenarbeiten	6	11	16	0,5	0,9	1,3
031	Metallbauarbeiten inkl. 035	48	69	69	3,9	5,6	5,6
034	Maler- und Lackiererarbeiten inkl. 037	33	33	39	2,7	2,7	3,1
036	Bodenbelagarbeiten	1	8	15	0,1	0,6	1,2
038	Vorgehängte hinterlüftete Fassaden	0	14	30	0,0	1,2	2,5
039	Trockenbauarbeiten	39	48	48	3,2	3,9	3,9
	Ausbau	431	431	457	34,9	34,9	37,0
040	Wärmeversorgungsanl. - Betriebseinr. inkl. 041	50	79	119	4,0	6,4	9,6
042	Gas- und Wasserinstallation, Leitungen inkl. 043	13	21	27	1,1	1,7	2,2
044	Abwasserinstallationsarbeiten - Leitungen	9	12	14	0,7	0,9	1,1
045	GWA-Einrichtungsgegenstände inkl. 046	31	38	38	2,5	3,1	3,1
047	Dämmarbeiten an betriebstechnischen Anlagen	9	18	18	0,7	1,5	1,5
049	Feuerlöschanlagen, Feuerlöschgeräte	–	–	–	–	–	–
050	Blitzschutz- und Erdungsanlagen	1	2	2	0,1	0,2	0,2
052	Mittelspannungsanlagen	–	–	–	–	–	–
053	Niederspannungsanlagen inkl. 054	35	39	43	2,9	3,2	3,5
055	Ersatzstromversorgungsanlagen	–	–	–	–	–	–
057	Gebäudesystemtechnik	–	–	–	–	–	–
058	Leuchten und Lampen inkl. 059	2	6	6	0,1	0,5	0,5
060	Elektroakustische Anlagen, Sprechanlagen	3	8	8	0,2	0,7	0,7
061	Kommunikationsnetze, inkl. 062	5	7	7	0,4	0,5	0,5
063	Gefahrenmeldeanlagen	0	1	3	0,0	0,1	0,3
069	Aufzüge	5	20	35	0,4	1,6	2,9
070	Gebäudeautomation	–	–	–	–	–	–
075	Raumlufttechnische Anlagen	10	26	26	0,8	2,1	2,1
	Technische Anlagen	254	278	278	20,6	22,5	22,5
	Sonstige Leistungsbereiche inkl. 008, 033, 051	0	2	3	0,0	0,1	0,2

- KKW
- ▶ min
- ▷ von
- | Mittelwert
- ◁ bis
- ◀ max

© BKI Baukosteninformationszentrum; Erläuterungen zu den Tabellen siehe Seite 52

Kosten: 1. Quartal 2018, Bundesdurchschnitt, inkl. 19% MwSt.

Planungskennwerte für Flächen und Rauminhalte nach DIN 277

Grundflächen			▷	Fläche/NUF (%)	◁	▷	Fläche/BGF (%)	◁
NUF	Nutzungsfläche			100,0		64,3	67,1	72,0
TF	Technikfläche		1,3	1,7	2,3	0,8	1,1	1,4
VF	Verkehrsfläche		17,6	21,4	29,2	11,3	14,4	17,7
NRF	Netto-Raumfläche		119,2	123,1	130,4	80,5	82,6	84,1
KGF	Konstruktions-Grundfläche		23,1	26,0	30,0	15,9	17,4	19,5
BGF	Brutto-Grundfläche		141,5	149,1	158,0		100,0	

Brutto-Rauminhalte			▷	BRI/NUF (m)	◁	▷	BRI/BGF (m)	◁
BRI	Brutto-Rauminhalt		4,06	4,41	4,72	2,76	2,96	3,04

Flächen von Nutzeinheiten			▷	NUF/Einheit (m²)	◁	▷	BGF/Einheit (m²)	◁
Nutzeinheit: Wohnfläche			1,17	1,25	1,40	1,72	1,84	1,97

Lufttechnisch behandelte Flächen			▷	Fläche/NUF (%)	◁	▷	Fläche/BGF (%)	◁
Entlüftete Fläche			–	–	–	–	–	–
Be- und entlüftete Fläche			94,6	94,6	94,6	63,0	63,0	63,0
Teilklimatisierte Fläche			–	–	–	–	–	–
Klimatisierte Fläche			–	–	–	–	–	–

KG	Kostengruppen (2. Ebene)	Einheit	▷	Menge/NUF	◁	▷	Menge/BGF	◁
310	Baugrube	m³ BGI	1,82	2,08	2,08	1,27	1,48	1,48
320	Gründung	m² GRF	0,37	0,38	0,42	0,25	0,27	0,28
330	Außenwände	m² AWF	0,99	1,09	1,09	0,69	0,77	0,77
340	Innenwände	m² IWF	1,05	1,16	1,29	0,74	0,82	0,91
350	Decken	m² DEF	0,98	1,03	1,03	0,72	0,72	0,77
360	Dächer	m² DAF	0,41	0,43	0,43	0,30	0,30	0,32
370	Baukonstruktive Einbauten	m² BGF	1,41	1,49	1,58		1,00	
390	Sonstige Baukonstruktionen	m² BGF	1,41	1,49	1,58		1,00	
300	Bauwerk-Baukonstruktionen	m² BGF	1,41	1,49	1,58		1,00	

Planungskennwerte für Bauzeiten — 13 Vergleichsobjekte

Bauzeit in Wochen

Bauzeit: |0 |20 |40 |60 |80 |100 |120 |140 |160 |180 |200 Wochen

© **BKI** Baukosteninformationszentrum; Erläuterungen zu den Tabellen siehe Seite 54   Kosten: 1.Quartal 2018, Bundesdurchschnitt, **inkl. 19% MwSt.**

Mehrfamilienhäuser, mit 20 oder mehr WE, hoher Standard

Objektübersicht zur Gebäudeart

€/m² BGF

min	810	€/m²
von	965	€/m²
Mittel	**1.235**	**€/m²**
bis	1.475	€/m²
max	1.635	€/m²

Kosten:
Stand 1.Quartal 2018
Bundesdurchschnitt
inkl. 19% MwSt.

6100-1146 Mehrfamilienhaus (20 WE), TG - Effizienzhaus 70 | **BRI** 14.503m³ | **BGF** 4.829m² | **NUF** 3.960m²

Mehrfamilienhaus (20WE) mit 2.312m² WFL, Tiefgarage, Bootsliegeplätze. Stahlbetonbau.

Land: Hamburg
Kreis: Hamburg
Standard: über Durchschnitt
Bauzeit: 78 Wochen
Kennwerte: bis 1.Ebene DIN276

BGF 1.519 €/m²

Planung: Reinhard Hagemann GmbH; Hamburg

veröffentlicht: BKI Objektdaten E6

6100-1298 Mehrfamilienhaus (27 WE), TG - Effizienzhaus 70 | **BRI** 17.271m³ | **BGF** 5.463m² | **NUF** 3.451m²

Mehrfamilienhaus (3.194m² WFL) mit 27 WE, Büro-/Ladeneinheit, TG (16 STP). Mauerwerk.

Land: Berlin
Kreis: Berlin
Standard: über Durchschnitt
Bauzeit: 126 Wochen
Kennwerte: bis 1.Ebene DIN276

BGF 1.210 €/m²

Planung: Liebscher-Tauber und Tauber Architekten; Berlin

veröffentlicht: BKI Objektdaten E7

6100-1072 Wohnanlage (55 WE), TG - Effizienzhaus 70 | **BRI** 20.560m³ | **BGF** 7.876m² | **NUF** 4.776m²

Wohnanlage aus drei Blocks (55 WE) mit Tiefgarage (39 STP) und Stellplätzen (5 St) im Freien. Massivbau.

Land: Nordrhein-Westfalen
Kreis: Hennef
Standard: über Durchschnitt
Bauzeit: 56 Wochen
Kennwerte: bis 1.Ebene DIN276

BGF 848 €/m²

Planung: Architektenbüro Arno Weirich; Rheinbach

veröffentlicht: BKI Objektdaten E6

6100-1222 Wohnanlage (44 WE), TG (48 STP) | **BRI** 17.370m³ | **BGF** 5.918m² | **NUF** 3.906m²

Wohnanlage mit 44 WE und 48 STP mit 3.714m² WFL. Massivbau.

Land: Hessen
Kreis: Fulda
Standard: über Durchschnitt
Bauzeit: 161 Wochen
Kennwerte: bis 1.Ebene DIN276

BGF 1.518 €/m²

Planung: Sturm und Wartzeck GmbH Architekten BDA, Innenarchitekten; Dipperz

veröffentlicht: BKI Objektdaten N15

Objektübersicht zur Gebäudeart

6100-1010 Mehrfamilienhäuser (73 WE), Tiefgaragen (2 St) — BRI 48.793m³ — BGF 16.156m² — NUF 10.793m²

Sieben freistehende Mehrfamilienhäuser mit 73 WE (5.480m² WFL), 2 Tiefgaragen mit 88 Stellplätzen in Garagenboxen. Alle Wohnungen sind barrierefrei zu erreichen. Die Häuser sind als KfW Effizienzhäuser 55 ausgeführt. Massivbau.

Land: Nordrhein-Westfalen
Kreis: Oberhausen
Standard: über Durchschnitt
Bauzeit: 64 Wochen
Kennwerte: bis 2.Ebene DIN276

BGF 810 €/m²

Planung: Meier-Ebbers Architekten und Ingenieure; Oberhausen

veröffentlicht: BKI Objektdaten E5

6100-1023 Mehrfamilienhaus (24 WE), TG (24 STP) — BRI 14.301m³ — BGF 5.202m² — NUF 2.965m²

Mehrfamilienwohnhaus mit 24 WE (WFL 2.356m²). Mauerwerksbau.

Land: Bremen
Kreis: Bremen
Standard: über Durchschnitt
Bauzeit: 69 Wochen
Kennwerte: bis 1.Ebene DIN276

BGF 1.305 €/m²

Planung: Gruppe GME; Achim

veröffentlicht: BKI Objektdaten N12

6100-1087 Solarsiedlung (65 WE), TG (66 STP) — BRI 31.272m³ — BGF 10.218m² — NUF 7.617m²

Wohnanlage, Geschosswohnungsbau und Reihenhäuser (4.461m² WFL), Tiefgarage (66 STP). Massivbau.

Land: Nordrhein-Westfalen
Kreis: Düsseldorf
Standard: über Durchschnitt
Bauzeit: 99 Wochen
Kennwerte: bis 1.Ebene DIN276

BGF 1.156 €/m²

Planung: HGMB Architekten GmbH + Co. KG; Düsseldorf

veröffentlicht: BKI Objektdaten E6

6100-1033 Mehrfamilienhaus (21 WE), TG - Effizienzhaus 55 — BRI 17.236m³ — BGF 5.433m² — NUF 3.175m²

Mehrfamilienhaus mit 21 Wohneinheiten (2.549m² WFL) und 2 Büros, Tiefgarage mit 22 Stellplätzen. Massivbau.

Land: Berlin
Kreis: Berlin
Standard: über Durchschnitt
Bauzeit: 82 Wochen
Kennwerte: bis 1.Ebene DIN276

BGF 1.410 €/m²

Planung: dp Architekten Drewes, Paulick, Zahn; Berlin

veröffentlicht: BKI Objektdaten E5

Mehrfamilienhäuser, mit 20 oder mehr WE, hoher Standard

Objektübersicht zur Gebäudeart

6100-0942 Mehrfamilienhaus (45 WE) - KfW 40   BRI 18.977m³   BGF 5.836m²   NUF 4.037m²

Mehrfamilienhaus (45 WE, 4.037m² WFL), KfW 40. Ein Gebäude aus einem neuen Wohnquartier mit insgesamt 5 Wohngebäuden. Massivbau.

Land: Hessen
Kreis: Frankfurt a. Main
Standard: über Durchschnitt
Bauzeit: 104 Wochen
Kennwerte: bis 1.Ebene DIN276

BGF   1.635 €/m²

Planung: STEFAN FORSTER ARCHITEKTEN; Frankfurt am Main

veröffentlicht: BKI Objektdaten E5

6100-1024 Mehrfamilienhaus Wohnanlage (92 WE)   BRI 30.824m³   BGF 10.526m²   NUF 6.659m²

Mehrfamilienwohnhaus. Insgesamt 3 Mehrfamilienhäuser (2x 9 WE, 1x 66 WE) und 4 Doppelhäuser (6.393m² WFL). Mauerwerksbau.

Land: Bremen
Kreis: Bremen
Standard: über Durchschnitt
Bauzeit: 65 Wochen
Kennwerte: bis 1.Ebene DIN276

BGF   1.312 €/m²

Planung: Gruppe GME; Achim

veröffentlicht: BKI Objektdaten N12

6100-0677 Mehrfamilienhaus, barrierefrei (25 WE)   BRI 9.941m³   BGF 3.279m²   NUF 2.221m²

Mehrfamilienhaus mit 25 WE, behindertengerecht (1.638m² WFL), Versammlungsraum mit 80 Sitzplätzen. Mauerwerksbau; Stb-Decke; Holzdachkonstruktion.

Land: Thüringen
Kreis: Zeulenroda
Standard: über Durchschnitt
Bauzeit: 52 Wochen
Kennwerte: bis 4.Ebene DIN276

BGF   896 €/m²

Planung: thoma architekten; Zeulenroda

veröffentlicht: BKI Objektdaten N10

6100-0626 Mehrgenerationen-Wohnanlage (30 WE)   BRI 9.779m³   BGF 3.175m²   NUF 2.301m²

Mehrgenerationen-Wohnanlage (30 WE, 2.114m² WFL). Mauerwerksbau.

Land: Thüringen
Kreis: Ilm-Kreis
Standard: über Durchschnitt
Bauzeit: 65 Wochen
Kennwerte: bis 3.Ebene DIN276

BGF   1.450 €/m²

Planung: Architekten- und Ingenieurgruppe Erfurt & Partner GmbH; Erfurt

veröffentlicht: BKI Objektdaten N9

€/m² BGF
min	810 €/m²
von	965 €/m²
Mittel	**1.235 €/m²**
bis	1.475 €/m²
max	1.635 €/m²

Kosten:
Stand 1.Quartal 2018
Bundesdurchschnitt
inkl. 19% MwSt.

Objektübersicht zur Gebäudeart

6100-0659 8 Mehrfamilienhäuser (45 WE) **BRI** 17.627m³ **BGF** 5.911m² **NUF** 4.365m²

Acht Mehrfamilienhäuser mit 45 WE (3.558m² WFL). Mauerwerksbau; Stb-Decken; zweischalige Metalldachkonstruktion.

Land: Thüringen
Kreis: Suhl
Standard: über Durchschnitt
Bauzeit: 65 Wochen
Kennwerte: bis 4.Ebene DIN276

BGF 1.002 €/m²

Planung: ingenieurbüro bauwesen A&H GbR Suhl; Suhl

veröffentlicht: BKI Objektdaten N10

6100-1085 Solarsiedlung (101 WE), TG (137 STP) **BRI** 48.732m³ **BGF** 20.080m² **NUF** 14.688m²

Solarsiedlung mit 101 Wohnungen (9.209m² WFL), Tiefgarage mit 137 Stellplätze. Massivbau.

Land: Nordrhein-Westfalen
Kreis: Düsseldorf
Standard: über Durchschnitt
Bauzeit: 208 Wochen*
Kennwerte: bis 1.Ebene DIN276

BGF 1.227 €/m²

Planung: HGMB Architekten GmbH + Co. KG; Düsseldorf

veröffentlicht: BKI Objektdaten E6
*Nicht in der Auswertung enthalten

Mehrfamilienhäuser, Passivhäuser

Kostenkennwerte für die Kosten des Bauwerks (Kostengruppen 300+400 nach DIN 276)

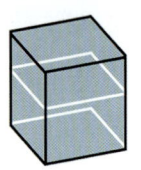

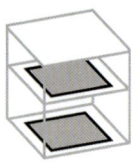

BRI 385 €/m³	BGF 1.210 €/m²	NUF 1.770 €/m²	NE 2.100 €/NE
von 340 €/m³	von 1.000 €/m²	von 1.430 €/m²	von 1.810 €/NE
bis 435 €/m³	bis 1.480 €/m²	bis 2.250 €/m²	bis 2.700 €/NE
			NE: Wohnfläche

Objektbeispiele

Kosten:
Stand 1. Quartal 2018
Bundesdurchschnitt
inkl. 19% MwSt.

6100-1221

6100-1183

6100-1134

6100-1228

6100-0683

6100-1236

Kosten der 21 Vergleichsobjekte — Seiten 582 bis 587

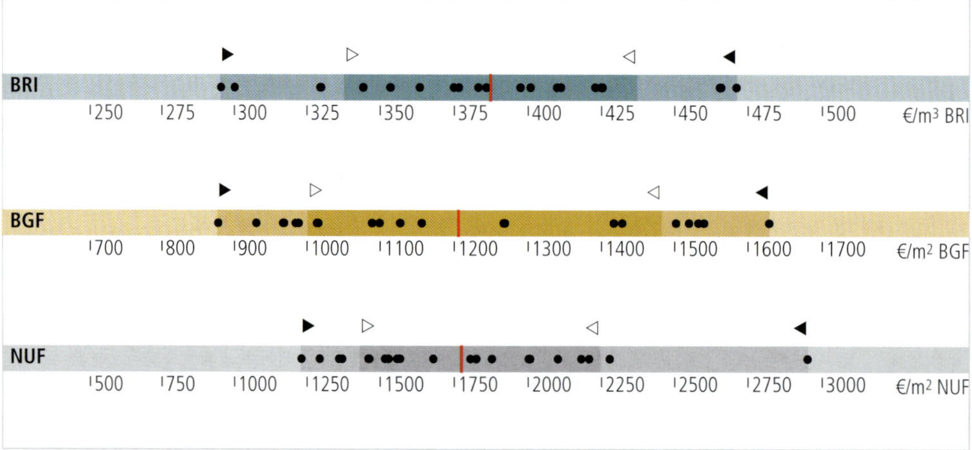

- ● KKW
- ▶ min
- ▷ von
- | Mittelwert
- ◁ bis
- ◀ max

BRI: 250 – 500 €/m³ BRI

BGF: 700 – 1700 €/m² BGF

NUF: 500 – 3000 €/m² NUF

© BKI Baukosteninformationszentrum; Erläuterungen zu den Tabellen siehe Seite 46 — Kosten: 1. Quartal 2018, Bundesdurchschnitt, **inkl. 19% MwSt.**

Kostenkennwerte für die Kostengruppen der 1. und 2. Ebene DIN 276

KG	Kostengruppen der 1. Ebene	Einheit	▷	€/Einheit	◁	▷	% an 300+400	◁
100	Grundstück	m² GF	–	–	–	–	–	–
200	Herrichten und Erschließen	m² GF	7	**14**	26	0,4	**1,0**	2,7
300	Bauwerk - Baukonstruktionen	m² BGF	792	**943**	1.151	75,2	**78,5**	82,4
400	Bauwerk - Technische Anlagen	m² BGF	187	**262**	336	17,6	**21,6**	24,8
	Bauwerk (300+400)	m² BGF	1.002	**1.206**	1.482		**100,0**	
500	Außenanlagen	m² AF	91	**137**	228	2,6	**4,1**	7,6
600	Ausstattung und Kunstwerke	m² BGF	–	**26**	–	–	**1,6**	–
700	Baunebenkosten*	m² BGF	227	**253**	279	18,8	**21,0**	23,1 ◁ NEU

* Auf Grundlage der HOAI 2013 berechnete Werte nach §§ 35, 52, 56. Weitere Informationen siehe Seite 50

KG	Kostengruppen der 2. Ebene	Einheit	▷	€/Einheit	◁	▷	% an 300	◁
310	Baugrube	m³ BGI	22	**26**	46	1,4	**2,7**	3,7
320	Gründung	m² GRF	171	**213**	272	4,9	**7,0**	10,2
330	Außenwände	m² AWF	330	**414**	561	30,1	**34,8**	38,4
340	Innenwände	m² IWF	140	**170**	219	12,8	**15,7**	19,8
350	Decken	m² DEF	230	**287**	311	16,1	**23,1**	29,8
360	Dächer	m² DAF	273	**356**	418	9,3	**11,9**	15,5
370	Baukonstruktive Einbauten	m² BGF	3	**9**	19	0,0	**0,4**	1,3
390	Sonstige Baukonstruktionen	m² BGF	23	**37**	56	3,1	**4,4**	7,4
300	**Bauwerk Baukonstruktionen**	**m² BGF**					**100,0**	

KG	Kostengruppen der 2. Ebene	Einheit	▷	€/Einheit	◁	▷	% an 400	◁
410	Abwasser, Wasser, Gas	m² BGF	52	**63**	80	25,9	**29,6**	36,1
420	Wärmeversorgungsanlagen	m² BGF	27	**51**	118	13,3	**20,3**	30,8
430	Lufttechnische Anlagen	m² BGF	23	**54**	69	15,4	**24,4**	32,6
440	Starkstromanlagen	m² BGF	25	**40**	49	16,0	**18,3**	20,9
450	Fernmeldeanlagen	m² BGF	5	**10**	14	2,6	**4,4**	5,6
460	Förderanlagen	m² BGF	13	**23**	34	0,0	**3,1**	12,2
470	Nutzungsspezifische Anlagen	m² BGF	–	–	–	–	–	–
480	Gebäudeautomation	m² BGF	–	–	–	–	–	–
490	Sonstige Technische Anlagen	m² BGF	–	–	–	–	–	–
400	**Bauwerk Technische Anlagen**	**m² BGF**					**100,0**	

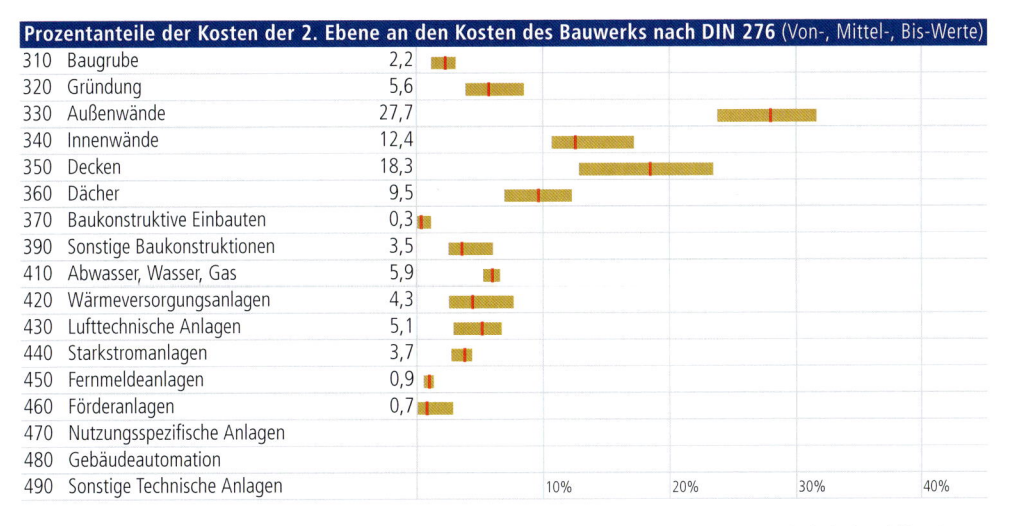

Prozentanteile der Kosten der 2. Ebene an den Kosten des Bauwerks nach DIN 276 (Von-, Mittel-, Bis-Werte)

KG		%
310	Baugrube	2,2
320	Gründung	5,6
330	Außenwände	27,7
340	Innenwände	12,4
350	Decken	18,3
360	Dächer	9,5
370	Baukonstruktive Einbauten	0,3
390	Sonstige Baukonstruktionen	3,5
410	Abwasser, Wasser, Gas	5,9
420	Wärmeversorgungsanlagen	4,3
430	Lufttechnische Anlagen	5,1
440	Starkstromanlagen	3,7
450	Fernmeldeanlagen	0,9
460	Förderanlagen	0,7
470	Nutzungsspezifische Anlagen	
480	Gebäudeautomation	
490	Sonstige Technische Anlagen	

© BKI Baukosteninformationszentrum; Erläuterungen zu den Tabellen siehe Seite 48 und 50   Kosten: 1.Quartal 2018, Bundesdurchschnitt, **inkl. 19% MwSt.**

Mehrfamilienhäuser, Passivhäuser

Kosten:
Stand 1.Quartal 2018
Bundesdurchschnitt
inkl. 19% MwSt.

- ● KKW
- ▶ min
- ▷ von
- | Mittelwert
- ◁ bis
- ◀ max

Kostenkennwerte für Leistungsbereiche nach StLB (Kosten des Bauwerks nach DIN 276)

LB	Leistungsbereiche	▷	€/m² BGF	◁	▷	% an 300+400	◁
000	Sicherheits-, Baustelleneinrichtungen inkl. 001	20	36	69	1,7	2,9	5,8
002	Erdarbeiten	22	34	45	1,9	2,8	3,8
006	Spezialtiefbauarbeiten inkl. 005	–	0	–	–	0,0	–
009	Entwässerungskanalarbeiten inkl. 011	1	6	12	0,1	0,5	1,0
010	Drän- und Versickerungsarbeiten	0	2	5	0,0	0,1	0,5
012	Mauerarbeiten	50	82	127	4,1	6,8	10,5
013	Betonarbeiten	149	200	267	12,3	16,6	22,2
014	Natur-, Betonwerksteinarbeiten	1	6	15	0,1	0,5	1,2
016	Zimmer- und Holzbauarbeiten	21	60	155	1,7	5,0	12,9
017	Stahlbauarbeiten	2	14	14	0,2	1,1	1,1
018	Abdichtungsarbeiten	4	9	19	0,3	0,7	1,6
020	Dachdeckungsarbeiten	0	3	3	0,0	0,3	0,3
021	Dachabdichtungsarbeiten	20	36	47	1,6	3,0	3,9
022	Klempnerarbeiten	6	15	29	0,5	1,2	2,4
	Rohbau	448	502	623	37,2	41,6	51,7
023	Putz- und Stuckarbeiten, Wärmedämmsysteme	57	89	132	4,7	7,4	11,0
024	Fliesen- und Plattenarbeiten	17	25	32	1,4	2,1	2,7
025	Estricharbeiten	21	25	29	1,8	2,0	2,4
026	Fenster, Außentüren inkl. 029, 032	87	115	188	7,2	9,5	15,6
027	Tischlerarbeiten	18	34	34	1,5	2,8	2,8
028	Parkettarbeiten, Holzpflasterarbeiten	5	25	39	0,4	2,1	3,2
030	Rollladenarbeiten	9	22	30	0,7	1,8	2,6
031	Metallbauarbeiten inkl. 035	11	53	89	0,9	4,4	7,4
034	Maler- und Lackiererarbeiten inkl. 037	20	25	37	1,6	2,0	3,0
036	Bodenbelagarbeiten	2	9	20	0,1	0,8	1,7
038	Vorgehängte hinterlüftete Fassaden	–	16	–	–	1,3	–
039	Trockenbauarbeiten	12	31	46	1,0	2,6	3,8
	Ausbau	423	470	547	35,1	39,0	45,4
040	Wärmeversorgungsanl. - Betriebseinr. inkl. 041	28	47	76	2,3	3,9	6,3
042	Gas- und Wasserinstallation, Leitungen inkl. 043	14	19	21	1,2	1,6	1,8
044	Abwasserinstallationsarbeiten - Leitungen	9	12	19	0,7	1,0	1,5
045	GWA-Einrichtungsgegenstände inkl. 046	16	22	29	1,3	1,8	2,4
047	Dämmarbeiten an betriebstechnischen Anlagen	4	9	15	0,4	0,8	1,2
049	Feuerlöschanlagen, Feuerlöschgeräte	–	–	–	–	–	–
050	Blitzschutz- und Erdungsanlagen	1	2	4	0,1	0,2	0,3
052	Mittelspannungsanlagen	–	–	–	–	–	–
053	Niederspannungsanlagen inkl. 054	30	41	45	2,5	3,4	3,7
055	Ersatzstromversorgungsanlagen	–	–	–	–	–	–
057	Gebäudesystemtechnik	–	–	–	–	–	–
058	Leuchten und Lampen inkl. 059	0	2	5	0,0	0,1	0,4
060	Elektroakustische Anlagen, Sprechanlagen	1	2	3	0,1	0,2	0,3
061	Kommunikationsnetze, inkl. 062	3	7	11	0,2	0,6	0,9
063	Gefahrenmeldeanlagen	0	1	4	0,0	0,1	0,3
069	Aufzüge	0	8	32	0,0	0,7	2,6
070	Gebäudeautomation	–	0	–	–	0,0	–
075	Raumlufttechnische Anlagen	33	58	77	2,7	4,8	6,4
	Technische Anlagen	181	230	275	15,0	19,1	22,8
	Sonstige Leistungsbereiche inkl. 008, 033, 051	2	5	9	0,2	0,4	0,8

Planungskennwerte für Flächen und Rauminhalte nach DIN 277

Grundflächen		▷	Fläche/NUF (%)	◁	▷	Fläche/BGF (%)	◁
NUF	Nutzungsfläche		100,0		63,0	67,9	72,1
TF	Technikfläche	2,9	3,6	10,7	2,0	2,5	6,6
VF	Verkehrsfläche	14,4	17,4	34,3	9,1	11,8	17,9
NRF	Netto-Raumfläche	117,7	121,0	137,3	79,4	82,1	84,2
KGF	Konstruktions-Grundfläche	22,8	26,3	31,9	15,8	17,9	20,6
BGF	Brutto-Grundfläche	141,3	147,4	164,9		100,0	

Brutto-Rauminhalte		▷	BRI/NUF (m)	◁	▷	BRI/BGF (m)	◁
BRI	Brutto-Rauminhalt	4,27	4,55	5,06	2,93	3,10	3,33

Flächen von Nutzeinheiten	▷	NUF/Einheit (m²)	◁	▷	BGF/Einheit (m²)	◁
Nutzeinheit: Wohnfläche	1,12	1,20	1,30	1,58	1,76	1,87

Lufttechnisch behandelte Flächen	▷	Fläche/NUF (%)	◁	▷	Fläche/BGF (%)	◁
Entlüftete Fläche	–	–	–	–	–	–
Be- und entlüftete Fläche	80,7	86,0	87,6	56,6	57,0	61,5
Teilklimatisierte Fläche	–	–	–	–	–	–
Klimatisierte Fläche	–	–	–	–	–	–

KG	Kostengruppen (2. Ebene)	Einheit	▷	Menge/NUF	◁	▷	Menge/BGF	◁
310	Baugrube	m³ BGI	0,99	1,26	1,36	0,73	0,89	0,92
320	Gründung	m² GRF	0,34	0,39	0,45	0,23	0,28	0,33
330	Außenwände	m² AWF	0,90	1,10	1,27	0,65	0,77	0,91
340	Innenwände	m² IWF	1,04	1,11	1,27	0,75	0,78	0,87
350	Decken	m² DEF	0,88	0,93	1,04	0,62	0,66	0,68
360	Dächer	m² DAF	0,35	0,41	0,46	0,25	0,29	0,33
370	Baukonstruktive Einbauten	m² BGF	1,41	1,47	1,65		1,00	
390	Sonstige Baukonstruktionen	m² BGF	1,41	1,47	1,65		1,00	
300	Bauwerk-Baukonstruktionen	m² BGF	1,41	1,47	1,65		1,00	

Planungskennwerte für Bauzeiten — 21 Vergleichsobjekte

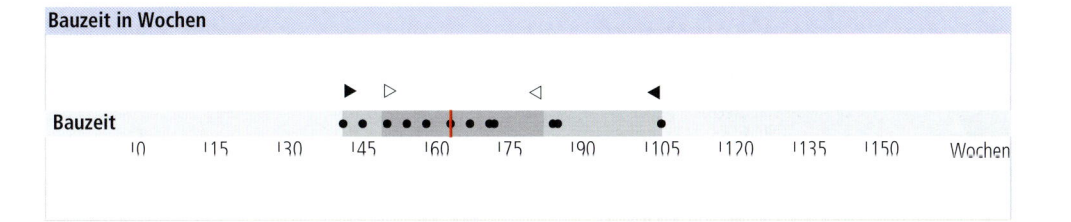

Bauzeit in Wochen

Mehrfamilienhäuser, Passivhäuser

Objektübersicht zur Gebäudeart

€/m² BGF
min	875 €/m²
von	1.000 €/m²
Mittel	**1.205 €/m²**
bis	1.480 €/m²
max	1.630 €/m²

Kosten:
Stand 1.Quartal 2018
Bundesdurchschnitt
inkl. 19% MwSt.

6100-1134 Mehrfamilienhaus (5 WE) - Passivhaus
BRI 1.932m³ **BGF** 522m² **NUF** 378m²

Mehrfamilienhaus als Mietobjekt mit 5 WE, Passivhaus. Massivbau, DG: Holzrahmenbau.

Land: Nordrhein-Westfalen
Kreis: Düren
Standard: Durchschnitt
Bauzeit: 56 Wochen
Kennwerte: bis 3.Ebene DIN276

BGF 1.520 €/m²

Planung: RONGEN ARCHITEKTEN GmbH; Wassenberg

veröffentlicht: BKI Objektdaten E6

6100-1228 Mehrfamilienhaus (8 WE) - Passivhaus
BRI 2.314m³ **BGF** 684m² **NUF** 516m²

Mehrfamilienhaus mit 8 WE (513m² WFL) als Passivhaus. Mauerwerksbau.

Land: Brandenburg
Kreis: Potsdam
Standard: Durchschnitt
Bauzeit: 43 Wochen
Kennwerte: bis 1.Ebene DIN276

BGF 1.268 €/m²

Planung: Project Architecture Company; Berlin

veröffentlicht: BKI Objektdaten E7

6100-1236 Mehrfamilienhaus (7 WE), TG - Plusenergiehaus
BRI 4.776m³ **BGF** 1.481m² **NUF** 1.108m²

Mehrfamilienhaus mit 7 WE (794m² WFL) und Tiefgarage (11 STP) als Plusenergiehaus. Massivbau.

Land: Nordrhein-Westfalen
Kreis: Dortmund
Standard: Durchschnitt
Bauzeit: 74 Wochen
Kennwerte: bis 1.Ebene DIN276

BGF 1.502 €/m²

Planung: Norbert Post • Hartmut Welters Architekten & Stadtplaner GmbH; Dortmund

veröffentlicht: BKI Objektdaten E7

6100-1221 Mehrfamilienhaus (10 WE), TG (18 STP) - Passivhaus
BRI 7.540m³ **BGF** 2.306m² **NUF** 1.559m²

Mehrfamilienhaus mit 10 WE (1.132m² WFL) als Passivhaus mit Tiefgarage (18 STP). Mauerwerksbau.

Land: Hamburg
Kreis: Hamburg
Standard: über Durchschnitt
Bauzeit: 86 Wochen
Kennwerte: bis 1.Ebene DIN276

BGF 1.540 €/m²

Planung: Dipl. Ing. Jakob Siemonsen; Hamburg

veröffentlicht: BKI Objektdaten E7

Objektübersicht zur Gebäudeart

6100-1016 Mehrfamilienhaus (3 WE) - Passivhaus
BRI 1.927m³ **BGF** 604m² **NUF** 351m²

Mehrfamilienhaus (3 WE mit 349m² WFL). Massivbauweise.

Land: Sachsen
Kreis: Dresden
Standard: Durchschnitt
Bauzeit: 47 Wochen
Kennwerte: bis 1.Ebene DIN276

BGF 1.267 €/m²

Planung: architekten dd Dipl.-Ing. Dietmar Eichelmann; Dresden

veröffentlicht: BKI Objektdaten E5

6100-1063 Mehrfamilienhaus (11 WE) - Passivhaus
BRI 6.963m³ **BGF** 1.921m² **NUF** 1.334m²

Mehrfamilienhaus einer Baugemeinschaft als Passivhaus mit 11 WE (1.334m² WFL). Mauerwerksbau.

Land: Berlin
Kreis: Berlin
Standard: Durchschnitt
Bauzeit: 69 Wochen
Kennwerte: bis 1.Ebene DIN276

BGF 1.532 €/m²

Planung: pfeifer deegen architekten; Berlin-Kreuzberg

veröffentlicht: BKI Objektdaten E6

6100-1183 Mehrfamilienhaus (22 WE) - Passivhaus
BRI 11.676m³ **BGF** 3.477m² **NUF** 2.645m²

Mehrfamilienhaus mit 22 WE (2.384m² WFL) als Passivhaus. Stb-Konstruktion, Holztafelbaufassade.

Land: Berlin
Kreis: Berlin
Standard: Durchschnitt
Bauzeit: 87 Wochen
Kennwerte: bis 1.Ebene DIN276

BGF 1.428 €/m²

Planung: Deimel Oelschläger Architekten Partnerschaft; Berlin

veröffentlicht: BKI Objektdaten E6

6100-1188 Mehrfamilienhaus (17 WE) barrierefrei - Passivhaus
BRI 5.544m³ **BGF** 1.821m² **NUF** 874m²

Mehrfamilienhaus (17 WE) mit 863m² WFL mit Gemeinschaftsbereich als Passivhaus. Mauerwerksbau.

Land: Hamburg
Kreis: Hamburg
Standard: Durchschnitt
Bauzeit: 73 Wochen
Kennwerte: bis 1.Ebene DIN276

BGF 1.417 €/m²

Planung: Plan-R-Architektenbüro Joachim Reinig; Hamburg

veröffentlicht: BKI Objektdaten E7

Mehrfamilienhäuser, Passivhäuser

Objektübersicht zur Gebäudeart

6100-0967 Mehrfamilienhaus (20 WE) - Passivhaus
BRI 7.842m³ | BGF 2.628m² | NUF 1.900m²

Mehrfamilienhaus als Passivhaus (20 WE). Mauerwerksbau.

Land: Baden-Württemberg
Kreis: Freiburg im Breisgau, Stadt
Standard: Durchschnitt
Bauzeit: 60 Wochen
Kennwerte: bis 4.Ebene DIN276

BGF 984 €/m²

Planung: Werkgruppe Freiburg Architekten; Freiburg

veröffentlicht: BKI Objektdaten E5

6100-1009 Mehrfamilienhaus (8 WE) - Passivhaus
BRI 4.070m³ | BGF 1.685m² | NUF 1.142m²

Mehrfamilienhaus mit 8 WE (892m² WFL). EG-Wohnungen sind barrierefrei. Mauerwerksbau.

Land: Baden-Württemberg
Kreis: Karlsruhe
Standard: über Durchschnitt
Bauzeit: 73 Wochen
Kennwerte: bis 1.Ebene DIN276

BGF 877 €/m²

Planung: Bisch.Otteni Architekten und Innenarchitekten; Karlsruhe

veröffentlicht: BKI Objektdaten E5

6100-1036 Mehrfamilienhaus (4 WE), Galerie - Passivhaus*
BRI 6.380m³ | BGF 1.751m² | NUF 1.187m²

Mehrfamilienwohnhaus mit 4 WE (702m² WFL) und einer Galerie im EG und UG. Stb-Konstruktion.

Land: Berlin
Kreis: Berlin
Standard: über Durchschnitt
Bauzeit: 65 Wochen
Kennwerte: bis 1.Ebene DIN276

BGF 1.910 €/m² *

Planung: BCO Architekten; Berlin

veröffentlicht: BKI Objektdaten E5
*Nicht in der Auswertung enthalten

6100-1052 Mehrfamilienhaus (6 WE) - Plusenergiehaus*
BRI 4.059m³ | BGF 1.215m² | NUF 794m²

Mehrfamilienwohnhaus mit 6 Wohneinheiten als Energie-Plus-Wohngebäude. Mehrlagiges Fassadensystem mit variablen Funktionen. Stahlbetonkonstruktion.

Land: Schleswig-Holstein
Kreis: Schleswig-Flensburg
Standard: über Durchschnitt
Bauzeit: 52 Wochen
Kennwerte: bis 3.Ebene DIN276

BGF 3.357 €/m² *

Planung: architekturbüro p. sindram Architekt Paul Sindram; Schleswig

veröffentlicht: BKI Objektdaten N12
*Nicht in der Auswertung enthalten

€/m² BGF
min 875 €/m²
von 1.000 €/m²
Mittel **1.205 €/m²**
bis 1.480 €/m²
max 1.630 €/m²

Kosten:
Stand 1.Quartal 2018
Bundesdurchschnitt
inkl. 19% MwSt.

Objektübersicht zur Gebäudeart

6100-1269 Mehrfamilienhaus (16 WE),TG (12 STP) - Passivhaus   BRI 10.120m³   BGF 3.355m²   NUF 2.124m²

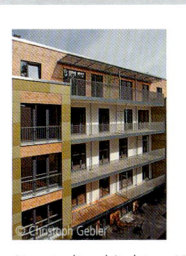

Mehrfamilienhaus (16 WE) mit 1.667m² WFL und TG (12 STP) als Passivhaus. Mischkonstruktion.

Land: Hamburg
Kreis: Hamburg
Standard: Durchschnitt
Bauzeit: 65 Wochen
Kennwerte: bis 1.Ebene DIN276

BGF   1.156 €/m²

Planung: Neustadtarchitekten; Hamburg

veröffentlicht: BKI Objektdaten E7

6100-0882 Solarsiedlung (39 WE) - drei Passivhäuser   BRI 14.373m³   BGF 3.750m²   NUF 3.050m²

Solarsiedlung. Drei Mehrfamilienhäuser als Passivhäuser mit 39 Mietwohnungen. (3.337m² WFL). Mauerwerksbau.

Land: Nordrhein-Westfalen
Kreis: Münster
Standard: Durchschnitt
Bauzeit: 52 Wochen
Kennwerte: bis 1.Ebene DIN276

BGF   1.629 €/m²

Planung: Architekturbüro Thiel; Münster

veröffentlicht: BKI Objektdaten E4

6100-0997 Mehrfamilienhaus (16 WE), TG (14 STP) - Passivhaus   BRI 9.621m³   BGF 3.352m²   NUF 2.128m²

Mehrfamilienhaus (16 WE) mit Tiefgarage als Passivhaus. Massivbau.

Land: Baden-Württemberg
Kreis: Freiburg im Breisgau, Stadt
Standard: Durchschnitt
Bauzeit: 52 Wochen
Kennwerte: bis 4.Ebene DIN276

BGF   989 €/m²

Planung: kuhs architekten freiburg dipl-ing.(fh) winfried kuhs; Freiburg

veröffentlicht: BKI Objektdaten E5

6100-1007 Mehrfamilienhaus (14 WE) - Passivhaus   BRI 6.680m³   BGF 2.429m²   NUF 1.516m²

Mehrfamilienhaus mit 14 WE (1.317m² WFL) als Passivhaus. Massivbauweise.

Land: Hessen
Kreis: Main-Taunus-Kreis
Standard: über Durchschnitt
Bauzeit: 73 Wochen
Kennwerte: bis 1.Ebene DIN276

BGF   1.127 €/m²

Planung: Dipl.Ing. Architekt Konrad Schirmer; Hattersheim

veröffentlicht: BKI Objektdaten E5

© BKI Baukosteninformationszentrum; Erläuterungen zu den Tabellen siehe Seite 56   Kosten: 1.Quartal 2018, Bundesdurchschnitt, **inkl. 19% MwSt.**

Mehrfamilienhäuser, Passivhäuser

Objektübersicht zur Gebäudeart

€/m² BGF

min	875 €/m²
von	1.000 €/m²
Mittel	**1.205 €/m²**
bis	1.480 €/m²
max	1.630 €/m²

Kosten:
Stand 1.Quartal 2018
Bundesdurchschnitt
inkl. 19% MwSt.

6100-0724 Mehrfamilienhaus (14 WE), TG (14 STP) - Passivhaus
BRI 8.977m³ **BGF** 3.328m² **NUF** 2.228m²

Mehrfamilienwohnhaus mit 14 Wohneinheiten, zwei Baukörper, selbstgenutztes Wohneigentum. Laubenganghaus; Stb-Wände (TG), KS-Mauerwerk; Stb-Filigrandecken; Stb-Flachdach.

Land: Sachsen
Kreis: Dresden
Standard: Durchschnitt
Bauzeit: 52 Wochen
Kennwerte: bis 1.Ebene DIN276

BGF 1.016 €/m²

Planung: h.e.i.z. Haus Architektur.Stadtplanung Partnerschaft mbB; Dresden

veröffentlicht: BKI Objektdaten E4

6100-0767 Mehrfamilienhaus (4 WE) - Passivhaus
BRI 1.943m³ **BGF** 662m² **NUF** 466m²

Mehrfamilienhaus mit 3 WE im Passivhausstandard und eine Wohnung im KfW 40 Standard. Holzständerkonstruktion.

Land: Bayern
Kreis: Lindau (Bodensee)
Standard: Durchschnitt
Bauzeit: 47 Wochen
Kennwerte: bis 3.Ebene DIN276

BGF 967 €/m²

Planung: freie architektin Sabine Schmidt; Scheidegg

veröffentlicht: BKI Objektdaten E4

6100-0795 Mehrfamilienhaus (30 WE) - Passivhaus
BRI 14.808m³ **BGF** 5.163m² **NUF** 3.424m²

Mehrfamilienhaus mit 30 WE in 4 Häusern im Passivhausstandard. Die BGF enthält einen hohen Anteil an (S)-Flächen. Mauerwerksbau.

Land: Hamburg
Kreis: Hamburg
Standard: Durchschnitt
Bauzeit: 52 Wochen
Kennwerte: bis 3.Ebene DIN276

BGF 1.014 €/m²

Planung: NeuStadtArchitekten; Hamburg

veröffentlicht: BKI Objektdaten E4

6100-0797 Mehrfamilienhaus (23 WE), TG - Passivhaus
BRI 11.816m³ **BGF** 4.348m² **NUF** 3.024m²

Mehrfamilienwohnhaus (23 WE), Passivhaus, Tiefgarage (23 Stellplätze). Betonbau.

Land: Baden-Württemberg
Kreis: Zollernalb, Balingen
Standard: Durchschnitt
Bauzeit: 108 Wochen
Kennwerte: bis 1.Ebene DIN276

BGF 1.089 €/m²

Planung: Grießbach+Grießbach Architekten; Freiburg

veröffentlicht: BKI Objektdaten E4

Objektübersicht zur Gebäudeart

6100-0806 Mehrfamilienhaus (19 WE) - Passivhaus*

BRI 10.455m³ **BGF** 2.942m² **NUF** 2.280m²

Mehrfamilienwohnhaus für generationsübergreifendes Wohnen, 19 WE, Passivhaus, Mischbauweise. Holzrahmenbau.

Land: Berlin
Kreis: Berlin
Standard: über Durchschnitt
Bauzeit: 69 Wochen
Kennwerte: bis 1.Ebene DIN276

BGF 1.497 €/m²

Planung: Deimel Oelschläger Architekten Partnerschaft; Berlin

veröffentlicht: BKI Objektdaten E4
*Nicht in der Auswertung enthalten

6100-0837 Mehrfamilienhaus (44 WE) - Passivhaus

BRI 19.406m³ **BGF** 6.014m² **NUF** 3.977m²

Generationenübergreifendes Wohnen mit 44 WE. Gesamtanlage besteht aus zwei Baukörpern. Mauerwerksbau.

Land: Hessen
Kreis: Darmstadt
Standard: Durchschnitt
Bauzeit: 86 Wochen
Kennwerte: bis 1.Ebene DIN276

BGF 968 €/m²

Planung: kolb+neumann Architekten BDA; Darmstadt

veröffentlicht: BKI Objektdaten E4

6100-0683 Mehrfamilienhaus (7 WE) - Passivhaus

BRI 4.087m³ **BGF** 1.434m² **NUF** 1.078m²

Mehrfamilienhaus (7 WE) im Passivhausstandard (855m² WFL). Mauerwerksbau; Stb-Decken; Stb-Flachdach.

Land: Baden-Württemberg
Kreis: Freiburg im Breisgau, Stadt
Standard: über Durchschnitt
Bauzeit: 47 Wochen
Kennwerte: bis 4.Ebene DIN276

BGF 1.099 €/m²

Planung: Werkgruppe Freiburg Architekten; Freiburg

veröffentlicht: BKI Objektdaten E4

6100-0633 Mehrfamilienhaus (20 WE), TG - Passivhaus

BRI 16.100m³ **BGF** 5.110m² **NUF** 3.862m²

Mehrfamilienhaus, 2 Baukörper mit jeweils 10 WE und Atrium, (2.668m² WFL), Tiefgarage. Mauerwerksbau.

Land: Baden-Württemberg
Kreis: Stuttgart
Standard: Durchschnitt
Bauzeit: 60 Wochen
Kennwerte: bis 3.Ebene DIN276

BGF 930 €/m²

Planung: Rudolf Architekten Ingenieure; Stuttgart

veröffentlicht: BKI Objektdaten E3

Arbeitsblatt zur Standardeinordnung bei Wohnhäusern, mit bis zu 15% Mischnutzung

Kosten:
Stand 1. Quartal 2018
Bundesdurchschnitt
inkl. 19% MwSt.

- Kostenkennwert
▶ min
▷ von
| Mittelwert
◁ bis
◀ max

Kostenkennwerte für die Kosten des Bauwerks (Kostengruppen 300+400 nach DIN 276)

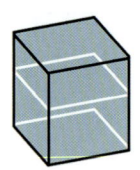

BRI 405 €/m³
von 340 €/m³
bis 505 €/m³

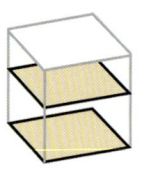

BGF 1.250 €/m²
von 990 €/m²
bis 1.580 €/m²

NUF 1.860 €/m²
von 1.480 €/m²
bis 2.350 €/m²

Standardzuordnung

gesamt / einfach / mittel / hoch (€/m² BGF)

Standardeinordnung für Ihr Projekt:

KG	Kostengruppen der 2. Ebene	niedrig	mittel	hoch	Punkte
310	Baugrube				
320	Gründung	1	2	3	
330	Außenwände	6	7	9	
340	Innenwände	3	4	5	
350	Decken	4	5	6	
360	Dächer	2	3	3	
370	Baukonstruktive Einbauten	0	0	0	
390	Sonstige Baukonstruktionen				
410	Abwasser, Wasser, Gas	1	2	3	
420	Wärmeversorgungsanlagen	1	2	2	
430	Lufttechnische Anlagen	0	0	0	
440	Starkstromanlagen	1	1	2	
450	Fernmeldeanlagen	0	0	0	
460	Förderanlagen	1	1	1	
470	Nutzungsspezifische Anlagen	0	0	0	
480	Gebäudeautomation	0	0	0	
490	Sonstige Technische Anlagen				

Punkte: 20 bis 24 = einfach   25 bis 30 = mittel   31 bis 34 = hoch   **Ihr Projekt (Summe):**

Erläuterung:
Obenstehende Tabelle soll Ihnen die Zuordnung zu den Gebäudearten mit einfachem, mittlerem und hohem Standard erleichtern. Schätzen Sie für jedes Grobelement ab, ob die Aufwendungen niedrig, mittel oder hoch sein werden und übertragen Sie die Punkte in die rechte Spalte. Bilden Sie die Summe der rechten Spalte und ordnen Sie Ihr Projekt nach dem Schema der untersten Zeile ein. Nehmen Sie dieses Schema auch als Hinweis darauf, bei welchen Kostengruppen Sie den Mittelwert nach oben oder unten anpassen sollten.

© BKI Baukosteninformationszentrum; Erläuterungen zu den Tabellen siehe Seite 58   Kosten: 1. Quartal 2018, Bundesdurchschnitt, **inkl. 19% MwSt.**

Kostenkennwerte für die Kostengruppen der 1. und 2. Ebene DIN 276

KG	Kostengruppen der 1. Ebene	Einheit	▷	€/Einheit	◁	▷	% an 300+400	◁
100	Grundstück	m² GF	–	–	–	–	–	–
200	Herrichten und Erschließen	m² GF	20	**46**	140	1,3	**2,4**	4,4
300	Bauwerk - Baukonstruktionen	m² BGF	797	**1.006**	1.277	76,6	**80,6**	85,5
400	Bauwerk - Technische Anlagen	m² BGF	168	**243**	333	14,5	**19,4**	23,4
	Bauwerk (300+400)	m² BGF	993	**1.249**	1.582		**100,0**	
500	Außenanlagen	m² AF	70	**134**	281	2,5	**5,0**	10,5
600	Ausstattung und Kunstwerke	m² BGF	20	**54**	207	1,6	**3,8**	12,9
700	Baunebenkosten*	m² BGF	261	**291**	321	21,1	**23,6**	26,0	◁ NEU

* Auf Grundlage der HOAI 2013 berechnete Werte nach §§ 35, 52, 56, 40. Weitere Informationen siehe Seite 50

KG	Kostengruppen der 2. Ebene	Einheit	▷	€/Einheit	◁	▷	% an 300	◁
310	Baugrube	m³ BGI	24	**44**	120	1,5	**2,8**	5,2
320	Gründung	m² GRF	220	**304**	646	5,7	**8,5**	17,6
330	Außenwände	m² AWF	349	**484**	649	29,7	**33,9**	40,8
340	Innenwände	m² IWF	118	**176**	198	12,8	**18,3**	22,3
350	Decken	m² DEF	193	**257**	318	12,0	**21,5**	26,2
360	Dächer	m² DAF	183	**381**	637	7,8	**10,7**	15,2
370	Baukonstruktive Einbauten	m² BGF	4	**12**	22	0,1	**0,8**	2,4
390	Sonstige Baukonstruktionen	m² BGF	19	**37**	82	1,5	**3,6**	7,2
300	**Bauwerk Baukonstruktionen**	**m² BGF**					**100,0**	

KG	Kostengruppen der 2. Ebene	Einheit	▷	€/Einheit	◁	▷	% an 400	◁
410	Abwasser, Wasser, Gas	m² BGF	48	**75**	113	29,4	**34,3**	39,2
420	Wärmeversorgungsanlagen	m² BGF	49	**63**	95	25,7	**30,6**	40,5
430	Lufttechnische Anlagen	m² BGF	2	**10**	19	0,3	**3,7**	7,3
440	Starkstromanlagen	m² BGF	33	**50**	114	17,2	**22,2**	28,4
450	Fernmeldeanlagen	m² BGF	3	**6**	10	1,4	**3,1**	4,8
460	Förderanlagen	m² BGF	18	**24**	27	0,0	**6,1**	11,2
470	Nutzungsspezifische Anlagen	m² BGF	–	**0**	–	–	**0,0**	–
480	Gebäudeautomation	m² BGF	–	–	–	–	–	–
490	Sonstige Technische Anlagen	m² BGF	–	–	–	–	–	–
400	**Bauwerk Technische Anlagen**	**m² BGF**					**100,0**	

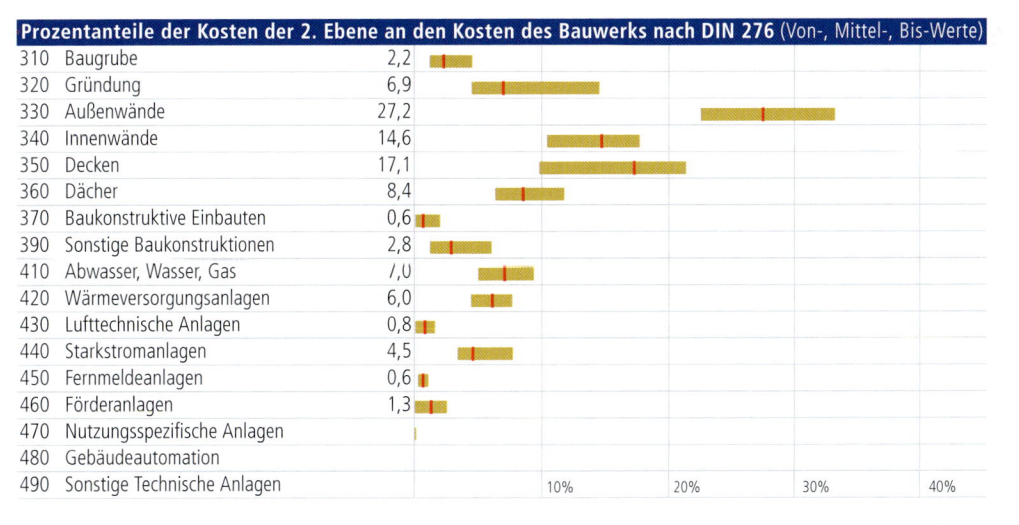

Prozentanteile der Kosten der 2. Ebene an den Kosten des Bauwerks nach DIN 276 (Von-, Mittel-, Bis-Werte)

KG	Bezeichnung	%
310	Baugrube	2,2
320	Gründung	6,9
330	Außenwände	27,2
340	Innenwände	14,6
350	Decken	17,1
360	Dächer	8,4
370	Baukonstruktive Einbauten	0,6
390	Sonstige Baukonstruktionen	2,8
410	Abwasser, Wasser, Gas	7,0
420	Wärmeversorgungsanlagen	6,0
430	Lufttechnische Anlagen	0,8
440	Starkstromanlagen	4,5
450	Fernmeldeanlagen	0,6
460	Förderanlagen	1,3
470	Nutzungsspezifische Anlagen	
480	Gebäudeautomation	
490	Sonstige Technische Anlagen	

© BKI Baukosteninformationszentrum; Erläuterungen zu den Tabellen siehe Seite 48 und 50   Kosten: 1.Quartal 2018, Bundesdurchschnitt, **inkl. 19% MwSt.**

Wohnhäuser, mit bis zu 15% Mischnutzung

Kostenkennwerte für Leistungsbereiche nach StLB (Kosten des Bauwerks nach DIN 276)

LB	Leistungsbereiche	▷	€/m² BGF	◁	▷	% an 300+400	◁
000	Sicherheits-, Baustelleneinrichtungen inkl. 001	14	32	80	1,1	2,6	6,4
002	Erdarbeiten	20	26	34	1,6	2,1	2,8
006	Spezialtiefbauarbeiten inkl. 005	0	7	40	0,0	0,6	3,2
009	Entwässerungskanalarbeiten inkl. 011	2	5	19	0,2	0,4	1,5
010	Drän- und Versickerungsarbeiten	0	2	3	0,0	0,1	0,2
012	Mauerarbeiten	27	78	175	2,1	6,3	14,0
013	Betonarbeiten	116	216	294	9,3	17,3	23,6
014	Natur-, Betonwerksteinarbeiten	1	10	23	0,0	0,8	1,9
016	Zimmer- und Holzbauarbeiten	37	131	329	3,0	10,5	26,4
017	Stahlbauarbeiten	0	2	10	0,0	0,2	0,8
018	Abdichtungsarbeiten	0	2	8	0,0	0,2	0,6
020	Dachdeckungsarbeiten	1	16	53	0,0	1,3	4,2
021	Dachabdichtungsarbeiten	2	18	35	0,2	1,5	2,8
022	Klempnerarbeiten	8	16	23	0,7	1,3	1,8
	Rohbau	485	563	661	38,8	45,1	53,0
023	Putz- und Stuckarbeiten, Wärmedämmsysteme	16	60	94	1,3	4,8	7,5
024	Fliesen- und Plattenarbeiten	18	37	67	1,5	3,0	5,4
025	Estricharbeiten	20	23	28	1,6	1,8	2,2
026	Fenster, Außentüren inkl. 029, 032	36	88	113	2,9	7,1	9,0
027	Tischlerarbeiten	17	47	64	1,4	3,8	5,1
028	Parkettarbeiten, Holzpflasterarbeiten	6	22	43	0,5	1,7	3,4
030	Rollladenarbeiten	4	16	27	0,3	1,3	2,2
031	Metallbauarbeiten inkl. 035	18	53	82	1,5	4,3	6,6
034	Maler- und Lackiererarbeiten inkl. 037	23	33	43	1,9	2,7	3,4
036	Bodenbelagarbeiten	1	6	26	0,1	0,5	2,1
038	Vorgehängte hinterlüftete Fassaden	0	8	35	0,0	0,6	2,8
039	Trockenbauarbeiten	24	42	69	1,9	3,4	5,6
	Ausbau	371	437	483	29,7	35,0	38,7
040	Wärmeversorgungsanl. - Betriebseinr. inkl. 041	54	73	104	4,3	5,9	8,4
042	Gas- und Wasserinstallation, Leitungen inkl. 043	17	36	87	1,4	2,9	7,0
044	Abwasserinstallationsarbeiten - Leitungen	6	15	26	0,5	1,2	2,1
045	GWA-Einrichtungsgegenstände inkl. 046	13	24	37	1,0	1,9	3,0
047	Dämmarbeiten an betriebstechnischen Anlagen	2	6	13	0,1	0,5	1,0
049	Feuerlöschanlagen, Feuerlöschgeräte	–	0	–	–	0,0	–
050	Blitzschutz- und Erdungsanlagen	0	2	3	0,0	0,2	0,2
052	Mittelspannungsanlagen	–	–	–	–	–	–
053	Niederspannungsanlagen inkl. 054	37	50	102	3,0	4,0	8,1
055	Ersatzstromversorgungsanlagen	–	–	–	–	–	–
057	Gebäudesystemtechnik	–	–	–	–	–	–
058	Leuchten und Lampen inkl. 059	1	4	8	0,1	0,3	0,6
060	Elektroakustische Anlagen, Sprechanlagen	0	2	5	0,0	0,1	0,4
061	Kommunikationsnetze, inkl. 062	2	5	11	0,1	0,4	0,9
063	Gefahrenmeldeanlagen	0	0	1	0,0	0,0	0,1
069	Aufzüge	0	15	30	0,0	1,2	2,4
070	Gebäudeautomation	–	–	–	–	–	–
075	Raumlufttechnische Anlagen	0	8	19	0,0	0,6	1,5
	Technische Anlagen	192	241	324	15,4	19,3	25,9
	Sonstige Leistungsbereiche inkl. 008, 033, 051	2	10	38	0,2	0,8	3,1

Kosten:
Stand 1.Quartal 2018
Bundesdurchschnitt
inkl. 19% MwSt.

● Kostenkennwert
▶ min
▷ von
| Mittelwert
◁ bis
◀ max

© BKI Baukosteninformationszentrum; Erläuterungen zu den Tabellen siehe Seite 52

Kosten: 1.Quartal 2018, Bundesdurchschnitt, **inkl. 19% MwSt.**

Planungskennwerte für Flächen und Rauminhalte nach DIN 277

Grundflächen			▷ Fläche/NUF (%) ◁			▷ Fläche/BGF (%) ◁		
NUF	Nutzungsfläche			100,0		64,3	66,8	71,4
TF	Technikfläche		2,8	3,7	7,7	1,9	2,4	4,9
VF	Verkehrsfläche		12,3	16,4	21,1	8,2	10,9	13,5
NRF	Netto-Raumfläche		115,4	120,0	124,7	78,0	80,2	83,6
KGF	Konstruktions-Grundfläche		24,7	29,6	35,4	16,4	19,8	22,0
BGF	Brutto-Grundfläche		141,9	149,6	157,5		100,0	

Brutto-Rauminhalte			▷ BRI/NUF (m) ◁			▷ BRI/BGF (m) ◁		
BRI	Brutto-Rauminhalt		4,16	4,58	4,86	2,88	3,06	3,22

Flächen von Nutzeinheiten			▷ NUF/Einheit (m²) ◁			▷ BGF/Einheit (m²) ◁		
Nutzeinheit:			–	–	–	–	–	–

Lufttechnisch behandelte Flächen			▷ Fläche/NUF (%) ◁			▷ Fläche/BGF (%) ◁		
Entlüftete Fläche			30,8	31,4	31,4	20,8	21,3	21,3
Be- und entlüftete Fläche			69,2	79,1	79,1	48,6	50,6	50,6
Teilklimatisierte Fläche			–	–	–	–	–	–
Klimatisierte Fläche			–	–	–	–	–	–

KG	Kostengruppen (2. Ebene)	Einheit	▷ Menge/NUF ◁			▷ Menge/BGF ◁		
310	Baugrube	m³ BGI	0,63	0,83	0,94	0,47	0,61	0,74
320	Gründung	m² GRF	0,28	0,34	0,47	0,22	0,25	0,36
330	Außenwände	m² AWF	0,69	0,86	1,15	0,52	0,64	0,90
340	Innenwände	m² IWF	0,93	1,21	1,34	0,69	0,88	1,00
350	Decken	m² DEF	0,77	0,95	1,15	0,56	0,69	0,75
360	Dächer	m² DAF	0,35	0,43	0,59	0,26	0,32	0,42
370	Baukonstruktive Einbauten	m² BGF	1,42	1,50	1,57		1,00	
390	Sonstige Baukonstruktionen	m² BGF	1,42	1,50	1,57		1,00	
300	Bauwerk-Baukonstruktionen	m² BGF	1,42	1,50	1,57		1,00	

Planungskennwerte für Bauzeiten

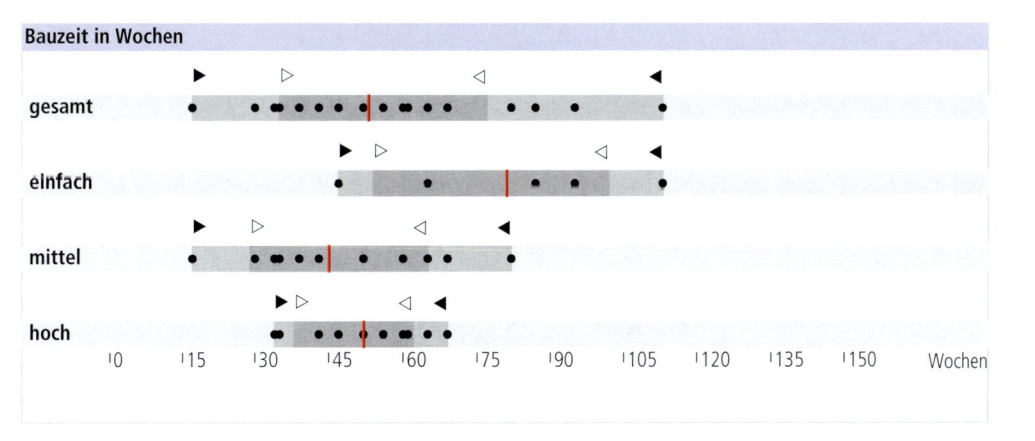

Bauzeit in Wochen

© BKI Baukosteninformationszentrum; Erläuterungen zu den Tabellen siehe Seite 54   Kosten: 1.Quartal 2018, Bundesdurchschnitt, inkl. 19% MwSt.

Wohnhäuser, mit bis zu 15% Mischnutzung, einfacher Standard

Kostenkennwerte für die Kosten des Bauwerks (Kostengruppen 300+400 nach DIN 276)

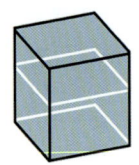

BRI 330 €/m³
von 320 €/m³
bis 340 €/m³

BGF 960 €/m²
von 920 €/m²
bis 1.020 €/m²

NUF 1.420 €/m²
von 1.220 €/m²
bis 1.560 €/m²

Objektbeispiele

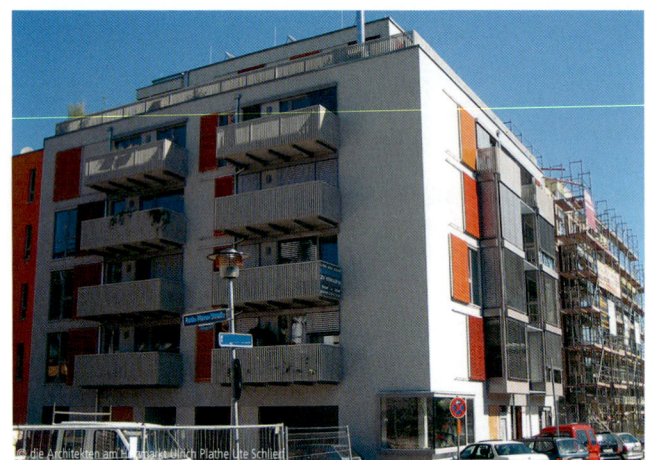

6100-0619

6100-0479

6100-0670

Kosten:
Stand 1.Quartal 2018
Bundesdurchschnitt
inkl. 19% MwSt.

Kosten der 5 Vergleichsobjekte — Seiten 596 bis 597

- ● KKW
- ▶ min
- ▷ von
- | Mittelwert
- ◁ bis
- ◀ max

BRI: €/m³ BRI (Skala 200–450)
BGF: €/m² BGF (Skala 500–1500)
NUF: €/m² NUF (Skala 500–3000)

© BKI Baukosteninformationszentrum; Erläuterungen zu den Tabellen siehe Seite 46

Kosten: 1.Quartal 2018, Bundesdurchschnitt, inkl. 19% MwSt.

Kostenkennwerte für die Kostengruppen der 1. und 2. Ebene DIN 276

KG	Kostengruppen der 1. Ebene	Einheit	▷	€/Einheit	◁	▷	% an 300+400	◁
100	Grundstück	m² GF	–	–	–	–	–	–
200	Herrichten und Erschließen	m² GF	12	**20**	27	1,5	**1,6**	1,7
300	Bauwerk - Baukonstruktionen	m² BGF	702	**783**	847	77,5	**81,5**	85,9
400	Bauwerk - Technische Anlagen	m² BGF	139	**176**	207	14,1	**18,5**	22,5
	Bauwerk (300+400)	m² BGF	921	**960**	1.018		**100,0**	
500	Außenanlagen	m² AF	102	**102**	102	1,7	**2,8**	3,9
600	Ausstattung und Kunstwerke	m² BGF	–	–	–	–	–	–
700	Baunebenkosten*	m² BGF	196	**218**	241	20,4	**22,7**	25,1 ◁ NEU

* Auf Grundlage der HOAI 2013 berechnete Werte nach §§ 35, 52, 56. Weitere Informationen siehe Seite 50

KG	Kostengruppen der 2. Ebene	Einheit	▷	€/Einheit	◁	▷	% an 300	◁
310	Baugrube	m³ BGI	28	**40**	56	2,2	**3,2**	4,4
320	Gründung	m² GRF	238	**264**	295	4,9	**5,8**	6,9
330	Außenwände	m² AWF	432	**554**	695	31,6	**32,5**	32,9
340	Innenwände	m² IWF	117	**155**	192	11,3	**19,5**	22,5
350	Decken	m² DEF	243	**253**	263	25,3	**26,4**	29,5
360	Dächer	m² DAF	238	**340**	437	7,2	**7,8**	8,3
370	Baukonstruktive Einbauten	m² BGF	2	**13**	23	0,1	**0,8**	2,9
390	Sonstige Baukonstruktionen	m² BGF	14	**31**	71	1,8	**4,1**	9,0
300	**Bauwerk Baukonstruktionen**	**m² BGF**					**100,0**	

KG	Kostengruppen der 2. Ebene	Einheit	▷	€/Einheit	◁	▷	% an 400	◁
410	Abwasser, Wasser, Gas	m² BGF	51	**65**	78	34,5	**35,7**	37,5
420	Wärmeversorgungsanlagen	m² BGF	44	**55**	68	24,1	**30,0**	32,1
430	Lufttechnische Anlagen	m² BGF	1	**3**	9	0,3	**1,4**	4,6
440	Starkstromanlagen	m² BGF	35	**38**	46	16,8	**21,4**	26,1
450	Fernmeldeanlagen	m² BGF	3	**6**	7	1,9	**3,2**	4,6
460	Förderanlagen	m² BGF	15	**22**	27	2,4	**8,2**	12,4
470	Nutzungsspezifische Anlagen	m² BGF	–	**0**	–	–	**0,0**	–
480	Gebäudeautomation	m² BGF	–	–	–	–	–	–
490	Sonstige Technische Anlagen	m² BGF	–	–	–	–	–	–
400	**Bauwerk Technische Anlagen**	**m² BGF**					**100,0**	

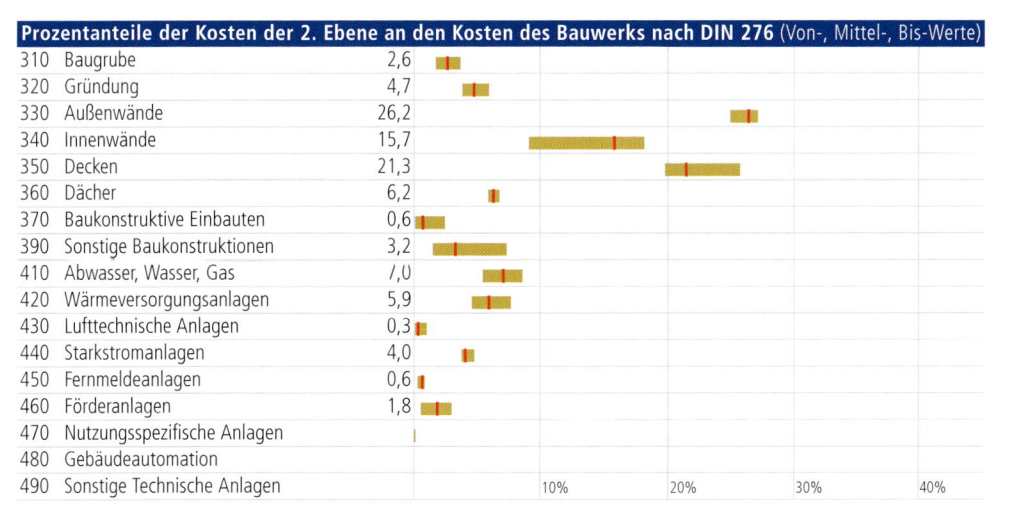

Prozentanteile der Kosten der 2. Ebene an den Kosten des Bauwerks nach DIN 276 (Von-, Mittel-, Bis-Werte)

KG	Kostengruppe	%
310	Baugrube	2,6
320	Gründung	4,7
330	Außenwände	26,2
340	Innenwände	15,7
350	Decken	21,3
360	Dächer	6,2
370	Baukonstruktive Einbauten	0,6
390	Sonstige Baukonstruktionen	3,2
410	Abwasser, Wasser, Gas	7,0
420	Wärmeversorgungsanlagen	5,9
430	Lufttechnische Anlagen	0,3
440	Starkstromanlagen	4,0
450	Fernmeldeanlagen	0,6
460	Förderanlagen	1,8
470	Nutzungsspezifische Anlagen	
480	Gebäudeautomation	
490	Sonstige Technische Anlagen	

© **BKI** Baukosteninformationszentrum; Erläuterungen zu den Tabellen siehe Seite 48 und 50   Kosten: 1.Quartal 2018, Bundesdurchschnitt, **inkl. 19% MwSt.**

Wohnhäuser, mit bis zu 15% Mischnutzung, einfacher Standard

Kosten: Stand 1. Quartal 2018 Bundesdurchschnitt inkl. 19% MwSt.

Kostenkennwerte für Leistungsbereiche nach StLB (Kosten des Bauwerks nach DIN 276)

LB	Leistungsbereiche	▷ €/m² BGF ◁			▷ % an 300+400 ◁		
000	Sicherheits-, Baustelleneinrichtungen inkl. 001	13	28	28	1,4	3,0	3,0
002	Erdarbeiten	19	23	28	2,0	2,4	2,9
006	Spezialtiefbauarbeiten inkl. 005	–	2	–	–	0,2	–
009	Entwässerungskanalarbeiten inkl. 011	1	2	3	0,1	0,2	0,3
010	Drän- und Versickerungsarbeiten	0	1	1	0,0	0,1	0,1
012	Mauerarbeiten	40	83	83	4,2	8,6	8,6
013	Betonarbeiten	192	192	220	20,0	20,0	22,9
014	Natur-, Betonwerksteinarbeiten	1	5	5	0,1	0,5	0,5
016	Zimmer- und Holzbauarbeiten	10	61	119	1,1	6,4	12,4
017	Stahlbauarbeiten	0	4	8	0,0	0,4	0,8
018	Abdichtungsarbeiten	0	1	3	0,0	0,1	0,3
020	Dachdeckungsarbeiten	–	4	–	–	0,5	–
021	Dachabdichtungsarbeiten	5	15	24	0,5	1,6	2,5
022	Klempnerarbeiten	4	8	11	0,4	0,8	1,1
	Rohbau	385	430	430	40,1	44,8	44,8
023	Putz- und Stuckarbeiten, Wärmedämmsysteme	40	56	73	4,1	5,9	7,6
024	Fliesen- und Plattenarbeiten	14	27	40	1,4	2,8	4,2
025	Estricharbeiten	17	18	18	1,8	1,9	1,9
026	Fenster, Außentüren inkl. 029, 032	65	65	88	6,8	6,8	9,2
027	Tischlerarbeiten	27	40	53	2,8	4,1	5,6
028	Parkettarbeiten, Holzpflasterarbeiten	0	7	16	0,0	0,7	1,6
030	Rollladenarbeiten	3	10	20	0,3	1,1	2,1
031	Metallbauarbeiten inkl. 035	55	55	69	5,8	5,8	7,2
034	Maler- und Lackiererarbeiten inkl. 037	18	23	28	1,9	2,4	2,9
036	Bodenbelagarbeiten	0	6	6	0,0	0,7	0,7
038	Vorgehängte hinterlüftete Fassaden	–	–	–	–	–	–
039	Trockenbauarbeiten	28	34	34	2,9	3,6	3,6
	Ausbau	305	343	382	31,8	35,7	39,8
040	Wärmeversorgungsanl. - Betriebseinr. inkl. 041	39	53	71	4,0	5,6	7,4
042	Gas- und Wasserinstallation, Leitungen inkl. 043	14	19	19	1,4	2,0	2,0
044	Abwasserinstallationsarbeiten - Leitungen	16	16	22	1,7	1,7	2,2
045	GWA-Einrichtungsgegenstände inkl. 046	18	23	23	1,9	2,4	2,4
047	Dämmarbeiten an betriebstechnischen Anlagen	4	4	4	0,4	0,5	0,5
049	Feuerlöschanlagen, Feuerlöschgeräte	–	0	–	–	0,0	–
050	Blitzschutz- und Erdungsanlagen	1	1	2	0,2	0,2	0,2
052	Mittelspannungsanlagen	–	–	–	–	–	–
053	Niederspannungsanlagen inkl. 054	30	31	34	3,1	3,3	3,5
055	Ersatzstromversorgungsanlagen	–	–	–	–	–	–
057	Gebäudesystemtechnik	–	–	–	–	–	–
058	Leuchten und Lampen inkl. 059	1	4	7	0,1	0,4	0,7
060	Elektroakustische Anlagen, Sprechanlagen	0	2	2	0,0	0,2	0,2
061	Kommunikationsnetze, inkl. 062	1	4	7	0,1	0,4	0,7
063	Gefahrenmeldeanlagen	–	–	–	–	–	–
069	Aufzüge	5	17	27	0,5	1,8	2,8
070	Gebäudeautomation	–	–	–	–	–	–
075	Raumlufttechnische Anlagen	1	3	3	0,1	0,3	0,3
	Technische Anlagen	143	179	217	14,9	18,6	22,7
	Sonstige Leistungsbereiche inkl. 008, 033, 051	2	10	10	0,2	1,1	1,1

- ● KKW
- ▶ min
- ▷ von
- │ Mittelwert
- ◁ bis
- ◀ max

© BKI Baukosteninformationszentrum; Erläuterungen zu den Tabellen siehe Seite 52

Planungskennwerte für Flächen und Rauminhalte nach DIN 277

Grundflächen		▷	Fläche/NUF (%)	◁	▷	Fläche/BGF (%)	◁
NUF	Nutzungsfläche		**100,0**		66,1	**68,0**	68,9
TF	Technikfläche	4,6	**5,1**	5,4	3,2	**3,5**	3,6
VF	Verkehrsfläche	13,0	**14,7**	16,7	9,2	**10,0**	11,8
NRF	Netto-Raumfläche	116,8	**119,8**	125,7	78,4	**81,4**	84,8
KGF	Konstruktions-Grundfläche	23,9	**27,3**	31,6	15,2	**18,6**	21,6
BGF	Brutto-Grundfläche	146,3	**147,1**	152,8		**100,0**	

Brutto-Rauminhalte		▷	BRI/NUF (m)	◁	▷	BRI/BGF (m)	◁
BRI	Brutto-Rauminhalt	4,27	**4,31**	4,52	2,87	**2,92**	3,00

Flächen von Nutzeinheiten	▷	NUF/Einheit (m²)	◁	▷	BGF/Einheit (m²)	◁
Nutzeinheit:	–	–	–	–	–	–

Lufttechnisch behandelte Flächen	▷	Fläche/NUF (%)	◁	▷	Fläche/BGF (%)	◁
Entlüftete Fläche	–	–	–	–	–	–
Be- und entlüftete Fläche	–	–	–	–	–	–
Teilklimatisierte Fläche	–	–	–	–	–	–
Klimatisierte Fläche	–	–	–	–	–	–

KG	Kostengruppen (2. Ebene)	Einheit	▷	Menge/NUF	◁	▷	Menge/BGF	◁
310	Baugrube	m³ BGI	0,84	**0,88**	0,98	0,57	**0,60**	0,64
320	Gründung	m² GRF	0,24	**0,24**	0,26	0,17	**0,17**	0,17
330	Außenwände	m² AWF	0,67	**0,70**	0,79	0,45	**0,47**	0,51
340	Innenwände	m² IWF	1,32	**1,37**	1,40	0,91	**0,95**	0,95
350	Decken	m² DEF	1,04	**1,16**	1,34	0,71	**0,79**	0,86
360	Dächer	m² DAF	0,28	**0,28**	0,35	0,18	**0,19**	0,22
370	Baukonstruktive Einbauten	m² BGF	1,46	**1,47**	1,53		**1,00**	
390	Sonstige Baukonstruktionen	m² BGF	1,46	**1,47**	1,53		**1,00**	
300	**Bauwerk-Baukonstruktionen**	m² BGF	1,46	**1,47**	1,53		**1,00**	

Planungskennwerte für Bauzeiten — 5 Vergleichsobjekte

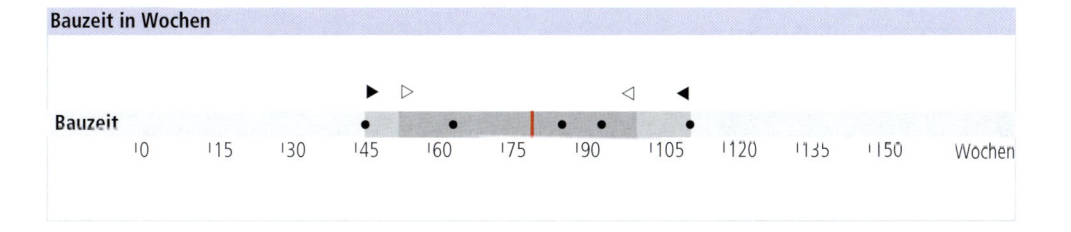

Bauzeit in Wochen

Bauzeit: Skala 0 | 15 | 30 | 45 | 60 | 75 | 90 | 105 | 120 | 135 | 150 Wochen

© BKI Baukosteninformationszentrum; Erläuterungen zu den Tabellen siehe Seite 54   Kosten: 1.Quartal 2018, Bundesdurchschnitt, **inkl.** 19% MwSt.

Wohnhäuser, mit bis zu 15% Mischnutzung, einfacher Standard

€/m² BGF

min	900	€/m²
von	920	€/m²
Mittel	**960**	**€/m²**
bis	1.020	€/m²
max	1.040	€/m²

Kosten:
Stand 1.Quartal 2018
Bundesdurchschnitt
inkl. 19% MwSt.

Objektübersicht zur Gebäudeart

6100-0670 Einfamilienhaus mit Büro
BRI 1.425m³ **BGF** 450m² **NUF** 289m²

Wohn- und Büronutzung. Mauerwerksbau; Stb-Decken; Holzdachkonstruktion.

Land: Nordrhein-Westfalen
Kreis: Borken
Standard: unter Durchschnitt
Bauzeit: 87 Wochen
Kennwerte: bis 1.Ebene DIN276

BGF 1.040 €/m²

Planung: Scharlau Architektur; Legden

veröffentlicht: BKI Objektdaten N9

6100-0618 Wohn- und Geschäftshaus (6 WE)
BRI 3.294m³ **BGF** 1.234m² **NUF** 921m²

Wohn- und Geschäftshaus mit 6 Wohneinheiten und zwei Geschäften. Mauerwerksbau, Pfosten-Riegel-Fassade.

Land: Baden-Württemberg
Kreis: Tübingen
Standard: unter Durchschnitt
Bauzeit: 47 Wochen
Kennwerte: bis 3.Ebene DIN276

BGF 899 €/m²

Planung: ...die Architekten am Holzmarkt, Ulrich Plathe, Ute Schlierf; Tübingen

veröffentlicht: BKI Objektdaten N9

6100-0619 Wohn- und Geschäftshaus (11 WE)
BRI 6.486m³ **BGF** 2.348m² **NUF** 1.775m²

Wohn- und Geschäftshaus mit 11 Wohneinheiten und zwei Geschäften. Mauerwerksbau, Pfosten-Riegel-Fassade.

Land: Baden-Württemberg
Kreis: Tübingen
Standard: unter Durchschnitt
Bauzeit: 65 Wochen
Kennwerte: bis 3.Ebene DIN276

BGF 936 €/m²

Planung: ...die Architekten am Holzmarkt, Ulrich Plathe, Ute Schlierf; Tübingen

veröffentlicht: BKI Objektdaten N9

6100-0479 Mehrfamilienhaus (23 WE), Kita
BRI 14.563m³ **BGF** 4.873m² **NUF** 3.251m²

Mehrfamilienhaus mit Kindertagesstätte im Erdgeschoss. Massivbau.

Land: Rheinland-Pfalz
Kreis: Mainz
Standard: unter Durchschnitt
Bauzeit: 113 Wochen
Kennwerte: bis 3.Ebene DIN276

BGF 979 €/m²

Planung: Wohnbau Mainz GmbH; Mainz

veröffentlicht: BKI Objektdaten N6

Objektübersicht zur Gebäudeart

6100-0169 Mehrfamilienhaus (9 WE), Arztpraxis

BRI 4.839m³   **BGF** 1.607m²   **NUF** 981m²

Einseitig angebautes dreigeschossiges Mehrfamilienhaus mit ausgebautem Dachgeschoss mit neun Wohnungen und einer Kinderarztpraxis. Mauerwerksbau.

Land: Nordrhein-Westfalen
Kreis: Aachen
Standard: unter Durchschnitt
Bauzeit: 95 Wochen
Kennwerte: bis 3.Ebene DIN276

BGF   945 €/m²

Planung: Walter H. Müller Dipl.-Ing.; Eschweiler

www.bki.de

**Wohnhäuser,
mit bis zu
15% Mischnutzung,
mittlerer Standard**

Kostenkennwerte für die Kosten des Bauwerks (Kostengruppen 300+400 nach DIN 276)

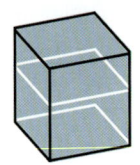

BRI 365 €/m³
von 320 €/m³
bis 405 €/m³

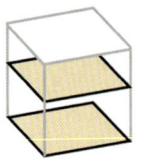

BGF 1.110 €/m²
von 930 €/m²
bis 1.300 €/m²

NUF 1.680 €/m²
von 1.300 €/m²
bis 1.940 €/m²

Kosten:
Stand 1.Quartal 2018
Bundesdurchschnitt
inkl. 19% MwSt.

Objektbeispiele

6100-1314

6100-1330

6100-1172

Kosten der 18 Vergleichsobjekte — Seiten 602 bis 606

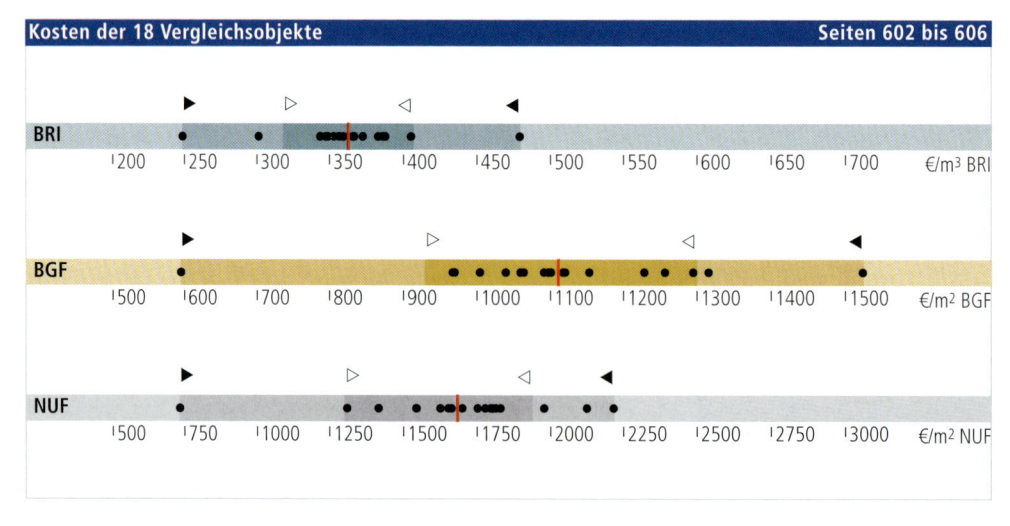

- ● KKW
- ▶ min
- ▷ von
- | Mittelwert
- ◁ bis
- ◀ max

BRI — €/m³ BRI
BGF — €/m² BGF
NUF — €/m² NUF

© BKI Baukosteninformationszentrum; Erläuterungen zu den Tabellen siehe Seite 46
Kosten: 1.Quartal 2018, Bundesdurchschnitt, **inkl. 19% MwSt.**

Kostenkennwerte für die Kostengruppen der 1. und 2. Ebene DIN 276

KG	Kostengruppen der 1. Ebene	Einheit	▷	€/Einheit	◁	▷	% an 300+400	◁	
100	Grundstück	m² GF	–	–	–	–	–	–	
200	Herrichten und Erschließen	m² GF	13	**25**	46	0,8	**2,2**	3,8	
300	Bauwerk - Baukonstruktionen	m² BGF	761	**884**	1.066	76,9	**79,8**	85,2	
400	Bauwerk - Technische Anlagen	m² BGF	155	**226**	280	14,8	**20,2**	23,1	
	Bauwerk (300+400)	m² BGF	929	**1.111**	1.299		**100,0**		
500	Außenanlagen	m² AF	58	**116**	286	1,9	**4,0**	7,2	
600	Ausstattung und Kunstwerke	m² BGF	6	**20**	37	0,6	**1,7**	3,1	
700	Baunebenkosten*	m² BGF	238	**266**	293	21,7	**24,2**	26,7	◁ NEU

* Auf Grundlage der HOAI 2013 berechnete Werte nach §§ 35, 52, 56. Weitere Informationen siehe Seite 50

KG	Kostengruppen der 2. Ebene	Einheit	▷	€/Einheit	◁	▷	% an 300	◁
310	Baugrube	m³ BGI	9	**19**	24	0,9	**1,1**	1,3
320	Gründung	m² GRF	167	**243**	284	6,5	**13,9**	17,6
330	Außenwände	m² AWF	291	**379**	542	32,1	**38,8**	42,5
340	Innenwände	m² IWF	183	**197**	226	12,2	**16,2**	22,7
350	Decken	m² DEF	120	**205**	257	9,7	**13,8**	21,6
360	Dächer	m² DAF	131	**245**	448	11,6	**13,1**	16,0
370	Baukonstruktive Einbauten	m² BGF	10	**15**	21	0,4	**1,2**	2,5
390	Sonstige Baukonstruktionen	m² BGF	19	**24**	29	0,0	**1,9**	3,1
300	**Bauwerk Baukonstruktionen**	**m² BGF**					**100,0**	

KG	Kostengruppen der 2. Ebene	Einheit	▷	€/Einheit	◁	▷	% an 400	◁
410	Abwasser, Wasser, Gas	m² BGF	23	**66**	91	27,6	**33,3**	44,3
420	Wärmeversorgungsanlagen	m² BGF	48	**57**	70	25,7	**33,9**	50,2
430	Lufttechnische Anlagen	m² BGF	14	**19**	23	0,0	**5,2**	8,9
440	Starkstromanlagen	m² BGF	23	**38**	65	14,4	**19,8**	23,2
450	Fernmeldeanlagen	m² BGF	2	**9**	12	3,2	**4,3**	6,0
460	Förderanlagen	m² BGF	–	**28**	–	–	**3,5**	–
470	Nutzungsspezifische Anlagen	m² BGF	–	–	–	–	–	–
480	Gebäudeautomation	m² BGF	–	–	–	–	–	–
490	Sonstige Technische Anlagen	m² BGF	–	–	–	–	–	–
400	**Bauwerk Technische Anlagen**	**m² BGF**					**100,0**	

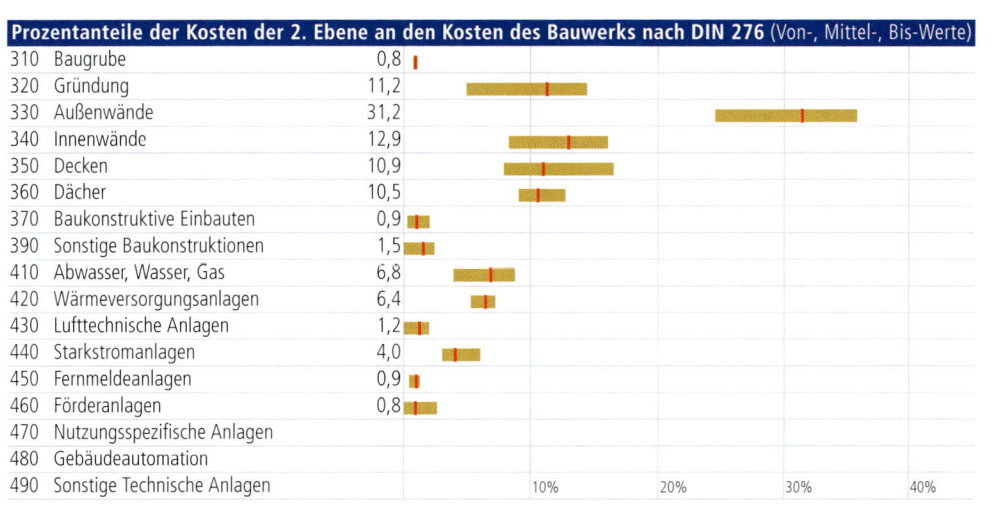

Prozentanteile der Kosten der 2. Ebene an den Kosten des Bauwerks nach DIN 276 (Von-, Mittel-, Bis-Werte)

KG		%
310	Baugrube	0,8
320	Gründung	11,2
330	Außenwände	31,2
340	Innenwände	12,9
350	Decken	10,9
360	Dächer	10,5
370	Baukonstruktive Einbauten	0,9
390	Sonstige Baukonstruktionen	1,5
410	Abwasser, Wasser, Gas	6,8
420	Wärmeversorgungsanlagen	6,4
430	Lufttechnische Anlagen	1,2
440	Starkstromanlagen	4,0
450	Fernmeldeanlagen	0,9
460	Förderanlagen	0,8
470	Nutzungsspezifische Anlagen	
480	Gebäudeautomation	
490	Sonstige Technische Anlagen	

© **BKI** Baukosteninformationszentrum; Erläuterungen zu den Tabellen siehe Seite 48 und 50   Kosten: 1.Quartal 2018, Bundesdurchschnitt, **inkl. 19% MwSt.**

Wohnhäuser, mit bis zu 15% Mischnutzung, mittlerer Standard

Kosten: Stand 1. Quartal 2018 Bundesdurchschnitt inkl. 19% MwSt.

Kostenkennwerte für Leistungsbereiche nach StLB (Kosten des Bauwerks nach DIN 276)

LB	Leistungsbereiche	▷	€/m² BGF	◁	▷	% an 300+400	◁
000	Sicherheits-, Baustelleneinrichtungen inkl. 001	15	**15**	23	1,3	**1,3**	2,1
002	Erdarbeiten	20	**20**	22	1,8	**1,8**	2,0
006	Spezialtiefbauarbeiten inkl. 005	–	**–**	–	–	**–**	–
009	Entwässerungskanalarbeiten inkl. 011	3	**10**	10	0,3	**0,9**	0,9
010	Drän- und Versickerungsarbeiten	–	**1**	–	–	**0,1**	–
012	Mauerarbeiten	9	**33**	33	0,8	**2,9**	2,9
013	Betonarbeiten	84	**150**	150	7,5	**13,5**	13,5
014	Natur-, Betonwerksteinarbeiten	–	**5**	–	–	**0,4**	–
016	Zimmer- und Holzbauarbeiten	233	**233**	335	21,0	**21,0**	30,1
017	Stahlbauarbeiten	–	**0**	–	–	**0,0**	–
018	Abdichtungsarbeiten	–	**4**	–	–	**0,3**	–
020	Dachdeckungsarbeiten	–	**21**	–	–	**1,9**	–
021	Dachabdichtungsarbeiten	7	**22**	22	0,6	**2,0**	2,0
022	Klempnerarbeiten	16	**19**	19	1,5	**1,7**	1,7
	Rohbau	475	**532**	532	42,8	**47,9**	47,9
023	Putz- und Stuckarbeiten, Wärmedämmsysteme	–	**14**	–	–	**1,2**	–
024	Fliesen- und Plattenarbeiten	15	**37**	37	1,3	**3,4**	3,4
025	Estricharbeiten	18	**18**	20	1,7	**1,7**	1,8
026	Fenster, Außentüren inkl. 029, 032	77	**82**	82	6,9	**7,4**	7,4
027	Tischlerarbeiten	47	**47**	57	4,2	**4,2**	5,1
028	Parkettarbeiten, Holzpflasterarbeiten	32	**32**	45	2,8	**2,8**	4,0
030	Rollladenarbeiten	16	**16**	26	1,4	**1,4**	2,4
031	Metallbauarbeiten inkl. 035	5	**23**	23	0,5	**2,1**	2,1
034	Maler- und Lackiererarbeiten inkl. 037	36	**36**	43	3,3	**3,3**	3,9
036	Bodenbelagarbeiten	–	**0**	–	–	**0,0**	–
038	Vorgehängte hinterlüftete Fassaden	–	**12**	–	–	**1,1**	–
039	Trockenbauarbeiten	39	**51**	51	3,5	**4,6**	4,6
	Ausbau	371	**371**	419	33,4	**33,4**	37,7
040	Wärmeversorgungsanl. - Betriebseinr. inkl. 041	60	**68**	68	5,4	**6,1**	6,1
042	Gas- und Wasserinstallation, Leitungen inkl. 043	15	**25**	25	1,4	**2,3**	2,3
044	Abwasserinstallationsarbeiten - Leitungen	13	**13**	16	1,2	**1,2**	1,4
045	GWA-Einrichtungsgegenstände inkl. 046	16	**21**	21	1,5	**1,9**	1,9
047	Dämmarbeiten an betriebstechnischen Anlagen	–	**5**	–	–	**0,4**	–
049	Feuerlöschanlagen, Feuerlöschgeräte	–	**–**	–	–	**–**	–
050	Blitzschutz- und Erdungsanlagen	2	**2**	2	0,2	**0,2**	0,2
052	Mittelspannungsanlagen	–	**–**	–	–	**–**	–
053	Niederspannungsanlagen inkl. 054	31	**41**	41	2,8	**3,7**	3,7
055	Ersatzstromversorgungsanlagen	–	**–**	–	–	**–**	–
057	Gebäudesystemtechnik	–	**–**	–	–	**–**	–
058	Leuchten und Lampen inkl. 059	1	**3**	3	0,1	**0,2**	0,2
060	Elektroakustische Anlagen, Sprechanlagen	0	**1**	1	0,0	**0,1**	0,1
061	Kommunikationsnetze, inkl. 062	5	**8**	8	0,4	**0,7**	0,7
063	Gefahrenmeldeanlagen	1	**1**	1	0,1	**0,1**	0,1
069	Aufzüge	–	**9**	–	–	**0,8**	–
070	Gebäudeautomation	–	**–**	–	–	**–**	–
075	Raumlufttechnische Anlagen	13	**13**	21	1,1	**1,1**	1,9
	Technische Anlagen	209	**209**	244	18,8	**18,8**	21,9
	Sonstige Leistungsbereiche inkl. 008, 033, 051	–	**1**	–	–	**0,1**	–

- ● KKW
- ▶ min
- ▷ von
- │ Mittelwert
- ◁ bis
- ◀ max

Planungskennwerte für Flächen und Rauminhalte nach DIN 277

Grundflächen			▷ Fläche/NUF (%) ◁		▷ Fläche/BGF (%) ◁		
NUF	Nutzungsfläche		**100,0**		65,1	**66,2**	71,9
TF	Technikfläche	2,5	**3,1**	5,3	1,7	**2,1**	3,1
VF	Verkehrsfläche	12,2	**17,8**	21,9	8,1	**11,8**	13,3
NRF	Netto-Raumfläche	114,6	**120,9**	124,4	78,0	**80,0**	82,9
KGF	Konstruktions-Grundfläche	25,1	**30,2**	35,9	17,1	**20,0**	22,0
BGF	Brutto-Grundfläche	141,9	**151,1**	156,0		**100,0**	

Brutto-Rauminhalte			▷ BRI/NUF (m) ◁		▷ BRI/BGF (m) ◁		
BRI	Brutto-Rauminhalt	4,12	**4,62**	4,98	2,85	**3,05**	3,18

Flächen von Nutzeinheiten			▷ NUF/Einheit (m²) ◁		▷ BGF/Einheit (m²) ◁		
Nutzeinheit:		–	–	–	–	–	–

Lufttechnisch behandelte Flächen		▷ Fläche/NUF (%) ◁		▷ Fläche/BGF (%) ◁		
Entlüftete Fläche		–	**87,8**	–	–	**58,9**	–
Be- und entlüftete Fläche		–	**125,5**	–	–	**72,9**	–
Teilklimatisierte Fläche		–	–	–	–	–	–
Klimatisierte Fläche		–	–	–	–	–	–

KG	Kostengruppen (2. Ebene)	Einheit	▷	Menge/NUF	◁	▷	Menge/BGF	◁
310	Baugrube	m³ BGI	0,49	**0,70**	0,70	0,42	**0,53**	0,53
320	Gründung	m² GRF	0,52	**0,52**	0,53	0,41	**0,41**	0,42
330	Außenwände	m² AWF	1,00	**1,05**	1,05	0,73	**0,81**	0,81
340	Innenwände	m² IWF	0,76	**0,79**	0,79	0,56	**0,58**	0,58
350	Decken	m² DEF	0,56	**0,65**	0,65	0,41	**0,48**	0,48
360	Dächer	m² DAF	0,66	**0,66**	0,67	0,52	**0,52**	0,52
370	Baukonstruktive Einbauten	m² BGF	1,42	**1,51**	1,56		**1,00**	
390	Sonstige Baukonstruktionen	m² BGF	1,42	**1,51**	1,56		**1,00**	
300	**Bauwerk-Baukonstruktionen**	m² BGF	1,42	**1,51**	1,56		**1,00**	

Planungskennwerte für Bauzeiten

16 Vergleichsobjekte

Bauzeit in Wochen

© BKI Baukosteninformationszentrum; Erläuterungen zu den Tabellen siehe Seite 54   Kosten: 1. Quartal 2018, Bundesdurchschnitt, **inkl. 19% MwSt.**

Wohnhäuser, mit bis zu 15% Mischnutzung, mittlerer Standard

€/m² BGF

min	595	€/m²
von	930	€/m²
Mittel	**1.110**	**€/m²**
bis	1.300	€/m²
max	1.525	€/m²

Kosten:
Stand 1.Quartal 2018
Bundesdurchschnitt
inkl. 19% MwSt.

Objektübersicht zur Gebäudeart

6100-1314 Wohn- und Geschäftshaus (10 WE) - Effizienzhaus 70 — BRI 5.584m³ — BGF 1.747m² — NUF 1.247m²

Wohn- und Geschäftshaus mit 10 WE, Eisdiele, Büro und Gemeinschaftsraum (1.003m² WFL). Massivbau.

Land: Berlin
Kreis: Berlin
Standard: Durchschnitt
Bauzeit: 82 Wochen
Kennwerte: bis 1.Ebene DIN276

BGF 1.295 €/m²

Planung: büro 1.0 architektur +; Berlin

veröffentlicht: BKI Objektdaten E7

6100-1323 Wohn- und Geschäftshaus (14 WE) - Effizienzhaus 70 — BRI 5.278m³ — BGF 1.679m² — NUF 978m²

Wohnhaus mit 14 Wohnungen und 2 Gewerbeeinheiten. Massivbau.

Land: Berlin
Kreis: Berlin
Standard: Durchschnitt
Bauzeit: 69 Wochen
Kennwerte: bis 1.Ebene DIN276

BGF 1.153 €/m²

Planung: HAAS Architekten BDA; Berlin

veröffentlicht: BKI Objektdaten S2

6100-1172 Wohnanlage (64 WE, 4 Büros, TG) - Effizienzhaus 55 — BRI 30.982m³ — BGF 10.120m² — NUF 6.194m²

Mehrfamiliengebäude mit Büros in 2 Bauabschnitten, 7 Gebäude, 64 WE, 4 Büros, Effizienzhaus 55, Tiefgarage (60 STP). Mauerwerksbau.

Land: Schleswig-Holstein
Kreis: Herzogtum Lauenburg
Standard: Durchschnitt
Bauzeit: 156 Wochen*
Kennwerte: bis 1.Ebene DIN276

BGF 1.120 €/m²

Planung: Jost Rintelen Planer GmbH; Hamburg

veröffentlicht: BKI Objektdaten E6
*Nicht in der Auswertung enthalten

6100-1300 Wohnanlage (52 WE) - Effizienzhaus 70 — BRI 29.406m³ — BGF 8.667m² — NUF 5.146m²

Wohnanlage (barrierefrei) mit 4 Gebäuden, 52 WE (3.146m² WFL), Gewerbe als Effizienzhaus 70. Mauerwerk.

Land: Nordrhein-Westfalen
Kreis: Bielefeld
Standard: Durchschnitt
Bauzeit: 121 Wochen*
Kennwerte: bis 1.Ebene DIN276

BGF 1.316 €/m²

Planung: BKS Architekten GmbH Krauß Stanczus Schurbohm + Partner; Lübbecke

veröffentlicht: BKI Objektdaten E7
*Nicht in der Auswertung enthalten

Objektübersicht zur Gebäudeart

6100-1330 Mehrfamilienhaus (24 WE), TG - Effizienzhaus ~16%   BRI 20.258m³   BGF 6.774m²   NUF 4.561m²

Mehrfamilienhaus mit 24 WE, einer Büroeinheit und 2 Tiefgaragengeschossen mit 47 STP im KfW 55-Standard. Mauerwerksbau.

Land: Hessen
Kreis: Kassel
Standard: Durchschnitt
Bauzeit: 35 Wochen
Kennwerte: bis 1.Ebene DIN276

BGF   1.039 €/m²

Planung: foundation 5+ architekten BDA; Kassel

vorgesehen: BKI Objektdaten E8

6100-1184 Einfamilienhaus, Büro, Garage - Passivhaus   BRI 1.312m³   BGF 409m²   NUF 237m²

Einfamilienhaus (238m² WFL) mit Büro als Passivhaus. Holzrahmenkonstruktion.

Land: Bayern
Kreis: Bad Kissingen
Standard: Durchschnitt
Bauzeit: 52 Wochen
Kennwerte: bis 1.Ebene DIN276

BGF   966 €/m²

Planung: Ingenieurbüro Miller; Münnerstadt

veröffentlicht: BKI Objektdaten E7

6100-1232 Mehrfamilienhaus (28 WE) - Effizienzhaus 55   BRI 9.900m³   BGF 3.672m²   NUF 2.305m²

Mehrfamilienhaus (28 WE) mit 3 Gewerbeeinheiten. Mauerwerksbau.

Land: Schleswig-Holstein
Kreis: Nordfriesland
Standard: Durchschnitt
Bauzeit: 65 Wochen
Kennwerte: bis 1.Ebene DIN276

BGF   969 €/m²

Planung: Jost Rintelen Planer GmbH; Hamburg

veröffentlicht: BKI Objektdaten E7

6200-0059 Wohngebäude (15 WE), Tagespflegeeinrichtung   BRI 7.007m³   BGF 1.989m²   NUF 1.470m²

Wohngebäude, barrierefrei (15 WE, 1.079m² WFL), Tagespflegeeinrichtung mit 18 Plätzen im EG. Mauerwerksbau.

Land: Nordrhein-Westfalen
Kreis: Wesel
Standard: Durchschnitt
Bauzeit: 43 Wochen
Kennwerte: bis 1.Ebene DIN276

BGF   1.256 €/m²

Planung: CompConsult Pastor Architekten GmbH; Kempen

veröffentlicht: BKI Objektdaten N13

Wohnhäuser, mit bis zu 15% Mischnutzung, mittlerer Standard

€/m² BGF
min	595	€/m²
von	930	€/m²
Mittel	**1.110**	**€/m²**
bis	1.300	€/m²
max	1.525	€/m²

Kosten:
Stand 1.Quartal 2018
Bundesdurchschnitt
inkl. 19% MwSt.

Objektübersicht zur Gebäudeart

6100-0944 Wohnhaus mit Atelier
BRI 351m³ **BGF** 116m² **NUF** 87m²

Wohnhaus mit Atelier (101m² WFL). Atelier, Bad und Schlafen im EG, Küche, Essen, Wohnen im OG. Holzrahmenbau.

Land: Bayern
Kreis: Würzburg
Standard: Durchschnitt
Bauzeit: 34 Wochen
Kennwerte: bis 1.Ebene DIN276

BGF 1.064 €/m²

Planung: Prof. Wolfgang Fischer Dipl.-Ing. Architekt BDA; Würzburg

veröffentlicht: BKI Objektdaten N11

6100-1069 Einfamilienhaus, Büro - Passivhaus
BRI 755m³ **BGF** 236m² **NUF** 144m²

Einfamilienhaus (127m² WFL) mit Büro als Passivhaus. Mauerwerksbau.

Land: Sachsen
Kreis: Chemnitz
Standard: Durchschnitt
Bauzeit: 34 Wochen
Kennwerte: bis 1.Ebene DIN276

BGF 1.097 €/m²

Planung: Dipl.-Ing. (FH) Architekt Dirk Fellendorf; Chemnitz

veröffentlicht: BKI Objektdaten E6

6100-0884 Mehrfamilienhaus (8 WE) - KfW 40
BRI 4.663m³ **BGF** 1.637m² **NUF** 1.099m²

Baugemeinschafts-Mehrfamilienhaus mit kleiner Gewerbeeinheit. Stahlbetonkonstruktion.

Land: Baden-Württemberg
Kreis: Tübingen
Standard: Durchschnitt
Bauzeit: 60 Wochen
Kennwerte: bis 3.Ebene DIN276

BGF 1.091 €/m²

Planung: Manderscheid Partnerschaft Freie Architekten; Stuttgart

veröffentlicht: BKI Objektdaten E4

6100-0909 Einfamilienhaus, Büro - Effizienzhaus 55
BRI 931m³ **BGF** 315m² **NUF** 195m²

Einfamilienhaus mit Büroeinheit. Die Wohnebene befindet sich im OG (174m² WFL). Holzständerkonstruktion.

Land: Hessen
Kreis: Odenwald, Erbach
Standard: Durchschnitt
Bauzeit: 30 Wochen
Kennwerte: bis 1.Ebene DIN276

BGF 1.101 €/m²

Planung: Architekturbüro Daum-Klipstein; Bad König

veröffentlicht: BKI Objektdaten E5

Objektübersicht zur Gebäudeart

6100-0738 Einfamilienhaus, Büro - KfW 60 | BRI 743m³ | BGF 233m² | NUF 159m²

Einfamilienhaus mit Büro, nicht unterkellert, Holzbau, KfW 60. Holzständerwände; Deckenbalken KVH; Dachbalken KVH.

Land: Nordrhein-Westfalen
Kreis: Recklinghausen
Standard: Durchschnitt
Bauzeit: 17 Wochen
Kennwerte: bis 1.Ebene DIN276

BGF 1.228 €/m²

Planung: puschmann architektur; Recklinghausen

veröffentlicht: BKI Objektdaten E4

6100-0826 Wohn- und Geschäftshaus (18 WE) | BRI 5.360m³ | BGF 1.756m² | NUF 1.120m²

Drei Wohngemeinschaften für 18 Menschen mit Behinderung. Gewerblich genutzt Flächen im Erdgeschoss. Massivbau.

Land: Hessen
Kreis: Darmstadt-Dieburg
Standard: Durchschnitt
Bauzeit: 52 Wochen
Kennwerte: bis 1.Ebene DIN276

BGF 1.117 €/m²

Planung: planungsgruppeDREI Architekten + Ingenieure; Mühltal

veröffentlicht: BKI Objektdaten N10

6100-0846 Wohnhaus (2 WE), Tierarztpraxis | BRI 1.454m³ | BGF 505m² | NUF 307m²

Wohnhaus mit zwei Wohneinheiten im 1.OG und DG. Tierarztpraxis im EG (4 Behandlungsräume). Mauerwerksbau.

Land: Rheinland-Pfalz
Kreis: Mainz
Standard: Durchschnitt
Bauzeit: 52 Wochen
Kennwerte: bis 1.Ebene DIN276

BGF 1.004 €/m²

Planung: Klemme-Architekten; Mainz

veröffentlicht: BKI Objektdaten N11

6100-1022 Einfamilienhaus, Büro, ELW | BRI 1.396m³ | BGF 439m² | NUF 314m²

Einfamilienhaus mit ELW (237m² WFL) und Büro (95m²). Massivbau.

Land: Baden-Württemberg
Kreis: Heilbronn
Standard: Durchschnitt
Bauzeit: 34 Wochen
Kennwerte: bis 1.Ebene DIN276

BGF 1.524 €/m²

Planung: mattes+eppmann architekten; Abstatt

veröffentlicht: BKI Objektdaten N13

**Wohnhäuser,
mit bis zu
15% Mischnutzung,
mittlerer Standard**

€/m² BGF
min	595	€/m²
von	930	€/m²
Mittel	**1.110**	**€/m²**
bis	1.300	€/m²
max	1.525	€/m²

Kosten:
Stand 1.Quartal 2018
Bundesdurchschnitt
inkl. 19% MwSt.

Objektübersicht zur Gebäudeart

6100-0538 Einfamilienhaus, Musikzimmer   BRI 742m³   BGF 250m²   NUF 202m²

Einfamilienhaus mit Musikzimmer, Garage. Holzrahmenbau mit Stb-Decke und Holzdachkonstruktion.

Land: Bayern
Kreis: Ostallgäu
Standard: Durchschnitt
Bauzeit: 17 Wochen
Kennwerte: bis 3.Ebene DIN276

BGF   1.059 €/m²

veröffentlicht: BKI Objektdaten N7

Planung: mse architekten gmbh; Kaufbeuren

6100-0487 Wohn- und Bürogebäude (1 WE)   BRI 622m³   BGF 260m²   NUF 210m²

Wohn- und Bürogebäude, Dachgeschoss nicht ausgebaut. Holzrahmenbau.

Land: Nordrhein-Westfalen
Kreis: Minden
Standard: Durchschnitt
Bauzeit: 39 Wochen
Kennwerte: bis 4.Ebene DIN276

BGF   595 €/m²

veröffentlicht: BKI Objektdaten N6

Planung: Architekt Dipl.-Ing. Roland Albers; Minden

Wohnen

Wohnhäuser, mit bis zu 15% Mischnutzung, hoher Standard

Kostenkennwerte für die Kosten des Bauwerks (Kostengruppen 300+400 nach DIN 276)

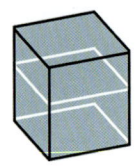

BRI 480 €/m³
von 380 €/m³
bis 520 €/m³

BGF 1.490 €/m²
von 1.260 €/m²
bis 1.780 €/m²

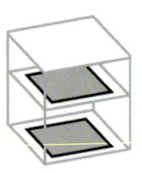

NUF 2.200 €/m²
von 1.860 €/m²
bis 2.530 €/m²

Kosten:
Stand 1. Quartal 2018
Bundesdurchschnitt
inkl. 19% MwSt.

Objektbeispiele

6100-1370

6100-1278

6100-1263

Kosten der 16 Vergleichsobjekte — Seiten 612 bis 617

- ● KKW
- ▶ min
- ▷ von
- | Mittelwert
- ◁ bis
- ◀ max

BRI (€/m³ BRI)

BGF (€/m² BGF)

NUF (€/m² NUF)

© BKI Baukosteninformationszentrum; Erläuterungen zu den Tabellen siehe Seite 46
Kosten: 1. Quartal 2018, Bundesdurchschnitt, **inkl. 19% MwSt.**

Kostenkennwerte für die Kostengruppen der 1. und 2. Ebene DIN 276

KG	Kostengruppen der 1. Ebene	Einheit	▷	€/Einheit	◁	▷	% an 300+400	◁
100	Grundstück	m² GF	–	–	–	–	–	–
200	Herrichten und Erschließen	m² GF	27	**75**	160	1,9	**2,8**	5,1
300	Bauwerk - Baukonstruktionen	m² BGF	997	**1.212**	1.400	75,8	**81,3**	85,7
400	Bauwerk - Technische Anlagen	m² BGF	208	**283**	401	14,3	**18,7**	24,2
	Bauwerk (300+400)	m² BGF	1.265	**1.494**	1.776		**100,0**	
500	Außenanlagen	m² AF	76	**153**	259	2,5	**6,2**	11,1
600	Ausstattung und Kunstwerke	m² BGF	40	**124**	207	3,1	**8,0**	12,9
700	Baunebenkosten*	m² BGF	307	**343**	378	20,7	**23,1**	25,5 ◁ NEU

* Auf Grundlage der HOAI 2013 berechnete Werte nach §§ 35, 52, 56. Weitere Informationen siehe Seite 50

KG	Kostengruppen der 2. Ebene	Einheit	▷	€/Einheit	◁	▷	% an 300	◁
310	Baugrube	m³ BGI	28	**89**	150	2,5	**4,5**	6,4
320	Gründung	m² GRF	164	**476**	788	4,4	**6,0**	7,6
330	Außenwände	m² AWF	369	**500**	631	24,2	**29,4**	34,5
340	Innenwände	m² IWF	178	**184**	190	16,6	**19,0**	21,4
350	Decken	m² DEF	338	**342**	347	19,9	**23,2**	26,4
360	Dächer	m² DAF	389	**666**	944	8,0	**12,9**	17,9
370	Baukonstruktive Einbauten	m² BGF	–	**2**	–	–	**0,1**	–
390	Sonstige Baukonstruktionen	m² BGF	33	**62**	91	3,2	**5,0**	6,9
300	**Bauwerk Baukonstruktionen**	**m² BGF**					**100,0**	

KG	Kostengruppen der 2. Ebene	Einheit	▷	€/Einheit	◁	▷	% an 400	◁
410	Abwasser, Wasser, Gas	m² BGF	69	**107**	146	31,7	**33,1**	34,6
420	Wärmeversorgungsanlagen	m² BGF	56	**87**	117	25,8	**26,8**	27,7
430	Lufttechnische Anlagen	m² BGF	17	**17**	17	4,0	**6,0**	7,9
440	Starkstromanlagen	m² BGF	47	**93**	139	21,7	**27,3**	33,0
450	Fernmeldeanlagen	m² BGF	3	**3**	3	0,6	**1,0**	1,4
460	Förderanlagen	m² BGF	–	**25**	–	–	**5,8**	–
470	Nutzungsspezifische Anlagen	m² BGF	–	–	–	–	–	–
480	Gebäudeautomation	m² BGF	–	–	–	–	–	–
490	Sonstige Technische Anlagen	m² BGF	–	–	–	–	–	–
400	**Bauwerk Technische Anlagen**	**m² BGF**					**100,0**	

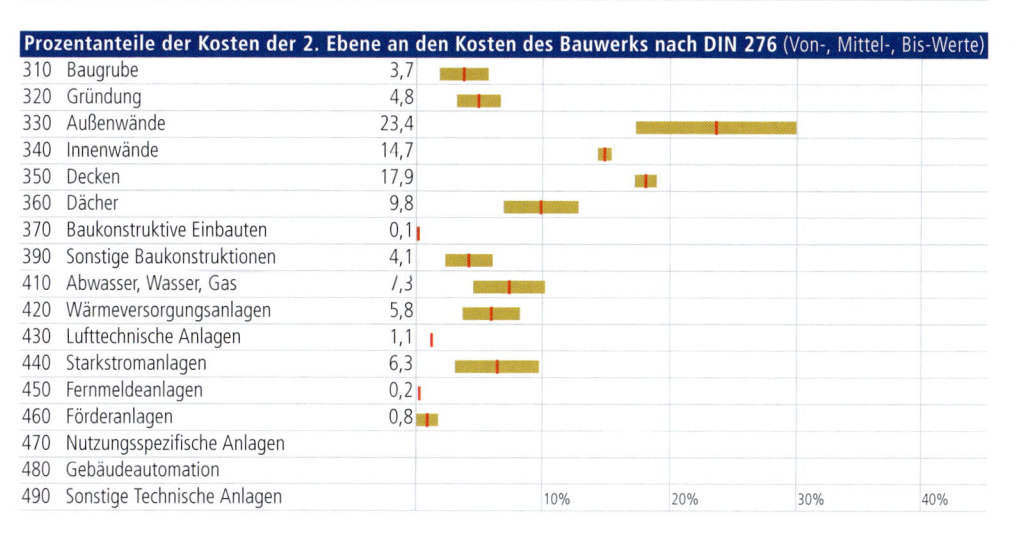

Prozentanteile der Kosten der 2. Ebene an den Kosten des Bauwerks nach DIN 276 (Von-, Mittel-, Bis-Werte)

KG	Kostengruppe	%
310	Baugrube	3,7
320	Gründung	4,8
330	Außenwände	23,4
340	Innenwände	14,7
350	Decken	17,9
360	Dächer	9,8
370	Baukonstruktive Einbauten	0,1
390	Sonstige Baukonstruktionen	4,1
410	Abwasser, Wasser, Gas	7,3
420	Wärmeversorgungsanlagen	5,8
430	Lufttechnische Anlagen	1,1
440	Starkstromanlagen	6,3
450	Fernmeldeanlagen	0,2
460	Förderanlagen	0,8
470	Nutzungsspezifische Anlagen	
480	Gebäudeautomation	
490	Sonstige Technische Anlagen	

© BKI Baukosteninformationszentrum; Erläuterungen zu den Tabellen siehe Seite 48 und 50   Kosten: 1.Quartal 2018, Bundesdurchschnitt, **inkl. 19% MwSt.**

Wohnhäuser, mit bis zu 15% Mischnutzung, hoher Standard

Kosten:
Stand 1.Quartal 2018
Bundesdurchschnitt
inkl. 19% MwSt.

- KKW
- ▶ min
- ▷ von
- | Mittelwert
- ◁ bis
- ◀ max

Kostenkennwerte für Leistungsbereiche nach StLB (Kosten des Bauwerks nach DIN 276)

LB	Leistungsbereiche	▷ €/m² BGF		◁	▷ % an 300+400		◁
000	Sicherheits-, Baustelleneinrichtungen inkl. 001	54	54	54	3,6	3,6	3,6
002	Erdarbeiten	26	26	26	1,7	1,7	1,7
006	Spezialtiefbauarbeiten inkl. 005	–	32	–	–	2,1	–
009	Entwässerungskanalarbeiten inkl. 011	3	3	3	0,2	0,2	0,2
010	Drän- und Versickerungsarbeiten	4	4	4	0,3	0,3	0,3
012	Mauerarbeiten	96	96	96	6,5	6,5	6,5
013	Betonarbeiten	266	266	266	17,8	17,8	17,8
014	Natur-, Betonwerksteinarbeiten	31	31	31	2,0	2,0	2,0
016	Zimmer- und Holzbauarbeiten	42	42	42	2,8	2,8	2,8
017	Stahlbauarbeiten	–	–	–	–	–	–
018	Abdichtungsarbeiten	–	2	–	–	0,1	–
020	Dachdeckungsarbeiten	32	32	32	2,2	2,2	2,2
021	Dachabdichtungsarbeiten	–	6	–	–	0,4	–
022	Klempnerarbeiten	26	26	26	1,7	1,7	1,7
	Rohbau	620	620	620	41,5	41,5	41,5
023	Putz- und Stuckarbeiten, Wärmedämmsysteme	120	120	120	8,0	8,0	8,0
024	Fliesen- und Plattenarbeiten	41	41	41	2,8	2,8	2,8
025	Estricharbeiten	29	29	29	1,9	1,9	1,9
026	Fenster, Außentüren inkl. 029, 032	107	107	107	7,1	7,1	7,1
027	Tischlerarbeiten	36	36	36	2,4	2,4	2,4
028	Parkettarbeiten, Holzpflasterarbeiten	32	32	32	2,2	2,2	2,2
030	Rollladenarbeiten	22	22	22	1,5	1,5	1,5
031	Metallbauarbeiten inkl. 035	70	70	70	4,7	4,7	4,7
034	Maler- und Lackiererarbeiten inkl. 037	34	34	34	2,3	2,3	2,3
036	Bodenbelagarbeiten	10	10	10	0,7	0,7	0,7
038	Vorgehängte hinterlüftete Fassaden	–	16	–	–	1,1	–
039	Trockenbauarbeiten	–	19	–	–	1,3	–
	Ausbau	538	538	538	36,0	36,0	36,0
040	Wärmeversorgungsanl. - Betriebseinr. inkl. 041	92	92	92	6,1	6,1	6,1
042	Gas- und Wasserinstallation, Leitungen inkl. 043	82	82	82	5,5	5,5	5,5
044	Abwasserinstallationsarbeiten - Leitungen	–	7	–	–	0,5	–
045	GWA-Einrichtungsgegenstände inkl. 046	–	14	–	–	0,9	–
047	Dämmarbeiten an betriebstechnischen Anlagen	–	8	–	–	0,5	–
049	Feuerlöschanlagen, Feuerlöschgeräte	–	–	–	–	–	–
050	Blitzschutz- und Erdungsanlagen	–	1	–	–	0,1	–
052	Mittelspannungsanlagen	–	–	–	–	–	–
053	Niederspannungsanlagen inkl. 054	91	91	91	6,1	6,1	6,1
055	Ersatzstromversorgungsanlagen	–	–	–	–	–	–
057	Gebäudesystemtechnik	–	–	–	–	–	–
058	Leuchten und Lampen inkl. 059	–	3	–	–	0,2	–
060	Elektroakustische Anlagen, Sprechanlagen	–	1	–	–	0,1	–
061	Kommunikationsnetze, inkl. 062	–	1	–	–	0,1	–
063	Gefahrenmeldeanlagen	–	–	–	–	–	–
069	Aufzüge	–	12	–	–	0,8	–
070	Gebäudeautomation	–	–	–	–	–	–
075	Raumlufttechnische Anlagen	–	8	–	–	0,5	–
	Technische Anlagen	319	319	319	21,3	21,3	21,3
	Sonstige Leistungsbereiche inkl. 008, 033, 051	19	19	19	1,3	1,3	1,3

Planungskennwerte für Flächen und Rauminhalte nach DIN 277

Grundflächen			▷ Fläche/NUF (%) ◁			▷ Fläche/BGF (%) ◁		
NUF	Nutzungsfläche			100,0		64,4	67,3	71,7
TF	Technikfläche	2,8		3,8	7,4	1,8	2,6	4,6
VF	Verkehrsfläche	12,6		15,3	21,8	8,0	10,3	13,2
NRF	Netto-Raumfläche	116,2		119,1	124,8	78,4	80,1	83,3
KGF	Konstruktions-Grundfläche	24,5		29,5	33,7	16,7	19,9	21,6
BGF	Brutto-Grundfläche	142,1		148,7	158,7		100,0	

Brutto-Rauminhalte			▷ BRI/NUF (m) ◁			▷ BRI/BGF (m) ◁		
BRI	Brutto-Rauminhalt	4,32		4,63	4,82	2,94	3,13	3,29

Flächen von Nutzeinheiten		▷ NUF/Einheit (m²) ◁			▷ BGF/Einheit (m²) ◁		
Nutzeinheit:		–	–	–	–	–	–

Lufttechnisch behandelte Flächen		▷ Fläche/NUF (%) ◁			▷ Fläche/BGF (%) ◁		
Entlüftete Fläche	3,2	3,2	3,2	2,5	2,5	2,5	
Be- und entlüftete Fläche	56,0	56,0	56,0	39,5	39,5	39,5	
Teilklimatisierte Fläche	–	–	–	–	–	–	
Klimatisierte Fläche	–	–	–	–	–	–	

KG	Kostengruppen (2. Ebene)	Einheit	▷	Menge/NUF	◁	▷	Menge/BGF	◁
310	Baugrube	m³ BGI	0,93	0,93	0,93	0,74	0,74	0,74
320	Gründung	m² GRF	0,25	0,25	0,25	0,20	0,20	0,20
330	Außenwände	m² AWF	0,88	0,88	0,88	0,70	0,70	0,70
340	Innenwände	m² IWF	1,51	1,51	1,51	1,20	1,20	1,20
350	Decken	m² DEF	0,99	0,99	0,99	0,78	0,78	0,78
360	Dächer	m² DAF	0,36	0,36	0,36	0,29	0,29	0,29
370	Baukonstruktive Einbauten	m² BGF	1,42	1,49	1,59		1,00	
390	Sonstige Baukonstruktionen	m² BGF	1,42	1,49	1,59		1,00	
300	**Bauwerk-Baukonstruktionen**	m² BGF	1,42	1,49	1,59		1,00	

Planungskennwerte für Bauzeiten — 14 Vergleichsobjekte

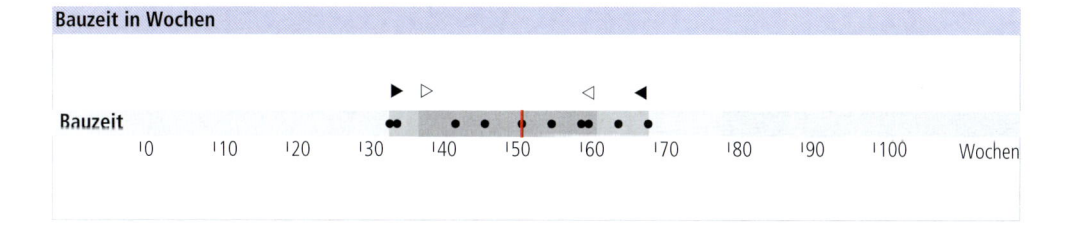

Bauzeit in Wochen

Bauzeit: Verteilung zwischen ca. 30 und 70 Wochen, Median ca. 50 Wochen.

© BKI Baukosteninformationszentrum; Erläuterungen zu den Tabellen siehe Seite 54   Kosten: 1.Quartal 2018, Bundesdurchschnitt, inkl. 19% MwSt.

Wohnhäuser, mit bis zu 15% Mischnutzung, hoher Standard

€/m² BGF
min	1.050 €/m²
von	1.265 €/m²
Mittel	1.495 €/m²
bis	1.775 €/m²
max	2.120 €/m²

Kosten:
Stand 1.Quartal 2018
Bundesdurchschnitt
inkl. 19% MwSt.

Objektübersicht zur Gebäudeart

6100-1370 Mehrfamilienhaus (14 WE), Gewerbe, TG (7 STP)
BRI 7.717m³ **BGF** 2.350m² **NUF** 1.515m²

Mehrfamilienhaus mit 14 WE, Flächen für 1 Gewerbe und Tiefgarage mit 7 STP. Massivbau.

Land: Hamburg
Kreis: Hamburg
Standard: über Durchschnitt
Bauzeit: 69 Wochen
Kennwerte: bis 1.Ebene DIN276

BGF 1.605 €/m²

Planung: Kantstein Architekten Busse + Rampendahl Psg. mbB; Hamburg

vorgesehen: BKI Objektdaten N16

6100-1263 Wohn-/Geschäftshaus (36 WE), TG - Effizienzhaus 55
BRI 16.822m³ **BGF** 4.544m² **NUF** 3.349m²

Wohn- und Geschäftshaus (36 WE, 3 Gewerbeeinheiten) mit 2.709m² WFL und TG (33 STP) als Effizienzhaus 55. Stahlbetonbau.

Land: Hamburg
Kreis: Hamburg
Standard: über Durchschnitt
Bauzeit: 52 Wochen
Kennwerte: bis 1.Ebene DIN276

BGF 2.120 €/m²

Planung: 360grad+ architekten GmbH; Hamburg

veröffentlicht: BKI Objektdaten E7

6100-1057 Einfamilienhaus, Büro, Carport - Effizienzhaus 40
BRI 1.070m³ **BGF** 352m² **NUF** 250m²

Einfamilienhaus, teilunterkellert (220m² WFL) mit Büro und Carport. Holzskelettbauweise.

Land: Baden-Württemberg
Kreis: Freudenstadt
Standard: über Durchschnitt
Bauzeit: 34 Wochen
Kennwerte: bis 1.Ebene DIN276

BGF 1.600 €/m²

Planung: arché techné néos stefan niesner freier architekt; Freudenstadt

veröffentlicht: BKI Objektdaten E6

6100-1278 Mehrfamilienhaus (9 WE), Büros - Effizienzhaus 70
BRI 5.172m³ **BGF** 1.691m² **NUF** 950m²

Wohn- und Geschäftshaus mit 9 WE (782m² WFL) und 2 Büroeinheiten, Tiefgarage mit Doppelparkern, Effizienzhaus 70. Mauerwerksbau.

Land: Hamburg
Kreis: Hamburg
Standard: über Durchschnitt
Bauzeit: 125 Wochen*
Kennwerte: bis 1.Ebene DIN276

BGF 1.049 €/m²

Planung: Holst Becker Architekten PartGmbB; Hamburg

veröffentlicht: BKI Objektdaten E7
*Nicht in der Auswertung enthalten

Objektübersicht zur Gebäudeart

6100-1107 Mehrfamilienhäuser (13 WE), Büro, TG (17 STP)*

BRI 5.814m³ | **BGF** 1.416m² | **NUF** 987m²

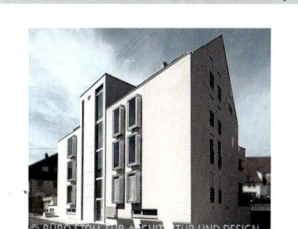

Zwei Mehrfamilienhäuser mit insgesamt 13 WE (895m²WFL), eine Büroeinheit und TG (17 STP). Massivbau.

Land: Baden-Württemberg
Kreis: Esslingen a.N.
Standard: über Durchschnitt
Bauzeit: 73 Wochen
Kennwerte: bis 1.Ebene DIN276

BGF 2.353 €/m²

Planung: BÜRO STOLL FÜR ARCHITEKTUR UND DESIGN; Ostfildern

veröffentlicht: BKI Objektdaten N13
*Nicht in der Auswertung enthalten

6100-1041 Einfamilienhaus mit Atelier*

BRI 920m³ | **BGF** 265m² | **NUF** 198m²

Einfamilienwohnhaus (165m² WFL) mit Atelier/Büro im EG. Massivbau.

Land: Nordrhein-Westfalen
Kreis: Köln
Standard: über Durchschnitt
Bauzeit: 43 Wochen
Kennwerte: bis 1.Ebene DIN276

BGF 2.008 €/m²

Planung: Bachmann Badie Architekten; Köln

veröffentlicht: BKI Objektdaten N12
*Nicht in der Auswertung enthalten

6100-0936 Mehrfamilienhaus, Kita (50 Kinder) - Passivhaus

BRI 4.776m³ | **BGF** 1.359m² | **NUF** 982m²

Mehrfamilienhaus mit 5 Wohnungen (905m² WFL) als Passivhaus mit Kindertagesstätte im EG (2 Gruppen, 50 Kinder). Mauerwerksbau EG, Holzrahmenbau OG.

Land: Niedersachsen
Kreis: Hannover, Region
Standard: über Durchschnitt
Bauzeit: 47 Wochen
Kennwerte: bis 1.Ebene DIN276

BGF 1.613 €/m²

Planung: lindener baukontor; Hannover

veröffentlicht: BKI Objektdaten E5

6100-0959 Mehrfamilienhaus, Büro, Tiefgarage*

BRI 6.881m³ | **BGF** 2.535m² | **NUF** 1.644m²

Barrierefreie Wohnanlage (9 WE, 943m² WFL), die aus zwei Gebäuden besteht. Laubengangverbindung und Tiefgarage. Mauerwerksbau.

Land: Bayern
Kreis: München
Standard: über Durchschnitt
Bauzeit: 78 Wochen
Kennwerte: bis 1.Ebene DIN276

BGF 965 €/m²

Planung: raumstation Architekten GmbH; Starnberg

veröffentlicht: BKI Objektdaten N11
*Nicht in der Auswertung enthalten

© **BKI** Baukosteninformationszentrum; Erläuterungen zu den Tabellen siehe Seite 56   Kosten: 1.Quartal 2018, Bundesdurchschnitt, **inkl. 19% MwSt.**

Wohnhäuser, mit bis zu 15% Mischnutzung, hoher Standard

€/m² BGF
min	1.050 €/m²
von	1.265 €/m²
Mittel	**1.495** €/m²
bis	1.775 €/m²
max	2.120 €/m²

Kosten:
Stand 1.Quartal 2018
Bundesdurchschnitt
inkl. 19% MwSt.

Objektübersicht zur Gebäudeart

6100-0971 Einfamilienhaus, Praxis - Effizienzhaus 70
BRI 1.200m³ **BGF** 404m² **NUF** 236m²

Einfamilienhaus (237m² WFL) mit einer Hauptpflegepraxis im Untergeschoss. Mauerwerksbau, Anbau Holzrahmenkonstruktion.

Land: Nordrhein-Westfalen
Kreis: Borken
Standard: über Durchschnitt
Bauzeit: 60 Wochen
Kennwerte: bis 1.Ebene DIN276

BGF 1.490 €/m²

Planung: Architekturbüro Hermann Josef Steverding; Stadtlohn

veröffentlicht: BKI Objektdaten E5

6100-1000 Einfamilienhaus, Doppelgarage*
BRI 1.930m³ **BGF** 578m² **NUF** 373m²

Einfamilienhaus mit Doppelgarage (372m² WFL), Arbeitsräume im OG. Stb-Konstruktion mit Sichtmauerwerk, Mauerwerksbau.

Land: Bayern
Kreis: Weilheim
Standard: über Durchschnitt
Bauzeit: 65 Wochen
Kennwerte: bis 1.Ebene DIN276

BGF 3.716 €/m² *

Planung: Design Associates Stephan Maria Lang; München

veröffentlicht: BKI Objektdaten N12
*Nicht in der Auswertung enthalten

6100-1002 Einfamilienhaus, Doppelgarage*
BRI 1.419m³ **BGF** 393m² **NUF** 273m²

Einfamilienhaus mit Doppelgarage (253m² WFL), Arbeitsräume im OG. Mauerwerksbau.

Land: Bayern
Kreis: München
Standard: über Durchschnitt
Bauzeit: 74 Wochen
Kennwerte: bis 1.Ebene DIN276

BGF 2.326 €/m² *

Planung: Design Associates Stephan Maria Lang; München

veröffentlicht: BKI Objektdaten N12
*Nicht in der Auswertung enthalten

6100-0723 Zweifamilienhaus mit Gewerbe
BRI 2.037m³ **BGF** 820m² **NUF** 586m²

Zweifamilienhaus mit Gewerbe (Schneiderei), 2 Garagen. Mauerwerksbau; Stb-Decken; Stb-Flachdach.

Land: Bayern
Kreis: Landshut
Standard: über Durchschnitt
Bauzeit: 34 Wochen
Kennwerte: bis 1.Ebene DIN276

BGF 1.299 €/m²

Planung: Dipl.-Ing. Architektin B. Anetsberger; Landshut

veröffentlicht: BKI Objektdaten N10

Objektübersicht zur Gebäudeart

6100-0818 Wohnhaus (3 WE), Büro
BRI 1.600m³ **BGF** 465m² **NUF** 337m²

Wohnhaus mit Bürotrakt und Mietobjekt (3 WE, einschl. Büro). Mauerwerksbau.

Land: Nordrhein-Westfalen
Kreis: Bergisch Gladbach
Standard: über Durchschnitt
Bauzeit: 61 Wochen
Kennwerte: bis 1.Ebene DIN276

BGF 1.429 €/m²

Planung: Bieniussa Martinez Architekten; Bergisch Gladbach

veröffentlicht: BKI Objektdaten N10

6100-0855 Doppelhaus, Drei-Liter-Haus, Büro*
BRI 1.577m³ **BGF** 520m² **NUF** 302m²

Zwei Doppelhaushälften, die auseinander geschoben und versetzt zueinander angeordnet sind. (219m² WFL). Büronutzung (75m²). Mauerwerksbau.

Land: Österreich
Kreis: Vorarlberg
Standard: über Durchschnitt
Bauzeit: 48 Wochen
Kennwerte: bis 1.Ebene DIN276

BGF 1.237 €/m²

Planung: straub architektur; Lindau am Bodensee

veröffentlicht: BKI Objektdaten E4
*Nicht in der Auswertung enthalten

6100-1003 Einfamilienhaus, Doppelgarage
BRI 1.399m³ **BGF** 409m² **NUF** 279m²

Einfamilienhaus mit Doppelgarage (275m² WFL). Massivbauweise.

Land: Bayern
Kreis: München
Standard: über Durchschnitt
Bauzeit: 61 Wochen
Kennwerte: bis 1.Ebene DIN276

BGF 1.816 €/m²

Planung: Design Associates Stephan Maria Lang; München

veröffentlicht: BKI Objektdaten N12

6100-0749 Wohn- und Geschäftshaus (20 WE)
BRI 7.885m³ **BGF** 2.793m² **NUF** 1.568m²

Mehrfamilienwohnhaus mit 20 Altenwohnungen, 2 Ladenlokalen und 10 Stellplätze im FG. Pfahlgründung; Stb-Konstruktion.

Land: Saarland
Kreis: Saarlouis
Standard: über Durchschnitt
Bauzeit: 65 Wochen
Kennwerte: bis 1.Ebene DIN276

BGF 1.411 €/m²

Planung: HEPP + ZENNER Ingenieurgesellschaft mbH; Saarbrücken

veröffentlicht: BKI Objektdaten N10

Wohnhäuser, mit bis zu 15% Mischnutzung, hoher Standard

€/m² BGF
min	1.050 €/m²
von	1.265 €/m²
Mittel	**1.495 €/m²**
bis	1.775 €/m²
max	2.120 €/m²

Kosten:
Stand 1.Quartal 2018
Bundesdurchschnitt
inkl. 19% MwSt.

Objektübersicht zur Gebäudeart

6100-0875 Wohnhaus mit ELW, Büro
BRI 1.212m³ **BGF** 443m² **NUF** 287m²

Wohnhaus mit ELW, Büro und integrierten PKW-Stellplätzen (257m² WFL). Mauerwerksbau.

Land: Nordrhein-Westfalen
Kreis: Olpe
Standard: über Durchschnitt
Bauzeit: 108 Wochen*
Kennwerte: bis 1.Ebene DIN276

BGF 1.320 €/m²

Planung: TATORT architektur; Attendorn

veröffentlicht: BKI Objektdaten N11
*Nicht in der Auswertung enthalten

6100-0854 Reihenendhaus (Büro) - Passivhaus
BRI 1.138m³ **BGF** 346m² **NUF** 218m²

Reihenendhaus mit Büronutzung, Passivhaus. Untergeschoss nicht wärmegedämmt. Holzkonstruktion.

Land: Bayern
Kreis: Erlangen
Standard: über Durchschnitt
Bauzeit: 43 Wochen
Kennwerte: bis 1.Ebene DIN276

BGF 1.056 €/m²

Planung: Architekturbüro Frau Farzaneh Nouri-Schellinger; Erlangen

veröffentlicht: BKI Objektdaten E4

6100-0289 Wohnhaus (1 WE), 2 Büros, Garage
BRI 748m³ **BGF** 269m² **NUF** 172m²

Einfamilienwohnhaus (168m² WFL II.BVO), voll unterkellert, 2 Büros für Freiberufler. Mauerwerksbau.

Land: Nordrhein-Westfalen
Kreis: Bergisch Gladbach
Standard: über Durchschnitt
Bauzeit: 43 Wochen
Kennwerte: bis 1.Ebene DIN276

BGF 1.462 €/m²

Planung: Hingst - Planungs - GmbH Architekten Ingenieure; Köln

veröffentlicht: BKI Objektdaten N3

6100-0296 Einfamilienhaus, Büro - Niedrigenergie
BRI 1.042m³ **BGF** 324m² **NUF** 238m²

Einfamilienhaus mit Architekturbüro; besondere Energiekonzeption; ökologische Bauweise, Holzbausystem mit elementierten Wandscheiben in Blocktafelbauweise. Holzrahmenbau.

Land: Baden-Württemberg
Kreis: Bodensee
Standard: über Durchschnitt
Bauzeit: 35 Wochen
Kennwerte: bis 1.Ebene DIN276

BGF 1.638 €/m²

Planung: Freier Architekt Dipl.-Ing. Tim Günther; Sipplingen

veröffentlicht: BKI Objektdaten E1

Objektübersicht zur Gebäudeart

6100-0337 Wohnhaus (4 WE), 4 Praxen   **BRI** 2.950m³   **BGF** 958m²   **NUF** 780m²

Mehrfamilienwohnhaus mit Praxen im UG und EG. Mauerwerksbau.

Land: Baden-Württemberg
Kreis: Rhein-Neckar
Standard: über Durchschnitt
Bauzeit: 56 Wochen
Kennwerte: bis 3.Ebene DIN276

BGF   1.453 €/m²

Planung: Böhm & Ruland Architekten B.A.U/ SRL Ökologisches Bauen; Heidelberg

veröffentlicht: BKI Objektdaten N3

6100-0215 Wohn- und Geschäftshaus (23 WE), TG   **BRI** 13.417m³   **BGF** 4.177m²   **NUF** 3.240m²

Wohn- und Geschäftshaus als Eckhaus mit TG (9 STP), vier Läden im EG, Büros und Arztpraxen im 1. und 2. OG, darüber Wohnungen. Mauerwerksbau.

Land: Sachsen
Kreis: Leipzig
Standard: über Durchschnitt
Bauzeit: 65 Wochen
Kennwerte: bis 3.Ebene DIN276

BGF   1.545 €/m²

Planung: Planungsgruppe IFB Dr. Braschel GmbH; Stuttgart

veröffentlicht: BKI Objektdaten N1

© BKI Baukosteninformationszentrum; Erläuterungen zu den Tabellen siehe Seite 56   Kosten: 1.Quartal 2018, Bundesdurchschnitt, **inkl. 19% MwSt.**

Wohnhäuser mit mehr als 15% Mischnutzung

Kostenkennwerte für die Kosten des Bauwerks (Kostengruppen 300+400 nach DIN 276)

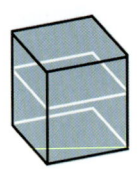

BRI 420 €/m³
von 350 €/m³
bis 485 €/m³

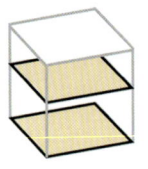

BGF 1.340 €/m²
von 1.140 €/m²
bis 1.570 €/m²

NUF 1.970 €/m²
von 1.620 €/m²
bis 2.350 €/m²

Kosten:
Stand 1.Quartal 2018
Bundesdurchschnitt
inkl. 19% MwSt.

Objektbeispiele

6100-1343

6100-1274

6100-1317

Kosten der 22 Vergleichsobjekte — Seiten 622 bis 627

- ● KKW
- ▶ min
- ▷ von
- | Mittelwert
- ◁ bis
- ◀ max

BRI: €/m³ BRI (200–700)

BGF: €/m² BGF (700–1700)

NUF: €/m² NUF (500–3000)

© BKI Baukosteninformationszentrum; Erläuterungen zu den Tabellen siehe Seite 46

Kosten: 1.Quartal 2018, Bundesdurchschnitt, **inkl. 19% MwSt.**

Kostenkennwerte für die Kostengruppen der 1. und 2. Ebene DIN 276

KG	Kostengruppen der 1. Ebene	Einheit	▷	€/Einheit	◁	▷	% an 300+400	◁
100	Grundstück	m² GF	–	–	–	–	–	–
200	Herrichten und Erschließen	m² GF	29	**81**	218	1,1	**2,7**	5,2
300	Bauwerk - Baukonstruktionen	m² BGF	910	**1.072**	1.286	74,4	**80,0**	87,3
400	Bauwerk - Technische Anlagen	m² BGF	172	**270**	358	12,7	**20,0**	25,6
	Bauwerk (300+400)	m² BGF	1.137	**1.342**	1.574		**100,0**	
500	Außenanlagen	m² AF	73	**176**	532	2,0	**4,8**	7,5
600	Ausstattung und Kunstwerke	m² BGF	2	**9**	17	0,1	**0,7**	1,3
700	Baunebenkosten*	m² BGF	279	**311**	344	20,8	**23,2**	25,5 ◁ NEU

Auf Grundlage der HOAI 2013 berechnete Werte nach §§ 35, 52, 56. Weitere Informationen siehe Seite 50

KG	Kostengruppen der 2. Ebene	Einheit	▷	€/Einheit	◁	▷	% an 300	◁
310	Baugrube	m³ BGI	10	**21**	39	0,1	**1,9**	3,2
320	Gründung	m² GRF	212	**224**	248	4,7	**7,9**	14,0
330	Außenwände	m² AWF	407	**442**	510	33,5	**38,2**	41,4
340	Innenwände	m² IWF	148	**179**	195	16,9	**18,2**	20,6
350	Decken	m² DEF	261	**283**	297	11,8	**16,2**	18,7
360	Dächer	m² DAF	209	**370**	455	9,7	**12,4**	13,8
370	Baukonstruktive Einbauten	m² BGF	3	**17**	31	0,2	**1,4**	3,8
390	Sonstige Baukonstruktionen	m² BGF	16	**39**	52	2,0	**3,9**	4,9
300	**Bauwerk Baukonstruktionen**	**m² BGF**					**100,0**	

KG	Kostengruppen der 2. Ebene	Einheit	▷	€/Einheit	◁	▷	% an 400	◁
410	Abwasser, Wasser, Gas	m² BGF	62	**108**	137	31,4	**32,4**	34,2
420	Wärmeversorgungsanlagen	m² BGF	67	**77**	94	16,0	**25,3**	30,2
430	Lufttechnische Anlagen	m² BGF	4	**9**	15	0,0	**1,7**	2,8
440	Starkstromanlagen	m² BGF	53	**74**	113	9,9	**25,1**	32,8
450	Fernmeldeanlagen	m² BGF	7	**10**	13	0,0	**2,5**	3,7
460	Förderanlagen	m² BGF	–	–	–	–	–	–
470	Nutzungsspezifische Anlagen	m² BGF	–	**186**	–	–	**13,1**	–
480	Gebäudeautomation	m² BGF						
490	Sonstige Technische Anlagen	m² BGF	–	–	–	–	–	–
400	**Bauwerk Technische Anlagen**	**m² BGF**					**100,0**	

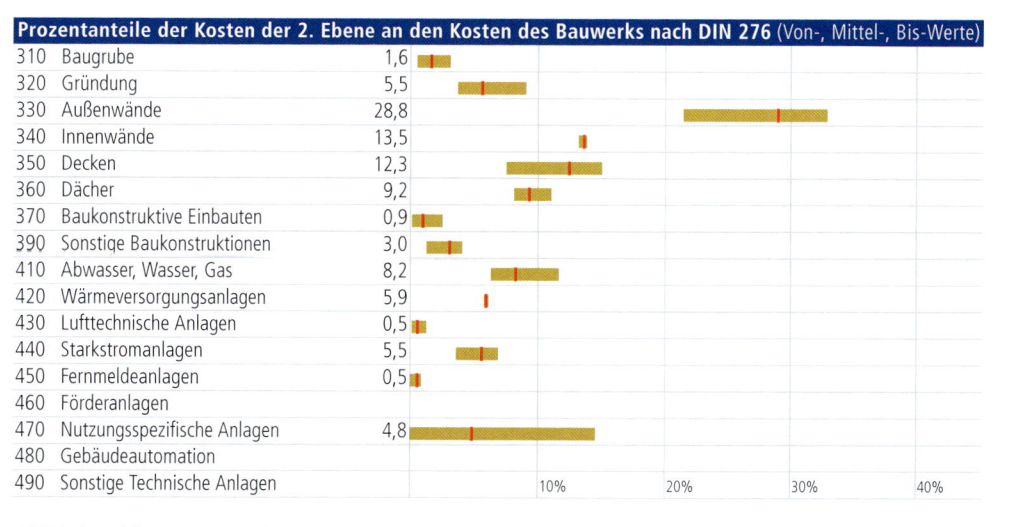

Prozentanteile der Kosten der 2. Ebene an den Kosten des Bauwerks nach DIN 276 (Von-, Mittel-, Bis-Werte)

KG		Mittelwert
310	Baugrube	1,6
320	Gründung	5,5
330	Außenwände	28,8
340	Innenwände	13,5
350	Decken	12,3
360	Dächer	9,2
370	Baukonstruktive Einbauten	0,9
390	Sonstige Baukonstruktionen	3,0
410	Abwasser, Wasser, Gas	8,2
420	Wärmeversorgungsanlagen	5,9
430	Lufttechnische Anlagen	0,5
440	Starkstromanlagen	5,5
450	Fernmeldeanlagen	0,5
460	Förderanlagen	
470	Nutzungsspezifische Anlagen	4,8
480	Gebäudeautomation	
490	Sonstige Technische Anlagen	

© **BKI** Baukosteninformationszentrum; Erläuterungen zu den Tabellen siehe Seite 48 und 50   Kosten: 1.Quartal 2018, Bundesdurchschnitt, **inkl. 19% MwSt.**

Wohnhäuser mit mehr als 15% Mischnutzung

Kostenkennwerte für Leistungsbereiche nach StLB (Kosten des Bauwerks nach DIN 276)

LB	Leistungsbereiche	▷ €/m² BGF ◁			▷ % an 300+400 ◁		
000	Sicherheits-, Baustelleneinrichtungen inkl. 001	37	37	48	2,8	2,8	3,6
002	Erdarbeiten	22	22	35	1,6	1,6	2,6
006	Spezialtiefbauarbeiten inkl. 005	–	–	–	–	–	–
009	Entwässerungskanalarbeiten inkl. 011	8	8	10	0,6	0,6	0,8
010	Drän- und Versickerungsarbeiten	–	1	–	–	0,1	–
012	Mauerarbeiten	97	97	130	7,2	7,2	9,7
013	Betonarbeiten	144	210	210	10,7	15,6	15,6
014	Natur-, Betonwerksteinarbeiten	–	43	–	–	3,2	–
016	Zimmer- und Holzbauarbeiten	26	26	43	1,9	1,9	3,2
017	Stahlbauarbeiten	–	–	–	–	–	–
018	Abdichtungsarbeiten	–	2	–	–	0,2	–
020	Dachdeckungsarbeiten	7	26	26	0,6	1,9	1,9
021	Dachabdichtungsarbeiten	9	27	27	0,7	2,0	2,0
022	Klempnerarbeiten	7	7	11	0,5	0,5	0,8
	Rohbau	506	506	578	37,7	37,7	43,0
023	Putz- und Stuckarbeiten, Wärmedämmsysteme	4	36	36	0,3	2,7	2,7
024	Fliesen- und Plattenarbeiten	63	63	90	4,7	4,7	6,7
025	Estricharbeiten	16	22	22	1,2	1,7	1,7
026	Fenster, Außentüren inkl. 029, 032	181	181	232	13,5	13,5	17,3
027	Tischlerarbeiten	48	71	71	3,6	5,3	5,3
028	Parkettarbeiten, Holzpflasterarbeiten	4	14	14	0,3	1,1	1,1
030	Rollladenarbeiten	–	–	–	–	–	–
031	Metallbauarbeiten inkl. 035	45	45	60	3,3	3,3	4,4
034	Maler- und Lackiererarbeiten inkl. 037	17	17	24	1,2	1,2	1,8
036	Bodenbelagarbeiten	2	6	6	0,1	0,5	0,5
038	Vorgehängte hinterlüftete Fassaden	–	–	–	–	–	–
039	Trockenbauarbeiten	48	48	68	3,6	3,6	5,1
	Ausbau	488	505	505	36,3	37,6	37,6
040	Wärmeversorgungsanl. - Betriebseinr. inkl. 041	72	75	75	5,3	5,6	5,6
042	Gas- und Wasserinstallation, Leitungen inkl. 043	15	27	27	1,1	2,0	2,0
044	Abwasserinstallationsarbeiten - Leitungen	23	28	28	1,7	2,1	2,1
045	GWA-Einrichtungsgegenstände inkl. 046	29	36	36	2,2	2,7	2,7
047	Dämmarbeiten an betriebstechnischen Anlagen	6	8	8	0,5	0,6	0,6
049	Feuerlöschanlagen, Feuerlöschgeräte	–	–	–	–	–	–
050	Blitzschutz- und Erdungsanlagen	2	2	3	0,2	0,2	0,2
052	Mittelspannungsanlagen	–	–	–	–	–	–
053	Niederspannungsanlagen inkl. 054	51	68	68	3,8	5,1	5,1
055	Ersatzstromversorgungsanlagen	–	–	–	–	–	–
057	Gebäudesystemtechnik	–	–	–	–	–	–
058	Leuchten und Lampen inkl. 059	1	4	4	0,1	0,3	0,3
060	Elektroakustische Anlagen, Sprechanlagen	1	1	2	0,1	0,1	0,1
061	Kommunikationsnetze, inkl. 062	–	2	–	–	0,2	–
063	Gefahrenmeldeanlagen	–	3	–	–	0,2	–
069	Aufzüge	–	–	–	–	–	–
070	Gebäudeautomation	–	–	–	–	–	–
075	Raumlufttechnische Anlagen	2	37	37	0,2	2,8	2,8
	Technische Anlagen	249	292	292	18,5	21,8	21,8
	Sonstige Leistungsbereiche inkl. 008, 033, 051	4	41	41	0,3	3,0	3,0

Kosten: Stand 1.Quartal 2018 Bundesdurchschnitt inkl. 19% MwSt.

- ● KKW
- ▶ min
- ▷ von
- | Mittelwert
- ◁ bis
- ◀ max

Planungskennwerte für Flächen und Rauminhalte nach DIN 277

Grundflächen			▷ Fläche/NUF (%) ◁			▷ Fläche/BGF (%) ◁		
NUF	Nutzungsfläche			100,0		65,2	68,2	73,4
TF	Technikfläche		2,4	3,1	3,7	1,6	2,1	2,6
VF	Verkehrsfläche		11,6	15,4	21,3	7,7	10,5	13,2
NRF	Netto-Raumfläche		114,6	118,5	124,2	79,0	80,8	84,3
KGF	Konstruktions-Grundfläche		23,1	28,2	32,4	16,0	19,2	21,1
BGF	Brutto-Grundfläche		138,2	146,7	155,8		100,0	

Brutto-Rauminhalte			▷ BRI/NUF (m) ◁			▷ BRI/BGF (m) ◁		
BRI	Brutto-Rauminhalt		4,38	4,70	5,09	3,14	3,20	3,37

Flächen von Nutzeinheiten			▷ NUF/Einheit (m²) ◁			▷ BGF/Einheit (m²) ◁		
Nutzeinheit:			–	–	–	–	–	–

Lufttechnisch behandelte Flächen			▷ Fläche/NUF (%) ◁			▷ Fläche/BGF (%) ◁		
Entlüftete Fläche			–	–	–	–	–	–
Be- und entlüftete Fläche			82,5	82,5	82,5	57,1	57,1	57,1
Teilklimatisierte Fläche			–	–	–	–	–	–
Klimatisierte Fläche			–	–	–	–	–	–

KG	Kostengruppen (2. Ebene)	Einheit	▷ Menge/NUF ◁			▷ Menge/BGF ◁		
310	Baugrube	m³ BGI	0,79	1,12	1,12	0,63	0,84	0,84
320	Gründung	m² GRF	0,39	0,40	0,40	0,31	0,31	0,31
330	Außenwände	m² AWF	0,97	1,13	1,13	0,85	0,85	0,93
340	Innenwände	m² IWF	1,31	1,38	1,38	0,95	1,03	1,03
350	Decken	m² DEF	0,64	0,76	0,76	0,48	0,57	0,57
360	Dächer	m² DAF	0,43	0,47	0,47	0,35	0,36	0,36
370	Baukonstruktive Einbauten	m² BGF	1,38	1,47	1,56		1,00	
390	Sonstige Baukonstruktionen	m² BGF	1,38	1,47	1,56		1,00	
300	**Bauwerk-Baukonstruktionen**	**m² BGF**	1,38	1,47	1,56		1,00	

Planungskennwerte für Bauzeiten — 22 Vergleichsobjekte

Bauzeit in Wochen: Bauzeit verteilt zwischen ca. 15 und 120 Wochen, Median bei ca. 60 Wochen.

© BKI Baukosteninformationszentrum; Erläuterungen zu den Tabellen siehe Seite 54   Kosten: 1.Quartal 2018, Bundesdurchschnitt, inkl. 19% MwSt.

Wohnhäuser mit mehr als 15% Mischnutzung

€/m² BGF
min	990	€/m²
von	1.135	€/m²
Mittel	**1.340**	**€/m²**
bis	1.575	€/m²
max	1.750	€/m²

Kosten:
Stand 1.Quartal 2018
Bundesdurchschnitt
inkl. 19% MwSt.

Objektübersicht zur Gebäudeart

6100-1343 Pfarrhaus, Gemeindebüros
BRI 1.275m³ | BGF 387m² | NUF 242m²

Pfarrerhaus (182m² WFL) mit Gemeindeteil. Holzrahmenbau.

Land: Mecklenburg-Vorpommern
Kreis: Mecklenburgische Seenplatte
Standard: Durchschnitt
Bauzeit: 34 Wochen
Kennwerte: bis 1.Ebene DIN276

BGF **1.677 €/m²**

Planung: Architekturbüro Ulrike Ahnert; Malchow

vorgesehen: BKI Objektdaten N16

6100-1224 Mehrfamilienhaus (2 WE), Büro - Passivhaus
BRI 1.674m³ | BGF 440m² | NUF 273m²

Mehrfamilienhaus (2 WE) mit Büro im EG (7 AP). Massivbau.

Land: Saarland
Kreis: Saar-Pfalz-Kreis
Standard: über Durchschnitt
Bauzeit: 39 Wochen
Kennwerte: bis 1.Ebene DIN276

BGF **1.752 €/m²**

Planung: wack + marx - architekten; St. Ingbert

veröffentlicht: BKI Objektdaten E7

6100-1274 Einfamilienhaus Büro - Effizienzhaus 85
BRI 1.357m³ | BGF 413m² | NUF 253m²

Einfamilienhaus mit 178m² WFL, Büroeinheit und Garage. Mauerwerk.

Land: Hessen
Kreis: Groß-Gerau
Standard: über Durchschnitt
Bauzeit: 56 Wochen
Kennwerte: bis 1.Ebene DIN276

BGF **1.386 €/m²**

Planung: mz³ architekten ingenieure GbR; Mainz

veröffentlicht: BKI Objektdaten E7

6100-1332 Wohn- und Geschäftshaus (1 WE, 6 AP)
BRI 812m³ | BGF 276m² | NUF 189m²

Wohn- und Geschäftshaus (1 WE, 6 AP). Massivbau.

Land: Baden-Württemberg
Kreis: Esslingen a.N.
Standard: Durchschnitt
Bauzeit: 60 Wochen
Kennwerte: bis 1.Ebene DIN276

BGF **1.246 €/m²**

Planung: KILTZ KAZMAIER ARCHITEKTEN; Kirchheim unter Teck

vorgesehen: BKI Objektdaten N16

Objektübersicht zur Gebäudeart

6100-1342 Wohn- und Geschäftshaus - Effizienzhaus 70   BRI 6.717m³   BGF 2.038m²   NUF 1.575m²

Wohn- und Geschäftshaus mit 15 WE (1.418m² WFL), Büros (2 GE), Effizienzhaus 70. Massivbau.

Land: Berlin
Kreis: Berlin
Standard: Durchschnitt
Bauzeit: 91 Wochen
Kennwerte: bis 1.Ebene DIN276

BGF 1.587 €/m²

Planung: roedig . schop architekten PartG mbB; Berlin

vorgesehen: BKI Objektdaten E8

6100-1280 Wohn- und Gemeindehaus (25 WE) - Effizienzhaus 55   BRI 15.155m³   BGF 4.492m²   NUF 3.109m²

Wohn- und Gemeindehaus mit 25 WE (1.991m² WFL), Büros, Versammlungsräume, TG (13 STP), Effizienzhaus 55. Massivbau.

Land: Hamburg
Kreis: Hamburg
Standard: über Durchschnitt
Bauzeit: 108 Wochen
Kennwerte: bis 1.Ebene DIN276

BGF 1.360 €/m²

Planung: Dohse Architekten; Hamburg

veröffentlicht: BKI Objektdaten E7

6100-1317 Wohn- und Geschäftshäuser (21 WE), (6 Gewerbe)   BRI 13.440m³   BGF 3.705m²   NUF 2.412m²

Wohn- und Geschäftshäuser mit einer Hausmeisterwohnung, 20 Wohnungen für ältere Menschen, die selbstständig leben können und sechs Gewerbeeinheiten. Massivbau.

Land: Bayern
Kreis: Forchheim
Standard: Durchschnitt
Bauzeit: 78 Wochen
Kennwerte: bis 1.Ebene DIN276

BGF 1.080 €/m²

Planung: Feddersen Architekten Helmholtzstraße 2-9 Aufgang L; Berlin

veröffentlicht: BKI Objektdaten S2

6100-1341 Wohn- und Geschäftshaus - Effizienzhaus ~56%*   BRI 10.206m³   BGF 2.961m²   NUF 1.714m²

Wohn- und Geschäftshaus mit 10 WE (1.330m² WFL), Proben- und Aufführraum mit Nebenräumen, Zimmer für Gastkünstler, Effizienzhaus ~56%. Massivbau.

Land: Berlin
Kreis: Berlin
Standard: Durchschnitt
Bauzeit: 134 Wochen
Kennwerte: bis 1.Ebene DIN276

BGF 1.990 €/m²

Planung: roedig . schop architekten PartG mbB; Berlin

vorgesehen: BKI Objektdaten E8
*Nicht in der Auswertung enthalten

Wohnhäuser mit mehr als 15% Mischnutzung

€/m² BGF
min	990 €/m²
von	1.135 €/m²
Mittel	**1.340 €/m²**
bis	1.575 €/m²
max	1.750 €/m²

Kosten:
Stand 1.Quartal 2018
Bundesdurchschnitt
inkl. 19% MwSt.

Objektübersicht zur Gebäudeart

6100-1014 Mehrfamilienhaus (15 WE), Gewerbe - Passivhaus BRI 7.655m³ BGF 2.259m² NUF 1.597m²

Mehrfamilienhaus als Passivhaus mit 15 WE und 2 Gewerbeeinheiten im EG (Bankfiliale, Büro). Vorgefertigter Holztafelbau, UG Massivbauweise.

Land: Bayern
Kreis: Rosenheim
Standard: über Durchschnitt
Bauzeit: 48 Wochen
Kennwerte: bis 1.Ebene DIN276

BGF **1.141 €/m²**

veröffentlicht: BKI Objektdaten E5

Planung: Hubert Steinsailer Architekt; Bruckmühl, OT Heufeld

6100-1109 Einfamilienhaus, Büroanbau, Garage - Passivhaus BRI 1.006m³ BGF 287m² NUF 205m²

Einfamilienhaus mit Büroanbau und Carport als Passivhaus (125m² WFL). Holzrahmenbau.

Land: Bayern
Kreis: Ostallgäu
Standard: über Durchschnitt
Bauzeit: 13 Wochen
Kennwerte: bis 1.Ebene DIN276

BGF **1.573 €/m²**

veröffentlicht: BKI Objektdaten E6

Planung: müllerschurr.architekten; Marktoberdorf

6100-1233 Wohn- und Geschäftshaus (3 WE)* BRI 2.330m³ BGF 716m² NUF 462m²

Mehrfamilienhaus mit 3 WE (295m² WFL) und einer Büroeinheit (106m²). Mauerwerksbau.

Land: Hamburg
Kreis: Hamburg
Standard: über Durchschnitt
Bauzeit: 82 Wochen
Kennwerte: bis 1.Ebene DIN276

BGF **2.010 €/m²** *

veröffentlicht: BKI Objektdaten N15
*Nicht in der Auswertung enthalten

Planung: Planungsbüro Köhler; Hamburg

6100-0985 Einfamilienhaus, Büro - KfW 60 BRI 1.238m³ BGF 414m² NUF 273m²

Einfamilienhaus mit Büro im Untergeschoss (267m² WFL). Mauerwerksbau, Anbau als Holzständerkonstruktion.

Land: Baden-Württemberg
Kreis: Heilbronn
Standard: über Durchschnitt
Bauzeit: 39 Wochen
Kennwerte: bis 1.Ebene DIN276

BGF **992 €/m²**

veröffentlicht: BKI Objektdaten E5

Planung: Architekturbüro VÖHRINGER; Leingarten bei Heilbronn

Objektübersicht zur Gebäudeart

6100-1025 Einfamilienhaus, Praxis

BRI 1.235m³   **BGF** 425m²   **NUF** 273m²

Einfamilienhaus (179m² WFL) mit Praxis im UG. Betonfertigteil-Konstruktion.

Land: Nordrhein-Westfalen
Kreis: Dortmund
Standard: Durchschnitt
Bauzeit: 52 Wochen
Kennwerte: bis 1.Ebene DIN276

BGF   1.355 €/m²

Planung: Miele Architekten + Stadtplaner; Hagen

veröffentlicht: BKI Objektdaten N12

6100-1155 Mehrfamilienhaus (9 WE), Gewerbe, Atelier

BRI 10.010m³   **BGF** 2.938m²   **NUF** 1.983m²

Mehrfamilienhaus (1.103m² WFL) mit 9 WE und Gewerbe (Büros, Arztpraxen, Atelier). Stahlbetonskelettbau.

Land: Berlin
Kreis: Berlin
Standard: über Durchschnitt
Bauzeit: 78 Wochen
Kennwerte: bis 1.Ebene DIN276

BGF   1.327 €/m²

Planung: walk | architekten Seeger Müller Architekten Partnerschaft; Berlin

veröffentlicht: BKI Objektdaten E6

6100-0838 Wohn- und Geschäftshaus (4 WE)

BRI 3.677m³   **BGF** 1.180m²   **NUF** 933m²

Mehrfamilienwohnhaus mit 4 WE, Gastronomie im Erdgeschoss. Stahlbetonbau.

Land: Hessen
Kreis: Frankfurt a. Main
Standard: über Durchschnitt
Bauzeit: 47 Wochen
Kennwerte: bis 1.Ebene DIN276

BGF   1.725 €/m²

Planung: vav Fischer-Bumiller GbR; Frankfurt am Main

veröffentlicht: BKI Objektdaten N10

6100-0990 Mehrfamilienhaus (6 WE), Gaststätte

BRI 2.800m³   **BGF** 930m²   **NUF** 616m²

Wohn- und Geschäftshaus mit einer Gaststätte (45 Sitzplätze) im EG und Wohnungen (6 WE) in den Obergeschossen. Mauerwerksbau.

Land: Thüringen
Kreis: Weimarer Land
Standard: Durchschnitt
Bauzeit: 65 Wochen
Kennwerte: bis 1.Ebene DIN276

BGF   1.041 €/m²

Planung: SB - Projekt Apolda Architektur- & Ingenieurbüro; Apolda

veröffentlicht: BKI Objektdaten N12

© BKI Baukosteninformationszentrum; Erläuterungen zu den Tabellen siehe Seite 56   Kosten: 1.Quartal 2018, Bundesdurchschnitt, **inkl. 19% MwSt.**

Wohnhäuser mit mehr als 15% Mischnutzung

€/m² BGF
min	990 €/m²
von	1.135 €/m²
Mittel	**1.340 €/m²**
bis	1.575 €/m²
max	1.750 €/m²

Kosten:
Stand 1.Quartal 2018
Bundesdurchschnitt
inkl. 19% MwSt.

Objektübersicht zur Gebäudeart

1300-0162 Bürogebäude Wohnungen (2 WE) — BRI 1.303m³ | BGF 428m² | NUF 341m²

Bürogebäude mit Wohnungen (2 WE). Mischbauweise: UG Massivbau, sonst Holzrahmenbau.

Land: Hessen
Kreis: Frankfurt a. Main
Standard: Durchschnitt
Bauzeit: 30 Wochen
Kennwerte: bis 1.Ebene DIN276

BGF 1.186 €/m²

Planung: Klaus Eismann & Partner Planungs- u. Bauleitungs GmbH; Frankfurt am Main
veröffentlicht: BKI Objektdaten N10

6100-0842 Wohn- und Geschäftshaus (6 WE) — BRI 4.779m³ | BGF 1.596m² | NUF 980m²

Wohn- und Geschäftshaus. 2 Gewerbeeinheiten im Erdgeschoss. 6 Etagen- und Maisonettewohnungen. Stahlbetonbau.

Land: Berlin
Kreis: Berlin
Standard: Durchschnitt
Bauzeit: 65 Wochen
Kennwerte: bis 1.Ebene DIN276

BGF 1.165 €/m²

Planung: roedig . schop architekten gbr; Berlin
veröffentlicht: BKI Objektdaten N10

6100-1191 Wohn- und Atelierhaus (9 WE) - Effizienzhaus ~38% — BRI 4.564m³ | BGF 1.419m² | NUF 961m²

Wohn- und Atelierhaus mit Gastronomie, Laden, Ausstellungsraum, Werkstatt und Wohnungen (9 WE). Stb-Skelettbau.

Land: Berlin
Kreis: Berlin
Standard: über Durchschnitt
Bauzeit: 104 Wochen
Kennwerte: bis 1.Ebene DIN276

BGF 1.344 €/m²

Planung: BARarchitekten; Berlin
veröffentlicht: BKI Objektdaten E7

6100-0730 Doppelhaushälfte, Büro — BRI 1.085m³ | BGF 367m² | NUF 259m²

Neubau Doppelhaushälfte als Zweifamilienhaus. Eine WE im UG und EG wird als Büro genutzt. Mauerwerksbau; Stb-Decken; Holzdachkonstruktion.

Land: Baden-Württemberg
Kreis: Esslingen a.N.
Standard: über Durchschnitt
Bauzeit: 39 Wochen
Kennwerte: bis 1.Ebene DIN276

BGF 1.419 €/m²

Planung: Architekturbüro Mesch-Fehrle; Aichtal-Grötzingen
veröffentlicht: BKI Objektdaten N10

Objektübersicht zur Gebäudeart

6100-0949 Wohn- und Geschäftshaus (20 WE)

BRI 9.590m³ **BGF** 3.318m² **NUF** 1.833m²

Wohn- und Geschäftshaus. Altersgerechtes Wohnen (20 WE, 1.296m² WFL), Bäcker, Friseur, Arzt, Büros. Mauerwerksbau.

Land: Schleswig-Holstein
Kreis: Steinburg (Itzehoe)
Standard: Durchschnitt
Bauzeit: 65 Wochen
Kennwerte: bis 1.Ebene DIN276

BGF   1.232 €/m²

Planung: Architekturbüro Prell und Partner; Hamburg

veröffentlicht: BKI Objektdaten N11

6100-0617 Wohn- und Bürogebäude

BRI 3.066m³ **BGF** 1.049m² **NUF** 728m²

Wohn- und Bürogebäude mit 6 Büroräumen für 8 Mitarbeiter und 3 Wohnungen. Mauerwerksbau, Pfosten-Riegel-Fassade; Holzdachkonstruktion.

Land: Nordrhein-Westfalen
Kreis: Köln
Standard: über Durchschnitt
Bauzeit: 121 Wochen
Kennwerte: bis 3.Ebene DIN276

BGF   1.556 €/m²

Planung: JSWD Architekten + Planer; Köln

veröffentlicht: BKI Objektdaten N9

6100-0578 Wohnhaus (10 WE) mit Schaukäserei

BRI 2.318m³ **BGF** 781m² **NUF** 641m²

Käseproduktion, Hofladen, Hofcafé, 2 Wohnungen (304m² WFL). Mauerwerksbau.

Land: Baden-Württemberg
Kreis: Bodensee
Standard: unter Durchschnitt
Bauzeit: 52 Wochen
Kennwerte: bis 4.Ebene DIN276

BGF   1.295 €/m²

Planung: Martin Wamsler Freier Architekt BDA Dipl.-Ing. (FH); Markdorf

veröffentlicht: BKI Objektdaten N9

6100-0622 Atelierhaus, Studios, Wohnungen

BRI 4.434m³ **BGF** 1.234m² **NUF** 947m²

Atelierhaus mit 12 Studios, Werkstätten und Wohnungen. Stb-Konstruktion, Holzrahmenausfachungen; Stb-Flachdach.

Land: Bayern
Kreis: Starnberg
Standard: Durchschnitt
Bauzeit: 52 Wochen
Kennwerte: bis 3.Ebene DIN276

BGF   1.094 €/m²

Planung: Dannheimer & Joos Architekten BDA; München

veröffentlicht: BKI Objektdaten N9

© BKI Baukosteninformationszentrum; Erläuterungen zu den Tabellen siehe Seite 56   Kosten: 1.Quartal 2018, Bundesdurchschnitt, **inkl. 19% MwSt.**

Arbeitsblatt zur Standardeinordnung bei Seniorenwohnungen

Kostenkennwerte für die Kosten des Bauwerks (Kostengruppen 300+400 nach DIN 276)

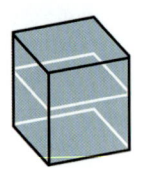

BRI 380 €/m³
von 325 €/m³
bis 435 €/m³

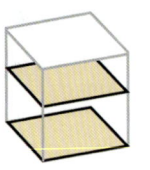

BGF 1.190 €/m²
von 960 €/m²
bis 1.520 €/m²

NUF 1.770 €/m²
von 1.430 €/m²
bis 2.360 €/m²

NE 2.070 €/NE
von 1.750 €/NE
bis 2.550 €/NE
NE: Wohnfläche

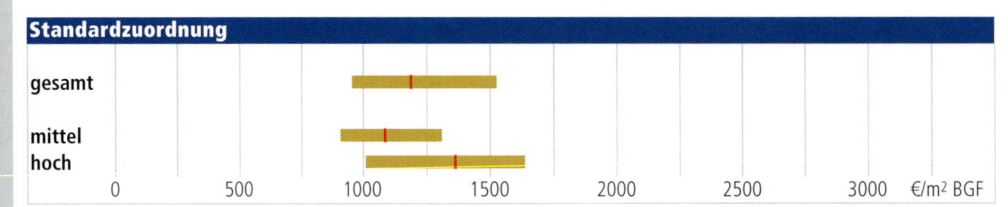

Kosten:
Stand 1.Quartal 2018
Bundesdurchschnitt
inkl. 19% MwSt.

Standardzuordnung

(gesamt / mittel / hoch – Balkendiagramm in €/m² BGF, Skala 0 bis 3000)

- Kostenkennwert
▶ min
▷ von
| Mittelwert
◁ bis
◀ max

Standardeinordnung für Ihr Projekt:

KG	Kostengruppen der 2. Ebene	niedrig	mittel	hoch	Punkte
310	Baugrube				
320	Gründung	1	2	2	
330	Außenwände	6	8	9	
340	Innenwände	4	5	5	
350	Decken	6	7	8	
360	Dächer	2	3	4	
370	Baukonstruktive Einbauten	0	0	1	
390	Sonstige Baukonstruktionen				
410	Abwasser, Wasser, Gas	2	3	4	
420	Wärmeversorgungsanlagen	2	3	3	
430	Lufttechnische Anlagen	0	0	0	
440	Starkstromanlagen	1	2	2	
450	Fernmeldeanlagen	0	0	1	
460	Förderanlagen	1	1	2	
470	Nutzungsspezifische Anlagen	0	0	0	
480	Gebäudeautomation	0	0	0	
490	Sonstige Technische Anlagen				

Punkte: 25 bis 34 = mittel   35 bis 41 = hoch   Ihr Projekt (Summe):

Erläuterung:
Obenstehende Tabelle soll Ihnen die Zuordnung zu den Gebäudearten mit einfachem, mittlerem und hohem Standard erleichtern. Schätzen Sie für jedes Grobelement ab, ob die Aufwendungen niedrig, mittel oder hoch sein werden und übertragen Sie die Punkte in die rechte Spalte. Bilden Sie die Summe der rechten Spalte und ordnen Sie Ihr Projekt nach dem Schema der untersten Zeile ein. Nehmen Sie dieses Schema auch als Hinweis darauf, bei welchen Kostengruppen Sie den Mittelwert nach oben oder unten anpassen sollten.

© BKI Baukosteninformationszentrum; Erläuterungen zu den Tabellen siehe Seite 58   Kosten: 1.Quartal 2018, Bundesdurchschnitt, **inkl. 19% MwSt.**

Kostenkennwerte für die Kostengruppen der 1. und 2. Ebene DIN 276

KG	Kostengruppen der 1. Ebene	Einheit	▷	€/Einheit	◁	▷	% an 300+400	◁
100	Grundstück	m² GF	–	–	–	–	–	–
200	Herrichten und Erschließen	m² GF	6	**29**	66	0,7	**3,3**	7,5
300	Bauwerk - Baukonstruktionen	m² BGF	716	**887**	1.152	69,9	**74,6**	80,1
400	Bauwerk - Technische Anlagen	m² BGF	228	**303**	440	19,9	**25,4**	30,1
	Bauwerk (300+400)	m² BGF	958	**1.190**	1.524		**100,0**	
500	Außenanlagen	m² AF	53	**103**	217	3,4	**5,9**	11,5
600	Ausstattung und Kunstwerke	m² BGF	6	**34**	93	0,5	**2,6**	5,8
700	Baunebenkosten*	m² BGF	229	**255**	281	19,5	**21,7**	23,9 ◁ NEU

* Auf Grundlage der HOAI 2013 berechnete Werte nach §§ 35, 52, 56, 40. Weitere Informationen siehe Seite 50

KG	Kostengruppen der 2. Ebene	Einheit	▷	€/Einheit	◁	▷	% an 300	◁
310	Baugrube	m³ BGI	18	**35**	85	1,1	**2,8**	4,8
320	Gründung	m² GRF	160	**218**	255	5,2	**6,7**	7,7
330	Außenwände	m² AWF	270	**348**	464	23,8	**29,3**	38,4
340	Innenwände	m² IWF	132	**161**	203	17,7	**20,0**	28,0
350	Decken	m² DEF	216	**256**	319	21,7	**24,9**	28,3
360	Dächer	m² DAF	215	**291**	384	8,3	**10,7**	13,3
370	Baukonstruktive Einbauten	m² BGF	4	**15**	48	0,2	**0,9**	5,6
390	Sonstige Baukonstruktionen	m² BGF	21	**36**	61	2,8	**4,7**	7,8
300	**Bauwerk Baukonstruktionen**	**m² BGF**					**100,0**	

KG	Kostengruppen der 2. Ebene	Einheit	▷	€/Einheit	◁	▷	% an 400	◁
410	Abwasser, Wasser, Gas	m² BGF	66	**88**	133	25,1	**31,9**	39,9
420	Wärmeversorgungsanlagen	m² BGF	44	**64**	98	15,8	**23,8**	34,0
430	Lufttechnische Anlagen	m² BGF	6	**9**	12	0,8	**2,9**	4,6
440	Starkstromanlagen	m² BGF	44	**58**	70	16,8	**21,4**	25,8
450	Fernmeldeanlagen	m² BGF	9	**15**	26	3,7	**5,6**	10,0
460	Förderanlagen	m² BGF	20	**38**	68	7,5	**13,9**	25,7
470	Nutzungsspezifische Anlagen	m² BGF	0	**1**	4	0,1	**0,5**	2,1
480	Gebäudeautomation	m² BGF	–	–	–	–	–	–
490	Sonstige Technische Anlagen	m² BGF	–	–	–	–	–	–
400	**Bauwerk Technische Anlagen**	**m² BGF**					**100,0**	

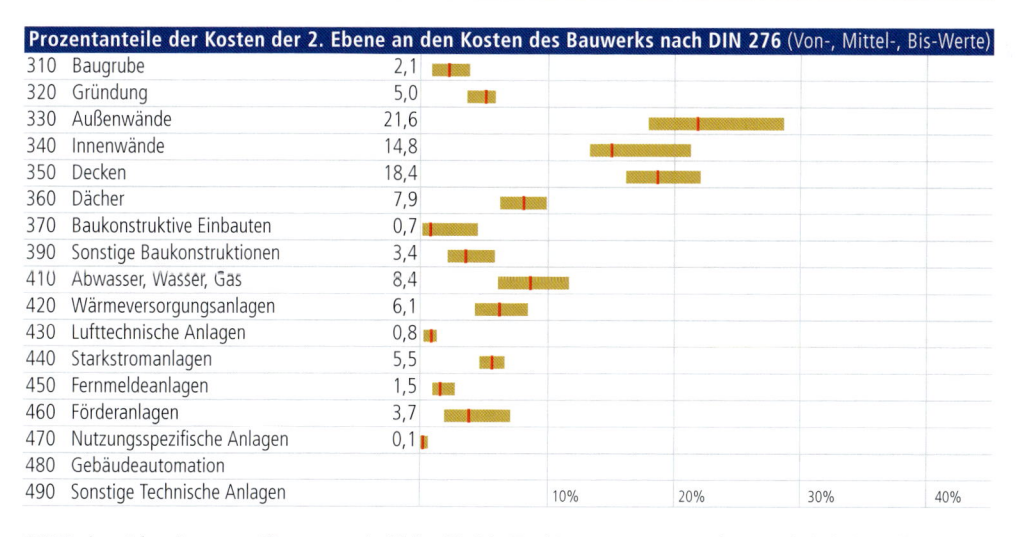

Prozentanteile der Kosten der 2. Ebene an den Kosten des Bauwerks nach DIN 276 (Von-, Mittel-, Bis-Werte)

KG	Bezeichnung	Mittelwert
310	Baugrube	2,1
320	Gründung	5,0
330	Außenwände	21,6
340	Innenwände	14,8
350	Decken	18,4
360	Dächer	7,9
370	Baukonstruktive Einbauten	0,7
390	Sonstige Baukonstruktionen	3,4
410	Abwasser, Wasser, Gas	8,4
420	Wärmeversorgungsanlagen	6,1
430	Lufttechnische Anlagen	0,8
440	Starkstromanlagen	5,5
450	Fernmeldeanlagen	1,5
460	Förderanlagen	3,7
470	Nutzungsspezifische Anlagen	0,1
480	Gebäudeautomation	
490	Sonstige Technische Anlagen	

© BKI Baukosteninformationszentrum; Erläuterungen zu den Tabellen siehe Seite 48 und 50   Kosten: 1.Quartal 2018, Bundesdurchschnitt, inkl. 19% MwSt.

Seniorenwohnungen

Kostenkennwerte für Leistungsbereiche nach StLB (Kosten des Bauwerks nach DIN 276)

LB	Leistungsbereiche	▷ €/m² BGF ◁			▷ % an 300+400 ◁		
000	Sicherheits-, Baustelleneinrichtungen inkl. 001	22	37	65	1,8	3,1	5,5
002	Erdarbeiten	22	37	55	1,8	3,1	4,6
006	Spezialtiefbauarbeiten inkl. 005	–	–	–	–	–	–
009	Entwässerungskanalarbeiten inkl. 011	3	8	17	0,2	0,7	1,5
010	Drän- und Versickerungsarbeiten	0	1	4	0,0	0,1	0,4
012	Mauerarbeiten	69	81	101	5,8	6,8	8,5
013	Betonarbeiten	151	182	202	12,7	15,3	17,0
014	Natur-, Betonwerksteinarbeiten	0	4	18	0,0	0,3	1,5
016	Zimmer- und Holzbauarbeiten	18	32	55	1,5	2,7	4,6
017	Stahlbauarbeiten	–	2	–	–	0,1	–
018	Abdichtungsarbeiten	4	8	13	0,3	0,6	1,1
020	Dachdeckungsarbeiten	2	11	26	0,2	0,9	2,2
021	Dachabdichtungsarbeiten	9	18	33	0,7	1,5	2,8
022	Klempnerarbeiten	14	25	48	1,1	2,1	4,0
	Rohbau	**399**	**446**	**477**	**33,5**	**37,5**	**40,1**
023	Putz- und Stuckarbeiten, Wärmedämmsysteme	57	74	87	4,7	6,3	7,3
024	Fliesen- und Plattenarbeiten	31	41	56	2,6	3,5	4,7
025	Estricharbeiten	16	24	40	1,4	2,1	3,4
026	Fenster, Außentüren inkl. 029, 032	32	61	79	2,7	5,1	6,6
027	Tischlerarbeiten	31	49	104	2,6	4,1	8,7
028	Parkettarbeiten, Holzpflasterarbeiten	0	7	27	0,0	0,6	2,3
030	Rollladenarbeiten	8	32	97	0,7	2,7	8,1
031	Metallbauarbeiten inkl. 035	28	51	81	2,4	4,3	6,8
034	Maler- und Lackiererarbeiten inkl. 037	30	39	47	2,5	3,3	4,0
036	Bodenbelagarbeiten	6	17	31	0,5	1,5	2,6
038	Vorgehängte hinterlüftete Fassaden	0	13	37	0,0	1,1	3,1
039	Trockenbauarbeiten	20	36	58	1,7	3,1	4,9
	Ausbau	**397**	**448**	**500**	**33,3**	**37,7**	**42,0**
040	Wärmeversorgungsanl. - Betriebseinr. inkl. 041	44	64	89	3,7	5,4	7,5
042	Gas- und Wasserinstallation, Leitungen inkl. 043	16	24	34	1,3	2,1	2,9
044	Abwasserinstallationsarbeiten - Leitungen	12	21	35	1,0	1,7	2,9
045	GWA-Einrichtungsgegenstände inkl. 046	22	34	78	1,8	2,9	6,5
047	Dämmarbeiten an betriebstechnischen Anlagen	2	13	19	0,2	1,1	1,6
049	Feuerlöschanlagen, Feuerlöschgeräte	0	1	2	0,0	0,0	0,1
050	Blitzschutz- und Erdungsanlagen	3	5	8	0,3	0,4	0,7
052	Mittelspannungsanlagen	–	–	–	–	–	–
053	Niederspannungsanlagen inkl. 054	41	51	59	3,4	4,3	4,9
055	Ersatzstromversorgungsanlagen	–	–	–	–	–	–
057	Gebäudesystemtechnik	–	–	–	–	–	–
058	Leuchten und Lampen inkl. 059	4	10	14	0,4	0,8	1,1
060	Elektroakustische Anlagen, Sprechanlagen	2	7	17	0,1	0,6	1,5
061	Kommunikationsnetze, inkl. 062	2	6	10	0,2	0,5	0,8
063	Gefahrenmeldeanlagen	2	4	11	0,2	0,4	0,9
069	Aufzüge	22	44	81	1,8	3,7	6,8
070	Gebäudeautomation	–	–	–	–	–	–
075	Raumlufttechnische Anlagen	4	8	15	0,3	0,7	1,2
	Technische Anlagen	**261**	**292**	**344**	**22,0**	**24,6**	**28,9**
	Sonstige Leistungsbereiche inkl. 008, 033, 051	3	7	15	0,2	0,6	1,2

Kosten:
Stand 1.Quartal 2018
Bundesdurchschnitt
inkl. 19% MwSt.

● Kostenkennwert
▶ min
▷ von
| Mittelwert
◁ bis
◀ max

© BKI Baukosteninformationszentrum; Erläuterungen zu den Tabellen siehe Seite 52   Kosten: 1.Quartal 2018, Bundesdurchschnitt, **inkl. 19% MwSt.**

Planungskennwerte für Flächen und Rauminhalte nach DIN 277

Grundflächen		▷	Fläche/NUF (%)	◁	▷	Fläche/BGF (%)	◁
NUF	Nutzungsfläche		100,0		64,4	67,1	70,7
TF	Technikfläche	1,6	2,0	2,4	1,1	1,4	1,6
VF	Verkehrsfläche	18,2	21,7	28,0	11,7	14,6	18,2
NRF	Netto-Raumfläche	119,5	123,8	129,9	79,3	83,0	85,9
KGF	Konstruktions-Grundfläche	20,8	25,3	32,3	14,1	17,0	20,7
BGF	Brutto-Grundfläche	142,5	149,1	156,9		100,0	

Brutto-Rauminhalte		▷	BRI/NUF (m)	◁	▷	BRI/BGF (m)	◁
BRI	Brutto-Rauminhalt	4,31	4,62	5,11	2,92	3,10	3,46

Flächen von Nutzeinheiten	▷	NUF/Einheit (m²)	◁	▷	BGF/Einheit (m²)	◁
Nutzeinheit: Wohnfläche	1,12	1,26	1,67	1,66	1,81	2,25

Lufttechnisch behandelte Flächen	▷	Fläche/NUF (%)	◁	▷	Fläche/BGF (%)	◁
Entlüftete Fläche	–	–	–	–	–	–
Be- und entlüftete Fläche	–	–	–	–	–	–
Teilklimatisierte Fläche	–	–	–	–	–	–
Klimatisierte Fläche	–	–	–	–	–	–

KG	Kostengruppen (2. Ebene)	Einheit	▷	Menge/NUF	◁	▷	Menge/BGF	◁
310	Baugrube	m³ BGI	0,87	0,95	1,12	0,57	0,66	0,81
320	Gründung	m² GRF	0,30	0,35	0,36	0,21	0,24	0,25
330	Außenwände	m² AWF	0,84	0,97	1,06	0,60	0,66	0,73
340	Innenwände	m² IWF	1,24	1,43	1,65	0,88	0,99	1,04
350	Decken	m² DEF	1,07	1,09	1,10	0,74	0,75	0,75
360	Dächer	m² DAF	0,38	0,44	0,48	0,26	0,30	0,32
370	Baukonstruktive Einbauten	m² BGF	1,43	1,49	1,57		1,00	
390	Sonstige Baukonstruktionen	m² BGF	1,43	1,49	1,57		1,00	
300	Bauwerk-Baukonstruktionen	m² BGF	1,43	1,49	1,57		1,00	

Planungskennwerte für Bauzeiten

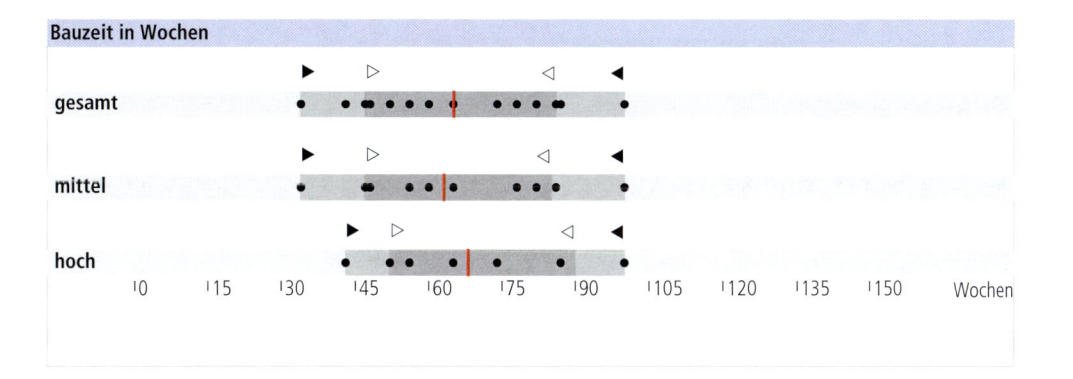

Bauzeit in Wochen

gesamt / mittel / hoch — Diagramm in Wochen (0–150)

© BKI Baukosteninformationszentrum; Erläuterungen zu den Tabellen siehe Seite 54   Kosten: 1.Quartal 2018, Bundesdurchschnitt, inkl. 19% MwSt.

Seniorenwohnungen, mittlerer Standard

Kostenkennwerte für die Kosten des Bauwerks (Kostengruppen 300+400 nach DIN 276)

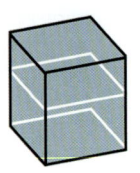

BRI 360 €/m³
von 320 €/m³
bis 410 €/m³

BGF 1.090 €/m²
von 910 €/m²
bis 1.310 €/m²

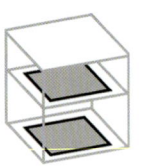

NUF 1.640 €/m²
von 1.350 €/m²
bis 1.970 €/m²

NE 2.000 €/NE
von 1.710 €/NE
bis 2.370 €/NE
NE: Wohnfläche

Kosten:
Stand 1. Quartal 2018
Bundesdurchschnitt
inkl. 19% MwSt.

Objektbeispiele

6100-0644 © Ackermann & Raff Architekten Stadtplaner BDA
6100-0852 © DGM Architekten
6200-0041 © BECKER I RITZMANN Architekten + Ingenieure
6200-0067 © Achim Dreischmeier Architekt BDA und Stadtplaner
6200-0031 © Johannes Bethin Architekt BDB
6100-1004 © IBP-Ing.-Büro Bohlen

Kosten der 12 Vergleichsobjekte — Seiten 636 bis 638

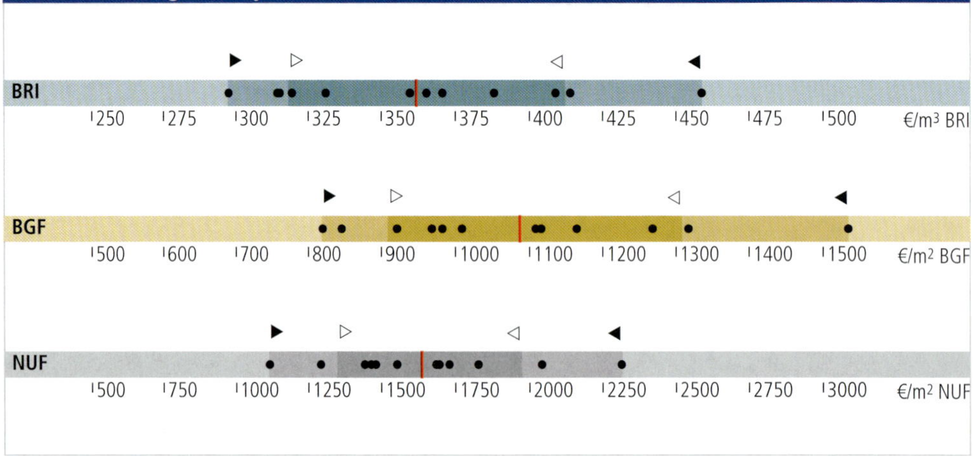

Legende:
- ● KKW
- ▶ min
- ▷ von
- | Mittelwert
- ◁ bis
- ◀ max

BRI: €/m³ BRI (Skala 250–500)
BGF: €/m² BGF (Skala 500–1500)
NUF: €/m² NUF (Skala 500–3000)

© BKI Baukosteninformationszentrum; Erläuterungen zu den Tabellen siehe Seite 46
Kosten: 1. Quartal 2018, Bundesdurchschnitt, **inkl. 19% MwSt.**

Kostenkennwerte für die Kostengruppen der 1. und 2. Ebene DIN 276

KG	Kostengruppen der 1. Ebene	Einheit	▷	€/Einheit	◁	▷	% an 300+400	◁	
100	Grundstück	m² GF	–	–	–	–	–	–	
200	Herrichten und Erschließen	m² GF	7	27	87	0,7	1,9	5,0	
300	Bauwerk - Baukonstruktionen	m² BGF	678	815	1.016	70,5	74,8	80,2	
400	Bauwerk - Technische Anlagen	m² BGF	228	272	397	19,8	25,2	29,5	
	Bauwerk (300+400)	m² BGF	910	1.088	1.308		100,0		
500	Außenanlagen	m² AF	44	100	173	3,3	5,3	7,3	
600	Ausstattung und Kunstwerke	m² BGF	14	24	35	1,2	2,8	4,3	
700	Baunebenkosten*	m² BGF	213	237	262	19,8	22,1	24,3	◁ NEU

Auf Grundlage der HOAI 2013 berechnete Werte nach §§ 35, 52, 56. Weitere Informationen siehe Seite 50

KG	Kostengruppen der 2. Ebene	Einheit	▷	€/Einheit	◁	▷	% an 300	◁
310	Baugrube	m³ BGI	15	25	67	0,9	2,2	3,6
320	Gründung	m² GRF	145	207	233	4,6	6,6	7,6
330	Außenwände	m² AWF	251	323	371	22,2	29,6	38,5
340	Innenwände	m² IWF	114	150	166	18,5	20,9	31,3
350	Decken	m² DEF	211	248	320	21,7	24,5	29,7
360	Dächer	m² DAF	203	281	391	8,2	10,2	14,0
370	Baukonstruktive Einbauten	m² BGF	3	18	48	0,1	1,1	5,6
390	Sonstige Baukonstruktionen	m² BGF	17	38	62	2,4	5,0	7,8
300	**Bauwerk Baukonstruktionen**	m² BGF					**100,0**	

KG	Kostengruppen der 2. Ebene	Einheit	▷	€/Einheit	◁	▷	% an 400	◁
410	Abwasser, Wasser, Gas	m² BGF	69	89	140	26,7	33,2	41,3
420	Wärmeversorgungsanlagen	m² BGF	36	51	64	14,7	20,0	26,7
430	Lufttechnische Anlagen	m² BGF	8	10	13	3,0	3,8	5,7
440	Starkstromanlagen	m² BGF	43	58	71	18,2	22,1	26,3
450	Fernmeldeanlagen	m² BGF	9	16	29	4,1	5,9	13,3
460	Förderanlagen	m² BGF	19	37	72	7,4	14,3	28,1
470	Nutzungsspezifische Anlagen	m² BGF	1	2	6	0,2	0,6	2,7
480	Gebäudeautomation	m² BGF	–	–	–	–	–	–
490	Sonstige Technische Anlagen	m² BGF	–	–	–	–	–	–
400	**Bauwerk Technische Anlagen**	m² BGF					**100,0**	

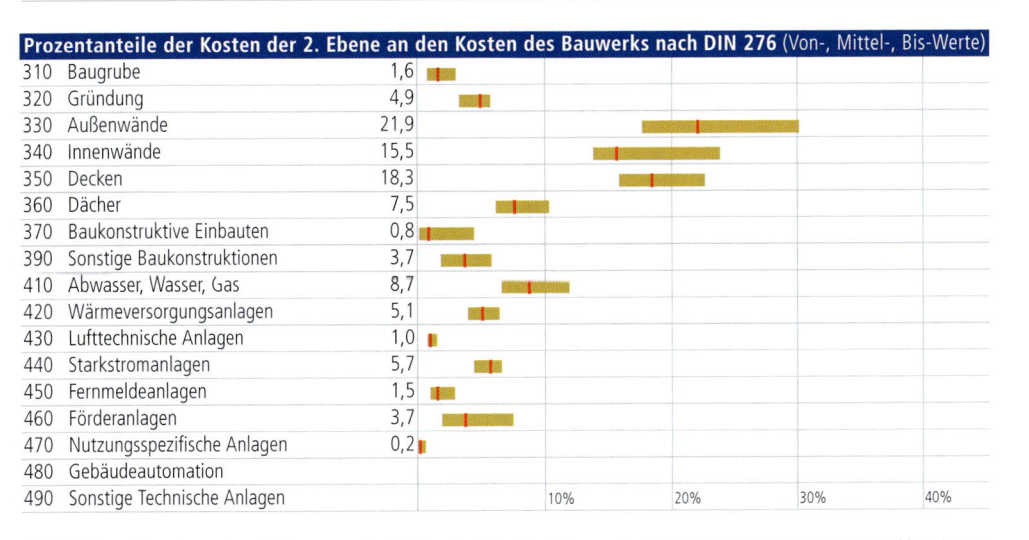

Prozentanteile der Kosten der 2. Ebene an den Kosten des Bauwerks nach DIN 276 (Von-, Mittel-, Bis-Werte)

KG		%
310	Baugrube	1,6
320	Gründung	4,9
330	Außenwände	21,9
340	Innenwände	15,5
350	Decken	18,3
360	Dächer	7,5
370	Baukonstruktive Einbauten	0,8
390	Sonstige Baukonstruktionen	3,7
410	Abwasser, Wasser, Gas	8,7
420	Wärmeversorgungsanlagen	5,1
430	Lufttechnische Anlagen	1,0
440	Starkstromanlagen	5,7
450	Fernmeldeanlagen	1,5
460	Förderanlagen	3,7
470	Nutzungsspezifische Anlagen	0,2
480	Gebäudeautomation	
490	Sonstige Technische Anlagen	

© BKI Baukosteninformationszentrum; Erläuterungen zu den Tabellen siehe Seite 48 und 50   Kosten: 1.Quartal 2018, Bundesdurchschnitt, inkl. 19% MwSt.

Senioren-wohnungen, mittlerer Standard

Kosten:
Stand 1. Quartal 2018
Bundesdurchschnitt
inkl. 19% MwSt.

- ● KKW
- ▶ min
- ▷ von
- | Mittelwert
- ◁ bis
- ◀ max

Kostenkennwerte für Leistungsbereiche nach StLB (Kosten des Bauwerks nach DIN 276)

LB	Leistungsbereiche	▷	€/m² BGF	◁	▷	% an 300+400	◁
000	Sicherheits-, Baustelleneinrichtungen inkl. 001	20	**36**	66	1,8	**3,3**	6,0
002	Erdarbeiten	18	**31**	45	1,7	**2,8**	4,1
006	Spezialtiefbauarbeiten inkl. 005	–	**–**	–	–	**–**	–
009	Entwässerungskanalarbeiten inkl. 011	1	**8**	16	0,1	**0,8**	1,5
010	Drän- und Versickerungsarbeiten	0	**1**	1	0,0	**0,1**	0,1
012	Mauerarbeiten	62	**76**	92	5,7	**7,0**	8,5
013	Betonarbeiten	138	**162**	188	12,7	**14,9**	17,2
014	Natur-, Betonwerksteinarbeiten	–	**3**	–	–	**0,3**	–
016	Zimmer- und Holzbauarbeiten	13	**21**	28	1,2	**1,9**	2,6
017	Stahlbauarbeiten	–	**–**	–	–	**–**	–
018	Abdichtungsarbeiten	5	**8**	12	0,4	**0,7**	1,1
020	Dachdeckungsarbeiten	1	**12**	24	0,1	**1,1**	2,2
021	Dachabdichtungsarbeiten	7	**16**	32	0,6	**1,4**	2,9
022	Klempnerarbeiten	10	**23**	44	0,9	**2,1**	4,0
	Rohbau	363	**397**	428	33,4	**36,5**	39,4
023	Putz- und Stuckarbeiten, Wärmedämmsysteme	49	**68**	81	4,5	**6,2**	7,5
024	Fliesen- und Plattenarbeiten	29	**41**	51	2,7	**3,8**	4,7
025	Estricharbeiten	18	**25**	40	1,6	**2,3**	3,7
026	Fenster, Außentüren inkl. 029, 032	19	**56**	72	1,7	**5,2**	6,6
027	Tischlerarbeiten	29	**51**	95	2,7	**4,7**	8,7
028	Parkettarbeiten, Holzpflasterarbeiten	0	**8**	25	0,0	**0,8**	2,3
030	Rollladenarbeiten	3	**31**	89	0,2	**2,9**	8,1
031	Metallbauarbeiten inkl. 035	26	**44**	84	2,4	**4,1**	7,8
034	Maler- und Lackiererarbeiten inkl. 037	24	**35**	40	2,2	**3,2**	3,7
036	Bodenbelagarbeiten	4	**15**	31	0,4	**1,4**	2,9
038	Vorgehängte hinterlüftete Fassaden	0	**16**	34	0,0	**1,5**	3,2
039	Trockenbauarbeiten	17	**31**	51	1,6	**2,9**	4,7
	Ausbau	377	**424**	465	34,6	**39,0**	42,7
040	Wärmeversorgungsanl. - Betriebseinr. inkl. 041	37	**49**	61	3,4	**4,5**	5,6
042	Gas- und Wasserinstallation, Leitungen inkl. 043	14	**21**	30	1,3	**2,0**	2,8
044	Abwasserinstallationsarbeiten - Leitungen	10	**21**	32	0,9	**1,9**	2,9
045	GWA-Einrichtungsgegenstände inkl. 046	20	**31**	31	1,8	**2,9**	2,9
047	Dämmarbeiten an betriebstechnischen Anlagen	0	**11**	17	0,0	**1,0**	1,6
049	Feuerlöschanlagen, Feuerlöschgeräte	0	**0**	1	0,0	**0,0**	0,1
050	Blitzschutz- und Erdungsanlagen	3	**4**	4	0,3	**0,4**	0,4
052	Mittelspannungsanlagen	–	**–**	–	–	**–**	–
053	Niederspannungsanlagen inkl. 054	35	**47**	54	3,2	**4,3**	5,0
055	Ersatzstromversorgungsanlagen	–	**–**	–	–	**–**	–
057	Gebäudesystemtechnik	–	**–**	–	–	**–**	–
058	Leuchten und Lampen inkl. 059	9	**11**	14	0,8	**1,0**	1,3
060	Elektroakustische Anlagen, Sprechanlagen	2	**7**	18	0,2	**0,6**	1,6
061	Kommunikationsnetze, inkl. 062	2	**5**	9	0,1	**0,5**	0,8
063	Gefahrenmeldeanlagen	2	**5**	10	0,2	**0,4**	0,9
069	Aufzüge	20	**40**	79	1,9	**3,7**	7,3
070	Gebäudeautomation	–	**–**	–	–	**–**	–
075	Raumlufttechnische Anlagen	7	**9**	15	0,7	**0,9**	1,4
	Technische Anlagen	234	**262**	296	21,5	**24,0**	27,2
	Sonstige Leistungsbereiche inkl. 008, 033, 051	3	**7**	15	0,3	**0,7**	1,4

© BKI Baukosteninformationszentrum; Erläuterungen zu den Tabellen siehe Seite 52   Kosten: 1. Quartal 2018, Bundesdurchschnitt, **inkl. 19% MwSt.**

Planungskennwerte für Flächen und Rauminhalte nach DIN 277

Grundflächen		▷	Fläche/NUF (%)	◁	▷	Fläche/BGF (%)	◁
NUF	Nutzungsfläche		100,0		63,6	66,4	70,5
TF	Technikfläche	1,4	1,8	2,4	1,0	1,2	1,6
VF	Verkehrsfläche	18,3	22,9	29,3	11,7	15,2	19,2
NRF	Netto-Raumfläche	119,2	124,8	131,0	78,9	82,8	86,0
KGF	Konstruktions-Grundfläche	20,9	25,9	31,2	14,0	17,2	21,1
BGF	Brutto-Grundfläche	143,3	150,7	158,9		100,0	

Brutto-Rauminhalte		▷	BRI/NUF (m)	◁	▷	BRI/BGF (m)	◁
BRI	Brutto-Rauminhalt	4,25	4,51	4,85	2,86	2,99	3,15

Flächen von Nutzeinheiten	▷	NUF/Einheit (m²)	◁	▷	BGF/Einheit (m²)	◁
Nutzeinheit: Wohnfläche	1,09	1,24	1,71	1,66	1,81	2,34

Lufttechnisch behandelte Flächen	▷	Fläche/NUF (%)	◁	▷	Fläche/BGF (%)	◁
Entlüftete Fläche	–	–	–	–	–	–
Be- und entlüftete Fläche	–	–	–	–	–	–
Teilklimatisierte Fläche	–	–	–	–	–	–
Klimatisierte Fläche	–	–	–	–	–	–

KG	Kostengruppen (2. Ebene)	Einheit	▷	Menge/NUF	◁	▷	Menge/BGF	◁
310	Baugrube	m³ BGI	0,92	0,97	1,10	0,64	0,66	0,80
320	Gründung	m² GRF	0,36	0,36	0,37	0,24	0,24	0,25
330	Außenwände	m² AWF	0,88	1,02	1,11	0,60	0,68	0,75
340	Innenwände	m² IWF	1,45	1,56	1,72	1,00	1,06	1,11
350	Decken	m² DEF	1,10	1,10	1,12	0,75	0,75	0,75
360	Dächer	m² DAF	0,44	0,44	0,48	0,29	0,29	0,32
370	Baukonstruktive Einbauten	m² BGF	1,43	1,51	1,59		1,00	
390	Sonstige Baukonstruktionen	m² BGF	1,43	1,51	1,59		1,00	
300	**Bauwerk-Baukonstruktionen**	**m² BGF**	1,43	1,51	1,59		1,00	

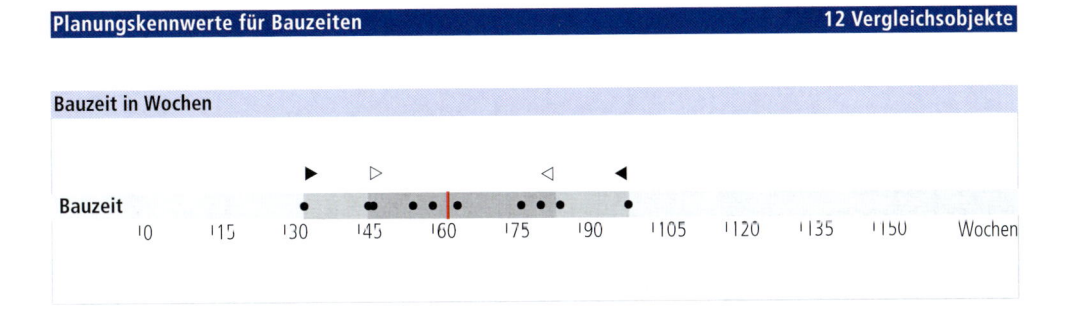

Planungskennwerte für Bauzeiten — 12 Vergleichsobjekte

Bauzeit in Wochen

Bauzeit: ▶ bei ca. 30 Wochen, ▷ bei ca. 45 Wochen, ◁ bei ca. 80 Wochen, ◀ bei ca. 90 Wochen; Skala 0 – 150 Wochen.

© BKI Baukosteninformationszentrum; Erläuterungen zu den Tabellen siehe Seite 54   Kosten: 1. Quartal 2018, Bundesdurchschnitt, inkl. 19% MwSt.

Seniorenwohnungen, mittlerer Standard

€/m² BGF

min	820 €/m²
von	910 €/m²
Mittel	**1.090** €/m²
bis	1.310 €/m²
max	1.535 €/m²

Kosten:
Stand 1.Quartal 2018
Bundesdurchschnitt
inkl. 19% MwSt.

Objektübersicht zur Gebäudeart

6200-0067 Seniorenwohnheim, Pflege - Effizienzhaus ~73%
BRI 15.653m³ **BGF** 5.047m² **NUF** 3.503m²

Senioren- und Servicezentrum mit Seniorenwohnanlage (45 WE), Pflege- und Wohngemeinschaft (24 Betten) und Begegnungsstätte. Mauerwerksbau.

Land: Mecklenburg-Vorpommern
Kreis: Vorpommern-Greifswald
Standard: Durchschnitt
Bauzeit: 60 Wochen
Kennwerte: bis 1.Ebene DIN276

BGF 1.268 €/m²

Planung: Achim Dreischmeier, Architekt BDA und Stadtplaner; Ostseebad Koserow

veröffentlicht: BKI Objektdaten E7

6100-1004 Betreutes Wohnen (22 WE)
BRI 5.531m³ **BGF** 1.728m² **NUF** 1.123m²

Betreutes Wohnen (22 WE), nicht unterkellert, Abstellräume im Dachgeschoss. Mauerwerksbau.

Land: Thüringen
Kreis: Ilm-Kreis
Standard: Durchschnitt
Bauzeit: 47 Wochen
Kennwerte: bis 3.Ebene DIN276

BGF 1.009 €/m²

Planung: IBP-Ing.-Büro Bohlen; Erfurt

veröffentlicht: BKI Objektdaten N13

6100-1045 Wohnhaus für Behinderte, TG - Passivhaus
BRI 5.960m³ **BGF** 1.783m² **NUF** 1.339m²

Wohngebäude mit 14 Wohnungen für Menschen mit Behinderungen. Massivbau.

Land: Hamburg
Kreis: Hamburg
Standard: Durchschnitt
Bauzeit: 78 Wochen
Kennwerte: bis 1.Ebene DIN276

BGF 1.534 €/m²

Planung: DR - Architekten GbR; Hamburg

veröffentlicht: BKI Objektdaten E5

6100-0945 Seniorenwohnungen (32 WE), TG (8 STP)
BRI 9.314m³ **BGF** 3.021m² **NUF** 1.976m²

Wohnungen (32 WE) für selbstständige Senioren, barrierefrei, Gemeinschaftsraum, Tiefgarage mit 8 Stellplätzen. Massivbau.

Land: Nordrhein-Westfalen
Kreis: Bonn
Standard: Durchschnitt
Bauzeit: 48 Wochen
Kennwerte: bis 3.Ebene DIN276

BGF 1.108 €/m²

Planung: Concavis Architekten + Ingenieure; Bornheim

veröffentlicht: BKI Objektdaten N12

Objektübersicht zur Gebäudeart

6100-0995 Betreutes Wohnen (8 WE)

BRI 1.968m³ **BGF** 742m² **NUF** 497m²

Mehrfamilienhaus mit behindertengerechten Wohnungen (8 WE), nicht unterkellert. Mauerwerksbau.

Land: Bayern
Kreis: Miltenberg
Standard: Durchschnitt
Bauzeit: 47 Wochen
Kennwerte: bis 3.Ebene DIN276

BGF 982 €/m²

Planung: F29 Architekten GmbH; Dresden

veröffentlicht: BKI Objektdaten N11

6200-0041 Betreuungseinrichtung (30 Betten)

BRI 7.586m³ **BGF** 2.384m² **NUF** 1.357m²

Betreutes Wohnen (5 Wohngruppen mit 30 Betten) für eine psychiatrisch / neurologische Klinik. Mauerwerksbau.

Land: Rheinland-Pfalz
Kreis: Südliche Weinstraße
Standard: Durchschnitt
Bauzeit: 65 Wochen
Kennwerte: bis 1.Ebene DIN276

BGF 1.317 €/m²

Planung: BECKER I RITZMANN Architekten + Ingenieure; Neustadt

veröffentlicht: BKI Objektdaten N11

6100-0841 Seniorenwohnungen (22 WE)

BRI 5.774m³ **BGF** 2.008m² **NUF** 1.330m²

Seniorenwohnungen (22 WE) mit Vorder- und Hinterhaus, die durch ein verglastes Treppenhaus verbunden sind; 9 Wohnungen rollstuhlgerecht ausgeführt, alle anderen barrierefrei. Mauerwerksbau.

Land: Nordrhein-Westfalen
Kreis: Wesel
Standard: Durchschnitt
Bauzeit: 82 Wochen
Kennwerte: bis 1.Ebene DIN276

BGF 1.116 €/m²

Planung: Eberl & Lohmeyer Architekten GbR; Wesel

veröffentlicht: BKI Objektdaten N11

6100-0852 Seniorenwohnungen (18 WE)

BRI 6.226m³ **BGF** 1.770m² **NUF** 1.192m²

Barrierefreie Zweizimmerwohnungen für Senioren (18 WE). Massivbau.

Land: Nordrhein-Westfalen
Kreis: Krefeld
Standard: Durchschnitt
Bauzeit: 100 Wochen
Kennwerte: bis 3.Ebene DIN276

BGF 1.164 €/m²

Planung: DGM Architekten; Krefeld

veröffentlicht: BKI Objektdaten N15

Seniorenwohnungen, mittlerer Standard

€/m² BGF
min	820	€/m²
von	910	€/m²
Mittel	**1.090**	**€/m²**
bis	1.310	€/m²
max	1.535	€/m²

Kosten:
Stand 1.Quartal 2018
Bundesdurchschnitt
inkl. 19% MwSt.

Objektübersicht zur Gebäudeart

6100-0737 Seniorenwohnungen (9 WE)
BRI 2.803m³ **BGF** 1.092m² **NUF** 693m²

Mehrfamilienwohnhaus (9 WE), barrierefrei, für seniorengerechtes Wohnen. Mauerwerksbau; Stb-Decken; Holzdachkonstruktion.

Land: Nordrhein-Westfalen
Kreis: Bielefeld
Standard: Durchschnitt
Bauzeit: 47 Wochen
Kennwerte: bis 1.Ebene DIN276

BGF 820 €/m²

Planung: Schützdeller-Münstermann Architekten; Rheda-Wiedenbrück

veröffentlicht: BKI Objektdaten N10

6100-0919 Betreutes Wohnen (8 WE)
BRI 1.968m³ **BGF** 742m² **NUF** 497m²

Mehrfamilienhaus mit behindertengerechten Wohnungen (8 WE), nicht unterkellert. Mauerwerksbau.

Land: Bayern
Kreis: Miltenberg
Standard: Durchschnitt
Bauzeit: 34 Wochen
Kennwerte: bis 3.Ebene DIN276

BGF 968 €/m²

Planung: F29 Architekten GmbH; Dresden

veröffentlicht: BKI Objektdaten N11

6100-0644 Seniorenwohnanlage (15 WE)
BRI 7.103m³ **BGF** 2.425m² **NUF** 1.507m²

Seniorenwohnanlage mit 15 Wohnungen, Erstellung gemeinsam mit Objekt 6200-0036. Stb-Konstruktion.

Land: Baden-Württemberg
Kreis: Reutlingen
Standard: Durchschnitt
Bauzeit: 86 Wochen
Kennwerte: bis 1.Ebene DIN276

BGF 921 €/m²

Planung: Ackermann & Raff Architekten Stadtplaner BDA; Tübingen

veröffentlicht: BKI Objektdaten N9

6200-0031 Seniorenwohnungen mit Pflegebereich
BRI 13.589m³ **BGF** 4.778m² **NUF** 3.622m²

Seniorenwohnanlage mit Pflegebereich. Massivbau.

Land: Sachsen
Kreis: Dresden
Standard: Durchschnitt
Bauzeit: 56 Wochen
Kennwerte: bis 3.Ebene DIN276

BGF 846 €/m²

Planung: Johannes Böhm Dipl.-Ing. Architekt BDB; Dresden

veröffentlicht: BKI Objektdaten N9

Wohnen

Seniorenwohnungen, hoher Standard

Kostenkennwerte für die Kosten des Bauwerks (Kostengruppen 300+400 nach DIN 276)

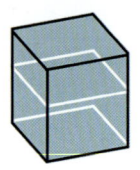

BRI 415 €/m³
von 330 €/m³
bis 445 €/m³

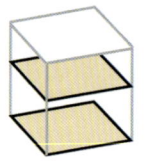

BGF 1.370 €/m²
von 1.010 €/m²
bis 1.630 €/m²

NUF 2.010 €/m²
von 1.420 €/m²
bis 2.510 €/m²

NE 2.220 €/NE
von 1.820 €/NE
bis 2.780 €/NE
NE: Wohnfläche

Kosten:
Stand 1. Quartal 2018
Bundesdurchschnitt
inkl. 19% MwSt.

Objektbeispiele

6200-0063
6200-0062 
6100-0362 
6100-0499 
6100-1076 
6200-0020 

Kosten der 7 Vergleichsobjekte — Seiten 644 bis 645

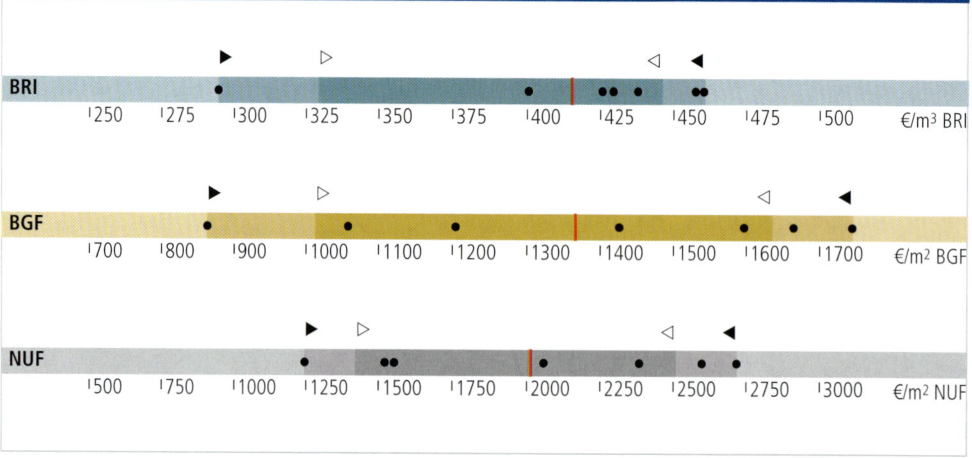

- ● KKW
- ▶ min
- ▷ von
- | Mittelwert
- ◁ bis
- ◀ max

BRI: €/m³ BRI (250–500)
BGF: €/m² BGF (700–1700)
NUF: €/m² NUF (500–3000)

© BKI Baukosteninformationszentrum; Erläuterungen zu den Tabellen siehe Seite 46
Kosten: 1. Quartal 2018, Bundesdurchschnitt, **inkl. 19% MwSt.**

Kostenkennwerte für die Kostengruppen der 1. und 2. Ebene DIN 276

KG	Kostengruppen der 1. Ebene	Einheit	▷	€/Einheit	◁	▷	% an 300+400	◁
100	Grundstück	m² GF	–	–	–	–	–	–
200	Herrichten und Erschließen	m² GF	3	32	48	1,9	5,1	10,3
300	Bauwerk - Baukonstruktionen	m² BGF	794	1.010	1.248	69,5	74,3	80,8
400	Bauwerk - Technische Anlagen	m² BGF	243	355	489	19,2	25,7	30,5
	Bauwerk (300+400)	m² BGF	1.013	1.365	1.635		100,0	
500	Außenanlagen	m² AF	63	108	316	3,2	6,9	15,5
600	Ausstattung und Kunstwerke	m² BGF	3	41	118	0,2	2,4	6,7
700	Baunebenkosten*	m² BGF	256	285	314	18,9	21,1	23,3 ◁ NEU

* Auf Grundlage der HOAI 2013 berechnete Werte nach §§ 35, 52, 56. Weitere Informationen siehe Seite 50

KG	Kostengruppen der 2. Ebene	Einheit	▷	€/Einheit	◁	▷	% an 300	◁
310	Baugrube	m³ BGI	32	65	97	3,1	4,8	6,5
320	Gründung	m² GRF	215	254	294	6,7	7,1	7,6
330	Außenwände	m² AWF	276	423	571	28,1	28,3	28,5
340	Innenwände	m² IWF	154	193	232	15,6	17,6	19,5
350	Decken	m² DEF	246	282	319	25,8	25,9	25,9
360	Dächer	m² DAF	266	316	366	11,7	12,4	13,0
370	Baukonstruktive Einbauten	m² BGF	–	6	–	–	0,3	–
390	Sonstige Baukonstruktionen	m² BGF	27	30	34	3,6	3,7	3,8
300	**Bauwerk Baukonstruktionen**	m² BGF					100,0	

KG	Kostengruppen der 2. Ebene	Einheit	▷	€/Einheit	◁	▷	% an 400	◁
410	Abwasser, Wasser, Gas	m² BGF	58	86	114	21,8	27,9	34,0
420	Wärmeversorgungsanlagen	m² BGF	92	103	113	27,4	35,0	42,6
430	Lufttechnische Anlagen	m² BGF	–	3	–	–	0,4	–
440	Starkstromanlagen	m² BGF	48	56	64	14,3	19,2	24,2
450	Fernmeldeanlagen	m² BGF	9	14	19	3,3	4,5	5,6
460	Förderanlagen	m² BGF	20	40	60	7,7	12,7	17,8
470	Nutzungsspezifische Anlagen	m² BGF	0	1	1	0,1	0,2	0,4
480	Gebäudeautomation	m² BGF	–	–	–	–	–	–
490	Sonstige Technische Anlagen	m² BGF	–	–	–	–	–	–
400	**Bauwerk Technische Anlagen**	m² BGF					100,0	

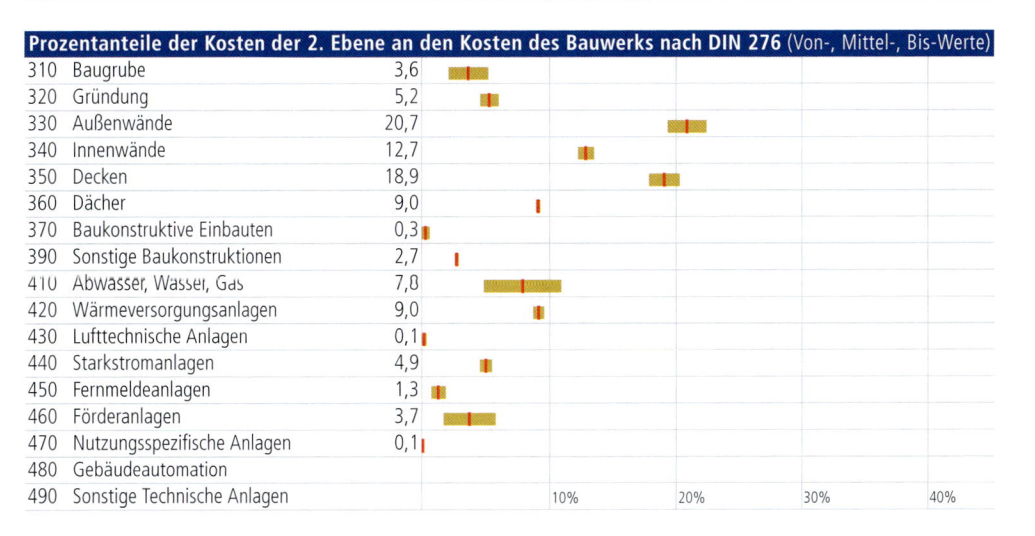

Prozentanteile der Kosten der 2. Ebene an den Kosten des Bauwerks nach DIN 276 (Von-, Mittel-, Bis-Werte)

KG		Mittel
310	Baugrube	3,6
320	Gründung	5,2
330	Außenwände	20,7
340	Innenwände	12,7
350	Decken	18,9
360	Dächer	9,0
370	Baukonstruktive Einbauten	0,3
390	Sonstige Baukonstruktionen	2,7
410	Abwasser, Wasser, Gas	7,0
420	Wärmeversorgungsanlagen	9,0
430	Lufttechnische Anlagen	0,1
440	Starkstromanlagen	4,9
450	Fernmeldeanlagen	1,3
460	Förderanlagen	3,7
470	Nutzungsspezifische Anlagen	0,1
480	Gebäudeautomation	
490	Sonstige Technische Anlagen	

© **BKI** Baukosteninformationszentrum; Erläuterungen zu den Tabellen siehe Seite 48 und 50   Kosten: 1.Quartal 2018, Bundesdurchschnitt, **inkl. 19% MwSt.**

Seniorenwohnungen, hoher Standard

Kosten:
Stand 1.Quartal 2018
Bundesdurchschnitt
inkl. 19% MwSt.

Kostenkennwerte für Leistungsbereiche nach StLB (Kosten des Bauwerks nach DIN 276)

LB	Leistungsbereiche	▷ €/m² BGF ◁			▷ % an 300+400 ◁		
000	Sicherheits-, Baustelleneinrichtungen inkl. 001	31	31	31	2,3	2,3	2,3
002	Erdarbeiten	55	55	55	4,0	4,0	4,0
006	Spezialtiefbauarbeiten inkl. 005	–	–	–	–	–	–
009	Entwässerungskanalarbeiten inkl. 011	6	6	6	0,5	0,5	0,5
010	Drän- und Versickerungsarbeiten	3	3	3	0,2	0,2	0,2
012	Mauerarbeiten	85	85	85	6,3	6,3	6,3
013	Betonarbeiten	222	222	222	16,3	16,3	16,3
014	Natur-, Betonwerksteinarbeiten	–	7	–	–	0,5	–
016	Zimmer- und Holzbauarbeiten	69	69	69	5,1	5,1	5,1
017	Stahlbauarbeiten	–	7	–	–	0,5	–
018	Abdichtungsarbeiten	5	5	5	0,3	0,3	0,3
020	Dachdeckungsarbeiten	–	5	–	–	0,4	–
021	Dachabdichtungsarbeiten	25	25	25	1,8	1,8	1,8
022	Klempnerarbeiten	28	28	28	2,1	2,1	2,1
	Rohbau	549	549	549	40,2	40,2	40,2
023	Putz- und Stuckarbeiten, Wärmedämmsysteme	87	87	87	6,4	6,4	6,4
024	Fliesen- und Plattenarbeiten	36	36	36	2,7	2,7	2,7
025	Estricharbeiten	16	16	16	1,2	1,2	1,2
026	Fenster, Außentüren inkl. 029, 032	65	65	65	4,8	4,8	4,8
027	Tischlerarbeiten	34	34	34	2,5	2,5	2,5
028	Parkettarbeiten, Holzpflasterarbeiten	–	–	–	–	–	–
030	Rollladenarbeiten	28	28	28	2,1	2,1	2,1
031	Metallbauarbeiten inkl. 035	68	68	68	5,0	5,0	5,0
034	Maler- und Lackiererarbeiten inkl. 037	49	49	49	3,6	3,6	3,6
036	Bodenbelagarbeiten	24	24	24	1,7	1,7	1,7
038	Vorgehängte hinterlüftete Fassaden	–	–	–	–	–	–
039	Trockenbauarbeiten	49	49	49	3,6	3,6	3,6
	Ausbau	460	460	460	33,7	33,7	33,7
040	Wärmeversorgungsanl. - Betriebseinr. inkl. 041	112	112	112	8,2	8,2	8,2
042	Gas- und Wasserinstallation, Leitungen inkl. 043	32	32	32	2,3	2,3	2,3
044	Abwasserinstallationsarbeiten - Leitungen	18	18	18	1,3	1,3	1,3
045	GWA-Einrichtungsgegenstände inkl. 046	40	40	40	2,9	2,9	2,9
047	Dämmarbeiten an betriebstechnischen Anlagen	16	16	16	1,2	1,2	1,2
049	Feuerlöschanlagen, Feuerlöschgeräte	1	1	1	0,0	0,0	0,0
050	Blitzschutz- und Erdungsanlagen	5	5	5	0,4	0,4	0,4
052	Mittelspannungsanlagen	–	–	–	–	–	–
053	Niederspannungsanlagen inkl. 054	60	60	60	4,4	4,4	4,4
055	Ersatzstromversorgungsanlagen	–	–	–	–	–	–
057	Gebäudesystemtechnik	–	–	–	–	–	–
058	Leuchten und Lampen inkl. 059	4	4	4	0,3	0,3	0,3
060	Elektroakustische Anlagen, Sprechanlagen	–	7	–	–	0,5	–
061	Kommunikationsnetze, inkl. 062	8	8	8	0,6	0,6	0,6
063	Gefahrenmeldeanlagen	–	2	–	–	0,1	–
069	Aufzüge	50	50	50	3,6	3,6	3,6
070	Gebäudeautomation	–	–	–	–	–	–
075	Raumlufttechnische Anlagen	–	2	–	–	0,1	–
	Technische Anlagen	356	356	356	26,1	26,1	26,1
	Sonstige Leistungsbereiche inkl. 008, 033, 051	3	3	3	0,2	0,2	0,2

● KKW
▶ min
▷ von
| Mittelwert
◁ bis
◀ max

© BKI Baukosteninformationszentrum; Erläuterungen zu den Tabellen siehe Seite 52   Kosten: 1.Quartal 2018, Bundesdurchschnitt, **inkl. 19% MwSt.**

Planungskennwerte für Flächen und Rauminhalte nach DIN 277

Grundflächen			▷ Fläche/NUF (%) ◁			▷ Fläche/BGF (%) ◁		
NUF	Nutzungsfläche			100,0		68,7	68,4	72,0
TF	Technikfläche		2,0	2,3	2,6	1,4	1,6	1,7
VF	Verkehrsfläche		16,6	19,7	23,2	11,1	13,5	15,3
NRF	Netto-Raumfläche		118,4	122,0	124,8	83,2	83,4	84,6
KGF	Konstruktions-Grundfläche		21,6	24,3	25,7	15,4	16,6	16,8
BGF	Brutto-Grundfläche		140,2	146,3	146,6		100,0	

Brutto-Rauminhalte			▷ BRI/NUF (m) ◁			▷ BRI/BGF (m) ◁		
BRI	Brutto-Rauminhalt		4,34	4,81	4,93	3,00	3,28	3,66

Flächen von Nutzeinheiten		▷ NUF/Einheit (m²) ◁			▷ BGF/Einheit (m²) ◁		
Nutzeinheit: Wohnfläche		1,22	1,30	1,56	1,68	1,80	2,04

Lufttechnisch behandelte Flächen		▷ Fläche/NUF (%) ◁			▷ Fläche/BGF (%) ◁		
Entlüftete Fläche		–	–	–	–	–	–
Be- und entlüftete Fläche		–	–	–	–	–	–
Teilklimatisierte Fläche		–	–	–	–	–	–
Klimatisierte Fläche		–	–	–	–	–	–

KG	Kostengruppen (2. Ebene)	Einheit	▷ Menge/NUF ◁			▷ Menge/BGF ◁		
310	Baugrube	m³ BGI	0,90	0,90	0,90	0,66	0,66	0,66
320	Gründung	m² GRF	0,32	0,32	0,32	0,23	0,23	0,23
330	Außenwände	m² AWF	0,83	0,83	0,83	0,60	0,60	0,60
340	Innenwände	m² IWF	1,06	1,06	1,06	0,77	0,77	0,77
350	Decken	m² DEF	1,04	1,04	1,04	0,76	0,76	0,76
360	Dächer	m² DAF	0,45	0,45	0,45	0,33	0,33	0,33
370	Baukonstruktive Einbauten	m² BGF	1,40	1,46	1,47		1,00	
390	Sonstige Baukonstruktionen	m² BGF	1,40	1,46	1,47		1,00	
300	**Bauwerk-Baukonstruktionen**	m² BGF	1,40	1,46	1,47		1,00	

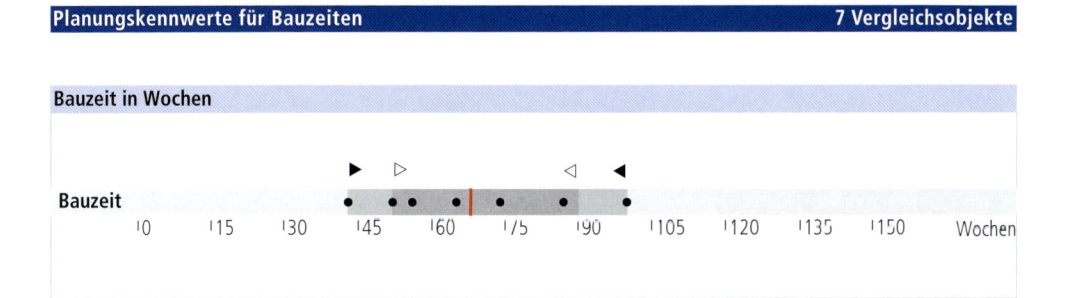

Planungskennwerte für Bauzeiten

7 Vergleichsobjekte

Bauzeit in Wochen

Bauzeit: 0 | 15 | 30 | 45 | 60 | 75 | 90 | 105 | 120 | 135 | 150 Wochen

Seniorenwohnungen, hoher Standard

€/m² BGF
min	865 €/m²
von	1.015 €/m²
Mittel	**1.365** €/m²
bis	1.635 €/m²
max	1.745 €/m²

Kosten:
Stand 1.Quartal 2018
Bundesdurchschnitt
inkl. 19% MwSt.

Objektübersicht zur Gebäudeart

6100-1076 Betreutes Wohnen (36 WE) - Effizienzhaus 70
BRI 16.639m³ **BGF** 3.822m² **NUF** 2.796m²

Wohnanlage für betreutes Wohnen (2.495m² WFL) mit insgesamt 7 Gebäuden (Gemeinschaftshaus, Apartmenthäuser (2St), Wohnhäuser (4St). Mauerwerksbau.

Land: Schleswig-Holstein
Kreis: Schleswig-Flensburg
Standard: über Durchschnitt
Bauzeit: 52 Wochen
Kennwerte: bis 1.Ebene DIN276

BGF 1.744 €/m²

Planung: Architektenbüro Lorenzen Freischaffende Architekten BDA; Flensburg

veröffentlicht: BKI Objektdaten E6

6200-0062 Seniorenwohnungen (29 WE), Arztpraxen, Pflege
BRI 9.432m³ **BGF** 2.895m² **NUF** 2.006m²

Seniorenwohnungen (1.996m² WFL), 2 Arztpraxen und 1 Pflegedienstbüro. Massivbau.

Land: Nordrhein-Westfalen
Kreis: Recklinghausen
Standard: über Durchschnitt
Bauzeit: 100 Wochen
Kennwerte: bis 1.Ebene DIN276

BGF 1.426 €/m²

Planung: baukunst thomas serwe; Recklinghausen

veröffentlicht: BKI Objektdaten N13

6200-0063 Hospiz (16 Betten) - Effizienzhaus 85
BRI 7.795m³ **BGF** 2.156m² **NUF** 1.320m²

Hospiz mit 16 Betten. Mauerwerksbau.

Land: Schleswig-Holstein
Kreis: Kiel
Standard: über Durchschnitt
Bauzeit: 74 Wochen
Kennwerte: bis 1.Ebene DIN276

BGF 1.664 €/m²

Planung: Dipl.-Ing. Architekt E. Schneekloth + Partner; Lütjenburg

veröffentlicht: BKI Objektdaten E6

6100-0727 Betreutes Wohnen (9 WE)
BRI 2.134m³ **BGF** 858m² **NUF** 597m²

Mehrfamilienhaus (9 WE), behindertengerecht mit Aufzug und Schwesternrufanlage. Mauerwerksbau.

Land: Baden-Württemberg
Kreis: Esslingen a.N.
Standard: über Durchschnitt
Bauzeit: 43 Wochen
Kennwerte: bis 3.Ebene DIN276

BGF 1.059 €/m²

Planung: Architekturbüro Mesch-Fehrle; Aichtal-Grötzingen

veröffentlicht: BKI Objektdaten N12

Objektübersicht zur Gebäudeart

6100-0499 Wohnanlage (26 WE)   BRI 8.119m³   BGF 2.894m²   NUF 2.244m²

26 altengerechte Wohnungen, Tiefgarage. Mauerwerksbau.

Land: Thüringen
Kreis: Saalfeld
Standard: über Durchschnitt
Bauzeit: 87 Wochen
Kennwerte: bis 3.Ebene DIN276

BGF   1.204 €/m²

Planung: Architekten- und Ingenieurgruppe Erfurt & Partner GmbH; Erfurt

veröffentlicht: BKI Objektdaten N7

6100-0441 Seniorenwohnanlage*   BRI 47.190m³   BGF 16.514m²   NUF 11.550m²

Seniorenwohnanlage mit 98 Wohneinheiten (67-155m² WFL), TG, Schwimmbad, Aufenthaltsräume. Mauerwerksbau.

Land: Berlin
Kreis: Berlin
Standard: über Durchschnitt
Bauzeit: 60 Wochen
Kennwerte: bis 3.Ebene DIN276

BGF   2.621 €/m²

Planung: Hilmer+Sattler und T. Albrecht GmbH; Berlin

veröffentlicht: BKI Objektdaten N9
*Nicht in der Auswertung enthalten

6100-0362 Servicewohnanlage (19 WE)   BRI 9.176m³   BGF 3.132m²   NUF 2.170m²

Service-Wohnanlage mit 19 Wohneinheiten (1.641m² WFL II.BVO), die Wohnungen sind speziell für Senioren und Behinderte, 16 Wohnungen barrierefrei. Mauerwerksbau.

Land: Nordrhein-Westfalen
Kreis: Mülheim a.d. Ruhr
Standard: über Durchschnitt
Bauzeit: 56 Wochen
Kennwerte: bis 1.Ebene DIN276

BGF   863 €/m²

Planung: Dipl.-Ing. Friedrich Kamp Architekturbüro; Mülheim a.d. Ruhr

veröffentlicht: BKI Objektdaten N4

6200-0020 Wohnanlage für Behinderte (24 Betten)   BRI 4.066m³   BGF 1.165m²   NUF 716m²

Gemeinschaftswohnungen für Behinderte; Gemeinschaftsräume und Verwaltung auch für Bewohner des Nachbargebäudes; Trainingswohnung im Untergeschoss. Mauerwerksbau.

Land: Nordrhein-Westfalen
Kreis: Höxter
Standard: über Durchschnitt
Bauzeit: 65 Wochen
Kennwerte: bis 1.Ebene DIN276

BGF   1.597 €/m²

Planung: Michel + Wolf + Partner Freie Architekten BDA; Stuttgart

veröffentlicht: BKI Objektdaten N3

Wohnheime und Internate

Kostenkennwerte für die Kosten des Bauwerks (Kostengruppen 300+400 nach DIN 276)

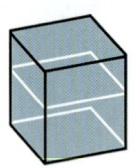

BRI 460 €/m³
von 365 €/m³
bis 575 €/m³

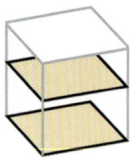

BGF 1.490 €/m²
von 1.260 €/m²
bis 1.840 €/m²

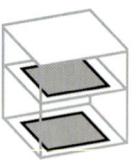

NUF 2.250 €/m²
von 1.860 €/m²
bis 2.920 €/m²

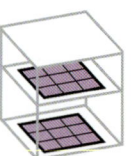

NE 83.630 €/NE
von 47.470 €/NE
bis 147.980 €/NE
NE: Betten

Kosten:
Stand 1.Quartal 2018
Bundesdurchschnitt
inkl. 19% MwSt.

Objektbeispiele

6200-0082

6200-0079

6200-0076

Kosten der 26 Vergleichsobjekte — Seiten 650 bis 656

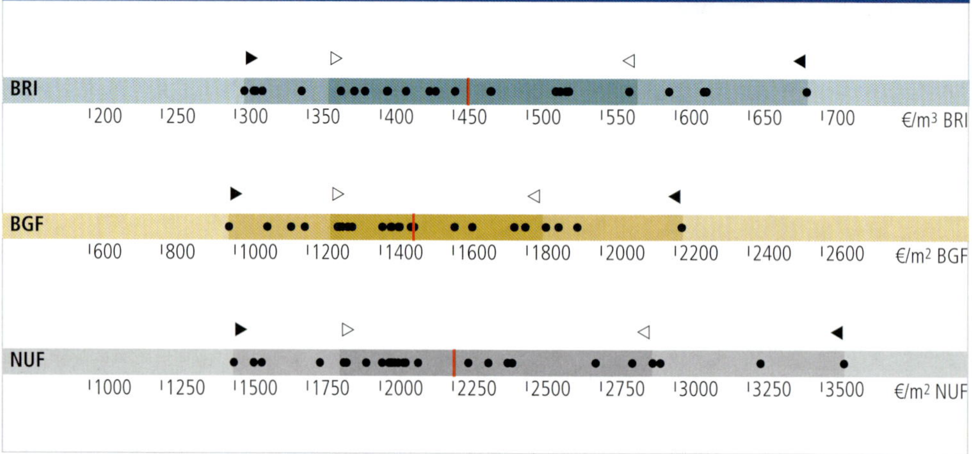

- ● KKW
- ▶ min
- ▷ von
- | Mittelwert
- ◁ bis
- ◀ max

BRI: €/m³ BRI (200–700)
BGF: €/m² BGF (600–2600)
NUF: €/m² NUF (1000–3500)

© BKI Baukosteninformationszentrum; Erläuterungen zu den Tabellen siehe Seite 46
Kosten: 1.Quartal 2018, Bundesdurchschnitt, **inkl. 19% MwSt.**

Kostenkennwerte für die Kostengruppen der 1. und 2. Ebene DIN 276

KG	Kostengruppen der 1. Ebene	Einheit	▷	€/Einheit	◁	▷	% an 300+400	◁	
100	Grundstück	m² GF	–	–	–	–	–	–	
200	Herrichten und Erschließen	m² GF	12	**27**	69	0,8	**2,0**	4,9	
300	Bauwerk - Baukonstruktionen	m² BGF	958	**1.138**	1.365	72,1	**76,6**	81,2	
400	Bauwerk - Technische Anlagen	m² BGF	257	**352**	479	18,8	**23,4**	27,9	
	Bauwerk (300+400)	m² BGF	1.264	**1.490**	1.840		**100,0**		
500	Außenanlagen	m² AF	64	**130**	228	3,2	**6,1**	10,1	
600	Ausstattung und Kunstwerke	m² BGF	19	**72**	159	1,1	**4,4**	8,7	
700	Baunebenkosten*	m² BGF	276	**307**	339	18,4	**20,5**	22,6	◁ NEU

Auf Grundlage der HOAI 2013 berechnete Werte nach §§ 35, 52, 56. Weitere Informationen siehe Seite 50

KG	Kostengruppen der 2. Ebene	Einheit	▷	€/Einheit	◁	▷	% an 300	◁
310	Baugrube	m³ BGI	22	**31**	65	0,6	**1,7**	2,8
320	Gründung	m² GRF	189	**265**	295	6,0	**8,2**	10,2
330	Außenwände	m² AWF	377	**449**	545	23,6	**31,4**	38,9
340	Innenwände	m² IWF	178	**217**	264	16,6	**19,0**	29,0
350	Decken	m² DEF	278	**343**	464	15,5	**18,6**	21,9
360	Dächer	m² DAF	222	**378**	457	8,5	**11,8**	17,2
370	Baukonstruktive Einbauten	m² BGF	12	**37**	57	0,5	**2,8**	5,4
390	Sonstige Baukonstruktionen	m² BGF	30	**74**	267	2,6	**6,6**	24,9
300	**Bauwerk Baukonstruktionen**	**m² BGF**					**100,0**	

KG	Kostengruppen der 2. Ebene	Einheit	▷	€/Einheit	◁	▷	% an 400	◁
410	Abwasser, Wasser, Gas	m² BGF	51	**94**	137	22,7	**27,3**	31,9
420	Wärmeversorgungsanlagen	m² BGF	56	**75**	92	17,1	**24,9**	33,6
430	Lufttechnische Anlagen	m² BGF	7	**33**	71	1,6	**6,4**	15,7
440	Starkstromanlagen	m² BGF	67	**84**	165	17,5	**26,4**	31,0
450	Fernmeldeanlagen	m² BGF	10	**20**	36	1,9	**6,0**	7,8
460	Förderanlagen	m² BGF	7	**21**	30	0,5	**3,8**	9,7
470	Nutzungsspezifische Anlagen	m² BGF	0	**20**	80	0,1	**3,3**	19,3
480	Gebäudeautomation	m² BGF	12	**15**	18	0,0	**1,5**	4,7
490	Sonstige Technische Anlagen	m² BGF	2	**4**	7	0,0	**0,4**	1,4
400	**Bauwerk Technische Anlagen**	**m² BGF**					**100,0**	

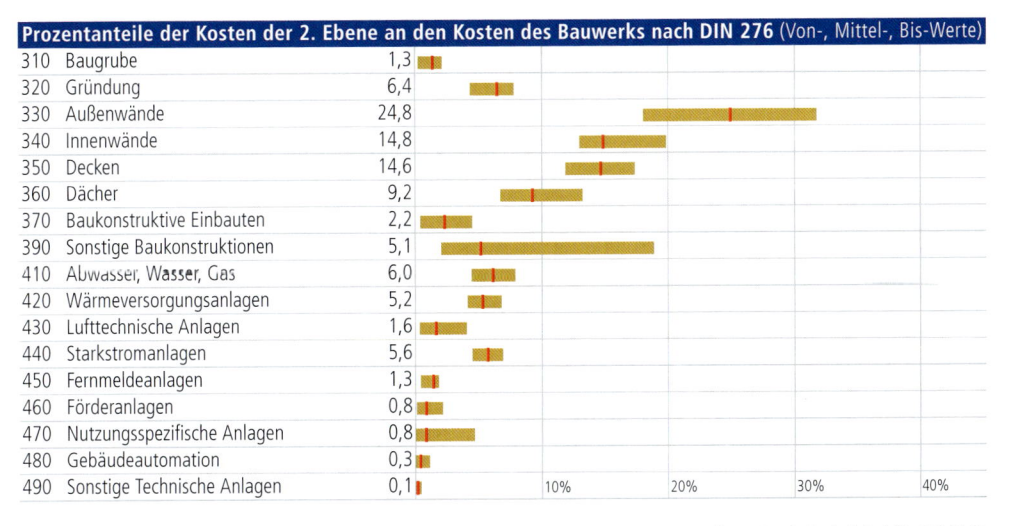

Prozentanteile der Kosten der 2. Ebene an den Kosten des Bauwerks nach DIN 276 (Von-, Mittel-, Bis-Werte)

KG		%
310	Baugrube	1,3
320	Gründung	6,4
330	Außenwände	24,8
340	Innenwände	14,8
350	Decken	14,6
360	Dächer	9,2
370	Baukonstruktive Einbauten	2,2
390	Sonstige Baukonstruktionen	5,1
410	Abwasser, Wasser, Gas	6,0
420	Wärmeversorgungsanlagen	5,2
430	Lufttechnische Anlagen	1,6
440	Starkstromanlagen	5,6
450	Fernmeldeanlagen	1,3
460	Förderanlagen	0,8
470	Nutzungsspezifische Anlagen	0,8
480	Gebäudeautomation	0,3
490	Sonstige Technische Anlagen	0,1

© BKI Baukosteninformationszentrum; Erläuterungen zu den Tabellen siehe Seite 48 und 50   Kosten: 1.Quartal 2018, Bundesdurchschnitt, **inkl. 19% MwSt.**

Wohnheime und Internate

Kostenkennwerte für Leistungsbereiche nach StLB (Kosten des Bauwerks nach DIN 276)

Kosten: Stand 1.Quartal 2018 Bundesdurchschnitt inkl. 19% MwSt.

LB	Leistungsbereiche	▷ €/m² BGF		◁	▷ % an 300+400		◁
000	Sicherheits-, Baustelleneinrichtungen inkl. 001	23	63	63	1,6	4,2	4,2
002	Erdarbeiten	19	30	50	1,3	2,0	3,4
006	Spezialtiefbauarbeiten inkl. 005	–	9	–	–	0,6	–
009	Entwässerungskanalarbeiten inkl. 011	0	5	11	0,0	0,3	0,7
010	Drän- und Versickerungsarbeiten	0	1	2	0,0	0,0	0,1
012	Mauerarbeiten	28	85	138	1,9	5,7	9,3
013	Betonarbeiten	227	268	349	15,2	18,0	23,4
014	Natur-, Betonwerksteinarbeiten	0	14	32	0,0	0,9	2,1
016	Zimmer- und Holzbauarbeiten	4	22	59	0,3	1,5	4,0
017	Stahlbauarbeiten	0	4	4	0,0	0,3	0,3
018	Abdichtungsarbeiten	3	8	13	0,2	0,5	0,9
020	Dachdeckungsarbeiten	–	5	17	–	0,4	1,1
021	Dachabdichtungsarbeiten	16	45	76	1,1	3,0	5,1
022	Klempnerarbeiten	7	19	33	0,4	1,3	2,2
	Rohbau	**521**	**577**	**684**	**34,9**	**38,7**	**45,9**
023	Putz- und Stuckarbeiten, Wärmedämmsysteme	28	61	77	1,9	4,1	5,2
024	Fliesen- und Plattenarbeiten	23	34	56	1,5	2,3	3,8
025	Estricharbeiten	14	18	21	0,9	1,2	1,4
026	Fenster, Außentüren inkl. 029, 032	82	178	287	5,5	12,0	19,3
027	Tischlerarbeiten	46	77	110	3,1	5,2	7,4
028	Parkettarbeiten, Holzpflasterarbeiten	0	12	28	0,0	0,8	1,9
030	Rollladenarbeiten	2	13	28	0,2	0,9	1,9
031	Metallbauarbeiten inkl. 035	32	61	85	2,1	4,1	5,7
034	Maler- und Lackiererarbeiten inkl. 037	23	35	57	1,5	2,3	3,8
036	Bodenbelagarbeiten	5	17	26	0,4	1,1	1,7
038	Vorgehängte hinterlüftete Fassaden	1	19	19	0,1	1,3	1,3
039	Trockenbauarbeiten	28	52	70	1,9	3,5	4,7
	Ausbau	**463**	**586**	**685**	**31,1**	**39,3**	**45,9**
040	Wärmeversorgungsanl. - Betriebseinr. inkl. 041	57	72	102	3,8	4,9	6,8
042	Gas- und Wasserinstallation, Leitungen inkl. 043	21	27	38	1,4	1,8	2,6
044	Abwasserinstallationsarbeiten - Leitungen	12	17	26	0,8	1,1	1,7
045	GWA-Einrichtungsgegenstände inkl. 046	21	38	57	1,4	2,5	3,8
047	Dämmarbeiten an betriebstechnischen Anlagen	5	13	21	0,3	0,9	1,4
049	Feuerlöschanlagen, Feuerlöschgeräte	0	0	0	0,0	0,0	0,0
050	Blitzschutz- und Erdungsanlagen	2	3	5	0,1	0,2	0,3
052	Mittelspannungsanlagen	–	–	–	–	–	–
053	Niederspannungsanlagen inkl. 054	44	55	66	3,0	3,7	4,5
055	Ersatzstromversorgungsanlagen	–	6	–	–	0,4	–
057	Gebäudesystemtechnik	–	–	–	–	–	–
058	Leuchten und Lampen inkl. 059	7	21	38	0,4	1,4	2,5
060	Elektroakustische Anlagen, Sprechanlagen	2	4	7	0,1	0,2	0,4
061	Kommunikationsnetze, inkl. 062	1	6	12	0,1	0,4	0,8
063	Gefahrenmeldeanlagen	4	10	15	0,3	0,7	1,0
069	Aufzüge	2	12	30	0,1	0,8	2,0
070	Gebäudeautomation	0	5	15	0,0	0,3	1,0
075	Raumlufttechnische Anlagen	5	20	50	0,3	1,3	3,3
	Technische Anlagen	**269**	**308**	**363**	**18,0**	**20,7**	**24,3**
	Sonstige Leistungsbereiche inkl. 008, 033, 051	11	27	40	0,7	1,8	2,7

- ● KKW
- ▶ min
- ▷ von
- | Mittelwert
- ◁ bis
- ◀ max

© BKI Baukosteninformationszentrum; Erläuterungen zu den Tabellen siehe Seite 52   Kosten: 1.Quartal 2018, Bundesdurchschnitt, **inkl. 19% MwSt.**

Planungskennwerte für Flächen und Rauminhalte nach DIN 277

Grundflächen		▷	Fläche/NUF (%)	◁	▷	Fläche/BGF (%)	◁
NUF	Nutzungsfläche		100,0		63,7	66,4	70,8
TF	Technikfläche	3,0	3,7	6,8	2,1	2,5	4,8
VF	Verkehrsfläche	16,8	21,5	28,7	10,9	14,3	17,6
NRF	Netto-Raumfläche	120,0	125,2	131,5	81,7	83,1	84,8
KGF	Konstruktions-Grundfläche	23,0	25,4	29,2	15,2	16,9	18,3
BGF	Brutto-Grundfläche	143,3	150,7	159,7		100,0	

Brutto-Rauminhalte		▷	BRI/NUF (m)	◁	▷	BRI/BGF (m)	◁
BRI	Brutto-Rauminhalt	4,56	4,96	5,44	3,13	3,30	3,66

Flächen von Nutzeinheiten	▷	NUF/Einheit (m²)	◁	▷	BGF/Einheit (m²)	◁
Nutzeinheit: Betten	25,86	35,36	54,87	39,75	54,54	81,52

Lufttechnisch behandelte Flächen	▷	Fläche/NUF (%)	◁	▷	Fläche/BGF (%)	◁
Entlüftete Fläche	–	–	–	–	–	–
Be- und entlüftete Fläche	116,2	116,2	116,2	77,0	77,0	77,0
Teilklimatisierte Fläche	–	–	–	–	–	–
Klimatisierte Fläche	–	–	–	–	–	–

KG	Kostengruppen (2. Ebene)	Einheit	▷	Menge/NUF	◁	▷	Menge/BGF	◁
310	Baugrube	m³ BGI	0,73	1,18	1,78	0,57	0,78	1,22
320	Gründung	m² GRF	0,51	0,56	0,58	0,32	0,36	0,37
330	Außenwände	m² AWF	1,10	1,21	1,26	0,75	0,80	0,86
340	Innenwände	m² IWF	1,41	1,55	2,07	0,94	1,01	1,30
350	Decken	m² DEF	0,92	0,95	1,01	0,57	0,63	0,66
360	Dächer	m² DAF	0,51	0,56	0,57	0,32	0,36	0,37
370	Baukonstruktive Einbauten	m² BGF	1,43	1,51	1,60		1,00	
390	Sonstige Baukonstruktionen	m² BGF	1,43	1,51	1,60		1,00	
300	Bauwerk-Baukonstruktionen	m² BGF	1,43	1,51	1,60		1,00	

Planungskennwerte für Bauzeiten — 25 Vergleichsobjekte

Bauzeit in Wochen

© BKI Baukosteninformationszentrum; Erläuterungen zu den Tabellen siehe Seite 54   Kosten: 1.Quartal 2018, Bundesdurchschnitt, inkl. 19% MwSt.

Wohnheime und Internate

Objektübersicht zur Gebäudeart

€/m² BGF
min	985	€/m²
von	1.265	€/m²
Mittel	**1.490**	**€/m²**
bis	1.840	€/m²
max	2.220	€/m²

Kosten:
Stand 1.Quartal 2018
Bundesdurchschnitt
inkl. 19% MwSt.

6200-0082 Wohnheim, Jugendhilfe (3 Gebäude) — BRI 3.148m³ · BGF 885m² · NUF 497m²

Jugendhilfeeinrichtung, 3 Häuser á 6 Betten. KS-Mauerwerk.

Land: Brandenburg
Kreis: Barnim
Standard: Durchschnitt
Bauzeit: 43 Wochen
Kennwerte: bis 1.Ebene DIN276

BGF 1.604 €/m²

Planung: Parmakerli-Fountis Gesellschaft von Architekten mbH; Kleinmachnow

vorgesehen: BKI Objektdaten N16

6200-0069 Wohnungen für obdachlose Menschen (14 WE) — BRI 3.358m³ · BGF 728m² · NUF 562m²

Obdachlosenheim (381m² WFL) mit 14 Zimmern für 32 Betten, Büro, Werkstatt. Massivbau.

Land: Bayern
Kreis: Ingolstadt
Standard: unter Durchschnitt
Bauzeit: 39 Wochen
Kennwerte: bis 1.Ebene DIN276

BGF 1.449 €/m²

Planung: Ebe | Ausfelder | Partner Architekten; München

veröffentlicht: BKI Objektdaten N15

6200-0075 Wohnheim für Jugendliche - Effizienzhaus 70 — BRI 2.956m³ · BGF 893m² · NUF 574m²

Wohnheim für Kinder und Jugendliche mit 13 Plätzen als Effizienzhaus 70. Mauerwerksbau.

Land: Schleswig-Holstein
Kreis: Schleswig-Flensburg
Standard: Durchschnitt
Bauzeit: 56 Wochen
Kennwerte: bis 1.Ebene DIN276

BGF 1.289 €/m²

Planung: LPP Architektur Jens Lassen; Eckernförde

veröffentlicht: BKI Objektdaten E7

6200-0076 Studentenappartements (57 WE) - Effizienzhaus 40 — BRI 7.855m³ · BGF 2.747m² · NUF 1.782m²

Studentenapartments (57 WE) mit Gemeinschaftsbereichen. Mauerwerkbau.

Land: Hamburg
Kreis: Hamburg
Standard: Durchschnitt
Bauzeit: 78 Wochen
Kennwerte: bis 1.Ebene DIN276

BGF 1.493 €/m²

Planung: Heider Zeichardt Architekten; Hamburg

veröffentlicht: BKI Objektdaten S2

Objektübersicht zur Gebäudeart

6200-0079 Übergangswohnheim für Flüchtlinge (12 WE) — BRI 5.271m³ | BGF 1.659m² | NUF 1.039m²

Übergangswohnheim (12 WE) für Flüchtlinge. Mauerwerksbau.

Land: Nordrhein-Westfalen
Kreis: Köln
Standard: Durchschnitt
Bauzeit: 91 Wochen
Kennwerte: bis 1.Ebene DIN276

BGF 1.284 €/m²

Planung: pagelhenn architektinnenarchitekt; Hilden

vorgesehen: BKI Objektdaten N16

6200-0068 Studentenwohnheim (14 WE) - Effizienzhaus 40 — BRI 1.514m³ | BGF 539m² | NUF 392m²

Studentenwohnheim mit 14 Wohneinheiten (WFL 343m²). Mauerwerksbau.

Land: Bremen
Kreis: Bremen
Standard: Durchschnitt
Bauzeit: 43 Wochen
Kennwerte: bis 1.Ebene DIN276

BGF 1.483 €/m²

Planung: 360Grad / Architektur; Bremen

veröffentlicht: BKI Objektdaten E7

6200-0072 Wohnheimanlage (600 WE), TG (61 STP) — BRI 69.874m³ | BGF 22.882m² | NUF 14.694m²

Wohnheim mit 600 WE (14.693m² WFL) in 6 Häusern (Wohnensemble). Massivbau.

Land: Hessen
Kreis: Frankfurt a. Main
Standard: Durchschnitt
Bauzeit: 91 Wochen
Kennwerte: bis 1.Ebene DIN276

BGF 1.324 €/m²

Planung: APB. Architekten BDA Grossmann-Hensel - Schneider - Andresen; Hamburg

veröffentlicht: BKI Objektdaten N15

6200-0064 Studentenwohnheim (50 Betten), Kindertagesstätte — BRI 10.279m³ | BGF 3.030m² | NUF 2.083m²

Studentenwohnheim im 1-3. OG mit 21 Wohneinheiten und 50 Betten, Kindertagesstätte im EG mit 6 Gruppen für 82 Kinder. Massivbau.

Land: Thüringen
Kreis: Erfurt
Standard: Durchschnitt
Bauzeit: 60 Wochen
Kennwerte: bis 1.Ebene DIN276

BGF 1.297 €/m²

Planung: sittig-architekten; Jena

veröffentlicht: BKI Objektdaten N13

Wohnheime und Internate

Objektübersicht zur Gebäudeart

€/m² BGF

min	985	€/m²
von	1.265	€/m²
Mittel	**1.490**	€/m²
bis	1.840	€/m²
max	2.220	€/m²

Kosten:
Stand 1.Quartal 2018
Bundesdurchschnitt
inkl. 19% MwSt.

6200-0065 Vereinsheim (15 Betten)*
BRI 2.482m³ **BGF** 661m² **NUF** 386m²

Vereinsheim mit 15 Wohn- und Schlafplätzen. Mauerwerksbau.

Land: Schleswig-Holstein
Kreis: Dithmarschen
Standard: Durchschnitt
Bauzeit: 52 Wochen
Kennwerte: bis 1.Ebene DIN276

BGF 2.429 €/m²

Planung: Detlefsen + Figge; Kiel

veröffentlicht: BKI Objektdaten N13
*Nicht in der Auswertung enthalten

6200-0071 Studentendorf (384 Studenten) - Effizienzhaus 40
BRI 47.290m³ **BGF** 13.410m² **NUF** 9.805m²

Studentendorf mit Einzel- und Doppelapartments für Studenten sowie Forscher und Lehrende. Massivbau.

Land: Berlin
Kreis: Berlin
Standard: Durchschnitt
Bauzeit: 56 Wochen
Kennwerte: bis 1.Ebene DIN276

BGF 1.428 €/m²

Planung: Die Zusammenarbeiter Gesellschaft von Architekten mbH; Berlin

veröffentlicht: BKI Objektdaten N15

6600-0022 Jugendgästehaus (28 Betten), Bürogebäude
BRI 2.741m³ **BGF** 771m² **NUF** 536m²

Jugendgästehaus mit 28 Betten und Bürogebäude mit drei Großbüros. Massivbau.

Land: Brandenburg
Kreis: Potsdam
Standard: Durchschnitt
Bauzeit: 43 Wochen
Kennwerte: bis 3.Ebene DIN276

BGF 1.089 €/m²

Planung: °pha Architekten BDA Banniza, Hermann, Öchsner PartGmbB; Potsdam

veröffentlicht: BKI Objektdaten N15

6200-0061 Studentenwohnhäuser (84 WE) - Passivhaus
BRI 9.745m³ **BGF** 3.270m² **NUF** 2.215m²

Drei Wohnhäuser für Studenten (84 WE) mit 2.256m² WFL als Passivhaus. Stb-Stützenkonstruktion, Außenwände Holztafelbau.

Land: Nordrhein-Westfalen
Kreis: Wuppertal
Standard: über Durchschnitt
Bauzeit: 74 Wochen
Kennwerte: bis 1.Ebene DIN276

BGF 1.851 €/m²

Planung: Architektur Contor Müller Schlüter; Wuppertal

veröffentlicht: BKI Objektdaten E6

Objektübersicht zur Gebäudeart

6100-0961 Mutter-Kind-Haus (3 WE)   BRI 1.137m³   BGF 420m²   NUF 283m²

Haus für Betreutes Wohnen für Mütter mit ihren Kleinkindern (307m² WFL). Gemeinschaftsbereich im EG. Vorgefertigter Holzmassivbau.

Land: Thüringen
Kreis: Weimar
Standard: Durchschnitt
Bauzeit: 43 Wochen
Kennwerte: bis 1.Ebene DIN276

BGF 1.405 €/m²

Planung: Tectum Hille Kobelt Architekten BDA; Weimar   veröffentlicht: BKI Objektdaten N11

6100-1053 Wohnstätte für geistig behinderte Menschen (29 WE)   BRI 6.692m³   BGF 1.594m²   NUF 1.028m²

Wohnstätte für 29 geistig behinderte Menschen (1.028m² WFL). Mauerwerksbau.

Land: Brandenburg
Kreis: Brandenburg
Standard: über Durchschnitt
Bauzeit: 43 Wochen
Kennwerte: bis 1.Ebene DIN276

BGF 1.312 €/m²

Planung: MPE Märkische Projektentwicklungsgesellschaft; Brandenburg an der Havel   veröffentlicht: BKI Objektdaten E6

6200-0044 Wohnheim   BRI 4.283m³   BGF 1.199m²   NUF 839m²

Wohnheim (24 Betten), drei Gruppen mit je 8 Personen, Gemeinschaftsräume, Versorgungsräume (906m² WFL). Mauerwerksbau.

Land: Mecklenburg-Vorpommern
Kreis: Mecklenburgische Seenplatte
Standard: Durchschnitt
Bauzeit: 56 Wochen
Kennwerte: bis 1.Ebene DIN276

BGF 1.491 €/m²

Planung: atelier05 Architektur und Innenarchitektur; Jürgenshagen   veröffentlicht: BKI Objektdaten N11

6200-0058 Tagesheim für behinderte Menschen (15 Plätze)   BRI 1.246m³   BGF 391m²   NUF 265m²

Heim zur Tagesbetreuung für behinderte Menschen (15 Plätze). Vollholzkonstruktion, Aufzugs- und Treppenhaus in Sichtbeton.

Land: Baden-Württemberg
Kreis: Ostalbkreis
Standard: Durchschnitt
Bauzeit: 26 Wochen
Kennwerte: bis 1.Ebene DIN276

BGF 1.651 €/m²

Planung: Wolfgang Helmle Freier Architekt BDA; Ellwangen   veröffentlicht: BKI Objektdaten N12

© **BKI** Baukosteninformationszentrum; Erläuterungen zu den Tabellen siehe Seite 56   Kosten: 1.Quartal 2018, Bundesdurchschnitt, **inkl. 19% MwSt.**

Wohnheime und Internate

Objektübersicht zur Gebäudeart

6600-0018 Gästehaus (53 Betten) | BRI 4.327m³ | BGF 1.370m² | NUF 747m²

Gästehaus (53 Betten) mit 27 Zimmern (625m² WFL), Café und Speiseraum im EG. Mauerwerksbau.

Land: Thüringen
Kreis: Kyffhäuserkreis
Standard: Durchschnitt
Bauzeit: 69 Wochen
Kennwerte: bis 1.Ebene DIN276

BGF 1.795 €/m²

Planung: AIG mbH Sondershausen, Clemens Kober Architekt BDA; Sondershausen

veröffentlicht: BKI Objektdaten N12

6600-0019 Jugendgästehaus (78 Betten) | BRI 2.100m³ | BGF 646m² | NUF 424m²

Jugendgästehaus mit 78 Betten (12 Sechsbettzimmer, 6 Einbettzimmer, Sanitärräume). Mauerwerksbau.

Land: Thüringen
Kreis: Nordhausen
Standard: Durchschnitt
Bauzeit: 47 Wochen
Kennwerte: bis 1.Ebene DIN276

BGF 1.936 €/m²

Planung: Dipl.-Ing. Architekt Tobias Winkler; Nordhausen

veröffentlicht: BKI Objektdaten N12

6600-0023 Bettenhaus (42 Betten), Seminarräume | BRI 4.153m³ | BGF 1.159m² | NUF 719m²

Neubau eines Bettenhauses (36 Zimmer, 42 Betten) mit Seminarbereich als Erweiterung des Evangelischen Bildungszentrums Rastede. Mauerwerksbau.

Land: Niedersachsen
Kreis: Ammerland
Standard: Durchschnitt
Bauzeit: 82 Wochen
Kennwerte: bis 3.Ebene DIN276

BGF 2.218 €/m²

Planung: Angelis & Partner Architekten mbB; Oldenburg

veröffentlicht: BKI Objektdaten E6

6200-0046 Ensemblegeschützte Studentenwohnanlage | BRI 72.537m³ | BGF 26.541m² | NUF 20.410m²

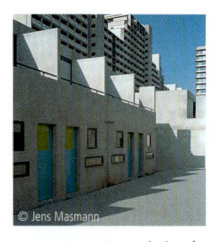

Studentenwohnanlage mit 1.052 Wohnplätzen. Eine aus den 1960er Jahren stammende denkmalgeschützte Wohnanlage wurde abgerissen und an selber Stelle ein Neubau mit der denkmalpflegerischer Auflage, die städtebauliche Charakteristika des Ensembles zu wahren, errichtet. Stb-Fertigteilbauweise.

Land: Bayern
Kreis: München, Stadt
Standard: Durchschnitt
Bauzeit: 169 Wochen*
Kennwerte: bis 1.Ebene DIN276

BGF 1.885 €/m²

Planung: arge werner wirsing bogevischs buero; München

veröffentlicht: BKI Objektdaten N11
*Nicht in der Auswertung enthalten

€/m² BGF
min   985 €/m²
von   1.265 €/m²
Mittel 1.490 €/m²
bis   1.840 €/m²
max   2.220 €/m²

Kosten:
Stand 1.Quartal 2018
Bundesdurchschnitt
inkl. 19% MwSt.

Objektübersicht zur Gebäudeart

6200-0053 Wohnheim für behinderte Menschen (24 Betten) — BRI 5.519m³ | BGF 1.623m² | NUF 1.019m²

Wohnheim für behinderte Menschen mit 24 Betten. Mauerwerksbau.

Land: Nordrhein-Westfalen
Kreis: Lippe
Standard: über Durchschnitt
Bauzeit: 39 Wochen
Kennwerte: bis 1.Ebene DIN276

BGF 1.489 €/m²

Planung: Bits & Beits GmbH Büro für Architektur; Bad Salzuflen

veröffentlicht: BKI Objektdaten N12

6200-0057 Studentenwohnheim (139 Betten) — BRI 17.354m³ | BGF 6.100m² | NUF 3.767m²

Studentenwohnheim für 139 Studierende (3.466m² WFL). Das Gebäude gliedert sich in einen u-förmigen Gebäudeteil mit Einzelzimmern um eine Erschließungshalle und einen über Laubengänge erschlossenen Riegel, in dem je drei bzw. fünf Zimmer zu einer Wohngemeinschaft zusammengefasst sind. Stb-Skelettbau.

Land: Bayern
Kreis: Würzburg
Standard: Durchschnitt
Bauzeit: 61 Wochen
Kennwerte: bis 3.Ebene DIN276

BGF 983 €/m²

Planung: Michel + Wolf + Partner Freie Architekten BDA; Stuttgart

veröffentlicht: BKI Objektdaten N15

6200-0043 Internat für Jugendfußballer — BRI 8.495m³ | BGF 2.531m² | NUF 1.529m²

Internat für Jugendfußballer mit 26 Zimmer / 30 Betten, im Sportfunktionsgebäude sind Umkleideräume, Duschen und Räume für Fitness und Funktionsräume für 80 Sportler. Es gibt eine Küche mit Speisesaal. Massivbau.

Land: Niedersachsen
Kreis: Wolfsburg
Standard: Durchschnitt
Bauzeit: 65 Wochen
Kennwerte: bis 3.Ebene DIN276

BGF 1.765 €/m²

Planung: nb+b Neumann-Berking und Bendorf Planungsgesellschaft mbH; Wolfsburg

veröffentlicht: BKI Objektdaten N12

6200-0049 Schwesternwohnheim, Büros — BRI 12.600m³ | BGF 4.182m² | NUF 2.879m²

Schwesternwohnheim mit Verwaltungseinheit. Massivbau.

Land: Bayern
Kreis: München
Standard: Durchschnitt
Bauzeit: 117 Wochen
Kennwerte: bis 3.Ebene DIN276

BGF 1.431 €/m²

Planung: Haindl + Kollegen GmbH Planung und Baumanagement; München

veröffentlicht: BKI Objektdaten N11

Wohnheime und Internate

€/m² BGF

min	985	€/m²
von	1.265	€/m²
Mittel	**1.490**	**€/m²**
bis	1.840	€/m²
max	2.220	€/m²

Kosten:
Stand 1.Quartal 2018
Bundesdurchschnitt
inkl. 19% MwSt.

Objektübersicht zur Gebäudeart

6200-0047 Studentenwohnanlage (588 WE)   BRI 76.765m³   BGF 24.813m²   NUF 15.970m²

Studentenwohnanlage mit 588 Wohnplätzen. Die Wohneinheiten sind in mehrere Baukörper unterschiedlicher Kubatur aufgeteilt. Stahlbeton.

Land: Bayern
Kreis: München, Stadt
Standard: Durchschnitt
Bauzeit: 113 Wochen
Kennwerte: bis 1.Ebene DIN276

BGF   1.154 €/m²

Planung: Spengler Wiescholek Architekten; Hamburg

veröffentlicht: BKI Objektdaten N11

6200-0033 Elternhaus (15 WE)   BRI 5.726m³   BGF 1.875m²   NUF 1.342m²

Elternwohnhaus mit 15 Appartements, Elternecke, Raum für Geschwisterbetreuung, das ganze Gebäude ist behindertenfreundlich, Aufzug, Geschäftsstelle, Tiefgarage. Massivbau; Stb-Wände, KS-Mauerwerk; Stb-Decken; Stb-Flachdach.

Land: Baden-Württemberg
Kreis: Ulm
Standard: Durchschnitt
Bauzeit: 82 Wochen
Kennwerte: bis 3.Ebene DIN276

BGF   1.452 €/m²

Planung: idw Architekten Dipl.-Ing. (FH) Nicole Pflüger; Neu-Ulm

veröffentlicht: BKI Objektdaten N9

6200-0048 Studentenwohnanlage (545 WE)   BRI 71.331m³   BGF 19.068m²   NUF 15.188m²

Studentenwohnanlage für 545 Studierende (12.950m² WFL). Das 250 Meter lange und 18 Meter breite Gebäude ist über einen Laubengang erschlossen und besitzt 5 Wohntürme, in denen je 5 Zimmer zu einer Wohngemeinschaft zusammengefasst sind. Stahlbeton.

Land: Bayern
Kreis: München, Stadt
Standard: Durchschnitt
Bauzeit: 104 Wochen
Kennwerte: bis 1.Ebene DIN276

BGF   1.192 €/m²

Planung: bogevischs buero hofmann ritzer architekten; München

veröffentlicht: BKI Objektdaten N11

Wohnen

Gaststätten, Kantinen und Mensen

Kostenkennwerte für die Kosten des Bauwerks (Kostengruppen 300+400 nach DIN 276)

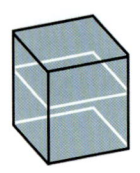

BRI 520 €/m³
von 415 €/m³
bis 640 €/m³

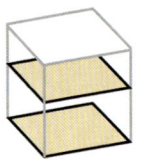

BGF 2.240 €/m²
von 1.750 €/m²
bis 2.750 €/m²

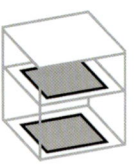

NUF 3.080 €/m²
von 2.410 €/m²
bis 4.170 €/m²

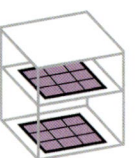

NE 10.510 €/NE
von 6.380 €/NE
bis 17.440 €/NE
NE: Sitzplätze

Objektbeispiele

6500-0044

6500-0046

6500-0045

Kosten:
Stand 1. Quartal 2018
Bundesdurchschnitt
inkl. 19% MwSt.

Kosten der 26 Vergleichsobjekte — Seiten 662 bis 668

- ● KKW
- ▶ min
- ▷ von
- | Mittelwert
- ◁ bis
- ◀ max

BRI: 300–800 €/m³ BRI
BGF: 1000–3000 €/m² BGF
NUF: 0–5000 €/m² NUF

© BKI Baukosteninformationszentrum; Erläuterungen zu den Tabellen siehe Seite 46
Kosten: 1. Quartal 2018, Bundesdurchschnitt, **inkl. 19% MwSt.**

Kostenkennwerte für die Kostengruppen der 1. und 2. Ebene DIN 276

KG	Kostengruppen der 1. Ebene	Einheit	▷	€/Einheit	◁	▷	% an 300+400	◁
100	Grundstück	m² GF	–	–	–	–	–	–
200	Herrichten und Erschließen	m² GF	5	**33**	69	2,7	**6,2**	19,4
300	Bauwerk - Baukonstruktionen	m² BGF	1.277	**1.611**	1.992	63,7	**72,5**	79,4
400	Bauwerk - Technische Anlagen	m² BGF	420	**627**	962	20,6	**27,5**	36,3
	Bauwerk (300+400)	m² BGF	1.754	**2.238**	2.746		**100,0**	
500	Außenanlagen	m² AF	37	**127**	204	6,3	**12,5**	22,0
600	Ausstattung und Kunstwerke	m² BGF	51	**137**	268	2,7	**6,5**	13,8
700	Baunebenkosten*	m² BGF	510	**564**	618	23,0	**25,5**	27,9 ◁ NEU

Auf Grundlage der HOAI 2013 berechnete Werte nach §§ 35, 52, 56. Weitere Informationen siehe Seite 50

KG	Kostengruppen der 2. Ebene	Einheit	▷	€/Einheit	◁	▷	% an 300	◁
310	Baugrube	m³ BGI	28	**44**	58	1,7	**2,6**	5,1
320	Gründung	m² GRF	280	**312**	395	6,4	**13,8**	22,4
330	Außenwände	m² AWF	463	**581**	681	26,9	**31,2**	41,3
340	Innenwände	m² IWF	186	**285**	379	13,9	**15,4**	19,5
350	Decken	m² DEF	379	**427**	472	5,1	**12,2**	19,1
360	Dächer	m² DAF	250	**381**	543	14,8	**18,9**	22,7
370	Baukonstruktive Einbauten	m² BGF	6	**38**	69	0,1	**1,4**	5,1
390	Sonstige Baukonstruktionen	m² BGF	22	**62**	95	1,8	**4,5**	6,5
300	**Bauwerk Baukonstruktionen**	**m² BGF**					**100,0**	

KG	Kostengruppen der 2. Ebene	Einheit	▷	€/Einheit	◁	▷	% an 400	◁
410	Abwasser, Wasser, Gas	m² BGF	61	**86**	122	11,4	**15,6**	17,3
420	Wärmeversorgungsanlagen	m² BGF	64	**86**	104	12,6	**16,8**	28,0
430	Lufttechnische Anlagen	m² BGF	27	**135**	255	7,2	**19,8**	33,8
440	Starkstromanlagen	m² BGF	98	**132**	214	18,8	**23,7**	27,9
450	Fernmeldeanlagen	m² BGF	10	**15**	31	1,6	**2,7**	3,7
460	Förderanlagen	m² BGF	49	**58**	68	0,0	**6,3**	14,9
470	Nutzungsspezifische Anlagen	m² BGF	67	**74**	94	10,5	**14,4**	18,1
480	Gebäudeautomation	m² BGF	–	**3**	–	–	**0,1**	–
490	Sonstige Technische Anlagen	m² BGF	6	**9**	12	0,0	**0,6**	1,4
400	**Bauwerk Technische Anlagen**	**m² BGF**					**100,0**	

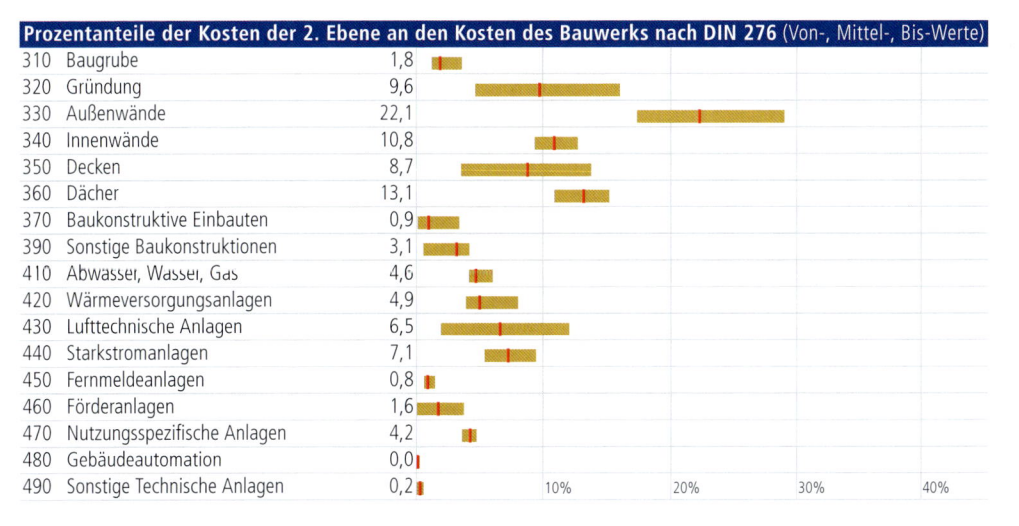

Prozentanteile der Kosten der 2. Ebene an den Kosten des Bauwerks nach DIN 276 (Von-, Mittel-, Bis-Werte)

KG		Mittel
310	Baugrube	1,8
320	Gründung	9,6
330	Außenwände	22,1
340	Innenwände	10,8
350	Decken	8,7
360	Dächer	13,1
370	Baukonstruktive Einbauten	0,9
390	Sonstige Baukonstruktionen	3,1
410	Abwasser, Wasser, Gas	4,6
420	Wärmeversorgungsanlagen	4,9
430	Lufttechnische Anlagen	6,5
440	Starkstromanlagen	7,1
450	Fernmeldeanlagen	0,8
460	Förderanlagen	1,6
470	Nutzungsspezifische Anlagen	4,2
480	Gebäudeautomation	0,0
490	Sonstige Technische Anlagen	0,2

© BKI Baukosteninformationszentrum; Erläuterungen zu den Tabellen siehe Seite 48 und 50   Kosten: 1.Quartal 2018, Bundesdurchschnitt, **inkl. 19% MwSt.**

Gaststätten, Kantinen und Mensen

Kostenkennwerte für Leistungsbereiche nach StLB (Kosten des Bauwerks nach DIN 276)

LB	Leistungsbereiche	▷	€/m² BGF	◁	▷	% an 300+400	◁
000	Sicherheits-, Baustelleneinrichtungen inkl. 001	20	43	64	0,9	1,9	2,8
002	Erdarbeiten	52	85	122	2,3	3,8	5,5
006	Spezialtiefbauarbeiten inkl. 005	–	–	–	–	–	–
009	Entwässerungskanalarbeiten inkl. 011	2	15	30	0,1	0,7	1,3
010	Drän- und Versickerungsarbeiten	3	3	5	0,2	0,2	0,2
012	Mauerarbeiten	28	48	69	1,3	2,1	3,1
013	Betonarbeiten	206	249	249	9,2	11,1	11,1
014	Natur-, Betonwerksteinarbeiten	–	19	–	–	0,9	–
016	Zimmer- und Holzbauarbeiten	109	109	147	4,9	4,9	6,6
017	Stahlbauarbeiten	47	47	66	2,1	2,1	2,9
018	Abdichtungsarbeiten	5	9	9	0,2	0,4	0,4
020	Dachdeckungsarbeiten	6	30	30	0,3	1,3	1,3
021	Dachabdichtungsarbeiten	30	41	41	1,3	1,8	1,8
022	Klempnerarbeiten	26	42	56	1,2	1,9	2,5
	Rohbau	687	740	795	30,7	33,1	35,5
023	Putz- und Stuckarbeiten, Wärmedämmsysteme	68	68	83	3,1	3,1	3,7
024	Fliesen- und Plattenarbeiten	59	74	89	2,6	3,3	4,0
025	Estricharbeiten	25	35	44	1,1	1,6	2,0
026	Fenster, Außentüren inkl. 029, 032	13	174	383	0,6	7,8	17,1
027	Tischlerarbeiten	46	168	336	2,1	7,5	15,0
028	Parkettarbeiten, Holzpflasterarbeiten	0	4	8	0,0	0,2	0,3
030	Rollladenarbeiten	12	22	30	0,5	1,0	1,3
031	Metallbauarbeiten inkl. 035	54	121	121	2,4	5,4	5,4
034	Maler- und Lackiererarbeiten inkl. 037	26	33	33	1,1	1,5	1,5
036	Bodenbelagarbeiten	3	22	40	0,1	1,0	1,8
038	Vorgehängte hinterlüftete Fassaden	–	20	–	–	0,9	–
039	Trockenbauarbeiten	71	103	103	3,2	4,6	4,6
	Ausbau	754	845	845	33,7	37,7	37,7
040	Wärmeversorgungsanl. - Betriebseinr. inkl. 041	82	106	106	3,7	4,7	4,7
042	Gas- und Wasserinstallation, Leitungen inkl. 043	5	17	32	0,2	0,8	1,4
044	Abwasserinstallationsarbeiten - Leitungen	13	45	83	0,6	2,0	3,7
045	GWA-Einrichtungsgegenstände inkl. 046	12	41	72	0,5	1,8	3,2
047	Dämmarbeiten an betriebstechnischen Anlagen	2	16	16	0,1	0,7	0,7
049	Feuerlöschanlagen, Feuerlöschgeräte	1	5	5	0,0	0,2	0,2
050	Blitzschutz- und Erdungsanlagen	2	3	4	0,1	0,1	0,2
052	Mittelspannungsanlagen	–	8	–	–	0,4	–
053	Niederspannungsanlagen inkl. 054	44	108	170	2,0	4,8	7,6
055	Ersatzstromversorgungsanlagen	–	0	–	–	0,0	–
057	Gebäudesystemtechnik	–	–	–	–	–	–
058	Leuchten und Lampen inkl. 059	41	41	56	1,8	1,8	2,5
060	Elektroakustische Anlagen, Sprechanlagen	1	4	4	0,0	0,2	0,2
061	Kommunikationsnetze, inkl. 062	2	7	11	0,1	0,3	0,5
063	Gefahrenmeldeanlagen	–	3	–	–	0,1	–
069	Aufzüge	0	36	81	0,0	1,6	3,6
070	Gebäudeautomation	–	16	–	–	0,7	–
075	Raumlufttechnische Anlagen	42	130	249	1,9	5,8	11,1
	Technische Anlagen	447	586	723	20,0	26,2	32,3
	Sonstige Leistungsbereiche inkl. 008, 033, 051	25	69	106	1,1	3,1	4,7

Kosten: Stand 1. Quartal 2018 Bundesdurchschnitt inkl. 19% MwSt.

- KKW
- ▶ min
- ▷ von
- | Mittelwert
- ◁ bis
- ◀ max

Planungskennwerte für Flächen und Rauminhalte nach DIN 277

Grundflächen		▷	Fläche/NUF (%)	◁	▷	Fläche/BGF (%)	◁
NUF	Nutzungsfläche		100,0		69,5	72,9	76,2
TF	Technikfläche	4,9	6,0	12,6	4,0	4,4	8,5
VF	Verkehrsfläche	11,1	13,4	18,6	8,0	9,7	12,3
NRF	Netto-Raumfläche	114,9	119,3	125,4	84,3	87,0	90,0
KGF	Konstruktions-Grundfläche	13,8	17,8	25,0	10,0	13,0	15,7
BGF	Brutto-Grundfläche	132,4	137,2	146,4		100,0	

Brutto-Rauminhalte		▷	BRI/NUF (m)	◁	▷	BRI/BGF (m)	◁
BRI	Brutto-Rauminhalt	5,49	5,94	6,98	4,04	4,34	4,87

Flächen von Nutzeinheiten	▷	NUF/Einheit (m²)	◁	▷	BGF/Einheit (m²)	◁
Nutzeinheit: Sitzplätze	2,67	3,28	4,29	3,76	4,55	6,14

Lufttechnisch behandelte Flächen	▷	Fläche/NUF (%)	◁	▷	Fläche/BGF (%)	◁
Entlüftete Fläche	46,0	46,0	46,0	31,6	31,6	31,6
Be- und entlüftete Fläche	66,7	66,7	78,1	50,6	50,6	65,6
Teilklimatisierte Fläche	–	–	–	–	–	–
Klimatisierte Fläche	–	–	–	–	–	–

KG	Kostengruppen (2. Ebene)	Einheit	▷	Menge/NUF	◁	▷	Menge/BGF	◁
310	Baugrube	m³ BGI	1,16	1,25	1,84	0,77	0,85	1,25
320	Gründung	m² GRF	0,65	0,72	0,85	0,47	0,52	0,65
330	Außenwände	m² AWF	0,93	0,97	0,99	0,67	0,67	0,68
340	Innenwände	m² IWF	1,03	1,03	1,06	0,65	0,72	0,76
350	Decken	m² DEF	0,54	0,56	0,63	0,36	0,38	0,43
360	Dächer	m² DAF	0,95	1,00	1,13	0,67	0,71	0,74
370	Baukonstruktive Einbauten	m² BGF	1,32	1,37	1,46		1,00	
390	Sonstige Baukonstruktionen	m² BGF	1,32	1,37	1,46		1,00	
300	Bauwerk-Baukonstruktionen	m² BGF	1,32	1,37	1,46		1,00	

Planungskennwerte für Bauzeiten — 25 Vergleichsobjekte

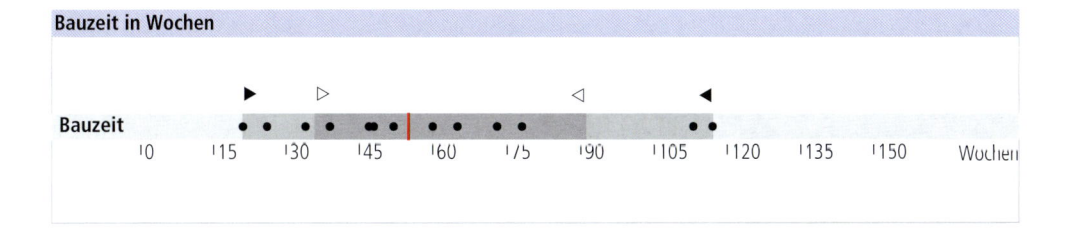

Bauzeit in Wochen

Bauzeit: ▶ ▷ ◁ ◀ markers across scale 0, 15, 30, 45, 60, 75, 90, 105, 120, 135, 150 Wochen

© BKI Baukosteninformationszentrum; Erläuterungen zu den Tabellen siehe Seite 54 — Kosten: 1.Quartal 2018, Bundesdurchschnitt, inkl. 19% MwSt.

Gaststätten, Kantinen und Mensen

€/m² BGF
min	1.250	€/m²
von	1.755	€/m²
Mittel	2.240	€/m²
bis	2.745	€/m²
max	3.005	€/m²

Kosten:
Stand 1.Quartal 2018
Bundesdurchschnitt
inkl. 19% MwSt.

Objektübersicht zur Gebäudeart

5300-0013 Sport- und Vereinsheim
BRI 1.001m³ **BGF** 267m² **NUF** 197m²

Sport- und Vereinsheim. Holzrahmenbauwände (außen), KS-Mauerwerk (innen).

Land: Niedersachsen
Kreis: Braunschweig
Standard: Durchschnitt
Bauzeit: 34 Wochen
Kennwerte: bis 1.Ebene DIN276

BGF 1.620 €/m²

Planung: O. M. Architekten BDA Rainer Ottinger Thomas Möhlendick; Braunschweig

veröffentlicht: BKI Objektdaten N15

6500-0043 Mensa
BRI 4.800m³ **BGF** 776m² **NUF** 643m²

Mensa. Stahlbetonbau.

Land: Rheinland-Pfalz
Kreis: Bernkastel-Wittlich
Standard: Durchschnitt
Bauzeit: 65 Wochen
Kennwerte: bis 1.Ebene DIN276

BGF 2.597 €/m²

Planung: Berdi Architekten; Bernkastel-Kues

veröffentlicht: BKI Objektdaten N15

5300-0012 Seebadeanstalt, Gastronomie
BRI 464m³ **BGF** 121m² **NUF** 101m²

Seebadeanstalt und Gastronomie mit 38 Sitzplätzen. Holzrahmenbau.

Land: Schleswig-Holstein
Kreis: Rendsburg-Eckernförde
Standard: Durchschnitt
Bauzeit: 21 Wochen
Kennwerte: bis 1.Ebene DIN276

BGF 2.197 €/m²

Planung: Architekturbüro Eckhart Wundram; Bordesholm

veröffentlicht: BKI Objektdaten N13

6500-0045 Gaststätte (55 Sitzplätze)
BRI 1.242m³ **BGF** 330m² **NUF** 204m²

Gaststätte mit 55 Sitzplätzen. Massivbau.

Land: Nordrhein-Westfalen
Kreis: Bonn
Standard: über Durchschnitt
Bauzeit: 47 Wochen
Kennwerte: bis 1.Ebene DIN276

BGF 2.442 €/m²

Planung: Kastner Pichler Architekten; Köln

vorgesehen: BKI Objektdaten N16

Objektübersicht zur Gebäudeart

6500-0046 Mensa | BRI 1.952m³ | BGF 385m² | NUF 300m²

Mensa mit 124 Sitzplätzen einer Schule. Massivbau.

Land: Hamburg
Kreis: Hamburg
Standard: Durchschnitt
Bauzeit: 65 Wochen
Kennwerte: bis 1.Ebene DIN276

BGF 2.878 €/m²

Planung: tun-architektur T. Müller / N. Dudda PartG mbB; Hamburg

vorgesehen: BKI Objektdaten N16

6500-0044 Kantine (199 Sitzplätze) - Effizienzhaus ~75% | BRI 3.625m³ | BGF 918m² | NUF 539m²

Kantine für kirchliche Fortbildungseinrichtung mit 199 Sitzplätzen. Mischkonstruktion.

Land: Nordrhein-Westfalen
Kreis: Wuppertal
Standard: Durchschnitt
Bauzeit: 60 Wochen
Kennwerte: bis 1.Ebene DIN276

BGF 3.005 €/m²

Planung: Kastner Pichler Architekten; Köln

vorgesehen: BKI Objektdaten E8

6500-0040 Mensa, Multifunktionsräume | BRI 2.794m³ | BGF 583m² | NUF 466m²

Mensa mit unterteilbarem Speiseraum, Ausgabe- und Spülküche und Aufenthaltsraum. Mauerwerksbau, Holzleimbinder (Dach).

Land: Rheinland-Pfalz
Kreis: Bernkastel-Wittlich
Standard: Durchschnitt
Bauzeit: 47 Wochen
Kennwerte: bis 1.Ebene DIN276

BGF 2.252 €/m²

Planung: SpreierTrenner Architekten; Dreis

veröffentlicht: BKI Objektdaten N13

6500-0032 Mensa | BRI 1.735m³ | BGF 403m² | NUF 305m²

Mensa mit Speiseraum (100 Sitzplätze), Ausgabeküche, Spülküche, Lager und Sozialräumen. Holzskelettkonstruktion.

Land: Bremen
Kreis: Bremen
Standard: Durchschnitt
Bauzeit: 39 Wochen
Kennwerte: bis 1.Ebene DIN276

BGF 2.095 €/m²

Planung: Andreas Schneider Architekten GmbH & Co. KG; Bremen

veröffentlicht: BKI Objektdaten N12

Gaststätten, Kantinen und Mensen

€/m² BGF

min	1.250 €/m²
von	1.755 €/m²
Mittel	**2.240 €/m²**
bis	2.745 €/m²
max	3.005 €/m²

Kosten:
Stand 1.Quartal 2018
Bundesdurchschnitt
inkl. 19% MwSt.

Objektübersicht zur Gebäudeart

6500-0033 Mensa — BRI 2.291m³ — BGF 467m² — NUF 385m²

Mensa mit Speiseraum (204 Sitzplätze), Speisesaal, Ausgabe, Vorbereitung, Spülküche, Lager- und Sozialräume. Massivbau.

Land: Nordrhein-Westfalen
Kreis: Lippe
Standard: Durchschnitt
Bauzeit: 26 Wochen
Kennwerte: bis 1.Ebene DIN276

BGF 1.953 €/m²

Planung: brüchner-hüttemann pasch bhp Architekten+Generalplaner GmbH; Bielefeld
veröffentlicht: BKI Objektdaten N13

6500-0035 Mensagebäude mit Hörsaal — BRI 8.772m³ — BGF 1.814m² — NUF 1.157m²

Mensa mit Küche für 600 Essen, Hörsaal (300 Sitzplätze), zwei Mehrzweckräume (je 50 Sitzplätze). Massivbau.

Land: Sachsen-Anhalt
Kreis: Salzlandkreis
Standard: über Durchschnitt
Bauzeit: 73 Wochen
Kennwerte: bis 1.Ebene DIN276

BGF 2.828 €/m²

Planung: Architekturbüro Heinz + Jörg Gardzella; Groß Quenstedt
veröffentlicht: BKI Objektdaten N13

6500-0041 Mensa — BRI 1.429m³ — BGF 348m² — NUF 239m²

Mensa mit Speiseraum (144 Sitzplätze), Sozialräume, Speisesaal, Ausgabe, Aufwärmküche, Kühllager, Spülküche, Lager, Technik. Massivbau.

Land: Nordrhein-Westfalen
Kreis: Leverkusen
Standard: Durchschnitt
Bauzeit: 52 Wochen
Kennwerte: bis 1.Ebene DIN276

BGF 2.897 €/m²

Planung: Kastner Pichler Architekten; Köln
veröffentlicht: BKI Objektdaten N13

6500-0026 Mensa — BRI 1.768m³ — BGF 398m² — NUF 331m²

Mensa mit Speiseraum (184 Sitzplätze), Ausgabeküche, Spülküche und Sozialräume. Stahlkonstruktion in Verbindung mit Stb-Skelettkonstruktion.

Land: Nordrhein-Westfalen
Kreis: Rhein-Kreis Neuss
Standard: Durchschnitt
Bauzeit: 34 Wochen
Kennwerte: bis 1.Ebene DIN276

BGF 2.000 €/m²

Planung: Lenze + Partner Dipl.-Ing. Architekten BDA; Grevenbroich
veröffentlicht: BKI Objektdaten N11

Objektübersicht zur Gebäudeart

6500-0027 Café Pavillon | BRI 621m³ | BGF 149m² | NUF 124m²

Friedhofscafé mit 85 Sitzplätzen als Trauer- und Begegnungsstätte. Vorgefertigte Brettsperrholzwände.

Land: Nordrhein-Westfalen
Kreis: Düren
Standard: Durchschnitt
Bauzeit: 47 Wochen
Kennwerte: bis 1.Ebene DIN276

BGF 2.644 €/m²

Planung: amunt architekten martenson und nagel theissen; aachen, stuttgart

veröffentlicht: BKI Objektdaten N11

6500-0028 Mensa | BRI 1.244m³ | BGF 271m² | NUF 192m²

Mensa (rollstuhlgerecht) mit unterteilbarem Speiseraum, Ausgabe- und Spülküche. Mauerwerksbau.

Land: Nordrhein-Westfalen
Kreis: Rhein-Kreis Neuss
Standard: Durchschnitt
Bauzeit: 34 Wochen
Kennwerte: bis 1.Ebene DIN276

BGF 2.039 €/m²

Planung: Werkgemeinschaft Quasten + Berger; Grevenbroich

veröffentlicht: BKI Objektdaten N11

6500-0030 Mensa, Klassenräume, Bibliothek | BRI 7.680m³ | BGF 1.640m² | NUF 1.160m²

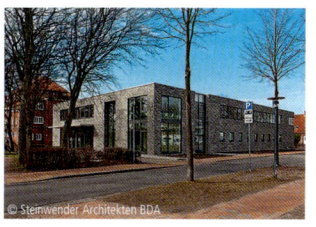

Multifunktionale Mensa (200 Sitzplätze), die auch als Veranstaltungsraum mit Bühne genutzt werden kann. Im OG befinden sich 3 Klassenzimmer und Bibliothek. Mauerwerksbau.

Land: Schleswig-Holstein
Kreis: Nordfriesland, Husum
Standard: über Durchschnitt
Bauzeit: 65 Wochen
Kennwerte: bis 1.Ebene DIN276

BGF 1.655 €/m²

Planung: Steinwender Architekten BDA; Heide

veröffentlicht: BKI Objektdaten N11

6500-0034 Mensa mit Cafeteria, Freizeiteinrichtungen | BRI 13.330m³ | BGF 2.230m² | NUF 1.357m²

Mensa (200 Sitzplätze) und Cafeteria (130 Sitzplätze) mit zusätzlichen Freizeiteinrichtungen (Bowlingbahn, Gymnastikraum, Clubraum, Billardraum, Fitnessraum). Stahlbetonkonstruktion.

Land: Brandenburg
Kreis: Dahme/Spreewald
Standard: Durchschnitt
Bauzeit: 113 Wochen
Kennwerte: bis 1.Ebene DIN276

BGF 2.949 €/m²

Planung: Numrich Albrecht Klumpp Gesellschaft von Architekten mbH; Berlin

veröffentlicht: BKI Objektdaten N12

Gaststätten, Kantinen und Mensen

€/m² BGF
min	1.250	€/m²
von	1.755	€/m²
Mittel	**2.240**	**€/m²**
bis	2.745	€/m²
max	3.005	€/m²

Kosten:
Stand 1.Quartal 2018
Bundesdurchschnitt
inkl. 19% MwSt.

Objektübersicht zur Gebäudeart

6500-0031 Café BRI 958m³ BGF 244m² NUF 202m²

Café mit zwei Galerieräumen (60 Sitzplätze). Im Außenbereich Musikpavillon und Platz für 100 Sitzplätze. Mauerwerksbau.

Land: Thüringen
Kreis: Saale-Orla-Kreis
Standard: Durchschnitt
Bauzeit: 39 Wochen
Kennwerte: bis 1.Ebene DIN276

BGF 2.413 €/m²

veröffentlicht: BKI Objektdaten N11

Planung: Architekturbüro Martin Raffelt; Pößneck

6500-0038 Café BRI 327m³ BGF 93m² NUF 73m²

Marktplatzgebäude mit Cafenutzung (15 Sitzplätze) und öffentlichem WC. Holzrahmenbau.

Land: Nordrhein-Westfalen
Kreis: Lippe
Standard: Durchschnitt
Bauzeit: 26 Wochen
Kennwerte: bis 1.Ebene DIN276

BGF 2.041 €/m²

veröffentlicht: BKI Objektdaten N13

Planung: mm architekten Martin A. Müller Architekt BDA; Hannover

6500-0019 Mensa BRI 1.663m³ BGF 410m² NUF 279m²

Mensa für ein Gymnasium. Mauerwerksbau; Holz-/Alu-Pfostenriegelfassade; Stb-Flachdach.

Land: Bayern
Kreis: Starnberg
Standard: Durchschnitt
Bauzeit: 48 Wochen
Kennwerte: bis 1.Ebene DIN276

BGF 2.060 €/m²

veröffentlicht: BKI Objektdaten N9

Planung: Barth Architekten GbR; Gauting

6500-0037 Tennis-Vereinsheim, Gaststätte BRI 1.596m³ BGF 453m² NUF 314m²

Vereinsheim mit Gaststätte (50 Sitzplätze). Holzrahmenkonstruktion.

Land: Baden-Württemberg
Kreis: Calw
Standard: Durchschnitt
Bauzeit: 52 Wochen
Kennwerte: bis 1.Ebene DIN276

BGF 1.248 €/m²

veröffentlicht: BKI Objektdaten N12

Planung: Architekturbüro Klaus; Karlsruhe

Objektübersicht zur Gebäudeart

6500-0020 Speise- und Aufenthaltsgebäude   BRI 2.021m³   BGF 484m²   NUF 373m²

Speise- und Aufenthaltsraum. Massivbau.

Land: Bayern
Kreis: Bad Kissingen
Standard: unter Durchschnitt
Bauzeit: 26 Wochen
Kennwerte: bis 3.Ebene DIN276

BGF   1.350 €/m²

Planung: Architekturbüro Stefan Richter; Bad Brückenau   www.bki.de

6500-0022 Mensa   BRI 4.468m³   BGF 951m²   NUF 772m²

Neubau einer Mensa für die Fachhochschule Pforzheim. Stb-Konstruktion, Stahl-Pfosten-Riegelfassade; Stb-Verbundträgerdach.

Land: Baden-Württemberg
Kreis: Pforzheim
Standard: Durchschnitt
Bauzeit: 113 Wochen
Kennwerte: bis 1.Ebene DIN276

BGF   2.895 €/m²

Planung: Steinhilber+Weis Architekten; Stuttgart   veröffentlicht: BKI Objektdaten N9

6500-0021 Mensa   BRI 1.840m³   BGF 385m²   NUF 311m²

Mensa und Mehrzwecknutzung. Stb-Konstruktion.

Land: Rheinland-Pfalz
Kreis: Koblenz
Standard: Durchschnitt
Bauzeit: 52 Wochen
Kennwerte: bis 1.Ebene DIN276

BGF   2.149 €/m²

Planung: Architekten BHP Planungsgesellschaft mbH; Koblenz   veröffentlicht: BKI Objektdaten N9

6500-0036 Mensa, Nebenräume   BRI 4.464m³   BGF 1.278m²   NUF 848m²

Zusätzliche Räume für eine Ganztagschule, Mensa, Musikraum, Ruheräume, Projekträume. Stahlbetonkonstruktion.

Land: Baden-Württemberg
Kreis: Enzkreis
Standard: Durchschnitt
Bauzeit: 117 Wochen
Kennwerte: bis 3.Ebene DIN276

BGF   1.537 €/m²

Planung: Fritz Heintel Dipl.-Ing. (FH) Freier Architekt; Höfen/Enz   veröffentlicht: BKI Objektdaten N12

Gaststätten, Kantinen und Mensen

Objektübersicht zur Gebäudeart

6500-0018 Restaurant   **BRI** 3.775m³   **BGF** 1.162m²   **NUF** 800m²

Neubau eines Restaurants in bester Aussichtslage. Massivbau.

Land: Baden-Württemberg
Kreis: Reutlingen
Standard: über Durchschnitt
Bauzeit: 143 Wochen*
Kennwerte: bis 2.Ebene DIN276

BGF   2.117 €/m²

Planung: Hartmaier + Partner Freie Architekten; Münsingen

veröffentlicht: BKI Objektdaten N6
*Nicht in der Auswertung enthalten

6500-0015 Autobahnraststätte   **BRI** 12.730m³   **BGF** 3.112m²   **NUF** 2.080m²

Rasthaus an einer Autobahn, WC- und Duschanlagen, Lager- und Kühlräume, Büroräume, Technikräume, Laderampe mit überdachtem Autohof, Personalräume im UG, Hauptzugang, Restaurant ca. 250 Plätze, Free-Flow-Zone, Küche mit Bäckerei, Shop, Freisitz, Konferenzraum, Emporenfläche, Haustechnikräume im OG. Mauerwerksbau.

Land: Rheinland-Pfalz
Kreis: Neuwied Rhein
Standard: über Durchschnitt
Bauzeit: 78 Wochen
Kennwerte: bis 3.Ebene DIN276

BGF   2.329 €/m²

Planung: Arch.-werkstatt Aachen Hestermann-König-Schmidt & Partner; Bad Neuenahr

veröffentlicht: BKI Objektdaten N3

€/m² BGF

min	1.250 €/m²
von	1.755 €/m²
Mittel	**2.240 €/m²**
bis	2.745 €/m²
max	3.005 €/m²

Kosten:
Stand 1.Quartal 2018
Bundesdurchschnitt
inkl. 19% MwSt.

Gewerbe

Industrielle Produktionsgebäude, Massivbauweise

Kostenkennwerte für die Kosten des Bauwerks (Kostengruppen 300+400 nach DIN 276)

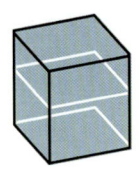

BRI 225 €/m³
von 185 €/m³
bis 305 €/m³

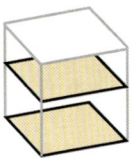

BGF 1.280 €/m²
von 1.130 €/m²
bis 1.560 €/m²

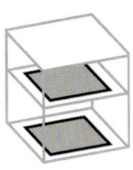

NUF 1.840 €/m²
von 1.520 €/m²
bis 2.470 €/m²

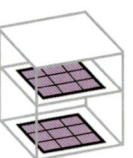

NE 124.980 €/NE
von 78.270 €/NE
bis 171.690 €/NE
NE: Arbeitsplätze

Kosten:
Stand 1.Quartal 2018
Bundesdurchschnitt
inkl. 19% MwSt.

Objektbeispiele

7700-0021

7700-0031

7100-0019

Kosten der 6 Vergleichsobjekte — Seiten 674 bis 675

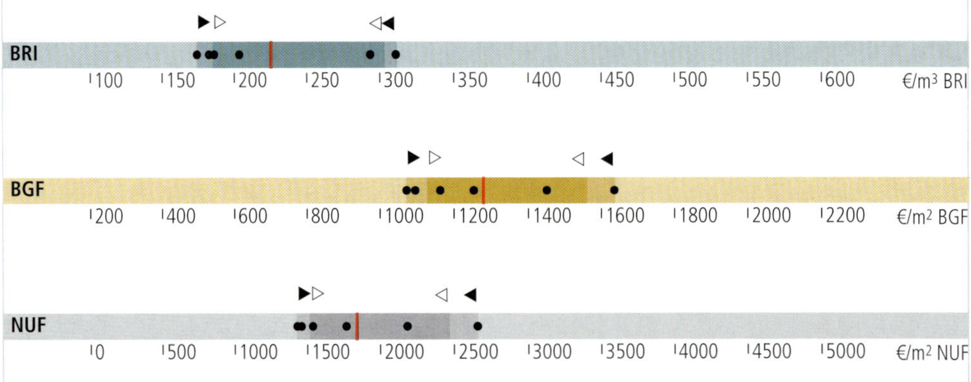

- ● KKW
- ▶ min
- ▷ von
- | Mittelwert
- ◁ bis
- ◀ max

BRI: €/m³ BRI
BGF: €/m² BGF
NUF: €/m² NUF

© BKI Baukosteninformationszentrum; Erläuterungen zu den Tabellen siehe Seite 46
Kosten: 1.Quartal 2018, Bundesdurchschnitt, **inkl. 19% MwSt.**

Kostenkennwerte für die Kostengruppen der 1. und 2. Ebene DIN 276

KG	Kostengruppen der 1. Ebene	Einheit	▷	€/Einheit	◁	▷	% an 300+400	◁	
100	Grundstück	m² GF	–	–	–	–	–	–	
200	Herrichten und Erschließen	m² GF	–	–	–	–	–	–	
300	Bauwerk - Baukonstruktionen	m² BGF	719	**854**	966	48,6	**68,6**	78,7	
400	Bauwerk - Technische Anlagen	m² BGF	247	**424**	777	21,3	**31,5**	51,4	
	Bauwerk (300+400)	m² BGF	1.128	**1.278**	1.558		**100,0**		
500	Außenanlagen	m² AF	33	**68**	111	9,0	**10,8**	15,3	
600	Ausstattung und Kunstwerke	m² BGF	–	**124**	–	–	**9,9**	–	
700	Baunebenkosten*	m² BGF	246	**273**	301	19,4	**21,6**	23,8	◁ NEU

Auf Grundlage der HOAI 2013 berechnete Werte nach §§ 35, 52, 56. Weitere Informationen siehe Seite 50

KG	Kostengruppen der 2. Ebene	Einheit	▷	€/Einheit	◁	▷	% an 300	◁
310	Baugrube	m³ BGI	12	**20**	29	0,9	**1,7**	2,8
320	Gründung	m² GRF	218	**252**	296	18,0	**21,2**	33,0
330	Außenwände	m² AWF	323	**417**	536	23,6	**30,7**	34,3
340	Innenwände	m² IWF	156	**229**	273	9,3	**11,7**	14,7
350	Decken	m² DEF	258	**359**	437	9,4	**11,3**	12,8
360	Dächer	m² DAF	125	**230**	259	18,4	**19,4**	20,6
370	Baukonstruktive Einbauten	m² BGF	8	**21**	33	0,0	**0,9**	2,6
390	Sonstige Baukonstruktionen	m² BGF	20	**26**	34	2,2	**3,1**	3,8
300	**Bauwerk Baukonstruktionen**	**m² BGF**					**100,0**	

KG	Kostengruppen der 2. Ebene	Einheit	▷	€/Einheit	◁	▷	% an 400	◁
410	Abwasser, Wasser, Gas	m² BGF	44	**54**	81	11,0	**18,9**	29,2
420	Wärmeversorgungsanlagen	m² BGF	50	**60**	66	10,3	**21,7**	28,1
430	Lufttechnische Anlagen	m² BGF	11	**20**	43	2,1	**5,7**	18,9
440	Starkstromanlagen	m² BGF	87	**110**	143	22,9	**35,6**	43,7
450	Fernmeldeanlagen	m² BGF	3	**7**	18	0,2	**1,4**	2,3
460	Förderanlagen	m² BGF	3	**14**	26	0,1	**1,9**	9,0
470	Nutzungsspezifische Anlagen	m² BGF	5	**112**	540	1,9	**14,8**	66,0
480	Gebäudeautomation	m² BGF	–	–	–	–	–	–
490	Sonstige Technische Anlagen	m² BGF	–	–	–	–	–	–
400	**Bauwerk Technische Anlagen**	**m² BGF**					**100,0**	

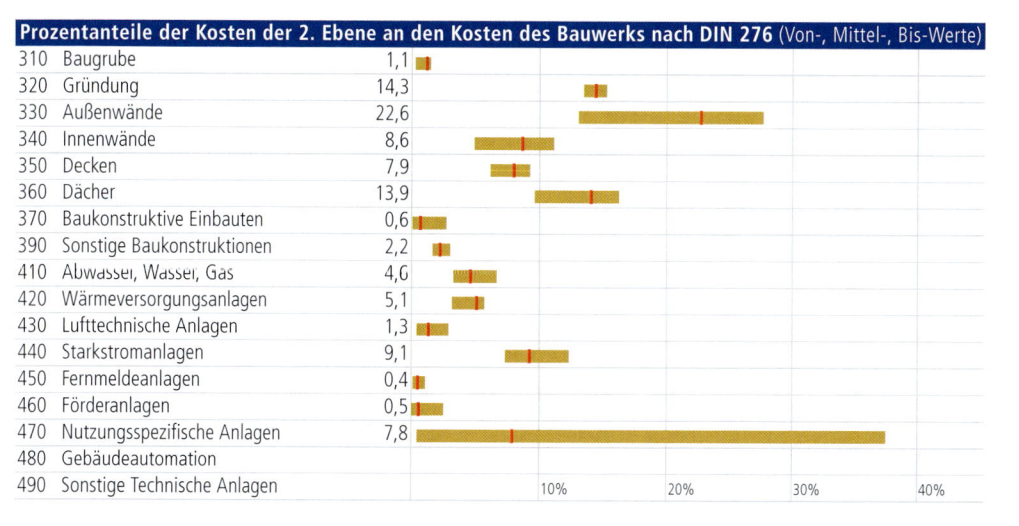

Prozentanteile der Kosten der 2. Ebene an den Kosten des Bauwerks nach DIN 276 (Von-, Mittel-, Bis-Werte)

KG	Kostengruppe	%
310	Baugrube	1,1
320	Gründung	14,3
330	Außenwände	22,6
340	Innenwände	8,6
350	Decken	7,9
360	Dächer	13,9
370	Baukonstruktive Einbauten	0,6
390	Sonstige Baukonstruktionen	2,2
410	Abwasser, Wasser, Gas	4,0
420	Wärmeversorgungsanlagen	5,1
430	Lufttechnische Anlagen	1,3
440	Starkstromanlagen	9,1
450	Fernmeldeanlagen	0,4
460	Förderanlagen	0,5
470	Nutzungsspezifische Anlagen	7,8
480	Gebäudeautomation	
490	Sonstige Technische Anlagen	

© **BKI** Baukosteninformationszentrum; Erläuterungen zu den Tabellen siehe Seite 48 und 50   Kosten: 1.Quartal 2018, Bundesdurchschnitt, **inkl. 19% MwSt.**

Industrielle Produktionsgebäude, Massivbauweise

Kosten:
Stand 1. Quartal 2018
Bundesdurchschnitt
inkl. 19% MwSt.

- ● KKW
- ▶ min
- ▷ von
- | Mittelwert
- ◁ bis
- ◀ max

Kostenkennwerte für Leistungsbereiche nach StLB (Kosten des Bauwerks nach DIN 276)

LB	Leistungsbereiche	▷	€/m² BGF	◁	▷	% an 300+400	◁
000	Sicherheits-, Baustelleneinrichtungen inkl. 001	19	25	32	1,5	2,0	2,5
002	Erdarbeiten	22	26	26	1,7	2,0	2,0
006	Spezialtiefbauarbeiten inkl. 005	–	–	–	–	–	–
009	Entwässerungskanalarbeiten inkl. 011	5	10	10	0,4	0,8	0,8
010	Drän- und Versickerungsarbeiten	0	2	6	0,0	0,2	0,5
012	Mauerarbeiten	48	66	100	3,8	5,2	7,8
013	Betonarbeiten	179	254	308	14,0	19,9	24,1
014	Natur-, Betonwerksteinarbeiten	–	–	–	–	–	–
016	Zimmer- und Holzbauarbeiten	0	17	48	0,0	1,3	3,8
017	Stahlbauarbeiten	28	69	117	2,2	5,4	9,2
018	Abdichtungsarbeiten	0	2	5	0,0	0,1	0,4
020	Dachdeckungsarbeiten	15	43	83	1,2	3,3	6,5
021	Dachabdichtungsarbeiten	3	44	75	0,2	3,5	5,9
022	Klempnerarbeiten	3	13	13	0,2	1,0	1,0
	Rohbau	478	571	637	37,4	44,7	49,9
023	Putz- und Stuckarbeiten, Wärmedämmsysteme	20	38	72	1,6	3,0	5,7
024	Fliesen- und Plattenarbeiten	7	18	39	0,6	1,4	3,0
025	Estricharbeiten	20	20	25	1,5	1,5	1,9
026	Fenster, Außentüren inkl. 029, 032	24	43	69	1,9	3,4	5,4
027	Tischlerarbeiten	9	26	26	0,7	2,1	2,1
028	Parkettarbeiten, Holzpflasterarbeiten	–	–	–	–	–	–
030	Rollladenarbeiten	2	8	17	0,2	0,6	1,3
031	Metallbauarbeiten inkl. 035	49	132	186	3,9	10,3	14,5
034	Maler- und Lackiererarbeiten inkl. 037	16	19	24	1,2	1,5	1,9
036	Bodenbelagarbeiten	5	22	54	0,4	1,7	4,2
038	Vorgehängte hinterlüftete Fassaden	–	2	–	–	0,1	–
039	Trockenbauarbeiten	10	18	29	0,8	1,4	2,2
	Ausbau	193	347	426	15,1	27,1	33,3
040	Wärmeversorgungsanl. - Betriebseinr. inkl. 041	45	61	70	3,5	4,8	5,5
042	Gas- und Wasserinstallation, Leitungen inkl. 043	13	20	32	1,0	1,6	2,5
044	Abwasserinstallationsarbeiten - Leitungen	6	12	20	0,4	0,9	1,5
045	GWA-Einrichtungsgegenstände inkl. 046	10	14	20	0,8	1,1	1,5
047	Dämmarbeiten an betriebstechnischen Anlagen	2	5	11	0,1	0,4	0,8
049	Feuerlöschanlagen, Feuerlöschgeräte	0	10	10	0,0	0,8	0,8
050	Blitzschutz- und Erdungsanlagen	2	4	4	0,2	0,3	0,3
052	Mittelspannungsanlagen	–	1	–	–	0,0	–
053	Niederspannungsanlagen inkl. 054	52	82	125	4,1	6,4	9,8
055	Ersatzstromversorgungsanlagen	1	5	5	0,0	0,4	0,4
057	Gebäudesystemtechnik	–	–	–	–	–	–
058	Leuchten und Lampen inkl. 059	16	27	39	1,2	2,1	3,1
060	Elektroakustische Anlagen, Sprechanlagen	–	0	–	–	0,0	–
061	Kommunikationsnetze, inkl. 062	0	1	3	–	0,1	0,2
063	Gefahrenmeldeanlagen	–	3	–	–	0,2	–
069	Aufzüge	0	6	6	0,0	0,5	0,5
070	Gebäudeautomation	–	–	–	–	–	–
075	Raumlufttechnische Anlagen	5	15	32	0,4	1,2	2,5
	Technische Anlagen	237	266	311	18,5	20,8	24,3
	Sonstige Leistungsbereiche inkl. 008, 033, 051	11	95	95	0,8	7,4	7,4

© BKI Baukosteninformationszentrum; Erläuterungen zu den Tabellen siehe Seite 52   Kosten: 1.Quartal 2018, Bundesdurchschnitt, **inkl. 19% MwSt.**

Planungskennwerte für Flächen und Rauminhalte nach DIN 277

Grundflächen		▷	Fläche/NUF (%)	◁	▷	Fläche/BGF (%)	◁
NUF	Nutzungsfläche		100,0		68,3	70,3	73,0
TF	Technikfläche	7,1	9,3	9,3	5,1	6,6	11,9
VF	Verkehrsfläche	18,0	21,1	27,0	12,3	14,8	18,5
NRF	Netto-Raumfläche	127,7	130,4	136,3	89,7	91,7	91,9
KGF	Konstruktions-Grundfläche	10,5	11,8	12,2	8,1	8,3	10,3
BGF	Brutto-Grundfläche	138,1	142,2	148,2		100,0	

Brutto-Rauminhalte		▷	BRI/NUF (m)	◁	▷	BRI/BGF (m)	◁
BRI	Brutto-Rauminhalt	7,35	8,81	11,08	5,07	6,08	7,37

Flächen von Nutzeinheiten	▷	NUF/Einheit (m²)	◁	▷	BGF/Einheit (m²)	◁
Nutzeinheit: Arbeitsplätze	59,14	59,14	59,14	89,04	89,04	89,04

Lufttechnisch behandelte Flächen	▷	Fläche/NUF (%)	◁	▷	Fläche/BGF (%)	◁
Entlüftete Fläche	5,2	7,3	7,3	3,8	5,4	5,4
Be- und entlüftete Fläche	–	48,1	–	–	32,0	–
Teilklimatisierte Fläche	–	–	–	–	–	–
Klimatisierte Fläche	–	–	–	–	–	–

KG	Kostengruppen (2. Ebene)	Einheit	▷	Menge/NUF	◁	▷	Menge/BGF	◁
310	Baugrube	m³ BGI	0,88	0,94	1,09	0,63	0,68	0,79
320	Gründung	m² GRF	0,89	0,97	1,13	0,64	0,70	0,76
330	Außenwände	m² AWF	0,80	0,89	0,93	0,56	0,65	0,66
340	Innenwände	m² IWF	0,54	0,64	0,84	0,38	0,47	0,61
350	Decken	m² DEF	0,35	0,39	0,51	0,24	0,28	0,38
360	Dächer	m² DAF	0,93	1,02	1,17	0,68	0,74	0,79
370	Baukonstruktive Einbauten	m² BGF	1,38	1,42	1,48		1,00	
390	Sonstige Baukonstruktionen	m² BGF	1,38	1,42	1,48		1,00	
300	Bauwerk-Baukonstruktionen	m² BGF	1,38	1,42	1,48		1,00	

Planungskennwerte für Bauzeiten — 6 Vergleichsobjekte

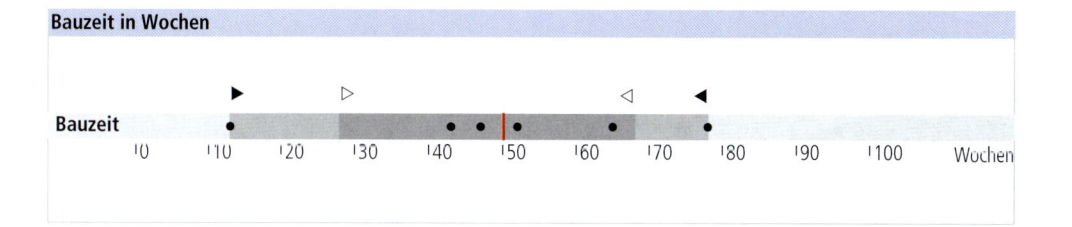

Bauzeit in Wochen

Bauzeit: ▶ ▷ ◁ ◀ — Datenpunkte bei ca. 10, 42, 45, 50, 60, 75 Wochen; Skala 10–100 Wochen.

Industrielle Produktionsgebäude, Massivbauweise

€/m² BGF
min	1.070	€/m²
von	1.130	€/m²
Mittel	**1.280**	**€/m²**
bis	1.560	€/m²
max	1.635	€/m²

Kosten:
Stand 1.Quartal 2018
Bundesdurchschnitt
inkl. 19% MwSt.

Objektübersicht zur Gebäudeart

7700-0041 Galvanikbetrieb | BRI 1.511m³ | BGF 438m² | NUF 321m²

Galvanikbetrieb (120m²), Büroräume, Empfang, Lagerräume, Labore. Mauerwerksbau.

Land: Nordrhein-Westfalen
Kreis: Leverkusen
Standard: unter Durchschnitt
Bauzeit: 13 Wochen
Kennwerte: bis 4.Ebene DIN276

BGF 1.071 €/m²

Planung: Planungsgesellschaft für Hochbau mbH Wirtz+Kölsch; Leverkusen

veröffentlicht: BKI Objektdaten N5

7100-0021 Sanitärbetrieb, Büro, Ausstellung | BRI 5.252m³ | BGF 1.231m² | NUF 871m²

Büro- und Ausstellungsräume, Produktions- und Lagerhalle. Mauerwerksbau.

Land: Baden-Württemberg
Kreis: Böblingen
Standard: Durchschnitt
Bauzeit: 47 Wochen
Kennwerte: bis 3.Ebene DIN276

BGF 1.253 €/m²

Planung: Freier Architekt BDA Prof. Clemens Richarz; München

veröffentlicht: BKI Objektdaten N5

7100-0013 Produktionshalle | BRI 19.740m³ | BGF 2.100m² | NUF 1.292m²

Produktionshalle für 20 Arbeitsplätze, Verarbeitungsräume, Zuschnitt, Montage, Veredelung, Pressenraum mit Aggregatereihen, Lagerbereich, technische Werkstätten, Werkstattbüro, haustechnische Zentralen. Stahlbetonbau.

Land: Thüringen
Kreis: Apolda
Standard: Durchschnitt
Bauzeit: 43 Wochen
Kennwerte: bis 1.Ebene DIN276

BGF 1.635 €/m²

Planung: Ibaupro Architekten- und Ingenieurbüro GmbH; Jena

veröffentlicht: BKI Objektdaten N2

7100-0020 Brauerei, Büros, Gaststätte* | BRI 13.950m³ | BGF 2.421m² | NUF 1.944m²

Brauerei, Getränkegroßhandel, Verwaltung, Gaststätte. Mauerwerksbau.

Land: Sachsen
Kreis: Meißen
Standard: unter Durchschnitt
Bauzeit: 91 Wochen
Kennwerte: bis 3.Ebene DIN276

BGF 2.210 €/m²

Planung: Planungsgruppe 5.4.3 Architekten & Ingenieure GbR; Freilassing

veröffentlicht: BKI Objektdaten N3
*Nicht in der Auswertung enthalten

Objektübersicht zur Gebäudeart

7700-0031 Chemie Vertriebszentrale

BRI 176.142m³ **BGF** 24.726m² **NUF** 16.437m²

Produktion, Bürogebäude, Labore, Sozialgebäude. Die mit Tanklastern auf der Straße und Tankwagen auf der Schiene angelieferten Chemikalien werden zwischengelagert, gemischt und in große Behälter abgefüllt und an die Kundschaft mit Tanklastern und LKW ausgeliefert. Bürotrakt Mauerwerk, Halle Stb-Skelettkonstruktion.

Land: Nordrhein-Westfalen
Kreis: Duisburg
Standard: Durchschnitt
Bauzeit: 52 Wochen
Kennwerte: bis 2.Ebene DIN276

BGF 1.450 €/m²

veröffentlicht: BKI Objektdaten N5

7700-0021 Produktions- und Lagerhalle, Büros

BRI 12.810m³ **BGF** 2.008m² **NUF** 1.518m²

Drei Nutzungsbereiche: Produktion und Service, Büro, Ersatzteillager. Im Hochregallager steht das gesamte Angebot der Firma zum Versand bereit und wird teils durch zwei Kundendienstmonteure, teils durch die Post der Kundschaft zur Verfügung gestellt. Stahlbetonbau.

Land: Sachsen-Anhalt
Kreis: Haldensleben
Standard: Durchschnitt
Bauzeit: 65 Wochen
Kennwerte: bis 3.Ebene DIN276

BGF 1.163 €/m²

veröffentlicht: BKI Objektdaten N2

Planung: Dieter Hosch Dipl.-Ing. Tecos GmbH; Stuttgart

7100-0019 Getriebefabrik, Bürotrakt

BRI 26.422m³ **BGF** 4.490m² **NUF** 3.437m²

Nutzeinheit 1: Produktion und Service
Nutzeinheit 2: Büroanbau mit Cafeteria
Nutzeinheit 3: Lackiererei mit Technikräumen
In der Produktion werden Schneckengetriebe hergestellt, die den verschiedensten Anbietern für große Übersetzungsverhältnisse angeboten werden. Mauerwerksbau.

Land: Sachsen
Kreis: Meißen
Standard: Durchschnitt
Bauzeit: 78 Wochen
Kennwerte: bis 2.Ebene DIN276

BGF 1.094 €/m²

veröffentlicht: BKI Objektdaten N3

Planung: Tecos GmbH; Stuttgart

Industrielle Produktionsgebäude, überwiegend Skelettbauweise

Kostenkennwerte für die Kosten des Bauwerks (Kostengruppen 300+400 nach DIN 276)

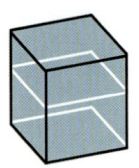

BRI 185 €/m³
von 120 €/m³
bis 280 €/m³

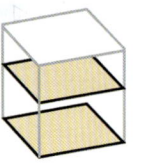

BGF 1.120 €/m²
von 840 €/m²
bis 1.600 €/m²

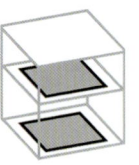

NUF 1.390 €/m²
von 1.030 €/m²
bis 2.040 €/m²

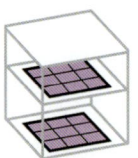

NE 106.780 €/NE
von 61.150 €/NE
bis 148.250 €/NE
NE: Arbeitsplätze

Kosten:
Stand 1. Quartal 2018
Bundesdurchschnitt
inkl. 19% MwSt.

Objektbeispiele

7100-0051

7100-0050

7100-0046

7700-0074

7100-0045

7300-0078

Kosten der 12 Vergleichsobjekte — Seiten 680 bis 683

- ● KKW
- ▶ min
- ▷ von
- | Mittelwert
- ◁ bis
- ◀ max

BRI: €/m³ BRI
BGF: €/m² BGF
NUF: €/m² NUF

© BKI Baukosteninformationszentrum; Erläuterungen zu den Tabellen siehe Seite 46
Kosten: 1. Quartal 2018, Bundesdurchschnitt, **inkl. 19% MwSt.**

Kostenkennwerte für die Kostengruppen der 1. und 2. Ebene DIN 276

KG	Kostengruppen der 1. Ebene	Einheit	▷	€/Einheit	◁	▷	% an 300+400	◁
100	Grundstück	m² GF	–	–	–	–	–	–
200	Herrichten und Erschließen	m² GF	2	**8**	16	0,6	**1,6**	4,2
300	Bauwerk - Baukonstruktionen	m² BGF	631	**821**	1.100	68,3	**74,2**	78,3
400	Bauwerk - Technische Anlagen	m² BGF	208	**300**	544	21,7	**25,8**	31,7
	Bauwerk (300+400)	**m² BGF**	844	**1.121**	1.602		**100,0**	
500	Außenanlagen	m² AF	29	**87**	175	2,7	**6,9**	11,3
600	Ausstattung und Kunstwerke	m² BGF	–	**1**	–	–	**0,1**	–
700	Baunebenkosten*	m² BGF	211	**235**	259	18,8	**20,9**	23,1 ◁ NEU

Auf Grundlage der HOAI 2013 berechnete Werte nach §§ 35, 52, 56. Weitere Informationen siehe Seite 50

KG	Kostengruppen der 2. Ebene	Einheit	▷	€/Einheit	◁	▷	% an 300	◁
310	Baugrube	m³ BGI	8	**25**	40	0,4	**2,9**	5,0
320	Gründung	m² GRF	167	**301**	555	20,6	**28,1**	40,8
330	Außenwände	m² AWF	212	**249**	302	19,6	**26,0**	37,1
340	Innenwände	m² IWF	231	**270**	317	2,4	**10,3**	16,0
350	Decken	m² DEF	191	**266**	481	1,2	**3,9**	9,1
360	Dächer	m² DAF	189	**233**	301	16,9	**25,8**	32,1
370	Baukonstruktive Einbauten	m² BGF	–	–	–	–	–	–
390	Sonstige Baukonstruktionen	m² BGF	14	**27**	51	2,0	**3,1**	4,3
300	**Bauwerk Baukonstruktionen**	**m² BGF**					**100,0**	

KG	Kostengruppen der 2. Ebene	Einheit	▷	€/Einheit	◁	▷	% an 400	◁
410	Abwasser, Wasser, Gas	m² BGF	14	**27**	35	5,4	**11,1**	19,5
420	Wärmeversorgungsanlagen	m² BGF	24	**37**	72	3,3	**11,3**	22,9
430	Lufttechnische Anlagen	m² BGF	27	**126**	323	1,4	**12,2**	32,8
440	Starkstromanlagen	m² BGF	36	**103**	161	24,1	**31,8**	45,5
450	Fernmeldeanlagen	m² BGF	6	**9**	11	2,1	**3,8**	6,8
460	Förderanlagen	m² BGF	3	**16**	28	0,0	**2,5**	7,6
470	Nutzungsspezifische Anlagen	m² BGF	21	**65**	126	8,6	**25,1**	55,8
480	Gebäudeautomation	m² BGF	9	**34**	59	0,0	**2,1**	6,0
490	Sonstige Technische Anlagen	m² BGF	–	**10**	–	–	**0,3**	–
400	**Bauwerk Technische Anlagen**	**m² BGF**					**100,0**	

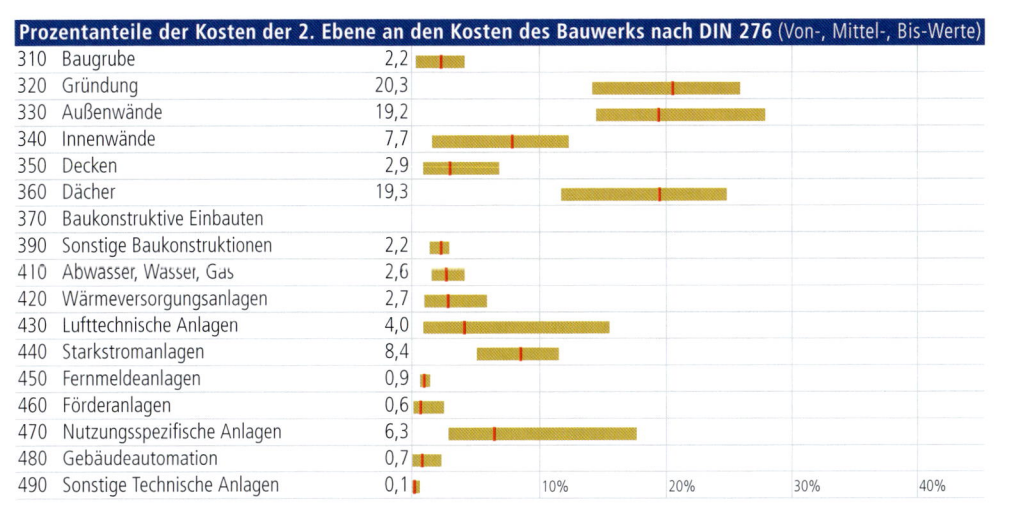

Prozentanteile der Kosten der 2. Ebene an den Kosten des Bauwerks nach DIN 276 (Von-, Mittel-, Bis-Werte)

KG	Kostengruppe	Mittelwert (%)
310	Baugrube	2,2
320	Gründung	20,3
330	Außenwände	19,2
340	Innenwände	7,7
350	Decken	2,9
360	Dächer	19,3
370	Baukonstruktive Einbauten	
390	Sonstige Baukonstruktionen	2,2
410	Abwasser, Wasser, Gas	2,6
420	Wärmeversorgungsanlagen	2,7
430	Lufttechnische Anlagen	4,0
440	Starkstromanlagen	8,4
450	Fernmeldeanlagen	0,9
460	Förderanlagen	0,6
470	Nutzungsspezifische Anlagen	6,3
480	Gebäudeautomation	0,7
490	Sonstige Technische Anlagen	0,1

© BKI Baukosteninformationszentrum; Erläuterungen zu den Tabellen siehe Seite 48 und 50   Kosten: 1.Quartal 2018, Bundesdurchschnitt, **inkl. 19% MwSt.**

Industrielle Produktionsgebäude, überwiegend Skelettbauweise

Kosten:
Stand 1.Quartal 2018
Bundesdurchschnitt
inkl. 19% MwSt.

Kostenkennwerte für Leistungsbereiche nach StLB (Kosten des Bauwerks nach DIN 276)

LB	Leistungsbereiche	▷	€/m² BGF	◁	▷	% an 300+400	◁
000	Sicherheits-, Baustelleneinrichtungen inkl. 001	15	23	34	1,4	2,0	3,0
002	Erdarbeiten	17	38	54	1,5	3,4	4,8
006	Spezialtiefbauarbeiten inkl. 005	–	21	–	–	1,9	–
009	Entwässerungskanalarbeiten inkl. 011	7	9	12	0,6	0,8	1,0
010	Drän- und Versickerungsarbeiten	1	4	11	0,1	0,4	0,9
012	Mauerarbeiten	14	24	32	1,2	2,1	2,9
013	Betonarbeiten	202	355	443	18,0	31,6	39,5
014	Natur-, Betonwerksteinarbeiten	–	–	–	–	–	–
016	Zimmer- und Holzbauarbeiten	–	–	–	–	–	–
017	Stahlbauarbeiten	18	124	300	1,6	11,1	26,8
018	Abdichtungsarbeiten	0	3	9	0,0	0,3	0,8
020	Dachdeckungsarbeiten	–	–	–	–	–	–
021	Dachabdichtungsarbeiten	42	57	57	3,7	5,1	5,1
022	Klempnerarbeiten	8	55	151	0,7	4,9	13,4
	Rohbau	591	712	787	52,7	63,5	70,2
023	Putz- und Stuckarbeiten, Wärmedämmsysteme	1	5	9	0,1	0,4	0,8
024	Fliesen- und Plattenarbeiten	2	6	12	0,2	0,5	1,0
025	Estricharbeiten	1	4	11	0,1	0,3	1,0
026	Fenster, Außentüren inkl. 029, 032	13	45	103	1,1	4,0	9,2
027	Tischlerarbeiten	–	1	–	–	0,1	–
028	Parkettarbeiten, Holzpflasterarbeiten	–	–	–	–	–	–
030	Rollladenarbeiten	0	2	2	0,0	0,2	0,2
031	Metallbauarbeiten inkl. 035	7	49	112	0,6	4,4	10,0
034	Maler- und Lackiererarbeiten inkl. 037	3	11	17	0,2	1,0	1,5
036	Bodenbelagarbeiten	1	6	13	0,1	0,5	1,2
038	Vorgehängte hinterlüftete Fassaden	–	–	–	–	–	–
039	Trockenbauarbeiten	1	8	14	0,1	0,7	1,2
	Ausbau	58	136	264	5,2	12,1	23,5
040	Wärmeversorgungsanl. - Betriebseinr. inkl. 041	9	27	60	0,8	2,4	5,4
042	Gas- und Wasserinstallation, Leitungen inkl. 043	1	5	9	0,1	0,5	0,8
044	Abwasserinstallationsarbeiten - Leitungen	1	3	6	0,1	0,2	0,5
045	GWA-Einrichtungsgegenstände inkl. 046	2	5	8	0,2	0,4	0,7
047	Dämmarbeiten an betriebstechnischen Anlagen	3	11	19	0,2	1,0	1,7
049	Feuerlöschanlagen, Feuerlöschgeräte	0	1	1	0,0	0,1	0,1
050	Blitzschutz- und Erdungsanlagen	2	6	9	0,1	0,5	0,8
052	Mittelspannungsanlagen	–	4	–	–	0,4	–
053	Niederspannungsanlagen inkl. 054	44	70	110	3,9	6,2	9,8
055	Ersatzstromversorgungsanlagen	–	–	–	–	–	–
057	Gebäudesystemtechnik	–	–	–	–	–	–
058	Leuchten und Lampen inkl. 059	7	13	17	0,6	1,2	1,5
060	Elektroakustische Anlagen, Sprechanlagen	–	0	–	–	0,0	–
061	Kommunikationsnetze, inkl. 062	1	5	8	0,1	0,5	0,7
063	Gefahrenmeldeanlagen	0	4	13	0,0	0,4	1,1
069	Aufzüge	–	5	–	–	0,5	–
070	Gebäudeautomation	0	8	24	0,0	0,7	2,2
075	Raumlufttechnische Anlagen	9	40	40	0,8	3,5	3,5
	Technische Anlagen	103	207	293	9,2	18,5	26,2
	Sonstige Leistungsbereiche inkl. 008, 033, 051	25	65	65	2,3	5,8	5,8

- KKW
▶ min
▷ von
| Mittelwert
◁ bis
◀ max

Planungskennwerte für Flächen und Rauminhalte nach DIN 277

Grundflächen			▷	Fläche/NUF (%)	◁	▷	Fläche/BGF (%)	◁
NUF	Nutzungsfläche			100,0		78,0	81,0	86,5
TF	Technikfläche		3,9	3,9	6,9	2,6	3,2	5,5
VF	Verkehrsfläche		10,2	11,7	17,6	7,6	9,5	13,2
NRF	Netto-Raumfläche		110,7	115,7	120,3	91,0	93,6	95,3
KGF	Konstruktions-Grundfläche		5,9	7,9	12,3	4,7	6,4	9,0
BGF	Brutto-Grundfläche		117,4	123,5	130,0		100,0	

Brutto-Rauminhalte			▷	BRI/NUF (m)	◁	▷	BRI/BGF (m)	◁
BRI	Brutto-Rauminhalt		7,15	8,19	10,02	5,80	6,75	8,35

Flächen von Nutzeinheiten		▷	NUF/Einheit (m²)	◁	▷	BGF/Einheit (m²)	◁
Nutzeinheit: Arbeitsplätze		65,74	75,74	105,87	84,30	93,62	127,53

Lufttechnisch behandelte Flächen		▷	Fläche/NUF (%)	◁	▷	Fläche/BGF (%)	◁
Entlüftete Fläche		–	–	–	–	–	–
Be- und entlüftete Fläche		–	–	–	–	–	–
Teilklimatisierte Fläche		–	–	–	–	–	–
Klimatisierte Fläche		–	14,1	–	–	12,3	–

KG	Kostengruppen (2. Ebene)	Einheit	▷	Menge/NUF	◁	▷	Menge/BGF	◁
310	Baugrube	m³ BGI	0,98	1,31	1,31	0,80	1,08	1,08
320	Gründung	m² GRF	0,94	0,94	0,99	0,83	0,83	0,90
330	Außenwände	m² AWF	0,80	0,98	1,34	0,73	0,86	1,11
340	Innenwände	m² IWF	0,44	0,45	0,48	0,38	0,38	0,43
350	Decken	m² DEF	0,18	0,23	0,23	0,15	0,19	0,19
360	Dächer	m² DAF	0,96	0,96	1,02	0,71	0,85	0,93
370	Baukonstruktive Einbauten	m² BGF	1,17	1,24	1,30		1,00	
390	Sonstige Baukonstruktionen	m² BGF	1,17	1,24	1,30		1,00	
300	Bauwerk-Baukonstruktionen	m² BGF	1,17	1,24	1,30		1,00	

Planungskennwerte für Bauzeiten — 12 Vergleichsobjekte

Bauzeit in Wochen

Bauzeit: Werte verteilt zwischen ca. 25 und 65 Wochen (Median ca. 38 Wochen), Skala 0–100 Wochen.

Industrielle Produktionsgebäude, überwiegend Skelettbauweise

€/m² BGF

min	635	€/m²
von	845	€/m²
Mittel	**1.120**	**€/m²**
bis	1.600	€/m²
max	2.120	€/m²

Kosten:
Stand 1.Quartal 2018
Bundesdurchschnitt
inkl. 19% MwSt.

Objektübersicht zur Gebäudeart

7100-0051 Produktionshalle, Büro - Passivhaus BRI 56.000m³ BGF 6.881m² NUF 5.700m²

Produktionshalle mit Bürotrakt (Passivhaus) für 35 Mitarbeiter. Stahlbetonbau (Halle), Holzrahmenbau (Bürotrakt).

Land: Schleswig-Holstein
Kreis: Segeberg
Standard: Durchschnitt
Bauzeit: 26 Wochen
Kennwerte: bis 1.Ebene DIN276

BGF   801 €/m²

Planung: Architekturbüro Thyroff-Krause; Kaltenkirchen

veröffentlicht: BKI Objektdaten E7

7700-0074 Werkhalle für Werkzeugbau (25 AP) BRI 18.012m³ BGF 1.545m² NUF 1.327m²

Werkhalle für Werkzeugbau (25 AP). STB-Skelettbau, MW.

Land: Baden-Württemberg
Kreis: Heilbronn
Standard: über Durchschnitt
Bauzeit: 34 Wochen
Kennwerte: bis 3.Ebene DIN276

BGF   2.121 €/m²

Planung: Architektur Udo Richter Dipl.-Ing. Freier Architekt; Heilbronn

veröffentlicht: BKI Objektdaten N15

7100-0046 Betriebsgebäude - Niedrigenergie BRI 10.169m³ BGF 1.978m² NUF 1.565m²

Betriebsgebäude mit Produktion (20 Arbeitsplätze) und Verwaltung (20 Arbeitsplätze) in Niedrigenergiebauweise. Holztafelbau.

Land: Berlin
Kreis: Berlin
Standard: Durchschnitt
Bauzeit: 26 Wochen
Kennwerte: bis 1.Ebene DIN276

BGF   1.207 €/m²

Planung: Roswag Architekten GvAmbH; Berlin

veröffentlicht: BKI Objektdaten E5

7100-0045 Produktionsgebäude, Verwaltung BRI 35.039m³ BGF 6.016m² NUF 4.671m²

Produktionsgebäude (60 Arbeitsplätze) und Verwaltung (64 Mitarbeiter). Stb-Skelettbauweise.

Land: Bayern
Kreis: Bamberg
Standard: Durchschnitt
Bauzeit: 60 Wochen
Kennwerte: bis 1.Ebene DIN276

BGF   1.044 €/m²

Planung: Glöckner³ Architekten GmbH; Nürnberg

veröffentlicht: BKI Objektdaten N12

Objektübersicht zur Gebäudeart

7300-0078 Betriebs- und Produktionsgebäude | BRI 2.528 m³ | BGF 638 m² | NUF 447 m²

Betriebs- und Produktionsgebäude für Messgeräte mit Werkstatt, Fertigung, und Verwaltung. Stahlbeton-Skelett und Holzrahmenbau, Holzdachkonstruktion.

Land: Niedersachsen
Kreis: Hameln-Pyrmont
Standard: über Durchschnitt
Bauzeit: 34 Wochen
Kennwerte: bis 1.Ebene DIN276

BGF   1.476 €/m²

Planung: kosel-architektur; Hameln

veröffentlicht: BKI Objektdaten N12

7100-0050 Produktions- und Bürogebäude (20 AP) | BRI 14.962 m³ | BGF 2.299 m² | NUF 1.647 m²

Produktionshalle (12 Arbeitsplätze) und Verwaltungsbau mit Büroräumen (8 Arbeitsplätze), Ausstellungsfläche und Lager. Stahlskelettkonstruktion (Halle), Massivbauweise (Verwaltung).

Land: Nordrhein-Westfalen
Kreis: Köln
Standard: Durchschnitt
Bauzeit: 43 Wochen
Kennwerte: bis 1.Ebene DIN276

BGF   919 €/m²

Planung: KF Architekten; Köln

veröffentlicht: BKI Objektdaten N13

7100-0026 Produktions- und Montagehalle | BRI 62.444 m³ | BGF 6.472 m² | NUF 5.672 m²

Produktions- und Montagehalle mit Büro- und Sozialtrakt, Messraum. Pressenschiff mit vier Hydraulikpressen, zwei Kranbahnen. Stahlskelettkonstruktion.

Land: Sachsen
Kreis: Zwickau
Standard: Durchschnitt
Bauzeit: 43 Wochen
Kennwerte: bis 4.Ebene DIN276

BGF   1.198 €/m²

Planung: heine l reichold architekten Partnerschaftsgesellschaft mbB; Lichtenstein

veröffentlicht: BKI Objektdaten N10

7100-0040 Produktionshalle, Verwaltungsbau | BRI 28.946 m³ | BGF 4.806 m² | NUF 3.972 m²

Produktionshalle mit Verwaltungsbau. Ausstellung mit Cafeteria, Büros (20 Büroarbeitsplätze) und Produktion, Lager, Versand (18 Arbeitsplätze). Holzrahmenbau.

Land: Bayern
Kreis: Amberg-Sulzbach
Standard: Durchschnitt
Bauzeit: 65 Wochen
Kennwerte: bis 1.Ebene DIN276

BGF   1.256 €/m²

Planung: H+F Architekten GmbH; Amberg

veröffentlicht: BKI Objektdaten N11

© BKI Baukosteninformationszentrum; Erläuterungen zu den Tabellen siehe Seite 56   Kosten: 1.Quartal 2018, Bundesdurchschnitt, **inkl. 19% MwSt.**

Industrielle Produktionsgebäude, überwiegend Skelettbauweise

€/m² BGF

min	635	€/m²
von	845	€/m²
Mittel	**1.120**	**€/m²**
bis	1.600	€/m²
max	2.120	€/m²

Kosten:
Stand 1.Quartal 2018
Bundesdurchschnitt
inkl. 19% MwSt.

Objektübersicht zur Gebäudeart

7100-0043 Produktions- und Verwaltungsgebäude
BRI 9.028m³ **BGF** 2.394m² **NUF** 1.902m²

Produktions- und Verwaltungsgebäude mit Schulungsräumen. Stb-Skelettbau.

Land: Bayern
Kreis: Oberallgäu
Standard: Durchschnitt
Bauzeit: 43 Wochen
Kennwerte: bis 4.Ebene DIN276

BGF 1.037 €/m²

Planung: Becker Architekten; Kempten / Allgäu

veröffentlicht: BKI Objektdaten N12

7100-0044 Produktionshalle
BRI 8.352m³ **BGF** 1.031m² **NUF** 1.004m²

Produktionshalle für Laseranwendungstechnik. Stahlskelettkonstruktion.

Land: Thüringen
Kreis: Nordhausen
Standard: unter Durchschnitt
Bauzeit: 34 Wochen
Kennwerte: bis 3.Ebene DIN276

BGF 759 €/m²

Planung: Dipl.-Ing. Architekt Tobias Winkler; Nordhausen

veröffentlicht: BKI Objektdaten N12

7100-0027 Produktionsgebäude*
BRI 125.568m³ **BGF** 20.161m² k.A.

Produktionsgebäude (2-geschossig) mit angebautem Büro- und Laborgebäude (4-geschossig). Stahlbeton-Skelettbau.

Land: Schweiz
Kreis: Kanton St. Gallen
Standard: Durchschnitt
Bauzeit: 56 Wochen
Kennwerte: bis 1.Ebene DIN276

BGF 1.699 €/m²

Planung: Andreas STIHL AG & Co.KG; Waiblingen

veröffentlicht: BKI Objektdaten N10
*Nicht in der Auswertung enthalten

7100-0023 Produktionsgebäude
BRI 69.836m³ **BGF** 9.880m² **NUF** 8.769m²

Produktionsgebäude für Alu-Autofelgen (160 Mitarbeiter). Stahlbetonskelettbau, Trapezblechdach.

Land: Nordrhein-Westfalen
Kreis: Lüdenscheid
Standard: Durchschnitt
Bauzeit: 35 Wochen
Kennwerte: bis 4.Ebene DIN276

BGF 637 €/m²

Planung: Architekt Reinhard Klotz; Schalksmühle

veröffentlicht: BKI Objektdaten N8

Objektübersicht zur Gebäudeart

7100-0022 Produktions-, Bürogebäude   **BRI** 7.586m³   **BGF** 1.467m²   **NUF** 1.115m²

Produktions- und Bürogebäude, Foyer, Sozialräume, Versandhalle, Meisterbüro, Lagerräume, Büroräume für die Verwaltung, Produktionsräume. Holzkonstruktion.

Land: Baden-Württemberg
Kreis: Ludwigsburg
Standard: Durchschnitt
Bauzeit: 26 Wochen
Kennwerte: bis 1.Ebene DIN276

BGF   1.001 €/m²

Planung: Heiner P. Klöckner Architektur Freier Architekt; Stuttgart

veröffentlicht: BKI Objektdaten N5

Betriebs- und Werkstätten, eingeschossig

Kostenkennwerte für die Kosten des Bauwerks (Kostengruppen 300+400 nach DIN 276)

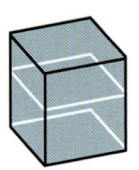

BRI 255 €/m³
von 160 €/m³
bis 400 €/m³

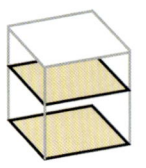

BGF 1.240 €/m²
von 730 €/m²
bis 1.740 €/m²

NUF 1.620 €/m²
von 850 €/m²
bis 2.490 €/m²

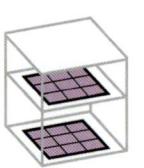

NE 55.930 €/NE
von 34.010 €/NE
bis 89.700 €/NE
NE: Arbeitsplätze

Objektbeispiele

7300-0065

7300-0016

7300-0042

Kosten:
Stand 1.Quartal 2018
Bundesdurchschnitt
inkl. 19% MwSt.

Kosten der 8 Vergleichsobjekte — Seiten 688 bis 690

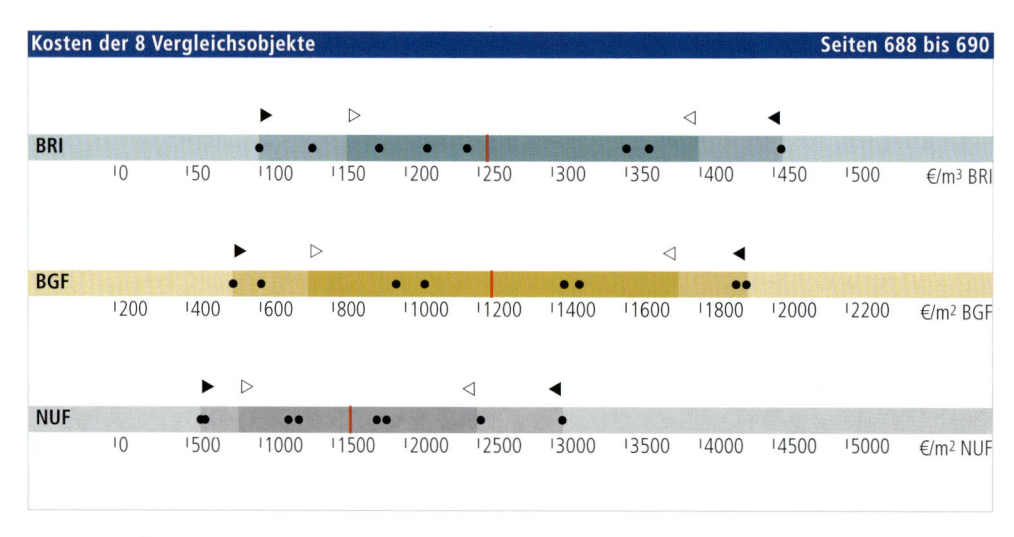

- ● KKW
- ▶ min
- ▷ von
- | Mittelwert
- ◁ bis
- ◀ max

BRI: €/m³ BRI
BGF: €/m² BGF
NUF: €/m² NUF

© BKI Baukosteninformationszentrum; Erläuterungen zu den Tabellen siehe Seite 46
Kosten: 1.Quartal 2018, Bundesdurchschnitt, **inkl. 19% MwSt.**

Kostenkennwerte für die Kostengruppen der 1. und 2. Ebene DIN 276

KG	Kostengruppen der 1. Ebene	Einheit	▷	€/Einheit	◁	▷	% an 300+400	◁
100	Grundstück	m² GF	–	–	–	–	–	–
200	Herrichten und Erschließen	m² GF	10	**23**	46	1,7	**9,1**	23,8
300	Bauwerk - Baukonstruktionen	m² BGF	651	**926**	1.332	66,0	**77,9**	86,4
400	Bauwerk - Technische Anlagen	m² BGF	110	**309**	524	13,6	**22,1**	34,0
	Bauwerk (300+400)	m² BGF	733	**1.235**	1.738		**100,0**	
500	Außenanlagen	m² AF	35	**54**	81	6,6	**9,9**	15,7
600	Ausstattung und Kunstwerke	m² BGF	16	**39**	73	0,4	**3,8**	6,2
700	Baunebenkosten*	m² BGF	236	**263**	289	19,8	**22,1**	24,4 ◁ NEU

* Auf Grundlage der HOAI 2013 berechnete Werte nach §§ 35, 52, 56. Weitere Informationen siehe Seite 50

KG	Kostengruppen der 2. Ebene	Einheit	▷	€/Einheit	◁	▷	% an 300	◁
310	Baugrube	m³ BGI	10	**22**	50	0,2	**3,8**	14,3
320	Gründung	m² GRF	189	**222**	256	16,2	**24,2**	32,2
330	Außenwände	m² AWF	292	**367**	458	20,1	**23,5**	26,8
340	Innenwände	m² IWF	52	**180**	224	5,1	**11,1**	16,2
350	Decken	m² DEF	176	**221**	267	0,3	**3,0**	11,0
360	Dächer	m² DAF	174	**281**	391	26,8	**31,3**	34,8
370	Baukonstruktive Einbauten	m² BGF	13	**19**	26	0,0	**1,0**	2,4
390	Sonstige Baukonstruktionen	m² BGF	7	**21**	58	0,8	**2,3**	6,5
300	**Bauwerk Baukonstruktionen**	**m² BGF**					**100,0**	

KG	Kostengruppen der 2. Ebene	Einheit	▷	€/Einheit	◁	▷	% an 400	◁
410	Abwasser, Wasser, Gas	m² BGF	5	**58**	85	13,2	**17,2**	26,0
420	Wärmeversorgungsanlagen	m² BGF	68	**74**	82	5,8	**14,7**	35,6
430	Lufttechnische Anlagen	m² BGF	4	**128**	193	4,0	**18,2**	31,7
440	Starkstromanlagen	m² BGF	28	**92**	140	2,8	**21,9**	31,5
450	Fernmeldeanlagen	m² BGF	6	**20**	45	0,8	**3,3**	6,5
460	Förderanlagen	m² BGF	18	**21**	25	0,9	**17,9**	68,6
470	Nutzungsspezifische Anlagen	m² BGF	21	**50**	79	0,7	**4,1**	12,8
480	Gebäudeautomation	m² BGF	–	**63**	–	–	**2,7**	–
490	Sonstige Technische Anlagen	m² BGF	–	**3**	–	–	**0,1**	–
400	**Bauwerk Technische Anlagen**	**m² BGF**					**100,0**	

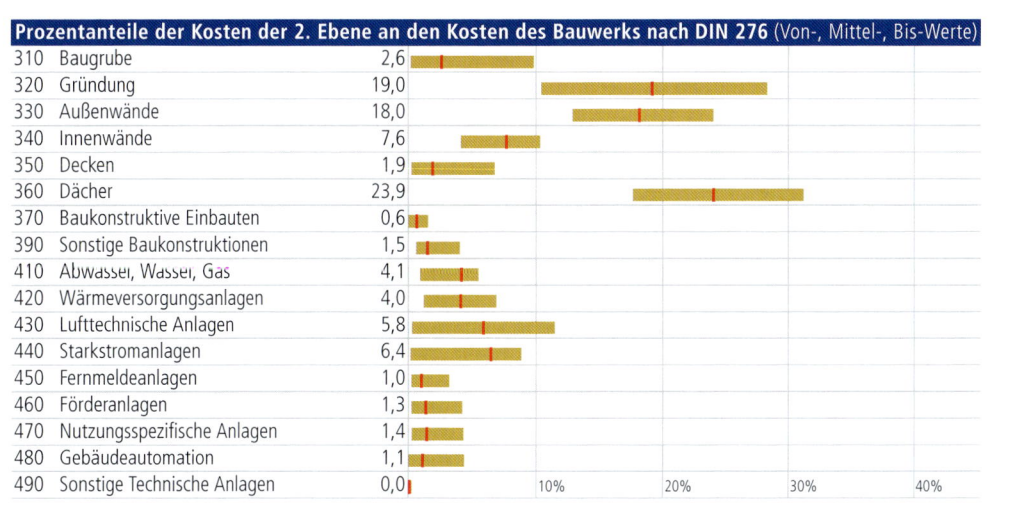

Prozentanteile der Kosten der 2. Ebene an den Kosten des Bauwerks nach DIN 276 (Von-, Mittel-, Bis-Werte)

KG		%
310	Baugrube	2,6
320	Gründung	19,0
330	Außenwände	18,0
340	Innenwände	7,6
350	Decken	1,9
360	Dächer	23,9
370	Baukonstruktive Einbauten	0,6
390	Sonstige Baukonstruktionen	1,5
410	Abwasser, Wasser, Gas	4,1
420	Wärmeversorgungsanlagen	4,0
430	Lufttechnische Anlagen	5,8
440	Starkstromanlagen	6,4
450	Fernmeldeanlagen	1,0
460	Förderanlagen	1,3
470	Nutzungsspezifische Anlagen	1,4
480	Gebäudeautomation	1,1
490	Sonstige Technische Anlagen	0,0

© **BKI** Baukosteninformationszentrum; Erläuterungen zu den Tabellen siehe Seite 48 und 50   Kosten: 1.Quartal 2018, Bundesdurchschnitt, **inkl. 19% MwSt.**

Betriebs- und Werkstätten, eingeschossig

Kosten:
Stand 1.Quartal 2018
Bundesdurchschnitt
inkl. 19% MwSt.

● KKW
▶ min
▷ von
| Mittelwert
◁ bis
◀ max

Kostenkennwerte für Leistungsbereiche nach StLB (Kosten des Bauwerks nach DIN 276)

LB	Leistungsbereiche	▷	€/m² BGF	◁	▷	% an 300+400	◁
000	Sicherheits-, Baustelleneinrichtungen inkl. 001	5	16	16	0,4	1,3	1,3
002	Erdarbeiten	18	32	51	1,4	2,6	4,1
006	Spezialtiefbauarbeiten inkl. 005	–	16	–	–	1,3	–
009	Entwässerungskanalarbeiten inkl. 011	0	6	13	0,0	0,5	1,0
010	Drän- und Versickerungsarbeiten	–	1	–	–	0,1	–
012	Mauerarbeiten	9	43	43	0,7	3,4	3,4
013	Betonarbeiten	200	236	279	16,2	19,1	22,6
014	Natur-, Betonwerksteinarbeiten	–	–	–	–	–	–
016	Zimmer- und Holzbauarbeiten	–	–	–	–	–	–
017	Stahlbauarbeiten	41	235	423	3,3	19,0	34,3
018	Abdichtungsarbeiten	–	3	–	–	0,2	–
020	Dachdeckungsarbeiten	–	49	98	–	4,0	7,9
021	Dachabdichtungsarbeiten	0	30	60	0,0	2,4	4,9
022	Klempnerarbeiten	–	3	–	–	0,2	–
	Rohbau	456	668	907	37,0	54,1	73,4
023	Putz- und Stuckarbeiten, Wärmedämmsysteme	1	3	6	0,0	0,3	0,5
024	Fliesen- und Plattenarbeiten	4	10	16	0,3	0,8	1,3
025	Estricharbeiten	13	26	26	1,0	2,1	2,1
026	Fenster, Außentüren inkl. 029, 032	0	8	17	0,0	0,7	1,4
027	Tischlerarbeiten	3	13	25	0,3	1,1	2,0
028	Parkettarbeiten, Holzpflasterarbeiten	–	–	–	–	–	–
030	Rollladenarbeiten	0	7	17	0,0	0,6	1,4
031	Metallbauarbeiten inkl. 035	132	132	179	10,7	10,7	14,5
034	Maler- und Lackiererarbeiten inkl. 037	10	10	13	0,8	0,8	1,1
036	Bodenbelagarbeiten	7	12	12	0,5	1,0	1,0
038	Vorgehängte hinterlüftete Fassaden	–	5	–	–	0,4	–
039	Trockenbauarbeiten	18	37	59	1,5	3,0	4,7
	Ausbau	192	265	345	15,5	21,5	27,9
040	Wärmeversorgungsanl. - Betriebseinr. inkl. 041	24	62	62	1,9	5,0	5,0
042	Gas- und Wasserinstallation, Leitungen inkl. 043	–	15	32	–	1,2	2,6
044	Abwasserinstallationsarbeiten - Leitungen	9	11	11	0,7	0,9	0,9
045	GWA-Einrichtungsgegenstände inkl. 046	0	5	11	0,0	0,4	0,9
047	Dämmarbeiten an betriebstechnischen Anlagen	–	8	–	–	0,7	–
049	Feuerlöschanlagen, Feuerlöschgeräte	–	–	–	–	–	–
050	Blitzschutz- und Erdungsanlagen	0	1	2	0,0	0,1	0,1
052	Mittelspannungsanlagen	0	14	31	0,0	1,1	2,5
053	Niederspannungsanlagen inkl. 054	17	60	100	1,4	4,9	8,1
055	Ersatzstromversorgungsanlagen	–	0	–	–	0,0	–
057	Gebäudesystemtechnik	–	–	–	–	–	–
058	Leuchten und Lampen inkl. 059	–	6	11	–	0,5	0,9
060	Elektroakustische Anlagen, Sprechanlagen	–	0	–	–	0,0	–
061	Kommunikationsnetze, inkl. 062	1	5	5	0,1	0,4	0,4
063	Gefahrenmeldeanlagen	1	6	6	0,0	0,5	0,5
069	Aufzüge	–	4	–	–	0,3	–
070	Gebäudeautomation	0	20	40	0,0	1,6	3,3
075	Raumlufttechnische Anlagen	19	70	115	1,5	5,6	9,3
	Technische Anlagen	128	287	429	10,4	23,2	34,7
	Sonstige Leistungsbereiche inkl. 008, 033, 051	2	15	15	0,2	1,2	1,2

Planungskennwerte für Flächen und Rauminhalte nach DIN 277

Grundflächen		▷	Fläche/NUF (%)	◁	▷	Fläche/BGF (%)	◁
NUF	Nutzungsfläche		100,0		74,2	79,5	84,7
TF	Technikfläche	4,4	5,3	7,9	3,3	4,2	5,3
VF	Verkehrsfläche	7,2	10,7	22,5	5,2	8,5	14,4
NRF	Netto-Raumfläche	110,8	116,1	129,7	90,5	92,3	93,9
KGF	Konstruktions-Grundfläche	7,5	9,7	11,2	6,1	7,7	9,5
BGF	Brutto-Grundfläche	121,1	125,7	139,2		100,0	

Brutto-Rauminhalte		▷	BRI/NUF (m)	◁	▷	BRI/BGF (m)	◁
BRI	Brutto-Rauminhalt	5,72	6,21	6,68	4,59	4,98	5,36

Flächen von Nutzeinheiten	▷	NUF/Einheit (m²)	◁	▷	BGF/Einheit (m²)	◁
Nutzeinheit: Arbeitsplätze	26,70	34,29	38,57	35,35	44,44	48,19

Lufttechnisch behandelte Flächen	▷	Fläche/NUF (%)	◁	▷	Fläche/BGF (%)	◁
Entlüftete Fläche	–	100,6	–	–	97,0	–
Be- und entlüftete Fläche	–	–	–	–	–	–
Teilklimatisierte Fläche	–	–	–	–	–	–
Klimatisierte Fläche	–	–	–	–	–	–

KG	Kostengruppen (2. Ebene)	Einheit	▷	Menge/NUF	◁	▷	Menge/BGF	◁
310	Baugrube	m³ BGI	1,38	1,74	1,74	0,85	1,13	1,13
320	Gründung	m² GRF	1,01	1,14	1,14	0,90	0,90	0,91
330	Außenwände	m² AWF	0,70	0,70	0,74	0,51	0,56	0,56
340	Innenwände	m² IWF	0,62	1,02	1,17	0,47	0,79	1,11
350	Decken	m² DEF	0,25	0,25	0,25	0,20	0,20	0,20
360	Dächer	m² DAF	1,24	1,35	1,51	0,92	1,08	1,08
370	Baukonstruktive Einbauten	m² BGF	1,21	1,26	1,39		1,00	
390	Sonstige Baukonstruktionen	m² BGF	1,21	1,26	1,39		1,00	
300	Bauwerk-Baukonstruktionen	m² BGF	1,21	1,26	1,39		1,00	

Planungskennwerte für Bauzeiten — 8 Vergleichsobjekte

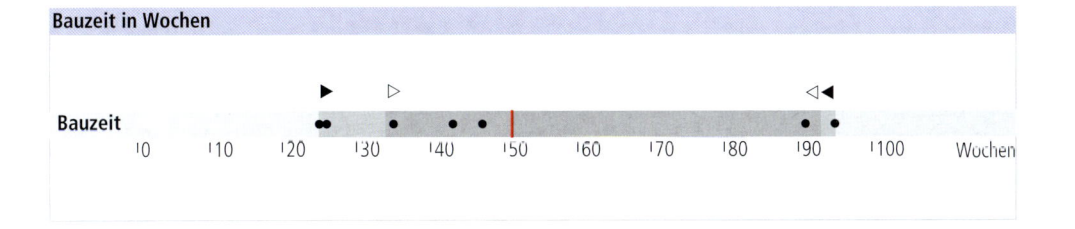

Bauzeit in Wochen

Bauzeit: ▶ ▷ ◁ ◀ — Bereich ca. 20 bis 95 Wochen (Median ca. 50)

© **BKI** Baukosteninformationszentrum; Erläuterungen zu den Tabellen siehe Seite 54 Kosten: 1.Quartal 2018, Bundesdurchschnitt, inkl. **19% MwSt**.

Betriebs- und Werkstätten, eingeschossig

€/m² BGF

min	525	€/m²
von	735	€/m²
Mittel	1.235	€/m²
bis	1.740	€/m²
max	1.925	€/m²

Kosten:
Stand 1.Quartal 2018
Bundesdurchschnitt
inkl. 19% MwSt.

Objektübersicht zur Gebäudeart

7300-0081 Werkstatt für Behinderte* — BRI 4.235m³ — BGF 765m² — NUF 642m²

Werkstatt für Behinderte (40 AP) mit Montagebereich, Hochregallager, Verwaltung, Sanitärräume. Stb-Konstruktion.

Land: Saarland
Kreis: Saarpfalz-Kreis
Standard: unter Durchschnitt
Bauzeit: 39 Wochen
Kennwerte: bis 1.Ebene DIN276

BGF 2.250 €/m² *

Planung: sander.hofrichter architekten Partnerschaft; Ludwigshafen

veröffentlicht: BKI Objektdaten N12
*Nicht in der Auswertung enthalten

7300-0065 Produktionsgebäude, Büros (25 AP) — BRI 4.600m³ — BGF 1.124m² — NUF 893m²

Produktionshalle mit Sozialgebäude und Verwaltung. Mauerwerksbau.

Land: Mecklenburg-Vorpommern
Kreis: Rostock
Standard: Durchschnitt
Bauzeit: 43 Wochen
Kennwerte: bis 1.Ebene DIN276

BGF 1.433 €/m²

Planung: AC Architekten Contor Klingbeil & Malcherek; Rostock

veröffentlicht: BKI Objektdaten N10

7700-0052 Gewerbehalle — BRI 2.326m³ — BGF 602m² — NUF 532m²

Gewerbehalle für einen Handwerksbetrieb mit Büro und Sozialräumen. BSH-Hallenkonstruktion, Stahlblech-Sandwichelemente.

Land: Baden-Württemberg
Kreis: Lörrach
Standard: Durchschnitt
Bauzeit: 35 Wochen
Kennwerte: bis 1.Ebene DIN276

BGF 524 €/m²

Planung: Werkgruppe Freiburg Architekten; Freiburg

veröffentlicht: BKI Objektdaten N9

7300-0042 Offsetdruckerei — BRI 6.826m³ — BGF 1.275m² — NUF 982m²

Produktionshalle (509m²), Räume für Arbeitsvorbereitung, Lagerräume, Sozialräume, Büroräume für die Verwaltung, Aufenthaltsraum. Mauerwerksbau mit Halle in Stahlkonstruktion.

Land: Baden-Württemberg
Kreis: Göppingen
Standard: Durchschnitt
Bauzeit: 43 Wochen
Kennwerte: bis 1.Ebene DIN276

BGF 974 €/m²

Planung: Heiner P. Klöckner Architektur Freier Architekt; Stuttgart

veröffentlicht: BKI Objektdaten N5

Objektübersicht zur Gebäudeart

7300-0035 Druckereigebäude BRI 61.667m³ BGF 10.132m² NUF 7.979m²

Druckereigebäude mit Verladehalle, Versandbereich, Versand/Rotationshalle, Nebenräume/Leitstand/Technikzentrale, Rotationshalle mit Rollenwechslerebene, zweigeschossiges Papierlager, Technikräume, Anlieferung; Räume für Personal/Werkstätten/Büros/Akzidenz/Plattenherstellung. Stahlbetonskelettbau.

Land: Bayern
Kreis: Kempten
Standard: über Durchschnitt
Bauzeit: 91 Wochen
Kennwerte: bis 4.Ebene DIN276

BGF 1.473 €/m²

Planung: IE Graphic-Engineering München GmbH; München

veröffentlicht: BKI Objektdaten N4

7300-0043 Werkstatt für orthopädische Hilfen BRI 7.450m³ BGF 1.787m² NUF 1.104m²

Produktion von orthopädischen Hilfen; Schulung von Personal. Stahlbetonbau.

Land: Baden-Württemberg
Kreis: Ludwigsburg
Standard: Durchschnitt
Bauzeit: 47 Wochen
Kennwerte: bis 3.Ebene DIN276

BGF 1.897 €/m²

Planung: Rossmann und Partner Diplom-Ingenieure Freie Architekten BDA; Karlsruhe

veröffentlicht: BKI Objektdaten N7

7300-0016 Druckereigebäude BRI 3.368m³ BGF 687m² NUF 605m²

Druckereigebäude mit Büro- und Sozialräumen. Stahlskelettbau.

Land: Thüringen
Kreis: Hildburghausen
Standard: über Durchschnitt
Bauzeit: 26 Wochen
Kennwerte: bis 4.Ebene DIN276

BGF 1.052 €/m²

www.bki.de

7300-0030 Werkstatt für Behinderte BRI 18.290m³ BGF 3.471m² NUF 2.656m²

Werkstatt für Behinderte, Produktion, Lager, Wirtschaftsbereich, Verwaltung, Begleitender Dienst; insgesamt 190 Arbeitsplätze; Hausmeisterwohnung. Mauerwerksbau.

Land: Rheinland-Pfalz
Kreis: Cochem-Zell
Standard: Durchschnitt
Bauzeit: 95 Wochen
Kennwerte: bis 1.Ebene DIN276

BGF 1.925 €/m²

Planung: Bender, Hetzel-Partner Architekten BHP; Koblenz

veröffentlicht: BKI Objektdaten N2

© BKI Baukosteninformationszentrum; Erläuterungen zu den Tabellen siehe Seite 56   Kosten: 1.Quartal 2018, Bundesdurchschnitt, **inkl. 19% MwSt.**

Betriebs- und Werkstätten, eingeschossig

€/m² BGF

min	525	€/m²
von	735	€/m²
Mittel	**1.235**	€/m²
bis	1.740	€/m²
max	1.925	€/m²

Kosten:
Stand 1.Quartal 2018
Bundesdurchschnitt
inkl. 19% MwSt.

Objektübersicht zur Gebäudeart

7300-0021 Produktionshalle Kunststoffverarbeitung   **BRI** 13.151m³   **BGF** 2.166m²   **NUF** 2.089m²

Planung: Rauh Damm Stiller & Partner Freie Architekten BDA; Hattingen

Produktionshalle, abgetrenntes Werkzeuglager, Sozialräume; Abwärme der Maschinen wird per Wärmerückgewinnung genutzt. Stahlbetonskelettbau.

Land: Nordrhein-Westfalen
Kreis: Ennepe-Ruhr
Standard: über Durchschnitt
Bauzeit: 25 Wochen
Kennwerte: bis 2.Ebene DIN276

BGF 602 €/m²

veröffentlicht: BKI Objektdaten N1

Gewerbe

Betriebs- und Werkstätten, mehrgeschossig, geringer Hallenanteil

Kostenkennwerte für die Kosten des Bauwerks (Kostengruppen 300+400 nach DIN 276)

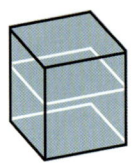

BRI 280 €/m³
von 220 €/m³
bis 390 €/m³

BGF 1.260 €/m²
von 960 €/m²
bis 1.860 €/m²

NUF 1.640 €/m²
von 1.180 €/m²
bis 2.570 €/m²

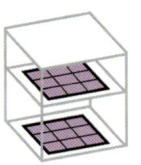

NE 113.410 €/NE
von 65.030 €/NE
bis 187.200 €/NE
NE: Arbeitsplätze

Objektbeispiele

Kosten:
Stand 1. Quartal 2018
Bundesdurchschnitt
inkl. 19% MwSt.

7300-0077

7300-0084

7300-0088

Kosten der 11 Vergleichsobjekte — Seiten 696 bis 699

- ● KKW
- ▶ min
- ▷ von
- | Mittelwert
- ◁ bis
- ◀ max

BRI: €/m³ BRI
BGF: €/m² BGF
NUF: €/m² NUF

© BKI Baukosteninformationszentrum; Erläuterungen zu den Tabellen siehe Seite 46   Kosten: 1.Quartal 2018, Bundesdurchschnitt, **inkl. 19% MwSt.**

Kostenkennwerte für die Kostengruppen der 1. und 2. Ebene DIN 276

KG	Kostengruppen der 1. Ebene	Einheit	▷	€/Einheit	◁	▷	% an 300+400	◁
100	Grundstück	m² GF	–	–	–	–	–	–
200	Herrichten und Erschließen	m² GF	1	**10**	16	0,4	**1,1**	2,9
300	Bauwerk - Baukonstruktionen	m² BGF	776	**977**	1.325	72,3	**79,4**	88,9
400	Bauwerk - Technische Anlagen	m² BGF	137	**282**	517	11,1	**20,6**	27,7
	Bauwerk (300+400)	m² BGF	960	**1.259**	1.863		**100,0**	
500	Außenanlagen	m² AF	28	**76**	125	3,0	**5,8**	9,5
600	Ausstattung und Kunstwerke	m² BGF	2	**12**	40	0,2	**0,9**	2,8
700	Baunebenkosten*	m² BGF	230	**256**	283	18,6	**20,7**	22,9 ◁ NEU

*Auf Grundlage der HOAI 2013 berechnete Werte nach §§ 35, 52, 56. Weitere Informationen siehe Seite 50

KG	Kostengruppen der 2. Ebene	Einheit	▷	€/Einheit	◁	▷	% an 300	◁
310	Baugrube	m³ BGI	13	**19**	23	1,0	**2,7**	5,5
320	Gründung	m² GRF	199	**224**	258	11,9	**14,8**	18,8
330	Außenwände	m² AWF	334	**393**	433	30,2	**33,1**	34,6
340	Innenwände	m² IWF	179	**223**	386	9,8	**12,6**	14,6
350	Decken	m² DEF	210	**265**	340	10,4	**12,7**	14,6
360	Dächer	m² DAF	229	**278**	363	16,0	**17,9**	20,5
370	Baukonstruktive Einbauten	m² BGF	6	**44**	119	0,3	**2,6**	11,8
390	Sonstige Baukonstruktionen	m² BGF	22	**32**	46	2,6	**3,7**	5,3
300	**Bauwerk Baukonstruktionen**	**m² BGF**					**100,0**	

KG	Kostengruppen der 2. Ebene	Einheit	▷	€/Einheit	◁	▷	% an 400	◁
410	Abwasser, Wasser, Gas	m² BGF	12	**25**	39	8,3	**13,6**	31,7
420	Wärmeversorgungsanlagen	m² BGF	44	**60**	96	7,5	**18,2**	31,5
430	Lufttechnische Anlagen	m² BGF	8	**80**	161	2,5	**16,3**	37,8
440	Starkstromanlagen	m² BGF	17	**67**	99	16,3	**27,3**	38,5
450	Fernmeldeanlagen	m² BGF	2	**12**	24	1,0	**4,0**	14,2
460	Förderanlagen	m² BGF	9	**13**	15	1,3	**16,3**	76,0
470	Nutzungsspezifische Anlagen	m² BGF	4	**18**	45	0,3	**3,2**	9,2
480	Gebäudeautomation	m² BGF	–	**25**	–	–	**1,1**	–
490	Sonstige Technische Anlagen	m² BGF	–	**0**	–	–	**0,0**	–
400	**Bauwerk Technische Anlagen**	**m² BGF**					**100,0**	

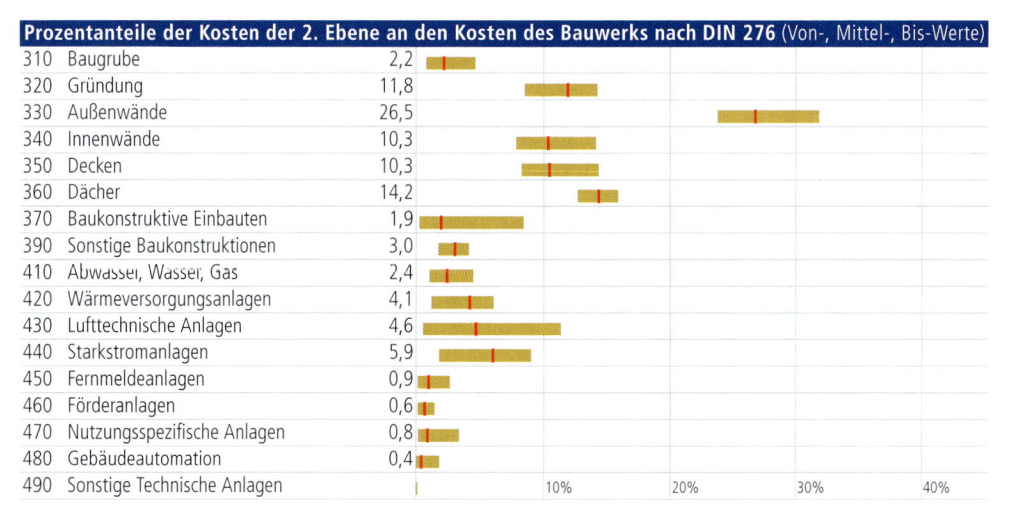

Prozentanteile der Kosten der 2. Ebene an den Kosten des Bauwerks nach DIN 276 (Von-, Mittel-, Bis-Werte)

KG	Bezeichnung	%
310	Baugrube	2,2
320	Gründung	11,8
330	Außenwände	26,5
340	Innenwände	10,3
350	Decken	10,3
360	Dächer	14,2
370	Baukonstruktive Einbauten	1,9
390	Sonstige Baukonstruktionen	3,0
410	Abwasser, Wasser, Gas	2,4
420	Wärmeversorgungsanlagen	4,1
430	Lufttechnische Anlagen	4,6
440	Starkstromanlagen	5,9
450	Fernmeldeanlagen	0,9
460	Förderanlagen	0,6
470	Nutzungsspezifische Anlagen	0,8
480	Gebäudeautomation	0,4
490	Sonstige Technische Anlagen	

© **BKI** Baukosteninformationszentrum; Erläuterungen zu den Tabellen siehe Seite 48 und 50   Kosten: 1.Quartal 2018, Bundesdurchschnitt, inkl. **19% MwSt.**

Betriebs- und Werkstätten, mehrgeschossig, geringer Hallenanteil

Kosten:
Stand 1.Quartal 2018
Bundesdurchschnitt
inkl. 19% MwSt.

- ● KKW
- ▶ min
- ▷ von
- | Mittelwert
- ◁ bis
- ◀ max

Kostenkennwerte für Leistungsbereiche nach StLB (Kosten des Bauwerks nach DIN 276)

LB	Leistungsbereiche	▷	€/m² BGF	◁	▷	% an 300+400	◁
000	Sicherheits-, Baustelleneinrichtungen inkl. 001	23	35	52	1,8	2,8	4,1
002	Erdarbeiten	24	54	91	1,9	4,3	7,3
006	Spezialtiefbauarbeiten inkl. 005	–	–	–	–	–	–
009	Entwässerungskanalarbeiten inkl. 011	1	6	16	0,0	0,4	1,3
010	Drän- und Versickerungsarbeiten	0	1	3	0,0	0,1	0,3
012	Mauerarbeiten	35	64	104	2,8	5,1	8,3
013	Betonarbeiten	119	233	315	9,5	18,5	25,0
014	Natur-, Betonwerksteinarbeiten	0	8	24	0,0	0,7	1,9
016	Zimmer- und Holzbauarbeiten	0	48	137	0,0	3,8	10,9
017	Stahlbauarbeiten	17	56	121	1,3	4,5	9,6
018	Abdichtungsarbeiten	3	7	7	0,3	0,5	0,5
020	Dachdeckungsarbeiten	1	3	8	0,0	0,3	0,6
021	Dachabdichtungsarbeiten	49	68	97	3,9	5,4	7,7
022	Klempnerarbeiten	4	11	11	0,4	0,9	0,9
	Rohbau	462	595	695	36,7	47,2	55,2
023	Putz- und Stuckarbeiten, Wärmedämmsysteme	14	41	76	1,1	3,3	6,0
024	Fliesen- und Plattenarbeiten	10	18	24	0,8	1,4	1,9
025	Estricharbeiten	16	21	27	1,3	1,7	2,2
026	Fenster, Außentüren inkl. 029, 032	65	87	87	5,1	6,9	6,9
027	Tischlerarbeiten	20	44	44	1,6	3,5	3,5
028	Parkettarbeiten, Holzpflasterarbeiten	–	–	–	–	–	–
030	Rollladenarbeiten	17	22	22	1,3	1,8	1,8
031	Metallbauarbeiten inkl. 035	24	51	84	1,9	4,0	6,7
034	Maler- und Lackiererarbeiten inkl. 037	18	34	62	1,4	2,7	4,9
036	Bodenbelagarbeiten	9	20	37	0,7	1,6	2,9
038	Vorgehängte hinterlüftete Fassaden	0	45	78	0,0	3,6	6,2
039	Trockenbauarbeiten	18	40	77	1,4	3,1	6,1
	Ausbau	370	425	510	29,4	33,8	40,5
040	Wärmeversorgungsanl. - Betriebseinr. inkl. 041	14	50	71	1,1	3,9	5,7
042	Gas- und Wasserinstallation, Leitungen inkl. 043	2	6	15	0,1	0,5	1,2
044	Abwasserinstallationsarbeiten - Leitungen	1	4	9	0,1	0,3	0,7
045	GWA-Einrichtungsgegenstände inkl. 046	11	11	15	0,9	0,9	1,2
047	Dämmarbeiten an betriebstechnischen Anlagen	0	4	7	0,0	0,3	0,5
049	Feuerlöschanlagen, Feuerlöschgeräte	–	0	–	–	0,0	–
050	Blitzschutz- und Erdungsanlagen	2	4	9	0,1	0,4	0,7
052	Mittelspannungsanlagen	–	–	–	–	–	–
053	Niederspannungsanlagen inkl. 054	11	47	79	0,9	3,7	6,3
055	Ersatzstromversorgungsanlagen	–	–	–	–	–	–
057	Gebäudesystemtechnik	–	4	–	–	0,3	–
058	Leuchten und Lampen inkl. 059	4	24	38	0,3	1,9	3,0
060	Elektroakustische Anlagen, Sprechanlagen	0	1	1	0,0	0,0	0,0
061	Kommunikationsnetze, inkl. 062	1	6	14	0,1	0,5	1,1
063	Gefahrenmeldeanlagen	0	5	5	0,0	0,4	0,4
069	Aufzüge	1	8	17	0,1	0,6	1,3
070	Gebäudeautomation	–	–	–	–	–	–
075	Raumlufttechnische Anlagen	6	57	139	0,5	4,5	11,0
	Technische Anlagen	79	231	328	6,3	18,3	26,1
	Sonstige Leistungsbereiche inkl. 008, 033, 051	2	11	11	0,2	0,9	0,9

© **BKI** Baukosteninformationszentrum; Erläuterungen zu den Tabellen siehe Seite 52   Kosten: 1.Quartal 2018, Bundesdurchschnitt, **inkl. 19% MwSt.**

Planungskennwerte für Flächen und Rauminhalte nach DIN 277

Grundflächen		▷	Fläche/NUF (%)	◁	▷	Fläche/BGF (%)	◁
NUF	Nutzungsfläche		100,0		75,9	78,0	81,1
TF	Technikfläche	2,6	3,3	7,6	1,9	2,6	5,7
VF	Verkehrsfläche	9,1	11,6	16,4	7,2	9,1	12,0
NRF	Netto-Raumfläche	112,1	114,9	119,2	87,3	89,6	90,8
KGF	Konstruktions-Grundfläche	11,9	13,3	16,7	9,2	10,4	12,7
BGF	Brutto-Grundfläche	124,1	128,2	132,6		100,0	

Brutto-Rauminhalte		▷	BRI/NUF (m)	◁	▷	BRI/BGF (m)	◁
BRI	Brutto-Rauminhalt	5,12	5,78	6,44	4,08	4,49	4,85

Flächen von Nutzeinheiten	▷	NUF/Einheit (m²)	◁	▷	BGF/Einheit (m²)	◁
Nutzeinheit: Arbeitsplätze	60,11	69,03	105,26	74,91	89,51	118,69

Lufttechnisch behandelte Flächen	▷	Fläche/NUF (%)	◁	▷	Fläche/BGF (%)	◁
Entlüftete Fläche	9,8	9,8	9,8	7,6	7,6	7,6
Be- und entlüftete Fläche	–	9,8	–	–	7,7	–
Teilklimatisierte Fläche	–	28,9	–	–	22,7	–
Klimatisierte Fläche	–	–	–	–	–	–

KG	Kostengruppen (2. Ebene)	Einheit	▷	Menge/NUF	◁	▷	Menge/BGF	◁
310	Baugrube	m³ BGI	0,79	1,24	1,62	0,67	1,00	1,34
320	Gründung	m² GRF	0,64	0,72	0,73	0,53	0,57	0,60
330	Außenwände	m² AWF	0,80	0,95	1,03	0,62	0,75	0,82
340	Innenwände	m² IWF	0,58	0,67	0,84	0,48	0,53	0,66
350	Decken	m² DEF	0,51	0,55	0,63	0,41	0,44	0,48
360	Dächer	m² DAF	0,70	0,72	0,74	0,55	0,57	0,61
370	Baukonstruktive Einbauten	m² BGF	1,24	1,28	1,33		1,00	
390	Sonstige Baukonstruktionen	m² BGF	1,24	1,28	1,33		1,00	
300	Bauwerk-Baukonstruktionen	m² BGF	1,24	1,28	1,33		1,00	

Planungskennwerte für Bauzeiten — 11 Vergleichsobjekte

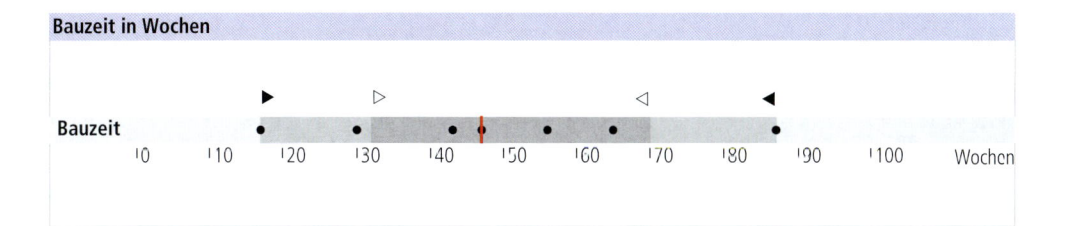

Bauzeit in Wochen

Bauzeit: ▶ bei ca. 18, ▷ bei ca. 30, ◁ bei ca. 65, ◀ bei ca. 85 Wochen; Median (rot) bei ca. 45 Wochen. Skala 0–100 Wochen.

© BKI Baukosteninformationszentrum; Erläuterungen zu den Tabellen siehe Seite 54   Kosten: 1.Quartal 2018, Bundesdurchschnitt, inkl. 19% MwSt.

Betriebs- und Werkstätten, mehrgeschossig, geringer Hallenanteil

€/m² BGF

min	840 €/m²
von	960 €/m²
Mittel	**1.260** €/m²
bis	1.865 €/m²
max	2.300 €/m²

Kosten:
Stand 1.Quartal 2018
Bundesdurchschnitt
inkl. 19% MwSt.

Objektübersicht zur Gebäudeart

7300-0092 Großküche (28 AP)* **BRI** 4.619m³ **BGF** 1.083m² **NUF** 712m²

Großküche. Stahlbau, Stahldach, Mauerwerk.

Land: Niedersachsen
Kreis: Hannover, Region
Standard: Durchschnitt
Bauzeit: 43 Wochen
Kennwerte: bis 1.Ebene DIN276

BGF 3.533 €/m²

Planung: N2M Architektur & Stadtplanung GmbH; Wilhelmshaven

vorgesehen: BKI Objektdaten N16
*Nicht in der Auswertung enthalten

7300-0088 Betriebsgebäude (22 AP) - Helgoland **BRI** 9.912m³ **BGF** 1.808m² **NUF** 1.273m²

Betriebsgebäude (22 AP) mit Büro und Halle eines Hochsee-Windparks. Mauerwerksbau (Büro) und Stb-Fertigteilbau (Halle).

Land: Schleswig-Holstein
Kreis: Pinneberg
Standard: Durchschnitt
Bauzeit: 47 Wochen
Kennwerte: bis 1.Ebene DIN276

BGF 2.301 €/m²

Planung: Gössler Kinz Kerber Kreienbaum Architekten BDA; Hamburg

veröffentlicht: BKI Objektdaten N15

7100-0049 Büro-, Labor- und Produktionsgebäude (132 AP) **BRI** 36.430m³ **BGF** 8.812m² **NUF** 6.448m²

Labor-, Büro- und Produktionsgebäude (177 AP). Stahlbetonskelettbau.

Land: Sachsen
Kreis: Leipzig
Standard: über Durchschnitt
Bauzeit: 87 Wochen
Kennwerte: bis 1.Ebene DIN276

BGF 1.831 €/m²

Planung: Spengler · Wiescholek Architekten Stadtplaner; Hamburg

veröffentlicht: BKI Objektdaten N13

7300-0084 Großbäckerei (Erweiterungsbau) **BRI** 19.558m³ **BGF** 4.253m² **NUF** 3.295m²

Bäckerei (Erweiterungsbau) mit Kommissionierung, Versand, Verwaltung und Produktion (Teilbereiche). Stb-Konstruktion.

Land: Bayern
Kreis: München
Standard: Durchschnitt
Bauzeit: 56 Wochen
Kennwerte: bis 1.Ebene DIN276

BGF 1.036 €/m²

Planung: Kiessler + Partner Architekten GmbH; München

veröffentlicht: BKI Objektdaten N12

Objektübersicht zur Gebäudeart

7100-0042 Lager, Werkstatt- und Bürogebäude   BRI 12.717m³   BGF 2.850m²   NUF 2.243m²

Betriebsgebäude mit Werkstatt- (837m²), Lager- (510m²) und Bürogebäude (1.018m²). Massivbau.

Land: Bremen
Kreis: Bremen
Standard: über Durchschnitt
Bauzeit: 56 Wochen
Kennwerte: bis 3.Ebene DIN276

BGF   1.373 €/m²

Planung: aip vügten + partner GmbH; Bremen

veröffentlicht: BKI Objektdaten N12

7300-0066 Verwaltungsgebäude, Werkstatt (54 AP)   BRI 13.594m³   BGF 2.568m²   NUF 2.040m²

Verwaltungsgebäude mit Werkstatt (54 AP). Büro: Stb-Konstruktion Halle: Stahlkonstruktion

Land: Bremen
Kreis: Bremen
Standard: Durchschnitt
Bauzeit: 65 Wochen
Kennwerte: bis 3.Ebene DIN276

BGF   1.003 €/m²

Planung: Fritz-Dieter Tollé Architekt BDB Architekten Stadtplaner Ingenieure; Verden

veröffentlicht: BKI Objektdaten N15

7300-0070 Produktionshalle, Büro, Wohnen   BRI 11.158m³   BGF 2.315m²   NUF 1.670m²

Produktionshalle mit Büro- und Wohngebäude. Wohnen im OG (402m² WFL). Stahlbeton-Skelettkonstruktion.

Land: Bayern
Kreis: Pfaffenhofen a.d. Ilm
Standard: Durchschnitt
Bauzeit: 43 Wochen
Kennwerte: bis 1.Ebene DIN276

BGF   1.171 €/m²

Planung: Jaks Architekten + Ingenieure; München

veröffentlicht: BKI Objektdaten N11

7300-0073 Produktions- und Bürogebäude (50 AP)   BRI 11.143m³   BGF 2.469m²   NUF 2.007m²

Produktions- und Bürogebäude. Stahlrahmenkonstruktion.

Land: Nordrhein-Westfalen
Kreis: Steinfurt
Standard: Durchschnitt
Bauzeit: 30 Wochen
Kennwerte: bis 3.Ebene DIN276

BGF   897 €/m²

Planung: Hillebrand + Welp Architekten BDA / BDB; Greven

veröffentlicht: BKI Objektdaten N13

Betriebs- und Werkstätten, mehrgeschossig, geringer Hallenanteil

€/m² BGF

min	840	€/m²
von	960	€/m²
Mittel	**1.260**	**€/m²**
bis	1.865	€/m²
max	2.300	€/m²

Kosten:
Stand 1.Quartal 2018
Bundesdurchschnitt
inkl. 19% MwSt.

Objektübersicht zur Gebäudeart

7300-0077 Tischlerei mit Ausstellung und Büro
BRI 4.886m³ **BGF** 1.285m² **NUF** 1.063m²

Tischlerei mit 18 Arbeitsplätzen, Werkstatt, Lager, Ausstellung und Verwaltung. Stahlbeton-Skelett und Holzrahmenbau, Holzdachkonstruktion.

Land: Niedersachsen
Kreis: Hameln-Pyrmont
Standard: über Durchschnitt
Bauzeit: 30 Wochen
Kennwerte: bis 1.Ebene DIN276

BGF 839 €/m²

veröffentlicht: BKI Objektdaten N12

Planung: kosel-architektur; Hameln

7300-0050 Betriebsgebäude, Ausstellung, Büro
BRI 2.994m³ **BGF** 911m² **NUF** 776m²

Betriebsgebäude, Büroräume, Ausstellungsraum, Lagerräume, Tiefgarage. Massivbau.

Land: Baden-Württemberg
Kreis: Esslingen a.N.
Standard: Durchschnitt
Bauzeit: 17 Wochen
Kennwerte: bis 4.Ebene DIN276

BGF 840 €/m²

veröffentlicht: BKI Objektdaten N6

Planung: Habrik Architekten Helmut Habrik Freier Architekt BDA; Esslingen

7300-0054 Druckerei- und Geschäftsgebäude
BRI 3.863m³ **BGF** 908m² **NUF** 678m²

Druckereigebäude für vier Mitarbeiter mit Büroräumen für 14 Mitarbeiter. Mauerwerksbau, Brettsperrholzwände.

Land: Bayern
Kreis: Berchtesgadener Land
Standard: über Durchschnitt
Bauzeit: 47 Wochen
Kennwerte: bis 4.Ebene DIN276

BGF 1.444 €/m²

veröffentlicht: BKI Objektdaten N9

Planung: Planungsgruppe 5.4.3 Architekten & Ingenieure GbR; Freilassing

7300-0038 Produktions-, Bürogebäude*
BRI 5.356m³ **BGF** 1.171m² **NUF** 904m²

Produktionsräume zur Herstellung von Unterhaltungselektronik (Bühnentechnik), Test-, Lager- und Versandräume; Serviceraum; Büroräume, Besprechungs- und Vorführraum, Archiv; Teeküche, Sanitärräume; Ruheräume. Mauerwerksbau.

Land: Bayern
Kreis: Würzburg
Standard: Durchschnitt
Bauzeit: 104 Wochen
Kennwerte: bis 3.Ebene DIN276

BGF 761 €/m²
*

veröffentlicht: BKI Objektdaten N5
*Nicht in der Auswertung enthalten

Planung: Scholz & Partner GmbH Architekten und Ingenieure; Würzburg

Objektübersicht zur Gebäudeart

7300-0024 Bäckerei, Sozialräume, (2 APP)

BRI 8.380m³ **BGF** 1.780m² **NUF** 1.534m²

Produktionshalle, Büro, Laden, Aufenthaltsräume, 2 Apartments, 3 Lehrlingszimmer, Umkleideräume. Mauerwerksbau.

Land: Bayern
Kreis: Passau
Standard: Durchschnitt
Bauzeit: 43 Wochen
Kennwerte: bis 1.Ebene DIN276

BGF 1.112 €/m²

Planung: Thomas Schmied Architekt Architekturbüro Thomas Schmied; Passau

veröffentlicht: BKI Objektdaten N2

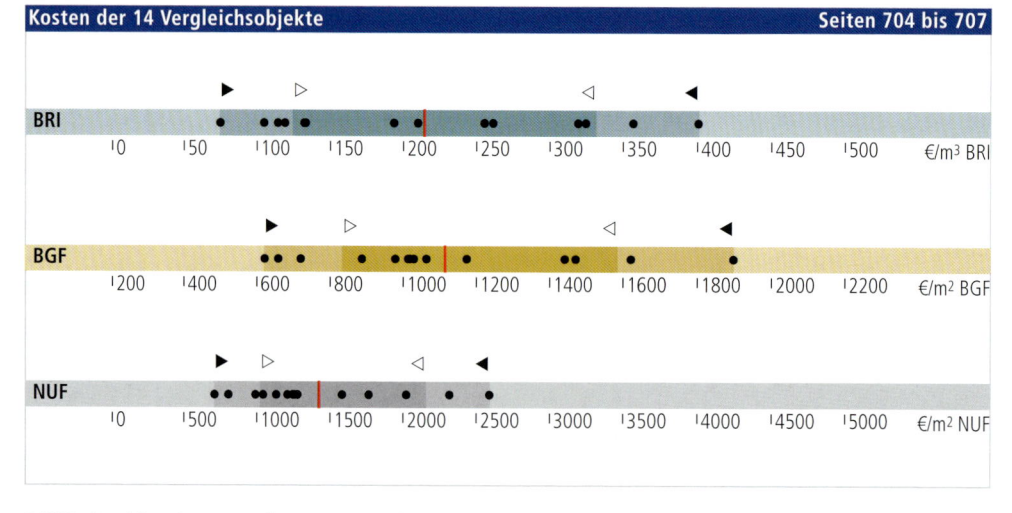

Betriebs- und Werkstätten, mehrgeschossig, hoher Hallenanteil

Kostenkennwerte für die Kosten des Bauwerks (Kostengruppen 300+400 nach DIN 276)

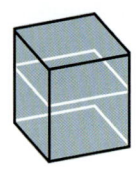

BRI 215 €/m³
von 125 €/m³
bis 330 €/m³

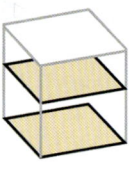

BGF 1.110 €/m²
von 830 €/m²
bis 1.580 €/m²

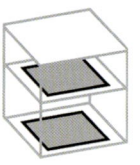

NUF 1.430 €/m²
von 1.030 €/m²
bis 2.150 €/m²

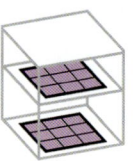

NE 110.740 €/NE
von 69.240 €/NE
bis 211.470 €/NE
NE: Arbeitsplätze

Kosten:
Stand 1.Quartal 2018
Bundesdurchschnitt
inkl. 19% MwSt.

Objektbeispiele

7300-0093

7300-0090

7300-0091

Kosten der 14 Vergleichsobjekte — Seiten 704 bis 707

- ● KKW
- ▶ min
- ▷ von
- | Mittelwert
- ◁ bis
- ◀ max

BRI — €/m³ BRI
BGF — €/m² BGF
NUF — €/m² NUF

© BKI Baukosteninformationszentrum; Erläuterungen zu den Tabellen siehe Seite 46
Kosten: 1.Quartal 2018, Bundesdurchschnitt, **inkl. 19% MwSt.**

Kostenkennwerte für die Kostengruppen der 1. und 2. Ebene DIN 276

KG	Kostengruppen der 1. Ebene	Einheit	▷	€/Einheit	◁	▷	% an 300+400	◁
100	Grundstück	m² GF	–	–	–			
200	Herrichten und Erschließen	m² GF	4	**6**	8	0,4	**1,4**	2,3
300	Bauwerk - Baukonstruktionen	m² BGF	562	**796**	1.048	61,5	**72,4**	82,7
400	Bauwerk - Technische Anlagen	m² BGF	170	**318**	507	17,3	**27,7**	38,5
	Bauwerk (300+400)	m² BGF	834	**1.114**	1.585		**100,0**	
500	Außenanlagen	m² AF	39	**103**	239	4,3	**11,1**	16,5
600	Ausstattung und Kunstwerke	m² BGF	3	**44**	169	0,2	**4,5**	17,3
700	Baunebenkosten*	m² BGF	215	**239**	263	19,5	**21,7**	23,9 ◁ NEU

* Auf Grundlage der HOAI 2013 berechnete Werte nach §§ 35, 52, 56. Weitere Informationen siehe Seite 50

KG	Kostengruppen der 2. Ebene	Einheit	▷	€/Einheit	◁	▷	% an 300	◁
310	Baugrube	m³ BGI	12	**28**	45	0,4	**1,9**	4,8
320	Gründung	m² GRF	115	**216**	303	11,3	**22,8**	29,4
330	Außenwände	m² AWF	234	**285**	393	24,2	**27,6**	33,7
340	Innenwände	m² IWF	131	**207**	275	6,8	**11,5**	16,0
350	Decken	m² DEF	214	**261**	345	2,1	**4,7**	9,0
360	Dächer	m² DAF	190	**219**	287	21,9	**28,1**	34,4
370	Baukonstruktive Einbauten	m² BGF	–	**7**	–	–	**0,3**	–
390	Sonstige Baukonstruktionen	m² BGF	14	**26**	53	1,1	**3,2**	4,6
300	**Bauwerk Baukonstruktionen**	**m² BGF**					**100,0**	

KG	Kostengruppen der 2. Ebene	Einheit	▷	€/Einheit	◁	▷	% an 400	◁
410	Abwasser, Wasser, Gas	m² BGF	19	**45**	103	6,2	**17,5**	28,9
420	Wärmeversorgungsanlagen	m² BGF	40	**73**	125	19,6	**28,6**	37,6
430	Lufttechnische Anlagen	m² BGF	0	**37**	56	0,0	**3,6**	10,8
440	Starkstromanlagen	m² BGF	42	**89**	137	26,6	**35,5**	52,4
450	Fernmeldeanlagen	m² BGF	5	**12**	36	0,5	**3,1**	6,1
460	Förderanlagen	m² BGF	8	**39**	60	0,7	**8,0**	24,7
470	Nutzungsspezifische Anlagen	m² BGF	3	**14**	36	0,1	**1,6**	5,4
480	Gebäudeautomation	m² BGF	19	**31**	44	0,0	**2,0**	6,7
490	Sonstige Technische Anlagen	m² BGF	0	**2**	3	0,0	**0,1**	0,4
400	**Bauwerk Technische Anlagen**	**m² BGF**					**100,0**	

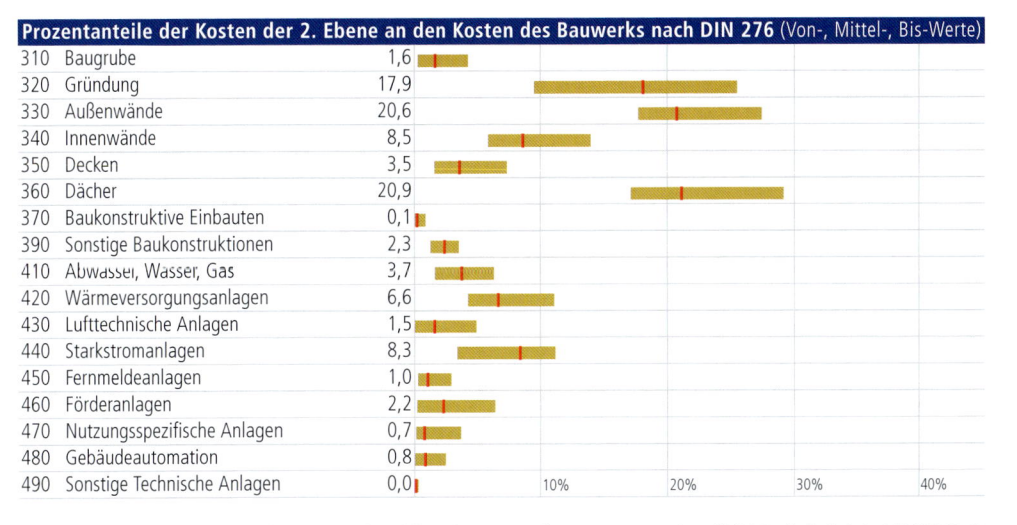

Prozentanteile der Kosten der 2. Ebene an den Kosten des Bauwerks nach DIN 276 (Von-, Mittel-, Bis-Werte)

KG		Mittelwert
310	Baugrube	1,6
320	Gründung	17,9
330	Außenwände	20,6
340	Innenwände	8,5
350	Decken	3,5
360	Dächer	20,9
370	Baukonstruktive Einbauten	0,1
390	Sonstige Baukonstruktionen	2,3
410	Abwasser, Wasser, Gas	3,7
420	Wärmeversorgungsanlagen	6,6
430	Lufttechnische Anlagen	1,5
440	Starkstromanlagen	8,3
450	Fernmeldeanlagen	1,0
460	Förderanlagen	2,2
470	Nutzungsspezifische Anlagen	0,7
480	Gebäudeautomation	0,8
490	Sonstige Technische Anlagen	0,0

© BKI Baukosteninformationszentrum; Erläuterungen zu den Tabellen siehe Seite 48 und 50   Kosten: 1.Quartal 2018, Bundesdurchschnitt, **inkl. 19% MwSt.**

Betriebs- und Werkstätten, mehrgeschossig, hoher Hallenanteil

Kosten:
Stand 1. Quartal 2018
Bundesdurchschnitt
inkl. 19% MwSt.

- ● KKW
- ▶ min
- ▷ von
- | Mittelwert
- ◁ bis
- ◀ max

Kostenkennwerte für Leistungsbereiche nach StLB (Kosten des Bauwerks nach DIN 276)

LB	Leistungsbereiche	▷	€/m² BGF	◁	▷	% an 300+400	◁
000	Sicherheits-, Baustelleneinrichtungen inkl. 001	12	22	31	1,1	2,0	2,7
002	Erdarbeiten	13	52	92	1,1	4,6	8,2
006	Spezialtiefbauarbeiten inkl. 005	–	12	–	–	1,1	–
009	Entwässerungskanalarbeiten inkl. 011	1	3	5	0,1	0,3	0,5
010	Drän- und Versickerungsarbeiten	0	2	2	0,0	0,2	0,2
012	Mauerarbeiten	4	43	99	0,3	3,9	8,9
013	Betonarbeiten	121	149	183	10,9	13,4	16,5
014	Natur-, Betonwerksteinarbeiten	–	–	–	–	–	–
016	Zimmer- und Holzbauarbeiten	18	95	276	1,6	8,6	24,8
017	Stahlbauarbeiten	11	82	180	1,0	7,4	16,2
018	Abdichtungsarbeiten	0	3	9	0,0	0,3	0,8
020	Dachdeckungsarbeiten	1	9	26	0,1	0,8	2,3
021	Dachabdichtungsarbeiten	15	53	97	1,4	4,8	8,7
022	Klempnerarbeiten	10	61	117	0,9	5,4	10,5
	Rohbau	**450**	**586**	**665**	**40,4**	**52,6**	**59,7**
023	Putz- und Stuckarbeiten, Wärmedämmsysteme	0	6	16	0,0	0,6	1,4
024	Fliesen- und Plattenarbeiten	7	30	60	0,7	2,7	5,4
025	Estricharbeiten	10	25	68	0,9	2,3	6,1
026	Fenster, Außentüren inkl. 029, 032	4	32	50	0,3	2,9	4,5
027	Tischlerarbeiten	4	11	20	0,3	1,0	1,8
028	Parkettarbeiten, Holzpflasterarbeiten	–	4	–	–	0,3	–
030	Rollladenarbeiten	2	7	18	0,1	0,6	1,6
031	Metallbauarbeiten inkl. 035	47	86	153	4,2	7,8	13,7
034	Maler- und Lackiererarbeiten inkl. 037	5	18	22	0,5	1,6	2,0
036	Bodenbelagarbeiten	6	14	26	0,5	1,3	2,3
038	Vorgehängte hinterlüftete Fassaden	–	2	–	–	0,1	–
039	Trockenbauarbeiten	14	30	59	1,3	2,7	5,3
	Ausbau	**191**	**266**	**316**	**17,2**	**23,9**	**28,4**
040	Wärmeversorgungsanl. - Betriebseinr. inkl. 041	46	67	109	4,1	6,0	9,8
042	Gas- und Wasserinstallation, Leitungen inkl. 043	2	12	17	0,2	1,1	1,6
044	Abwasserinstallationsarbeiten - Leitungen	2	7	17	0,2	0,6	1,5
045	GWA-Einrichtungsgegenstände inkl. 046	5	11	21	0,4	1,0	1,9
047	Dämmarbeiten an betriebstechnischen Anlagen	2	13	36	0,2	1,2	3,2
049	Feuerlöschanlagen, Feuerlöschgeräte	–	2	–	–	0,2	–
050	Blitzschutz- und Erdungsanlagen	1	3	5	0,1	0,3	0,5
052	Mittelspannungsanlagen	–	2	–	–	0,1	–
053	Niederspannungsanlagen inkl. 054	23	62	82	2,1	5,6	7,4
055	Ersatzstromversorgungsanlagen	–	0	–	–	0,0	–
057	Gebäudesystemtechnik	–	–	–	–	–	–
058	Leuchten und Lampen inkl. 059	10	23	43	0,9	2,0	3,9
060	Elektroakustische Anlagen, Sprechanlagen	0	1	1	0,0	0,1	0,1
061	Kommunikationsnetze, inkl. 062	1	6	14	0,1	0,6	1,2
063	Gefahrenmeldeanlagen	–	3	–	–	0,3	–
069	Aufzüge	–	1	–	–	0,1	–
070	Gebäudeautomation	0	8	26	0,0	0,8	2,3
075	Raumlufttechnische Anlagen	0	14	43	0,0	1,3	3,9
	Technische Anlagen	**148**	**235**	**402**	**13,3**	**21,1**	**36,1**
	Sonstige Leistungsbereiche inkl. 008, 033, 051	3	27	74	0,3	2,4	6,7

© BKI Baukosteninformationszentrum; Erläuterungen zu den Tabellen siehe Seite 52   Kosten: 1. Quartal 2018, Bundesdurchschnitt, **inkl. 19% MwSt.**

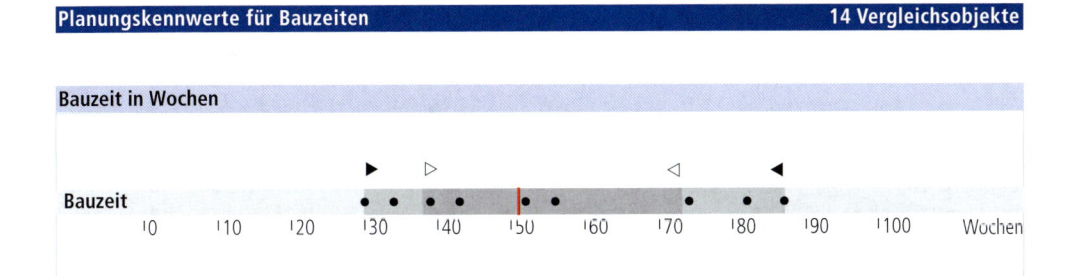

Planungskennwerte für Flächen und Rauminhalte nach DIN 277

Grundflächen		▷	Fläche/NUF (%)	◁	▷	Fläche/BGF (%)	◁
NUF	Nutzungsfläche		100,0		76,4	78,9	83,4
TF	Technikfläche	2,5	3,3	6,6	1,9	2,6	4,9
VF	Verkehrsfläche	8,8	10,7	19,2	6,5	8,4	12,9
NRF	Netto-Raumfläche	110,8	114,0	121,3	87,9	90,0	92,3
KGF	Konstruktions-Grundfläche	9,7	12,7	16,8	7,7	10,0	12,1
BGF	Brutto-Grundfläche	122,1	126,7	134,2		100,0	

Brutto-Rauminhalte		▷	BRI/NUF (m)	◁	▷	BRI/BGF (m)	◁
BRI	Brutto-Rauminhalt	6,73	7,32	8,96	5,50	5,94	7,32

Flächen von Nutzeinheiten	▷	NUF/Einheit (m²)	◁	▷	BGF/Einheit (m²)	◁
Nutzeinheit: Arbeitsplätze	60,53	81,96	125,05	79,68	104,44	140,61

Lufttechnisch behandelte Flächen	▷	Fläche/NUF (%)	◁	▷	Fläche/BGF (%)	◁
Entlüftete Fläche	–	–	–	–	–	–
Be- und entlüftete Fläche	–	71,8	–	–	60,4	–
Teilklimatisierte Fläche	–	0,6	–	–	0,5	–
Klimatisierte Fläche	–	1,0	–	–	0,9	–

KG	Kostengruppen (2. Ebene)	Einheit	▷	Menge/NUF	◁	▷	Menge/BGF	◁
310	Baugrube	m³ BGI	1,24	1,56	2,50	0,78	1,27	1,27
320	Gründung	m² GRF	0,96	1,04	1,10	0,78	0,85	0,91
330	Außenwände	m² AWF	0,88	0,92	1,03	0,73	0,76	0,84
340	Innenwände	m² IWF	0,50	0,58	0,72	0,39	0,47	0,59
350	Decken	m² DEF	0,18	0,22	0,22	0,14	0,17	0,17
360	Dächer	m² DAF	1,12	1,19	1,23	0,91	0,97	1,01
370	Baukonstruktive Einbauten	m² BGF	1,22	1,27	1,34		1,00	
390	Sonstige Baukonstruktionen	m² BGF	1,22	1,27	1,34		1,00	
300	Bauwerk-Baukonstruktionen	m² BGF	1,22	1,27	1,34		1,00	

Planungskennwerte für Bauzeiten — 14 Vergleichsobjekte

Bauzeit in Wochen

Bauzeit: Werte verteilt zwischen ca. 30 und 85 Wochen (Median ca. 50), Skala 0–100 Wochen.

Betriebs- und Werkstätten, mehrgeschossig, hoher Hallenanteil

€/m² BGF
min	620 €/m²
von	835 €/m²
Mittel	**1.115 €/m²**
bis	1.585 €/m²
max	1.900 €/m²

Kosten:
Stand 1.Quartal 2018
Bundesdurchschnitt
inkl. 19% MwSt.

Objektübersicht zur Gebäudeart

7300-0093 Betriebsgebäude (40 AP)
BRI 4.731m³ **BGF** 999m² **NUF** 732m²

Betriebsgebäude mit Lagerhalle und Verwaltungsbau (40 AP). Stb-Fertigteile, Brettschichtholzbinder.

Land: Sachsen
Kreis: Dresden
Standard: Durchschnitt
Bauzeit: 34 Wochen
Kennwerte: bis 1.Ebene DIN276

BGF   1.898 €/m²

Planung: IPROconsult GmbH Planer Architekten Ingenieure; Dresden

vorgesehen: BKI Objektdaten N16

7300-0090 Bäckerei, Verkaufsraum - Effizienzhaus ~73%
BRI 10.129m³ **BGF** 2.229m² **NUF** 1.561m²

Zentrales Bäckereigebäude mit angegliedertem Verkaufsraum, Büro- und Sozialtrakt (25 AP) als Effizienzhaus ~73%. Stb-Konstruktion.

Land: Schleswig-Holstein
Kreis: Rendsburg-Eckernförde
Standard: Durchschnitt
Bauzeit: 43 Wochen
Kennwerte: bis 3.Ebene DIN276

BGF   1.621 €/m²

Planung: Ingenieure fürs Bauen Partnerschaftsgesellschaft; Gettorf

vorgesehen: BKI Objektdaten E8

7300-0091 Produktionshalle, Büros - Effizienzhaus ~76%
BRI 7.128m³ **BGF** 1.342m² **NUF** 1.107m²

Produktionshalle mit angegliedertem Bürogebäude als Effizienzhaus ~76%. Stahlbau.

Land: Nordrhein-Westfalen
Kreis: Lippe (Detmold)
Standard: Durchschnitt
Bauzeit: 39 Wochen
Kennwerte: bis 3.Ebene DIN276

BGF   1.029 €/m²

Planung: STELLWERKSTATT architekturbüro; Detmold

vorgesehen: BKI Objektdaten E8

7300-0086 Werkstatt für Menschen mit Behinderung
BRI 11.915m³ **BGF** 2.630m² **NUF** 1.913m²

Werkstatt (60 AP) für Menschen mit Behinderung mit Lager, Speiseraum, Büros, Umkleiden und Sanitärbereich. Vollholzkonstruktion.

Land: Thüringen
Kreis: Gera-Bieblach
Standard: über Durchschnitt
Bauzeit: 39 Wochen
Kennwerte: bis 1.Ebene DIN276

BGF   1.471 €/m²

Planung: Klaus Sorger BVS GmbH; Gera

veröffentlicht: BKI Objektdaten E6

Objektübersicht zur Gebäudeart

7300-0076 Büro- und Ausstellungsgebäude, Produktionshalle
BRI 5.259m³ | **BGF** 1.165m² | **NUF** 950m²

Büro- und Ausstellungsgebäude mit Produktionshalle und Wohnung (1 WE). Mauerwerksbau und Stahlskelettkonstruktion mit Sandwichverbundelementen.

Land: Nordrhein-Westfalen
Kreis: Unna
Standard: Durchschnitt
Bauzeit: 52 Wochen
Kennwerte: bis 1.Ebene DIN276

BGF 1.441 €/m²

veröffentlicht: BKI Objektdaten N12

7300-0082 Produktionshalle, Verwaltung
BRI 25.021m³ | **BGF** 3.409m² | **NUF** 2.941m²

Produktionshalle mit Verwaltung (40 AP). Stb-Fertigteilkonstruktion.

Land: Hessen
Kreis: Marburg-Biedenkopf
Standard: Durchschnitt
Bauzeit: 43 Wochen
Kennwerte: bis 1.Ebene DIN276

BGF 979 €/m²

Planung: Artec Architekten; Marburg

veröffentlicht: BKI Objektdaten N12

7700-0064 Produktionshalle mit Bürogebäude
BRI 8.640m³ | **BGF** 1.738m² | **NUF** 1.155m²

Produktionshalle für holzverarbeitendes Gewerbe mit angeschlossenem zweigeschossigem Bürogebäude. Holzkonstruktion.

Land: Thüringen
Kreis: Sömmerda
Standard: unter Durchschnitt
Bauzeit: 30 Wochen
Kennwerte: bis 1.Ebene DIN276

BGF 659 €/m²

Planung: ipunktarchitektur Ilka Altenstädter, Architektin; Sömmerda

veröffentlicht: BKI Objektdaten N11

7300-0071 Produktionshalle, Schreinerei
BRI 3.441m³ | **BGF** 660m² | **NUF** 577m²

Produktionshalle, Schreinerei mit Büro und Sozialräumen. Teilbereiche zweigeschossig. Stahlkonstruktion.

Land: Nordrhein-Westfalen
Kreis: Olpe
Standard: Durchschnitt
Bauzeit: 39 Wochen
Kennwerte: bis 1.Ebene DIN276

BGF 621 €/m²

Planung: TATORT architektur; Attendorn

veröffentlicht: BKI Objektdaten N11

Betriebs- und Werkstätten, mehrgeschossig, hoher Hallenanteil

€/m² BGF
min	620	€/m²
von	835	€/m²
Mittel	**1.115**	**€/m²**
bis	1.585	€/m²
max	1.900	€/m²

Kosten:
Stand 1.Quartal 2018
Bundesdurchschnitt
inkl. 19% MwSt.

Objektübersicht zur Gebäudeart

7300-0075 Produktionshalle, Büro
BRI 114.347m³ **BGF** 12.838m² **NUF** 10.794m²

Produktionshalle für Schienenfahrzeuge, Hochregallager, Büro- und Sozialräume.
Halle: Stahlskelettkonstruktion
Bürogebäude: Stb-Konstruktion

Land: Schleswig-Holstein
Kreis: Kiel
Standard: Durchschnitt
Bauzeit: 43 Wochen
Kennwerte: bis 3.Ebene DIN276

BGF 1.019 €/m²

Planung: Ingenieure fürs Bauen Partnerschaftsgesellschaft; Gettorf

veröffentlicht: BKI Objektdaten N11

7700-0055 Produktions- und Lagerhalle
BRI 241.261m³ **BGF** 21.568m² **NUF** 20.103m²

Produktions- und Lagerhalle mit Hochregallager. Stahl-Faserbetonbodenplatte; Stb-Skelettkonstruktion; Stahl-Fachwerkbinder, Trapezblechdach.

Land: Sachsen
Kreis: Leipzig
Standard: unter Durchschnitt
Bauzeit: 56 Wochen
Kennwerte: bis 1.Ebene DIN276

BGF 1.173 €/m²

Planung: IPRO Dresden Planungs- Ingenieuraktiengesellschaft; Annaberg-Buchholz

veröffentlicht: BKI Objektdaten N10

7300-0080 Produktionshalle
BRI 28.011m³ **BGF** 2.911m² **NUF** 2.603m²

Anbau einer Produktionshalle als Stahlkonstruktion. Halle: Stahlrahmenkonstruktion; Büros: Stb-Konstruktion.

Land: Hessen
Kreis: Schwalm-Eder, Homberg
Standard: Durchschnitt
Bauzeit: 82 Wochen
Kennwerte: bis 3.Ebene DIN276

BGF 720 €/m²

Planung: Harald Gläsel Architekt VfA; Schwalmstadt-Treysa

veröffentlicht: BKI Objektdaten N13

7700-0049 Produktionshalle*
BRI 7.338m³ **BGF** 1.203m² **NUF** 1.120m²

Produktion von Maschinen, Büro. Halle Stahlrahmenkonstruktion, Bürotrakt Mauerwerk; Stb-Decke; Stahltrapezblechdach.

Land: Nordrhein-Westfalen
Kreis: Steinfurt
Standard: Durchschnitt
Bauzeit: 17 Wochen
Kennwerte: bis 1.Ebene DIN276

BGF 596 €/m²
*

veröffentlicht: BKI Objektdaten N9
*Nicht in der Auswertung enthalten

Planung: hofschröer planen und bauen gmbh; Rheine

Objektübersicht zur Gebäudeart

7300-0059 Entwicklungszentrum

BRI 93.996m³   **BGF** 23.696m²   **NUF** 15.187m²

Entwicklungszentrum Automobilzulieferer. Stahlbeton-Skelettbau, Pfosten-Riegel-Fassade.

Land: Bayern
Kreis: Starnberg
Standard: Durchschnitt
Bauzeit: 87 Wochen
Kennwerte: bis 1.Ebene DIN276

BGF   1.013 €/m²

veröffentlicht: BKI Objektdaten N9

Planung: Barth Architekten GbR; Gauting

7300-0061 Büro- und Produktionsgebäude*

BRI 82.770m³   **BGF** 14.000m²   **NUF** 11.312m²

Büro- und Produktionsgebäude mit 150 Büroarbeitsplätzen und 250 Arbeitsplätzen in der Produktion. Stb-Konstruktion.

Land: Baden-Württemberg
Kreis: Heilbronn
Standard: Durchschnitt
Bauzeit: 99 Wochen
Kennwerte: bis 1.Ebene DIN276

BGF   445 €/m²

veröffentlicht: BKI Objektdaten N11
*Nicht in der Auswertung enthalten

Planung: Architektur Udo Richter Dipl.-Ing. Freier Architekt; Heilbronn

---

7300-0053 Werkstatt, Büro, Wohnung

BRI 1.073m³   **BGF** 264m²   **NUF** 219m²

Werkstatt, Ausstellungsraum, Büroraum, Wohnung. Holzkonstruktion, Holzdachstuhl.

Land: Baden-Württemberg
Kreis: Emmendingen
Standard: Durchschnitt
Bauzeit: 52 Wochen
Kennwerte: bis 3.Ebene DIN276

BGF   1.063 €/m²

veröffentlicht: BKI Objektdaten N7

Planung: Freier Architekt Manfred Mohr; Waldkirch

7300-0057 Betriebsgebäude, Verwaltung

BRI 4.100m³   **BGF** 970m²   **NUF** 824m²

Betriebsgebäude mit Büroräumen, Sanitärräume. Stahlbetonskelettbau.

Land: Baden-Württemberg
Kreis: Emmendingen
Standard: Durchschnitt
Bauzeit: 74 Wochen
Kennwerte: bis 3.Ebene DIN276

BGF   887 €/m²

veröffentlicht: BKI Objektdaten N8

Planung: Freier Architekt Manfred Mohr; Waldkirch

Geschäftshäuser, mit Wohnungen

Kostenkennwerte für die Kosten des Bauwerks (Kostengruppen 300+400 nach DIN 276)

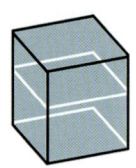

BRI 415 €/m³
von 370 €/m³
bis 530 €/m³

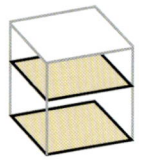

BGF 1.250 €/m²
von 1.140 €/m²
bis 1.350 €/m²

NUF 1.870 €/m²
von 1.610 €/m²
bis 2.170 €/m²

Kosten:
Stand 1.Quartal 2018
Bundesdurchschnitt
inkl. 19% MwSt.

Objektbeispiele

7200-0073

7200-0080

7500-0021

Kosten der 7 Vergleichsobjekte — Seiten 712 bis 713

- ● KKW
- ▶ min
- ▷ von
- | Mittelwert
- ◁ bis
- ◀ max

BRI: €/m³ BRI (100–600)
BGF: €/m² BGF (200–2200)
NUF: €/m² NUF (0–5000)

© BKI Baukosteninformationszentrum; Erläuterungen zu den Tabellen siehe Seite 46
Kosten: 1.Quartal 2018, Bundesdurchschnitt, **inkl. 19% MwSt.**

Kostenkennwerte für die Kostengruppen der 1. und 2. Ebene DIN 276

KG	Kostengruppen der 1. Ebene	Einheit	▷	€/Einheit	◁	▷	% an 300+400	◁
100	Grundstück	m² GF	–	–	–	–	–	–
200	Herrichten und Erschließen	m² GF	–	–	–	–	–	–
300	Bauwerk - Baukonstruktionen	m² BGF	906	**1.011**	1.133	75,8	**80,6**	83,8
400	Bauwerk - Technische Anlagen	m² BGF	207	**241**	300	16,2	**19,4**	24,2
	Bauwerk (300+400)	m² BGF	1.137	**1.253**	1.347		**100,0**	
500	Außenanlagen	m² AF	137	**177**	231	2,9	**4,0**	6,5
600	Ausstattung und Kunstwerke	m² BGF	–	–	–	–	–	–
700	Baunebenkosten*	m² BGF	231	**257**	284	18,4	**20,6**	22,7 ◁ NEU

* Auf Grundlage der HOAI 2013 berechnete Werte nach §§ 35, 52, 56. Weitere Informationen siehe Seite 50

KG	Kostengruppen der 2. Ebene	Einheit	▷	€/Einheit	◁	▷	% an 300	◁
310	Baugrube	m³ BGI	14	**41**	94	1,7	**6,1**	15,0
320	Gründung	m² GRF	236	**305**	444	5,7	**6,3**	7,4
330	Außenwände	m² AWF	476	**521**	610	27,7	**32,9**	43,1
340	Innenwände	m² IWF	207	**256**	289	13,7	**15,4**	18,7
350	Decken	m² DEF	303	**338**	407	23,7	**26,6**	28,4
360	Dächer	m² DAF	222	**288**	327	5,4	**9,4**	15,0
370	Baukonstruktive Einbauten	m² BGF	–	**5**	–	–	**0,2**	–
390	Sonstige Baukonstruktionen	m² BGF	22	**29**	43	2,3	**3,1**	4,5
300	**Bauwerk Baukonstruktionen**	**m² BGF**					**100,0**	

KG	Kostengruppen der 2. Ebene	Einheit	▷	€/Einheit	◁	▷	% an 400	◁
410	Abwasser, Wasser, Gas	m² BGF	23	**39**	47	6,8	**15,4**	19,8
420	Wärmeversorgungsanlagen	m² BGF	28	**49**	61	8,1	**19,7**	27,0
430	Lufttechnische Anlagen	m² BGF	2	**32**	92	0,9	**9,6**	26,9
440	Starkstromanlagen	m² BGF	52	**83**	100	15,2	**33,2**	44,4
450	Fernmeldeanlagen	m² BGF	10	**15**	20	1,0	**3,6**	8,0
460	Förderanlagen	m² BGF	38	**60**	82	0,0	**13,0**	20,9
470	Nutzungsspezifische Anlagen	m² BGF	1	**28**	55	0,1	**5,5**	16,1
480	Gebäudeautomation	m² BGF	–	–	–	–	–	–
490	Sonstige Technische Anlagen	m² BGF	–	–	–	–	–	–
400	**Bauwerk Technische Anlagen**	**m² BGF**					**100,0**	

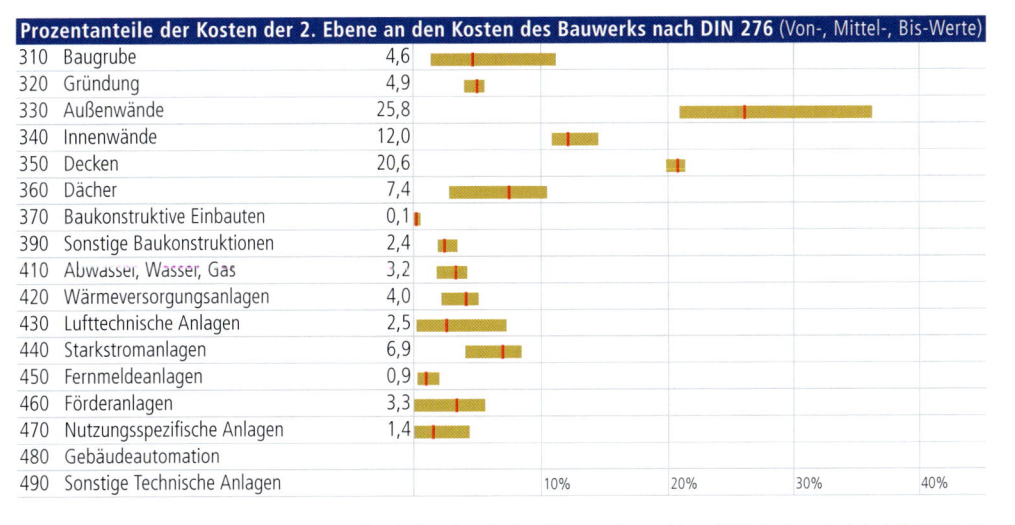

Prozentanteile der Kosten der 2. Ebene an den Kosten des Bauwerks nach DIN 276 (Von-, Mittel-, Bis-Werte)

KG	Kostengruppe	Mittelwert
310	Baugrube	4,6
320	Gründung	4,9
330	Außenwände	25,8
340	Innenwände	12,0
350	Decken	20,6
360	Dächer	7,4
370	Baukonstruktive Einbauten	0,1
390	Sonstige Baukonstruktionen	2,4
410	Abwasser, Wasser, Gas	3,2
420	Wärmeversorgungsanlagen	4,0
430	Lufttechnische Anlagen	2,5
440	Starkstromanlagen	6,9
450	Fernmeldeanlagen	0,9
460	Förderanlagen	3,3
470	Nutzungsspezifische Anlagen	1,4
480	Gebäudeautomation	
490	Sonstige Technische Anlagen	

© BKI Baukosteninformationszentrum; Erläuterungen zu den Tabellen siehe Seite 48 und 50   Kosten: 1.Quartal 2018, Bundesdurchschnitt, **inkl. 19% MwSt.**

Geschäftshäuser, mit Wohnungen

Kosten:
Stand 1. Quartal 2018
Bundesdurchschnitt
inkl. 19% MwSt.

- ● KKW
- ▶ min
- ▷ von
- | Mittelwert
- ◁ bis
- ◀ max

Kostenkennwerte für Leistungsbereiche nach StLB (Kosten des Bauwerks nach DIN 276)

LB	Leistungsbereiche	▷	€/m² BGF	◁	▷	% an 300+400	◁
000	Sicherheits-, Baustelleneinrichtungen inkl. 001	23	28	28	1,8	2,2	2,2
002	Erdarbeiten	25	25	28	2,0	2,0	2,3
006	Spezialtiefbauarbeiten inkl. 005	–	38	–	–	3,0	–
009	Entwässerungskanalarbeiten inkl. 011	–	2	–	–	0,2	–
010	Drän- und Versickerungsarbeiten	–	0	–	–	0,0	–
012	Mauerarbeiten	10	35	35	0,8	2,8	2,8
013	Betonarbeiten	214	259	259	17,1	20,7	20,7
014	Natur-, Betonwerksteinarbeiten	1	9	9	0,1	0,8	0,8
016	Zimmer- und Holzbauarbeiten	37	37	55	2,9	2,9	4,4
017	Stahlbauarbeiten	0	25	25	0,0	2,0	2,0
018	Abdichtungsarbeiten	–	4	–	–	0,3	–
020	Dachdeckungsarbeiten	19	19	30	1,5	1,5	2,4
021	Dachabdichtungsarbeiten	10	10	12	0,8	0,8	1,0
022	Klempnerarbeiten	13	13	19	1,0	1,0	1,5
	Rohbau	457	503	503	36,5	40,1	40,1
023	Putz- und Stuckarbeiten, Wärmedämmsysteme	23	60	60	1,8	4,8	4,8
024	Fliesen- und Plattenarbeiten	20	28	28	1,6	2,2	2,2
025	Estricharbeiten	8	20	20	0,7	1,6	1,6
026	Fenster, Außentüren inkl. 029, 032	19	62	62	1,5	4,9	4,9
027	Tischlerarbeiten	27	27	41	2,1	2,1	3,3
028	Parkettarbeiten, Holzpflasterarbeiten	17	17	25	1,3	1,3	2,0
030	Rollladenarbeiten	2	10	10	0,2	0,8	0,8
031	Metallbauarbeiten inkl. 035	102	131	131	8,1	10,5	10,5
034	Maler- und Lackiererarbeiten inkl. 037	16	23	23	1,3	1,8	1,8
036	Bodenbelagarbeiten	4	16	16	0,3	1,3	1,3
038	Vorgehängte hinterlüftete Fassaden	16	16	23	1,2	1,2	1,9
039	Trockenbauarbeiten	46	66	66	3,6	5,3	5,3
	Ausbau	477	477	572	38,1	38,1	45,6
040	Wärmeversorgungsanl. - Betriebseinr. inkl. 041	52	52	59	4,1	4,1	4,7
042	Gas- und Wasserinstallation, Leitungen inkl. 043	13	13	16	1,1	1,1	1,3
044	Abwasserinstallationsarbeiten - Leitungen	5	9	9	0,4	0,7	0,7
045	GWA-Einrichtungsgegenstände inkl. 046	13	13	20	1,1	1,1	1,6
047	Dämmarbeiten an betriebstechnischen Anlagen	1	3	3	0,1	0,2	0,2
049	Feuerlöschanlagen, Feuerlöschgeräte	0	14	14	0,0	1,1	1,1
050	Blitzschutz- und Erdungsanlagen	1	1	2	0,1	0,1	0,1
052	Mittelspannungsanlagen	–	–	–	–	–	–
053	Niederspannungsanlagen inkl. 054	59	59	77	4,7	4,7	6,1
055	Ersatzstromversorgungsanlagen	–	5	–	–	0,4	–
057	Gebäudesystemtechnik	–	–	–	–	–	–
058	Leuchten und Lampen inkl. 059	14	24	24	1,1	1,9	1,9
060	Elektroakustische Anlagen, Sprechanlagen	0	3	3	0,0	0,2	0,2
061	Kommunikationsnetze, inkl. 062	1	2	2	0,1	0,2	0,2
063	Gefahrenmeldeanlagen	0	3	3	0,0	0,2	0,2
069	Aufzüge	13	45	45	1,1	3,6	3,6
070	Gebäudeautomation	–	–	–	–	–	–
075	Raumlufttechnische Anlagen	3	28	28	0,2	2,3	2,3
	Technische Anlagen	274	274	316	21,9	21,9	25,3
	Sonstige Leistungsbereiche inkl. 008, 033, 051	0	0	0	0,0	0,0	0,0

Planungskennwerte für Flächen und Rauminhalte nach DIN 277

Grundflächen			▷ Fläche/NUF (%) ◁			▷ Fläche/BGF (%) ◁		
NUF	Nutzungsfläche			100,0		65,1	67,4	71,6
TF	Technikfläche		2,3	2,8	4,9	1,5	1,9	2,9
VF	Verkehrsfläche		20,5	27,4	33,8	13,3	18,5	21,0
NRF	Netto-Raumfläche		123,0	130,3	138,9	86,6	87,8	89,2
KGF	Konstruktions-Grundfläche		16,0	18,1	19,3	10,8	12,2	13,4
BGF	Brutto-Grundfläche		141,6	148,4	155,8		100,0	

Brutto-Rauminhalte		▷ BRI/NUF (m) ◁			▷ BRI/BGF (m) ◁		
BRI	Brutto-Rauminhalt	4,34	4,54	4,54	2,83	3,07	3,21

Flächen von Nutzeinheiten	▷ NUF/Einheit (m²) ◁			▷ BGF/Einheit (m²) ◁		
Nutzeinheit:	–	–	–	–	–	–

Lufttechnisch behandelte Flächen	▷ Fläche/NUF (%) ◁			▷ Fläche/BGF (%) ◁		
Entlüftete Fläche	–	37,6	–	–	21,9	–
Be- und entlüftete Fläche	–	1,7	–	–	1,2	–
Teilklimatisierte Fläche	–	105,6	–	–	61,6	–
Klimatisierte Fläche	–	–	–	–	–	–

KG	Kostengruppen (2. Ebene)	Einheit	▷ Menge/NUF ◁			▷ Menge/BGF ◁		
310	Baugrube	m³ BGI	2,02	2,02	2,14	1,32	1,32	1,40
320	Gründung	m² GRF	0,32	0,32	0,33	0,22	0,22	0,22
330	Außenwände	m² AWF	0,75	0,96	0,96	0,55	0,64	0,64
340	Innenwände	m² IWF	0,87	0,88	0,88	0,53	0,59	0,59
350	Decken	m² DEF	1,10	1,17	1,17	0,72	0,76	0,76
360	Dächer	m² DAF	0,46	0,46	0,52	0,31	0,31	0,36
370	Baukonstruktive Einbauten	m² BGF	1,42	1,48	1,56		1,00	
390	Sonstige Baukonstruktionen	m² BGF	1,42	1,48	1,56		1,00	
300	Bauwerk-Baukonstruktionen	m² BGF	1,42	1,48	1,56		1,00	

Planungskennwerte für Bauzeiten — 7 Vergleichsobjekte

Bauzeit in Wochen

Kosten: 1.Quartal 2018, Bundesdurchschnitt, inkl. 19% MwSt.

Geschäftshäuser, mit Wohnungen

€/m² BGF

min	1.080 €/m²
von	1.135 €/m²
Mittel	**1.255 €/m²**
bis	1.345 €/m²
max	1.420 €/m²

Kosten:
Stand 1.Quartal 2018
Bundesdurchschnitt
inkl. 19% MwSt.

Objektübersicht zur Gebäudeart

7200-0084 Wohn- und Geschäftshaus (7 WE)   BRI 11.613m³   BGF 4.673m²   NUF 2.993m²

Wohn- und Geschäftshaus mit Wohnungen (7WE), Praxisräumen, Büroräumen, Kindertagesstätte und Tiefgarage. Massivholzbauweise (Vorderhaus), Holztafelbauweise (Hinterhaus).

Land: Berlin
Kreis: Berlin
Standard: über Durchschnitt
Bauzeit: 65 Wochen
Kennwerte: bis 1.Ebene DIN276

BGF 1.420 €/m²

Planung: Kaden + Partner; Berlin

veröffentlicht: BKI Objektdaten E6

7200-0080 Büro, Café, Wohnungen (10 WE) - KfW 60   BRI 8.508m³   BGF 2.486m²   NUF 1.949m²

Café und Büro im EG, Büro und Wohnungen (10 WE, 1.732m² WFL) in den OGs. Massivbau.

Land: Sachsen-Anhalt
Kreis: Magdeburg
Standard: Durchschnitt
Bauzeit: 60 Wochen
Kennwerte: bis 1.Ebene DIN276

BGF 1.185 €/m²

Planung: ARC architekturconzept GmbH Lauterbach Oheim Schaper; Magdeburg

veröffentlicht: BKI Objektdaten E5

7200-0073 Geschäftshaus, Wohnungen (3 WE)   BRI 10.784m³   BGF 3.478m²   NUF 2.401m²

Geschäftshaus mit Wohnungen, das aus zwei Baukörpern besteht, Tiefgarage (19 Stellplätze), Gewerbeflächen, Büros, Wohnungen (3 WE). Holzständerkonstruktion.

Land: Baden-Württemberg
Kreis: Esslingen a.N.
Standard: Durchschnitt
Bauzeit: 69 Wochen
Kennwerte: bis 1.Ebene DIN276

BGF 1.180 €/m²

Planung: BANKWITZ ARCHITEKTEN Freie Architekten u. Ing. GmbH; Kirchheim u. Teck

veröffentlicht: BKI Objektdaten N10

7500-0021 Bankgebäude, Wohnen (2 WE)   BRI 1.616m³   BGF 509m²   NUF 363m²

Zweigstelle einer Bank mit zwei Wohneinheiten (166m² WFL II.BVO). Mauerwerksbau mit Stb-Decken und Holzdachkonstruktion.

Land: Baden-Württemberg
Kreis: Alb-Donau-Kreis
Standard: Durchschnitt
Bauzeit: 30 Wochen
Kennwerte: bis 4.Ebene DIN276

BGF 1.304 €/m²

Planung: ott-architekten Matthias Ott, Thomas Ott; Laichingen

veröffentlicht: BKI Objektdaten N8

Objektübersicht zur Gebäudeart

7200-0055 Apotheke, Arztpraxen, Wohnung (1 WE)   BRI 7.466m³   BGF 2.445m²   NUF 1.703m²

Geschäftshaus mit Apotheke im Erdgeschoss, Praxen und Büros in den Obergeschossen, sowie einer Wohnung im Dachgeschoss. Stahlbetonbau.

Land: Baden-Württemberg
Kreis: Freudenstadt
Standard: unter Durchschnitt
Bauzeit: 82 Wochen
Kennwerte: bis 3.Ebene DIN276

BGF 1.079 €/m²

Planung: Detlef Brückner Dipl.-Ing. (FH) Freier Architekt; Freudenstadt

veröffentlicht: BKI Objektdaten N5

7200-0038 Büro- und Geschäftshaus (1 WE)   BRI 2.075m³   BGF 743m²   NUF 479m²

Büro- und Geschäftshaus in einer Baulücke mit Laden und Werkstatt im Erdgeschoss, einem Architekturbüro im 1. und 2. Obergeschoss und einer Wohnung im 3. und 4. Obergeschoss. Mauerwerksbau.

Land: Bayern
Kreis: Straubing
Standard: Durchschnitt
Bauzeit: 56 Wochen
Kennwerte: bis 1.Ebene DIN276

BGF 1.310 €/m²

Planung: Friedrich Herr Diplom-Ingenieur Architekt BDA; Straubing

veröffentlicht: BKI Objektdaten N4

7200-0021 Geschäftshaus   BRI 25.690m³   BGF 7.482m²   NUF 4.365m²

Das Shop-in-Shop Geschäftshaus bietet in 8 Geschossen Verkaufsfläche. Im DG befinden sich ein Personalraum sowie zwei (Hausmeister-) Wohnungen. Im EG befinden sich die Ein-/Ausfahrt zur Tiefgarage sowie die Hofzufahrt. Stahlbetonskelettbau.

Land: Berlin
Kreis: Berlin
Standard: Durchschnitt
Bauzeit: 65 Wochen
Kennwerte: bis 4.Ebene DIN276

BGF 1.292 €/m²

Planung: Quick, Bäckmann, Quick Architekten BDA; Berlin

veröffentlicht: BKI Objektdaten N1

Geschäftshäuser, ohne Wohnungen

Kostenkennwerte für die Kosten des Bauwerks (Kostengruppen 300+400 nach DIN 276)

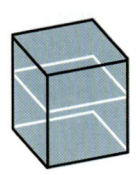

BRI 445 €/m³
von 350 €/m³
bis 540 €/m³

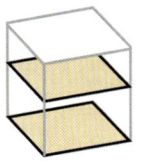

BGF 1.580 €/m²
von 1.200 €/m²
bis 2.040 €/m²

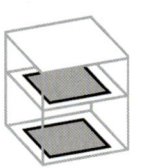

NUF 2.320 €/m²
von 1.770 €/m²
bis 2.870 €/m²

Kosten:
Stand 1.Quartal 2018
Bundesdurchschnitt
inkl. 19% MwSt.

Objektbeispiele

7200-0017 © Baur Consult Ingenieure
7200-0034 © IJli Cyglatzki
7200-0074 © atelier st I Schellenberg & Thaut GbR
7200-0089 © Deimel + Wittmar
7200-0064 © Freier Architekt Jürgen Conrad
7200-0056 © KBK Architekten Architektengesellschaft mbH

Kosten der 6 Vergleichsobjekte — Seiten 718 bis 719

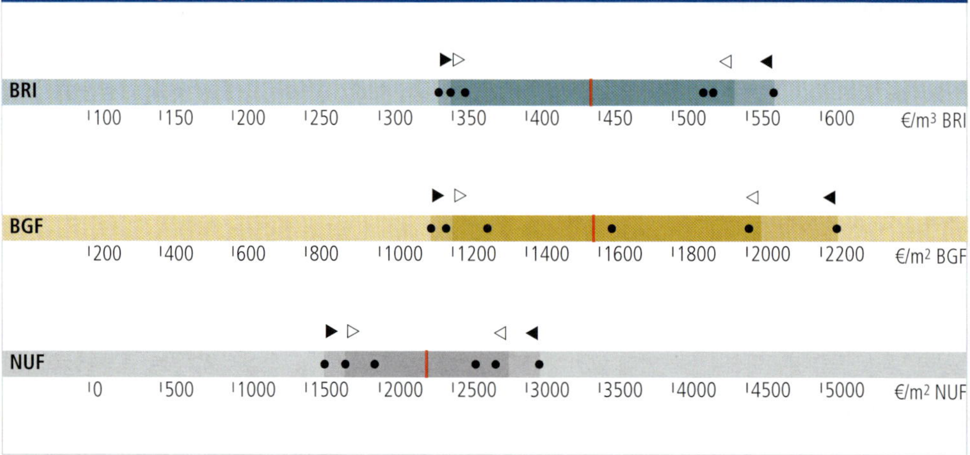

Legende:
- ● KKW
- ▶ min
- ▷ von
- | Mittelwert
- ◁ bis
- ◀ max

© BKI Baukosteninformationszentrum; Erläuterungen zu den Tabellen siehe Seite 46   Kosten: 1.Quartal 2018, Bundesdurchschnitt, **inkl. 19% MwSt.**

Kostenkennwerte für die Kostengruppen der 1. und 2. Ebene DIN 276

KG	Kostengruppen der 1. Ebene	Einheit	▷	€/Einheit	◁	▷	% an 300+400	◁
100	Grundstück	m² GF	–	–	–	–	–	–
200	Herrichten und Erschließen	m² GF	231	**231**	231	2,7	**2,7**	2,7
300	Bauwerk - Baukonstruktionen	m² BGF	965	**1.237**	1.620	71,4	**78,5**	82,0
400	Bauwerk - Technische Anlagen	m² BGF	233	**346**	511	18,0	**21,5**	28,6
	Bauwerk (300+400)	m² BGF	1.200	**1.583**	2.036		**100,0**	
500	Außenanlagen	m² AF	146	**1.532**	5.677	3,0	**5,6**	7,8
600	Ausstattung und Kunstwerke	m² BGF	–	**285**	–	–	**14,2**	–
700	Baunebenkosten*	m² BGF	291	**324**	357	18,4	**20,5**	22,6 ◁ NEU

* Auf Grundlage der HOAI 2013 berechnete Werte nach §§ 35, 52, 56. Weitere Informationen siehe Seite 50

KG	Kostengruppen der 2. Ebene	Einheit	▷	€/Einheit	◁	▷	% an 300	◁
310	Baugrube	m³ BGI	25	**34**	42	3,1	**3,9**	4,8
320	Gründung	m² GRF	159	**216**	273	4,7	**6,0**	7,4
330	Außenwände	m² AWF	335	**349**	363	30,5	**35,0**	39,6
340	Innenwände	m² IWF	215	**246**	276	13,9	**18,6**	23,3
350	Decken	m² DEF	290	**300**	310	22,4	**23,3**	24,2
360	Dächer	m² DAF	307	**340**	372	9,8	**10,9**	11,9
370	Baukonstruktive Einbauten	m² BGF	1	**1**	2	0,1	**0,2**	0,2
390	Sonstige Baukonstruktionen	m² BGF	18	**20**	23	1,9	**2,2**	2,4
300	**Bauwerk Baukonstruktionen**	**m² BGF**					**100,0**	

KG	Kostengruppen der 2. Ebene	Einheit	▷	€/Einheit	◁	▷	% an 400	◁
410	Abwasser, Wasser, Gas	m² BGF	55	**64**	74	26,8	**28,2**	29,5
420	Wärmeversorgungsanlagen	m² BGF	67	**72**	77	26,7	**32,2**	37,6
430	Lufttechnische Anlagen	m² BGF	2	**3**	4	0,9	**1,4**	1,9
440	Starkstromanlagen	m² BGF	39	**47**	55	15,4	**21,2**	27,1
450	Fernmeldeanlagen	m² BGF	4	**9**	13	1,7	**4,1**	6,6
460	Förderanlagen	m² BGF	–	**65**	–	–	**12,9**	–
470	Nutzungsspezifische Anlagen	m² BGF	–	–	–	–	–	–
480	Gebäudeautomation	m² BGF	–	–	–	–	–	–
490	Sonstige Technische Anlagen	m² BGF	–	–	–	–	–	–
400	**Bauwerk Technische Anlagen**	**m² BGF**					**100,0**	

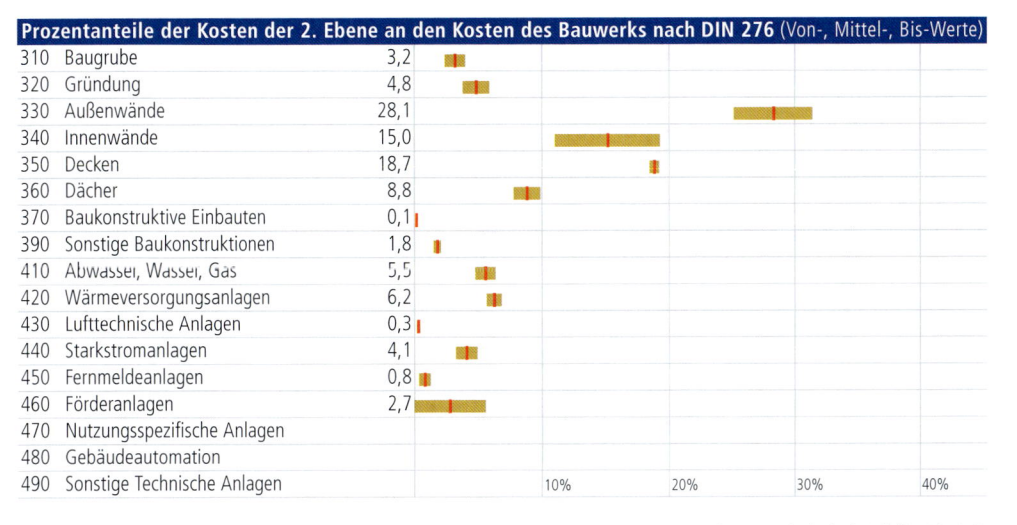

Prozentanteile der Kosten der 2. Ebene an den Kosten des Bauwerks nach DIN 276 (Von-, Mittel-, Bis-Werte)

KG	Bezeichnung	Wert
310	Baugrube	3,2
320	Gründung	4,8
330	Außenwände	28,1
340	Innenwände	15,0
350	Decken	18,7
360	Dächer	8,8
370	Baukonstruktive Einbauten	0,1
390	Sonstige Baukonstruktionen	1,8
410	Abwasser, Wasser, Gas	5,5
420	Wärmeversorgungsanlagen	6,2
430	Lufttechnische Anlagen	0,3
440	Starkstromanlagen	4,1
450	Fernmeldeanlagen	0,8
460	Förderanlagen	2,7
470	Nutzungsspezifische Anlagen	
480	Gebäudeautomation	
490	Sonstige Technische Anlagen	

© BKI Baukosteninformationszentrum; Erläuterungen zu den Tabellen siehe Seite 48 und 50   Kosten: 1.Quartal 2018, Bundesdurchschnitt, **inkl. 19% MwSt.**

Geschäftshäuser, ohne Wohnungen

Kostenkennwerte für Leistungsbereiche nach StLB (Kosten des Bauwerks nach DIN 276)

LB	Leistungsbereiche	▷	€/m² BGF	◁	▷	% an 300+400	◁
000	Sicherheits-, Baustelleneinrichtungen inkl. 001	22	22	22	1,4	1,4	1,4
002	Erdarbeiten	53	53	53	3,4	3,4	3,4
006	Spezialtiefbauarbeiten inkl. 005	–	–	–	–	–	–
009	Entwässerungskanalarbeiten inkl. 011	4	4	4	0,2	0,2	0,2
010	Drän- und Versickerungsarbeiten	–	3	–	–	0,2	–
012	Mauerarbeiten	123	123	123	7,8	7,8	7,8
013	Betonarbeiten	284	284	284	18,0	18,0	18,0
014	Natur-, Betonwerksteinarbeiten	–	21	–	–	1,3	–
016	Zimmer- und Holzbauarbeiten	30	30	30	1,9	1,9	1,9
017	Stahlbauarbeiten	–	–	–	–	–	–
018	Abdichtungsarbeiten	19	19	19	1,2	1,2	1,2
020	Dachdeckungsarbeiten	49	49	49	3,1	3,1	3,1
021	Dachabdichtungsarbeiten	–	12	–	–	0,7	–
022	Klempnerarbeiten	15	15	15	0,9	0,9	0,9
	Rohbau	**636**	**636**	**636**	**40,2**	**40,2**	**40,2**
023	Putz- und Stuckarbeiten, Wärmedämmsysteme	107	107	107	6,7	6,7	6,7
024	Fliesen- und Plattenarbeiten	82	82	82	5,2	5,2	5,2
025	Estricharbeiten	39	39	39	2,5	2,5	2,5
026	Fenster, Außentüren inkl. 029, 032	149	149	149	9,4	9,4	9,4
027	Tischlerarbeiten	94	94	94	6,0	6,0	6,0
028	Parkettarbeiten, Holzpflasterarbeiten	–	1	–	–	0,1	–
030	Rollladenarbeiten	14	14	14	0,9	0,9	0,9
031	Metallbauarbeiten inkl. 035	48	48	48	3,0	3,0	3,0
034	Maler- und Lackiererarbeiten inkl. 037	27	27	27	1,7	1,7	1,7
036	Bodenbelagarbeiten	–	25	–	–	1,5	–
038	Vorgehängte hinterlüftete Fassaden	–	8	–	–	0,5	–
039	Trockenbauarbeiten	45	45	45	2,9	2,9	2,9
	Ausbau	**646**	**646**	**646**	**40,8**	**40,8**	**40,8**
040	Wärmeversorgungsanl. - Betriebseinr. inkl. 041	85	85	85	5,4	5,4	5,4
042	Gas- und Wasserinstallation, Leitungen inkl. 043	29	29	29	1,8	1,8	1,8
044	Abwasserinstallationsarbeiten - Leitungen	23	23	23	1,5	1,5	1,5
045	GWA-Einrichtungsgegenstände inkl. 046	24	24	24	1,5	1,5	1,5
047	Dämmarbeiten an betriebstechnischen Anlagen	7	7	7	0,5	0,5	0,5
049	Feuerlöschanlagen, Feuerlöschgeräte	–	–	–	–	–	–
050	Blitzschutz- und Erdungsanlagen	4	4	4	0,2	0,2	0,2
052	Mittelspannungsanlagen	–	–	–	–	–	–
053	Niederspannungsanlagen inkl. 054	59	59	59	3,8	3,8	3,8
055	Ersatzstromversorgungsanlagen	–	–	–	–	–	–
057	Gebäudesystemtechnik	–	–	–	–	–	–
058	Leuchten und Lampen inkl. 059	5	5	5	0,3	0,3	0,3
060	Elektroakustische Anlagen, Sprechanlagen	–	1	–	–	0,1	–
061	Kommunikationsnetze, inkl. 062	4	4	4	0,3	0,3	0,3
063	Gefahrenmeldeanlagen	–	7	–	–	0,4	–
069	Aufzüge	–	43	–	–	2,7	–
070	Gebäudeautomation	–	7	–	–	0,4	–
075	Raumlufttechnische Anlagen	4	4	4	0,3	0,3	0,3
	Technische Anlagen	**302**	**302**	**302**	**19,1**	**19,1**	**19,1**
	Sonstige Leistungsbereiche inkl. 008, 033, 051	6	6	6	0,4	0,4	0,4

Kosten:
Stand 1. Quartal 2018
Bundesdurchschnitt
inkl. 19% MwSt.

- KKW
▶ min
▷ von
| Mittelwert
◁ bis
◀ max

Planungskennwerte für Flächen und Rauminhalte nach DIN 277

Grundflächen			▷ Fläche/NUF (%) ◁			▷ Fläche/BGF (%) ◁		
NUF	Nutzungsfläche			100,0		62,9	67,3	74,5
TF	Technikfläche		4,3	6,1	9,1	3,1	4,1	6,4
VF	Verkehrsfläche		17,8	26,0	42,8	10,8	17,5	23,2
NRF	Netto-Raumfläche		123,0	132,1	148,4	89,0	88,9	89,5
KGF	Konstruktions-Grundfläche		15,2	16,5	19,4	10,5	11,1	11,0
BGF	Brutto-Grundfläche		139,1	148,6	165,2		100,0	

Brutto-Rauminhalte			▷ BRI/NUF (m) ◁			▷ BRI/BGF (m) ◁		
BRI	Brutto-Rauminhalt		5,00	5,21	5,29	3,41	3,55	3,77

Flächen von Nutzeinheiten			▷ NUF/Einheit (m²) ◁			▷ BGF/Einheit (m²) ◁		
Nutzeinheit:			–	–	–	–	–	–

Lufttechnisch behandelte Flächen			▷ Fläche/NUF (%) ◁			▷ Fläche/BGF (%) ◁		
Entlüftete Fläche			–	–	–	–	–	–
Be- und entlüftete Fläche			–	15,8	–	–	10,2	–
Teilklimatisierte Fläche			–	–	–	–	–	–
Klimatisierte Fläche			–	100,0	–	–	65,7	–

KG	Kostengruppen (2. Ebene)	Einheit	▷ Menge/NUF ◁			▷ Menge/BGF ◁		
310	Baugrube	m³ BGI	1,60	1,60	1,60	1,10	1,10	1,10
320	Gründung	m² GRF	0,39	0,39	0,39	0,26	0,26	0,26
330	Außenwände	m² AWF	1,36	1,36	1,36	0,93	0,93	0,93
340	Innenwände	m² IWF	1,03	1,03	1,03	0,70	0,70	0,70
350	Decken	m² DEF	1,06	1,06	1,06	0,72	0,72	0,72
360	Dächer	m² DAF	0,44	0,44	0,44	0,30	0,30	0,30
370	Baukonstruktive Einbauten	m² BGF	1,39	1,49	1,65		1,00	
390	Sonstige Baukonstruktionen	m² BGF	1,39	1,49	1,65		1,00	
300	Bauwerk-Baukonstruktionen	m² BGF	1,39	1,49	1,65		1,00	

Planungskennwerte für Bauzeiten

6 Vergleichsobjekte

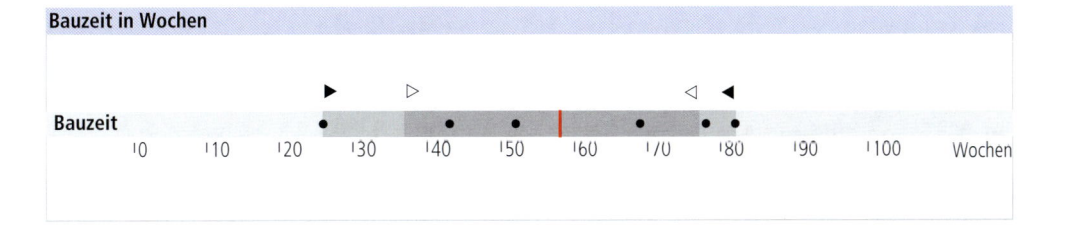

Bauzeit in Wochen

Bauzeit: |0 |10 |20 |30 |40 |50 |60 |70 |80 |90 |100 Wochen

© BKI Baukosteninformationszentrum; Erläuterungen zu den Tabellen siehe Seite 54 — Kosten: 1.Quartal 2018, Bundesdurchschnitt, **inkl. 19% MwSt.**

Geschäftshäuser, ohne Wohnungen

€/m² BGF
min	1.140 €/m²
von	1.200 €/m²
Mittel	**1.585 €/m²**
bis	2.035 €/m²
max	2.245 €/m²

Kosten:
Stand 1.Quartal 2018
Bundesdurchschnitt
inkl. 19% MwSt.

Objektübersicht zur Gebäudeart

7200-0089 Ärzte- und Geschäftshaus, TG (22 STP)
BRI 14.461m³ | **BGF** 3.807m² | **NUF** 2.502m²

Geschäftshaus mit Tiefgarage (22 STP), Laden, Praxisräumen und Büroeinheiten. Massivbau.

Land: Nordrhein-Westfalen
Kreis: Essen
Standard: über Durchschnitt
Bauzeit: 69 Wochen
Kennwerte: bis 1.Ebene DIN276

BGF 1.293 €/m²

Planung: Format Architektur; Köln

veröffentlicht: BKI Objektdaten N15

7200-0074 Apotheke
BRI 961m³ | **BGF** 226m² | **NUF** 191m²

Apotheke mit Verkaufsraum, Beratungsraum, Labor, Büro und Personalraum, Massivbau. Stahlbetonbau.

Land: Sachsen
Kreis: Zwickau
Standard: über Durchschnitt
Bauzeit: 26 Wochen
Kennwerte: bis 1.Ebene DIN276

BGF 2.243 €/m²

Planung: atelier st I Schellenberg & Thaut GbR Freie Architekten BDA; Leipzig

veröffentlicht: BKI Objektdaten N10

7200-0064 Geschäftshaus
BRI 2.565m³ | **BGF** 778m² | **NUF** 564m²

Geschäftshaus, Laden, Praxisräume, alten- und behindertengerecht, Nutzungsfläche: 564m². Massivbau mit Stb-Decken und Holzdachstuhl.

Land: Rheinland-Pfalz
Kreis: Worms
Standard: Durchschnitt
Bauzeit: 43 Wochen
Kennwerte: bis 4.Ebene DIN276

BGF 1.182 €/m²

Planung: Freier Architekt Dipl.-Ing. Jürgen Conrad; Worms

veröffentlicht: BKI Objektdaten N7

7200-0034 Büro- und Geschäftshaus (27 WE)
BRI 29.339m³ | **BGF** 9.348m² | **NUF** 4.948m²

Fahrgassen der Tiefgarage wurden der Verkehrsfläche zugeordnet (1.659m²). Stahlbetonbau.

Land: Bayern
Kreis: Traunstein
Standard: über Durchschnitt
Bauzeit: 82 Wochen
Kennwerte: bis 1.Ebene DIN276

BGF 1.634 €/m²

Planung: SSP Architekten Schmidt-Schicketanz und Partner GmbH; München

veröffentlicht: BKI Objektdaten N3

Objektübersicht zur Gebäudeart

7200-0056 Kaufhaus

BRI 55.000m³ **BGF** 15.579m² **NUF** 11.202m²

Kaufhaus für Textil, Bücher, Wohnen, teilweise Fremdfirmen, Lebensmittel im UG; Verwaltung im DG. Stb-Skelettbau.

Land: Thüringen
Kreis: Erfurt
Standard: über Durchschnitt
Bauzeit: 78 Wochen
Kennwerte: bis 1.Ebene DIN276

BGF   2.005 €/m²

Planung: KBK Architekten Belz Lutz Guggenberger; Stuttgart

veröffentlicht: BKI Objektdaten N6

7200-0022 Geschäftshaus, Apotheke*

BRI 2.445m³ **BGF** 677m² **NUF** 427m²

EG und 1.OG: Apotheke mit hohem Ausbaustandard; 2. und 3.OG: Büroräume; vor der Fassade vorgehängte Stahlfachwerkscheibe, aus Brandschutzgründen (F90) mit zirkulierendem Kühlmittel gefüllt. Stahlbetonbau.

Land: Hessen
Kreis: Offenbach a. Main
Standard: über Durchschnitt
Bauzeit: 78 Wochen
Kennwerte: bis 3.Ebene DIN276

BGF   4.395 €/m² *

veröffentlicht: BKI Objektdaten N1
*Nicht in der Auswertung enthalten

7200-0017 Geschäftshaus mit Büros, Arztpraxen

BRI 6.058m³ **BGF** 1.851m² **NUF** 1.193m²

Geschäftshaus mit Büros und Arztpraxen mit durchschnittlicher Grundausstattung; Einrichtung durch Mieter; Anschluss an Parkdeck (Objekt 7800-0013). Mauerwerksbau.

Land: Thüringen
Kreis: Südthüringen
Standard: unter Durchschnitt
Bauzeit: 52 Wochen
Kennwerte: bis 3.Ebene DIN276

BGF   1.140 €/m²

Planung: Baur Consult Ingenieure; Hassfurt

www.bki.de

Verbrauchermärkte

Kostenkennwerte für die Kosten des Bauwerks (Kostengruppen 300+400 nach DIN 276)

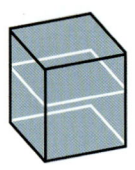

BRI 185 €/m³
von 155 €/m³
bis 225 €/m³

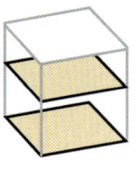

BGF 1.070 €/m²
von 870 €/m²
bis 1.310 €/m²

NUF 1.350 €/m²
von 1.050 €/m²
bis 1.730 €/m²

Kosten:
Stand 1.Quartal 2018
Bundesdurchschnitt
inkl. 19% MwSt.

Objektbeispiele

7200-0085

7200-0091

7200-0083

Kosten der 9 Vergleichsobjekte — Seiten 724 bis 726

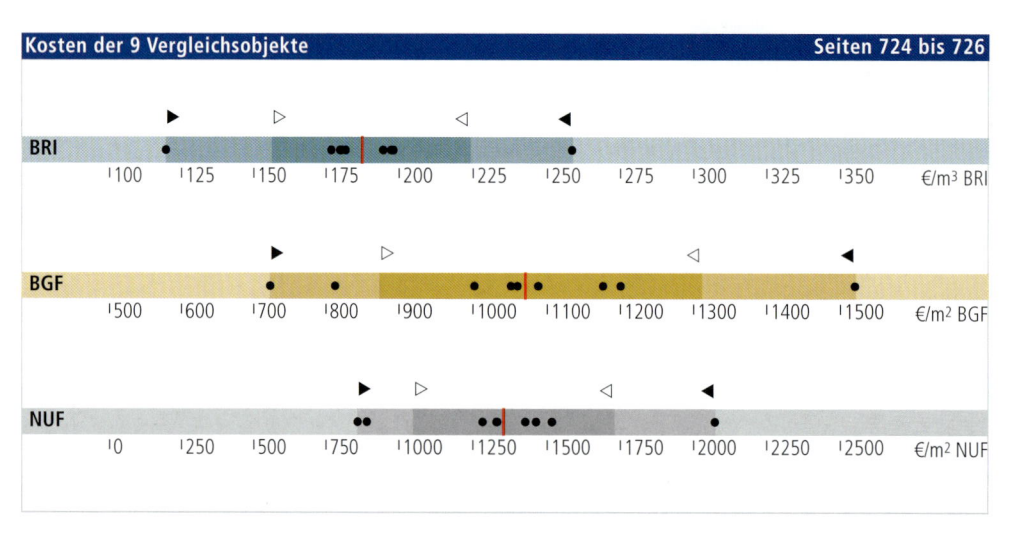

- ● KKW
- ▶ min
- ▷ von
- | Mittelwert
- ◁ bis
- ◀ max

BRI: €/m³ BRI
BGF: €/m² BGF
NUF: €/m² NUF

© BKI Baukosteninformationszentrum; Erläuterungen zu den Tabellen siehe Seite 46

Kosten: 1.Quartal 2018, Bundesdurchschnitt, **inkl. 19% MwSt.**

Kostenkennwerte für die Kostengruppen der 1. und 2. Ebene DIN 276

KG	Kostengruppen der 1. Ebene	Einheit	▷	€/Einheit	◁	▷	% an 300+400	◁	
100	Grundstück	m² GF	–	–	–	–	–	–	
200	Herrichten und Erschließen	m² GF	15	**29**	68	4,5	**7,8**	16,3	
300	Bauwerk - Baukonstruktionen	m² BGF	719	**823**	965	70,1	**78,0**	84,7	
400	Bauwerk - Technische Anlagen	m² BGF	142	**248**	377	15,3	**22,0**	29,9	
	Bauwerk (300+400)	m² BGF	874	**1.070**	1.310		**100,0**		
500	Außenanlagen	m² AF	62	**92**	137	9,8	**17,0**	28,4	
600	Ausstattung und Kunstwerke	m² BGF	–	–	–	–	–	–	
700	Baunebenkosten*	m² BGF	202	**225**	248	18,8	**20,9**	23,1	◁ NEU

* Auf Grundlage der HOAI 2013 berechnete Werte nach §§ 35, 52, 56. Weitere Informationen siehe Seite 50

KG	Kostengruppen der 2. Ebene	Einheit	▷	€/Einheit	◁	▷	% an 300	◁
310	Baugrube	m³ BGI	7	**21**	34	0,3	**0,8**	1,2
320	Gründung	m² GRF	181	**249**	317	22,3	**26,2**	30,1
330	Außenwände	m² AWF	360	**448**	536	26,4	**28,0**	29,7
340	Innenwände	m² IWF	247	**250**	254	12,8	**14,7**	16,5
350	Decken	m² DEF	–	–	–	–	–	–
360	Dächer	m² DAF	175	**186**	198	25,9	**27,3**	28,8
370	Baukonstruktive Einbauten	m² BGF	1	**6**	11	0,1	**0,7**	1,4
390	Sonstige Baukonstruktionen	m² BGF	12	**18**	25	1,5	**2,3**	3,1
300	**Bauwerk Baukonstruktionen**	**m² BGF**					**100,0**	

KG	Kostengruppen der 2. Ebene	Einheit	▷	€/Einheit	◁	▷	% an 400	◁
410	Abwasser, Wasser, Gas	m² BGF	40	**54**	68	15,6	**16,1**	16,5
420	Wärmeversorgungsanlagen	m² BGF	40	**80**	119	15,6	**22,2**	28,8
430	Lufttechnische Anlagen	m² BGF	48	**58**	68	16,4	**17,6**	18,7
440	Starkstromanlagen	m² BGF	91	**98**	105	25,4	**30,2**	35,0
450	Fernmeldeanlagen	m² BGF	4	**7**	9	1,7	**2,0**	2,2
460	Förderanlagen	m² BGF	–	–	–	–	–	–
470	Nutzungsspezifische Anlagen	m² BGF	34	**39**	43	10,5	**11,9**	13,3
480	Gebäudeautomation	m² BGF	–	–	–	–	–	–
490	Sonstige Technische Anlagen	m² BGF	–	–	–	–	–	–
400	**Bauwerk Technische Anlagen**	**m² BGF**					**100,0**	

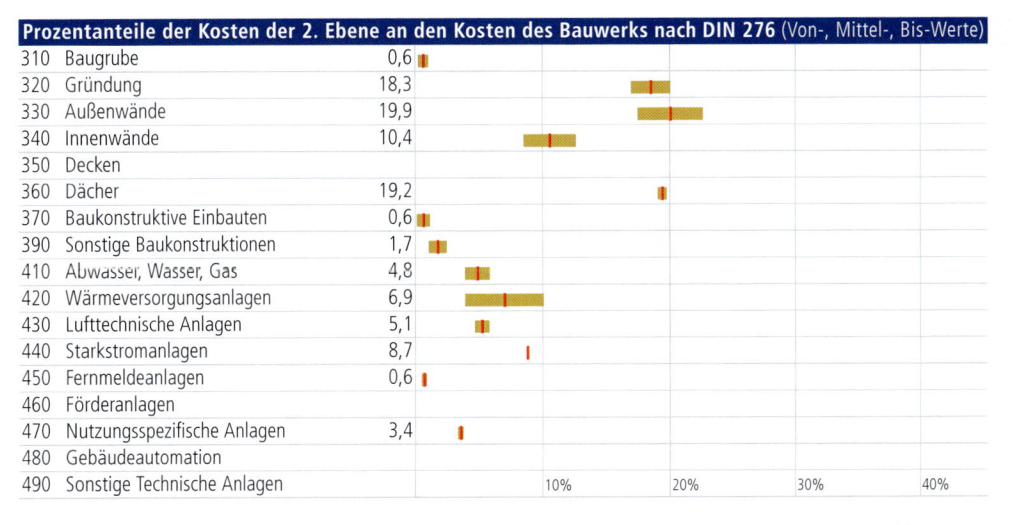

Prozentanteile der Kosten der 2. Ebene an den Kosten des Bauwerks nach DIN 276 (Von-, Mittel-, Bis-Werte)

KG	Kostengruppe	Mittelwert %
310	Baugrube	0,6
320	Gründung	18,3
330	Außenwände	19,9
340	Innenwände	10,4
350	Decken	
360	Dächer	19,2
370	Baukonstruktive Einbauten	0,6
390	Sonstige Baukonstruktionen	1,7
410	Abwasser, Wasser, Gas	4,8
420	Wärmeversorgungsanlagen	6,9
430	Lufttechnische Anlagen	5,1
440	Starkstromanlagen	8,7
450	Fernmeldeanlagen	0,6
460	Förderanlagen	
470	Nutzungsspezifische Anlagen	3,4
480	Gebäudeautomation	
490	Sonstige Technische Anlagen	

© BKI Baukosteninformationszentrum; Erläuterungen zu den Tabellen siehe Seite 48 und 50   Kosten: 1. Quartal 2018, Bundesdurchschnitt, **inkl. 19% MwSt.**

Verbrauchermärkte

Kostenkennwerte für Leistungsbereiche nach StLB (Kosten des Bauwerks nach DIN 276)

LB	Leistungsbereiche	▷	€/m² BGF	◁	▷	% an 300+400	◁
000	Sicherheits-, Baustelleneinrichtungen inkl. 001	17	17	17	1,6	1,6	1,6
002	Erdarbeiten	22	22	22	2,0	2,0	2,0
006	Spezialtiefbauarbeiten inkl. 005	–	–	–	–	–	–
009	Entwässerungskanalarbeiten inkl. 011	–	5	–	–	0,4	–
010	Drän- und Versickerungsarbeiten	–	0	–	–	0,0	–
012	Mauerarbeiten	–	85	–	–	7,9	–
013	Betonarbeiten	184	184	184	17,2	17,2	17,2
014	Natur-, Betonwerksteinarbeiten	–	28	–	–	2,6	–
016	Zimmer- und Holzbauarbeiten	70	70	70	6,5	6,5	6,5
017	Stahlbauarbeiten	7	7	7	0,7	0,7	0,7
018	Abdichtungsarbeiten	–	1	–	–	0,1	–
020	Dachdeckungsarbeiten	75	75	75	7,0	7,0	7,0
021	Dachabdichtungsarbeiten	–	7	–	–	0,6	–
022	Klempnerarbeiten	26	26	26	2,4	2,4	2,4
	Rohbau	**527**	**527**	**527**	**49,2**	**49,2**	**49,2**
023	Putz- und Stuckarbeiten, Wärmedämmsysteme	–	11	–	–	1,0	–
024	Fliesen- und Plattenarbeiten	59	59	59	5,5	5,5	5,5
025	Estricharbeiten	–	2	–	–	0,2	–
026	Fenster, Außentüren inkl. 029, 032	55	55	55	5,2	5,2	5,2
027	Tischlerarbeiten	13	13	13	1,2	1,2	1,2
028	Parkettarbeiten, Holzpflasterarbeiten	–	–	–	–	–	–
030	Rollladenarbeiten	–	0	–	–	0,0	–
031	Metallbauarbeiten inkl. 035	41	41	41	3,8	3,8	3,8
034	Maler- und Lackiererarbeiten inkl. 037	10	10	10	0,9	0,9	0,9
036	Bodenbelagarbeiten	–	3	–	–	0,3	–
038	Vorgehängte hinterlüftete Fassaden	–	17	–	–	1,6	–
039	Trockenbauarbeiten	29	29	29	2,8	2,8	2,8
	Ausbau	**242**	**242**	**242**	**22,7**	**22,7**	**22,7**
040	Wärmeversorgungsanl. - Betriebseinr. inkl. 041	66	66	66	6,1	6,1	6,1
042	Gas- und Wasserinstallation, Leitungen inkl. 043	13	13	13	1,2	1,2	1,2
044	Abwasserinstallationsarbeiten - Leitungen	12	12	12	1,1	1,1	1,1
045	GWA-Einrichtungsgegenstände inkl. 046	14	14	14	1,3	1,3	1,3
047	Dämmarbeiten an betriebstechnischen Anlagen	13	13	13	1,2	1,2	1,2
049	Feuerlöschanlagen, Feuerlöschgeräte	–	–	–	–	–	–
050	Blitzschutz- und Erdungsanlagen	3	3	3	0,3	0,3	0,3
052	Mittelspannungsanlagen	–	–	–	–	–	–
053	Niederspannungsanlagen inkl. 054	72	72	72	6,8	6,8	6,8
055	Ersatzstromversorgungsanlagen	–	–	–	–	–	–
057	Gebäudesystemtechnik	–	–	–	–	–	–
058	Leuchten und Lampen inkl. 059	15	15	15	1,4	1,4	1,4
060	Elektroakustische Anlagen, Sprechanlagen	4	4	4	0,4	0,4	0,4
061	Kommunikationsnetze, inkl. 062	–	0	–	–	0,0	–
063	Gefahrenmeldeanlagen	–	2	–	–	0,1	–
069	Aufzüge	–	–	–	–	–	–
070	Gebäudeautomation	–	8	–	–	0,7	–
075	Raumlufttechnische Anlagen	81	81	81	7,6	7,6	7,6
	Technische Anlagen	**303**	**303**	**303**	**28,3**	**28,3**	**28,3**
	Sonstige Leistungsbereiche inkl. 008, 033, 051	–	0	–	–	0,0	–

Kosten:
Stand 1.Quartal 2018
Bundesdurchschnitt
inkl. 19% MwSt.

● KKW
▶ min
▷ von
❙ Mittelwert
◁ bis
◀ max

© BKI Baukosteninformationszentrum; Erläuterungen zu den Tabellen siehe Seite 52   Kosten: 1.Quartal 2018, Bundesdurchschnitt, **inkl. 19% MwSt.**

Planungskennwerte für Flächen und Rauminhalte nach DIN 277

Grundflächen		▷	Fläche/NUF (%)	◁	▷	Fläche/BGF (%)	◁
NUF	Nutzungsfläche		100,0		77,9	79,9	84,6
TF	Technikfläche	3,7	5,2	7,3	2,8	4,1	5,8
VF	Verkehrsfläche	5,9	8,3	8,6	4,5	6,6	7,0
NRF	Netto-Raumfläche	109,0	113,5	117,7	87,8	90,6	92,0
KGF	Konstruktions-Grundfläche	9,9	11,7	15,1	8,0	9,4	12,2
BGF	Brutto-Grundfläche	119,2	125,2	129,0		100,0	

Brutto-Rauminhalte		▷	BRI/NUF (m)	◁	▷	BRI/BGF (m)	◁
BRI	Brutto-Rauminhalt	6,20	7,47	9,12	5,14	5,90	7,05

Flächen von Nutzeinheiten	▷	NUF/Einheit (m²)	◁	▷	BGF/Einheit (m²)	◁
Nutzeinheit:	–	–	–	–	–	–

Lufttechnisch behandelte Flächen	▷	Fläche/NUF (%)	◁	▷	Fläche/BGF (%)	◁
Entlüftete Fläche	–	–	–	–	–	–
Be- und entlüftete Fläche	–	–	–	–	–	–
Teilklimatisierte Fläche	–	–	–	–	–	–
Klimatisierte Fläche	–	–	–	–	–	–

KG	Kostengruppen (2. Ebene)	Einheit	▷	Menge/NUF	◁	▷	Menge/BGF	◁
310	Baugrube	m³ BGI	0,37	0,37	0,37	0,29	0,29	0,29
320	Gründung	m² GRF	1,09	1,09	1,09	0,86	0,86	0,86
330	Außenwände	m² AWF	0,64	0,64	0,64	0,51	0,51	0,51
340	Innenwände	m² IWF	0,59	0,59	0,59	0,46	0,46	0,46
350	Decken	m² DEF	–	–	–	–	–	–
360	Dächer	m² DAF	1,47	1,47	1,47	1,16	1,16	1,16
370	Baukonstruktive Einbauten	m² BGF	1,19	1,25	1,29		1,00	
390	Sonstige Baukonstruktionen	m² BGF	1,19	1,25	1,29		1,00	
300	Bauwerk-Baukonstruktionen	m² BGF	1,19	1,25	1,29		1,00	

Planungskennwerte für Bauzeiten — 8 Vergleichsobjekte

Bauzeit in Wochen

Bauzeit: Verteilung auf Skala 0 bis 100 Wochen; Markierungen ▶ ▷ bei ca. 20–25 Wochen, ◁ ◀ bei ca. 40–42 Wochen.

© BKI Baukosteninformationszentrum; Erläuterungen zu den Tabellen siehe Seite 54   Kosten: 1.Quartal 2018, Bundesdurchschnitt, **inkl. 19% MwSt.**

Verbrauchermärkte

Objektübersicht zur Gebäudeart

7200-0088 Baufachmarkt, Ausstellungsgebäude
BRI 23.612m³ **BGF** 2.819m² **NUF** 2.201m²

Baufachmarkt mit Ausstellungsfläche und Lager. Stahlbetonskelettbau.

Land: Bayern
Kreis: Passau
Standard: über Durchschnitt
Bauzeit: 39 Wochen
Kennwerte: bis 1.Ebene DIN276

BGF 1.002 €/m²

Planung: Architekturbüro Willi Neumeier Architekt Dipl. Ing. FH; Tittling

veröffentlicht: BKI Objektdaten N15

7200-0091 Verbrauchermarkt
BRI 52.451m³ **BGF** 8.527m² **NUF** 6.504m²

Verbrauchermarkt mit Kühlräumen, Personal- und Büroräumen. Stahlbetonskelettbau.

Land: Nordrhein-Westfalen
Kreis: Mettmann
Standard: Durchschnitt
Bauzeit: 43 Wochen
Kennwerte: bis 1.Ebene DIN276

BGF 1.088 €/m²

Planung: nhp Neuwald Dulle Architekten - Ingenieure; Seevetal

vorgesehen: BKI Objektdaten N16

7200-0085 Nahversorgungszentrum
BRI 38.224m³ **BGF** 6.438m² **NUF** 5.178m²

Nahversorgungszentrum mit Lebensmittelläden, Drogeriemarkt und Fitnessstudio. Massivbau, Brettschichtholzträger.

Land: Niedersachsen
Kreis: Oldenburg, Stadt
Standard: Durchschnitt
Bauzeit: 39 Wochen
Kennwerte: bis 1.Ebene DIN276

BGF 1.176 €/m²

Planung: 9 grad architektur; Oldenburg

veröffentlicht: BKI Objektdaten N13

7200-0076 Verkaufs- und Ausstellungsgebäude*
BRI 3.420m³ **BGF** 755m² **NUF** 600m²

Verkaufs- und Ausstellungsgebäude für Elektrogeräte mit Ausstellungsfläche, Lager, Büro und Personalraum. Stahlbetonkonstruktion.

Land: Nordrhein-Westfalen
Kreis: Rhein-Sieg
Standard: Durchschnitt
Bauzeit: 21 Wochen
Kennwerte: bis 1.Ebene DIN276

BGF 480 €/m²
*

veröffentlicht: BKI Objektdaten N11
*Nicht in der Auswertung enthalten

€/m² BGF
min 725 €/m²
von 875 €/m²
Mittel **1.070 €/m²**
bis 1.310 €/m²
max 1.520 €/m²

Kosten:
Stand 1.Quartal 2018
Bundesdurchschnitt
inkl. 19% MwSt.

Objektübersicht zur Gebäudeart

7200-0083 Verbrauchermarkt

BRI 7.180m³ | **BGF** 850m² | **NUF** 623m²

Verbrauchermarkt. Stb-Fertigteilkonstruktion, Nagelplattenbinder-Flachdachkonstruktion.

Land: Baden-Württemberg
Kreis: Enzkreis
Standard: Durchschnitt
Bauzeit: 26 Wochen
Kennwerte: bis 1.Ebene DIN276

BGF 1.519 €/m²

Planung: Architekturbüro Klaus; Karlsruhe

veröffentlicht: BKI Objektdaten N12

7200-0063 Obstverkaufshalle*

BRI 1.259m³ | **BGF** 379m² | **NUF** 306m²

Obstverkaufshalle mit Lagerräumen, Brennerei und Mitarbeiterwohnungen. Holzrahmenbau mit Holzdachkonstruktion.

Land: Bayern
Kreis: Lindau (Bodensee)
Standard: Durchschnitt
Bauzeit: 30 Wochen
Kennwerte: bis 3.Ebene DIN276

BGF 1.414 €/m²

Planung: Erber Architekten; Lindau

veröffentlicht: BKI Objektdaten N8
*Nicht in der Auswertung enthalten

7200-0065 Verbrauchermarkt

BRI 7.433m³ | **BGF** 1.222m² | **NUF** 968m²

Verbrauchermarkt. Stb-Skelettkonstruktion, Stb-Sandwichplatten, Holzdachstuhl.

Land: Bayern
Kreis: Ebersberg
Standard: Durchschnitt
Bauzeit: 39 Wochen
Kennwerte: bis 4.Ebene DIN276

BGF 1.200 €/m²

Planung: Hans Baumann & Freunde Robert Kolbitsch; Moosach

veröffentlicht: BKI Objektdaten N7

7200-0082 Fachmarktzentrum

BRI 33.064m³ | **BGF** 8.058m² | **NUF** 6.423m²

Fachmarktzentrum mit Fachmärkten, Gastronomie, Fitnesscenter, Büros und Praxen, Stellplätze (140St). Massivbauweise.

Land: Niedersachsen
Kreis: Hannover, Region
Standard: unter Durchschnitt
Bauzeit: 78 Wochen*
Kennwerte: bis 1.Ebene DIN276

BGF 1.060 €/m²

Planung: Jürgen Scharlach Dipl.-Ing. Architekt DWB; Isernhagen

veröffentlicht: BKI Objektdaten N12
*Nicht in der Auswertung enthalten

Verbrauchermärkte

Objektübersicht zur Gebäudeart

€/m² BGF
min	725 €/m²
von	875 €/m²
Mittel	**1.070 €/m²**
bis	1.310 €/m²
max	1.520 €/m²

Kosten:
Stand 1.Quartal 2018
Bundesdurchschnitt
inkl. 19% MwSt.

7200-0044 Verbrauchermarkt

BRI 6.469m³ **BGF** 1.550m² **NUF** 1.412m²

Verbrauchermarkt im Erdgeschoss mit Büro- und Personalräumen, im Untergeschoss (Teilunterkellerung) Autozubehörhandel. Mauerwerksbau.

Land: Bayern
Kreis: Miltenberg
Standard: Durchschnitt
Bauzeit: 30 Wochen
Kennwerte: bis 1.Ebene DIN276

BGF 813 €/m²

Planung: Peter Zirkel Architekten; Dresden

veröffentlicht: BKI Objektdaten N4

7200-0045 Verbrauchermarkt

BRI 7.637m³ **BGF** 1.310m² **NUF** 1.034m²

Lebensmitteleinzelhandel mit Getränkemarkt, Backshop, Friseursalon. Mauerwerksbau.

Land: Niedersachsen
Kreis: Harburg, Winsen/Luhe
Standard: Durchschnitt
Bauzeit: 21 Wochen
Kennwerte: bis 3.Ebene DIN276

BGF 1.051 €/m²

Planung: Architekturbüro Wilfried Matzak; Winsen / Luhe

veröffentlicht: BKI Objektdaten N5

7700-0029 Büromarkt, Poststelle, Fachmarkt

BRI 7.678m³ **BGF** 1.931m² **NUF** 1.623m²

Einkaufsmarkt, Tiefgarage 24 Plätze. Stahlskelettbau.

Land: Bayern
Kreis: Coburg
Standard: Durchschnitt
Bauzeit: 26 Wochen
Kennwerte: bis 1.Ebene DIN276

BGF 723 €/m²

Planung: Architekturbüro Heinz u. Rolf Liebermann; Coburg

veröffentlicht: BKI Objektdaten N4

Gewerbe

Autohäuser

Kostenkennwerte für die Kosten des Bauwerks (Kostengruppen 300+400 nach DIN 276)

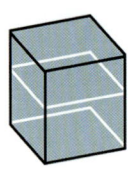

BRI 285 €/m³
von 265 €/m³
bis 330 €/m³

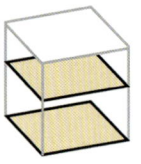

BGF 1.330 €/m²
von 1.160 €/m²
bis 1.430 €/m²

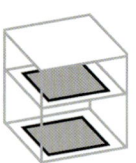

NUF 1.580 €/m²
von 1.320 €/m²
bis 1.760 €/m²

Kosten:
Stand 1.Quartal 2018
Bundesdurchschnitt
inkl. 19% MwSt.

Objektbeispiele

7200-0027

7200-0042

7200-0071

Kosten der 5 Vergleichsobjekte — Seiten 732 bis 733

- ● KKW
- ▶ min
- ▷ von
- | Mittelwert
- ◁ bis
- ◀ max

BRI (€/m³ BRI)

BGF (€/m² BGF)

NUF (€/m² NUF)

728

© BKI Baukosteninformationszentrum; Erläuterungen zu den Tabellen siehe Seite 46   Kosten: 1.Quartal 2018, Bundesdurchschnitt, **inkl. 19% MwSt.**

Kostenkennwerte für die Kostengruppen der 1. und 2. Ebene DIN 276

KG	Kostengruppen der 1. Ebene	Einheit	▷	€/Einheit	◁	▷	% an 300+400	◁
100	Grundstück	m² GF	–	–	–			
200	Herrichten und Erschließen	m² GF	10	**24**	38	1,2	**5,3**	9,4
300	Bauwerk - Baukonstruktionen	m² BGF	910	**1.105**	1.262	79,0	**82,7**	94,3
400	Bauwerk - Technische Anlagen	m² BGF	82	**225**	268	5,7	**17,3**	21,0
	Bauwerk (300+400)	m² BGF	1.160	**1.330**	1.434		**100,0**	
500	Außenanlagen	m² AF	25	**129**	337	10,8	**16,6**	24,9
600	Ausstattung und Kunstwerke	m² BGF	81	**85**	88	7,0	**7,2**	7,4
700	Baunebenkosten*	m² BGF	263	**294**	324	19,7	**22,0**	24,3 ◁ NEU

* Auf Grundlage der HOAI 2013 berechnete Werte nach §§ 35, 52, 56. Weitere Informationen siehe Seite 50

KG	Kostengruppen der 2. Ebene	Einheit	▷	€/Einheit	◁	▷	% an 300	◁
310	Baugrube	m³ BGI	15	**37**	74	4,0	**18,5**	46,5
320	Gründung	m² GRF	279	**294**	325	12,1	**20,9**	25,7
330	Außenwände	m² AWF	286	**443**	723	13,9	**25,5**	32,9
340	Innenwände	m² IWF	220	**227**	238	6,3	**10,8**	13,4
350	Decken	m² DEF	190	**328**	398	2,9	**4,3**	5,0
360	Dächer	m² DAF	199	**235**	289	13,8	**16,6**	17,9
370	Baukonstruktive Einbauten	m² BGF	–	**3**	–	–	**0,1**	–
390	Sonstige Baukonstruktionen	m² BGF	28	**36**	53	2,2	**3,3**	5,5
300	**Bauwerk Baukonstruktionen**	**m² BGF**					**100,0**	

KG	Kostengruppen der 2. Ebene	Einheit	▷	€/Einheit	◁	▷	% an 400	◁
410	Abwasser, Wasser, Gas	m² BGF	24	**38**	64	11,2	**18,9**	22,7
420	Wärmeversorgungsanlagen	m² BGF	26	**57**	76	22,9	**27,6**	30,3
430	Lufttechnische Anlagen	m² BGF	1	**2**	4	0,7	**0,9**	1,3
440	Starkstromanlagen	m² BGF	50	**79**	121	26,9	**38,9**	45,0
450	Fernmeldeanlagen	m² BGF	18	**19**	20	0,0	**4,4**	6,6
460	Förderanlagen	m² BGF	–	**75**	–	–	**8,6**	–
470	Nutzungsspezifische Anlagen	m² BGF	–	**6**	–	–	**0,7**	–
480	Gebäudeautomation	m² BGF	–	–	–	–	–	–
490	Sonstige Technische Anlagen	m² BGF	–	–	–	–	–	–
400	**Bauwerk Technische Anlagen**	**m² BGF**					**100,0**	

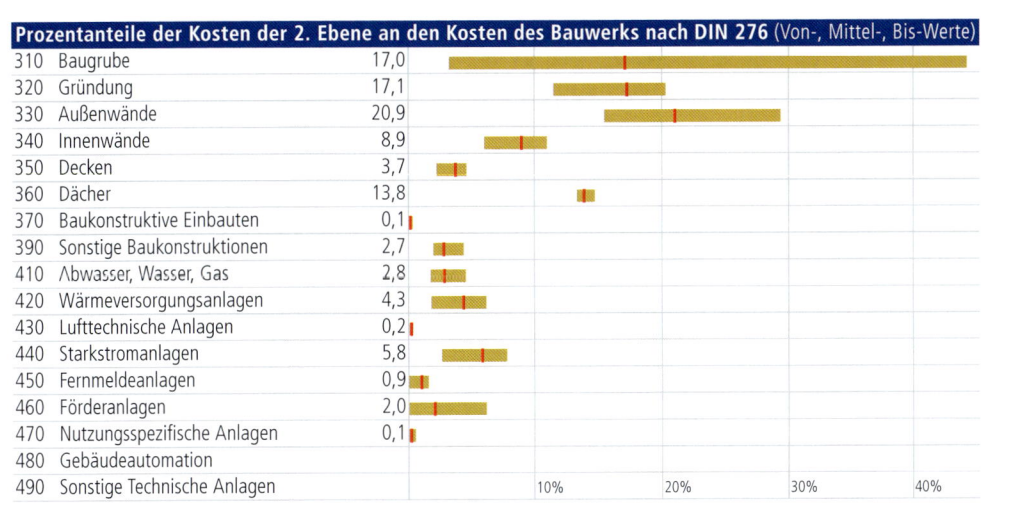

Prozentanteile der Kosten der 2. Ebene an den Kosten des Bauwerks nach DIN 276 (Von-, Mittel-, Bis-Werte)

KG	Kostengruppe	Mittelwert %
310	Baugrube	17,0
320	Gründung	17,1
330	Außenwände	20,9
340	Innenwände	8,9
350	Decken	3,7
360	Dächer	13,8
370	Baukonstruktive Einbauten	0,1
390	Sonstige Baukonstruktionen	2,7
410	Abwasser, Wasser, Gas	2,8
420	Wärmeversorgungsanlagen	4,3
430	Lufttechnische Anlagen	0,2
440	Starkstromanlagen	5,8
450	Fernmeldeanlagen	0,9
460	Förderanlagen	2,0
470	Nutzungsspezifische Anlagen	0,1
480	Gebäudeautomation	
490	Sonstige Technische Anlagen	

© **BKI** Baukosteninformationszentrum; Erläuterungen zu den Tabellen siehe Seite 48 und 50   Kosten: 1.Quartal 2018, Bundesdurchschnitt, **inkl. 19% MwSt.**

Autohäuser

Kostenkennwerte für Leistungsbereiche nach StLB (Kosten des Bauwerks nach DIN 276)

Kosten: Stand 1. Quartal 2018 Bundesdurchschnitt inkl. 19% MwSt.

- ● KKW
- ▶ min
- ▷ von
- | Mittelwert
- ◁ bis
- ◀ max

LB	Leistungsbereiche	▷	€/m² BGF	◁	▷	% an 300+400	◁
000	Sicherheits-, Baustelleneinrichtungen inkl. 001	24	**24**	24	1,8	**1,8**	1,8
002	Erdarbeiten	106	**106**	106	8,0	**8,0**	8,0
006	Spezialtiefbauarbeiten inkl. 005	–	**228**	–	–	**17,1**	–
009	Entwässerungskanalarbeiten inkl. 011	10	**10**	10	0,8	**0,8**	0,8
010	Drän- und Versickerungsarbeiten	4	**4**	4	0,3	**0,3**	0,3
012	Mauerarbeiten	13	**13**	13	1,0	**1,0**	1,0
013	Betonarbeiten	227	**227**	227	17,0	**17,0**	17,0
014	Natur-, Betonwerksteinarbeiten	–	**–**	–	–	**–**	–
016	Zimmer- und Holzbauarbeiten	–	**7**	–	–	**0,5**	–
017	Stahlbauarbeiten	67	**67**	67	5,0	**5,0**	5,0
018	Abdichtungsarbeiten	–	**2**	–	–	**0,2**	–
020	Dachdeckungsarbeiten	–	**–**	–	–	**–**	–
021	Dachabdichtungsarbeiten	–	**34**	–	–	**2,6**	–
022	Klempnerarbeiten	–	**22**	–	–	**1,6**	–
	Rohbau	743	**743**	743	55,9	**55,9**	55,9
023	Putz- und Stuckarbeiten, Wärmedämmsysteme	8	**8**	8	0,6	**0,6**	0,6
024	Fliesen- und Plattenarbeiten	49	**49**	49	3,7	**3,7**	3,7
025	Estricharbeiten	–	**–**	–	–	**–**	–
026	Fenster, Außentüren inkl. 029, 032	86	**86**	86	6,4	**6,4**	6,4
027	Tischlerarbeiten	–	**4**	–	–	**0,3**	–
028	Parkettarbeiten, Holzpflasterarbeiten	–	**–**	–	–	**–**	–
030	Rollladenarbeiten	12	**12**	12	0,9	**0,9**	0,9
031	Metallbauarbeiten inkl. 035	203	**203**	203	15,3	**15,3**	15,3
034	Maler- und Lackiererarbeiten inkl. 037	18	**18**	18	1,4	**1,4**	1,4
036	Bodenbelagarbeiten	10	**10**	10	0,8	**0,8**	0,8
038	Vorgehängte hinterlüftete Fassaden	–	**13**	–	–	**1,0**	–
039	Trockenbauarbeiten	34	**34**	34	2,6	**2,6**	2,6
	Ausbau	440	**440**	440	33,0	**33,0**	33,0
040	Wärmeversorgungsanl. - Betriebseinr. inkl. 041	37	**37**	37	2,8	**2,8**	2,8
042	Gas- und Wasserinstallation, Leitungen inkl. 043	8	**8**	8	0,6	**0,6**	0,6
044	Abwasserinstallationsarbeiten - Leitungen	7	**7**	7	0,6	**0,6**	0,6
045	GWA-Einrichtungsgegenstände inkl. 046	7	**7**	7	0,5	**0,5**	0,5
047	Dämmarbeiten an betriebstechnischen Anlagen	3	**3**	3	0,2	**0,2**	0,2
049	Feuerlöschanlagen, Feuerlöschgeräte	–	**–**	–	–	**–**	–
050	Blitzschutz- und Erdungsanlagen	1	**1**	1	0,1	**0,1**	0,1
052	Mittelspannungsanlagen	–	**–**	–	–	**–**	–
053	Niederspannungsanlagen inkl. 054	53	**53**	53	3,9	**3,9**	3,9
055	Ersatzstromversorgungsanlagen	–	**–**	–	–	**–**	–
057	Gebäudesystemtechnik	–	**–**	–	–	**–**	–
058	Leuchten und Lampen inkl. 059	19	**19**	19	1,5	**1,5**	1,5
060	Elektroakustische Anlagen, Sprechanlagen	–	**–**	–	–	**–**	–
061	Kommunikationsnetze, inkl. 062	–	**8**	–	–	**0,6**	–
063	Gefahrenmeldeanlagen	–	**–**	–	–	**–**	–
069	Aufzüge	–	**–**	–	–	**–**	–
070	Gebäudeautomation	–	**–**	–	–	**–**	–
075	Raumlufttechnische Anlagen	2	**2**	2	0,1	**0,1**	0,1
	Technische Anlagen	145	**145**	145	10,9	**10,9**	10,9
	Sonstige Leistungsbereiche inkl. 008, 033, 051	–	**4**	–	–	**0,3**	–

Planungskennwerte für Flächen und Rauminhalte nach DIN 277

Grundflächen			▷ Fläche/NUF (%) ◁			▷ Fläche/BGF (%) ◁		
NUF	Nutzungsfläche			100,0		82,0	**84,5**	85,7
TF	Technikfläche		1,3	**1,6**	1,9	1,1	**1,4**	1,7
VF	Verkehrsfläche		4,7	**5,3**	5,7	4,6	**4,4**	5,2
NRF	Netto-Raumfläche		106,5	**106,9**	107,7	87,3	**90,4**	92,3
KGF	Konstruktions-Grundfläche		9,1	**11,4**	16,3	7,7	**9,6**	12,7
BGF	Brutto-Grundfläche		117,0	**118,3**	122,5		**100,0**	

Brutto-Rauminhalte			▷ BRI/NUF (m) ◁			▷ BRI/BGF (m) ◁		
BRI	Brutto-Rauminhalt		5,35	**5,57**	6,15	4,46	**4,68**	4,97

Flächen von Nutzeinheiten			▷ NUF/Einheit (m²) ◁			▷ BGF/Einheit (m²) ◁		
Nutzeinheit:			–	–	–	–	–	–

Lufttechnisch behandelte Flächen			▷ Fläche/NUF (%) ◁			▷ Fläche/BGF (%) ◁		
Entlüftete Fläche			–	1,0	–	–	0,9	–
Be- und entlüftete Fläche			–	–	–	–	–	–
Teilklimatisierte Fläche			–	–	–	–	–	–
Klimatisierte Fläche			–	–	–	–	–	–

KG	Kostengruppen (2. Ebene)	Einheit	▷	Menge/NUF	◁	▷	Menge/BGF	◁
310	Baugrube	m³ BGI	4,19	**4,81**	4,81	3,56	**4,16**	4,16
320	Gründung	m² GRF	0,92	**0,92**	0,93	0,79	**0,79**	0,83
330	Außenwände	m² AWF	0,77	**0,80**	0,80	0,64	**0,69**	0,69
340	Innenwände	m² IWF	0,56	**0,64**	0,64	0,47	**0,54**	0,54
350	Decken	m² DEF	0,17	**0,22**	0,22	0,15	**0,19**	0,19
360	Dächer	m² DAF	0,96	**0,96**	0,99	0,83	**0,83**	0,84
370	Baukonstruktive Einbauten	m² BGF	1,17	**1,18**	1,23		**1,00**	
390	Sonstige Baukonstruktionen	m² BGF	1,17	**1,18**	1,23		**1,00**	
300	**Bauwerk-Baukonstruktionen**	m² BGF	1,17	**1,18**	1,23		**1,00**	

Planungskennwerte für Bauzeiten — 5 Vergleichsobjekte

Bauzeit in Wochen

Bauzeit: |0 |10 |20 |30 |40 |50 |60 |70 |80 |90 |100 Wochen

© BKI Baukosteninformationszentrum; Erläuterungen zu den Tabellen siehe Seite 54   Kosten: 1.Quartal 2018, Bundesdurchschnitt, **inkl. 19% MwSt.**

Autohäuser

Objektübersicht zur Gebäudeart

7200-0071 Autohaus mit Werkstatt
BRI 7.524m³   **BGF** 1.506m²   **NUF** 1.249m²

Autohaus mit Werkstatt, Büroräume. Stb-Skelettkonstruktion.

Land: Bayern
Kreis: Altötting
Standard: Durchschnitt
Bauzeit: 34 Wochen
Kennwerte: bis 3.Ebene DIN276

BGF   1.444 €/m²

Planung: Architektur Seidel; Mühldorf/Inn

veröffentlicht: BKI Objektdaten N11

7200-0075 Autohaus*
BRI 4.571m³   **BGF** 699m²   **NUF** 646m²

Autohaus mit Verkaufsraum und Galerie mit Kundenwartezone. Stahlkonstruktion.

Land: Saarland
Kreis: Neunkirchen/Saar
Standard: Durchschnitt
Bauzeit: 43 Wochen
Kennwerte: bis 1.Ebene DIN276

BGF   1.984 €/m²

Planung: Büro Prof. Rollmann + Partner; Homburg

veröffentlicht: BKI Objektdaten N10
*Nicht in der Auswertung enthalten

7200-0054 Autozubehörvertrieb
BRI 1.842m³   **BGF** 446m²   **NUF** 386m²

Autozubehörhandel mit Werkstatt und Ausstellungsräumen. Stahlkonstruktion.

Land: Bayern
Kreis: Bad Kissingen
Standard: unter Durchschnitt
Bauzeit: 26 Wochen
Kennwerte: bis 4.Ebene DIN276

BGF   1.444 €/m²

Planung: Architekturbüro Stefan Richter; Bad Brückenau

veröffentlicht: BKI Objektdaten N5

7200-0042 Autohaus, Werkstatt, Büros
BRI 8.212m³   **BGF** 1.475m²   **NUF** 1.143m²

Ausstellungsräume, Büroräume für 6 Mitarbeiter. Stahlkonstruktion.

Land: Bayern
Kreis: Eichstätt
Standard: über Durchschnitt
Bauzeit: 64 Wochen
Kennwerte: bis 1.Ebene DIN276

BGF   1.411 €/m²

Planung: Architektur + Projektmanagement Bachschuster; Ingolstadt

veröffentlicht: BKI Objektdaten N5

€/m² BGF
min   1.105 €/m²
von   1.160 €/m²
Mittel **1.330 €/m²**
bis   1.435 €/m²
max   1.445 €/m²

Kosten:
Stand 1.Quartal 2018
Bundesdurchschnitt
inkl. 19% MwSt.

Objektübersicht zur Gebäudeart

7200-0027 Autohaus
BRI 13.071m³ **BGF** 3.167m² **NUF** 2.788m²

Zusammenlegung zweier komplett abgetrennter Autohäuser unter einem Dach. Mauerwerksbau.

Land: Bayern
Kreis: Mühldorf a. Inn
Standard: Durchschnitt
Bauzeit: 39 Wochen
Kennwerte: bis 1.Ebene DIN276

BGF 1.104 €/m²

Planung: Klaus Seidel & Paul Brandstetter Architekten; Mühldorf/Inn

veröffentlicht: BKI Objektdaten N2

7200-0037 Autohaus, Werkstatt
BRI 4.350m³ **BGF** 943m² **NUF** 837m²

Autohaus mit Büro-, Ausstellungs-, Sozialräumen und Werkstatt, nicht unterkellert. Mauerwerksbau.

Land: Thüringen
Kreis: Erfurt
Standard: Durchschnitt
Bauzeit: 21 Wochen
Kennwerte: bis 2.Ebene DIN276

BGF 1.249 €/m²

Planung: Scholz & Partner GmbH Architekten und Ingenieure; Würzburg

veröffentlicht: BKI Objektdaten N3

Lagergebäude, ohne Mischnutzung

Kostenkennwerte für die Kosten des Bauwerks (Kostengruppen 300+400 nach DIN 276)

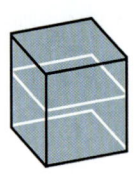

BRI 135 €/m³
von 85 €/m³
bis 215 €/m³

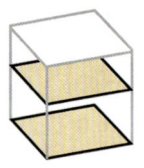

BGF 750 €/m²
von 420 €/m²
bis 1.100 €/m²

NUF 860 €/m²
von 440 €/m²
bis 1.280 €/m²

Objektbeispiele

7700-0082

7700-0081

7700-0079

Kosten:
Stand 1. Quartal 2018
Bundesdurchschnitt
inkl. 19% MwSt.

Kosten der 15 Vergleichsobjekte — Seiten 738 bis 742

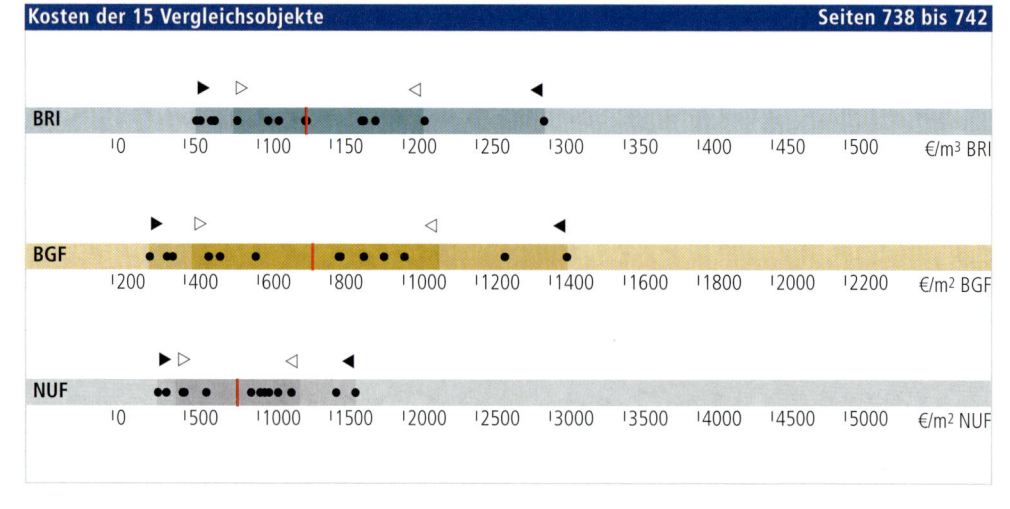

- ● KKW
- ▶ min
- ▷ von
- | Mittelwert
- ◁ bis
- ◀ max

© BKI Baukosteninformationszentrum; Erläuterungen zu den Tabellen siehe Seite 46   Kosten: 1.Quartal 2018, Bundesdurchschnitt, **inkl. 19% MwSt.**

Kostenkennwerte für die Kostengruppen der 1. und 2. Ebene DIN 276

KG	Kostengruppen der 1. Ebene	Einheit	▷	€/Einheit	◁	▷	% an 300+400	◁
100	Grundstück	m² GF	–	–	–	–	–	–
200	Herrichten und Erschließen	m² GF	4	**8**	12	3,4	**9,1**	18,5
300	Bauwerk - Baukonstruktionen	m² BGF	351	**628**	871	66,8	**85,2**	95,1
400	Bauwerk - Technische Anlagen	m² BGF	40	**122**	404	4,9	**14,8**	33,2
	Bauwerk (300+400)	m² BGF	421	**750**	1.096		**100,0**	
500	Außenanlagen	m² AF	26	**65**	198	8,8	**56,3**	387,4
600	Ausstattung und Kunstwerke	m² BGF	1	**84**	167	0,1	**16,9**	33,8
700	Baunebenkosten*	m² BGF	144	**159**	174	19,6	**21,6**	23,6 ◁ NEU

* Auf Grundlage der HOAI 2013 berechnete Werte nach §§ 35, 52, 56. Weitere Informationen siehe Seite 50

KG	Kostengruppen der 2. Ebene	Einheit	▷	€/Einheit	◁	▷	% an 300	◁
310	Baugrube	m³ BGI	10	**24**	40	1,1	**2,8**	9,1
320	Gründung	m² GRF	84	**142**	219	19,8	**22,3**	27,8
330	Außenwände	m² AWF	124	**218**	300	23,8	**32,4**	40,8
340	Innenwände	m² IWF	133	**243**	360	1,0	**5,7**	9,7
350	Decken	m² DEF	135	**201**	282	0,2	**2,1**	6,6
360	Dächer	m² DAF	95	**157**	233	19,9	**29,3**	44,1
370	Baukonstruktive Einbauten	m² BGF	2	**22**	64	0,1	**1,6**	14,0
390	Sonstige Baukonstruktionen	m² BGF	14	**28**	42	2,0	**3,8**	5,5
300	**Bauwerk Baukonstruktionen**	**m² BGF**					**100,0**	

KG	Kostengruppen der 2. Ebene	Einheit	▷	€/Einheit	◁	▷	% an 400	◁
410	Abwasser, Wasser, Gas	m² BGF	4	**12**	21	7,8	**23,5**	74,6
420	Wärmeversorgungsanlagen	m² BGF	27	**46**	106	3,3	**17,8**	43,0
430	Lufttechnische Anlagen	m² BGF	1	**40**	116	0,0	**2,5**	14,1
440	Starkstromanlagen	m² BGF	19	**40**	91	27,7	**48,1**	89,6
450	Fernmeldeanlagen	m² BGF	10	**21**	54	0,0	**4,7**	11,3
460	Förderanlagen	m² BGF	–	**5**	–	–	**0,1**	–
470	Nutzungsspezifische Anlagen	m² BGF	0	**67**	133	0,1	**2,5**	21,6
480	Gebäudeautomation	m² BGF	–	**42**	–	–	**0,8**	–
490	Sonstige Technische Anlagen	m² BGF	–	**2**	–	–	**0,0**	–
400	**Bauwerk Technische Anlagen**	**m² BGF**					**100,0**	

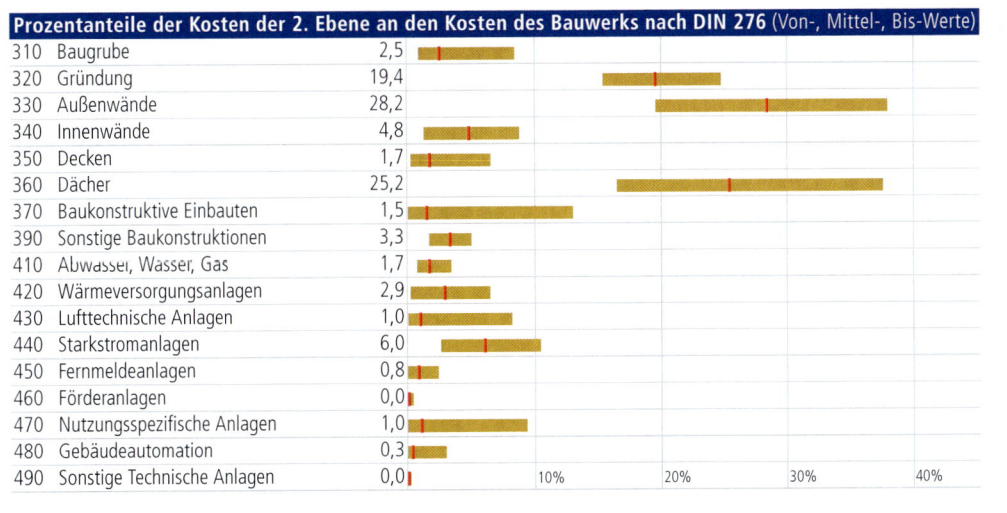

Prozentanteile der Kosten der 2. Ebene an den Kosten des Bauwerks nach DIN 276 (Von-, Mittel-, Bis-Werte)

KG	Bezeichnung	Mittelwert %
310	Baugrube	2,5
320	Gründung	19,4
330	Außenwände	28,2
340	Innenwände	4,8
350	Decken	1,7
360	Dächer	25,2
370	Baukonstruktive Einbauten	1,5
390	Sonstige Baukonstruktionen	3,3
410	Abwasser, Wasser, Gas	1,7
420	Wärmeversorgungsanlagen	2,9
430	Lufttechnische Anlagen	1,0
440	Starkstromanlagen	6,0
450	Fernmeldeanlagen	0,8
460	Förderanlagen	0,0
470	Nutzungsspezifische Anlagen	1,0
480	Gebäudeautomation	0,3
490	Sonstige Technische Anlagen	0,0

© BKI Baukosteninformationszentrum; Erläuterungen zu den Tabellen siehe Seite 48 und 50   Kosten: 1.Quartal 2018, Bundesdurchschnitt, **inkl. 19% MwSt.**

Lagergebäude, ohne Mischnutzung

Kostenkennwerte für Leistungsbereiche nach StLB (Kosten des Bauwerks nach DIN 276)

Kosten: Stand 1. Quartal 2018, Bundesdurchschnitt inkl. 19% MwSt.

LB	Leistungsbereiche	▷	€/m² BGF	◁	▷	% an 300+400	◁
000	Sicherheits-, Baustelleneinrichtungen inkl. 001	12	23	36	1,5	3,1	4,8
002	Erdarbeiten	15	41	93	2,0	5,4	12,4
006	Spezialtiefbauarbeiten inkl. 005	–	6	–	–	0,7	–
009	Entwässerungskanalarbeiten inkl. 011	1	2	5	0,1	0,3	0,7
010	Drän- und Versickerungsarbeiten	0	0	2	0,0	0,0	0,2
012	Mauerarbeiten	3	25	74	0,3	3,3	9,8
013	Betonarbeiten	73	139	299	9,8	18,6	39,9
014	Natur-, Betonwerksteinarbeiten	–	9	–	–	1,1	–
016	Zimmer- und Holzbauarbeiten	4	54	181	0,5	7,2	24,2
017	Stahlbauarbeiten	30	130	342	4,0	17,3	45,6
018	Abdichtungsarbeiten	0	2	13	0,0	0,3	1,7
020	Dachdeckungsarbeiten	2	23	94	0,2	3,0	12,5
021	Dachabdichtungsarbeiten	0	22	55	0,0	2,9	7,3
022	Klempnerarbeiten	7	30	64	0,9	4,0	8,5
	Rohbau	383	505	604	51,1	67,3	80,5
023	Putz- und Stuckarbeiten, Wärmedämmsysteme	0	6	14	0,0	0,8	1,9
024	Fliesen- und Plattenarbeiten	0	2	11	0,0	0,3	1,5
025	Estricharbeiten	0	3	13	0,0	0,4	1,7
026	Fenster, Außentüren inkl. 029, 032	3	27	90	0,4	3,5	12,0
027	Tischlerarbeiten	0	3	12	0,0	0,4	1,6
028	Parkettarbeiten, Holzpflasterarbeiten	–	–	–	–	–	–
030	Rollladenarbeiten	0	2	8	0,0	0,2	1,1
031	Metallbauarbeiten inkl. 035	8	32	82	1,1	4,3	10,9
034	Maler- und Lackiererarbeiten inkl. 037	1	8	17	0,1	1,1	2,2
036	Bodenbelagarbeiten	0	4	20	0,0	0,6	2,6
038	Vorgehängte hinterlüftete Fassaden	0	30	74	0,0	4,0	9,9
039	Trockenbauarbeiten	0	11	35	0,1	1,5	4,7
	Ausbau	30	129	217	4,1	17,2	28,9
040	Wärmeversorgungsanl. - Betriebseinr. inkl. 041	2	20	42	0,2	2,6	5,6
042	Gas- und Wasserinstallation, Leitungen inkl. 043	0	4	9	0,0	0,6	1,3
044	Abwasserinstallationsarbeiten - Leitungen	0	3	8	0,1	0,4	1,1
045	GWA-Einrichtungsgegenstände inkl. 046	0	1	3	0,0	0,2	0,4
047	Dämmarbeiten an betriebstechnischen Anlagen	0	3	11	0,0	0,3	1,4
049	Feuerlöschanlagen, Feuerlöschgeräte	0	1	1	0,0	0,1	0,1
050	Blitzschutz- und Erdungsanlagen	0	1	3	0,0	0,2	0,4
052	Mittelspannungsanlagen	–	–	–	–	–	–
053	Niederspannungsanlagen inkl. 054	15	33	68	2,1	4,4	9,0
055	Ersatzstromversorgungsanlagen	–	1	–	–	0,1	–
057	Gebäudesystemtechnik	–	–	–	–	–	–
058	Leuchten und Lampen inkl. 059	2	9	18	0,2	1,2	2,3
060	Elektroakustische Anlagen, Sprechanlagen	0	0	1	0,0	0,0	0,2
061	Kommunikationsnetze, inkl. 062	0	1	7	0,0	0,2	0,9
063	Gefahrenmeldeanlagen	0	4	15	0,0	0,6	2,0
069	Aufzüge	–	–	–	–	–	–
070	Gebäudeautomation	–	2	–	–	0,2	–
075	Raumlufttechnische Anlagen	0	13	13	0,1	1,8	1,8
	Technische Anlagen	42	96	202	5,6	12,8	27,0
	Sonstige Leistungsbereiche inkl. 008, 033, 051	0	21	21	0,0	2,7	2,7

- ● KKW
- ▶ min
- ▷ von
- | Mittelwert
- ◁ bis
- ◀ max

Planungskennwerte für Flächen und Rauminhalte nach DIN 277

Grundflächen		▷ Fläche/NUF (%) ◁			▷ Fläche/BGF (%) ◁		
NUF	Nutzungsfläche		100,0		85,8	**89,5**	92,6
TF	Technikfläche	2,6	**1,9**	8,5	2,1	**1,7**	6,6
VF	Verkehrsfläche	2,3	**1,6**	6,6	1,9	**1,4**	4,8
NRF	Netto-Raumfläche	102,5	**103,5**	108,3	89,8	**92,6**	95,0
KGF	Konstruktions-Grundfläche	6,1	**8,2**	12,6	5,0	**7,4**	10,2
BGF	Brutto-Grundfläche	109,0	**111,8**	118,2		**100,0**	

Brutto-Rauminhalte		▷ BRI/NUF (m) ◁			▷ BRI/BGF (m) ◁		
BRI	Brutto-Rauminhalt	5,66	**6,53**	8,48	5,05	**5,82**	6,92

Flächen von Nutzeinheiten		▷ NUF/Einheit (m²) ◁			▷ BGF/Einheit (m²) ◁		
Nutzeinheit:		–	–	–	–	–	–

Lufttechnisch behandelte Flächen	▷ Fläche/NUF (%) ◁			▷ Fläche/BGF (%) ◁		
Entlüftete Fläche	–	56,8	–	–	53,4	–
Be- und entlüftete Fläche	–	29,1	–	–	27,4	–
Teilklimatisierte Fläche	–	29,1	–	–	27,4	–
Klimatisierte Fläche	–	–	–	–	–	–

KG	Kostengruppen (2. Ebene)	Einheit	▷ Menge/NUF ◁			▷ Menge/BGF ◁		
310	Baugrube	m³ BGI	0,70	**0,88**	1,88	0,60	**0,82**	1,77
320	Gründung	m² GRF	1,03	**1,05**	1,13	0,94	**0,97**	1,00
330	Außenwände	m² AWF	0,85	**1,01**	1,06	0,80	**0,92**	1,08
340	Innenwände	m² IWF	0,24	**0,32**	0,42	0,21	**0,29**	0,37
350	Decken	m² DEF	0,08	**0,12**	0,17	0,08	**0,11**	0,16
360	Dächer	m² DAF	1,10	**1,16**	1,33	1,01	**1,06**	1,10
370	Baukonstruktive Einbauten	m² BGF	1,09	**1,12**	1,18		**1,00**	
390	Sonstige Baukonstruktionen	m² BGF	1,09	**1,12**	1,18		**1,00**	
300	**Bauwerk-Baukonstruktionen**	m² BGF	1,09	**1,12**	1,18		**1,00**	

Planungskennwerte für Bauzeiten — 15 Vergleichsobjekte

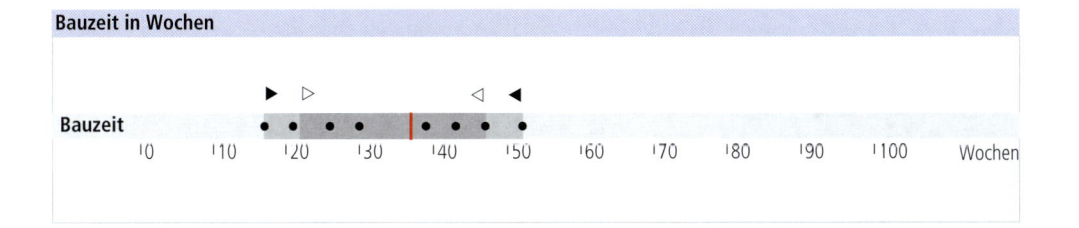

Bauzeit in Wochen

Bauzeit: ca. 15–50 Wochen (Median ~35), Skala 0–100 Wochen

Lagergebäude, ohne Mischnutzung

Objektübersicht zur Gebäudeart

€/m² BGF
min	305 €/m²
von	420 €/m²
Mittel	**750 €/m²**
bis	1.095 €/m²
max	1.445 €/m²

Kosten:
Stand 1.Quartal 2018
Bundesdurchschnitt
inkl. 19% MwSt.

7700-0081 Lagerhalle   BRI 2.524m³   BGF 457m²   NUF 414m²

Lagerhalle für zweistöckige Palettenregale.

Land: Bayern
Kreis: Passau
Standard: über Durchschnitt
Bauzeit: 17 Wochen
Kennwerte: bis 1.Ebene DIN276

BGF 947 €/m²

Planung: Andreas Köck Architekt & Stadtplaner; Grafenau

vorgesehen: BKI Objektdaten N16

7700-0079 Lagergebäude   BRI 9.945m³   BGF 1.487m²   NUF 1.396m²

Lagergebäude für Weinkellerei mit Lagerräumen für Holzgärständer und Barriquelager. Stahlbeton.

Land: Baden-Württemberg
Kreis: Ludwigsburg
Standard: Durchschnitt
Bauzeit: 21 Wochen
Kennwerte: bis 3.Ebene DIN276

BGF 892 €/m²

Planung: Mögel & Schwarzbach Freie Architekten PartmbB; Stuttgart

vorgesehen: BKI Objektdaten N16

7700-0067 Tiefkühllager*   BRI 2.996m³   BGF 330m²   NUF 272m²

Tiefkühllager für Logistikzentrum. Stahl-Skelettkonstruktion.

Land: Sachsen
Kreis: Nordsachsen
Standard: Durchschnitt
Bauzeit: 26 Wochen
Kennwerte: bis 3.Ebene DIN276

BGF 2.049 €/m² *

Planung: heine | reichold architekten Partnerschaftsgesellschaft mbB; Lichtenstein

veröffentlicht: BKI Objektdaten N15
*Nicht in der Auswertung enthalten

7700-0073 Lagerhalle   BRI 1.551m³   BGF 267m²   NUF 235m²

Lagerhalle als Teil eines Betriebsgebäudes. Mauerwerksbau, Stahlstützen, Holzleimbinder.

Land: Bremen
Kreis: Bremen
Standard: Durchschnitt
Bauzeit: 39 Wochen
Kennwerte: bis 3.Ebene DIN276

BGF 1.002 €/m²

Planung: Püffel Architekten; Bremen

veröffentlicht: BKI Objektdaten N13

Objektübersicht zur Gebäudeart

7700-0075 Aktiv- und Erholungspark, Abstellhaus
BRI 826m³ | **BGF** 182m² | **NUF** 139m²

Abstellhaus in Aktiv- und Erholungspark für Familienhotelanlage zur Erweiterung der Outdoor-Angebote. Mauerwerksbau.

Land: Mecklenburg-Vorpommern
Kreis: Greifswald (Kreis)
Standard: über Durchschnitt
Bauzeit: 52 Wochen
Kennwerte: bis 3.Ebene DIN276

BGF 822 €/m²

Planung: Achim Dreischmeier Architekt BDA und Stadtplaner; Ostseebad Koserow

veröffentlicht: BKI Objektdaten F7

7700-0082 Wirtschaftsgebäude
BRI 1.046m³ | **BGF** 308m² | **NUF** 251m²

Wirtschaftsgebäude für ein Wohn- und Pflegeheim. Holzkonstruktion.

Land: Baden-Württemberg
Kreis: Neckar-Odenwald-Kreis
Standard: über Durchschnitt
Bauzeit: 43 Wochen
Kennwerte: bis 1.Ebene DIN276

BGF 1.002 €/m²

Planung: Ecker Architekten; Heidelberg

vorgesehen: BKI Objektdaten N16

7700-0072 Salzlagerhalle
BRI 3.127m³ | **BGF** 324m² | **NUF** 247m²

Salzlagerhalle für 1.500t Streusalz für eine Straßenmeisterei. Holzskelettkonstruktion.

Land: Bayern
Kreis: Landshut
Standard: unter Durchschnitt
Bauzeit: 17 Wochen
Kennwerte: bis 1.Ebene DIN276

BGF 1.277 €/m²

Planung: Staatliches Bauamt Landshut

veröffentlicht: BKI Objektdaten N13

7300-0069 Kranhalle*
BRI 2.271m³ | **BGF** 353m² | **NUF** 327m²

Kranhalle zur Fertigung von Edelstahlteilen (327m² Hallenfläche). Gemeinsam erstellt mit angrenzendem Umkleide- und Sanitärgebäude. Objekt-Nr. 7300-0068. Stahlkonstruktion.

Land: Nordrhein-Westfalen
Kreis: Dortmund
Standard: Durchschnitt
Bauzeit: 26 Wochen
Kennwerte: bis 1.Ebene DIN276

BGF 1.990 €/m²

Planung: echtermeyer.fietz architekten; Dortmund

veröffentlicht: BKI Objektdaten N11
*Nicht in der Auswertung enthalten

Lagergebäude, ohne Mischnutzung

Objektübersicht zur Gebäudeart

€/m² BGF
- min: 305 €/m²
- von: 420 €/m²
- Mittel: **750 €/m²**
- bis: 1.095 €/m²
- max: 1.445 €/m²

Kosten:
Stand 1.Quartal 2018
Bundesdurchschnitt
inkl. 19% MwSt.

7300-0085 Gewächshaus, Sortierhalle, Sozialgebäude (50 AP)
BRI 79.338m³ | **BGF** 12.500m² | **NUF** 12.235m²

Gewächshaus (120mx95m) mit Sortierhalle und Sozialtrakt (Aufenthaltsraum, Umkleide- und Sanitärräume, Büros, Technikräume). Stahlkonstruktion (Gewächshaus), Massivbau (Anbauten).

Land: Thüringen
Kreis: Gera
Standard: Durchschnitt
Bauzeit: 43 Wochen
Kennwerte: bis 1.Ebene DIN276

BGF 367 €/m²

Planung: Klaus Sorger BVS GmbH; Gera

veröffentlicht: BKI Objektdaten N13

7700-0063 Lagerhalle mit Werkstatt
BRI 1.512m³ | **BGF** 242m² | **NUF** 197m²

Lagerhalle mit Werkstatt und Sanitärbereich. Realisierung zusammen mit Bürogebäude Objekt-Nr.: 1300-0173. Stahl-Rahmenbinderkonstruktion.

Land: Nordrhein-Westfalen
Kreis: Steinfurt
Standard: Durchschnitt
Bauzeit: 26 Wochen
Kennwerte: bis 1.Ebene DIN276

BGF 827 €/m²

Planung: Bayer Berresheim Architekten & Anuschka Wahl; Aachen, Frankfurt

veröffentlicht: BKI Objektdaten N11

7400-0008 Stellplatzüberdachung für Landmaschinen
BRI 5.921m³ | **BGF** 1.440m² | **NUF** 1.356m²

Überdachter Stellpatz für 17 Landmaschinen. Holzkonstruktion.

Land: Sachsen-Anhalt
Kreis: Burgenlandkreis
Standard: unter Durchschnitt
Bauzeit: 43 Wochen
Kennwerte: bis 1.Ebene DIN276

BGF 352 €/m²

Planung: TRÄNKNER ARCHITEKTEN Architekt Matthias Tränkner; Naumburg (Saale)

veröffentlicht: BKI Objektdaten N12

7700-0056 Maschinenhalle*
BRI 766m³ | **BGF** 120m² | **NUF** 110m²

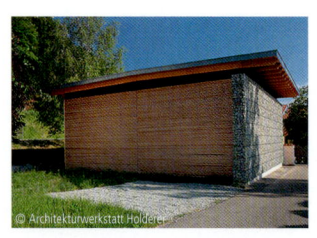

Maschinenhalle mit 4 Stellplätzen. Holzrahmenbau.

Land: Baden-Württemberg
Kreis: Emmendingen
Standard: Durchschnitt
Bauzeit: 13 Wochen
Kennwerte: bis 1.Ebene DIN276

BGF 1.143 €/m²

Planung: Architekturwerkstatt Holderer; Bahlingen

veröffentlicht: BKI Objektdaten N10
*Nicht in der Auswertung enthalten

Objektübersicht zur Gebäudeart

7700-0065 Material- und Weinlager*

BRI 4.100m³ **BGF** 801m² **NUF** 728m²

Temperiertes Weintanklager, Materiallager, Rohstofflager für Abfüllung und Fertigteillager. Stahlbetonkonstruktion.

Land: Sachsen-Anhalt
Kreis: Burgenlandkreis
Standard: Durchschnitt
Bauzeit: 47 Wochen
Kennwerte: bis 4.Ebene DIN276

BGF 1.503 €/m² *

Planung: Boy und Partner Ingenieurbüro für Bauwesen GmbH; Naumburg

veröffentlicht: BKI Objektdaten N11
*Nicht in der Auswertung enthalten

7300-0079 Produktionshalle, Lagerbereich (90 AP)

BRI 17.395m³ **BGF** 2.579m² **NUF** 2.424m²

Produktionshalle mit Lagerbereich. Stahl-Skelett-Konstruktion.

Land: Baden-Württemberg
Kreis: Neckar-Odenwald
Standard: über Durchschnitt
Bauzeit: 47 Wochen
Kennwerte: bis 3.Ebene DIN276

BGF 1.445 €/m²

Planung: Link Architekten; Walldürn

veröffentlicht: BKI Objektdaten N13

7700-0045 Lagerhalle

BRI 11.432m³ **BGF** 1.672m² **NUF** 1.596m²

Lagerhalle. Stahlskelettkonstruktion, Trapezblechdach.

Land: Bayern
Kreis: Berchtesgadener Land
Standard: Durchschnitt
Bauzeit: 52 Wochen
Kennwerte: bis 4.Ebene DIN276

BGF 464 €/m²

Planung: Architekturbüro Armin Riedl; Surheim

veröffentlicht: BKI Objektdaten N8

7400-0007 Maschinenhalle

BRI 2.256m³ **BGF** 341m² **NUF** 320m²

Maschinenhalle, abstellen und in Stand setzen von Fahrzeugen, Geräten und Maschinen. Holzskelettkonstruktion.

Land: Baden-Württemberg
Kreis: Bodensee
Standard: unter Durchschnitt
Bauzeit: 30 Wochen
Kennwerte: bis 3.Ebene DIN276

BGF 465 €/m²

Planung: Martin Wamsler Freier Architekt BDA Dipl.-Ing. (FH); Markdorf

veröffentlicht: BKI Objektdaten N9

Lagergebäude, ohne Mischnutzung

Objektübersicht zur Gebäudeart

7400-0005 Fahrzeughalle

BRI 1.408m³ **BGF** 281m² **NUF** 270m²

Pultdachhalle mit einer offenen Längsseite zur Unterstellung von landwirtschaftlich genutzten Maschinen und Geräten, sowie zur Unterstellung eines LKW. Stahlkonstruktion.

Land: Sachsen-Anhalt
Kreis: Salzwedel
Standard: unter Durchschnitt
Bauzeit: 47 Wochen
Kennwerte: bis 2.Ebene DIN276

BGF 304 €/m²

Planung: Franz Schneidewind Dipl.-Ing. Architekt BDA; Braunschweig

veröffentlicht: BKI Objektdaten N6

€/m² BGF

min	305	€/m²
von	420	€/m²
Mittel	**750**	**€/m²**
bis	1.095	€/m²
max	1.445	€/m²

Kosten:
Stand 1.Quartal 2018
Bundesdurchschnitt
inkl. 19% MwSt.

7400-0006 Führanlage und Außenreitplatz

BRI 1.361m³ **BGF** 314m² **NUF** 312m²

Die Führanlage ist eine Rundhalle mit Deckenführanlage mit einem Durchmesser von 20m. Stahlrahmenkonstruktion.

Land: Sachsen-Anhalt
Kreis: Salzwedel
Standard: über Durchschnitt
Bauzeit: 47 Wochen
Kennwerte: bis 2.Ebene DIN276

BGF 495 €/m²

Planung: Franz Schneidewind Dipl.-Ing. Architekt BDA; Braunschweig

veröffentlicht: BKI Objektdaten N6

7700-0034 Lager, Bürogebäude

BRI 8.221m³ **BGF** 1.483m² **NUF** 1.362m²

Lagergebäude für einen Schuhladen mit Büroräumen. Stahlrahmenkonstruktion.

Land: Baden-Württemberg
Kreis: Biberach/Riß
Standard: Durchschnitt
Bauzeit: 26 Wochen
Kennwerte: bis 3.Ebene DIN276

BGF 593 €/m²

Planung: Joachim Hauser Dipl.-Ing. Architekt; Ehingen/Donau

veröffentlicht: BKI Objektdaten N5

Gewerbe

Lagergebäude, mit bis zu 25% Mischnutzung

Kostenkennwerte für die Kosten des Bauwerks (Kostengruppen 300+400 nach DIN 276)

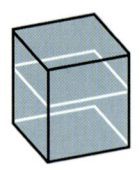

BRI 130 €/m³
von 70 €/m³
bis 205 €/m³

BGF 850 €/m²
von 650 €/m²
bis 1.110 €/m²

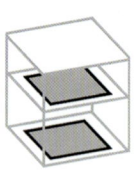

NUF 1.010 €/m²
von 720 €/m²
bis 1.350 €/m²

Objektbeispiele

Kosten:
Stand 1.Quartal 2018
Bundesdurchschnitt
inkl. 19% MwSt.

7700-0076 © O. M. Architekten BDA
7700-0046 © Freier Architekt Gerhard Heinlin
7700-0070 © Hammer Pfeiffer Architekten
7700-0071 © DHBT Architekten GmbH
7300-0083 © Haasz
7200-0077 © Architekten HBH

Kosten der 9 Vergleichsobjekte — Seiten 748 bis 750

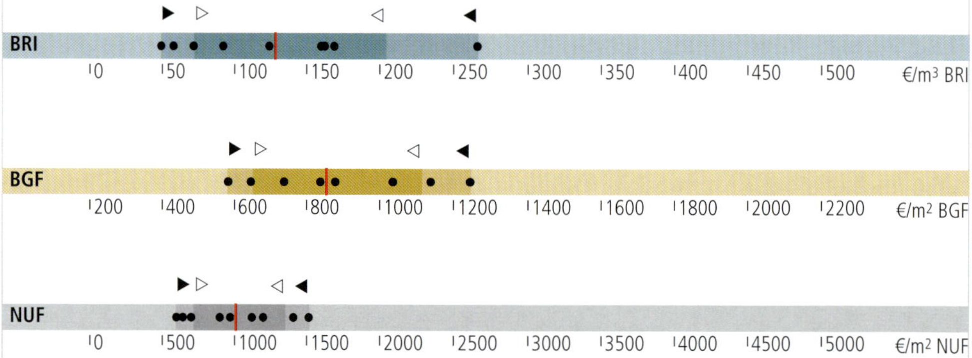

- • KKW
- ▶ min
- ▷ von
- | Mittelwert
- ◁ bis
- ◀ max

BRI — €/m³ BRI
BGF — €/m² BGF
NUF — €/m² NUF

© BKI Baukosteninformationszentrum; Erläuterungen zu den Tabellen siehe Seite 46   Kosten: 1.Quartal 2018, Bundesdurchschnitt, **inkl. 19% MwSt.**

Kostenkennwerte für die Kostengruppen der 1. und 2. Ebene DIN 276

KG	Kostengruppen der 1. Ebene	Einheit	▷	€/Einheit	◁	▷	% an 300+400	◁	
100	Grundstück	m² GF	–	–	–	–	–	–	
200	Herrichten und Erschließen	m² GF	2	**12**	23	1,5	**5,1**	10,6	
300	Bauwerk - Baukonstruktionen	m² BGF	483	**672**	841	72,8	**78,9**	86,0	
400	Bauwerk - Technische Anlagen	m² BGF	123	**182**	295	14,0	**21,1**	27,2	
	Bauwerk (300+400)	m² BGF	651	**854**	1.112		**100,0**		
500	Außenanlagen	m² AF	28	**67**	109	6,4	**9,8**	20,6	
600	Ausstattung und Kunstwerke	m² BGF	16	**26**	44	1,4	**3,5**	7,5	
700	Baunebenkosten*	m² BGF	138	**152**	166	16,2	**17,8**	19,4	◁ NEU

Auf Grundlage der HOAI 2013 berechnete Werte nach §§ 35, 52, 56. Weitere Informationen siehe Seite 50

KG	Kostengruppen der 2. Ebene	Einheit	▷	€/Einheit	◁	▷	% an 300	◁
310	Baugrube	m³ BGI	7	**15**	28	0,3	**0,9**	1,3
320	Gründung	m² GRF	141	**167**	218	15,1	**20,3**	28,2
330	Außenwände	m² AWF	143	**317**	430	28,6	**31,2**	35,6
340	Innenwände	m² IWF	178	**282**	451	1,8	**12,2**	18,5
350	Decken	m² DEF	185	**278**	458	0,7	**4,3**	6,9
360	Dächer	m² DAF	191	**210**	250	20,9	**27,6**	37,2
370	Baukonstruktive Einbauten	m² BGF	–	**25**	–	–	**0,9**	–
390	Sonstige Baukonstruktionen	m² BGF	13	**20**	34	1,2	**2,7**	3,5
300	**Bauwerk Baukonstruktionen**	**m² BGF**					**100,0**	

KG	Kostengruppen der 2. Ebene	Einheit	▷	€/Einheit	◁	▷	% an 400	◁
410	Abwasser, Wasser, Gas	m² BGF	14	**25**	48	11,7	**14,8**	19,9
420	Wärmeversorgungsanlagen	m² BGF	35	**42**	57	19,9	**30,6**	50,4
430	Lufttechnische Anlagen	m² BGF	7	**25**	43	1,7	**6,0**	12,3
440	Starkstromanlagen	m² BGF	35	**69**	123	31,8	**37,4**	47,1
450	Fernmeldeanlagen	m² BGF	15	**26**	36	0,0	**7,4**	11,1
460	Förderanlagen	m² BGF	–	–	–	–	–	–
470	Nutzungsspezifische Anlagen	m² BGF	–	**12**	–	–	**1,2**	–
480	Gebäudeautomation	m² BGF	–	**28**	–	–	**2,7**	–
490	Sonstige Technische Anlagen	m² BGF	–	–	–	–	–	–
400	**Bauwerk Technische Anlagen**	**m² BGF**					**100,0**	

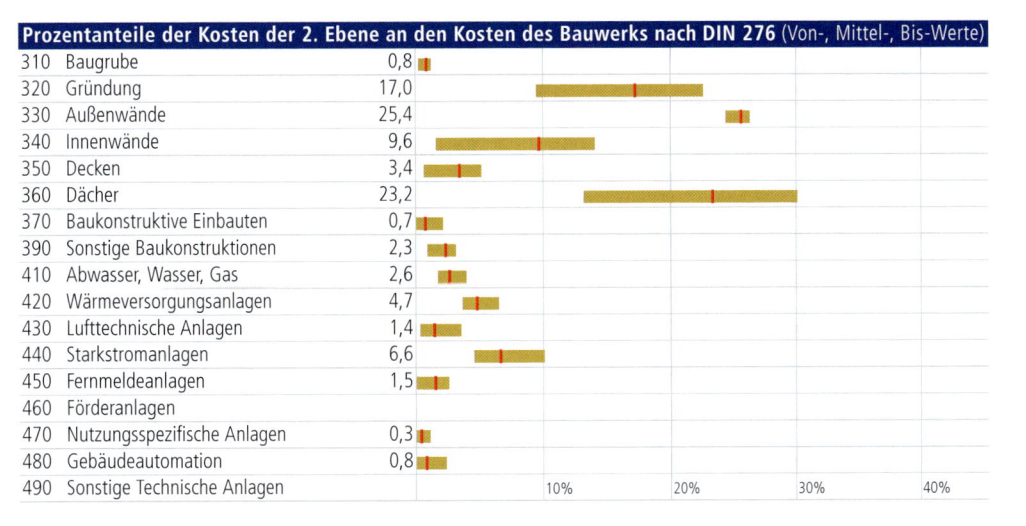

Prozentanteile der Kosten der 2. Ebene an den Kosten des Bauwerks nach DIN 276 (Von-, Mittel-, Bis-Werte)

KG	Bezeichnung	Mittelwert %
310	Baugrube	0,8
320	Gründung	17,0
330	Außenwände	25,4
340	Innenwände	9,6
350	Decken	3,4
360	Dächer	23,2
370	Baukonstruktive Einbauten	0,7
390	Sonstige Baukonstruktionen	2,3
410	Abwasser, Wasser, Gas	2,6
420	Wärmeversorgungsanlagen	4,7
430	Lufttechnische Anlagen	1,4
440	Starkstromanlagen	6,6
450	Fernmeldeanlagen	1,5
460	Förderanlagen	
470	Nutzungsspezifische Anlagen	0,3
480	Gebäudeautomation	0,8
490	Sonstige Technische Anlagen	

© **BKI** Baukosteninformationszentrum; Erläuterungen zu den Tabellen siehe Seite 48 und 50   Kosten: 1.Quartal 2018, Bundesdurchschnitt, **inkl. 19% MwSt.**

Lagergebäude, mit bis zu 25% Mischnutzung

Kostenkennwerte für Leistungsbereiche nach StLB (Kosten des Bauwerks nach DIN 276)

LB	Leistungsbereiche	▷	€/m² BGF	◁	▷	% an 300+400	◁
000	Sicherheits-, Baustelleneinrichtungen inkl. 001	19	19	26	2,2	2,2	3,0
002	Erdarbeiten	16	21	21	1,8	2,5	2,5
006	Spezialtiefbauarbeiten inkl. 005	–	–	–	–	–	–
009	Entwässerungskanalarbeiten inkl. 011	1	4	4	0,2	0,5	0,5
010	Drän- und Versickerungsarbeiten	–	–	–	–	–	–
012	Mauerarbeiten	40	47	47	4,7	5,5	5,5
013	Betonarbeiten	166	203	203	19,5	23,8	23,8
014	Natur-, Betonwerksteinarbeiten	–	1	–	–	0,1	–
016	Zimmer- und Holzbauarbeiten	–	19	–	–	2,2	–
017	Stahlbauarbeiten	51	124	124	5,9	14,6	14,6
018	Abdichtungsarbeiten	0	0	0	0,0	0,0	0,0
020	Dachdeckungsarbeiten	–	31	–	–	3,6	–
021	Dachabdichtungsarbeiten	41	41	64	4,8	4,8	7,5
022	Klempnerarbeiten	4	8	8	0,5	1,0	1,0
	Rohbau	**460**	**518**	**518**	**53,9**	**60,7**	**60,7**
023	Putz- und Stuckarbeiten, Wärmedämmsysteme	1	11	11	0,1	1,3	1,3
024	Fliesen- und Plattenarbeiten	5	5	8	0,6	0,6	0,9
025	Estricharbeiten	4	4	6	0,4	0,4	0,6
026	Fenster, Außentüren inkl. 029, 032	42	66	66	4,9	7,8	7,8
027	Tischlerarbeiten	3	10	10	0,3	1,2	1,2
028	Parkettarbeiten, Holzpflasterarbeiten	–	4	–	–	0,4	–
030	Rollladenarbeiten	–	4	–	–	0,4	–
031	Metallbauarbeiten inkl. 035	41	56	56	4,8	6,5	6,5
034	Maler- und Lackiererarbeiten inkl. 037	4	13	13	0,5	1,5	1,5
036	Bodenbelagarbeiten	–	3	–	–	0,4	–
038	Vorgehängte hinterlüftete Fassaden	–	–	–	–	–	–
039	Trockenbauarbeiten	10	13	13	1,2	1,5	1,5
	Ausbau	**134**	**189**	**189**	**15,7**	**22,1**	**22,1**
040	Wärmeversorgungsanl. - Betriebseinr. inkl. 041	29	38	38	3,4	4,5	4,5
042	Gas- und Wasserinstallation, Leitungen inkl. 043	5	9	9	0,5	1,1	1,1
044	Abwasserinstallationsarbeiten - Leitungen	1	1	1	0,1	0,1	0,1
045	GWA-Einrichtungsgegenstände inkl. 046	4	4	7	0,5	0,5	0,8
047	Dämmarbeiten an betriebstechnischen Anlagen	1	5	5	0,1	0,6	0,6
049	Feuerlöschanlagen, Feuerlöschgeräte	–	2	–	–	0,2	–
050	Blitzschutz- und Erdungsanlagen	3	3	4	0,4	0,4	0,4
052	Mittelspannungsanlagen	–	3	–	–	0,4	–
053	Niederspannungsanlagen inkl. 054	34	34	39	4,0	4,0	4,6
055	Ersatzstromversorgungsanlagen	–	–	–	–	–	–
057	Gebäudesystemtechnik	–	6	–	–	0,8	–
058	Leuchten und Lampen inkl. 059	8	17	17	0,9	2,0	2,0
060	Elektroakustische Anlagen, Sprechanlagen	0	1	1	0,0	0,1	0,1
061	Kommunikationsnetze, inkl. 062	6	6	9	0,7	0,7	1,1
063	Gefahrenmeldeanlagen	1	6	6	0,1	0,6	0,6
069	Aufzüge	–	–	–	–	–	–
070	Gebäudeautomation	–	–	–	–	–	–
075	Raumlufttechnische Anlagen	2	11	11	0,3	1,3	1,3
	Technische Anlagen	**106**	**146**	**146**	**12,4**	**17,1**	**17,1**
	Sonstige Leistungsbereiche inkl. 008, 033, 051	–	1	–	–	0,1	–

Kosten:
Stand 1. Quartal 2018
Bundesdurchschnitt
inkl. 19% MwSt.

● KKW
▶ min
▷ von
| Mittelwert
◁ bis
◀ max

Planungskennwerte für Flächen und Rauminhalte nach DIN 277

Grundflächen		▷	Fläche/NUF (%)	◁	▷	Fläche/BGF (%)	◁
NUF	Nutzungsfläche		100,0		84,8	86,0	90,4
TF	Technikfläche	2,1	2,2	4,5	1,7	1,9	3,7
VF	Verkehrsfläche	3,8	3,4	4,6	3,2	3,0	3,8
NRF	Netto-Raumfläche	104,1	105,7	108,2	86,5	90,8	92,6
KGF	Konstruktions-Grundfläche	8,9	10,6	16,8	7,4	9,2	13,5
BGF	Brutto-Grundfläche	111,5	116,3	118,7		100,0	

Brutto-Rauminhalte		▷	BRI/NUF (m)	◁	▷	BRI/BGF (m)	◁
BRI	Brutto-Rauminhalt	7,68	9,20	11,29	6,40	7,99	9,64

Flächen von Nutzeinheiten	▷	NUF/Einheit (m²)	◁	▷	BGF/Einheit (m²)	◁
Nutzeinheit:	–	–	–	–	–	–

Lufttechnisch behandelte Flächen	▷	Fläche/NUF (%)	◁	▷	Fläche/BGF (%)	◁
Entlüftete Fläche	–	–	–	–	–	–
Be- und entlüftete Fläche	–	–	–	–	–	–
Teilklimatisierte Fläche	–	–	–	–	–	–
Klimatisierte Fläche	–	–	–	–	–	–

KG	Kostengruppen (2. Ebene)	Einheit	▷	Menge/NUF	◁	▷	Menge/BGF	◁
310	Baugrube	m³ BGI	0,62	0,62	0,77	0,39	0,54	0,54
320	Gründung	m² GRF	1,00	1,00	1,00	0,87	0,89	0,89
330	Außenwände	m² AWF	0,93	0,93	0,96	0,75	0,83	0,83
340	Innenwände	m² IWF	0,30	0,43	0,43	0,25	0,36	0,36
350	Decken	m² DEF	0,14	0,14	0,16	0,12	0,12	0,14
360	Dächer	m² DAF	1,07	1,07	1,07	0,95	0,95	0,95
370	Baukonstruktive Einbauten	m² BGF	1,11	1,16	1,19		1,00	
390	Sonstige Baukonstruktionen	m² BGF	1,11	1,16	1,19		1,00	
300	**Bauwerk-Baukonstruktionen**	m² BGF	1,11	1,16	1,19		1,00	

Planungskennwerte für Bauzeiten

9 Vergleichsobjekte

Bauzeit in Wochen

Bauzeit: Spanne ca. 20–55 Wochen (Median ca. 40 Wochen); Skala 0 bis 100 Wochen.

© BKI Baukosteninformationszentrum; Erläuterungen zu den Tabellen siehe Seite 54   Kosten: 1.Quartal 2018, Bundesdurchschnitt, **inkl. 19% MwSt.**

Lagergebäude, mit bis zu 25% Mischnutzung

€/m² BGF

min	580 €/m²
von	650 €/m²
Mittel	**855 €/m²**
bis	1.110 €/m²
max	1.245 €/m²

Kosten:
Stand 1.Quartal 2018
Bundesdurchschnitt
inkl. 19% MwSt.

Objektübersicht zur Gebäudeart

7700-0076 Lager- und Vertriebsgebäude (50 AP)

BRI 238.726m³ **BGF** 21.392m² **NUF** 19.727m²

Lager- und Vertriebsgebäude (50 AP) mit Verwaltungsräumen. Stahlbetonfertigteilbau.

Land: Rheinland-Pfalz
Kreis: Alzey-Worms
Standard: Durchschnitt
Bauzeit: 43 Wochen
Kennwerte: bis 1.Ebene DIN276

BGF 645 €/m²

Planung: O. M. Architekten BDA Rainer Ottinger Thomas Möhlendick; Braunschweig

veröffentlicht: BKI Objektdaten N15

7700-0071 Logistikhalle, Hochregallager

BRI 375.395m³ **BGF** 31.736m² **NUF** 28.799m²

Logistikhalle / Hochregallager für 138 Arbeitsplätze. Stahlbetonskelettkonstruktion.

Land: Schleswig-Holstein
Kreis: Stormarn
Standard: über Durchschnitt
Bauzeit: 43 Wochen
Kennwerte: bis 1.Ebene DIN276

BGF 583 €/m²

Planung: DHBT. Architekten GmbH; Kiel

veröffentlicht: BKI Objektdaten E6

7300-0083 Logistikhalle mit Büro

BRI 7.780m³ **BGF** 1.715m² **NUF** 1.410m²

Logistikhalle mit Büro, Ausstellung, Verkauf, und Schulungsraum (50 Arbeitsplätze). Mauerwerksbau, Stahlbinderkonstruktion (Halle).

Land: Bayern
Kreis: Freyung-Grafenau
Standard: über Durchschnitt
Bauzeit: 52 Wochen
Kennwerte: bis 1.Ebene DIN276

BGF 737 €/m²

Planung: Willi Neumeier Architekt Dipl.-Ing. FH; Tittling

veröffentlicht: BKI Objektdaten N12

7700-0070 Logistikzentrum, Verwaltung (120 AP)

BRI 191.756m³ **BGF** 15.520m² **NUF** 12.551m²

Logistikzentrum mit Lager, Kommissionierung und Verwaltung. Stahlkonstruktion, Stb-Konstruktion (Verwaltung).

Land: Sachsen-Anhalt
Kreis: Magdeburg
Standard: über Durchschnitt
Bauzeit: 47 Wochen
Kennwerte: bis 1.Ebene DIN276

BGF 1.138 €/m²

Planung: Hammer Pfeiffer Architekten; Lindau

veröffentlicht: BKI Objektdaten N13

Objektübersicht zur Gebäudeart

7700-0066 Lager-, Vertriebs-, und Bürogebäude*

BRI 13.880 m³ **BGF** 2.078 m² **NUF** 1.652 m²

Logistikzentrum mit Lager-, Vertriebs- und Büroflächen für 20 Mitarbeiter. Stahlbeton-Skelettbau.

Land: Bayern
Kreis: Miesbach
Standard: Durchschnitt
Bauzeit: 39 Wochen
Kennwerte: bis 1.Ebene DIN276

BGF 1.193 €/m²

Planung: Planungsbüro Robert Beham BIAV; Bairawies

veröffentlicht: BKI Objektdaten N12
*Nicht in der Auswertung enthalten

7200-0077 Verkaufshalle, Lager

BRI 18.415 m³ **BGF** 2.727 m² **NUF** 2.357 m²

Holzzentrum mit Verkaufs- und Ausstellungs-halle, Lager und Galerie. Stahlbetonkonstruktion.

Land: Bayern
Kreis: Kempten (Allgäu)
Standard: Durchschnitt
Bauzeit: 39 Wochen
Kennwerte: bis 1.Ebene DIN276

BGF 838 €/m²

Planung: Architekten HBH; München

veröffentlicht: BKI Objektdaten N11

7700-0053 Lagerhalle, Büros

BRI 5.554 m³ **BGF** 907 m² **NUF** 784 m²

Lagergeräume mit Büroräume. Mauerwerksbau; Stb-Decke; Holzdachkonstruktion, Stahltrapezblechdeckung.

Land: Bayern
Kreis: Rosenheim
Standard: Durchschnitt
Bauzeit: 30 Wochen
Kennwerte: bis 4.Ebene DIN276

BGF 1.036 €/m²

Planung: rabaschus und rosenthal büro für architektur und stadtplanung; Dresden

veröffentlicht: BKI Objektdaten N10

7700-0054 Logistikzentrum

BRI 37.839 m³ **BGF** 4.868 m² **NUF** 3.999 m²

Logistikzentrum, Lagerhalle, Apotheke, Labore, Büroräume. Stahlskelettkonstruktion.

Land: Nordrhein-Westfalen
Kreis: Kleve
Standard: Durchschnitt
Bauzeit: 56 Wochen
Kennwerte: bis 4.Ebene DIN276

BGF 1.244 €/m²

Planung: Fritz-Dieter Tollé Architekt BDB Architekten Stadtplaner Ingenieure; Verden

veröffentlicht: BKI Objektdaten N11

Lagergebäude, mit bis zu 25% Mischnutzung

€/m² BGF

min	580	€/m²
von	650	€/m²
Mittel	855	€/m²
bis	1.110	€/m²
max	1.245	€/m²

Kosten:
Stand 1.Quartal 2018
Bundesdurchschnitt
inkl. 19% MwSt.

Objektübersicht zur Gebäudeart

7700-0050 Gewerbehalle BRI 622m³ BGF 188m² NUF 147m²

Gewerbehalle für einen Maler- und Lackierbetrieb. Holztafelbau; Holzdachkonstruktion.

Land: Baden-Württemberg
Kreis: Lörrach
Standard: Durchschnitt
Bauzeit: 17 Wochen
Kennwerte: bis 1.Ebene DIN276

BGF 879 €/m²

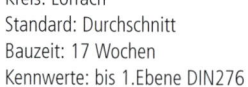

Planung: Werkgruppe Freiburg Architekten; Freiburg

veröffentlicht: BKI Objektdaten N9

7700-0046 Logistikzentrum BRI 13.514m³ BGF 1.665m² NUF 1.620m²

Lagerhalle, Büro, Sanitärräume. Stahlkonstruktion, Stb-Decken, Stahltrapezblechdach.

Land: Baden-Württemberg
Kreis: Reutlingen
Standard: unter Durchschnitt
Bauzeit: 21 Wochen
Kennwerte: bis 3.Ebene DIN276

BGF 582 €/m²

Planung: Freier Architekt Dipl.-Ing. (FH) Gerhard Heinlin; Pfullingen

veröffentlicht: BKI Objektdaten N8

Gewerbe

Lagergebäude, mit mehr als 25% Mischnutzung

Kostenkennwerte für die Kosten des Bauwerks (Kostengruppen 300+400 nach DIN 276)

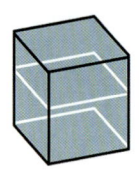

BRI 210 €/m³
von 125 €/m³
bis 280 €/m³

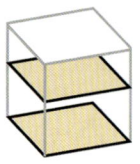

BGF 1.120 €/m²
von 870 €/m²
bis 1.400 €/m²

NUF 1.400 €/m²
von 1.030 €/m²
bis 1.890 €/m²

Objektbeispiele

Kosten:
Stand 1.Quartal 2018
Bundesdurchschnitt
inkl. 19% MwSt.

© Martin Gaissert
7700-0078

© Freie Architekten Harald Kreuzberger
7300-0056

© Tebarth Höhne Bauss Architekten
7700-0018

© Frauke Schumann
7700-0077

© Reindl + Team Architektur + Design
7700-0017

© Scholz & Partner GmbH Architekten und Ingenieure
7700-0028

Kosten der 7 Vergleichsobjekte — Seiten 756 bis 757

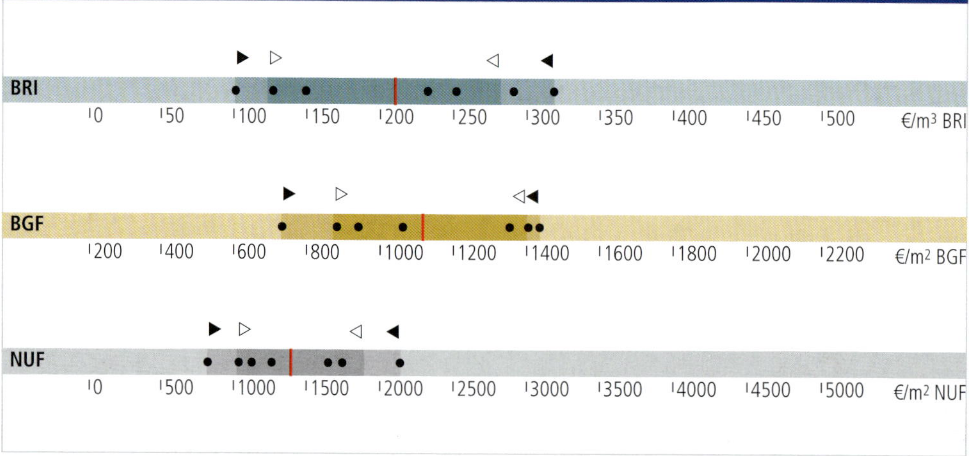

- ● KKW
- ▶ min
- ▷ von
- | Mittelwert
- ◁ bis
- ◀ max

BRI — €/m³ BRI
BGF — €/m² BGF
NUF — €/m² NUF

© BKI Baukosteninformationszentrum; Erläuterungen zu den Tabellen siehe Seite 46 — Kosten: 1.Quartal 2018, Bundesdurchschnitt, **inkl. 19% MwSt.**

Kostenkennwerte für die Kostengruppen der 1. und 2. Ebene DIN 276

KG	Kostengruppen der 1. Ebene	Einheit	▷	€/Einheit	◁	▷	% an 300+400	◁
100	Grundstück	m² GF	–	–	–	–	–	–
200	Herrichten und Erschließen	m² GF	3	**19**	35	0,8	**4,3**	7,8
300	Bauwerk - Baukonstruktionen	m² BGF	700	**899**	1.052	76,2	**81,4**	85,8
400	Bauwerk - Technische Anlagen	m² BGF	132	**217**	330	14,2	**18,7**	23,8
	Bauwerk (300+400)	m² BGF	874	**1.116**	1.400		**100,0**	
500	Außenanlagen	m² AF	47	**69**	98	8,6	**13,6**	28,2
600	Ausstattung und Kunstwerke	m² BGF	–	–	–	–	–	–
700	Baunebenkosten*	m² BGF	189	**208**	227	16,9	**18,6**	20,3 ◁ NEU

Auf Grundlage der HOAI 2013 berechnete Werte nach §§ 35, 52, 56. Weitere Informationen siehe Seite 50

KG	Kostengruppen der 2. Ebene	Einheit	▷	€/Einheit	◁	▷	% an 300	◁
310	Baugrube	m³ BGI	7	**21**	30	0,2	**1,6**	4,2
320	Gründung	m² GRF	145	**172**	220	14,1	**17,4**	22,3
330	Außenwände	m² AWF	264	**345**	478	14,2	**25,1**	30,5
340	Innenwände	m² IWF	222	**267**	291	8,9	**13,0**	15,6
350	Decken	m² DEF	261	**320**	380	0,0	**5,8**	9,0
360	Dächer	m² DAF	178	**261**	390	24,6	**29,9**	40,1
370	Baukonstruktive Einbauten	m² BGF	–	**100**	–	–	**4,0**	–
390	Sonstige Baukonstruktionen	m² BGF	21	**27**	38	2,5	**3,3**	4,6
300	**Bauwerk Baukonstruktionen**	**m² BGF**					**100,0**	

KG	Kostengruppen der 2. Ebene	Einheit	▷	€/Einheit	◁	▷	% an 400	◁
410	Abwasser, Wasser, Gas	m² BGF	23	**32**	37	17,0	**24,0**	34,2
420	Wärmeversorgungsanlagen	m² BGF	23	**39**	48	19,9	**27,5**	31,2
430	Lufttechnische Anlagen	m² BGF	–	**2**	–	–	**0,4**	–
440	Starkstromanlagen	m² BGF	48	**64**	90	39,2	**45,1**	55,0
450	Fernmeldeanlagen	m² BGF	–	**9**	–	–	**2,7**	–
460	Förderanlagen	m² BGF	–	–	–	–	–	–
470	Nutzungsspezifische Anlagen	m² BGF	–	**1**	–	–	**0,3**	–
480	Gebäudeautomation	m² BGF	–	–	–	–	–	–
490	Sonstige Technische Anlagen	m² BGF	–	–	–	–	–	–
400	**Bauwerk Technische Anlagen**	**m² BGF**					**100,0**	

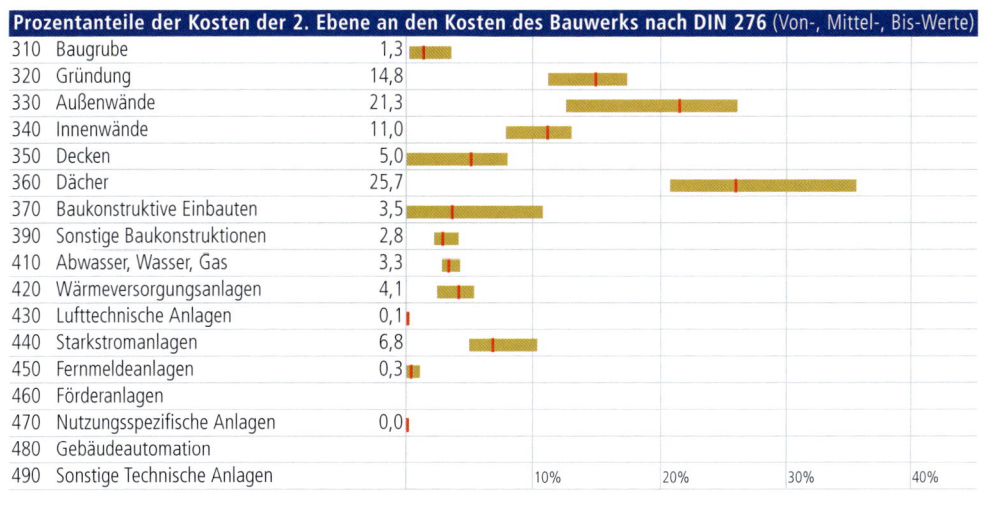

Prozentanteile der Kosten der 2. Ebene an den Kosten des Bauwerks nach DIN 276 (Von-, Mittel-, Bis-Werte)

KG	Kostengruppe	%
310	Baugrube	1,3
320	Gründung	14,8
330	Außenwände	21,3
340	Innenwände	11,0
350	Decken	5,0
360	Dächer	25,7
370	Baukonstruktive Einbauten	3,5
390	Sonstige Baukonstruktionen	2,8
410	Abwasser, Wasser, Gas	3,3
420	Wärmeversorgungsanlagen	4,1
430	Lufttechnische Anlagen	0,1
440	Starkstromanlagen	6,8
450	Fernmeldeanlagen	0,3
460	Förderanlagen	
470	Nutzungsspezifische Anlagen	0,0
480	Gebäudeautomation	
490	Sonstige Technische Anlagen	

© BKI Baukosteninformationszentrum; Erläuterungen zu den Tabellen siehe Seite 48 und 50   Kosten: 1.Quartal 2018, Bundesdurchschnitt, inkl. 19% MwSt.

Lagergebäude, mit mehr als 25% Mischnutzung

Kosten:
Stand 1.Quartal 2018
Bundesdurchschnitt
inkl. 19% MwSt.

- KKW
▶ min
▷ von
│ Mittelwert
◁ bis
◀ max

Kostenkennwerte für Leistungsbereiche nach StLB (Kosten des Bauwerks nach DIN 276)

LB	Leistungsbereiche	▷	€/m² BGF	◁	▷	% an 300+400	◁
000	Sicherheits-, Baustelleneinrichtungen inkl. 001	23	**28**	28	2,1	**2,5**	2,5
002	Erdarbeiten	27	**31**	31	2,4	**2,8**	2,8
006	Spezialtiefbauarbeiten inkl. 005	–	**–**	–	–	**–**	–
009	Entwässerungskanalarbeiten inkl. 011	–	**3**	–	–	**0,3**	–
010	Drän- und Versickerungsarbeiten	–	**–**	–	–	**–**	–
012	Mauerarbeiten	33	**60**	60	3,0	**5,3**	5,3
013	Betonarbeiten	143	**157**	157	12,8	**14,1**	14,1
014	Natur-, Betonwerksteinarbeiten	0	**1**	1	0,0	**0,1**	0,1
016	Zimmer- und Holzbauarbeiten	–	**9**	–	–	**0,8**	–
017	Stahlbauarbeiten	140	**222**	222	12,5	**19,9**	19,9
018	Abdichtungsarbeiten	0	**2**	2	0,0	**0,2**	0,2
020	Dachdeckungsarbeiten	–	**70**	–	–	**6,3**	–
021	Dachabdichtungsarbeiten	–	**–**	–	–	**–**	–
022	Klempnerarbeiten	–	**4**	–	–	**0,3**	–
	Rohbau	**586**	**586**	**618**	**52,5**	**52,5**	**55,4**
023	Putz- und Stuckarbeiten, Wärmedämmsysteme	0	**21**	21	0,0	**1,9**	1,9
024	Fliesen- und Plattenarbeiten	10	**24**	24	0,9	**2,1**	2,1
025	Estricharbeiten	12	**12**	17	1,1	**1,1**	1,5
026	Fenster, Außentüren inkl. 029, 032	71	**71**	109	6,4	**6,4**	9,8
027	Tischlerarbeiten	10	**13**	13	0,9	**1,1**	1,1
028	Parkettarbeiten, Holzpflasterarbeiten	–	**–**	–	–	**–**	–
030	Rollladenarbeiten	1	**5**	5	0,1	**0,5**	0,5
031	Metallbauarbeiten inkl. 035	123	**123**	150	11,0	**11,0**	13,4
034	Maler- und Lackiererarbeiten inkl. 037	27	**31**	31	2,4	**2,8**	2,8
036	Bodenbelagarbeiten	1	**6**	6	0,1	**0,6**	0,6
038	Vorgehängte hinterlüftete Fassaden	–	**–**	–	–	**–**	–
039	Trockenbauarbeiten	7	**29**	29	0,6	**2,6**	2,6
	Ausbau	**259**	**334**	**334**	**23,2**	**29,9**	**29,9**
040	Wärmeversorgungsanl. - Betriebseinr. inkl. 041	44	**44**	58	4,0	**4,0**	5,2
042	Gas- und Wasserinstallation, Leitungen inkl. 043	24	**24**	28	2,1	**2,1**	2,5
044	Abwasserinstallationsarbeiten - Leitungen	–	**2**	–	–	**0,1**	–
045	GWA-Einrichtungsgegenstände inkl. 046	–	**5**	–	–	**0,5**	–
047	Dämmarbeiten an betriebstechnischen Anlagen	–	**2**	–	–	**0,2**	–
049	Feuerlöschanlagen, Feuerlöschgeräte	–	**–**	–	–	**–**	–
050	Blitzschutz- und Erdungsanlagen	–	**1**	–	–	**0,1**	–
052	Mittelspannungsanlagen	–	**–**	–	–	**–**	–
053	Niederspannungsanlagen inkl. 054	34	**61**	61	3,1	**5,5**	5,5
055	Ersatzstromversorgungsanlagen	–	**–**	–	–	**–**	–
057	Gebäudesystemtechnik	–	**–**	–	–	**–**	–
058	Leuchten und Lampen inkl. 059	4	**14**	14	0,3	**1,3**	1,3
060	Elektroakustische Anlagen, Sprechanlagen	–	**–**	–	–	**–**	–
061	Kommunikationsnetze, inkl. 062	–	**0**	–	–	**0,0**	–
063	Gefahrenmeldeanlagen	–	**3**	–	–	**0,3**	–
069	Aufzüge	–	**–**	–	–	**–**	–
070	Gebäudeautomation	–	**–**	–	–	**–**	–
075	Raumlufttechnische Anlagen	–	**1**	–	–	**0,1**	–
	Technische Anlagen	**133**	**158**	**158**	**11,9**	**14,2**	**14,2**
	Sonstige Leistungsbereiche inkl. 008, 033, 051	–	**39**	–	–	**3,5**	–

© BKI Baukosteninformationszentrum; Erläuterungen zu den Tabellen siehe Seite 52   Kosten: 1.Quartal 2018, Bundesdurchschnitt, **inkl. 19% MwSt.**

Planungskennwerte für Flächen und Rauminhalte nach DIN 277

Grundflächen			▷	Fläche/NUF (%)	◁	▷	Fläche/BGF (%)	◁
NUF	Nutzungsfläche			100,0		76,5	81,0	83,7
TF	Technikfläche		1,7	2,0	4,1	1,3	1,6	2,8
VF	Verkehrsfläche		9,3	11,3	16,7	7,1	9,1	11,6
NRF	Netto-Raumfläche		111,2	113,2	120,8	91,5	91,8	94,6
KGF	Konstruktions-Grundfläche		7,0	10,2	11,9	5,4	8,2	8,5
BGF	Brutto-Grundfläche		120,6	123,4	133,3		100,0	

Brutto-Rauminhalte			▷	BRI/NUF (m)	◁	▷	BRI/BGF (m)	◁
BRI	Brutto-Rauminhalt		6,17	6,98	7,67	5,38	5,71	6,39

Flächen von Nutzeinheiten			▷	NUF/Einheit (m²)	◁	▷	BGF/Einheit (m²)	◁
Nutzeinheit:			–	–	–	–	–	–

Lufttechnisch behandelte Flächen			▷	Fläche/NUF (%)	◁	▷	Fläche/BGF (%)	◁
Entlüftete Fläche			–	2,0	–	–	1,7	–
Be- und entlüftete Fläche			–	3,5	–	–	2,9	–
Teilklimatisierte Fläche			–	–	–	–	–	–
Klimatisierte Fläche			–	15,9	–	–	13,3	–

KG	Kostengruppen (2. Ebene)	Einheit	▷	Menge/NUF	◁	▷	Menge/BGF	◁
310	Baugrube	m³ BGI	0,52	0,73	0,73	0,44	0,62	0,62
320	Gründung	m² GRF	0,96	0,99	0,99	0,81	0,83	0,83
330	Außenwände	m² AWF	0,69	0,73	0,73	0,59	0,61	0,61
340	Innenwände	m² IWF	0,41	0,49	0,49	0,34	0,41	0,41
350	Decken	m² DEF	0,28	0,28	0,28	0,24	0,24	0,24
360	Dächer	m² DAF	1,11	1,18	1,18	0,94	1,00	1,00
370	Baukonstruktive Einbauten	m² BGF	1,21	1,23	1,33		1,00	
390	Sonstige Baukonstruktionen	m² BGF	1,21	1,23	1,33		1,00	
300	Bauwerk-Baukonstruktionen	m² BGF	1,21	1,23	1,33		1,00	

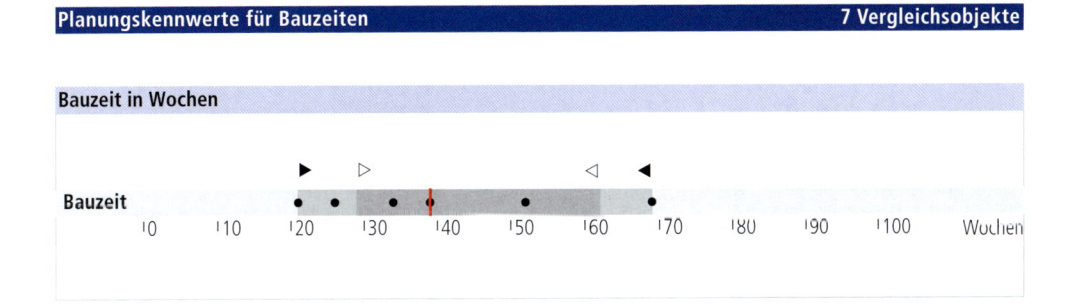

Planungskennwerte für Bauzeiten — 7 Vergleichsobjekte

Bauzeit in Wochen

Bauzeit: Werte verteilt zwischen ca. 20 und 70 Wochen; Markierungen ▶ bei ~25, ▷ bei ~30, ◁ bei ~60, ◀ bei ~65; Median (rot) bei ~38 Wochen.

© BKI Baukosteninformationszentrum; Erläuterungen zu den Tabellen siehe Seite 54   Kosten: 1. Quartal 2018, Bundesdurchschnitt, inkl. 19% MwSt.

Lagergebäude, mit mehr als 25% Mischnutzung

€/m² BGF
min	735	€/m²
von	875	€/m²
Mittel	**1.115**	**€/m²**
bis	1.400	€/m²
max	1.435	€/m²

Kosten:
Stand 1.Quartal 2018
Bundesdurchschnitt
inkl. 19% MwSt.

Objektübersicht zur Gebäudeart

7700-0078 Lager- und Verwaltungsgebäude - Effizienzhaus ~55%   **BRI** 3.055m³   **BGF** 719m²   **NUF** 557m²

Lager- und Verwaltungsgebäude (32 AP) mit Seminarraum. Holzbau.

Land: Nordrhein-Westfalen
Kreis: Rheinisch Bergischer Kreis
Standard: über Durchschnitt
Bauzeit: 26 Wochen
Kennwerte: bis 1.Ebene DIN276

BGF   1.353 €/m²

Planung: kg architektur Dipl.-Ing. Arch. Kai Grosche; Köln

veröffentlicht: BKI Objektdaten E7

7700-0077 Lager- und Werkstattgebäude, Büro (18 AP)   **BRI** 13.542m³   **BGF** 1.869m²   **NUF** 1.668m²

Lager- und Werkstattgebäude für Baumaschinen und Büro (18 AP). Sandwichpaneelen, Mauerwerk, Pfosten-Riegel-Konstruktion.

Land: Nordrhein-Westfalen
Kreis: Hagen
Standard: Durchschnitt
Bauzeit: 39 Wochen
Kennwerte: bis 1.Ebene DIN276

BGF   734 €/m²

Planung: projektplan gmbh runkel. freie architekten; Siegen

veröffentlicht: BKI Objektdaten N15

7300-0056 Versandgebäude, Verwaltung   **BRI** 9.300m³   **BGF** 1.575m²   **NUF** 1.340m²

Versandgebäude mit Büroräumen, Besprechungszimmer, Ausstellungsraum. Stahlkonstruktion, Holzsatteldach, Stb-Flachdach.

Land: Baden-Württemberg
Kreis: Tübingen
Standard: unter Durchschnitt
Bauzeit: 21 Wochen
Kennwerte: bis 2.Ebene DIN276

BGF   883 €/m²

Planung: Freie Architekten Harald Kreuzberger; Rottenburg

veröffentlicht: BKI Objektdaten N8

7700-0048 Büro-und Lagergebäude   **BRI** 6.360m³   **BGF** 1.289m²   **NUF** 866m²

Büro-und Lagergebäude. Stb-Konstruktion.

Land: Baden-Württemberg
Kreis: Tuttlingen
Standard: Durchschnitt
Bauzeit: 69 Wochen
Kennwerte: bis 1.Ebene DIN276

BGF   1.435 €/m²

Planung: Muffler Architekten Freie Architekten BDA / DWB; Tuttlingen

veröffentlicht: BKI Objektdaten N9

Objektübersicht zur Gebäudeart

7700-0018 Lager- und Verkaufsgebäude
BRI 32.167m³ **BGF** 5.317m² **NUF** 4.530m²

Verkauf und Lager von Türbeschlägen, Verwaltung mit Einzel- und Großraumbüros. Stahlbetonskelettbau.

Land: Brandenburg
Kreis: Teltow-Fläming
Standard: Durchschnitt
Bauzeit: 34 Wochen
Kennwerte: bis 1.Ebene DIN276

BGF 1.404 €/m²

Planung: Tebarth Höhne Bauss Architekten; Berlin

veröffentlicht: BKI Objektdaten N1

7700-0028 Vertriebszentrum, Lager, Büros
BRI 2.276m³ **BGF** 540m² **NUF** 453m²

Gewerblich genutztes Gebäude mit durchschnittlicher Ausstattung, ohne Einrichtungen. Stahlskelettbau.

Land: Bayern
Kreis: Kitzingen
Standard: Durchschnitt
Bauzeit: 34 Wochen
Kennwerte: bis 3.Ebene DIN276

BGF 1.061 €/m²

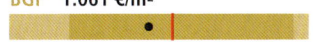

Planung: Scholz & Partner GmbH Architekten und Ingenieure; Würzburg

veröffentlicht: BKI Objektdaten N3

7700-0017 Gerüstlager, Werkstatt
BRI 36.790m³ **BGF** 4.972m² **NUF** 4.151m²

Gerüstlager und Malerwerkstatt mit Sozialbereich über Werkstatt; Verwaltungsräume in Objekt 1300-0049. Stahlbetonskelettbau.

Land: Bayern
Kreis: Landshut
Standard: über Durchschnitt
Bauzeit: 52 Wochen
Kennwerte: bis 3.Ebene DIN276

BGF 942 €/m²

Planung: Reindl + Team Architektur + Design; Nürnberg

www.bki.de

Einzel-, Mehrfach- und Hochgaragen

Kostenkennwerte für die Kosten des Bauwerks (Kostengruppen 300+400 nach DIN 276)

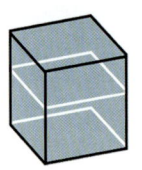

BRI 155 €/m³
von 95 €/m³
bis 220 €/m³

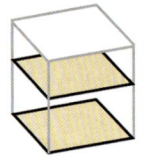

BGF 560 €/m²
von 470 €/m²
bis 670 €/m²

NUF 620 €/m²
von 520 €/m²
bis 750 €/m²

NE 20.840 €/NE
von 12.970 €/NE
bis 37.990 €/NE
NE: Stellplätze

Kosten:
Stand 1. Quartal 2018
Bundesdurchschnitt
inkl. 19% MwSt.

Objektbeispiele

7800-0025

7800-0023

7800-0017

Kosten der 7 Vergleichsobjekte — Seiten 762 bis 764

- ● KKW
- ▶ min
- ▷ von
- | Mittelwert
- ◁ bis
- ◀ max

BRI — €/m³ BRI
BGF — €/m² BGF
NUF — €/m² NUF

758

© BKI Baukosteninformationszentrum; Erläuterungen zu den Tabellen siehe Seite 46

Kosten: 1. Quartal 2018, Bundesdurchschnitt, **inkl. 19% MwSt.**

Kostenkennwerte für die Kostengruppen der 1. und 2. Ebene DIN 276

KG	Kostengruppen der 1. Ebene	Einheit	▷	€/Einheit	◁	▷	% an 300+400	◁
100	Grundstück	m² GF	–	–	–	–	–	–
200	Herrichten und Erschließen	m² GF	–	–	–	–	–	–
300	Bauwerk - Baukonstruktionen	m² BGF	450	**528**	622	87,8	**94,0**	98,1
400	Bauwerk - Technische Anlagen	m² BGF	10	**36**	76	1,9	**6,1**	12,2
	Bauwerk (300+400)	m² BGF	474	**564**	675		**100,0**	
500	Außenanlagen	m² AF	12	**30**	56	4,0	**9,4**	19,8
600	Ausstattung und Kunstwerke	m² BGF	–	**79**	–	–	**11,3**	–
700	Baunebenkosten*	m² BGF	92	**101**	111	16,6	**18,3**	20,1 ◁ NEU

* Auf Grundlage der HOAI 2013 berechnete Werte nach §§ 35, 52, 56. Weitere Informationen siehe Seite 50

KG	Kostengruppen der 2. Ebene	Einheit	▷	€/Einheit	◁	▷	% an 300	◁
310	Baugrube	m³ BGI	3	**13**	25	0,3	**1,3**	5,6
320	Gründung	m² GRF	91	**153**	258	13,8	**20,0**	25,2
330	Außenwände	m² AWF	148	**175**	192	29,6	**34,0**	40,6
340	Innenwände	m² IWF	183	**205**	226	0,1	**4,3**	8,2
350	Decken	m² DEF	245	**316**	505	1,2	**6,2**	25,6
360	Dächer	m² DAF	145	**213**	323	21,2	**32,3**	42,2
370	Baukonstruktive Einbauten	m² BGF	–	**10**	–	–	**0,5**	–
390	Sonstige Baukonstruktionen	m² BGF	5	**13**	29	0,2	**1,5**	3,8
300	**Bauwerk Baukonstruktionen**	**m² BGF**					**100,0**	

KG	Kostengruppen der 2. Ebene	Einheit	▷	€/Einheit	◁	▷	% an 400	◁
410	Abwasser, Wasser, Gas	m² BGF	3	**15**	26	27,6	**41,8**	66,0
420	Wärmeversorgungsanlagen	m² BGF	0	**9**	19	0,0	**4,1**	20,2
430	Lufttechnische Anlagen	m² BGF	–	**1**	–	–	**0,2**	–
440	Starkstromanlagen	m² BGF	6	**15**	32	26,3	**43,0**	66,5
450	Fernmeldeanlagen	m² BGF	0	**0**	0	0,0	**0,3**	1,2
460	Förderanlagen	m² BGF	–	–	–	–	–	–
470	Nutzungsspezifische Anlagen	m² BGF	–	**40**	–	–	**10,6**	–
480	Gebäudeautomation	m² BGF	–	–	–	–	–	–
490	Sonstige Technische Anlagen	m² BGF	–	–	–	–	–	–
400	**Bauwerk Technische Anlagen**	**m² BGF**					**100,0**	

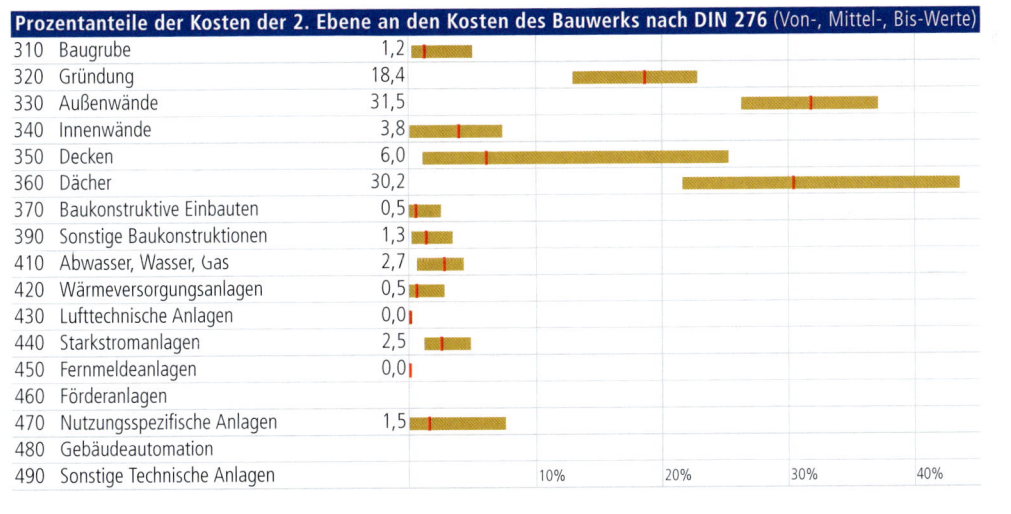

Prozentanteile der Kosten der 2. Ebene an den Kosten des Bauwerks nach DIN 276 (Von-, Mittel-, Bis-Werte)

KG		Mittelwert
310	Baugrube	1,2
320	Gründung	18,4
330	Außenwände	31,5
340	Innenwände	3,8
350	Decken	6,0
360	Dächer	30,2
370	Baukonstruktive Einbauten	0,5
390	Sonstige Baukonstruktionen	1,3
410	Abwasser, Wasser, Gas	2,7
420	Wärmeversorgungsanlagen	0,5
430	Lufttechnische Anlagen	0,0
440	Starkstromanlagen	2,5
450	Fernmeldeanlagen	0,0
460	Förderanlagen	
470	Nutzungsspezifische Anlagen	1,5
480	Gebäudeautomation	
490	Sonstige Technische Anlagen	

© BKI Baukosteninformationszentrum; Erläuterungen zu den Tabellen siehe Seite 48 und 50   Kosten: 1.Quartal 2018, Bundesdurchschnitt, **inkl. 19% MwSt.**

Einzel-, Mehrfach- und Hochgaragen

Kostenkennwerte für Leistungsbereiche nach StLB (Kosten des Bauwerks nach DIN 276)

Kosten:
Stand 1.Quartal 2018
Bundesdurchschnitt
inkl. 19% MwSt.

LB	Leistungsbereiche	▷	€/m² BGF	◁	▷	% an 300+400	◁
000	Sicherheits-, Baustelleneinrichtungen inkl. 001	1	6	6	0,3	1,1	1,1
002	Erdarbeiten	19	35	56	3,3	6,1	9,9
006	Spezialtiefbauarbeiten inkl. 005	–	–	–	–	–	–
009	Entwässerungskanalarbeiten inkl. 011	1	12	20	0,1	2,2	3,6
010	Drän- und Versickerungsarbeiten	0	1	1	0,0	0,1	0,3
012	Mauerarbeiten	0	3	8	0,0	0,6	1,5
013	Betonarbeiten	87	152	252	15,5	27,0	44,6
014	Natur-, Betonwerksteinarbeiten	0	6	14	0,0	1,0	2,5
016	Zimmer- und Holzbauarbeiten	–	35	–	–	6,3	–
017	Stahlbauarbeiten	21	138	305	3,7	24,4	54,0
018	Abdichtungsarbeiten	2	7	7	0,4	1,3	1,3
020	Dachdeckungsarbeiten	0	7	7	0,0	1,2	1,2
021	Dachabdichtungsarbeiten	5	37	37	0,8	6,6	6,6
022	Klempnerarbeiten	2	8	13	0,3	1,5	2,3
	Rohbau	420	447	485	74,4	79,3	85,9
023	Putz- und Stuckarbeiten, Wärmedämmsysteme	0	2	6	0,0	0,4	1,1
024	Fliesen- und Plattenarbeiten	–	1	–	–	0,1	–
025	Estricharbeiten	0	1	1	0,0	0,2	0,2
026	Fenster, Außentüren inkl. 029, 032	0	27	70	0,0	4,8	12,4
027	Tischlerarbeiten	–	4	–	–	0,7	–
028	Parkettarbeiten, Holzpflasterarbeiten	–	–	–	–	–	–
030	Rollladenarbeiten	–	–	–	–	–	–
031	Metallbauarbeiten inkl. 035	1	18	50	0,1	3,3	8,9
034	Maler- und Lackiererarbeiten inkl. 037	1	14	28	0,2	2,6	5,0
036	Bodenbelagarbeiten	–	10	–	–	1,8	–
038	Vorgehängte hinterlüftete Fassaden	–	7	–	–	1,2	–
039	Trockenbauarbeiten	–	0	–	–	0,0	–
	Ausbau	41	84	134	7,2	14,9	23,8
040	Wärmeversorgungsanl. - Betriebseinr. inkl. 041	0	3	3	0,0	0,5	0,5
042	Gas- und Wasserinstallation, Leitungen inkl. 043	0	1	1	0,0	0,1	0,1
044	Abwasserinstallationsarbeiten - Leitungen	0	0	1	0,0	0,1	0,2
045	GWA-Einrichtungsgegenstände inkl. 046	0	2	4	0,0	0,3	0,7
047	Dämmarbeiten an betriebstechnischen Anlagen	0	1	1	0,0	0,1	0,1
049	Feuerlöschanlagen, Feuerlöschgeräte	–	–	–	–	–	–
050	Blitzschutz- und Erdungsanlagen	0	2	6	0,1	0,4	1,0
052	Mittelspannungsanlagen	–	–	–	–	–	–
053	Niederspannungsanlagen inkl. 054	3	10	21	0,5	1,7	3,7
055	Ersatzstromversorgungsanlagen	–	–	–	–	–	–
057	Gebäudesystemtechnik	–	–	–	–	–	–
058	Leuchten und Lampen inkl. 059	–	2	4	–	0,4	0,7
060	Elektroakustische Anlagen, Sprechanlagen	–	0	–	–	0,0	–
061	Kommunikationsnetze, inkl. 062	0	0	0	0,0	0,0	0,0
063	Gefahrenmeldeanlagen	–	–	–	–	–	–
069	Aufzüge	–	–	–	–	–	–
070	Gebäudeautomation	–	–	–	–	–	–
075	Raumlufttechnische Anlagen	–	0	–	–	0,0	–
	Technische Anlagen	10	20	20	1,7	3,6	3,6
	Sonstige Leistungsbereiche inkl. 008, 033, 051	0	11	33	0,0	2,0	5,8

- KKW
- ▶ min
- ▷ von
- | Mittelwert
- ◁ bis
- ◀ max

Planungskennwerte für Flächen und Rauminhalte nach DIN 277

Grundflächen			▷ Fläche/NUF (%) ◁			▷ Fläche/BGF (%) ◁		
NUF	Nutzungsfläche			100,0		86,7	90,9	93,6
TF	Technikfläche		–	0,1	–	–	0,1	–
VF	Verkehrsfläche		4,7	1,3	4,7	3,8	1,2	3,8
NRF	Netto-Raumfläche		101,4	101,4	103,8	89,8	92,2	93,9
KGF	Konstruktions-Grundfläche		7,1	8,6	12,4	6,1	7,8	10,2
BGF	Brutto-Grundfläche		107,4	110,0	116,5		100,0	

Brutto-Rauminhalte			▷ BRI/NUF (m) ◁			▷ BRI/BGF (m) ◁		
BRI	Brutto-Rauminhalt		4,19	4,53	5,31	3,96	4,15	4,78

Flächen von Nutzeinheiten			▷ NUF/Einheit (m²) ◁			▷ BGF/Einheit (m²) ◁		
Nutzeinheit: Stellplätze			28,62	36,78	49,95	34,45	39,93	57,03

Lufttechnisch behandelte Flächen			▷ Fläche/NUF (%) ◁			▷ Fläche/BGF (%) ◁		
Entlüftete Fläche			–	1,1	–	–	1,0	–
Be- und entlüftete Fläche			–	–	–	–	–	–
Teilklimatisierte Fläche			–	–	–	–	–	–
Klimatisierte Fläche			–	–	–	–	–	–

KG	Kostengruppen (2. Ebene)	Einheit	▷ Menge/NUF ◁			▷ Menge/BGF ◁		
310	Baugrube	m³ BGI	0,65	0,86	0,86	0,58	0,78	0,78
320	Gründung	m² GRF	0,66	0,87	1,00	0,57	0,78	0,84
330	Außenwände	m² AWF	1,02	1,09	1,16	0,94	0,98	1,04
340	Innenwände	m² IWF	0,10	0,17	0,23	0,09	0,15	0,22
350	Decken	m² DEF	0,13	0,14	0,14	0,11	0,12	0,12
360	Dächer	m² DAF	0,94	0,94	0,97	0,59	0,85	0,87
370	Baukonstruktive Einbauten	m² BGF	1,07	1,10	1,17		1,00	
390	Sonstige Baukonstruktionen	m² BGF	1,07	1,10	1,17		1,00	
300	**Bauwerk-Baukonstruktionen**	m² BGF	1,07	1,10	1,17		1,00	

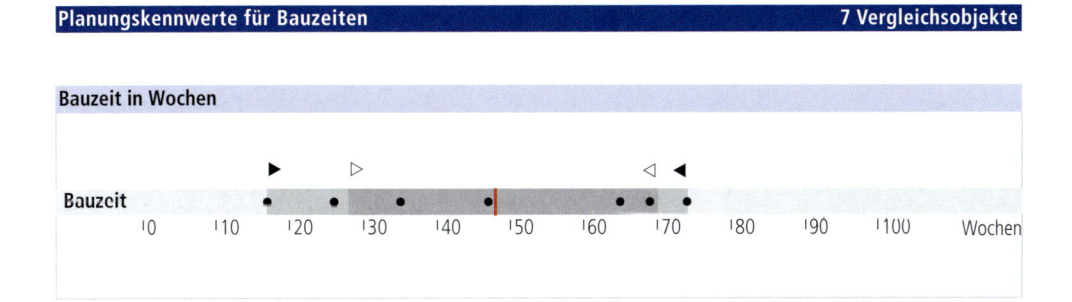

Planungskennwerte für Bauzeiten

7 Vergleichsobjekte

Bauzeit in Wochen

Bauzeit: 10, 20, 30, 40, 50, 60, 70, 80, 90, 100 Wochen

© BKI Baukosteninformationszentrum; Erläuterungen zu den Tabellen siehe Seite 54   Kosten: 1.Quartal 2018, Bundesdurchschnitt, inkl. 19% MwSt.

Einzel-, Mehrfach- und Hochgaragen

Objektübersicht zur Gebäudeart

€/m² BGF

min	420	€/m²
von	475	€/m²
Mittel	**565**	€/m²
bis	675	€/m²
max	705	€/m²

Kosten:
Stand 1.Quartal 2018
Bundesdurchschnitt
inkl. 19% MwSt.

7800-0024 Auto- und Fahrradgarage (2 STP) — BRI 83m³ — BGF 31m² — NUF 31m²

Doppelgarage für PKW (2St) und Fahrräder. Holzkonstruktion.

Land: Baden-Württemberg
Kreis: Rems-Murr-Kreis
Standard: über Durchschnitt
Bauzeit: 17 Wochen
Kennwerte: bis 1.Ebene DIN276

BGF 689 €/m²

veröffentlicht: BKI Objektdaten N13

Planung: archifaktur Architekt Julian Bärlin; Winterbach

7800-0025 PKW-Garagen (6 STP) — BRI 359m³ — BGF 114m² — NUF 102m²

Garage mit sechs Stellplätzen. Holzkonstruktion.

Land: Nordrhein-Westfalen
Kreis: Düsseldorf
Standard: Durchschnitt
Bauzeit: 26 Wochen
Kennwerte: bis 1.Ebene DIN276

BGF 513 €/m²

veröffentlicht: BKI Objektdaten N15

Planung: bau grün ! energieeff. Gebäude Architekt Daniel Finocchiaro; Mönchengladbach

---

7800-0022 LKW-Halle (3 LKW), Wohnen* — BRI 3.424m³ — BGF 654m² — NUF 528m²

LKW-Halle für LKWs mit Anhänger (3 STP), Waschplatz, Montagegrube, Zapfstelle, 2 Betriebswohnungen. Stahlbetonbau.

Land: Bayern
Kreis: Ebersberg
Standard: Durchschnitt
Bauzeit: 34 Wochen
Kennwerte: bis 4.Ebene DIN276

BGF 1.348 €/m² *

veröffentlicht: BKI Objektdaten N8
*Nicht in der Auswertung enthalten

Planung: Hans Baumann & Freunde Robert Kolbitsch; Moosach

7800-0021 Garage zu Einfamilienhaus* — BRI 61m³ — BGF 24m² — NUF 22m²

Garage zum Einfamilienhaus. Mauerwerksbau mit Stb-Flachdach.

Land: Hessen
Kreis: Offenbach a.Main
Standard: Durchschnitt
Bauzeit: 26 Wochen
Kennwerte: bis 3.Ebene DIN276

BGF 1.751 €/m² *

veröffentlicht: BKI Objektdaten N7
*Nicht in der Auswertung enthalten

Planung: Fischer + Goth, Peter Goth, Walter F. Fischer; Aschaffenburg

Objektübersicht zur Gebäudeart

7800-0023 Parkgarage (158 STP)

BRI 17.218m³ **BGF** 6.409m² **NUF** 5.722m²

Parkgarage mit 158 Stellplätzen, durch die Innenstadtlage waren besondere Gestaltung und Emissionsschutz vorgeschrieben. Stahlkonstruktion.

Land: Rheinland-Pfalz
Kreis: Westerwald, Montabaur
Standard: über Durchschnitt
Bauzeit: 47 Wochen
Kennwerte: bis 3.Ebene DIN276

BGF 420 €/m²

Planung: Freier Architekt BDA Stefan Musil; Ransbach-Baumbach

veröffentlicht: BKI Objektdaten N12

7800-0020 Garage zu Mehrfamilienhaus (6 STP)

BRI 470m³ **BGF** 172m² **NUF** 136m²

3 Doppelgaragen, Raum für Mülltonnen. Stahlbetonbau.

Land: Baden-Württemberg
Kreis: Ortenaukreis
Standard: Durchschnitt
Bauzeit: 69 Wochen
Kennwerte: bis 4.Ebene DIN276

BGF 608 €/m²

Planung: Freier Architekt Rainer Roth; Offenburg

veröffentlicht: BKI Objektdaten N6

7600-0039 Bauhof (2 KFZ)

BRI 2.505m³ **BGF** 366m² **NUF** 336m²

Fahrzeughalle des Bauhofs mit Pausenraum, Umkleide und WC. Holztafelbau.

Land: Baden-Württemberg
Kreis: Reutlingen
Standard: Durchschnitt
Bauzeit: 35 Wochen
Kennwerte: bis 2.Ebene DIN276

BGF 703 €/m²

Planung: Hartmaier + Partner Freie Architekten; Münsingen

veröffentlicht: BKI Objektdaten N6

7800-0018 Garage Wohnanlage (23 STP)*

BRI 1.118m³ **BGF** 269m² **NUF** 246m²

Garagengebäude mit Doppelparker für 23 PKW und Mülltonnenstandplatz für Wohnanlage. Stahlbetonbau.

Land: Rheinland-Pfalz
Kreis: Mainz
Standard: über Durchschnitt
Bauzeit: 113 Wochen
Kennwerte: bis 3.Ebene DIN276

BGF 1.247 €/m²

Planung: Wohnbau Mainz GmbH; Mainz

veröffentlicht: BKI Objektdaten N6
*Nicht in der Auswertung enthalten

© **BKI** Baukosteninformationszentrum; Erläuterungen zu den Tabellen siehe Seite 56   Kosten: 1.Quartal 2018, Bundesdurchschnitt, **inkl. 19% MwSt.**

Einzel-, Mehrfach- und Hochgaragen

€/m² BGF

min	420	€/m²
von	475	€/m²
Mittel	**565**	**€/m²**
bis	675	€/m²
max	705	€/m²

Kosten:
Stand 1.Quartal 2018
Bundesdurchschnitt
inkl. 19% MwSt.

Objektübersicht zur Gebäudeart

7800-0017 Busabstellhalle (16 STP), Tankstelle
BRI 7.052m³   **BGF** 1.306m²   **NUF** 1.243m²

Busabstellhalle für 16 Busse als Teil eines Omnibusbetriebshofs. Mauerwerksbau.

Land: Baden-Württemberg
Kreis: Freudenstadt
Standard: Durchschnitt
Bauzeit: 65 Wochen
Kennwerte: bis 4.Ebene DIN276

BGF   547 €/m²

Planung: Detlef Brückner Dipl.-Ing. (FH) Freier Architekt; Freudenstadt

veröffentlicht: BKI Objektdaten N4

7800-0019 Busbetriebshalle (6 STP)
BRI 1.825m³   **BGF** 323m²   **NUF** 308m²

Abstellgebäude. Stahlskelettbau.

Land: Bayern
Kreis: Würzburg
Standard: unter Durchschnitt
Bauzeit: 74 Wochen
Kennwerte: bis 3.Ebene DIN276

BGF   469 €/m²

Planung: Scholz & Völker Architektengemeinschaft; Würzburg

veröffentlicht: BKI Objektdaten N6

Gewerbe

Tiefgaragen

Kostenkennwerte für die Kosten des Bauwerks (Kostengruppen 300+400 nach DIN 276)

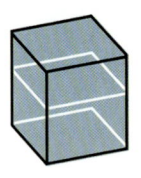

BRI 220 €/m³
von 195 €/m³
bis 250 €/m³

BGF 660 €/m²
von 540 €/m²
bis 780 €/m²

NUF 1.200 €/m²
von 760 €/m²
bis 1.740 €/m²

NE 17.600 €/NE
von 14.670 €/NE
bis 25.730 €/NE
NE: Stellplätze

Kosten:
Stand 1.Quartal 2018
Bundesdurchschnitt
inkl. 19% MwSt.

Objektbeispiele

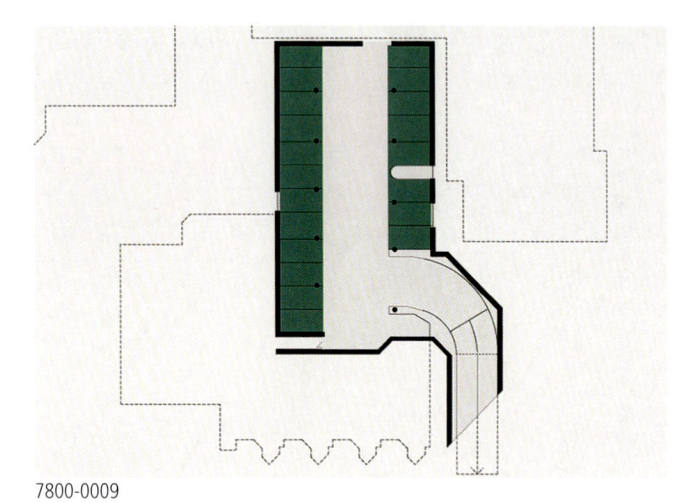

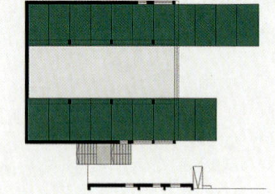

7800-0009

7800-0010

7800-0013

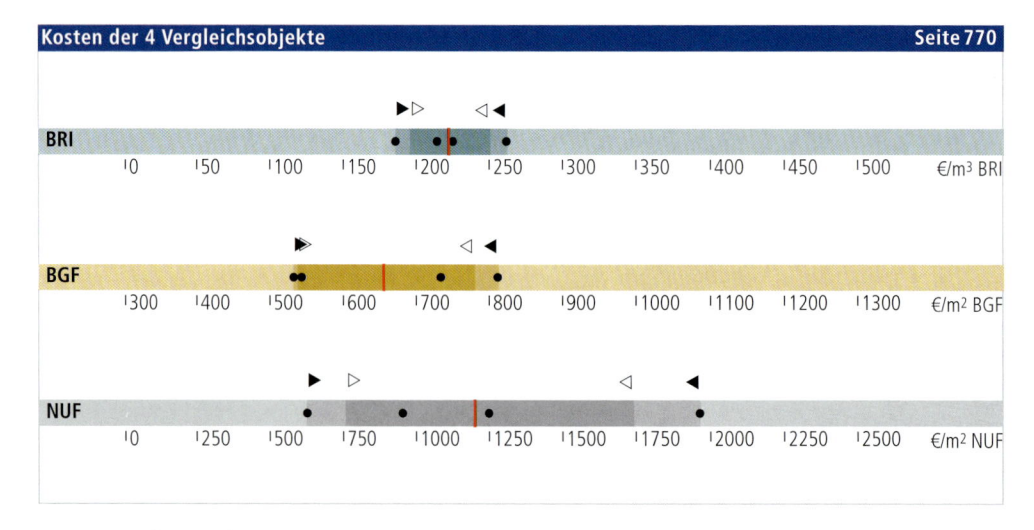

Kosten der 4 Vergleichsobjekte — Seite 770

- ● KKW
- ▶ min
- ▷ von
- | Mittelwert
- ◁ bis
- ◀ max

BRI — €/m³ BRI (0–500)

BGF — €/m² BGF (300–1300)

NUF — €/m² NUF (0–2500)

© BKI Baukosteninformationszentrum; Erläuterungen zu den Tabellen siehe Seite 46   Kosten: 1.Quartal 2018, Bundesdurchschnitt, **inkl. 19% MwSt.**

Kostenkennwerte für die Kostengruppen der 1. und 2. Ebene DIN 276

KG	Kostengruppen der 1. Ebene	Einheit	▷	€/Einheit	◁	▷	% an 300+400	◁
100	Grundstück	m² GF	–	–	–	–	–	–
200	Herrichten und Erschließen	m² GF	–	6	–	–	1,9	–
300	Bauwerk - Baukonstruktionen	m² BGF	501	**603**	705	87,8	**92,4**	96,4
400	Bauwerk - Technische Anlagen	m² BGF	28	**52**	113	3,6	**7,6**	12,2
	Bauwerk (300+400)	m² BGF	538	**655**	779		100,0	
500	Außenanlagen	m² AF	–	86	–	–	15,7	–
600	Ausstattung und Kunstwerke	m² BGF	–	–	–	–	–	–
700	Baunebenkosten*	m² BGF	143	**160**	177	21,4	**24,0**	26,5 ◁ NEU

Auf Grundlage der HOAI 2013 berechnete Werte nach §§ 35, 52, 56. Weitere Informationen siehe Seite 50

KG	Kostengruppen der 2. Ebene	Einheit	▷	€/Einheit	◁	▷	% an 300	◁
310	Baugrube	m³ BGI	11	**17**	30	6,0	**11,0**	16,7
320	Gründung	m² GRF	70	**125**	186	13,8	**19,7**	26,9
330	Außenwände	m² AWF	188	**195**	197	10,0	**15,5**	22,4
340	Innenwände	m² IWF	164	**241**	322	2,3	**5,9**	10,0
350	Decken	m² DEF	–	–	–	–	–	–
360	Dächer	m² DAF	209	**237**	259	36,1	**40,2**	50,7
370	Baukonstruktive Einbauten	m² BGF	–	–	–	–	–	–
390	Sonstige Baukonstruktionen	m² BGF	23	**45**	70	3,7	**7,7**	11,2
300	**Bauwerk Baukonstruktionen**	**m² BGF**					**100,0**	

KG	Kostengruppen der 2. Ebene	Einheit	▷	€/Einheit	◁	▷	% an 400	◁
410	Abwasser, Wasser, Gas	m² BGF	12	**18**	24	25,3	**48,6**	79,2
420	Wärmeversorgungsanlagen	m² BGF	–	–	–	–	–	–
430	Lufttechnische Anlagen	m² BGF	17	**25**	32	3,4	**19,9**	64,8
440	Starkstromanlagen	m² BGF	5	**21**	68	7,9	**30,9**	54,7
450	Fernmeldeanlagen	m² BGF	–	**3**	–	–	0,6	–
460	Förderanlagen	m² BGF	–	–	–	–	–	–
470	Nutzungsspezifische Anlagen	m² BGF	–	–	–	–	–	–
480	Gebäudeautomation	m² BGF	–	–	–	–	–	–
490	Sonstige Technische Anlagen	m² BGF	–	–	–	–	–	–
400	**Bauwerk Technische Anlagen**	**m² BGF**					**100,0**	

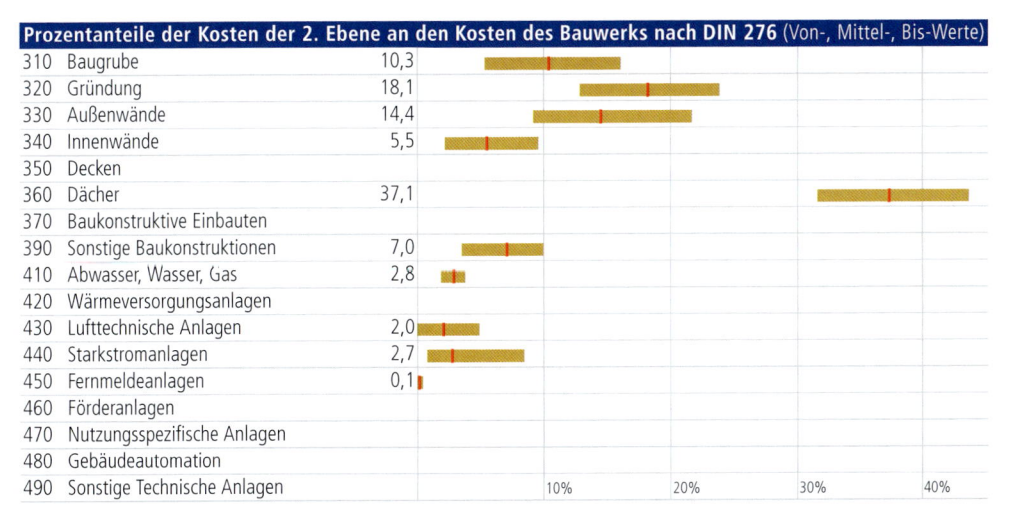

Prozentanteile der Kosten der 2. Ebene an den Kosten des Bauwerks nach DIN 276 (Von-, Mittel-, Bis-Werte)

KG	Bezeichnung	Mittel
310	Baugrube	10,3
320	Gründung	18,1
330	Außenwände	14,4
340	Innenwände	5,5
350	Decken	
360	Dächer	37,1
370	Baukonstruktive Einbauten	
390	Sonstige Baukonstruktionen	7,0
410	Abwasser, Wasser, Gas	2,8
420	Wärmeversorgungsanlagen	
430	Lufttechnische Anlagen	2,0
440	Starkstromanlagen	2,7
450	Fernmeldeanlagen	0,1
460	Förderanlagen	
470	Nutzungsspezifische Anlagen	
480	Gebäudeautomation	
490	Sonstige Technische Anlagen	

© **BKI** Baukosteninformationszentrum; Erläuterungen zu den Tabellen siehe Seite 48 und 50   Kosten: 1.Quartal 2018, Bundesdurchschnitt, **inkl. 19% MwSt.**

Tiefgaragen

Kostenkennwerte für Leistungsbereiche nach StLB (Kosten des Bauwerks nach DIN 276)

LB	Leistungsbereiche	▷	€/m² BGF	◁	▷	% an 300+400	◁
000	Sicherheits-, Baustelleneinrichtungen inkl. 001	23	46	65	3,5	7,0	9,9
002	Erdarbeiten	43	74	103	6,6	11,3	15,8
006	Spezialtiefbauarbeiten inkl. 005	–	–	–	–	–	–
009	Entwässerungskanalarbeiten inkl. 011	1	5	5	0,1	0,8	0,8
010	Drän- und Versickerungsarbeiten	0	5	9	0,0	0,7	1,4
012	Mauerarbeiten	1	5	7	0,2	0,7	1,1
013	Betonarbeiten	352	359	366	53,7	54,8	55,8
014	Natur-, Betonwerksteinarbeiten	–	9	–	–	1,4	–
016	Zimmer- und Holzbauarbeiten	–	–	–	–	–	–
017	Stahlbauarbeiten	–	–	–	–	–	–
018	Abdichtungsarbeiten	4	9	13	0,7	1,4	2,1
020	Dachdeckungsarbeiten	–	–	–	–	–	–
021	Dachabdichtungsarbeiten	44	50	50	6,7	7,7	7,7
022	Klempnerarbeiten	0	3	6	0,0	0,4	0,9
	Rohbau	545	565	582	83,2	86,3	88,9
023	Putz- und Stuckarbeiten, Wärmedämmsysteme	–	–	–	–	–	–
024	Fliesen- und Plattenarbeiten	–	–	–	–	–	–
025	Estricharbeiten	–	1	–	–	0,2	–
026	Fenster, Außentüren inkl. 029, 032	0	0	1	0,0	0,1	0,1
027	Tischlerarbeiten	–	2	–	–	0,3	–
028	Parkettarbeiten, Holzpflasterarbeiten	–	–	–	–	–	–
030	Rollladenarbeiten	–	–	–	–	–	–
031	Metallbauarbeiten inkl. 035	8	19	28	1,2	2,8	4,3
034	Maler- und Lackiererarbeiten inkl. 037	2	11	11	0,3	1,7	1,7
036	Bodenbelagarbeiten	–	–	–	–	–	–
038	Vorgehängte hinterlüftete Fassaden	–	–	–	–	–	–
039	Trockenbauarbeiten	–	–	–	–	–	–
	Ausbau	23	33	33	3,5	5,1	5,1
040	Wärmeversorgungsanl. - Betriebseinr. inkl. 041	–	–	–	–	–	–
042	Gas- und Wasserinstallation, Leitungen inkl. 043	–	1	–	–	0,2	–
044	Abwasserinstallationsarbeiten - Leitungen	3	6	6	0,4	0,9	0,9
045	GWA-Einrichtungsgegenstände inkl. 046	–	0	–	–	0,0	–
047	Dämmarbeiten an betriebstechnischen Anlagen	–	–	–	–	–	–
049	Feuerlöschanlagen, Feuerlöschgeräte	–	–	–	–	–	–
050	Blitzschutz- und Erdungsanlagen	–	1	1	–	0,1	0,2
052	Mittelspannungsanlagen	–	–	–	–	–	–
053	Niederspannungsanlagen inkl. 054	4	17	17	0,6	2,5	2,5
055	Ersatzstromversorgungsanlagen	–	–	–	–	–	–
057	Gebäudesystemtechnik	–	–	–	–	–	–
058	Leuchten und Lampen inkl. 059	–	0	–	–	0,0	–
060	Elektroakustische Anlagen, Sprechanlagen	–	–	–	–	–	–
061	Kommunikationsnetze, inkl. 062	–	–	–	–	–	–
063	Gefahrenmeldeanlagen	–	1	–	–	0,1	–
069	Aufzüge	–	–	–	–	–	–
070	Gebäudeautomation	–	–	–	–	–	–
075	Raumlufttechnische Anlagen	2	13	13	0,4	1,9	1,9
	Technische Anlagen	14	38	63	2,2	5,8	9,6
	Sonstige Leistungsbereiche inkl. 008, 033, 051	0	19	40	0,0	2,8	6,1

Kosten:
Stand 1. Quartal 2018
Bundesdurchschnitt
inkl. 19% MwSt.

● KKW
▶ min
▷ von
| Mittelwert
◁ bis
◀ max

Planungskennwerte für Flächen und Rauminhalte nach DIN 277

Grundflächen			▷	Fläche/NUF (%)	◁	▷	Fläche/BGF (%)	◁
NUF	Nutzungsfläche			100,0		53,0	56,6	60,6
TF	Technikfläche		0,7	0,7	0,7	0,5	0,4	0,5
VF	Verkehrsfläche		35,5	65,4	94,6	32,6	37,0	40,0
NRF	Netto-Raumfläche		136,2	166,2	194,6	93,4	94,0	94,2
KGF	Konstruktions-Grundfläche		9,4	10,5	11,2	5,8	6,0	6,6
BGF	Brutto-Grundfläche		149,3	176,7	208,1		100,0	

Brutto-Rauminhalte		▷	BRI/NUF (m)	◁	▷	BRI/BGF (m)	◁
BRI	Brutto-Rauminhalt	4,68	5,22	6,20	2,73	2,94	3,02

Flächen von Nutzeinheiten	▷	NUF/Einheit (m²)	◁	▷	BGF/Einheit (m²)	◁
Nutzeinheit: Stellplätze	15,54	15,84	18,18	25,17	26,77	27,81

Lufttechnisch behandelte Flächen	▷	Fläche/NUF (%)	◁	▷	Fläche/BGF (%)	◁
Entlüftete Fläche	164,6	164,6	164,6	90,6	90,6	90,6
Be- und entlüftete Fläche	–	–	–	–	–	–
Teilklimatisierte Fläche	–	–	–	–	–	–
Klimatisierte Fläche	–	–	–	–	–	–

KG	Kostengruppen (2. Ebene)	Einheit	▷	Menge/NUF	◁	▷	Menge/BGF	◁
310	Baugrube	m³ BGI	6,99	7,25	8,46	3,73	4,14	4,14
320	Gründung	m² GRF	1,49	1,77	2,08	1,00	1,00	1,00
330	Außenwände	m² AWF	0,83	0,86	1,14	0,41	0,49	0,49
340	Innenwände	m² IWF	0,32	0,35	0,51	0,16	0,19	0,31
350	Decken	m² DEF	–	–	–	–	–	–
360	Dächer	m² DAF	1,49	1,77	2,08	1,00	1,00	1,00
370	Baukonstruktive Einbauten	m² BGF	1,49	1,77	2,08		1,00	
390	Sonstige Baukonstruktionen	m² BGF	1,49	1,77	2,08		1,00	
300	Bauwerk-Baukonstruktionen	m² BGF	1,49	1,77	2,08		1,00	

Planungskennwerte für Bauzeiten

3 Vergleichsobjekte

Bauzeit in Wochen

Bauzeit: ca. 40–65 Wochen (Median ca. 50)

Kosten: 1.Quartal 2018, Bundesdurchschnitt, inkl. 19% MwSt.

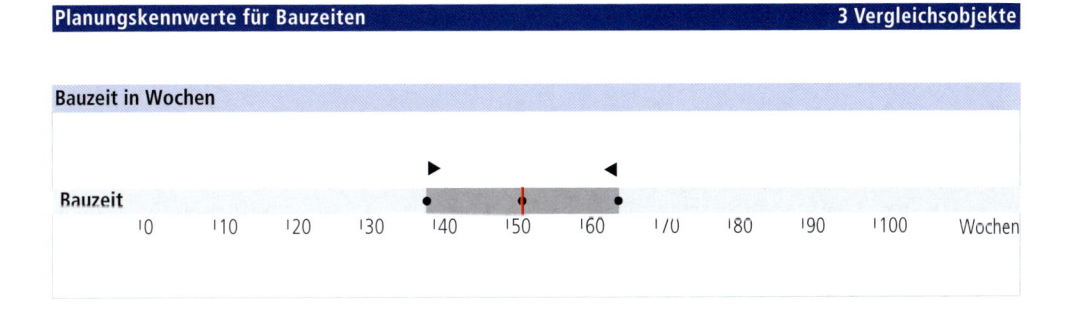

Tiefgaragen

Objektübersicht zur Gebäudeart

7800-0013 Tiefgarage für Geschäftshaus (28 STP)

BRI 971 m³ | **BGF** 297 m² | **NUF** 175 m²

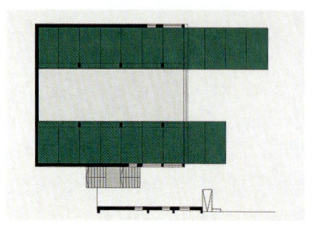

Stirnseitig offenes Parkdeck (zu Objekt 7200-0017) ohne besondere Anforderungen an Brandschutz/Lüftungstechnik. Stahlbetonbau.

Land: Thüringen
Kreis: Südthüringen
Standard: Durchschnitt
Bauzeit: 52 Wochen
Kennwerte: bis 3.Ebene DIN276

BGF 733 €/m²

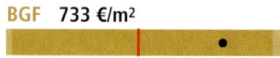

www.bki.de

Planung: Baur Consult Ingenieure; Hassfurt

€/m² BGF
min   535 €/m²
von   540 €/m²
Mittel   **655 €/m²**
bis   780 €/m²
max   810 €/m²

Kosten:
Stand 1.Quartal 2018
Bundesdurchschnitt
inkl. 19% MwSt.

7800-0006 Tiefgarage (102 STP)

BRI 7.512 m³ | **BGF** 3.020 m² | **NUF** 1.686 m²

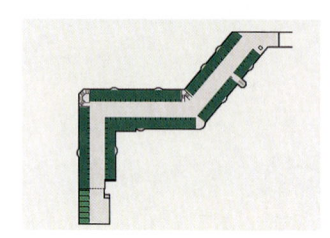

Tiefgarage mit 102 Stellplätzen zu Mehrfamilienhaus. Wegen Hanglage keine mechanische Belüftung. Stahlbetonbau.

Land: Baden-Württemberg
Kreis: Böblingen
Standard: unter Durchschnitt
Bauzeit: 39 Wochen
Kennwerte: bis 2.Ebene DIN276

BGF 533 €/m²

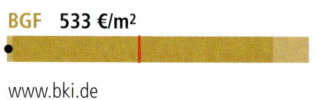

www.bki.de

7800-0009 Tiefgarage (20 STP)

BRI 1.966 m³ | **BGF** 634 m² | **NUF** 262 m²

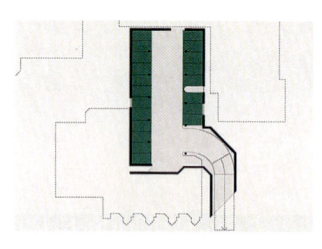

Tiefgarage mit 20 Stellplätzen als Teil eines Altenzentrums. Stahlbetonbau.

Land: Baden-Württemberg
Kreis: Freudenstadt
Standard: Durchschnitt
Bauzeit: 221 Wochen*
Kennwerte: bis 3.Ebene DIN276

BGF 812 €/m²

www.bki.de
*Nicht in der Auswertung enthalten

7800-0010 Tiefgarage für Wohnanlage (75 STP)

BRI 5.363 m³ | **BGF** 1.836 m² | **NUF** 1.591 m²

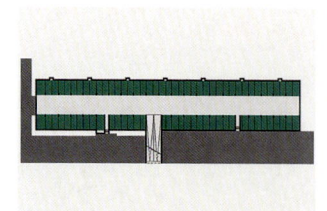

Tiefgarage für Wohnanlage (Objekt 6100-0070) 75 PKW-Stellplätze, Nebenräume für Entlüftungsanlage und Waschplatz. Stahlbetonbau.

Land: Bayern
Kreis: München
Standard: Durchschnitt
Bauzeit: 65 Wochen
Kennwerte: bis 3.Ebene DIN276

BGF 543 €/m²

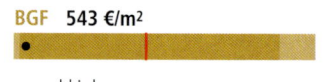

www.bki.de

Gewerbe

Feuerwehrhäuser

Kostenkennwerte für die Kosten des Bauwerks (Kostengruppen 300+400 nach DIN 276)

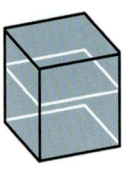

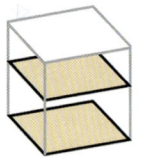

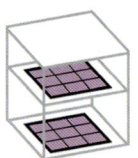

	BRI 330 €/m³	BGF 1.500 €/m²	NUF 1.980 €/m²	NE 288.170 €/NE
von	285 €/m³	1.270 €/m²	1.610 €/m²	201.560 €/NE
bis	390 €/m³	1.780 €/m²	2.340 €/m²	337.410 €/NE
				NE: Stellplätze

Kosten:
Stand 1.Quartal 2018
Bundesdurchschnitt
inkl. 19% MwSt.

Objektbeispiele

7600-0076

7600-0075

7600-0073

Kosten der 15 Vergleichsobjekte — Seiten 776 bis 780

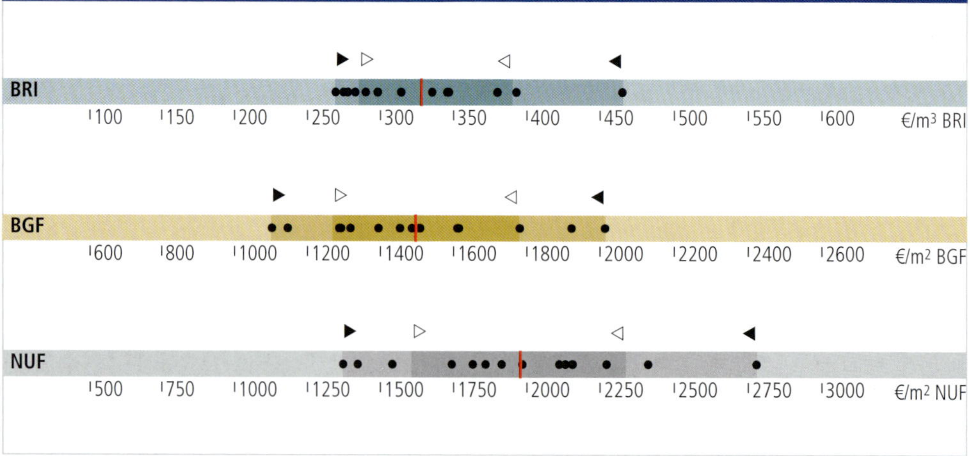

- ● KKW
- ▶ min
- ▷ von
- | Mittelwert
- ◁ bis
- ◀ max

BRI (€/m³ BRI)
BGF (€/m² BGF)
NUF (€/m² NUF)

© BKI Baukosteninformationszentrum; Erläuterungen zu den Tabellen siehe Seite 46   Kosten: 1.Quartal 2018, Bundesdurchschnitt, **inkl. 19% MwSt.**

Kostenkennwerte für die Kostengruppen der 1. und 2. Ebene DIN 276

KG	Kostengruppen der 1. Ebene	Einheit	▷	€/Einheit	◁	▷	% an 300+400	◁
100	Grundstück	m² GF	–	–	–	–	–	–
200	Herrichten und Erschließen	m² GF	6	**12**	21	1,3	**2,7**	4,5
300	Bauwerk - Baukonstruktionen	m² BGF	895	**1.137**	1.336	71,0	**75,8**	79,5
400	Bauwerk - Technische Anlagen	m² BGF	302	**358**	451	20,5	**24,2**	29,0
	Bauwerk (300+400)	m² BGF	1.271	**1.496**	1.778		**100,0**	
500	Außenanlagen	m² AF	54	**91**	139	10,2	**14,5**	18,9
600	Ausstattung und Kunstwerke	m² BGF	22	**53**	84	1,7	**3,5**	5,9
700	Baunebenkosten*	m² BGF	309	**345**	380	20,7	**23,1**	25,5 ◁ NEU

* Auf Grundlage der HOAI 2013 berechnete Werte nach §§ 35, 52, 56. Weitere Informationen siehe Seite 50

KG	Kostengruppen der 2. Ebene	Einheit	▷	€/Einheit	◁	▷	% an 300	◁
310	Baugrube	m³ BGI	10	**12**	16	0,9	**1,2**	1,7
320	Gründung	m² GRF	117	**202**	251	11,1	**15,5**	22,5
330	Außenwände	m² AWF	380	**387**	393	29,6	**33,2**	35,1
340	Innenwände	m² IWF	224	**243**	253	13,5	**16,0**	17,3
350	Decken	m² DEF	175	**247**	319	0,0	**6,2**	9,6
360	Dächer	m² DAF	247	**258**	279	18,9	**21,0**	24,1
370	Baukonstruktive Einbauten	m² BGF	11	**24**	46	1,1	**2,9**	6,0
390	Sonstige Baukonstruktionen	m² BGF	30	**39**	54	3,5	**4,0**	4,7
300	**Bauwerk Baukonstruktionen**	m² BGF					**100,0**	

KG	Kostengruppen der 2. Ebene	Einheit	▷	€/Einheit	◁	▷	% an 400	◁
410	Abwasser, Wasser, Gas	m² BGF	44	**70**	85	10,9	**19,9**	24,8
420	Wärmeversorgungsanlagen	m² BGF	46	**51**	59	10,9	**14,3**	16,3
430	Lufttechnische Anlagen	m² BGF	22	**38**	46	5,5	**10,9**	13,7
440	Starkstromanlagen	m² BGF	82	**96**	124	24,3	**26,4**	30,5
450	Fernmeldeanlagen	m² BGF	13	**37**	52	3,9	**10,0**	13,3
460	Förderanlagen	m² BGF	–	**16**	–	–	**1,3**	–
470	Nutzungsspezifische Anlagen	m² BGF	15	**49**	68	4,2	**13,7**	19,4
480	Gebäudeautomation	m² BGF	–	**36**	–	–	**2,9**	–
490	Sonstige Technische Anlagen	m² BGF	0	**3**	6	0,0	**0,6**	1,6
400	**Bauwerk Technische Anlagen**	m² BGF					**100,0**	

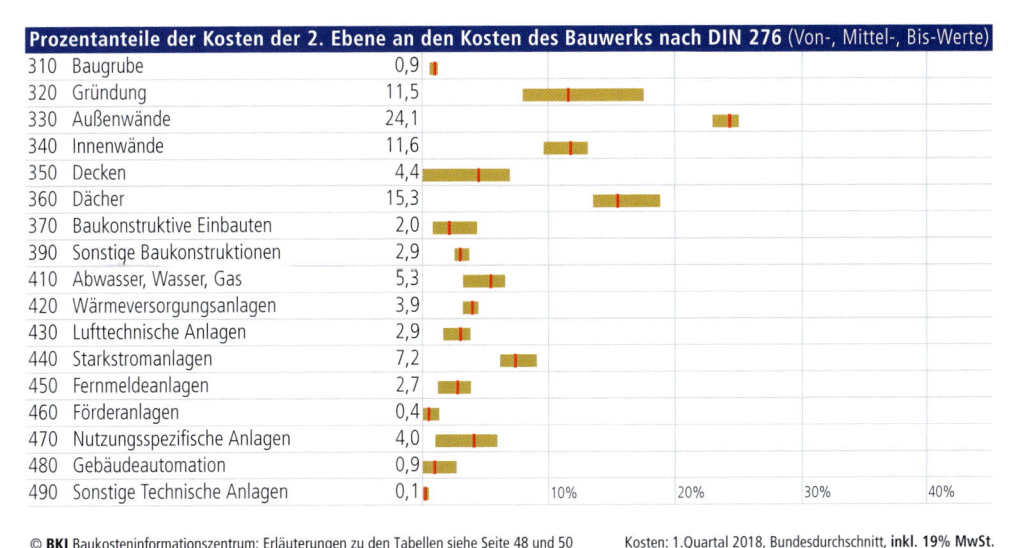

Prozentanteile der Kosten der 2. Ebene an den Kosten des Bauwerks nach DIN 276 (Von-, Mittel-, Bis-Werte)

KG		%
310	Baugrube	0,9
320	Gründung	11,5
330	Außenwände	24,1
340	Innenwände	11,6
350	Decken	4,4
360	Dächer	15,3
370	Baukonstruktive Einbauten	2,0
390	Sonstige Baukonstruktionen	2,9
410	Abwasser, Wasser, Gas	5,3
420	Wärmeversorgungsanlagen	3,9
430	Lufttechnische Anlagen	2,9
440	Starkstromanlagen	7,2
450	Fernmeldeanlagen	2,7
460	Förderanlagen	0,4
470	Nutzungsspezifische Anlagen	4,0
480	Gebäudeautomation	0,9
490	Sonstige Technische Anlagen	0,1

© BKI Baukosteninformationszentrum; Erläuterungen zu den Tabellen siehe Seite 48 und 50   Kosten: 1.Quartal 2018, Bundesdurchschnitt, **inkl. 19% MwSt.**

Feuerwehrhäuser

Kostenkennwerte für Leistungsbereiche nach StLB (Kosten des Bauwerks nach DIN 276)

Kosten: Stand 1. Quartal 2018 Bundesdurchschnitt inkl. 19% MwSt.

LB	Leistungsbereiche	▷	€/m² BGF	◁	▷	% an 300+400	◁
000	Sicherheits-, Baustelleneinrichtungen inkl. 001	32	**41**	41	2,2	**2,7**	2,7
002	Erdarbeiten	26	**53**	53	1,7	**3,6**	3,6
006	Spezialtiefbauarbeiten inkl. 005	–	**–**	–	–	**–**	–
009	Entwässerungskanalarbeiten inkl. 011	6	**6**	9	0,4	**0,4**	0,6
010	Drän- und Versickerungsarbeiten	2	**2**	3	0,1	**0,1**	0,2
012	Mauerarbeiten	83	**83**	113	5,5	**5,5**	7,6
013	Betonarbeiten	252	**252**	280	16,8	**16,8**	18,7
014	Natur-, Betonwerksteinarbeiten	0	**2**	2	0,0	**0,1**	0,1
016	Zimmer- und Holzbauarbeiten	–	**6**	–	–	**0,4**	–
017	Stahlbauarbeiten	1	**21**	21	0,1	**1,4**	1,4
018	Abdichtungsarbeiten	7	**7**	12	0,5	**0,5**	0,8
020	Dachdeckungsarbeiten	–	**–**	–	–	**–**	–
021	Dachabdichtungsarbeiten	72	**86**	86	4,8	**5,7**	5,7
022	Klempnerarbeiten	26	**26**	34	1,8	**1,8**	2,3
	Rohbau	542	**585**	585	36,3	**39,1**	39,1
023	Putz- und Stuckarbeiten, Wärmedämmsysteme	12	**60**	60	0,8	**4,0**	4,0
024	Fliesen- und Plattenarbeiten	22	**45**	45	1,5	**3,0**	3,0
025	Estricharbeiten	9	**12**	12	0,6	**0,8**	0,8
026	Fenster, Außentüren inkl. 029, 032	46	**85**	85	3,0	**5,7**	5,7
027	Tischlerarbeiten	37	**57**	57	2,5	**3,8**	3,8
028	Parkettarbeiten, Holzpflasterarbeiten	12	**12**	19	0,8	**0,8**	1,2
030	Rollladenarbeiten	3	**27**	27	0,2	**1,8**	1,8
031	Metallbauarbeiten inkl. 035	77	**99**	99	5,1	**6,7**	6,7
034	Maler- und Lackiererarbeiten inkl. 037	31	**31**	41	2,1	**2,1**	2,7
036	Bodenbelagarbeiten	8	**8**	13	0,5	**0,5**	0,8
038	Vorgehängte hinterlüftete Fassaden	–	**32**	–	–	**2,1**	–
039	Trockenbauarbeiten	42	**42**	47	2,8	**2,8**	3,1
	Ausbau	518	**518**	539	34,6	**34,6**	36,0
040	Wärmeversorgungsanl. - Betriebseinr. inkl. 041	52	**52**	58	3,5	**3,5**	3,9
042	Gas- und Wasserinstallation, Leitungen inkl. 043	15	**18**	18	1,0	**1,2**	1,2
044	Abwasserinstallationsarbeiten - Leitungen	22	**22**	29	1,5	**1,5**	1,9
045	GWA-Einrichtungsgegenstände inkl. 046	24	**24**	31	1,6	**1,6**	2,1
047	Dämmarbeiten an betriebstechnischen Anlagen	13	**13**	16	0,9	**0,9**	1,0
049	Feuerlöschanlagen, Feuerlöschgeräte	5	**13**	13	0,3	**0,9**	0,9
050	Blitzschutz- und Erdungsanlagen	4	**7**	7	0,3	**0,4**	0,4
052	Mittelspannungsanlagen	–	**–**	–	–	**–**	–
053	Niederspannungsanlagen inkl. 054	69	**69**	79	4,6	**4,6**	5,3
055	Ersatzstromversorgungsanlagen	–	**–**	–	–	**–**	–
057	Gebäudesystemtechnik	–	**–**	–	–	**–**	–
058	Leuchten und Lampen inkl. 059	36	**36**	44	2,4	**2,4**	3,0
060	Elektroakustische Anlagen, Sprechanlagen	0	**9**	9	0,0	**0,6**	0,6
061	Kommunikationsnetze, inkl. 062	5	**11**	11	0,3	**0,8**	0,8
063	Gefahrenmeldeanlagen	5	**16**	16	0,4	**1,1**	1,1
069	Aufzüge	–	**6**	–	–	**0,4**	–
070	Gebäudeautomation	–	**13**	–	–	**0,9**	–
075	Raumlufttechnische Anlagen	52	**62**	62	3,5	**4,1**	4,1
	Technische Anlagen	331	**369**	369	22,2	**24,7**	24,7
	Sonstige Leistungsbereiche inkl. 008, 033, 051	10	**31**	31	0,7	**2,1**	2,1

● KKW
▶ min
▷ von
| Mittelwert
◁ bis
◀ max

© BKI Baukosteninformationszentrum; Erläuterungen zu den Tabellen siehe Seite 52   Kosten: 1. Quartal 2018, Bundesdurchschnitt, **inkl. 19% MwSt.**

Planungskennwerte für Flächen und Rauminhalte nach DIN 277

Grundflächen			▷	Fläche/NUF (%)	◁	▷	Fläche/BGF (%)	◁
NUF	Nutzungsfläche			100,0		74,7	75,7	78,7
TF	Technikfläche		3,3	4,1	9,7	2,5	3,1	7,1
VF	Verkehrsfläche		9,3	11,4	14,6	6,8	8,6	10,5
NRF	Netto-Raumfläche		112,5	115,4	118,1	84,5	87,4	89,4
KGF	Konstruktions-Grundfläche		14,0	16,7	21,1	10,6	12,6	15,5
BGF	Brutto-Grundfläche		128,1	132,1	134,7		100,0	

Brutto-Rauminhalte			▷	BRI/NUF (m)	◁	▷	BRI/BGF (m)	◁
BRI	Brutto-Rauminhalt		5,49	6,04	6,33	4,31	4,56	4,71

Flächen von Nutzeinheiten			▷	NUF/Einheit (m²)	◁	▷	BGF/Einheit (m²)	◁
Nutzeinheit: Stellplätze			151,34	155,51	155,51	210,04	210,04	221,71

Lufttechnisch behandelte Flächen			▷	Fläche/NUF (%)	◁	▷	Fläche/BGF (%)	◁
Entlüftete Fläche			–	–	–	–	–	–
Be- und entlüftete Fläche			–	–	–	–	–	–
Teilklimatisierte Fläche			–	–	–	–	–	–
Klimatisierte Fläche			–	–	–	–	–	–

KG	Kostengruppen (2. Ebene)	Einheit	▷	Menge/NUF	◁	▷	Menge/BGF	◁
310	Baugrube	m³ BGI	1,48	1,48	1,69	1,12	1,12	1,38
320	Gründung	m² GRF	0,96	1,00	1,00	0,73	0,75	0,75
330	Außenwände	m² AWF	1,09	1,09	1,18	0,83	0,83	0,84
340	Innenwände	m² IWF	0,86	0,87	0,87	0,64	0,65	0,65
350	Decken	m² DEF	0,42	0,42	0,42	0,34	0,34	0,34
360	Dächer	m² DAF	1,02	1,05	1,05	0,77	0,79	0,79
370	Baukonstruktive Einbauten	m² BGF	1,28	1,32	1,35		1,00	
390	Sonstige Baukonstruktionen	m² BGF	1,28	1,32	1,35		1,00	
300	Bauwerk-Baukonstruktionen	m² BGF	1,28	1,32	1,35		1,00	

Planungskennwerte für Bauzeiten — 15 Vergleichsobjekte

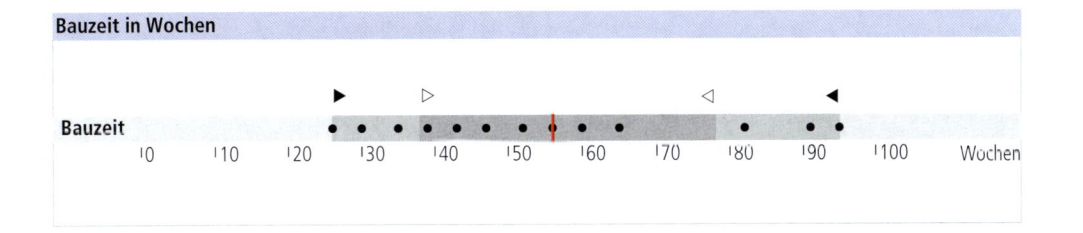

Bauzeit in Wochen

Bauzeit: Werte zwischen ca. 25 und 95 Wochen; Median ca. 55 Wochen.

© BKI Baukosteninformationszentrum; Erläuterungen zu den Tabellen siehe Seite 54   Kosten: 1.Quartal 2018, Bundesdurchschnitt, inkl. 19% MwSt.

Feuerwehrhäuser

Objektübersicht zur Gebäudeart

7600-0075 Feuerwehrgerätehaus - Effizienzhaus 70
BRI 2.949 m³ **BGF** 681 m² **NUF** 493 m²

€/m² BGF
- min: 1.105 €/m²
- von: 1.270 €/m²
- **Mittel: 1.495 €/m²**
- bis: 1.780 €/m²
- max: 2.015 €/m²

Kosten:
Stand 1.Quartal 2018
Bundesdurchschnitt
inkl. 19% MwSt.

Feuerwehrgerätehaus mit drei Fahrzeugstellplätzen. Massivbau.

Land: Bayern
Kreis: Bamberg
Standard: Durchschnitt
Bauzeit: 47 Wochen
Kennwerte: bis 1.Ebene DIN276

BGF 2.014 €/m²

Planung: Eis Architekten GmbH; Bamberg

vorgesehen: BKI Objektdaten E8

7600-0073 Feuerwehrhaus - Effizienzhaus ~28%
BRI 2.117 m³ **BGF** 470 m² **NUF** 329 m²

Feuerwehrhaus für 39 freiwillige Feuerwehrmänner und -frauen und zwei Einsatzfahrzeuge. Mauerwerksbau.

Land: Mecklenburg-Vorpommern
Kreis: Greifswald (Kreis)
Standard: Durchschnitt
Bauzeit: 30 Wochen
Kennwerte: bis 3.Ebene DIN276

BGF 1.508 €/m²

Planung: Plan 2 Architekturbüro Stendel; Ribnitz-Damgarten

veröffentlicht: BKI Objektdaten E7

7600-0076 Feuerwehrgerätehaus, Übungsturm - Passivhaus
BRI 4.395 m³ **BGF** 898 m² **NUF** 715 m²

Feuerwehrgerätehaus mit Übungsturm, Sozialtrakt als Passivhaus. Massivbau.

Land: Baden-Württemberg
Kreis: Heidelberg
Standard: über Durchschnitt
Bauzeit: 60 Wochen
Kennwerte: bis 1.Ebene DIN276

BGF 1.922 €/m²

Planung: Lengfeld & Wilisch Architekten PartG mbB; Darmstadt

vorgesehen: BKI Objektdaten E8

7600-0069 Feuer- und Rettungswache
BRI 4.631 m³ **BGF** 918 m² **NUF** 648 m²

Feuer- und Rettungswache mit Fahrzeugstellplätzen (4 St), Aufenthalts- und Seminarräume, Büros und Werkstatt. Massivbau.

Land: Thüringen
Kreis: Erfurt
Standard: Durchschnitt
Bauzeit: 65 Wochen
Kennwerte: bis 1.Ebene DIN276

BGF 1.505 €/m²

Planung: HOFFMANN.SEIFERT.PARTNER architekten ingenieure; Erfurt

veröffentlicht: BKI Objektdaten N15

Objektübersicht zur Gebäudeart

7600-0070 Feuerwehrhaus   BRI 4.283m³   BGF 859m²   NUF 667m²

Feuerwehrgerätehaus mit vier Fahrzeugplätzen. Massivbau.

Land: Sachsen
Kreis: Vogtlandkreis
Standard: über Durchschnitt
Bauzeit: 82 Wochen
Kennwerte: bis 1.Ebene DIN276

BGF   1.485 €/m²

Planung: Fugmann Architekten GmbH; Falkenstein

veröffentlicht: BKI Objektdaten N15

7600-0071 Feuerwehrhaus   BRI 3.207m³   BGF 686m²   NUF 525m²

Feuerwache. Stahlbau (Fahrzeughalle), Mauerwerk (Sozialgebäudeteil).

Land: Schleswig-Holstein
Kreis: Nordfriesland
Standard: Durchschnitt
Bauzeit: 26 Wochen
Kennwerte: bis 1.Ebene DIN276

BGF   1.615 €/m²

Planung: Johannsen und Fuchs; Husum

veröffentlicht: BKI Objektdaten N15

7600-0063 Feuerwehrhaus   BRI 1.496m³   BGF 321m²   NUF 228m²

Feuerwehrhaus mit Halle, Schulungsraum und Küche (2 Fahrzeuge). Mauerwerksbau.

Land: Bayern
Kreis: Landshut, Stadt
Standard: unter Durchschnitt
Bauzeit: 39 Wochen
Kennwerte: bis 1.Ebene DIN276

BGF   1.611 €/m²

Planung: NEUMEISTER & PARINGER ARCHITEKTEN BDA; Landshut

veröffentlicht: BKI Objektdaten N12

7600-0062 Feuerwehrhaus, Rettungswache   BRI 8.669m³   BGF 1.849m²   NUF 1.528m²

Feuerwehrhaus (6 Fahrzeuge) und Rettungswache (2 Rettungswagen). Massivbau.

Land: Nordrhein-Westfalen
Kreis: Gütersloh
Standard: über Durchschnitt
Bauzeit: 52 Wochen
Kennwerte: bis 1.Ebene DIN276

BGF   1.781 €/m²

Planung: Martin Wypior Freier Architekt; Stuttgart

veröffentlicht: BKI Objektdaten N12

Feuerwehrhäuser

Objektübersicht zur Gebäudeart

€/m² BGF
min	1.105 €/m²
von	1.270 €/m²
Mittel	**1.495 €/m²**
bis	1.780 €/m²
max	2.015 €/m²

Kosten:
Stand 1.Quartal 2018
Bundesdurchschnitt
inkl. 19% MwSt.

7600-0068 Feuerwehrhaus   BRI 4.507m³   BGF 1.092m²   NUF 879m²

Feuerwehrhaus mit fünf Fahrzeugstellplätzen, Schulungsraum, Werkstatt und Jugendraum. Massivbau.

Land: Baden-Württemberg
Kreis: Ortenaukreis
Standard: Durchschnitt
Bauzeit: 52 Wochen
Kennwerte: bis 1.Ebene DIN276

BGF   1.146 €/m²

Planung: Waßmer-STRAUB Architekten; Sasbach

veröffentlicht: BKI Objektdaten N13

7600-0074 Feuerwehrhaus   BRI 1.876m³   BGF 412m²   NUF 285m²

Feuerwehrgerätehaus mit zwei Fahrzeugstellplätzen, Schulungsraum und Geräteraum. Mauerwerk.

Land: Sachsen
Kreis: Erzgebirgskreis
Standard: unter Durchschnitt
Bauzeit: 91 Wochen
Kennwerte: bis 1.Ebene DIN276

BGF   1.287 €/m²

Planung: Bauplanungsbüro Jürgen Schmiedel; Jöhstadt

veröffentlicht: BKI Objektdaten N15

7600-0049 Feuerwehrhaus   BRI 9.810m³   BGF 2.120m²   NUF 1.551m²

Feuerwehrhaus mit zehn Fahrzeugstellplätzen. Massivbau.

Land: Schleswig-Holstein
Kreis: Plön
Standard: Durchschnitt
Bauzeit: 56 Wochen
Kennwerte: bis 1.Ebene DIN276

BGF   1.453 €/m²

Planung: bbp : architekten bda brockstedt.bergfeld.petersen; Kiel

veröffentlicht: BKI Objektdaten N10

7600-0052 Feuerwehrhaus*   BRI 1.136m³   BGF 328m²   NUF 211m²

Feuerwehrhaus für ein Fahrzeug, mit Schulungsraum und Nebenräumen. Massivbau.

Land: Hessen
Kreis: Lahn-Dill, Wetzlar
Standard: Durchschnitt
Bauzeit: 74 Wochen
Kennwerte: bis 1.Ebene DIN276

BGF   1.961 €/m²

Planung: SWOBODA . BEHR-SWOBODA ARCHITEKTEN+INGENIEURE; Braunfels

veröffentlicht: BKI Objektdaten N10
*Nicht in der Auswertung enthalten

Objektübersicht zur Gebäudeart

7600-0053 Feuerwehr, Bürgerhaus*

BRI 1.437m³   **BGF** 413m²   **NUF** 317m²

Feuerwehr und Bürgerhaus, Wagenhalle, Geräteraum, Werkstatt, Bürgersaal mit 80 Sitzplätzen und Küche, Bürgermeisterbüro. Mauerwerksbau, Holzrahmenwände.

Land: Brandenburg
Kreis: Oberhavel
Standard: über Durchschnitt
Bauzeit: 30 Wochen
Kennwerte: bis 3.Ebene DIN276

BGF   1.948 €/m²

Planung: Dritte Haut° Architekten Dipl.-Ing. Architekt Peter Garkisch; Berlin

veröffentlicht: BKI Objektdaten N12
*Nicht in der Auswertung enthalten

7600-0054 Feuerwehrhaus

BRI 13.142m³   **BGF** 2.733m²   **NUF** 2.186m²

Feuerwehrhaus mit 12 Fahrzeugstellplätzen, Schlauchtrockenturm, Wasch- und Wartungshalle. Massivbau.

Land: Baden-Württemberg
Kreis: Ravensburg
Standard: Durchschnitt
Bauzeit: 60 Wochen
Kennwerte: bis 3.Ebene DIN276

BGF   1.395 €/m²

Planung: wassung bader architekten; Tettnang

veröffentlicht: BKI Objektdaten N15

7600-0055 Feuerwehrhaus, Rettungswache

BRI 2.837m³   **BGF** 746m²   **NUF** 638m²

Feuerwehrhaus (4 Fahrzeugstellplätze) und Rettungswache. Im OG Schulungsraum, Küche und Sanitäranlagen. Stahlbeton-Skelettkonstruktion.

Land: Niedersachsen
Kreis: Peine
Standard: Durchschnitt
Bauzeit: 43 Wochen
Kennwerte: bis 1.Ebene DIN276

BGF   1.319 €/m²

Planung: maurer - ARCHITEKTUR; Braunschweig

veröffentlicht: BKI Objektdaten N11

7600-0035 Feuerwehrhaus (2 KFZ)*

BRI 1.870m³   **BGF** 587m²   **NUF** 395m²

Feuerwehrhaus mit 2 Stellplätzen und Schulungsraum. Mauerwerksbau.

Land: Baden-Württemberg
Kreis: Alb-Donau
Standard: Durchschnitt
Bauzeit: 52 Wochen
Kennwerte: bis 4.Ebene DIN276

BGF   782 €/m²
*

Planung: Architekturbüro Klein + Thierer; Gerstetten

veröffentlicht: BKI Objektdaten N7
*Nicht in der Auswertung enthalten

© BKI Baukosteninformationszentrum; Erläuterungen zu den Tabellen siehe Seite 56   Kosten: 1.Quartal 2018, Bundesdurchschnitt, inkl. 19% MwSt.

Feuerwehrhäuser

Objektübersicht zur Gebäudeart

7600-0047 Feuerwehrgerätehaus **BRI** 10.336m³ **BGF** 2.198m² **NUF** 1.564m²

Feuerwehrgerätehaus, Fahrzeughalle, Schlauchwerkstatt, Werkstattbereich mit Waschhalle, Umkleide- und Sanitärbereiche, Schulungs- und Aufenthaltsraum. Mauerwerksbau.

Land: Rheinland-Pfalz
Kreis: Ludwigshafen, Rhein
Standard: Durchschnitt
Bauzeit: 95 Wochen
Kennwerte: bis 1.Ebene DIN276

BGF 1.293 €/m²

Planung: kplan AG Abteilung Architektur; Abensberg

veröffentlicht: BKI Objektdaten N10

7600-0040 Feuerwehrgerätehaus (11 KFZ) **BRI** 8.229m³ **BGF** 2.010m² **NUF** 1.615m²

Feuerwehrhaus mit 11 Stellplätzen für Einsatzfahrzeuge, Funkzentrale, Umkleide- und Sanitärräume, Verwaltung. Stb-Konstruktion, Pfosten-Riegel-Fassade.

Land: Baden-Württemberg
Kreis: Heilbronn
Standard: Durchschnitt
Bauzeit: 35 Wochen
Kennwerte: bis 4.Ebene DIN276

BGF 1.103 €/m²

Planung: Freier Architekt Bernd Zimmermann BDA; Heilbronn

veröffentlicht: BKI Objektdaten N8

€/m² BGF
min	1.105 €/m²
von	1.270 €/m²
Mittel	**1.495** €/m²
bis	1.780 €/m²
max	2.015 €/m²

Kosten:
Stand 1.Quartal 2018
Bundesdurchschnitt
inkl. 19% MwSt.

Gewerbe

Öffentliche Bereitschaftsdienste

Kostenkennwerte für die Kosten des Bauwerks (Kostengruppen 300+400 nach DIN 276)

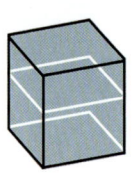

BRI 335 €/m³
von 230 €/m³
bis 520 €/m³

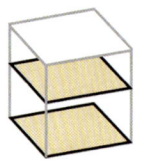

BGF 1.560 €/m²
von 1.200 €/m²
bis 2.140 €/m²

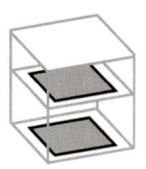

NUF 1.990 €/m²
von 1.520 €/m²
bis 2.750 €/m²

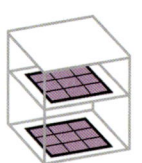

NE 405.980 €/NE
von 104.560 €/NE
bis 707.400 €/NE
NE: Stellplätze

Objektbeispiele

7600-0072

7600-0065

7600-0050

Kosten:
Stand 1. Quartal 2018
Bundesdurchschnitt
inkl. 19% MwSt.

Kosten der 9 Vergleichsobjekte — Seiten 786 bis 788

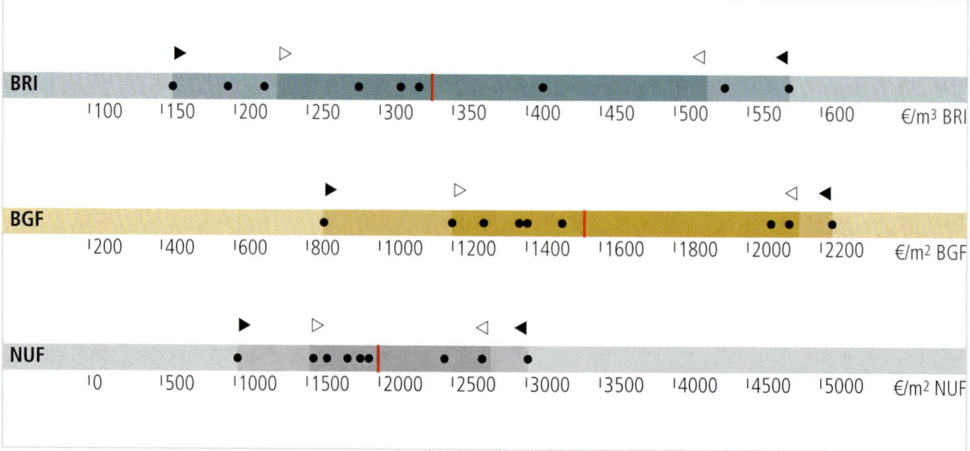

- ● KKW
- ▶ min
- ▷ von
- | Mittelwert
- ◁ bis
- ◀ max

© BKI Baukosteninformationszentrum; Erläuterungen zu den Tabellen siehe Seite 46

Kosten: 1. Quartal 2018, Bundesdurchschnitt, **inkl. 19% MwSt.**

Kostenkennwerte für die Kostengruppen der 1. und 2. Ebene DIN 276

KG	Kostengruppen der 1. Ebene	Einheit	▷	€/Einheit	◁	▷	% an 300+400	◁
100	Grundstück	m² GF	–	–	–	–	–	–
200	Herrichten und Erschließen	m² GF	5	**14**	40	1,3	**3,6**	10,3
300	Bauwerk - Baukonstruktionen	m² BGF	955	**1.277**	1.817	73,9	**81,5**	86,2
400	Bauwerk - Technische Anlagen	m² BGF	180	**279**	368	13,8	**18,5**	26,1
	Bauwerk (300+400)	m² BGF	1.199	**1.557**	2.140		**100,0**	
500	Außenanlagen	m² AF	11	**46**	78	3,4	**9,3**	19,4
600	Ausstattung und Kunstwerke	m² BGF	6	**7**	9	0,5	**0,5**	0,6
700	Baunebenkosten*	m² BGF	351	**391**	432	22,2	**24,8**	27,3 ◁ NEU

* Auf Grundlage der HOAI 2013 berechnete Werte nach §§ 35, 52, 56. Weitere Informationen siehe Seite 50

KG	Kostengruppen der 2. Ebene	Einheit	▷	€/Einheit	◁	▷	% an 300	◁
310	Baugrube	m³ BGI	15	**26**	34	1,2	**3,0**	7,3
320	Gründung	m² GRF	208	**232**	304	10,9	**18,6**	24,4
330	Außenwände	m² AWF	340	**414**	611	28,9	**34,6**	40,6
340	Innenwände	m² IWF	224	**281**	360	4,6	**10,7**	16,4
350	Decken	m² DEF	131	**186**	239	3,2	**6,4**	10,0
360	Dächer	m² DAF	135	**242**	369	14,4	**19,0**	23,5
370	Baukonstruktive Einbauten	m² BGF	19	**62**	106	0,5	**2,9**	9,3
390	Sonstige Baukonstruktionen	m² BGF	34	**47**	84	3,8	**5,0**	7,9
300	**Bauwerk Baukonstruktionen**	**m² BGF**					**100,0**	

KG	Kostengruppen der 2. Ebene	Einheit	▷	€/Einheit	◁	▷	% an 400	◁
410	Abwasser, Wasser, Gas	m² BGF	15	**30**	44	7,9	**11,1**	14,1
420	Wärmeversorgungsanlagen	m² BGF	30	**34**	45	9,7	**14,8**	19,5
430	Lufttechnische Anlagen	m² BGF	26	**29**	34	2,2	**7,8**	13,3
440	Starkstromanlagen	m² BGF	69	**88**	138	22,4	**38,1**	54,5
450	Fernmeldeanlagen	m² BGF	8	**22**	36	4,5	**9,5**	22,2
460	Förderanlagen	m² BGF	–	**12**	–	–	**0,9**	–
470	Nutzungsspezifische Anlagen	m² BGF	16	**85**	220	2,7	**15,7**	52,4
480	Gebäudeautomation	m² BGF	10	**16**	22	0,0	**2,0**	4,3
490	Sonstige Technische Anlagen	m² BGF	0	**0**	1	0,0	**0,1**	0,2
400	**Bauwerk Technische Anlagen**	**m² BGF**					**100,0**	

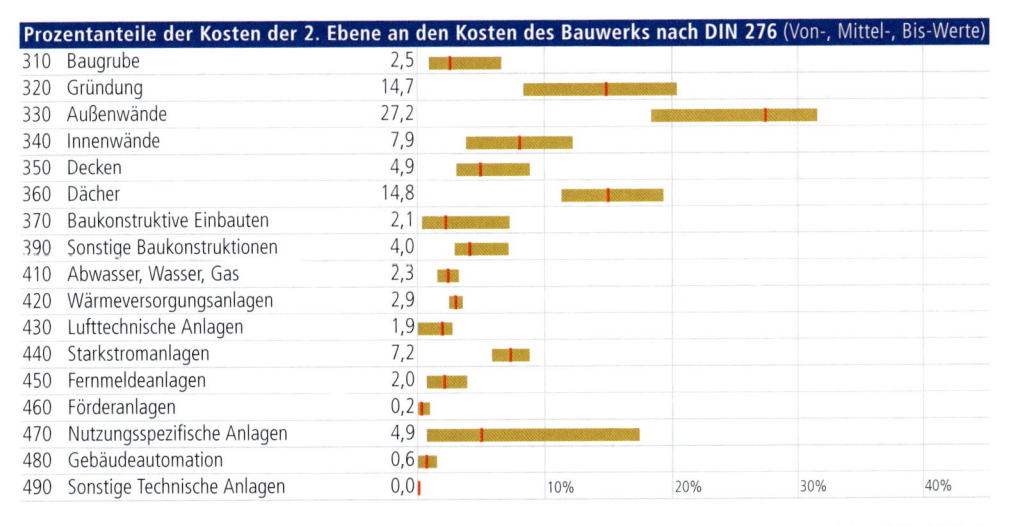

Prozentanteile der Kosten der 2. Ebene an den Kosten des Bauwerks nach DIN 276 (Von-, Mittel-, Bis-Werte)

KG	Bezeichnung	Mittelwert %
310	Baugrube	2,5
320	Gründung	14,7
330	Außenwände	27,2
340	Innenwände	7,9
350	Decken	4,9
360	Dächer	14,8
370	Baukonstruktive Einbauten	2,1
390	Sonstige Baukonstruktionen	4,0
410	Abwasser, Wasser, Gas	2,3
420	Wärmeversorgungsanlagen	2,9
430	Lufttechnische Anlagen	1,9
440	Starkstromanlagen	7,2
450	Fernmeldeanlagen	2,0
460	Förderanlagen	0,2
470	Nutzungsspezifische Anlagen	4,9
480	Gebäudeautomation	0,6
490	Sonstige Technische Anlagen	0,0

© BKI Baukosteninformationszentrum; Erläuterungen zu den Tabellen siehe Seite 48 und 50   Kosten: 1. Quartal 2018, Bundesdurchschnitt, inkl. 19% MwSt.

Öffentliche Bereitschaftsdienste

Kosten:
Stand 1. Quartal 2018
Bundesdurchschnitt
inkl. 19% MwSt.

- KKW
▶ min
▷ von
| Mittelwert
◁ bis
◀ max

Kostenkennwerte für Leistungsbereiche nach StLB (Kosten des Bauwerks nach DIN 276)

LB	Leistungsbereiche	▷	€/m² BGF	◁	▷	% an 300+400	◁
000	Sicherheits-, Baustelleneinrichtungen inkl. 001	38	48	57	2,4	3,1	3,7
002	Erdarbeiten	28	54	54	1,8	3,4	3,4
006	Spezialtiefbauarbeiten inkl. 005	–	23	–	–	1,5	–
009	Entwässerungskanalarbeiten inkl. 011	7	9	9	0,4	0,6	0,6
010	Drän- und Versickerungsarbeiten	–	0	–	–	0,0	–
012	Mauerarbeiten	49	62	62	3,2	4,0	4,0
013	Betonarbeiten	186	265	265	11,9	17,0	17,0
014	Natur-, Betonwerksteinarbeiten	–	3	–	–	0,2	–
016	Zimmer- und Holzbauarbeiten	–	78	–	–	5,0	–
017	Stahlbauarbeiten	58	128	208	3,7	8,2	13,4
018	Abdichtungsarbeiten	0	4	8	0,0	0,3	0,5
020	Dachdeckungsarbeiten	–	12	–	–	0,8	–
021	Dachabdichtungsarbeiten	8	44	80	0,5	2,8	5,1
022	Klempnerarbeiten	35	45	57	2,2	2,9	3,7
	Rohbau	566	775	1.015	36,4	49,8	65,2
023	Putz- und Stuckarbeiten, Wärmedämmsysteme	36	90	90	2,3	5,8	5,8
024	Fliesen- und Plattenarbeiten	3	11	19	0,2	0,7	1,2
025	Estricharbeiten	3	7	7	0,2	0,4	0,4
026	Fenster, Außentüren inkl. 029, 032	96	96	138	6,2	6,2	8,9
027	Tischlerarbeiten	4	22	46	0,3	1,4	3,0
028	Parkettarbeiten, Holzpflasterarbeiten	0	3	6	0,0	0,2	0,4
030	Rollladenarbeiten	1	6	9	0,1	0,4	0,6
031	Metallbauarbeiten inkl. 035	25	118	208	1,6	7,6	13,4
034	Maler- und Lackiererarbeiten inkl. 037	7	7	11	0,5	0,5	0,7
036	Bodenbelagarbeiten	0	7	15	0,0	0,4	1,0
038	Vorgehängte hinterlüftete Fassaden	–	42	–	–	2,7	–
039	Trockenbauarbeiten	3	16	16	0,2	1,0	1,0
	Ausbau	309	425	425	19,9	27,3	27,3
040	Wärmeversorgungsanl. - Betriebseinr. inkl. 041	34	39	39	2,2	2,5	2,5
042	Gas- und Wasserinstallation, Leitungen inkl. 043	4	7	10	0,3	0,5	0,6
044	Abwasserinstallationsarbeiten - Leitungen	2	9	9	0,1	0,6	0,6
045	GWA-Einrichtungsgegenstände inkl. 046	5	15	15	0,3	1,0	1,0
047	Dämmarbeiten an betriebstechnischen Anlagen	6	8	12	0,4	0,5	0,8
049	Feuerlöschanlagen, Feuerlöschgeräte	–	–	–	–	–	–
050	Blitzschutz- und Erdungsanlagen	2	4	4	0,2	0,3	0,3
052	Mittelspannungsanlagen	–	–	–	–	–	–
053	Niederspannungsanlagen inkl. 054	82	82	95	5,3	5,3	6,1
055	Ersatzstromversorgungsanlagen	1	5	5	0,0	0,3	0,3
057	Gebäudesystemtechnik	–	–	–	–	–	–
058	Leuchten und Lampen inkl. 059	18	25	33	1,2	1,6	2,1
060	Elektroakustische Anlagen, Sprechanlagen	0	3	3	0,0	0,2	0,2
061	Kommunikationsnetze, inkl. 062	6	8	10	0,4	0,5	0,6
063	Gefahrenmeldeanlagen	6	20	20	0,4	1,3	1,3
069	Aufzüge	–	3	–	–	0,2	–
070	Gebäudeautomation	0	10	23	0,0	0,6	1,5
075	Raumlufttechnische Anlagen	28	28	40	1,8	1,8	2,6
	Technische Anlagen	192	266	321	12,3	17,1	20,6
	Sonstige Leistungsbereiche inkl. 008, 033, 051	25	91	91	1,6	5,8	5,8

Planungskennwerte für Flächen und Rauminhalte nach DIN 277

Grundflächen		▷	Fläche/NUF (%)	◁	▷	Fläche/BGF (%)	◁
NUF	Nutzungsfläche		**100,0**		74,3	**78,0**	80,0
TF	Technikfläche	3,4	**3,9**	10,3	2,5	**3,0**	8,2
VF	Verkehrsfläche	9,3	**10,8**	23,9	7,3	**8,4**	16,0
NRF	Netto-Raumfläche	110,4	**114,6**	123,8	87,2	**89,5**	91,0
KGF	Konstruktions-Grundfläche	12,1	**13,5**	18,3	9,0	**10,5**	12,8
BGF	Brutto-Grundfläche	126,2	**128,1**	136,4		**100,0**	

Brutto-Rauminhalte		▷	BRI/NUF (m)	◁	▷	BRI/BGF (m)	◁
BRI	Brutto-Rauminhalt	5,65	**6,31**	6,98	4,65	**4,99**	5,54

Flächen von Nutzeinheiten	▷	NUF/Einheit (m²)	◁	▷	BGF/Einheit (m²)	◁
Nutzeinheit: Stellplätze	202,75	**202,75**	202,75	259,94	**259,94**	259,94

Lufttechnisch behandelte Flächen	▷	Fläche/NUF (%)	◁	▷	Fläche/BGF (%)	◁
Entlüftete Fläche	–	–	–	–	–	–
Be- und entlüftete Fläche	–	–	–	–	–	–
Teilklimatisierte Fläche	–	–	–	–	–	–
Klimatisierte Fläche	–	–	–	–	–	–

KG	Kostengruppen (2. Ebene)	Einheit	▷	Menge/NUF	◁	▷	Menge/BGF	◁
310	Baugrube	m³ BGI	1,07	**1,48**	2,05	0,76	**1,10**	1,34
320	Gründung	m² GRF	0,73	**0,91**	0,95	0,70	**0,70**	0,75
330	Außenwände	m² AWF	1,03	**1,05**	1,05	0,77	**0,80**	0,80
340	Innenwände	m² IWF	0,48	**0,50**	0,77	0,39	**0,39**	0,59
350	Decken	m² DEF	0,38	**0,46**	0,46	0,31	**0,35**	0,35
360	Dächer	m² DAF	0,93	**1,17**	1,17	0,70	**0,88**	1,17
370	Baukonstruktive Einbauten	m² BGF	1,26	**1,28**	1,36		**1,00**	
390	Sonstige Baukonstruktionen	m² BGF	1,26	**1,28**	1,36		**1,00**	
300	Bauwerk-Baukonstruktionen	m² BGF	1,26	**1,28**	1,36		**1,00**	

Planungskennwerte für Bauzeiten

9 Vergleichsobjekte

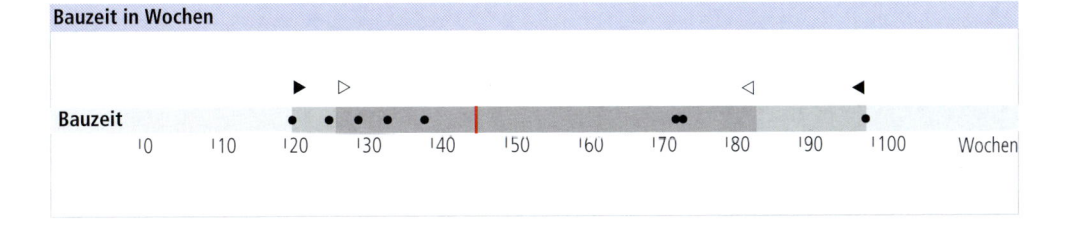

Bauzeit in Wochen

Bauzeit: Werte verteilt zwischen ca. 20 und 100 Wochen; Median (roter Strich) bei ca. 45 Wochen; Bereich ▷ bei ca. 25 Wochen, ◁ bei ca. 75 Wochen; ▶ bei ca. 22 Wochen, ◀ bei ca. 85 Wochen.

© BKI Baukosteninformationszentrum; Erläuterungen zu den Tabellen siehe Seite 54   Kosten: 1.Quartal 2018, Bundesdurchschnitt, inkl. 19% MwSt.

Öffentliche Bereitschaftsdienste

Objektübersicht zur Gebäudeart

€/m² BGF

min	845 €/m²
von	1.200 €/m²
Mittel	**1.555 €/m²**
bis	2.140 €/m²
max	2.230 €/m²

Kosten:
Stand 1.Quartal 2018
Bundesdurchschnitt
inkl. 19% MwSt.

7600-0072 Straßenmeisterei (25 AP)
BRI 17.562m³ **BGF** 2.666m² **NUF** 2.217m²

Straßenmeisterei mit Salzsiloanlage (25 AP). Stahlbau.

Land: Thüringen
Kreis: Altenburger Land
Standard: Durchschnitt
Bauzeit: 74 Wochen
Kennwerte: bis 3.Ebene DIN276

BGF 1.284 €/m²

Planung: HOFFMANN.SEIFERT.PARTNER architekten ingenieure; Zwickau

vorgesehen: BKI Objektdaten N16

7600-0065 Sozialgebäude (Friedhofsamt)
BRI 584m³ **BGF** 163m² **NUF** 112m²

Sozialgebäude (Friedhofsamt) für 25 Personen. Mauerwerksbau.

Land: Nordrhein-Westfalen
Kreis: Mettmann
Standard: Durchschnitt
Bauzeit: 39 Wochen
Kennwerte: bis 1.Ebene DIN276

BGF 2.063 €/m²

Planung: pagelhenn architektinnenarchitekt; Hilden

veröffentlicht: BKI Objektdaten N13

7600-0050 Straßenmeisterei
BRI 9.588m³ **BGF** 1.530m² **NUF** 1.289m²

Straßenmeisterei. Bestehend aus drei Bauteilen: Büros und LKW-Geräteboxen, Werkstatt, Salzlagerhalle. Holzskelettbau.

Land: Hessen
Kreis: Rheingau-Taunus
Standard: Durchschnitt
Bauzeit: 30 Wochen
Kennwerte: bis 1.Ebene DIN276

BGF 1.380 €/m²

Planung: BGF + Architekten; Wiesbaden

veröffentlicht: BKI Objektdaten N10

7600-0067 Wirtschaftsgebäude
BRI 2.562m³ **BGF** 375m² **NUF** 309m²

Wirtschaftsgebäude mit Lager-, Funktionstrakt und Garagenbereich (8 STP). Holzrahmenständerbauweise, Holzfachwerkträger.

Land: Sachsen
Kreis: Erzgebirgskreis
Standard: über Durchschnitt
Bauzeit: 21 Wochen
Kennwerte: bis 1.Ebene DIN276

BGF 2.231 €/m²

Planung: Atelier ST Gesellschaft von Architekten mbH; Leipzig

veröffentlicht: BKI Objektdaten N13

Objektübersicht zur Gebäudeart

7600-0046 Betriebshof

BRI 3.200m³ **BGF** 762m² **NUF** 513m²

Stellplätze für Fahrzeuge, Lagerflächen, Büroraum. Mauerwerksbau, Holzständerwände.

Land: Baden-Württemberg
Kreis: Ravensburg
Standard: Durchschnitt
Bauzeit: 34 Wochen
Kennwerte: bis 3.Ebene DIN276

BGF 1.198 €/m²

Planung: Frankenhauser Architekten; Ravensburg

veröffentlicht: BKI Objektdaten N12

7600-0048 Hauptrettungsstation

BRI 328m³ **BGF** 82m² **NUF** 71m²

Hauptrettungsstation mit Unfallhilfestellung. Holzrahmenbau.

Land: Mecklenburg-Vorpommern
Kreis: Ostvorpommern
Standard: Durchschnitt
Bauzeit: 26 Wochen
Kennwerte: bis 1.Ebene DIN276

BGF 2.113 €/m²

Planung: Architekt BDA und Stadtplaner Achim Dreischmeier; Ostseebad Koserow

veröffentlicht: BKI Objektdaten N10

7600-0042 Rettungswache

BRI 857m³ **BGF** 192m² **NUF** 144m²

Rettungswache mit einer Fahrzeughalle, Bereitschaftsräume, Teeküche, Sanitärräume und Umkleideräume. Holzkonstruktion.

Land: Niedersachsen
Kreis: Hildesheim
Standard: Durchschnitt
Bauzeit: 21 Wochen
Kennwerte: bis 1.Ebene DIN276

BGF 1.402 €/m²

Planung: Architektur- und Ingenieurbüro Himstedt + Kollien; Hildesheim

veröffentlicht: BKI Objektdaten N9

7600-0044 Feuer- und Rettungswache

BRI 12.055m³ **BGF** 3.311m² **NUF** 2.567m²

Feuer- und Rettungswache für sieben Fahrzeuge, vier Brandschutz- und drei Rettungstransportfahrzeuge, Waschhalle, Werkstätten, Umkleideräume, Büroräume für zehn Mitarbeiter, Schulungsräume, Besprechungszimmer. Stb-Konstruktion, Pfosten-Riegel-Fassade; Stb-Filigrandecken; Stahl-Dachtragwerk.

Land: Nordrhein-Westfalen
Kreis: Detmold
Standard: Durchschnitt
Bauzeit: 99 Wochen
Kennwerte: bis 3.Ebene DIN276

BGF 1.496 €/m²

Planung: Architekten Prof. Sill; Hamburg

veröffentlicht: BKI Objektdaten N9

Öffentliche Bereitschaftsdienste

Objektübersicht zur Gebäudeart

7700-0047 Fahrzeughalle

BRI 3.634m³ **BGF** 676m² **NUF** 561m²

Fahrzeughalle für Einsatzfahrzeuge. Mauerwerksbau; Stahlträgerdachkonstruktion, Trapezblechdeckung.

Land: Rheinland-Pfalz
Kreis: Südliche Weinstraße
Standard: Durchschnitt
Bauzeit: 73 Wochen
Kennwerte: bis 4.Ebene DIN276

BGF 846 €/m²

Planung: BECKER I RITZMANN Architekten + Ingenieure; Neustadt

veröffentlicht: BKI Objektdaten N10

€/m² BGF
min	845 €/m²
von	1.200 €/m²
Mittel	**1.555** €/m²
bis	2.140 €/m²
max	2.230 €/m²

Kosten:
Stand 1.Quartal 2018
Bundesdurchschnitt
inkl. 19% MwSt.

Gewerbe

Bibliotheken, Museen und Ausstellungen

Kostenkennwerte für die Kosten des Bauwerks (Kostengruppen 300+400 nach DIN 276)

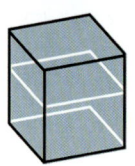

BRI 530 €/m³
von 365 €/m³
bis 750 €/m³

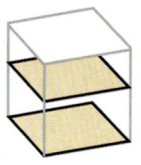

BGF 2.290 €/m²
von 1.690 €/m²
bis 3.330 €/m²

NUF 3.390 €/m²
von 2.300 €/m²
bis 5.320 €/m²

Kosten:
Stand 1. Quartal 2018
Bundesdurchschnitt
inkl. 19% MwSt.

Objektbeispiele

9100-0153

9100-0151

9100-0136

Kosten der 22 Vergleichsobjekte — Seiten 794 bis 799

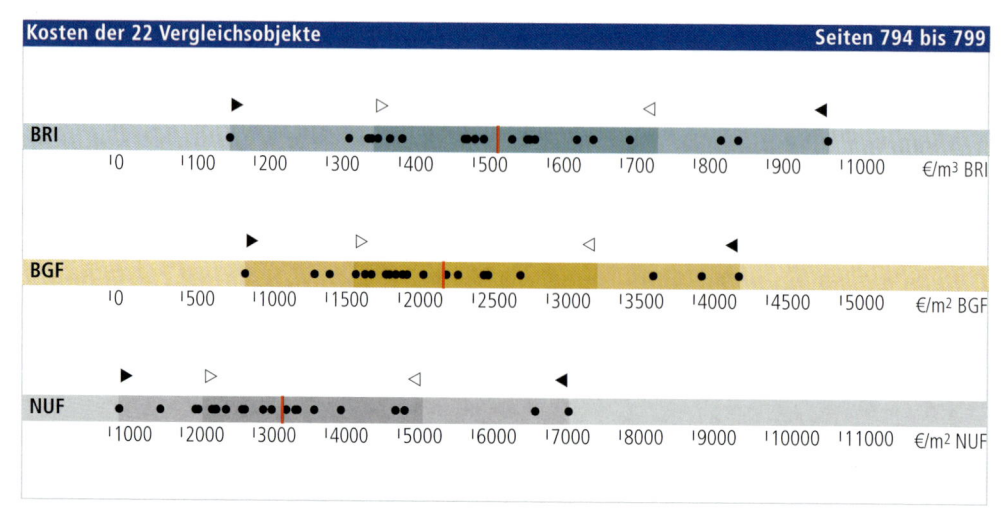

- ● KKW
- ▶ min
- ▷ von
- | Mittelwert
- ◁ bis
- ◀ max

BRI: €/m³ BRI (0–1000)
BGF: €/m² BGF (0–5000)
NUF: €/m² NUF (1000–11000)

© BKI Baukosteninformationszentrum; Erläuterungen zu den Tabellen siehe Seite 46. Kosten: 1. Quartal 2018, Bundesdurchschnitt, inkl. 19% MwSt.

Kostenkennwerte für die Kostengruppen der 1. und 2. Ebene DIN 276

KG	Kostengruppen der 1. Ebene	Einheit	▷	€/Einheit	◁	▷	% an 300+400	◁
100	Grundstück	m² GF	–	–	–	–	–	–
200	Herrichten und Erschließen	m² GF	11	**31**	90	1,7	**3,7**	7,7
300	Bauwerk - Baukonstruktionen	m² BGF	1.286	**1.684**	2.450	64,9	**74,6**	83,2
400	Bauwerk - Technische Anlagen	m² BGF	324	**611**	1.022	16,8	**25,5**	35,1
	Bauwerk (300+400)	m² BGF	1.690	**2.295**	3.333		**100,0**	
500	Außenanlagen	m² AF	69	**225**	923	4,3	**10,3**	30,1
600	Ausstattung und Kunstwerke	m² BGF	68	**166**	357	2,6	**8,4**	18,5
700	Baunebenkosten*	m² BGF	513	**550**	588	22,5	**24,2**	25,8 ◁ NEU

Auf Grundlage der HOAI 2013 berechnete Werte nach §§ 35, 52, 56. Weitere Informationen siehe Seite 50

KG	Kostengruppen der 2. Ebene	Einheit	▷	€/Einheit	◁	▷	% an 300	◁
310	Baugrube	m³ BGI	18	**43**	101	1,4	**2,0**	2,6
320	Gründung	m² GRF	306	**467**	1.166	7,4	**14,3**	18,0
330	Außenwände	m² AWF	566	**664**	822	28,2	**35,7**	44,2
340	Innenwände	m² IWF	219	**294**	364	5,3	**12,7**	17,0
350	Decken	m² DEF	190	**330**	456	0,3	**6,7**	13,2
360	Dächer	m² DAF	406	**565**	988	15,1	**18,7**	24,3
370	Baukonstruktive Einbauten	m² BGF	57	**96**	188	0,6	**3,4**	7,3
390	Sonstige Baukonstruktionen	m² BGF	57	**113**	181	3,9	**6,4**	12,7
300	**Bauwerk Baukonstruktionen**	**m² BGF**					**100,0**	

KG	Kostengruppen der 2. Ebene	Einheit	▷	€/Einheit	◁	▷	% an 400	◁
410	Abwasser, Wasser, Gas	m² BGF	44	**67**	109	7,8	**14,1**	22,5
420	Wärmeversorgungsanlagen	m² BGF	61	**100**	198	14,0	**19,4**	40,1
430	Lufttechnische Anlagen	m² BGF	4	**115**	229	0,9	**10,9**	21,4
440	Starkstromanlagen	m² BGF	125	**231**	692	24,7	**37,1**	47,1
450	Fernmeldeanlagen	m² BGF	14	**43**	72	2,8	**7,7**	12,3
460	Förderanlagen	m² BGF	16	**60**	104	0,0	**1,6**	5,3
470	Nutzungsspezifische Anlagen	m² BGF	3	**46**	98	0,5	**5,2**	14,8
480	Gebäudeautomation	m² BGF	28	**51**	89	0,0	**2,8**	6,2
490	Sonstige Technische Anlagen	m² BGF	2	**9**	22	0,1	**1,3**	6,9
400	**Bauwerk Technische Anlagen**	**m² BGF**					**100,0**	

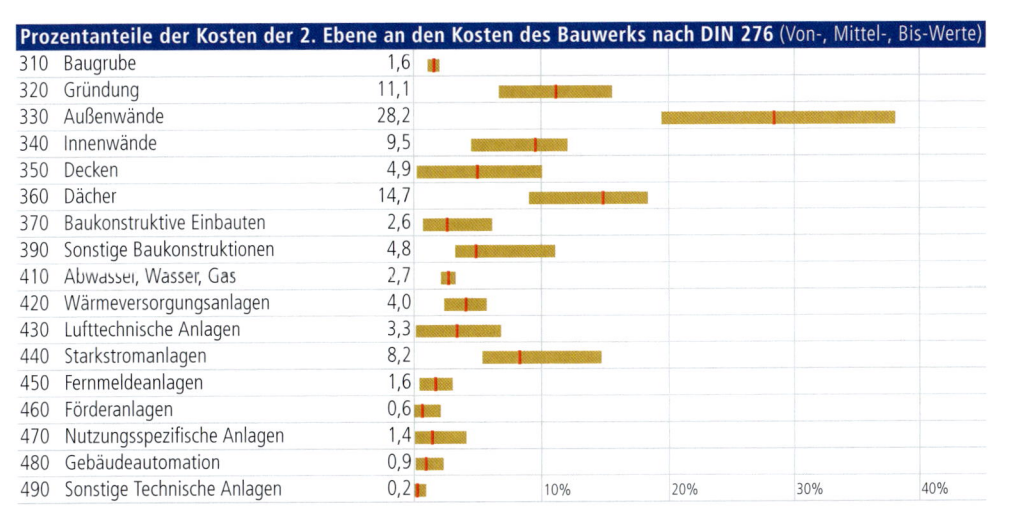

Prozentanteile der Kosten der 2. Ebene an den Kosten des Bauwerks nach DIN 276 (Von-, Mittel-, Bis-Werte)

KG		Mittelwert
310	Baugrube	1,6
320	Gründung	11,1
330	Außenwände	28,2
340	Innenwände	9,5
350	Decken	4,9
360	Dächer	14,7
370	Baukonstruktive Einbauten	2,6
390	Sonstige Baukonstruktionen	4,8
410	Abwasser, Wasser, Gas	2,7
420	Wärmeversorgungsanlagen	4,0
430	Lufttechnische Anlagen	3,3
440	Starkstromanlagen	8,2
450	Fernmeldeanlagen	1,6
460	Förderanlagen	0,6
470	Nutzungsspezifische Anlagen	1,4
480	Gebäudeautomation	0,9
490	Sonstige Technische Anlagen	0,2

© BKI Baukosteninformationszentrum; Erläuterungen zu den Tabellen siehe Seite 48 und 50   Kosten: 1. Quartal 2018, Bundesdurchschnitt, inkl. 19% MwSt.

Bibliotheken, Museen und Ausstellungen

Kosten:
Stand 1.Quartal 2018
Bundesdurchschnitt
inkl. 19% MwSt.

- KKW
- ▶ min
- ▷ von
- | Mittelwert
- ◁ bis
- ◀ max

Kostenkennwerte für Leistungsbereiche nach StLB (Kosten des Bauwerks nach DIN 276)

LB	Leistungsbereiche	▷	€/m² BGF	◁	▷	% an 300+400	◁
000	Sicherheits-, Baustelleneinrichtungen inkl. 001	46	74	93	2,0	3,2	4,1
002	Erdarbeiten	46	57	72	2,0	2,5	3,1
006	Spezialtiefbauarbeiten inkl. 005	–	–	–	–	–	–
009	Entwässerungskanalarbeiten inkl. 011	0	3	8	0,0	0,1	0,4
010	Drän- und Versickerungsarbeiten	0	1	1	0,0	0,0	0,0
012	Mauerarbeiten	60	146	238	2,6	6,4	10,4
013	Betonarbeiten	323	323	379	14,1	14,1	16,5
014	Natur-, Betonwerksteinarbeiten	6	40	40	0,3	1,7	1,7
016	Zimmer- und Holzbauarbeiten	4	149	367	0,2	6,5	16,0
017	Stahlbauarbeiten	–	5	–	–	0,2	–
018	Abdichtungsarbeiten	3	19	41	0,1	0,8	1,8
020	Dachdeckungsarbeiten	–	6	–	–	0,3	–
021	Dachabdichtungsarbeiten	58	115	190	2,5	5,0	8,3
022	Klempnerarbeiten	11	40	87	0,5	1,7	3,8
	Rohbau	827	977	1.181	36,0	42,6	51,5
023	Putz- und Stuckarbeiten, Wärmedämmsysteme	0	38	64	0,0	1,6	2,8
024	Fliesen- und Plattenarbeiten	13	34	69	0,6	1,5	3,0
025	Estricharbeiten	19	32	52	0,8	1,4	2,2
026	Fenster, Außentüren inkl. 029, 032	43	163	254	1,9	7,1	11,1
027	Tischlerarbeiten	64	102	126	2,8	4,5	5,5
028	Parkettarbeiten, Holzpflasterarbeiten	17	51	101	0,7	2,2	4,4
030	Rollladenarbeiten	2	12	26	0,1	0,5	1,2
031	Metallbauarbeiten inkl. 035	40	101	101	1,7	4,4	4,4
034	Maler- und Lackiererarbeiten inkl. 037	28	61	110	1,2	2,7	4,8
036	Bodenbelagarbeiten	0	6	17	0,0	0,3	0,7
038	Vorgehängte hinterlüftete Fassaden	0	91	91	0,0	3,9	3,9
039	Trockenbauarbeiten	26	119	198	1,1	5,2	8,6
	Ausbau	611	817	1.011	26,6	35,6	44,1
040	Wärmeversorgungsanl. - Betriebseinr. inkl. 041	53	84	128	2,3	3,7	5,6
042	Gas- und Wasserinstallation, Leitungen inkl. 043	11	22	39	0,5	1,0	1,7
044	Abwasserinstallationsarbeiten - Leitungen	3	9	19	0,1	0,4	0,8
045	GWA-Einrichtungsgegenstände inkl. 046	10	17	23	0,5	0,8	1,0
047	Dämmarbeiten an betriebstechnischen Anlagen	1	3	3	0,0	0,1	0,1
049	Feuerlöschanlagen, Feuerlöschgeräte	0	1	4	0,0	0,1	0,2
050	Blitzschutz- und Erdungsanlagen	4	10	18	0,2	0,4	0,8
052	Mittelspannungsanlagen	–	5	–	–	0,2	–
053	Niederspannungsanlagen inkl. 054	87	135	135	3,8	5,9	5,9
055	Ersatzstromversorgungsanlagen	–	–	–	–	–	–
057	Gebäudesystemtechnik	–	–	–	–	–	–
058	Leuchten und Lampen inkl. 059	19	63	101	0,8	2,8	4,4
060	Elektroakustische Anlagen, Sprechanlagen	3	16	16	0,1	0,7	0,7
061	Kommunikationsnetze, inkl. 062	1	8	19	0,1	0,4	0,8
063	Gefahrenmeldeanlagen	1	8	8	0,0	0,3	0,3
069	Aufzüge	–	12	–	–	0,5	–
070	Gebäudeautomation	–	10	–	–	0,4	–
075	Raumlufttechnische Anlagen	3	60	150	0,1	2,6	6,5
	Technische Anlagen	298	463	761	13,0	20,2	33,1
	Sonstige Leistungsbereiche inkl. 008, 033, 051	7	45	45	0,3	2,0	2,0

© BKI Baukosteninformationszentrum; Erläuterungen zu den Tabellen siehe Seite 52   Kosten: 1.Quartal 2018, Bundesdurchschnitt, **inkl. 19% MwSt.**

Planungskennwerte für Flächen und Rauminhalte nach DIN 277

Grundflächen			▷ Fläche/NUF (%) ◁			▷ Fläche/BGF (%) ◁		
NUF	Nutzungsfläche			100,0		64,7	69,0	76,1
TF	Technikfläche		5,5	7,3	16,0	3,6	5,0	8,9
VF	Verkehrsfläche		11,5	14,9	21,6	8,1	10,3	13,6
NRF	Netto-Raumfläche		115,0	122,1	133,1	81,3	84,3	87,2
KGF	Konstruktions-Grundfläche		18,3	22,8	30,5	12,8	15,7	18,7
BGF	Brutto-Grundfläche		133,5	144,9	160,9		100,0	

Brutto-Rauminhalte			▷ BRI/NUF (m) ◁			▷ BRI/BGF (m) ◁		
BRI	Brutto-Rauminhalt		5,67	6,46	7,51	4,10	4,45	4,95

Flächen von Nutzeinheiten			▷ NUF/Einheit (m²) ◁			▷ BGF/Einheit (m²) ◁		
Nutzeinheit:			–	–	–	–	–	–

Lufttechnisch behandelte Flächen			▷ Fläche/NUF (%) ◁			▷ Fläche/BGF (%) ◁		
Entlüftete Fläche			–	–	–	–	–	–
Be- und entlüftete Fläche			–	103,5	–	–	91,4	–
Teilklimatisierte Fläche			–	–	–	–	–	–
Klimatisierte Fläche			–	–	–	–	–	–

KG	Kostengruppen (2. Ebene)	Einheit	▷ Menge/NUF ◁			▷ Menge/BGF ◁		
310	Baugrube	m³ BGI	1,79	2,19	2,19	1,12	1,49	2,40
320	Gründung	m² GRF	0,84	0,94	1,07	0,59	0,66	0,67
330	Außenwände	m² AWF	1,30	1,46	1,57	0,99	0,99	1,15
340	Innenwände	m² IWF	0,88	1,18	1,70	0,62	0,75	0,96
350	Decken	m² DEF	0,78	0,78	0,87	0,45	0,45	0,48
360	Dächer	m² DAF	0,95	1,01	1,21	0,56	0,72	0,77
370	Baukonstruktive Einbauten	m² BGF	1,34	1,45	1,61		1,00	
390	Sonstige Baukonstruktionen	m² BGF	1,34	1,45	1,61		1,00	
300	**Bauwerk-Baukonstruktionen**	m² BGF	1,34	1,45	1,61		1,00	

Planungskennwerte für Bauzeiten — 22 Vergleichsobjekte

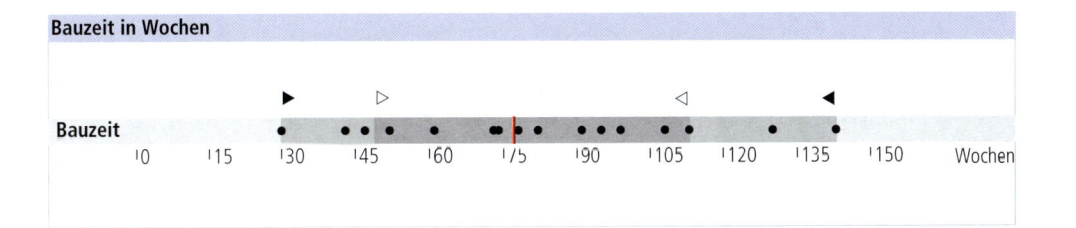

Bauzeit in Wochen

Bauzeit: ▶ ca. 30 | ▷ ca. 45 | ◁ ca. 90 | ◀ ca. 135 (Skala: 0, 15, 30, 45, 60, 75, 90, 105, 120, 135, 150 Wochen)

© BKI Baukosteninformationszentrum; Erläuterungen zu den Tabellen siehe Seite 54 — Kosten: 1.Quartal 2018, Bundesdurchschnitt, inkl. 19% MwSt.

Bibliotheken, Museen und Ausstellungen

€/m² BGF

min	935	€/m²
von	1.690	€/m²
Mittel	**2.295**	**€/m²**
bis	3.335	€/m²
max	4.305	€/m²

Kosten:
Stand 1.Quartal 2018
Bundesdurchschnitt
inkl. 19% MwSt.

Objektübersicht zur Gebäudeart

9100-0153 Kreis- und Kommunalarchiv, Bibliothek

BRI 9.633m³ **BGF** 2.525m² **NUF** 1.682m²

Kreis- und Kommunalarchiv mit Bibliothek. Mauerwerksbau.

Land: Niedersachsen
Kreis: Bentheim
Standard: Durchschnitt
Bauzeit: 61 Wochen
Kennwerte: bis 1.Ebene DIN276

BGF 1.914 €/m²

vorgesehen: BKI Objektdaten N16

Planung: Haslob Kruse + Partner; Bremen

9100-0129 Ausstellungsgebäude

BRI 5.409m³ **BGF** 835m² **NUF** 627m²

Das "Haus der Flüsse" informiert mit einer Dauerausstellung und dem vorgelagerten Themenpark über die Flusslandschaft. Holztafelwände, Pfosten-Riegel-Fassade.

Land: Sachsen-Anhalt
Kreis: Stendal
Standard: Durchschnitt
Bauzeit: 47 Wochen
Kennwerte: bis 1.Ebene DIN276

BGF 3.722 €/m²

veröffentlicht: BKI Objektdaten N15

Planung: däschler architekten & ingenieure gmbh; Halle (Saale)

9100-0136 Mediathek

BRI 9.839m³ **BGF** 2.391m² **NUF** 1.588m²

Mediatheks- und Leistungszentrum für integriertes Informationsmanagement mit Bibliothek und Hörsaal. Stahlbetonskelettbau.

Land: Sachsen-Anhalt
Kreis: Halle (Saale), Stadt
Standard: Durchschnitt
Bauzeit: 95 Wochen
Kennwerte: bis 1.Ebene DIN276

BGF 2.395 €/m²

veröffentlicht: BKI Objektdaten N15

Planung: F29 Architekten Friedrichstraße 29 01067 Dresden

9100-0139 Bibliothek - Effizienzhaus ~66%

BRI 9.580m³ **BGF** 2.642m² **NUF** 1.930m²

Bibliothek mit Foyer, Versammlungsraum und Verwaltung. Stahlbeton.

Land: Berlin
Kreis: Berlin
Standard: Durchschnitt
Bauzeit: 73 Wochen
Kennwerte: bis 1.Ebene DIN276

BGF 1.768 €/m²

veröffentlicht: BKI Objektdaten E7

Planung: AV1 Architekten GmbH; Kaiserslautern

Objektübersicht zur Gebäudeart

9100-0151 Bibliothek

BRI 17.507m³ **BGF** 4.629m² **NUF** 3.198m²

Bibliothek mit 185 Arbeitsplätzen und 11.568m Regalkapazität. Massivbau.

Land: Mecklenburg-Vorpommern
Kreis: Vorpommern-Greifswald
Standard: Durchschnitt
Bauzeit: 130 Wochen
Kennwerte: bis 1.Ebene DIN276

BGF 2.162 €/m²

Planung: Eßmann | Gärtner | Nieper Architekten GbR; Leipzig

vorgesehen: BKI Objektdaten N16

9100-0094 Eingangsgebäude Freilichtmuseum (2 AP)

BRI 255m³ **BGF** 82m² **NUF** 65m²

Eingangsbauwerk für Freilichtmuseum. Massivbau.

Land: Sachsen-Anhalt
Kreis: Mansfeld-Südharz
Standard: über Durchschnitt
Bauzeit: 43 Wochen
Kennwerte: bis 3.Ebene DIN276

BGF 2.599 €/m²

Planung: petermann.thiele.kochanek architekten und ingenieure; Bad Frankenhausen

veröffentlicht: BKI Objektdaten N13

9100-0113 Kunstmuseum

BRI 7.143m³ **BGF** 1.426m² **NUF** 898m²

Kunstmuseum mit Foyer, Veranstaltung, Ausstellung, Café und Museumspädagogik. Stb-Konstruktion.

Land: Mecklenburg-Vorpommern
Kreis: Vorpommern-Rügen
Standard: über Durchschnitt
Bauzeit: 91 Wochen
Kennwerte: bis 1.Ebene DIN276

BGF 4.307 €/m²

Planung: Staab Architekten GmbH; Berlin

veröffentlicht: BKI Objektdaten N13

9100-0090 Forschungs- und Erlebniszentrum

BRI 21.732m³ **BGF** 4.398m² **NUF** 2.435m²

Forschungs- und Erlebniszentrum mit Cafeteria, Vortragssaal, Laborräumen, Büroräumen und Ausstellungsräumen. Stahlbeton-Konstruktion.

Land: Niedersachsen
Kreis: Helmstedt
Standard: Durchschnitt
Bauzeit: 113 Wochen
Kennwerte: bis 2.Ebene DIN276

BGF 1.911 €/m²

Planung: Holzer Kobler Architekturen; Berlin und pbr Rohling AG; Magdeburg

veröffentlicht: BKI Objektdaten N13

Bibliotheken, Museen und Ausstellungen

€/m² BGF

min	935	€/m²
von	1.690	€/m²
Mittel	**2.295**	**€/m²**
bis	3.335	€/m²
max	4.305	€/m²

Kosten:
Stand 1.Quartal 2018
Bundesdurchschnitt
inkl. 19% MwSt.

Objektübersicht zur Gebäudeart

9100-0097 Museum
BRI 2.703m³ **BGF** 655m² **NUF** 364m²

Museumsgebäude als Erweiterung zum Melanchthonhaus. STB- und MW-Massivbau.

Land: Sachsen-Anhalt
Kreis: Wittenberg
Standard: über Durchschnitt
Bauzeit: 108 Wochen
Kennwerte: bis 3.Ebene DIN276

BGF 4.053 €/m²

Planung: dietzsch & weber architekten bda; Halle (Saale)

veröffentlicht: BKI Objektdaten N15

9100-0098 Naturparkzentrum, Agrarmuseum*
BRI 10.997m³ **BGF** 2.086m² **NUF** 1.669m²

Naturparkzentrum und Agrarmuseum als Gebäudeensemble. Massivbau (Naturparkzentrum), Holztafelbau (Agrarmuseum).

Land: Brandenburg
Kreis: Barnim
Standard: über Durchschnitt
Bauzeit: 117 Wochen
Kennwerte: bis 1.Ebene DIN276

BGF 2.109 €/m²

Planung: rw+ Architekten; Berlin

veröffentlicht: BKI Objektdaten E6
*Nicht in der Auswertung enthalten

9100-0082 Stadtbibliothek
BRI 11.178m³ **BGF** 2.646m² **NUF** 1.835m²

Bibliothek mit Veranstaltungsflächen, Büros, Archiv und Nebenräumen. Massivbau.

Land: Niedersachsen
Kreis: Hannover, Region
Standard: über Durchschnitt
Bauzeit: 74 Wochen
Kennwerte: bis 1.Ebene DIN276

BGF 1.703 €/m²

Planung: Hochbauabteilung Stadt Garbsen Herr Berle, Herr Menzel

veröffentlicht: BKI Objektdaten N12

9100-0089 Ausstellungsgebäude
BRI 4.910m³ **BGF** 869m² **NUF** 718m²

Ausstellungsgebäude bestehend aus drei Gebäudeteilen. Stahlkonstruktion.

Land: Mecklenburg-Vorpommern
Kreis: Mecklenburgische Seenplatte
Standard: Durchschnitt
Bauzeit: 143 Wochen
Kennwerte: bis 1.Ebene DIN276

BGF 934 €/m²

Planung: Kisse Architekt; Waren

veröffentlicht: BKI Objektdaten N13

Objektübersicht zur Gebäudeart

9100-0095 Stadtteilbibliothek (3 AP)   BRI 2.885m³   BGF 552m²   NUF 487m²

Stadtteilbibliothek mit Sortierraum, Bilderbuchkino und Personalräumen. Stb-Konstruktion.

Land: Bremen
Kreis: Bremerhaven
Standard: Durchschnitt
Bauzeit: 47 Wochen
Kennwerte: bis 1.Ebene DIN276

BGF   1.935 €/m²

Planung: Architekturbüro Werner Grannemann; Bremerhaven

veröffentlicht: BKI Objektdaten N13

9100-0101 Bücherei   BRI 924m³   BGF 240m²   NUF 212m²

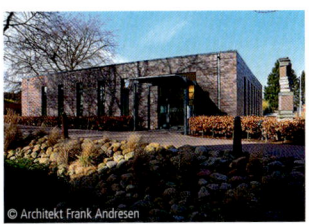

Gemeindebücherei. Holzrahmenbau.

Land: Schleswig-Holstein
Kreis: Plön
Standard: über Durchschnitt
Bauzeit: 30 Wochen
Kennwerte: bis 3.Ebene DIN276

BGF   1.977 €/m²

Planung: DA-Diekmann Architekturbüro Horst Diekmann; Schönberg

veröffentlicht: BKI Objektdaten N13

9100-0071 Besucherinformationszentrum   BRI 7.211m³   BGF 2.060m²   NUF 1.334m²

Besucherinformationszentrum für das UNESCO-Weltnaturerbe Grube Messel. Ausstellung, Verkauf, Gastronomie, Verwaltung (452m² Ausstellungsfläche). Sichtbeton-Konstruktion.

Land: Hessen
Kreis: Darmstadt-Dieburg
Standard: Durchschnitt
Bauzeit: 99 Wochen
Kennwerte: bis 1.Ebene DIN276

BGF   2.316 €/m²

Planung: Landau + Kindelbacher Architekten - Innenarchitekten GmbH; München

veröffentlicht: BKI Objektdaten N11

9100-0076 Kirche, Gemeindehaus   BRI 1.342m³   BGF 245m²   NUF 170m²

Gemeindehaus und Kirche mit 100 Sitzplätzen. Stb-Stützen, Mauerwerk.

Land: Brandenburg
Kreis: Oberhavel
Standard: Durchschnitt
Bauzeit: 47 Wochen
Kennwerte: bis 1.Ebene DIN276

BGF   1.812 €/m²

Planung: Neuapostolische Kirche Berlin-Brandenburg; Berlin

veröffentlicht: BKI Objektdaten N11

Bibliotheken, Museen und Ausstellungen

€/m² BGF

min	935	€/m²
von	1.690	€/m²
Mittel	2.295	€/m²
bis	3.335	€/m²
max	4.305	€/m²

Kosten:
Stand 1.Quartal 2018
Bundesdurchschnitt
inkl. 19% MwSt.

Objektübersicht zur Gebäudeart

9100-0077 Weinkulturhaus
BRI 2.630m³ **BGF** 664m² **NUF** 445m²

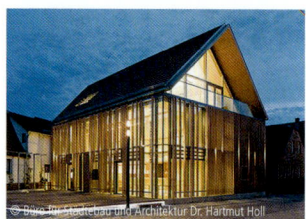

Umbau eines Wohnhauses mit Scheune zum Weinkulturhaus mit Probierstube, Vinothek, Veranstaltungs- und Ausstellungsräumen. Mauerwerkswände (Bestand), Stb-Wände und Decken.

Land: Bayern
Kreis: Miltenberg
Standard: über Durchschnitt
Bauzeit: 52 Wochen
Kennwerte: bis 1.Ebene DIN276

BGF 2.816 €/m²

Planung: Büro für Städtebau und Architektur Dr. Hartmut Holl; Würzburg

veröffentlicht: BKI Objektdaten N11

9100-0112 Stadthalle
BRI 49.169m³ **BGF** 9.383m² **NUF** 4.757m²

Stadthalle mit Foyer, Veranstaltungssälen (2 St), Restaurant, Tagungsräume, Ballettsaal und Orchesterprobenraum. Stb-Konstruktion.

Land: Thüringen
Kreis: Greiz
Standard: Durchschnitt
Bauzeit: 130 Wochen
Kennwerte: bis 1.Ebene DIN276

BGF 2.574 €/m²

Planung: HOFFMANN.SEIFERT.PARTNER architekten ingenieure; Erfurt

veröffentlicht: BKI Objektdaten N15

9100-0058 Bibliotheksgebäude
BRI 11.510m³ **BGF** 2.899m² **NUF** 2.408m²

Hochschulbibliothek, Archiv, Seminarräume. Stb-Konstruktion; KS-Mauerwerk, Pfosten-Riegel-Fassade; Stb-Decken; Stb-Flachdach.

Land: Sachsen-Anhalt
Kreis: Jerichower Land
Standard: Durchschnitt
Bauzeit: 43 Wochen
Kennwerte: bis 1.Ebene DIN276

BGF 1.417 €/m²

Planung: Architektengemeinschaft Mayer-Winderlich / Martinez Moreno; Potsdam

veröffentlicht: BKI Objektdaten N10

9100-0065 Ausstellungsgebäude
BRI 3.069m³ **BGF** 970m² **NUF** 791m²

Ausstellungs- und Informationsgebäude direkt am Ostseestrand. Erschließung über eine Gangway. Stahlrahmenkonstruktion.

Land: Schleswig-Holstein
Kreis: Rendsburg-Eckernförde
Standard: über Durchschnitt
Bauzeit: 43 Wochen
Kennwerte: bis 1.Ebene DIN276

BGF 2.022 €/m²

Planung: Architekturbüro Giese+Hanke GbR; Eckernförde

veröffentlicht: BKI Objektdaten N10

Objektübersicht zur Gebäudeart

9100-0050 Bauernhofmuseum, Eingangsbereich

BRI 2.579m³   **BGF** 614m²   **NUF** 379m²

Eingangsgebäude für ein Bauernhofmuseum. Stb-Wände, Holzrahmenwände; Stb-Decken; Holzrahmendachkonstruktion.

Land: Bayern
Kreis: Hof
Standard: Durchschnitt
Bauzeit: 61 Wochen
Kennwerte: bis 4.Ebene DIN276

BGF   1.521 €/m²

Planung: Architekt Dipl.-Ing. (FH) Dietrich Scheler; Münchberg

veröffentlicht: BKI Objektdaten N10

9100-0055 Kultur und Sportzentrum

BRI 18.242m³   **BGF** 3.185m²   **NUF** 2.307m²

Sporthalle, Bücherei, Bürgersaal, Jugendtreff. Stb-Skelettkonstruktion, Stahldachkonstruktion.

Land: Baden-Württemberg
Kreis: Stuttgart
Standard: über Durchschnitt
Bauzeit: 78 Wochen
Kennwerte: bis 1.Ebene DIN276

BGF   2.052 €/m²

Planung: weinbrenner.single.arabzadeh ArchitektenWerkgemeinschaft; Nürtingen

veröffentlicht: BKI Objektdaten N9

9100-0045 Stadthalle

BRI 10.300m³   **BGF** 2.208m²   **NUF** 1.480m²

Stadthalle mit 570m² großem Saal, beweglicher Trennwand zur Unterteilung in zwei kleine Einheiten. Bühne mit Bühnentechnik und Funktionsräumen. Stb-Konstruktion.

Land: Baden-Württemberg
Kreis: Göppingen
Standard: Durchschnitt
Bauzeit: 82 Wochen
Kennwerte: bis 4.Ebene DIN276

BGF   2.570 €/m²

Planung: K+H Architekten Freie Architekten und Stadtplaner; Stuttgart

veröffentlicht: BKI Objektdaten N9

© BKI Baukosteninformationszentrum; Erläuterungen zu den Tabellen siehe Seite 56   Kosten: 1.Quartal 2018, Bundesdurchschnitt, **inkl. 19% MwSt.**

Theater

Kostenkennwerte für die Kosten des Bauwerks (Kostengruppen 300+400 nach DIN 276)

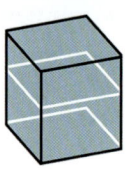

BRI 535 €/m³
von 470 €/m³
bis 625 €/m³

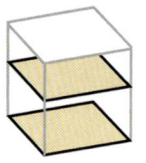

BGF 2.450 €/m²
von 2.050 €/m²
bis 3.560 €/m²

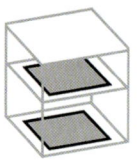

NUF 4.160 €/m²
von 2.780 €/m²
bis 6.020 €/m²

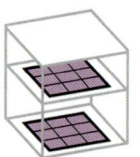

NE 90.160 €/NE
von 90.160 €/NE
bis 90.160 €/NE
NE: Sitzplätze

Objektbeispiele

Kosten:
Stand 1. Quartal 2018
Bundesdurchschnitt
inkl. 19% MwSt.

9100-0074

9100-0018

9100-0018

Kosten der 4 Vergleichsobjekte — Seiten 804 bis 804

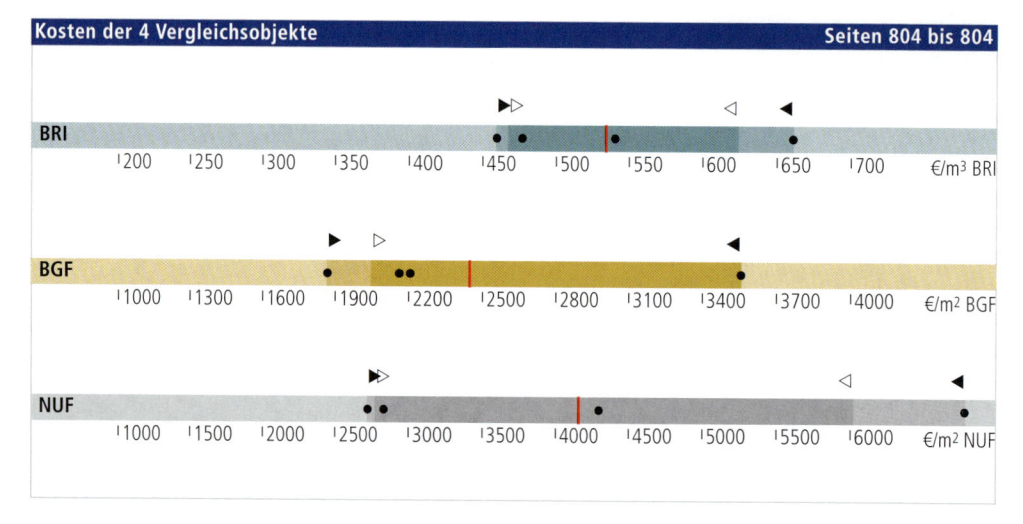

Legende:
- ● KKW
- ▶ min
- ▷ von
- | Mittelwert
- ◁ bis
- ◀ max

© BKI Baukosteninformationszentrum; Erläuterungen zu den Tabellen siehe Seite 46

Kosten: 1. Quartal 2018, Bundesdurchschnitt, **inkl. 19% MwSt.**

Kostenkennwerte für die Kostengruppen der 1. und 2. Ebene DIN 276

KG	Kostengruppen der 1. Ebene	Einheit	▷	€/Einheit	◁	▷	% an 300+400	◁	
100	Grundstück	m² GF	–	–	–	–	–	–	
200	Herrichten und Erschließen	m² GF	–	9	–	–	3,8	–	
300	Bauwerk - Baukonstruktionen	m² BGF	1.440	**1.779**	2.069	64,0	**74,5**	85,1	
400	Bauwerk - Technische Anlagen	m² BGF	390	**669**	1.410	14,9	**25,5**	36,0	
	Bauwerk (300+400)	m² BGF	2.049	**2.448**	3.557		**100,0**		
500	Außenanlagen	m² AF	–	–	–	–	–	–	
600	Ausstattung und Kunstwerke	m² BGF	–	43	–	–	1,9	–	
700	Baunebenkosten*	m² BGF	496	**530**	564	20,9	**22,3**	23,8	◁ NEU

* Auf Grundlage der HOAI 2013 berechnete Werte nach §§ 35, 52, 56. Weitere Informationen siehe Seite 50

KG	Kostengruppen der 2. Ebene	Einheit	▷	€/Einheit	◁	▷	% an 300	◁
310	Baugrube	m³ BGI	19	**23**	25	1,7	**2,2**	2,6
320	Gründung	m² GRF	366	**448**	546	7,2	**11,1**	15,6
330	Außenwände	m² AWF	436	**668**	865	17,2	**24,6**	27,3
340	Innenwände	m² IWF	341	**409**	487	19,3	**21,5**	22,2
350	Decken	m² DEF	317	**429**	546	3,2	**15,7**	21,5
360	Dächer	m² DAF	496	**608**	743	11,6	**15,0**	24,5
370	Baukonstruktive Einbauten	m² BGF	27	**95**	118	2,6	**5,7**	8,4
390	Sonstige Baukonstruktionen	m² BGF	58	**75**	92	3,5	**4,3**	4,9
300	**Bauwerk Baukonstruktionen**	**m² BGF**					**100,0**	

KG	Kostengruppen der 2. Ebene	Einheit	▷	€/Einheit	◁	▷	% an 400	◁
410	Abwasser, Wasser, Gas	m² BGF	66	**90**	115	11,2	**19,7**	43,9
420	Wärmeversorgungsanlagen	m² BGF	66	**97**	115	2,9	**10,5**	17,1
430	Lufttechnische Anlagen	m² BGF	145	**217**	254	6,4	**23,9**	40,9
440	Starkstromanlagen	m² BGF	74	**113**	156	13,6	**24,1**	54,2
450	Fernmeldeanlagen	m² BGF	8	**35**	64	2,5	**5,9**	16,0
460	Förderanlagen	m² BGF	20	**31**	36	0,9	**3,3**	5,5
470	Nutzungsspezifische Anlagen	m² BGF	9	**229**	670	1,0	**12,7**	47,5
480	Gebäudeautomation	m² BGF	–	–	–	–	–	–
490	Sonstige Technische Anlagen	m² BGF	–	–	–	–	–	–
400	**Bauwerk Technische Anlagen**	**m² BGF**					**100,0**	

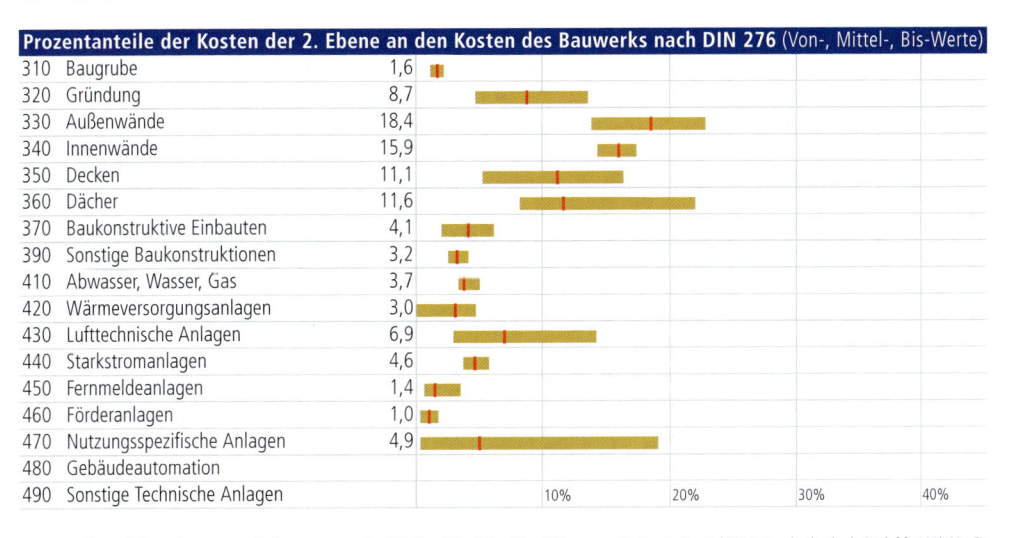

Prozentanteile der Kosten der 2. Ebene an den Kosten des Bauwerks nach DIN 276 (Von-, Mittel-, Bis-Werte)

KG	Bezeichnung	Mittelwert
310	Baugrube	1,6
320	Gründung	8,7
330	Außenwände	18,4
340	Innenwände	15,9
350	Decken	11,1
360	Dächer	11,6
370	Baukonstruktive Einbauten	4,1
390	Sonstige Baukonstruktionen	3,2
410	Abwasser, Wasser, Gas	3,7
420	Wärmeversorgungsanlagen	3,0
430	Lufttechnische Anlagen	6,9
440	Starkstromanlagen	4,6
450	Fernmeldeanlagen	1,4
460	Förderanlagen	1,0
470	Nutzungsspezifische Anlagen	4,9
480	Gebäudeautomation	
490	Sonstige Technische Anlagen	

© BKI Baukosteninformationszentrum; Erläuterungen zu den Tabellen siehe Seite 48 und 50   Kosten: 1.Quartal 2018, Bundesdurchschnitt, **inkl. 19% MwSt.**

Theater

Kostenkennwerte für Leistungsbereiche nach StLB (Kosten des Bauwerks nach DIN 276)

Kosten: Stand 1. Quartal 2018
Bundesdurchschnitt inkl. 19% MwSt.

LB	Leistungsbereiche	▷	€/m² BGF	◁	▷	% an 300+400	◁
000	Sicherheits-, Baustelleneinrichtungen inkl. 001	7	45	89	0,3	1,8	3,6
002	Erdarbeiten	35	46	46	1,4	1,9	1,9
006	Spezialtiefbauarbeiten inkl. 005	0	26	56	0,0	1,1	2,3
009	Entwässerungskanalarbeiten inkl. 011	–	1	–	–	0,0	–
010	Drän- und Versickerungsarbeiten	0	1	3	0,0	0,1	0,1
012	Mauerarbeiten	15	70	122	0,6	2,9	5,0
013	Betonarbeiten	226	439	615	9,2	17,9	25,1
014	Natur-, Betonwerksteinarbeiten	2	15	28	0,1	0,6	1,1
016	Zimmer- und Holzbauarbeiten	8	236	236	0,3	9,6	9,6
017	Stahlbauarbeiten	11	37	59	0,4	1,5	2,4
018	Abdichtungsarbeiten	0	6	13	0,0	0,2	0,5
020	Dachdeckungsarbeiten	27	92	141	1,1	3,8	5,7
021	Dachabdichtungsarbeiten	–	9	–	–	0,4	–
022	Klempnerarbeiten	2	13	13	0,1	0,5	0,5
	Rohbau	759	1.036	1.363	31,0	42,3	55,7
023	Putz- und Stuckarbeiten, Wärmedämmsysteme	2	28	64	0,1	1,1	2,6
024	Fliesen- und Plattenarbeiten	4	35	69	0,2	1,4	2,8
025	Estricharbeiten	9	39	77	0,4	1,6	3,2
026	Fenster, Außentüren inkl. 029, 032	2	10	10	0,1	0,4	0,4
027	Tischlerarbeiten	101	119	141	4,1	4,9	5,8
028	Parkettarbeiten, Holzpflasterarbeiten	22	22	31	0,9	0,9	1,3
030	Rollladenarbeiten	3	14	26	0,1	0,6	1,1
031	Metallbauarbeiten inkl. 035	145	224	224	5,9	9,1	9,1
034	Maler- und Lackiererarbeiten inkl. 037	28	37	45	1,2	1,5	1,8
036	Bodenbelagarbeiten	4	20	36	0,2	0,8	1,5
038	Vorgehängte hinterlüftete Fassaden	–	–	–	–	–	–
039	Trockenbauarbeiten	87	205	324	3,6	8,4	13,2
	Ausbau	649	754	863	26,5	30,8	35,3
040	Wärmeversorgungsanl. - Betriebseinr. inkl. 041	71	71	111	2,9	2,9	4,5
042	Gas- und Wasserinstallation, Leitungen inkl. 043	23	57	85	0,9	2,3	3,5
044	Abwasserinstallationsarbeiten - Leitungen	1	6	6	0,0	0,2	0,2
045	GWA-Einrichtungsgegenstände inkl. 046	1	26	26	0,0	1,1	1,1
047	Dämmarbeiten an betriebstechnischen Anlagen	0	10	10	0,0	0,4	0,4
049	Feuerlöschanlagen, Feuerlöschgeräte	0	5	5	0,0	0,2	0,2
050	Blitzschutz- und Erdungsanlagen	1	3	3	0,1	0,1	0,1
052	Mittelspannungsanlagen	–	–	–	–	–	–
053	Niederspannungsanlagen inkl. 054	81	86	91	3,3	3,5	3,7
055	Ersatzstromversorgungsanlagen	–	1	–	–	0,0	–
057	Gebäudesystemtechnik	–	–	–	–	–	–
058	Leuchten und Lampen inkl. 059	0	20	45	0,0	0,8	1,8
060	Elektroakustische Anlagen, Sprechanlagen	0	3	3	0,0	0,1	0,1
061	Kommunikationsnetze, inkl. 062	13	13	17	0,5	0,5	0,7
063	Gefahrenmeldeanlagen	–	2	–	–	0,1	–
069	Aufzüge	7	24	40	0,3	1,0	1,6
070	Gebäudeautomation	–	–	–	–	–	–
075	Raumlufttechnische Anlagen	69	165	165	2,8	6,8	6,8
	Technische Anlagen	329	492	666	13,4	20,1	27,2
	Sonstige Leistungsbereiche inkl. 008, 033, 051	7	168	372	0,3	6,8	15,2

- KKW
▶ min
▷ von
| Mittelwert
◁ bis
◀ max

© BKI Baukosteninformationszentrum; Erläuterungen zu den Tabellen siehe Seite 52   Kosten: 1. Quartal 2018, Bundesdurchschnitt, **inkl. 19% MwSt.**

Planungskennwerte für Flächen und Rauminhalte nach DIN 277

Grundflächen			▷ Fläche/NUF (%) ◁			▷ Fläche/BGF (%) ◁		
NUF	Nutzungsfläche			100,0		58,8	59,2	65,6
TF	Technikfläche	13,7	16,3	19,2	6,3	9,7	8,4
VF	Verkehrsfläche	26,4	28,5	37,7	13,2	16,9	16,9
NRF	Netto-Raumfläche	140,1	144,9	156,9	86,3	85,8	87,2
KGF	Konstruktions-Grundfläche	23,0	24,0	31,5	12,8	14,2	13,7
BGF	Brutto-Grundfläche	165,0	168,8	188,4		100,0	

Brutto-Rauminhalte		▷ BRI/NUF (m) ◁			▷ BRI/BGF (m) ◁		
BRI	Brutto-Rauminhalt	7,41	7,64	8,10	4,49	4,52	4,90

Flächen von Nutzeinheiten	▷ NUF/Einheit (m²) ◁			▷ BGF/Einheit (m²) ◁		
Nutzeinheit: Sitzplätze	–	13,29	–	–	25,35	–

Lufttechnisch behandelte Flächen	▷ Fläche/NUF (%) ◁			▷ Fläche/BGF (%) ◁		
Entlüftete Fläche	–	–	–	–	–	–
Be- und entlüftete Fläche	–	83,2	–	–	43,6	–
Teilklimatisierte Fläche	–	–	–	–	–	–
Klimatisierte Fläche	–	–	–	–	–	–

KG	Kostengruppen (2. Ebene)	Einheit	▷ Menge/NUF ◁			▷ Menge/BGF ◁		
310	Baugrube	m³ BGI	2,46	2,76	2,76	1,53	1,65	1,81
320	Gründung	m² GRF	0,61	0,69	0,77	0,39	0,44	0,44
330	Außenwände	m² AWF	1,02	1,13	1,27	0,65	0,68	0,68
340	Innenwände	m² IWF	1,42	1,56	1,68	0,93	0,93	0,98
350	Decken	m² DEF	0,83	1,09	1,55	0,59	0,59	0,73
360	Dächer	m² DAF	0,61	0,70	0,79	0,40	0,44	0,44
370	Baukonstruktive Einbauten	m² BGF	1,65	1,69	1,88		1,00	
390	Sonstige Baukonstruktionen	m² BGF	1,65	1,69	1,88		1,00	
300	Bauwerk-Baukonstruktionen	m² BGF	1,65	1,69	1,88		1,00	

Planungskennwerte für Bauzeiten — 4 Vergleichsobjekte

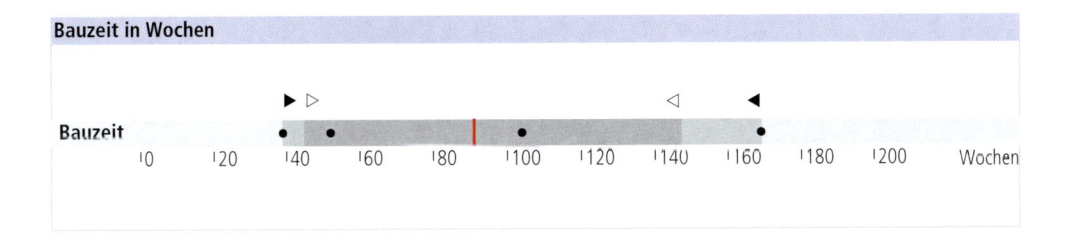

Bauzeit in Wochen

Bauzeit: ▶ ▷ bei ca. 40, ◁ ◀ bei ca. 140–160, mittlerer Wert (roter Strich) bei ca. 90 Wochen (Skala 0–200 Wochen)

© BKI Baukosteninformationszentrum; Erläuterungen zu den Tabellen siehe Seite 54   Kosten: 1.Quartal 2018, Bundesdurchschnitt, inkl. 19% MwSt.

Theater

Objektübersicht zur Gebäudeart

€/m² BGF
min	1.870	€/m²
von	2.050	€/m²
Mittel	**2.450**	**€/m²**
bis	3.555	€/m²
max	3.555	€/m²

Kosten:
Stand 1.Quartal 2018
Bundesdurchschnitt
inkl. 19% MwSt.

9100-0074 Freilichttheater Bühnenhaus
BRI 2.200m³   **BGF** 475m²   **NUF** 385m²

Multifunktionales Freilicht-Bühnenhaus, flexible Benutzbarkeit der Anlage für unterschiedliche Formate von Veranstaltungen. Holzständerkonstruktion.

Land: Brandenburg
Kreis: Spree-Neiße
Standard: Durchschnitt
Bauzeit: 39 Wochen
Kennwerte: bis 3.Ebene DIN276

BGF 2.206 €/m²

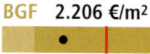

veröffentlicht: BKI Objektdaten N11

© Christoph Pokitta

Planung: subsolar; Berlin

9100-0018 Theatergebäude
BRI 77.369m³   **BGF** 14.373m²   **NUF** 7.534m²

Theatergebäude einer Kreisstadt mit Zuschauerparkett (369 Plätze) und Rang (198 Plätze), Unterbühne und Orchestergraben, zweigeschossiges Zuschauerfoyer, Bühnenturm, Probenräume, Werkstätten, Magazine, Verwaltung, Technik. Stahlbetonskelettbau.

Land: Bayern
Kreis: Hof
Standard: über Durchschnitt
Bauzeit: 169 Wochen
Kennwerte: bis 3.Ebene DIN276

BGF 3.557 €/m²

veröffentlicht: BKI Objektdaten N2

© Thomas Gottschall

Planung: Architekten Auer+Weber mit Thomas Bittcher-Zeitz; München

---

6400-0008 Bürgerzentrum, Theatersaal, (3 WE)
BRI 18.912m³   **BGF** 4.727m²   **NUF** 3.606m²

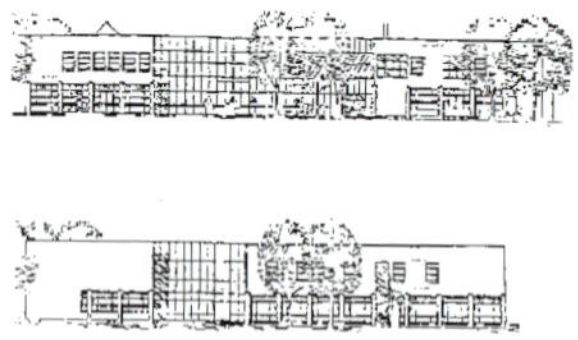

Bürgerzentrum mit Theater, Jugendzentrum, Restaurant, Kegelbahn, Schießstand, Bibliothek und 3 Wohneinheiten. UG, 2 Vollgeschosse. Stahlbetonskelettbau.

Land: Bayern
Kreis: München
Standard: über Durchschnitt
Bauzeit: 104 Wochen
Kennwerte: bis 2.Ebene DIN276

BGF 2.162 €/m²

www.bki.de

9100-0001 Stadthalle
BRI 13.130m³   **BGF** 3.231m²   **NUF** 1.405m²

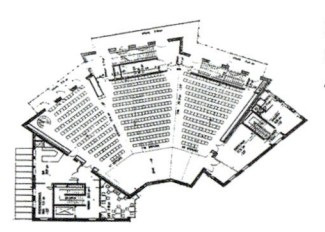

Stadthalle mit Theater- und Versammlungsraum, Café, Restaurant, Tanzbar, Ausstellungsraum. Mauerwerksbau.

Land: Bayern
Kreis: Berchtesgadener Land
Standard: über Durchschnitt
Bauzeit: 52 Wochen
Kennwerte: bis 2.Ebene DIN276

BGF 1.868 €/m²

www.bki.de

Kultur

Arbeitsblatt zur Standardeinordnung bei Gemeindezentren

Kostenkennwerte für die Kosten des Bauwerks (Kostengruppen 300+400 nach DIN 276)

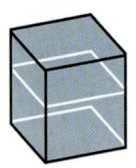

BRI 435 €/m³
von 335 €/m³
bis 530 €/m³

BGF 1.770 €/m²
von 1.350 €/m²
bis 2.190 €/m²

NUF 2.690 €/m²
von 2.020 €/m²
bis 3.480 €/m²

Kosten:
Stand 1. Quartal 2018
Bundesdurchschnitt
inkl. 19% MwSt.

Standardzuordnung

(Diagramm €/m² BGF, Bereich 0–3000)
- gesamt
- einfach
- mittel
- hoch

- ● Kostenkennwert
- ▶ min
- ▷ von
- | Mittelwert
- ◁ bis
- ◀ max

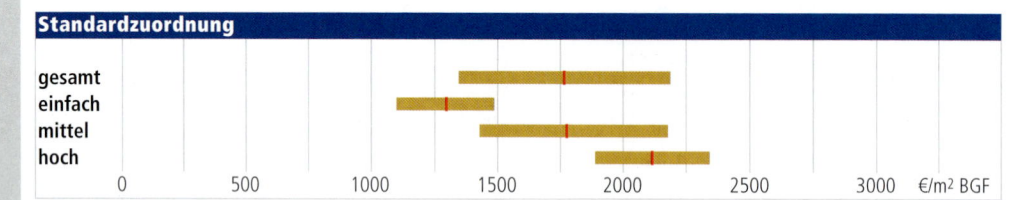

Standardeinordnung für Ihr Projekt:

KG	Kostengruppen der 2. Ebene	niedrig	mittel	hoch	Punkte
310	Baugrube				
320	Gründung	1	3	4	
330	Außenwände	5	7	9	
340	Innenwände	3	3	4	
350	Decken	1	2	3	
360	Dächer	3	5	6	
370	Baukonstruktive Einbauten	0	1	2	
390	Sonstige Baukonstruktionen				
410	Abwasser, Wasser, Gas	1	1	2	
420	Wärmeversorgungsanlagen	1	1	2	
430	Lufttechnische Anlagen	0	1	1	
440	Starkstromanlagen	1	2	3	
450	Fernmeldeanlagen	0	0	0	
460	Förderanlagen	1	1	1	
470	Nutzungsspezifische Anlagen	1	1	1	
480	Gebäudeautomation	0	0	0	
490	Sonstige Technische Anlagen				

Punkte: 18 bis 24 = einfach   25 bis 32 = mittel   33 bis 38 = hoch   Ihr Projekt (Summe):

Erläuterung:
Obenstehende Tabelle soll Ihnen die Zuordnung zu den Gebäudearten mit einfachem, mittlerem und hohem Standard erleichtern. Schätzen Sie für jedes Grobelement ab, ob die Aufwendungen niedrig, mittel oder hoch sein werden und übertragen Sie die Punkte in die rechte Spalte. Bilden Sie die Summe der rechten Spalte und ordnen Sie Ihr Projekt nach dem Schema der untersten Zeile ein. Nehmen Sie dieses Schema auch als Hinweis darauf, bei welchen Kostengruppen Sie den Mittelwert nach oben oder unten anpassen sollten.

© BKI Baukosteninformationszentrum; Erläuterungen zu den Tabellen siehe Seite 58   Kosten: 1. Quartal 2018, Bundesdurchschnitt, **inkl. 19% MwSt.**

Kostenkennwerte für die Kostengruppen der 1. und 2. Ebene DIN 276

KG	Kostengruppen der 1. Ebene	Einheit	▷	€/Einheit	◁	▷	% an 300+400	◁
100	Grundstück	m² GF	–	–	–	–	–	–
200	Herrichten und Erschließen	m² GF	11	**37**	114	1,6	**4,3**	8,8
300	Bauwerk - Baukonstruktionen	m² BGF	1.069	**1.395**	1.700	74,1	**79,4**	84,0
400	Bauwerk - Technische Anlagen	m² BGF	245	**371**	527	16,0	**20,7**	25,9
	Bauwerk (300+400)	m² BGF	1.348	**1.765**	2.186		**100,0**	
500	Außenanlagen	m² AF	46	**117**	325	2,8	**7,1**	12,9
600	Ausstattung und Kunstwerke	m² BGF	23	**67**	113	1,3	**3,9**	6,9
700	Baunebenkosten*	m² BGF	459	**491**	524	26,2	**28,0**	29,9 ◁ NEU

Auf Grundlage der HOAI 2013 berechnete Werte nach §§ 35, 52, 56, 40. Weitere Informationen siehe Seite 50

KG	Kostengruppen der 2. Ebene	Einheit	▷	€/Einheit	◁	▷	% an 300	◁
310	Baugrube	m³ BGI	15	**27**	59	0,6	**3,0**	10,0
320	Gründung	m² GRF	186	**265**	344	8,2	**13,7**	17,8
330	Außenwände	m² AWF	395	**474**	593	27,2	**32,1**	41,0
340	Innenwände	m² IWF	218	**298**	378	11,8	**15,3**	18,7
350	Decken	m² DEF	211	**318**	411	3,3	**8,5**	15,6
360	Dächer	m² DAF	253	**327**	471	15,3	**20,5**	26,8
370	Baukonstruktive Einbauten	m² BGF	15	**48**	102	1,4	**3,6**	8,4
390	Sonstige Baukonstruktionen	m² BGF	25	**42**	56	2,3	**3,4**	5,1
300	**Bauwerk Baukonstruktionen**	**m² BGF**					**100,0**	

KG	Kostengruppen der 2. Ebene	Einheit	▷	€/Einheit	◁	▷	% an 400	◁
410	Abwasser, Wasser, Gas	m² BGF	49	**72**	118	14,0	**22,2**	28,3
420	Wärmeversorgungsanlagen	m² BGF	57	**84**	112	21,8	**25,7**	32,4
430	Lufttechnische Anlagen	m² BGF	7	**36**	99	1,1	**6,6**	24,4
440	Starkstromanlagen	m² BGF	61	**112**	182	22,6	**31,9**	41,5
450	Fernmeldeanlagen	m² BGF	5	**15**	32	1,2	**3,2**	6,9
460	Förderanlagen	m² BGF	22	**51**	83	0,0	**5,1**	17,7
470	Nutzungsspezifische Anlagen	m² BGF	1	**26**	59	0,2	**4,9**	15,5
480	Gebäudeautomation	m² BGF	9	**13**	18	0,0	**0,5**	2,9
490	Sonstige Technische Anlagen	m² BGF	–	**1**	–	–	**0,0**	–
400	**Bauwerk Technische Anlagen**	**m² BGF**					**100,0**	

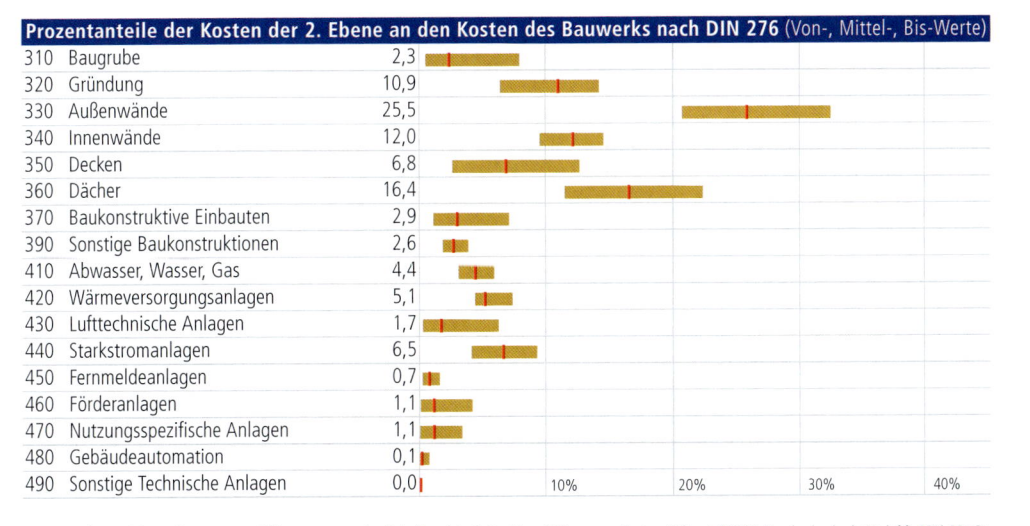

Prozentanteile der Kosten der 2. Ebene an den Kosten des Bauwerks nach DIN 276 (Von-, Mittel-, Bis-Werte)

KG	Kostengruppe	Mittelwert
310	Baugrube	2,3
320	Gründung	10,9
330	Außenwände	25,5
340	Innenwände	12,0
350	Decken	6,8
360	Dächer	16,4
370	Baukonstruktive Einbauten	2,9
390	Sonstige Baukonstruktionen	2,6
410	Abwasser, Wasser, Gas	4,4
420	Wärmeversorgungsanlagen	5,1
430	Lufttechnische Anlagen	1,7
440	Starkstromanlagen	6,5
450	Fernmeldeanlagen	0,7
460	Förderanlagen	1,1
470	Nutzungsspezifische Anlagen	1,1
480	Gebäudeautomation	0,1
490	Sonstige Technische Anlagen	0,0

© BKI Baukosteninformationszentrum; Erläuterungen zu den Tabellen siehe Seite 48 und 50 Kosten: 1.Quartal 2018, Bundesdurchschnitt, **inkl. 19% MwSt.**

Gemeindezentren

Kostenkennwerte für Leistungsbereiche nach StLB (Kosten des Bauwerks nach DIN 276)

Kosten: Stand 1. Quartal 2018, Bundesdurchschnitt inkl. 19% MwSt.

LB	Leistungsbereiche	▷ €/m² BGF		◁	▷ % an 300+400		◁
000	Sicherheits-, Baustelleneinrichtungen inkl. 001	27	43	62	1,5	2,4	3,5
002	Erdarbeiten	24	53	124	1,3	3,0	7,0
006	Spezialtiefbauarbeiten inkl. 005	–	2	–	–	0,1	–
009	Entwässerungskanalarbeiten inkl. 011	5	11	21	0,3	0,6	1,2
010	Drän- und Versickerungsarbeiten	0	2	8	0,0	0,1	0,5
012	Mauerarbeiten	41	120	216	2,3	6,8	12,2
013	Betonarbeiten	170	235	318	9,7	13,3	18,0
014	Natur-, Betonwerksteinarbeiten	0	9	40	0,0	0,5	2,3
016	Zimmer- und Holzbauarbeiten	52	110	185	3,0	6,3	10,5
017	Stahlbauarbeiten	10	33	121	0,6	1,9	6,9
018	Abdichtungsarbeiten	7	14	23	0,4	0,8	1,3
020	Dachdeckungsarbeiten	15	53	109	0,8	3,0	6,2
021	Dachabdichtungsarbeiten	3	26	65	0,2	1,5	3,7
022	Klempnerarbeiten	16	44	99	0,9	2,5	5,6
	Rohbau	**647**	**755**	**970**	**36,7**	**42,8**	**54,9**
023	Putz- und Stuckarbeiten, Wärmedämmsysteme	26	63	91	1,5	3,6	5,1
024	Fliesen- und Plattenarbeiten	28	42	71	1,6	2,4	4,0
025	Estricharbeiten	10	26	31	0,5	1,5	1,7
026	Fenster, Außentüren inkl. 029, 032	84	152	253	4,7	8,6	14,3
027	Tischlerarbeiten	73	125	181	4,1	7,1	10,2
028	Parkettarbeiten, Holzpflasterarbeiten	0	22	46	0,0	1,3	2,6
030	Rollladenarbeiten	2	17	55	0,1	1,0	3,1
031	Metallbauarbeiten inkl. 035	18	50	129	1,0	2,8	7,3
034	Maler- und Lackiererarbeiten inkl. 037	25	37	47	1,4	2,1	2,7
036	Bodenbelagarbeiten	5	24	62	0,3	1,3	3,5
038	Vorgehängte hinterlüftete Fassaden	0	26	117	0,0	1,5	6,6
039	Trockenbauarbeiten	37	86	146	2,1	4,9	8,3
	Ausbau	**557**	**677**	**795**	**31,5**	**38,4**	**45,0**
040	Wärmeversorgungsanl. - Betriebseinr. inkl. 041	71	82	110	4,0	4,7	6,2
042	Gas- und Wasserinstallation, Leitungen inkl. 043	9	18	29	0,5	1,0	1,6
044	Abwasserinstallationsarbeiten - Leitungen	5	11	21	0,3	0,6	1,2
045	GWA-Einrichtungsgegenstände inkl. 046	18	29	43	1,0	1,6	2,4
047	Dämmarbeiten an betriebstechnischen Anlagen	2	7	15	0,1	0,4	0,9
049	Feuerlöschanlagen, Feuerlöschgeräte	0	0	1	0,0	0,0	0,1
050	Blitzschutz- und Erdungsanlagen	1	4	7	0,1	0,2	0,4
052	Mittelspannungsanlagen	–	–	–	–	–	–
053	Niederspannungsanlagen inkl. 054	34	55	87	1,9	3,1	4,9
055	Ersatzstromversorgungsanlagen	–	–	–	–	–	–
057	Gebäudesystemtechnik	–	1	–	–	0,1	–
058	Leuchten und Lampen inkl. 059	31	57	84	1,8	3,2	4,7
060	Elektroakustische Anlagen, Sprechanlagen	1	7	23	0,1	0,4	1,3
061	Kommunikationsnetze, inkl. 062	1	4	9	0,1	0,2	0,5
063	Gefahrenmeldeanlagen	0	2	7	0,0	0,1	0,4
069	Aufzüge	0	11	49	0,0	0,6	2,8
070	Gebäudeautomation	0	3	21	0,0	0,2	1,2
075	Raumlufttechnische Anlagen	4	26	103	0,2	1,5	5,8
	Technische Anlagen	**233**	**317**	**407**	**13,2**	**17,9**	**23,1**
	Sonstige Leistungsbereiche inkl. 008, 033, 051	4	24	64	0,2	1,4	3,6

- ● Kostenkennwert
- ▶ min
- ▷ von
- | Mittelwert
- ◁ bis
- ◀ max

© BKI Baukosteninformationszentrum; Erläuterungen zu den Tabellen siehe Seite 52

Kosten: 1. Quartal 2018, Bundesdurchschnitt, **inkl. 19% MwSt.**

Planungskennwerte für Flächen und Rauminhalte nach DIN 277

Grundflächen			▷ Fläche/NUF (%) ◁			▷ Fläche/BGF (%) ◁		
NUF	Nutzungsfläche			100,0		62,0	65,9	70,5
TF	Technikfläche		4,8	5,8	10,5	3,1	3,9	6,3
VF	Verkehrsfläche		15,1	19,5	29,3	9,8	12,8	16,9
NRF	Netto-Raumfläche		119,5	125,3	138,0	79,2	82,6	85,3
KGF	Konstruktions-Grundfläche		22,1	26,5	33,8	14,5	17,4	20,6
BGF	Brutto-Grundfläche		145,0	151,8	167,3		100,0	

Brutto-Rauminhalte			▷ BRI/NUF (m) ◁			▷ BRI/BGF (m) ◁		
BRI	Brutto-Rauminhalt		5,64	6,24	7,27	3,78	4,12	4,84

Flächen von Nutzeinheiten			▷ NUF/Einheit (m²) ◁			▷ BGF/Einheit (m²) ◁		
Nutzeinheit:			–	–	–	–	–	–

Lufttechnisch behandelte Flächen			▷ Fläche/NUF (%) ◁			▷ Fläche/BGF (%) ◁		
Entlüftete Fläche			13,3	13,3	14,1	7,9	8,6	8,6
Be- und entlüftete Fläche			46,7	46,7	54,0	29,4	34,2	34,2
Teilklimatisierte Fläche			–	–	–	–	–	–
Klimatisierte Fläche			–	–	–	–	–	–

KG	Kostengruppen (2. Ebene)	Einheit	▷ Menge/NUF ◁			▷ Menge/BGF ◁		
310	Baugrube	m³ BGI	1,12	1,44	2,06	0,73	0,99	1,20
320	Gründung	m² GRF	0,77	0,94	1,05	0,56	0,67	0,79
330	Außenwände	m² AWF	1,10	1,24	1,31	0,77	0,87	0,97
340	Innenwände	m² IWF	0,84	0,96	1,12	0,61	0,68	0,81
350	Decken	m² DEF	0,30	0,46	0,52	0,21	0,32	0,36
360	Dächer	m² DAF	0,91	1,18	1,33	0,68	0,83	0,96
370	Baukonstruktive Einbauten	m² BGF	1,45	1,52	1,67		1,00	
390	Sonstige Baukonstruktionen	m² BGF	1,45	1,52	1,67		1,00	
300	**Bauwerk-Baukonstruktionen**	m² BGF	1,45	1,52	1,67		1,00	

Planungskennwerte für Bauzeiten

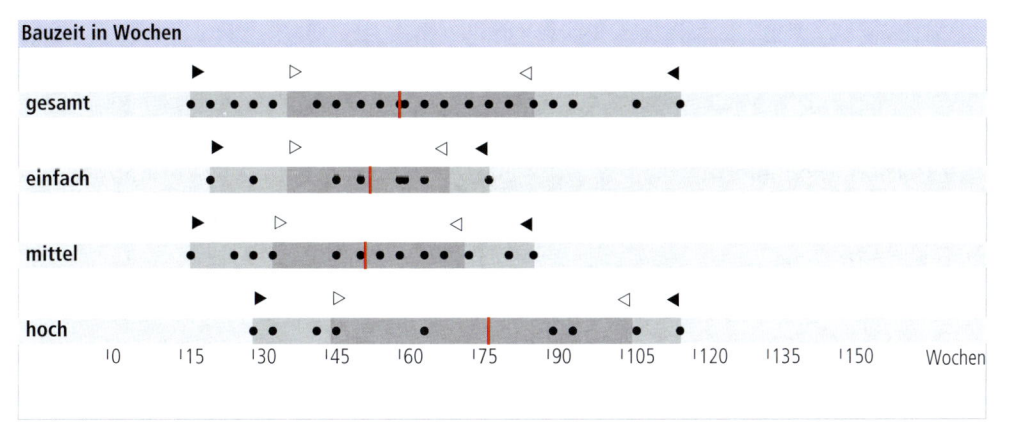

Bauzeit in Wochen

Kategorie	►	▷	◁	◄
gesamt	~30	~40	~75	~85
einfach	~25	~35	~60	~65
mittel	~25	~40	~70	~80
hoch	~35	~45	~100	~110

© BKI Baukosteninformationszentrum; Erläuterungen zu den Tabellen siehe Seite 54   Kosten: 1. Quartal 2018, Bundesdurchschnitt, **inkl. 19% MwSt.**

Gemeindezentren, einfacher Standard

Kostenkennwerte für die Kosten des Bauwerks (Kostengruppen 300+400 nach DIN 276)

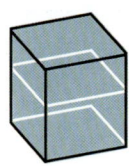

BRI 315 €/m³
von 245 €/m³
bis 355 €/m³

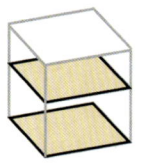

BGF 1.300 €/m²
von 1.100 €/m²
bis 1.480 €/m²

NUF 1.850 €/m²
von 1.590 €/m²
bis 2.280 €/m²

Objektbeispiele

Kosten:
Stand 1.Quartal 2018
Bundesdurchschnitt
inkl. 19% MwSt.

6400-0096

9100-0140

6400-0075

Kosten der 11 Vergleichsobjekte — Seiten 814 bis 816

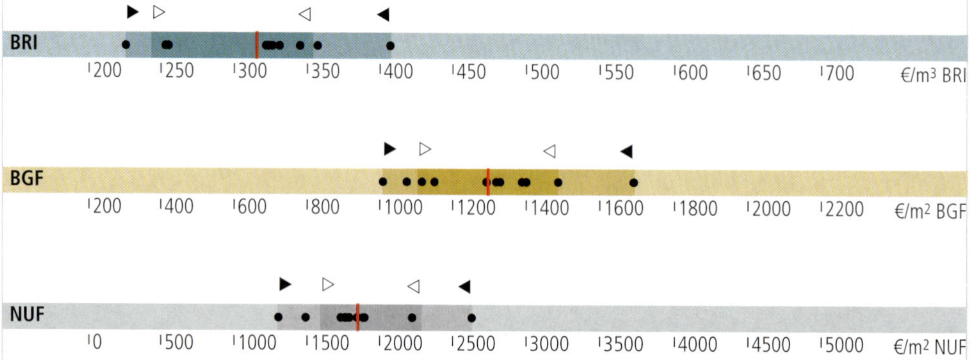

- ● KKW
- ▶ min
- ▷ von
- | Mittelwert
- ◁ bis
- ◀ max

BRI: €/m³ BRI (Skala 200–700)
BGF: €/m² BGF (Skala 200–2200)
NUF: €/m² NUF (Skala 0–5000)

© BKI Baukosteninformationszentrum; Erläuterungen zu den Tabellen siehe Seite 46   Kosten: 1.Quartal 2018, Bundesdurchschnitt, **inkl. 19% MwSt.**

Kostenkennwerte für die Kostengruppen der 1. und 2. Ebene DIN 276

KG	Kostengruppen der 1. Ebene	Einheit	▷	€/Einheit	◁	▷	% an 300+400	◁
100	Grundstück	m² GF	–	–	–	–	–	–
200	Herrichten und Erschließen	m² GF	3	**12**	57	1,0	**4,3**	7,8
300	Bauwerk - Baukonstruktionen	m² BGF	895	**1.070**	1.244	77,3	**82,5**	86,5
400	Bauwerk - Technische Anlagen	m² BGF	165	**226**	295	13,5	**17,5**	22,7
	Bauwerk (300+400)	m² BGF	1.103	**1.296**	1.485		**100,0**	
500	Außenanlagen	m² AF	12	**37**	107	3,2	**6,1**	10,3
600	Ausstattung und Kunstwerke	m² BGF	31	**78**	131	2,4	**6,1**	9,8
700	Baunebenkosten*	m² BGF	352	**378**	403	26,9	**28,8**	30,8 ◁ NEU

Auf Grundlage der HOAI 2013 berechnete Werte nach §§ 35, 52, 56. Weitere Informationen siehe Seite 50

KG	Kostengruppen der 2. Ebene	Einheit	▷	€/Einheit	◁	▷	% an 300	◁
310	Baugrube	m³ BGI	11	**22**	43	0,3	**3,9**	11,1
320	Gründung	m² GRF	134	**170**	188	6,5	**11,5**	14,7
330	Außenwände	m² AWF	361	**375**	402	28,5	**29,4**	30,7
340	Innenwände	m² IWF	163	**205**	226	11,6	**15,2**	20,6
350	Decken	m² DEF	218	**288**	426	0,5	**8,8**	14,0
360	Dächer	m² DAF	216	**297**	459	15,7	**22,7**	34,6
370	Baukonstruktive Einbauten	m² BGF	28	**69**	143	2,7	**6,4**	12,2
390	Sonstige Baukonstruktionen	m² BGF	19	**21**	24	1,6	**2,1**	2,9
300	**Bauwerk Baukonstruktionen**	**m² BGF**					**100,0**	

KG	Kostengruppen der 2. Ebene	Einheit	▷	€/Einheit	◁	▷	% an 400	◁
410	Abwasser, Wasser, Gas	m² BGF	43	**51**	66	26,6	**29,1**	32,7
420	Wärmeversorgungsanlagen	m² BGF	45	**54**	69	27,0	**31,7**	39,5
430	Lufttechnische Anlagen	m² BGF	1	**7**	13	0,3	**2,1**	5,7
440	Starkstromanlagen	m² BGF	34	**48**	76	19,3	**26,4**	31,1
450	Fernmeldeanlagen	m² BGF	5	**5**	5	0,0	**1,7**	2,8
460	Förderanlagen	m² BGF	–	**10**	–	–	**2,0**	–
470	Nutzungsspezifische Anlagen	m² BGF	1	**12**	33	0,5	**7,0**	20,0
480	Gebäudeautomation	m² BGF	–	**–**	–	–	**–**	–
490	Sonstige Technische Anlagen	m² BGF	–	**–**	–	–	**–**	–
400	**Bauwerk Technische Anlagen**	**m² BGF**					**100,0**	

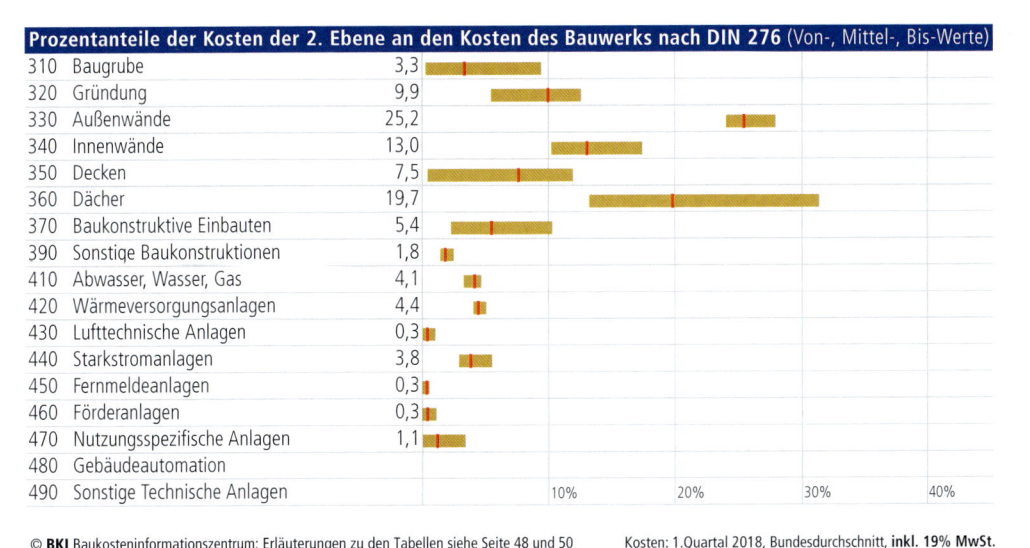

Prozentanteile der Kosten der 2. Ebene an den Kosten des Bauwerks nach DIN 276 (Von-, Mittel-, Bis-Werte)

KG	Bezeichnung	Mittelwert %
310	Baugrube	3,3
320	Gründung	9,9
330	Außenwände	25,2
340	Innenwände	13,0
350	Decken	7,5
360	Dächer	19,7
370	Baukonstruktive Einbauten	5,4
390	Sonstige Baukonstruktionen	1,8
410	Abwasser, Wasser, Gas	4,1
420	Wärmeversorgungsanlagen	4,4
430	Lufttechnische Anlagen	0,3
440	Starkstromanlagen	3,8
450	Fernmeldeanlagen	0,3
460	Förderanlagen	0,3
470	Nutzungsspezifische Anlagen	1,1
480	Gebäudeautomation	
490	Sonstige Technische Anlagen	

© BKI Baukosteninformationszentrum; Erläuterungen zu den Tabellen siehe Seite 48 und 50   Kosten: 1.Quartal 2018, Bundesdurchschnitt, **inkl. 19% MwSt.**

Gemeindezentren, einfacher Standard

Kostenkennwerte für Leistungsbereiche nach StLB (Kosten des Bauwerks nach DIN 276)

Kosten: Stand 1. Quartal 2018 Bundesdurchschnitt inkl. 19% MwSt.

LB	Leistungsbereiche	▷	€/m² BGF	◁	▷	% an 300+400	◁
000	Sicherheits-, Baustelleneinrichtungen inkl. 001	23	23	28	1,8	1,8	2,1
002	Erdarbeiten	15	54	54	1,1	4,2	4,2
006	Spezialtiefbauarbeiten inkl. 005	–	–	–	–	–	–
009	Entwässerungskanalarbeiten inkl. 011	1	6	6	0,1	0,4	0,4
010	Drän- und Versickerungsarbeiten	–	–	–	–	–	–
012	Mauerarbeiten	121	156	156	9,4	12,0	12,0
013	Betonarbeiten	136	163	163	10,5	12,6	12,6
014	Natur-, Betonwerksteinarbeiten	3	17	17	0,2	1,3	1,3
016	Zimmer- und Holzbauarbeiten	52	60	60	4,0	4,6	4,6
017	Stahlbauarbeiten	13	53	53	1,0	4,1	4,1
018	Abdichtungsarbeiten	5	7	7	0,4	0,6	0,6
020	Dachdeckungsarbeiten	75	75	102	5,8	5,8	7,8
021	Dachabdichtungsarbeiten	8	29	29	0,6	2,2	2,2
022	Klempnerarbeiten	9	15	15	0,7	1,2	1,2
	Rohbau	657	657	768	50,7	50,7	59,3
023	Putz- und Stuckarbeiten, Wärmedämmsysteme	48	48	57	3,7	3,7	4,4
024	Fliesen- und Plattenarbeiten	19	31	31	1,5	2,4	2,4
025	Estricharbeiten	23	23	24	1,7	1,7	1,8
026	Fenster, Außentüren inkl. 029, 032	88	96	96	6,8	7,4	7,4
027	Tischlerarbeiten	111	111	153	8,6	8,6	11,8
028	Parkettarbeiten, Holzpflasterarbeiten	–	0	–	–	0,0	–
030	Rollladenarbeiten	16	16	26	1,2	1,2	2,0
031	Metallbauarbeiten inkl. 035	24	24	40	1,8	1,8	3,1
034	Maler- und Lackiererarbeiten inkl. 037	16	24	24	1,2	1,8	1,8
036	Bodenbelagarbeiten	34	34	48	2,7	2,7	3,7
038	Vorgehängte hinterlüftete Fassaden	–	–	–	–	–	–
039	Trockenbauarbeiten	37	62	62	2,8	4,8	4,8
	Ausbau	394	475	475	30,4	36,7	36,7
040	Wärmeversorgungsanl. - Betriebseinr. inkl. 041	51	51	52	4,0	4,0	4,0
042	Gas- und Wasserinstallation, Leitungen inkl. 043	10	15	15	0,8	1,2	1,2
044	Abwasserinstallationsarbeiten - Leitungen	4	6	6	0,3	0,5	0,5
045	GWA-Einrichtungsgegenstände inkl. 046	18	24	24	1,4	1,9	1,9
047	Dämmarbeiten an betriebstechnischen Anlagen	0	1	1	0,0	0,1	0,1
049	Feuerlöschanlagen, Feuerlöschgeräte	0	0	0	0,0	0,0	0,0
050	Blitzschutz- und Erdungsanlagen	3	3	5	0,3	0,3	0,4
052	Mittelspannungsanlagen	–	–	–	–	–	–
053	Niederspannungsanlagen inkl. 054	18	21	21	1,4	1,6	1,6
055	Ersatzstromversorgungsanlagen	–	–	–	–	–	–
057	Gebäudesystemtechnik	–	–	–	–	–	–
058	Leuchten und Lampen inkl. 059	15	25	25	1,1	1,9	1,9
060	Elektroakustische Anlagen, Sprechanlagen	1	1	2	0,1	0,1	0,1
061	Kommunikationsnetze, inkl. 062	1	2	2	0,1	0,2	0,2
063	Gefahrenmeldeanlagen	–	0	–	–	0,0	–
069	Aufzüge	–	4	–	–	0,3	–
070	Gebäudeautomation	–	–	–	–	–	–
075	Raumlufttechnische Anlagen	1	3	3	0,0	0,2	0,2
	Technische Anlagen	131	159	159	10,1	12,2	12,2
	Sonstige Leistungsbereiche inkl. 008, 033, 051	–	12	–	–	1,0	–

- ● KKW
- ▶ min
- ▷ von
- | Mittelwert
- ◁ bis
- ◀ max

Planungskennwerte für Flächen und Rauminhalte nach DIN 277

Grundflächen			▷ Fläche/NUF (%) ◁			▷ Fläche/BGF (%) ◁		
NUF	Nutzungsfläche			100,0		67,2	70,1	71,9
TF	Technikfläche		4,7	5,0	10,4	3,0	3,5	6,2
VF	Verkehrsfläche		11,9	14,1	20,0	8,0	9,9	12,9
NRF	Netto-Raumfläche		114,4	119,1	123,1	81,7	83,5	86,2
KGF	Konstruktions-Grundfläche		19,2	23,5	28,7	13,8	16,5	18,3
BGF	Brutto-Grundfläche		137,8	142,6	149,7		100,0	

Brutto-Rauminhalte			▷ BRI/NUF (m) ◁			▷ BRI/BGF (m) ◁		
BRI	Brutto-Rauminhalt		5,51	5,98	6,45	3,87	4,20	4,85

Flächen von Nutzeinheiten			▷ NUF/Einheit (m²) ◁			▷ BGF/Einheit (m²) ◁		
Nutzeinheit:			–	–	–	–	–	–

Lufttechnisch behandelte Flächen			▷ Fläche/NUF (%) ◁			▷ Fläche/BGF (%) ◁		
Entlüftete Fläche			–	–	–	–	–	–
Be- und entlüftete Fläche			–	–	–	–	–	–
Teilklimatisierte Fläche			–	–	–	–	–	–
Klimatisierte Fläche			–	–	–	–	–	–

KG	Kostengruppen (2. Ebene)	Einheit	▷ Menge/NUF ◁			▷ Menge/BGF ◁		
310	Baugrube	m³ BGI	1,09	1,30	1,30	0,84	1,01	1,01
320	Gründung	m² GRF	0,93	0,93	1,05	0,72	0,72	0,83
330	Außenwände	m² AWF	1,08	1,08	1,10	0,83	0,83	0,84
340	Innenwände	m² IWF	0,86	1,02	1,02	0,67	0,80	0,80
350	Decken	m² DEF	0,23	0,39	0,39	0,18	0,30	0,30
360	Dächer	m² DAF	1,07	1,07	1,18	0,83	0,83	0,93
370	Baukonstruktive Einbauten	m² BGF	1,38	1,43	1,50		1,00	
390	Sonstige Baukonstruktionen	m² BGF	1,38	1,43	1,50		1,00	
300	Bauwerk-Baukonstruktionen	m² BGF	1,38	1,43	1,50		1,00	

Planungskennwerte für Bauzeiten — 11 Vergleichsobjekte

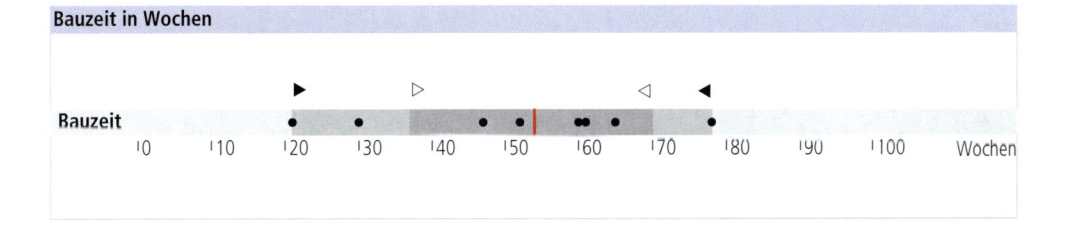

Bauzeit in Wochen

Gemeindezentren, einfacher Standard

€/m² BGF

min	1.010 €/m²
von	1.105 €/m²
Mittel	**1.295 €/m²**
bis	1.485 €/m²
max	1.690 €/m²

Kosten:
Stand 1.Quartal 2018
Bundesdurchschnitt
inkl. 19% MwSt.

Objektübersicht zur Gebäudeart

6400-0096 Gemeindezentrum
BRI 5.486m³ **BGF** 1.083m² **NUF** 738m²

Gemeindezentrum. Holzbau.

Land: Niedersachsen
Kreis: Harburg
Standard: unter Durchschnitt
Bauzeit: 47 Wochen
Kennwerte: bis 1.Ebene DIN276

BGF 1.292 €/m²

Planung: Studio b2; Brackel

vorgesehen: BKI Objektdaten N16

9100-0140 Nachbarschaftstreff
BRI 1.369m³ **BGF** 425m² **NUF** 328m²

Nachbarschaftstreff für flexible Nutzung eines Neubaugebiets. Mauerwerksbau.

Land: Bayern
Kreis: München
Standard: unter Durchschnitt
Bauzeit: 65 Wochen
Kennwerte: bis 1.Ebene DIN276

BGF 1.149 €/m²

Planung: zillerplus Architekten und Stadtplaner Michael Ziller; München

veröffentlicht: BKI Objektdaten N15

9100-0107 Gemeindehaus
BRI 1.474m³ **BGF** 300m² **NUF** 193m²

Gemeindehaus mit Saal, Küche und Sanitärräumen. Mauerwerksbau.

Land: Niedersachsen
Kreis: Gifhorn
Standard: unter Durchschnitt
Bauzeit: 21 Wochen
Kennwerte: bis 1.Ebene DIN276

BGF 1.691 €/m²

veröffentlicht: BKI Objektdaten N13

6400-0075 Gemeindehaus
BRI 530m³ **BGF** 115m² **NUF** 77m²

Gemeindehaus mit Saal (30 Sitzplätze), Büro, Teeküche und Nebenräumen. Mauerwerksbau.

Land: Sachsen-Anhalt
Kreis: Magdeburg
Standard: unter Durchschnitt
Bauzeit: 30 Wochen
Kennwerte: bis 1.Ebene DIN276

BGF 1.487 €/m²

Planung: Steinblock Architekten GmbH; Magdeburg

veröffentlicht: BKI Objektdaten N12

Objektübersicht zur Gebäudeart

6400-0061 Gemeindezentrum | BRI 1.893m³ | BGF 569m² | NUF 341m²

Kirchliches Gemeindezentrum mit Versammlungsraum, Gruppenräumen und Büro. Mauerwerksbau.

Land: Mecklenburg-Vorpommern
Kreis: Nordwestmecklenburg
Standard: unter Durchschnitt
Bauzeit: 52 Wochen
Kennwerte: bis 1.Ebene DIN276

BGF   1.074 €/m²

Planung: Architekt Dipl.-Ing. Axel Danne; Herrnburg

veröffentlicht: BKI Objektdaten N10

9100-0056 Evangelische Kirche und Gemeindezentrum | BRI 2.675m³ | BGF 434m² | NUF 327m²

Kirche, Gemeindezentrum. Mauerwerksbau.

Land: Brandenburg
Kreis: Havelland
Standard: unter Durchschnitt
Bauzeit: 47 Wochen
Kennwerte: bis 1.Ebene DIN276

BGF   1.389 €/m²

Planung: Architekturbüro Albeshausen+Hänsel; Frankfurt (Oder)

veröffentlicht: BKI Objektdaten N9

6400-0059 Gemeindezentrum, Pfarrhaus | BRI 9.954m³ | BGF 2.498m² | NUF 1.930m²

Gemeindezentrum für Gottesdienste mit 450 Sitzplätzen, kirchliche Gemeindearbeit, Jugendarbeit, Dienstwohnung, Pfarrhaus. Massivbau.

Land: Nordrhein-Westfalen
Kreis: Leverkusen
Standard: unter Durchschnitt
Bauzeit: 78 Wochen
Kennwerte: bis 3.Ebene DIN276

BGF   1.009 €/m²

Planung: Wolfgang Zelck Dipl. - Ing. Architekt; Köln

veröffentlicht: BKI Objektdaten N12

6400-0046 Jugendhaus | BRI 1.604m³ | BGF 396m² | NUF 302m²

Jugendhaus als selbstständiger Teil einer Dorfgemeinschaftsanlage. Mauerwerksbau.

Land: Niedersachsen
Kreis: Gifhorn
Standard: unter Durchschnitt
Bauzeit: 78 Wochen
Kennwerte: bis 4.Ebene DIN276

BGF   1.319 €/m²

Planung: Dreischhoff + Partner Planungsgesellschaft mbH; Braunschweig

veröffentlicht: BKI Objektdaten N4

© **BKI** Baukosteninformationszentrum; Erläuterungen zu den Tabellen siehe Seite 56   Kosten: 1.Quartal 2018, Bundesdurchschnitt, **inkl. 19% MwSt.**

Gemeindezentren, einfacher Standard

Objektübersicht zur Gebäudeart

6400-0037 Gemeindezentrum, Hausmeisterwohnung
BRI 1.438m³ | **BGF** 440m² | **NUF** 310m²

Gemeindesaal (teilbar), Küche, Saal mit Wintergarten, 4 Zimmerwohnung mit Balkon, Garage (Hausmeister); Technik- und Abstellräume, Jugendraum (40m²). Mauerwerksbau.

Land: Baden-Württemberg
Kreis: Freudenstadt
Standard: unter Durchschnitt
Bauzeit: 61 Wochen
Kennwerte: bis 1.Ebene DIN276

BGF 1.329 €/m²

Planung: Detlef Brückner Dipl.-Ing. (FH) Freier Architekt; Freudenstadt

veröffentlicht: BKI Objektdaten N2

6400-0045 Kinder- und Jugendhaus
BRI 1.230m³ | **BGF** 290m² | **NUF** 229m²

Kinder- und Jugendhaus mit einzügigem Kindergarten und getrennt zugänglichem Bereich für Jugendliche. Mauerwerksbau.

Land: Hessen
Kreis: Schwalm-Eder-Kreis
Standard: unter Durchschnitt
Bauzeit: 52 Wochen
Kennwerte: bis 3.Ebene DIN276

BGF 1.401 €/m²

Planung: Freier Architekt VFA Harald Gläsel; Schwalmstadt-Treysa

veröffentlicht: BKI Objektdaten N4

6400-0036 Gemeinde- und Diakoniezentrum
BRI 8.592m³ | **BGF** 2.481m² | **NUF** 1.571m²

Gemeinde- und Diakoniezentrum, Versammlungsräume, Café der Suchtberatung, Büroräume für 51 Mitarbeiter, Diakonische Dienste mit Schwesternstation, Gruppenräume; Tiefgarage, Haustechnik, Lager, Jugendraum der Gemeinde. Mauerwerksbau.

Land: Sachsen-Anhalt
Kreis: Dessau
Standard: unter Durchschnitt
Bauzeit: 60 Wochen
Kennwerte: bis 1.Ebene DIN276

BGF 1.115 €/m²

Planung: Bankert und Lohde Freie Architekten; Dessau

veröffentlicht: BKI Objektdaten N2

€/m² BGF

min	1 010	€/m²
von	1.105	€/m²
Mittel	**1.295**	**€/m²**
bis	1.485	€/m²
max	1.690	€/m²

Kosten:
Stand 1.Quartal 2018
Bundesdurchschnitt
inkl. 19% MwSt.

Kultur

Gemeindezentren, mittlerer Standard

Kostenkennwerte für die Kosten des Bauwerks (Kostengruppen 300+400 nach DIN 276)

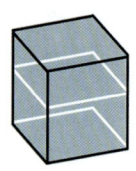

BRI 450 €/m³
von 375 €/m³
bis 520 €/m³

BGF 1.780 €/m²
von 1.430 €/m²
bis 2.180 €/m²

NUF 2.720 €/m²
von 2.200 €/m²
bis 3.410 €/m²

Objektbeispiele

6400-0104
6400-0103
6400-0101

Kosten:
Stand 1. Quartal 2018
Bundesdurchschnitt
inkl. 19% MwSt.

Kosten der 24 Vergleichsobjekte — Seiten 822 bis 827

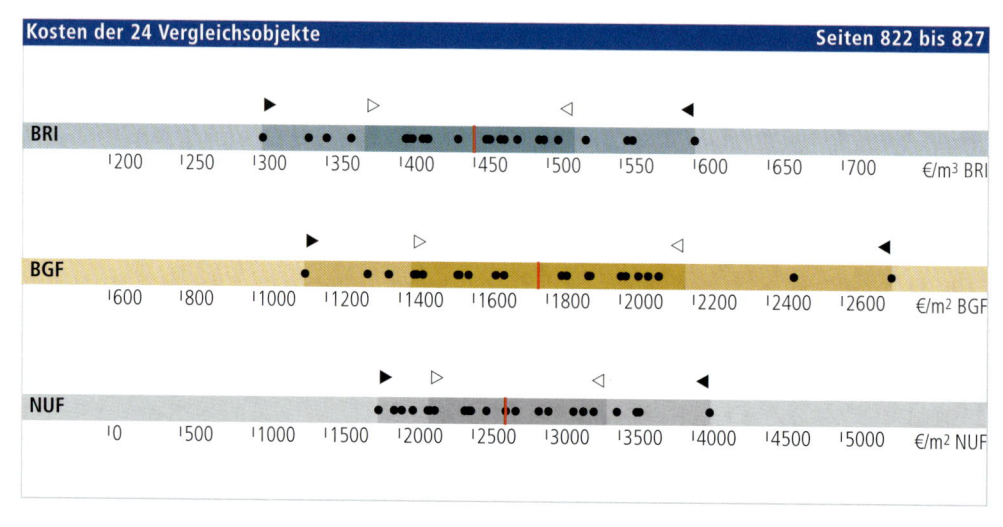

- ● KKW
- ▶ min
- ▷ von
- | Mittelwert
- ◁ bis
- ◀ max

BRI: €/m³ BRI
BGF: €/m² BGF
NUF: €/m² NUF

© BKI Baukosteninformationszentrum; Erläuterungen zu den Tabellen siehe Seite 46

Kosten: 1. Quartal 2018, Bundesdurchschnitt, **inkl. 19% MwSt.**

Kostenkennwerte für die Kostengruppen der 1. und 2. Ebene DIN 276

KG	Kostengruppen der 1. Ebene	Einheit	▷	€/Einheit	◁	▷	% an 300+400	◁
100	Grundstück	m² GF	–	–	–	–	–	–
200	Herrichten und Erschließen	m² GF	12	**27**	76	1,9	**4,6**	10,9
300	Bauwerk - Baukonstruktionen	m² BGF	1.101	**1.391**	1.672	72,2	**78,5**	83,2
400	Bauwerk - Technische Anlagen	m² BGF	269	**386**	549	16,8	**21,5**	27,8
	Bauwerk (300+400)	m² BGF	1.431	**1.776**	2.176		**100,0**	
500	Außenanlagen	m² AF	67	**151**	416	3,2	**8,2**	14,3
600	Ausstattung und Kunstwerke	m² BGF	10	**48**	97	0,7	**2,7**	5,2
700	Baunebenkosten*	m² BGF	471	**504**	536	26,7	**28,5**	30,3 ◁ NEU

* Auf Grundlage der HOAI 2013 berechnete Werte nach §§ 35, 52, 56. Weitere Informationen siehe Seite 50

KG	Kostengruppen der 2. Ebene	Einheit	▷	€/Einheit	◁	▷	% an 300	◁
310	Baugrube	m³ BGI	20	**28**	51	0,9	**2,2**	8,3
320	Gründung	m² GRF	228	**292**	351	10,1	**15,2**	19,8
330	Außenwände	m² AWF	426	**526**	625	28,8	**35,2**	42,0
340	Innenwände	m² IWF	229	**305**	347	11,1	**14,1**	17,0
350	Decken	m² DEF	184	**285**	369	2,9	**8,1**	18,0
360	Dächer	m² DAF	245	**290**	336	14,8	**18,7**	22,2
370	Baukonstruktive Einbauten	m² BGF	8	**32**	90	0,7	**2,1**	5,5
390	Sonstige Baukonstruktionen	m² BGF	43	**51**	61	3,3	**4,2**	6,2
300	**Bauwerk Baukonstruktionen**	**m² BGF**					**100,0**	

KG	Kostengruppen der 2. Ebene	Einheit	▷	€/Einheit	◁	▷	% an 400	◁
410	Abwasser, Wasser, Gas	m² BGF	45	**76**	113	14,8	**21,1**	27,0
420	Wärmeversorgungsanlagen	m² BGF	62	**85**	110	21,6	**24,2**	27,4
430	Lufttechnische Anlagen	m² BGF	1	**42**	95	0,2	**7,2**	25,3
440	Starkstromanlagen	m² BGF	74	**122**	177	23,5	**34,2**	43,2
450	Fernmeldeanlagen	m² BGF	5	**15**	24	1,8	**3,8**	5,9
460	Förderanlagen	m² BGF	46	**48**	51	0,0	**5,7**	19,4
470	Nutzungsspezifische Anlagen	m² BGF	1	**20**	39	0,1	**3,3**	9,7
480	Gebäudeautomation	m² BGF	–	**9**	–	–	**0,3**	–
490	Sonstige Technische Anlagen	m² BGF	–	**1**	–	–	**0,1**	–
400	**Bauwerk Technische Anlagen**	**m² BGF**					**100,0**	

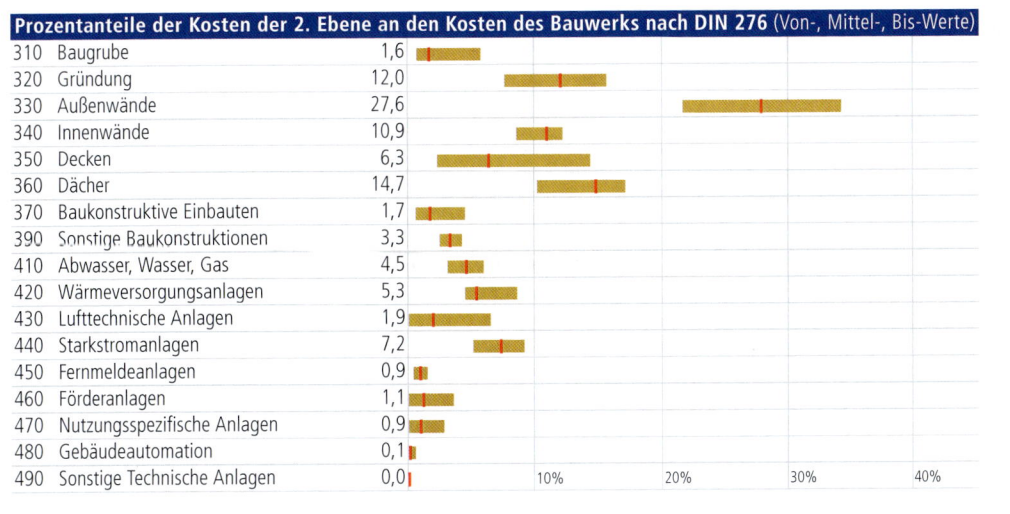

Prozentanteile der Kosten der 2. Ebene an den Kosten des Bauwerks nach DIN 276 (Von-, Mittel-, Bis-Werte)

KG		Mittelwert %
310	Baugrube	1,6
320	Gründung	12,0
330	Außenwände	27,6
340	Innenwände	10,9
350	Decken	6,3
360	Dächer	14,7
370	Baukonstruktive Einbauten	1,7
390	Sonstige Baukonstruktionen	3,3
410	Abwasser, Wasser, Gas	4,5
420	Wärmeversorgungsanlagen	5,3
430	Lufttechnische Anlagen	1,9
440	Starkstromanlagen	7,2
450	Fernmeldeanlagen	0,9
460	Förderanlagen	1,1
470	Nutzungsspezifische Anlagen	0,9
480	Gebäudeautomation	0,1
490	Sonstige Technische Anlagen	0,0

© BKI Baukosteninformationszentrum; Erläuterungen zu den Tabellen siehe Seite 48 und 50 Kosten: 1.Quartal 2018, Bundesdurchschnitt, inkl. 19% MwSt.

Gemeindezentren, mittlerer Standard

Kostenkennwerte für Leistungsbereiche nach StLB (Kosten des Bauwerks nach DIN 276)

Kosten: Stand 1. Quartal 2018 Bundesdurchschnitt inkl. 19% MwSt.

LB	Leistungsbereiche	▷ €/m² BGF ◁			▷ % an 300+400 ◁		
000	Sicherheits-, Baustelleneinrichtungen inkl. 001	39	54	72	2,2	3,1	4,0
002	Erdarbeiten	28	51	98	1,6	2,8	5,5
006	Spezialtiefbauarbeiten inkl. 005	–	–	–	–	–	–
009	Entwässerungskanalarbeiten inkl. 011	6	14	24	0,3	0,8	1,4
010	Drän- und Versickerungsarbeiten	0	3	8	0,0	0,2	0,5
012	Mauerarbeiten	19	95	188	1,1	5,4	10,6
013	Betonarbeiten	174	229	296	9,8	12,9	16,7
014	Natur-, Betonwerksteinarbeiten	–	2	–	–	0,1	–
016	Zimmer- und Holzbauarbeiten	45	109	161	2,6	6,2	9,1
017	Stahlbauarbeiten	5	18	39	0,3	1,0	2,2
018	Abdichtungsarbeiten	5	17	25	0,3	1,0	1,4
020	Dachdeckungsarbeiten	8	46	81	0,5	2,6	4,6
021	Dachabdichtungsarbeiten	6	30	73	0,3	1,7	4,1
022	Klempnerarbeiten	14	35	35	0,8	2,0	2,0
	Rohbau	625	704	790	35,2	39,6	44,5
023	Putz- und Stuckarbeiten, Wärmedämmsysteme	31	78	100	1,7	4,4	5,6
024	Fliesen- und Plattenarbeiten	32	42	62	1,8	2,3	3,5
025	Estricharbeiten	25	28	30	1,4	1,6	1,7
026	Fenster, Außentüren inkl. 029, 032	154	208	314	8,7	11,7	17,7
027	Tischlerarbeiten	65	97	154	3,7	5,5	8,7
028	Parkettarbeiten, Holzpflasterarbeiten	5	28	49	0,3	1,6	2,7
030	Rollladenarbeiten	2	23	70	0,1	1,3	3,9
031	Metallbauarbeiten inkl. 035	8	38	72	0,5	2,1	4,1
034	Maler- und Lackiererarbeiten inkl. 037	25	34	44	1,4	1,9	2,5
036	Bodenbelagarbeiten	6	22	60	0,3	1,3	3,4
038	Vorgehängte hinterlüftete Fassaden	–	15	–	–	0,9	–
039	Trockenbauarbeiten	37	91	141	2,1	5,1	7,9
	Ausbau	628	714	803	35,4	40,2	45,2
040	Wärmeversorgungsanl. - Betriebseinr. inkl. 041	79	91	91	4,5	5,1	5,1
042	Gas- und Wasserinstallation, Leitungen inkl. 043	8	16	29	0,5	0,9	1,7
044	Abwasserinstallationsarbeiten - Leitungen	4	11	20	0,2	0,6	1,1
045	GWA-Einrichtungsgegenstände inkl. 046	18	28	39	1,0	1,6	2,2
047	Dämmarbeiten an betriebstechnischen Anlagen	5	9	16	0,3	0,5	0,9
049	Feuerlöschanlagen, Feuerlöschgeräte	0	0	1	0,0	0,0	0,0
050	Blitzschutz- und Erdungsanlagen	3	5	9	0,2	0,3	0,5
052	Mittelspannungsanlagen	–	–	–	–	–	–
053	Niederspannungsanlagen inkl. 054	40	64	91	2,2	3,6	5,1
055	Ersatzstromversorgungsanlagen	–	–	–	–	–	–
057	Gebäudesystemtechnik	–	–	–	–	–	–
058	Leuchten und Lampen inkl. 059	41	60	78	2,3	3,4	4,4
060	Elektroakustische Anlagen, Sprechanlagen	3	9	24	0,2	0,5	1,3
061	Kommunikationsnetze, inkl. 062	1	5	11	0,1	0,3	0,6
063	Gefahrenmeldeanlagen	0	2	4	0,0	0,1	0,2
069	Aufzüge	0	19	58	0,0	1,1	3,2
070	Gebäudeautomation	–	1	–	–	0,1	–
075	Raumlufttechnische Anlagen	1	34	117	0,0	1,9	6,6
	Technische Anlagen	288	353	437	16,2	19,9	24,6
	Sonstige Leistungsbereiche inkl. 008, 033, 051	3	14	32	0,2	0,8	1,8

- KKW
- ▶ min
- ▷ von
- | Mittelwert
- ◁ bis
- ◀ max

Planungskennwerte für Flächen und Rauminhalte nach DIN 277

Grundflächen			▷	Fläche/NUF (%)	◁	▷	Fläche/BGF (%)	◁
NUF	Nutzungsfläche			100,0		60,9	64,9	69,6
TF	Technikfläche		4,8	6,0	10,5	3,1	3,9	6,5
VF	Verkehrsfläche		14,3	19,1	26,9	9,9	12,4	15,4
NRF	Netto-Raumfläche		118,9	125,2	135,9	78,2	81,3	83,9
KGF	Konstruktions-Grundfläche		24,4	28,8	35,9	16,1	18,7	21,8
BGF	Brutto-Grundfläche		146,3	154,0	171,2		100,0	

Brutto-Rauminhalte			▷	BRI/NUF (m)	◁	▷	BRI/BGF (m)	◁
BRI	Brutto-Rauminhalt		5,60	6,06	6,76	3,69	3,96	4,43

Flächen von Nutzeinheiten			▷	NUF/Einheit (m²)	◁	▷	BGF/Einheit (m²)	◁
Nutzeinheit:			–	–	–	–	–	–

Lufttechnisch behandelte Flächen			▷	Fläche/NUF (%)	◁	▷	Fläche/BGF (%)	◁
Entlüftete Fläche			–	16,4	–	–	11,6	–
Be- und entlüftete Fläche			54,5	54,5	54,5	39,7	39,7	39,7
Teilklimatisierte Fläche			–	–	–	–	–	–
Klimatisierte Fläche			–	–	–	–	–	–

KG	Kostengruppen (2. Ebene)	Einheit	▷	Menge/NUF	◁	▷	Menge/BGF	◁
310	Baugrube	m³ BGI	1,17	1,48	1,71	0,79	1,07	1,18
320	Gründung	m² GRF	0,86	0,93	1,04	0,53	0,66	0,78
330	Außenwände	m² AWF	1,07	1,22	1,28	0,74	0,85	0,91
340	Innenwände	m² IWF	0,74	0,83	0,93	0,55	0,59	0,71
350	Decken	m² DEF	0,28	0,45	0,46	0,21	0,31	0,32
360	Dächer	m² DAF	0,93	1,21	1,32	0,67	0,85	0,96
370	Baukonstruktive Einbauten	m² BGF	1,46	1,54	1,71		1,00	
390	Sonstige Baukonstruktionen	m² BGF	1,46	1,54	1,71		1,00	
300	Bauwerk-Baukonstruktionen	m² BGF	1,46	1,54	1,71		1,00	

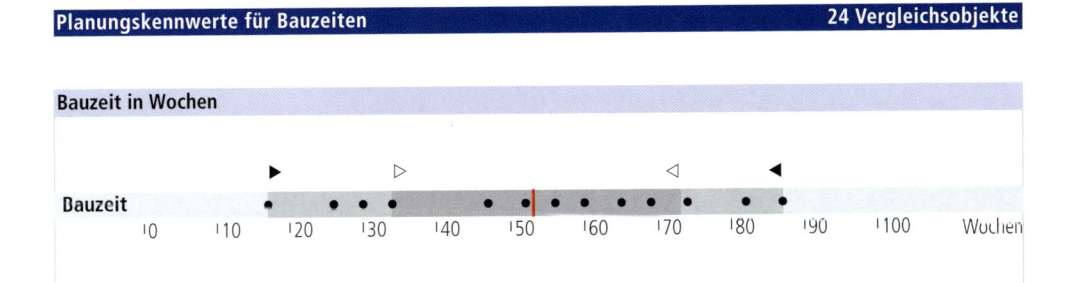

Planungskennwerte für Bauzeiten — 24 Vergleichsobjekte

Bauzeit in Wochen

Dauzeit: Skala von 10 bis 100 Wochen

Kosten: 1.Quartal 2018, Bundesdurchschnitt, inkl. 19% MwSt.

Gemeindezentren, mittlerer Standard

€/m² BGF
min	1.140	€/m²
von	1.430	€/m²
Mittel	**1.775**	**€/m²**
bis	2.175	€/m²
max	2.735	€/m²

Kosten:
Stand 1.Quartal 2018
Bundesdurchschnitt
inkl. 19% MwSt.

Objektübersicht zur Gebäudeart

6400-0103 Gemeindehaus   BRI 2.638m³   BGF 699m²   NUF 420m²

Gemeindehaus mit Jugendbereich. Massivbau.

Land: Nordrhein-Westfalen
Kreis: Ennepe-Ruhr-Kreis
Standard: Durchschnitt
Bauzeit: 52 Wochen
Kennwerte: bis 1.Ebene DIN276

BGF 1.912 €/m²

Planung: Kemper Steiner & Partner Architekten GmbH; Bochum

vorgesehen: BKI Objektdaten N16

6400-0099 Gemeindehaus, Wohnung (1 WE)   BRI 6.171m³   BGF 1.458m²   NUF 923m²

Gemeindehaus mit einer Wohneinheit (108m² WFL) und 4 Gruppenräumen. Massivbau.

Land: Nordrhein-Westfalen
Kreis: Mönchengladbach
Standard: Durchschnitt
Bauzeit: 74 Wochen
Kennwerte: bis 1.Ebene DIN276

BGF 2.105 €/m²

Planung: LEPEL & LEPEL Architektur, Innenarchitektur; Köln

vorgesehen: BKI Objektdaten N16

6400-0104 Jugendtreff   BRI 2.400m³   BGF 583m²   NUF 413m²

Jugendtreff für ca. 30 Kinder. Massivbau.

Land: Bayern
Kreis: Eichstätt
Standard: Durchschnitt
Bauzeit: 52 Wochen
Kennwerte: bis 1.Ebene DIN276

BGF 2.470 €/m²

Planung: ABHD Architekten Beck und Denzinger; Neuburg a. d. Donau

vorgesehen: BKI Objektdaten N16

6400-0094 Spielhaus, Jugendtreff - Effizienzhaus ~62%   BRI 1.705m³   BGF 480m²   NUF 313m²

Spielhaus und Jugendtreff für Kinder und Jugendliche ab 6 Jahren. Holzständerbau.

Land: Bremen
Kreis: Bremen
Standard: Durchschnitt
Bauzeit: 30 Wochen
Kennwerte: bis 1.Ebene DIN276

BGF 1.437 €/m²

Planung: Püffel Architekten; Bremen

veröffentlicht: BKI Objektdaten E7

Objektübersicht zur Gebäudeart

9100-0133 Gemeindezentrum, Restaurant, Pension (10 Betten) | BRI 2.855m³ | BGF 682m² | NUF 469m²

Gemeindezentrum mit Veranstaltungssaal (175 Sitzplätze), Restaurant und Pension (10 Betten). Mauerwerksbau.

Land: Schleswig-Holstein
Kreis: Dithmarschen
Standard: Durchschnitt
Bauzeit: 26 Wochen
Kennwerte: bis 1.Ebene DIN276

BGF 1.918 €/m²

veröffentlicht: BKI Objektdaten N15

Planung: JEBENS SCHOOF ARCHITEKTEN BDA; Heide

6400-0082 Gemeindehaus | BRI 1.118m³ | BGF 266m² | NUF 187m²

Gemeindehaus mit teilbarem Saal (80 Sitzplätze), Foyer, Jugendraum und Büro. Holzrahmenbau (vorgefertigt).

Land: Schleswig-Holstein
Kreis: Pinneberg
Standard: Durchschnitt
Bauzeit: 34 Wochen
Kennwerte: bis 1.Ebene DIN276

BGF 2.076 €/m²

veröffentlicht: BKI Objektdaten E6

Planung: hage.felshart.griesenberg Architekten BDA; Ahrensburg

6400-0097 Gemeindehaus | BRI 2.520m³ | BGF 511m² | NUF 386m²

Gemeindehaus (100 Sitzplätze). Stahlbeton in Verbindung mit Brettstapelkonstruktion.

Land: Baden-Württemberg
Kreis: Pforzheim
Standard: Durchschnitt
Bauzeit: 69 Wochen
Kennwerte: bis 1.Ebene DIN276

BGF 2.734 €/m²

vorgesehen: BKI Objektdaten N16

Planung: AAg Loebner Schäfer Weber BDA Freie Architekten GmbH; Heidelberg

6400-0101 Gemeindehaus | BRI 573m³ | BGF 149m² | NUF 92m²

Gemeindehaus. Mauerwerksbau.

Land: Schleswig-Holstein
Kreis: Stormarn
Standard: Durchschnitt
Bauzeit: 26 Wochen
Kennwerte: bis 1.Ebene DIN276

BGF 2.015 €/m²

vorgesehen: BKI Objektdaten N16

Planung: Dohse Architekten; Hamburg

© BKI Baukosteninformationszentrum; Erläuterungen zu den Tabellen siehe Seite 56   Kosten: 1.Quartal 2018, Bundesdurchschnitt, **inkl. 19% MwSt.**

Gemeindezentren, mittlerer Standard

€/m² BGF
min	1.140 €/m²
von	1.430 €/m²
Mittel	**1.775 €/m²**
bis	2.175 €/m²
max	2.735 €/m²

Kosten:
Stand 1.Quartal 2018
Bundesdurchschnitt
inkl. 19% MwSt.

Objektübersicht zur Gebäudeart

6400-0090 Gemeindehaus
BRI 750m³ **BGF** 228m² **NUF** 142m²

Gemeindehaus mit Gemeindesaal, Küche und Büro. MW-Massivbau.

Land: Niedersachsen
Kreis: Gifhorn
Standard: Durchschnitt
Bauzeit: 26 Wochen
Kennwerte: bis 4.Ebene DIN276

BGF 1.370 €/m²

veröffentlicht: BKI Objektdaten N15

6400-0098 Gemeindehaus (199 Sitzplätze)
BRI 3.773m³ **BGF** 1.135m² **NUF** 511m²

Gemeindehaus (199 Sitzplätze). Massivbau.

Land: Nordrhein-Westfalen
Kreis: Mettmann
Standard: Durchschnitt
Bauzeit: 69 Wochen
Kennwerte: bis 1.Ebene DIN276

BGF 1.853 €/m²

vorgesehen: BKI Objektdaten N16

Planung: Kastner Pichler Architekten; Köln

6400-0084 Pfarr- und Jugendheim
BRI 2.021m³ **BGF** 595m² **NUF** 415m²

Pfarr- und Jugendheim. Mauerwerksbau.

Land: Bayern
Kreis: Neustadt, Waldnaab
Standard: Durchschnitt
Bauzeit: 74 Wochen
Kennwerte: bis 3.Ebene DIN276

BGF 1.370 €/m²

veröffentlicht: BKI Objektdaten E6

Planung: Architekturbüro Michael Dittmann; Amberg

6400-0091 Pfarrhaus
BRI 796m³ **BGF** 266m² **NUF** 159m²

Pfarrhaus mit Wohnung (161m² WFL) und Amtszimmer. Mauerwerksbau.

Land: Hamburg
Kreis: Hamburg
Standard: Durchschnitt
Bauzeit: 52 Wochen
Kennwerte: bis 1.Ebene DIN276

BGF 1.312 €/m²

veröffentlicht: BKI Objektdaten N15

Planung: Architekten Johannsen und Partner; Hamburg

Objektübersicht zur Gebäudeart

6400-0072 Gemeindehaus — BRI 336m³ | BGF 84m² | NUF 63m²

Gemeindehaus mit Gemeinderaum (45 Sitzplätze), Küche und Sanitärräumen. Mauerwerksbau.

Land: Thüringen
Kreis: Weimar
Standard: Durchschnitt
Bauzeit: 17 Wochen
Kennwerte: bis 1.Ebene DIN276

BGF   1.839 €/m²

Planung: B19 ARCHITEKTEN BDA; Weimar

veröffentlicht: BKI Objektdaten N11

6400-0078 Gemeindehaus — BRI 2.184m³ | BGF 576m² | NUF 335m²

Gemeindehaus mit Saal (158 Sitzplätze), Jugendgemeindebereich im DG. Holzbauweise.

Land: Schleswig-Holstein
Kreis: Segeberg
Standard: Durchschnitt
Bauzeit: 52 Wochen
Kennwerte: bis 1.Ebene DIN276

BGF   1.585 €/m²

Planung: Stoy-Architekten; Neumünster

veröffentlicht: BKI Objektdaten N12

6400-0079 Gemeindezentrum — BRI 2.522m³ | BGF 567m² | NUF 319m²

Gemeindezentrum mit Saal (120 Sitzplätze), Büroräumen, und Kantorei. Massivbau.

Land: Hessen
Kreis: Hersfeld-Rotenburg
Standard: Durchschnitt
Bauzeit: 65 Wochen
Kennwerte: bis 1.Ebene DIN276

BGF   2.050 €/m²

Planung: DORBRITZ Architekten BDA; Bad Hersfeld

veröffentlicht: BKI Objektdaten N13

9100-0099 Ökumenisches Zentrum — BRI 24.000m³ | BGF 6.400m² | NUF 4.004m²

Ökumenisches Zentrum mit Kapelle, Café, Veranstaltungsraum, Büronutzung, Wohnungen und Stadtkloster. Stahlskelettbau.

Land: Hamburg
Kreis: Hamburg
Standard: Durchschnitt
Bauzeit: 82 Wochen
Kennwerte: bis 1.Ebene DIN276

BGF   1.555 €/m²

Planung: Wandel Lorch Architekten; Saarbrücken

veröffentlicht: BKI Objektdaten E6

© BKI Baukosteninformationszentrum; Erläuterungen zu den Tabellen siehe Seite 56   Kosten: 1.Quartal 2018, Bundesdurchschnitt, **inkl. 19% MwSt.**

Gemeindezentren, mittlerer Standard

€/m² BGF
min	1.140 €/m²
von	1.430 €/m²
Mittel	**1.775 €/m²**
bis	2.175 €/m²
max	2.735 €/m²

Kosten:
Stand 1.Quartal 2018
Bundesdurchschnitt
inkl. 19% MwSt.

Objektübersicht zur Gebäudeart

6400-0063 Begegnungszentrum
BRI 1.995m³   **BGF** 466m²   **NUF** 377m²

Holztafelbau.

Land: Niedersachsen
Kreis: Braunschweig
Standard: Durchschnitt
Bauzeit: 47 Wochen
Kennwerte: bis 3.Ebene DIN276

BGF   2.002 €/m²

Planung: maurer - ARCHITEKTUR; Braunschweig

veröffentlicht: BKI Objektdaten N13

6400-0077 Pfarramt - Effizienzhaus 70
BRI 914m³   **BGF** 280m²   **NUF** 172m²

Pfarramt mit Büro und Wohnung. Mauerwerksbau, Holzdachkonstruktion.

Land: Hamburg
Kreis: Hamburg
Standard: Durchschnitt
Bauzeit: 52 Wochen
Kennwerte: bis 1.Ebene DIN276

BGF   1.142 €/m²

Planung: Stefan-Andreas Zech; Hamburg

veröffentlicht: BKI Objektdaten E5

9100-0069 Gemeindehaus mit Kita, Wohnung
BRI 4.393m³   **BGF** 1.324m²   **NUF** 838m²

Gemeindehaus mit Gemeindesaal, Kita, Jugendraum, Amtszimmer und Küsterwohnung. Mauerwerksbau.

Land: Schleswig-Holstein
Kreis: Kiel
Standard: Durchschnitt
Bauzeit: 52 Wochen
Kennwerte: bis 1.Ebene DIN276

BGF   1.560 €/m²

Planung: Zastrow + Zastrow Architekten und Stadtplaner; Kiel

veröffentlicht: BKI Objektdaten N11

9100-0072 Kirche, Gemeindesaal, Pfarrhaus
BRI 6.033m³   **BGF** 1.227m²   **NUF** 786m²

Kirche (80 Sitzplätze), Gemeindesaal und Pfarrhaus mit 2 WE (209m² WFL). Massivbau.

Land: Baden-Württemberg
Kreis: Rhein-Neckar
Standard: Durchschnitt
Bauzeit: 87 Wochen
Kennwerte: bis 1.Ebene DIN276

BGF   1.660 €/m²

Planung: AAg Loebner Schäfer Weber Freie Architekten GmbH; Heidelberg

veröffentlicht: BKI Objektdaten N11

Objektübersicht zur Gebäudeart

6400-0071 Gemeindehaus **BRI** 3.323m³ **BGF** 1.090m² **NUF** 790m²

Katholisches Gemeindehaus für flexible Nutzungen aller Gemeindegruppierungen. Massivbau.

Land: Baden-Württemberg
Kreis: Esslingen a.N.
Standard: Durchschnitt
Bauzeit: 56 Wochen
Kennwerte: bis 3.Ebene DIN276

BGF 1.461 €/m²

Planung: KLE-Architekten Dipl.-Ing. Freie Architekten BDA; Kirchheim u. Teck

veröffentlicht: BKI Objektdaten N13

9100-0059 Kirche und Gemeindezentrum **BRI** 2.797m³ **BGF** 678m² **NUF** 510m²

Kirche (300 Sitzplätze) mit Gemeinderäumen, Seniorentreff, Foyer. Mauerwerksbau; Stb-Decke; Stb-Flachdach.

Land: Nordrhein-Westfalen
Kreis: Duisburg
Standard: Durchschnitt
Bauzeit: 60 Wochen
Kennwerte: bis 1.Ebene DIN276

BGF 1.682 €/m²

Planung: Eberl & Lohmeyer Architekten GbR; Wesel

veröffentlicht: BKI Objektdaten N10

6400-0056 Pfarr- und Jugendheim **BRI** 2.414m³ **BGF** 426m² **NUF** 293m²

Pfarr- und Jugendheim mit einem Saal, Gruppenräumen, Teeküche, Büro, Lagerräume und ein Pfarrbüro. Mauerwerksbau.

Land: Bayern
Kreis: Dingolfing
Standard: Durchschnitt
Bauzeit: 34 Wochen
Kennwerte: bis 3.Ebene DIN276

BGF 2.076 €/m²

Planung: Nadler und Sperk Architektenpartnerschaft; Landshut

veröffentlicht: BKI Objektdaten N10

9100-0038 Bürgerhaus **BRI** 6.365m³ **BGF** 1.348m² **NUF** 931m²

Bürgerhaus, Saal mit Bühne; Vereinsräume, Küche. Stb-Konstruktion, Holzdachstuhl.

Land: Rheinland-Pfalz
Kreis: Koblenz
Standard: Durchschnitt
Bauzeit: 74 Wochen
Kennwerte: bis 4.Ebene DIN276

BGF 1.445 €/m²

Planung: Prof. D. Brilmayer; Frankfurt/Main

veröffentlicht: BKI Objektdaten N7

Gemeindezentren, hoher Standard

Kostenkennwerte für die Kosten des Bauwerks (Kostengruppen 300+400 nach DIN 276)

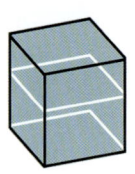

BRI 505 €/m³
von 410 €/m³
bis 575 €/m³

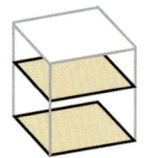

BGF 2.120 €/m²
von 1.890 €/m²
bis 2.340 €/m²

NUF 3.280 €/m²
von 2.760 €/m²
bis 3.760 €/m²

Kosten:
Stand 1.Quartal 2018
Bundesdurchschnitt
inkl. 19% MwSt.

Objektbeispiele

6400-0102
6400-0065 
9100-0068 

Kosten der 14 Vergleichsobjekte — Seiten 832 bis 836

- ● KKW
- ▶ min
- ▷ von
- | Mittelwert
- ◁ bis
- ◀ max

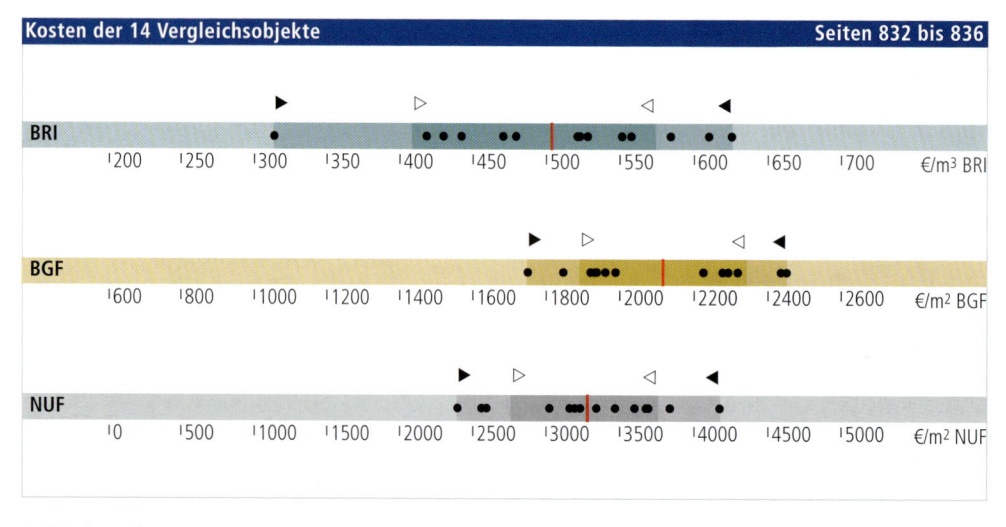

BRI €/m³ BRI
BGF €/m² BGF
NUF €/m² NUF

© BKI Baukosteninformationszentrum; Erläuterungen zu den Tabellen siehe Seite 46   Kosten: 1.Quartal 2018, Bundesdurchschnitt, **inkl. 19% MwSt.**

Kostenkennwerte für die Kostengruppen der 1. und 2. Ebene DIN 276

KG	Kostengruppen der 1. Ebene	Einheit	▷	€/Einheit	◁	▷	% an 300+400	◁	
100	Grundstück	m² GF	–	–	–	–	–	–	
200	Herrichten und Erschließen	m² GF	23	**70**	160	1,7	**3,7**	6,1	
300	Bauwerk - Baukonstruktionen	m² BGF	1.491	**1.658**	1.849	75,5	**78,4**	81,8	
400	Bauwerk - Technische Anlagen	m² BGF	362	**458**	537	18,2	**21,6**	24,5	
	Bauwerk (300+400)	m² BGF	1.892	**2.116**	2.341		**100,0**		
500	Außenanlagen	m² AF	59	**125**	274	1,4	**6,2**	10,6	
600	Ausstattung und Kunstwerke	m² BGF	45	**83**	112	2,0	**3,8**	5,3	
700	Baunebenkosten*	m² BGF	523	**560**	596	24,8	**26,6**	28,3	◁ NEU

* Auf Grundlage der HOAI 2013 berechnete Werte nach §§ 35, 52, 56. Weitere Informationen siehe Seite 50

KG	Kostengruppen der 2. Ebene	Einheit	▷	€/Einheit	◁	▷	% an 300	◁
310	Baugrube	m³ BGI	11	**32**	74	0,2	**3,6**	10,4
320	Gründung	m² GRF	213	**303**	359	7,0	**12,8**	15,7
330	Außenwände	m² AWF	430	**470**	541	24,0	**28,5**	37,4
340	Innenwände	m² IWF	294	**375**	426	16,4	**17,7**	20,2
350	Decken	m² DEF	357	**411**	442	7,5	**9,0**	11,7
360	Dächer	m² DAF	347	**429**	573	16,0	**21,7**	24,7
370	Baukonstruktive Einbauten	m² BGF	38	**59**	73	3,0	**3,9**	5,4
390	Sonstige Baukonstruktionen	m² BGF	35	**46**	63	2,0	**3,0**	3,5
300	**Bauwerk Baukonstruktionen**	m² BGF					**100,0**	

KG	Kostengruppen der 2. Ebene	Einheit	▷	€/Einheit	◁	▷	% an 400	◁
410	Abwasser, Wasser, Gas	m² BGF	62	**85**	130	12,7	**17,6**	27,2
420	Wärmeversorgungsanlagen	m² BGF	93	**110**	121	20,3	**22,7**	26,4
430	Lufttechnische Anlagen	m² BGF	16	**47**	108	3,3	**9,8**	22,6
440	Starkstromanlagen	m² BGF	121	**159**	216	25,1	**32,7**	45,0
450	Fernmeldeanlagen	m² BGF	6	**25**	44	0,6	**3,4**	8,9
460	Förderanlagen	m² BGF	–	**96**	–	–	**6,7**	–
470	Nutzungsspezifische Anlagen	m² BGF	–	**89**	–	–	**6,0**	–
480	Gebäudeautomation	m² BGF	–	**18**	–	–	**1,2**	–
490	Sonstige Technische Anlagen	m² BGF	–	**–**	–	–	**–**	–
400	**Bauwerk Technische Anlagen**	m² BGF					**100,0**	

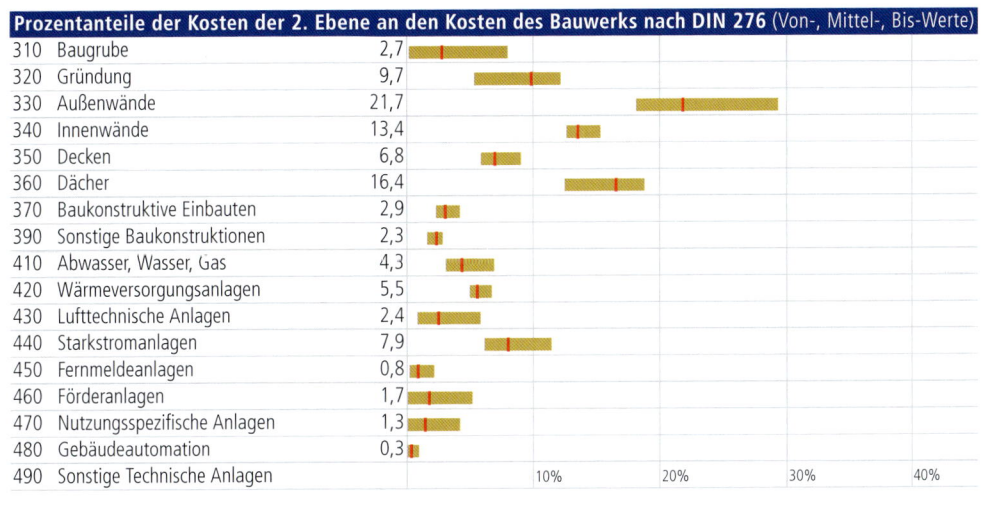

Prozentanteile der Kosten der 2. Ebene an den Kosten des Bauwerks nach DIN 276 (Von-, Mittel-, Bis-Werte)

KG	Bezeichnung	Mittelwert %
310	Baugrube	2,7
320	Gründung	9,7
330	Außenwände	21,7
340	Innenwände	13,4
350	Decken	6,8
360	Dächer	16,4
370	Baukonstruktive Einbauten	2,9
390	Sonstige Baukonstruktionen	2,3
410	Abwasser, Wasser, Gas	4,3
420	Wärmeversorgungsanlagen	5,5
430	Lufttechnische Anlagen	2,4
440	Starkstromanlagen	7,9
450	Fernmeldeanlagen	0,8
460	Förderanlagen	1,7
470	Nutzungsspezifische Anlagen	1,3
480	Gebäudeautomation	0,3
490	Sonstige Technische Anlagen	

© **BKI** Baukosteninformationszentrum; Erläuterungen zu den Tabellen siehe Seite 48 und 50   Kosten: 1.Quartal 2018, Bundesdurchschnitt, **inkl. 19% MwSt.**

Gemeindezentren, hoher Standard

Kostenkennwerte für Leistungsbereiche nach StLB (Kosten des Bauwerks nach DIN 276)

Kosten: Stand 1. Quartal 2018
Bundesdurchschnitt inkl. 19% MwSt.

LB	Leistungsbereiche	▷	€/m² BGF	◁	▷	% an 300+400	◁
000	Sicherheits-, Baustelleneinrichtungen inkl. 001	39	**39**	48	1,8	**1,8**	2,3
002	Erdarbeiten	23	**44**	44	1,1	**2,1**	2,1
006	Spezialtiefbauarbeiten inkl. 005	–	**11**	–	–	**0,5**	–
009	Entwässerungskanalarbeiten inkl. 011	10	**10**	14	0,5	**0,5**	0,6
010	Drän- und Versickerungsarbeiten	–	**3**	–	–	**0,2**	–
012	Mauerarbeiten	94	**94**	118	4,4	**4,4**	5,6
013	Betonarbeiten	316	**316**	405	14,9	**14,9**	19,2
014	Natur-, Betonwerksteinarbeiten	–	**10**	–	–	**0,5**	–
016	Zimmer- und Holzbauarbeiten	172	**172**	259	8,1	**8,1**	12,2
017	Stahlbauarbeiten	7	**29**	29	0,3	**1,4**	1,4
018	Abdichtungsarbeiten	12	**12**	14	0,6	**0,6**	0,7
020	Dachdeckungsarbeiten	20	**20**	31	1,0	**1,0**	1,5
021	Dachabdichtungsarbeiten	–	**8**	–	–	**0,4**	–
022	Klempnerarbeiten	104	**104**	115	4,9	**4,9**	5,4
	Rohbau	767	**872**	872	36,3	**41,2**	41,2
023	Putz- und Stuckarbeiten, Wärmedämmsysteme	36	**36**	49	1,7	**1,7**	2,3
024	Fliesen- und Plattenarbeiten	27	**51**	51	1,3	**2,4**	2,4
025	Estricharbeiten	6	**20**	20	0,3	**0,9**	0,9
026	Fenster, Außentüren inkl. 029, 032	77	**77**	118	3,7	**3,7**	5,6
027	Tischlerarbeiten	174	**188**	188	8,2	**8,9**	8,9
028	Parkettarbeiten, Holzpflasterarbeiten	39	**39**	58	1,8	**1,8**	2,8
030	Rollladenarbeiten	–	**2**	–	–	**0,1**	–
031	Metallbauarbeiten inkl. 035	43	**109**	109	2,0	**5,1**	5,1
034	Maler- und Lackiererarbeiten inkl. 037	51	**55**	55	2,4	**2,6**	2,6
036	Bodenbelagarbeiten	1	**5**	5	0,0	**0,2**	0,2
038	Vorgehängte hinterlüftete Fassaden	23	**87**	87	1,1	**4,1**	4,1
039	Trockenbauarbeiten	32	**94**	94	1,5	**4,4**	4,4
	Ausbau	771	**771**	881	36,4	**36,4**	41,6
040	Wärmeversorgungsanl. - Betriebseinr. inkl. 041	94	**94**	103	4,4	**4,4**	4,9
042	Gas- und Wasserinstallation, Leitungen inkl. 043	21	**21**	28	1,0	**1,0**	1,3
044	Abwasserinstallationsarbeiten - Leitungen	8	**17**	17	0,4	**0,8**	0,8
045	GWA-Einrichtungsgegenstände inkl. 046	18	**30**	30	0,9	**1,4**	1,4
047	Dämmarbeiten an betriebstechnischen Anlagen	2	**10**	10	0,1	**0,5**	0,5
049	Feuerlöschanlagen, Feuerlöschgeräte	–	**0**	–	–	**0,0**	–
050	Blitzschutz- und Erdungsanlagen	4	**4**	6	0,2	**0,2**	0,3
052	Mittelspannungsanlagen	–	**–**	–	–	**–**	–
053	Niederspannungsanlagen inkl. 054	57	**79**	79	2,7	**3,7**	3,7
055	Ersatzstromversorgungsanlagen	–	**–**	–	–	**–**	–
057	Gebäudesystemtechnik	–	**6**	–	–	**0,3**	–
058	Leuchten und Lampen inkl. 059	89	**89**	115	4,2	**4,2**	5,4
060	Elektroakustische Anlagen, Sprechanlagen	–	**11**	–	–	**0,5**	–
061	Kommunikationsnetze, inkl. 062	0	**3**	3	0,0	**0,1**	0,1
063	Gefahrenmeldeanlagen	–	**4**	–	–	**0,2**	–
069	Aufzüge	–	**–**	–	–	**–**	–
070	Gebäudeautomation	0	**11**	11	0,0	**0,5**	0,5
075	Raumlufttechnische Anlagen	16	**38**	38	0,8	**1,8**	1,8
	Technische Anlagen	367	**418**	418	17,4	**19,8**	19,8
	Sonstige Leistungsbereiche inkl. 008, 033, 051	26	**63**	63	1,2	**3,0**	3,0

- ● KKW
- ▶ min
- ▷ von
- | Mittelwert
- ◁ bis
- ◀ max

© BKI Baukosteninformationszentrum; Erläuterungen zu den Tabellen siehe Seite 52

Kosten: 1. Quartal 2018, Bundesdurchschnitt, **inkl. 19% MwSt.**

Planungskennwerte für Flächen und Rauminhalte nach DIN 277

Grundflächen			▷ Fläche/NUF (%) ◁			▷ Fläche/BGF (%) ◁		
NUF	Nutzungsfläche			100,0		60,8	64,3	67,9
TF	Technikfläche		5,2	6,1	10,0	3,2	3,9	5,5
VF	Verkehrsfläche		20,3	24,4	34,6	12,8	15,7	20,3
NRF	Netto-Raumfläche		125,6	130,5	143,5	80,2	84,0	86,5
KGF	Konstruktions-Grundfläche		20,8	24,9	29,3	12,8	16,0	19,0
BGF	Brutto-Grundfläche		148,2	155,4	168,1		100,0	

Brutto-Rauminhalte			▷ BRI/NUF (m) ◁			▷ BRI/BGF (m) ◁		
BRI	Brutto-Rauminhalt		5,98	6,74	7,79	3,97	4,33	5,27

Flächen von Nutzeinheiten			▷ NUF/Einheit (m²) ◁			▷ BGF/Einheit (m²) ◁		
Nutzeinheit:			–	–	–	–	–	–

Lufttechnisch behandelte Flächen			▷ Fläche/NUF (%) ◁			▷ Fläche/BGF (%) ◁		
Entlüftete Fläche			11,7	11,7	11,7	7,0	7,0	7,0
Be- und entlüftete Fläche			–	31,2	–	–	23,1	–
Teilklimatisierte Fläche			–	–	–	–	–	–
Klimatisierte Fläche			–	–	–	–	–	–

KG	Kostengruppen (2. Ebene)	Einheit	▷	Menge/NUF	◁	▷	Menge/BGF	◁
310	Baugrube	m³ BGI	1,48	1,52	1,52	0,81	0,84	0,84
320	Gründung	m² GRF	0,94	0,97	0,97	0,63	0,63	0,64
330	Außenwände	m² AWF	1,45	1,45	1,52	0,91	0,93	0,93
340	Innenwände	m² IWF	1,14	1,14	1,14	0,75	0,75	0,85
350	Decken	m² DEF	0,53	0,56	0,56	0,33	0,34	0,34
360	Dächer	m² DAF	1,21	1,21	1,22	0,80	0,80	0,83
370	Baukonstruktive Einbauten	m² BGF	1,48	1,55	1,68		1,00	
390	Sonstige Baukonstruktionen	m² BGF	1,48	1,55	1,68		1,00	
300	Bauwerk-Baukonstruktionen	m² BGF	1,48	1,55	1,68		1,00	

Planungskennwerte für Bauzeiten — 14 Vergleichsobjekte

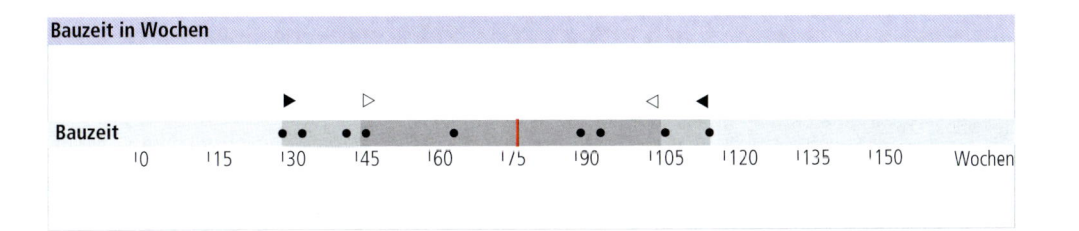

Bauzeit in Wochen

Bauzeit: Werte verteilt zwischen ca. 30 und 115 Wochen (Skala 0–150 Wochen)

Gemeindezentren, hoher Standard

Objektübersicht zur Gebäudeart

6400-0102 Familienzentrum, Kinderkrippe (2 Gruppen, 24 Kinder) BRI 4.691m³ BGF 1.197m² NUF 764m²

Familienzentrum mit Beratungsräumen, Café, Büros und Kinderkrippe (2 Gruppen, 24 Kinder). Massivbau.

Land: Niedersachsen
Kreis: Wilhelmshaven, Stadt
Standard: über Durchschnitt
Bauzeit: 65 Wochen
Kennwerte: bis 1.Ebene DIN276

BGF 2.450 €/m²

vorgesehen: BKI Objektdaten N16

Planung: THALEN CONSULT GmbH; Neuenburg

€/m² BGF
min	1.750 €/m²
von	1.890 €/m²
Mittel	2.115 €/m²
bis	2.340 €/m²
max	2.450 €/m²

Kosten:
Stand 1.Quartal 2018
Bundesdurchschnitt
inkl. 19% MwSt.

6400-0083 Pfarrhaus, Doppelgarage BRI 1.075m³ BGF 338m² NUF 247m²

Pfarrhaus mit 2 Wohneinheiten (167m² WFL) und Bürofläche (81m² NUF), Doppelgarage und Nebenraum. Mauerwerksbau.

Land: Bayern
Kreis: Regensburg
Standard: über Durchschnitt
Bauzeit: 30 Wochen
Kennwerte: bis 1.Ebene DIN276

BGF 1.750 €/m²

veröffentlicht: BKI Objektdaten E6

Planung: Michael Feil Architekt; Regensburg

6400-0093 Gemeindezentrum BRI 2.295m³ BGF 466m² NUF 300m²

Gemeindezentrum mit Saal und Gruppenräumen. Mauerwerksbau.

Land: Bayern
Kreis: Nürnberg
Standard: über Durchschnitt
Bauzeit: 47 Wochen
Kennwerte: bis 1.Ebene DIN276

BGF 2.318 €/m²

veröffentlicht: BKI Objektdaten N15

Planung: Architekturbüro Klaus Thiemann; Hersbruck

9100-0123 Informations- und Kommunikationszentrum* BRI 1.311m³ BGF 359m² NUF 230m²

Informations- und Kommunikationszentrum für Hochschule und Stadt mit Kinderhort (5 Kinder) und Jugendclubräumen (29 Jugendliche). Mauerwerks- und Stahlbetonbau.

Land: Sachsen
Kreis: Mittelsachsen
Standard: über Durchschnitt
Bauzeit: 47 Wochen
Kennwerte: bis 1.Ebene DIN276

BGF 2.805 €/m²

veröffentlicht: BKI Objektdaten N15
*Nicht in der Auswertung enthalten

Planung: Architekturbüro Raum und Bau GmbH; Dresden

© BKI Baukosteninformationszentrum; Erläuterungen zu den Tabellen siehe Seite 56   Kosten: 1.Quartal 2018, Bundesdurchschnitt, **inkl. 19% MwSt.**

Objektübersicht zur Gebäudeart

6400-0081 Gemeindehaus

BRI 1.300m³ **BGF** 350m² **NUF** 203m²

Gemeindehaus mit Gemeindesaal (80 Sitzplätze), Foyer, Küche und Büros. Massivbau.

Land: Bayern
Kreis: Würzburg
Standard: über Durchschnitt
Bauzeit: 43 Wochen
Kennwerte: bis 1.Ebene DIN276

BGF 1.937 €/m²

Planung: Georg Redelbach Architekten; Marktheidenfeld

veröffentlicht: BKI Objektdaten N13

6400-0085 Pfarrzentrum

BRI 5.123m³ **BGF** 1.246m² **NUF** 884m²

Pfarrzentrum mit drei Gebäudeteilen (Pfarrheim, Pfarrhaus und Sakristei). Stb-Konstruktion.

Land: Bayern
Kreis: Regensburg, Stadt
Standard: über Durchschnitt
Bauzeit: 91 Wochen
Kennwerte: bis 1.Ebene DIN276

BGF 2.292 €/m²

Planung: Kühn & Neuwald Architekten; Regenstauf

veröffentlicht: BKI Objektdaten E6

6400-0076 Kommunikationszentrum, Kita - Passivhaus

BRI 9.878m³ **BGF** 1.863m² **NUF** 1.016m²

Kommunikationszentrum für studentische Nutzung (Saal, Aufenthaltsräume) und einer Kindertagesstätte für 15 Kinder. Massivbauweise.

Land: Rheinland-Pfalz
Kreis: Birkenfeld
Standard: über Durchschnitt
Bauzeit: 95 Wochen
Kennwerte: bis 1.Ebene DIN276

BGF 2.277 €/m²

Planung: planungsgruppeDREI PartG; Mühltal

veröffentlicht: BKI Objektdaten E6

6400-0088 Pfarrheim

BRI 2.428m³ **BGF** 582m² **NUF** 408m²

Pfarrheim mit Gemeindesaal, Jugend- und Seminarraum. Massivbau.

Land: Nordrhein-Westfalen
Kreis: Mettmann
Standard: über Durchschnitt
Bauzeit: 65 Wochen
Kennwerte: bis 1.Ebene DIN276

BGF 2.435 €/m²

Planung: Ruf + Partner Architekten; Düsseldorf

veröffentlicht: BKI Objektdaten N13

© BKI Baukosteninformationszentrum; Erläuterungen zu den Tabellen siehe Seite 56   Kosten: 1.Quartal 2018, Bundesdurchschnitt, **inkl. 19% MwSt.**

Gemeindezentren, hoher Standard

Objektübersicht zur Gebäudeart

€/m² BGF
min	1.750 €/m²
von	1.890 €/m²
Mittel	**2.115 €/m²**
bis	2.340 €/m²
max	2.450 €/m²

Kosten:
Stand 1.Quartal 2018
Bundesdurchschnitt
inkl. 19% MwSt.

9100-0068 Gemeindehaus mit Wohnung — BRI 2.385m³ | BGF 673m² | NUF 411m²

Gemeindehaus mit Saal und Küsterwohnung im OG. Mauerwerksbau.

Land: Schleswig-Holstein
Kreis: Kiel
Standard: über Durchschnitt
Bauzeit: 34 Wochen
Kennwerte: bis 1.Ebene DIN276

BGF 1.847 €/m²

Planung: Zastrow + Zastrow Architekten und Stadtplaner; Kiel

veröffentlicht: BKI Objektdaten N11

6400-0060 Gemeindehaus, Kindergarten* — BRI 2.890m³ | BGF 773m² | NUF 428m²

Gemeindehaus, Kindergarten (15 Kinder), Dorfladen, Mehrzweckraum, Gemeindeamt, zertifiziertes Passivhaus. Holzkonstruktion.

Land: Österreich
Kreis: Vorarlberg
Standard: über Durchschnitt
Bauzeit: 47 Wochen
Kennwerte: bis 3.Ebene DIN276

BGF 2.893 €/m² *

Planung: Cukrowicz Nachbaur Architekten ZT GmbH; Bregenz

veröffentlicht: BKI Objektdaten E4
*Nicht in der Auswertung enthalten

6400-0065 Begegnungszentrum, Wohnungen, TG — BRI 5.642m³ | BGF 1.731m² | NUF 1.344m²

Begegnungszentrum mit Tiefgarage (7 STP) und 4 Wohnungen in den beiden Obergeschossen. Mauerwerksbau.

Land: Nordrhein-Westfalen
Kreis: Erft, Bergheim
Standard: über Durchschnitt
Bauzeit: 117 Wochen
Kennwerte: bis 1.Ebene DIN276

BGF 1.988 €/m²

Planung: Architekten Bathe + Reber; Dortmund

veröffentlicht: BKI Objektdaten N11

9100-0057 Gemeindehaus — BRI 3.412m³ | BGF 786m² | NUF 570m²

Versammlungsstätte mit Versammlungsraum, Gruppenräumen, Jugendräumen und Büros. Stb-Konstruktion; Stahl-Pfosten-Riegel-Fassade; Stb-Flachdach.

Land: Nordrhein-Westfalen
Kreis: Hagen
Standard: über Durchschnitt
Bauzeit: 91 Wochen
Kennwerte: bis 1.Ebene DIN276

BGF 2.292 €/m²

Planung: Architekten Bathe + Reber; Dortmund

veröffentlicht: BKI Objektdaten N10

Objektübersicht zur Gebäudeart

6400-0053 Dorfgemeinschaftshaus   BRI 7.380m³   BGF 1.040m²   NUF 724m²

Dorfgemeinschaftshaus für Veranstaltungen mit 300 Sitzplätzen an Tischen, Bühne, Veranstaltungsküche. Mauerwerksbau.

Land: Baden-Württemberg
Kreis: Neckar-Odenwald
Standard: über Durchschnitt
Bauzeit: 117 Wochen
Kennwerte: bis 3.Ebene DIN276

BGF 2.225 €/m²

Planung: Ecker Architekten; Buchen

veröffentlicht: BKI Objektdaten N9

6400-0028 Bürgerhaus   BRI 3.469m³   BGF 782m²   NUF 417m²

Bürgerhaus mit Veranstaltungssaal, Sitzungssaal, Bistro mit Küche, Bücherei, Bürgermeisterraum. Mauerwerksbau.

Land: Rheinland-Pfalz
Kreis: Pirmasens
Standard: über Durchschnitt
Bauzeit: 108 Wochen
Kennwerte: bis 1.Ebene DIN276

BGF 1.961 €/m²

Planung: Planwerk 3 Emmer und Schröder mit Henning; Kaiserslautern

www.bki.de

6400-0026 Gemeindezentrum   BRI 6.631m³   BGF 1.443m²   NUF 1.068m²

Gemeindezentrum mit Saal, Küche, Nebenräumen; zusammen errichtet mit Kindergarten (Objekt 4400-0014). Holzskelettbau.

Land: Bayern
Kreis: Augsburg
Standard: über Durchschnitt
Bauzeit: 65 Wochen
Kennwerte: bis 4.Ebene DIN276

BGF 1.920 €/m²

Planung: Architektengruppe 4 Braun-Dietz-Lüling-Schlagenhaufer; Ingolstadt

www.bki.de

9100-0012 Musikschule*   BRI 5.172m³   BGF 1.358m²   NUF 759m²

Musikschulgebäude als Teil einer Gesamtanlage (Objekte 4100-0010, 5100-0023, 6100-0160). Stahlbetonskelettbau.

Land: Bayern
Kreis: Dingolfing-Landau
Standard: über Durchschnitt
Bauzeit: 143 Wochen
Kennwerte: bis 2.Ebene DIN276

BGF 2.478 €/m² *

www.bki.de
*Nicht in der Auswertung enthalten

© BKI Baukosteninformationszentrum; Erläuterungen zu den Tabellen siehe Seite 56   Kosten: 1.Quartal 2018, Bundesdurchschnitt, **inkl. 19% MwSt.**

Gemeindezentren, hoher Standard

Objektübersicht zur Gebäudeart

9100-0006 Dorfgemeinschaftshaus, Saal (100 STP) | **BRI** 1.969m³ | **BGF** 489m² | **NUF** 255m²

Kleiner Gemeindesaal (100 Plätze), als neuer Anbau an einen denkmalgeschützten Bau aus dem 18.Jahrhundert, im Dorf-Mittelpunkt, als Dorf-Gemeinschaftshaus genutzt. Mauerwerksbau.

© Erika Sulzer-Kleinemeier

Planung: Prof. Peter Sulzer Architekt; Gleisweiler

Land: Rheinland-Pfalz
Kreis: Südliche Weinstraße
Standard: über Durchschnitt
Bauzeit: 117 Wochen
Kennwerte: bis 3.Ebene DIN276

BGF   1.931 €/m²

www.bki.de

€/m² BGF
min   1.750 €/m²
von   1.890 €/m²
Mittel **2.115** €/m²
bis   2.340 €/m²
max   2.450 €/m²

Kosten:
Stand 1.Quartal 2018
Bundesdurchschnitt
inkl. 19% MwSt.

Kultur

Sakralbauten

Kostenkennwerte für die Kosten des Bauwerks (Kostengruppen 300+400 nach DIN 276)

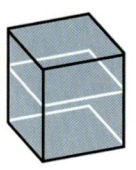

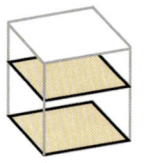

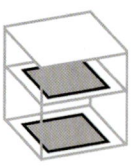

BRI 485 €/m³	BGF 2.450 €/m²	NUF 3.500 €/m²	NE 8.610 €/NE
von 400 €/m³	von 2.090 €/m²	von 2.970 €/m²	von 5.570 €/NE
bis 595 €/m³	bis 2.840 €/m²	bis 4.360 €/m²	bis 12.270 €/NE
			NE: Sitzplätze

Kosten:
Stand 1.Quartal 2018
Bundesdurchschnitt
inkl. 19% MwSt.

Objektbeispiele

9100-0061
9100-0115 
9100-0085 
9100-0142 
9100-0087 
6400-0029 

Kosten der 8 Vergleichsobjekte — Seiten 842 bis 844

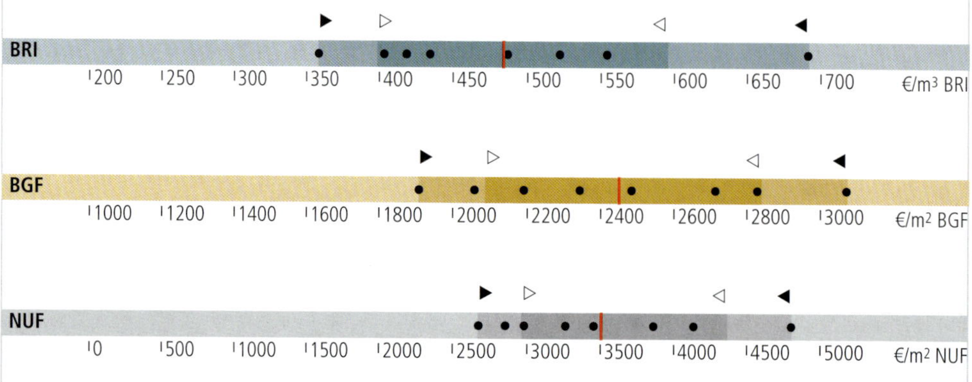

- ● KKW
- ▶ min
- ▷ von
- | Mittelwert
- ◁ bis
- ◀ max

BRI: €/m³ BRI (200–700)
BGF: €/m² BGF (1000–3000)
NUF: €/m² NUF (0–5000)

© BKI Baukosteninformationszentrum; Erläuterungen zu den Tabellen siehe Seite 46
Kosten: 1.Quartal 2018, Bundesdurchschnitt, **inkl. 19% MwSt.**

Kostenkennwerte für die Kostengruppen der 1. und 2. Ebene DIN 276

KG	Kostengruppen der 1. Ebene	Einheit	▷	€/Einheit	◁	▷	% an 300+400	◁	
100	Grundstück	m² GF	–	–	–	–	–	–	
200	Herrichten und Erschließen	m² GF	10	**28**	63	1,5	**3,0**	5,8	
300	Bauwerk - Baukonstruktionen	m² BGF	1.762	**2.094**	2.514	80,7	**85,2**	87,8	
400	Bauwerk - Technische Anlagen	m² BGF	302	**356**	435	12,2	**14,8**	19,3	
	Bauwerk (300+400)	m² BGF	2.087	**2.449**	2.837		**100,0**		
500	Außenanlagen	m² AF	56	**131**	212	4,9	**9,4**	14,6	
600	Ausstattung und Kunstwerke	m² BGF	189	**270**	469	7,0	**10,7**	14,4	
700	Baunebenkosten*	m² BGF	583	**625**	667	23,7	**25,4**	27,1	◁ NEU

Auf Grundlage der HOAI 2013 berechnete Werte nach §§ 35, 52, 56. Weitere Informationen siehe Seite 50

KG	Kostengruppen der 2. Ebene	Einheit	▷	€/Einheit	◁	▷	% an 300	◁
310	Baugrube	m³ BGI	23	**38**	53	1,9	**3,7**	5,5
320	Gründung	m² GRF	354	**363**	372	7,1	**7,7**	8,2
330	Außenwände	m² AWF	594	**668**	742	26,4	**30,9**	35,4
340	Innenwände	m² IWF	363	**456**	550	8,1	**12,5**	16,8
350	Decken	m² DEF	531	**608**	685	12,4	**15,5**	18,5
360	Dächer	m² DAF	460	**533**	606	17,2	**19,5**	21,9
370	Baukonstruktive Einbauten	m² BGF	61	**148**	235	3,5	**6,5**	9,4
390	Sonstige Baukonstruktionen	m² BGF	67	**80**	94	3,8	**3,8**	3,9
300	**Bauwerk Baukonstruktionen**	**m² BGF**					**100,0**	

KG	Kostengruppen der 2. Ebene	Einheit	▷	€/Einheit	◁	▷	% an 400	◁
410	Abwasser, Wasser, Gas	m² BGF	59	**59**	59	17,6	**17,7**	17,7
420	Wärmeversorgungsanlagen	m² BGF	94	**113**	132	27,9	**33,6**	39,3
430	Lufttechnische Anlagen	m² BGF	–	**55**	–	–	**8,3**	–
440	Starkstromanlagen	m² BGF	86	**111**	136	25,6	**33,1**	40,5
450	Fernmeldeanlagen	m² BGF	4	**9**	15	1,1	**2,7**	4,4
460	Förderanlagen	m² BGF	–	**26**	–	–	**3,9**	–
470	Nutzungsspezifische Anlagen	m² BGF	–	**1**	–	–	**0,1**	–
480	Gebäudeautomation	m² BGF	–	**–**	–	–	**–**	–
490	Sonstige Technische Anlagen	m² BGF	–	**4**	–	–	**0,7**	–
400	**Bauwerk Technische Anlagen**	**m² BGF**					**100,0**	

Prozentanteile der Kosten der 2. Ebene an den Kosten des Bauwerks nach DIN 276 (Von-, Mittel-, Bis-Werte)

KG		Mittelwert
310	Baugrube	3,1
320	Gründung	6,6
330	Außenwände	26,6
340	Innenwände	10,6
350	Decken	13,2
360	Dächer	16,8
370	Baukonstruktive Einbauten	5,6
390	Sonstige Baukonstruktionen	3,3
410	Abwasser, Wasser, Gas	2,5
420	Wärmeversorgungsanlagen	4,6
430	Lufttechnische Anlagen	1,4
440	Starkstromanlagen	4,5
450	Fernmeldeanlagen	0,4
460	Förderanlagen	0,6
470	Nutzungsspezifische Anlagen	0,0
480	Gebäudeautomation	
490	Sonstige Technische Anlagen	0,1

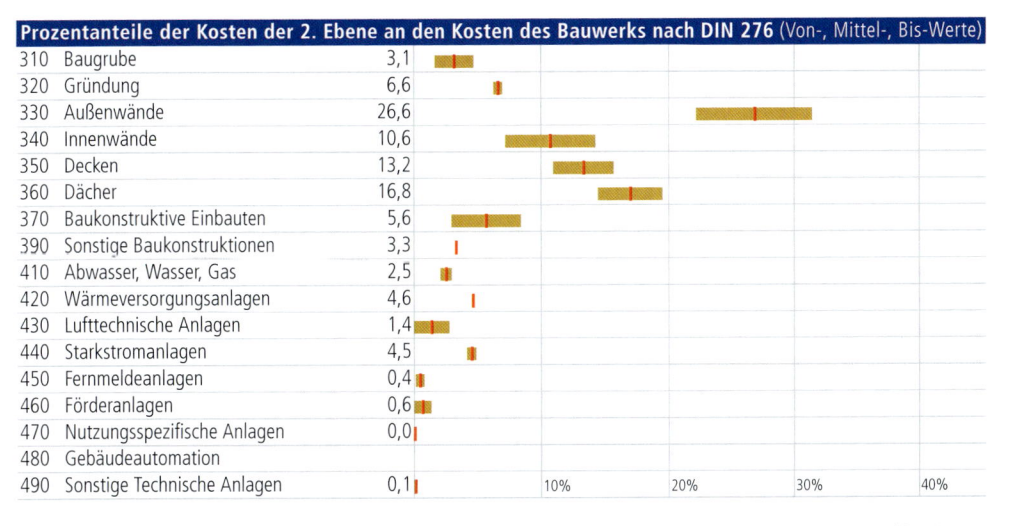

© BKI Baukosteninformationszentrum; Erläuterungen zu den Tabellen siehe Seite 48 und 50   Kosten: 1.Quartal 2018, Bundesdurchschnitt, **inkl. 19% MwSt.**

Sakralbauten

Kostenkennwerte für Leistungsbereiche nach StLB (Kosten des Bauwerks nach DIN 276)

Kosten:
Stand 1.Quartal 2018
Bundesdurchschnitt
inkl. 19% MwSt.

LB	Leistungsbereiche	▷	€/m² BGF	◁	▷	% an 300+400	◁
000	Sicherheits-, Baustelleneinrichtungen inkl. 001	70	70	70	2,9	2,9	2,9
002	Erdarbeiten	81	81	81	3,3	3,3	3,3
006	Spezialtiefbauarbeiten inkl. 005	–	–	–	–	–	–
009	Entwässerungskanalarbeiten inkl. 011	–	–	–	–	–	–
010	Drän- und Versickerungsarbeiten	–	7	–	–	0,3	–
012	Mauerarbeiten	50	50	50	2,0	2,0	2,0
013	Betonarbeiten	426	426	426	17,4	17,4	17,4
014	Natur-, Betonwerksteinarbeiten	–	–	–	–	–	–
016	Zimmer- und Holzbauarbeiten	220	220	220	9,0	9,0	9,0
017	Stahlbauarbeiten	–	85	–	–	3,5	–
018	Abdichtungsarbeiten	18	18	18	0,7	0,7	0,7
020	Dachdeckungsarbeiten	61	61	61	2,5	2,5	2,5
021	Dachabdichtungsarbeiten	–	12	–	–	0,5	–
022	Klempnerarbeiten	28	28	28	1,1	1,1	1,1
	Rohbau	1.058	1.058	1.058	43,2	43,2	43,2
023	Putz- und Stuckarbeiten, Wärmedämmsysteme	97	97	97	4,0	4,0	4,0
024	Fliesen- und Plattenarbeiten	100	100	100	4,1	4,1	4,1
025	Estricharbeiten	17	17	17	0,7	0,7	0,7
026	Fenster, Außentüren inkl. 029, 032	55	55	55	2,2	2,2	2,2
027	Tischlerarbeiten	264	264	264	10,8	10,8	10,8
028	Parkettarbeiten, Holzpflasterarbeiten	–	5	–	–	0,2	–
030	Rollladenarbeiten	8	8	8	0,3	0,3	0,3
031	Metallbauarbeiten inkl. 035	269	269	269	11,0	11,0	11,0
034	Maler- und Lackiererarbeiten inkl. 037	54	54	54	2,2	2,2	2,2
036	Bodenbelagarbeiten	7	7	7	0,3	0,3	0,3
038	Vorgehängte hinterlüftete Fassaden	–	–	–	–	–	–
039	Trockenbauarbeiten	76	76	76	3,1	3,1	3,1
	Ausbau	954	954	954	39,0	39,0	39,0
040	Wärmeversorgungsanl. - Betriebseinr. inkl. 041	93	93	93	3,8	3,8	3,8
042	Gas- und Wasserinstallation, Leitungen inkl. 043	32	32	32	1,3	1,3	1,3
044	Abwasserinstallationsarbeiten - Leitungen	18	18	18	0,7	0,7	0,7
045	GWA-Einrichtungsgegenstände inkl. 046	15	15	15	0,6	0,6	0,6
047	Dämmarbeiten an betriebstechnischen Anlagen	–	–	–	–	–	–
049	Feuerlöschanlagen, Feuerlöschgeräte	–	–	–	–	–	–
050	Blitzschutz- und Erdungsanlagen	8	8	8	0,3	0,3	0,3
052	Mittelspannungsanlagen	–	1	–	–	0,0	–
053	Niederspannungsanlagen inkl. 054	68	68	68	2,8	2,8	2,8
055	Ersatzstromversorgungsanlagen	–	–	–	–	–	–
057	Gebäudesystemtechnik	–	–	–	–	–	–
058	Leuchten und Lampen inkl. 059	–	34	–	–	1,4	–
060	Elektroakustische Anlagen, Sprechanlagen	–	8	–	–	0,3	–
061	Kommunikationsnetze, inkl. 062	2	2	2	0,1	0,1	0,1
063	Gefahrenmeldeanlagen	–	–	–	–	–	–
069	Aufzüge	–	15	–	–	0,6	–
070	Gebäudeautomation	–	4	–	–	0,2	–
075	Raumlufttechnische Anlagen	–	28	–	–	1,2	–
	Technische Anlagen	326	326	326	13,3	13,3	13,3
	Sonstige Leistungsbereiche inkl. 008, 033, 051	113	113	113	4,6	4,6	4,6

- KKW
▶ min
▷ von
| Mittelwert
◁ bis
◀ max

Planungskennwerte für Flächen und Rauminhalte nach DIN 277

Grundflächen		▷	Fläche/NUF (%)	◁	▷	Fläche/BGF (%)	◁
NUF	Nutzungsfläche		100,0		67,0	69,9	75,5
TF	Technikfläche	2,8	3,3	4,3	1,9	2,3	3,5
VF	Verkehrsfläche	13,4	17,9	22,3	9,1	12,5	15,2
NRF	Netto-Raumfläche	117,3	121,2	126,4	85,2	84,8	87,1
KGF	Konstruktions-Grundfläche	18,5	21,8	24,0	12,9	15,2	14,8
BGF	Brutto-Grundfläche	135,1	143,0	152,5		100,0	

Brutto-Rauminhalte		▷	BRI/NUF (m)	◁	▷	BRI/BGF (m)	◁
BRI	Brutto-Rauminhalt	7,00	7,45	8,62	4,89	5,21	6,07

Flächen von Nutzeinheiten	▷	NUF/Einheit (m²)	◁	▷	BGF/Einheit (m²)	◁
Nutzeinheit: Sitzplätze	2,04	2,22	2,22	2,81	3,20	3,20

Lufttechnisch behandelte Flächen	▷	Fläche/NUF (%)	◁	▷	Fläche/BGF (%)	◁
Entlüftete Fläche	–	–	–	–	–	–
Be- und entlüftete Fläche	–	–	–	–	–	–
Teilklimatisierte Fläche	–	100,0	–	–	82,1	–
Klimatisierte Fläche	–	–	–	–	–	–

KG	Kostengruppen (2. Ebene)	Einheit	▷	Menge/NUF	◁	▷	Menge/BGF	◁
310	Baugrube	m³ BGI	2,69	2,69	2,69	1,91	1,91	1,91
320	Gründung	m² GRF	0,61	0,61	0,61	0,44	0,44	0,44
330	Außenwände	m² AWF	1,46	1,46	1,46	1,05	1,05	1,05
340	Innenwände	m² IWF	0,76	0,76	0,76	0,54	0,54	0,54
350	Decken	m² DEF	0,74	0,74	0,74	0,53	0,53	0,53
360	Dächer	m² DAF	1,08	1,08	1,08	0,77	0,77	0,77
370	Baukonstruktive Einbauten	m² BGF	1,35	1,43	1,53		1,00	
390	Sonstige Baukonstruktionen	m² BGF	1,35	1,43	1,53		1,00	
300	Bauwerk-Baukonstruktionen	m² BGF	1,35	1,43	1,53		1,00	

Planungskennwerte für Bauzeiten   8 Vergleichsobjekte

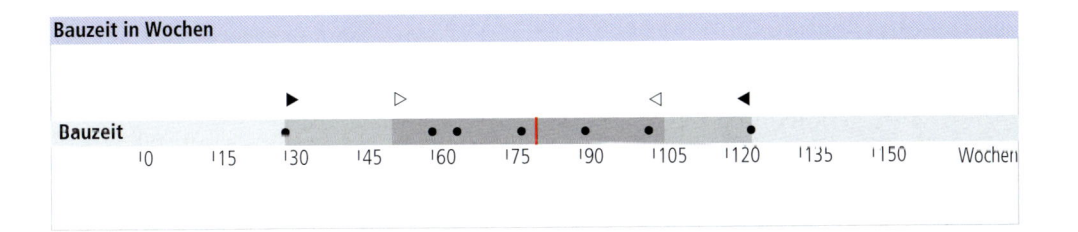

Bauzeit in Wochen

Bauzeit: 0 | 15 | 30 | 45 | 60 | 75 | 90 | 105 | 120 | 135 | 150 Wochen

© BKI Baukosteninformationszentrum; Erläuterungen zu den Tabellen siehe Seite 54   Kosten: 1.Quartal 2018, Bundesdurchschnitt, inkl. 19% MwSt.

Sakralbauten

Objektübersicht zur Gebäudeart

9100-0115 Kirche
BRI 6.263m³ | **BGF** 827m² | **NUF** 542m²

Kath. Kirche (164 Sitzplätze), Taufkapelle und Sakristei. Stb-Konstruktion, Holzdach.

Land: Bayern
Kreis: Schweinfurt
Standard: über Durchschnitt
Bauzeit: 125 Wochen
Kennwerte: bis 1.Ebene DIN276

BGF 2.714 €/m²

Planung: Architekturbüro Gerber; Werneck

veröffentlicht: BKI Objektdaten N15

9100-0142 Kapelle, Gemeinderäume, Café
BRI 3.294m³ | **BGF** 840m² | **NUF** 491m²

Sakralbau mit Kirchenraum, Café, Wohngemeinschaft, Seminar- und Büroräumen, separat stehendem Glockenturm. Mauerwerksbau.

Land: Niedersachsen
Kreis: Vechta
Standard: über Durchschnitt
Bauzeit: 60 Wochen
Kennwerte: bis 1.Ebene DIN276

BGF 1.908 €/m²

Planung: Ulrich Tilgner Thomas Grotz Architekten GmbH; Bremen

veröffentlicht: BKI Objektdaten N15

9100-0085 Kirche
BRI 2.577m³ | **BGF** 438m² | **NUF** 280m²

Kirche mit Kirchensaal (140 Sitzplätze), Nebenräumen für Unterricht und Gemeinschaft, Sakristei. Massivbau.

Land: Baden-Württemberg
Kreis: Esslingen a.N.
Standard: Durchschnitt
Bauzeit: 78 Wochen
Kennwerte: bis 1.Ebene DIN276

BGF 3.070 €/m²

veröffentlicht: BKI Objektdaten N12

9100-0087 Kirche
BRI 3.090m³ | **BGF** 552m² | **NUF** 453m²

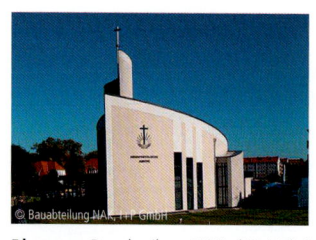

Eingeschossiger Kirchenneubau (230 Sitzplätze) mit Versammlungs- und Andachtsraum, Unterrichtsräumen, Büro und Café. Massivbau, Stahlbetonunterzüge.

Land: Brandenburg
Kreis: Brandenburg
Standard: Durchschnitt
Bauzeit: 65 Wochen
Kennwerte: bis 1.Ebene DIN276

BGF 2.342 €/m²

Planung: Bauabteilung NAK, (LP 1-5), I+P GmbH (LPH 5-8)

veröffentlicht: BKI Objektdaten N12

€/m² BGF
min   1.910 €/m²
von   2.085 €/m²
Mittel   **2.450 €/m²**
bis   2.835 €/m²
max   3.070 €/m²

Kosten:
Stand 1.Quartal 2018
Bundesdurchschnitt
inkl. 19% MwSt.

Objektübersicht zur Gebäudeart

9100-0116 Kirche*

BRI 4.397m³   **BGF** 698m²   **NUF** 457m²

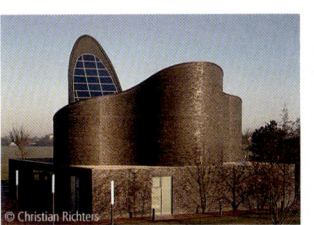

Kath. Kirche (236 Sitzplätze) mit Nebenräumen und Glockenstube. Stb-Konstruktion.

Land: Niedersachsen
Kreis: Friesland
Standard: Durchschnitt
Bauzeit: 91 Wochen
Kennwerte: bis 1.Ebene DIN276

BGF   5.979 €/m² *

Planung: Königs Architekten; Köln

veröffentlicht: BKI Objektdaten N15
*Nicht in der Auswertung enthalten

9100-0061 Synagoge

BRI 1.197m³   **BGF** 267m²   **NUF** 192m²

Synagoge mit 120 Sitzplätzen, Foyer, Garderobe und Technikraum. Stb-Skelett mit Mauerwerk.

Land: Mecklenburg-Vorpommern
Kreis: Schwerin
Standard: Durchschnitt
Bauzeit: 30 Wochen
Kennwerte: bis 1.Ebene DIN276

BGF   2.484 €/m²

Planung: Architekturbüro Brenncke; Schwerin

veröffentlicht: BKI Objektdaten N10

9100-0032 Evangelische Kirche*

BRI 2.084m³   **BGF** 331m²   **NUF** 261m²

Unterteilbarer Kirchenraum, Abstellräume, Teeküche, WCs, Technikraum. Brettstapelkonstruktion.

Land: Niedersachsen
Kreis: Soltau-Fallingbostel
Standard: über Durchschnitt
Bauzeit: 56 Wochen
Kennwerte: bis 1.Ebene DIN276

BGF   4.204 €/m² *

Planung: Lothar Tabery Dipl.-Ing. Architekt BDA; Bremervörde

veröffentlicht: BKI Objektdaten N5
*Nicht in der Auswertung enthalten

6400-0042 Kirche, Gemeinderäume

BRI 8.756m³   **BGF** 1.612m²   **NUF** 1.320m²

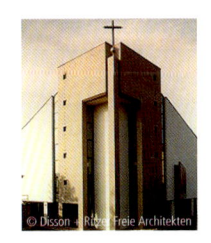

Kirche mit Taufkapelle, Sakristei und Pfarrwohnung, Unterkirche (Pfarrsaal) mit Teeküche. Mauerwerksbau.

Land: Rheinland-Pfalz
Kreis: Neustadt, Weinstraße
Standard: über Durchschnitt
Bauzeit: 104 Wochen
Kennwerte: bis 1.Ebene DIN276

BGF   2.191 €/m²

Planung: Disson + Ritzer Freie Architekten; Neustadt/ Weinstr.

veröffentlicht: BKI Objektdaten N3

© **BKI** Baukosteninformationszentrum; Erläuterungen zu den Tabellen siehe Seite 56   Kosten: 1.Quartal 2018, Bundesdurchschnitt, **inkl. 19% MwSt.**

Sakralbauten

Objektübersicht zur Gebäudeart

€/m² BGF
- min   1.910 €/m²
- von   2.085 €/m²
- **Mittel 2.450 €/m²**
- bis   2.835 €/m²
- max   3.070 €/m²

Kosten:
Stand 1.Quartal 2018
Bundesdurchschnitt
inkl. 19% MwSt.

6400-0029 Ev. Gemeindehaus   BRI 1.118m³   BGF 273m²   NUF 200m²

Ein holzverschalter Kubus umschließt den Versammlungsraum (über 2 Geschosse); ein massiver, unterkellerter Baukörper beinhaltet notwendige Nebenräume. Beide Baukörper werden durch eine Foyer- und Eingangszone miteinander verbunden. Mauerwerksbau.

Land: Hessen
Kreis: Gießen
Standard: über Durchschnitt
Bauzeit: 91 Wochen
Kennwerte: bis 3.Ebene DIN276

BGF 2.828 €/m²

Planung: Hempelt + Bernhardt Freie Architekten BDA; Darmstadt

veröffentlicht: BKI Objektdaten N1

9100-0003 Evangelische Kirche*   BRI 2.051m³   BGF 338m²   NUF 251m²

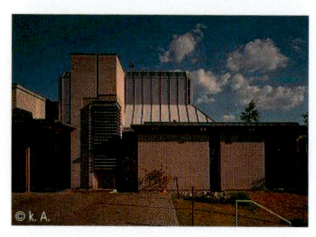

Evangelische Kirche mit Glockenturm, Anbau an bestehendes Gemeindezentrum, Nebenräume. Mauerwerksbau.

Land: Bayern
Kreis: Würzburg
Standard: über Durchschnitt
Bauzeit: 78 Wochen
Kennwerte: bis 3.Ebene DIN276

BGF 4.940 €/m²

www.bki.de
*Nicht in der Auswertung enthalten

6400-0006 Kirche und Gemeindezentrum   BRI 8.028m³   BGF 1.694m²   NUF 1.170m²

Kirche, Gemeindesäle, Alten- und Jugendräume als Teil eines Gemeindezentrums. UG, EG und teilweise OG. Mauerwerksbau.

Land: Baden-Württemberg
Kreis: Stuttgart
Standard: über Durchschnitt
Bauzeit: 91 Wochen
Kennwerte: bis 2.Ebene DIN276

BGF 2.059 €/m²

www.bki.de

Kultur

Friedhofsgebäude

Kostenkennwerte für die Kosten des Bauwerks (Kostengruppen 300+400 nach DIN 276)

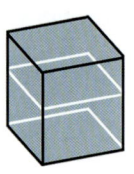

BRI 425 €/m³
von 350 €/m³
bis 575 €/m³

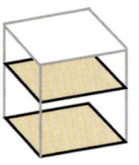

BGF 1.940 €/m²
von 1.580 €/m²
bis 2.340 €/m²

NUF 2.560 €/m²
von 1.890 €/m²
bis 3.050 €/m²

Kosten:
Stand 1. Quartal 2018
Bundesdurchschnitt
inkl. 19% MwSt.

Objektbeispiele

9700-0004 © Willi Bake Architekt
9700-0012 © Muffler Architekten
9700-0024 © Florian Suttor
9700-0021 © architekturbüro raum-modul Stephan Karches
9700-0018 © Nopto Architekt
9700-0023 © Weldemar Merger

Kosten der 12 Vergleichsobjekte — Seiten 850 bis 854

- ● KKW
- ▶ min
- ▷ von
- | Mittelwert
- ◁ bis
- ◀ max

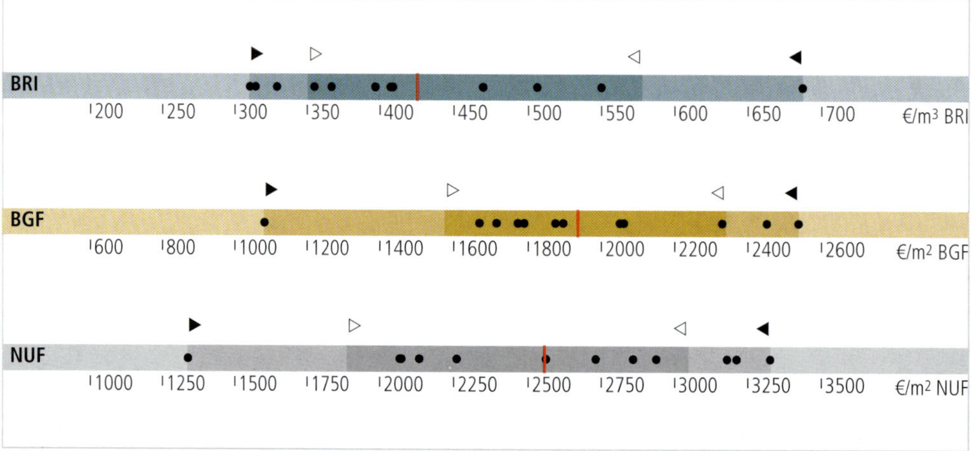

BRI: €/m³ BRI (200–700)
BGF: €/m² BGF (600–2600)
NUF: €/m² NUF (1000–3500)

© BKI Baukosteninformationszentrum; Erläuterungen zu den Tabellen siehe Seite 46
Kosten: 1. Quartal 2018, Bundesdurchschnitt, **inkl. 19% MwSt.**

Kostenkennwerte für die Kostengruppen der 1. und 2. Ebene DIN 276

KG	Kostengruppen der 1. Ebene	Einheit	▷	€/Einheit	◁	▷	% an 300+400	◁
100	Grundstück	m² GF	–	–	–	–	–	–
200	Herrichten und Erschließen	m² GF	2	7	17	2,0	3,2	3,9
300	Bauwerk - Baukonstruktionen	m² BGF	1.368	1.698	2.025	83,5	87,9	92,0
400	Bauwerk - Technische Anlagen	m² BGF	151	238	362	8,0	12,1	16,5
	Bauwerk (300+400)	m² BGF	1.577	1.936	2.339		100,0	
500	Außenanlagen	m² AF	39	95	178	6,6	12,3	19,2
600	Ausstattung und Kunstwerke	m² BGF	48	102	185	2,4	5,3	10,2
700	Baunebenkosten*	m² BGF	531	569	607	27,6	29,6	31,6	◁ NEU

* Auf Grundlage der HOAI 2013 berechnete Werte nach §§ 35, 52, 56. Weitere Informationen siehe Seite 50

KG	Kostengruppen der 2. Ebene	Einheit	▷	€/Einheit	◁	▷	% an 300	◁
310	Baugrube	m³ BGI	25	35	46	0,1	1,4	2,6
320	Gründung	m² GRF	267	286	306	6,4	11,8	17,1
330	Außenwände	m² AWF	382	526	670	28,4	35,7	43,0
340	Innenwände	m² IWF	409	441	474	11,9	14,4	17,0
350	Decken	m² DEF	–	280	–	–	3,4	–
360	Dächer	m² DAF	316	453	590	23,3	28,4	33,6
370	Baukonstruktive Einbauten	m² BGF	–	15	–	–	0,5	–
390	Sonstige Baukonstruktionen	m² BGF	66	70	74	3,7	4,4	5,0
300	**Bauwerk Baukonstruktionen**	**m² BGF**					**100,0**	

KG	Kostengruppen der 2. Ebene	Einheit	▷	€/Einheit	◁	▷	% an 400	◁
410	Abwasser, Wasser, Gas	m² BGF	55	74	92	17,7	26,0	34,3
420	Wärmeversorgungsanlagen	m² BGF	–	107	–	–	19,9	–
430	Lufttechnische Anlagen	m² BGF	11	93	176	4,0	30,2	56,4
440	Starkstromanlagen	m² BGF	33	57	81	12,1	19,0	25,9
450	Fernmeldeanlagen	m² BGF	–	13	–	–	2,4	–
460	Förderanlagen	m² BGF	–	–	–	–	–	–
470	Nutzungsspezifische Anlagen	m² BGF	–	14	–	–	2,5	–
480	Gebäudeautomation	m² BGF	–	–	–	–	–	–
490	Sonstige Technische Anlagen	m² BGF	–	–	–	–	–	–
400	**Bauwerk Technische Anlagen**	**m² BGF**					**100,0**	

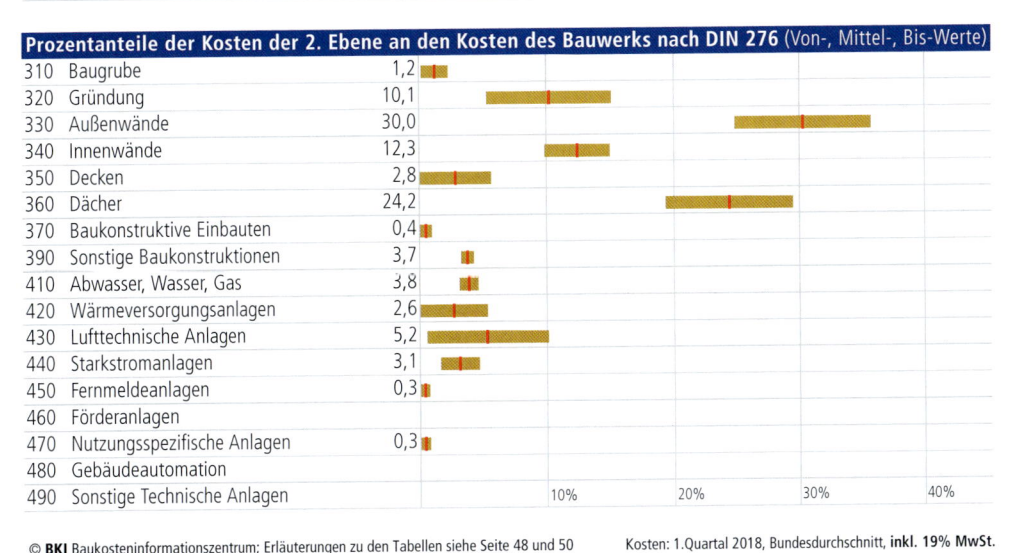

Prozentanteile der Kosten der 2. Ebene an den Kosten des Bauwerks nach DIN 276 (Von-, Mittel-, Bis-Werte)

KG	Kostengruppe	Mittelwert %
310	Baugrube	1,2
320	Gründung	10,1
330	Außenwände	30,0
340	Innenwände	12,3
350	Decken	2,8
360	Dächer	24,2
370	Baukonstruktive Einbauten	0,4
390	Sonstige Baukonstruktionen	3,7
410	Abwasser, Wasser, Gas	3,8
420	Wärmeversorgungsanlagen	2,6
430	Lufttechnische Anlagen	5,2
440	Starkstromanlagen	3,1
450	Fernmeldeanlagen	0,3
460	Förderanlagen	
470	Nutzungsspezifische Anlagen	0,3
480	Gebäudeautomation	
490	Sonstige Technische Anlagen	

© BKI Baukosteninformationszentrum; Erläuterungen zu den Tabellen siehe Seite 48 und 50   Kosten: 1.Quartal 2018, Bundesdurchschnitt, **inkl. 19% MwSt.**

Friedhofsgebäude

Kostenkennwerte für Leistungsbereiche nach StLB (Kosten des Bauwerks nach DIN 276)

Kosten:
Stand 1. Quartal 2018
Bundesdurchschnitt
inkl. 19% MwSt.

LB	Leistungsbereiche	▷ €/m² BGF ◁			▷ % an 300+400 ◁		
000	Sicherheits-, Baustelleneinrichtungen inkl. 001	86	86	86	4,4	**4,4**	4,4
002	Erdarbeiten	63	63	63	3,3	**3,3**	3,3
006	Spezialtiefbauarbeiten inkl. 005	–	–	–	–	–	–
009	Entwässerungskanalarbeiten inkl. 011	–	–	–	–	–	–
010	Drän- und Versickerungsarbeiten	7	7	7	0,4	**0,4**	0,4
012	Mauerarbeiten	31	31	31	1,6	**1,6**	1,6
013	Betonarbeiten	316	316	316	16,3	**16,3**	16,3
014	Natur-, Betonwerksteinarbeiten	–	27	–	–	**1,4**	–
016	Zimmer- und Holzbauarbeiten	260	260	260	13,4	**13,4**	13,4
017	Stahlbauarbeiten	–	29	–	–	**1,5**	–
018	Abdichtungsarbeiten	26	26	26	1,3	**1,3**	1,3
020	Dachdeckungsarbeiten	–	29	–	–	**1,5**	–
021	Dachabdichtungsarbeiten	–	37	–	–	**1,9**	–
022	Klempnerarbeiten	89	89	89	4,6	**4,6**	4,6
	Rohbau	1.001	**1.001**	1.001	51,7	**51,7**	51,7
023	Putz- und Stuckarbeiten, Wärmedämmsysteme	119	119	119	6,1	**6,1**	6,1
024	Fliesen- und Plattenarbeiten	90	90	90	4,7	**4,7**	4,7
025	Estricharbeiten	14	14	14	0,7	**0,7**	0,7
026	Fenster, Außentüren inkl. 029, 032	221	221	221	11,4	**11,4**	11,4
027	Tischlerarbeiten	104	104	104	5,4	**5,4**	5,4
028	Parkettarbeiten, Holzpflasterarbeiten	–	–	–	–	–	–
030	Rollladenarbeiten	–	3	–	–	**0,2**	–
031	Metallbauarbeiten inkl. 035	53	53	53	2,7	**2,7**	2,7
034	Maler- und Lackiererarbeiten inkl. 037	24	24	24	1,2	**1,2**	1,2
036	Bodenbelagarbeiten	–	2	–	–	**0,1**	–
038	Vorgehängte hinterlüftete Fassaden	–	–	–	–	–	–
039	Trockenbauarbeiten	50	50	50	2,6	**2,6**	2,6
	Ausbau	680	**680**	680	35,1	**35,1**	35,1
040	Wärmeversorgungsanl. - Betriebseinr. inkl. 041	–	30	–	–	**1,6**	–
042	Gas- und Wasserinstallation, Leitungen inkl. 043	15	15	15	0,8	**0,8**	0,8
044	Abwasserinstallationsarbeiten - Leitungen	27	27	27	1,4	**1,4**	1,4
045	GWA-Einrichtungsgegenstände inkl. 046	13	13	13	0,7	**0,7**	0,7
047	Dämmarbeiten an betriebstechnischen Anlagen	–	1	–	–	**0,0**	–
049	Feuerlöschanlagen, Feuerlöschgeräte	–	–	–	–	–	–
050	Blitzschutz- und Erdungsanlagen	6	6	6	0,3	**0,3**	0,3
052	Mittelspannungsanlagen	–	–	–	–	–	–
053	Niederspannungsanlagen inkl. 054	54	54	54	2,8	**2,8**	2,8
055	Ersatzstromversorgungsanlagen	–	–	–	–	–	–
057	Gebäudesystemtechnik	–	–	–	–	–	–
058	Leuchten und Lampen inkl. 059	–	5	–	–	**0,3**	–
060	Elektroakustische Anlagen, Sprechanlagen	–	4	–	–	**0,2**	–
061	Kommunikationsnetze, inkl. 062	–	2	–	–	**0,1**	–
063	Gefahrenmeldeanlagen	–	–	–	–	–	–
069	Aufzüge	–	–	–	–	–	–
070	Gebäudeautomation	–	3	–	–	**0,1**	–
075	Raumlufttechnische Anlagen	94	94	94	4,9	**4,9**	4,9
	Technische Anlagen	254	**254**	254	13,1	**13,1**	13,1
	Sonstige Leistungsbereiche inkl. 008, 033, 051	–	2	–	–	**0,1**	–

- ● KKW
- ▶ min
- ▷ von
- | Mittelwert
- ◁ bis
- ◀ max

© BKI Bauinformationszentrum; Erläuterungen zu den Tabellen siehe Seite 52

Kosten: 1. Quartal 2018, Bundesdurchschnitt, **inkl. 19% MwSt.**

Planungskennwerte für Flächen und Rauminhalte nach DIN 277

Grundflächen			▷	Fläche/NUF (%)	◁	▷	Fläche/BGF (%)	◁
NUF	Nutzungsfläche			100,0		71,6	75,8	80,5
TF	Technikfläche		2,8	2,2	3,8	1,9	1,6	3,0
VF	Verkehrsfläche		12,8	11,2	23,2	8,5	8,5	14,9
NRF	Netto-Raumfläche		109,5	113,4	123,4	83,3	85,9	87,3
KGF	Konstruktions-Grundfläche		16,0	18,6	21,5	12,7	14,1	16,7
BGF	Brutto-Grundfläche		126,6	132,0	143,0		100,0	

Brutto-Rauminhalte			▷	BRI/NUF (m)	◁	▷	BRI/BGF (m)	◁
BRI	Brutto-Rauminhalt		5,52	6,15	7,03	4,28	4,68	5,32

Flächen von Nutzeinheiten			▷	NUF/Einheit (m²)	◁	▷	BGF/Einheit (m²)	◁
Nutzeinheit:			–	–	–	–	–	–

Lufttechnisch behandelte Flächen			▷	Fläche/NUF (%)	◁	▷	Fläche/BGF (%)	◁
Entlüftete Fläche			–	–	–	–	–	–
Be- und entlüftete Fläche			–	–	–	–	–	–
Teilklimatisierte Fläche			–	–	–	–	–	–
Klimatisierte Fläche			–	–	–	–	–	–

KG	Kostengruppen (2. Ebene)	Einheit	▷	Menge/NUF	◁	▷	Menge/BGF	◁
310	Baugrube	m³ BGI	0,61	0,61	0,61	0,47	0,47	0,47
320	Gründung	m² GRF	1,03	1,03	1,03	0,67	0,67	0,67
330	Außenwände	m² AWF	1,66	1,66	1,66	1,20	1,20	1,20
340	Innenwände	m² IWF	0,83	0,83	0,83	0,55	0,55	0,55
350	Decken	m² DEF	–	0,45	–	–	0,35	–
360	Dächer	m² DAF	1,51	1,51	1,51	1,05	1,05	1,05
370	Baukonstruktive Einbauten	m² BGF	1,27	1,32	1,43		1,00	
390	Sonstige Baukonstruktionen	m² BGF	1,27	1,32	1,43		1,00	
300	Bauwerk-Baukonstruktionen	m² BGF	1,27	1,32	1,43		1,00	

Planungskennwerte für Bauzeiten — 12 Vergleichsobjekte

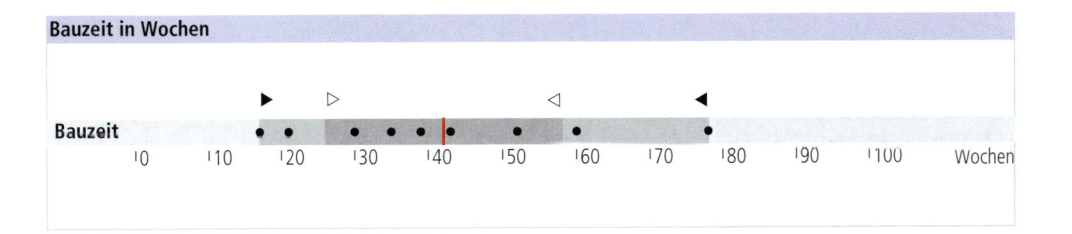

Bauzeit in Wochen

Bauzeit: |10 |20 |30 |40 |50 |60 |70 |80 |90 |100 Wochen

© BKI Baukosteninformationszentrum; Erläuterungen zu den Tabellen siehe Seite 54 — Kosten: 1.Quartal 2018, Bundesdurchschnitt, inkl. 19% MwSt.

Friedhofsgebäude

Objektübersicht zur Gebäudeart

€/m² BGF
min	1.080 €/m²
von	1.575 €/m²
Mittel	**1.935 €/m²**
bis	2.340 €/m²
max	2.540 €/m²

Kosten:
Stand 1.Quartal 2018
Bundesdurchschnitt
inkl. 19% MwSt.

9700-0024 Aufbahrungsgebäude
BRI 750m³ | **BGF** 217m² | **NUF** 176m²

Aufbahrungsgebäude mit Lager und Doppelgarage. Massivbau.

Land: Bayern
Kreis: Erding
Standard: unter Durchschnitt
Bauzeit: 30 Wochen
Kennwerte: bis 1.Ebene DIN276

BGF 1.082 €/m²

veröffentlicht: BKI Objektdaten N15

Planung: oberprillerarchitekten; Hörmannsdorf

9700-0026 Krematorium*
BRI 4.696m³ | **BGF** 1.160m² | **NUF** 745m²

Krematorium. Massivbau.

Land: Thüringen
Kreis: Jena
Standard: Durchschnitt
Bauzeit: 78 Wochen
Kennwerte: bis 1.Ebene DIN276

BGF 3.392 €/m² *

veröffentlicht: BKI Objektdaten N15
*Nicht in der Auswertung enthalten

9700-0023 Aussegnungshalle
BRI 1.556m³ | **BGF** 421m² | **NUF** 333m²

Aussegnungshalle mit Aufbahrungräumen (3St), öffentlichen WCs (2St) und Nebenräumen. Mauerwerksbau.

Land: Bayern
Kreis: Dillingen an der Donau
Standard: über Durchschnitt
Bauzeit: 60 Wochen
Kennwerte: bis 1.Ebene DIN276

BGF 2.538 €/m²

veröffentlicht: BKI Objektdaten N15

Planung: DBW Architekten; Haunsheim

9700-0020 Kolumbarium*
BRI 223m³ | **BGF** 49m² | **NUF** 33m²

Kolumbarium mit 322 Urnenplätzen. Stb-Konstruktion.

Land: Nordrhein-Westfalen
Kreis: Rheinisch-Bergischer Kreis
Standard: Durchschnitt
Bauzeit: 47 Wochen
Kennwerte: bis 1.Ebene DIN276

BGF 5.710 €/m² *

veröffentlicht: BKI Objektdaten N13
*Nicht in der Auswertung enthalten

Planung: Architekturbüro Dipl.-Ing. Dagmar Ditzer; Bergisch Gladbach

Objektübersicht zur Gebäudeart

9700-0021 Aussegnungshalle   BRI 1.446m³   BGF 280m²   NUF 185m²

Aussegnungshalle mit 50 Sitzplätzen, Aufbahrungsräumen (2 St), öffentliche WCs (2 St) und Nebenräumen. Stb-Mauerwerksbau, Brettschichtholz-Massivdach.

Land: Bayern
Kreis: Pfaffenhofen
Standard: Durchschnitt
Bauzeit: 52 Wochen
Kennwerte: bis 1.Ebene DIN276

BGF   1.895 €/m²

Planung: architekturbüro raum-modul Stephan Karches; Ingolstadt

veröffentlicht: BKI Objektdaten N13

9700-0018 Aussegnungshalle   BRI 707m³   BGF 156m²   NUF 131m²

Aussegnungshalle mit 100 Sitzplätzen. Mauerwerksbau.

Land: Nordrhein-Westfalen
Kreis: Gütersloh
Standard: Durchschnitt
Bauzeit: 35 Wochen
Kennwerte: bis 1.Ebene DIN276

BGF   1.789 €/m²

Planung: Nopto Architekt; Herzebrock-Clarholz

veröffentlicht: BKI Objektdaten N11

9700-0014 Kolumbarium*   BRI 514m³   BGF 62m²   NUF 56m²

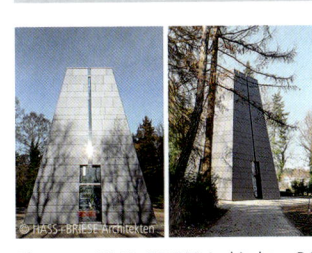

Kolumbarium (Gebäude für Urnenaufstellung). Ort des Abschieds und der Einkehr. Stb-Fertigteile.

Land: Mecklenburg-Vorpommern
Kreis: Rostock (Kreis)
Standard: über Durchschnitt
Bauzeit: 21 Wochen
Kennwerte: bis 1.Ebene DIN276

BGF   9.747 €/m²   *

Planung: HASS+BRIESE Architekten BG Freier Architekten; Rostock

veröffentlicht: BKI Objektdaten N10
*Nicht in der Auswertung enthalten

9700-0015 Trauerhalle   BRI 1.091m³   BGF 191m²   NUF 173m²

Trauerhalle mit ca. 80 Sitzplätzen und 40 Stehplätzen. Holzrahmenkonstruktion.

Land: Thüringen
Kreis: Wartburgkreis
Standard: Durchschnitt
Bauzeit: 43 Wochen
Kennwerte: bis 1.Ebene DIN276

BGF   1.874 €/m²

Planung: Lehrmann & Partner GbR Architekten und Ingenieure; Schmerbach

veröffentlicht: BKI Objektdaten N10

Friedhofsgebäude

Objektübersicht zur Gebäudeart

9700-0016 Friedhofshalle, Aufbahrungshaus

BRI 1.413m³ **BGF** 234m² **NUF** 195m²

Friedhofshalle (80 Sitzplätze), Aufbahrungshaus mit zwei Aufbahrungsräumen. Mauerwerksbau.

Land: Baden-Württemberg
Kreis: Lörrach
Standard: Durchschnitt
Bauzeit: 43 Wochen
Kennwerte: bis 1.Ebene DIN276

BGF 2.452 €/m²

Planung: Böttcher & Riesterer Architekten Partnerschaft; Efringen-Kirchen

veröffentlicht: BKI Objektdaten N11

9700-0013 Bestattungsgebäude, Trauerhaus

BRI 1.044m³ **BGF** 216m² **NUF** 178m²

Christliches Trauerhaus. Stahl-Skelettkonstruktion; Holzständerwände; Stahlträger, Stahl-Trapezblechdach.

Land: Nordrhein-Westfalen
Kreis: Recklinghausen
Standard: Durchschnitt
Bauzeit: 17 Wochen
Kennwerte: bis 1.Ebene DIN276

BGF 1.715 €/m²

Planung: Dipl.-Ing. Rainer Steinke Architekt BDA; Herten

veröffentlicht: BKI Objektdaten N10

9700-0012 Friedhofshalle

BRI 4.400m³ **BGF** 1.077m² **NUF** 702m²

Aussegnungshalle, Andachtsraum mit 210 Sitzplätzen, Aufbahrungszellen (6 St), Nebenräume. Stb-Konstruktion; Holzdachkonstruktion.

Land: Baden-Württemberg
Kreis: Tuttlingen
Standard: Durchschnitt
Bauzeit: 78 Wochen
Kennwerte: bis 1.Ebene DIN276

BGF 1.669 €/m²

Planung: Muffler Architekten Freie Architekten BDA / DWB; Tuttlingen

veröffentlicht: BKI Objektdaten N9

9700-0008 Aufbahrungshalle

BRI 300m³ **BGF** 85m² **NUF** 67m²

Aufbahrungshalle. Stb-Konstruktion, Holzdachstuhl.

Land: Baden-Württemberg
Kreis: Esslingen a.N.
Standard: Durchschnitt
Bauzeit: 21 Wochen
Kennwerte: bis 3.Ebene DIN276

BGF 1.772 €/m²

Planung: Lothar Graner Dipl.-Ing. Freier Architekt; Nürtingen

veröffentlicht: BKI Objektdaten N8

€/m² BGF

min	1.080 €/m²
von	1.575 €/m²
Mittel	**1.935 €/m²**
bis	2.340 €/m²
max	2.540 €/m²

Kosten:
Stand 1.Quartal 2018
Bundesdurchschnitt
inkl. 19% MwSt.

© BKI Baukosteninformationszentrum; Erläuterungen zu den Tabellen siehe Seite 56   Kosten: 1.Quartal 2018, Bundesdurchschnitt, **inkl. 19% MwSt.**

Objektübersicht zur Gebäudeart

9700-0007 Friedhofsgebäude*
BRI 360m³   **BGF** 82m²   **NUF** 74m²

Versammlungsraum für Trauerfeiern. Mauerwerksbau.

Land: Sachsen-Anhalt
Kreis: Halberstadt
Standard: unter Durchschnitt
Bauzeit: 30 Wochen
Kennwerte: bis 1.Ebene DIN276

BGF 981 €/m²

veröffentlicht: BKI Objektdaten N5
*Nicht in der Auswertung enthalten

Planung: Jean-Elie Hamesse Architekt + Planer; Braunschweig

9700-0005 Friedhofskapelle
BRI 1.139m³   **BGF** 269m²   **NUF** 197m²

Atrium, Kapelle, 3 Leichenzellen, Nebenräume. Mauerwerksbau.

Land: Nordrhein-Westfalen
Kreis: Essen
Standard: über Durchschnitt
Bauzeit: 43 Wochen
Kennwerte: bis 1.Ebene DIN276

BGF 2.330 €/m²

veröffentlicht: BKI Objektdaten N2

Planung: Miele + Rabe Dipl.-Ing. Architekten AKNW; Hagen-Hohenlimburg

9700-0004 Friedhofskapelle, Aussegnungshalle
BRI 1.175m³   **BGF** 177m²   **NUF** 133m²

Aussegnungshalle, Aufbewahrungsräume, Aufenthaltsräume für Angehörige. Mauerwerksbau.

Land: Niedersachsen
Kreis: Osterholz-Scharmbeck
Standard: Durchschnitt
Bauzeit: 43 Wochen
Kennwerte: bis 1.Ebene DIN276

BGF 2.061 €/m²

veröffentlicht: BKI Objektdaten N2

Planung: Willi Räke Dipl.-Ing. Architekt; Bremen

9700-0002 Friedhofsgebäude
BRI 3.528m³   **BGF** 808m²   **NUF** 498m²

Leichenhalle mit vier Sargzellen, Einsegnungshalle mit 97 Sitzplätzen. Stahlbetonbau.

Land: Baden-Württemberg
Kreis: Heilbronn
Standard: über Durchschnitt
Bauzeit: 39 Wochen
Kennwerte: bis 3.Ebene DIN276

BGF 2.050 €/m²

www.bki.de

Friedhofsgebäude

Objektübersicht zur Gebäudeart

9700-0003 Dörfliches Friedhofsgebäude*   **BRI** 877m³   **BGF** 174m²   **NUF** 97m²

Einfaches dörfliches Friedhofsgebäude, nicht unterkellert; Versammlungsraum, Aufbahrungsraum mit Leichenkühlzelle, Umkleideraum für Pfarrer, Geräteraum, Chemikalientoilette, geringe technische Ausstattung, Rohbau als Selbstbau der Dorfbewohner. Mauerwerksbau.

© Erika Sulzer-Kleinemeier

Land: Rheinland-Pfalz
Kreis: Südliche Weinstraße
Standard: unter Durchschnitt
Bauzeit: 91 Wochen
Kennwerte: bis 3.Ebene DIN276

BGF   1.000 €/m²

*

www.bki.de
*Nicht in der Auswertung enthalten

€/m² BGF
min	1.080	€/m²
von	1.575	€/m²
Mittel	**1.935**	€/m²
bis	2.340	€/m²
max	2.540	€/m²

Kosten:
Stand 1.Quartal 2018
Bundesdurchschnitt
inkl. 19% MwSt.

BKI-NHK 2018

Erläuterung

Die BKI-NHK 2018 wurden auf Anregung aus der Bewertungspraxis speziell für die Belange der Beleihungswertermittlung entwickelt. Untersuchungen zeigen, dass Bewertungen auf Basis NHK 2010 im Vergleich zu Bewertungen mit aktuellen BKI Kostenkennwerten zu häufig erheblichen Abweichungen führen.

Die BKI-NHK basieren auf der Auswertung realer, abgerechneter Neubauten aus der BKI Datenbank. Diese wurden den Gebäudetypen nach NHK zugeordnet und ausgewertet. Die Gliederung und die Strukturen entsprechen daher weitgehend der gewohnten NHK Darstellung.

Für die Gebäudetypen 1-3 sind neben den empirischen Daten zur Feingliederung auch Faktoren zur Bildung unterschiedlicher Standards, Gebäudetypen mit nicht ausgebautem Dach und Gebäudetypen mit Flachdach erforderlich.

Die Faktoren zur Bildung der Standardstufen der Gebäudetypen 1-3 beruhen auf einer Analyse der NHK 2010 Faktoren. Diese wurden überprüft, für brauchbar befunden und für BKI NHK angewendet.

Die Bildung von Faktoren zur Differenzierung in nicht ausgebaute Dachgeschosse und Flachdachtypen wurden auf Grundlage von Analysen entsprechender Gebäuden aus der BKI Datenbank vorgenommen.

Für die Gebäudetypen 1-3 wurden die Kosten besonderer Bauteile untersucht und in Abzug gebracht. Kosten besonderer Bauteile (Terrassen, Balkone, Vordächer u. ä.) sind bei diesen Gebäudetypen daher gesondert zu berechnen. Bei den übrigen Gebäudetypen sind bei den BKI Objekten besondere Bauteile nicht in einem relevanten Anteil enthalten.

Die Baunebenkosten enthalten Honorare (KG 730) und Gebühren (KG 771) im üblichen Umfang. Zur Berechnung des BKI-NHK Honoraranteils wurde vom Mindestsatz der geringstmöglichen Honorarzone (nach HOAI 2013) ausgegangen.

Die BKI-NHK erscheinen zukünftig jährlich in Verbindung mit der Fachbuchreihe BKI Baukosten Neubau. Sie beinhalten dann auch die jeweils zur BKI Datenbank neu hinzugekommen Neubau-Objekte. Durch die jährliche Überarbeitung, Anpassung und Veröffentlichung ist eine ständige Aktualität der Daten gewährleistet.

Wohngebäude, Gebäudetyp 1-3 — €/m² BGF

Dachgeschoss, voll ausgebaut

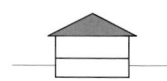

	Keller-, Erdgeschoss	Standardstufe				
		1	2	3	4	5
1.01	freistehende Einfamilienhäuser	1.110	1.235	1.420	1.705	2.140
2.01	Doppel- und Reihenendhäuser	950	1.055	1.215	1.455	1.830
3.01	Reihenmittelhäuser	790	880	1.010	1.210	1.525

	Keller-, Erd-, Obergeschoss	Standardstufe				
		1	2	3	4	5
1.11	freistehende Einfamilienhäuser	1.065	1.185	1.360	1.630	2.050
2.11	Doppel- und Reihenendhäuser	970	1.080	1.245	1.490	1.875
3.11	Reihenmittelhäuser	935	1.040	1.200	1.435	1.805

	Erdgeschoss, nicht unterkellert	Standardstufe				
		1	2	3	4	5
1.21	freistehende Einfamilienhäuser	1.225	1.360	1.565	1.875	2.360
2.21	Doppel- und Reihenendhäuser	970	1.075	1.240	1.485	1.865
3.21	Reihenmittelhäuser	1.000	1.115	1.285	1.535	1.930

	Erd-, Obergeschoss, nicht unterkellert	Standardstufe				
		1	2	3	4	5
1.31	freistehende Einfamilienhäuser	1.030	1.145	1.320	1.580	1.990
2.31	Doppel- und Reihenendhäuser	880	980	1.130	1.350	1.700
3.31	Reihenmittelhäuser	980	1.095	1.260	1.510	1.895

Dachgeschoss, nicht ausgebaut

	Keller-, Erdgeschoss	Standardstufe				
		1	2	3	4	5
1.02	freistehende Einfamilienhäuser	985	1.100	1.265	1.515	1.905
2.02	Doppel- und Reihenendhäuser	845	940	1.080	1.295	1.630
3.02	Reihenmittelhäuser	705	780	900	1.080	1.355

	Keller-, Erd-, Obergeschoss	Standardstufe				
		1	2	3	4	5
1.12	freistehende Einfamilienhäuser	1.000	1.110	1.280	1.535	1.930
2.12	Doppel- und Reihenendhäuser	915	1.015	1.170	1.400	1.760
3.12	Reihenmittelhäuser	880	980	1.125	1.350	1.695

	Erdgeschoss, nicht unterkellert	Standardstufe				
		1	2	3	4	5
1.22	freistehende Einfamilienhäuser	1.050	1.170	1.350	1.615	2.030
2.22	Doppel- und Reihenendhäuser	830	925	1.065	1.280	1.605
3.22	Reihenmittelhäuser	860	960	1.105	1.320	1.660

	Erd-, Obergeschoss, nicht unterkellert	Standardstufe				
		1	2	3	4	5
1.32	freistehende Einfamilienhäuser	960	1.065	1.230	1.470	1.850
2.32	Doppel- und Reihenendhäuser	820	910	1.050	1.255	1.580
3.32	Reihenmittelhäuser	915	1.015	1.170	1.400	1.760

© BKI Baukosteninformationszentrum; Erläuterungen zu den Tabellen siehe Seite 857   Kosten: 1.Quartal 2018, Bundesdurchschnitt, **inkl. 19% MwSt.**

Wohngebäude, Gebäudetyp 1-5 — €/m² BGF

Flachdach oder flach geneigtes Dach

Keller-, Erdgeschoss

		Standardstufe				
		1	2	3	4	5
1.03	freistehende Einfamilienhäuser	1.140	1.270	1.460	1.750	2.200
2.03	Doppel- und Reihenendhäuser	1.000	1.110	1.280	1.530	1.925
3.03	Reihenmittelhäuser	860	955	1.100	1.320	1.655

Keller-, Erd-, Obergeschoss

		Standardstufe				
		1	2	3	4	5
1.13	freistehende Einfamilienhäuser	1.095	1.220	1.405	1.680	2.115
2.13	Doppel- und Reihenendhäuser	1.010	1.125	1.295	1.550	1.950
3.13	Reihenmittelhäuser	975	1.085	1.255	1.500	1.885

Erdgeschoss, nicht unterkellert

		Standardstufe				
		1	2	3	4	5
1.23	freistehende Einfamilienhäuser	1.350	1.505	1.730	2.075	2.605
2.23	Doppel- und Reihenendhäuser	1.135	1.260	1.450	1.740	2.185
3.23	Reihenmittelhäuser	1.165	1.295	1.495	1.790	2.245

Erd-, Obergeschoss, nicht unterkellert

		Standardstufe				
		1	2	3	4	5
1.33	freistehende Einfamilienhäuser	1.105	1.230	1.415	1.695	2.130
2.33	Doppel- und Reihenendhäuser	950	1.060	1.220	1.460	1.840
3.33	Reihenmittelhäuser	1.060	1.180	1.360	1.630	2.050

Einschl. Baunebenkosten i.H.v. 21%

4 Mehrfamilienhäuser

		Standardstufe		
		3	4	5
4.1	Mehrfamilienhäuser mit bis zu 6 WE	995	1.430	1.695
4.2	Mehrfamilienhäuser mit 7 bis 20 WE	1.085	1.330	1.490
4.3	Mehrfamilienhäuser mit mehr als 20 WE	1.150	1.360	1.710

Einschl. Baunebenkosten i.H.v. 22%

5 Wohnhäuser mit Mischnutzung, Banken / Geschäftshäuser

		Standardstufe		
		3	4	5
5.1	Wohnhäuser mit Mischnutzung	1.275	1.560	1.940
5.2	Banken und Geschäftshäuser mit Wohnungen	1.435	1.590	1.670
5.3	Banken und Geschäftshäuser ohne Wohnungen	1.630	2.045	2.655

Einschl. Baunebenkosten i.H.v. 23%

Nichtwohngebäude, Gebäudetyp 6-13 €/m² BGF

6 Bürogebäude

			Standardstufe		
			3	4	5
	6.1	Bürogebäude, Massivbau	1.335	1.890	2.810
	6.2	Bürogebäude, Stahlbetonskelettbau	1.905	2.130	2.345

Einschl. Baunebenkosten i.H.v. 22%

7 Gemeindezentren, Saalbauten / Veranstaltungsgebäude

			Standardstufe		
			3	4	5
	7.1	Gemeindezentren	1.660	2.245	2.695
	7.2	Saalbauten / Veranstaltungsgebäude	2.045	2.435	2.825

Einschl. Baunebenkosten i.H.v. 26% für 7.1 und 22% für 7.2

8 Kindergärten / Schulen

			Standardstufe		
			3	4	5
	8.1	Kindergärten	1.930	2.080	2.405
	8.2	Allgemeinbildende Schulen, Berufsbildende Schulen	1.695	2.015	2.465
	8.3	Sonderschulen	1.995	2.190	2.445

Einschl. Baunebenkosten i.H.v. 22% für 8.1 und 23% für 8.2 bis 8.3

9 Wohnheime, Alten-/ Pflegeheime

			Standardstufe		
			3	4	5
	9.1	Wohnheime / Internate	1.505	1.815	2.180
	9.2	Alten- / Pflegeheime	1.560	1.885	2.640

Einschl. Baunebenkosten i.H.v. 22%

10 Krankenhäuser, Tageskliniken

			Standardstufe		
			3	4	5
	10.1	Krankenhäuser / Kliniken	2.000	2.305	2.620
	10.2	Tageskliniken / Ärztehäuser	1.845	2.255	2.580

Einschl. Baunebenkosten i.H.v. 24%

11 Beherbergungsstätten, Verpflegungseinrichtungen

			Standardstufe		
			3	4	5
	11.1	Hotels	1.635	1.990	2.650

Einschl. Baunebenkosten i.H.v. 22%

12 Sporthallen, Freizeitbäder / Heilbäder

			Standardstufe		
			3	4	5
	12.1	Sporthallen (Einfeldhallen)	1.890	2.205	2.725
	12.2	Sporthallen (Dreifeldhallen / Mehrfeldhallen)	1.785	2.170	2.415
	12.3	Tennishallen	1.300	1.410	1.455
	12.4	Freizeitbäder / Heilbäder	2.770	3.255	3.650

Einschl. Baunebenkosten i.H.v. 22% für 12.1, 23% für 12.2, 21% für 12.3 und 26% für 12.4

13 Verbrauchermärkte, Kauf-/ Warenhäuser, Autohäuser

			Standardstufe		
			3	4	5
	13.1	Verbrauchermärkte	1.085	1.295	1.670
	13.2	Kauf-/ Warenhäuser	2.035	2.425	3.145
	13.3	Autohäuser ohne Werkstatt	925	1.350	1.860

Einschl. Baunebenkosten i.H.v. 21% für 13.1, 24% für 13.2 und 23% für 13.3

14 Garagen

			Standardstufe		
			3	4	5
	14.1	Einzelgaragen / Mehrfachgaragen	330	590	730
	14.2	Hochgaragen	605	775	905
	14.3	Tiefgaragen	660	855	995
	14.4	Nutzfahrzeuggaragen	610	805	1.035

Einschl. Baunebenkosten i.H.v. 15% für 14.1, 20% für 14.2 bis 14.4

15 Betriebs-/ Werkstätten, Produktionsgebäude

			Standardstufe		
			3	4	5
	15.1	Betriebs-/Werkstätten, eingeschossig	1.430	1.785	2.315
	15.2	Betriebs-/Werkstätten, mehrgeschossig, ohne Hallenanteil	1.175	1.565	2.260
	15.3	Betriebs-/Werkstätten, mehrgeschossig, hoher Hallenanteil	1.035	1.360	1.915
	15.4	Industrielle Produktionsgebäude, Massivbauweise	1.405	1.575	1.895
	15.5	Industrielle Produktionsgebäude, überwiegend Skelettbauweise	1.035	1.375	1.975

Einschl. Baunebenkosten i.H.v. 23%

16 Laborgebäude

			Standardstufe		
			3	4	5
	16.1	Lagergebäude ohne Mischnutzung, Kaltlager	490	945	1.325
	16.2	Lagergebäude mit bis zu 25% Misch-nutzung	765	1.020	1.310
	16.3	Lagergebäude mit mehr als 25% Misch-nutzung	965	1.395	1.680

Einschl. Baunebenkosten i.H.v. 20% für 16.1, 19% für 16.2 und 20% für 16.3

17 Sonstige Gebäude

			Standardstufe		
			3	4	5
	17.1	Museen	2.720	3.575	4.770
	17.2	Theater	2.620	3.070	4.330
	17.3	Sakralbauten	2.820	3.760	6.155
	17.4	Friedhofsgebäude	1.920	2.395	2.955

Einschl. Baunebenkosten i.H.v. 23% für 17.1, 25% für 17.2, 24% für 17.3 und 28% für 17.4

Anhang

Regionalfaktoren

Regionalfaktoren Deutschland

Diese Faktoren geben Aufschluss darüber, inwieweit die Baukosten in einer bestimmten Region Deutschlands teurer oder günstiger liegen als im Bundesdurchschnitt. Sie können dazu verwendet werden, die BKI Baukosten an das besondere Baupreisniveau einer Region anzupassen.
Hinweis: Alle Angaben wurden durch Untersuchungen des BKI weitgehend verifiziert. Dennoch können Abweichungen zu den angegebenen Werten entstehen. In Grenznähe zu einem Land-/Stadtkreis mit anderen Baupreisfaktoren sollte dessen Baupreisniveau mit berücksichtigt werden, da die Übergänge zwischen den Land-/Stadtkreisen fließend sind. Die Besonderheiten des Einzelfalls können ebenfalls zu Abweichungen führen.
Für die größeren Inseln Deutschlands wurden separate Regionalfaktoren ermittelt. Dazu wurde der zugehörige Landkreis in Festland und Inseln unterteilt. Alle Inseln eines Landkreises erhalten durch dieses Verfahren den gleichen Regionalfaktor. Der Regionalfaktor des Festlandes erhält keine Inseln mehr und ist daher gegenüber früheren Ausgaben verringert.

Land- / Stadtkreis / Insel	Bundeskorrekturfaktor
Ahrweiler	1,025
Aichach-Friedberg	1,083
Alb-Donau-Kreis	1,011
Altenburger Land	0,910
Altenkirchen	0,936
Altmarkkreis Salzwedel	0,834
Altötting	0,947
Alzey-Worms	1,003
Amberg, Stadt	0,988
Amberg-Sulzbach	0,991
Ammerland	0,907
Amrum, Insel	1,481
Anhalt-Bitterfeld	0,628
Ansbach	1,047
Ansbach, Stadt	1,092
Aschaffenburg	1,074
Aschaffenburg, Stadt	1,108
Augsburg	1,085
Augsburg, Stadt	1,076
Aurich, Festlandanteil	0,784
Aurich, Inselanteil	1,312
Bad Dürkheim	1,045
Bad Kissingen	1,071
Bad Kreuznach	1,058
Bad Tölz-Wolfratshausen	1,169
Baden-Baden, Stadt	1,033
Baltrum, Insel	1,312
Bamberg	1,057
Bamberg, Stadt	1,074
Barnim	0,910
Bautzen	0,884
Bayreuth	1,055
Bayreuth, Stadt	1,127
Berchtesgadener Land	1,079
Bergstraße	1,029
Berlin, Stadt	1,036
Bernkastel-Wittlich	1,103
Biberach	1,015
Bielefeld, Stadt	0,937
Birkenfeld	0,992
Bochum, Stadt	0,895
Bodenseekreis	1,030
Bonn, Stadt	1,006
Borken	0,920
Borkum, Insel	1,099
Bottrop, Stadt	0,906
Brandenburg an der Havel, Stadt	0,858
Braunschweig, Stadt	0,886
Breisgau-Hochschwarzwald	1,061
Bremen, Stadt	1,017
Bremerhaven, Stadt	0,936
Burgenlandkreis	0,821
Böblingen	1,073
Börde	0,822
Calw	1,024
Celle	0,859
Cham	0,895
Chemnitz, Stadt	0,893
Cloppenburg	0,794
Coburg	1,049
Coburg, Stadt	1,126
Cochem-Zell	1,002
Coesfeld	0,951
Cottbus, Stadt	0,801
Cuxhaven	0,856
Dachau	1,126
Dahme-Spreewald	0,906
Darmstadt, Stadt	1,067

Darmstadt-Dieburg	1,031
Deggendorf	1,001
Delmenhorst, Stadt	0,792
Dessau-Roßlau, Stadt	0,846
Diepholz	0,836
Dillingen a.d.Donau	1,054
Dingolfing-Landau	0,966
Dithmarschen	1,037
Donau-Ries	1,005
Donnersbergkreis	1,010
Dortmund, Stadt	0,849
Dresden, Stadt	0,868
Duisburg, Stadt	0,964
Düren	0,965
Düsseldorf, Stadt	0,971
Ebersberg	1,179
Eichsfeld	0,850
Eichstätt	1,090
Eifelkreis Bitburg-Prüm	1,019
Eisenach, Stadt	0,876
Elbe-Elster	0,836
Emden, Stadt	0,787
Emmendingen	1,062
Emsland	0,820
Ennepe-Ruhr-Kreis	0,932
Enzkreis	1,058
Erding	1,079
Erfurt, Stadt	0,871
Erlangen, Stadt	1,075
Erlangen-Höchstadt	1,015
Erzgebirgskreis	0,890
Essen, Stadt	0,942
Esslingen	1,049
Euskirchen	0,959
Fehmarn, Insel	1,195
Flensburg, Stadt	0,922
Forchheim	1,070
Frankenthal (Pfalz), Stadt	0,914
Frankfurt (Oder), Stadt	0,871
Frankfurt am Main, Stadt	1,097
Freiburg im Breisgau, Stadt	1,133
Freising	1,091
Freudenstadt	1,041
Freyung-Grafenau	0,920
Friesland, Festlandanteil	0,895
Friesland, Inselanteil	1,695
Fulda	1,012
Föhr, Insel	1,481
Fürstenfeldbruck	1,196
Fürth	1,103
Fürth, Stadt	0,959

Garmisch-Partenkirchen	1,213
Gelsenkirchen, Stadt	0,877
Gera, Stadt	0,911
Germersheim	1,011
Gießen	1,011
Gifhorn	0,891
Goslar	0,835
Gotha	0,959
Grafschaft Bentheim	0,847
Greiz	0,864
Groß-Gerau	1,020
Göppingen	1,028
Görlitz	0,829
Göttingen	0,837
Günzburg	1,095
Gütersloh	0,948
Hagen, Stadt	0,955
Halle (Saale), Stadt	0,869
Hamburg, Stadt	1,094
Hameln-Pyrmont	0,853
Hamm, Stadt	0,912
Hannover, Region	0,925
Harburg	1,058
Harz	0,800
Havelland	0,882
Haßberge	1,114
Heidekreis	0,872
Heidelberg, Stadt	1,060
Heidenheim	1,041
Heilbronn	1,021
Heilbronn, Stadt	1,021
Heinsberg	0,956
Helgoland, Insel	1,986
Helmstedt	0,900
Herford	0,942
Herne, Stadt	0,953
Hersfeld-Rotenburg	1,020
Herzogtum Lauenburg	0,962
Hiddensee, Insel	1,098
Hildburghausen	0,949
Hildesheim	0,860
Hochsauerlandkreis	0,924
Hochtaunuskreis	1,034
Hof	1,121
Hof, Stadt	1,218
Hohenlohekreis	1,025
Holzminden	0,955
Höxter	0,928
Ilm-Kreis	0,882
Ingolstadt, Stadt	1,094

Jena, Stadt	0,947
Jerichower Land	0,792
Juist, Insel	1,312
Kaiserslautern	0,992
Kaiserslautern, Stadt	0,992
Karlsruhe	1,022
Karlsruhe, Stadt	1,082
Kassel	1,013
Kassel, Stadt	1,020
Kaufbeuren, Stadt	1,074
Kelheim	1,016
Kempten (Allgäu), Stadt	1,008
Kiel, Stadt	0,978
Kitzingen	1,109
Kleve	0,935
Koblenz, Stadt	1,052
Konstanz	1,106
Krefeld, Stadt	0,962
Kronach	1,133
Kulmbach	1,074
Kusel	0,980
Kyffhäuserkreis	0,870
Köln, Stadt	0,940
Lahn-Dill-Kreis	1,021
Landau in der Pfalz, Stadt	1,002
Landsberg am Lech	1,137
Landshut	0,968
Landshut, Stadt	1,143
Langeoog, Insel	1,416
Leer, Festlandanteil	0,799
Leer, Inselanteil	1,099
Leipzig	0,966
Leipzig, Stadt	0,807
Leverkusen, Stadt	0,914
Lichtenfels	1,034
Limburg-Weilburg	0,996
Lindau (Bodensee)	1,115
Lippe	0,913
Ludwigsburg	1,031
Ludwigshafen am Rhein, Stadt	0,918
Ludwigslust-Parchim	0,931
Lörrach	1,111
Lübeck, Stadt	1,013
Lüchow-Dannenberg	0,866
Lüneburg	0,871
Magdeburg, Stadt	0,878
Main-Kinzig-Kreis	1,021
Main-Spessart	1,088
Main-Tauber-Kreis	1,065
Main-Taunus-Kreis	1,026
Mainz, Stadt	1,026
Mainz-Bingen	1,043
Mannheim, Stadt	0,972
Mansfeld-Südharz	0,829
Marburg-Biedenkopf	1,057
Mayen-Koblenz	1,019
Mecklenburgische Seenplatte	0,886
Meißen	0,920
Memmingen, Stadt	1,078
Merzig-Wadern	1,043
Mettmann	0,929
Miesbach	1,234
Miltenberg	1,103
Minden-Lübbecke	0,891
Mittelsachsen	0,924
Märkisch-Oderland	0,885
Märkischer Kreis	0,958
Mönchengladbach, Stadt	0,980
Mühldorf a.Inn	1,072
Mülheim an der Ruhr, Stadt	0,960
München	1,228
München, Stadt	1,459
Münster, Stadt	0,950
Neckar-Odenwald-Kreis	1,043
Neu-Ulm	1,131
Neuburg-Schrobenhausen	1,058
Neumarkt i.d.OPf.	1,039
Neumünster, Stadt	0,813
Neunkirchen	0,987
Neustadt a.d.Aisch-Bad Windsheim	1,133
Neustadt a.d.Waldnaab	0,982
Neustadt an der Weinstraße, Stadt	1,031
Neuwied	0,995
Nienburg (Weser)	0,594
Norderney, Insel	1,312
Nordfriesland, Festlandanteil	1,131
Nordfriesland, Inselanteil	1,481
Nordhausen	0,867
Nordsachsen	0,935
Nordwest-Mecklenburg, Festlandanteil	0,895
Nordwest-Mecklenburg, Inselanteil	1,145
Northeim	0,939
Nürnberg, Stadt	1,004
Nürnberger Land	0,999
Oberallgäu	1,060
Oberbergischer Kreis	0,961
Oberhausen, Stadt	0,892
Oberhavel	0,914
Oberspreewald-Lausitz	0,908
Odenwaldkreis	1,009
Oder-Spree	0,869

Offenbach	0,998
Offenbach am Main, Stadt	1,015
Oldenburg	0,853
Oldenburg, Stadt	0,942
Olpe	1,063
Ortenaukreis	1,040
Osnabrück	0,857
Osnabrück, Stadt	0,890
Ostalbkreis	1,055
Ostallgäu	1,077
Osterholz	0,891
Ostholstein, Festlandanteil	0,945
Ostholstein, Inselanteil	1,195
Ostprignitz-Ruppin	0,853
Paderborn	0,932
Passau	0,939
Passau, Stadt	1,045
Peine	0,879
Pellworm, Insel	1,481
Pfaffenhofen a.d.Ilm	1,061
Pforzheim, Stadt	1,005
Pinneberg, Festlandanteil	0,986
Pinneberg, Inselanteil	1,986
Pirmasens, Stadt	0,957
Plön	0,968
Poel, Insel	1,145
Potsdam, Stadt	0,948
Potsdam-Mittelmark	0,912
Prignitz	0,734
Rastatt	1,024
Ravensburg	1,049
Recklinghausen	0,899
Regen	0,990
Regensburg	1,029
Regensburg, Stadt	1,094
Regionalverband Saarbrücken	1,009
Rems-Murr-Kreis	1,003
Remscheid, Stadt	0,925
Rendsburg-Eckernförde	0,907
Reutlingen	1,057
Rhein-Erft-Kreis	0,972
Rhein-Hunsrück-Kreis	0,989
Rhein-Kreis Neuss	0,901
Rhein-Lahn-Kreis	0,986
Rhein-Neckar-Kreis	1,023
Rhein-Pfalz-Kreis	1,006
Rhein-Sieg-Kreis	0,977
Rheingau-Taunus-Kreis	1,016
Rheinisch-Bergischer Kreis	1,006
Rhön-Grabfeld	1,053
Rosenheim	1,141
Rosenheim, Stadt	1,116
Rostock	0,904
Rostock, Stadt	0,960
Rotenburg (Wümme)	0,806
Roth	1,074
Rottal-Inn	0,951
Rottweil	1,045
Rügen, Insel	1,098
Saale-Holzland-Kreis	0,905
Saale-Orla-Kreis	0,940
Saalekreis	0,912
Saalfeld-Rudolstadt	0,882
Saarlouis	1,015
Saarpfalz-Kreis	0,997
Salzgitter, Stadt	0,807
Salzlandkreis	0,818
Schaumburg	0,891
Schleswig-Flensburg	0,860
Schmalkalden-Meiningen	0,903
Schwabach, Stadt	1,052
Schwalm-Eder-Kreis	0,985
Schwandorf	0,971
Schwarzwald-Baar-Kreis	1,000
Schweinfurt	1,099
Schweinfurt, Stadt	1,029
Schwerin, Stadt	0,932
Schwäbisch Hall	1,013
Segeberg	0,958
Siegen-Wittgenstein	1,043
Sigmaringen	1,049
Soest	0,937
Solingen, Stadt	0,934
Sonneberg	1,006
Speyer, Stadt	1,021
Spiekeroog, Insel	1,416
Spree-Neiße	0,822
St. Wendel	0,997
Stade	0,863
Starnberg	1,336
Steinburg	0,914
Steinfurt	0,907
Stendal	0,745
Stormarn	1,026
Straubing, Stadt	1,121
Straubing-Bogen	0,984
Stuttgart, Stadt	1,108
Städteregion Aachen, Stadt	0,952
Suhl, Stadt	1,003
Sylt, Insel	1,481
Sächsische Schweiz-Osterzgebirge	0,945
Sömmerda	0,853
Südliche Weinstraße	1,025
Südwestpfalz	0,991

Teltow-Fläming	0,898
Tirschenreuth	1,006
Traunstein	1,103
Trier, Stadt	1,077
Trier-Saarburg	1,094
Tuttlingen	1,045
Tübingen	1,049
Uckermark	0,831
Uelzen	0,894
Ulm, Stadt	1,083
Unna	0,934
Unstrut-Hainich-Kreis	0,843
Unterallgäu	1,038
Usedom, Insel	1,086
Vechta	0,878
Verden	0,833
Viersen	0,958
Vogelsbergkreis	0,967
Vogtlandkreis	0,911
Vorpommern-Greifswald, Festlandanteil	0,836
Vorpommern-Greifswald, Inselanteil	1,086
Vorpommern-Rügen, Festlandanteil	0,848
Vorpommern-Rügen, Inselanteil	1,098
Vulkaneifel	1,022
Waldeck-Frankenberg	1,020
Waldshut	1,110
Wangerooge, Insel	1,695
Warendorf	0,946
Wartburgkreis	0,917
Weiden i.d.OPf., Stadt	0,951
Weilheim-Schongau	1,124
Weimar, Stadt	0,947
Weimarer Land	0,927
Weißenburg-Gunzenhausen	1,090
Werra-Meißner-Kreis	1,009
Wesel	0,939
Wesermarsch	0,830
Westerwaldkreis	0,971
Wetteraukreis	1,026
Wiesbaden, Stadt	1,002
Wilhelmshaven, Stadt	0,803
Wittenberg	0,800
Wittmund, Festlandanteil	0,786
Wittmund, Inselanteil	1,416
Wolfenbüttel	0,903
Wolfsburg, Stadt	0,998
Worms, Stadt	0,907
Wunsiedel i.Fichtelgebirge	1,050
Wuppertal, Stadt	0,923
Würzburg	1,092
Würzburg, Stadt	1,208
Zingst, Insel	1,098
Zollernalbkreis	1,062
Zweibrücken, Stadt	1,050
Zwickau	0,931

Regionalfaktoren Österreich

Bundesland	Korrekturfaktor
Burgenland	0,843
Kärnten	0,868
Niederösterreich	0,848
Oberösterreich	0,865
Salzburg	0,863
Steiermark	0,891
Tirol	0,871
Vorarlberg	0,901
Wien	0,866